中国植物保护百科全书

鼠害卷

中国林业出版社

图书在版编目（CIP）数据

中国植物保护百科全书. 鼠害卷 / 中国植物保护百科全书总编纂委员会鼠害卷编纂委员会编. — 北京：中国林业出版社，2022.6
ISBN 978-7-5219-1529-7

Ⅰ.①中… Ⅱ.①中… Ⅲ.①植物保护—中国—百科全书②植物—鼠害—防治—中国 Ⅳ.①S4-61②S443

中国版本图书馆CIP数据核字（2022）第001684号

zhōngguó zhíwùbǎohù bǎikēquánshū

中国植物保护百科全书

鼠害卷
shǔhàijuàn

责任编辑：何增明　孙瑶　张华

出版发行：中国林业出版社
电　　话：010-83143629
地　　址：北京市西城区刘海胡同7号　　邮　编：100009
印　　刷：北京雅昌艺术印刷有限公司
版　　次：2022年6月第1版
印　　次：2022年6月第1次
开　　本：889mm×1194mm　1/16
印　　张：33.25
字　　数：1428千字
定　　价：480.00元

《中国植物保护百科全书》
总编纂委员会

总 主 编
李家洋　　张守攻

副总主编
吴孔明　　方精云　　方荣祥　　朱有勇
康　乐　　钱旭红　　陈剑平　　张知彬

委　员
（按姓氏拼音排序）

彩万志	陈洪俊	陈万权	陈晓鸣	陈学新	迟德富
高希武	顾宝根	郭永旺	黄勇平	嵇保中	姜道宏
康振生	李宝聚	李成云	李明远	李香菊	李　毅
刘树生	刘晓辉	骆有庆	马　祁	马忠华	南志标
庞　虹	彭友良	彭于发	强　胜	乔格侠	宋宝安
宋小玲	宋玉双	孙江华	谭新球	田呈明	万方浩
王慧敏	王　琦	王　勇	王振营	魏美才	吴益东
吴元华	肖文发	杨光富	杨忠岐	叶恭银	叶建仁
尤民生	喻大昭	张　杰	张星耀	张雅林	张永安
张友军	郑永权	周常勇	周雪平		

《中国植物保护百科全书·鼠害卷》
编纂委员会

主 编
张知彬

副主编
王　勇　　郭永旺　　刘晓辉　　宛新荣　　王　登

编 委
（按姓氏拼音排序）

边疆晖	曹　林	常　罡	崔　平	董晓波	冯志勇
付和平	郭　聪	郭　鹏	韩崇选	何宏轩	蒋　卫
李　波	李宏俊	李俊年	廖力夫	刘起勇	刘全生
刘少英	刘　伟	鲁　亮	路纪琪	施大钊	邰发道
陶双伦	王大伟	王德华	王政昆	魏万红	武晓东
易现峰	张洪茂	张堰铭	邹　波		

秘 书
宛新荣（兼）　　王　登（兼）

目　录

前言 …………………… I

凡例 …………………… V

条目分类目录 …………………… 01

正文 …………………… 1

条目标题汉字笔画索引 …………………… 471

条目标题外文索引·················· 478

内容中文索引······················ 488

内容外文索引······················ 501

后记···································· 509

前　言

鼠类是哺乳动物中种类最多、分布最广、适应能力最强的一个类群。首先，它与人类生活的多个方面密切相关。在人类的印象中，鼠与"害"紧密相连，故有"鼠害"之称。首先，鼠类破坏作物、盗食粮食，影响国家粮食安全。此外，鼠类还对高附加值的经济作物，如油料、水果、蔬菜等产生危害，这些危害统称农业鼠害。其次，鼠类的挖掘、取食活动还破坏草场，造成水土流失、风沙肆虐，影响草原生态环境建设；与牛羊争食，造成草场载畜量下降，影响畜牧业发展，这些危害统称草原鼠害。鼠类的啃咬、环剥等严重破坏森林和植树造林，对森林保护和恢复产生不利影响，这些危害统称森林鼠害。鼠类是许多人畜共患疫病（如鼠疫、出血热等）的重要宿主，严重威胁国家生物安全和人民健康，这些危害统称卫生鼠害。灭鼠剂的使用，不仅污染环境和食品，而且造成人畜、天敌等伤亡，破坏生物多样性，危害食品安全、人类健康和社会安定。此外，鼠类还对交通运输、电子通信、建筑物、保护物种等造成破坏。因此，我国把鼠害与病害、虫害、草害一起列入四大植保防控内容，与苍蝇、蚊子、臭虫一起列入卫生"除四害"内容。

事物都是一分为二的。现在，人们认识到"凡鼠有害"的观点是错误的。鼠类是生态系统中非常重要的功能团，在维持生物多样性和生态系统功能上发挥重要作用。首先，鼠类是食物链的重要一环，是许多天敌的食物。其次，鼠类的挖掘活动对于土壤地化循环、改善土壤结构非常重要，其洞穴还为鸟、无脊椎动物、昆虫等提供栖居场所。第三，鼠类是许多植物种子的传播者，甚至是传粉者，在森林种子更新和群落演替上发挥着关键作用。另外，鼠类还是实验动物资源，为人类医学等科学研究做出了重要贡献。因此，从这个角度看，鼠类又是人类的朋友。只有在特定的情况下（比如种群暴发、人类居住环境等）才产生真正有害的作用，大部分情况下它们发挥着有益的作用。所以，看待鼠类，要有"益害观"。

鼠类是开展科学研究的理想对象。鼠类种群大、繁殖快，对环境响应迅速，适合各学科层面的研究。有关鼠类较早的研究可追溯到 1924 年 Elton 关于鼠类种群周期波动规律的研究，由此，激发了后来的科技工作者从生理、行为、遗传、种群、群落乃至生态系统层面上开展鼠类生物学与防控的研究，以探索和寻找内外因素对鼠类种群暴发成灾的影响机理及控制技术和对策。

我国鼠类生物学与防治研究由以夏武平为首的老一辈科学家开创和奠基，发端于新中国成立后对鼠疫防控的迫切需求，再拓展至森林鼠害、农业鼠害、卫生鼠害等领域，奠定了鼠类分类与系统学、形态与解剖学、生理生态学、种群生态学和群落生态学及鼠害防治的基本框架，既有对国外研究的引进、消化和吸收，又有中国特色的独创性研究，其标志性事件包括出版《灭鼠与灭鼠生物学研究报告》《中国鼠类防制杂志》等。我国鼠害研究的另一个高潮则源于20世纪80年代初全国农牧区鼠害大发生及防治的急迫需要，国家和相关部门相继启动了一系列鼠害研究项目和治理工程，开启了我国鼠害研究欣欣向荣的局面，培养了一批鼠害研究的骨干力量。其标志事件包括：召开全国农牧区鼠害防治学术研讨会，创建兽类学会、《兽类学报》，创建中国植保学会鼠害防治专业委员会、国家农业鼠害监测与协作网、国家林业局鼠（兔）害防控监测网络，鼠害研究纳入国家科技攻关项目等。

进入21世纪，中青年人才快速成长，将我国鼠害研究推向了一个新的阶段，使我国鼠害研究跃入世界前沿并占有一席之地，其标志性事件包括：发起首届鼠类生物学与治理国家研讨会(ICRBM)、创立国际动物学会(ISZS)和《整合动物学》(*Integrative Zoology*)；鼠害研究列入国家重点基础研究发展计划"973计划"、科技基础资源调查专项及国家基金委员会重大项目；鼠害研究荣获国家科技进步奖，荣获国际奖项和荣誉，在国际著名期刊上发表高水平论文等。

我国是一个幅员辽阔、环境复杂的农业大国、人口大国，鼠害和鼠疫问题一直严重困扰着国家的发展。在国家对鼠害防治研究的高度重视和支持下，在鼠害研究科技人员的不懈努力下，目前我国鼠害、鼠疫等肆虐的严峻形势已基本得到控制，成为世界鼠害治理领域的典范！这是我国鼠害研究及防控领域科技工作者的骄傲！

然而，随着气候变化和人类活动的不断增加，鼠害防控面临新的形势和问题。随着气候变暖加快，鼠类分布区已经发生很大变化，害鼠入侵带来了新的危害。随着我国工业和农业现代化的迅速发展，农业种植结构和方式已经发生巨变，害鼠种类已经发生演替，许多地区次要害鼠上升为主要害鼠。国家在森林保护、草原保护、植树造林、还林还草、国家公园建设、西部生态屏障建设等方面加大了投入力度，对森林和草原鼠害防控的需求也更加迫切。随着人口密度增加或更加聚集、人员与货物流动加快，鼠疫、出血热等鼠传疾病暴发流行风险不断加大。比如，近 2 年，内蒙古草原鼠间鼠疫大发生，给首都及环首都圈的生物安全带来极大的威胁。再如，青藏高原草原鼠害十分严重，鼠类破坏草场，导致寸草不长的黑土滩（堪称"草原癌症"）面积不断扩大，水土流失日趋严重，严重威胁着当地畜牧业生产及青藏高原生态屏障建设。该地区是我国重要鼠疫疫源地，鼠疫、出血热、包虫病等疾病问题突出，严重威胁着当地群众生命健康。因此，针对新的形势，急需加强全球变化下鼠害灾变规律和防控的研究。同时，也有必要及时总结过去的成果与经验，更好地规划和指导未来我国鼠害的研究与防控工作。

《中国植物保护百科全书》共分为《综合卷》《植物病理卷》《昆虫卷》《农药卷》《杂草卷》《鼠害卷》《生物防治卷》《生物安全卷》等共 8 卷。中国林业出版社及总编纂委员会聘我为《鼠害卷》主编，我欣然答应。一是，我国尚无专门组织过针对鼠害的百科全书，《鼠害卷》将对学科发展起到很大的推动作用。二是，自 1996 年和 1998 年组织国内专家编写出版《鼠害治理的理论与实践》《重要害鼠的生态学与控制对策》以来，已有 20 余年，其间虽有一些专家的著作出版，但尚缺乏系统梳理近 20 余年来中国鼠害研究的成果。如今，借《中国植物保护百科全书·鼠害卷》编纂的东风，历经数载，终于今日完稿，我非常高兴。我认为，这部《鼠害卷》是我国过去 20 余年鼠害研究的结晶，对于今后指导和促进我国鼠害研究与防治工作具有十分重要的意义，同时，也可起到科普宣传的作用。

回顾编纂艰难历程，不禁感慨万千！看到来之不易的集体成果，又十分欣喜！不同于以往的著作编写，这次《鼠害卷》的撰写涉及面之广、学科之全、人员之众，可以说是前所未有。《鼠害卷》涉及内容十分广泛，包括综论、鼠类生物学、鼠类危害、鼠害防控四大内容。综论部分包括鼠害研究相关的机构和人物、重要事件、期刊、著作、会议、法规、奖励等。鼠类生物学包括重要害鼠、分类与进化学、生理生态学、营养生态学、行为生态学、疾病生态学、种群生态学、鼠类与植物关系、群落生态与系统生态等方面。鼠类危害包括农田鼠害、草原鼠害、林业鼠害、果木鼠害等。鼠害防控包括鼠害监测、生物和天敌防治、化学防治、物理防治、生态治理等。全书条目数共计555条。

《鼠害卷》内容总体设计、协调和统稿由张知彬负责，由宛新荣、王登协助推进和完成；综论部分撰写和审稿工作主要由刘晓辉、李宏俊协调；分类与进化学部分主要由刘少英协调；生理生态学部分主要由王德华、刘晓辉协调；营养生态学部分主要由李俊年协调；行为生态学部分主要由邰发道协调；种群生态学和鼠类天敌部分主要由王勇协调；鼠类与植物关系部分主要由张洪茂协调；群落与系统生态学部分主要由路纪琪协调；鼠类危害部分主要由郭永旺、郭聪协调；鼠传疾病部分主要由何宏轩协调；鼠害防治部分主要由王登、刘晓辉协调；重要害鼠部分主要由宛新荣、王登协调。共有来自全国从事鼠类研究的各有关单位近200名专家参与撰写和审稿工作，因篇幅所限，不一一列出，详见条目后署名。

需要指出的是，由于各种原因，本卷词条的内容并不全面，有些学科、研究机构、代表人物等没能体现。由于编写工作开始于数年之前，最近几年的最新进展和变化也基本没有包括。鉴于编者的能力所限，可能存在这样或那样的错误和不足，望读者及时给予批评和指正。对于这些问题，期望能在以后的百科撰写中予以补充、更新或改正。

最后，我代表编委会，对参与《鼠害卷》的撰稿人、审稿人所做出的辛勤劳动表示衷心感谢！特别感谢宛新荣、王登两位秘书，为本卷的撰写、修改做了大量的联系和沟通工作。衷心感谢《中国植物保护百科全书》总编纂委员会对《鼠害卷》撰写工作的指导和支持！感谢中国林业出版社编辑人员在《鼠害卷》编辑、联络等方面所付出的辛勤劳动！

张知彬
2022年3月27日于北京

凡　例

一、本卷以鼠害学科知识体系分类出版。卷由条目组成。

二、条目是全书的主体，一般由条目标题、释文和相应的插图、表格、参考文献等组成。

三、条目按条目标题的汉语拼音字母顺序并辅以汉字笔画、起笔笔形顺序排列。第一字同音时按声调顺序排列；同音同调时按汉字笔画由少到多的顺序排列；笔画数相同时按起笔笔形横（一）、竖（丨）、撇（丿）、点（丶）、折（乛，包括㇗、𠃌、く等）的顺序排列。第一字相同时，按第二字，余类推。条目标题中夹有外文字母或阿拉伯数字的，依次排在相应的汉字条目标题之后。以拉丁字母、希腊字母和阿拉伯数字开头的条目标题，依次排在全部汉字条目标题之后。

四、正文前设本卷条目的分类目录，以便读者了解本学科的全貌。分类目录还反映出条目的层次关系。

五、一个条目的内容涉及其他条目，需由其他条目释文补充的，采用"参见"的方式。所参见的条目标题在本释文中出现的，用楷体字表示。所参见的条目标题未在释文中出现的，另用"见"字标出。

六、条目标题一般由汉语标题和与汉语标题相对应的外文两部分组成。外文主要为英文，少数为拉丁文。

七、释文力求使用规范化的现代汉语。条目释文开始一般不重复条目标题。

八、鼠害基础知识条目的释文一般由定义或定性叙述、形成和发展过程、科学意义与应用价值、插图、参考文献等构成，具体视条目性质和知识内容的实际状况有所增减或调整；鼠害物种条目一般由定义或定性叙述、分布、形态、生活习性、种群数量动态、危害、防治技术、插图、表格、参考文献等构成，具体视条目知识内容的实际状况有所增减或调整。

九、条目释文中的插图、表格都配有图题、表题等说明文字，并且注明来源和出处，未注明者为撰稿人提供。

十、正文书眉标明双码页第一个条目及单码页最后一个条目的第一个字的汉语拼音和汉字。

十一、本卷附有条目标题汉字笔画索引、条目标题外文索引、内容中文索引和内容外文索引。

条目分类目录

说 明

1. 本目录供分类查检条目之用。
2. 目录中凡加【××】（××）的名称，仅为分类集合的提示词，并非条目名称。
   例如，【著作】（草原荒漠鼠害）。

鼠害治理学……………………………284

中国鼠类研究历史……………………436

【人物】

陈安国……………………………………45
董天义……………………………………86
董维惠……………………………………86
樊乃昌……………………………………93
黄秀清…………………………………175
蒋光藻…………………………………186
刘季科…………………………………204
卢浩泉…………………………………205
马勇……………………………………207
宁振东…………………………………223
孙儒泳…………………………………344
汪诚信…………………………………354
王廷正…………………………………355
王祖望…………………………………356
夏武平…………………………………380
杨荷芳…………………………………409
张大铭…………………………………419
张洁……………………………………420
赵桂芝…………………………………420
钟文勤…………………………………445
周文扬…………………………………452

【机构团体】

全国农业技术推广服务中心农药药械处……239
全国畜牧总站草业处（草原植保方面）……240
国家林业和草原局生物灾害防控中心防治处……125
中国疾病预防控制中心传染病预防控制所……428
新疆维吾尔自治区治蝗灭鼠指挥部办公室……398
中国科学院亚热带农业生态研究所野生动物生态
　　与控制研究团队……………………432
中国科学院西北高原生物研究所……431
中国农业科学院植物保护研究所害鼠生物学
　　与治理团队……………………………436
中国农业科学院草原研究所草原保护和鼠害
　　防治课题组……………………………435
广东省农业科学院植物保护研究所媒介动物
　　防控研究室……………………………120
四川省农业科学院植物保护研究所农业鼠害
　　防控研究团队…………………………343
四川省林业科学研究院森林鼠害研究团队……343
中国农业大学植物保护学院鼠害研究室……435
西北农林科技大学鼠害治理研究中心……369
山西农业大学植物保护学院（山西省农业科学院
　　植物保护研究所）农林鼠害研究室……252
扬州大学行为生态学研究团队………409
郑州大学生物多样性与生态研究所动物生态研究
　　团队………………………………………425
内蒙古农业大学草地啮齿动物生态与鼠害控制
　　研究团队…………………………………217
甘肃农业大学草地啮齿动物防控研究团队……103
陕西师范大学生命科学学院鼠类生物学研究
　　团队………………………………………252
农业虫害鼠害综合治理研究国家重点实验室……227

【学会】

国际动物学会……………………………121
国际动物学会鼠类生物学与治理工作组……124

中国植物保护学会鼠害防治专业委员会……439
中国林学会森林昆虫分会鼠害治理专业委员会……432
中国草学会草地植物保护专业委员会……427
中华预防医学会媒介生物学及控制分会……444

【鼠害野外研究基地】

农业农村部农区鼠害观测试验站……228
农业农村部锡林郭勒草原有害生物科学观测
　　实验站……229
中国科学院动物研究所北京东灵山野外站鼠
　　类生态学研究基地……429
中国科学院洞庭湖湿地生态系统观测研究站……430
中国农业科学院草原研究所研究站……435
海北高寒草甸生态系统研究站……126
甘肃省祁连山草原生态系统野外科学观测
　　研究站……103
内蒙古草原动物生态研究站……214
内蒙古农业大学野外研究站……218
四川都江堰般若寺林场实验站……342
西双版纳热带雨林鼠类行为学研究站……373

【期刊】

Integrative Zoology……468
《兽类学报》……266
《中国媒介生物学及控制杂志》……434

【著作】

《中国农业鼠害防控技术培训指南》……436
《啮齿动物学》……220
《小家鼠生态特性与预测》……390
《灭鼠和鼠类生物学研究报告》……211
《农林啮齿动物灾害环境修复与安全诊断》……224
《农业重要害鼠的生态学及控制对策》……232
《森林生态系统鼠类与植物种子关系研究——
　　探索对抗者之间合作的秘密》……245
《鼠害治理的理论与实践》……283
Ecologically-based Management of Rodent Pests……468

【事件】

毒鼠强专项整治……88
洞庭湖区东方田鼠大暴发……86

三江源黑土滩……243
北疆小家鼠大暴发……15
邱氏鼠药案……238

【法规、标准】

鼠害防控法律法规、相关标准……269

【会议】

鼠类生物学与治理国际研讨会……314
中国林业鼠（兔）害防治会议……433
中国农区鼠害监测与防控技术培训会……434

【奖励】

农田重大害鼠成灾规律及综合防治技术研究……227
爱德华·萨乌马奖……6

【鼠类分类与进化】

啮齿类的进化与系统发育研究……221
鼠类系统进化树……324
鼠类分类系统……302
中国害鼠的分类……427

【鼠类形态】

地栖型小型兽类外形测量……73
鼠类头骨形态……323
鼠类头骨形态测量……323

【鼠类标本制作】

生态标本的制作……257
鼠类头骨标本的制作……321
鼠类假剥制标本的制作……303

【鼠类繁殖】

长光照……36
垂体……59
垂体结节部……59
雌二醇……59
雌激素……60
促黄体生成素释放激素……60
促甲状腺激素……60
促性腺激素释放激素……60

促性腺激素抑制激素	60
短光照	89
繁殖抑制	94
繁殖周期	94
环境调节	162
黄体生成素	166
睾酮	116
睾丸	116
光周期现象	120
季节节律	182
季节性	182
季节性繁殖	183
甲状腺	183
甲状腺激素	183
精子发生	188
Kiss 蛋白	469
卵巢	206
卵泡刺激素	206
年节律	220
年节律生物钟	220
皮质激素	233
皮质醇	233
皮质酮	233
去甲肾上腺素	239
日节律	241
日节律生物钟	241
日照时长	241
肾上腺	255
肾上腺糖皮质激素	255
肾上腺盐皮质激素	255
食物补充	264
鼠类松果体	319
褪黑素	353
脱碘酶	353
下丘脑	379
性成熟	399
性腺	399
性腺萎缩	399
性腺恢复	399
性激素	399
雄性激素	399
孕酮	417

【 鼠类生理与能量代谢 】

鼠类生理生态学	312
表型可塑性	21
白色脂肪组织	8
褐色脂肪组织	133
解偶联蛋白	187
高温驯化	106
肥胖	95
出眠	58
入眠	242
育肥	416
昼行性	452
夜行性	412
晨昏型	45
光周期	120
环境温度	162
氧化应激	410
氧化损伤	410
食物质量	266
食物可获得性	265
每日能量消耗	208
可代谢能	193
最大可代谢能	466
水代谢	340
蒸发失水	425
尿浓缩	220
渗透压	257
体核温度	348
体温调节	349
产热	34
基础代谢率	181
静止代谢率	188
瘦素	267
能量代谢	219
能量分配	219
食物摄入	265
体重	350
繁殖能量投入	93
胎仔数	347

胎仔重	347
季节性变化	182
贮食行为	455
冷适应	197
能量平衡	220
体重调节	350
食谷类	264
食草类	263
杂食类	418
消化率	382
消化能	382
超昼夜节律	40
可塑性	193
食粪行为	263
消化道	381
食物滞留时间	266
胎后发育类型	347
恒温指数	147
Gomperz 方程	468
日眠	241
冬眠	85
夏眠	379
蛰眠阵	421
蛰眠代谢率	420
最大代谢率	466
冷诱导最大代谢率	198
运动诱导最大代谢率	417
似昼夜节律	344
呼吸商	153
季节性适应	183
生态免疫学	259
体液免疫	349
细胞免疫	378
分子生态学	96

【鼠类营养生态】

鼠类食物	318
鼠类食性	318
食物概略养分分析	264
蛋白质	72
矿物质	195

维生素	361
水	339
纤维素	381
植物次级代谢物	425
消化	381
消化器官	382
养分分配	409
养分吸收	410
食物限制和繁殖启动	265
最优觅食理论	467
食粪行为	263
结肠分离机制	187
负营养因子	97

【鼠类行为】

害鼠行为生态	126
鼠类的两性差异	293
鼠类性选择	326
鼠类的婚配制度	292
鼠类亲本行为	311
鼠类的繁殖策略	287
鼠类的领域行为	294
鼠类的迁移	294
鼠类的攻击行为	288
鼠类的听觉通讯	298
鼠类的视觉通讯	297
鼠类的化学通讯	290
鼠类的生物节律	296
鼠类的学习行为和记忆	299
鼠类的共情行为	289
夏眠行为	379
造丘行为	419
贮草行为	454
鼠类的应激反应	300
鼠类行为遗传	325
鼠类社会地位	311
鼠类社会行为	312
生物钟	260
外周生物钟	354
中枢生物钟	445
生物钟基因	260

【鼠类与种子互作】

鼠—种子互作系统……338
逃逸假说……348
定植假说……74
定向扩散假说……74
捕食者饱和假说……22
捕食者扩散假说……23
高单宁假说……104
种子扩散适合度……447
种子雨……450
种子库……447
种子扩散……447
种子取食……448
大年结实……66
种子气味……448
种子休眠……449
幼苗建成……414
种子物理防御……449
种子化学防御……446
营养吸引……414
切胚行为……235
剥皮行为……22
种子贮藏……451
集中贮藏……181
分散贮藏……95
多次贮藏……90
种子找回……451
互惠盗食……153
贮藏点大小……453
贮藏点深度……454
贮藏点密度……453
密度制约性种子死亡……209
盗食行为……72
反盗食行为……94
种子域……450
种子选择……449
处理成本假说……59
易腐烂假说……412
快速隔离假说……194
种子标记方法……445
种子标签标记法……446
容忍盗食……241
非对称盗食……94
昆虫—种子—鼠类三级营养关系……195
贮藏点保护……452
植物—鼠类互惠系统……426

【鼠类种群与群落生态】

鼠类种群生态学……328
鼠类种群行为—内分泌调节学说……331
鼠类种群天敌调节假说……330
害鼠种群遗传调节说……127
鼠类种群气候调节学说……327
鼠类对全球变化的响应……300
雪兔—猞猁10年周期波动……401
鼠类天敌作用机理……319
鼠类—天敌系统……320
鼠类的生态作用……295
草原鼠类群落……28
农田鼠类群落……226
森林鼠类群落……246

【鼠传疾病】

鼠传疾病……268
鼠疫……333
鼠疫三次大流行史……334
淋巴细胞性脉络丛脑膜炎……202
鼠疫自然疫源地……337
蜱传回归热……233
新疆出血热……398
莱姆病……196
钩端螺旋体病……119
巴尔通体病……7
北亚蜱媒立克次体病……20
鼠型斑疹伤寒……332
鼠型斑疹伤寒……9
兔热病……352
鼠咬热……332
沙门氏菌病……251
阿根廷出血热……1
玻利维亚出血热……21

条目	页码
汉坦病毒肺综合征	128
肾综合征出血热	256
拉沙热	196
鄂木斯克出血热	92
森林脑炎	244
黑热病	139
锥虫病	455
弓形虫	118
毛细线虫	207
巴西日圆线虫	7
包虫病	13
缩小膜壳绦虫病	345
广州管圆线虫	120
血吸虫病	402
旋毛虫病	400
恙虫病	411
淋巴细胞性脉络丛脑膜炎	202

【鼠害类型】

条目	页码
鼠害区划	274
农业鼠害	230
小麦鼠害	391
玉米鼠害	415
花生鼠害	153
水稻鼠害	340
大豆鼠害	65
棉花鼠害	210
东北农田鼠害	77
华北农田鼠害	158
西北农田鼠害	370
华南农田鼠害	161
华中农田鼠害	161
华东农田鼠害	159
西南农田鼠害	372
仓储鼠害	25
蔬菜鼠害	268
北方果树鼠害	14
南方果树鼠害	212
林业鼠害	202
东北森林鼠害	78
南方森林鼠害	212
苗圃鼠害	210

（草原荒漠鼠害）

条目	页码
青藏高原鼠害	235
内蒙古草甸草原鼠害	213
内蒙古典型草原鼠害	215
内蒙古荒漠草原鼠害	216
新疆草原鼠害	397
四川西北鼠害	344
荒漠灌木鼠害	162

【鼠害监测】

条目	页码
林业鼠害监测	202
农田鼠害监测	224
鼠害预测预报	283

鼠害防治 — 269

条目	页码
毒饵的制作与投放	87
鼠害防治阈值	272
鼠害损失率	277
鼠害防治适期	272
鼠害物理防治	278
鼠害化学防治	272
安妥	6
醋酸铊	60
敌鼠	73
毒鼠碱	88
毒鼠磷	88
毒鼠强	88
比猫灵	21
莪术醇	92
氟鼠灵	97
氟乙酸钠	97
氟乙酰胺	97
硅灭鼠	121
海葱素	126
磺胺喹噁啉	175
克灭鼠	193
雷公藤甲素	197
磷化锌	203
硫酸钡	204

条目	页码
硫酸铊	204
氯化苦	206
氯鼠酮	206
肉毒素	242
氰化钙	238
氰化钠	238
杀鼠灵	251
杀鼠醚	251
杀鼠脲	251
杀鼠酮	251
砷酸氢二钠	255
鼠得克	269
鼠肼	285
鼠立死	331
鼠特灵	331
双杀鼠灵	339
双鼠脲	339
碳酸钡	348
维生素 D_3	362
硝酸铊	383
溴敌隆	400
溴鼠灵	400
亚砷酸钙	404
亚砷酸钠	404
亚砷酸铜	404
异杀鼠酮	412
蓖麻毒素	21
白磷	8
α-氯代醇	469
α-氯醛糖	470
杀鼠剂的环境行为	247
杀鼠剂的作用机理	249
鼠害生物防治	275
鼠类不育控制	285
鼠害生态防治	275
农田鼠害综合防治	225
围栏陷阱法	361

【重要害鼠】

条目	页码
阿拉善黄鼠	2
白尾松田鼠	8
板齿鼠	10
北社鼠	16
布氏田鼠	23
长耳跳鼠	34
草原兔尾鼠	29
草原鼢鼠	26
巢鼠	40
朝鲜姬鼠	42
柽柳沙鼠	46
赤腹松鼠	48
赤颊黄鼠	49
臭鼩	53
达乌尔黄鼠	61
达乌尔鼠兔	63
大仓鼠	63
大耳姬鼠	65
大绒鼠	67
大沙鼠	69
大足鼠	71
东北鼢鼠	74
东北兔	78
东方田鼠	80
短尾仓鼠	89
复齿鼯鼠	97
甘肃鼢鼠	100
高山姬鼠	104
高原鼢鼠	106
高原鼠兔	110
高原兔	115
格氏鼠兔	116
根田鼠	117
旱獭	128
豪猪	129
褐家鼠	130
黑腹绒鼠	135
黑线仓鼠	140
黑线姬鼠	144
黑线毛足鼠	146
红背䶄	147
红尾沙鼠	149
花鼠	154

黄毛鼠	163	鼹形田鼠	406
黄兔尾鼠	167	长尾旱獭	36
黄胸鼠	169	长爪沙鼠	37
灰仓鼠	176	中华鼢鼠	440
灰旱獭	178	中华绒鼠	443
间颅鼠兔	185	针毛鼠	421

【鼠类天敌】

巨泡五趾跳鼠	188	长耳鸮	35
卡氏小鼠	191	短耳鸮	89
林睡鼠	198	雕鸮	73
龙姬鼠	205	黑耳鸢	134
蒙古兔	208	普通鵟	234
青海田鼠	237	赤链蛇	53
三趾心颅跳鼠	243	黑眉锦蛇	138
麝鼠	253	王锦蛇	354
天山黄鼠	351	乌梢蛇	362
塔里木兔	346	灰鼠蛇	179
微尾鼩	357	玉斑锦蛇	414
屋顶鼠	363	原矛头蝮	416
五趾跳鼠	365	尖吻蝮	184
西伯利亚旱獭	370	眼镜王蛇	406
喜马拉雅旱獭	374	孟加拉眼镜蛇	209
狭颅田鼠	378	豹猫	14
岩松鼠	404	小灵猫	391
隐纹花松鼠	412	伶鼬	203
藏鼠兔	418	黄腹鼬	163
子午沙鼠	456	黄鼬	175

【其他】

棕背䶄	460	鼠类利用	307
棕色田鼠	462	实验啮齿动物	260
小飞鼠	383	口岸鼠类与卫生检疫	193
小家鼠	384		
小毛足鼠	392		
小泡巨鼠	395		
雪兔	401		

阿根廷出血热　Argentine hemorrhagic fever

由鸠宁(Junin)和马秋博(Machupo)病毒引起的，啮齿动物为主的自然疫源性疾病。临床特征有发热、剧烈肌痛、出血、休克、神经异常及白细胞和血小板减少等。潜伏期6～14天。病毒进入人体后经复制增生产生病毒血症，引起全身毛细血管内皮细胞的损伤，使血管通透性和脆性增加，从而出现出血、水肿、休克等一系列临床症状。

病原特征　鸠宁与马秋博病毒同属于沙粒病毒属，因在超薄片上呈沙粒状而得名。病毒呈球形、扁球形或多样形，直径60～280nm，平均110～130nm。病毒具有电子致密底外膜，外膜上有2～10个长约6nm的突起物，为球棒状，边缘清晰。毒粒内含有2～10个电子致密颗粒，直径约为25nm，呈沙粒状。病毒基因组由大(LRNA)、小(sRNA)2条单股负链组成，LRNA长7kb，sRNA为2.5kb。

流行　啮齿动物为自然贮存宿主。阿根廷出血热宿主主要为 Calomys laucha 和 Calomys musculinus 两种野鼠，鸠宁病毒存在于受染野鼠涎腺、血液及尿中。约50%的野鼠受染后终身有病毒血症和病毒尿症，表现为慢性和亚临床感染。病人的病毒血症可持续7～12天，咽拭子和尿液中可分离出病毒。但罕见在人群中传播。

阿根廷出血热以男性、青壮年为多，农民多于城镇居民。阿根廷出血热发生在主要种植玉米和其他谷物的阿根廷大草原的广阔地区，包括布宜诺斯艾利斯省的东北部、科尔多瓦省(Cordoba)的东南部、圣菲省(SantaFe)的南部。夏末开始流行，秋季达高峰，冬初消失。

临床特征　潜伏期6～14天。第一病周，逐渐出现不适，体温渐升，第三天可达39℃，剧烈头痛、腰痛、肌肉关节痛、厌食、恶心、呕吐、上腹痛，部分患者眼眶疼痛，亦可有便秘或腹泻。体检见面、颈及上胸部潮红，上胸、上臂及腋窝皮肤可见瘀点、瘀斑，淋巴结中度肿大。结膜充血、眶周水肿、口咽黏膜充血、细小瘀点、软腭有大小不一的水疱，牙龈充血或出血。1/5病例于第四至六天出现特殊的神经症状，表现为定向障碍、手和舌意向性震颤、中度共济失调、皮肤感觉过敏、腱反射和肌张力减退。女性患者常有轻度至中度的子宫出血，并可作为阿根廷出血热的首发症状。少数患者急性起病，似急腹症而致手术。

第一周末随着发热的迅速消退而出现低血压、少尿和不同程度脱水，持续48小时后渐恢复。病重者可发生昏迷休克，少数在48～72小时死亡。血象检查显示白细胞和血小板减少，热退后渐恢复。可有蛋白尿及管型。血沉正常。

第二病周，70%～80%患者上述症状和体征减轻，但乏力、脱发及记忆力减退需经1～3个月恢复期，不留后遗症。20%～30%患者在第8～12病日出现胃、肠、鼻、齿龈、子宫等严重出血或神经系统损害(意识障碍、共济失调、兴奋和震颤，甚至谵妄、抽搐、昏迷)，也可同时出现，导致死亡。

血象：白细胞和血小板减少，热退后渐恢复。可有蛋白尿及管型而血沉正常。此期常合并肺炎、尿道炎、败血症、甚至气性坏疽，但白细胞增高不明显，易被延误诊断。

诊断　依靠临床特征性症状和体征，结合实验室检查，参考流行病学史进行诊断。①流行病学资料。包括发病季节，病前2个月内进入疫区并有与鼠类或其他宿主动物接触史。②临床表现。包括早期3种主要表现(发热中毒症，充血、出血、外渗征，肾损害)和病程的五期经过。典型病例有发热期、低血压休克期、少尿期、多尿期和恢复期的五期经过；不典型者可以越期或前三期之间重叠。③实验室检查。包括血液浓缩，血红蛋白和红细胞计数增高，白细胞计数减少和血小板减少，尿蛋白大量出现和尿中排出膜状物等有助于诊断。血清、血细胞和尿液中检出汉坦病毒抗原和血清中检出特异性 IgM 抗体，可以确诊。特异性 IgG 抗体需双份血清效价升高4倍以上者有诊断意义。

实验室检查　①白细胞计数：第1～2病日多属正常，第3病日后逐渐升高，可达 $(15～30)\times 10^9$/L。少数重症患者可达 $(50～100)\times 10^9$/L。②白细胞分类：发病早期中性粒细胞增多，核左移，有中毒颗粒。重症患者可见幼稚细胞呈类白血病反应。第4～5病日后，淋巴细胞增多，并出现较多的异型淋巴细胞。由于异型淋巴细胞在其他病毒性疾病时亦可出现，因此不能作为疾病诊断的主要依据。③血红蛋白和红细胞：由于血浆外渗，导致血液浓缩，所以从发热后期开始至低血压休克期，血红蛋白和红细胞数升高，可达150g/L 和 5.0×10^{12}/L 以上。血小板从第2病日起开始减少，一般在 $(50～80)\times 10^9$/L 左右，并可见异型血小板。

尿常规　尿蛋白第2病日即可出现，第4～6病日常见尿蛋白并伴有红细胞。突然出现大量尿蛋白，对诊断很有帮助。部分病例尿中出现膜状物，这是大量尿蛋白与红细胞和脱落上皮细胞相混合的凝聚物。

显微镜检可见红细胞、白细胞和管型。此外尿沉渣中可发现巨大的融合细胞，这是 EHF 病毒的包膜糖蛋白在酸性条件下引起泌尿系脱落细胞的融合。这些融合细胞中能检出 EHF 病毒抗原。

血液生化检查 血尿素氮及肌酸酐：多数患者在低血压休克期，少数患者在发热后期，尿素氮和肌酸酐开始升高，移行期末达高峰，多尿后期开始下降。血酸碱度：发热期血气分析以呼吸性碱中毒多见，这与发热及换气过度有关。休克期和少尿期以代谢性酸中毒为主。电解质：血钠、氯、钙在本病各期中多数降低，而磷、镁等则增高，血钾在发热期、休克期处于低水平，少尿期升高，多尿期又降低。但有少数患者少尿期仍出现低血钾。凝血功能：发热期开始血小板减少，其黏附、凝聚和释放功能降低。若出现DIC血小板常减少至 50×10^9/L 以下，DIC的高凝期出现凝血时间缩短。消耗性低凝血期则纤维蛋白原降低，凝血酶原和凝血酶时间延长。进入纤溶亢进期则出现纤维蛋白降解物(FDP)升高。

特殊检查 病毒分离：发热期患者的血清、血细胞和尿液等标本接种 Vero-E6 细胞或 A549 细胞中，可分离出鸠宁和马秋博病毒。

抗原检查：早期患者的血清、外周血的中性粒细胞、淋巴细胞和单核细胞，以及尿和尿沉渣细胞，应用汉坦病毒的多克隆或单克隆抗体，可检出汉坦病毒抗原。常用免疫荧光或ELISA法，胶体金法则更为敏感。

特异性抗体检测：包括血清中检测特异性 IgM 或 IgG 抗体。IgM 抗体 1 : 20 为阳性，发病第二天即能检出。IgG 1 : 40 为阳性，1周后滴度上升4倍有诊断价值。目前认为核蛋白抗体的检测，有利于早期诊断，而G2抗体的检测则有利于预后判断。新近国外研究免疫色谱快速试验以重组核蛋白(NP)为抗原来检测患者的 IgM 抗体 5 分钟能出结果，敏感性和特异性均为100%。

PCR 技术：应用 RT-PCR 方法检测汉坦病毒 RNA，敏感性高，可作早期诊断。

防治 目前中国无本病发生，应注意国境检疫，防止输入。在疫区内，防鼠、灭鼠为主要措施。应注意个人卫生，避免受染。应用疫苗是阿根廷出血热主要预防措施。玻利维亚出血热尚无疫苗。

参考文献

ENRIA D A, BRIGGILER A M, SANCHEZ Z, 2008. Treatment of Argentine hemorrhagic fever[J]. Antiviral research, 75(1): 132-139.

HAAS W H, BREUER T, PFAFF G, et al, 2003. Imported Lassa fever in Germany: surveillance and management of contact persons[J]. Clinical infectious diseases, 5(10): 1254-1258

HOLMES G P, MCCORMICK J B, TROCK S C, et al, 1990. Lassa fever in the United States. Investigation of a case and new guidelines for management[J]. New England journal of medicine, 523(16): 1120-1123.

MILLS J N, ELLIS B A, CHILDS J E, et al, 1994. Prevalence of infection with Junin virus in rodent populations in the epidemic area of Argentine hemorrhagic fever[J]. American journal of tropical medicine and hygiene, 51(5): 554-562.

NAKAUCHI M, FUKUSHI S, SAIJO M, et al, 2009. Characterization of monoclonal antibodies to Junin virus nucleocapsid protein and application to the diagnosis of hemorrhagic fever caused by South American arenaviruses[J]. Clinical and vaccine immunology, 16(8): 1132-1138.

PARODI A S, COTO C E, BOXACA M, et al, 1966. Characteristics of Junin virus. Etiological agent of Argentine hemorrhagic fever[J]. Archiv für die gesamte virusforschung, 19: 393-402.

（撰稿：魏磊；审稿：何宏轩）

阿拉善黄鼠 *Spermophilus alaschanicus* Büchner

分布于中国西北地区，以荒漠生境为主要栖息地的松鼠科啮齿动物。又名大眼贼、豆鼠子。英文名 alashan ground squirrel。啮齿目（Rodentia）松鼠科（Sciuridae）黄鼠属（*Spermophilus*）。分布于内蒙古中西部、宁夏、甘肃西北部、新疆北部、青海。王应祥（2003）单列了阿拉善黄鼠，分布于内蒙古中西部、宁夏、甘肃和青海。据郑智民等（2008），Wilson等（2005）也将其列为独立种。近年来，许多中国啮齿动物研究者认为，草原黄鼠（*Spermophilus dauricus*）与阿拉善黄鼠是同物异名，或者阿拉善黄鼠只是亚种分化，对阿拉善黄鼠的分类地位一直存在较大的争议。对采自内蒙古不同地区的黄鼠进行了染色体组型分析，结果发现，分布在内蒙古不同地区的黄鼠染色体数目有所不同，荒漠草地（乌兰察布盟达茂旗都荣包苏木）的草原黄鼠染色体数为 2n=36，这与已有的研究报道结果一致，形态正常。而农业区的有异常，出现了染色体畸变现象，发现有 2n=37 和 2n=38 的个体各 1 只。而捕自阿拉善左旗南部的标本的染色体数为 2n=38，而且标本外部形态特征与其他地区的有别，特别是尾毛上下一色，均为沙黄色，这与草原黄鼠的三色尾毛有明显区别。因此，虽然关于内蒙古不同地区的阿拉善黄鼠的分类地位还有待进一步研究，但是根据标本染色体数目和尾部外形特征的区别，认为阿拉善黄鼠（*Spermophilus alaschanicus* Büchner, 1888）作为独立种应该是成立的。

形态

外形 阿拉善黄鼠体长约200mm。尾短，不超过体长的1/3，尾毛蓬松。头大，眼大而圆，故有大眼贼的称号。耳壳短小，呈崎状。前足拇趾不显著，但有小爪，其他各趾均正常，爪色黑而强壮。雌体乳头4对。其外部形态如图1。

毛色 下颌、咽喉部及眼睛周围白色；背毛沙黄色，毛尖黄色，毛基灰黑色，背毛与腹毛界线明显，在体侧中央较为平直，腹毛较背毛长，毛尖淡黄色，毛基灰黑色。尾毛上下一色，为沙黄色，无黑色环纹间隔（图1）。

图1 阿拉善黄鼠（付和平提供）

头骨 颅骨呈椭圆形,吻端略尖。眶上嵴基部的前端有缺口。听泡的纵轴大于横轴,门齿狭扁。颅全长37.43~45.00mm,齿隙长8.50~10.22mm,听泡长7.22~9.52mm,听泡宽7.06~8.62mm,颧宽21.20~28.03mm(图2)。

主要鉴别特征 头骨的眶间较宽,眼眶上缘略向上拱起,且在其眶间形成马鞍形的凹陷,人字嵴明显;上门齿内侧基部无明显的门齿坑。下颌、咽喉部及眼睛周围白色;背毛沙黄色,毛尖黄色,毛基灰黑色;背毛与腹毛界线明显,在体侧中央较为平直;腹毛较背毛长,毛尖淡黄色,毛基灰黑色;尾毛上下一色,为沙黄色,无黑色环纹间隔。雌体具乳头4对。门齿狭扁,后无切迹。第二、第三上臼齿齿尖不发达或无,下前臼齿的齿尖也不发达。

生活习性

栖息地 模式标本栖息地位于内蒙古阿拉善盟典型荒漠区,草地类型为典型的温性荒漠,植被稀疏,植物种类贫乏,主要以旱生、超旱生和盐生的灌木、半灌木、小灌木和小半灌木为主。气候为典型的高原大陆性气候,冬季严寒、干燥,夏季酷热,昼夜温差大,极端最低气温-36℃,最高气温42℃,年平均气温8.3℃,无霜期156天。年降水量45~215mm,且降水极不均匀,主要集中在7~8月。年蒸发量3000~4700mm。土壤为棕漠土,淋溶作用微弱,土质松散,瘠薄,表土有机质含量1%~1.5%,含有较多的可溶性盐(图3)。

洞穴 阿拉善黄鼠喜独居,洞穴分冬眠洞和临时洞两类。冬眠洞的洞口圆滑,直径6cm。有些地区的洞口有小土丘,有的地区则无。洞口入地的洞道,起初斜行,而后近乎垂直,接着再斜行一段入巢。洞深多数在结冰线以下,一般为105~180cm,有的深达215cm。洞中有巢室和厕所,巢的直径可达20cm。窝内絮有白草和隐子草等植物,有的还有羊毛等杂物。厕所常在洞口的一侧,是一个膨大的盲洞。冬眠洞是供其冬眠、产仔和哺乳时使用。临时洞的洞径约8cm,呈不规则圆形,洞道斜行,长45~90cm,这类洞常为临时窜洞或因受惊扰而避难之用。

阿拉善黄鼠的挖掘能力很强,10分钟内就能挖一个掩没身体的洞穴。当它遇到敌害时,急入洞中,迅速挖土,并借臀部的力量将前足送来的土帮助后足压向后方,把洞堵实,以逃避敌害。

食物 主要以植物性食物为主,也吃一定比例的动物性食物。其喜食植物的种类与环境提供的植物种类有很大关系。夏季,阿拉善荒漠区植物多样性最为丰富的时期在7~9月,从2020年和2021年两个年度的8~9月在阿拉善荒漠区的取样分析可知,阿拉善黄鼠的食物组成主要有大约10种植物。如:菊科的拐轴鸦葱(*Scorzonera divaricata*)、藜科的蒙古虫实(*Corispermum mongolicum*)、豆科的沙冬青(*Ammopiptanthus mongolicus*)、糙叶黄芪(*Astragalus scaberrimus*)、猫头刺(*Oxytropis aciphylla*)、藜科的刺沙蓬(*Salsola tragus*)、蒺藜科的白刺(*Nitraria tangutorum*)、霸王(*Zygophyllum xanthoxylon*)、旋花科的银灰旋花(*Convolvulus ammannii*)、车前科的小车前(*Plantago minuta*)等。10种植物累计超过其食物鲜重的92%,为其主要食物。通过对其胃重的多次重复测定,平均日食鲜草45.6±0.22g。在其食物组成中占比较少的植物有,蒺藜科的骆驼蓬(*Peganum harmala*)、禾本科的无芒隐子草(*Cleistogenes songorica*)、萝藦科的鹅绒藤(*Cynanchum chinense*)、藜科的梭梭(*Haloxylon ammodendron*)、怪柳科的红砂(*Hololachna songarica*)等。

越冬与冬眠 阿拉善黄鼠具冬眠习性,在阿拉善荒漠区种群越冬个体从10月下旬开始陆续冬眠。翌年3月下旬开始相继出蛰,出蛰过程中形成2个高峰,先雄后雌,第一个高峰在清明节前,系雄鼠;第二个高峰是在谷雨前后,系雌鼠。

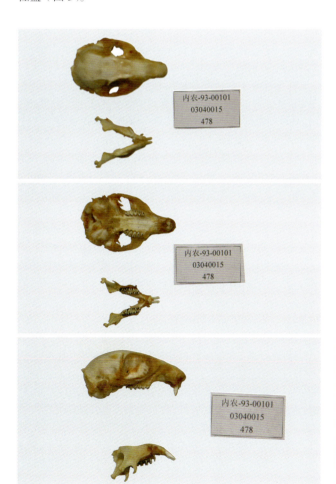

图2 阿拉善黄鼠头骨(付和平提供)

图3 阿拉善黄鼠栖息地(袁帅提供)

冬眠是该鼠生命活动中的一个重要生命特征，金宗濂等（1987）观察了黄鼠在实验室内冬眠的一般情况。常温黄鼠的体温有着规律性的年周期，与环境温度的年周期变动不完全呈依从关系。出眠初期（4月下旬），动物体温高而稳定。4~6月常温黄鼠的平均体温（皮温）为35.6℃，波动范围32~37.5℃。随着体重达到顶峰，体温逐渐降低。8月部分黄鼠出现低于32℃的低常体温，表明部分黄鼠自8月盛夏开始冬眠。但就整个种群而言，北京地区实验室内黄鼠冬眠季自9月下半月开始至翌年3月底止，共6.5个月。秋季室温下降，动物入眠趋势增长，浅低体温（15~31.9℃）的比例逐渐升高。9~12月，低体温（低于31.9℃）的百分比从47%增至84.8%，反映了动物从浅冬眠向深冬眠过渡。1~2月，低体温占85%以上，深低体温（低于15℃）占绝对优势，标志着动物种群的深眠月份。秋季动物从常温期向冬眠期转化的界限是不清的，而春季从冬眠期向常温期转化的界限却比较明显。

活动规律　是白昼活动的鼠类，每天日出开始出洞活动。日活动高峰：4月在12:00左右；5~9月有两个高峰，9:00~10:00和15:00~16:00点，上午高于下午；10月基本上不出现活动高峰。

阿拉善黄鼠的活动范围一般在100m左右，其活动距离雄性成体平均为98m左右，未成年个体平均为80m；雌性成体平均为89m，未成年个体平均为79m。巢区面积（5~8月）成年雄鼠为$3807.2 \pm 640.3 m^2$；成年雌鼠为$4192 \pm 948.7 m^2$。

生长发育　可用晶体干重鉴定阿拉善黄鼠年龄，亦可用臼齿磨损特点划分年龄组。根据晶体干重的频数分配，并参照繁殖及毛色等特征，确立各年龄组间的分组界限，划分出5个年龄组：

雌性：Ⅰ组，晶体干重18mg；Ⅱ组，18.01~23.00mg；Ⅲ组，23.01~29.00mg；Ⅳ组，29.01~35.00mg；Ⅴ组，>35mg。

雄性：Ⅰ组，晶体干重18mg；Ⅱ组，18.01~22.00mg；Ⅲ组，22.01~28.00mg；Ⅳ组，28.01~34.00mg；Ⅴ组，>34mg。

在所划分的5个年龄组中，Ⅰ组为当年出生至夏末的幼体；Ⅱ组为当年出生至翌年春季之前的亚成体，Ⅲ组和Ⅳ组分别为第二年冬眠之前和第三年冬眠之前的成体；Ⅴ组为第四年冬眠之前或更长时间的老体。据此可以推测阿拉善黄鼠的自然寿命一般为4~6年，另据赵肯堂（1981）报道，阿拉善黄鼠的寿命可达7年。

繁殖　阿拉善黄鼠1年繁殖1次，繁殖季节比较集中。春季出蛰以后即进入交配期，4月很快由交配期进入妊娠期，而5月中旬随着交配期结束而到妊娠的盛期，当年幼鼠最早于6月中旬开始出洞，大批幼鼠在7月中旬以后分居，过独立生活。

阿拉善黄鼠的妊娠期28~30天，哺乳期24~26天，出生后28~30天幼鼠开始出洞活动，再过4~6天即分居，不再进入母鼠洞。从母鼠交配到幼鼠分居65~70天。平均胚胎数为8.4只，最少2只，最多可达13只，5~7只的为数较多。妊娠率为87.5%~97.2%。但由于越冬条件差异，两个相邻的繁殖期，妊娠率约相差1倍。

在内蒙古西北部地区，阿拉善黄鼠怀孕率多在90%以上，胚胎数一般6~9个；胚胎吸收率一般在20%以下，平均吸收胚胎1.5~2.0左右。对比达乌尔黄鼠在山西、陕西地区，黄鼠怀孕率一般在50%~80%，胚胎数4~6个，胚胎吸收率在10%~15%之内，平均吸收胚胎1.2~1.4个左右。这两个地区除胚胎吸收率和吸收胚胎数较接近外，其余多项指标前者均明显地高于后者，存在明显的地区差异。黄鼠在怀孕过程中，发生胚胎吸收个体所占比率和胚胎吸收率，与种群怀孕率有一定关系。直线相关系数分别为$r=0.9230$和$r=0.9508$。说明种群的怀孕率愈高，怀孕个体愈易发生胚胎吸收，且吸收胚胎数愈多。可能与种群内部的调节机制有关。

达乌尔黄鼠每胎产仔数2~9只，以4~5只者居多。汾阳、曲沃、延长和合阳地区的黄鼠平均胎仔数分别为4.72 ± 0.12、4.59 ± 0.09、4.65 ± 0.24及5.43 ± 0.15只，均低于中国内蒙古赤峰、辽宁阜新和前苏联境内黄鼠的胎仔数，但高于山西阳曲黄鼠的胎仔数。

在汾阳地区，黄鼠雄体睾丸发育高峰期在4月中旬，此时雄体睾丸普遍下降，下降率达100%，镜检附睾亦发现有大量的成熟精子。从5月上旬开始，部分睾丸出现萎缩，至5月中旬，睾丸下降率仅为25%，附睾仅有少量活动的精子。从性腺发育的程度看，雄体比雌体提前10天左右进入繁殖高峰，但结束也早。1988年4月上旬，合阳地区雄体的睾丸下降率最高，中旬睾丸开始萎缩。睾丸大小的月变化与其下降率基本一致。在阿拉善地区，4月上旬雄体睾丸全部下降，7月出现萎缩；4月上旬可以捕获怀孕雌性个体，7月可以捕获幼体。

行为研究　阿拉善黄鼠的日活动随季节而变化，为昼行性鼠种。费荣中等（1975）发现4月末的日活动高峰在中午，6月中旬则有2个活动高峰：13:00，16:00左右。上述活动高峰的形成，是与它的摄食、配偶、玩耍等活动有关。但夏季中午天气炎热，中午时段出现明显的活动间歇期以避开强烈的日晒，地表温度增高，活动频度下降，反映出黄鼠的活动是需要适宜的温度。不同的地域和气候环境等可能会导致不同的活动节律。张贵等（2007）观察了黄鼠栖息地特征和季节气候变化的活动规律，结果发现黄鼠栖息于11种地理景观区域内的14种景观类型。活动频率随季节、气温、日照时间的变化而变化。而阿拉善黄鼠行为方面的研究较少，已有的研究仅涉及活动节律和范围等方面，进一步的研究可从行为生态学等方面来进行，为动物模型的开发、控制和管理利用等提供新的视角。

种群数量动态

季节动态　在内蒙古阿拉善荒漠区不同干扰条件下（开垦、轮牧、过牧、禁牧），2002—2010年，不同干扰下阿拉善黄鼠种群数量的季节变动曲线见图4，从图4可以看出，4种干扰下阿拉善黄鼠种群的季节变动特征较复杂，过牧区各季节种群数量高于其他干扰。季节动态的相关性表明，禁牧区与轮牧区、开垦区显著相关（$P<0.05$），与过牧区极显著相关（$P<0.01$）；过牧区与开垦区极显著相关（$P<0.01$）。说明阿拉善黄鼠在不同干扰下的季节变动相似。

年间动态　在内蒙古阿拉善荒漠区，2002—2012年研

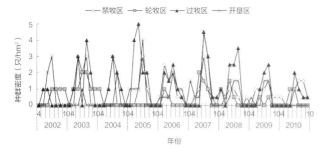

图 4 阿拉善黄鼠种群数量季节动态（付和平提供）

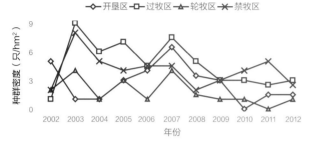

图 5 阿拉善黄鼠种群数量的年间动态（付和平提供）

究期间，不同生境斑块中阿拉善黄鼠种群密度的年间动态研究表明（图5），不同生境斑块中阿拉善黄鼠种群密度均较低，过牧区种群密度相对较高。开垦区阿拉善黄鼠种群密度在2003—2007年为上升趋势，2007—2010年为下降趋势，2007年种群密度最大，为6.5只/hm²。过牧区2003—2012年整体为下降趋势，2003年种群密度最高，且出现该区域最大局域种群，为9只/hm²。轮牧区与过牧区种群变动趋势相似，轮牧区种群密度相对最低，最大种群密度为4只/hm²。禁牧区中，2003—2008年阿拉善黄鼠种群密度呈下降趋势，2003年种群密度最高，为8只/hm²，2008—2011年种群密度呈上升趋势。进一步以2002—2012年不同生境斑块中阿拉善黄鼠种群密度作为Spearman秩相关系数检验的数量指标，分析阿拉善黄鼠局域种群的空间动态。结果表明，仅过牧区和轮牧区中阿拉善黄鼠种群密度显著正相关（$P<0.05$），局域种群具有空间同步性动态。其他生境斑块间相关性不显著（$P>0.05$），局域种群的动态不具有空间同步性。

危害 是中国西北地区的重要害鼠之一，对农牧业均有不同程度的危害。它们主要以植物的幼嫩部分和种子为食，直接影响到植物的生长发育。

春季，阿拉善黄鼠常吃草根和播下的作物种子，致使牧草不能发芽，作物缺苗断垄，幼苗生长遭到危害。夏季，植物拔节之后，咬断茎秆，吸取其所需要的水分，每遇干旱，危害更为严重。

由于阿拉善黄鼠的挖掘活动，常造成大面积的不生草地和水土流失。它们的洞穴常挖在田边地埂，易引起田间灌水流失，甚至使堤坝溃决，引起严重水灾。对荒山造林和防护林建设有危害。阿拉善黄鼠还是鼠疫自然疫源地中的主要宿主和传播者。

防治技术 作为潜在的害鼠之一，有效的监测和综合防治手段也是必不可少的，但种群监测的标准等缺乏规范，在阐明了害鼠生物学、生态学的基础上，形成科学合理的监测技术，持续监测并预报其数量变化规律及其危害情况，研制具有一定精确性的可持续生态防控技术，可使阿拉善黄鼠的数量维持在一定的密度之下，达到生态系统的健康、永续管理。

生物防治 阿拉善黄鼠既危害农田和草原，又传播疾病，也是许多食肉动物的重要食物来源，应当大力开展生物灭鼠工作，利用天敌控制害鼠。首先，禁止乱捕滥猎，收缴猎枪，加大野生动物保护宣传的力度，禁止小商小贩买卖各种野生动物的皮张，使狐、鼬、猛禽等天敌数量上升。其次，为阿拉善黄鼠的天敌创造良好的栖息环境，植树种草，恢复植被，最终达到自然和谐、生物控制。

化学防治 害鼠大发生的有效控制方法是人工化学灭鼠。化学灭鼠具有易行、省时、高效和价廉等特点，国内外基本上以化学防治为主，可在短期内毒杀大批害鼠，迅速降低害鼠密度。防治阿拉善黄鼠的最佳时间是4～5月。出蛰后的黄鼠因体内脂肪大量消耗，急于寻食补充营养，饥饿使其对食物没有选择，警惕性不高，易于取食中毒，此时是用毒饵防治的有利时机。防治时间应在4月15～25日，太早，黄鼠没有大量出蛰；太晚，杂草萌发，影响对毒饵的取食。掌握好防治时间是消灭黄鼠的主要一环；其次，此时正是求偶交配、妊娠时期，杀死1只鼠就等于灭掉其他时期5～7只阿拉善黄鼠。在采取突击灭鼠后，鼠的密度低到一定程度时，灭鼠工作也不能停止，必须持之以恒，在每年4～5月开展一次群众性的灭鼠活动。在低密度情况下应加强监测和预报，这样才能有效控制鼠类的危害。

参考文献

费荣中, 李景原, 商志宽, 等, 1975. 达乌尔黄鼠的生态研究[J]. 动物学报, 1: 28-32.

付和平, 武晓东, 张福顺, 等, 2009. 阿拉善黄鼠模式产地标本染色体核型[J]. 动物学杂志, 44(6): 31-35.

金宗濂, 蔡益鹏, 1987. 季节、环境温度与黄鼠冬眠的关系[J]. 生态学报, 7(2): 185-191.

刘荣堂, 武晓东, 2011. 草地保护学: 第一分册 草地啮齿动物学[M]. 3版. 北京: 中国农业出版社.

马勇, 杨奇森, 周立志, 2008. 啮齿动物分类学与地理分布[M] // 郑智民, 姜志宽, 陈安国. 啮齿动物学. 上海: 上海交通大学出版社: 34-139.

苏军虎, 等, 2013. 我国草地鼠害防治与研究的发展阶段及特征[J]. 草业科学, 30(7): 1116-1123.

武晓东, 付和平, 杨泽龙, 2009. 中国典型半荒漠与荒漠区啮齿动物研究[M]. 北京: 科学出版社.

武晓东, 袁帅, 张晓东, 等, 2015. 阿拉善荒漠啮齿动物集合种群与群落稳定性研究[M]. 北京: 科学出版社.

武晓东, 张福顺, 2014. 荒漠啮齿动物种群和群落格局与动态研究[M]. 北京: 中国农业出版社.

杨奇森, 夏霖, 马勇, 等, 2005. 兽类头骨测量标准Ⅰ: 基本量度[J]. 动物学杂志, 40(3): 50-56.

张贵, 刘振才, 江森林, 等, 2007. 吉林省鼠疫自然疫源地达乌尔黄鼠的生态学研究[J]. 中国卫生工程学(1): 27-28, 30.

赵肯堂, 1981. 内蒙古啮齿动物[M]. 呼和浩特: 内蒙古人民出版社: 75-83.

郑涛, 王香亭, 1988. 甘肃及其附近地区黄鼠分类位置的研究[J]. 兰州大学学报(自然科学版), 25(2): 124-128.

（撰稿：付和平、袁帅；审稿：武晓东）

爱德华·萨乌马奖　Edouard Saouma Award

是联合国粮农组织设立，授予那些特别高效执行了联合国粮农组织的技术合作计划所资助的项目，并产生了较大影响的国家或机构。该奖项设立于1993年，每2年颁发1次，每次1~2个国家或机构获奖，以纪念粮农组织前总干事爱德华·萨乌马。粮农组织总干事在粮农组织举行的特殊庆祝仪式上为获奖者颁奖。

2003年11月29日，在意大利罗马举行的联合国粮农组织第三十二届大会上，四川省农业厅植物保护站以"四川省农村鼠害系统控制"项目，一举在90个国家申报的177个项目中脱颖而出，荣获联合国粮农组织爱德华·萨乌马奖。这是中国首次获此殊荣，也是世界上第六个获此殊荣的单位。

2000—2001年四川省农业厅植物保护站通过执行联合国粮农组织"农村鼠害系统控制"技术合作项目，成功控制了农村鼠害。项目实施取得了3大成果：一是改季节性统一灭鼠为社区持续控鼠，显著提高了灭鼠效果。二是改裸露投放毒饵为置放毒饵站，特别是根据四川农村竹子资源丰富的特点，采用竹筒毒饵站，不但避免了裸投毒饵造成非靶标动物和家禽中毒死亡，而且有效地协调了化学灭鼠与水体、鸟类和环境保护的矛盾。三是利用该技术可以大幅度减少投饵量，每公顷减少3kg左右，降低了投入成本，深受农民欢迎。由于农村鼠害控制技术经济、安全、持久、环保，四川省农业厅作为重点适用农业技术进行推广，2002—2003年，举办农民田间学校210间，制作竹筒毒饵站55万多个，建立安全毒饵定点销售点1500多个，受益农户达160万户。仅2003年减少鼠害损失粮食就达18万t，为提高粮食安全水平、为世界鼠害控制技术的创新和农业的发展做出了重要贡献。

（撰稿：封传红；审稿：郭聪）

安妥　ANTU

一种硫脲类急性杀鼠剂。又名1-萘基硫脲。化学式$C_{11}H_{10}N_2S$，相对分子质量202.277，熔点198℃，沸点377.6℃，密度1.33g/cm^3，水溶性0.06g/100ml（25℃）。白色棱状体结晶。无臭，味苦，不溶于水，可溶于有机溶剂及碱性溶液中。硫脲类急性杀鼠剂，现已禁用。化学性质稳定，不易变质，受潮结块后研碎仍不失效。选择性强，主要用于防治褐家鼠及黄毛鼠，对其他鼠种毒性较低。该药剂有强胃毒作用，也可损害鼠类呼吸系统。安妥对大鼠、小鼠的口服半致死剂量（LD_{50}）分别为6mg/kg和5mg/kg。

（撰稿：王大伟；审稿：刘晓辉）

巴尔通体病 bartonellosis

由不同种与亚种巴尔通体引起的一类世界性分布的人兽共患传染病。是近年来在中国新发传染病之一，分布十分广泛。猫巴尔通体病（*Feline haemobartonellosis*），又名猫传染性贫血，发病猫以贫血、脾脏肿大为特征，于1958年首先发现于美国。人是传染源之一。自然宿主主要包括哺乳动物，如猫、狗、啮齿动物和反刍动物。

病原特征 巴尔通体是一种细小球状、杆状或环状的多形性微生物，大小不一，球状菌直径 0.2~0.7μm，杆状菌大小 0.3~0.6μm×0.8~2μm。革兰氏染色阴性，姬姆萨染色呈紫色或蓝色，Maechiavell 染色呈红色。大多数无鞭毛，仅杆菌样巴尔通体和克氏巴尔通体有鞭毛。

传播途径 吸血节肢动物是巴尔通体传播扩散的主要媒介，作为人类感染的传播媒介主要有白蛉、跳蚤、体虱等。传播方式通常包括吸食血液与排泄粪便等污染物等方式扩散。易感动物和人经巴尔通体宿主叮咬吸血、啃咬、叮舐损伤等机械性损伤后接触污染物均能感染巴尔通体，有报道称病原体可能直接经过机械损伤由猫传入人体。

易感人群 动物和人普遍易感，且感染发病后免疫力无明显的持久性。

流行特征 巴尔通体病无明显季节分布，年龄及性别分布状况不清，地区分布除秘鲁安第斯山奥罗亚热和第一、第二次世界大战以及布隆迪难民营五日热巴尔通体热暴发外，多呈散发状态。但近年来，由于饲养宠物的兴起，猫抓病日见增多。

临床症状 精神高度沉郁，虚弱无力，倦怠，食欲不振乃至丧失，消瘦，嗜睡，呼吸迫促，体温升高，严重贫血，多数出现可视黏膜黄染，严重的出现呼吸困难。

诊断 诊断方法有直接镜检法、血清学检验法以及 PCR 检测法，当前应用较多的方法为 PCR 检测法。

治疗 四环素、土霉素、咪唑苯脲、氯霉素、强力霉素等药物是控制本病的有效药物。氯霉素、恩诺沙星对巴尔通体也有一定的效果，但药物并不能将病原从感染动物体内完全清除，只能控制病原在机体内处于低水平感染状态。

防治 目前尚无有效的免疫预防方法，只能采取综合性防控办法。例如：消除鼠类和吸血节肢动物滋生，保持清洁的卫生环境；对污染地区的动物（特别是猫、犬）进行全面检疫，扑杀患病的、带菌的、抗体阳性的和隐性感染的动物，以清除传染源。

参考文献

白文顺, 夏春香, 杨亮宇, 等, 2006. 巴尔通体病研究进展[J]. 动物医学进展, 27(7): 20-23.

白鹤鸣, 杨慧, 杨发莲, 2006. 巴尔通体致病机理研究进展[J]. 中国人兽共患病学报, 22(12): 1160-1163.

叶曦, 姚美琳, 李国伟, 2008. 巴尔通体的流行病学[J]. 中国病原生物学杂志, 3(6): 467-470.

（撰稿：丁华；审稿：何宏轩）

巴西日圆线虫 *Nippostrongylus brasiliensis*

线虫纲杆形目绕体科日圆属一种。又名鼠钩虫。主要分布于马来西亚、日本、菲律宾、巴西、大洋洲，在中国主要分布于福建、广东、台湾等地。主要寄生于小家鼠、长爪沙鼠、黄地鼠、白足鼠、褐家鼠、黑家鼠、黄褐鼠等啮齿动物，寄生部位为肠。

形态特征 虫卵长径 0.054~0.056mm，幅径 0.028~0.032mm。虫体细长，头部具有头泡，体表角皮具有细横纹和 14 条纵纹。食道呈圆柱形，神经环位于食道的前部。雄虫：体长 2.82~3.36mm，宽 0.080~0.096mm。头泡长 0.053~0.068mm。食道长 0.340~0.360mm，宽 0.028~0.032mm。神经环距头端 0.136~0.140mm。排泄孔距头端 0.132~0.156mm。交合伞不对称，2 侧叶发达，背叶小。腹腹肋右边细小，末端不达伞缘，左边较粗长，末端达伞缘。前侧肋和中侧肋右边较左边粗大，末端细尖，接近伞缘。后侧肋左边粗大，右边细小，弯向背方，末端不达伞缘。背肋小，外背肋从基部分出，末端不达伞缘。背肋末端分为 4 支，内支末端外缘具小突。交合刺细长，丝状，长 0.500~0.554mm。引带近方形，大小 0.028~0.038mm×0.014~0.024mm。引带背部的泄殖壁增厚成副引带。雌虫：体长 2.95~4.48mm，最大宽度 0.105~0.125mm。头泡长 0.056~0.068mm。食道长 0.358~0.360mm，宽 0.032mm。神经环距头端 0.192~0.210mm。排泄孔距头端 0.226mm。尾部长 0.050~0.080mm。阴门距尾端 0.084~0.115mm。

致病性 可感染啮齿类动物，可在实验室条件下建立循环、传代保种，与人体钩虫具有相似的生长、发育过程，可诱导与人体钩虫相似的免疫反应过程。人体感染钩虫主要是通过皮肤黏膜途径，钩虫主要寄生于宿主小肠壁上，不但可损伤肠黏膜，造成消化系统紊乱，而且可使人体长期慢性失血，重度感染者会产生严重贫血。感染人体的钩虫主要包括十二指肠钩口线虫和美洲板口线虫以及偶可感染人体的锡兰钩虫、犬钩虫和巴西钩虫等。

诊断 收集粪便，采用饱和NaCl漂浮法，镜检观察粪便中是否存在巴西日圆线虫的虫卵即可确诊。

治疗 单次灌胃0.62mg/kg伊维菌素对巴西日圆线虫的驱虫率达99.1%，完全治好剂量为1.11mg/kg。

参考文献

闻礼永，夏昭华，姚善谨，等，1999. 国产伊维菌素（Ivermectin）驱除犬钩虫、巴西日圆线虫、鼠蛲虫的效果[J]. 中国人兽共患病杂志(1): 25-27.

吴淑卿，等，2001. 中国动物志：线虫纲 杆形目 圆线亚目（一）[M]. 北京：科学出版社.

（撰稿：崔平；审稿：何宏轩）

白磷　phosphorus

一种在中国未登记的杀鼠剂。又名黄磷。化学式P_4，相对分子质量123.90，熔点44.1℃，沸点280.5℃，密度1.82g/cm^3，不溶于水，微溶于苯、氯仿，易溶于二硫化碳。白色至黄色蜡状固体，有蒜臭味，暴露空气中在暗处产生绿色磷光和白烟。在湿空气中约40℃着火，在干燥空气中则稍高。剧毒物质，在工业上用白磷制备高纯度的磷酸。还可用白磷制造赤磷（红磷）、三硫化四磷（P_4S_3）、有机磷酸酯、燃烧弹、杀鼠剂等。摄入方式有吸入、食入和经皮吸收。急性中毒时会出现腹痛、腹泻，吐出物有大蒜味，在暗处能发光。红磷在隔绝空气时加热至416℃升华凝结转换为白磷。对大鼠、小鼠口服的半致死剂量（LD_{50}）分别为3.03mg/kg和4.82mg/kg。

（撰稿：宋英；审稿：刘晓辉）

白色脂肪组织　white adipose tissue

由单泡脂肪细胞、血管基质细胞、血管、淋巴结和神经等构成，具有能量储存和分泌功能的器官。单泡脂肪细胞呈圆形或多边形，中央有一大脂滴；血管基质细胞中的一部分可发育为脂肪前体细胞；复杂而有序的血管系统为脂肪细胞提供代谢所需物质，并运走代谢产物；淋巴结的分泌物可作用于包围它的脂肪组织，如影响脂解作用和血管形成；交感神经系统支配白色脂肪组织，它与血管一起协调白色脂肪组织与整体的代谢调节。该组织存在于哺乳动物和部分非哺乳类体内，主要分布在皮下、皮肤和腹膜内。其基本功能是储存和供给能量，同时它还是重要的内分泌器官。单泡脂肪细胞在能量过剩时以甘油三酯的形式储存能量，在能量短缺时（如禁食和长时间运动）提供能量。单泡脂肪细胞的增大和增殖与肥胖的发生相关。具有分泌功能也是白色脂肪组织的重要特点，最直接的证据是瘦素的发现，而且白色脂肪组织被认为是一种分泌器官。

参考文献

CINTI S, 1999. The adipose organ [M]. Milan: Kurtis.

CRANDALL D L, HAUSMAN G J, KRAL J G, 1997. A review of the microcirculation of adipose tissue: anatomic, metabolic, and angiogenic perspectives[J]. Microcirculation, 4: 211-232.

DIGIROLAMO M, FINE J B, TAGRA K, et al, 1998. Qualitative regional differences in adipose tissue growth and cellularity in male Wistar rats fed ad libitum[J]. AJP regulatory integrative and comparative physiology, 274: R1460-R1467.

HAUNER H, WABITSCH M, PFEIFFER E F, 1988. Differentiation of adipocyte precursor cells from obese and nonobese adult women and from different adipose tissue sites[J]. Hormone and metabolic research, Suppl, 19:35-39.

HAUSMAN D B, DIGIROLAMO M, BARTNESS T J, et al, 2001. The biology of white adipocyte proliferation[J]. Obesity reviews, 2(4): 239-254.

LAFONTAN M, 2005. Fat cells: Afferent and efferent messages define new approaches to treat obesity[J]. Annual review of pharmacology, 45: 119-146.

MACQUEEN H A, WAIGHTS V, POND C M, 1999. Vascularisation in adipose depots surrounding immune-stimulated lymph nodes[J]. Journal of anatomy, 194: 33-38.

POND C M, 1996. Functional interpretation of the organization of mammalian adipose tissue: its relationship to the immune system[J]. Biochemical society transactions, 24: 393-400.

YOUNGSTROM T G, BARTNESS T J, 1995. Catecholaminergic innervation of white adipose tissue in the Siberian hamsters[J]. The American journal of physiology, 268: R744-R751.

ZHANG Y, PROENCA R, MAFFEI M, et al, 1994. Positional cloning of the mouse obese gene and its human homologue[J]. Nature, 372: 425-432.

（撰稿：郭洋洋；审稿：王德华）

白尾松田鼠　*Phaiomys leucurus* Blyth

青藏高原常见的植食性小哺乳动物。英文名the white-tailed prairie vole。又名拟田鼠、松田鼠、布氏松田鼠等。啮齿目（Rodentia）仓鼠科（Cricetidae）䶄亚科（Arvicolinae）白尾松田鼠属（*Phaiomys*）。为单型属。

分布于中国的青藏高原，是青藏高原的特有物种，并沿喜马拉雅山脉向南延伸到印度西北部。

形态

外形 体型较小，体长89～130mm，尾特短，其长度为25～40mm，不及体长之30%。耳甚短小，不显露于被毛之外，其长约为体长之12.5%。四肢较短，足指（趾）之爪强而有力。

毛色 色调浅淡，躯体背面毛色通常呈土棕色、沙黄色、浅赭色或暗灰褐色，毛基鼠灰色。背部还混杂或多或少的黑色长毛。体侧毛色较背部浅淡。体腹面毛基灰色，毛尖苍白或黄白色。尾单色或双色（常见幼体及亚成体），上面暗棕褐色、浅棕黄白色（单色者上下面一致）或暗褐色；下面黄色，尾稍具黄白色或浅棕褐色毛束。四肢足背面黄白色或污白色，爪黑褐色。

头骨 头骨粗壮，脑颅至吻端不显著隆起。鼻骨短，前端膨大，后端窄小，眶上嵴发达。颧弓粗大，向外扩展呈弧形。鳞骨之眶后突较明显。腭骨甚长，超过颅全长1/2，其后缘与翼状骨相连接。听泡甚大，其长接近颅全长之1/4左右。

上门齿唇面无沟，略向前倾斜。第一上白齿的横叶之后有4个白环，第二上白齿的横叶之后具3个白环，第三上白齿内外两侧各有3个角突。下颌第一白齿后横叶之前具3个闭锁的三角形齿环，第四、五个齿环互相融合，并与小前叶联通。第二下白齿的横叶之前具4个齿环，第三下白齿有3条斜列的齿环组成。

主要鉴别特征 野外鉴别特征：外形适应挖掘活动。尾特短，其平均长度不及体长30%。耳小，为体长12.5%左右。四肢爪强大有力。

头体长98～128mm；尾长26～35mm；后足长16～19mm；耳长10～13mm。背毛呈苍白的黄棕色，沿体侧较淡并渐混入浅黄灰色腹毛中。尾是单一的浅黄棕色。四足背面苍白浅黄白色。适应半土洞生活的特征包括短耳和延长的爪。白齿珐琅质形式变弱，类似水䶄，第一下白齿（M^3）在后横棱叶前面只有3个封闭交替的三角突和1个前环，前环在舌侧和唇侧都有凹痕。腭骨后缘有一中间骨桥，连接中翼骨窝并分割成2个侧窝。

生活习性

栖息地 白尾松田鼠偏好隐蔽级相对较低（4～8cm）的栖息地，面临较高的捕食风险。白尾松田鼠采用高频而快速的采食模式，快速进食几口后返回洞口；地面活动时很少在远离洞口的开阔地停留，长距离的移动通过地下的洞系进行，都是对高捕食风险的适应性行为。

白尾松田鼠穴居地样方中植物种类少（＜4种），高度更低（＜8cm）。最有代表性的植物是垫状驼绒藜（*Ceratocarpus compacta*），为多年生小灌木，其植株矮小、垫状、具密集的分枝，叶小、密集、营养丰富，含有较多的粗蛋白。由于白尾松田鼠体型较小，不冬眠，能量消耗相对较高，必须经常取食，垫状驼绒藜作为其穴居栖息地中的优势种，是白尾松田鼠全年稳定的食物来源。

白尾松田鼠选土壤硬度偏软（3～4kg/cm²）的栖息地挖掘洞穴。对栖息地选择的宽度较窄，在高寒荒漠、土质较硬、植被较高、种类较多的地方看不到它们的活动痕迹，从而在高寒生态系统中呈斑块状分布格局。

洞穴 密集穴居。

食物 以禾本科、莎草科植物为主，亦觅食青稞谷物。

活动规律 昼夜活动，不冬眠，夏季上午、下午各有1个活动高峰。野外观察发现白尾松田鼠在冬季只有中午1个活动高峰，气温较高的时候在洞口附近晒太阳和觅食。

繁殖 一个标本的子宫内有7个胎儿。未见其他相关报道。

种群数量动态 拉萨半干旱河谷新植林，4月15日夹日法调查共放置鼠夹195个，16日收夹时捕到白尾松田鼠31只，捕获率为15.89%。

危害 啃食牧草，破坏草皮，对牧业有较大危害。白尾松田鼠对农作物和农牧民仓储危害极大，是河谷地区危害人工林的主要害鼠。据贡嘎、扎囊、乃东等县的调查，2006年春季，田间白尾松田鼠的密度达到50000洞口/hm²，最高达80000洞口/hm²。对农户采用粘鼠板的调查结果发现粘鼠率达到15%以上；这种状况即使在内地也是很少出现的，已经形成严重的灾情。

防治技术

生物防治 设立人工鹰架可吸引猛禽来栖息并捕食白尾松田鼠。

物理防治 捕鼠夹、鼠笼、夹板、电子捕捉器等器械可小面积有效控制高白尾松田鼠数量。

化学防治 选用P-1拒避剂、0.2%莪术醇抗生育剂和克鼠星1号杀鼠剂单独、交叉施药进行防治，交叉施药效果较好，18个月后捕鼠率、有效洞数、植株受害率分别下降了90%、81.23%、85%，效果较持久。

参考文献

LUNDE D, 2009. 白尾松田鼠[M] // SMITH A T, 解焱. 中国兽类野外手册. 长沙: 湖南教育出版社: 130.

郭永旺, 施大钊, 王登, 2009. 青藏高原的鼠害问题及其控制对策[J]. 中国媒介生物学及控制杂志, 20(3): 268-270.

唐晓琴, 秦元丽, 卢杰, 等, 2011. 拉萨半干旱河谷新植林鼠(兔)害调查及防治试验[J]. 中国森林病虫, 30(6): 31-34.

王振宇, 李叶, 张翔, 等, 2015. 白尾松田鼠穴居栖息地利用的影响因子分析[J]. 兽类学报, 35(3): 280-287.

郑昌琳, 1989. 高原鼠兔[M] //中国科学院西北高原生物研究所. 青海经济动物志. 西宁: 青海人民出版社.

郑昌琳, 汪松, 1980. 白尾松田鼠分类志要[J]. 动物分类学报, 5(1): 106-111.

（撰稿：张堰铭；审稿：王登）

斑疹伤寒　typhus

由立克次体所致的急性传染病。流行性斑疹伤寒（epidemic typhus）是由普氏立克次体（*Rickettsia prowazekii*）所致，经体虱传播，以冬春季为多。地方性斑疹伤寒（endemic typhus）是由于莫氏立克次体（*Rickettsia mooseri*）感染所致，以鼠及鼠蚤为媒介，以夏秋季为多。

病原特征 立克次氏体（*Rickettsia*）为革兰氏阴性菌，是一类专性寄生于真核细胞内的原核生物，属于变形菌门立克次体目立克次体科。一般呈球状或杆状，是专性细胞内寄生物，主要寄生于节肢动物，有的会通过蚤、虱、蜱、螨传入人体。该类病原体由美国病理学家立克次（Howard Ricketts）首先发现，1916年从体虱中分离到一种病原体，被命名为普氏立克次体，以纪念从事斑疹伤寒研究而牺牲的立克次和捷克科学家普若瓦帅克（Stanislaus von Prowazek）。

流行病学 斑疹伤寒可分流行性斑疹伤寒和地方性斑疹伤寒。流行性斑疹伤寒属于人→虱→人传播的疾病，人是唯一的宿主，体虱是传播媒介。地方性斑疹伤寒是一种自然疫源性疾病，鼠类是贮存宿主，印鼠客蚤是传播媒介，人是受害者。呈鼠→蚤→人传播循环。潜伏期为5～21天，多为10～12天。卫生条件较差的人群是斑疹伤寒的敏感人群。预防采取以灭虱、灭鼠为中心的综合性预防措施。

临床特征 表现有起病急、寒战、高热、剧烈头痛、肌肉疼痛及压痛，尤以腓肠肌明显，颜面潮红、眼球结膜充血，精神神经症状如失眠、耳鸣、谵妄、狂躁，甚至昏迷。可有脉搏增快或中毒性心肌炎。多于病期第5天全身出现充血性斑疹或斑丘疹，以后可变为出血性，并有脾肿大。地方性斑疹伤寒上述表现较轻。诊断依据流行病学史（当地有该病流行、有虱寄生及叮咬史等）和典型临床表现。确诊可作血清学检查如外斐氏反应等及立克次氏体分离。四环素或氯霉素治疗有特效。

（撰稿：鲁亮；审稿：刘起勇）

图1 板齿鼠（冯志勇摄）

板齿鼠 *Bandicota indica* Bechstein

一种分布于热带和亚热带的大型野栖鼠类，也是重要的农业害鼠之一。又名大柜鼠、乌毛柜鼠、小拟袋鼠、猪鼠、印度板齿鼠等。英文名greater bandicoot rat。啮齿目（Rodentia）鼠科（Muridae）鼠亚科（Murinae）大鼠超属（*Rattus*）板齿鼠属（*Bandicota*）。是东洋界的代表鼠种之一。中国分布区北界约为南岭—金沙江大拐弯一线，如广东、广西、福建、台湾、云南、贵州、四川南部和港澳台地区，其中广东雷州半岛和珠江三角洲分布的数量较多。印度、缅甸、泰国、尼泊尔、斯里兰卡、马来西亚、印度尼西亚等也有分布。

形态

外形 体形粗壮，成体体长大于220mm，一般可达280mm。成年鼠体重450～650g，2009年曾在广东雷州的甘蔗地捕获到一只体重达752g的雄性板齿鼠。该鼠头小嘴尖，吻短耳钝；耳短小略呈圆形，向前折达不到眼部，长度为18～33mm。尾粗短，其长度等于或略短于体长，为176～240mm。后足长40～53mm，有足垫6个，爪短而锋利，以便于挖掘。有乳头6对，其中胸部3对，鼠蹊部3对（图1）。

毛色 头部、背部和臀部的毛长而硬，呈黑褐色或黄褐色，毛基灰褐色，毛尖棕黄色。胸部和腹部的毛色比背部浅，有时略带土黄色，毛基部灰褐，毛尖棕黄色，背部和腹部的毛色无明显分界。尾上鳞环明显，似暗烟灰色，尾环的基部生有浓密的黑褐色短毛，尾毛短而稀疏，尾的上下面均呈黑褐色。外耳壳上长有黑褐色的浓密细毛，前、后脚的背面毛均为褐色（图1）。

头骨 板齿鼠的颅骨粗大，颅全长52.5～57mm，吻部短而宽。颧弓粗大，向外扩展。眶上嵴发达，听泡小而平，顶间骨甚小，门齿孔狭长，达10.2～11mm。门齿粗大并略向前倾，上门齿宽而坚硬，具有细小纵行皱纹。臼齿构造很

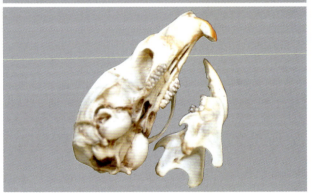

图2 板齿鼠的头骨（冯志勇摄）

特殊，臼齿咀嚼面横嵴的齿突愈合成板状，故以此特征命名该鼠，是重要的鉴别特征（图2）。

生活习性

栖息地 板齿鼠多在植被茂密的山坡、水渠、河堤、塘基、竹林、灌木丛和高大的田埂等环境中栖息，多活动于接近低洼潮湿之处（图3）。适宜其挖洞栖息的土堆和田埂的高度及宽度分别在40cm和50cm以上，巢室多筑在野草

覆盖度大、位置偏僻的塘基、河堤、灌渠、高大田埂和坡地上，尤其喜欢在土质较疏松而又较潮湿的池沼边缘或河边灌丛挖洞筑巢，云南、广西地区的板齿鼠多将洞穴筑于较干燥的土坡上。

洞穴结构　板齿鼠的洞穴通常由洞口、洞道和巢室3部分构成，洞系结构复杂，洞口多达7~10个，洞口直径10~13cm。较大的一个洞口多向着水塘和沟渠，在洞口附近还可发现一些挖洞推出的土堆，但常为洞口边缘的杂草所掩盖，另一些洞口则多通向农田，这样方便它们白天出来觅食。洞道多分支且分布在土壤深处，多与地面平行，洞径16~28cm。

食性　食性杂，在其食谱中既有植物性食物（包括农作物及野生植物），又有动物性食物，而在板齿鼠的洞道中，常常发现甘薯、稻穗、黄豆、鱼骨和小螃蟹尸体等。其胃内容物中植物纤维类食物的检出比例为68.68%±5.17%，淀粉类占23.06%±4.32%，动物性食物占8.26%±1.43%，其中成年板齿鼠动物性食物所占的比例显著高于亚成体和幼体。该鼠喜欢取食新鲜稻茎和稻穗，其次为甘薯、甘蔗、蔬菜和豆类，此外还取食铺地黍、茅根草和节节菜等杂草的嫩芽、根与种子，一些昆虫、小鱼、螃蟹等动物也是板齿鼠的食物来源之一。

板齿鼠对食物的选择有一定的季节性差异，4~11月取食新鲜稻茎和稻穗的频次占32.6%，其次为甘薯和甘蔗，分别占21.4%和16.7%，杂草占15.8%，蔬菜类占11.1%，动物性食物占2.4%；在其他时期，板齿鼠主要取食甘薯、甘蔗和蔬菜，频次分别为27.7%、24.1%和20.5%，杂草占17.9%，动物性食物增加到9.8%。其食性还与栖息地附近的作物布局有关，在甘薯种植区主要以甘薯为食物，而在甘蔗产区，则以甘蔗作为主要食物。

活动规律　一般在夜间活动，多活动于接近低洼潮湿之处。在冬春季节，植被枯萎、隐蔽条件差，白天在巢内休息，黄昏以后出来活动，通常在18:00~20:00和4:00~6:00活动最为频繁，其他时间活动相对较少，活动节律表现为晨暮双峰型。但在植被覆盖度大的环境中，白昼也会出来活动和觅食，如在茂密的甘蔗田、生长中后期的稻田和草丛中白天常常可以发现其行踪。板齿鼠机警、性情凶猛，一遇敌情立即逃避，若来不及躲避，立即上身竖立、背毛竖起并发出像小猪般的嘶叫，张牙舞爪扑向对方，故又名"猪鼠"。当它们准备出洞时，多先在洞口停留一段时间，察看外面动静，若发现异常现象就迅速返洞，并用后腿扒土将洞口堵住。善游泳和潜水，受惊时常潜入水中，一段时间后才游出水面。

生长发育　初生仔鼠全身裸露，呈肉红色，在日光下可见疏短的绒毛，口侧有少许1~2mm的细须，雄性的体重、体长和尾长均大于雌性。板齿鼠的被毛生长顺序是由头颈部通过背部向后逐渐长出，然后再由背面向腹面次递生长，出生后21~23天，全身被毛覆盖完全。初生仔鼠耳壳紧贴颅部，20天后耳壳明显和颅部相离，外耳孔形成。睁眼期为18.76±1.33天。门齿长出的日龄为9.92±0.12天，第一臼齿长出期为22.26±0.25天，第二臼齿为25.39±0.35天，自由采食期为23.64±0.27天。

图3　板齿鼠的栖息地（冯志勇摄）

板齿鼠的生长发育可分为4个阶段：乳鼠阶段（初生至25日龄）、幼鼠阶段（26~90日龄）、亚成鼠阶段（91~170日龄）和成鼠阶段（171~300日龄）。从初生至300日龄，板齿鼠体重的增长近于逻辑曲线，而体长和尾长的增长近于指数曲线。其中乳鼠阶段的体重、体长和尾长增长最快，形态变化快，以后其他阶段的增长率逐渐降低。在幼鼠阶段，雌鼠的生长率高于雄鼠，其后，雌鼠的生长率低于雄鼠，到了成鼠阶段，两性的生长率几乎相等。板齿鼠体长和体重的生长曲线呈季节性变化。不同月份出生的板齿鼠，即使它们的日龄相同，体长不完全相同，其中5月和11月出生的幼鼠体长都较长，这与气候等因素有关。

繁殖　板齿鼠繁殖力强，年均怀孕率37.2%，每胎产仔2~10只，平均6.7只。其中亚成体的平均怀孕率为27.7%±3.79%，成体的怀孕率显著高于亚成体，达到45.1%±4.58%。该鼠在1月和12月很少繁殖，平均怀孕率0.46%，繁殖期2~11月，怀孕率12.5%~65.7%。其中2月怀孕率较低，9~10月为繁殖高峰期，次高峰出现在5~6月。在农田捕获的2011只板齿鼠中，雄性1090只、雌性921只，雌雄性比为0.84。在不同年龄阶段，性比出现一定的分化：幼体组雌鼠和雄鼠的数量比较均衡，性比接近1.0；在亚成体组和成体组，性比分别只有0.81和0.77。1990—2006年，板齿鼠种群的性比出现上升趋势，其中1990—2000年为0.80，2000—2006年达到0.90，对于混交繁殖体系的板齿鼠而言，性比的增加更有利于种群的繁衍发展。在笼养条件下，板齿鼠产仔间隔时间最长的为37天，最短为31天，哺乳期间也能再次受孕。

种群数量动态

季节变动　在珠江三角洲地区，板齿鼠种群数量的季节变化较大，消长规律基本上为双峰型，每年有2个数量高峰期，即1~3月和9~11月，而数量低谷期往往出现在4月。由于板齿鼠有趋向于在生长中后期水稻田觅食的习性，导致不同作物类型区板齿鼠数量的季节变动趋势存在一定的差异，如柑橘园板齿鼠数量的季节变动趋势呈"W"型，4~6月和9~10月鼠密度低，数量高峰期在12月至翌年1月；而稻田区的板齿鼠数量高峰期出现在10~11月，次高峰为5~6月。

年间变动　1985年以前，广东省的农田作物布局较单一，水稻种植面积占总面积的90%以上，板齿鼠的数量很少，主要分布在雷州半岛和珠江三角洲。此后作物种植结构转变为水稻、花生、大豆、甘蔗、水果、蔬菜、鱼塘等多元化综合经营的生产模式，珠江三角洲板齿鼠的种群数量逐年增加，1987年比1985年增长了12.5倍，1988—1993年的种群数量增长速度明显下降，但年均增长率仍达1.58倍。2006年，广东省板齿鼠的平均捕获率1.26%（0.05%~2.37%），占农田害鼠总数的2.22%~17.48%，但种群数量的区域性差异较大，其中雷州半岛及珠江三角洲板齿鼠的种群密度较高并处于相对稳定态势，数量比例在10%~20%之间波动，其种群增长区域逐步向粤北和粤东北地区扩展。

空间分布与迁移扩散　华南地区的气候条件、农田生态环境均适宜板齿鼠栖息和繁衍，但分布的数量有较大的地域性差异，在广东及广西东南部分布的数量较多。广东省所有市县均有该鼠的分布，其中粤北和粤东北的鱼塘、河堤和高大的排灌渠上可发现一些板齿鼠的洞口和活动痕迹，但总体密度较低，捕获率0.05%~0.47%；在汕头市、潮州市、揭阳市、清远市及肇庆市，板齿鼠捕获率0.54%~0.78%；茂名市和阳江市的板齿鼠数量较多，捕获率1.21%~1.44%；在珠江三角洲地区，板齿鼠主要栖息于鱼塘基、河堤、山坡、水渠、竹林、灌木丛和高大的田埂上，占农区害鼠总数的11.45%~13.18%，捕获率1.56%~1.91%；而湛江市是广东省板齿鼠密度最高的地区，占害鼠总数的17.48%，平均捕获率达到2.37%±0.41%。

板齿鼠的空间分布受食物条件、栖息条件和隐蔽条件的影响，并随农作物生育期的变化而出现季节性迁移扩散现象。在粮食作物、油料作物以及根茎类、茄果类蔬菜的生长中后期，板齿鼠聚集到这些作物附近栖息与危害，种群数量明显增加，而它们收获后鼠密度则大幅降低。每年的5~6月和9~10月，板齿鼠主要在稻田附近栖息和觅食，稻田鼠密度明显高于果园与菜地，而水稻收获后板齿鼠迁移到果园和其他经济作物地栖息和危害，稻田鼠密度则明显降低。在冬春季节，果园、竹林、鱼塘基和高大排灌渠是板齿鼠的重要栖息地和越冬场所。

危害　板齿鼠个体大，1只板齿鼠的危害量相当于4~5只黄毛鼠，对水稻、玉米、甘蔗、甘薯、木薯、花生等农作物危害极大。在一般发生年份，可造成农作物减产20%~30%。该鼠对水稻的危害甚为严重，从苗期危害至收获期，有时甚至可以导致水稻大面积失收（图4）。板齿鼠

图4　板齿鼠危害水稻（冯志勇摄）

图5 板齿鼠危害甘蔗（黄秀清摄）

图6 板齿鼠啃咬香蕉基部致其倒伏枯死（冯志勇摄）

还啃断甘蔗基部致其倒伏或枯死，连片咬断枇杷、荔枝、柑橘、龙眼的幼年苗木造成缺苗，啃咬香蕉的根部和茎基部使蕉树倒伏（图5、图6）。同时，板齿鼠喜欢在河堤上构筑巢室或掘洞取食草根，由于其鼠洞大而深长、洞道纵横交错，在雨季极易引起河堤崩溃，威胁防洪设施的安全。

防治技术 板齿鼠个体硕大，严重威胁农作物的安全生产。应以生态调控措施为基础，综合利用各种有效的防控措施将其密度控制在防治阈值以下，才能显著降低其危害程度。

生态调控 降低田埂高度与宽度，构建硬底化排灌设施。作物连片种植，适时防除杂草、清除田间杂物。

物理防治 见鼠类物理防治。

化学防治 用新鲜、饱满的干稻谷作诱饵，采取浸泡法配制毒饵。敌鼠钠盐毒谷的浓度0.1%～0.2%，溴敌隆毒谷为0.01%，大隆（溴鼠灵）毒谷为0.005%。应用栖息地灭鼠技术和毒饵站技术进行投饵灭鼠。

参考文献

何森，林继球，翁文英，1996. 板齿鼠种群数量中长期预测的时间序列模型[J]. 兽类学报，16(4): 297-302.

黄铁华，廖崇惠，秦耀亮，等，1980. 板齿鼠的生长发育[J]. 动物学报，26(4): 386-391.

陆长坤，杨德华，1965. 云南板齿鼠的一些生态资料[J]. 动物学杂志，7(5): 210-212.

姚丹丹，冯志勇，黄立胜，等，2007. 板齿鼠(*Bandicota indica*)的种群繁殖特征研究[C]// 成卓敏，等. 植物保护与现代农业——中国植物保护学会2007年学术年会论文集. 北京：中国农业科学技术出版社：530-535.

姚丹丹，黄立胜，邱俊荣，等，2006. 板齿鼠的生物学特性及防治对策[J]. 广东农业科学(5): 52-54.

郑智民，姜志宽，陈安国，2012. 啮齿动物学[M]. 2版. 上海：上海交通大学出版社.

（撰稿：隋晶晶；审稿：冯志勇）

包虫病 hydatidosis

棘球绦虫的中绦期寄生于牛、羊、猪、人及其他动物的肝、肺等器官所引起的疾病。包虫属扁形动物门（Platyhelminthes）绦虫纲（Cestoda）带绦虫科（Taeniidae）棘球属（*Echinococcus*）。

病原特征 细粒棘球蚴为独立包囊状构造，内含液体。形状不一，常因寄生部位不同而变化，大小从豌豆大到人头大，一般近球形，直径5～10cm。细粒棘球绦虫一般2～7mm长，由头节和3～4个节片组成，头节上有4个吸盘，有顶突，小钩36～40个分两行排列，成节内含有一套雌雄同体生殖器官，生殖孔开口于体节两侧的中央部。

生活史 棘球绦虫生活史必须依赖两种哺乳动物宿主才能完成其生活周期。经过虫卵、棘球蚴和成虫三个阶段。

终末宿主为犬和狐等食肉兽，成虫寄生于犬科动物和猫科动物的小肠，孕节片或虫卵随粪便排出，污染草、饲料和饮水，羊、牛、猪、马、骆驼等中间宿主吞食后而感染。

流行 包虫病呈世界性分布，畜牧业发达的国家和地区多见。中国包虫病高发流行区以新疆、青海、甘肃、宁夏、西藏、内蒙古、陕西、河北、山西和四川北部等地较为严重。犬在该病的流行上有重要的意义，家畜之间主要在犬及牛、羊之间循环。虫卵在外界有非常强的适应能力，能在自然状态下保持感染力。

致病性 包虫病潜伏期1～30年，病程根据棘球蚴占位所在的器官不同而长短不一。包虫病早期可无任何临床症状，大多数病例是在体检和手术中发现，主要临床表现为棘球蚴占位的器官所致压迫、刺激或破裂引起的一系列临床症状。

肝包虫病主要临床症状为包虫囊不断生长压迫牵拉肝脏和邻近的器官，主要引起患者肝区疼痛、坠胀不适、上腹饱满、食欲减退。其中巨大肝包虫囊肿可使横膈抬高，活动受限，严重者出现呼吸困难。肝包虫囊向下生长时，压迫胆总管可引起阻塞性黄疸、门脉高压，甚至出现腹水。

肺包虫病的临床症状为感染早期一般无明显症状，囊肿长大压迫肺组织与支气管，患者可出现胸痛、咳嗽、血痰、气急，甚至呼吸困难。临床表现为阵发性呛咳，呼吸困难。可伴有过敏反应，甚至休克。若大血管破裂，可出现大咯血。

诊断 生前诊断困难，剖检时才可以发现，结合症状及免疫学方法可初步诊断。免疫诊断方法多用透析棘球蚴囊液做抗原，活的或死的原头蚴都能作为有效抗原，动物和人均可采用皮内变态反应诊断。诊断也可根据流行病史、患者有流行区居住史并有和狗密切接触史，临床表现主要为右上腹无痛性、缓起的肿块，超声检查可发现圆形之无回声区，并测定其部位、大小与数目，同位素肝扫描内有占位性病变，X线检查右膈抬高，肝包虫囊退化后X线平片示弧形钙化影。

防治 对犬定期驱虫或者捕杀，保持畜舍、饲草、饲料和水卫生；免疫预防是防止包虫病流行比较理想的途径，将体外培养细粒棘球绦虫六钩蚴的排泄或分泌产物做成抗原，接种后可使其获得抗细粒棘球绦虫卵的高度免疫力。

包虫囊肿的治疗以外科手术摘除为主，对不宜手术摘除的弥漫性生长的多房性包虫病可用大剂量的甲苯咪唑或吡喹酮治疗。

参考文献

金宁一, 胡仲明, 冯书章, 2007. 新编人兽共患病学[M]. 北京: 科学出版社: 833-843.

张西臣, 李建华, 2010. 动物寄生虫病学[M]. 3版. 北京: 科学出版社: 158-162.

（撰稿：刘全；审稿：何宏轩）

豹猫　Felis bengalensis Kerr

鼠类的天敌之一。又名狸猫、猫、钱猫、野狸、麻狸、石虎、阿姑（彝）、鸡豹子等。英文名 leopard cat。食肉目（Carnivora）猫科（Felidae）豹猫属（Felis）。

在中国分布于包括甘肃、青海、西藏及以东的所有省份。国外分布于柬埔寨、老挝、越南、缅甸、印度尼西亚、日本、阿富汗、孟加拉国、不丹、印度、尼泊尔等国。

形态 略比家猫大而头相对较小的小型猫科动物，头圆吻短，眼睛大而圆，瞳孔直立，耳朵小，呈圆形或尖形。体长为36~90cm，尾长15~37cm，体重3~8kg，尾长超过体长的一半。从头部到肩部有四条黑褐色条纹（或为点斑），两眼内侧向上至额后各有一条白纹。耳背黑色，有一块明显的白斑。全身背面体毛为棕黄色，布满不规则黑色斑点。胸腹部及四肢内侧白色，尾背有褐斑点和半环，尾端黑色或暗灰色。

牙齿的数目减少，仅28~30枚，多数牙齿变得很强大，颅全长约100mm，颅基长约92mm，颚长约38mm，颧宽约64mm，眶间宽约16mm，后头宽约40mm，上齿列长约33mm，下齿列长约35mm。

生态及习性 主要栖息于山地林区、郊野灌丛、丘陵和林缘村寨附近。分布可达3500m海拔高度的高山林区。窝见于树洞、土洞、石块下或石缝中。豹猫主要为地栖，但攀爬能力强，在树上活动灵敏自如。夜行性，晨昏活动较多。独栖或成对活动。善游泳，喜在水塘边、溪沟边、稻田边等近水之处活动和觅食。

主要以鼠类、松鼠、飞鼠、兔类、蛙类、蜥蜴、蛇类、小型鸟类、昆虫等为食，也吃浆果、榕树果和嫩叶、嫩草，有时亦潜入村寨盗食家禽。

北方的豹猫繁殖有一定的季节性，一般春季发情交配，春夏季繁殖，孕期约65天，3~5月生产，每胎产2~4仔，以2仔居多；南方的豹猫，繁殖季节性似不明显，1~6月都能发现幼仔出生。18月龄达到性成熟。寿命约为13年。

参考文献

SMITH A T, 解焱, 2009. 中国兽类野外手册[M]. 长沙: 湖南教育出版社.

高耀亭, 1987. 中国动物志: 兽纲 第八卷 食肉目[M]. 北京: 科学出版社.

王酉之, 胡锦矗, 1999. 四川兽类原色图鉴[M]. 北京: 中国林业出版社.

杨奇森, 2007. 中国兽类彩色图谱[M]. 北京: 科学出版社.

（撰稿：李操；审稿：王勇）

北方果树鼠害　rodent damage to fruit trees in north China

北方果树的害鼠种类主要有北社鼠（*Niviventer confucianus* Milne-Edwards）、朝鲜姬鼠（*Apodemus peninsulae* Thomas）、达乌尔鼠兔（*Ochotona daurica* Pallas）、褐家鼠（*Rattus norvegicus* Berkenhout）、花鼠（*Eutamias sibiricus* Laxmann）、黄胸鼠（*Rattus tanezumi* Temmink）、蒙古兔（*Lepus toliai* Pallas）、小家鼠（*Mus musculus* Linnaeus）、岩松鼠（*Sciurotamias davidianus* Milne-Edwards）、中华鼢鼠（*Eospalax fontanierii* Milne-Edwards）、棕色田鼠（*Lasiopodomys mandarinus* Milne-Edwards）。

以上害鼠主要危害北方果树水果类苹果、梨、桃、杏、樱桃；干果类核桃、扁桃、枣等。依危害方式分为：①树根害鼠。如中华鼢鼠和棕色田鼠啃咬果树树根。②树干害鼠。如蒙古兔、达乌尔鼠兔和棕色田鼠啃咬果树树干啃食树皮。棕色田鼠既危害树根也危害靠近地面的树干。③果实害鼠。如岩松鼠、花鼠、北社鼠、朝鲜姬鼠在果树挂果期啃咬果树果实。④果实贮藏害鼠。如褐家鼠、黄胸鼠、小家鼠主要在农家和仓库中对贮藏的干鲜果类进行危害。

由于中国北方果树种类繁多，遭受鼠类危害严重，果业生产因各类害鼠危害造成极大的经济损失。中国每年的果树等人工林鼠害发生占中国森林病虫鼠害发生总面积的10%，成为中国林业的主要灾害之一。河南灵宝苹果园内外有9种鼠，棕色田鼠为优势种，1988年果园内鼠口密度平均141.1只/hm^2，部分果园高达300只/hm^2。果树受害株率达10%~15%，每年均有万株果树受害，死亡株达一半以上。危害期多在霜后开始，草木枯黄为高峰期，到翌年4月。田鼠危害果树是把根部咬断和树基部皮被环剥。重者树木枯死，轻者根损叶小，年复一年衰败死亡，苹果园30多年来果树年年受害。陕西黄土高原是中国苹果、红枣、仁用杏及梨的生产基地，受鼠、兔危害严重，受害株率达32%~51%，有的高达74%。辽宁铁岭西丰县和隆满族乡福巨村的500株8年生吉红苹果树园因鼠害而被毁。陕西延安以北的7个县市新造的仁用杏幼林遭受鼠害危害面积为17.3万hm^2，每年死亡面积将近1.3万hm^2。1994年冬至1995年春，安塞县的2个乡镇4个村约66.7hm^{2}新建苹果园遭受鼠害严重，其中 13.3hm² 的死亡率在 70%，其余 53.3hm² 死亡率为 30%~40%。2009 年冬季至 2010 年春季，新疆塔额盆地约有 310hm² 果园发生较严重的鼠害，被毁果园约 136hm²。冬季果园树干老鼠啃食率为 13.3%~44.7%，树皮啃透率为 11.2%~36.5%，严重时鼠害率高达 96.6%，树皮啃透率为 84.3%。陕西地区灌区果园草兔危害严重。甘肃地区苹果园中华鼢鼠、达乌尔鼠兔、花鼠等害鼠危害严重。辽宁海城南果梨园（属辽南特产）内花鼠严重危害果实。山西果树种植地的鼠害状况也很严重，作为山西重要农村经济产业的林果业，种植面积约 100×10⁴hm²，总产值达到 500×10⁸ 元，而中华鼢鼠是影响林果业发展的重大制约因素之一，造成经济损失达 100×10⁸ 元。在临汾隰县，中华鼢鼠危害造成果园内果树死亡达 25%，有的果园鼠洞密布，人踩上后出现下陷，5~8 年的果树也大量被鼢鼠危害致死。中华鼢鼠啃食果树根系，主要是啃食距地面 10cm 以下根系分支以上的主根部位。一般是将皮层啃食掉，较少取食木质部。危害轻者啃去主根干的小部分皮层，虽没形成环状啃食区，但果树营养运输受阻，地上表现生长势衰弱，坐果率降低；危害中者啃去主根干的一半皮层，也没形成环状啃食区，营养运输严重受阻，地上表现生长势极弱，坐果率很低，地上叶片制造的有机物向下运输也严重受阻，限制根系的生长，经过一个生长季以后，翌年大部分树死掉；危害特别重者则将主根干的皮层全啃掉，形成环状啃食区，全部中断了水分向地上的运输，果树的部分花蕾能开花但花会干枯在枝条上，叶芽也不再萌发，果树在部分花开后即枯死。山西各地果树鼠害状况严峻，晋南芮城、永济、闻喜等县以棕色田鼠危害为主，隰县、蒲县、汾西县以中华鼢鼠、蒙古兔（草兔）、北社鼠、岩松鼠、花鼠危害为主。芮城果园内苹果树遭棕色田鼠危害率为 10%~15%，3~5 年生的许多幼树根部韧皮部被取食干净，仅留木质部，造成幼树干枯死亡。棕色田鼠的危害给农事操作带来许多不便，果园灌溉水经常窜园，果园地埂坍塌。隰县梨园 3~4 年生梨树幼树遭蒙古兔（草兔）危害，以啃断和树皮被全环剥，危害率达 35.60%，致死率为 11.65%。晋中榆社、太谷、和顺、娄烦等县以中华鼢鼠、棕色田鼠、达乌尔鼠兔、北社鼠、岩松鼠、花鼠危害为主。太谷果园棕色田鼠洞密布，1~3 年生果树大量被害致死，果树死亡率达 25%。各地干鲜果类贮藏农家和仓库中以褐家鼠、黄胸鼠、小家鼠危害为主。

樱桃树栽植是近些年在中国北方部分地区发展的鲜果产业，山西晋中太谷县 2016 年冬季樱桃树品种'红灯''早大果''美早''龙田早红'和'龙田晚红'5 个品种共 50 余亩樱桃树栽植园，被棕色田鼠啃咬靠近地面的树皮和树根，危害率达到 45%，致死率达 15%。危害从初冬草木枯萎开始到草木发芽前大约危害 4 个月。

2010 年以来，干果扁桃在山西许多地区引种，如运城、临汾和长治等许多地方已引种成功，成为部分地区脱贫致富的支柱产业。但鼠害问题日益凸显，2014 年汾西邢家要乡与和平镇等地扁桃果实危害率达到 50%~90%，佃坪乡扁桃林树体根系损害率达到 50% 以上，造成 25% 树体死亡；当地鼠密度达 11.33%，超过《农区鼠害控制技术规程》规定控制指标近 4 倍。害鼠主要有北社鼠、岩松鼠、花鼠、中华鼢鼠等，靠近村庄有褐家鼠和小家鼠。扁桃发育需经萌芽期、开花期、新梢生长期、果实膨胀期、果实灌浆期、硬核期、果实成熟期。邢家要乡盈村扁桃林在扁桃果实发育的灌浆期便遭到攀爬型鼠类危害，灌浆期危害率为 5%~10%，靠沟侧的扁桃林受害最为严重达 25%。危害持续到 10 月果实采收为止，危害长达 5 个月，鼠害成为山西汾西扁桃产业发展的重大障碍。

参考文献

丛崇, 1997. 果树受鼠害后的护理[J]. 北方果树(4): 44.

戴银富, 2010. 厚积雪地区果园鼠害防治[J]. 农村科技(8): 59-60.

杜社妮, 白岗, 1996. 黄土高原果园鼠、兔危害的综合防治[J]. 北方果树(1): 25.

李结平, 李俊才, 张青文, 等, 2011. 果园重要有害啮齿动物及综合防治方法[J]. 北方园艺(21): 125-126.

李卫伟, 王国鹏, 邹波, 等, 2015. 棕色田鼠危害现状及防控技术研究进展[J]. 农业技术与装备(6): 66-68, 70.

柳枢, 邹波, 冯祥和, 等, 1991. 棕色田鼠的生活习性及综合防治技术研究[J]. 植物保护(4): 35-37.

吕宁, 吴凤霞, 李军, 2002. 经济林木鼠害及防治技术探讨[J]. 陕西林业科技(2): 21-23.

潘清华, 王应祥, 岩崑, 2007. 中国哺乳动物彩色图鉴[M]. 北京: 中国林业出版社.

王廷正, 李金钢, 张越, 等, 1998. 黄土高原棕色田鼠综合防治技术研究[J]. 植物保护学报(4): 369-372.

张树军, 杨增强, 刘军, 1991. 果园冬季鼠害综合防治[J]. 新疆农垦科技(6): 35

邹波, 王庭林, 宁振东, 等, 1992. 黄胸鼠在山西临汾地区形成种群[J]. 植物保护(3): 51.

（撰稿：邹波；审稿：王登）

北疆小家鼠大暴发 rodent outbreak in Northern Xinjiang

1967 年新疆天山北麓农区小家鼠（*Mus musculus*）大暴发，奇台至乌苏 10 县、2 区辖市（乌鲁木齐、石河子）郊及生产建设兵团农场皆遭害，博尔塔拉蒙古自治州的博乐县等亦波及。1970 年又在伊犁谷地农区大暴发，遍及伊宁、霍城、察布查尔和特克斯诸县。共同特点是范围大、密度高、来势猛、持续久，夏初见害，到入冬首场雪才消退。先洗劫农田作物，甚者整片黄熟小麦、胡麻、高粱一夜成光秆。表中是重灾区两个实例。后侵入场院、住房，鼠数惊人。1967 年冬，石河子 9 个小学生到碾场翻高粱垛，70 分钟打死约 4290 只（61kg）；玛纳斯县繁育场 130 户居民在 12 月中 7 天捕杀 2.3 万只，平均每户 177 只。农建师在 11 月突击灭鼠，2 个团、1 个农场 10 天捕杀 1 094 770、556 000 和 318 635 只。1970 年 10 月霍城县红旗公社，查公社粮站仓库 150m² 有 253 个鼠洞，几个人数小时就逮到 900 多只小鼠；四大队农民们在玉米碾场仅 2 个多小时就打死 8000 多只；1 户在

2间房内各挖1个土坑，首夜捕鼠220多只，次夜再获170多只；另一户在家里埋1铁桶和2脸盆盛着水，1夜淹鼠400多只。给28户农民78个铁夹，在自家房里随打随支，2天实缴3851只。当年，该公社围作物地挖"防鼠沟"，总长370km，6月初至10月中旬共陷鼠22.5t，计162万只。

天山北麓农区1967年小家鼠大暴发时两个生产队农作物受害实况表

地点	作物种类	播种面积（亩）	损失程度
玛纳斯县塔西河公社新光七队	小麦	1900	50%
	胡麻	500	颗粒无收
	玉米	700	颗粒无收
	高粱	900	颗粒无收
呼图壁县永丰公社	胡麻	140	80%
	玉米	320	99%
	高粱	180	50%

大暴发的高密度小鼠昼夜乱窜，庄稼、果蔬、室内物品无不损毁，炕上熟睡儿童的耳鼻指趾被啃啮致伤残事件亦频发，妇孺惶惶。据当时不完全统计，1967年北疆农区因鼠害损失粮食15万t。后核查天山北麓10个县加兵团农场实报粮食总产量，丰收的1966年为73.23万t，1967年骤降为52.22万t，显含鼠害损失。1970年伊犁农区组织群众灭鼠，减少了损失。但前期猖獗的损害不轻，霍城红旗公社夏收作物小麦损失率达89.7%，秋收作物玉米损失率降为35.0%，全年总计因鼠害损失粮食235万kg，占该社总产量的30%。

该小家鼠系北疆亚种（Mus musculus decolor），具超强繁殖力和适应性，环境条件优越时，种群数量能月月倍增。1966年秋季农业特大丰产，而降雪特早特盛，许多作物未能收割或整捆搁在田间，小家鼠既得足食，又有厚雪被保护，越冬数量殊多，再遇1967年春温高且稳，使种群开春基数、怀孕率和成活率都异常高，春耕就犁出累累乳鼠，人们却失于防范，任鼠暗自增殖酿成大患。

1970年鼠灾经组织防治得以减轻。其间调查到该鼠有极强的"密度—生殖力负反馈调节"机制，暴发的高密度导致睾丸、卵巢皆萎缩，大暴发末期怀孕率降为0，越冬能力亦衰弱，种群崩溃，翌年必降为极低数量。后续研究则证实，该机制在种群各数量级皆存在，低密度会激发生育。此发现有助合理安排防治。

历史上，北疆小家鼠这样规模的大暴发，天山北麓农区有1922年和1937年两次，伊犁谷地农区在1955年也曾发生。此外，博尔塔拉谷地、吐鲁番盆地等农区，在80年代中期还发生过局部性的大暴发灾害。

20世纪北疆农区小家鼠除了大暴发（各类作物地该鼠夹日捕获率普遍近、超50%），还不时有小暴发（秋作物地该鼠夹捕率平均达30%）。这与耕作制相关。粗耕慢收和"打冬场"习惯，禾捆长期堆放田内和场院里，使鼠越冬有保障。农村体制改革以后，耕作精细化、收割机械化，消除"打冬场"旧习，使鼠缺食难越冬，在源头上被抑制，加上推广防治，近30年来，各农区都未再发生小家鼠成灾事态。

1967年北疆鼠灾上报国务院，周恩来总理极其关切。中国科学院动物所（北京）和西北高原生物所（青海）鼠研工作者即奉命赴疆，在自治区治蝗灭鼠指挥部及各级的支持配合下，深入调查研究，经十多年工作，分别写出《新疆北部地区啮齿动物的分类和分布》和《小家鼠生态特性与预测》等专著，揭开了北疆啮齿动物以及小家鼠大暴发的神秘面纱。

参考文献

朱盛侃, 陈安国, 1993. 小家鼠生态特性与预测[M]. 北京: 科学出版社.

（撰稿：陈安国；审稿：王勇）

北社鼠　　*Niviventer confucianus* Milne-Edwards

一种小型啮齿动物，在中低海拔地区的森林、灌木丛、弃耕地等生境广泛分布，有一定危害，但也具有重要的生态意义。又名社鼠、孔氏鼠、硫磺腹鼠、刺毛灰鼠、白尾鼠、黄姑鼠等。啮齿目（Rodentia）鼠科（Muridae）鼠亚科（Murinae）白腹鼠属（*Niviventer*）。之前曾归属于小鼠属（*Mus*）和鼠属（*Rattus*）。最初由 Milne-Edwards（1871）根据源自四川宝兴的标本定名为 *Mus confucianus*，后来 Thomas（1911）将其更名为 *Rattus confucianus*，之后曾使用过 *Rattus niviventer*。Marshall（1977）在鼠属中建立了白腹鼠亚属 Subgenus *Niviventer*，之后 Musser（1981）将其提升为白腹鼠属 Genus *Niviventer*，于是北社鼠的学名变更为 *Niviventer confucianus*，被广泛接受和使用。Allen（1940）认为北社鼠有4个亚种，即指名亚种 *Rattus confucianus confucianus*、山东亚种 *Rattus confucianus sacer*、东陵亚种 *Rattus confucianus chihliensis* 和海南亚种 *Rattus confucianus lotipes*。之后汪松和郑昌琳（1981）新订立了玉树亚种 *Rattus niviventer yushuensis* 和台湾亚种 *Rattus niviventer culturatus*；张子郁和赵铭山（1984）新订立了闹牛亚种 *Rattus confucianus naoniuensis*；邓先余等（2000）订立了雅江亚种 *Niviventer confucianus yajianensis* 和德钦亚种 *Niviventer confucianus deqinensis*。随后王应祥（2003）总结了相关研究文献，认为北社鼠有10个亚种，即指名亚种（*Niviventer confucianus confucianus* Milne-Edwards, 1871）、江北亚种（*Niviventer confucianus sacer* Thomas, 1908）、藏东南亚种（*Niviventer confucianus mentosus* Thomas, 1916）、河北亚种（*Niviventer confucianus chiliensus* Thomas, 1917）、台湾亚种（*Niviventer confucianus culturatus* Thomas, 1917）、海南亚种（*Niviventer confucianus lotipes* Allen, 1926）、玉树亚种（*Niviventer confucianus yushuensis* Wang and Zhang, 1981）、闹牛亚种（*Niviventer confucianus naoniuensis* Zhang and Zhao, 1984）、雅江亚种（*Niviventer confucianus yajianensis* Deng and Wang, 2000）和德钦亚种（*Niviventer confucianus deqinensis* Deng and Wang, 2000）。

北社鼠为东洋界常见的小型啮齿类动物。中国见于除新疆和黑龙江之外的广大地区，长江以南各地数量较多。其中指名亚种主要分布于四川大渡河以东、贵州、云南（西部德钦除外）、长江以南各地区；江北亚种主要分布于长江以北的江苏、安徽、河南、山东、山西、陕西、湖北、甘肃、宁夏和四川北部；藏东南亚种主要分布于西藏南部和东南部；河北亚种主要分布于河北北部、北京、天津和辽宁西部；台湾亚种仅见于台湾；海南亚种仅见于海南；玉树亚种分布于青海西南部玉树地区，四川西北部如巴塘、德格等，西藏东部如芒康、江达等；闹牛亚种见于吉林西北部洮安闹牛山；雅江亚种见于四川西部雅江八角楼、雅砻江与大渡河之间；德钦亚种见于云南西北部德钦县。国外分布于尼泊尔、印度、中南半岛、马来半岛和印度尼西亚的苏门答腊岛、爪哇岛、加里曼丹岛，以及泰国北部和越南北部等地区。

形态

外形 北社鼠身体纤细，体型中等（图1）。体重45～150g，雄性略大于雌性，体长125～195mm，尾长110～212mm，大于或等于体长，耳大而薄，长18～24.5mm，向前折叠可达眼部，四肢略显衰弱，后足长小于30～32mm。胸部和鼠蹊部各有乳头2对。北京西部东灵山地区，2006年9月捕获的成年北社鼠标本的形态指标为：体重61.4±9.3g（平均数±标准差，N=19，9♀10♂）、胴体重45.6±6.5g、体长130.1±7.7mm、尾长142.6±9.3mm、后足长26.9±1.7mm、耳长21.3±1.4mm，雄性略大于雌性。洞庭湖区域成年北社鼠的形态指标为：雄性（N=18）：体重68.3±15.0g，胴体重48.2±11.7g，体长137.6±12.9mm，尾长164.7±12.3mm，耳长19.1±1.4mm，后足长28.0±1.4mm；雌性（N=17）：体重66.0±12.2g，胴体重45.5±8.1g，体长138.2±14.8mm，尾长168.0±13.6mm，耳长19.4±1.7mm，后足长26.7±1.4mm，雄性略大于雌性。

毛色 北社鼠毛色因年龄和栖息环境不同而有较大差异。成年个体一般背部棕褐色或灰褐色，常杂有少量刺毛，但较针毛鼠少，冬毛较夏毛柔软；头、颈两侧及体侧黄褐色较鲜淡；腹毛直，硫黄色或黄白色，体侧背腹毛分界明显；尾背面色暗，腹面色浅，分别与背腹毛色相似；尾端、脚趾部均为白色，尾端毛较长，通常为白色（图2）。

头骨 颅全长33.4～40.5mm、颅基长28.5～34.3mm、颚长13.4～21.2mm、颧宽12.6～18.1mm、乳突宽12.1～15.3mm、眶间距5～6mm。颅骨狭长，颧宽为颅长的37.7%～44.7%；吻细长，约为颅长的1/3；鼻骨甚长，约为颅长的38.8%，其前端超出前颌骨和上门齿前缘，其后缘略超出前颌骨后端或约在同一水平线上；眼间狭窄，眼间距为颅长的13.9%～15.0%，眶上嵴发达；脑盒不大，颅顶不呈明显的弧形，门齿孔后端几乎达第一上臼齿前缘基部；腭骨后缘接近平直；听泡较小，为颅长的14.6%～15.1%（图3）。北社鼠头骨形态在不同区域有所分化，秦岭与四川各山系之间北社鼠的头骨已完全分化，在四川各山系间，除邛崃山系和相岭山系外，其余各山系北社鼠头骨形态分化明显，颚长、上颌齿隙长是各山系北社鼠头骨发生分化的主要变量。

主要鉴别特征 背毛灰褐色或棕褐色，无刺毛或仅夏季有少量较软的刺毛，腹毛白色或黄白色，背腹毛在体侧分界明显；耳大而薄，前伸可达眼部；尾长大于或等于体长，尾背腹面与身体背腹面同色，且侧面两色分界明显，近尾端1/5几近黄白色，尾毛较长，几近黄白色（图1）；头骨颚长小于20mm，第一上臼齿宽小于2mm，听泡较针毛鼠大，成体听泡长5～6mm，明显大于颅全长的13%。

北社鼠和针毛鼠的分布区通常有较大重叠，生境偏好相似，毛色、体型、头骨等特征极为相似。主要区别为：针毛鼠背毛相对较深，呈明显的红褐色或铁锈色，刺毛多而明显，触摸有明显刺手感觉；北社鼠背毛略浅，呈棕褐色或灰褐色，一般仅夏天具有少量相对柔软的刺毛，触摸无明显刺手感觉（图4）；北社鼠听泡、后头宽较针毛鼠大，眶间距较针毛鼠小，使得头部看起来相对较大而圆润，眼显小。

生活习性

栖息地 北社鼠主要栖息于山区及丘陵地带各种森

图1 北社鼠（张洪茂摄）

图2 北社鼠的毛色（张洪茂摄）

图5 北社鼠的栖息生境（张洪茂摄）

图3 北社鼠的头骨（张洪茂摄）

图4 北社鼠（左，张洪茂摄影）和针毛鼠（右，常罡摄）

图6 北社鼠的洞穴（张洪茂摄）

林、灌木丛，一般归为森林鼠类，但也在草丛、农田、弃耕地、荒地及菜园等多种生境中可见，冬季偶尔也会进入房舍（图5）。北社鼠多分布在海拔200～1800m范围，但也有低于200m、高于2000m的报道，如云南老君山海拔3500～4000m的矮刺林—箭竹带北社鼠的数量亦较多。在北京东灵山地区，北社鼠主要栖息在辽东栎林、落叶阔叶林、沟谷、灌木丛、弃耕地等生境，海拔较高的针叶林（如日本落叶松林、油松林等）、针阔叶混交林、灌草丛及草甸等生境少见。

洞穴 北社鼠多穴居，洞穴随环境而异，常有2～3个洞口，洞口直径可达4～5cm，巢穴多以树叶、细枝、枯草等为垫料，偶尔也会筑巢于离地3～5m高处的树洞中（图6）。在北京西部东灵山地区，北社鼠常在次生林林下、弃耕地墙脚等土壤相对松软处打洞，或直接利用弃耕地墙缝、灌草丛石缝等处做巢，洞口常2～3处，松软土壤中洞深超过20cm，常以枯叶、枯草为做巢，洞底常贮藏一定量的食物，如植物种子。2006年9月，在弃耕地一墙缝处发现一个北社鼠巢穴，巢内贮藏有山杏种子27枚，洞口有取食后弃置的山杏种子壳（内果皮）51枚。

食性 北社鼠食性较广，取食各种坚果、嫩叶、农作物种子、幼苗及昆虫等，其中木本植物的种子占比较大。在北京东灵山地区，北社鼠主要取食辽东栎、山杏、山桃等植物种子，秋季（9月）胃含物中植物种子成分高达95%。北社鼠对脂肪的消化能力强，喜食富含脂肪的食物。北社鼠的肥满度和消化道长度可能随季节变化，可以一定程度上反映其对食物和营养需求的季节变化。例如，由于隔离程度的差异，不同类型岛屿的植被优势度和丰富度具有较大差异，这会影响北社鼠的肥满度，面积较大岛屿的北社鼠种群通常具有更高的肥满度；季节变化上表现为4～5月、7～9月和11～12月肥满度较高，6月、10月和2月肥满度则较低；冬、春季，北社鼠的小肠、盲肠和大肠的长度和重量均具有较高值，胃的重量在夏季具有较高值。此外，环境温度对北社鼠的能量需求和食物同化也有一定影响，不同温度条件下北社鼠的消化率和同化率保持相对稳定，温度升高会使其对干物质和能量的摄入减少，但通过粪、尿损失的能量也会减少，总体上保持能量摄入稳定，以适应不同的胁迫条件。

活动规律 北社鼠以夜间活动为主，喜欢靠墙根活动，季节性迁移不明显。在北京东灵山地区，北社鼠的夏季活动节律为双峰型，围栏条件下，整晚外出活动，高峰期为17:00～21:00和2:00～5:00，主要行为包括围绕围栏边缘和墙根奔跑、觅食、探索、饮水、修饰等。雄性北社鼠的巢区面积为200～7200m²，雌性北社鼠的巢区面积约50～6200m²。北社鼠巢域面积受季节、性别、食物丰富度、捕食风险等多种因素影响，通常雄性略大于雌性，雄性夏季巢域面积较大，雌性春、秋季巢域面积较大；食物不足时，巢域面积会扩增。

繁殖与生长发育 在北社鼠繁殖期，雌性乳头变大，阴门红肿，子宫膨大、子宫斑明显、卵巢发育良好；雄性睾丸膨大，下降至阴囊、储精囊肥大。雌、雄个体繁殖期内攻击性均增强。北社鼠的胎仔数为3～7只，平均3.7只，繁殖指数为0.58，孕期20天，哺乳期25～30天，初生幼仔体重约3.0g，30天后可单独活动，雄鼠较雌鼠性成熟略早，野外寿命约1～2年。哺乳期可见到母鼠杀婴行为。

2005~2009年间，北京西部东灵山地区北社鼠种群的胎仔数为4~7只（母鼠为5~6月野外捕获的怀孕鼠），平均5.1±3.4只（N=13，平均数±标准差），幼鼠7~10天长毛、睁眼、开始出巢活动，15~20天可以单独活动，独立饮水和取食饲料，25天后可以分笼饲养且能顺利成活，50~60天后雄性开始出现睾丸膨大下降至阴囊、嗅闻和追逐雌鼠、打斗行为增加等与繁殖相关的形态特征和行为习性，出现求偶行为；雌性繁殖性状则不明显，但攻击行为逐渐增强。北社鼠繁殖季节因地而异，高纬度地区四季温差变化明显，季节性繁殖较明显，随着纬度降低，温度、降水、食物等季节性变化减弱，北社鼠的季节性繁殖特性表现就不明显。秦岭以北地区，北社鼠的繁殖期相对较短，例如天津地区北社鼠繁殖盛期为5~7月，7月达繁殖高峰，10月至翌年2月不繁殖；北京西部东灵山地区，北社鼠的繁殖期为4~8月，高峰期为5~6月。长江流域及南部地区繁殖期相对较长，2~10月均能繁殖，高峰期为4~5月和9~10月，例如浙江金华地区，北社鼠繁殖盛期为4~5月和7~9月；浙江千岛湖区域北社鼠的繁殖高峰期为4~5月和9~10月；湖南洞庭湖地区北社鼠主要在春、夏、秋繁殖，繁殖盛期为夏、秋季，亚成体在秋季也开始参与繁殖。

社群结构与行为 北社鼠年龄结构和性比因时因地而异。年龄结构多表现为幼体、亚成体、成体个体比例较高，老年个体比例较低，雄性略多于雌性。例如，山西娄烦县北社鼠种群2011年老年个体仅占7.81%，雌雄比在幼年组为0.84、亚成年组为0.74、成年组为0.64、老年组为0.32，但洞庭湖地区北社鼠种群的性比接近1∶1；浙江千岛湖北社鼠种群（2009年9~11月）的年龄结构受岛屿面积影响，在大、中、小型岛屿中分别为稳定型、衰退型和增长型种群年龄结构模型；2005—2014年，运用夹夜法在北京西部东灵山地区捕获的北社鼠个体中，亚成体、成体、老年个体的比约为2∶5∶3，性比接近1∶1，4~5月捕获成体及老年个体的比例偏高，6~8月捕获亚成体的比例偏高，9~10月捕获成体的比例偏高。

北社鼠个体相遇时会发出不同的叫声，同性个体相遇、打斗失败，以及幼体见到成体时的叫声均呈多谐变音的频谱结构，可能表达恐惧之意。异性个体相遇时，雌性的叫声为多谐恒音的频谱结构，可能表达对雄性的拒绝之意。北社鼠具有集中贮藏食物的行为习性，常将山杏、辽东栎、山桃等植物种子集中贮藏在石缝、洞穴等处，但也有报道云南西双版纳、四川都江堰、河南王屋山、秦岭南坡等地区的北社鼠具有分散贮藏植物种子的行为，在森林种子传播和更新中具有一定积极意义。同种个体竞争者存在时，会使北社鼠的贮食行为增强，但个体偏小的大林姬鼠存在，对其贮食行为没有明显影响。此外，北社鼠还能盗食同种或异种（大林姬鼠）个体贮藏的食物。北社鼠搜寻地面及埋藏在土壤浅层（＜2.0cm）种子的能力较强，但难以找到埋藏深度＞2.0cm的种子，这在一定程度上限制了北社鼠盗食其他鼠类（如大林姬鼠）分散贮藏植物种子的能力。种子大小、形状、种子壳的硬度等对北社鼠的种子选择和贮藏行为也有一定影响，北社鼠通常会选择营养价值高、种子壳薄、大小适中的种子（如山杏、辽东栎），而较少或拒绝选择个体较大（如核桃、胡桃楸）或种子壳太硬（如山桃、胡桃楸）的种子。

种群动态 北社鼠种群的季节动态与其本身的繁殖节律、环境条件、植被状况、海拔高度、冬季食物资源状况等有关。种群数量高峰期通常出现在一年繁殖末期，低密度期通常出现在春季繁殖期开始前。例如，山西省娄烦县2011年3~11月，北社鼠的种群密度3~5月较低，6~9月明显增加，10~11月逐渐下降；浙江千岛湖主要岛屿上北社鼠的种群密度一般上半年较高，下半年较低，种群扩散率约为37.96%，倾向于在春季、偏雄性扩散，扩散多发生在亚成体阶段，家群越大，扩散个体越多；北京东灵山地区北社鼠种群密度每年7~9月最高，2~4月最低，入冬后（11月）会有大量个体死亡，种群密度迅速下降，食物贫乏的年份尤其明显，翌年3月，种群密度最低。食物和温度对北社鼠种群的季节性波动有重要影响，在温带地区，冬天食物贫乏、无降雪的条件下，会导致大量个体死亡。在北京东灵山地区，北社鼠种群每间隔2~3年会出现一次种群数量高峰，这与其主要食物辽东栎、山杏等种子的产量的周期性波动相关。

遗传、生理、生化特征 北社鼠的染色体数为$2n=46$。北社鼠的核型具有地域差异，可能与地理隔离和地理亚种形成等有关。例如，横断山区复杂的地形地貌使北社鼠种群分化为三大地理系，大雪山山脉导致了北社鼠种群的遗传分化，将北社鼠种群分为两个不同的进化谱系。生境破碎化或岛屿化对北社鼠的遗传多样性有一定影响，生境面积缩小可能使种群的遗传结构发生改变，并有可能导致种群灭绝或快速进化。北社鼠的线粒体基因组全序列长16281bp，包含22个tRNA基因、13个蛋白编码基因、2个rRNA基因和1个非编码控制区，基因组核苷酸组成为34.0%A、28.6%T、24.9%C、12.5%G。与近缘种（如川西白腹鼠、小家鼠、褐家鼠）的线粒体全基因组在结构和序列特征方面具有较高的相似性，遗传距离显示，北社鼠与川西白腹鼠距离最近，与小家鼠距离最远，这为北社鼠隶属于白腹鼠属提供了分子系统学研究证据。

动物的基础代谢率常与代谢活性器官的重量相关。北社鼠的心脏和肾脏相对重量随季节变化较明显，心脏相对重量在春季和冬季较高，肾脏相对重量在冬季较高，器官水分含量秋冬季较高，夏季最低，脏器指数与体重呈负相关，肺皮蒸发失水量与体重呈负相关。生活在不同林型内的北社鼠的心、肺、肝等内脏器官也有明显差异。随着温度由30℃降到5℃，平均耗氧量会迅速增加。此外，光周期作为一种季节信号，对北社鼠的能量代谢及其调节也有一定影响。北社鼠的LDH、ADH、EST、SOD同工酶具有组织特异性，肺、脾EST同工酶活性较高，脑LDH活性较高，肝和肾4种同工酶的活性均较高，这反映了北社鼠各组织器官的代谢和功能差异。

危害 北社鼠与恙虫病、假结核、钩端螺旋体病、肾综合征出血热、莱姆病等鼠源性疾病的流行有一定关系。北社鼠的体表寄生虫主要有螨类、蚤类、虱类，一些寄生虫与人类疾病也有一定关系。例如，在云南洱海地区，北社鼠的体表寄生虫总浸染率为79%，体表寄生虫达51种，包括31种恙螨、13种革螨、4种蚤和3种吸虱，其中11种被证明是人类疾病的重要传播媒介，可能成为鼠疫、流行性出血热和灌丛斑疹伤寒等病原体的贮存宿主。由于北社鼠主要生活在林地、灌丛，与人类直接接触不频繁，种群不暴发的情况下，不太容易造成相关人类疾病流行。

北社鼠对丘陵、山区农作物和经济林木造成一定危害，主要危害各类坚果、种子、果实、幼苗等，严重时可能造成一些植物（如辽东栎）更新困难。但是在云南西双版纳、四川都江堰、河南王屋山等地区北社鼠也会分散贮藏植物的种子，充当了一些植物种子传播者，对植物种子扩散和更新有一定积极意义。

防治技术 北社鼠对林木的危害程度主要取决于种群密度，高密度年可能对植物种子和幼苗造成一定危害，低密度年危害不明显。作为种子传播者，北社鼠在森林种子传播和更新中还具有一定的积极意义。因此针对北社鼠应该树立"防控种群暴发"的概念。具体防治措施包括：建立监测站点，长期监测北社鼠的种群密度和动态；维护环境稳定性，避免出现剧烈波动；生物防控，生态恢复时注意增加物种多样性和生态系统复杂性，保护和合理利用鼠类天敌，形成稳定的、相对复杂的、良性循环的生态环境；种群暴发时可以考虑适当使用低毒、低环境残留的毒饵诱杀，如溴敌隆等；长期控制可以考虑不育防控技术，利用化学不育剂或免疫不育剂控制其生育能力。由于受技术和环境条件的限制，目前尚缺乏专门的、针对性的防治方法和技术。

参考文献

黄广传，司俊杰，蒙新，2019. 不同生境和季节社鼠与大林姬鼠的微生境选择比较[J]. 兽类学报，39(3): 242-251.

黄文几，陈延熹，温业新，1995. 中国啮齿类[M]. 上海：复旦大学出版社：151-153.

彭培英，郭宪国，2014. 社鼠的研究现状及进展[J]. 四川动物，33(5): 792-800.

施大钊，郭永旺，2010. 加强基础研究，提升农业鼠害防治的科技水平[J]. 植物保护，36(2): 9-12.

王应祥，2003. 中国哺乳动物种和亚种分类名录与分布大全[M]. 北京：中国林业出版社：201-203.

郑智民，姜志宽，陈安国，2012. 啮齿动物学[M]. 2版. 上海：上海交通大学出版社：167-169.

ALLEN G M, 1940. The mammals of China and Mongolia: Part 2[M]. New York: The American Museum of Natural History: 1020-1031.

MARSHALL J T, 1977. Family Muridae: rats and mice[M] // Lekagul B S, McNeely J A. Mammals of Thailand. Bangkok: Sahakambhat Co: 396-487.

（撰稿：张洪茂；审稿：刘晓辉）

北亚蜱媒立克次体病 North Asian tick-borne rickettsiosis

由西伯利亚立克次体通过硬蜱传播引起的自然疫源性疾病。又名西伯利亚立克次体斑疹热、北亚蜱传斑疹伤寒(North Asian tick typhus)，是斑点热类立克次体病的一种。小啮齿动物为主要传染源，草原革蜱为其主要媒介，边缘革蜱也能传播。病原体可经卵传递，在蜱体内可存活2年。病原体可通过蜱的叮刺或蜱粪污染而感染。中国新疆、内蒙古、黑龙江有该病存在。

传播媒介 宿主媒介主要有草原革蜱、边缘革蜱、森林革蜱、银盾革蜱、中华革蜱、金泽革蜱、嗜群血蜱、日本血蜱、长角血蜱、越原血蜱、微小血蜱、亚洲璃眼蜱、粒形硬蜱和微小牛蜱。在中国北方以草原革蜱、边缘革蜱、森林革蜱、中华革蜱、嗜群血蜱、日本血蜱、长角血蜱、亚洲璃眼蜱为主，而在南方以银盾革蜱、金泽革蜱、微小血蜱、越原血蜱、粒形硬蜱和微小牛蜱为主。除了蜱媒介外，野生动物也参与了其生态循环，啮齿动物媒介以野生啮齿动物为主，主要包括东方田鼠、长尾黄鼠、黑线姬鼠、棕背䶄、麝鼠、黄毛鼠、黄胸鼠、海南屋顶鼠、小家鼠等。在中国北方以东方田鼠、棕背䶄、黑线姬鼠、长尾黄鼠、麝鼠和小家鼠为主，而在南方以黄毛鼠、黄胸鼠和海南屋顶鼠为主。

流行 该病多发生于蜱最为活跃的春季及夏初。发病者多呈散发性。西伯利亚立克次体的分布，从俄罗斯欧洲部分经西伯利亚至远东部分，南下至印巴次大陆。据认为是城镇居民向市郊转移，与蜱类接触机会增多所致。硬蜱叮咬人体时，经皮肤伤口将蜱自身贮存的立克次体感染给人。

致病性 它们都侵害内皮细胞，导致细胞死亡，引起血管炎。蜱叮咬处都有焦痂可见。该病多发生于儿童，潜伏期为5~7天，急性起病，表现为寒战、高热、头痛、关节痛、乏力等症状。在蜱叮咬处出现一特征性的"黑斑"，即丘疹逐渐发展为中心坏死性黑色溃疡，周围绕以红晕。局部淋巴结肿大，且有压痛，发病后第四天出现全身散在的淡红色斑丘疹，掌跖部亦可累及。少数可见出血性损害。该病症状较轻，病程约2周。随着体温下降，皮疹逐渐消退。三种立克次体起病都急，出现发热、头痛、肌痛和结膜充血等征候，在蜱叮咬后5~7天发生，焦痂为一特色病征，可以证实诊断，应在头皮、腋窝、腹股沟等蜱类好寄居部位注意寻找。由于焦痂为坏死性损害，故引流该区的淋巴结亦可肿大。焦痂损害很像烟头灼伤，直径2~5mm，中心发黑，边缘隆起、发红。压痛甚轻。像RMSF一样，第4~5天全身发疹，包括手掌和足底。隐约可见的斑丘疹性损害，为皮内小出血点，病程约2周，鲜有死亡。

诊断 该病特征为虫咬处"黑斑"，在早期及恢复期进行血清特异性补体结合试验可做出诊断。注意应与虫媒其他类斑疹伤寒鉴别。根据其不同的发病区域、临床特点及特殊血清学反应可以鉴别：①钩端螺旋体病斑疹伤寒。流行区亦常有钩端螺旋体病存在。两者均有发热、眼结膜充血、淋巴结肿大等，故应注意鉴别。钩端螺旋体病常有腓肠肌痛，眼结膜下出血，早期出现肾损害，而无皮疹、焦痂或溃疡。②斑疹伤寒。有发热、斑丘疹，但无焦痂、无淋巴结肿大。③伤寒。起病缓慢，体温逐渐升高，相对缓脉、表情淡漠、腹胀、便秘、右下腹压痛、玫瑰疹常见。④登革出血热。头痛、全身疼痛较显著。较常同时出现斑丘疹和皮下出血点。⑤流行性出血热。高热时头痛、腰痛和眼眶痛较明显，体温下降前后常发生原发性休克，伴有皮肤黏膜出血或瘀点、瘀斑，少尿或无尿常见。

防治 治疗同其他立克次体病，使用四环素治疗有效。

多西环素 200mg，每 12 小时 1 次共 2 剂，收效良好。亦可用四环素、氯霉素和利福霉素（rifamycin），用药后 2 天退热。预防措施包括灭蜱和鼠等啮齿动物，注意个人防护，可外涂防虫剂，防止被蜱虫叮咬。

参考文献

范明远，阎世德，张婉荷，等，1964. 某地区斑疹伤寒、北亚蜱性斑疹伤寒、Q热立克次体痘的血清学调查[J]. 中华卫生杂志，9(1): 46-48.

孔昭敏，曹光远，张远富，等，1982. 新疆精河县蜱媒斑点热组立克次体的分离和鉴定[J]. 微生物学通报，9(1): 11-13.

（撰稿：卢艳敏；审稿：何宏轩）

比猫灵　coumachlor

一种在中国未登记的杀鼠剂。化学式 $C_{19}H_{15}ClO_4$，又名氯杀鼠灵、氯华法令、氯灭鼠灵。相对分子质量 342.77，熔点 168～170℃，沸点 543.108℃，密度 1.384g/cm³，淡黄色粉末，不溶于水，微溶于乙醚、苯，可溶于醇类、丙酮和氯仿。比猫灵为第一代抗凝血性杀鼠剂，可经皮肤吸入，维生素 K_1 为其特效解毒剂。对大鼠、小鼠的口服半致死剂量（LD_{50}）分别为 187mg/kg 和 900mg/kg。

（撰稿：宋英；审稿：刘晓辉）

蓖麻毒素　ricin

一种在中国未登记的杀鼠剂。是从蓖麻籽中提取的植物糖蛋白，相对分子质量 66000。蓖麻毒素具有强烈的细胞毒性，属于蛋白合成抑制剂或核糖体失活剂，诱导细胞因子损伤，诱导细胞凋亡，症状表现为肝、肾等实质器官发生出血、变性、坏死病变，并能凝集和溶解红细胞，抑制麻痹心血管和中枢神经。中毒后立即用高锰酸钾或炭末混悬液洗胃，随后口服盐类泻药及高位灌肠；口服鸡蛋清及阿拉伯胶，以保护胃黏膜。对小鼠注射的半致死剂量（LD_{50}）为 2.7μg/kg，腹腔注射为 7～10μg/kg。

（撰稿：宋英；审稿：刘晓辉）

表型可塑性　phenotypic plasticity

指在不同的环境影响下，生物出现差异化表现型的现象，是生物应对环境变化的基本方式。表型的改变包括行为、生理、形态等方面。表型可塑性在生物界中是普遍存在的现象，可以是永久的，也可以是暂时的。对鼠类研究表明，环境信号可以诱导出不同的内分泌、行为和发育表型，从而使出生在不同季节的幼体表现出不同的生活史类型。这些信号包括外部环境（如食物、社会等级）、内部环境（如营养状态、健康情况）、母体环境等等。表型可塑性对研究种群的适应性具有十分重要的意义。

（撰稿：王大伟；审稿：刘晓辉）

玻利维亚出血热　Bolivian hemorrhagic fever

由马秋博（machupo）病毒引起的，啮齿动物为主的自然疫源性疾病。临床特征有发热、剧烈肌痛、出血、休克、神经异常及白细胞和血小板减少等。潜伏期 6～14 天。起病徐缓。玻利维亚出血热患者以男性、青壮年为多，农民多于城镇居民。病人应予隔离，治疗应用高效价免疫血浆。病重者可发生昏迷休克，少数在 48～72 小时死亡。

病原特征　沙粒病毒科的病毒，形似沙粒，故名。只有一个属，即沙粒病毒属（Arenavirus），已发现 13 种，其中对人类致病的有 4 种。沙粒病毒由包膜和分节段的单链 RNA 组成。易被热（56℃）、紫外线、酸、碱、脂溶剂等灭活。可以用细胞培养（猴肾和地鼠肾）分离病毒。每种病毒有其单独的自然寄主。这些鼠受感染后，长期携带病毒和排出病毒，排出的病毒可以污染水源和食物或形成气溶胶飘浮空中而传播给人。沙粒病毒还存在于鼠类的唾液中，容易造成人与人之间的传播。

流行　啮齿动物为自然贮存宿主。鸠宁病毒存在于受染野鼠涎腺、血液及尿中。玻利维亚出血热主要贮存宿主是硬皮仓鼠（Calomys callosus），与病人密切接触可能患病。

玻利维亚出血热多途径传播。主要是由鼠的分泌物、排泄物污染的尘埃或食物，经呼吸道或胃肠道感染，也可经破损的皮肤使人感染。在密切接触情况下，可发生人群内传播。感染后多数发病，病后免疫较持久，但抗体出现较晚。该病有明显的地区性和季节性。分布于玻利维亚东北部贝尼（Beni）省，5～9 月旱季流行。

临床特征　潜伏期 7～14 天；发病缓慢，开始有发热、寒战、乏力、头晕、头痛、眼后部痛、畏光、肌痛。伴以食欲减退、胃脘不适、便秘或轻度腹泻、嗜睡、面部及躯干潮红、结膜充血，有时腋部出现细小出血点或瘀斑，淋巴结肿大，颚及咽门有出血性皮疹或水疱，皮肤感觉迟钝。白细胞及血小板减少，尿中出现蛋白质和管型。一部分病人有神经系统症状，表现烦躁不安至震颤或抽搐。一般 8～10 天后退热，病情好转，逐渐痊愈。少数病例在发病数日后逐渐加重，持续发热，出现脱水、少尿、低血压、相对缓脉。严重的临床危象包括出血倾向（牙龈出血、鼻衄、呕血、便血、尿血）、休克、肾功能不全、少尿、蛋白质尿，甚至无尿和尿毒症，神经系统症状有舌颤、肢体颤抖、反射降低、抽搐、昏迷，病人可在 48～72 小时内死于尿毒症和昏迷。常合并肺水肿。玻利维亚出血热常有出血倾向。

诊断　在流行区（玻利维亚）或进入流行区人员，或有与鼠类接触史，出现发热、剧烈头痛、腰痛、肌肉关节痛、眼眶痛、上腹痛、皮肤瘀点、瘀斑及子宫出血等，颜面潮红、结膜充血、眶周水肿、咽黏膜充血、瘀点、瘀斑及小水泡出现，白细胞和血小板减少。蛋白尿、管型出现，而血沉正常，即可作出诊断该病。

实验室诊断 病毒分离：①取病人血液（急性发热期）淋巴组织（死亡病例）接种于小白鼠、豚鼠，以及绿猴肾细胞、金黄地鼠肾细胞单层培养，分离病毒。②取疑似阿根廷出血热和玻利维亚出血热病人的外周血单核淋巴细胞，接种于vero细胞单层培养，是分离鸠宁病毒和马秋博病毒的方法。

免疫组化方法如免疫荧光或PAP法：可在1~3天内出结果，利于早期诊断。

血清学检测：间接荧光试验和空斑还原试验，检测特异性抗体，用于早期诊断。补体结合试验，不能早期诊断用，但可用于筛选阿根廷出血热和玻利维亚出血热免疫血浆供血者。

防治 避免接触病毒的宿主。在疫区内，防鼠、灭鼠为主要措施，控制啮齿动物的数量。蚊媒及蜱媒的控制措施可以预防经蚊虫传播的出血热病。应避免接触受感染者或其体液。应注意个人卫生，避免受染。玻利维亚出血热尚无疫苗。

参考文献

MACKENZIE R B, BEYE H K, VALVERDE L, et al, 1964. Epidemic hemorrhagic fever in Bolivia. I. A preliminary report of the epidemiologic and clinical findings in a new epidemic area in South America[J]. American journal of tropical medicine and hygiene, 13: 620-625.

STINEBAUGH B J, SCHLOEDER F X, JOHNSON K M, et al, 1966. Bolivian hemorrhagic fever: a report of four cases[J]. The American journal of medicine, 40: 217-230.

（撰稿：魏磊；审稿：何宏轩）

剥皮行为　　pericarp removal

一些贮食鼠类在贮藏白栎橡子时通常剥去外果皮，称为剥皮行为。除了在西伯利亚花鼠（*Tamias sibiricus*）中普遍存在这种剥皮行为外，在朝鲜姬鼠（*Apodemus peninsulae*）和社鼠（*Niviventer confucianus*）也发现有这种现象。洛阳天池山国家森林公园的朝鲜姬鼠、北社鼠、甘肃仓鼠（*Cansumys canus*）及岩松鼠（*Sciurotamias davidianus*）均有剥皮行为。在北京东灵山地区也观察到花鼠具有剥去白栎橡子外果皮的行为，进一步说明这种行为是普遍存在的，且有可能存在趋同进化。鼠类贮藏橡子前的剥皮行为显然与切胚行为的生态学意义不同，后者可显著降低橡子萌发率并减少萌发带来的营养损失，但剥皮非但不能阻止橡子的萌发，还能促进橡子的快速吸水和萌发。经过剥皮处理的栓皮栎、槲栎、锐齿槲栎和麻栎种子发芽时间较完好的种子早，发芽率也相对较高，且经过剥皮处理的种子的幼苗高度、叶片数、地上部分干重和地下部分干重与完好橡子差异均未达显著水平。通过一系列行为学实验已经证实花鼠剥去蒙古栎橡子外果皮进行贮藏的行为，与鉴别种子是否健康有关；鼠类在贮藏食物时，通过剥皮剔除虫蛀的种子，从食物贮藏点获得较高的收益。

参考文献

STEELE M A, TURNER G, SMALLWOOD P D, et al, 2001. Cache management by small mammals: experimental evidence for the significance of acorn-embryo excision[J]. Journal of mammalogy, 82: 35-42.

XIAO Z S, GAO X, JIANG M M, et al, 2009. Behavioral adaptation of Pallas's squirrels to germination schedule and tannins in acorns[J]. Behavioral ecology, 20: 1050-1055.

XIAO Z S, ZHANG Z B, 2012. Behavioural responses to acorn germination by tree squirrels in an old forest where white oaks have long been extirpated[J]. Animal behaviour, 83: 945-951.

YANG Y Q, YI X F, YU F, 2012. Repeated radicle pruning of *Quercus mongolica*, acorns as a cache management tactic of Siberian chipmunks[J]. Acta ethologica, 15: 1-6.

YI X F, STEELE M A, ZHANG Z B, 2012. Acorn pericarp removal as a cache management strategy of the Siberian chipmunk, *Tamias sibiricus*[J]. Ethology, 118: 87-94.

（撰稿：易现峰；审稿：路纪琪）

捕食者饱和假说　　predator satiation hypothesis

解释多年生植物种子大年结实（mast seeding 或 masting）如何提高种子存留和更新适合度的一种理论。许多多年生植物每间隔3~5年会出现一次大面积的、同步化的大量结实现象，称为大年结实。在种子结实大年间歇期，种子产量维持在相对较低的水平，食种子动物会因为食物不足而导致种群密度下降至较低的水平，随后出现的结实大年，集中的、大面积的、同步化的结实大量种子可以使动物的取食量达到饱和，从而有更多种子存留，增加了种子存活和幼苗建成的机会，有利于植物更新。在"鼠—植物"种子取食和传播互作系统中，大年结实对鼠类的种群密度及年间波动具有调节作用，种子大年常常对应鼠密度较低年份，鼠密度较高年份常常出现在种子结实大年之后。许多研究支持捕食者饱和假说。例如，在四川都江堰地区的亚热带常绿阔叶林内，油茶（*Camellia oleifera*）种子结实大年常有更多种子存留，翌年春天有更多幼苗生成，鼠密度也较高。

参考文献

杨锡福，张洪茂，张知彬，2020. 植物大年结实及其与动物贮食行为之间的关系[J]. 生物多样性, 28: 821-832.

KELLY D, SORK V L, 2002. Mast seeding in perennial plants: why, how, where[M]. Annual review of ecology and systematics, 33: 427-447.

SORK V L, 1993. Evolutionary ecology of mast-seeding in temperate and tropical oaks (*Quercus* spp.)[J]. Vegetatio, 107/108: 133-147.

VANDER WALL S B, 2010. How plants manipulate the scatter-hoarding behaviour of seed-dispersing animals[J]. Philosophical transactions of the Royal Society of London series B: Biological sciences, 365: 989-97.

XIAO Z S, ZHANG Z B, KREBS C J, 2013. Long-term seed survival and dispersal dynamics in a rodent-dispersed tree: testing the predator satiation hypothesis and the predator dispersal hypothesis[J]. Journal of ecology, 101: 1256-1264.

（撰稿：张洪茂；审稿：路纪琪）

捕食者扩散假说　predator dispersal hypothesis

一种针对"分散贮食动物—植物"种子传播系统，解释植物大年结实通过影响动物的种子贮藏行为而影响植物种子传播和存活的理论。一些依赖动物（如鼠类、鸟类）分散贮藏行为传播种子的植物每3～5年会出现一次大年结实，即大范围地同步结实大量种子。针对种子扩散，捕食者扩散假说认为：①大年结实能够增加种子传播比例。即大年结实可以刺激动物的分散贮藏行为，使其贮藏更多种子，提高种子被搬离母树埋藏于土壤的机会，有利于幼苗建成和更新。②大年结实能够增加埋藏种子存留比例。即种子结实大年动物埋藏的种子数量远多于其消耗量，大量种子不会被贮食动物找回取食，同时对动物而言，种子结实大年单粒种子的平均价值相对较低，动物会减少对埋藏种子的找寻和反复搬运，从而有更多埋藏种子存留，增加了种子存活和幼苗建成机会，有利于植物更新。在"鼠—植物"种子传播系统中，许多研究支持捕食者扩散假说，例如种子结实大年黄松花鼠（*Tamias amoenus*）搬运约弗松（*Pinus jeffreyi*）种子的速度更快，贮藏比例更高；小泡巨鼠（*Leopoldamys edwardsi*）贮藏栓皮栎（*Quercus variabilis*）种子时，分散贮藏量随种子量的增加而增加；在北京东灵山地区，种子结实大年，山杏（*Armeniaca sibirica*）种子被分散贮藏的比例更高；但在都江堰亚热带常绿阔叶林，"鼠类—油茶（*Camellia oleifera*）"种子互作系统不支持捕食者扩散假说，种子结实大年，种子被搬离母树分散埋藏的比例较低。

参考文献

杨锡福, 张洪茂, 张知彬, 2020. 植物大年结实及其与动物贮食行为之间的关系[J]. 生物多样性, 28: 821-832.

LI H J, ZHANG Z B, 2007. Effects of mast seeding and rodent abundance on seed predation and dispersal by rodents in *Prunus armeniaca* (Rosaceae)[J]. Forest ecology and management, 242: 511-517.

VANDER WALL S B, 2002. Masting in animal-dispersed pine facilitates seed dispersal[J]. ecology, 83: 3508-3516.

XIAO Z S, ZHANG Z B, KREBS C J, 2013. Long-term seed survival and dispersal dynamics in a rodent-dispersed tree: testing the predator satiation hypothesis and the predator dispersal hypothesis[J]. Journal of ecology, 101: 1256-1264.

ZHANG H M, CHENG J R, XIAO Z S, et al, 2008. Effects of seed abundance on seed scatter-hoarding of Edward's rat (*Leopoldamys edwardsi* Muridae) at individual level[J]. Oecologia, 158: 57-63.

（撰稿：张洪茂；审稿：路纪琪）

布氏田鼠　*Lasiopodomys brandtii* Raddle

典型的草原鼠种。啮齿目（Rodentia）仓鼠科（Cricetidae）䶄亚科（Arvicolinae）毛足田鼠属（*Lasiopodomys*）。曾用拉丁名为*Microtus brandtii* Raddle。分布于中国的内蒙古地区、蒙古国以及俄罗斯的外贝加尔地区。其分布中心位于蒙古的杭爱、乌兰巴托南部以及克鲁伦河流域。在中国有两个间断的分布区，分属内蒙古的呼伦贝尔市和锡林郭勒盟的典型草原地区，另外，内蒙古赤峰市的克什克腾旗的阿其乌拉也有零星的分布。

形态

外形　布氏田鼠体长90～135mm，耳较小，尾和四肢较短。

毛色　毛色较浅，腹面乳灰而稍带淡黄色，毛基灰色，毛尖乳白色，足背部和尾部均为浅黄色。

生活习性

食物　春季和夏季布氏田鼠的主要食物有羊草、冰草、克氏针茅、寸草苔、星毛委陵菜、冷蒿、苦荬菜、杂花苜蓿、阿尔泰狗娃花、菊叶委陵菜、糙隐子草、二裂委陵菜等。秋冬季则主要以其仓库里面储存的牧草为食，双子叶植物主要包括蒿属、委陵菜属、锦鸡儿属等植物。

繁殖　生长、发育具有明显的二相性，即在繁殖季节快速生长，进入秋冬季后则生长缓慢，接近停滞，到翌年早春又重新迅速生长。在自然状态下，布氏田鼠的寿命为14个月左右，最长者可达18个月。

繁殖季节为3～9月，其繁殖高峰期为4～8月。胎仔数在4～17只。越冬鼠上半年的平均胎仔数在8～10只，下半年则在7～9只；而当年鼠上半年的胎仔数在7～9只，下半年在6～8只。在自然条件下，布氏田鼠一生中最多能繁殖4次。布氏田鼠的婚配制度，一般认为是行为学上的一雄多雌制，实际为群居混交制。其群体组成主要以建群母鼠及其后代组成。秋季布氏田鼠有分群行为和换群重组行为。布氏田鼠为暴发性鼠类，在繁殖期种群迅速增长，并向周围扩散而发展为弥漫性分布。

危害　主要表现在以下三个方面：①布氏田鼠的挖掘活动对草场基质的破坏是其主要危害。②布氏田鼠的危害还表现在与牛羊的争食上。③布氏田鼠可传染多种疾病，是主要疫源动物之一。

布氏田鼠对栖息地的植被条件有一定的选择倾向，退化草场是布氏田鼠的最适生境。布氏田鼠早春化学防治经济阈值约为50只/hm^2。

防治技术　生态治理是在免除化学防治的条件下，针对鼠栖息地选择特征和为患成因以及危害现状，从生态系统原理提出的以协同调整鼠害草场中主要成员（草—畜—鼠）生态经济结构关系为主的治理策略。具体做法是，将当地围栏管理上习惯的始禁牧期提早半个月，即在当地牧草生长有利时机，通过轮牧调整，强化围栏管理对牧草生长盛期的保护作用，从而达到促进栏内草群繁茂并协同控制布氏田鼠栖息条件的目的。

从草原鼠害防治观点来看，生态治理可作为持续控制布氏田鼠鼠害的长期目标和根本方法，而化学防治也不失为一种简单、快速、有效的防治方法。尤其在鼠害严重地区，化学防治作为应急措施或综合防治中的配套技术，仍为国内外广泛应用的主要手段。

参考文献

刘书润, 1979. 内蒙古锡林郭勒地区布氏田鼠与草原植被相互关系的初步研究[J]. 中国草原(2): 27-31.

施大钊, 1988. 布氏田鼠在我国的分布及其与植被和水热条件关系的初步探讨[J]. 兽类学报, 8(4): 299-306.

武晓东, 1990. 布氏田鼠种群生态研究[J]. 兽类学报, 10(1): 54-59.

赵肯堂, 1981. 内蒙古啮齿动物[M]. 呼和浩特: 内蒙古人民出版社: 208-209.

钟文勤, 1997. 草原鼠害的持续控制与生态治理对策[M]// 牛德水. 农业生物学研究与农业持续发展. 北京: 科学出版社: 152-156.

钟文勤, 周庆强, 孙崇潞, 1985. 内蒙古草场鼠害的基本特征及其生态对策[J]. 兽类学报, 5(4): 241-243.

（撰稿：宛新荣；审稿：施大钊）

仓储鼠害 rodent damages to stored grains

全世界因鼠害造成储粮的损失约占收获量的5%。在中国，鼠害对收获后储粮造成的损失也相当严重。褐家鼠、黄胸鼠、小家鼠是危害农舍仓储的主要鼠种，这些害鼠在农田和农舍之间往返迁移，造成"春吃苗、夏吃籽、秋冬回家咬袋子"的现象（图1）。2000—2012年中国鼠类危害的农户数超过1亿户（图2）。农户鼠害的发生主要危害对象是仓储粮食。全国农业技术推广服务中心于2012—2013年度调查了11个省（自治区）、75个县、2574户农户的害鼠对储粮的危害损失情况，调查包括新疆（174户）、四川（137户）、广西（224户）、湖北（153户）、海南（84户）、山西（540户）、湖南（175户）、内蒙古（254户）、青海（379户）、河北（149户）及吉林（305户）等。统计数据显示，全国11个省（自治区）农产品仓储期间鼠害损失率为1.14%，远低于全世界因鼠害造成储粮的损失占收获量5%的比率。但由于中国粮食生产量世界第一，按2013年达6亿t，1.14%的仓储损失率计算，鼠害造成的损失总量为68.4亿kg，其绝对损失量依然惊人。全国11个抽样省户均储粮鼠害损失为89.14kg。各地鼠害对储粮的危害呈现出

图1 黑龙江省鹤岗市宝泉岭乡安民村农户玉米受害现状（刘晓辉摄）

一定的差异性，其中新疆（95.958kg）、山西（187.61kg）、吉林（135.51kg）危害最为严重。从农户平均储粮害鼠危害损失率看，海南的损失率最高，户均达2.93%，山西和四川的损失率都超过2%。吉林害鼠平均每仓危害粮食80kg，调查的302户农户的储粮危害损失大约为81 857kg，平均每户粮食损失为271kg。

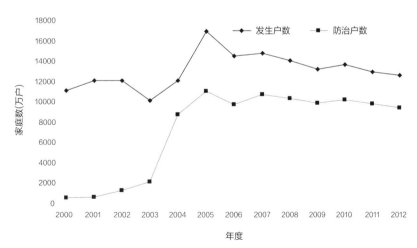

图2 2000—2012年中国农村鼠害发生和防治户数

参考文献

郭永旺, 王登, 施大钊, 2013. 我国农业鼠害发生状况及防控技术进展[J]. 植物保护, 39(5): 62-69.

郭永旺, 王登, 2015. 我国农村害鼠对储粮的危害及防治调查[J]. 中国植保导刊, 35(3): 32-35.

（撰稿：郭永旺；审稿：王登）

草原鼢鼠 *Myospalax aspalax* Pallas

欧亚大陆草原区的一种常年营地下生活的害鼠。英文名false zokor、steppe zokor。俗名阿尔泰鼢鼠、达乌里鼢鼠、梨鼠、瞎老鼠、地羊。啮齿目（Rodentia）鼹形鼠科（Spalacidae）鼢鼠亚科（Myospalacinae）平颅鼢鼠属（*Myospalax*）。中国分布在东北、内蒙古、河北以及山西北部。国外分布于蒙古和俄罗斯西伯利亚。

形态
外形 体形似东北鼢鼠，但尾巴较长，体重平均313.6g，体长136～260mm，尾长39～65.5mm，后足长28～36mm。颅全长37～48mm，宽23.2～32.5mm，高16.4～22.6mm；鼻骨长13～18.3mm；眶间宽7.3～9mm；吻宽9.2～11.8mm；后头宽21～30mm；上颊齿列长8.5～10.6mm。染色体数为$2n=62$。

毛色 毛色为中国鼢鼠中最淡的一种，一般为银灰色略带淡赭色，或暗灰褐色有时带赤色调，毛基灰色，无明显锈红色；吻部一般带白色；额部通常具有形状和大小不规则的白斑。尾毛稀短白色，后足背面亦被有白色短毛。前肢爪和其他种鼢鼠的一样很粗大。乳头3对：胸部1对，腹部2对（图1）。

头骨 颅骨背面与东北鼢鼠一样呈现平直，前端低，后端高，从侧面观也呈三角形，在人字嵴后枕骨也成截面，几乎与颅顶面垂直（图2）。

主要鉴别特征 颧骨约为颅全长的68%，与东北鼢鼠相差无几。腭骨后缘与M^3前叶前缘在同一水平线上，腭骨中间也有1尖突。但吻部较东北鼢鼠的宽；头骨后端上缘带弧形；鼻骨后缘中间常无缺刻，并稍为前颌骨后缘所超出；门齿孔也短小，亦在前颌骨界限内，但其后端离M^1前缘基部相距约3.8mm，较东北鼢鼠的近；上颊齿列比东北鼢鼠的短，而且M^1内侧仅有1凹角，另外M^3形状构造也与东北鼢鼠有明显差异，首先是比较短小，长不到M^1的1/2，并且明显斜向外侧。外侧凹角远比第二凹角大。

生活习性
栖息地 栖息在土壤潮湿疏松的高原和山地草原地区，灌木丛及荒漠地区的草地也有少量分布。草原鼢鼠也栖息于农田中，在农牧交错区主要栖息于农田及附近的草地和山坡地带。在内蒙古主要栖息于典型草原区和草甸草原，特别是打草场数量较多（图3）。

洞道 草原鼢鼠营地下生活，挖洞觅食，有时夜间也到地面。掘洞时推出的松土所形成的土堆大小不一，其直径一般为50～70cm，也有达到100cm的。洞道甚长，离地面30～50cm，冬季较深，可达2m左右。洞道中分为巢室、产仔室、粮仓、厕所等。

地下鼠在挖掘洞道系统的时候会根据土壤的物理性质发生变化，如当土壤比较疏松易于挖掘的时候，挖掘后的土壤往往堆积在洞道两壁，不形成土丘。相反，当土壤比较坚硬不利于挖掘的时候，地下鼠则会选择将挖掘后的土壤推出地面，这样就形成了土丘。此外，地下鼠挖掘活动形成土丘的另一个重要因素是保持洞道系统的通畅。草原鼢鼠挖掘活动较为频繁，平均每只鼢鼠每年就可以挖掘产生242.1个土丘，这对于土壤的通透性的改变起到了十分重要的作用。堆积在地面的土丘，不仅改变了草原地表的微地形特征，而且

图1 草原鼢鼠（武晓东提供）

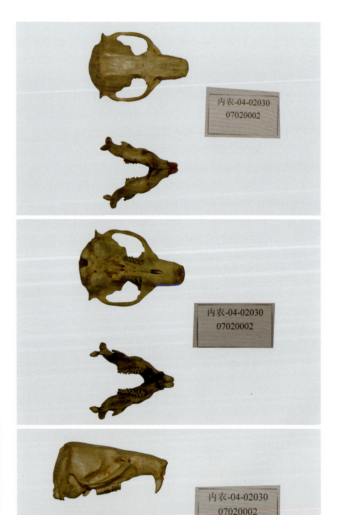

图2 草原鼢鼠头骨（付和平提供）

图3 草原鼢鼠栖息地（袁帅提供）

在一定程度上改变了土壤养分的组成。

食物 通常以植物的根或地下茎为食。喜欢吃马铃薯、胡萝卜等多汁食物。

活动规律 冬季有贮食习性，不冬眠。喜黑暗，怕阳光，视力差，听觉灵敏，喜安静，怕惊吓。一般挖洞采食，抗病力较强。春末夏初和秋季活动较为频繁，其他时间段活动较少。

生长发育 幼鼠出生后在10日龄内以哺乳为主，以后可食土豆、草根等饲料，生长20日龄后仔鼠能独立生活，应分窝单独饲养。幼鼠一般生长2个月性成熟。

繁殖 鼢鼠在野生状态下，每年4~6月发情交配，成体雌鼠发情表现为阴道里有黏液，并发出"吱…吱…"的叫声，此时正是配对的良好时机。在人工饲养条件下，每年3~10月繁殖，每年可产1~2胎，每胎4~6只，多者达8只。在内蒙古5~6月即开始繁殖，5月的怀孕率可达31.5%，7月捕到的幼鼠体重已达160g。雌鼠妊娠期30日左右，产仔多在夜间。

社群结构与行为 雌性和雄性一般单独生活，繁殖期在一起活动。常年营地下生活，夜间偶然出地面活动。其活动的季节性明显，依据盗出地面的土丘为标志，春、秋季节地面新鲜土丘数量明显增多，活动频繁，春季较秋季更为活跃。夏季盗出的新鲜土丘较少，活动明显减少。

种群数量动态

季节动态 草原鼢鼠是一种地下生活的鼠类，其在活动过程中将挖掘所产生的土推至地表，形成土丘，在地面上留下活动痕迹，土丘数量越多，活动越频繁，预示其种群数量越高。所以，在调查过程中可以使用地面土丘数量作为草原鼢鼠活动及数量的相对指标。在内蒙古地区一般5月和9月新鲜土丘相对较多，这主要是因为，在内蒙古地区草原鼢鼠在5~6月开始繁殖，活动频繁；同时鼢鼠的挖掘活动受食物资源丰富度的影响，挖掘强度在贮藏食物的牧草枯黄期最高（9月），牧草返青期（繁殖季节）居中，而牧草盛期最低，所以7月草原鼢鼠活动较弱。9月为草原鼢鼠储粮季节，应该活动频繁，而2015—2016年两个年度在内蒙古锡林郭勒典型草原打草场调查中发现，9月新鲜土丘却较少，原因尚不清楚。推测可能是由于9月鼢鼠活动沿用5月洞道，导致这一现象，也有可能是与当月的温度、湿度、日照等自然因素有关，具体原因还有待进一步研究探索。

年间动态 在内蒙古锡林郭勒草原，2012—2014年连续3年草原鼢鼠新土丘密度呈连续减少的趋势。2012年草原鼢鼠新土丘密度为1067个/hm²；2013年新土丘密度为247个/hm²，比2012年减少了76.9%；2014年的新土丘密度为70个/hm²，与2012年相比下降了93.4%。根据内蒙古农业大学啮齿动物研究团队对草原鼢鼠和东北鼢鼠土丘系数的研究结果，锡林郭勒草原的草原鼢鼠种群密度在10只/hm²左右。研究区内的植物物种在2012年以禾本科最多，而2014年则菊科植物达到最多。研究区内减少的禾本科植物，是鼢鼠不喜食的物种，加之研究区内禁止放牧，草原鼢鼠的食物来源十分丰富，而草原鼢鼠种群数量与植物群落多样性的互作关系中，草原鼢鼠种群数量对植物群落的均匀度影响最大，而植物群落的物种丰富度与草原鼢鼠种群密度的相关性最大。

危害 草原鼢鼠对牧草和农作物均会造成危害，是中国北方地区的主要农牧业害鼠。在农业区严重影响作物的收成，对马铃薯危害最甚。在牧业区对于草场的破坏较大，除盗食草根，致使草场植物死亡外，在挖掘时所造成的土丘亦掩埋大片草场，致使草牧场品质和产量下降，草场植被退化。另外还可传播鼠疫等流行性疾病。

在林区，草原鼢鼠对林木的危害日渐严重，其主要危害1~10年生幼龄树木，啃食树木幼根，掘洞堆土，给林业生产造成很大的损失。草原鼢鼠是樟子松林的大敌，在内蒙古大青沟自然保护区樟子松风景林中危害较重，每年发生面积约2000hm²。为了控制大青沟自然保护区范围内草原鼢鼠的危害蔓延，经过2002—2004年的防治试验，累计防治面积2470hm²，防治效果达83%，2003年防治面积约533hm²，投洞系1610个，防治3天后随机检查190个洞系，其中活动洞系145个，取食洞133个，取食率91.7%，死亡洞115个，防治效果86.5%。2004年防治面积约1937hm²，在4个防治区共调查洞系240个，其中取食洞系188个，取食率78%，死亡洞180个，防治效果95.7%。

防治技术 草原鼢鼠防治措施主要可分为物理防治、化学防治和生态防治。

物理防治 是使用相关工具对草原鼢鼠进行捕捉杀灭，主要包括：弓箭法、地箭法、吊石压箭、弓形夹捕法等。

化学防治 是使用相关化学药品制成毒饵对草原鼢鼠进行毒杀的一种防治措施，根据毒饵不同可分为C型肉毒素、D型肉毒素灭鼠剂、鼢灵杀鼠剂和慢性或亚急性杀鼠剂，通常选用慢性或亚急性杀鼠剂等。

生态防治 主要是使用营林措施，根据造林地草原鼢鼠的发生情况，因地制宜地选择造林树种和造林方式，如营造防鼠混交林，栽种抗鼠害树种沙棘、柠条等增加造林密度，合理密植以早日郁闭成林。造林前结合鱼鳞坑整地进行深翻，破坏草原鼢鼠栖息环境。

参考文献

柴享贤, 袁帅, 武晓东, 等, 2016. 草甸草原割草地植物群落α多样性与草原鼢鼠种群密度的关系[J]. 草业科学, 33(4): 778-784.

陈宜峰, 郭健民, 1986. 哺乳动物染色体[M]. 北京: 科学出版社, 72.

恩和, 姚占久, 白苏拉, 等, 2006. 溴代毒鼠磷防治草原鼢鼠试验

[J]. 内蒙古林业科技(2): 22-24.

何俊龄, 张金沙, 杨莹博, 等, 2006. 高原鼢鼠土丘空间格局及主要特征研究[J]. 草业学报, 15(1): 107-112.

黄文几, 陈延熹, 温业新, 1995. 中国啮齿类[M]. 上海: 复旦大学出版社: 184-185.

刘凯, 2014. 草原鼢鼠(*Myospalax aspalax* Pallas)季节性活动对植被和土壤的影响[D]. 呼和浩特: 内蒙古农业大学.

刘荣堂, 武晓东, 2011. 草地保护学: 第一分册 草地啮齿动物学[M]. 3版. 北京: 中国农业出版社: 301-302.

寿振黄, 1962. 中国经济动物志: 兽类[M]. 北京: 科学出版社: 167-170.

张鹏, 姚圣忠, 赵秀英, 等, 2010. 张家口坝上地区草原鼢鼠危害及防控研究[J]. 河北林业科技(2): 35-40.

张晓爱, 邓合黎, 1996. 生态系统的组织理论: 食物链动态论与互惠共生—控制论[J]. 动物学研究(4): 429-436.

赵玉波, 2000. 草原鼢鼠的驯养[J]. 特种经济动植物(5): 7-36.

郑智民, 姜志宽, 陈安国, 2012. 啮齿动物学[M]. 2版. 上海: 上海交通大学出版社: 184-185.

（撰稿：袁帅、付和平；审稿：武晓东）

草原鼠类群落 rodent community in grassland

草原生物群落的组成部分。在草原及荒漠生态系统中，具有一定生态功能或近似且稳定的鼠类集合体。与各类生物包括植物、天敌、食草动物、食腐动物等共同构成草原生物群落。其基本特征为相对稳定的群落结构、组成群落的各鼠种相对丰富度、营养结构、生物量以及群落的可演替性。

鼠类群落结构反映了组成群落的各鼠种间的互相关联。依据组成群落的鼠种的种群数量、对栖息地环境的适应性及活动性强弱可以将群落中的鼠种分为优势种和常见种、稀有种。优势鼠种对环境的适应性最强。通常在鼠类群落中的个体数量最多，生物量最大，且在栖息地中分布广泛，能够比其他鼠种利用更多的食物、空间资源。优势鼠种的密度、在群落中出现的频度以及对其他鼠种的排斥能力都高于其他鼠种。当群落环境中优势种减少或出现种群崩溃时将导致鼠类群落发生演替。而非优势种的减少，只会发生群落的较小变化而不改变群落的性质。由于鼠类种群数量的时空变化幅度很大，在草原中鼠类群落的优势种不可能长期保持数量优势，因而会在一定程度影响草原生态系统的稳定性，这也是造成草原生态脆弱的原因之一。常见种和稀有种在一定程度上与优势种存在空间和食物的竞争关系。常见种对栖息环境的适应性弱于优势种，但在群落中起着不可缺失的作用。而稀有种无论在数量还是生态作用都处于最弱的位置，其竞争力明显低于其他鼠种。各鼠种在群落中的重要性可以用在群落中的重要值表示：重要值 = 相对密度 + 相对频度 + 相对优势度。

草原鼠类群落的命名可依据鼠种在群落中的作用排序。优势种放在最前面，其次为常见种，稀有种则不列入群落名称。各类别间以"—"间隔。如同类型鼠种作用相当，则各种间以"+"相隔。命名时以首先列出该群落所处地理位置（有时还加上群落所处的地貌、土壤）和植被特征，其次才是群落中的优势鼠种。例如：锡林郭勒克氏针茅草原布氏田鼠—草原黄鼠+黑线毛足鼠+五趾跳鼠群落；呼伦贝尔大针茅草原狭颅田鼠+东北鼢鼠—黑线仓鼠群落；海西高寒草甸高原鼢鼠—根田鼠群落；巴里坤白刺荒漠大沙鼠—羽尾跳鼠群落。有些鼠种虽在群落中并不是优势种，但对草原植被或农作物可造成突出的危害，则将其定义为"关键害鼠"。

鼠类在环境中的分布及其与周围环境之间的相互关系所形成的结构，称为群落格局。包括群落的空间分布格局和时间分布格局（季节周期性）以及群落中食物链的网络状组织形成的食物链格局。群落中每一物种都有其特定的空间分布形式，这种分布形式又以错综复杂的关系与环境和其他物种的分布相关联，从而形成了群落的空间分布格局。群落内群居性鼠种，如布氏田鼠、高原鼠兔、长爪沙鼠与独居性鼠种，如五趾跳鼠、高原鼢鼠、黑线毛足鼠混居是草原鼠类群落最为常见的分布形式。不同种类的鼠洞多为随机分布格局，有些鼠种只在特定的地方打洞，如大沙鼠只在沙地灌丛的基部打洞，而同一栖息地中跳鼠之间则保持较远距离，界限明显呈镶嵌式分布格局。鼠类群落之间的界限会因植被群落的区别十分明显，如栗钙土针茅草原达乌尔黄鼠—长爪沙鼠群落与盐碱土碱蓬小毛足鼠—五趾跳鼠群落之间的界限迥然有别。而多数情况，鼠类群落之间呈逐渐过渡的状态。

群落中鼠种组成是物种多样性的体现，也是多种因素综合作用的结果。这与群落的演化历程和环境生态稳定程度密切相关。鼠类群落多样性可作为衡量草原生物群落稳定性的尺度之一。通常群落的结构越复杂，多样性越高，群落结构也越趋于稳定。当群落包含了较多的鼠种，而且种间的密度比例相对稳定，则对气候、植被、放牧等的干扰以及群落内鼠类种群的波动都可形成数量反馈机制，其补偿作用相对明显。一般多样性指数高的群落，其食物链和食物网趋于复杂。

群落的物种组成时间格局是群落动态特征之一，包括两个方面的内容：一是由自然环境因素的时间节律所引起的群落各物种在时间结构上相应的周期变化，表现在鼠类活动的日夜活动节律和数量波动的季节节律；二是群落在长期历史发展过程中，由一种类型转变成另一种类型的顺序过程，亦即群落的演替。

演替是鼠类群落结构与功能的定向变化。鼠类群落从其开始形成，必然经过一系列的中间演替系列环节，以渐变或突变的形式（每一个阶段本身几乎都相当于一个群落）演替到与该区域气候、地貌、植被、天敌及其他生物相互关联、相互依存的顶极群落阶段。鼠类群落的演替导致它所依存的整个生物群落稳定性增强。群落即使在平衡时，其组成成分或数量比例也会变化。定向变化也在给群落内部的稳定波动施加影响。群落对于环境变化或扰动的反应是通过组成群落的鼠类种群而实现的。因此，群落的稳定性起始于鼠类种群及个体对于环境变化或环境扰动的反应能力。其稳定状态取决于优势种种群存活和繁殖后代的能力，反映在种群的出生率、死亡率和迁移率上，是群落稳态能力的综合表现。

参考文献

甘肃农业大学, 2010. 草原保护学: 第一分册[M]. 2版. 北京: 中国农业出版社.

施大钊, 王登, 高灵旺, 2008. 啮齿动物生物学[M]. 北京: 中国农业大学出版社: 209-221.

孙儒泳, 1992. 动物生态学原理[M]. 2版. 北京: 北京师范大学出版社: 387-433.

郑智民, 姜志宽, 陈安国, 2008. 啮齿动物学[M]. 上海: 上海交通大学出版社: 261-268.

（撰稿：施大钊；审稿：王德华）

草原兔尾鼠 *Lagurus lagurus* Pallas

典型的草原和荒漠草原鼠类。英文名 steppe lemming。主要栖息于山地和丘陵的较潮湿的草甸草原中，以及荒漠草原和荒漠中牧草生长良好的地区。极度干旱的荒漠则无其踪迹。国外分布于独联体欧洲部分的南部、西伯利亚西部草原、俄罗斯、哈萨克斯坦、乌克兰和蒙古西部。中国分布仅见于新疆，主要分布在天山山地北麓的荒漠草原中，以昼间活动为主，不冬眠。啮齿目（Rodentia）仓鼠科（Cricetidae）䶊亚科（Microtinae）兔尾鼠族（Lagurini）兔尾鼠属（*Lagurus*）。

已描述4个亚种。

Lagurus lagurus lagurus Pallas（1773）。颜色较淡，为棕灰色。分布于乌克兰、北高加索地区（格鲁吉亚、亚美尼亚和阿塞拜疆）、俄罗斯伏尔加—乌拉尔半沙漠地区、哈萨克斯坦（其北部和东北部除外）阿尔泰草原。

Lagurus lagurus agressus Serebrennikov（1929）。颜色较深，为棕色或者棕灰色；尾巴由上而下呈现为棕灰色；背纵向条纹相对较宽。分布于俄罗斯的沃罗涅日州、坦波夫州、萨拉托夫州的北部、奥伦堡州的东北部和哈萨克斯坦的库斯塔奈州的北部。

Lagurus lagurus altorum Thomas（1912）。体背毛色甚为浅淡，呈灰黄色；背纹甚纤细。分布于哈萨克斯坦阿拉木图州的潘菲洛夫地区和布尔留秋宾地区、斋桑盆地和阿拉科尔盆地，以及中国新疆的天山山地、额敏谷地及准噶尔西部的巴尔鲁克山周围。

Lagurus lagurus abacanicus Serebrennikov（1929）。颜色较 *Lagurus lagurus lagurus* 深，为浅灰色；个体比其他的亚种略大。分布于俄罗斯阿巴坎河的草原沿岸。

草原兔尾鼠在我国仅分布于新疆，主要分布在西天山中部的巴音布鲁克山间盆地、伊犁谷地山区、准噶尔盆地东南缘的山前丘陵平原，准噶尔盆地西部哈巴河、额敏谷地、巴尔鲁克山区以及准噶尔盆地南缘巴里坤、木垒、奇台到玛纳斯一带的山前平原。行政区划属于特克斯县、新源县、昭苏县、哈巴河县、乌苏市、沙湾县、石河子市、玛纳斯县、昌吉市、米泉市、奇台县、木垒县、巴里坤县、乌鲁木齐市、和静县、焉耆县、阿克苏市等17个县市。主要以禾本科和豆科等植物的绿色部分为食，在农业区亦食苜蓿。在食物稀少的冬季啃食植物根部的表皮。草原兔尾鼠为典型的草原和荒漠草原啮齿动物，分布范围可从海拔700m的山前平原和丘陵上升到海拔2800m的亚高山草甸草原。

国外分布于蒙古西部，乌布苏诺尔湖盆地、戈壁西南角拜提克山上，俄罗斯哈卡斯自治区，乌克兰波尔塔瓦地区，哈萨克斯坦西西伯利亚等地。

形态

外形 体型较小，体长95～116mm；耳短，隐于毛内。尾短于后足，一般6～11mm；四肢短，后足长12～21mm。沿脊背有一条明显的黑色纵纹。

毛色 体背毛色灰黄或沙灰，体侧及腹面毛色浅黄或灰白。背部毛色浅褐灰，略显淡黄色色调，毛基深灰，中段浅黄，毛尖黑色或黄色。背部中央黑色条纹起于顶部止于臀部，细而明显。腹部毛基浅灰，毛尖浅黄或污白，黄色色调明显。两颊、体侧及臀部毛色较背部浅。尾毛两色；上部浅黄，下部白色，尾基附近毛淡黄色。四足背面被浅黄色毛，前足掌裸露，后足掌被白色毛。

头骨 头骨略平扁，额骨及顶骨均不向上隆起。眶上脊较微弱，眶间中央有一浅纵沟。顶间骨左右径较长，超过其前后径的2倍，呈长方形。听泡较大，但乳突部不明显隆出于侧枕骨之外。硬腭表面有2条犁沟，但较表浅。第三上臼齿显著长于第二上臼齿。第三上臼齿最后一个齿环为三叶状，故此齿之内侧形成3个凸角，外侧形成4个凸角，第一下臼齿具7个封闭齿环，最前面的一个封闭齿环亦为三叶状，即有3个凸角。

主要鉴别特征 自头顶至尾基沿脊背中央有一条明显的黑色或黑灰色条纹，是为本种重要外部特征。头骨之颅基长小于27mm，第一下臼齿最前面的封闭齿环为不对称的三叶形。

生活习性

栖息地 为典型的草原和荒漠草原鼠类。它在新疆境内的栖息地可从海拔700m的山前平原或丘陵平原上升至海拔2800m的亚高山草甸带。极度干旱的荒漠则无其踪迹。平原上的草原兔尾鼠多栖息在蒿属天然草场、灌溉草场、老苜蓿地、耕翻地、作物畦埂、道路两旁和渠沟两岸。山地的草原兔尾鼠多栖息在山地森林草甸草原及亚高山草甸带内地形微有起伏的丛生禾本杂草地段。

草原兔尾鼠（①②③伊藤·守摄；④蒋卫摄）

山前平原或丘陵平原栖息地，由于受到耕耘和灌溉等人为的干扰，常迫使草原兔尾鼠进行季节性的短距离迁移。山地栖息地由于饲料条件及隐蔽条件比较恒定，故这里的草原兔尾鼠得以保持相对的栖息稳定性。

洞穴 草原兔尾鼠洞呈集群分布，形成具有数十甚至上百个洞口的洞群。洞道短浅，距地面仅10～20cm，但迂回曲折，长达13～20m。洞群中每一栖息洞具多个洞口，少者3～4，多者10余个，洞口与洞口间常有明显的"跑道"相联接。每一栖息洞有1～2个巢室，巢室呈圆形或卵圆形，四周铺塞干草，中央留有空室为窝。栖息洞周围，尚筑有一些短浅无巢的单出口洞道，作为临时休息和进食场所。

食物 草原兔尾鼠为草食性鼠类。其主要食物为羽茅、狐茅等喜旱窄叶禾本草类和一些蒿属植物的茎叶。栽培景观内的草原兔尾鼠喜食麦类、苜蓿等茎叶和瓜类的蔓枝幼叶。夏秋季节将咬断的植物茎叶，堆放在洞口附近晒干，以备冬季食用。

活动规律 为昼夜活动鼠类，但以昼间活动为主。温暖季节以清晨和傍晚最为活跃，深秋及严冬时节多在晴朗的中午来到地面，或在雪下活动。6月初巴音布鲁克天山山地牧场上的草原兔尾鼠幼鼠活动十分频繁，每日出洞达40～48次之多，每次洞外觅食活动时间5～10分钟，长者可达28分钟；活动范围多在洞口周围和"跑道"附近。成鼠的洞外活动次数和停留时间均不及幼鼠多，往往在几分钟之内将植物茎叶咬断，拖入洞内啃食。

冬季时节栖息地多为积雪覆盖。此时草原兔尾鼠则在雪被之下挖掘"雪道"，以寻觅食物。这种"雪道"纵横交织，其中可见被鼠啃食过的植物残枝碎叶和鼠粪。当积雪融化后，在地面上留有明显的"雪道"遗痕。

繁殖 新疆的草原兔尾鼠的繁殖期于3月底4月初开始至10月下旬结束，此间以6～8月为繁殖盛期。本种繁殖力较强，出生后45天左右，体长达76mm、体重达18g时即达性成熟，开始繁殖。一年繁殖4～5窝，每窝产仔4～8，平均6.2只。奇台一带山前平原牧场的草原兔尾鼠的越冬雌鼠早春（4月初）怀孕率为72.4%；巴音布鲁克天山山地牧场7月雌鼠（包括当年春季出生的个体）怀孕率为80%。

在实验室的人工繁殖条件下，草原兔尾鼠繁殖日龄为雌鼠30天后具备繁殖能力，雄鼠在45～60天具备繁殖能力。雄性体一般要比雌鼠个体性成熟晚20～30天。雌鼠产仔多在凌晨。产仔数为1～8只，3～5只的产仔数居多，平均产仔数3.39只。离乳时成活率为71.81%。实验室条件下3～6月和9～11月草原兔尾鼠繁殖较好，其余月份温度过高或过低对幼仔的成活和母体繁殖有一定影响。妊娠期为21～25天，平均值为23.12天。

社群结构与婚配行为 草原兔尾鼠社群是以家族性群居，一个洞群可以有多个洞道、多个巢穴、多个家族，在野外用水灌洞法捕获鼠时，一个巢穴可以捕获雌雄两只鼠并带几只幼鼠，推测它们是雌雄共同抚养幼鼠；在人工饲养环境下证实雌雄是共同抚养幼鼠，雌性采食活动时雄性趴伏在巢内为幼鼠保温。在人工环境下用过以1雄2雌、2雄2雌、均能繁殖产仔，但幼仔成活率极低，与各鼠之间相互干扰有关；以1雌1雄长期同居繁殖可以达到较好的生产性能。实验室人工繁殖相比野外自然繁殖比率（平均6.2只）要低，这与实验室喂养的食物有关，人工饲养条件下，多使用小白鼠的颗粒饲料，其脂蛋白营养比较高，草原兔尾鼠不太适应，它喜食粗纤维食物（如芦苇），在实验室饲养的兔尾鼠相对体重超标。

生长发育 人工实验室饲养观察，幼鼠睁眼期为10～12日龄；自由采食期为15～18日龄；断奶期为19～20日龄；性成熟期为45～60日龄。

根据草原兔尾鼠的外形、行为、性的变化以及生长状况，可将该鼠的生长发育分为四个阶段。

乳鼠阶段，初生至15日龄，体长70mm以下。这阶段主要表现为生长最迅速，形态发育变化最大，如睁眼、门齿长出，被毛基本长齐，爬行迅速。体重和体长的生长率分别为10.34（♀）、11.18（♂）和5.57（♀）、5.88（♂）%。若以体重、体长划分，为9g以下和70mm以下。

幼鼠阶段，16～30日龄。此阶段主要特征标志是上下颌白齿已长全，并从摄取母乳过渡到独自觅食，生长发育仍持较高的水平，体长的生长率为1.50%（♀）和1.38%（♂），尾长和后足长增长趋于稳定。按体长划分，该鼠一般为70～84mm。

亚成体阶段，自30～60日龄，此阶段的重要标志是大部分个体已趋向成熟，但在此阶段尚未参加繁殖。体长生长率明显下降，为0.30%（♀）和0.36%（♂），体长范围为85～92mm。

成体阶段，60日龄以上。此阶段与上一阶段的分界线是性已完全成熟，并参加繁殖。体长生长率为0.18%（♀）和0.15%（♂）。体长92mm以上者都视为成年鼠。

生理生化

核型分析 蒋卫等采用常规骨髓制片法制备染色体标本，实验前72小时活体注射植物凝血素（PHA），按每千克体重200mg注射，于68小时以每千克体重2mg腹腔注射秋水仙素，4小时后处死动物取出股骨，用0.075mol/L氯化钾冲出骨髓，37℃低渗30分钟，加入1ml固定液（甲醇:冰醋酸=3:1），按直接骨髓制片法制片，制得染色体标本，并对它们的核型进行分析。结果表明，草原兔尾鼠有27对同源染色体，除2号和8号染色体为亚端部着丝点染色体，15号和17号为中央着丝点染色体外，其余常染色体均为端部着丝点染色体。X染色体为大型亚中央着丝点染色体，Y染色体为端部着丝点染色体，核型式为4（M）+4（ST）+44（A）。

血象 蒋卫等对草原兔尾鼠的血象进行了研究。血红蛋白平均值为131.92g/L，范围在100～170g/L，性别间无显著差异。血小板计数，平均值为265.32×10^9/L，范围在192×10^9～395×10^9/L，性别间无显著差异。红细胞计数，平均值为4.61×10^{12}/L，范围在3.5×10^{12}～5.81×10^{12}/L，性别间无显著差异。白细胞计数，平均为4.961×10^9/L，范围在3.7×10^9～7.8×10^9/L，性别间无显著差异。白细胞分类，中性白细胞为32.30%，酸性细胞0.04%，淋巴细胞67.40%，单核细胞0.18%，无碱性细胞，各类白细胞性别间无显著差异。不同的时间（上午，下午），血红蛋白、血小板、红细胞、白细胞各数值基本接近，经统计学计算无显著差异。不同日龄的血红蛋白、红细胞、白细胞测定结果较为接近，经统计分析亦无显著差异。仅血小板值在高年龄组稍高，统计分析计算 T 值 =2.32（$P<0.05$），显示有显著差异。血细胞直径以单核细胞直径最大，平均 17.3μm；其次为中性白细胞和酸性白细胞，分别为 11.1μm 和 11.0μm；淋巴细胞为 9.2μm；红细胞最小，平均 6.1μm。

草原兔尾鼠血象中红细胞的形态与其他哺乳动物相似，亦为无核圆盘型，其两表面向内凹陷，细胞直径平均为 6.1μm。

心电图 蒋卫等采用标准双极导联（I、II、III）、加压单极肢导联（aVR、aVL、aVF）和单极胸导联（Va、Vb、Vc），对经 10% 乌拉坦麻醉的 119 只成体草原兔尾鼠进行心电图测定，同时以 20 只昆明系小白鼠作对照比较。结果表明，草原兔尾鼠的平均心率为 558.54±54.59 次/分钟，均为窦性心率。额面心电轴平均 59.61±12.63 度。P-R、QRS 波、Q-T、P 波平均值分别为 38.29±6.48 毫秒、12.70±6.46 毫秒、27.62±7.37 毫秒，P 波和 T 波的方向与主波 R 波一致。在 I、II、aVL、aVF 和 Va 导联为正向，在 aVR 导联均为负向。无典型的 S-T 段，QRS 波群与 T 波部分重叠，Q-T 间期较短。

同工酶 王爱民等对草原兔尾鼠及黄兔尾鼠的乳酸脱氢酶及酯酶进行了比较，结果表明在同种动物的不同组织中，同工酶谱带及活性表现不同，具组织特异性。在异种动物的相同组织中每种同工酶的谱带及活性不同，具有种间特异性。在异种动物中，酯酶同工酶的差异性大于乳酸脱氢酶同工酶的差异性。因此，酯酶同工酶可作为区分亲缘关系相近物种的遗传指标。

严雷、蒋卫等利用超薄层水平板状聚丙烯酰胺凝胶等电聚焦的方法对新疆草原兔尾鼠的心脏及肝脏提取物进行了乳酸脱氢酶（LDH）、酯酶（EST）、葡萄糖磷酸异构酶（GPI）、苹果酸酶（ME）4 种同工酶谱的分析。结果表明，草原兔尾鼠同种脏带中 4 种同工酶谱及主酶谱带的等电点（pI）非常相似，属于同一类型酶谱，但依然存在着多态现象。认为 LDH 同工酶可以作为草原兔尾鼠实验动物化的遗传监测指标。

组织化学 孙素荣等对草原兔尾鼠的睾丸组织学和组织化学进行了研究，描述了其睾丸组织形态，并对核酸、糖原、碱性磷酸酶、酸性磷酸酶、5′核苷酸酶、腺苷三磷酸酶进行了观察，为探讨动物睾丸形态和功能特征提供了参考资料。

微量元素 李菁等采用火焰原子吸收法，对 25 只健康草原兔尾鼠体毛中 Fe、Cu、Cd、Zn、Pb、Mn、Mg 7 种元素的测定表明，雄性草原兔尾鼠体毛中 Fe、Cu、Cd、Pb、Mn、Mg 的含量与雌性无显著差异（$P<0.05$），而雌性的 Zn 含量明显高于雄性（$P<0.05$）。

种群数量动态

季节动态 草原兔尾鼠种群数量的季节变化颇大。据俄罗斯学者记述，草原兔尾鼠的数量，即使幼鼠死亡率达 25%，在 6 个月当中也可增长 200 倍左右。此外，种群数量的年际波动有时也比较剧烈。

年间动态 草原兔尾鼠与黄兔尾鼠类似，也为种群数量变动剧烈的群居性鼠类，在其种群数量高发年份时对草场破坏严重。新疆草原兔尾鼠种群数量的季节变化颇大，1993 年黄兔尾鼠大暴发时，草原兔尾鼠种群同时也随着增加，密度高时夹日法捕获率可达 40% 以上。1994—2000 年间草原兔尾鼠的密度一直保持在 5%～10%，可到了 2001 年以后几乎捕获不到该鼠，密度在 1% 以下。同样据俄罗斯学者记述，草原兔尾鼠常出现数量大发生年份，大发生过后，数量又急剧下降，野外不易捕获到，有时只有通过对猛禽呕吐物中碎骨片的分析，方可知道它们的存在。

种群结构 张大铭在新疆木垒县荒漠草原对区域内的草原兔尾鼠，按 2000 年 9 月和 2001 年 4 月、7 月、9 月 4 个时段设，调查地区面积约 800km²。在调查地区采用随机抽样法，设 100m×100m 样方作为调查的点样方，并采用鼠洞注水法将样方内草原兔尾鼠捕尽。所有鼠类标本均称重（体重和胴体重）、测量和剖检，并记录胚胎数、子宫斑数、睾丸大小和性别等繁殖资料，头骨带回实验室后进行进一步处理。

年龄划分 根据草原兔尾鼠上颌臼齿磨损度（即臼齿咀嚼面釉质和齿质所占的比例），划分为 4 个年龄组。

I 龄——幼体组：臼齿咀嚼面齿质部分较窄，占咀嚼面的 40% 以下，在 M^1 和 M^2 的多个类三角形齿质之间分界不明显，即齿质间有极少部分相连。M^3 的咀嚼面尚未与 M^1 和 M^2 平齐，即使有平齐的个体，咀嚼面也尚未磨损，可以看出明显的三叶状。

II 龄——亚成体组：臼齿咀嚼面 M^1 和 M^2 的多个类三角形齿质之间分界明显，齿质部分的面积占咀嚼面的 40%～50%。M^3 即齿质之间内凹陷较幼体组明显加深。

III 龄——成体组：各部分釉质间距离明显增大，齿质部分的面积占咀嚼面的 50%～60%，M^3 三叶状不明显。

IV 龄——老体组：牙齿明显较上述年龄组粗壮。臼齿面已经磨损成平板，臼齿咀嚼面的齿质部分占绝大部分，达 70% 以上。

种群年龄结构 2000 年 9 月至 2001 年 9 月草原兔尾鼠种群的变化。

2000 年 9 月以 II 龄鼠和 III 龄鼠为主，分别占 42.5% 和 48.2%，I 龄鼠占 0.0%，IV 龄鼠 9.2%，种群年龄比为 0.00：4.62：5.24：1.00。

2001 年 4 月的种群年龄结构是 2000 年 9 月草原兔尾鼠种群发展的结果，以 I 龄鼠和 III 龄鼠为主，分别占 48.5% 和 40.6%，II 龄鼠占 0.0%，IV 龄鼠占 10.9%，种群年龄比为 4.46：0.0：3.73：1.00。

2001 年 7 月种群的年龄结构中 I 龄鼠占 7.2%，II 龄鼠、III 龄鼠和 IV 龄鼠所占比例分别是 42.0%、26.1% 和 24.6%，种群年龄比为 1.00：5.58：3.61：3.41。

2001 年 9 月经过 5 个样方调查和较大面积普查，均未获得草原兔尾鼠标本实物。

草原兔尾鼠种群调查结果，其年龄结构有着：单一、不稳定、具有连续性和重复递减性。

种群繁殖强度 种群性比。2000 年 9 月至 2001 年 9 月 4 个调查时段内共捕获草原兔尾鼠 396 只，雌雄性比分别为：9 月为 0.85，4 月为 1.06，7 月为 1.03，来年 9 月为 0.00（未捕获到鼠类），平均为 0.94。4 个时段草原兔尾鼠种群性比结构基本维持稳定，但随着种群数量的波动，各时段内不同年龄的性比结构发生了变化。

种群雄性繁殖强度 草原兔尾鼠 204 只，对不同时间雄性睾丸大小测定结果，能够参与繁殖的雄性鼠睾丸大小的测定结果表明：

2000 年 9 月雄性鼠睾丸大小与 2001 年 4 月和 7 月的有显著差异，其内部各年龄组无显著差异，表明 2000 年 9 月草原兔尾鼠雄鼠的繁殖能力明显弱于 2001 年 4 月和 7 月。

2001 年 4 月种群中各年龄组雄性鼠睾丸大小无显著差异，与 2001 年 7 月的相比有显著差异，但与 2001 年 7 月种群的 III 龄鼠和 IV 龄鼠的相比无显著差异，表明 2001 年 4 月和 2001 年 7 月种群的 III 龄和 IV 龄雄鼠具有的繁殖能力相当。

2001 年 7 月的 II 龄雄鼠睾丸大小与 2000 年 9 月的有显著差异，表明该时期 II 龄雄鼠的繁殖能力介于 2000 年 9 月种群和 2001 年 4 月、7 月种群的 III 龄鼠和 IV 龄鼠之间。

种群雌性繁殖强度 从 2000 年 9 月至 2001 年 9 月 4 个调查时段内共捕获雌性草原兔尾鼠 192 只。

2000 年 9 月仅有 IV 龄鼠参与繁殖，而且怀孕率相当低，仅为 15.38%，但胎仔数较高为 10.50 ± 0.71。

2001 年 4 月种群缺少 II 龄鼠，仅 III 龄鼠和 IV 龄鼠参与繁殖，怀孕率高，分别为 86.96% 和 100.00%，但胎仔数较 2000 年 9 月有所下降，分别为 7.00 ± 1.59 和 6.80 ± 1.10。

2001 年 7 月 II 龄鼠未参与繁殖，III 龄鼠和 IV 龄鼠的怀孕率和胎仔数均较 2001 年 4 月有所下降，分别为 67.00%、86.00% 和 4.38 ± 1.69、7.00 ± 1.55。

种群繁殖结构的变化 随着草原兔尾鼠种群数量的下降，雌鼠的繁殖强度（怀孕率和胎仔数）发生了明显的变化。这种变化与种群数量和种群年龄结构的变化有明显的相关性。

2000 年 9 月仅有 IV 龄鼠参与繁殖，而且怀孕率相当低，仅为 15.38%，表现为缺乏 I 龄结构，预示该种群处于下降趋势。2001 年 4 月种群 III 龄鼠和 IV 龄鼠参与繁殖，怀孕率较高，分别为 86.96% 和 100.00%。但胎仔数较 2000 年 9 月有所下降，分别为 7.00 ± 1.59 和 6.80 ± 1.10，预示该种群有恢复增长的趋势，与该时期的年龄结构分析结果相吻合。2001 年 7 月 II 龄鼠未参与繁殖，III 龄鼠和 IV 龄鼠的怀孕率和胎仔数均较 2001 年 4 月有所下降，分别为 67.00%、86.00% 和 4.38 ± 1.69、7.00 ± 1.55，这一结果说明草原兔尾鼠雌性的繁殖能力又处于一个下降状态，肯定了前述的分析。同样，分析这一时期雄性草原兔尾鼠睾丸发育程度的变化，也不难发现这种变化与雌鼠是同步进行的。

流行病学和实验动物模型

流行病学 1927 年于西哈萨克斯坦的乌拉尔草原，首次自草原兔尾鼠尸体中分离出鼠疫杆菌。其后，在里海草原小型啮齿类大发生年代偶尔发现草原兔尾鼠参与鼠疫动物病流行。草原兔尾鼠对鼠疫具有很高的感受性和敏感性，染病后死于急性型鼠疫。草原兔尾鼠只是在沙鼠或黄鼠鼠疫自然疫源地内偶尔参与动物病的流行，其种群对疫源性的长期保存无实际意义。草原兔尾鼠是俄罗斯境内土拉伦菌病和北亚热自然疫源地储存宿主之一。

黑热病动物模型 侯岩岩等用杜氏利什曼和都兰利什曼 2 种原虫人工感染草原兔尾鼠。杨元清等给草原兔尾鼠经腹腔接种婴儿利什曼原虫前鞭毛体，5 个月后剖杀动物作病理组织学检查，发现脾、肝、骨髓、淋巴结、肾及输尿管内均有不同数量的利什曼原虫分布，有典型的内脏利什曼病病理损害。认为草原兔尾鼠可能是黑热病的一种敏感的实验动物。

柴君杰等研究了几种利什曼抗原对草原兔尾鼠婴儿利什曼原虫实验感染的保护作用，该实验用重组的利什曼原虫细胞表面糖蛋白（GPC3）和脂磷酸聚糖（LPG）以短小棒状杆菌菌苗为佐剂免疫草原兔尾鼠。用婴儿利什曼原虫强毒株前鞭毛体攻击感染，测定其免疫保护作用。经 rGP63+LPG+CP 免疫动物，在用 2×10^7 GP 前鞭毛体攻击时，其肝脏的利什曼原虫数比对照动物降低 89.99%，LPG+CP 免疫组降低 60.60，rGP63/半乳糖苷酶融合蛋白 +CP 免疫组降低 42.25%，纯化的 rGP63 没有保护作用。提示利什曼原虫主要表面分子抗原 rGP63 和 LPG 在以 CP 为佐剂的条件下，对草原兔尾鼠婴儿利什曼原虫有明显的免疫保护效果。

侯岩岩等用不同剂量婴儿利什曼原虫实验感染草原兔尾鼠，接种后 2 个月处死，肝脾印片，Giemsa 染色，计算出肝脏原虫负荷。接种感染率为 100%，肝脾肿大，脾大格外明显。不同接种量对肝脾重量的影响不明显。草原兔尾鼠经腹腔接种不同量的婴儿利什曼原虫前鞭毛体，亦发现不同量的原虫感染对动物体重及肝重没有明显的影响，但脾重则有一定的差异。肝脏原虫负荷随感染虫量的增加而加大，实验结果进一步证明草原兔尾鼠是一种对利什曼原虫非常敏感的实验动物。在用级差较小的不同量的原虫接种后，可以显著感染程度的差别，这就为利什曼病的免疫学研究提供了良好的动物模型。同时，对感染后的草原兔尾鼠血清抗体进行了检测，结果表明：抗原包被浓度为 10mg/L，鼠血清稀释度为 1∶50，兔抗草原兔尾鼠 IgG 为 2000。

包虫病动物模型 伊斯拉音—乌斯曼等用细粒棘球蚴和多房棘球蚴感染灰仓鼠和草原兔尾鼠，并以 NIH 小鼠和 BALB/c 小鼠做对照，观察了继发性棘球蚴囊的发育情况。4 种鼠的细粒棘球蚴感染率分别是 31%、21%、97% 和 89%，灰仓鼠和草原兔尾鼠继发性棘球蚴囊的发育远落后于 NIH 小鼠和 BALB/c 小鼠。灰仓鼠、草原兔尾鼠和 NIH 小鼠对多房棘球蚴均可感染，灰仓鼠接种后第 25 天囊泡重量为 0.22g，第 60 天为 1.14g，第 49 天出现成熟原头节。草原兔尾鼠在接种后第 25 天囊泡重量为 0.01g，第 60 天为 0.56g，第 49 天在组织切片和第 60 天在沉渣滴片中检出成熟原头节。作为对照的 NIH 小鼠接种后，直到第 90 天囊泡重量为 0.53g，没有查出成熟原头节。实验证明灰仓鼠和草原兔尾鼠对多房棘球蚴十分敏感，在用于建立泡型包虫病的实验动物模型方面存在独特优点。

其他动物模型 黄星等用布鲁氏菌和弓形虫自然感染草原兔尾鼠，亦发现该鼠可作为这两种病的动物模型。此外，赵紫元等报道了草原兔尾鼠可实验室感染戊肝病毒，认为该鼠有可能作为戊肝病毒研究的动物模型之一。俄罗斯学者用草原兔尾鼠做小儿麻痹症病毒的动物模型，认为该鼠可以作为小儿麻痹症病毒的实验动物。

危害 由于草原兔尾鼠分布面积广阔、繁殖力强、种群密度高以及营集群生活方式等，故给牧场植被的发育和更新带来严重危害。例如，在草原兔尾鼠主要栖息地巴音布鲁克天山山地牧场，牧草刚刚开花时节，草原兔尾鼠便开始在洞群周围将其喜食的植物咬断，至洞口堆积。至7月中旬牧草盛花期，这种破坏活动更为明显。此时，草原上几乎所有洞群区内遍布一堆堆鲜草或干草，每堆重达400~500g。这样的小草堆每一洞群多达6~7个。在草原兔尾鼠活动区域内，植物一片秃光，情同人工割去一般，甚至菊科植物的茎叶全被咬断，仅留一孤独的花序。

草原兔尾鼠对人工培植的优质饲草苜蓿危害甚大，苜蓿生长期，它们将苜蓿茎叶咬断，拖至洞口堆放；苜蓿收割后，便啃食残留下来的短茬，甚至咬断整株宿根。草原兔尾鼠不仅吃掉大量牧草，影响牧草的产量，而且因其在地下打洞和在地面上频繁活动，踏毁植被形成"跑道"，使得洞群及其周围植被发育停止，而成为不毛之地。当每公顷鼠洞达3000个时，这样不毛面积占栖息地总面积的5.7%。农作区的草原兔尾鼠经常侵入大田内咬断禾苗和瓜类作物的秧株，故对农业亦构成一定危害。

防治技术

农业防治 曾使用氟乙酰胺毒饵和甘氟等药物，采用胡萝卜和干苜蓿配成饵料，进行大面积播撒来防治鼠害。以苜蓿为饵料，好处是来源广，成本低，灭效高，经济实惠值得广泛应用。在高密度区域于繁殖期，可采用药液喷草灭鼠法，同样可以取得好的效果。因属高毒农药，已禁用。

生物防治 在草原兔尾鼠的分布区域有众多的鹰类和食肉目动物（虎鼬、兔狲、狼和狐狸），它们都能起到抑制鼠害密度的效果，每年在鼠害的区域内可见多种鹰类，2007年在奇台三塘湖地段，车行1小时，车速20km，见7只大鵟落在电线杆上。新疆治蝗灭鼠指挥部资料记载，他们在鼠害的发生区域架设鹰架（水泥杆子，距离地面1.5~2m高），每1km建立一个鹰架，起到的无害防治的效果，较好控制了鼠害。

物理防治 距水源较近地段，可用水灌法。在农田附近，采用弓形夹等捕鼠工具，经常进行捕打，可起到临时性的保护作用。即利用捕鼠器械杀灭鼠类的方法。如弓形鼠夹、弹簧鼠夹、捕鼠活套、灌水等方法。此方法简便易行，对人畜安全，不受季节限制，适用于小面积草地灭鼠，尤其适合牧民边放羊、边灭鼠。

化学防治 多种胃毒灭鼠剂均可用于消灭草原兔尾鼠。目前新疆农牧系统广泛应用氟乙酰胺毒饵进行大面积防治。0.5%氟乙酰胺胡萝卜毒饵灭效达84.3%；氟乙酰胺干苜蓿灭效达85.0%，以苜蓿为饵料，来源广，成本低，灭效高，值得广泛应用。施毒方式可采用人工步行或骑马播散，有条件的地区宜采用机械化设备，以提高功效。在高密度区域于繁殖期，亦可采用药液喷草灭鼠法。氟乙酰胺浓度为0.2%~0.5%，每平方米草场喷50~100ml。氟乙酰胺虽有较高的灭鼠效果，但常引起二次中毒，此外，有机氟在环境中不易分解，可造成环境污染，故应慎重使用。

用0.005%和0.01%溴敌隆、0.01%氯敌鼠钠盐、0.035%和0.07%杀鼠醚、0.5%和1%甘氟配制成毒饵，灭鼠剂适口性逐次为溴敌隆＞氯敌鼠钠盐＞杀鼠醚＞敌鼠钠盐＞甘氟。毒杀效果依次为甘氟＞敌鼠钠盐＞杀鼠醚＞溴敌隆＞氯敌鼠钠盐。

使用任何一种方法杀灭草原兔尾鼠往往只能收到暂时性防治效果。因为草原兔尾鼠繁殖力极强，依靠火后小部分残存种群可在一个不长时间内使鼠的密度恢复到原始水平。所以，在防治草原兔尾鼠时应制订一项长远计划，坚持反复控制，方可达到减轻危害的目的。

参考文献

柴君杰, Kwang Poo Chang, 左新平, 等, 1999. 利什曼原虫抗原对草原兔尾鼠感染婴儿利什曼原虫的免疫保护作用[J]. 中国寄生虫学与寄生虫病杂志, 17(4): 237-240.

范福来, 1984. 草原兔尾鼠一些生活习性的初步观察[J]. 动物学杂志, 19(5): 29-32.

侯岩岩, 蒋卫, 左新平, 等, 1994. 草原兔尾鼠(Lagurus lagurus)对利什曼原虫敏感性的初步观察[J]. 地方病通报, 9(4): 68-69.

侯兰新, 马良贤, 1998. 新疆东部啮齿动物的分类和分布[J]. 干旱区研究(3): 44-47.

黄星, 高汝常, 李建江, 等, 1997. 对草原兔尾鼠自然感染布鲁氏菌和弓形虫的检测报告[J]. 地方病通报(2): 4.

蒋卫, 张兰英, 马旭霞, 等, 1996. 正常草原兔尾鼠的血象[J]. 动物学杂志, 31(4): 22-25.

蒋卫, 郑强, 张兰英, 1993. 草原兔尾鼠的饲养驯化[J]. 野生动物(2): 48-49.

蒋卫, 郑强, 吴敏, 等, 1993. 新疆两种啮齿类动物的核型分析[J]. 干旱区研究(4): 68-70.

蒋卫, 郑强, 张兰英, 等, 1995. 草原兔尾鼠的生长发育[J]. 动物学杂志(3): 27-31.

蒋卫, 郑强, 张兰英, 等, 1996. 草原兔尾鼠心电图的分析[J]. 中国实验动物学报, 4(1): 1-4.

蒋卫, 黎唯, 张兰英, 等, 1999. 实验条件下几种灭鼠剂对草原兔尾鼠的杀灭效果[J]. 地方病通报, 14(1): 41-44.

李菁, 沙拉麦提, 刘惠君, 等, 2001. 草原兔尾鼠体毛中7种元素含量的测定[J]. 微量元素与健康研究, 18(1): 57.

王思博, 杨赣源, 1983. 新疆啮齿动物志[M]. 乌鲁木齐: 新疆人民出版社.

严雷, 蒋卫, 石劲草, 等, 1995. 新疆野生草原兔尾鼠几种同工酶谱的分析(I)等电聚焦电泳[J]. 地方病通报, 10(2): 19-26.

严雷, 蒋卫, 石劲草, 等, 1996. 草原兔尾鼠几种同工酶等位基因位点研究[J]. 地方病通报, 11(2): 32-35.

杨元清, 管立人, 吴嘉彤, 等, 1995. 用草原兔尾鼠复制内脏利什曼病模型初探[J]. 上海实验动物科学, 15(2): 82-84.

伊斯拉音·乌斯曼, 焦伟, 等, 2000. 灰仓鼠和草原兔尾鼠感染细粒棘球蚴和多房棘球蚴的实验研究[J]. 地方病通报, 15(3): 71-74.

赵素元, 蒋卫, 周伟一, 等, 1993. 野鼠感染戊型肝炎的实验研究[J]. 临床肝胆病杂志, 9(增刊): 28-30.

张兰英, 郑强, 蒋卫, 1996. 介绍一种新型实验动物——草原兔尾鼠[J]. 地方病通报, 11(1): 3-4.

张富春, 张渝疆, 张大铭, 等, 2004. 草原兔尾鼠数量动态及免疫不育控制[M]. 乌鲁木齐: 新疆科学技术出版社.

郑智民, 姜志宽, 陈安国, 2008. 啮齿动物学[M]. 上海: 上海交通大学出版社.

（撰稿：蒋卫；审稿：王登）

产热　thermogenesis

生物体的产热过程是体温调节的重要部分，主要发生在恒温动物中。AL-Mansour（2004）将动物的产热分为专性产热（obligatory thermogenesis）和兼性产热（facultative thermogenesis）两类。专性产热是维持动物整体所必需的那部分热量，产生于所有代谢器官，如基础代谢率；兼性产热又称适应性产热，是指动物对食物、环境胁迫、季节性信号等生态因子做出的有别于专性产热的代谢反应，只发生在部分组织中，如肌肉、褐色脂肪组织。根据诱导因素不同，兼性产热可分为食物诱导产热（diet-induced thermogenesis）和冷诱导产热（cold-induced thermogenesis）。而冷诱导产热又包括骨骼肌产生的颤动性产热（shivering thermogenesis，ST）和褐色脂肪组织产生的非颤动性产热（nonshivering thermogenesis，NST）。颤动性产热是通过肌肉颤动将ATP化学能转变为动能。非颤动性产热主要发生在褐色脂肪组织，通过线粒体内膜上的解偶联蛋白（uncoupling protein 1，UCP1）将呼吸链氧化磷酸化过程与ATP的产生解偶联，生物氧化所产生的跨膜质子梯度通过质子通道回到膜内，全部能量以热的形式释放。

参考文献

柳劲松, 2013. 鸟类基础产热的可塑性[J]. 生物学通报, 48(5): 1-3.

AL-MANSOUR M I, 2004. Seasonal variation in basal metabolic rate and body composition within individual sanderling bird *Calidris alba*[J]. Journal of biological sciences, 4: 564-567.

（撰稿：张学英；审稿：王德华）

长耳跳鼠　*Euchoreutes naso* Sclater

跳鼠科中唯一的一种小体型肉食性物种。被列入IUCN受威胁物种红色名录（2006），危险等级（EN A1c）。自2007年开始它一直是伦敦动物学会（Zoological Society of London）Edge of Existence Programme项目调查的10个物种之一，被Evolutionarily Distinct and Globally Endangered项目（EDGE）确认为10个最受关注的物种（top-10 "focal species"）之一。

该种是*Euchoreutes*属的单型种，包括3个分化亚种，分别为：分布于新疆南部的指名亚种（*Euchoreutes naso naso*），分布于新疆北部的伊吾亚种（*Euchoreutes naso yiwuensis*）和分布于内蒙古西部以及宁夏、甘肃和青海等部分地带的阿拉善亚种（*Euchoreutes naso alaschanicus*）。不过也有学者认为指名亚种和阿拉善亚种在毛色以及平均度量方面几乎没有差别，只是指名亚种略大而已，没有分类意义。因此，阿拉善亚种能否成立存在疑问。

分布区主体在中国，呈现为一个西起塔里木盆地西端，沿盆地与周围山地荒漠交错带向东延展至中国内蒙古中部和蒙古人民共和国南部的条形地带，包括塔里木盆地周边荒漠地带、阿尔金山及青藏高原外围荒漠地带、阿尔泰戈壁和阿拉善戈壁。在中国，长耳跳鼠主要分布在新疆、甘肃、青海、内蒙古、宁夏等地。

形态

外形　具有较长的尾和适于跳跃的后肢，耳特长可达体长的一半，耳长与体长之比是跳鼠科物种中最大的。在跳鼠中属于中小体型。成体平均尾长超过150mm，平均体长超过70mm，雄性体长和尾长超过雌性。后足平均长度超过40mm，具5趾，外侧2趾短于中间3趾，足下覆白色毛但不形成硬毛刷。平均体重超过24g。雌雄外形相似，雌性体形略小于雄性。尾上覆短毛，毛色与体色相似，尾端具尾穗，毛束呈毛笔状，毛色黑白分明。

毛色　一般体背毛色为棕黄色或灰黄色，毛基深灰色，毛尖棕色或褐色，头部和背中部毛色较深，腹毛灰白色（图1），因年龄和栖息环境不同毛色有差异。

头骨　头骨较细长，鼻骨很窄。听泡膨大但小于颅骨长度的一半。眶间最窄处在额骨中部，颞乳突膨大，其后缘远超过枕大孔。

主要鉴别特征　平均耳长超过40mm，几乎是体长的1/2。门齿细白，两侧上颚各有一个小前白齿。上颌前白齿发达，明显大于最后一枚白齿。雌鼠具8个乳头。

生活习性

栖息地　栖息生境为生长低矮灌木林或灌丛的沙砾荒漠、半荒漠中的沙丘和沙砾谷地，常见植物包括锦鸡儿（*Caragana* spp.）、盐爪爪（*Kalidium foliatum*）、胡杨（*Populus euphratica*）和梭梭（*Haloxylon ammodendron*）、柽柳（*Tamarix chinensis*）等（图2）。

洞穴　洞穴构造比较简单。通常有四种类型的洞穴：夏季昼间临时洞穴，主要用于昼间地下觅食。夏季夜间临时洞穴，主要用于夜间觅食时临时的栖身所。夏季长期洞穴，主要用于育幼。冬季长期洞穴，主要用于冬季冬眠。临时洞

图1　长耳跳鼠（范书才摄）

图2　长耳跳鼠栖息地（范书才摄）

穴洞道明显比长期洞穴短。

食物 肉食性动物。主要以昆虫为食，昆虫成分占其摄入食物的95%，偶尔也取食小体型的蜥蜴和植物叶。大量捕食昆虫的特性使得它们可能影响其活动区域内的昆虫种群动态，因此在原生生态系统中具有重要地位。

活动规律 夜行性。喜欢在质地比较硬的地面活动。日落后即开始活动，随着夜间气温趋凉，活动强度开始减弱，日出前返回洞穴。它们宽长的外耳可能具有特殊的集音功能，有利于发现昆虫。个体之间的通讯形式仍不清楚。敏锐的听觉表明声音可能是个体之间交流通讯的主要形式。

繁殖 婚配制度不清楚。以跳鼠科中的其他物种的婚配制度推测，它们可能是多配制。长耳跳鼠出蛰后很短时间内就开始交配繁殖。每只雌鼠一年可繁殖2次，每胎仔数2～6只，孕期25～35天。雌鼠通常育幼直至断奶。寿命为2～3年。

种群数量动态

季节动态 冬眠。春季出蛰时种群数量是一年中的最低水平。当年第一批出生的幼鼠约5月开始陆续断奶离巢。种群数量从5月底、6月初开始上升，8～9月达到一年的最高峰，10月上旬以后进入冬眠，种群活动完全停止。

年间动态 食肉是长耳跳鼠区别于其他跳鼠的最重要的生物学特征。肉食性动物往往受到环境食物条件的制约，但荒漠环境相对稳定，年间波动趋势不明显，因此推测其群数量年间波动不会太大。有关长耳跳鼠的研究数据很少，对该物种的状态几乎没有了解，但可以肯定的是它们在生态系统中具有重要的地位。

危害 长耳跳鼠是螺杆菌致病病原的携带者，并有可能向人群传播相关疾病。在其他方面没有明显危害。

受威胁状态 天敌未知，但夜行性的捕食者如鸮、狐狸等的食谱中可能包含长耳跳鼠。根据IUCN报告，各种人类活动是长耳跳鼠的主要威胁。由于日益增长的放牧压力以及各种采矿、修路活动导致栖息地大量丧失，其生存面临很大的威胁。气候变化也可能影响其生存状态。春季出蛰后它们脂肪储存几乎消耗殆尽，同时又要很快就进入繁殖状态，因此对环境中的食物要求极端迫切，如果气候变化导致环境中的昆虫数量下降，就会极大威胁其生存。也许，物候期出现很短的变化对它们的种群动态都会造成灾难性的结果。

研究意义 巨大的外耳是长耳跳鼠最为让人关注和好奇的地方。也许为了规避捕食者同时有助于发现昆虫，它们进化出特化的听觉系统。但这个超大的外耳究竟有什么特殊的功能仍不清楚，可以合理推断应该与声音信号的收集与放大有关。其背后的工作机制对于人类在仿生学领域的工作会有所启示。

参考文献

马勇, 王逢桂, 金善科, 等, 1987. 新疆北部地区啮齿动物的分类和分布[M]. 北京: 科学出版社.

马勇, 李思华, 1979. 长耳跳鼠一新亚种[J]. 动物分类学报, 4(3): 301-303.

BATSAIKHAN N, AVIRMED D, TINNIN D, et al, 2008. *Euchoreutes naso*[M]// IUCN 2008. IUCN Red List of Threatened Species. Retrieved 17 March 2009. Database entry includes a brief justification of why this species is of least concern.

KAZUO G, JIANG W, ZHENG Q, et al, 2004. Epidemiology of *Helicobacter* infection in wild rodents in the Xinjiang Uygur Autonomous Region of China[J]. Current microbiology, 49: 221-223.

NOWAK R, 1999. Wallker's Mammals of the World[M]. 6th ed. Baltimore, Maryland: The Johns Hopkins University Press.

WILSON D E, REEDER D M, 2005. Mammal Species of the world[M]. Baltimore, Maryland: The Johns Hopkins University Press.

（撰稿：戴昆；审稿：王登）

长耳鸮 *Asio otus* Linnaeus

鼠类的天敌之一。又名猫狐、彪木兔、长耳猫头鹰、长耳木兔、虎鸮、肖尔腾－伊巴拉格、夜猫子、有耳麦猫王。英文名long-eared owl。鸮形目（Strigiformes）鸱鸮科（Strigidae）耳鸮属（*Asio*）。

全北界及南美洲分布。在中国北方的常见留鸟和季节性候鸟。指名亚种为新疆西部喀什地区及天山的留鸟，又见繁殖于内蒙古东部及东北部、青海南部、甘肃南部和东北。迁徙途经中国大部地区，越冬于华南及东南的沿海省份及台湾。国外分布于欧洲、非洲北部、美洲、大洋洲和亚洲的大部分地区。

形态 中等体型(36cm)的鸮鸟。具两只长长的"耳朵"长约45mm，但通常不可见。皮黄色的圆面庞边缘为褐色及白色，具暗色块斑及皮黄色和白色的点斑，翎领黑褐而具棕白缘斑，上体棕黄，具黑褐纵纹，尾棕黄具黑褐横斑，初级覆羽黑褐，微具棕色横斑，其余飞羽表面棕黄，端部灰白，具黑褐横斑；胸、上腹、下体和两胁具黑褐纵纹和蠹状横纹，余部棕黄，具棕色杂纹及褐色纵纹或斑块。与短耳鸮的区别在于耳羽簇较长；脸上白色的"X"图纹较明显。

虹膜橙黄；嘴角质灰色；脚偏粉。

叫声：雄鸟发出含糊的ooh叫声，约两秒钟一次。雌鸟回以轻松的鼻音paah。告警叫声为kwek, kwek。雏鸟乞食时发出悠长而哀伤的peee-e声。

生态及习性 夜行性，喜欢栖息于森林中的高枝上，也出现于林缘疏林、农田防护林和城市公园的林地、丘陵或院落树丛；白天多藏匿于树林中，常垂直地站在树干近旁侧枝上或林中空地草丛中，黄昏和夜晚才开始活动。栖息地往往非常精确地固定，甚至固定到某一树枝。以至于在它们的固定居所下方遍布"食团"或排泄物，单独或成对活动较多，但迁徙期间和冬季则常结成10～20只，有时甚至多达100只以上的大群。

以各种鼠类为主，鼠类食谱又以黑线姬鼠为主，还包括小麝鼩、小家鼠、褐家鼠等啮齿类，蝙蝠、棕头鸦雀、麻雀、燕雀等小型鸟兽。对于控制鼠害有积极作用。

繁殖期为4～6月，营巢于森林之中，通常利用乌鸦、喜鹊或其他猛禽的旧巢，也在树洞中营巢。通常每窝产卵为

4~6枚，偶多至8枚。卵为白色的椭圆形。由雌鸟承担全部孵卵过程，孵化期约28天。雏鸟晚成性，孵出45~50天后离巢。

为国家二级重点保护野生动物。

参考文献

约翰·马敬能，卡伦·菲利普斯，何芬奇，2000. 中国鸟类野外手册[M]. 长沙: 湖南教育出版社.

赵正阶，2001. 中国鸟类志[M]. 长春: 吉林科学技术出版社.

郑光美，2011. 中国鸟类分类与分布名录[M]. 2版. 北京: 科学出版社.

（撰稿：李操；审稿：王勇）

长光照 long day or long photoperiod

在24小时的昼夜节律中，白昼时间大于12小时时，被称为长光照。小型啮齿动物的繁殖期往往发生在春夏季的长光照时段中，室内长光照条件也可以保持其繁殖活性或性腺发育。因此，鼠类等小型啮齿动物被称为长光照繁殖者，长光照代表鼠类的繁殖活跃状态或繁殖季节。

（撰稿：王大伟；审稿：刘晓辉）

长尾旱獭 *Marmota caudata* Geoffroy Saint-Hilaire

一种大型草原旱獭。又名红旱獭。英文名long-tailed marmot。啮齿目（Rodentia）松鼠型亚目（Sciuromorpha）松鼠科（Sciuridae）非洲地松鼠亚科（Xerinae）旱獭族（Marmotini）旱獭属（*Marmota*）。

中国分布在新疆天山山脉，天山南端及帕米尔高原。国外分布于阿富汗、巴基斯坦、印度北部、哈萨克斯坦、吉尔吉斯斯坦、蒙古西部。

形态

外形 体形粗壮，略小于灰旱獭，尾较长，超体长的1/3，近1/2。体背面毛较长，35~45mm。体长426~570mm，尾长185~275mm，耳长18~30mm。体重4100~4600g。

毛色 被毛长而蓬散，粗糙无光泽。全身锈红色或棕黄色，体背、体侧及腹面毛色无明显差别。头顶从眉间向后至耳上，呈清晰的方形黑色或暗褐色区，形如"黑帽"。眼下、颊部、鼻端也呈黑色，鼻端与眉间黑色毛区之间为棕黄色，眼下部及颊部毛色同头顶，口围黑色。体腹面橙色较深，无褐色夹杂其间。尾蓬松，上面毛色似体背，下面略深，其远端1/4或1/3的毛呈褐色或深褐色或黑色。

头骨 颅全长87.0~105.0mm，腭长42.4~51.0mm，颧宽55.0~66.6mm，乳突宽39.8~44.3mm，眶间宽21.1~25.5mm，鼻骨长27.5~33.2mm，听泡长16.7~20.1mm，上颊齿列长20.6~24.0mm，上齿隙长22.0~26.4mm，下颌骨高37.0~44.6mm。染色体数为2n=38。

颅形较细长，人字嵴不向后突出，后枕骨面较平；鳞骨的眶后突起不甚发达，其大小介于灰旱獭和喜马拉雅旱獭之间，与西伯利亚旱獭相似。颧弧前部明显比后部狭窄。

主要鉴别特征 尾较长，明显超过体长的1/3。体背毛色为深棕黄色或锈红色。

生活习性

栖息地 长尾旱獭属山地动物，栖息在自然环境十分恶劣地区，其多在海拔3500~4500m之间的亚高山和高山草甸草原，栖息地十分狭窄，部分地方存在与灰旱獭或喜马拉雅旱獭重叠；最适栖息地是禾本科植物类生长较好的草原，且土层较厚、植被丰富的河谷阶地和缓坡的坡脚，以及开阔多石地方和干燥的覆盖有矮草的悬崖状山坡等处。但在生长有虎尾草和茅草的地方和覆盖有灌木丛（鼠尾草、山艾树）的半荒漠的地方少有分布，回避盐碱地。

洞穴 营家族式群居。洞群与灰旱獭一样分居住洞和临时洞，居住洞有冬用和夏用或冬夏兼用之分。洞道曲折而复杂，洞深可达2~3m，洞长多在30m左右，长者达50m以上，洞口4~5个；尽端多为巢室。临时洞短浅，无巢室。

食物 主要取食多种草本植物的茎叶，嗜好豆类植物，亦取食未完全成熟的种子和少量昆虫。食量大，取食后胃重可达500g。

活动规律 4月中旬开始出蛰，9月上旬入蛰，在地面活动时间约5个月。白昼活动，每天以7:00~10:00，和17:00~20:00达两个活动高峰。

繁殖 繁殖能力弱，每年1胎，每胎2~5只仔。雌成獭每年仅有52.2%个体参与繁殖。幼獭经3~4年达性成熟。

社群结构与婚配行为 多为一夫一妻制。

种群数量动态

季节动态 1986年新疆乌恰县，长尾旱獭分布区平均密度为0.3只/hm^2，高的地方0.5只/hm^2。

年间动态 繁殖能力弱，年间变化小。

危害 为鼠疫源地动物，对鼠疫细菌具较高的抗性，疫獭最早发现在5月29日，最迟发现日期在7月29日，流行期间较短，仅2个月；多为散流行，染疫率较低（0.2%~1.1%），且地面很少见到疫死的獭尸。

由于长尾旱獭食量大（进食后胃重可达500g）、啃食优质牧草，獭洞及其土丘、鼠道又可造成水土流失，对草场产生严重损坏。

防治技术 与喜马拉雅旱獭相同。

参考文献

SMITH A T，解焱，2009. 中国兽类野外手册[M]. 长沙: 湖南教育出版社: 59-60.

黄文几，陈延熹，温业新，1995. 中国啮齿类[M]. 上海: 复旦大学出版社: 96-97.

宋恺，刘洪恩，1958. 甘肃省天祝草原旱獭(*Marmota himalayana robusta*)的调查[J]. 生物学通报(8): 1-5.

寿振黄，1962. 中国经济动物志: 兽类[M]. 北京: 科学出版社: 137-140.

王思博，杨赣源，1983. 新疆啮齿动物志[M]. 乌鲁木齐: 新疆人民出版社: 50-62.

郑智民,姜志宽,陈安国,2008. 啮齿动物学[M]. 上海: 上海交通大学出版社: 188-189.

(撰稿: 李波; 审稿: 张美文)

长爪沙鼠 *Meriones unguiculatus* Milne-Edwards

中国主要的草原、农田害鼠之一。又名长爪沙土鼠、蒙古沙鼠、黄耗子、白条鼠。英文名 mongolian gerbils。中国主要分布于内蒙古、吉林、辽宁、河北、山西、陕西、甘肃和宁夏荒漠、半荒漠草原及农牧交错带。

形态

外形 长爪沙鼠是体型较小的哺乳动物(见图)。成体体重平均60g,体长114~150mm,一般不超过150mm。耳大,明显,但较狭窄,约为后足长度的1/2(长12~17mm)。尾长而粗,约为体长的3/4(90~105mm)。后足长27~32mm。

毛色 头和体背面中央棕灰色,有光泽,杂有黑褐色,毛基部为青灰色,中段呈沙黄色,尖端黑色;体侧较淡呈沙黄色。眼大,眼周形成一微白色斑纹,并延伸至耳基;耳缘具短小白毛,耳内侧几乎裸露。腹毛为污白色,毛基灰色,端部白色。喉部白色。爪黑褐色,后足被细毛。尾被密毛,尾端有细长的毛束,尾毛二色,上面黑色,下面棕黄色。

颅全长30~35.8mm;颅宽16~20.3mm;鼻骨长11~13mm;眶间宽5~6mm;听泡长10.3~12.3mm;上颊齿列长约4.5mm。

主要鉴别特征 颅骨较为宽阔,宽度超过长度的一半。鼻骨狭长,略短于前额骨。眶上缘略为突起,但不甚明显。顶间骨椭圆形,前缘与左右顶骨相接处形成1凸角。听泡发达,但比子午沙鼠小,外听道不达颧弧弯角。每一上门齿前面各有1明显纵沟,门齿后端几乎达到白列前缘。上下颌骨的咀嚼面有两列相互对称的菱状结节,为其重要分类特征。

生活习性

栖息地 长爪沙鼠喜欢栖息于荒漠和半荒漠草原,各种类型农田、田埂、农田间荒地。在典型草原区,长爪沙鼠喜欢选择荒漠化或半荒漠化地区的沙质土壤筑巢,如喜欢具有沙质土壤的芨芨草滩,草原公路两侧受侵蚀后裸露的路基等。在农牧交错带,长爪沙鼠具有在草原区和农区迁移危害的习性。在耕作区,由于翻耕能够有效破坏长爪沙鼠的洞道系统,因此在翻耕地鼠密度较低,主要选择休息压青地及小麦地等田埂作为栖息地。田间草地、防风林带由于不受耕作的影响,也是长爪沙鼠的适宜栖息地。在这些地带,不仅农作物为长爪沙鼠带来丰富的食物,这些地区常生长的夏雨型植物如猪毛菜等也为长爪沙鼠带来丰富的食物。因此,田埂、田间草地、田间防风林带经常成为长爪沙鼠迁移的中转站、避难地及越冬地,是长爪沙鼠的最适宜栖息地。

洞穴 长爪沙鼠为群居性害鼠,一个家族群体共享同一洞系,形成相对集中的洞群。洞口数随族群大小和季节变化具有一定的差异。洞口数一般为3~15个。洞口数春季平均为1.82个,夏季平均为4.45个,秋季平均为4.11个,冬季平均为4.31个;相应洞口系数也随季节有所变化,春季为0.17,夏季为0.12,秋季为0.07,冬季为0.06。一个洞系平均占地4.1m²,最小的1.83m²,大的9.2m²。

长爪沙鼠洞系结构复杂,通常临分临时洞和居住洞。临时洞简单,多为单叉或双叉,长1m左右,洞口1~2个,洞内无窝巢、厕所等,主要为临时避敌或盗贮粮食之用。居住洞非常复杂,洞系包括洞口、跑道、仓库、厕所、盲道和窝巢等。洞口斜圆,呈扁圆形,直径一般5~6cm,通常向下倾斜45°~60°,入地20~30cm后与地面平行。居住洞内的仓库一般有2~3个,多者达6个以上,仓库容积小者28.5cm×13.5cm×14cm,大者130cm×31cm×35cm。洞内有1个厕所。窝巢距地面50~120cm,常铺垫干草,为休息及分娩哺幼的场所,小者9cm×7cm×6cm,大者11.5cm×11cm×9cm。

食物 在夏季(5~8月)长爪沙鼠主要取食植物的茎叶,秋季以后至翌年植物返青之前则以取食牧草、农作物种子为主。长爪沙鼠取食的牧草包括大籽蒿、变蒿、猪毛菜、羊草、黑沙蒿、盐蒿、苦苦菜等,亦喜欢取食苗期小麦、谷子等农作物茎叶。秋季主要取食小麦、谷子、莜麦、胡麻、荞麦、糜子、粟子、豌豆等农作物种子,苍耳种子也是长爪沙鼠喜食的作物种子。长爪沙鼠食量,以植物茎叶计算大约为每天13g,以小麦、荞麦等农作物种子计算为每天5~6g。

活动规律 温度是影响长爪沙鼠活动的重要因素。气温高于17℃时长爪沙鼠活动性增强。冬季长爪沙鼠在太阳升起几小时后出洞,日落前几个小时进洞,活动高峰10:00~15:00,趋于昼行性。夏季长爪沙鼠活动表现出明显的温度依赖性,无云晴天活动呈双峰型,两个活动高峰分别为7:00~10:00和17:00~21:00,阴天则呈单峰型,趋于晨昏性和夜行性活动规律。

繁殖 长爪沙鼠在中国主要分布于黄河以北地区的草原及农田,与其分布地区的环境相适应,长爪沙鼠具有明显的季节性繁殖特征。每年3月、4月开始进入繁殖季节,9月、10月后为非繁殖季节。但不同时期出生的长爪沙鼠采取了不同的繁殖策略。春季(4~5月)出生的雄鼠当年能达到性成熟的个体仅占34.6%,达到性成熟的当年雄鼠在繁殖期结束前多数又转入性休止状态;6月以后出生的雄鼠当年达不到性成熟,当年不参加繁殖。长爪沙鼠越冬鼠可产3~4窝,4~5月出生的雌鼠当年可产1窝。

长爪沙鼠性成熟年龄大约为10周,雌鼠初产时间为13~14周。平均胎仔数5~7只,最多每胎可达14只。

社群及婚配制度 长爪沙鼠为群居性鼠类,一个家族

长爪沙鼠(刘晓辉摄)

群体共享同一洞系。长爪沙鼠典型家庭构成为一对雌雄成体以及其他年幼个体。群体内一般只有一个雌性成体处于明显的繁殖状态，年轻雌性个体的性成熟及性活动受到同性成体的抑制。群体内个体具有较明显的等级划分。气味标记不仅与家族领域行为有关，也与个体的繁殖行为及社会地位有关。然而，即使拥有高等级序位的个体，其繁殖也受到种群密度、扩散个体等社会因素的影响。形成稳定群体后，群体内部分雌性倾向于只与本群体内雄性交配，而大部分雌性则经常与其他群体的雄性交配。繁殖盛期，雄性巡视行为增多，可能与阻止其他雄性进入自己的领域与动情的雌性交配有关。从亲缘关系上看，雌性更倾向于选择不具有亲缘关系的雄性交配。这种现象表明，长爪沙鼠婚配制度为混合制，雌雄不同的交配行为有利于避免近亲交配。

种群数量动态 长爪沙鼠具有明显的季节性繁殖特征，从理论上预测，长爪沙鼠种群数量应当随繁殖期到来，幼鼠的大量出生，种群数量呈现上升的趋势，而9月、10月以后，随繁殖季节的结束，严酷的冬季，应当影响到长爪沙鼠的种群数量，而使得种群数量有所降低。但实际长爪沙鼠种群数量的季节性波动没有年间波动明显，并且不具有与繁殖季节同步的变化。如夏武平等早年（1964—1969年）的研究，刘法央和刘荣堂1988—1995年的研究以及董维惠等1984—2002年的研究，都表明长爪沙鼠种群数量的季节性变化没有明显的规律。董维惠等认为这种特征与长爪沙鼠种群数量的年间波动特征有关。

长爪沙鼠种群数量年间变化很大。1964—1969年夏武平等在内蒙古阴山北部地区及1984—2002年董维惠等在内蒙古呼和浩特郊区的农田、栽培牧草地和放牧场等不同生境内的监测结果表明，长爪沙鼠种群数量的年间差异可达20倍以上，然而不同生境的种群具有相同的变化趋势。并且，当种群数量处于高峰期时，繁殖参数明显降低，而种群数量处于低谷期时则繁殖参数明显升高，这些结果表明长爪沙鼠可能存在一个密度依赖的调节机制，与环境变化相适应，调节着种群的密度。

危害 长爪沙鼠是中国主要害鼠种类之一，不仅危害牧草，而且危害农作物。河西走廊地区长爪沙鼠造成牧草损失量平均为586.5kg/hm²。长爪沙鼠在农牧交错带的危害十分突出，除对苜蓿、沙打旺等牧草造成危害以外，对小麦、谷子、莜麦、胡麻、荞麦、糜子、粟子、豌豆、马铃薯等作物危害严重。在内蒙古地区，危害严重年份，长爪沙鼠危害面积可达作物种植面积20%以上，导致减产20%～30%，严重可达50%。

长爪沙鼠在农作物从播种到收获各个时期都有危害。农作物播种期盗食农作物种子造成缺苗断垄。春夏啃食农作物及牧草的幼苗、作物绿色部分或地下根部，导致苗期危害。如长爪沙鼠对小麦青苗期危害多发生在6月中下旬，啃咬拔节的青麦苗，导致植株无法抽穗。这一时期，对小麦的危害平均为2.93%，最高可达9.38%。秋季长爪沙鼠主要取食农作物及牧草种子，并且由于长爪沙鼠具有储藏食物的习性，因此这一时期对农作物危害严重，洞系储存粮食平均可达15.5kg，最高可达60kg，在秋季即可对农作物产量造成10%的损失。以小麦田为例，平均每个长爪沙鼠洞口导致的损失量为0.245kg，麦捆在田间存放一个月，平均损失达5.51%。长爪沙鼠有搬运草籽的习性，导致其活动区域牧草生长不良。长爪沙鼠喜欢选择砂质土壤地带筑巢，其掘洞挖土导致土地高低不平，砂土外露，水土易于流失，也进一步破坏了草原。长爪沙鼠是草原开垦或过度放牧造成恶性退化和沙化阶段中重要的小型哺乳动物，它的活动会加速导致草原的退化和沙化。长爪沙鼠喜欢在路基两侧筑巢导致路基两侧土壤裸露，对牧区路基具有较大的破坏作用。

长爪沙鼠是多种病原物的携带者和传播者，传播鼠疫、类丹毒和巴斯特菌病等。尤其需要关注的一点是，长爪沙鼠是鼠疫病原的自然携带者，曾经造成鼠疫流行。因此工作中需要特别注意卫生防护。

预测预报 春季预测秋季密度的回归方程如下：

$$Y = 0.4X_1 - 0.2X_2 + 0.3$$

式中，Y为秋季密度/春季密度。X_1为雌性繁殖指数的级数（孕鼠数 × 平均胎仔数/捕获总数）。长爪沙鼠雌性繁殖指数分级标准如下：小于0.5为Ⅰ级；0.5～1.00为Ⅱ级；1.00～1.50为Ⅲ级；1.51～2.00为Ⅳ级。X_2为4～8月降水量偏离历年平均值的程度。分级标准如下：偏离1～30为Ⅰ级；31～60为Ⅱ级；61～90为Ⅲ级；91～120为Ⅳ级。

估计误差为±0.1，观察值与预测值方差检验$X^2 = 1.0049$，$P > 0.90$。春季繁殖指数越大，秋季数量变化愈大。

秋季预测翌年春季密度的回归方程如下：

$$Y = 0.0685X_1 + 0.026X_2 - 0.12X_3 - 1.354$$

式中，Y为翌年春季密度/秋季密度；X_1为幼鼠所占种群比例；X_2为初霜日（取日期）；X_3为12月至翌年2月平均气温。

估计误差为±0.17，观察值与预测值方差检验$X^2 = 0.0047$，$P > 0.90$，差异不显著。

防治技术

农业防治 农业防治措施主要是指与农田耕作相结合，通过改变和恶化鼠类栖息及生存环境以抑制鼠类种群数量，控制鼠类为害的方法。长爪沙鼠主要危害农牧交错带的农田，其主要栖息地、越冬区域为较大的田埂、田间草地、防风林带等。结合长爪沙鼠的其他生物习性，主要农业防治措施可以从以下几个方面着手：统筹安排农田布局，减少田埂、田间草地、荒地面积，以减少长爪沙鼠栖息地及避难所。增加防风林带树木郁闭度，降低喜阳的猪毛菜的生长，以减少长爪沙鼠的食物资源，同时为天敌栖息创造条件。长爪沙鼠洞穴相对较浅，可以大力推行深耕轮作，可以有效破坏田间长爪沙鼠的栖息地。及时秋收，减少成熟作物在田间留存的时间，减少秋收期长爪沙鼠的盗食和越冬食物储存，提高长爪沙鼠的越冬死亡率。

生物防治 长爪沙鼠主要分布于草原及农牧交错带，因此草原生态系统中分布的鼠类天敌生物，猛禽类如鹰、隼等，食肉类小型哺乳动物如狐狸、鼬类等，爬行动物如蛇类，都对长爪沙鼠具有很好的控制作用。因此，保护草原生态环境，维护草原生态系统平衡，保护天敌生物，是有效控制长爪沙鼠暴发成灾的重要策略。

物理防治 器械灭鼠是使用比较悠久的物理防治方法。然而，器械灭鼠不适于在农田等较大范围控制鼠类为害，但可以用于较小范围鼠害的控制、鼠密度调查等。鼠夹是最常用的器械，长爪沙鼠体型较小，可以选择使用中号鼠夹。TBS（trapping barrier system）技术是近年来农业部门大力推广的一项技术，非常适宜于农牧交错带鼠类的控制。其原理是通过在用铁丝网围起来的小面积农田中种植早熟或鼠类喜欢的作物，引诱农田中的鼠类取食，在铁丝网的底部开口，为鼠类的通行留下通道，但在入口处设置捕鼠装置，从而达到长期控制鼠类数量的目的。目前已有商业化生产的TBS。对于长爪沙鼠的治理，TBS中可以以莜麦、小麦等作物作为诱饵，可以很好控制长爪沙鼠的危害。

化学防治 化学防治对于控制大规模暴发性鼠害仍是目前最为有效的措施。在目前以生态学理念为基础的鼠害综合治理策略的框架中，要求谨慎使用化学防治技术。这项技术，目前主要用于暴发性鼠害的应急治理。

长爪沙鼠分布于草原和农田两种不同的环境。对于草原生态系统，中国政府已经明确提出了减少载畜量，维护草原生态平衡，发挥草原生态功能的政策。鼠类，包括长爪沙鼠，是草原生态系统中的初级消费者，是维持草原生态系统食物链运转最基本的一环。因此，在草原生态系统中，长爪沙鼠的控制一定要严格按照相关防治标准，采取控制为主，灭杀为辅的治理策略。农牧交错带农田系统中，由于作物的播种、成熟容易招致长爪沙鼠的扩散危害，因此需要采取适当的措施，及时控制其危害。

诱饵。理论上讲，长爪沙鼠喜食的作物及牧草种子等都可以作为诱饵。但从经济及毒饵制作的角度，长爪沙鼠化学防治的诱饵仍以小麦为主。但小范围的防治，可以考虑莜麦等其他长爪沙鼠喜食的作物为诱饵。鼠类的食性随季节而改变，长爪沙鼠在夏季危害苜蓿幼苗时，用莜麦作诱饵不如用苜蓿青苗效果好。尽管如此，也不如早春牧草返青前，用粮食作诱饵灭鼠效果高。

杀鼠剂。按照农业部相关规定，鼠类防治必须选择已经注册登记的各类杀鼠剂及相关制剂、毒饵。中国主要化学杀鼠剂为抗凝血剂类杀鼠剂，如敌鼠钠盐、溴敌隆等，可以有效防治长爪沙鼠的危害。毒饵中杀鼠剂含量可以按以下公式推算：

$$毒饵浓度 = LD_{50} \times 0.20\%$$

式中，LD_{50}为杀鼠剂致死中量。常见抗凝血剂类杀鼠剂对长爪沙鼠的致死中量或者使用浓度如下：

第一代抗凝血杀鼠剂：杀鼠灵（warfarin，灭鼠灵、华法灵），分子式$C_{19}H_{15}O_4$，化学名称3-(1-丙酮基苄基)-4-羟基香豆素；0.05%杀鼠灵小麦毒饵一次投饵，每亩投100~150g灭布氏田鼠和长爪沙鼠，灭鼠效果可达到80%以上。

敌鼠和敌鼠钠，分子式分别为$C_{23}H_{16}O_3$和$C_{23}H_{15}O_3Na$，化学名称分别为2-二苯基乙酰基-1,3-茚满二酮及其钠盐，推荐浓度0.05%~0.1%。

氯敌鼠（氯鼠酮、利发安），分子式$C_{23}H_{15}ClO_3$，对长爪沙鼠LD_{50}为0.05mg/kg。

第二代抗凝血杀鼠剂：溴敌隆（bromadiolone、乐万通、小隆等），分子式$C_{30}H_{23}BrO_4$，化学名称3-(4-羟基-3-香豆素基)-3-苯基-1-(对溴联苯基)丙醇，对长爪沙鼠LD_{50}为0.64mg/kg。

大隆（brodifacaum），分子式$C_{31}H_{23}O_3Br$，化学名称3-[3-(对溴联苯基)-1,2,3,4-四氢萘基]-4-羟基香豆素，对长爪沙鼠LD_{50}为0.0639mg/kg。

杀它仗（stratagem），分子式$C_{32}H_{26}O_4F_8$，化学名称3-[3-(4-三氟甲基苯氧苄基)-4-苯基)-1,2,3,4-四氢化-萘基]-4-羟基香豆素，对长爪沙鼠LD_{50}为0.30mg/kg。

施药的适宜时间。长爪沙鼠不仅取食作物种子，而且喜食牧草及作物的茎叶。实践证明，利用毒饵灭杀长爪沙鼠的最佳时期为早春牧草返青前，这一时期，由于长爪沙鼠洞内储藏的食物基本消耗殆尽，并且草原上及农田中缺乏长爪沙鼠喜食的食物，因此这一时期施药可以极大提高毒饵的效率。这一时期也是长爪沙鼠繁殖期的开始，因此是全年开展化学防控的最佳时期。

参考文献

陈德, 李永平, 2000. 内蒙古土默特平原长爪沙鼠种群食性研究[J]. 内蒙古预防医学, 25(2): 76-77.

董维惠, 侯希贤, 杨玉平, 等, 2004. 长爪沙鼠种群数量变动特征的研究[J]. 中国媒介生物学及控制杂志, 15(2): 88-91.

黄继荣, 王炎, 李联涛, 2006. 长爪沙鼠生物学特性调查研究[J]. 宁夏农林科技(6): 36-37.

李仲来, 张万荣, 祁明义, 等, 1998. 长爪沙鼠贮食习性的研究[J]. 生态学杂志(6): 61-63.

刘法央, 刘荣堂, 1996. 长爪沙鼠种群动态预测模型的研究[J]. 甘肃农业大学学报, 31(2): 115-120.

刘法央, 王作义, 1997. 长爪沙鼠种群繁殖动态研究[J]. 甘肃农业大学学报(4): 322-326.

刘伟, 宛新荣, 王广和, 等, 2004. 不同季节长爪沙鼠同生群的繁殖特征及其在生活史对策中的意义[J]. 兽类学报, 24(3): 229-234.

刘伟, 钟文勤, 宛新荣, 等, 2001. 长爪沙鼠在作物秋收期的行为适应特征及其生态治理对策[J]. 兽类学报, 21(2): 107-115.

卢静, 乔欣, 石淑静, 等, 2004. 长爪沙鼠生长繁殖性能的研究[J]. 中国实验动物学报(2): 123-126.

马廷选, 白品品, 胡发成, 2012. 河西走廊北部荒漠草地长爪沙鼠防治指标研究[J]. 畜牧兽医杂志(4): 39-40.

任素兰, 2012. 长爪沙鼠对草地的危害与防治[J]. 现代农业(3): 43.

张知彬, 王祖望, 1998. 农业重要害鼠的生态学及控制对策[M]. 北京: 海洋出版社.

郑智民, 姜志宽, 陈安国, 2008. 啮齿动物学[M]. 上海: 上海交通大学.

周庆强, 钟文勤, 孙崇潞, 1985. 内蒙古阴山北部农牧区长爪沙鼠种群适应特征的比较研究[J]. 兽类学报, 5(1): 25-33.

周文伟, 石巧娟, 施张奎, 等, 2009. 44代Z: ZCLA长爪沙鼠生长繁殖性能的研究[J]. 医学研究杂志, 38(7): 58-61.

AGREN G, ZHOU Q, ZHONG W, 1989. Territoriality, cooperation and resource priority: hoarding in the Mongolian gerbil, *Meriones unguiculatus*[J]. Animal behaviour, 37, Part 1: 28-32.

SALTZMAN W, AHMED S, FAHIMI A, et al, 2006. Social

suppression of female reproductive maturation and infanticidal behavior in cooperatively breeding Mongolian gerbils[J]. Hormones and behavior, 49: 527-537.

SHIMOZURU M, KIKUSUI T, TAKEUCHI Y, et al, 2006. Scent-marking and sexual activity may reflect social hierarchy among group-living male Mongolian gerbils (*Meriones unguiculatus*)[J]. Physiology & behavior, 89: 644-649.

SMITH B A, BLOCK M L, 1991. Male saliva cues and female social choice in Mongolian gerbils[J]. Physiology & behavior, 50: 379-384.

WONG R, GRAY-ALLAN P, CHIBA C, et al, 1990. Social preference of female gerbils (*Meriones unguiculatus*) as influenced by coat color of males[J]. Behav Neural Biol, 54: 184-190.

YAMAGUCHI H, KIKUSUI T, TAKEUCHI Y, et al, 2005. Social stress decreases marking behavior independently of testosterone in Mongolian gerbils[J]. Hormones and behavior, 47: 549-555.

YOSHIMURA H, 1981. Behavioral characteristics of scent marking behavior in the Mongolian gerbil (*Meriones unguiculatus*)[J]. Jikken Dobutsu, 30: 107-112.

（撰稿：刘晓辉；审稿：王大伟）

超昼夜节律　infradian rhythms

生物节律周期超过24小时以上的生命活动，如月节律、季节性节律、年节律等。例如动物季节性的繁殖启动和停止，动物的冬眠和苏醒等。

参考文献

GERKEMA M P, 2002. Ultradian rhythms[M]// Kumar V. Biological rhythms. New Delhi, India: Narosa Publishing House: 207-215.

（撰稿：刘全生；审稿：王德华）

巢鼠　*Micromys minutus* Pallas

在植物杆上造巢的鼠类。英文名harvest mouse、micromys minutus。又名禾鼠、燕麦鼠、稻鼠、圃鼠、矮鼠等。哺乳纲（Mammalia）啮齿目（Rodentia）鼠科（Muridae）巢鼠属（*Micromys*）。巢鼠属欧亚大陆寒湿型种类，广布于欧亚大陆。中国分布于黑龙江、辽宁、吉林、河北、陕西、甘肃、福建、广东、广西、湖南、贵州、湖北、江西、浙江、安徽及台湾等地。国外分布于欧洲、蒙古、朝鲜、日本、俄罗斯西伯利亚、印度的阿萨姆、缅甸、越南、老挝、柬埔寨。中国有4个亚种：四川亚种（*Micromys minutus pygmaeus*），其主要特征为尾较长，尾长约为体长的125%；东北亚种（*Micromys minutus ussuricus*）；台湾亚种（*Micromys minutus takasagoensis*），分布于台湾；南亚亚种（*Micromys minutus erythrotis*）。

形态

外形　巢鼠是啮齿类中体型最小的鼠类之一，体型比小家鼠更小。尾细长，多数接近体长或长于体长。耳壳短而圆，向前拉仅达眼与耳距离之半，耳壳内具三角形耳瓣，能将耳孔关闭。四肢纤细，后肢内垫较大和较长，适宜在枝叶间攀爬。体重5~20g，体长47~88mm，尾长40~99mm，后足长11~16.9mm，耳长6~12.5mm，颅全长15.2~24mm，颧宽8.2~11.2mm，乳突宽6.5~9.8mm，鼻骨长5~9mm，眶间宽3~3.8mm，吻长3.2~7mm，听泡长4~5.4mm，上齿列长2.8~3.5mm（见图）。

毛色　巢鼠毛色变化较大，常随着环境、气温、湿度不同而有不同的体色。华南的巢鼠为浅黄色，北方的巢鼠颜色比较暗些。采自安徽繁昌县的标本，背毛呈深黄色，臀部毛色更为鲜艳，呈棕红色，且具光泽。四肢及尾背面均呈棕黄色调，腹毛及四肢内侧和尾的腹面均纯白色，而采自安徽黄山和祁门的标本，背部毛色均呈棕褐色，毛尖略显沙黄色，臀部略呈棕黄色，四肢背面略呈淡棕色，尾背面棕褐色。腹面毛色灰白色，毛基浅灰色，毛尖灰白色。未成熟的幼鼠，特别在深秋到冬季生出来的幼鼠，其毛色为黑黄色，有时背部为黑色，两侧稍带黄色。乳头4对，胸部2对，鼠蹊部2对。

头骨　巢鼠头骨狭小，脑颅较隆起，颧弓细弱，颧弓比小家鼠窄，鼻骨比小家鼠短小，鼻骨后缘达不到前颌骨后缘连线，无眶上嵴和颞嵴，顶骨和顶间骨的联合缝在中部平直，两侧成两钝角，而小家鼠顶骨和顶间骨的缝不平直而成一锐角。

巢鼠门齿后侧无缺刻，上颌第一白齿具三横嵴，第一横嵴上有3个齿突，中齿突最大，外齿突最小，内齿突伸向下方。第二横嵴与第一横嵴相似，第三横嵴3个齿突较发达，但齿突间距离较小，因而齿突高度显得较短。第二上白齿与第一上白齿相似。第三上白齿较小，第三横列齿突不明显。

巢鼠（杨再学提供）

与小家鼠最主要区别是上颌门齿后方无缺刻，臀部周围毛色比背部毛色更为鲜艳。耳壳具三角形耳瓣，能将耳孔关闭。

主要鉴别特征 巢鼠比小家鼠体型瘦小。门齿后侧无缺刻。体长不超过75mm，尾细长，略大于体长，能卷曲，末端上面裸露无毛。耳短而圆，具耳屏。常筑巢于草丛枝叶之间。

生活习性

栖息地 巢鼠多栖息于森林边缘的灌木林、草原带及农田附近的草甸及灌木丛中。喜栖息于水塘、河谷周围的灌丛杂草中。在秋收季节，大量巢鼠迁到田间，聚集于农作物堆下盗食农作物，以水稻和谷草堆最多。入冬后，粮食归仓，巢鼠转入地道或草堆中藏身。

巢穴 巢鼠有时筑巢于芦苇上，常栖居于麦田中，做窝于麦秸之上。巢穴筑于草丛中，材料因地而异。巢球状，由叶片造成，每个巢由20～30片叶子精巧搭筑。营巢时用牙齿将叶片撕成许多细条，顺从叶子的趋势卷曲。巢壁分为3层，外层粗糙，中层较细，内层细软。有的用草茎架在一起，内衬细软草叶。巢距地面50～350cm，多数100～300cm，巢高7～12cm，宽7～14cm，厚6～8cm，巢内径3～4cm，通常只有1个出口，直径1.5～2cm，多设在巢的偏上部位。从洞口的开闭，可判断是否有鼠。有鼠则出口封闭。繁殖期鼠巢扩大。巢的数量分布不均匀，一般1～6个/m²，数量多时达8～9个。

夏季巢鼠在杂草和作物的茎上把许多草茎架在一起，用植物叶子造一个球形巢，大小与拳头相似，只有一个巢口。秋季多在草堆中做一个盘状巢或在地下挖洞。冬季巢鼠在草垛造窝或地下挖洞。草垛中的巢呈盘状，体积小，巢壁厚，中间有凹陷。如被破坏即在窝下用草重建圆团状的地面巢。有洞口3～5个，洞道简单或复杂。洞道最长可达2m，一般为1m左右，洞口大小约2.5cm×3cm。复杂的洞穴有仓库，可储0.5～1.5kg粮食。春、夏季节巢鼠会将其废弃，另筑新巢。

食性与食量 食性杂，以植物性食物为主，喜食玉米、谷子、大豆、稻谷，也吃浆果、茶籽等。在作物成熟前以吃植物的绿色部分为主，其后则啃食粮食。盗食小麦时先将麦穗咬断，吃掉一部分，其余拖入巢内。还可捕食一些昆虫等动物性食物，如蝗虫、蜻蜓等，尤其喜食芦苇茎上为叶鞘所盖着的仁蚜虫，俗称"芦虱"。在冬季芦苇收割后，有时能听到巢鼠在芦堆中啃破芦叶鞘啃食仁蚜虫的"嗒嗒"声音。饲养条件下也吃肉皮和糖水。在寒冷的冬季，种子食物缺乏，绿色植物和各种昆虫消失，巢鼠一部分潜入柴草堆中觅食残留的植物种子，一部分在秋末冬初开始盗洞贮粮，除植物种子和粮食外，还贮藏大量植物地下根。

在人工饲养条件下，一只体重为9g的巢鼠每昼夜可食山芋4.1g或干黄豆1.8g，而体重为13.6g的个体能消耗山芋13.5g或黄豆2.85g。

活动规律 巢鼠通常夜间活动，有时昼夜均活动。白天常见幼鼠在巢内，而母鼠出洞。体小活动非常灵敏，喜攀登，常利用尾巴协助四肢在作物穗上或枝条间攀缘觅食。偶尔也可在浅水中游泳。巢鼠的体内没有越冬的脂肪，不冬眠，在任何季节都可活动。在饲养条件下也能观察到它们白天常有活动的现象。巢鼠1月在无人干扰的情况下，一般从17：00起，活动就开始频繁。上半夜活动较下半夜次数多，时间也较长。白天（5：00～16：00）活动时间约为夜间活动时间的30%～50%，比几种家鼠或黑线姬鼠白天活动时间的比率较高。

繁殖 巢鼠怀孕期为18～20天，每年繁殖1～4次，胎仔数2～10只。繁殖期因地区而异。在北方繁殖期为3～10月，7～8月繁殖最盛，胎仔数3～10只。在南方，如江苏镇江金沙滩从6月至翌年1月均能繁殖，11～12月为繁殖高峰，胎仔数2～10只，多数为6～7只，占总孕鼠数的48.1%，平均胎仔数为6.4只。东北地区的巢鼠雌体体长58mm即能繁殖，江南地区如江苏，体长68mm以上的雌体才达性成熟。初生幼仔重0.9～1.1g，体长24～26mm，尾长10.2mm，幼鼠出生后8～9天睁眼，15天即可离巢独立生活，35天即可交配。在自然条件下寿命16～18个月，饲养条件下可存活5年。种群数量高峰与农作物的成熟期基本一致。

生长发育 巢鼠初生幼仔体重0.9～1.1g，体长24～26mm，尾长10.2mm，皮肤裸露无毛，眼未开。第二天壳略突出，开始会爬。第三天体重1.35g，体长27.2mm，体背开始呈暗色。第四天体重1.52g，体长28.4mm，长出稀疏的细毛。第五天体重约2g，背灰色。第六天体重2.5g，体长35.5mm，耳长3mm。第七天体重约2.83g，体长约38mm，背褐黄，有下门齿，耳三角瓣开始长毛。第八天体重约3.2g，体长约39mm，尾长30mm，耳壳明显，已有上门齿，腹白，雌的幼仔4对乳头明显。第九天体重约3.5g，体长41mm，眼开始睁开，爬动快。在捕获的121只幼鼠中有72只未睁眼，49只眼已睁开，在未睁眼的幼鼠当中有97.2%体重均不超过3.4g，体长不超过40mm，在已开眼的幼鼠中约有98%，体重为3.5～4.9g，体长41～50mm。第16天体重约5g，体长约50mm，尾长49mm，开始能啃吃食物，营独立生活。

危害 巢鼠对农林业虽然危害不大，但在某些自然疫源性疾病的传播上有一定意义，在数量高峰年数量特别多时对农作物和蔬菜危害严重。同时，可传播野兔热、土拉伦菌病、丹毒、流行性出血热、钩端螺旋体病及鼠疫等疾病，危害人类健康。

防治技术 破坏鼠类栖息地，人工捕杀或放养蛇、猫等动物进行防治。采用敌鼠钠盐、杀鼠醚、溴敌隆等药物进行诱杀。

参考文献

杜增瑞, 王泽长, 朴相根, 1959. 巢鼠的初步观察[J]. 动物学杂志, 3(6): 263-269.

黄文几, 温业新, 黄正一, 等, 1979. 江苏省镇江金沙滩巢鼠的调查研究[J]. 动物学杂志, 14(3): 8-11.

罗蓉, 等, 1993. 贵州兽类志[M]. 贵阳: 贵州科技出版社: 248-251.

马逸清, 等, 1986. 黑龙江省兽类志[M]. 哈尔滨: 黑龙江科学技术出版社: 356-360.

王坤六, 1958. 巢鼠生活习性浅谈[J]. 鼠疫丛刊(4): 30-31.

王廷正, 许文贤, 1993. 陕西啮齿动物志[M]. 西安: 陕西师范大学出版社: 159-162.

中国科学院动物研究所兽类研究组, 1958. 东北兽类调查报告 [M]. 北京: 科学出版社: 111-112.

(撰稿: 杨再学; 审稿: 王登)

朝鲜姬鼠 *Apodemus peninsulae* Thomas

一种在林区常见的小型鼠类。又名大林姬鼠、林姬鼠、山耗子。啮齿目（Rodentia）鼠科（Muridae）姬鼠属（*Apodemus*）。Thomas 于 1906 年将朝鲜半岛的此类姬鼠定名为 *Micromys specious peninsulae*。1940 年 Allen 将其订正为 *Apodemus peninsulae*。此后，仍有许多学者将其作为日本林姬鼠（*Apodemus specious*）或黄喉姬鼠（*Apodemus flavicollis*）的一个亚种。与朝鲜姬鼠相比，分布于日本诸岛屿的日本林姬鼠个体更大；头骨枕鼻长在 29.5mm 以上，最长达 33.5mm；后足也较为发达，且与朝鲜姬鼠在毛色上差距明显，所以它们应该为两个物种。Jones（1956）把丹麦、瑞典等欧洲国家的黄喉姬鼠标本与朝鲜姬鼠标本进行比较，发现前者具有黄色喉斑，雌性乳头多 3 对；门齿孔较长，与上白齿列之前缘几乎在同一水平线上；M^3 较小，诸特征均有别于后者，故再次提出朝鲜姬鼠应是独立种。此后 Corbet（1978）、夏武平（1984）、郑昌琳（1986）、王延正等（1993）等学者均认为朝鲜姬鼠应是独立的种。

在中国分布于东北各省、内蒙古、河北、河南、山东、山西、天津、陕西、甘肃、青海、宁夏、四川、湖北、安徽、云南等地。国外见于西伯利亚南部、朝鲜以及日本北海道。本种已知有 5 个亚种，中国已确认有 3 个亚种：①东北亚种，*Apodemus peninsulae praetor* Miler, 1914，夏季体背面毛色较暗呈褐色，听泡较长，平均 5.5mm；分布于黑龙江、吉林、辽宁、内蒙古东部。Corbet（1978）认为它属于指名亚种。②青海亚种，*Apodemus peninsulae qinghaiensis* Feng, Zheng and Wu, 1983，夏季体背毛色较东北亚种浅，听泡较短，平均 4.5mm；分布于青海东部、四川西部、甘肃、云南、陕西、重庆、宁夏、西藏东南部。③华北亚种，*Apodemus peninsulae sowerbyi* Jones, 1956，分布于华北及西北东部，自山东至宁夏。此外，王应祥（2003）认为中国还有第四个未定名的亚种，分布在云南。

形态

外形 体型中等，头体长 80~118mm，尾长 75~103mm，后足长 21~24mm，耳长 11~18mm，颅长 25~29mm。尾长稍短于体长，尾毛不发达，鳞片裸露，尾环清晰。耳较大，向前拉可达眼部。四肢较黑线姬鼠粗壮，前后足各有 6 个足垫。雌体有 4 对乳头，2 对胸位，2 对腹位。染色体数为 $2n = 46, 50$。

毛色 背毛淡红棕色，沿体侧偏淡黄棕色，腹毛浅灰白色，相当好地与背毛分界，但不形成一条明显的纹线。毛色随季节而变化，夏毛背部毛色较暗，呈黑赭色，无特别条纹，毛基深灰色，上段黄棕色或带黑尖，并杂有较多全黑色的毛。冬毛里混杂的全黑色毛较少，呈黄棕色，较夏毛颜色浅淡。尾背面褐棕色，腹面白色。足背和下颌均为污白色。耳毛色与头肩部周围的毛色没有不同（图 1）。

头骨 颅长 25.5~29mm，颧宽 11.7~13.7mm，眶间距 3.5~5.3mm，鼻骨长 11.7~13.7mm，听泡长 4.3~6.7mm，门齿孔长 3.5~5.6mm，上颊齿列长 3.9~4.3mm。头骨椭圆形，吻部略显圆钝，鼻骨前端膨大。额骨与顶骨间骨缝向后呈圆弧形凸出，额骨之眶间部稍隆起，眶上嵴明显，顶间骨宽短略向后倾斜。枕骨比较陡直，自顶面观只见上枕骨一小部分。听泡较小。门齿孔与上白齿列前缘有较大一段距离（图 2）。

牙齿 门齿唇面橙黄色。第一白齿特大，长度约为第二、第三白齿之和。第一白齿咀嚼面上有 3 个横嵴。每一横嵴均由 3 个齿尖构成，中央齿尖均很发达，形成 3 个不同程度的新月形。第三横嵴的舌侧齿尖退化或较小。颧弓没有明显向外扩张。第二上白齿亦有 3 个横嵴，第一横嵴无中央齿尖，舌侧齿尖较大，唇侧齿尖较小。第三上白齿最小，内侧具 3 个齿尖。

图 1 朝鲜姬鼠（张洪茂摄）

图 2 朝鲜姬鼠的头骨（易现峰提供）
①腹面观；②背面观；③侧面观

主要鉴别特征 朝鲜姬鼠是比较常见的鼠种之一。其外形的典型特征是体形细长，为70~120mm，与黑线姬鼠相仿，稍大于龙姬鼠。体背黄褐色或棕黄色，四足背面灰色。尾长几与体等长，尾季节性稀疏，尾鳞裸露，尾环清晰，背面褐棕色，腹面白色。耳较大，向前折可达眼部。此外门齿孔较短，其末端距第一对上臼齿前缘连线较远。

生活习性

栖息地 活动范围较广，几乎各种植被类型的生境中，均有它的踪迹。通常喜居于土壤较为干燥的林区，数量与湿度之间常表现出极显著的负相关，但有时在其他生境中也能成为优势种。根据孙儒泳等（1962）在黑龙江省牡丹江地区大青沟林场的调查发现，朝鲜姬鼠栖息最适宜的环境是保护条件、食物条件和小气候条件最好的针阔混交林，在这里其分捕率最高，达到12.2%；其次是较干燥的栎林（阔叶林）和湿润的沿河林分捕率都为6.5%；它们甚至侵入居民点（1.2%）和多水的沼泽地（0.5%）等生境。在东北伊春地区，朝鲜姬鼠在农田中的数量仅次于黑线姬鼠。在大兴安岭黑河地区，其在山坡沟塘的采伐迹地上以及原始落叶松林中均有一定的数量。森林采伐后，其数量在短期内有下降的趋势，但它仍能很好地生存。

从垂直分布看，由典型的针阔混交林，经过过渡地带而到典型的阔叶林，朝鲜姬鼠栖息地以及种群数量的变化，不仅与自然地理条件的垂直变化有关，而且与人类经济活动（农业、居民点等）的程度有关。针阔混交林海拔较高，是典型的林区，农业活动和人类居住的历史均较短，这里是朝鲜姬鼠最适宜的生境，其密度也最高。海拔稍低的阔叶林带，由于人类活动已是典型的农业区，居民点大，农业和人类居住历史较长，这里黑线姬鼠已为优势种，但朝鲜姬鼠还占有重要地位。针阔混交林和阔叶林的交界地带具有过渡的特点（图3），朝鲜姬鼠在此的密度也很高。

洞穴 朝鲜姬鼠一般栖息于地势较高、土壤较干燥的林区。它们的巢穴因环境而异，在栎林中多在岩缝内营巢，而在针阔混交林内常在倒木、树根以及枯枝落叶层中筑巢，若洞口被破坏时它还会修补。朝鲜姬鼠具有集中贮藏行为，秋季种子成熟时，会在其洞穴内贮藏大量的食物。冬季在雪被下活动，地表有洞口，地面与雪层之间有纵横交错的洞道。

食物 朝鲜姬鼠为广食性动物，最喜食种子、果实等营养价值高的食物。在种子缺乏的季节亦能利用植物纤维性成分和动物成分。通过胃内容物成分分析发现：朝鲜姬鼠在5月利用植物纤维性成分的比例为16.75%、动物成分为33.50%、种子成分为39.15%；7月种子成分比例增加至41%，植物纤维性成分和动物成分分别占18.47%和25.51%；10月种子成分比例的增加则更为明显占62.24%，而植物纤维性和动物成分的比例分别减少至5.91%和22.68%。在东北林区，朝鲜姬鼠最喜食蒙古栎、胡桃楸、红松和榛子的种子，其次是糖槭、紫椴、暴马子等果实。在北京东灵山地区，朝鲜姬鼠主要以辽东栎、山杏为食，偶尔取食山桃或胡桃楸种子。朝鲜姬鼠具有挖掘食物的能力，可直接挖掘直播造林的种子，所以是直播造林的极大危害者。

作为食物消化吸收的场所，朝鲜姬鼠消化道的形态结

图3 朝鲜姬鼠的栖息地（易现峰摄）

构与其食性是密切相关的，同时也可以影响食物的消化率。朝鲜姬鼠的小肠最发达，小肠占消化管总长的62.19% ± 0.98%，为体长的2.77 ± 0.20倍；其次为大肠占消化管总长的23.45% ± 0.80%，为体长的1.05 ± 0.05倍；盲肠占消化道总长的比例最小为7.06% ± 0.42%。啮齿动物盲肠的作用主要是分解纤维素，纤维素经盲肠分解后再通过大肠吸收。朝鲜姬鼠主要以植物种子为食，从解剖结果来看，其盲肠的长度相对于自身的小肠而言短很多。由此可见，朝鲜姬鼠利用植物纤维性成分较少。

活动规律 昼夜均活动，但以夜间活动为主。高中信等将全天24小时划分为7个时区，通过野外笼捕法证实朝鲜姬鼠主要营夜间活动，其活动高峰在21:00~24:00和0:00~04:00两个时段，分别占整个捕获率的23%和29%，最低峰在09:00~12:00，捕获率仅占5%。室内观察实验同样发现昼间朝鲜姬鼠多缩在角落或躲在木屑中休息，活动较少，而在夜间它们活动很频繁。夜间活动的时间和频次明显多于昼间，两次活动高峰出现在日出前2:00~4:00和日落后19:00~22:00。在昼间，朝鲜姬鼠取食、饮水活动几乎占其巢外活动的全部，而在夜间，取食、饮水时间量只占巢外活动量的一部分。

朝鲜姬鼠活动范围比较大。夏武平（1961）的研究测定出雄性朝鲜姬鼠的巢区面积平均为2173 ± 132.5m²，雌性为1501 ± 37.3m²；雄鼠平均活动距离为76.3 ± 3.0m，雌鼠为61.3 ± 3.6m，两性之间差别是显著的。在朝鲜姬鼠的巢区中，还有一个活动很频繁的核心区，但这个核心区并非其领域，说明朝鲜姬鼠可能没有领域性。

繁殖和生长发育 朝鲜姬鼠每年4月即可开始进行繁殖,6月为盛期,10月到翌年3月为非繁殖期。每胎产仔4~9只,一般每年可繁殖2~3代。雌鼠在亚成年阶段即开始繁殖,平均胎仔数和子宫斑随雌鼠年龄增加而上升,具子宫斑雌鼠比例随年龄增长也上升。雌鼠老年阶段怀孕率较低,但繁殖指数最高,因而老年阶段可通过提高平均胎仔数而增加其繁殖指数,类似于其他啮齿类如东方田鼠(Microtus fortis)和棕色田鼠(Microtus mandarinus)等。雄鼠主要在成年阶段开始繁殖,睾丸重和睾丸大小可作为判别雄鼠成熟的指标。雄鼠睾丸重与胴体重呈显著正相关关系。

鼠类肥满度是衡量啮齿动物身体状况最普通和常用的综合指标,研究鼠类肥满度的变化规律,可以了解鼠类的生长发育状况以及潜在繁殖能力。通过对黑龙江带岭林区朝鲜姬鼠肥满度的调查发现,其肥满度没有两性差异;在不同生境下,肥满度也无明显升高;朝鲜姬鼠的肥满度随着季节的变化而变化,春季较肥,夏季变瘦,而秋季又开始育肥。在东北横道河子林区的研究也证实,朝鲜姬鼠肥满度受到季节环境影响,其在春季和秋季时有明显的肥育现象。朝鲜姬鼠在不同的生活阶段用于生长、繁殖及生存的能量资源分配存在差异,导致个体和生理特征(肥满度)的差异,这也符合啮齿类动物长期与外界环境适应的结果。

社群结构与行为 朝鲜姬鼠种群的年龄结构因时因地而异。赵日良(1991)等以胴体重为主要依据,参考体重和体长指标,将吉林省黄泥河捕获的226只朝鲜姬鼠划分为4个年龄组,各年龄组胴体重划分标准如下:①幼年组,胴体重≤12g、体重13.1±2.3g、体长65.9±8.1mm;②亚成年组,胴体重12~20.0g、体重24.1±4.8g、体长87.9±7.3mm;③成年组,胴体重20.1~26.0g、体重33.5±4.3g、体长112.1±12.1mm;④老年组,胴体重26.1g以上、体重41.1±4.6g、体长117.9±9.8mm。经统计分析,朝鲜姬鼠胴体重、体重和体长在各年龄组间差异极显著,说明采用胴体重划分朝鲜姬鼠年龄是可行的。进一步的研究发现对雌性朝鲜姬鼠而言,胴体重是划分它年龄结构最好的指标,其次才是体重;而对于雄性来讲,情况则恰好相反。

朝鲜姬鼠无论是7月还是9月都有集群行为,这种集群分布现象主要与两个因素有关:一是与栖息地内小生境斑块特征有关,林下部分区域食物多,朝鲜姬鼠分布数量较多,相反,在林下食物资源较差的斑块。朝鲜姬鼠分布数量较少;二是受个体间关系的影响,在条件较好数量较多的斑块内有许多集群分布,每个群可能是家庭成员构成的群,也可能是临时的群,新生个体围绕亲代周围分布,成为小群。随着季节变化,这种群可能会随之改变。

种群数量动态与迁移规律

季节动态 朝鲜姬鼠繁殖期为4~8月,以5~6月为盛。由于繁殖的季节性强,故朝鲜姬鼠种群数量在季节间的波动非常明显,一般春季数量最低,秋季最高。有研究发现在小兴安岭带岭林区凉水沟的皆伐迹地上,朝鲜姬鼠数量的季节波动曲线为单峰型,即5月数量低,5月底以后数量激增,7~8达到高峰,9月又突然下降。迁移可能是导致朝鲜姬鼠数量突升突降的另一项原因。李宏俊等在北京东灵山的研究也证实朝鲜姬鼠种群数量的季节波动呈单峰型,5月的捕获率最低,此后逐渐上升,到8月捕获率达到最高值,然后又逐渐下降,符合北方鼠类数量的季节波动规律。

年间动态 朝鲜姬鼠主要以植物种子和果实为食,食物资源尤其是种子产量在年间的变化导致朝鲜姬鼠种群数量在年间发生剧烈波动。在北京小龙门和梨园岭地区,当地优势植物辽东栎产量越高,翌年秋季朝鲜姬鼠密度越高。辽东栎种子的产量同样会影响之后秋季到翌年春季和秋季到翌年秋季的朝鲜姬鼠的种群增长率。在黑龙江带岭地区的次生阔叶林中,朝鲜姬鼠种群数量的年间波动受蒙古栎和毛榛两种植物种子产量的共同调节。

迁移规律 朝鲜姬鼠在原始森林与砍伐迹地之间有季节性迁移现象。冬季伐光的迹地上缺乏隐蔽条件,它移居于林内;翌年5月开始进入夏季以后,迹地上草类繁茂,具有较好的隐蔽条件和食物条件,它又迁回迹地,到9、10月间草木枯萎以后,再返回林内。

危害 朝鲜姬鼠种群数量增长迅速,数量大,分布广,且适应性强,它们消耗大量有经济价值的种子,在春季盗食直播造林的种子,严重影响森林的天然更新和人工更新;而在冬季,食物短缺时会转向幼树为食,甚至啃食树根草根,造成树木死亡,在林业上对红松、落叶松人工林的危害较重,是林业生产的大敌。同时它又是传播疾病病菌的携带者,其体外寄生虫有各种蚤、蜱、螨类,是传播鼠疫、森林脑炎、乙型脑炎等多种疾病病原体的宿主。对红松传播的危害中,朝鲜姬鼠居首位。

防治技术 朝鲜姬鼠鼠害的防治要坚持"预防为主",做好朝鲜姬鼠的监测工作,及时发现及时处理。同时还要坚持"综合治理"的方针,通过营林、生物、物理及化学防治措施来综合治理。

生态治理 造林时应当尽量营造朝鲜姬鼠不喜欢取食的树种,比如樟子松等。此外还可营造驱鼠林,例如接骨木、稠李、柠条、缬草等野生植物能散发一种特殊气味,具有很强的驱鼠作用。

生物防治 朝鲜姬鼠天敌较多,包括猛禽、小型猫科和鼬科动物、蛇类等。充分利用好这些天敌,可有效降低朝鲜姬鼠种群数量,从而减少其对森林的危害。因此要保护、利用好林区的野生动物资源,创造适宜的森林生态环境,使野生动物留居林区,实现天敌对害鼠的长期控制。

化学防治 朝鲜姬鼠种群大暴发,严重危害天然林更新时,可采用化学药剂进行防治。目前常用的鼠药有:敌鼠(80%敌鼠钠盐)、杀它仕(0.005%)、溴敌隆(乐万通0.005%)、大隆(杀鼠隆)等。朝鲜姬鼠的繁殖能力很强,通常情况下每窝能产下4~8只幼鼠,投放MG—复合不育剂对朝鲜姬鼠的繁殖有显著的抑制作用,可以达到不育的效果,可作为林业生产中防治朝鲜姬鼠危害的药剂。

物理防治 朝鲜姬鼠小面积暴发时,可用鼠夹、鼠笼等灭鼠工具进行捕杀。捕杀灭鼠时间要在春天雪化后草发芽之前或秋季初霜后降雪之前。实施时在林地中按一定距离放置鼠夹或鼠笼。每天检查1次,取下死鼠,鼠夹每隔3~4天用火烤或用开水烫泡,进行除味处理。

参考文献

董世鹏,朴忠万,金志民,等,2014. 大林姬鼠消化系统形态观察[J]. 天津农业科学, 20(11): 35-37.

冯祚建, 郑昌琳, 吴家炎, 1983. 青藏高原大林姬鼠一新亚种[J]. 动物分类学报, 8(1): 108-111.

高中信, 孙兆峰, 宋建华, 1985. 带岭林区三种害鼠生态差异[J]. 东北林学院学报, 13(2): 82-88.

黄文几, 陈延熹, 温业新, 1995. 中国啮齿类[M]. 上海: 复旦大学出版社: 231-233.

李宏俊, 张知彬, 王玉山, 等, 2004. 东灵山地区啮齿动物群落组成及优势种群的季节变动[J]. 兽类学报, 24(3): 215-221.

刘忠良, 金志民, 杨春文, 2002. MG-复合不育剂对大林姬鼠繁殖影响的研究[J]. 牡丹江师范学院学报(自然科学版)(3): 1-2.

路纪琪, 吕国强, 李新民, 1997. 河南啮齿动物志[M]. 郑州: 河南科学技术出版: 183-186.

孙儒泳, 方喜叶, 高泽林, 等, 1962a. 柴河林区小啮齿类的生态学 I. 生态区系和数量的季节消长[J]. 动物学报, 14(1): 21-36.

孙儒泳, 方喜叶, 高泽林, 等, 1962b. 柴河林区小啮齿类的生态学 II. 垂直分布[J]. 动物学报, 14(2): 165-174.

王应祥, 2003. 中国哺乳动物种和亚种分类名录与分布大全[M]. 北京: 中国林业出版社: 201-203.

夏武平, 1964. 带岭林区小型鼠类数量动态的研究 I. 数量变动情况的描述[J]. 动物学报, 16(3): 339-353.

夏武平, 1984. 中国姬鼠属的研究及与日本种类关系的讨论[J]. 兽类学报, 4(2): 93-98.

张同作, 崔庆虎, 连新明, 等, 2006. 退耕还林还草地鼠害治理——大林姬鼠种群年龄结构的研究[J]. 草业科学, 23(2): 67-70.

ALLEN G M, 1942. The mammals of China and Mongolia[M]. New York: American Museum of Natural History: 1938-1940.

CORBET G B, 1978. The Mammals of the Palaearctic Region: A Taxonomic Review[M]. London: British Museum (Natural History).

JONES J K, 1956. Comments on the taxonomic status of *Apodemus peninsulae*, with description of a new subspecies from North China[J]. University of kansas publications: museum of natural history, 9(8): 339-346.

MILLER G S, 1912. Cotologue of The Mammals of Western Europe[M]. London: British Museum (Natural History).

THOMAS O, 1906. The Duke of Bedford's zoological explorations in Eastern Asia-II. List of small mammals from Korea and Quelpart[J]. Proceedings of the Zoological Society of London, 75(4): 862.

(撰稿: 易现峰、王振宇; 审稿: 王登)

起初做荆江大堤白蚁研究, 在蔡邦华院士指导下完成处女作《黑翅土白蚁蚁巢结构及其发展》等 2 篇。1962 年起, 师从马世骏院士, 研究黏虫生态, 撰《高温对黏虫发育与生殖的作用 I.》。后还曾涉蝗虫、稻棉虫研究。

1966—1979 年, 中国科学院西北高原生物所: 师从夏武平教授, 研究新疆北部农业区鼠害, 主攻小家鼠发生规律及测报。全组合作发表该题研究报告 8 篇, 后与朱盛侃合作专著《小家鼠生态特性与预测》。

1979 年 10 月调至中国科学院长沙农业现代化所 (今名亚热带农业生态所), 主持农业害鼠治理研究。80 年代以来经鉴定、验收的科技成果 16 个, 获中国科学院和省级科技进步三等奖 5 个、二等奖 3 个, 参与国家科技进步二等奖 1 个。代表作有《鼠害治理的理论与实践》《农业重要害鼠的生态学及控制对策》及阐述"全生境/全栖息地毒鼠法"相关论文 3 篇 (1988、1991、1993)。

总计科研工作 40 年, 在 3 个所主持完成中国科学院、省和国家的重大、重点、攻关、科学基金及国际合作课题 12 项, 参与 8 项 (其中 5 项为退休后返聘, 至 1999 年底), 建立的科研组 9 次评为"先进集体"。合作正式出版科研论文 70 篇、专著 3 本, 另有科普小册与短文。

退休后, 与国内同行联合主编《啮齿动物学》(2008、2012 两版), 并在中国科学院网络化科学传播平台"科学新语林"(http://blog.kepu.cn/index.html) 开个人专栏《鼠族奥秘》, 已发表科普文章逾 50 篇。

学术贡献, 一是以北疆小家鼠做的种群生态学及多元回归系列方程预测模型研究, 当时达国内领先, 1978 年获青海省科技大会奖。二是在长沙所为洞庭湖区东方田鼠生态学持续 30 年研究奠基, 并共同创立江南稻作区鼠害预测与综治技术、全栖息地毒鼠法及复方灭鼠剂, 在湘、鄂、川、桂、滇、皖、沪等地示范推广, 高效消除褐家鼠、黄胸鼠灾害, 经济、社会、生态三效益优越, 省、院传媒曾以"全面围歼显神威"等题多次报道。1987 年湖南省授予"省优秀科技工作者"称号, 1992 年 10 月起享受国务院政府特殊津贴。

(撰稿: 王勇; 审稿: 郭聪)

陈安国　Chen Anguo

从事农业害鼠害虫生态学研究专家, 中国科学院亚热带农业生态研究所研究员, 研究生导师。

个人简介　1936 年 8 月出生于浙江临海。1958 年北京大学生物系动物专业本科毕业。先后在中国科学院 3 个研究所工作, 一直任科研组组长, 后期兼任研究室主任、研究所学术委员会主任。1992 年起与中国科学院动物所合培硕士生、博士生, 启动本所创建学位授予点。

1958—1966 年, 中国科学院昆虫研究所、动物研究所:

晨昏型　crepuscular

生物介于昼行性和夜行性两者之间的一种响应光因子或昼夜更替的行为反应。许多鼠类如布氏田鼠 (*Lasiopodomys brandtii* Radde, 1861) 和长爪沙鼠 (*Meriones unguiculatus* Milne-Edwards, 1867), 自然条件下其生理机能和行为活动往往有两个高峰, 一个在夜幕刚降临时, 另一个则是在破晓前后, 其中前一个高峰更明显, 午夜是其活动的低落时期, 这类动物即是所谓的晨昏型动物。

参考文献

尚玉昌, 2014. 动物行为学[M]. 2版. 北京: 北京大学出版社: 274-299.

BORGES R M, SOMANATHAN H, KEIBER A, 2016. Patterns and processes in nocturnal and crepuscular pollination services[J]. Quarterly review biology, 91(4): 389-418.

SHIRLEY M, 1928. Studies in activity II Activity rhythms, age and activity, activity after rest[J]. Journal comparative psychology, 8(2): 159-186.

（撰稿：刘伟；审稿：王德华）

柽柳沙鼠　Meriones tamariscinus Pallas

单居集群夜行鼠类。英文名tamarisk gerbil。啮齿目（Rodentia）鼠科（Muridae）沙鼠亚科（Gerbillinae）沙鼠族（Gerbilin）沙鼠属（Meriones）。分布于俄罗斯高加索东北部、伏尔加—乌拉尔河间；哈萨克斯坦里海西北部地区、斋桑和巴尔喀什和穆云库姆北部；乌兹别克斯坦的撒马尔罕和乌斯秋尔特南部。中国分布于河西走廊沙洲（安西）、敦煌、玉门、酒泉、金塔和嘉峪关；内蒙古阿拉善盟；新疆分布于哈密盆地、准噶尔盆地、伊犁谷地和塔里木盆地西北角，行政区划属于伊宁县、尼勒克县、巩留县、精河县、奎屯市、克拉玛依市、塔城市、乌苏市、和布克赛尔县、布尔津县、哈巴河县、福海县、青河县、玛纳斯县、奇台县、木垒县、巴里坤县、伊吾县、哈密市、若羌县34团场等20个县市。

蒙古及中国内蒙古中部和东部地区迄今尚未见有本种分布的记述。中国酒泉与额济纳旗一线可能是柽柳沙鼠自然分布区的极东界限。

亚种：描述了5个亚种。

Meriones tamariscinus ciscaucasicus Satunin (1907)。尾巴相对较短, 颜色相对较深, 尾背部的颜色以灰褐色调。分布于北高加索东部、里海沿岸西北部地区, 伏尔加河下游地区。

Meriones tamariscinus lamariscinus Pallas (1773)。尾背部的颜色较浅, 掺有微红色的色调。分布于伏尔加—乌拉尔半沙漠地区、乌拉尔—恩巴半沙漠地区、乌斯秋尔特。

Meriones tamariscinus jaxarlensis Dukelskaja (1926)。尾巴相对较长的、颜色相对较浅而鲜亮。分布于哈萨克斯坦（除斋桑盆地的西部地区外）、中亚（除费尔干纳谷地外）以及新疆伊犁盆地。

Meriones tamariscinus kokandicus Heptner (1933)。尾较长、颜色相对较深的, 尾背部的颜色呈现出棕色带红的色调。分布于费尔干纳谷地。

Meriones tamariscinus satchouensis Satunin (1903)。耳短、头骨短宽。分布于中国新疆准噶尔盆地以及甘肃、内蒙古地区。

形态

外形　沙鼠亚科中体型较大, 体长120～185mm, 尾长111～148mm, 耳长17～20mm, 后足长32～38mm。外形酷似子午沙鼠, 但个体明显大于子午沙鼠。个体大小与大沙鼠相似。耳呈椭圆形, 与背毛同色。尾略短于体长, 为体长的80%左右, 尾端不形成明显的毛束, 但具黑色长毛。爪为灰白或淡褐色。

毛色　体躯背侧及四肢外侧毛淡棕褐色, 微染粉红色调；腹面与四肢的内侧毛由基到梢皆为白色。鼻之两侧口须处各有一小块锈色斑；眼之上缘至耳前具一白色斑条。尾毛上下两色分明, 上面色深, 多黑褐色毛尖；尾下面除尾基部稍染棕黄外, 皆白色, 尾端不形成明显的毛束, 具黑色长毛。后足掌中央有一条十分明显的棕色或棕褐色纵行长斑。爪染灰白, 或淡褐色。

头骨　头骨吻部较长, 额骨中间有一从鼻骨中央伸延下来的浅沟。眶上脊发达。顶骨表面膨隆, 骨脊不甚明显。由于额骨较长, 顶骨则相应变短, 顶骨间缝之长约等于额骨中线长的1/2。听泡较小, 其最大长度不及额骨中线长, 一般亦不超过颅全长的30%。外听道口边缘略隆起, 呈短管状, 其前壁未形成小鼓泡, 因而与鳞骨颧弓突起之间存在较大的距离。乳骨泡膨胀, 但未隆出枕骨之外。门齿孔略短, 大部分标本其后缘不达或略接近臼齿列前缘。

主要鉴别特征　沙鼠亚科中体型较大, 体长可达185mm。尾略短于体长, 尾明显双色, 上面棕褐色, 下面白色。后足掌中央毛色棕或棕褐色, 形成一条深色长斑。爪染灰白, 或淡褐色。外听道前壁未形成小鼓泡, 故与鳞骨颧突不相接触。

生活习性

栖息地　柽柳沙鼠喜欢栖息于海拔400～1100m水分条件较好、植物生长茂盛的地带。荒漠中的河漫滩灌木丛和生长芦苇、芨芨草的土质湿润地段, 以及沿河两岸植被发育良好地区常是本种的优良生境。前山蒿属荒漠草原、盆地边缘的绿洲和深部的农作区的渠岸、路旁、宅旁空地、休耕地亦为柽柳沙鼠主要栖息场所。在农村居民点的建筑物内也有发

柽柳沙鼠（沙依拉木摄）

现。柽柳沙鼠在沙鼠亚科中为喜湿鼠种，栖息在水分条件较好、植物生长茂盛的地带，荒漠中的河漫滩灌木丛和生长芦苇、芨芨草的土质湿润地段，以及沿河两岸植被发育良好地区常见本种，故一般不栖息在风沙弥漫的沙质荒漠和极度干旱的砾石荒漠，土壤高度盐渍化地段亦极力忌避。

洞穴 柽柳沙鼠的洞有临时洞与居住洞之分。临时洞非常简单，只有1~2个出口，洞道分支很少，且无巢室；洞干的第一折曲处通常比较宽大，常留有食物残渣。这种洞用以避敌和进食。居住洞则较为复杂，并有夏季与冬季之分。夏季洞具2~3个洞口，洞道有较多分支，距地面约1m深处有扁球状巢室，巢底呈浅盘形。夏季洞具有储粮道，储粮道多为盲道，其长可达35cm，直径并无明显膨大。冬季洞多为夏季洞扩建而成，巢室距地面2m左右，洞道近地面部分略顺水平方向伸展，向下则呈螺旋状抵达巢室。冬季巢铺垫物甚多，几乎充满巢室。

食物 柽柳沙鼠以各种草本植物和灌木的种子，以及这些植物的绿色部分和地下部分为主要食物。早春和秋末冬初也食取甲虫、蚂蚁等动物性食物。农作区多种作物和杂草均可成为它们的饲料。冬季进行储藏，有各种草本植物和灌木的绿色部分、种子和果实。柽柳沙鼠喜爱在杂草较为密集的地段栖息，如农作区翻地之时柽柳沙鼠迁至周围的空地栖居，播种后待作物和田间杂草生长之后，即迁回田间取食作物。极喜爱在人工林间栖息，那里水分和食物均充足。荒漠草原栖息地饲料条件和隐蔽条件相对稳定，则很少见到季节性迁移现象。

活动规律 柽柳沙鼠为营严格夜间活动的鼠类，即使在大雪覆盖的严冬季节亦在夜间活动，白昼出洞者极为少见。活动自日落黄昏开始，黎明前结束。夜间在栖息地内觅食时，行动敏捷，常在一夜之间奔窜进出于4~9个洞口，多者达30个。一年中最活跃季节为春夏季二季。

繁殖 伊宁早农作区的柽柳沙鼠于3月下旬，积雪消融将尽时即开始繁殖活动，繁殖一直可延续到8月末。此间均能发现妊娠个体，但有两个妊娠高峰：第一个高峰出现于4月下旬，第一批幼鼠于5月下旬出现地面；越冬鼠第二次繁殖开始于5月下旬，7月达妊娠高潮。越冬雌鼠几乎全部参加春季繁殖，参加第二次繁殖的则只有77%。哺乳期为20天左右。每胎仔鼠多者10只，少者2只，通常4~7只。春季出生的幼鼠生后60天左右，雌性个体重达80~90g时即达性成熟阶段，但参加秋季繁殖的个体不多，约占25%。繁殖期结束后，种群数量往往增大2~3倍，其中当年生的个体约占总捕获数的40%~50%。

社群结构与婚配行为 柽柳沙鼠是单居集群动物，喜在一个适宜的地段筑洞栖息，大致形成岛状分布。交配情况不详。

种群数量动态

季节动态 柽柳沙鼠的季节变化，与其他沙鼠相一致，每年繁殖3~4胎，每胎4~7只，每年4~9月繁殖，9月底可见有幼鼠的出现。到秋季幼体的增加可到春季的2~3倍，一般经过一个冬季种群有恢复到上年春季的水平，年复一年保持其种群的水平。

年间动态 从未见有柽柳沙鼠数量大发生的年份，亦未见柽柳沙鼠数量锐减的年份，其数量较为稳定，年间变化不大，与其他沙鼠比较数量稳定。种群密度水平不高，夹日法捕获率一般不超过5%。

动物流行病学

动物流行病学资料 苏联学者（1924）首次于伏尔加河下游从柽柳沙鼠尸体中分离出鼠疫细菌。其后又多次在里海沿岸和中亚鼠疫疫源地内的柽柳沙鼠中检出鼠疫细菌。柽柳沙鼠无论是在自然条件下还是在实验条件下，均能感染鼠疫。在里海西北部小黄鼠鼠疫疫源地及伏尔加—乌拉尔子午沙鼠鼠疫疫源地内柽柳沙鼠经常参与鼠疫动物病流行，对于动物病的空间广泛传播起着重要作用。认为在上述鼠疫自然疫源地内，柽柳沙鼠是病原体的补充宿主。

艾尼瓦尔·库尔班（2010）在乌鲁木齐市米东区准噶尔盆地古尔班通古特沙漠南缘荒漠戈壁，从柽柳沙鼠体外寄生的同形客蚤分离出鼠疫菌1株。

柽柳沙鼠为无黄胆性钩端螺旋体病疫源地的主要储存宿主，为土拉伦菌病（野兔热）自然疫源地的次要储存宿主。细螺旋体病和副伤寒病原体的天然携带者。

寄生物 柽柳沙鼠在新疆的外寄生物主要为蚤类，在与子午沙鼠和大沙鼠相混居的准噶尔盆地的鼠体上曾检出同型客蚤和秃病蚤。在与上述两种沙鼠互相混居的伊犁谷地农业区内的柽柳沙鼠体上曾发现有秃病蚤、臀突客蚤、叶状刺蚤、修长栉眼蚤和重要狭蚤。柽柳沙鼠寄生蚤指数不高，多为2~5。洞口染蚤率及洞口游离蚤数量亦显著低于大沙鼠和子午沙鼠。除蚤类外，发现2种硬蜱——草原硬蜱和刻点血蜱，1种软蜱——特突钝缘蜱。甘肃人柽柳沙鼠体外寄生虫：长吻角头蚤、同型客蚤指名亚种、簇宗客蚤、光头沙鼠蚤指名亚种、光头沙鼠蚤田鼠亚种。

在伊犁谷地柽柳沙鼠体内曾发现一种寄生蠕虫——袋尾蚴之囊泡，有时一只鼠体内达40余个，充满整个胸腔，严重影响宿主的营养状况和繁殖力。陈欣如（2000）在柽柳沙鼠腹腔检出克氏泡尾带绦虫。

危害 柽柳沙鼠的对农田的农作物危害较大，如油葵和粮作区域常常被盗食，数量多时可达20%以上。在新疆伊犁地区和博尔塔拉自治州柽柳沙鼠为当地的优势鼠种，种群密度较高，危害大，故应列入重点防治对象。常常有被破坏的小麦和油葵等作物，虽不至于颗粒无收，但减产和损毁是肯定。该鼠有储食的习性，以备冬季食用，有人在秋末有挖掘鼠洞的习惯，一个洞中多时可挖到5~10kg谷物，此法应大力提倡，这不仅能消灭大量老鼠，而且可将挖得的粮食饲喂禽畜。柽柳沙鼠喜潮湿地段，如人工防风固沙林、农田的田埂和潮湿的低洼地边缘，在荒漠草原地带对植物的生长造成一些危害，筑巢于沙丘之上，喜在水源流经的地段筑造临时巢穴，使沙丘松散和影响固沙工作。在农作物的危害上，常常在麦田及农作物的地边或田埂上筑巢，并且盗食和储藏小麦和农作物。

防治技术 根据柽柳沙鼠在新疆的地理分布和危害程度，应将防制重点放在农作区。

农业防治 根本的防治方法是改良耕作技术，如采取消灭杂草，取消田间荒地，及时收割拉运等措施，以减轻危害。

化学防治 可采用毒饵法。多种胃毒灭鼠剂均可试用。毒杀时机选在早春和仲夏两个繁殖高峰前，即幼鼠尚未大批出现地面前最为有利。

对农作区常常采用 0.01% 溴敌隆或敌鼠钠盐等药物进行灭鼠。

生物防治 由于柽柳沙鼠分布局限，食肉动物控制鼠害效果不佳，常多采用 C 型或 D 型肉毒素控制鼠害。

马莉（2004）的新疆哈密地区用 0.1%～0.2% C 型肉毒素，分别用玉米、油葵作为饵料，在种植的棉花、小麦田间，进行柽柳沙鼠的杀灭试验；努尔古丽（2007）在博尔塔拉蒙古自治州农田区的对柽柳沙鼠为主的鼠类，使用 0.2% C 型肉毒素小麦为毒饵进行了杀灭试验，灭鼠率为 90% 以上。C 型肉毒素是一种生物制剂，适口性好，无二次中毒，不污染环境。除对啮齿类动物有强致死力外，对人、禽比较安全，是安全高效的生物灭鼠剂。

物理防治 可以采用鼠夹等捕鼠工具捕打，器械捕打对降低鼠密度具有一种的辅助作用。洞口布放弓形夹，或带诱饵的平板夹，常获良好的捕鼠效果。在靠近水边的洞穴可以用水灌洞法捕获。

参考文献

艾尼瓦尔·库尔班, 郝敬贡, 赛力汗, 等, 2010. 乌鲁木齐市沙鼠鼠疫疫源地夜行鼠类调查[J]. 中国地方病防治杂志, 25(3): 212-213.

陈欣如, 叶瑞玉, 曹汉礼, 等, 2000. 新疆啮齿动物寄生绦虫幼虫的初步调查研究[J]. 地方病通报, 15(1): 46-47, 57.

谷登芝, 周立志, 马勇, 等, 2011. 中国柽柳沙鼠线粒体DNA 的地理变异及其亚种分化[J]. 兽类学报, 31(4): 347-357.

马勇, 王逢桂, 金善科, 1987. 新疆北部地区啮齿动物的分类和分布[M]. 北京: 科学出版社.

马莉, 2004. C型肉毒素防治农田鼠害试验[J]. 新疆农业科技(4): 14.

努尔古丽, 沙依拉吾, 武什肯, 2007. 博尔塔拉蒙古自治州农田鼠害现状及防治试验[J]. 新疆畜牧业 (S1): 41-42.

王思博, 杨赣源, 1983. 新疆啮齿动物志[M]. 乌鲁木齐: 新疆人民出版社.

（撰稿：蒋卫；审稿：王登）

赤腹松鼠　*Callosciurus erythraeus* Pallas

一种重要的林业害鼠。英文名 red-bellied tree squirrel。啮齿目（Rodentia）松鼠科（Sciuridae）丽松鼠属（*Callosciurus*）。

分布 赤腹松鼠亚种分化较多，有 18 个亚种，主要分布在东亚及东南亚地区。在日本、印度、缅甸、泰国和越南等地有分布。在中国主要分布于长江流域及其以南大部分地区以及台湾地区，在河南、陕西、西藏也有分布。

形态 体长一般在 160～250mm、平均体重约 350g，有些个体可达 500g 以上。身体背面、四肢至尾基为深青棕黄色至深青黑色，背部色泽较深，两侧较淡，腹面深棕红色，少数亚种腹面为淡黄色。

生活习性

栖息地 赤腹松鼠主要栖息于热带和亚热带森林中，在阔叶林、针阔混交林和针叶林较为常见，也见阔叶林与草原交接区域，次生灌丛等多种生境中。倾向在植被覆盖度高，乔木平均高度较高、坡度较大生境中的树上营巢。营巢树种多样，喜在柏木和楠木上营巢。巢距地面平均高度约 16m，大多位于树干与树枝的交界处。巢址多位于向东、向南的中下坡位。

活动规律 赤腹松鼠为昼行型动物，其春夏活动节律呈晨昏双高峰型，其活动面积较大，最小凸多边形巢域面积为 $1.9hm^2$，活动距离可达数百米。

食物 赤腹松鼠取食植物种类较多，从草本植物的种子到高大乔木的果核及树皮，有数十种之多，如柳杉、杉木、悬钩子、水麻、山核桃、野板栗、马尾松、银杏、泡桐等，也少量取食各种昆虫。

繁殖 在四川的省洪雅县人工林赤腹松鼠可全年繁殖，在 3～4 月和 7～8 月有两个繁殖高峰期，4 月繁殖指数最高。

危害 由于赤腹松鼠剥食树皮，致使林木的水分和养分无法正常输送，而且失去树皮后树木容易被昆虫和真菌侵害，从而影响树木长势，使其畸形生长，降低材质品质，甚至导致树木枯死。冬春季，特别是春季，由于食物缺乏，赤腹松鼠大量剥食树皮，是主要危害季节，特别是人工林更是如此。在人工林中，中林被害程度较高。林木被危害的部位主要集中在上部和中部，成林和中林的危害部位比例为上部＞中部＞下部，而幼林是中部＞上部＞下部。在海拔 1600m 以上的森林，危害减轻。

防治技术 在危害严重地区，有必要对赤腹松鼠进行防治。一般在赤腹松鼠繁殖及危害高峰期之前（如四川省在每年的 2 月下旬至 3 月）进行防治。采用口径 90mm 的 PVC 喉管，将其拉伸、裁剪成长约 40cm 作为毒饵站，将毒饵站绑置于树干上（离地面约 1.3m），然后将毒饵置于毒饵站中。毒饵可采用抗凝血杀鼠剂与大米或玉米配制，或直接购买商品毒饵。一般每公顷安置 4～6 个毒饵站，危害较重的地方可适当增加毒饵站的数量。如果毒饵站中的毒饵被取食，需要在投放毒饵后 10～15 天补充投放一次毒饵。

参考文献

董岚, 纪岷, 徐玮, 等, 2009. 人工林赤腹松鼠危害与繁殖关系的初步研究[J]. 四川动物, 28(2): 197-201.

孔令雪, 张虹, 任娟, 等, 2011. 繁殖期不同时段赤腹松鼠巢域的变化[J]. 兽类学报, 31(3): 251-256.

李盼峰, 苟兴政, 邵高华, 等, 2015. 毒饵站防治赤腹松鼠危害效果研究[J]. 四川动物, 34(6): 916-920.

任娟, 曹晓莉, 宋鹏飞, 等, 2010. 人工林赤腹松鼠春夏季活动节律与行为特征观察[J]. 四川动物, 29(6): 862-867.

宋鹏飞, 曹晓莉, 祁明大, 等, 2010. 洪雅县人工林赤腹松鼠活动范围及栖息地利用[J]. 动物学杂志, 45(4): 52-58.

温知新, 尹三军, 冉江洪, 等, 2010. 四川洪雅县赤腹松鼠巢址选择研究[J]. 四川动物, 29(5): 540-545.

尹三军, 温知新, 冉江洪, 等, 2010. 赤腹松鼠在人工林中的危害特征[J]. 四川动物, 29(3): 376-381.

（撰稿：郭聪；审稿：冯志勇）

赤颊黄鼠　*Citellus erythrogenys* Brandt

为荒漠草原的害鼠之一。又名地松鼠。英文名 red-cheeked souslik。啮齿目（Rodentia）松鼠科（Sciuridae）非洲地松鼠亚科（Xerinae）旱獭族（Marmotini）黄鼠属（*Citellus*）。已记述约6个亚种。赤颊黄鼠是内蒙古和新疆荒漠草原典型代表种，主要栖息于荒漠草原以低洼地和河谷阶地，多喜阳坡坡脚挖洞筑巢。多数地段与大沙鼠和黄兔尾鼠、子午沙鼠或长爪沙鼠混居，主要以葱类和多年生的禾草类植物为食，兼食少量的昆虫和蜥蜴。

Citellus erythrogenys erythrogenys Brandt, 1841。相对较长而大的尾巴，背部具有明显的斑点图案（特别是年轻的个体），尾巴有深色的边缘。分布于额尔齐斯河下游。

Citellus erythrogenys intermedius Brandt, 1843。体型与前指名亚种相当，背部的颜色更浅和更黄，斑点图案并不明显（年轻个体的有明显的波状条纹）；尾巴的深色边缘并不明显。分布于哈萨克高原或山地平原。

Citellus erythrogenys brevicauda Brandt, 1941。体型较前两种小、颜色更浅的一个形状（或物种）。分布于哈萨克斯坦的东部，阿尔泰山南麓到巴尔喀什湖之间，中国阿尔泰山的南麓以及温泉县。

Citellus erythrogenys carruthersi Thomas, 1912。尾毛略密，其背面毛色也略暗，少数毛具黑色尖端。上齿列长小于上齿隙上。分布于哈萨克斯坦和中国的准噶尔界山和阿拉套山系的低山丘陵地带。

Citellus erythrogenys iliensis Beljaev, 1945。分布于哈萨克斯坦的伊犁河谷的左岸。

Citellus erythrogenys palldicauda Satunin, 1903。体背毛色较淡，呈沙黄色，微染黄褐色调，布局波纹；尾毛上下一色，沙黄色或淡棕黄色，背面无黑色次环。分布于准噶尔东北部北塔山一带。

中国分布于内蒙古和新疆。内蒙古分布巴彦淖尔、乌兰察布和锡林郭勒一带。内蒙古北部荒漠草原典型代表鼠种之一，分布于阴山以北，西起狼山以北的乌拉特中旗（东经108°），向东沿达尔罕茂明安联合旗、四子王旗、苏尼特右旗、二连浩特、苏尼特左旗北部（东经113°）等荒漠草原地区靠近中蒙边境线呈一狭长地带，在该范围内的大部地段已取代了达乌尔黄鼠的优势地位。在新疆分布于北疆的额敏谷地、巴尔鲁克山山前、玛依尔山、加依尔山、博尔塔拉谷地西部准噶尔阿拉套山山前、和布克谷地、沙吾尔山前、谢米斯台山、吾尔喀夏尔山、额尔齐斯河与乌伦古河沿岸、乌伦古湖周围，以及奇台北部将军戈壁至北塔山一带广大地区。行政区划属于温泉县、塔城市、额敏县、托里县、裕民县、和布克赛尔县、布尔津县、吉木乃县、阿勒泰市、福海县、富蕴县、青河县、奇台县等地。

国外分布于蒙古西部和西北部及哈萨克斯坦额尔齐斯河与托姆河之间的草原、阿尔泰山脉和塔尔巴哈台山脉。

形态

外形　为体型中等黄鼠，体长可达258mm，略小于长尾黄鼠。尾甚短，其长为体长的13.0%～24.1%，平均为17.3%。后足掌裸露，仅近踵部被以短毛。体重217～555mm，体长183～523mm，尾长30～48mm，后足长28～39mm。

毛色　体躯背面从头顶至尾基全沙黄或全灰黄，杂以灰黑色调。有些标本前额区被毛呈棕黄色。体背有黄白色波纹，或无波纹。鼻端、眼上缘、耳前上方和两颊具棕黄或铁锈色斑。体侧、颈侧、前后肢内侧、足背及腹面均为浅黄或草黄色。尾毛上下一色沙黄或淡棕黄，或背面具三色毛；毛基棕黄，次端毛黑色，毛尖黄白，呈现出不明显的黑色次端环；尾腹面双色；毛基棕黄，毛尖黄白，无黑色次端毛，只呈现黄白色环。

头骨　头骨眶间较窄，成体通常不超过9mm，平均为颅基长的18.9%。吻部短而窄，取门齿孔中横线测得之宽度多小于8mm。上臼齿列大多数标本长于齿隙，少数标本小于齿隙长。上门齿后方的一对硬腭窝甚浅，向后未伸延为浅槽。前颌骨额突较窄，一个额突的后1/3处的最大宽度，等同一横线上的一块鼻骨的宽度，或有超过之，但其超过部分，亦不及一块鼻骨宽的1/3。腭长（上门齿齿槽后缘至腭骨后缘距离）明显小于后头宽。听泡较短，其长小于其宽。顶骨上的二条骨脊呈钟形或铃形。上下门齿唇面的釉质白色。

赤颊黄鼠（①廖力夫摄；②蒋卫摄；③沙依拉木摄）

主要鉴别特征 耳前上方和两颊具棕黄或铁锈色斑,故称为赤颊黄鼠。上下门齿唇面的釉质白色(与长尾黄鼠的门齿釉质面为棕黄色有别)。尾长较短,不及体长的1/4。

生活习性

栖息地 栖息于低山草原、山前丘陵草原和半荒漠平原,有些地方可沿河谷上升至海拔1500m中山带的山地草原。在覆沙较厚、芨芨草丛生的生境和隐域性生境内则很少见。一般呈弥散状分布,在一些丘间谷地、坡麓等地段则有较集中的分布,尤以生有大量多根葱、蒙古葱和少量锦鸡儿、木蓼的河谷坡麓为多。本种栖息地的植被主要为白蒿、多种禾本草类、猪毛菜、优若藜以及锦鸡儿等小灌木。在新疆阿尔泰山、准噶尔阿拉套山,赤颊黄鼠垂直分布的上限一般多低于长尾黄鼠垂直分布的下限,故二者栖息地极少出现重叠。本种与灰旱獭的混居,仅见于准噶尔北部的谢米斯台山地(和布克南山)。在乌伦古湖、乌伦古河沿岸及北塔山一带,多与黄兔尾鼠和大沙鼠混居于同一生境。

一般其平均密度为0.5~1只/hm^2,有的地段可达5~6只/hm^2,甚至达10只/hm^{2}以上。

洞穴 赤颊黄鼠的洞穴多散布在丘岗的阳坡坡脚、沟谷和小溪两岸。洞口直径约5cm。居住洞之洞道总长3~5m,洞内的巢和厕所在地较深,一般在1.5m,分支不多,有窝巢,洞口多为1个。临时洞短浅,无巢,亦无分支。幼鼠分居时,常将临时洞改建为居住洞。冬眠洞较深,冬眠巢多在2m以下,入蛰时将冬眠洞的一段洞道封堵,以利安全越冬。一只鼠可以有5~10个临时洞和1个居住洞。

赤颊黄鼠与达乌尔黄鼠洞系的主要区别在于:①洞径大。②洞外的抛土低,在洞口正前方的抛土上出入;而达乌尔黄鼠的斜洞常被抛土所围,鼠的进出道往往在洞的一侧。③洞内厕所较达乌尔黄鼠多。

食物 喜食植物的绿色部分、花果、块根及少量鞘翅目昆虫。在农作区亦取食麦类、豆类及苜蓿的幼嫩茎、叶。早春时多以枯草的根茎为食,尤其喜食栖息地内数量众多和生长期长的蒙古葱及多根葱,秋季亦食少量种子,偶尔也吃鞘翅目昆虫、蜥蜴等。饱食后的胃的重量可达50~70g。其营养交替现象明显,葱的成分自4~6月逐渐由67.1%增至79.1%,最高可达88.8%;7~8月主食鲜嫩多汁的小画眉草、三芒草、锋芒草和虎尾草等,最高可达62.4%。秋旱来临,又改吃葱类及其花、籽等,直至入蛰。

活动规律 出入蛰时期与当地的温度有关。一般多在3月中、下旬出蛰,9月末开始进入冬眠。在夏季气温较高,植物提早枯黄的地区,如裕民县巴什巴依桥一带的赤颊黄鼠可能存在夏蛰现象。其进入夏蛰的时间,大约从7月初幼鼠分居之后开始,一直过渡到冬眠。

赤颊黄鼠营严格的昼间活动,但以日出后3小时、日落前3小时这段时间最为活跃,中午由于炎热,活动明显减弱。活动半径通常不超过50m。

繁殖 赤颊黄鼠生后第二年即达性成熟。年产一窝。春季3月底出蛰后即行交尾,从4月上旬至4月底约持续3周;妊娠期25~28天。5月中旬至月底为产仔高峰期,至9月上旬产仔结束。平均产仔5.68只,以4~7只较多,多者可达11只,雌成鼠怀孕率为87.5%。

根据牙齿的磨损程度大致可将赤颊黄鼠划分为6个年龄组,即当年鼠和一至五龄鼠。不同年龄组的雌鼠繁殖强度不同,以三龄鼠的怀胎数最多,平均为5.70只,依次为二龄鼠5.36只,四龄鼠5.21只,五龄鼠5只,第一次繁殖的隔年生鼠平均怀胎数最低,仅为4.64只。在不同时期其性别比例有一些变化,如交尾期雌雄为1:1,妊娠期为1.90:1.0。由幼鼠分居到入蛰期为1.19:1.0。种群年龄组成也因季节、数量和自然条件不同而异,春季中中龄鼠占57.8%(二龄36%、三龄21.8%),隔年生鼠(一龄)占31.2%,老年鼠(四、五龄)较少占10.5%。而夏季(6~7月)当年生幼鼠竟占种群的74.5%,入蛰前更高达82.7%。

社群结构与婚配行为 赤颊黄鼠是单居生活的物种,即使在交配季节和繁殖期仍是单居生活。交配时节之间相互追逐,但未见在地面交配的情况,是否在洞中完成交配不得而知,至今也未见有报道。赤颊黄鼠繁殖期雌鼠与幼鼠同住一室,直到哺乳期结束,雌鼠将幼鼠驱赶出洞,不愿离去的幼鼠将被雌鼠撕咬,迫使其离洞。离洞的幼鼠在母鼠洞周围的废弃洞或临时洞栖息,过后的几日雌鼠继续驱赶幼鼠直至离开雌鼠的巢区以外。同样成年雄鼠单独一洞,雌雄鼠之间互有自己的生活区和取食区,误入他区即被追逐驱赶。

种群数量动态

季节动态 赤颊黄鼠种群数量相对比较稳定,季节变化及空间变化不大。只是不同生境分布上存在着差异。春季密度比较低,6月中旬开始到7月上旬幼鼠出洞期密度到达高峰值,一般可达春季密度的2~3倍。

年间动态 赤颊黄鼠是乌兰察布北部荒漠草原区的典型代表鼠种,集中分布于中蒙边境地区的狭长地带中,有的地段完全取代了达乌尔黄鼠,广泛栖息于高平原台地和过渡带生境,呈弥散状分布。内蒙古地区平均公顷密度在1只左右,密度高的地段可达每公顷3~5只,数量较稳定。新疆的赤颊黄鼠密度较高,一般每公顷3~7只,密度较高地区每公顷可达14只。年际间变化不大。春季密度较低,到7月上旬达到密度的高峰期,8月底9月初全部进入冬眠期,冬眠期的时间在不同地点有差别,时间推迟20天左右,一般海拔较高地段(2000m左右)8月底全部入蛰,较低地段(1000m左右)在9月初进入冬眠。

危害 赤颊黄鼠为新疆北部平原和低山牧场主要害鼠之一。据新疆治蝗灭鼠指挥部调查,额尔齐斯河与乌伦古河之间春秋牧场、玛依尔—加依尔低山夏牧场,以及和布克谷地以东的平原草场为赤颊黄鼠的主要危害区,鼠洞密度每公顷100~400个,个别地段超过500个。额敏谷地及巴尔鲁克山山前白蒿—禾本草原,密度虽较低,但每公顷鼠洞数亦不下100个,6月幼鼠出现地面后的密度平均每公顷可达16只。在农作区,赤颊黄鼠对作物的生长亦构成严重危害。据在吉木乃县的调查,该县许多农田的麦苗常遭赤颊黄鼠毁坏,致使大片麦田缺苗断垄,颗粒无收。赤颊黄鼠毛皮可以利用,但价值不大。

动物流行病学

类丹毒 赤颊黄鼠是新疆类丹毒病的储存宿主之一。1967年4月谢奉璋等,曾自和布克谷地的一只自毙赤颊黄鼠体内分离出红斑丹毒丝菌,证明本种为新疆类丹毒病的储存宿主之一。

鼠疫 为鼠疫疫源地的次要宿主。1931年于蒙古东戈壁首次从赤颊黄鼠体中分离出鼠疫菌。1954年从蒙古国东戈壁的札梅克乌德地区的赤颊黄鼠体内检出鼠疫细菌，为蒙古鼠疫疫源地的次要宿主。1971年5月内蒙古巴彦淖尔卫生防疫站于乌拉特中旗发现染疫的赤颊黄鼠，为中国首次记录。

内蒙古长爪沙鼠鼠疫疫源地 1978—1981年赤颊黄鼠的血凝抗体阳性率为2.7%，长爪沙鼠的阳性率16.3%。赤颊黄鼠对鄂尔多斯高原型鼠疫菌具有感受性，个体差异较大，抗性较高。感染后各时期死亡的动物中，都有从血液中分离出鼠疫菌者，说明群体菌血症时间较长。冬眠保菌实验证明，感染菌后经过1个冬眠期，保存鼠疫菌的动物占存活动物的6.40%，而发展成全身化的占3.20%。在动物鼠疫流行区从赤颊黄鼠检出鼠疫菌者为数甚少，但血凝抗体阳性者则屡见不鲜，其中不乏频频出现的高滴度者，说明不断受到感染，有的是重复感染。可以认为赤颊黄鼠积极参与了长爪沙鼠鼠疫的流行，而且由于带菌时间长，分布范围大，又能扩大动物鼠疫的流行空间，延长流行时间。

用沙鼠型强毒鼠疫菌感染赤颊黄鼠，观察期抗体动态，血凝滴度与首次感染鼠疫菌量关系不大。再次感染后，F_1抗体产生快，7天即达高峰，持续时间也较长。经过冬眠期仍能查到阳性，说明抗体持续时间远超过地面活动时间。感受性试验证明，赤颊黄鼠对沙鼠型菌具有感受性，个体差异大，抗性高。重复感染是刺激F_1抗体产生的重要因素。动物鼠疫流行区染疫鼠多数存活，检菌难以发现阳性。但抗体阳性鼠屡见不鲜，尤以毗邻沙鼠鼠疫频发地段更为多见。

嗜肝病毒 陈欣如等（2005）调查新疆野生啮齿动物的血清中嗜肝病毒，赤颊黄鼠阳性率为53.3%，15只鼠中有阳性鼠8只。作者认为赤颊黄鼠可以作为乙型肝炎病毒潜在的动物模型。

包虫病 林宇光等（1993）在新疆塔城地区采集赤颊黄鼠2211只，其中2只自然感染了多房棘球蚴，感染率为0.09%。周红霞等（1997）从野外捕捉5只赤颊黄鼠带回实验室进行人工感染多房棘球蚴感染敏感性实验，4只感染棘球蚴，感染率达80%。说明赤颊黄鼠对多房棘球蚴高度敏感。推测该鼠可能在新疆是多房棘球蚴病的宿主之一。

其他疾病 前苏联学者认为，赤颊黄鼠是布鲁氏杆菌病和细螺旋体传染病的自然媒介。

体外寄生物 新疆境内赤颊黄鼠的寄生蚤种属甚多，共检出19种：波状黄鼠蚤、三鬃黄鼠蚤、角缘山蚤、方形黄鼠蚤、毛新蚤、宽新蚤、似升额蚤、近代新蚤、曲棘新蚤、圆指额蚤、升额蚤、田栉眼蚤、短须双蚤、秃病蚤、角尖眼蚤、簇鬃客蚤、新月单蚤、真凶中蚤和粗毛角叶蚤。上述19种蚤类中的前7种为亚欧黄鼠属的主要寄生蚤，其余诸种均属来自其他鼠类的偶尔迷入蚤种。在黄鼠寄生蚤中，波状黄鼠蚤及三鬃黄鼠蚤可视为新疆赤颊黄鼠的专嗜蚤种，但因地区不同，此2种蚤类所占比例则有所不同。额敏谷地及和布克谷地以波状黄鼠蚤居多，占84%；在北塔山一带则以三鬃黄鼠蚤居优势，占77%。赤颊黄鼠体蚤的总指数甚高，可达18.8。

内蒙古境内蚤类有10种，为黄鼠蚤、秃砂鼠蚤、近代新蚤、迟钝中蚤、光亮额蚤、圆指额蚤、丛鬃双蚤、主要双蚤、长突眼蚤、角尖眼蚤。其中主要为黄鼠蚤、秃砂鼠蚤和近代新蚤。

内蒙古乌兰察布高原的赤颊黄鼠，鼠体蚤总平均指数为2.56，染蚤率为51.4%，最高的8月指数为4.8，染蚤率最高的6、7月为79.6%和85.7%。巢蚤总平均指数为7.8，以出蛰的4月和入蛰的9月最高，染蚤率为73.4%。洞干蚤总平均数为0.44，游离的洞干蚤在活动的6个月中，月月都有发现，以4月和7月平均指数为高，总染蚤率为15.1%。

在新疆额敏谷地和阿尔泰山前地带的赤颊黄鼠体上曾检出少量尖须扇头蜱及短小扇头蜱的幼虫与稚虫。在北塔山一带的赤颊黄鼠体上曾检出大量的草原革蜱幼虫、稚虫和埋异肢螨。

防治技术 有机械灭鼠、化学灭鼠、生物灭鼠、生态灭鼠和综合治理等几种方法。

农业防治 赤颊黄鼠的分布面积有限，对农业的危害不大，仅有个别地区的赤颊黄鼠与农田和农作物毗邻，新疆吉木乃县许多农田的麦苗常遭赤颊黄鼠毁坏，致使大片麦田缺苗断垄，颗粒无收。

生物防治 新疆鼠类的天敌有草原雕、鸢、鸥、长耳鸮、短耳鸮、雪鸮、鹫、鵟、鹞、猎隼、游隼、苍隼、红脚隼、红隼、燕隼、老鹰、苍鹰、猫头鹰、金雕、雕鸮、鸨鸟、银黑狐、赤狐、沙狐、虎鼬等20多种鸟类和兽类，如果能够合理的利用，是不可忽视的自然控制力量。

设立鹰架鹰墩。改善鼠害区内鹰的栖息环境，增加其种群数量。在此基础上，人工设立鹰架鹰墩，作为鹰类的暂时落脚点，为其捕捉害鼠创造有利条件。新疆阿勒泰地区自1989年开始试验招鹰灭鼠，1992—1994年正式在全地区推广，2004—2006年国家草地无鼠害示范区项目的实施过程中，扩大了招鹰灭鼠的规模，目前阿勒泰地区招鹰灭鼠面积达15万hm^2，共设立鹰架、鹰墩12532个，高山处丘陵带每个鹰架间距1~2km，可控制范围6.66~33.33hm^2，平坦的草地间距2~4km，可控制范围33.33hm^2。收集鹰架、鹰墩下的排泄物进行分析，其中鼠类的骨骼占62%，毛皮占38%。实行招鹰灭鼠计划前，平均每千米有鹰1~2头，害鼠有效洞口数20~36个/hm^2；招鹰后，平均每千米有鹰2~5头，害鼠有效洞口数下降至8~16个/hm^2。对招鹰区内雌鼠进行解剖，平均子宫斑数11个，非招鹰区内雌鼠的平均子宫斑仅5个。黄鼠类有一个自我调节的机理，当地面黄鼠数量偏低，环境和植被条件充足时，黄鼠体内分泌一种激素可以促使其增加怀孕的胎仔数，成倍增加繁殖仔数，黄鼠数量激增；当地面黄鼠偏高，环境和植被不足时，其体内分泌一种抑制激素减少怀孕的胚胎数，即使已经怀孕其可以以吸收胚（正常的胚胎停止生长）的方式减少产仔数，这就是常常提到的鼠类种群自我调节，常见于旱獭、黄鼠和跳鼠类。招鹰后，明显降低了鼠的繁殖数量，而且招鹰区内的植被覆盖度由以前的25%增加到现在的47%，产草量（干草）由17kg/亩增加到27kg/亩，增加了59%。

放养狐狸。新疆和内蒙古畜牧部门曾尝试过通过人工饲养银黑狐后，释放到鼠害区控制鼠类的密度，通过5年的实施在每 10km² 释放 1 对银黑狐，对沙鼠和黄鼠的密度有一定的抑制作用，基本可控制在鼠害的警戒线内，但投资较大，每年都得投放银黑狐，银黑狐在人工长期的饲养环境下，失去了野外的生存技能。实验区内设置野化区将购买的银黑狐在区内进行野化训练 2~3 个月，使其学会自行捕食和野外的一些基本生存方式，再进行释放。结果不是很理想，野外基本无法过冬，释放 20 只银黑狐，翌年最多年份仅存 2 只。

狐狸是一类重要的鼠类天敌。银黑狐又名银狐，原产于西伯利亚东部地区，它是赤狐在自然条件下所产生的毛色突变种，它能栖居于森林、草原、丘陵等各种不同环境。嗅觉、听觉灵敏，能听见百米之内老鼠的吱吱叫声。白天常伏卧于洞中，夜间出来活动觅食，食物中鼠类占 70%，每昼夜可捕捉 15~20 只鼠类，寿命 10~14 年，可繁殖年限 6~8 年，每胎可产 4~6 只仔狐。阿尔泰地区于 2005 年开始在福海县进行银黑狐的野化训练，2006 年在斯沙尔胡木野生植物自然保护区进行本地沙狐的野化训练，每只狐狸一年可控制害鼠面积 13.33hm²，现有 40 只银黑狐和 10 只沙狐，可控制面积达 666 万 hm²。

肉毒素　C 型和 D 型肉毒梭菌毒素是近年推广使用的一种生物灭鼠药物，配成毒饵投在各种环境中，尤其是适用于鼠害大发生时，大面积投药，数日后就可解毒或毒力消失，不会污染环境，效果十分理想。成本较高。

综合治理　主要就是治理和优化环境，形成不利于鼠类生长和繁殖的生态环境，从而达到控制害鼠种群数量的目的，使其对环境达不到破坏化的程度，又保持了生态平衡的目的。常常是在害鼠区实行退牧还草、还林、草原围栏、划区轮牧、封育、补播等措施。新疆 20 世纪 90 年代以来，对 133.3 万 hm² 草原实行过围栏、封育、草场轮牧和补播工作；100 万 hm² 被退牧还草或还林。从而破坏了鼠的栖居环境和食物条件，减少和控制了害鼠的密度。这种措施虽然不能直接灭鼠，却能使鼠在生活不利的条件下，减少繁殖，增加死亡，不灭自减，从而降低鼠的密度，甚至在局部地区绝迹，从长远考虑，这是一种鼠害防治的治本措施。

物理防治　距水源较近地段，可用水灌法。在农田附近，采用弓形夹等捕鼠工具，经常进行捕捉，可起到临时性的保护作用。此方法简便易行，对人畜安全，不受季节限制，适用于小面积草地灭鼠，尤其适合牧民边放羊边灭鼠。从 1995 年冬季开始，新疆阿勒泰地区 6 县 1 市每年在春秋两季开展灭鼠工作，其中机械灭鼠就是一项重要内容。每年向每户免费发放 10 个鼠夹，并要求将捕捉到的害鼠交回，以换取饲料或现金奖励，从而提高了群众的灭鼠积极性。1995—2005 年，共捕鼠 20 万只，按每只鼠奖励 200g 饲料计算，共补偿 40t 饲料。直接挽回经济损失 8000 万元。但是，由于草原面积大，害鼠数量多，多数地区不宜采用此方法。

化学防治　目前使用的化学灭鼠主要有胃毒剂灭鼠和熏蒸剂灭鼠两种方法。胃毒剂灭鼠通常采用毒饵法，常用的药剂有磷化锌（已禁用）、溴敌隆等。毒饵投放方法可采用人工投饵法、机械投饵法和飞机投饵法 3 种。人工投饵成本低、准确性高、防治效果好，能够在较短的时间内将鼠密度降低，是目前主要采用的投饵方法。机械投饵法和飞机投饵法的效率高，在人烟稀少的地区或鼠害发生量大、面积广时，效果尤为突出。熏蒸剂灭鼠就是将硫黄、磷化铝、辣椒、硝酸钾、黑火药、煤粉、木炭、牛粪末等研细过筛后，均匀混合，以每份 15~20g 装入纸筒并插入引信后封口即可。使用时，点燃引线，投入鼠洞内进行熏杀。此法灭鼠效果一般，且对环境污染大，原则上不提倡使用。

化学灭鼠一般在春秋两季鼠类活动高峰时期进行。投饵时，应根据鼠类觅食规律、数量与活动分布特点进行投放。一般投放到洞内、洞口或洞旁等鼠类容易取食的地方，每份毒饵应含 1~2 个致死剂量。化学灭鼠虽然具有效率高、见效快、灭鼠效果好等优点，但使用时间过长，容易导致害鼠产生抗药性，而且会污染环境，造成二、三次中毒，对人畜不安全，还会杀伤天敌等。由于化学杀鼠剂的毒性较高，必须专人保管、统一配制、统一发放。在灭鼠区域，应设立禁牧牌，大面积灭鼠必须禁牧 15~20 天。

赤颊黄鼠不拒食人工投放的饵料，故可采用胃毒灭鼠剂进行杀灭。10%~20% 的磷化锌（已禁用）谷物毒饵，及 0.2%~0.3% 的氟乙酰胺（已禁用）水浸谷物毒饵，均具有良好的毒杀效果。此外，亦可使用各种烟炮、磷化铝和氯化苦（已禁用）等进行熏蒸赤颊黄鼠。

新疆治蝗灭鼠指挥部在鼠害大发生时节，在黄兔尾鼠、大沙鼠和赤颊黄鼠分布区，采用 GPS 定位系统，租用飞机进行投饵灭鼠，飞行高度 90~100m，对定点地区采用 0.005% 的溴敌隆小麦毒饵进行投撒，灭效达 50%~80%，起到了迅速杀灭鼠害和降低鼠密度的效果。同时撒饵区设置禁牧标识，撒饵启示时间和禁牧截止时间，严格禁止放牧牲畜。

参考文献

阿德克·乌拉孜汉, 2011. 新疆阿勒泰地区主要草地害鼠的危害及防治[J]. 草原保护与建设 (4): 58-61.

陈欣如, 侯岩岩, 燕顺生, 等. 2005. 新疆野生啮齿动物嗜肝病毒的感染[J]. 中国实验动物学报 (S1): 34-35.

和希格, 刘国柱, 李建平, 1981. 赤颊黄鼠的生态初步调查[J]. 兽类学报(1): 85-91.

刘纪有, 张万荣, 1997. 内蒙古鼠疫[M]. 呼和浩特: 内蒙古人民出版社.

林宇光, 洪凌仙, 杨文川, 等. 1993. 新疆塔城地区多房棘球蚴的鼠类宿主考察[J]. 地方病通报, 8(2): 29-34.

祁志荣, 杨卫军, 宋秀生, 等. 1995. 新疆塔城地区人、畜包虫病流行病学调查研究[J]. 地方病通报, 10(2): 50-54.

王思博, 杨赣源, 1983. 新疆啮齿动物志[M]. 乌鲁木齐: 新疆人民出版社.

岳明鲜, 刘纪有, 张平, 1991. 赤颊黄鼠对鼠疫菌的感受性试验[J]. 中国地方病防治杂志, 5(3): 166-167.

赵登科, 梁卫国, 2002. 新疆塔城地区草地害鼠及其防治对策[J]. 草原与草坪, 97(2): 12-14.

赵肯堂, 1981. 赤颊黄鼠的生态研究[J]. 内蒙古大学学报(自然科学版), 12(1): 67-78.

郑智民, 姜志宽, 陈安国, 2008. 啮齿动物学[M]. 上海: 上海交通大学出版社.

周红霞, 温浩, 王云海, 等. 1997. 新疆塔城地区和布克赛尔县赤颊黄鼠腹腔接种多房棘球蚴的实验观察[J]. 地方病通报, 12(4): 52-53.

（撰稿：蒋卫；审稿：王登）

赤链蛇　*Lycodon rufozonatus* Cantor

鼠类的天敌之一。又名火赤链、红斑蛇、桑根蛇、昭麻蛇等。英文名 red-banded snake。有鳞目（Serpentes）游蛇科（Colubridae）游蛇亚科（Colubrinae）白环蛇属（*Lycodon*）。

在中国分布广泛，包括辽宁、吉林、黑龙江、河北、河南、山西、陕西、甘肃、江苏、浙江、安徽、福建、台湾、江西、山东、湖北、湖南、广东、海南、广西、四川、贵州、云南。国外分布于俄罗斯、朝鲜、日本、老挝、越南。海拔分布为沿海低地到 1331m 的山地区域。赤链蛇有两个亚种，日本亚种 *Lycodon rufozonatus walli* (Stejneger, 1907) 局限分布于日本，指名亚种 *Lycodon rufozonatus rufozonatus* Cantor, 1842 分布于除日本外的其他大部分地区。

形态　中等体型的无毒蛇，雄性最大体全长 1180+200mm，雌性最大体全长 1197+215mm。头宽扁，与颈部略能区分；眼小，瞳孔直立椭圆形；躯尾修长适度。

头背黑色，鳞缘红色，枕部有红色倒"V"形斑，有时不明显；体背黑色，有 51～87+12～30 个红色横斑，横斑间隔 2～4 枚鳞片，横斑宽度约占 1～2 枚鳞长，红色横斑在体侧最外行第五或第六行背鳞处分叉达腹鳞，并杂以黑褐色散点斑；腹面灰黄色，腹鳞两侧杂以黑褐色点斑。

主要鉴别特征：颊鳞 1 枚；眶前鳞 1 枚；眶后鳞 2 枚；颞鳞 2（偶为 1 或 3）+3（或 2）枚；上唇鳞 8（2—3—3 或 3—2—3）枚，偶有 7（2—2—3）枚；下唇鳞 9（8～10）枚，前 4 枚或前 5 枚切前颔片；颔片 2 对；背鳞 17（19～21）—17（19）—15（17）行，中央几行具弱棱；腹鳞 184～225 枚；肛鳞完整；尾下鳞 53～88 对。上颌骨齿 6（7）—3—3；半阴茎向后延伸到第 12～13 枚尾下鳞处。

生态及习性　赤链蛇在平原、丘陵及山区的村舍附近常见，主要在草地、池畔、藕田边和石缝中活动。平时性情比较温和，白天蜷曲不动，常将头部盘缩在身体下面。不主动攻击人，性懒不爱动，爬行缓慢。但在受到惊吓时行动敏捷，捕咬目标明确。赤链蛇的食欲旺盛，在饲养条件下每隔 7～8 天便要摄食一次，是鼠类的天敌，对消灭鼠害，维护自然界的生态平衡起着十分重要的作用。除吃鼠类外，还喜欢食用蛙、蟾蜍、蜥蜴、蛇、鱼等，也能捕食小鸟，甚至同类相残。

赤链蛇（郭鹏摄）

活动具有规律性，主要是傍晚或夜间觅食，白天一般蛰伏在洞穴中。卵生，5～6 月交配，7～8 月产卵，每次产卵 7～15 枚，孵化期 40～50 天。一般在 11 月下旬入蛰冬眠，翌年 3 月中旬出蛰。

参考文献

赵尔宓, 2006. 中国蛇类: 上 [M]. 合肥: 安徽科学技术出版社.

赵尔宓, 黄美华, 宗愉, 等. 1998. 中国动物志: 爬行纲 第三卷 有鳞目 蛇亚目[M]. 北京: 科学出版社.

GUO P, ZHANG L, LIU Q, et al, 2013. *Lycodon* and *Dinodon*: one genus or two? Evidence from molecular phylogenetics and morphological comparisons[J]. Molecular phylogenetics and evolution, 68: 144-149.

（撰稿：郭鹏；审稿：王勇）

臭鼩　*Suncus murinus* Linnaeus

一种形似鼠的小型兽类。又名大臭鼩、粗尾鼩鼱、臭鼩鼱、食虫鼠、蚱蜢鼠、钱鼠、臭老鼠、臊鼠等。英文名 asian house shrew、house shrew、muck shrew。劳亚食虫目（Eulipotyphla）鼩鼱科（Sorieidae）臭鼩属（*Suncus*）。形似鼠，但不属啮齿目，进化上远比鼠低级。

臭鼩在地理分布上属东洋区，分布于东半球，尤以热带及亚热带地区为主。它本是亚洲土生动物，分布于亚洲东、东南和西南部。后由于人为原因，扩展到太平洋和印度洋中的许多岛屿，现已广泛分布于整个亚洲和非洲热带地区。因此，人们把臭鼩看作是一种有高度适应力的动物种群。

中国主要分布于云南、贵州、湖南、广西、海南、广东、香港、江西、福建、浙江、台湾、澳门、甘肃（南部）等地。据全国监测，上海、河南、江苏、四川、陕西、湖北亦有分布。安徽、山东、青海也有捕获的报道。总体来看，臭鼩在中国的主要分布区是南部，可进入房舍区域，与褐家鼠（*Rattus norvegicus*）、黄胸鼠（*Rattus tanezumi*）、小家鼠（*Mus musculus*）一起组成南方家栖鼠形动物群落，与人们的生活关系密切。

另外，西藏樟木地区、新疆霍尔果斯也有臭鼩捕获的报道，尚待进一步证实。

形态

外形　身体瘦长，四肢细弱，尖长的吻部显然超出下颌的前方。耳廓细小，耳近乎裸露，显露在毛外。眼小，但结构正常。口须甚多，但不特别长。尾基部甚粗大，末端则稍尖，尾上有短毛及稀疏细长的毛伸出。体毛稠密，短而细，甚柔软，四足及尾部的毛较稀。成熟的臭鼩，雄性无阴囊，睾丸隐藏于体内。雌性为双角子宫，有 3 对明显的乳头，分列于下腹两侧，最前 1 对生于后肢前基部。泄殖腔开口从外表观察只是一条纵长的裂缝，须把该裂缝两侧的皮肤拉开后才能看见，这些开口彼此靠得很近，雌者有 3 个：尿道口、生殖孔和肛门；雄者有 2 个：生殖乳头和肛门。这是臭鼩性别鉴定的依据。

臭鼩明显两性异型。杨士剑和诸葛阳于 1986 年 10 月至 1988 年 2 月在浙江萧山市瓜沥地区调查，田间捕获臭鼩 275

只，雄雌性比为1:0.72。体重、体长和尾长，雄性均显著大于雌性（表1）。

毛色 臭鼩的被毛，周身自头部起其上下前后均为烟灰色或银灰色，有光泽，唯背面略带一些浅棕色调。尾及四足覆毛稀疏，毛下皮肤的肉红色尚隐约可见。

躯体侧面之中央有一麝香腺（侧腺），该处的毛较细短，并成束状，分泌物具有奇异的麝香味，黄色、黏液状。以前人们认为臭鼩发出的臭味来自侧腺，故又曾称它为臭腺。实验证明，臭味其实是由耳后汗腺群产生的，性激素则在汗腺产生臭味的过程中起了促进作用。至于侧腺的功能还不清楚。

足迹 采用粉剂法可以对臭鼩或鼠的足印进行鉴别。啮齿目家鼠前足只有4个足趾印、5个足垫印，后足有5个足趾印、6个足垫印；而臭鼩前、后足都有5个足趾印和6个足垫印，而且趾印成扇形排列，拇、食趾和无名、小趾间距相等（图1）。位于前、后足中趾正后方的6个足垫印是两两排，前2个几乎联成一点，后4个构成正方形。如此趾和垫组合使整个足印近似圆形。臭鼩行走方向不定，忽左忽右，足印分布较散，没形成跑道；由于腿短，行走时腹部易接触地面，且垂尾行走，故在粉板上常有腹毛划痕和拖尾痕。在走过的粉板上会留下它的一些臭味，特别注意可以闻得出来。

消化系统 臭鼩的胃无皱襞，整个肠道粗而短，小、大、直肠不易区分，无盲肠。如广西玉林的臭鼩食道平均长约5.4cm，重约0.21g，体积约0.18ml；满胃（含胃内容物）平均长约3.15cm，重约1.83g，体积约2.06ml；空胃（洗去胃内容物）平均重约0.91g，体积约0.94ml，雌雄间稍有差异。肠的长度平均为51.40cm，重约3.12g，体积约3.75ml。胰腺和肝脏分别重约0.48g和2.29g，体积约为0.54ml和2.04ml，雄性稍大于雌性。

头骨 头骨外形扁而狭长，骨体坚实，缺颧弓，眶前孔位于第1上白齿上方。具明显矢状嵴，但不发达；人字嵴发达，显著突出于枕骨上缘，左右相交几近成直角形。齿式为 $2\times\left(\dfrac{3.1.2.3}{1.1.1.3}\right)=30$。牙齿纯白，齿尖无栗红色。第一上门齿的前突发达且朝下方弯曲，如同钩状，其后面有一小而钝的后突，高度低于后面的第一单尖齿（第二上门齿）；第二单尖齿较小。第三单尖齿较前者大。第四单尖齿即第一上前臼齿极小，隐于齿列线内方，不显露于外侧。第二上前臼齿非常发达，外侧有一个很高的主尖。第一、二上白齿具有明显的"w"形外齿尖，第三白齿形小，约为第二白齿的1/4。其原尖、前尖及后尖均甚微小而相互靠拢，中间仅留下一极小的深谷。下颌前门齿向前延长，齿尖向上折转，其上切缘近乎直线。

年龄分组 不同地区臭鼩体形差异很大，对臭鼩的鉴年龄定宜采用牙齿磨损程度作为指标。臭鼩每侧下颌有3颗白齿，每颗白齿靠内侧有3个齿尖，杨士剑和诸葛阳选择前后白齿中央齿尖和中间白齿的3个齿尖，在解剖镜下用测微尺测量从牙龈基部到齿尖顶端的高度，将左右侧5个齿尖相加之和作为该个体齿长指数（表2）。测量多个白齿齿尖可消除个别齿尖异常磨损的影响，减少误差。将各年龄组的体重、体长分别作了比较，发现组间的差异多数不显著，说明臭鼩的体重和体长不能作为划分年龄的指标。

图1 臭鼩前、后足印
（引自胡杰等，2006）

染色体 对捕自浙江萧山市的臭鼩分析，染色体数为 $2n=40$，组型为 $8(m)+2(sm)+10(st)+18(t)$。G-带较为丰富，每一对染色体都有其特定的带型，较易于辨别与配对。在C-带方面，4对中间着丝粒染色体与5对亚端着丝粒染色体均具有不同程度的着丝粒带，1对亚中着丝粒染色体与9对端着丝粒染色体缺乏C-带物质，性染色体具丰富的远端带及中间带。第5、12和13对染色体具银染物质。

比较浙江萧山、舟山及福建集美三地臭鼩染色体组型和带型，浙江萧山与舟山两地标本在组型、X染色体的带型上都很相似，仅在Y染色体的G带、C带有一定差异；而福建集美标本在组型及性染色体的带型上均与上述两地有较大区别，其组型为 $8(m)+2(sm)+8(st)+20(t)$。由此可见臭鼩遗传型已出现一定程度的地理分化，隔省区的尤为明显。

国外，日本、印度尼西亚、印度地区的臭鼩总是有40条染色体（基本型），也伴有Y染色体在大小和形态方面明显的地理变异。而斯里兰卡的臭鼩有32条染色体，其中4对较大，并具中间着丝粒。学者认为，有40条染色体的臭鼩应原始分布于印度，后来迁移到亚洲东部、东南部、西南

表1 浙江萧山臭鼩的平均体重、体长和尾长

项目	指标	雄性 160	雌性 115	t检验
体重（g）	平均数	54.9±1.1	37.9±0.7	t=12.61 P<0.01
	范围	16~94.5	20~61	
体长（mm）	平均数	122.9±1.1	110.3±1.0	t=8.67 P<0.01
	范围	90~148	87~133	
尾长（mm）	平均数	72.6±0.5	66.4±0.4	t=5.70 P<0.01
	范围	50~84	52~73	

表2 浙江萧山臭鼩齿长指数年龄组的划分

组别	雄性 测微尺单位	雄性 实际长度（mm）	雌性 测微尺单位	雌性 实际长度（mm）
I. 亚成年组	≥350	≥9.212	≥340	≥8.949
II. 成年一组	310~349	8.159~9.211	300~339	7.896~8.948
III. 成年二组	280~309	7.370~8.158	270~299	7.106~7.895
IV. 老年组	≤279	≤7.369	≤269	≤7.105

每个测微尺单位 = 0.02632mm。

部。而迁移到印度南部的臭鼩,可能发生染色体数目的减少,后来它们又迁移到斯里兰卡。

生活习性

栖息地 臭鼩为蹠行性动物,陆栖,亦有水居者。好栖息于农田、沼泽地、湖畔、溪边以及小树林、灌木、竹林、草丛和石块间,喜温暖潮湿的环境。亦生活于农村和城镇的住宅、仓库周边及庭院中,也会进入室内,农家室内则以厨房、杂屋的潮湿处为多,常见在炉灶旁的土洞中居住。杨士剑和诸葛阳曾作标志重捕,发现可以多次交替在室内外捕获,说明臭鼩会在室内外来回迁移。

据20世纪80年代调查,臭鼩在福建省室内鼠形动物中平均占13.80%。细分则可见,该组成比例的时空差异很大。从不同动物地理区看,闽东南沿海丘陵平原占28.09%~41.71%,闽中、闽西南山地占7.81%~34.81%,闽西北、闽东山地只占6.56%~17.26%。同区域内则随环境条件而异,卫生状况、食物丰欠、昆虫多寡、其他动物组成比,都会影响臭鼩在当地的动物群落中的组成比例;一般是农村大于城市,温暖潮湿的地方大于干冷的地方。再由时间看,30年代至80年代,臭鼩在室内鼠形动物群落的组成比例有增大的趋势。90年代臭鼩在鼠形动物组成中所占比例,闽南比闽北多2.62倍。

广东雷州半岛2000—2001年臭鼩年均室内、野外捕获率分别为2.37%、0.61%,年均室内、野外的鼠形动物群落组成比例分别为29.50%、11.54%。

臭鼩在南方局部区域可成为绝对优势种群,如在广东斗门口岸,占比53.45%;广州港南沙港区,占66.12%;增城新塘口岸,占53.26%;雷州市的城市绿化带中,臭鼩的构成比为66.71%;湛江地区家栖鼠形动物中,臭鼩占到55.64%;湛江师范学院院内,竟占到小兽组成的89.65%。在福建,福州马尾口岸臭鼩占50.9%,漳州古雷半岛,占53.46%;厦门港区,占比更是达到76.8%。

彭红元等2011—2012年在广西调查也发现,玉林农区臭鼩的数量远高于啮齿动物,占59.34%,认为原因与人类干预有关,特别是大面积的化学毒饵灭鼠,鼠类大批被毒杀,臭鼩很少食毒饵或食后呕出故数量下降不明显,从而导致鼠形动物群落结构失衡。

洞穴 臭鼩挖穴而居,窝以枯枝、落叶、杂草筑成。

食物 杂食性,主要取食动物性食物,嗜食各类昆虫及其幼虫、蠕虫。亦会食一些植物的种子和果实。食量奇大,一次可吃17条蝶蛾幼虫,重达153g,或可一次食100余只螳螂。还能吃小鼠,一天可吃20多克重的小家鼠1~2只。

在广东调查,臭鼩胃内容物中动物平均占67.25%,植物平均占7.29%。其中的动物五花八门,并不只限于昆虫,还有甲壳纲的虾、蟹,环节动物蚯蚓和蚂蟥,脊椎动物鱼和小家鼠。臭鼩对动物性食物的取食,还取决于环境中某种食物资源的丰盛度。如在鱼塘、虾场中的臭鼩主要取食鱼、虾,而在农田、草地中的臭鼩则主要取食昆虫。

在广西,臭鼩胃容物以动物性食物占70.52%,植物性食物占29.48%。植食性食物中主要以植物茎叶为主,占14.68%。在动物性食物中,蚯蚓等环节动物的出现率最高,在雌体中占15.74%、雄体中占12.84%;此外主要有以下种类昆虫:直翅目(Orthoptera)、鳞翅目(Lepidoptera)、鞘翅目(Coleoptera)、等翅目(Isoptera)、膜翅目(Hymenoptera)、缨尾目(Thysanura)、蜻蜓目(Odonata)、双翅目(Diptera)、弹尾目(Collembola)等昆虫。另外,在胃容物中常发现石砾等硬物,主要是用来帮助消化。

浙江的解剖发现,臭鼩胃容物为动物性食物约占4/5,植物性食物占1/5,但室内外个体有明显不同,室内个体取食粮食高达38.83%。饲养观察,日取食肉类约为其体重的1/2,取食粮食为体重的5%~10%。在仅饲喂谷物的情况下,臭鼩在数天内即死亡。

在福建调查,臭鼩食物以昆虫出现频率最高(58%),发现12种,其他为环节动物1种,爬行动物1种。

实验室条件下,当动物性食物充足时,臭鼩一般不取食植物性食物;当动物性食物不充足时,它也取食花生、青菜等植物性食物;当只有青菜时,它取食青菜,但食量较小,而且只取食嫩叶等含纤维素较少的部位。这种选择性取食的结果表明,臭鼩是一种偏向肉食的杂食性动物。阎可廷等进行室内饲养成功,认为需要提供较好的掩蔽条件,饲养房要安静,卫生清洁,通风透光;需喂以肉类为主的高营养混合饲料,平均每只日食量为13.21g,食量指数为31.9g/100g(体重)。

臭鼩是单胃动物,胃壁能分泌大量酸液,胃内酸度很高、pH 2左右。从肠道长度上看,臭鼩的肠道相对来说是比较短的。肠道仅是体长的3.2~5.2倍,平均4.2倍,和肉食性动物差不多,而且臭鼩没有盲肠。这些特点表明臭鼩不具备草食性动物的消化特点。诱捕过程中,动物性诱饵对它的引诱力显著高于植物性诱饵。

活动规律 臭鼩基本是夜行型的,但白天也偶尔出来活动,尤其是早晨和傍晚活动于室外,并不断发出很像鸟鸣的尖叫声。在笼养条件下,夜间11个小时的活动强度总和为80.68%,白昼13个小时仅占19.32%,夜间活动呈双峰型(图2)。夜间的两个活动高峰,可能受其他鼠类的影响。如褐家鼠,当褐家鼠活动处于高峰时,臭鼩则处于低潮;当褐家鼠活动减少时,臭鼩活动即剧增至高峰。

行为敏捷、性凶猛,小型鼠类(如小家鼠)远非其敌,不但能抵抗和残食与它同等体重的啮齿动物,还敢与比它型体大得多的黄胸鼠搏斗。喜跳跃,但不善攀爬。同一窝内的新生仔,在睁眼前有排队行为,头尾相接。有时跟着双亲,尤其是母亲。当受惊时,能发出奇臭的分泌物以自卫,因此猫能捕捉它,但不吃它。

臭鼩的巢区和活动范围较大,在浙江,雄性巢区为$1227 \pm 263.0 m^2$,活动范围$68.7 \pm 8.1 m$;雌性巢区为$241.0 \pm 50.3 m^2$,活动范围$22.6 \pm 2.8 m$。两性均未发现领域性。

繁殖 雄性臭鼩无阴囊,睾丸位于尾基部的提睾囊(cremaster sac)内。杨士剑和诸葛阳以镜检附睾涂片出现精子作为性成熟标志,结果显示精子出现与睾丸重量和长度有关。左右两只睾丸的重量为0.04~0.30g,绝大多数在0.23g以下。重量到达0.1g者,性成熟率达50%以上;0.13g以上者,全部达到性成熟。单个睾丸长度小于5mm者,多数未发现精子,而超过6mm者几乎全部性成熟。雄鼩性成熟率随体重和胴体重的增加而上升,体重达到40g或胴体重

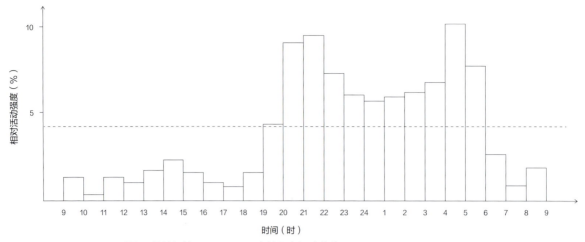

图2 笼养条件下（浙江萧山）臭鼩昼夜活动节律（引自杨士剑和诸葛阳，1989）

32g者，性成熟率在50%以上，体重50g或胴体重39g以上的个体则几乎全部达到性成熟。

怀孕率与气候密切相关，各地的繁殖参数见表3。在广东湛江（城镇），全年均可怀孕，平均怀孕率为32.41%。以季节划分，春季（3～5月）最高，为42.00%；其次为夏季（6～8月），为40.79%；冬季（12月至翌年2月）为20.59%，秋季（9～11月）最低，为19.64%。以繁殖指数（胎仔总数/总鼠数）看，从2月开始上升，4月形成一个小峰，5月显著下降，6月又呈上升趋势，至7月形成全年的最高峰，然后一直下降，11月为最低点，12月又有所上升。在广东乡镇的调查有所差异，虽然臭鼩一年四季均可繁殖，也有2个高峰，前峰出现在3～6月，但后峰在10～11月。广东湛江的结果也类似。在广东雷州半岛，也是全年皆可怀孕，年均怀孕率为43.17%，雌雄比为1.35:1，胎仔数在1～6只之间，繁殖指数冬季较低，夏季最高。可见该省各地在繁殖高峰时间上有一定差异，可能是受到环境、气候、密度等的影响。但基本可确定冬季是繁殖低谷期。

在福建，全年各月均可怀孕，全年平均怀孕率37.45%。气温较低的12月至翌年1月怀孕率低（8.82%～12.50%），其他月份怀孕率均较高（28.06%～80.00%），其中又以春季怀孕率最高。胎仔1～6只，年平均胎仔数2.99只。鼩仔在完全成年之前即可参加繁殖。

在浙江，臭鼩的繁殖也有明显的季节性，每年除最寒冷时期（12月与1月）外，其他月份都可怀孕，怀孕率很高，雌体全年平均怀孕率为35.7%，性活动率为49.6%，以3～4月、7～8月怀孕率最高。胎仔数1～7只，平均3.5±0.16只。怀孕率和性活动率大体上有随体重和胴体重的增加而升高的趋势。与广东、福建区域相比，主要特点是冬季基本停止繁殖，应该是气候不同（浙江冬季较广东、福建冷）之故。

种群数量动态

季节动态 臭鼩种群数量有明显的季节变动。在广东湛江（图3），夏秋季（6～10月）捕获率维持在较高的水平上，8月达到全年最高值（26.09%），与春夏繁殖高峰相对应，冬季则下降，1月最低（6.12%）。种群数量的这种变化与气候密切相关，温暖的气候有利于昆虫生长繁殖，丰富的食物来源为臭鼩的生产繁殖提供了有利条件。

表3 各地臭鼩的繁殖特征

地区	调查时间	性比(♂/♀)	繁殖期	繁殖高峰	怀孕率（%）	平均胎仔数（只）	繁殖指数*	资料来源
广东雷州半岛	2000—2001	0.74(136/183)	全年	夏	43.17	(1～6)	-	梁秋光等（2005）
广东（乡镇）	2006—2007	1.01(446/441)	全年	春、秋	15.00	3.32		张涛等（2006）
广东湛江	2008—2009	1.25(269/216)	全年	春、夏	32.41	3.5（1～6）	0.51	田丽等（2011）
广东湛江	2007—2008	1.22(568/465)	全年	春、秋	21.34	3.36		戴广祥和张涛（2010）
广东黄埔	1986		全年	春、秋	41.07	(1～4)		冼添华（1992）
广东深圳	2005.05	15/5			14.29	3.0	0.14	张小岚（2006）
福建漳州、尤溪	1986—1987	1.32(495/374)	全年	春	37.45	2.99（1～6）		詹绍琛（1988b）
福建漳州古雷半岛	2009—2010	1.36（80/59）			37.29			陈锦钟等（2012）
浙江（萧山）	1986—1988	1.39(160/115)	1～12月基本停止	3～4月7～8月	35.7	3.5±0.16（1～7）	0.67	杨士剑和诸葛阳（1989c）；诸葛阳等（1989）

*繁殖指数以所有鼠计算，即繁殖指数为胎仔总数/总鼠数。

在广州，其密度以9~11月最高，12月至翌年1~2月最低，3月后又逐渐回升。在雷州半岛，密度高峰在8~11月，是其妊娠高峰和繁殖指数高峰（6~8月）之后的正常体现。

在福建，也有明显的数量季节变动，消长曲线呈马鞍形，夏季（5~7月）是低密度期，秋季数量上升，冬季一直到翌年的3月数量逐渐下降（图4）。这也是同气候变化关联，温暖的季节密度较高，寒冷与炎热的季节臭鼩密度都较低。

丁平等在浙江的研究认为，当臭鼩种群数量年变化处于上升或维持较高数量水平状态下，种群的数量季节性波动幅度较大，数量的增加过程主要在秋季，并形成较大的后峰。同时，在这种状态下臭鼩室外种群数量得到迅速发展，室外种群的数量明显高于室内种群，两者达到显著性的差异，而且冬季室外向室内迁移的强度较弱。当臭鼩种群数量年变化处于下降或维持较低水平状态下，季节性波动幅度较小，室外种群的数量增长过程主要在春季，室内种群的数量增长过程主要仍在秋季，臭鼩的数量高峰（尤其是后峰）峰值下降。室内种群的数量极显著性地高于室外种群，且在冬季存在较强的室外向室内迁移，形成室内种群的冬季数量高峰。由此判断，臭鼩种群数量季节消长曲线的变异与其数量年间动态的关系极为密切。

房屋内臭鼩的数量与黄胸鼠有交替现象。在云南潞西、瑞丽、陇川进行观察（7~11月），8月起，房内黄胸鼠数量减少，臭鼩则增加，其原因可能是因此时谷物成熟，黄胸鼠

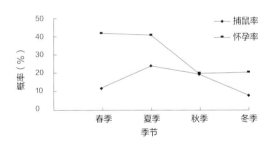

图3 广东湛江臭鼩不同季节群体数量消长及繁殖变化
（引自田丽等，2011）

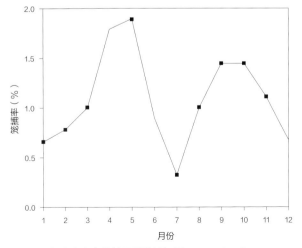

图4 福建南安臭鼩数量季节消长图（引自周淑姮等，2003）

迁至田间觅食者多，或亦可能天气转冷，室外臭鼩迁入室内所致。在广东雷州半岛亦观察到室内臭鼩数量与黄胸鼠交替现象。在浙江，当室内种群数量处于上升状态时，其向室外迁移扩散的强度相应增强，从而使室外种群保持相对稳定的高密度；室内种群数量呈下降状态时，其外迁强度减弱，室外种群数量也随之下降，最终使室外种群以较低数量水平维持其数量的相对稳定。可见臭鼩的室内种群数量状态可以决定室外种群的数量状态。

年间动态 臭鼩种群数量年间变动受种群优势度、种间关系和栖息地等因素的影响。在钱塘江河口滩涂垦区，调查围垦年份不同的居住区家栖小兽群落结构的变化，发现食虫类（臭鼩等）数量的变化与人口迁居、建筑物的数量与类型、村落周围农田环境类型等有关，同时受到啮齿类群落发展的影响。在无人居住区，两类动物密度均处于低水平。在人们围垦而迁居的初期，家鼠密度上升，食虫类密度下降。随着人类居住时间延长，室内食虫类种群得到发展，并和农田中的数量增长相一致，其数量始终保持优势，家鼠密度却下降。食虫类和家鼠种群存在一定程度的负相关。在围垦初期阶段，家鼠的适应能力强于食虫类，数量较多；而在后期，食虫类数量上升，处于优势地位，从而抑制家鼠的发展。调查表明，农田生活小区的多样性可以增强食虫类在家栖小兽群落中的竞争地位。如围垦20年和10年以上的居住区农田，分别是大麝鼩（Crocidura dracula）和臭鼩的最适栖息地，其种群在室内的密度较高。在围垦100年以上居住区和非围垦地内陆居住区，人口密度和建筑物数量大为增多，形成相对稳定的大型村落。由于栖息地的多样化，使褐家鼠和小家鼠的种群数量稳定在较低的水平上；室内也出现了较稳定的高密度的臭鼩种群，而大麝鼩却未有捕获。

臭鼩种群年间变化还受气候及人类灭鼠活动影响。全球气候转暖，臭鼩的密度和种群构成有呈逐渐上升的趋势。臭鼩不接受常用的灭鼠剂和毒饵，因而在灭鼠中其数量不断上升。如1958—1960年在杭州市郊区及萧山、富阳等地调查，其数量占鼠类总数的1.5%，而至1978—1979年于杭州市郊同类生境调查时，其数量已上升到占总数的23.26%。云南毒饵灭鼠后，臭鼩的数量比例由6%~18.84%上升为45%~73.6%。湛江市区灭鼠后群落的变化趋势显示，鼠类密度下降，臭鼩上升成为优势种。在福建近10年（1993—2002年）的调查，臭鼩在家栖鼠形动物中的构成比及密度总体呈上升趋势。主要原因在于：灭鼠毒饵以大米、稻谷等植物性饵料为主，鼠类取食多而密度及构成比下降，以昆虫、蠕虫为食的臭鼩构成比因而上升。

危害 臭鼩既吃大量有害昆虫，也吃螳螂、蚯蚓、蟾蜍等一些有益动物，有时亦吃植物种子和果实，其食性是益害兼有。但若仅对农林作物而言，按取食频度及食量评判，它的主要作用是消灭害虫，对农业生产是有一定益处的。

臭鼩的主要危害是贮存和传播疫病。流行病学上，已知它是流行性出血热、钩端螺旋体病及恙虫病病原体的贮存宿主之一；亦有携带蜱传斑疹伤寒、Q热、urban斑疹伤寒立克次体的报道，曾经在鼠疫的传播中也起到一定作用。李贤风等从臭鼩分离出红斑丹毒丝菌（*Erysipelothrix rhusiopathiae*），有引起家畜、家禽等动物的猪丹毒症及人类的类丹毒症的风险。

近年又陆续查出臭鼩还是恙虫病、鼠伤寒沙门氏菌、狂犬病、巴尔通体、广州管圆线虫、路氏锥虫以及发热伴血小板减少综合征病毒等病原体的宿主动物。并查出臭鼩还携带印鼠客蚤（*Xenopsylla cheopis*）、适存病蚤（*Nosopsyllus nicanus*）、人蚤（*Pulex irritans*）等多种蚤类，均为传播鼠疫的主要媒介。在云南发现臭鼩的体外寄生虫主要即是当地保菌动物黄胸鼠的体外寄生虫。在福建，臭鼩的体外寄生虫有跳蚤5种、革螨3种和恙螨2种，总蚤指数4.45。

鉴于以上种种，加之臭鼩具有室内外兼栖习性，在流行病学上具有危害性，其种群密度超标（媒介密度阈值）时的传病危险不容忽视，应属卫生防疫控制之列。

防治技术 臭鼩不是鼠，何况并非"凡鼠和鼠形动物都有害"。臭鼩对农林作物益大于害，在自然生态系统中具有积极意义。它的危害主要在于能传播自然疫源性疾病。因此，应当由各地疾病预防控制部门定期监测，从流行病学角度，依据当地臭鼩实际密度、携带病原体种类及传播几率，按一定的防治指标，将种群数量控制在最低媒介密度即卫生危害水平以下。

臭鼩与鼠食性不同，因而套用投植物性毒饵等常规灭鼠法不能有效歼灭。现行的防治方法主要是：

生物防治 人工捕捉或放养蛇、猫等动物捕杀。保护鼬类、猛禽等天敌也可起到一定控制作用。但对猫的作用争议较大，主要是认为猫不食臭鼩而只是偶尔捕杀，控制效果有限。

器械防治 有实验表明，在有臭鼩的农田中，可利用防治害鼠的TBS技术（围栏陷阱系统），陷捕臭鼩的效果很好，能连续大量捕获活鼩，可供检测和各种实验。

室内灭臭鼩可以利用鼠夹、鼠笼，以肉或花生米为饵可以将它逮住。

化学防治 化学防治面临的问题有两个，一是药物选择的问题，臭鼩具有呕吐反射，凡是对其胃壁产生强烈刺激的药物均会引起呕吐反应。因此，以一些急性杀鼠剂作为毒杀药物通常都会被呕出，达不到毒杀效果；用慢性抗凝血杀鼠剂（如敌鼠钠盐、氯敌鼠、大隆等）作为毒杀药物则不会产生呕吐反应，可以毒杀臭鼩。二是毒饵选择的问题，臭鼩是一种偏向肉食的杂食性动物，采用一般的植物性灭鼠毒饵它很少取食，应改用动物性饵料。如用捣碎的熟鱼与米饭相混合，配成0.1%敌鼠钠盐毒饵；或将一定量的药物与绞碎的牛肉混合，再加米饭和花生油，搅拌均匀即可。操作过程中可通过牛肉的颜色是否均匀，来判断混匀程度。采用"猪肉+米饭"与"牛肉+米饭"制作毒饵，辅以花生油作为引诱剂可明显提高饵料的摄食量。实验室以0.005%溴敌隆猪肉米饭毒饵连续喂饲臭鼩2天，其毒杀率达100%；现场连续投毒6天，其灭效达96.56%，而对鼠类的灭效仅为20.53%。也有用鱼肠毒饵（0.005%大隆毒饵）杀灭臭鼩的，可获得满意的效果。

在浙江，采用荤素混合饲料为基饵，配制万分之一的溴敌隆毒饵，在实验室内对臭鼩分别进行了毒杀试验，杀灭效果亦较好。

目前对臭鼩的控制，尚未有成套的综合控制措施，也未见能大面积推广使用的成熟技术，亟须进一步加强研究。特别是针对灭鼠运动后，臭鼩在一些地区已成为优势种的状况下，更应当受到重视。

参考文献

丁平, 鲍毅新, 姜仕仁, 等, 1997. 臭鼩种群数量动态分析[J]. 浙江农业大学学报, 23(1): 1-6.

丁平, 鲍毅新, 石斌山, 等, 1992. 钱塘江河口滩涂围垦区人口迁居与农田小兽群落的关系[J]. 兽类学报, 12(1): 65-70.

李贤风, 于恩庶, 林君贞, 1980. 从黄胸鼠和臭鼩分离出红斑丹毒丝菌[J]. 微生物学报, 20(2): 213-215.

彭红元, 曹艳萍, 谢文海, 等, 2014a. 臭鼩(*Suncus murinus*)消化系统形态学研究及其食性分析[J]. 广东农业科学 (4): 144-147.

彭红元, 曹艳萍, 谢文海, 等, 2014b. 玉林农区鼠形动物群落结构及危害分析[J]. 南方农业学报, 45(5): 781-785.

寿振黄, 1962. 中国经济动物志: 兽类[M]. 北京: 科学出版社.

田丽, 杜玉洁, 钟金翠, 2011. 臭鼩鼱生物学特性动态研究[J]. 广东农业科学 (5): 155-157.

王耀培, 秦耀亮, 1982. 珠江三角洲地区臭鼩与农业的关系[J]. 动物学杂志 (4): 22-24.

王英永, 1990. 臭鼩鼱(*Suncus murinus*)的食性和毒杀[J]. 生态科学 (1): 141-147.

王应祥, 2003. 中国哺乳动物种和亚种分类名录与分布大全[M]. 北京: 中国林业出版社.

阎可廷, 莫冠英, 汪诚信, 1988. 臭鼩鼱饲养研究初报[J]. 中国鼠类防制杂志, 4(3): 227-231.

杨士剑, 诸葛阳, 1989a. 农田黑线姬鼠与臭鼩的巢区及种间关系的研究[J]. 兽类学报, 9(3): 186-194.

杨士剑, 诸葛阳, 1989b. 臭鼩的食性与昼夜活动节律[J]. 动物学杂志, 24(4): 30-33.

杨士剑, 诸葛阳. 1989c. 臭鼩的繁殖和种群年龄结构[J]. 兽类学报, 9(3): 195-210.

杨再学, 郭永旺, 金星, 等, 2012. TBS技术监测及控制农田害鼠效果初报[J]. 山地农业生物学报, 31(4): 301-306.

詹绍琛, 1988. 臭鼩鼱的繁殖、食性及体外寄生虫[J]. 动物学杂志, 23(6): 24-26.

浙江动物志编辑委员会, 1989. 浙江动物志: 兽类[M]. 杭州: 浙江科学技术出版社: 24-25.

周淑姮, 陈亮, 李述杨, 等, 2003. 福建省臭鼩种群数量分布调查[J]. 海峡预防医学杂志, 9(5): 37-38.

RENAPURKAR D M, 1989. *Suncus murinus*. Observations on ecology, distribution, status to plague in Bombay[J]. Journal of hygiene, epidemiology,microbiology, and immunology, 33(1): 45-49.

（撰稿：张美文；审稿：陈安国）

出眠　arousal

在结束了深冬眠后，动物通过自身产热从深冬眠中自发觉醒。在觉醒期间，冬眠动物在2~3小时时间内将体温从 5℃左右快速上升到 37℃左右。身体不同部位复温的速率不尽相同，整体的趋势是头部要早于尾部先恢复常温。主要分布于肩胛间的褐色脂肪组织是觉醒的重要产热器官，肌肉介导的非颤抖性产热对觉醒复温也有重要贡献。阵间觉醒的过程十分耗能，旱獭（*Marmota marmot* Linnaeus）在冬眠期间有大约 72% 的能量用于阵间觉醒。环境温度上升可以增加冬眠动物的觉醒频次和能量消耗，这也是气候变化影响冬眠动物存活及越冬的重要原因。

参考文献

HUMPHRIES M M, THOMAS D W, SPEAKMAN J R, 2002. Climate-mediated energetic constraints on the distribution of hibernating mammals[J]. Nature, 418(6895): 313-316.

LYMAN C P, WILLS J S, MALAN A, et al, 1982. Hibernation and torpor in mammals and birds [M]. New York: Academic Press.

（撰稿：邢昕；审稿：王德华）

处理成本假说　handling costs hypothesis

许多植物进化出一些防御性特征，以阻止动物对种子的取食，取食这些种子时，鼠类不得不付出更多的时间和能量来处理种子。处理成本假说认为，当取食种子花费的成本高于贮藏种子所需要的成本，鼠类会优先取食处理成本较低的种子，而贮藏取食成本较高的种子。鼠类取食种子的处理成本主要包括两方面：①种子处理的时间成本，主要是种子较厚的外壳（内果皮、种皮等），鼠类在取食这些种子时，取食时间将增加，而取食时间的增加将增加捕食风险。②种子取食的生理学成本，许多种子含有植物次生物质，鼠类取食含次生物质的食物会对自身造成一系列负面影响，次生物质能显著影响鼠类的繁殖、生长发育等，可造成鼠类受孕时间延长、胎仔数减少、子代生长速率缓慢等，强烈抑制鼠类免疫器官的发育，造成其免疫力低下，死亡率增加。因此，鼠类取食含次生物质的食物，需要付出极高的消化、解毒等生理成本，这种成本的增加会影响鼠类的活动能力、认知能力等，增加捕食风险，最终影响鼠类的行为、生存和繁殖。然而，过高的取食成本将使种子丧失对鼠类的吸引力，最终也会影响种子扩散和幼苗更新，因此，种子的取食成本是鼠类和植物长期进化形成的一种平衡。

参考文献

何岚, 2010. 植物酚类化合物对东方田鼠免疫功能的影响[D]. 吉首：吉首大学.

李婷婷, 2010. 食物单宁和皂苷对小白鼠食物选择和生理指标的影响[D]. 哈尔滨：东北林业大学.

任宝红, 2011. 食物单宁和蛋白质对小家鼠(*Mus musculus*)的母体效应研究[D]. 郑州：郑州大学.

VANDER WALL S B, 2010. How plants manipulate the scatter-hoarding behaviour of seed-dispersing animals[J]. Philosophical transactions of the Royal Society B: Biological sciences, 365: 989-997.

ZHANG H, ZHANG Z, 2008. Endocarp thickness affects seed removal speed by small rodents in a warm-temperate broad-leafed deciduous forest, China[J]. Acta oecologica, 34: 285-293.

（撰稿：张义锋；审稿：路纪琪）

垂体　pituitary

是脊椎动物体内的内分泌中枢，位于下丘脑底部，为一卵圆形球体，嵌于垂体窝中。垂体分为前叶、中叶和后叶 3 部分，其中垂体前叶负责调节应激、生长、繁殖和哺乳等生理过程，中叶主要分泌促黑激素，后叶则通过垂体柄与下丘脑的正中隆起相连，接收下丘脑信号。垂体激素的功能覆盖机体功能的方方面面，包括生长、发育、血压、生殖、代谢、水盐平衡、体温调节、止痛等。其功能与下丘脑和外周内分泌腺关系密切，因此有"下丘脑—垂体—性腺轴""下丘脑—垂体—肾上腺轴""下丘脑—垂体—甲状腺轴"等多种神经内分泌调控通路。其中，垂体对鼠类繁殖调控有重要作用，是害鼠繁殖调控机制研究关键器官。

（撰稿：王大伟；审稿：刘晓辉）

垂体结节部　pars tuberalis, PT

垂体前叶的一部分，位于下丘脑正中隆起下方。其中含有丰富的纵向毛细血管，腺细胞呈索状纵向排列于血管之间，形成了血管鞘，包裹着垂体柄。垂体结节部由矮柱状细胞组成，其细胞质中富含脂滴、糖原颗粒及少量胶质粒。垂体结节部富含促性腺激素细胞，主要分泌促甲状腺激素和促性腺激素。目前在季节性繁殖鼠类中的研究表明，垂体结节部可能起到"季节时钟"的作用，通过合成高密度的褪黑素受体，来接受松果体夜间分泌的褪黑素信号，调节下丘脑内第三脑室中二型脱碘酶（Type II iodothyronine deiodinase, Dio2）和三型脱碘酶（Type III iodothyronine deiodinase, Dio3）表达水平，调节局部甲状腺激素水平，从而起到传递季节信号、调控季节间生理状态转化的作用。

（撰稿：王大伟；审稿：刘晓辉）

雌二醇　estradiol, E2

一种雌性激素，属类固醇激素，其前体为胆固醇。雌二醇主要由雌性动物卵巢中的成熟卵泡分泌产生，其他组织如睾丸、肾上腺、脂肪、肝脏、乳房和大脑也可分泌雌二醇。雌二醇主要负责雌鼠的动情和排卵周期，并对雌性繁殖器官（如乳房、子宫、阴道）的发育和维持以及骨骼、脂肪、皮肤、肝脏和大脑的发育都具有重要作用。在排卵周期中，雌二醇和孕酮水平的周期性波动对雌鼠的攻击行为具有重要影响。虽然雄性动物雌二醇水平较低，但是也对攻击行为等发挥重要作用。

（撰稿：王大伟；审稿：刘晓辉）

雌激素 estrogen

雌激素主要包括4种：雌酮（E1）、雌二醇（E2）、雌三醇（E3）、雌甾醇（E4），分别在更年期、生育期、妊娠期、怀孕期主要分泌或起主要作用。雌激素的前体是雄激素，主要是睾酮和雄烯二酮，在芳香化酶的作用下转化而成。雌激素主要由卵巢和胎盘产生，少量由肝脏、肾上腺皮质、乳房、胰脏、骨骼、皮肤、大脑、脂肪等组织分泌。怀孕雌性的胎盘也可大量分泌，雄性的睾丸也会分泌少量的雌激素。雌鼠进入青春期后，卵巢开始分泌雌激素，以促进阴道、子宫、输卵管和卵巢本身的发育，同时子宫内膜增生而产生月经，而且可以产生并维持雌性的第二性征，并调控雌性的攻击行为和性行为。

（撰稿：王大伟；审稿：刘晓辉）

促黄体生成素释放激素 luteinizing hormone-releasing hormone, LHRH

见促性腺激素释放激素。

（撰稿：王大伟；审稿：刘晓辉）

促甲状腺激素 thyrotropin, thyrotropic hormone, thyroid stimulating hormone, TSH

促甲状腺激素由垂体分泌，通过促进甲状腺产生甲状腺氨酸（甲状腺素，T4）和三碘甲状腺氨酸（甲状腺激素，T3）维持机体和组织的代谢功能。促甲状腺激素由垂体前叶中的促甲状腺素细胞分泌，属糖蛋白，整个分子由两条肽链——α链和β链组成。促甲状腺激素的主要作用是全面促进甲状腺的机能，促进甲状腺激素的释放与合成，包括加强碘泵活性、增强过氧化物酶活性、促进甲状腺球蛋白合成、酪氨酸碘化等各个环节。促甲状腺激素的分泌主要受到下丘脑分泌的促甲状腺激素释放激素（thyrotropin-releasing hormone, TRH）的调控，构成"下丘脑—垂体—甲状腺轴"，也受到T3、T4的负反馈影响。下丘脑分泌的TRH量，决定垂体前叶和甲状腺的负反馈调节的水平。另外，TSH水平受到光周期决定的褪黑素分泌时长的调控，在下丘脑第三脑室中调节局部T3浓度，起到传递季节性信号的作用。因此，在鼠类季节性繁殖调控机制研究中备受关注。

（撰稿：王大伟；审稿：刘晓辉）

促性腺激素释放激素 gonadotropin-releasing hormone, GnRH, FSH/LH-RH

GnRH是下丘脑分泌的神经内分泌激素，由10个氨基酸肽链构成，调控垂体前叶分泌卵泡刺激素（FSH）和黄体生成素（LH）。GnRH集中分布于下丘脑正中隆起外侧区、弓状核、下丘脑视前区，松果体中也有分布。GnRH的分泌受到新皮层及其突触的影响，各种刺激经皮层整合后，集中于下丘脑的GnRH神经元，调节垂体的促性腺功能。GnRH分泌于下丘脑正中隆起，通过垂体门脉血管与垂体前叶中促性腺细胞特异受体结合，通过激活"腺苷酸环化酶-cAMP-蛋白激酶"系统，促进腺垂体合成和释放促性腺激素。松果体所分泌的褪黑素调控生物钟传递着日节律和季节变化信息，对调节生理昼夜规律和GnRH的分泌有着重要影响。在胚胎工程技术中，GnRH用于促进雌鼠超排卵、同步发情，从而提高胚胎的成活几率。

（撰稿：王大伟；审稿：刘晓辉）

促性腺激素抑制激素 gonadotropin-inhibitory hormone, GnIH

GnIH是由Neuropeptide VF precursor（NPVF或RFRP）基因编码的神经肽RFRP-1和RFRP-3的总称，在下丘脑内侧基底部表达，主要功能是抑制鸟类和哺乳类动物的促性腺激素分泌，因此被称为促性腺激素抑制激素。在鼠类中，GnIH表达于下丘脑背内侧核中。在金色中仓鼠侧脑室或外周注射RFRP-3后，LH分泌被快速并显著抑制；在大鼠中，将RFRP-3反义寡核苷酸注入第三脑室后，下丘脑RFRP-3蛋白的表达减少，而LH的浓度却升高。也有研究表明，GnIH在长光照中抑制繁殖功能，而在短光照中促进繁殖功能。因此，对GnIH的功能解析仍在研究之中。

（撰稿：王大伟；审稿：刘晓辉）

醋酸铊 thallium acetate

一种在中国未登记的杀鼠剂。又名乙酸铊。化学式Tl(CH$_3$COO)$_3$，相对分子质量381.515g，熔点124~128℃，密度3.77g/cm^3。白色结晶，易溶于水，溶于水后变成亚铊盐。剧毒物质，摄入方式有吸入、食入和经皮吸收。损害中枢神经系统、周围神经、胃肠道和肾脏。用于微生物学作为选择性生长介质。醋酸铊可由金属铊与醋酸反应结晶后制得。对大鼠、小鼠口服半致死剂量（LD$_{50}$）分别为41.3mg/kg和35mg/kg。

（撰稿：宋英；审稿：刘晓辉）

达乌尔黄鼠 *Spermophilus dauricus* Brandt

一种地栖啮齿动物。又名黄鼠、蒙古黄鼠、草原黄鼠、豆鼠子、大眼贼。英文名 daurian ground squirrel。哺乳纲（Mammalia）啮齿目（Rodentia）松鼠科（Sciuridae）黄鼠属（*Spermophilus*）。

在中国主要分布于东北平原、华北平原、蒙古高原、黄土高原、松辽平原，西至甘肃东部和青海的湟水河谷，南至黄河，包括东北、内蒙古、河北、山东、山西、陕西、宁夏、甘肃和新疆等地均有分布。国外见于蒙古、俄罗斯。染色体数为 2n=36 或 38。

形态

外形 体形肥胖，体长 163~230mm，体重 154~264g；雌体有乳头 5 对。前足掌部裸出，掌垫 2 枚、指垫 3 枚。后足长 30~39mm，后足部被毛，有趾垫 4 枚。尾短，不及体长的 1/3，尾端毛蓬松；头和眼大，耳廓小，耳长 5~10mm，成嵴状。

毛色 脊毛呈深黄色，并带褐黑色。背毛根灰黑色、尖端黑褐色。颈、腹部为浅白色。后肢外侧如背毛。尾与背毛相同，尾短有不发达的毛束，末端毛有黑白色的环。四肢、足背面为沙黄色，爪黑褐色。颔部为白色，眶周具白圈。耳壳色黄灰。夏毛色较冬毛色深。幼鼠色暗无光泽。偶见白色黄鼠（图 1）。

头骨 扁平稍呈方形，外形粗短。颅呈椭圆形，颅长 41.6~50.5mm，吻端略尖，吻较短，鼻骨前端较宽大，眶上突的基部前端有缺口，眶后突粗短，眶间宽 8.2~10.4mm；颧骨粗短，颧宽 23~30.2mm。颅顶明显呈拱形。前颔骨的额面突小于鼻骨后端的宽，听泡纵轴长于横轴，听泡长约 11mm。鼻骨长 14.1~17mm，约为颅长的 34%，其后端中央尖突，略为超出前颔骨后端，约达眼眶前缘水平线。眼眶大而长，这与发达的眼球相关联。左右上颊齿列均明显呈弧形。上门齿较狭扁，后无切迹，第一上前臼齿较大，约等于第一臼齿的 1/2。第二、三上臼齿的后带不发达，或无。下前臼齿的次尖亦不发达。牙端整齐，牙根较深，长 47mm，颜色随年龄不同，呈现浅黄或红黄色（图 2）。

生活习性

栖息地 栖息地生境多样，适应性强。坡麓生境是其栖息的最适生境，坚硬的地表，有利于黄鼠筑洞。另外，垄岗、波状洼、灌丛和耕地等生境内也有较少黄鼠。林地边缘、坟地及地头等环境，往往成为黄鼠的移居栖息地。在农业地区，尤喜栖居于农田田埂、地格、路基、坟地及年代不久的撂荒地中，在牧区草原的最适栖息地多为居民点周围。

洞穴 达乌尔黄鼠喜独居，洞穴分冬眠洞和临时洞两类。冬眠洞的洞口圆滑，洞口入地的洞道起初斜行，而后近乎垂直，接着再斜行一段入巢。洞深多数在结冰线以下，一般为 105~180cm，有的深达 215cm 以下。洞中有巢室和厕所，巢的直径可达 20cm，窝内絮有羊草、隐子草等植物，

图 1 达乌尔黄鼠外形（邹波提供）

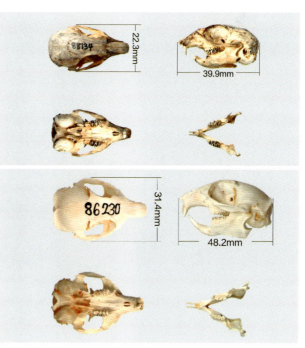

图 2 达乌尔黄鼠头骨（邹波提供）

有的还有羊毛等杂物。厕所常在洞口的一侧，是一个膨大的盲洞。冬眠洞是供其冬眠、产仔和哺乳时使用。临时洞洞口较冬眠洞的洞口大，呈不规则圆形，洞道斜行，长约45～90cm，这类洞常为临时窜洞或因受惊扰而避难之用。

食物 食量大，以植物性食物为主，主要取食一些植物的叶、根、茎、花、种子等，也食部分瓜类，并捕食鞘翅目的蜉金龟子、步行虫和膜翅目的蚁科等昆虫。在农区主要食农作物的种子、幼苗、瓜果、蔬菜和杂草。

冬眠 具冬眠习性，越冬个体从9月开始陆续冬眠。翌年3月下旬至5月上旬相继出蛰，出蛰过程中形成2个高峰，先雄后雌，第一个高峰在"清明"节前，系雄鼠；第二个高峰是在"谷雨"前后，系雌鼠。黄鼠的冬眠与冷血动物的冬眠有着本质的区别。达乌尔黄鼠在冷暴露、冬眠及激醒时外周甲状腺激素水平变化和激素代谢存在季节性变化。

活动规律 日活动随季节而变化，为昼行性鼠种。4月末的日活动高峰在中午，6月中旬则有2个活动高峰：凌晨1:00，下午16:00左右。但夏季中午，天气炎热，地表温度增高，中午时段出现明显的活动间歇期以避开强烈的日晒。

繁殖 每年繁殖一次，从交配到产仔28天。从5月中旬开始分娩，6月中旬结束，分娩期约持续25天。分娩后28天幼鼠开始独立取食。34～36天，分散打洞，开始分居，至7月则大量分居独栖。黄鼠从交配到幼鼠分居共经两个多月时间，幼鼠分居后不久母鼠也另挖新洞，做冬眠准备。不同生境和不同年龄组的雌鼠妊娠率没有差别。不同分布区达乌尔黄鼠平均胚胎数差别不大，均在5～7个左右，性比也接近于1:1。在松辽平原地区，各年份达乌尔黄鼠的怀孕率多在90%以上，平均胚胎数多在8个以上。

种群数量动态 在自然状态下的种群年龄结构及数量在不同年份差别不显著，属稳定增长型。5月达乌尔黄鼠正处于繁殖期，鼠数量较少。7月数量达到最高峰，随后，由于幼鼠和成年鼠的死亡使数量下降，9月和10月降到最低峰。

危害 达乌尔黄鼠是中国北方一种危害比较严重的鼠类，由于其数量多，食量大，对当地的农作物危害极大。黄鼠危害时并非取食植物的全部，而是选择鲜嫩汁多的茎秆、嫩根、鳞茎、花穗为食。春季它喜挖食播下的种子的胚和嫩根；夏季嗜食鲜、甜、嫩、含水较多的作物茎秆；秋季贪吃灌浆乳熟阶段的种子。以洞口为中心成片危害。咬断根苗，吮吸汁液，使幼苗大片枯死。一般麦田损失10%左右，严重地块可达80%。最为严重的是，它是鼠疫菌的最大的天然宿主，能传播鼠疫、沙门菌病、巴斯德菌病、布鲁菌病、土拉伦菌、森林脑炎、钩端螺旋体病等。

防治技术

生态治理 充分调动农业、林业、草原、交通、铁路、部队等部门的积极性，密切配合，协调一致，集中人力和物力，减少浪费，形成合力。同时结合林业工程、小流域治理、农田基本建设和农村五荒地承包，开展植树造林，扩大水浇地面积，逐步减少荒地和地间荒界，缩小黄鼠的栖息地。

保护天敌 达乌尔黄鼠既能对农林牧业造成重大灾害，又传播疾病，也是许多食肉动物的重要食物来源，应当加强生物调控措施的作用，利用天敌控制害鼠。首先，禁止乱捕滥猎，加大野生动物保护宣传的力度，禁止买卖各种野生动物的皮张，使狐、鼬、猛禽等天敌数量上升。其次，为黄鼠的天敌创造良好的栖息环境，植树种草，恢复植被，最终达到自然控制。

化学防治 根据达乌尔黄鼠的生物学特征，在不同季节应采用不同的灭鼠方法。4～5月黄鼠出蛰期进入交配期后，正是黄鼠活动的最盛时期，出入洞穴正是幼鼠分居前母鼠与仔鼠对不良条件抵抗力较弱的时候。同时，草尚未返青，食料缺乏，此时是药剂杀灭黄鼠的最佳时机。可采用毒饵法、机械捕杀法、熏蒸法等进行捕杀。

参考文献

安文举, 1959. 关于黄鼠冬眠洞型的讨论[J]. 流行病学杂志(1): 27-29.

白雪薇, 史献明, 董国润, 等, 2010. 河北省塞北管理区达乌尔黄鼠食性调查[J]. 中国媒介生物学及控制杂志, 21(4): 382-383.

蔡桂全, 梁杰荣, 张俊, 1973. 阿拉善黄鼠的生活习性与数量季节变动的研究[M]//青海省生物研究所. 灭鼠和鼠类生物学研究报告: 第一集. 北京: 科学出版社: 73-83.

晁玉庆, 赖双英, 武晓东, 等, 1994. 草原黄鼠染色体研究[J]. 内蒙古农牧学院学报, 15(3): 64-68.

董维惠, 侯希贤, 周延林, 等, 1998. 达乌尔黄鼠种群繁殖与数量动态研究[J]. 卫生杀虫药械, 4(3): 4-7.

费荣中, 李景原, 商志宽, 等, 1975. 达乌尔黄鼠的生态研究[J]. 动物学报, 21(1): 18-29.

付和平, 武晓东, 张福顺, 等, 2009. 阿拉善黄鼠模式产地标本染色体核型[J]. 动物学杂志, 44(6): 31-35.

罗明澍, 1975. 达乌尔黄鼠的食性研究[J]. 动物学报, 21(1): 62-70.

罗明澍, 钟文勤, 1990. 达乌尔黄鼠种群生态的一些资料[J]. 动物学杂志, 25(2): 50-54.

寿振黄, 1962. 中国经济动物志: 兽类[M]. 北京: 科学出版社: 131.

汪诚信, 2005. 有害生物治理[M]. 北京: 化学工业出版社.

王兰芳, 米景川, 夏连续, 等, 1998. 达乌尔黄鼠种群繁殖特征的研究[J]. 医学动物防制, 14(5): 1-4.

王廷正, 刘加坤, 邵孟明, 等, 1992. 达乌尔黄鼠种群繁殖特征的研究[J]. 兽类学报, 12(2): 147-152.

夏连续, 米景川, 孟昭明, 等, 1993. 达乌尔黄鼠种群年龄构成及胚胎分布[J]. 内蒙古地方病防治研究, 18: 59-60.

杨明, 邢昕, 管淑君, 等, 2011. 达乌尔黄鼠冬眠期间体温的变化和冬眠模式[J]. 兽类学报, 31(4): 387-395.

张知彬, 王祖望, 1998. 农业重要害鼠的生态学及控制对策[J]. 北京: 海洋出版社.

赵肯堂, 1981. 内蒙古啮齿动物[M]. 呼和浩特: 内蒙古人民出版社: 75-83.

赵生成, 1975. 达乌尔黄鼠的活动规律和捕捉方法[J]. 动物学报, 21(1): 5-8.

赵天飙, 梁炜, 秦丰程, 等, 2000. 草原黄鼠生态学研究概述[J]. 内蒙古师大学报: 自然科学(汉文)版, 29(2): 125-129.

（撰稿：王艳妮；审稿：宛新荣）

达乌尔鼠兔　*Ochotona dauurica* Pallas

重要的农林牧害鼠之一，也是鼠疫宿主之一，同时也与土拉伦菌病、类丹毒、沙门氏菌病、假结核病等流行有关。兔形目（Lagomorpha）鼠兔科（Ochotonidae）鼠兔属（*Ochotona*）。

分布　中国分布于东北、山西、陕西、青海、内蒙古、宁夏、西藏、甘肃等地。国外见于俄罗斯和蒙古。指名亚种主要分布在内蒙古、辽宁和河北，俄罗斯和蒙古也有分布。山西亚种分布在山西。甘肃亚种在甘肃、青海和宁夏均有分布。

形态　体长 170～200mm，耳壳圆形，耳高 17～25mm，后足长 27～33mm，尾小隐于毛内。毛色有季节性差异，冬季体背毛色浅黄色，耳背黑色，耳前缘有白色毛束，耳缘白色，足背白色略呈淡黄，腹部及四肢白色，喉部有似领圈并向后延伸到胸部中间的土黄色毛。夏季体背黄褐色，耳后有淡黄色毛区，耳内侧土黄色，腹部白色，喉部也有土黄色领圈和淡黄色纵纹。

生活习性

栖息地　达乌尔鼠兔为典型的草原动物，主要栖息于沙质丘陵、草原浅盆地、草丛等地。其生境特征为中等高度以上植被的典型草原区。也可栖息在荒坡、荒沟、林地草滩和野生的灌木丛中，少数生活在农田地埂上。

食性及危害　达乌尔鼠兔食性复杂，可取食多种杂草和林木的茎叶。除了直接取食植物的茎叶而对林木、农作物和牧草造成危害外，还因其挖掘活动，破坏植物的根系，影响植物生长，使植物的生产力下降。其挖掘活动还可引起土壤沙化和水土流失。

活动规律　达乌尔鼠兔主要在白天活动，4～10月，日活动均为明显的双峰型，9:00～11:00 和 15:00～17:00 活动频繁。冬季活动时间主要集中在 10:00～14:00 之间。其活动距离一般在 200m 以内。达乌尔鼠兔善于利用栖息地内高大植株覆盖物作为它们的临时隐蔽所，以有效地躲避敌害。达乌尔鼠兔不冬眠，有贮食越冬行为，一般 9、10月开始贮藏过冬食物。

繁殖　分布在不同地区的达乌尔鼠兔的繁殖特性有所不同，一般每年3月中旬至9月上旬为繁殖期，繁殖高峰期在4～6月。每年繁殖 2～3胎，平均产仔 3～6只。一般每年 6～9月，其种群数量相对较高。

防治技术　采取截塞洞道人工挖除、夹捕、堵洞熏杀、毒饵毒杀等方法，可有效降低其种群数量，减轻危害。涂抹防啃剂和套绑防护网可减轻其对林木的危害。

参考文献

陈立军,张文杰,张小倩,等,2014. 典型草原区达乌尔鼠兔繁殖生态学的初步研究[J]. 动物学杂志,49(5): 649-656.

李天祥,董建刚,张怀洲,2010. 达乌尔鼠兔发生规律及防治技术研究[J]. 甘肃林业科技,35(3): 71-74.

王明春,韩崇选,杨学军,等,2003. 达乌尔鼠兔的危害及其药物防治[J]. 西北林学院学报,18(4): 104-106.

（撰稿：郭聪；审稿：王勇）

大仓鼠　*Tscherskia triton* de Winton

一种小型啮齿动物，是北方农作物区的重要害鼠之一。又名大腮鼠、搬仓鼠。英文名 greater long-tailed hamster。啮齿目（Rodentia）仓鼠科（Cricetidae）大仓鼠属（*Tscherskia*）。广泛分布于中国长江以北地区，主要分布于华北、华中、东北的农作及林区。在国外主要分布于朝鲜半岛及与中国东北接壤的俄罗斯远东地区。

形态

外形　野外成鼠体重一般 80～150g，体长 140～200mm。头较宽大，颊囊发达。尾长接近体长之半，尾较粗，尾基较膨大，向后明显变细，尾膨大部分毛显著长于尾其他部位，无鳞环。耳短而圆，眼较小。四肢短粗，特别是上臂与大腿部肥壮。

毛色　背面呈深灰色或灰褐色，体侧较淡，中央无黑色条纹。腹面与前后肢的内侧均为白色或带黄色。耳的内外侧均被棕褐色短毛，边缘灰白色短毛形成一淡色窄边。尾毛上下均呈灰褐色，尾尖白色。

头骨　头骨粗壮坚实。颅全长可达 40mm。头骨轮廓狭长，额顶部平直，棱角明显。鼻骨较长，前 1/3 处略向两侧膨大，眶间突较大，眶上嵴发达。眶上嵴经过顶骨（不明显）再经顶间骨边缘与人字嵴相接。顶骨大，前外侧角向前伸，较尖。顶间骨大而呈三角形。颧弓不甚外突，而斜伸向外后方，后部明显宽于前部，颧骨细弱。枕骨人字嵴明显，不后突于枕髁之后。枕骨髁较大。门齿孔较短而细，末端不达第一上臼齿前缘。听泡发达，背腹隆起较高而侧扁。

主要鉴别特征　体型较大，体躯肥胖，四肢短粗，尾巴较长，头吻宽大，颊囊发达。

生活习性

栖息地　喜栖于食物丰富、环境干燥的生境。主要栖息在中国北方干旱农田、山地河谷、林缘、灌丛等。

洞穴　大仓鼠成年个体独自穴居。洞巢比较复杂，由洞口和地下通道、盲道、仓库、巢室等组成。每个洞巢有 3～4 个仓库，位于通道的末端。一般由 1 个出入洞口、1 个掘进洞口和若干临时洞口组成。出入洞口直径 4～8cm，巢室直径 15～35cm。洞道总长度可达数米，其中垂直洞道可深入地下 1～2m。居住时间越长，洞口越多，洞系越复杂。

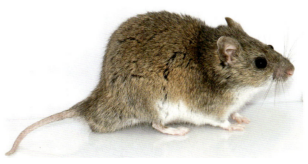

大仓鼠（赵吉东提供）

食物 杂食，喜食植物种子。食物组成随着季节变化而不同，春季以植物茎叶为主，秋季以种子为主。农业地区的个体主要取食农作物种子，如大豆、玉米、小麦、花生、棉花等，夏季也取食茎叶等部分。林区的个体喜食林木种子，同时也吃一些昆虫和植物的绿色部分。春夏季食物缺乏时，取食植物的绿色部分较多。动物性食物包括一些昆虫，如蝼蛄、金龟子、棉铃虫。秋季大量贮藏植物种子，以备越冬之需。

活动规律 夜行性。活动高峰分黄昏（17:00～20:00）和午夜（0:00以后）。特殊时期也会在白天活动，如建洞清巢、秋季贮藏食物时；高密度年份也会在白天取食和活动。地理气候条件对大仓鼠的活动有较大影响。在中国北方冬季，大仓鼠自11月至翌年2月下旬会封闭洞口，停止地面活动。由北向南，封闭期缩短。在安徽、江苏两省，大仓鼠冬季常不封闭洞口，夜晚活动。

繁殖 大仓鼠繁殖能力很强。在北方地区，初春就有交尾发生，如黑龙江省3月即有记录孕鼠。陕西省资料表明，通过子宫斑推测，交尾活动也可能提前至3月。繁殖结束时间一般在9～10月。全年繁殖高峰为4～5月和8～9月。大仓鼠每年产2～4胎，胎仔数8～10只，最多可达18只。春季出生的大仓鼠，当年可以产1～2胎；夏季出生的鼠，当年只能产1胎；越冬鼠1年产2胎，极少数可产3胎。雄性个体的性成熟可以贮精囊的膨大为标志。贮精囊膨大率与体重相关，85g以上个体性成熟比例上升。

社群结构与婚配行为 独居性，多配偶制，生性好斗。交配行为和攻击行为是繁殖期成年大仓鼠个体间的两种主要行为。处于动情期的雌鼠接受任何陌生雄鼠的交配，非动情期的雌鼠和交配完毕的雌鼠对配偶及其他接近的陌生雄鼠进行攻击，这说明雌雄之间不形成固定的配偶。同性相遇，尤其雄性之间，攻击行为强烈，总有一只成为攻击行为显著多的优势个体，另一只为防御行为显著多的从属个体，加之同性个体间缺少友好行为，说明同性之间在空间上是相互排斥的，不形成集群，而是独居。

种群数量动态

季节动态 年龄结构及种群数量的季节变化明显。春季主要是成体和老年个体，极少有亚成年个体。5～7月在繁殖高峰之后，亚成体数量上升，种群主要由亚成体组成，老年个体比例下降，幼体也占有一定比例。夏末，老年个体下降明显，成体占种群的大部分。9月幼体比例数量最高。种群季节动态一般为春低秋高的双峰型，但近十几年来，受气候变暖、农业活动等影响，秋峰不再明显。

年间动态 大仓鼠年间动态缓慢，呈大约10年的周期性波动。20世纪80年代，华北、东北等地区大仓鼠种群曾全面暴发。但是，随着人类活动与气候变化影响的不断加剧，全国的大仓鼠种群数量从2000年后逐渐下降，局部地区已经较为罕见。不断增加的灌溉强度和面积以及机械化耕作，严重破坏其栖息地生存条件，可能是导致大仓鼠种群数量逐渐下降的主要原因。

危害 大仓鼠是中国北方农区的主要害鼠之一。除了直接取食农作物，大仓鼠还具有贮粮习性，在秋收季节搬运植物种子至洞内贮藏，供冬季食用。存粮1～3kg不等，最多可达11kg。春季的主要危害来自于盗食春播种子、毁苗、啃食幼苗嫩茎、叶等。在大仓鼠高密度年份，春播早熟玉米、油料作物、蔬菜大棚经常遭受大仓鼠的危害，严重时造成绝收。作物成熟期大量取食和搬运小麦、谷子、大豆等，常造成农作物严重减产。大仓鼠体外寄生有多种蚤类和螨类，可传播流行性出血热、钩端螺旋体病、蜱传斑疹伤寒、巴尔通体病等疾病。

防治技术

农业防治 农业防治主要是通过破坏和改变鼠类的适宜栖息条件和环境，降低其生存率和繁殖率。农事活动可破坏大仓鼠的栖息地，断绝食物来源，控制种群数量。合理布局农作物，减少大仓鼠喜食的豆类、花生等作物，也可一定程度上控制大仓鼠的种群。作物成熟后及时收割，提高收割效率，减少大仓鼠摄食和贮食的机会，可使其冬季食物不足，降低越冬存活率。深耕也可破坏大仓鼠的洞道系统，对大仓鼠防治也有一定作用。农业灌溉能消灭大仓鼠，特别是冬灌最为有效，可破坏大仓鼠的越冬洞巢，而且利用灌溉改变作物结构，扩大灌溉面积有利于控制大仓鼠种群暴发和降低种群密度。有研究分析了华北地区30年的种群动态数据，发现大仓鼠种群下降与灌溉面积的增加有显著相关，表明通过合理规划、兴修水利、改造成水浇地等措施破坏大仓鼠栖息地能有效地控制大仓鼠种群。

生物防治 主要措施是针对鼠类天敌（如鸮类、鼬类和蛇类等）的保护。但由于大仓鼠繁殖力强，天敌的捕食效应在大仓鼠种群暴发年份起到的防治作用有限。在农作物地区，天敌一般只能起到辅助防治的效果。在森林生态系统中，大仓鼠种群数量较低，天敌的影响可能较为明显。

物理防治 农田中大仓鼠洞口较为明显，并易于发现，可采用鼠夹、捕鼠笼以及其他捕鼠工具进行机械捕杀。由于大仓鼠一般为夜行性，可在傍晚将鼠夹置于洞口，第二日收夹。种群暴发年份，大仓鼠可能全天活动，白天亦能物理捕杀。

化学防治 指利用有毒化学制品进行鼠害防治，包括灭鼠剂、不育剂等。灭鼠剂可在大仓鼠种群暴发时起到快速有效的控制作用。常用的灭鼠剂有抗凝血剂类溴敌隆、敌鼠钠盐、杀鼠醚和杀鼠灵等。其他急性灭鼠剂如磷化锌、鼠立死和毒鼠磷（已禁用）等。由于急性灭鼠剂的毒性较大，可能通过食物链造成鼠类捕食者中毒，导致鼠类天敌数量降低，破坏生态平衡；使用不当时还会污染环境，危及家畜、家禽和人类健康。不育控制对大仓鼠也可起到较好的防治作用。化学防治还应注意选择防治时期。在初春繁殖高峰之前，由于大仓鼠活动趋于频繁，田间食物缺乏，此时投饵效果较为明显，可有效控制鼠害。由于鼠类的迁移能力较强，化学防治需要大面积连片进行。

参考文献

董照锋, 李亚青, 王刚云, 等. 2002. 商洛市大仓鼠发生规律和防治技术研究[J]. 陕西农业科学 (11): 14-15.

刘家栋, 翟兴礼, 徐心诚. 2001. 大仓鼠(*Cricetulus triton*)生态、危害及防治研究[J]. 河南教育学院学报(自然科学版), 10(1): 55-57.

罗泽珣, 陈卫, 高武, 等. 2000. 中国动物志：兽纲 啮齿目(下册) 仓鼠科[M]. 北京: 科学出版社.

吕国强, 邱强, 裴九清, 1988. 大仓鼠的发生与防治研究初报[J].

植物保护, 14(2): 12-14.

马逸清, 等, 1986. 黑龙江省兽类志[M]. 哈尔滨: 黑龙江科学技术出版社.

王廷正, 许文贤, 1993. 陕西啮齿动物志[M]. 西安: 陕西师范大学出版社.

张健旭, 张知彬, 王祖望, 1999. 大仓鼠在繁殖期的行为关系及交配行为[J]. 兽类学报, 19(2): 132-142.

张知彬, 王玉山, 王淑卿, 等, 2005. 一种复方避孕药物对围栏内大仓鼠种群繁殖力的影响[J]. 兽类学报, 25(3): 269-272.

张知彬, 王祖望, 1998. 农业重要害鼠的生态学及控制对策[M]. 北京: 海洋出版社.

YAN CHUAN, XU TONGQIN, CAO XIAOPING, et al, 2014. Temporal change in body mass of two sympatric hamster species and implications for population dynamics[J]. Canadian journal of zoology, 92(5): 389-395.

（撰稿：严川；审稿：张知彬）

大豆鼠害 rodent damages in soybean fields

发生在大豆种植区的鼠类危害，统称为大豆鼠害。危害大豆的鼠种有黑线仓鼠（*Cricetulus barabensis* Pallas）、褐家鼠（*Rattus norvegicus* Berkenhout）、小家鼠（*Mus musculus* Linnaeus）、黄毛鼠（*Rattus losea* Swinhoe）、大仓鼠（*Tscherskia triton* Winton）、黑线姬鼠（*Apodemus agrarius* Pallas）、鼩鼱（*Sorex araneus* Linnaeus）、黄胸鼠（*Rattus tanezumi* Temmink）、卡氏小鼠（*Mus caroli* Bonhote）、中华鼢鼠（*Eospalax fontanierii* Milne-Edwards）等。福建莆田地区春大豆害鼠主要是以黄毛鼠为优势鼠种；沿淮地区夏大豆田以黑线姬鼠为优势鼠种；山西吕梁地区大豆田中华鼢鼠、大仓鼠为优势鼠种。

害鼠对大豆的危害比较普遍，从播种到成熟期都会遭到害鼠的危害。主要危害大豆的种子和荚果，以荚果受害较为严重，很少危害茎叶，受害田一般减产10%，严重的可减产50%以上。大豆生产的整个历期，均可能发生鼠害。播种至出苗期，害鼠沿垄扒土，寻找播种的种子取食，造成缺苗断垄。结荚期，害鼠集中啃食豆荚，害鼠喜欢咬食青豆荚，被害豆荚豆粒被食殆尽，高的被食率达92.3%，少数留有1~2粒。留存下的豆粒一般靠近果柄处，仍可发育成熟，但其饱满度会受影响。

大豆田害鼠一般有两个危害高峰期，即播种期至出苗期和结荚期（每年4~5月和9~10月）。第一个危害高峰期为播种至出苗期，危害时间多数在早晨6:00~8:00和下午16:00~17:00，多数在隐蔽处顺垄连续危害几十穴。一般播后3~10天是危害高峰，随着气温增高，大豆苗长大危害渐轻，春大豆播种期受害20天左右。也有的种仁被扒出未吃，因显露于地面，很快会被其他鸟兽吃掉。出苗后至结荚前基本不受害鼠危害。大豆鼓粒初期开始进入第二危害期，成熟期达危害高峰。最先受害是大豆较早熟的小区，到了后期早熟大豆豆荚已经变黄，害鼠危害逐渐减轻，而晚熟大豆又成了害鼠集中危害的对象，轻者植株底部豆荚被咬掉几个，严重的整个植株从下到上豆荚全部被咬掉，可造成绝产。

鼠害危害程度与生态环境和大豆栽培制度有密切关系。靠近村庄、沟渠、道路、埂边、坟堆的大豆受害重，庭院、山边周围重于河边；砂质土地重于黏质土地；春季重于秋季。在福建莆田地区春大豆果荚期允许鼠害的损失率为0.577%，相应防治指标为鼠密度7.723%。据潘学锋等研究安徽霍邱县沿淮地区夏大豆田允许损失率为3.13%，相应的防治指标为2.31%。每年4~5月和9~10月为繁殖高峰期，6月和11月为数量高峰期，对春、秋播大豆，特别是秋季大豆危害较重，是全年灭鼠重点。

参考文献

胡喜平, 刘忠堂, 郭泰, 等, 1996. 大豆南繁加代鼠害的防治[J]. 大豆通报(5): 11.

潘学锋, 刘同群, 1997. 夏大豆成熟期害鼠防治指标的研究[J]. 植保技术与推广, 17(2): 30-31.

全国农业技术推广服务中心, 2017. 农业鼠害防控技术及杀鼠剂科学使用指南[M]. 北京: 中国农业出版社: 13-62.

孙凌燕, 2010. 花生、大豆田鼠害咋防治? [J]. 乡村科技(7): 18.

王光友, 张振铎, 尹永林, 等, 2014. TBS技术防治大豆田害鼠效果[J]. 中国植保导刊, 34(11): 30-33.

徐金汉, 张继祖, 伊世平, 1993. 春大豆鼠害的防治指标[J]. 福建农学院学报(自然科学版), 22(1): 64-68.

（撰稿：李卫伟、方果；审稿：邹波）

大耳姬鼠 *Apodemus latronum* Thomas

中国特有的一种分布海拔高、分布较为局限的姬鼠。又名姬鼠、森林姬鼠、川藏姬鼠。啮齿目（Rodentia）鼠科（Muridae）姬鼠属（*Apodemus*）。仅分布于四川西部、西藏东南部、云南西北部和青海东南部。是青藏高原边缘地带高山灌丛、林缘、针叶林上缘等生境中的重要成员。如四川就仅分布于康定、泸定、金川、稻城、理塘、巴塘、雅江、乡城、炉霍、壤塘、丹巴、白玉、九龙、木里、宝兴。可见，甘孜是核心分布区，阿坝、凉山、雅安等呈边缘性分布。

形态

外形　本种体型较大，体长90~124mm。尾较长，其长超过或接近体长，耳较大，其长在20mm以上，耳内外被毛明显较长。后足较长而大，一般不小于23mm。躯体被毛较长。乳头8个。

毛色　本种毛色较暗。鼻部、额部、颈部、背部及臀部的毛色呈暗黄褐色，特别是体背和臀部黑色毛尖显明。耳壳内外覆以黑色或棕黑色长毛。腹面呈灰白色，毛尖纯白色。前后足背面纯白色。尾上面黑褐色，被以短而稀的毛，故可见尾鳞环，下面灰白色。

头骨　头骨较大，颅全长27mm以上，吻长而尖，眶上嵴发达，起于鼻骨后端，经额骨、顶骨外缘止于顶间骨外侧角。鼻骨细长，其后端尖，后插远远超过上颌骨颧突前缘的连线，插入额骨前端中间。脑颅大而圆，额骨后缘圆弧形，顶骨不规则，顶间骨前后长较小，左右宽较大，中间向前凸。腭孔短而宽，后缘不达两臼齿列前缘的连线。腭骨较长，后缘中间向后凸。听泡由上下两室组成。颧弓纤细。

牙齿 牙齿的第一上臼齿有3排横嵴，均各有3个齿尖。第二上臼齿第一横嵴缺中央齿尖，内侧齿尖发达，外侧齿尖显著退化成小齿尖，其大小约为后齿尖的1/3。第三上臼齿舌侧可见3个齿突。上臼齿的附突较多。

第一下臼齿由3个齿环组成，最前一个齿环为不规则的帽状，第二和第三齿环由两个"∧"形齿环叠加，该齿内侧有3个角突；第二下臼齿由2个齿环组成，第一齿环横列扁圆形，宽，第二齿环"C"字形，较窄且较长，该齿内侧也有3个角突。第三下臼齿由2个齿环组成，第一个齿环扁圆形，宽，第二齿环近圆形，窄，该齿内侧有2个齿突。

鉴别特征 体型较大，尾较长而细。耳大，其长大于20mm（20~23mm），耳壳具黑色长毛。姬鼠属其他种类的耳长均在20mm以下。后足亦长，不小于23mm。

生活习性

生境 大耳姬鼠是高海拔物种，是青藏高原东南缘高山灌丛、林缘、针叶林上缘的优势种类。其范围包括四川西部、云南北部及东北部，西藏东南部、青海东南部，没有进入青藏高原的腹地。青藏高原中心的典型草甸、荒漠中没有分布。分布海拔平均超过3000m（2620~4100m）。大耳姬鼠栖息地的主要灌木种类包括麻叶绣线菊、三颗针、各种杜鹃。高山松林、冷杉林、落叶松林内也有分布。

活动规律 大耳姬鼠为夜行性种类，晚上活动，黎明和傍晚活动较频繁。集中活动海拔段为3300~3800m。6~10月活动较频繁，早春和隆冬很少外出活动，有储粮习性。

种群状况 由于大耳姬鼠分布海拔高，这些区域相对原始，生境干扰少，生态系统处于稳定状态。大耳姬鼠不会像黑线姬鼠、高山姬鼠、龙姬鼠等种群呈暴发式增长。所以，很难有大耳姬鼠数量非常多的生境，在大耳姬鼠的适应生境内，其平均上夹率为5%。

食性 大耳姬鼠为植食性，以草、草籽、嫩叶和作物为食，偶食昆虫及动物死尸。

繁殖 大耳姬鼠性比大概为1∶1。繁殖从3月开始至9月结束。集中繁殖期为8月，该月雄性成体睾丸下降率为100%，雌性成体怀孕率为50%左右。胎仔数较多，最少4只，最多8只，每胎5只或6只占绝大多数。9月和10月亚成体数量多。10月至翌年2月未见雄性成体睾丸下降和成年雌体怀孕。5月和7月雄性成体睾丸下降率高，怀孕率不到20%，3~6月雄性成体睾丸下降率在50%左右，但怀孕率更低。

种群数量动态 大耳姬鼠一年四季中，8~10月捕获率最高。8月是繁殖高峰期，大耳姬鼠活动频繁，9月和10月大量亚成体出现，加上10月是育肥和储粮季节，所以，活动也很频繁，捕获率较高。但总体来看，大耳姬鼠种群数量保持在较低水平，总体捕获率在5%左右，8~10月接近10%，其他月份低于5%。

危害 大耳姬鼠主要生活于高海拔的灌丛、林缘、森林的上线附近，加上数量不大，种群稳定，虽然它们以植食性为主，对区域植被有一定程度的干扰，但达不到有明显危害的程度。因此，也没有必要专门开展防治。

参考文献

胡锦矗, 王西之, 1984. 四川资源动物志: 第二卷 兽类[M]. 成都: 四川科学技术出版社.

中国科学院西北高原生物研究所, 1989. 青海经济动物志[M]. 西宁: 青海人民出版社.

（撰稿：刘少英；审稿：王登）

大年结实　mast seeding

一些多年生植物在一定范围内间歇性地、同步地产生大量种子的现象。依赖鼠类传播种子的植物，通常每间隔3~5年会出现一次结实大年，如一些壳斗科（Fagaceae）、松科（Pinaceae）、蔷薇科（Rosaceae）植物。在鼠–种子互作系统中，大年结实被认为是植物"操纵"鼠类种子取食和贮藏行为，提高种子传播效率的一种策略，或者是植物种子逃脱鼠类捕食的一种功能反应。①大年结实有利于种子逃脱动物捕食。植物经历3~5年种子结实小年后，食种子动物（如昆虫、鼠类）的种群密度会因为食物不足而下降至较低水平，随后的种子结实大年，短时期内涌现的大量种子，会使动物的种子捕食量达到饱和，导致有大量的种子逃脱动物捕食而存留，从而增加了植物种子存活和更新概率（捕食者饱和假说 predator satiation hypothesis）。②大年结实有利于提高种子传播概率：短期内大量涌现的食物可以刺激鼠类的贮藏行为，因此，种子结实大年会促使鼠类贮藏更多种子，从而使更多种子得以传播。同时由于饱和效应，鼠类会减少对贮藏种子的找回和取食，从而有更多埋藏种子存留，有利于被鼠类埋藏在土壤或枯枝叶中的种子的存活和幼苗建成（捕食者扩散假说 predator dispersal hypothesis）。③大年结实可以调节鼠类的种群密度。种子结实大年通常对应鼠类低密度年，但充足的的食物资源会使鼠密度迅速增长，在种子结实大年之后出现鼠类高密度年。作为重要的食物限制因子，种子产量年间波动是鼠类种群年间动态变化的重要原因之一。

参考文献

杨锡福, 张洪茂, 张知彬, 2020. 植物大年结实及其与动物贮食行为之间的关系[J]. 生物多样性, 28(7): 821-832.

KELLY D, SORK V L, 2002. Mast seeding in perennial plants: why, how, where?[M]. Annual review of ecology and systematics, 33: 427-447.

SORK V L, 1993. Evolutionary ecology of mast-seeding in temperate and tropical oaks (Quercus spp.)[J]. Vegetatio, 107/108: 133-147.

VANDER WALL S B, 2010. How plants manipulate the scatter-hoarding behaviour of seed-dispersing animals[J]. Philosophical transactions of the Royal Society of London series B: Biological sciences, 365: 989-97.

XIAO Z S, ZHANG Z B, KREBS C J, 2013. Long-term seed survival and dispersal dynamics in a rodent-dispersed tree: testing the predator satiation hypothesis and the predator dispersal hypothesis[J]. Journal of ecology, 101: 1256-1264.

（撰稿：张洪茂；审稿：路纪琪）

大绒鼠　*Eothenomys miletus* Thomas

一种小型啮齿动物，是重要的疫源动物之一。又名嗜谷绒鼠。英文名 large oriental vole。啮齿目（Rodentia）仓鼠科（Cricetidae）田鼠亚科（Microtinae）绒鼠属（*Eothenomys*）。大绒鼠是亚洲横断山脉地区的特有类群，栖息于高原山林区，仅分布在中国，见于云南、四川、贵州和湖北，多在夜间活动，营地表浅层洞道生活，穴内至少有两种以上的草窝，以鲜嫩的浆汁植物、草的根茎和种子为主要食物，兼食少量的昆虫，并且在田鼠亚科中占有特殊的地位，是滇西纵谷型鼠疫的主要动物宿主，是当地主要害鼠。

大绒鼠在云南分布于 37 县、市。在分布数量比例上，以横断山脉中部地区最多，占所捕野鼠数的 42.58%，与其他地区有显著差别，认为该区是大绒鼠的分布中心。分布高度上，从大绒鼠分布的地区来看，最高海拔为 3550m（地点：剑川老君山；采集年代：1980），最低 1200m（地点：勐海山区；采集年代：1959），其中 2000m 以上分布较多。

大绒鼠为横断山区固有种，环境因子的改变会影响其分布和生存，大绒鼠会改变其表型特征来适应这一独特的环境。

形态

外形　体形似小鼠，较滇绒鼠大，体重 22～60g，体长 90～127mm，尾长 33～70mm，耳长 7～20mm；吻部较短而钝，颈部较短，眼小，耳呈椭圆状（图 1）。被毛短。前后足较短，具五指（趾），爪较尖锐，前足第一指极小，第二指略比第一指长，第三指为前足最长的指，第四指不如第三指长，但长于第二指，第五指较短，不如第四指长，为第一指长的 3 倍。后足较前足大，第一趾最短，比第一趾短且不及第二趾长度的一半，第二、三、四趾较长，其长度几乎相等，第二趾较短，其长度为第四趾的一半。尾短，不及体长的 1/2，尾毛较短，尾尖具一束毛丛。

毛色　被毛细柔而厚密，吻鼻部毛较短。毛色较暗，眼周和额部毛稍短，棕褐色、茶褐色或黑褐色。耳毛少而短，耳缘黑褐色。背部毛色由额、颈直至尾基，暗棕褐色或黑褐色。毛基青黑色。体侧稍浅于体背，从背脊部往下逐渐变淡。颏、喉部暗灰色，胸腹部至臎部毛基青黑色，毛尖为暗褐色。足背黑褐色，趾（指）边缘具白色毛。掌垫黑褐色。尾毛稀而短，黑色。尾腹较浅，淡茶黄色或灰黄色，尾尖毛丛黑褐色。

头骨　大而坚实，颅部较低平。鼻骨呈斜坡形，前低后高，长度超过宽度的 1/2，前宽而后窄，后端宽度约为前端的一半，末端止于颧骨的后部。吻部较短，不如鼻骨长，其长度不及颅全长的 1/3。眶前孔较大。额骨为头骨的最高点，与顶骨相接之处中央明显地凹下。顶骨向后至枕骨缓缓下斜。颧弓粗壮而宽阔，为头骨之最大宽。无眶上突。眶间较宽，超过 4mm，眼眶较大。齿隙较长，长于上颊齿之长度。腭孔细而长，中央略宽于前后端，长约 5mm，其长度约为宽度的 4 倍。腭长大于颅全长之半。听泡相对较大，其长度为 6.0～8.2mm。下颌骨结实，冠状突较高，前后端的下颌联合相对较薄。

牙齿　上下颌各具一对橘黄色大而向内弯曲的凿状门齿，具较长的齿隙。白齿构造较为复杂，咀嚼面由内外两排相互交错的三角形齿环组成，上颌 M^1 较大，具 4 个内侧突和 3 个外侧突，M^2 左右角突对称，相互汇通，具 3 个内侧突和 3 个外侧突，M^3 具 4 个内侧突和 3 个外侧突，第一、二内外侧突左右对称，其后的侧突不对称。下颌 M_1 邻侧突相通。M_2 左右对称具 3 个大小相等的内外侧突。M_3 为下颌最小的白齿，具 3 个内侧突和 3 个外侧突，第一内外侧突呈三角状，第二、三内外侧突呈斜长方形。

主要鉴别特征　体型较大，颅全长多数超过 26.5mm；M^3 具 4 个内侧突和 3 个外侧突，第三横叶及其后跟窄长，其长度明显大于第三横叶之宽度；M^1 具 4 个内侧突和 3 个外侧突；下颌 M_1 左右两侧的三角突彼此汇通，并成对排列。体毛柔软而细密，体背棕褐色或茶褐色。

年龄分组　大绒鼠妊娠期 15～18 天，本次实验过程中胎仔数均为 2 只，哺乳期为 22 天。与其他啮齿动物相比，大绒鼠具有相对较短的妊娠期，相对较小的胎仔数和相对较长的哺乳期。刚出生的大绒鼠幼仔全身通红，眼未睁，能发出"吱、吱"的叫声；出生时平均体重为 2.88 ± 0.11g（n=10），占母体体重的 6.87%；在出生第四天时开始长毛；7 日龄时眼已微微张开，长牙；10 日龄时四肢不能完全支持其身体，能匍匐爬行；13 日龄眼全部睁开，移动更为迅速；16 日龄时四肢能支撑起身体，快速跑动，开始嗅闻食物，并试图咬食；19 日龄时，开始咬食食物，但仍以母乳为主食；大绒鼠幼仔在 22 日龄自然断奶，断奶时平均体重为 13.59 ± 0.44g（n=10），占母体体重的 32.35%。依据逻辑斯蒂曲线的拐点（24 天），大绒鼠的体重生长可划分为加速生

图 1　大绒鼠（云南师范大学生态研究室摄）

长相和减速生长相；幼仔的体温在19日龄前逐渐升高，19日龄以后体温差异不显著，22日龄时接近成体水平；静止代谢率和非颤抖性产热在19日龄前随日龄逐渐增大，RMR在28日龄时接近成体水平，NST在7日龄内即被激活，在幼仔发育初期贡献较大，之后随着体重和RMR的稳定而逐渐降低。结果表明大绒鼠幼仔体温调节能力和产热能力的发育更为快速，胎仔数稳定，存活率高，繁殖率较低。

生活习性

栖息地 大绒鼠主要栖息于中国西南地区海拔1000~3000m的亚热带季风常绿阔叶林、针阔混交林及其林缘稀树灌丛。其中以农耕区及灌木丛地区为最适宜的栖息环境。

洞巢 营地表层洞道生活。大绒鼠是洞栖的鼠种。在平坝区的洞分布在干燥的地埂、小丘、灌溉渠埂及杂草丛生易于隐藏的地方；在山区除在农耕区地埂外，多分布于灌丛根部、树根部及覆被物下面，洞口多向东及向南开。洞口外有成堆细土，几个洞口间及外围有明显的外鼠道。打洞能力较强，每米田埂平均有鼠洞口5.02个，最多者在长宽高为880cm×62cm×58cm的田埂上为422个。洞型结构除临时洞较简单以外，均较复杂。洞口大小为4.5~6.6cm×5~8.5cm，洞口数为3~26个，鼠道分岔3~21岔，洞道总长242~1080cm，巢穴大小10~11cm×12~13cm×13~14cm。巢区结构简陋，多以嫩草、麦秆、稻草或嫩叶筑成，一般以雌雄同巢。此外，发现在耕作区高埂的刺丛及草丛下的地表，紧接外鼠道上有球状的外巢穴，直径30~40cm，树叶包围，巢心用细草筑成，穴内尚有鼠粪及鼠穴蚤类。

食物 大绒鼠是杂食性的鼠种，但以绿色植物的嫩叶、幼芽、含水量较高的植物茎、花及种子为主。绿色植物占42.07%，淀粉类占21.38%，绿色植物+淀粉类占17.93%，绿色植物+动物性食物占8.27%，绿色植物+淀粉类+动物性食物占4.83%，淀粉类+动物性食物占3.45%，动物性食物占2.07%。饲养6只大绒鼠，用蔬菜和小麦两种食物，蔬菜的食用量为小麦的2~3倍。此鼠有储粮习性，洞穴中常发现农作物，以秋末较甚。另外，在夏季尚有幼芽嫩叶之类储于洞内"仓库"；野外灭鼠中还发现储存毒饵，但不能供大绒鼠长期食用。

活动规律 大绒鼠昼夜都有活动，但以夜间为主，活动高峰为黄昏前后及黎明前后。曾目睹在小雨时出洞觅食，亦被捕获。但整夜大雨时则无活动。大绒鼠在食料缺乏时，暂时迁移到有食物地觅食活动。如在剑川（1979）及下关（1962—1964）调查，在粮食入仓，田间缺粮食的情况下有个别个体迁入室内而被捕获。此外，由染带蚤类的情况，也可以看出，大绒鼠有交窜活动的现象。

繁殖 每年6~9月为产仔高峰期，怀孕期约1个月，每年1~12胎不等，多为每胎2~4仔，平均数为2.67个，据1979年307只孕鼠的剖检结果表明1仔占5.21%，2仔占44.95%，3仔占37.46%，4仔占7.49%，5仔占1.63%，6仔占2.28%，7仔占0.65%，12仔占0.32%。性比1∶1，但是在年份、月间及体重有差别。繁殖期内剖检之孕鼠发现大绒鼠具有子宫斑的雌鼠再次妊娠的现象，也发现有胎仔的个体，同时有子宫斑的现象，说明大绒鼠每年繁殖至少2次。

种群数量动态

季节动态 不同季节对于大绒鼠的数量影响显著（图2），其中大绒鼠的数量高峰期集中在6~9月。夏季是大绒鼠的繁殖期，在该时期，食物资源条件较好，温度适宜和水分充足，动物可以繁殖后代，因此在该时期捕获的数量是最高的。

年间动态 大绒鼠在2002—2014年，年间数量变化差异不显著（图3）。这可能和剑川石龙地区的分布有关，该地区位于深山之中，远离城市，开发力度较小，因此在数量的年间变化上相差不大。

危害 大绒鼠鼠疫自然疫源地于1974年发现，主要分布在剑川及周围的洱源、漾濞、云龙、兰坪、玉龙5个县，面积约1600km²，自发现以来多次出现动物鼠疫的流行。经传播试验表明主要媒介是特新蚤指名亚种，主要宿主有大绒鼠，该疫源地从发现至今尚未出现人间鼠疫。已证实在滇西高山纵谷鼠疫自然疫源地中，大绒鼠是主要宿主之一。

防治技术

防鼠 环境治理。定期清理箱柜，捣毁鼠窝，不使鼠类营巢。断绝鼠粮。加强粮秣、蔬菜、食物、饲料、垃圾、粪便的管理。防鼠建筑。重点为门窗与其框间的空隙，墙

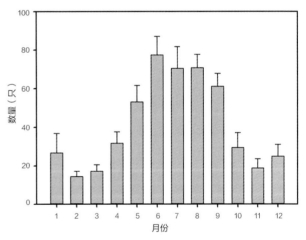

图2 不同月间大绒鼠数量的变化

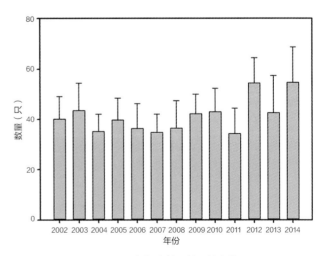

图3 不同年间大绒鼠数量的变化

基、墙体与地面的硬化，以及房顶、天花板等方面的设施。大绒鼠的捕获高峰期集中在 6～9 月，因此建议在该季节进行灭鼠药的使用可以有效控制大绒鼠的数量，从而预防鼠害和鼠疫的暴发。

灭鼠 器械灭鼠法。主要器械包括鼠夹、鼠笼、电子猫、粘鼠板等。药物灭鼠法。肠道毒物和熏蒸毒物均可用于灭鼠。肠道毒物常将灭鼠剂制成毒饵使用，而熏蒸毒物系利用熏蒸剂所产生的毒气灭鼠。生物灭鼠法。用于灭鼠的生物，既包括各种鼠的天敌，又包括鼠类的致病微生物和一些有毒的植物。

参考文献

郭牧，董兴齐，2008. 滇西北齐氏姬鼠、大绒鼠鼠疫疫源地的发展概况[J]. 中国地方病防治杂志，23(1): 27-31.

黄文几，陈延熹，温业新，1995. 中国啮齿类[M]. 上海：复旦大学出版社.

罗泽珣，陈卫，高武，等，2000. 中国动物志：兽纲 第六卷 啮齿目(下册) 仓鼠科[M]. 北京：科学出版社.

杨光荣，杨学时，1985. 大绒鼠的生物学资料[J]. 动物学杂志，20(5): 38-44.

ZHU W L, CAI J H, LIAN X, et al, 2010. Adaptive character of metabolism in *Eothenomys miletus* in Hengduan Mountains region during cold acclimation[J]. Journal of thermal biology, 35(8): 417-421.

（撰稿：王政昆；审稿：王勇）

大沙鼠 *Rhombomys opimus* Lichtenstein

大沙鼠是沙鼠亚科中最大的物种，是林业的重要害鼠之一。又名大砂土鼠、黄老鼠、柴老鼠等。啮齿目（Rodentia）仓鼠科（Cricetidae）沙鼠亚科（Gerbillinae）大沙鼠属（*Rhombomys*）。大沙鼠栖息于亚洲大陆中部以沙质荒漠、黏土荒漠和砾质荒漠为地形、地貌特征的干旱荒漠地带，是古北区荒漠、半荒漠景观中的典型鼠种。在中国主要分布在甘肃、宁夏、青海、新疆、内蒙古等地。

大沙鼠分布区西起新疆裕民县巴尔鲁克山西麓和中哈边界的阿拉山口，由此分南北两条线向东延伸。南线经博乐，沿精河、乌苏、沙湾等县的天山北麓，至玛纳斯县城附近，经昌吉、呼图壁、米泉，沿博格达山北麓的阜康、吉木萨尔、奇台等县，经木垒县大石头沿山谷延伸到哈密县七角井北，而后东折至甘肃安西的明水，环马鬃山向南至敦煌，再向南延至南湖一带，此后向东经河西走廊至腾格里沙漠达内蒙古阿拉善左旗一带，继续向东、向北最后止于二连浩特以北的中国—蒙古国边境，后向西沿阿尔金山北坡延伸至瓦石峡河谷。北线从古尔班通古特荒漠北缘至杜热，然后沿乌伦古河南岸至中国—蒙古国边境。新疆霍城县西部中国—哈萨克斯坦边境尚存面积较小的一块分布区则为哈萨克斯坦大沙鼠分布区的东延部分。此外，陈伟等在新疆若羌县城西和米兰发现了一个新的大沙鼠分布区。

目前认为存在 8 个分化亚种，包括内蒙古亚种（*Rhombomys opimus alaschanicus* Matschie），乌兹别克斯坦亚种（*Rhombomys opimus dalversinicus* Kashkarov），费尔干纳亚种（*Rhombomys opimus fumicolor* Heptner），南山亚种（*Rhombomys opimus giganteus* Büchner），戈壁滩亚种（*Rhombomys opimus nigrescens* Satunin），指名亚种（*Rhombomys opimus opimus* Lichtenstein），敦煌亚种（*Rhombomys opimus pevzov* Heptner），新疆亚种（*Rhombomys opimus sargadensis* Heptne）。这一分类主要是以标本的采集地划分，然而有学者认为大沙鼠分布范围广泛，不同时间、不同地区采集的个体存在差异，有些邻近地区的个体形态特征又极其相近，上述分类较为混乱。显然，进一步的标本比对研究是必要的。

形态

外形 在沙鼠亚科的鼠种中属于大体型鼠种，体形粗壮（图 1）。尾短而粗，明显短于体长，但超过 2/3 体长。尾上着生密毛，尾端的毛较长，在尾末端形成毛笔状的"毛束"。头形圆短，吻部粗钝，腮部较膨大；头骨宽大但耳廓短小。耳壳外延边缘毛密较长，相比之下其耳壳内毛短稀疏。趾端有强壮而且锐利、适于挖掘的黑色爪。与前肢裸露无毛的掌部相比，后肢跗跖部和掌部长有比较密的毛。雌鼠乳头 6 对，其中胸部 2 对，腹部 1 对，鼠蹊部 3 对。大沙鼠为单型属。

毛色 不同地域分布的个体，毛色有比较明显的差异。准噶尔盆地南部和北部分布的个体的毛色基本相同，但盆地东部和西部的个体的毛色则变化明显，西部个体的背部毛色呈暗褐色而东部个体背部毛色则呈现典型的沙土色，似乎存在自西向东背部毛色逐渐变浅的趋势。毛色随季节的转换也有变化。一般夏季其背部的毛较短而且毛色浅，冬季毛长且密实，毛色深暗。

夏季体毛毛基为灰色，向外延伸的部分为沙黄色。额部和背部的体毛由于多混杂有尖端呈黑色或褐色的硬毛，毛色明显比没有混杂硬毛的体侧毛色深，导致背腹毛界线明显。两颊和耳后毛色也比背部的毛色浅。腹面毛色和四肢内侧毛色均为灰白色，四肢外侧和后脚蹠部毛色浅黄。尾毛为红锈色，通体一致没有颜色差别，在色泽上比体背毛色鲜艳；尾后段有较长的黑毛，并在尾端形成小毛束。

头骨 大沙鼠头骨宽大，额宽达颧长的 2/3。鼻骨狭长，超过颅长的 1/3。额骨表面中央部较低凹，眶上嵴明显。由于额骨长大，顶骨显著变短，同时顶部平扁，有明显的颊

图 1 大沙鼠（戴昆摄）

崤，向后达顶间骨处，然后折向两侧形成大弯。顶圈骨近于椭圆形。颧弓中央不太膨大。听泡膨大程度略小于子午沙鼠，不与颧弓的鳞骨突角相接触。门齿孔狭长，向后延伸不达白齿列。

主要鉴别特征 体形粗壮，尾长等于或略短于体长。每个上门齿的前面各有两条纵沟（这是大沙鼠区别于红尾沙鼠的重要特征，红尾沙鼠每个上门齿的前面只有一条纵沟）。齿外侧的一条较明显，内侧的一条不太显著。上臼齿的咀嚼面平坦，齿内外珐琅质壁围绕齿冠形成一系列椭圆形齿环。M^1的咀嚼面有三个齿环，M^2有两个齿环，M^3靠近中部具有一浅凹陷，将该齿分成前后两个齿环。

生活习性

栖息地 包括3种主要的地形地貌：在沙质荒漠中，主要是以梭梭（Haloxylon ammodendron）为建群种的低缓沙丘底部；在黏土荒漠中，主要是以柽柳（Tamarix chinensis）为建群种的固定沙丘；在砾质荒漠中，主要是以梭梭和麻黄属（Ephedra）植物为建群种的沙地。有时栖息地会向农业区边缘扩散并以田埂、坡地为建巢区。典型的巢区为"条带状"，多以大型沙丘坡面为基础形成；或"岛状"，多以较小沙丘为中心形成。巢区为同家族个体活动区域的核心，巢区内的洞穴互相通连，洞穴之间有明显的"鼠道"，由个体在洞穴之间长期穿行活动所形成。洞穴是防范掠食动物的避难所也是领域控制的哨所，以洞穴为依托，个体的活动范围可达数十米甚至更远（图2）。大沙鼠有非常强的领域特性，主要是在洞穴旁通过在沙中打滚的沙浴行为和粪尿来标记领域。

洞穴 洞道结构十分复杂。洞口直径6~12cm，一般一个洞系有洞口10~30个。最多的达100余个。大多数洞系占地面积可达2~3hm²。在一个洞系范围内，洞道相互联通交错，既有内部的洞道通连也有外部的鼠道连接。总体看，洞穴多分为2~3层。第一层距地面40cm左右，每层之间相隔10~30cm。存粮区和排泄物区都靠近洞口。冬季经常出入的洞口，多在存草区附近。休息区比较深，大多向内深入2~3m处，以细草和软毛铺垫。分夏巢与冬巢；夏巢较浅，多在1~1.5m；冬巢多深达2m以上。洞道中存草区多扩大，一般存草达数十千克，最大者可贮草100kg以上，大多数存草区都是多年使用，可见分层，新储草在最上层，一般分3~4层，由此也可以推断大沙鼠的寿命较少能超过5年。排泄物区多为废弃的存粮区。在土质松软的地段，洞系容易塌陷。在土质较为坚实的地段，使用较久的洞系洞口前常有抛土、残食及排泄物构成的土丘，有的土丘高达40~60cm，可使微栖息地地形、地貌发生改变。

食物 大沙鼠为植食性动物，食谱成分达40多种。主要成分有梭梭、猪毛菜（Salsola collina）、琵琶柴（Reaumuria songonica）、盐爪爪（Kalidium foliatum）、白刺（Nitraria tangutorum）、假木贼属（Anabasis）中的各个种、锦鸡儿（Caragana sinica）、芦苇（Phragmites communis）等。以切削植物枝条获取嫩叶为取食方式，巢区附近的梭梭灌丛普遍可见顶端被切削的断茬，多在离地1m左右，最高可达1.5m。这种取食方式无疑增加了捕食风险，直观看似乎没有增加取食效率，其意义需要进一步的研究。冬季主要依靠夏秋贮藏的草越冬，偶尔也出洞采食一些种子和植物茎皮。不饮液态水，食物是获取水分的唯一途径。作为栖息生境中的优势种，主要危害荒漠灌木，种群数量暴发时容易导致生态失衡。

活动规律 只在白天活动。冬季不冬眠，但是活动的强度明显低于春夏秋三季。春季没有特别明显的活动节律，中午较热的时段活动较弱，巢区的个体全为成体，多在2~4只。夏季活动节律呈明显双峰型；在日出的同时即开始活动而且其出洞频次越来越高，形成第一次活动高峰；随着气温的上升，地表温度逐渐升高，出洞的频次逐渐减弱，午后地表温度最高的时段很少有鼠出洞活动；黄昏至日落时段个体活动最积极，形成一天中的第二次活动高峰，可以见到许多幼鼠，日落后所有个体都返回洞内。秋季开始有明显的储食行为，出现大量亚成体鼠，巢区内活动的鼠往往可达20只以上，巢区内洞穴数显著增多。冬季日活动集中在晴天的上午至中午气温较高的时段，主要在洞口附近数米范围。

鸣叫 在洞外活动时非常警觉，任何异常都会引起其发出尖利的鸣叫报警，同时引发附近个体鸣叫。大沙鼠是沙鼠亚科中唯一能鸣叫报警的鼠种。鸣叫过程分3个阶段：发现危险时首先是以后足站立姿态发出有节奏的连续鸣叫；当危险继续靠近时，会发出短促鸣叫并伴随后足不停拍地；如果危险非常近或有突然出现的掠食动物时，报警者会发出一个短哨音并迅速进入洞穴。鸣叫报警和储食越冬是大沙鼠应对环境胁迫的重要生存对策。

繁殖 繁殖力较强，平均胎仔数4~7只，孕期23~31天，约3月龄性成熟。不同地区分布的大沙鼠在繁殖方面没有明显差异。4~5月和7~8月是孕鼠出现的高峰，雄性睾丸平均重量在这两个时期最大；性成熟体重180~200g。雌雄的寿命有差异，雄性个体平均寿命2~3年，雌性个体寿命3~4年。

社群结构与婚配行为 以家族为核心的群聚物种。一个典型的家族群由1只雄性和1~6只雌性及数量不等的幼鼠组成。3月上旬观察到的家族群多为2~4只；5月上旬可以观察到在洞外活动的幼鼠，说明当年第一批出生的幼崽已经断奶；9月中旬可见大量亚成体，此时一个家族群的个体数量可达20只以上。一个巢区内，个体数量从春季到秋季可以增加数倍，但翌年春季数量又回到上年春季的水平，这种现象是分群迁移还是越冬导致高死亡率仍需进一步研究。

图2 大沙鼠栖息地（戴昆摄）

一只雌鼠年产2~3胎，每胎1~14只幼崽，平均4~7只。没有关于婚配制度的详细研究报告。根据的野外观察，雌性多在巢区附近活动，具有较高的忠诚度，雄性的活动范围明显较雌性大而且有高频次的领域标记行为，但是否存在对交配权的争斗行为仍不清楚，推测婚配制度应该属于一雄多雌制，但由于从春季到秋季雌鼠可以连续繁殖加之其活动范围没有明显边界，因此不能排除多雄多雌制。

种群数量动态

季节动态 具有明显的季节性繁殖特征，种群数量从5月底6月初开始上升，8~9月达到高峰。对洞外活动个体数量的统计，10月开始种群数量逐渐下降，至翌年3月降低到年度的最低水平。

年间动态 种群数量存在明显年间波动，高的年份与低的年份之间种群数量有数倍之差。这种波动可能与年间环境条件的变化相关。由于缺乏长期连续监测的数据，目前不清楚种群数量年间波动的规律以及主要影响因子和作用机制。

危害 主要危害荒漠植物特别是灌木。大沙鼠与栖息地灌木植物之间是一种脆弱的平衡关系，适度的啃食有时会在一定程度上维持植物的良性发展，有利于生物多样性、发展良好的灌木也有利于大沙鼠种群的稳定。但是，过度的啃食枝条和部分根往往导致灌木死亡，其结果最终将反过来威胁大沙鼠种群平衡。除了对荒漠生态系统的危害，大沙鼠种群数量暴发导致生长缓慢的荒漠灌木林系统很难恢复平衡甚至崩溃，加速了环境沙化过程，如无外部的干预，生态平衡重建非常困难，其负面效果向系统外传导可能引发更严重环境的问题。此外，传播疾病也是一个严重威胁。大沙鼠是多种人畜共患病病原体的重要宿主，主要的寄生病原体有鼠疫杆菌（*Yersinia pestis*）、利氏曼原虫（*Leishmania major*）等。有研究显示，亚欧之间的商旅队很可能是将鼠疫杆菌带入并导致欧洲鼠疫暴发的重要原因，而中亚地区的大沙鼠种群则非常可能是病原体的源头。在交通越来越容易，人员跨地域流动量越来越大的今天，动物疫病的传播将是世界性的严重问题。

防治技术

生物防治 天敌主要包括食肉类小型哺乳动物，如狐狸、日间活动的猛禽等，这些掠食动物可以在一定程度上减小大沙鼠的危害。生物防治的效率较低，可作为一种辅助措施。

物理防治 鼠夹夹捕是最常用的灭鼠方法。优点是不会造成天敌或其他动物的二次中毒，有利于环境。然而，该方法无论在操作性和灭杀效率方面都不适于在大范围控制暴发的种群。

化学防治 这是目前最为有效的且可以大面积使用的措施。然而，这个方法在时间和空间上都对环境有很大的负面影响，应该谨慎使用。按照农业部相关规定，鼠类防治必须选择已经注册登记的各类杀鼠剂及相关制剂、毒饵。目前主要为抗凝血剂类杀鼠剂，如敌鼠钠盐、溴敌隆等。

参考文献

马勇，王逢桂，金善科，等，1987. 新疆北部地区啮齿动物的分类和分布[M]. 北京：科学出版社.

赵天飚，周立志，张忠兵，等，2005. 大沙鼠种群年龄结构的季节变化和繁殖特征[J]. 动物学杂志，40(6): 108-113.

周立志，马勇，李迪强，2000. 大沙鼠在中国的地理分布[J]. 动物学报，46(2): 130-137.

（撰稿：戴昆；审稿：王勇）

大足鼠 *Rattus nitidus* Hodgson

重要的农业害鼠之一。又名水耗子。啮齿目（Rodentia）鼠科（Muridae）大鼠属（*Rattus*）。

大足鼠在中国分布较广，主要分布于西南、华中、华东及华北的河南、河北和西北的陕西、甘肃等省，西藏南部地区也有分布。在四川和云南一些地区，如四川盆地和云南大理等地曾一度为农田优势鼠种。大足鼠除了主要栖息在农作区外，在山地也有分布，在海拔3500m的山地有捕获记录。

形态

外形 成体重180~200g，体长150~190mm；尾长约体长的95%，无鳞片，尖端细而尖；耳大而薄；后足细长，一般在35mm以上，四只足具有白色闪光的细刚毛。

毛色 口鼻部、眼周及前额为淡棕黄色，耳暗棕色。体背呈棕黄色至暗棕黄色，背中央部较深至两侧逐渐转淡，体侧呈淡黄色，与腹面无明显界线。腹面毛基灰色，毛尖白色微染肉黄色。前腿背面淡棕色。尾上下均为暗棕色。

鉴别特征 与大足鼠同域分布且在鉴别上容易与之混淆的鼠种有褐家鼠和黄胸鼠。大足鼠与褐家鼠的区别是耳相对大，耳向前折能够盖住眼睛，尾部的鳞片不明显。与黄胸鼠的区别在于其尾略短于体长，前爪背面没有褐色斑纹。此外，第一上白齿第一横嵴的外侧齿突（t^1）退化，此特征也是与黄胸鼠的主要区别之一。

生活习性

栖息地 大足鼠属野生鼠种，较少进入农舍。但有研究发现在云南中甸及贡山地区，室内亦为大足鼠的主要栖居环境之一。这可能是当地环境差异及鼠种组成不同所致。当室内褐家鼠为优势种时，大足鼠在室内的分布受到抑制。大足鼠的洞穴主要分布在院落周围、田埂、地角、池塘埂上及有杂草或矮树丛和灌木丛等地。

活动规律 大足鼠一天有两个活动高峰期，即清晨5:00~7:00和晚上17:00~21:00。2:00~4:00和14:00~16:00时活动较少。一天的平均运动距离约40m；有10%的成体发生扩散，离开它们的活动中心，平均扩散距离大于100m。有随作物布局变化而季节性迁移栖居和危害场所的现象。

繁殖与种群数量动态 全年繁殖，雌鼠每年可生4胎，每胎平均胎仔数在8只左右。在四川盆地，2月下旬至3月上中旬开始进入繁殖盛期，3~6月的种群数量迅速增长。7~8月的雌鼠怀孕率明显下降。9月再次大量繁殖，种群数量迅速增长，到11月，种群数量上升至全年最高峰，并持续到12月中旬。12月至翌年2月，种群数量下降。

危害 是中国西南地区农田的主要害鼠。其危害作物的特点是盗食种子，造成缺窝缺苗，苗期到抽穗期咬断禾苗，成熟期盗食籽粒。大足鼠还常在池塘埂上筑巢，盗食鱼虾，可严重危害鱼塘。大足鼠也是恙虫病、钩端螺旋体病、肾综合征出血热及鼠疫等自然疫源性疾病的宿主之一。

在四川盆地，一年之中，大足鼠有3个危害高峰期。一是3月中下旬小麦孕穗期至水稻、春玉米播种期，尤以小麦和玉米种子受害最重，孕穗期的小麦失去自身补偿能力，被害株完全失收。二是6月早玉米成熟期（山区推迟到7月）。第三个危害高峰是10月下旬至11月中旬的小麦、蚕豆等作物播种期，尤以麦田受害最重。

防治技术 在农田可采用毒饵站控制鼠害。毒饵站采用60cm竹筒制成，直径为4~6cm，两端有10cm左右的支架（插入地下，竹筒口离地面2~3cm）。在水稻田中毒饵站沿田埂置放，在旱地中毒饵站尽量均匀置放。放置密度为5~10个/hm^2。农村房舍区每户可使用2个毒饵站，分别置于后屋檐及前院。毒饵可采用大米与抗凝血杀鼠剂配置，或购买商品抗凝血杀鼠毒饵。每个毒饵站投放20g左右的毒饵。若毒饵被取食，需及时补充。

参考文献

蒋光藻, 曾录书, 倪健英, 等. 1999. 大足鼠的生物学特性及分布[J]. 西南农业学报, 12(4): 82-85.

蒋光藻, 倪健英, 曾录书, 等. 1999. 大足鼠的发生规律研究[J]. 西南农业大学学报, 21(1): 87-90.

涂建华, 罗林明, 2001. 农村鼠害控制技术[M]. 成都: 四川科学技术出版社.

王朝斌, 蒋凡, 郭聪, 等. 2003. 竹筒毒饵站农田灭鼠效果观察[J]. 植保技术与推广, 23(10): 31-32.

王红愫, 2008. 大足鼠(*Rattus nitidus*)种群动态和繁殖特性研究[J]. 云南大学学报(自然科学版), 30 (S1): 166-169.

杨光荣, 陈如华, 赵秀瑜. 1987. 云南大足鼠的生态观察[J]. 中国鼠类防制杂志, 3(4): 215-217.

曾宗永, 丁维俊, 杨跃敏, 等. 1996. 川西平原大足鼠的种群生态学 I. 种群动态和个体大小[J]. 兽类学报, 16(3): 202-210.

（撰稿：郭聪；审稿：王勇）

蛋白质 protein

鼠类机体的主要组成成分。是机体生理代谢调控、酶催化反应、基因表达、肌肉收缩、激素调节、养分、氧气以及代谢废物的转运不可或缺的关键性营养物质，对鼠类的代谢、生长、免疫和繁殖都有重要的作用。

鼠类食物蛋白质的可利用性取决于食物中蛋白质含量与质量，而蛋白质的质量则与蛋白质中氨基酸的种类和含量相关。有些氨基酸鼠类可以在体内合成，另外，鼠类可借助盲肠内寄生的微生物群落合成氨基酸，并通过食粪行为摄食软粪，从而降低了对食物氨基酸组成的要求。

植食性鼠类的食物中蛋白质含量较低，而且随季节变化。当食物蛋白质含量较低或摄入不足会导致鼠类的形态、行为和生理状态发生变化，从而影响其生长、繁殖与存活。早期食物蛋白质限制使金仓鼠（*Mesocricetus auratus*）仔鼠数目减少，雌雄性比增加。草原田鼠（*Microtus ochrogaster*）采食粗蛋白质含量为8%的燕麦食物才可以维持其正常体重。把刚毛棉鼠（*Sigmodon hispidus*）分成两组，分别饲喂蛋白质含量为4%和11%的食物。饲喂蛋白质含量4%食物的刚毛棉鼠的生长速率和雌性繁殖能力明显低于饲喂11%蛋白质的刚毛棉鼠。饲喂低蛋白质食物的田鼠，其繁殖功能降低。此外，植物单宁能与唾液脯氨酸、消化酶以及食物蛋白质结合形成络合物，影响鼠类对蛋白质的消化率。随食物单宁酸含量的增高，可使草原田鼠、草甸田鼠（*Microtus pennsylvanicus*）、荒漠林鼠（*Neotoma lepida*）食物蛋白质的消化率降低，使粪中氮含量上升。

参考文献

朱俊霞, 王勇, 张美文, 等. 2011. 食物蛋白含量和限食对雌性东方田鼠生理特性的影响[J]. 生态学报, 31(24): 7464-7470.

BRONSON F H, 1989. Mammalian reproductive biology[M]. Chicago: The University of Chicago Press.

FREELAND W J, JANZEN D H, 1974. Strategies in herbivory by mammals: the role of plant secondary compounds[J]. The American naturalist, 108: 269-289.

HAGERMAN A E, ROBBINS C T, 1993. Specificity of tannin-binding salivary proteins relative to diet selection by mammals[J]. Canadian journal of zoology, 71: 628-633.

ROBBINS C T, 1993. Wildlife feeding and nutrition[M]. 2nd ed. New York: Academic Press.

SANTOS-BUELGA C, SCALBERT A, 2000. Proan-thocyanidins and tannin-like compounds nature, occurrence, dietary intake and effects on nutrition and health[J]. Journal of the science of food and agriculture, 80: 1094-1117.

（撰稿：李俊年；审稿：陶双伦）

盗食行为 pilferage behavior

动物取食或搬走其他个体所贮藏食物的行为。它既可以发生在同种个体之间（种内盗食），也可以发生在不同物种之间（种间盗食）。盗食行为普遍存在于具有贮食习性的鼠类，是导致贮藏者食物损失的重要原因。鼠类贮藏种子是为了度过食物短缺期或为了交配、繁殖后代而储备食物和能量。因此，贮藏物的丢失对鼠类来说是有害的，甚至是致命的，对长期贮藏者的影响尤其显著。对于短期贮食者来说，因为短期内食物资源丰富，贮食动物可以在数天甚至是几个小时内恢复被盗食的损失，影响相对较小。大多数长期贮藏者的盗食率介于每天2%~30%之间，如果连续经历盗食，这些鼠类贮藏的食物将在一周或者数周内消耗殆尽，从而产生致命的影响。例如，黄松花鼠（*Tamias amoenus*）贮藏在土壤中的约弗松（*Pinus jeffreyi*）种子，3天内因盗食损失就高达29.1%。

参考文献

DALLY J M, CLAYTON N S, EMERY N J, 2006. The behaviour and evolution of cache protection and pilferage[J]. Animal behaviour, 72: 13-23.

LEAVER L A, HOPEWELL L, CALDWELL C, et al, 2007. Audience effects on food caching in grey squirrels (*Sciurus carolinensis*): evidence for pilferage avoidance strategies[J]. Animal cognition, 10: 23-27.

VANDER WALL S B, JENKINS S H, 2003. Reciprocal pilferage and the evolution of food hoarding behavior[J]. Behavioral ecology, 14: 656-667.

（撰稿：常罡、韩宁；审稿：路纪琪）

地栖型小型兽类外形测量 external measurement of non-volant small mammals

地栖型小型兽类包括除翼手目（chiroptera）之外的劳亚食虫目（Eulipotyphla）、啮齿目（Rodentina）、攀鼩目（Scandentia）和兔形目（Lagomorpha）种类。它们的外形测量方法一致。外形测量需测量新鲜标本，浸制标本、假剥制标本等测量数据不准确。一般在采集到标本之后，需对标本进行体表寄生虫灭杀工作，然后再测量，以免跳蚤、螨虫类寄生虫对人体造成伤害，轻则奇痒难忍，重则传播疾病。灭杀体表寄生虫用家用灭蚊喷雾剂，如灭害灵等。灭杀时，把采集标本放入塑料袋中，喷入灭蚊喷雾剂，密闭5分钟以上即可。测量时戴上口罩和手套，工具包括电子天平或最大称重为1.5kg的小秤、卷尺。

测量标本时，将标本腹部朝上，使标本处于正常状态（不卷曲，不随意拉伸）。外形测量一般包括体重（单位：g；精确到0.1g）、体长、尾长、后足长和耳高（4项数据单位均用mm，精确到0.1mm）。

体重：新鲜标本的重量。

体长：从标本吻尖部到肛门中央的距离。

尾长：肛门中央到尾末端的距离。一些种类尾末端有毛束，尾长不包括毛束。

耳高：耳廓最低的开口处到耳最高点的距离。一些种类耳尖部有毛束，耳高不包括耳尖部毛束。

后足长：地栖性小型兽类除兔类外，均是蹠行性，就是通过整个跗蹠部着地进行行走，和人一样。小型兽类的后足长就是跗蹠部长。测量后足长是从跗蹠部后缘（脚跟）至后足中趾趾端的距离，不包括爪。

参考文献

SMITH A T, 解焱, 2009. 中国兽类野外手册[M]. 长沙: 湖南教育出版社.

（撰稿：刘少英；审稿：王登）

敌鼠 diphacinone

一种在中国登记的慢性杀鼠剂。又名敌鼠钠盐、野鼠净。化学式$C_{23}H_{16}O_3$，相对分子质量340.37，熔点146～147℃。不溶于水，溶于丙酮、乙醇等有机溶剂。为黄色针状结晶，无臭无味，可由偏二苯基丙酮在甲醇钠催化剂存在下与苯二甲酸甲酯作用而制成。敌鼠是应用较广的第一代抗凝血杀鼠剂之一，误食后服用维生素K可解毒，同时应立即送医治疗。

（撰稿：宋英；审稿：刘晓辉）

雕鸮 *Bubo bubo* Linnaeus

鼠类的天敌之一。又名大猫头鹰、大猫王、希日—芍布、鹫兔、怪鸱、角鸱、恨狐、老兔等。英文名eurasian eagle-owl。鸮形目(Strigiformes)鸱鸮科(Strigidae)雕鸮属(*Bubo*)。

除沙漠地区外，几遍中国全境，在中国大部分省区为留鸟，除海南、台湾外的中国大部分地区虽分布广泛但普遍稀少。国外分布于古北界、新北界、中东及印度次大陆等区域的多个国家。

形态 体型硕大(69cm)的鸮类。耳羽簇长，橘黄色眼显大。体羽具褐色斑。胸部黄，多具深褐色纵纹且每片羽毛均具褐色横斑。眼先白色而羽干黑色，面盘淡棕而杂黑褐横斑，翎领黑褐，头顶黑褐，羽缘有棕斑，上体、肩和三级飞羽淡棕及棕色，布以黑褐纵纹、横斑和蠹状纹；尾具斑杂而相间的褐色和棕色横斑，次级飞羽杂有黑褐斑纹，其余翅羽表面暗褐，各羽外翈有斑杂的棕色横斑；下体余部淡棕及棕色，具黑褐纵纹和横斑，羽延伸至脚趾。

虹膜橙黄色；嘴灰色；脚黄色。

叫声：沉重的poop声。嘴叩击出"嗒嗒"声。

生态及习性 栖息于森林、平原、荒野、林缘灌丛以及裸露的高山和峭壁等各类环境中，极少于地面。夏季在海拔2000m以上的地方活动，栖息地的海拔高度可达4500m左右，冬季较低。通常活动在人迹罕至的偏僻地区，除繁殖期外常单独活动。白天多躲藏在密林中栖息，听觉敏锐，稍有动静便立即伸颈睁眼，转动身体观察四周。如有危险便立即飞走，飞行缓慢无声，常贴地面飞行。

食性很广，但主要以鼠类为食，也吃其他兽类、鸟类、鱼类、两栖类和爬行类等几乎所有能够捕到的动物。雕鸮的主要鼠类食物是黑线姬鼠，还包括小家鼠、大足鼠、褐家鼠、北社鼠等。

繁殖期随地区而不同，在东北地区为4～7月，而西南地区则从12月开始。通常营巢于树洞中、悬崖峭壁下面的凹处或者直接产卵于地面上的凹处。由雌鸟用爪刨一小坑即成，巢内无任何内垫物，产卵后则垫以稀疏的绒羽。巢的大小视营巢环境而不同，直径27～31.5cm。每窝产卵2～5枚，常为3枚。卵白色椭圆形，孵卵由雌鸟承担，孵化期35天。

为国家二级重点保护野生动物。

参考文献

约翰·马敬能, 卡伦·菲利普斯, 何芬奇, 2000. 中国鸟类野外手册[M]. 长沙: 湖南教育出版社.

赵正阶, 2001. 中国鸟类志[M]. 长春: 吉林科学技术出版社.

郑光美, 2011. 中国鸟类分类与分布名录[M]. 2版. 北京: 科学出版社.

（撰稿：李操；审稿：王勇）

定向扩散假说 directed dispersal hypothesis

扩散种子时，一些动物能够将种子定向搬运到适于幼苗建成和生长的生境中，称为定向扩散。定向扩散具有非随机性，并且种子到达的生境适于幼苗建成和生长。典型的定向扩散包括蚂蚁对具有油质体种子的扩散，鸟类（松鸦 *Garrulus glandarius* 和星鸦 *Nucifraga caryocatactes*）对坚果种子的分散贮藏以及鸟类对槲寄生的扩散。被蚂蚁运至蚁穴的种子比随机放在地表或埋在土壤表层下的种子有更高的萌发率；鸟类倾向于将坚果埋藏在适于种子萌发的几厘米深的土层中。此外，鼠类也能为植物种子提供定向扩散。例如，Briggs 等（2009）发现鼠类将种子埋藏在土壤中的深度以及埋藏的微生境能够促进种子萌发以及幼苗的存活；Yi 等（2013）发现花鼠（*Tamias sibiricus*）喜欢将橡子贮藏在湿度较高的土壤中，有利于橡子萌发；Hirsch 等（2012）发现刺豚鼠（*Myoprocta acouchy*）倾向于将棕榈（*Trachycarpus fortunei*）种子贮藏在同种植物较少的生境中，从而能够降低动物对种子的盗食，增加种子的存活。鼠类对种子的定向扩散可归纳为 3 种方式：①鼠类将种子定向扩散到适宜于种子萌发和幼苗存活的微生境中。②鼠类对种子的埋藏有利于种子逃脱捕食，并且种子被埋藏的深度有利于种子萌发。③鼠类在扩散种子时不仅将种子搬运到远离自身母树的生境中，同时还将种子搬运到远离同种其他成熟个体的生境中，随着搬运次数增加，种子离同种其他成熟个体的距离越来越远，因此能够避免幼苗与母树的竞争、幼苗之间的竞争以及母树附近的密度制约性死亡。

参考文献

BRIGGS J S, VANDER WALL S B, JENKINS S H, 2009. Forest rodents provide directed dispersal of Jeffrey pine seeds[J]. Ecology, 90: 675-687.

HIRSCH B T, KAYS R, PEREIRA V E, et al, 2012. Directed seed dispersal towards areas with low conspecific tree density by a scatter-hoarding rodent[J]. Ecology letters, 15: 1423-1429.

HOWE H F, SMALLWOOD J, 1982, Ecology of seed dispersal[M]. Annual reviews of ecology and systematics, 13: 201-228.

WENNY D G, 2001. Advantages of seed dispersal: a re-evaluation of directed dispersal[J]. Evolutionary ecology research, 3: 51-74.

YI X, LIU G, STEELE M, et al, 2013. Directed seed dispersal by a scatter-hoarding rodent: the effects of soil water content[J]. Animal behaviour, 86: 851-857.

（撰稿：曹林；审稿：路纪琪）

定植假说 colonization hypothesis

定植假说认为，由于生境会随着时间的流逝而产生变化，因此种子扩散的生态学意义在于母树将种子广泛散布出去，使得其中一些种子能够有机会到达适宜的生境中萌发并建成幼苗；另外一些种子则可能进入土壤种子库中等待机会，直到生境发生变化，如树木倒下、山体滑坡、火灾或其他各种干扰因素使得生境变得宜于种子萌发、幼苗建成和生长。定植假说认为一些植物繁殖体会比另外的繁殖体更容易占据新的生境。对于任何一个物种来说，所占据新的生境都只是暂时的，非常短暂的，最终会被其他物种所替代。因此当一个物种占据新的生境后，只能通过将繁殖体传播出去，占据新的生境来完成更新。离开母树并非为了逃离母树附近密度制约性的死亡，而是因为在母树下会受到母树的抑制而使得竞争力下降，其他的物种会更具有竞争力，因此很难实现在原来的母树下完成更新。定植假说的前提是，适宜于幼苗建成的生境是不可预测的或者说是随机分布的，这一假说主要适用于演替中的群落。一般来说结实小种子的植物定植潜力更强，而结实大种子的植物在已饱和的生境中会更有竞争力。定植潜力强的植物占据新的生境后会很快开始繁殖，占据其他的生境，而原来所占据的位置会被其他竞争力强的物种所抢占。一般来说，一个物种很难在同一个位置存活几个世代。鼠类作为重要的种子传播者，将部分植物种子搬离母树，埋藏在土壤浅层、枯枝叶、灌丛边缘、开阔草地等适宜种子萌发和幼苗生长的地方，有利于植物种子传播和更新。很多关于"鼠类—种子"互作的研究支持定植假说理论。

参考文献

HOWE H F, SMALLWOOD J, 1982. Ecology of seed dispersal[J]. Annual reviews of ecology and systematics, 13: 201-228.

HUTCHINSON G E, 1951. Copepodology for the ornithologist[J]. Ecology, 32: 571-577.

ZHANG H, LUO Y, STEELE M A, et al, 2013. Rodent-favored cache sites do not favor seedling establishment of shade-intolerant wild apricot (*Prunus armeniaca* Linn.) in northern China[J]. Plant ecology, 214(4): 531-543.

（撰稿：曹林；审稿：路纪琪）

东北鼢鼠 *Myospalax psilurus* Milne-Edwards

中国北方常见的营地下生活啮齿动物之一，是草甸草原的主要害鼠。又名华北鼢鼠、裸尾鼢鼠、地羊、地排子、盲鼠、瞎老鼠、瞎摸鼠等。英文名 transbaikal zokor、siberian zokor。啮齿目（Rodentia）鼹形鼠科（Spalacidae）鼢鼠亚科（Myospalacinae）平颅鼢鼠属（*Myospalax*）。

在中国主要分布于东北、内蒙古、河北及山东等地区。国外见于蒙古东北部、俄罗斯外贝加尔东南部与远东南部。

形态

外形 东北鼢鼠与中华鼢鼠相似，体形粗壮，四肢及尾均短。体重 185～530g，体长 200～270mm。眼极小；耳壳亦甚小，隐于毛下。前足爪粗大且长，特别是第三趾，后足连爪 35～48mm。尾较中华鼢鼠短，长为 25～55mm；颧宽 29.5～37mm；后头宽 26～34mm；眶间宽 7～8mm；鼻骨长 13～16mm；听泡长 8.6～9mm；上颊齿列长 10～11mm。染色体数 $2n=62$。划分年龄组采用的主要指标有体重、胴体重、体长，并参考头骨特征和毛色的变化等（图 1）。

毛色 毛细软且光滑，灰色，略带淡褐黄色，有裸露鼻垫；吻部上端额部中央有一白色斑块。背毛色一致，体侧毛与背毛相似。腹毛灰色，后足和尾均几乎无毛裸露，仅被以及稀疏细毛（图1）。

头骨 颧骨后部人字嵴处呈截切状，几乎与颅顶面垂直，与中华鼢鼠明显不同（图2）。

主要鉴别特征 颅骨宽短，颧骨约为颅全长的67.7%，颧弧近前部最宽；吻部粗大，鼻骨甚长，约为颅全长的40%，其后缘略为前颌骨超出，或在同一水平线上，或稍超出前颌骨后端，后缘中间有缺刻。颅骨前低后高，体背面接近平直，从侧面看几乎呈三角形；颅高约为颅全长的53.7%。颅骨在人字嵴后缘向下斜截。枕骨面几乎与颅顶顶面垂直。门齿孔短，在前颌骨范围内。腭骨后缘约在M^3内侧凹角的同一水平线上，后缘中间有发达的尖突（突起）。M^1内侧有2个凹角。M^3超过M^1的1/2，内侧仅有1凹角。下颌骨较草原鼢鼠的高，约为长的71%；冠状突与关节突之间凹窝也较深，但底部较窄。关节突后缘大部分近乎垂直（图2）。

生活习性

栖息地 主要栖息于草甸草原及砂质土壤的农田和部分丘陵区的荒地与灌丛、林缘区域中。在内蒙古主要栖息于呼伦贝尔草甸草原，数量高峰时期盗出地面的土丘对草场造成严重危害，降低畜牧业产量（图3）。

洞道 洞道复杂，一般地面均无明显洞口。洞道上方地面常形成许多大小不一的土丘，最大直径可达1.5m以上。洞道因不同地点、不同性别、不同季节构造不同。雌雄分居，雌性洞道较雄性复杂，并且分支较集中，主要有主洞道、仓库、窝巢等。雄鼠的洞道没有很好的窝巢，贮藏的粮食也较少。秋冬季洞道较春夏季复杂，农田洞道与草原地区的洞道不同。洞道随时都在建造，也随时都在废弃，因而是经常变化的。时常把一些发霉了的仓库、旧的窝巢及陈旧的洞穴用土堵死而废弃。昼夜均有活动，主要为地下活动，有时也到地面上觅食、寻偶。冬季不冬眠。

食物 食物主要为植物的地下部分，亦取食植物的茎叶和地下害虫，尤其喜食块根、块茎及植物的种子。从内蒙古草原其贮藏的食物来看，食物的种类包括禾本科牧草、豆科牧草等植物的根系和茎叶以及块根、块茎，偶尔也吃一些种子和少量地下昆虫。

活动规律 一般昼夜活动，但季节活动明显，当春季土地尚未全部解冻前即开始活动，5、6月繁殖活动频繁，9、10月主要是采食和储粮活动。一天之内又以早、晚活动最盛。小雨及阴天全天都活动。该鼠有怕光、怕风的习性，洞口一旦被破坏，在短时间内就会堵洞。

繁殖 东北鼢鼠从4月开始进入繁殖期，睾丸下降率为62.5%～100%。睾丸重量随繁殖期的不同及年龄组逐渐延长而逐渐降低，成年组到老年组，睾丸的平均重在0.10～0.03g。

东北鼢鼠在4～6月间的妊娠率为75%，每年可繁殖1次，胎仔数在2～6只不等。东北鼢鼠的胎仔数有一定的季节差异，4月平均胎仔数最高，6月则较低，4月为东北鼢鼠一年中繁殖指数最高的时期。东北鼢鼠的妊娠率在不同月份随年龄组的不同而异，即幼体不参加繁殖，亚成体妊娠率

图1 东北鼢鼠（满都呼提供）

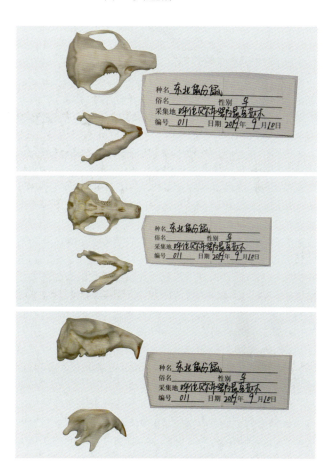

图2 东北鼢鼠头骨（商正昊妮提供）

图3 东北鼢鼠栖息地（袁帅提供）

最低,老年组妊娠率最高。

社群结构与行为 雌雄分居生活,一般单鼠单洞,繁殖期雌雄共同在一个洞系生活,育幼期间幼鼠与母鼠一个洞系共同生活。东北鼢鼠具有堵洞的习性,发现洞被掘开后,东北鼢鼠会很快前来封堵,被堵上的洞即为有效洞。关于地下鼠堵洞习性的原因,国内外有许多相关研究,主要集中在探索风、光、声音等因子对鼢鼠生理结构、生态习性的影响方面。但是据内蒙古农业大学研究团队研究结果,风和光不是影响东北鼢鼠堵洞的直接原因。

种群数量动态

季节动态 在内蒙古呼伦贝尔草原,东北鼢鼠一年有两次活动高峰,即5月中旬和9月中下旬。5月中旬活动主要是寻找配偶与繁殖,9月份活动则为贮备越冬食物,挖掘仓库、窝巢,7月中旬至8月中旬基本停止挖掘活动,产仔、育幼。亚成体在9月开始分居。以新鲜土丘数为指标,计测其数量变化,可以估测季节活动节律。1986—1987年在呼伦贝尔市鄂温克自治旗草原,用日捕获数量研究东北鼢鼠的活动节律,其日活动高峰与月份有关。5~6月鼢鼠处于哺育幼鼠阶段,需要补充大量营养。每天出现4次活动高峰,上午8:00~12:00,下午15:00~20:00;6月上午5:00~12:00,下午18:00~22:00。7月草本植物生长旺盛,以草本植物和农作物为主要食物,不再危害樟子松,9月中旬至10月末,鼢鼠开始藏越冬食物,以草本植物为主。

2013—2014年,选择东北鼢鼠栖息的草地,用围栏围成5个10hm²等面积的小区,分别设为连续放牧区CG、按月轮牧区MG、按季轮牧区QG、过度放牧区OG,4种放牧强度和1个禁牧区CK作为对照,共5种处理,东北鼢鼠种群数量季节动态,夏季各放牧区新土丘数由高到低依次为CK>MG>OG>QG>CG。对照区和按月轮牧区新土丘数显著高于季节轮牧区和连续放牧区($P<0.05$)。秋季新土丘数由高到低依次为CK>MG>OG>CG>QG。对照区新土丘数显著高于季节轮牧区($P<0.05$)。连续放牧区、按月轮牧区和过度放牧区鼢鼠新土丘数差异不显著($P>0.05$)(图4)。

迁徙规律 地下鼠的活动和生存不仅对栖息地植被的地下生物量有不同程度的危害,而且经常性地破坏自身的栖息地,出现栖息地的不断更换,最终导致大面积草地受损。在内蒙古草甸草原区缓坡地是东北鼢鼠的最适栖息地,沟谷阴坡地是适宜栖息地,而阳坡地的适宜性较差。东北鼢鼠活动以窝巢为中心,雌雄分居越冬。按窝巢上面形成土丘的新旧可确认有效洞道,进而判定其迁徙过程和初步的规律。

种群动态模型 有效洞和鼢鼠存在着一定的数量关系。经相关回归分析证明,各月有效洞与鼢鼠数量均有显著相关关系,4、5、9月相关系数最大,这是因为4、5月鼢鼠活动初期,9月鼢鼠掘洞准备越冬,土丘少且土丘群明显,开洞数容易掌握。6、7月土丘多且混乱,土丘群不明显,有时1个鼠洞要开几个洞调查,出现有效洞多,而实际鼠少的现象,所以这两个月相关系数相对较小,但相关关系是明显的。由此可见,有效洞不失为一种估测鼢鼠数量的有效方法。

危害 东北鼢鼠是农牧业生产的重要害鼠。由于其挖洞和贮粮活动,给农业生产带来很大损失,常造成大片农田缺苗、枯死。每公顷田中有30~45只鼢鼠,则可能颗粒无收。在牧业地区,盗食草根导致植物死亡,同时在挖掘时所造成的土丘可掩盖大片草场,因此也可破坏牧场。是鼠疫病原体的携带者。

东北鼢鼠出蛰后,以林下参根或种子为食,阳坡出蛰活动危害早,阴坡出蛰活动危害相对晚8~10天。辽东山区林下参被害率为3%~5%,较重处连片受害,一般成年东北鼢鼠危害较重地块,1只鼠1天可损害10~13m²,1只鼠1年造成种子损失0.1~0.7kg,7~10年生老参、靠型参受害最重。

2013和2014年2个年度的7月和9月,在内蒙古呼伦贝尔草甸草原东北鼢鼠栖息地设连续放牧区(CG),按月轮牧区(MG),按季节轮牧区(QG),过度放牧区(OG)和禁牧区(CK),共5个不同放牧强度样区,对不同放牧强度下东北鼢鼠对栖息地植被地下生物量的影响进行了专门研究,并对鼢鼠新土丘数量、洞道与非洞道下植物地下生物量季节变化进行了分析。结果表明:

①不同放牧强度下东北鼢鼠新土丘数有显著差异($P<0.05$),夏季由高到低依次为:CK>MG>OG>QG>CG;秋季由高到低依次为:CK>MG>OG>CG>QG。夏季,东北鼢鼠适应栖息于干扰强度最小的禁牧区和按月轮牧区;秋季,东北鼢鼠适应栖息于禁牧区。

②同一放牧强度下,洞道下植物地下生物量极显著小于非洞道下植物地下生物量($P<0.001$),表明东北鼢鼠对0~30cm深度植物根系有显著损害。

③不同放牧强度下,洞道下植物地下生物量有显著差异($P<0.05$),生物量由高到低依次为QG>CK>MG>CG和OG。季节轮牧区洞道下植物地下生物量显著高于对照、连续放牧和过度放牧区。

④不同放牧强度下非洞道下植物地下生物量有极显著差异($P<0.001$),夏季由高到低依次为:CK>QG>MG>CG和OG;秋季由高到低依次为:CK>QG>OG>MG和CG。对照区和季节轮牧区非洞道下植物地下生物量显著高于过度放牧区、按月轮牧区和连续放牧区。

防治技术

化学防治 诱饵的筛选。用洋葱、土豆、胡萝卜、大葱,与磷化锌(已禁用)原药配置毒饵,用洋葱、土豆、胡萝卜配置的毒饵发出的气味差;用大葱配制的毒饵发出的气

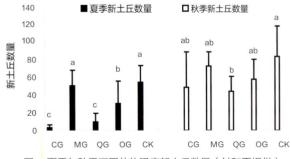

图4 夏季与秋季不同放牧强度新土丘数量(付和平提供)
注:不同字母表示土丘数差异显著,显著水平为$P<0.05$。

味鼢鼠喜欢取食，而且大葱便宜。磷化锌作为首选药剂，具有价格便宜的特点。防治鼢鼠每年1次，不存在拒食性，翌年重复投药不影响适口性和防治效果。食饵量的试验。样地面积2hm²，开洞投毒102个，用铁线固定做标记，投毒饵第七天，统计食饵30%，投饵第十天，统计食饵50%，投饵第15天，食饵71%。

毒饵配置方法 大面积防治的配方：磷化锌1kg加大葱100kg。配制方法：将大葱切成4～5cm小段，每段夹原药6mg，也可以将大葱切成4～5cm小段，按比例将大葱与磷化锌搅拌一起。投毒饵方法。两人一组，一人挖洞，一人投药。根据土丘群痕迹分布情况，在寻食洞道挖洞投毒饵，雄性洞系少投毒饵，雌性洞系多投饵，防治时由技术员亲自带领，采用拉大网式向前寻找洞道，防止漏放。林业鼠害防治面积应大于危害面积，林缘50～100m全面投药，防止林外鼠当年向林内迁移。

器械捕杀法 主要用在制定防治指标，土丘群系的测算，土丘群系数的研究，可以应用在大面积数量调查和预测预报的观察。

生态灭鼠法 农田、草地鼢鼠向林内迁移，主要迁移地点是沟塘。该生境是鼢鼠度过不良季节和繁殖的场所，为了保证防治效果，把鼠口密度压低在防治指标下。因此可以采用弱化鼠类生境的方法，如破坏鼠类洞道、播种鼢鼠非喜食牧草等，达到生态防治的目的。

参考文献

贝世鹏，郑金艳，李处义，2009. 东北鼢鼠的发生与危害特点[J]. 养殖技术顾问(8): 38.

陈宜峰，郭健民，1986. 哺乳动物染色体[M]. 北京: 科学出版社: 72.

段君钢，任德波，2008. 东北鼢鼠危害林下参及防治方法[J]. 中国媒介生物学及控制杂志, 19(5): 473.

国廷杰，任冬，于海城，等，1999. 东北鼢鼠综合防治的研究[J]. 林业科技通讯(5): 12-14, 25.

黄文几，陈延熹，温业新，1995. 中国啮齿类[M]. 上海: 复旦大学出版社: 185.

李殿明，任冬，2005. 东北鼢鼠综合防治的研究[J]. 内蒙古林业调查设计, 28(S1): 114-116.

刘仁华，陈曦，高从政，等，1989. 东北鼢鼠种群结构及繁殖初步研究[J]. 齐齐哈尔师范学院学报(自然科学版)(2): 13-20.

刘荣堂，武晓东，2011. 草地保护学[M]. 3版. 北京: 中国农业出版社: 301-302.

吕新龙，宫玉山，朝克图，等，1993. 东北鼢鼠生活习性初探[J]. 草业科学, 10(2): 20-23.

苏智峰，赛吉拉乎，吕新龙，等，1999. 东北鼢鼠的生态特性[J]. 草业科学, 16(6): 34-37.

邵润生，梁亚丽，罗继生，等，1998. 东北鼢鼠数量调查方法研究[J]. 高师理科学刊, 18(1): 58-59.

寿振黄，1962. 中国经济动物志: 兽类[M]. 北京: 科学出版社: 175-180.

郑智民，姜志宽，陈安国，2012. 啮齿动物学[M]. 2版. 上海: 上海交通大学出版社: 183-184.

（撰稿：袁帅、付和平；审稿：武晓东）

东北农田鼠害 rodent damage in the farmland of Northeast China

中国东北地区是世界三大黑土带之一。以松嫩平原、辽河平原和三江平原为中心的粮食生产基地，粮食产量约占全国总产量的22.61%，所生产的商品粮占到全国总量的1/3。主要粮食作物为水稻、小麦、玉米、大豆和薯类。气候为暖温带湿润、半湿润季风区，冬寒夏热。作物多为一年一熟。东北三省已知的啮齿动物约7科26属43种。农田中主要害鼠有黑线姬鼠、黑线仓鼠、大仓鼠、达乌尔黄鼠、小家鼠和褐家鼠。

东北农田鼠害为整体中度发生，部分地区严重发生，一些年份非常严重。从黑龙江、吉林及辽宁三省植保植检站及相关专家提供的5年（2012—2016）农区鼠害调查统计数据看，黑龙江省农田鼠害发生面积约4500万亩，约占其全部耕地面积23 900万亩的18.82%。全省鼠密度超10%的县市有12～15个，主要集中在黑河、大庆、齐齐哈尔、哈尔滨地区。2012年秋季调查的哈尔滨市红旗乡田间鼠密度（夹捕率）高达50%，远远超出了防治指标。2013年4月，调查发现鹤岗市的大型农场区，鼠害严重地块的损失可达40%（见图）。宝泉岭农场安民村一户农家当年玉米产量约7500kg，而由鼠害导致的仓储损失高达1000kg。宾县农民传统玉米储存设施"玉米楼子"中，鼠造成的玉米损失可达50～150kg。巴彦县农民堆放储存的玉米，鼠害造成的平均损失可达150～250kg。按该损失率，2012年黑龙江省玉米产量288.8亿kg，鼠害损失可达1.45亿kg。

吉林每年农田鼠害发生面积约为3000万亩，约占其全部耕地面积8295万亩的36.17%。农田害鼠密度在3.17%～27.9%，密度大于10%的每年400万～800万亩。2015年榆树、德惠、农安、永吉、舒兰、公主岭、东辽、通化、临江、扶余、和龙、汪清12个县（市、区）达到大发生指标。吉林地区粮食储藏设施鼠密度极高。其中，堆放储藏条件下平均每堆有鼠15.13只，专业粮仓平均每仓有鼠15.36只左右，而简易粮仓平均每仓高达43.83只左右。2012年吉林302户农户鼠害对储粮造成的损失整体约为

黑龙江省鹤岗市2012年田间玉米遭受严重鼠害（刘晓辉摄）

8.2万kg，平均每户粮食损失271.1kg，损失率为1.1%。2012年吉林玉米产量为293亿kg，鼠害导致的损失达到3.225亿kg。

辽宁每年全省农田鼠害发生面积约1300万亩，约占其全部耕地面积6240万亩的20.83%。田间平均鼠密度在4%左右。农户鼠害发生年均约600万户次，平均鼠密度约为6%。

参考文献

胡祥发，丛林，郭永旺，等，2014. 东北地区水稻初冬晾晒期鼠害调查与为害分析[J]. 植物保护，40(6): 131-134.

赵秀兰，2010. 近50年中国东北地区气候变化对农业的影响[J]. 东北农业大学学报，41(9): 144-149.

（撰稿：王登、郭永旺；审稿：王勇）

东北森林鼠害 rodent damage to forest in Northeast China

在东北林区发生的各种啮齿类动物（包括啮齿和兔形2个目中所有能对林木造成危害的动物）对林木的根、干、茎、叶等部位及果实和种子所产生的取食危害。

东北地区，狭义是指辽宁、吉林、黑龙江三省，广义上则是指现在的东北辽、吉、黑三省和旧为东三省管辖的内蒙古的五盟市（呼伦贝尔市、通辽市、赤峰市、兴安盟、锡林郭勒盟）。东北全境土地面积（东三省加内蒙古东部）147.3935万km^2，包括大、小兴安岭和长白山，是中国最大的天然林区。

而东北林区，除了辽宁、吉林、黑龙江三省和内蒙古东部五盟市外，则还要包括具有一定行政管理权限的3个单位，即黑龙江省森林工业总局、大兴安岭林业集团公司和内蒙古大兴安岭林业管理局。

目前，整个东北林区的森林鼠（兔）害年均发生面积在600万亩左右，占整个中国森林鼠（兔）害年均发生面积的近1/5，以黑龙江森林工业总局、大兴安岭林业集团公司和黑龙江省为主（年均都在100万亩以上）。害鼠（兔）种类主要以棕背䶄、红背䶄、大林姬鼠、黑线姬鼠、东方田鼠、布氏田鼠、东北鼢鼠和草兔等为主，危害树种主要有樟子松、落叶松、红松、油松、云杉、水曲柳、黄檗、核桃楸、杨树、桦树等。

东北林区森林鼠（兔）的危害形式有三种：

①危害地上球果类：是指以收集取食树木球果为主要危害方式的类型，具体包括如棕背䶄、红背䶄等，分布于辽宁、吉林、黑龙江、内蒙古等地林区。约占总危害面积的30%。虽然对林木没有造成死亡的威胁，但引起的经济损失较大。

②危害地上枝干类：是指营地上生活，并以取食树木枝干部位嫩皮为主要危害方式的类型，具体包括如大林姬鼠、黑线姬鼠、东方田鼠、布氏田鼠和草兔等，分布于辽宁、吉林、黑龙江、内蒙古等林区、沼泽地块和草原。约占总危害发生面积的60%。在局部地区会形成较重的危害，对林木能有死亡的威胁。

③危害地下根块部：是指营地下洞穴生活，并以取食树木根茎为主要危害方式的类型，具体包括如东北鼢鼠，分布于辽宁、吉林、黑龙江、内蒙古等草原和林区。约占总危害面积的10%。虽占比不高，但危害较重并对林木有较大的死亡威胁。

参考文献

陈荣海，1991. 鼠类生态学及鼠害防治[M]. 长春：东北师范大学出版社：51-57.

国家林业局森林病虫害防治总站，2002. 森林病虫害防治工作组织与管理[M]. 哈尔滨：东北林业大学出版社：156-164.

国家林业局森林病虫害防治总站，2009. 中国林业生物灾害防治战略[M]. 北京：中国林业出版社：265-306.

韩崇选，李金钢，杨学军，等，2005. 中国农林啮齿动物与科学管理[M]. 杨凌：西北农林科技大学出版社：117-127.

聂绍荃，芦文喜，1981. 关于东北野生动物采食植物的几个问题[J]. 野生动物，9(4): 50-52.

张知彬，王祖望，1998. 农业重要害鼠的生态学及控制对策[M]. 北京：海洋出版社：209-238.

（撰稿：董晓波；审稿：温玄烨）

东北兔 Lepus mandshuricus Radde

中国9种野兔的一种。又名满洲兔、山跳子、山兔、跳猫等。兔形目（Lagomorpha）兔科（Leporidae）兔属（Lepus）。属于单一物种，无亚种。分布于中国、朝鲜、俄罗斯。在中国主要分布于内蒙古、黑龙江、吉林、辽宁等地，具体包括小兴安岭南坡、松花江及嫩江河谷，长白山及完达山脉。

形态

外形 短耳、短尾，体形中等，没有阴茎骨，体长400～480mm。后肢及尾较短。耳朵向前折达不到鼻端。尾短，略长于后足长之半。

毛色 冬毛背面一般为黄褐色，臀部与背色同，颈背部为鲜艳的橘黄色，与周围的毛色不同，具颈背斑。头顶及颊部及眼间部毛色较深，为棕黑色。鼻端部分毛的黑尖较少，呈棕黄色。但在鼻两侧颜面部分各有一个浅灰色的圆斑，眼周围有浅灰色或浅棕色的眼圈，眼与耳基之间有一条纵列的条纹。耳有黑尖，耳里面生有浅灰色或浅棕色的毛，内侧被浅色棕毛，但后缘有一小块为棕黑色，耳背面的毛色与头顶的毛色同，耳里面生有浅灰色或浅棕色的毛。胸部及颏下部呈黄褐色，与背毛相连，并形成一个颈环。颈部毛色稍浅，呈浅黄褐色。

身体后部与颈部的背色一样。颈部背面有一明显的纯浅棕色区域。背部及臀部的毛色与额部相似，为棕黑色，但愈向后方黑色毛尖愈长，因而黑色也较明显。四肢的外侧、颈部下方、腹面的两侧为浅棕黄色。下颏与胸腹部的中央为纯白色，但有浅灰色的毛基。尾背方黑灰色，杂有少量棕色毛；腹毛污白色，有灰色的毛基。尾短，毛色有黑色变异，但腹毛始终是纯白色的。

头骨 头骨较小而短粗，眶后突呈三角形，颅全长一般均小于 90mm，鼻骨较窄，额骨前部宽而微凹，后部隆起。眶后突的前枝极小。腭骨较长，其长度与后方翼骨间隙的宽接近相等。听泡极小，平均长 10.5mm。

主要鉴别特征 上颌门齿 3 对，前方一对较大，横切面略呈长方形，其前方内侧有一深沟，齿根甚长，后方一对较小，为椭圆柱状。上门齿的齿沟浅，里面没有白垩质沉积。第一上前臼齿较短小，其前方具有浅沟。第二至五齿的咀嚼面由 2 条齿嵴组成，齿侧嵴间有沟。最后一个臼齿为细椭圆柱状。下颌门齿 1 对。第一下前臼齿其咀嚼面由 3 条嵴组成，在齿的内侧有 2 条沟，外侧的沟极不明显。第二至五的结构与第一、二上臼齿同，但最后一个下臼齿要小得多。齿式 =28。

生活习性

栖息地 主要栖息于海拔高度 300~1000m 的针叶阔叶混交林中，也见于林外平原地区远离人为干扰的荒地草丛和河谷灌丛中。在郁闭度不大、光线充足而以阔叶林为主的混交林中也较常见，有时也会在次生的阔叶林中发现。在纯针叶林中未发现有东北兔，它也不到居民区活动。

善于奔跑、跳跃，主要活动于幼龄林等未成林造林地，没有固定栖所及固定的巢穴，为了躲避天敌，栖息时常利用地面上的坑洼处、草丛、其他动物的卧迹、石块间隙、石头的裂缝或其他动物的弃洞等进行临时隐蔽。白天多栖居于灌木丛、杂草、倒木或树根下，晚上出来活动觅食。

洞穴 平时无固定的巢穴而又不会挖洞。终生在地面上生活，也不挖洞穴居，多选择在倒木较多的生境下进行卧息，或只在隐蔽条件较佳的地方挖掘仅 10cm 左右深的地面小坑作为临时的暂栖所。仅在产仔时才有固定的住所，产崽时在凹地、灌丛、杂草丛中做巢穴。

食物 通常以草本和灌木为食，但无存草习性，主要取食树皮和嫩枝部位；也吃植物性食物，如谷物、玉米、蔬菜、种子、青草、树皮、嫩枝、树苗等。

活动规律 白天多栖居于灌木丛、杂草、倒木或树根下，晚上出来活动觅食。以黄昏或黎明时活动最为频繁，但在人畜罕至的地方或农作物茂密丛生的地方，白天也照常活动。白天多隐藏在地面临时挖的浅坑中趴伏着。既不冬眠又不夏眠。很少集群活动。

生长发育 哺乳期的东北兔母兔，在觅食时常以杂草或土覆盖洞口，除觅食外，均卧于穴内哺育幼兔，幼兔在 1 月龄时即可独立生活。寿命 8~10 年。

繁殖 东北兔繁殖力较强。性成熟后，从每年的 4 月开始繁殖，5 月产仔，孕期大约 1 个月；每只母兔产仔 3~6 只。

种群数量动态 种群分布零散，暂无该品种具体数量信息，种群发展趋势亦未知。面临的主要威胁是森林的过度砍伐从而导致其栖息地的破坏。

危害 主要危害中龄林树木的枝条及幼龄林的树皮和枝条，对林业生产构成一定的危害。

防治技术 2000 年，国家林业局将东北兔列入《国家保护的有益的或者有重要经济、科学研究价值的陆生野生动物名录》，禁止人为随意捕杀。2008 年，全世界规模最大的环保组织《世界自然保护联盟》（IUCN，中国于 1996 年加入该联盟）将东北兔列入《世界自然保护联盟》濒危物种红色名录。

目前，中国东北兔的危害治理坚持"预防为主，科学防控"的方针，坚持在营造林的各个阶段采取多种预防性治理措施并以天敌控制和驱避技术为主。以期通过生态、生物、物理等措施的综合运用，达到"有兔不成灾"的目标。

营林措施

深坑栽植。东北兔一般在视野开阔处活动，不会下到坑里危害，治理可结合鼠害防治，采取挖长方形深坑或鱼鳞坑栽植苗木的方式进行兔害预防，预防效果很好。长方形深坑尺寸是长 3.0m× 宽 0.8m× 深 0.7m，但多适合于平缓地区；鱼鳞坑尺寸是直径 0.6m× 深 0.7m，主要适合于丘陵及山地。

障碍防治法。用稻草、芦苇和其他干草搓成细绳，在树干基部 50cm 以下进行绑扎、严密缠绕，形成保护层；也可用塑料布、金属网类等保护物，或用带刺植物覆盖树体，均能起到很好的防护效果。

堆土预防。也叫培土埋苗。即结合冬季防寒在上冻前采取高培土保护措施，通过封土将苗木全部压埋，待翌年春季转暖、草返青后再扒出，可有效避免野兔啃咬及冬季的苗木风干。

生物防治 林区内兔类的天敌种类很多，包括猛禽（鹰、隼、雕）、猫科（狸、豹猫）及犬科（狐狸）等动物，它们对控制兔类种群数量增长具有积极作用。

东北兔的主要天敌有狼、狐、貂、艾狍、豹猫、枭、鹰、隼等动物，因此，对这些动物应采用有力措施进行广泛宣传和加以保护，即通过森林生态环境中的食物链作用，达到对野兔数量的自然控制。

禁猎天敌，加大监护力度。对林区内的野兔天敌要充分发挥和调动其防治作用，通过实行禁猎措施，加大对其监护力度，严禁乱捕滥杀兔类天敌。要通过提高天敌的种群数量来降低兔类的密度，以达到长期、有效控制森林兔害的作用。

繁殖驯化并释放食兔天敌。也可以人工饲养繁殖鹰、狐狸、猎兔狗等动物，并进行捕食和野化训练，必要时在有兔类危害的地区进行捕猎和释放，人为提高天敌的种群数量。

物理防治 当兔类种群数量较大时，可通过当地野生动物保护部门，向公安机关或上级主管部门进行申请，以乡镇或县为单位组建临时猎兔队，在冬季进行限时、限地、限量猎杀活动，以有效控制兔类的种群数量。

猎杀时可利用兔类活动时走固定路线，且常以沟壑、侵蚀沟为道路的习性采用活套、弓形夹、拉网等方法进行捕捉，其中，拉网套捕方法可以在较大范围内捕捉野兔，适用于开阔平坦的地区。

驱避防治 涂放驱避物。在造林时或越冬前用动物血及骨胶溶剂、辣椒蜡溶剂、鸡蛋混合物、羊油与煤油及机油混合物、浓石灰水或其他化学合成的具有强烈刺激性味道的物质进行树木的树干及主茎涂刷，或在新植的苗木附近放置动物尸骨及肉血等物，可以起到很好的驱避作用。

参考文献

韩崇选, 2003. 林区鼠害综合治理技术[M]. 杨凌: 西北农林科技大学出版社: 41-63.

国家林业局森林病虫害防治总站, 2002. 森林病虫害防治工作组织与管理[M]. 哈尔滨: 东北林业大学出版社: 156-164.

国家林业局森林病虫害防治总站, 2009. 中国林业生物灾害防治战略[M]. 北京: 中国林业出版社: 265-306.

韩崇选, 李金钢, 杨学军, 等, 2005. 中国农林啮齿动物与科学管理[M]. 杨凌: 西北农林科技大学出版社: 117-127.

罗泽珣, 1988. 中国野兔[M]. 北京: 中国林业出版社: 61-75, 92-129.

聂绍荃, 芦文喜, 1981. 关于东北野生动物采食植物的几个问题[J]. 野生动物, 9(4): 50-52.

任梦菲, 黄海娇, 2009. 完达山东部林区冬季东北兔的生境选择[J]. 野生动物杂志, 30(6): 302-304.

周晓梅, 1999. 东北兔冬季食物的初步探讨[J]. 松辽学刊(自然科学版), 12(3): 84-86.

(撰稿: 温玄烨; 审稿: 董晓波)

东方田鼠 *Microtus fortis* Büchner

中国农区和东北林区的主要害鼠之一。英文名 oriental vole。又名沼泽田鼠、远东田鼠、苇田鼠、水耗子等。啮齿目（Rodentia）仓鼠科（Cricetidae）䶄亚科（Arvicolinae）䶄族（Arvicolini）田鼠属（*Microtus*）。

分布 中国东北、华北和华南共 19 省（自治区、直辖市）。蒙古、俄罗斯远东、西伯利亚南部及朝鲜。在中国由北纬 48° 向南分布至 23°30′。分化为多个亚种，目前《中国动物志》确定中国有 5 个亚种，即分布于陕西、甘肃、宁夏和内蒙古南部的指名亚种（*Microtus fortis fortis* Büchner, 1889）；分布于黑龙江呼玛县、伊春市、同江县、抚远县、富锦县、伊兰县、密山县、安达县、双鸭山市、吉林九台县、安图县、敦化县、内蒙古呼伦贝尔盟鄂温克族自治旗的亚种（*Microtus fortis pelliceus* Thomas, 1911）；分布于辽宁新民县，吉林双辽县和内蒙古通辽市的新民亚种（*Microtus fortis dolicocephalus* Mori, 1930）；分布于湖南、湖北、江西、安徽、江苏、浙江、上海的长江亚种（*Microtus fortis calamorum* Thomas, 1902）；以及发现于闽江上游的建溪、富屯溪流域的福建亚种（*Microtus fortis fujianensis* Hong, 1981）。目前，学术界对东方田鼠亚种的分类还尚存疑问，陈安国等主张将 *Microtus fortis pelliceus* 和 *Microtus fortis dolicocephalus* 合称为东北亚种（*Microtus fortis pelliceus*），因而将该鼠划分为 4 个亚种，即东北亚种（*Microtus fortis pelliceus*）、指名亚种（*Microtus fortis fortis*）、长江亚种（*Microtus fortis calamorum*）和福建亚种（*Microtus fortis fujianensis*）。但马勇 1986 年则将分布在黑龙江、吉林、内蒙古的东方田鼠（*Microtus fortis pelliceus*）归为莫氏田鼠（*Microtus maximowiczii*），夏武平教授也曾针对东方田鼠在中国南北方都有却不见于华北区等疑点，怀疑南北是不同种。至于湖南省内栖息在南岭高山草地的田鼠，头骨形态明显别于洞庭湖区种群而更像"福建亚种"，而近年新发现于山东、广东、广西、贵州的田鼠，属何种（亚种），更尚未明确。

形态

外形 东方田鼠为田鼠中的大型种类，雌雄异型，长江亚种成年雌性体长 125.7±9.7mm，体重 60.68±10.81g；雄性体长 135.9±13.1mm，体重 76.19±15.92g，具有性二型。体躯圆筒形，短尾、短肢，尾长为体长的 1/3～1/2，着生密毛；足背着生密毛，足垫 5 枚，耳短圆，稍露于毛外（图1）。

毛色 体背毛褐棕色，腹毛灰白色，尾双色，上下面分别与体腹面色调一致，毛色因亚种不同而有变化，由南到北，亚种的毛色逐渐加深。

头骨 东方田鼠腭骨后缘正中部向后延伸成骨桥状，与翼骨相接，并在两侧形成两个小窝（图2）。

主要鉴别特征 头形圆短，吻钝腮大；头骨坚实，棱角不明显，侧观背隆、脑颅圆滑、颧弓粗大，腭骨后缘中央后伸与翼骨相连，听泡较高。成体背面褐棕色，毛基灰黑色，毛尖栗棕色；腹面污白色，毛基深灰色，毛尖白色；背腹毛界线比较明显。尾双色，上下面的毛色各自与体毛背腹色调一致。四足背毛与体背同色。幼体背面毛色较淡，呈灰褐色，腹面乳白色。

门齿外面无纵沟。臼齿 3/3，咀嚼面平坦，由左右相互交错的三角形齿环组成。第一上臼齿在前横棱之后有 4 个封闭的三角形齿环，内外各 2。第二上臼齿 3 个齿环，内 1 外 2；第三上臼齿内侧有 4 个凸出角，外侧有 3 个。下颌第一臼齿在后横棱之前有 5 个封闭的三角形，最前端有 1 个不规则的齿叶。

生活习性

栖息地 东方田鼠喜爱潮湿、水草茂盛、土质松软的环境。在洞庭湖区，东方田鼠以湖滩的薹草（*Carex* spp.）

图1 东方田鼠（张琛摄影）

图2 东方田鼠头骨（王勇提供）

沼泽和芦苇 + 荻（*Phragmites communis*+*Miscanthus sacchariflorus*）沼泽为最适栖息地。每年汛期（通常在 6 月），由于湖滩栖息地被水淹，而被迫迁入垸内栖息于农田和岗地。每年 10 月下旬或 11 月上旬，湖水退去，洲滩露出，东方田鼠又迁回湖滩。湖滩土壤沙性、湿润，该鼠在植物群落以莎草科薹属的灰化薹草（*Carex cinerascens*）、青菅（*Carex breviculmis*）和芦苇 + 荻为优势种的生态环境中栖息并建立种群。在湖滩，东方田鼠生活很活跃，全期繁殖，至春季洞群可布满整个湖洲。汛期，东方田鼠生活在垸内农田和岗地期间，繁殖率低。不越冬，主要栖息于水塘、水渠和河流的两边及水田埂上（图 3）。

在东北地区，东方田鼠主要栖息在塔头草甸、薹草草甸、洼地草甸、林间草甸和河流边低洼地带，同时在榛丛、杨桦林和坡地林缘。指名亚种主要栖息于低湿多水的环境中，在森林草甸地带，洼地甸子、稻田埂上及水渠边多草处特别多。在宁夏银川地区，主要栖息于稻田。在长江流域，东方田鼠主要栖息于长江沿岸及其支流岸畔河漫滩的低湿莎草地区，并密集在该地区新垦的菜田和麦田里。东方田鼠多见于低海拔地区，但在福建、浙江、湖南以及长白山等海拔 1000m 以上的山顶草地、林地亦有分布。在海拔 1760m 左右的湖南城步县南山牧场，高山草甸和次生植被东方田鼠密度最高，原生植被次之，而人工植被为零。

洞穴 东方田鼠的巢穴由巢、洞道及地面出口构成。新鲜居住巢 1~2 个，窝深 10~30cm，洞道密而表浅，结构比较简单，洞口多而成群，故称之为洞群。每个洞群的洞口数随洞内鼠数或季节而不同，一个洞群平均洞口数为 14 个左右。在洞庭湖湖滩少则 1 个（湖滩刚露出时），最多可达 89 个洞口（汛期湖滩被淹前），有时一窝鼠可构筑若干洞群；在垸内农田，洞群规模小而随地形布局，稻田小埂中往往一窝接一窝难以区分。在福建东方田鼠洞道简单，洞口大多仅 1 个，这可能和调查的季节有关，因为在洞庭湖区，秋季东方田鼠刚从农田迁回湖滩，种群数量低，这时的东方田鼠都是以单洞生活。北方的亚种均发现有贮食洞，而南方两亚种均无此结构。

洞口和洞道皆圆形，直径因鼠大小而异，通常 4~6cm；有鼠活动的就光滑，洞口外有新土堆、鲜粪粒。小洞群通常仅 1 个窝；大些的洞群可见多个窝，但仅 1 或 2 个窝有新、干的垫草，其他窝垫草也潮湿，显然是废弃的。看来该鼠是每产一胎仔建一新窝。故有时在一个洞群内可见一个窝里是已自由活动的幼鼠，另一个窝里有刚产的乳鼠。在薹草地，该鼠洞道几乎与地面平行，故窝亦离地表很近，窝顶距地表一般 6~10cm，也有仅 1~2cm 的。其深浅同当时地下水位相关，春季连续下雨，薹草地、芦苇地的地表积水时，东方田鼠会在地面的草丛上面结"草球"为窝，球外径约 12~15cm，有时其中还产有乳鼠。

在洞庭湖区，苔草地的巢穴，洞道一般都有 10~20cm 深；11 月刚迁回的成年鼠及后来繁殖刚分巢的仔鼠初建的巢穴，起初仅 1 个或 2 个成对的洞口，一条分叉洞道，下端直达其窝；然后不断增挖洞道和洞口，居住时间越长则洞道和洞口越多，形成一片或相连数片"洞群"。如果冬季暖和降水少，到 2 月有些洞群可发展得十分庞大。最大洞群的洞口可达 89 个，占地面积达数十平方米；中等洞群有 20~30 个洞口，占地 5~10m² 不等。洞口布遍每个草丛下，地上"鼠路"联结，地下洞道相通。东方田鼠巢穴的另一重要特点是一窝鼠可构筑若干组洞群，组间相距 1~2m，有些鼠还会在十多米外水沟边开设 1~3 个洞口的"行宫"，犹如"狡兔三窟"。

在农田，鼠巢穴的规模要小得多，布局随地形。在稻田小埂中，往往一窝接一窝，洞道沿田埂走，高度都在水田田面之上。中稻和晚稻收割后，稻草堆在田中，东方田鼠会在其下做窝，其洞道往往仅 5~10cm 深，有些窝就做在稻草堆下的地表。

食物 主要以草本植物的绿色部分为食，也吃种子、地下茎、地上茎、各种农作物，啃树皮。也喜食含水量较大、质地松软的土豆、黄瓜等食物，不喜食干硬食物。吴林等 1998 年现场观察和胃内容物镜检研究了洞庭湖区东方田鼠食物组成，发现其食谱广而具一定选择性。在薹草地 26 种植物中，该鼠取食 6 科 10 种，主食灰化薹草、青菅和水田碎米荠（*Cardamine lyrata*）。其食物组成随境变更，该鼠能依不同栖息地的植被结构调整摄食对象。对该鼠是否吃动物性食物，也曾有报道，杜增瑞等发现该鼠胃中有昆虫和其他带有毛皮的动物组织。也观察到该鼠吃同类鼠的死尸现象。北方的亚种有储粮习性，而南方的亚种未发现有此现象。

取食的主要食物，都正好是各种类型栖息地植被中的优势植物。可见，东方田鼠摄食既具选择性，更具广谱性和机动性，能随栖息地的植被结构改变自己的食物组成。各地东方田鼠主要食物种类不同，由此可以得到解释。

活动规律 东方田鼠昼夜活动，但昼夜活动有季节性差异，夏季多在夜间活动，其他季节多在白昼活动。洞庭湖区东方田鼠两个活动高峰分别出现在日出和日落前后，夜间活动高于白昼，昼夜均取食、饮水，但昼夜间差异均不显

图 3 东方田鼠栖息地（王勇提供）

著；在汛期洞庭湖涨水季节东方田鼠的捕获率夜间高于白天，晚上24:00时捕获最多，并由此认为该鼠午夜活动最为频繁，这可能是该鼠出于迁移安全的一种时间安排。安徽贵池东方田鼠在夏季夜间活动高于白天，黎明前高于黄昏，高峰出现在清晨2:00~4:00，中午因气温高而活动少。福建亚种昼夜活动虽有季节差异，但以夜间活动为主。

生长发育　生长发育过程划分为4个阶段：

乳鼠阶段。初生至10日龄，体重3.0~11.0g，以吸吮乳汁为生。个别鼠后期开始采食。

幼鼠阶段。11~20日龄，体重11.1~21.0g。体重增长率仍高，IGR＞5%。前期既吸乳汁又吃青草和饲料，后期可断乳。

亚成年阶段。21~50（或60）日龄，雌鼠体重21.1~45.0g，雄鼠21.1~48.0g。仔鼠离巢独立觅食，在后期IGR降至1%以下。性腺发育迅速，并趋成熟。在野外和室内都有个别鼠参加繁殖。

成年阶段。51（或61）日龄以上，雌鼠体重≥45.1g，雄鼠体重≥48.1g。体重持平，大部分雌鼠阴门开孔并怀孕和产仔，雄鼠睾丸具成熟精子、附睾明显。

在实验室人工饲养条件下，东方田鼠长江亚种幼鼠3日龄耳壳完全直立，8日龄被毛长全，8~10日龄睁眼，10日龄左右牙齿长全，15~20日龄可离乳，冬季出生的约2个月性成熟，春季出生的约50天性成熟，体重呈Logistic曲线增长。指名亚种幼鼠3日龄耳壳完全直立，4日龄开始长下门齿，5日龄长上门齿，7~8日龄睁眼，20日龄可断奶，55日龄左右性成熟，雌性最早为44天，雄性52天。

东方田鼠长江亚种室内笼养观察，自然温、湿、光，供给配合饲料饼干、青草、清水，一年半时间共记录了16只仔鼠生长发育过程：妊娠期约20天，初生乳鼠全身裸露，肉红色，雌体重3.66±0.36g，雄3.65±0.30g。1日龄耳壳开始与颅部分离，耳壳直立平均历期2.6±0.6天，耳孔开裂历期5.4±0.5天；4日龄开始先长下门齿，并可据雌性胸部和鼷部乳区无细绒毛来辨别两性；8日龄毛被长全，该性征消失；9.0±1.0天睁眼，10日龄左右牙齿长全，15~20日龄可独立生活。18日龄人为断乳，平均体重21.7±2.1g（17.7~24.6g）。10月末出生的雌鼠，60日龄阴门开孔；3月上旬出生的48日龄阴门开孔，而此时同窝雄崽睾丸尚小，附睾不显，无精子，可见雄鼠性发育历程稍长于雌鼠。体重生长曲线可用Logistic方程拟合，其瞬时生长率IGR值在50日龄左右降至1%以下。雄崽20日龄前体重小于雌崽，41日龄后明显超过雌。

东方田鼠性成熟时间和体重的关系，40g分别作为福建亚种和东北亚种的性成熟起点；指名亚种在2个月左右性成熟。盛和林将35g可作为安徽贵池东方田鼠的性成熟界限。洞庭湖区，野外孕鼠最轻体重为24.4和30.0g，其余皆在35g以上。室内饲养结果，雌鼠性成熟时体重为40g（春季出生，48日龄）至45g（冬季出生，60日龄），从营养条件看应会略偏重。由此推定，以35g作为东方田鼠长江亚种野外雌鼠的初始性成熟（亚成体）体重指标比较合理，历时约2个月。

东方田鼠寿命，在自然状况下大概不超过1年零2个月或2年。在室内饲养寿命最长的近3年。

实验室条件饲养的东方田鼠成体脏器指标，心脏0.379±0.163（g）、肺脏0.510±0.197（g）、脾脏0.068±0.030（g）、肝脏3.543±1.044（g）、肾脏0.565±0.142（g）、睾丸0.764±0.322（g）、胃0.516±0.178（g）、盲肠95.0±14.1（mm）和大小肠599.2±62.3（mm）。但是，洞庭湖湖滩、稻田和实验室饲养的东方田鼠的脏器和消化道存在一定的差异。

东方田鼠年龄组划分，按胴体重划分5个年龄组：

幼体组：雌18.0g，雄18.0g；

亚成体组：雌18.1~28.0g，雄18.1~32.0g；

成体Ⅰ组：雌28.1~38.0g，雄32.1~46.0g（按全体重，雌＞42g，雄＞46g）；

成体Ⅱ组：雌38.1~48.0g，雄46.1~60.0g；

老体组：雌≥48.1g，雄≥60.1g。

繁殖　在中国不同的地区，东方田鼠的繁殖特征不同。在洞庭湖区能全年繁殖，年均怀孕率（%）为33.0±6.9，按总数计为163/557=29.3%。年均胎仔数为4.56±0.37（SE），按总数计则为838/163=5.14±1.57（SD）。每胎产仔数最少1只，最多9只。东方田鼠在湖滩草地栖息时也能连续繁殖，有一个巢穴内有2窝仔鼠的现象，一窝10g左右，另一窝初生。窝仔数，室内饲养，每窝3~5仔，平均4.33±0.33只；野外挖得10窝乳鼠，各4~6只，平均4.60±0.27只，略高于室内。各年龄组的繁殖能力，3个成体组平均怀孕率（%）为36.2±3.1（SE），平均胎仔数为5.31±0.28。雄鼠各年龄组睾丸下降率依次为：0、8.75%、27.4%、58.6%和92.5%。两性一致表现出，随年龄增长其生殖力亦提高。

福建亚种东方田鼠总雌性比为58.7%，成年雌鼠总怀孕率32.0%，其中5月49.2%、10~11月56.0%，为2个怀孕高峰；2~4月65只雌成鼠怀孕率为20.0%，表明早春也有繁殖。而6~8月40只雌成鼠，怀孕率仅7.5%，其中7月为0，也显现盛夏繁殖力下降。每胎胎仔数1~9只，平均3.98±0.19只，其中10~11月为4.93±0.12。东北的亚种和指名亚种差别主要在繁殖期，西北为4~9月，东北为5~9月，11月都不繁殖。胎仔数，西北为3~12只，一般4~6只，也曾在一巢内见先后产2窝仔鼠；东北的平均为4.85（带岭）或6.44（绥芬河）与4~14个（吉林九台县）。雌性比，东北的带岭为48.4%，绥芬河为55.0%，但这都是1年的研究结果。亚种的繁殖特性，平均胎仔数、怀孕率从南到北有升高的趋势，胎仔数的上限从南到北有增高的趋势，但平均胎仔数和纬度的相关性没有达到显著水平，怀孕率与纬度的相关性达到显著水平，繁殖指数与纬度的相关性不明显，繁殖期从南到北依次缩短，北方的亚种繁殖期主要在春夏，而南方的亚种全年可繁殖，但夏季怀孕率低。

在实验室条件下，东方田鼠长江亚种妊娠期为20天左右，窝仔数为4.3~5.0只，所产幼仔雌雄比为1.36。指名亚种妊娠期20~21天，繁殖间隔期39.3±26.4天，雌雄比为1.48，每胎产仔1~9只，一般每胎产3~4仔，平均每胎产3.8±1.5只（78窝）。

洞庭湖东方田鼠种群的繁殖季节动态很独特。一是2个繁殖高峰的第一峰出现在早春，二是冬季保有较高繁殖能力，夏季繁殖力却特低。2~4月合计怀孕率64.9%、繁殖指数3.25，为第一高峰，而最高怀孕率出在开春前的2月。10月怀孕率50.0%，平均胎仔数6.40，繁殖指数3.20，为第二繁殖高峰。入冬至最冷月，即11月至翌年1月怀孕率仍保持在23.5%~35.3%水平，3个月合计达27.1%，2月仅14.7%更是全年最低点。东方田鼠5~7月合计怀孕率仅4.2%，繁殖指数仅0.14（其中1992年此3个月24只雌成鼠无一怀孕，1993年5月41只、1994年6和7月44和16只雌成鼠怀孕率亦均为0），这也是南方鼠类中罕有的状况。

雄鼠的季节繁殖动态与雌鼠一致。按胴体重≥18.1g计（即包含亚成体），2~4月188只雄鼠，睾丸下位率73.9%；8~10月177只雄鼠，下位率82.5%；5~7月333只，下降率仅23.4%，2高峰1低谷都与雌鼠基本同步。

东方田鼠洞庭湖种群的繁殖动态，是与其栖息地变化密切相关的。11至翌年4月主要栖息湖滩，植被、土质适合，食物资源丰富，无其他鼠种竞争；5月洪水逼迫迁移，大部分需经长途游泳，体力极度消耗，而垸内农田与岗地的植被和土质都非该鼠适宜，食物和隐蔽条件差，人类经济活动干扰及其他鼠种（黑线姬鼠、褐家鼠、黄胸鼠、黄毛鼠等）竞争压力大，再加盛夏高温，诸多不利因素使其繁殖力剧降，直至9月才开始复苏。10月各种作物成熟可能改善其营养条件，加之天气凉爽，这时达到第二繁殖高峰。这也正好为回迁作准备，实际上11月初许多鼠是带胎回迁薹草地的。

盛夏高温对其繁殖有一定抑制作用。室内饲养洞庭湖区捕获的东方田鼠，自然温光条件下配17对，6月产2胎次，7与8月（7~8月的室温通常在28~36℃之间，白昼长于黑夜）分别产1胎次；而人工温光条件下（12L：12D，21~23℃）配36对，6月产5胎次，7月产13胎次，8月产9胎次。作X^2检验，自然与人工温光条件下的产仔胎次，6月无显著差异（$X^2=0.045$，$P=0.831$），7月和8月差异显著（$X^2=5.428$，$P=0.0198$；$X^2=5.119$，$P=0.0237$）。由此看来，野外7~8月怀孕率低确是同光温有关的。

社群结构与行为　在洞庭湖区，东方田鼠在湖滩雌雄分居，迁入农田区后雌雄群居；雌雄鼠均具有杀幼行为，且较为稳定，不因繁殖季节和年龄的改变而改变；不同个体间的攻击行为与熟悉程度、有无性经验、性别以及繁殖状况等（发情、哺乳等）有关，该鼠的婚配制度为乱交制，交配模式属于#11模式，即无限制抽动、多次插入和多次射精。

种群数量动态

季节动态　东方田鼠在各类栖息地的数量季节动态有很大差别，在洞庭湖区，东方田鼠有3类栖息地，即：湖滩薹草地、垸内农田和低丘岗地。

东方田鼠种群数量季节变动以"水位→栖息地"为主导，湖滩薹草地是东方田鼠的最适栖息地，每年汛期结束，湖滩露出，东方田鼠迁到湖滩，开始繁殖，种群数量逐月增加，到5月汛期前达数量高峰，汛期来得越迟，鼠在薹草地增殖的最后数量也就越高。在农田，冬春稻田区通常无东方田鼠，数量突然增长则在洪汛到来之时，是湖滩的东方田鼠迁移所致，东方田鼠迁入农田后，由于死亡及向纵深扩散，密度逐月下降，到10月末回迁湖滩，11月农田鼠数量又大幅度下降。东方田鼠在农田的动态年年不同，主要取决于湖水位及与之关联的湖滩鼠迁移的状况。岗地的东方田鼠主要也来自湖滩，但有小部分东方田鼠是留在岗地越冬。冬春枯水期栖息湖滩草地时，是东方田鼠种群的主要增殖期；而夏秋栖息境内农田和岗地实属"避难"性质，是其生态脆弱期和经济危害期。连接两期的纽带是迁移，由湖滩迁出是被迫的，回迁则是主动的。如此循环往复形成了该种群对湖区特殊生态条件的适应，保证了种群的生存和发展。

东方田鼠福建亚种数量首峰在4~5月，次峰出现在11月，前峰为麦收季节，后峰为秋收季节。并分别对溪流沿岸荒草丛、农田及住宅周围3类生境调查，溪边的2个高峰出现时间与上述一致，4~5月笼捕率达14.80%和16.85%，11月为8.24%；农田数量以4~7月较高，笼捕率在2%以上，其中高峰出现在6月，达4.27%；住宅周围东方田鼠数量通常在0~1%之间，仅11月达2.67%。6月和11月分别在麦收后和秋收后，可能与其觅食活动相关。黑龙江绥芬河的数量高峰在7~8月，其他月份该鼠数量甚少。

年间动态　洞庭湖区，湖滩和垸内的东方田鼠数量不同年间会有很大起伏。湖滩的鼠数量与枯水期长短密切相关，垸内鼠数量和对农田的危害程度主要取决于迁进垸的鼠总量。1982和1986年，或说1986—1988年，是种群数量高峰年，而1989—1990年数量显著减少，1991—1992年基本未发生危害；1993和1994年又加重，2000—2002年，在湖滩基本捕获不到东方田鼠，从2005年开始，种群数量又现高峰，特别是2007年，数量大发生，在国内外都产生了广泛的影响。

其他地区，浙江宁海县的沿海农田以前未见东方田鼠危害，1994—1995年突然暴发东方田鼠危害。东方田鼠占鼠种比例的60%~80%，1995年秋季和1996年其数量与危害又大幅度下降。总之，东方田鼠具有突发性特点，种群数量能大起大落。

迁移规律　东方田鼠有主动迁移和被动迁移，主动迁移是季节性迁移，夏季栖息于草甸子里，秋后往坡地越冬。被动迁移主要是生活在靠近水边，特别是生活在洞庭湖区的长江亚种最为典型，枯水季节洞庭湖区东方田鼠在湖滩上生长、繁殖，汛期被迫迁入垸内，回迁则是主动的，一旦湖水回落，洲滩出露即陆续回归，但若洪水再次上涨，其会再次迁入垸内，由于迁移是被动的，故无固定的迁移时间，主要取决于湖水水位，迁移具群发性。有些地区的东方田鼠因食物条件以及季节变化的影响，也会暂时性地变更栖息地。

种群动态模型　洞庭湖区东方田鼠种群动态，农田受害程度取决于汛期进垸鼠量，进垸鼠量则与该鼠在湖滩繁殖期的长短有关。王勇等将1981—1988年东方田鼠进垸量划分为5个等级（见表），再以上年湖水位≥27.5m的终日和本年湖水位≥27.5m的始日之间的天数—枯水期天数代表该鼠在湖滩上的繁殖期，分析该鼠在湖滩繁殖期间的气候因素，发现3月份降雨对东方田鼠有抑制作用。由此建立回归方程：

$$Y = 0.0394X_1 - 0.0048X_2 - 5.02,$$

df = 9，复相关系数$R = 0.957$，$F = 49.23$，$P < 0.0001$。

式中，Y为迁入农田鼠数量级；X_1为在湖滩繁殖期天数＝湖水位＜27.5m的枯水期天数；X_2为当年3月降水量（mm）。

洞庭湖区东方田鼠迁入农田数量及危害分级标准

迁入数量级	1	2	3	4	5
夹日捕获率（%）	<7	7.1~14.0	14.1~21.0	21.1~31.0	>31
危害损失情况	无，极少见鼠	不重，偶见鼠	有一些损失，鼠较多	损失重，鼠很多	损失严重，鼠极多
危害级	微	轻	中	重	成灾

危害 东方田鼠不仅给农林业造成严重危害，而且还携带病源并传播多种自然疫源性疾病，同时该鼠具有天然抗日本血吸虫的特性。在洞庭湖区，东方田鼠汛期对滨湖农田作物的危害虽早有记载，但直至20世纪50~60年代其数量不大，一般只发生小片局部危害，不受重视。从70年代起危害才明显加重，1978年开始不时暴发成灾。2005年和2007年，洞庭湖区东方田鼠种群数量再次暴发，特别是2007年，种群数量和造成的危害都达到了空前的程度，有2亿只东方田鼠越过大堤迁入农田危害，在国内外造成很大的影响，上千家媒体作了报道。东方田鼠迁入农田，可造成滨湖农田大面积绝收，东方田鼠的危害是季节性、突发性的。最大危害发生在汛期成群迁移时，对滨湖农田各种作物成片洗劫，可造成大面积绝收。水稻、红薯、花生、西瓜、黄豆、甘蔗、苎麻、荸荠等等，实际上是遇到的全吃。然后向纵深扩散，栖息于稻田埂、菜地、薯地等处，持续危害直至秋后回迁湖滩。而且对芦苇—荻、园林以及护堤林新栽幼树产生危害，变为国内一种很突出的新兴农林害鼠，同时还在湖区经常引发钩端螺旋体、流行性出血热等疫病。东方田鼠在西北、东北和华东一些地区也经常对农业和林业造成严重危害（图4）。

人类活动和生态环境变化对东方田鼠种群和危害有很大的影响。黑龙江带岭林区森林采伐后，由于某些山坡和台地的沼泽化导致东方田鼠数量的增加。安徽贵池东南湖在1965年围垦之前，东方田鼠为当地的优势鼠种，而在围垦8年之后该鼠在该地已绝迹；此后，历次调查中均未发现东方田鼠，以为该鼠在安徽省内已绝迹，1996年在贵池升金湖再次发现东方田鼠的存在，但密度很低，有分析认为由于升金湖湖面比东南湖大得多，且围垦之后仍有残留湖面，对围垦地的湿度有稳定的保障作用，还适于该鼠的栖息。永久性的湖面萎缩、沼泽扩展为洞庭湖区东方田鼠暴发成灾的根本原因，人类伐林（上游）、围湖造田等经济活动加剧了此一进程；洞庭湖区湖滩面积演变对东方田鼠暴发成灾的影响，洞庭湖区中低位湖滩出露面积不断增大，高位湖滩出露面积趋于减少，导致东方田鼠种群迅速膨胀并造成汛期东方田鼠大量向垸内农田迁移，引发鼠害。

近年来，实施的大型生态工程——退田还湖和大型水利工程——三峡工程，会直接导致洞庭湖湖滩面积的扩大，致使适于东方田鼠栖息的生境增加，可能会造成该地东方田鼠种群数量上升，应引起注意。

防治技术 东方田鼠生活在草地，如湖滩，是猛禽和捕食类天敌的食物来源，也不会对人类和生态环境造成危害，不需要采取防治措施，但要密切关注其种群数量动态，在数量高时采取必要的措施，防止其迁入农田危害。当其迁入农田区时则应予以灭杀。因此，基本防治对策是"阻断迁移通路"。只要在汛期大迁移时阻其大量进入垸内，然后对少量漏入农田的东方田鼠予以杀灭，即可消除该鼠危害。

农业防治 硬化田埂，田埂、果园、防护林带除草，并使地面干硬些，可抑制东方田鼠入侵。破坏适于该鼠栖息的有利场所进行防治是较为有效的防治手段。

生物防治 见鼠害生物防治。

物理防治 围栏捕鼠法（TBS），在平原上及新栽防护林带等处，在鼠迁移时期，可在田、林对着鼠源地（河、湖沼泽等）的周边挖沟，上宽0.4~0.5m，深0.6~0.7m，沟两壁修平并内倾，沟底宽约0.6m。这样鼠掉入后不易爬出。这也是临时阻挡措施，须派人巡视，及时清除掉入沟中的田鼠。应注意沟边要保持无草生长，沟内不积水（水面太高时鼠会游过来）。无积水的沟可在其内投毒饵及时毒杀。

化学防治 抗凝血杀鼠剂，用鲜稻谷或红薯条作饵料，采取浸泡法，稻谷毒饵浓度0.1%~0.2%；对于鲜薯条，浓

图4 东方田鼠危害状（王勇提供）
①危害水稻；②危害玉米

度为 0.05%～0.1%，药液稀释兑水应适量，以 2 小时内能吸尽为度。

东方田鼠抗日本血吸虫

抗血吸虫感染的发现　1950 年初期，中国 13 省（自治区、直辖市）进行了大规模的动物血吸虫病调查，在几十种哺乳动物中只有东方田鼠（长江亚种）未发现日本血吸虫感染，经解剖调查和人工感染实验，均未发现日本血吸虫成虫和虫卵，日本血吸虫可感染该鼠，但虫体在其体内发育迟缓，不能发育至成熟阶段，并在其肝内逐渐消亡。当时，限于实验室饲养繁殖困难，对其抗感染原因未进行深入研究。

抗血吸虫感染原因与机理　在抗感染方面，室内繁殖的第二、三代东方田鼠与野生鼠无明显差异，可感染日本血吸虫，但亦不能在其体内发育成熟，最终在肝内消亡。该鼠具有先天抗日本血吸虫的特性，野生和室内繁殖 F_2 鼠均存在类似的天然抗日本血吸虫抗体，东方田鼠的天然免疫力和较易产生获得性免疫力均可能对防止血吸虫病发病起重要作用，并证实该鼠体内确实存在抗日本血吸虫的天然抗体，还筛选出了编码东方田鼠天然抵抗力相关的 7 种蛋白质分子基因。

肝似乎在抗日本血吸虫感染方面起着特别重要的作用，日本血吸虫均经皮肤侵入东方田鼠体内，由肺到达肝脏，其无一例外地在肝脏内消亡；肝组织的炎症反应在抗日本血吸虫感染中起着重要作用。

东方田鼠血清有一定的杀童虫作用，可能是该鼠抗日本血吸虫病机理中起决定作用的因子。此外，东方田鼠血清被动转移能影响小白鼠体内血吸虫生长发育、营养物的摄取，可明显降低其产卵量，减少其肝、肠组织及血吸虫卵数与降低毛蚴孵出率，亦能在一定程度上抑制小白鼠肝组织肉芽肿的形成。东方田鼠的血清补体 C_3、C_4 和血清 IL-4 在抗血吸虫感染免疫中可能具有重要作用。另外，脾细胞也具有杀童虫的作用，并和血清表现出一定的协同杀伤作用。从营养学角度研究该鼠抗血吸虫的机理发现，该鼠血红蛋白可被日本血吸虫肠道蛋白酶消化降解，认为日本血吸虫在该鼠体内不能正常发育似与日本血吸虫对该鼠血红蛋白的消化无关。

参考文献

陈安国, 郭聪, 王勇, 等, 1995. 洞庭湖区东方田鼠种群特性和成灾原因研究[M]//张洁. 中国兽类生物学研究. 北京: 中国林业出版社: 31-38.

陈安国, 郭聪, 王勇, 等, 1998. 长江流域稻作区重要害鼠的生态学及控制对策[M]//张知彬, 王祖望. 农业重要害鼠的生态学及控制对策. 北京: 海洋出版社: 119-166.

洪震藩, 1981. 东方田鼠的一新亚种——福建亚种[J]. 动物分类学报, 6(4): 444-445.

贺宏斌, 左家铮, 刘柏香, 等, 1995. 室内繁殖和野生东方田鼠感染日本血吸虫的比较[J]. 实用寄生虫病杂志, 3(2): 72-74.

黄文几, 陈延熹, 温业新, 1995. 中国啮齿类[M]. 上海: 复旦大学出版社: 231-233.

刘金明, 傅志强, 李浩, 等, 2001. 东方田鼠ADCC体外杀伤日本血吸虫童虫效果的初步观察[J]. 寄生虫与医学昆虫学报, 8(4): 212-219.

罗新松, 何永康, 喻鑫玲, 等, 1998. 东方田鼠血清被动转移小白鼠抗日本血吸虫感染的保护性研究[J]. 中国人兽共患病杂志, 14(5): 75-76.

马勇, 1986. 中国有害啮齿动物分布资料[J]. 中国农学通报 (6): 76-82.

寿振黄, 1962. 中国经济动物志: 兽类[M]. 北京: 科学出版社: 137-189.

王庆林, 易新元, 曾宪芳, 等, 2001. 东方田鼠感染血清免疫筛选日本血吸虫成虫cDNA文库[J]. 中国生物化学与分子生物学报, 17(5): 547-551.

王勇, 郭聪, 张美文, 等, 2004. 洞庭湖区东方田鼠种群动态及其危害预警[J]. 应用生态学报, 15(2): 308-312.

温业新, 2000. 东方田鼠[M]//罗泽珣, 陈卫, 高武, 等. 中国动物志: 兽纲 第六卷 啮齿目(下册) 仓鼠科. 北京: 科学出版社: 221-232.

夏武平, 高耀亭, 1988. 中国动物图谱: 兽类[M]. 2版. 北京: 科学出版社: 31-37.

张新跃, 何永康, 李毅, 等, 2001. 正常东方田鼠血清及脾细胞体外杀血吸虫童虫作用的初步观察[J]. 中国血吸虫病防治杂志, 13(4): 206-208.

阎玉涛, 刘述先, 宋光承, 等, 2001. 东方田鼠天然抗体相关的日本血吸虫抗原基因筛选和克隆[J]. 中国寄生虫学与寄生虫病杂志, 19(3): 153-156.

（撰稿：王勇；审稿：郭聪）

冬眠　hibernation

活跃状态时体温恒定的一些动物，在冬季（有时在晚秋或早春）伴随体温和代谢降低出现的一种昏睡状态。在冬眠状态下体温是受调节的。冬眠是在冬季发生的一种季节性蛰眠，虽然冬眠动物在冬眠季节一般不出洞穴，但可数次从冬眠中觉醒，两次觉醒之间称为一个蛰眠阵（torpor bout）。冬眠蛰眠阵的时间通常较长，每次可持续数天甚至数周，因此冬眠也叫长期蛰眠。冬眠时动物体温大幅度下降到略高于环境温度的水平，通常在 0～4℃，甚至北极黄鼠（*Spermophilus parryii* Richardson, 1825）中记录到最低 -2.9℃的体温。冬眠时动物代谢率大幅度降低，通常只有正常体温时静止代谢率的 1%～5%。冬眠在温带或北极的哺乳动物中最常见，近年来的研究发现热带哺乳动物也冬眠。冬季短光周期伴随较低的温度以及食物的减少，是启动蛰眠的主要环境信号。动物蛰眠前常发生形态和生理学变化，称为蛰眠预适应；例如夏季的睡鼠在模拟冬季条件驯化后，可以生长出冬季的皮毛并表现冬眠的倾向。旱獭和黄鼠类的冬眠表现比较特殊，除了受外部环境因子的影响外，还在很大程度受内源年节律（circannual rhythm）的控制。

参考文献

DIEDRICH V, KUMSTEL S, STEINLECHNER S, 2015. Spontaneous daily torpor and fasting-induced torpor in Djungarian hamsters are characterized by distinct patterns of metabolic rate[J]. Journal of comparative physiology B, 185: 355-366.

GEISER F, RUF T, 1995. Hibernation verse daily torpor in mammals and birds: Physiological variables and classification of torpor patterns[J]. Physiological zoology, 68(6): 935-966

RUF T, GEISER F, 2015. Daily torpor and hibernation in birds and mammals[J]. Biological reviews of the Cambridge Philosophical Society, 90: 891-926.

（撰稿：迟庆生；审稿：王德华）

董天义　Dong Tianyi

1939年生，副研究员。

河南省宝丰县人。1965年毕业于北京农业大学，参军到军事医学科学院，主要从事鼠害防治研究。

科研成就：在城市灭鼠、列车灭鼠、特定军事作业环境灭鼠以及高效安全灭鼠剂的研制及其鼠药抗药性方面做出了显著成绩。共获部级科技进步奖7项，出版专著3部（主编2部、参编1部），发表论文50余篇、译文40余篇，应全国爱国卫生运动委员会之邀，编导灭鼠科教片一部，全国发行；荣立三等功两次，被丹东市政府授予模范科技工作者称号；1993年始享受国务院政府特殊津贴。

（撰稿：郭天宇；审稿：王登）

董维惠　Dong Weihui

1937年生。研究员，硕士研究生导师。

1964年毕业于内蒙古大学生物系本科，毕业后分派到中国农业科学院草原研究所至退休。曾任中国农科院草原研究所所长助理、草原鼠害与保护研究室主任。曾任中央爱国卫生运动委员会全国除"四害"专业委员会委员，中华预防医学会媒介生物及控制分会第一、二届委员，中国草原学会草原植保专业委员会第一、二届委员，中国植物保护学会农业鼠害专业委员第一、二届委员。现任内蒙古动物学会常务理事。1992年享受国务院政府特殊津贴，同年批准为农业部有突出贡献的中青年专家。

1997年12月在中国农业科学院草原研究所退休，退休后一直返聘至2016年，实际工作52年。一直从事草原啮齿动物生态及鼠害防治研究，兼搞农业和城镇及特殊环境鼠害防治研究工作。建立了草原所鼠类标本室，藏有西藏、陕西、甘肃、青海、河南、山西和内蒙古鼠类的60多种2000多号标本。

"五五"至"九五"期间主持农业部多项重点研究课题，如"草颗粒代粮诱饵灭鼠研究""含毒草颗粒灭鼠的研究"（1975—1979年）；"草原鼠病虫害调查及防治研究"（1984—1985年）；"黑线仓鼠和五趾跳鼠生物学特性及综合防治研究"（1986—1990）；"内蒙古不同类型草原主要害鼠数量监测研究"（85—牧—04—01，1991—1995年）；"内蒙古中西部草原主要害鼠数量监测及综防技术"（95—牧—02—07—08，1996—2000年）。"七五"期间主持完成了一项国家攻关子课题。1974年参加中国科学院主持的西藏综合考察，主持并完成西藏拉萨和山南专区草原鼠害调查。

自1984年开始在内蒙古不同类型草场和农牧交错带建立了4个监测站（点），并连续监测30多年。研究了内蒙古常见的10种鼠（五趾跳鼠、三趾跳鼠、达乌尔黄鼠、黑线仓鼠、小毛足鼠、黑线毛足鼠、布氏田鼠、长爪沙鼠、子午沙鼠和小家鼠）生态特征、数量变动规律，并对8种鼠建立了数量预测公式开展预测预报，预测准确率在80%以上。经过多年研究，制定出一整套草原鼠害持续控制技术，即建立长期监测站（点）研究优势鼠种生态特征、数量变动规律，建立预测模型开展预测预报；在数量上升期利用抗凝血杀鼠剂进行防治，防止优势种数量向高峰期发展；在低谷期开展以生态治理为主的综合防治，形成不适宜鼠类数量向高峰期发展的环境，使鼠的数量长期保持在低谷期，不致对草原形成危害，实现草原鼠害的持续控制。该项技术由农业部草原总站发文主持向全国草原省（自治区）进行推广，取得良好效果。在课题执行期间获得多项奖：内蒙古自治区科技进步一等奖1项，中国科学院科技进步二等奖1项，农业部科技进步二等奖2项，卫生部和中央爱卫会科技进步二等奖1项，农业部和内蒙古科技进步三等奖3项，中国农业科学院科技奖一等和二等奖各1项。主编著作4部，参编7部，发表论文和译著180多篇。培养硕士研究生2名，协助培养硕士研究生1名、博士研究生2名。

（撰稿：杨玉平；审稿：张福顺）

洞庭湖区东方田鼠大暴发　population outbreak of *Microtus fortis* in the Dongting Lake Area

2007年6月，洞庭湖区东方田鼠种群数量再次大暴发，引起了全球轰动，仅以"东方田鼠"和"洞庭湖"在网上可搜索到43700条相关新闻和报道。先后有包括中央电视台、湖南电视台、《科学时报》、新华社、中央人民广播电台、人民网、新浪网、新华网等国内主要媒体和国内外媒体100多家以"人鼠大战"为主题进行了报道。

洞庭湖由长达3747km的防洪大堤保护和分隔着227个堤垸，沿湖区域的22个县市区，总人口1550万人，耕地面积1581万亩，是中国重要的商品粮、棉、油、渔生产基地。20世纪60~70年代的"围湖造田"和"围湖灭螺"改变湖区生态环境，加速了东方田鼠在70年代后突然暴发成灾。2007年东方田鼠种群数量处于年动态高峰期，这是该种群

湖滩东方田鼠（王勇摄）　　人工捕获东方田鼠（王勇摄）

人工捕鼠灭鼠（王勇摄）　　暴发期间大堤上东方田鼠（王勇摄）

2007年数量大暴发的基础。加之，400万亩湖洲短时间被水淹没，迫使生活在湖洲的东方田鼠大量迁移，这是东方田鼠大暴发的根本原因。

2007年东方田鼠暴发前后，有关事件时间序列列表：

2007年1月，中国科学院亚热带农业生态研究所专家在洞庭湖区调查结果显示，东洞庭湖西岸的大通湖北子外芦苇地东方田鼠密度（越冬基数）达到23.67%（夹捕率），东洞庭湖东岸岳阳县春风湖洲薹草地东方田鼠密度为10.55%；

2007年2月，中国科学院亚热带农业生态研究所专家撰文《洞庭湖区东方田鼠种群数量预警》3月发表于《植物保护》杂志，2007，33(2)134-136；

2007年5月，中国科学院亚热带农业生态研究所专家在洞庭湖区调查结果显示，大通湖北子外芦苇地东方田鼠密度达到67.07%（夹捕率），东洞庭湖东岸岳阳县春风湖洲薹草地东方田鼠密度为54.34%；

2007年6月5日，中国科学院亚热带农业生态研究所专家撰写报告《警惕2007年汛期洞庭湖区东方田鼠暴发成灾》，呈报湖南省委书记张春贤；

2007年6月12日，《中国科学院专报信息》（第59期）《中国科学院专家提出应谨防2007年汛期洞庭湖区东方田鼠大暴发》，6月15日，回良玉副总理作出重要批示；

2007年6月20日，洞庭湖外湖水位上涨；

2007年6月21日，水位达到28.5m，大量的东方田鼠开始向大堤迁移；

2007年6月23日上午8:00，洞庭湖外湖水位达到29.48m，东方田鼠迁移的数量达到高峰；

2007年7月11日，湖南省政府召开新闻发布会，宣告鼠害势头已经得到基本控制；

2007年7月18日，湖南省政府就6月中旬以来洞庭湖区东方田鼠大发生以及应急防控情况召开新闻发布会。宣布鼠患已得到有效控制，鼠患与其天敌种类和数量无关，"鼠患与人们食用蛇类有直接关系"不符合事实，鼠患不会造成鼠传疾病流行，洞庭湖区整体生态环境良好。

（撰稿：王勇；审稿：张美文）

毒饵的制作与投放　processing and use of poison bait

毒饵灭鼠是一个整体，饵料的选择、毒饵的制作、投放等，均能影响效果，任何一个环节都不可忽视。虽然因地区的差异和鼠种的不同，没有适用于各种鼠、各种场合的通用毒饵，但一般来讲，大多数鼠类喜食作物的种子。毒饵的配制是否正确，会直接影响到灭鼠效果。在毒饵的配制过程中，应注意保持毒饵的适口性和药剂的毒力。毒药浓度，按毒药的毒力、消灭对象和诱饵来确定。一般来说，灭野鼠的浓度比灭家鼠的浓度要高，带壳毒饵的配制浓度要比无壳的要高。

毒饵配置方法　①黏附法。适用于不溶于水的灭鼠药，需用黏着剂。用粮食或其他颗粒状或块状食物作饵，用植物油、淀粉糊或黏米汤作黏着剂。将药粉均匀粘在诱饵表面，即制成毒饵。黏着剂的用量要适当，以能使药物均匀黏附于诱饵表面而不脱落，又不多余。黏着剂的用量与毒药的浓度、种类、黏着剂的种类、诱饵的大小和表面光滑程度等有关系。毒药浓度低于3%时，黏着剂用量与毒药浓度基本上无对应关系；毒药浓度超过5%，则浓度越高，黏着剂用量越大。②浸泡法。适于可溶于水的灭鼠剂或可将不溶于水中的杀鼠剂分散于水中的剂型。先将药物溶于水中，制成药液，再加入饵料浸泡，待药液全部吸收进饵料中，即配成毒饵。关键是掌握水的用量，应视饵料的不同而异。一般为诱饵量的20%～30%，以诱饵能在24小时内吸干毒水为度。用量太多，饵料吸收不完药水而浪费，饵料也达不到所预期的浓度；用得太少，不能湿润所有的饵料，而造成药物分配不均匀。特别是对于带壳的毒饵，水量不足，会使药物仅附于壳上，而未被吸入，根本不会发挥应有的灭鼠作用（因鼠取食时的剥壳行为）。③混合法。适用于粉末状饵料与各种灭鼠剂制备毒饵。按本法制成的毒饵，灭鼠药均匀地分布于毒饵中，不会脱落。药物与饵料的混合可采用逐步稀释法：先将药物与少量饵料拌匀，再加入剩余的饵料中，充分拌匀后，再加水制成毒饵（使用浓度较低的杀鼠剂，可多稀释几次）。对于溶于水的杀鼠剂，也可先溶于所要加入的水中，再与饵料混合制成饵块。

毒饵的投放　是发挥毒饵作用的最后的重要环节，不认真投饵，或投放不正确，将会前功尽弃。各种鼠的活动规律、范围很不一样，毒饵的投放方式也各不相同。①按洞投放。对于洞穴明显的鼠类均可使用。由于鼠接触的机会多，灭鼠比较容易得到保证，因而应用较广。②按鼠迹投放。即将毒饵投到鼠活动场所，鼠迹明显之处。③等距投放。主要用于野外，尤其适用于鼠密度高的地区，可以提高工效。④均匀投放。即将毒饵均匀地撒布在有鼠地区，毒饵单粒存在。主要适用于鼠密度很高的草原、荒漠以及灌木林地区。

一般情况下，毒饵可直接投放在地面上，在某些情况下，才使用布毒容器。需长期控制害鼠而设立的投饵容器，称毒饵站。主要作用有两点：①减少甚至避免人、畜误食毒饵或误饮毒水，避免灭鼠药对食品、饲料等的污染。②延长毒饵等的有效期，包括降低毒饵的降解速度，保持毒饵的适口性。

增效剂　不仅可以通过味觉，而且可以通过嗅觉起作用，用这种增效剂配制的毒饵对鼠类具有引诱力，容易为鼠类所发现，加之适口性好，故易吃够致死剂量，从而大大提高毒饵灭鼠的效果，减少单位面积的投饵量以及对环境的污染，经济效益和生态效益都很明显。3%～30%的食糖可以改进谷物毒饵的适口性，增加家栖鼠类对毒饵的消耗量。美国出售的毒饵一般都含有3%～7%的食糖。植物油和动物脂肪本身鼠类并不喜食，但加于谷物毒饵中，可以改善其适口性。常用的有3%～8%的豆油、花生油、向日葵油、猪油、牛羊油脂等。橄榄油、麻油、鱼肝油不能增加毒饵对小家鼠的引诱性，植物油有时也会增加毒饵中灭鼠剂杀鼠灵的味觉使鼠类容易辨别出来，反而降低了毒饵的适口性。油脂和蛋白质含量高的食物，如花生、核桃、胡麻子、干椰子肉、鱼粉、蛋粉、骨粉、鸡鸭内杂粉等，常用做谷物毒饵的添加剂，以增加其香味和蛋白含量。

所有的毒饵引诱剂中，半天然和合成香精是最受重视的。但还没有找到真正有用的东西。文献中指出：不仅有大量的食物香精可以改进毒饵的适口性，而且还有用以处理捕鼠器和毒饵盒招引鼠类。但是，这些结果在实验室都重复不出来，甚至有些香精还会引起拒食。一种新的刺激一般都会引起鼠类的探索行为，所以有些香味会招引鼠类去发现毒饵，而一旦接触新发现的食物或毒饵，又会引起新物反应而拒食，引诱剂应该不仅能引诱鼠类去发现毒饵，而且还能增加对毒饵的摄食量，或者至少不影响其摄食量，才有实用价值。

鼠尿和一些腺体分泌物，可以增加对饵料的消耗。多数学者对外激素持乐观态度，但认为现在对外激素的知识还是初步的，一旦掌握，将会在鼠类的防治中起很大的作用。

参考文献

郭永旺，施大钊，2012. 中国农业鼠害防控技术培训指南[M]. 北京：中国农业出版社.

王勇，张美文，李波，2003. 鼠害防治实用技术手册[M]. 北京：金盾出版社.

（撰稿：王勇；审稿：王登）

毒鼠碱　strychnine

一种在中国未登记的杀鼠剂。又名士的宁、马钱子碱。化学式$C_{21}H_{22}N_2O_2$，相对分子质量334.42，熔点270℃，水溶性143g/100ml。白色半透明的晶体或结晶性粉末，苦涩的味道。剧毒物质，是一种急性杀鼠剂，对中枢神经起作用，使神经失去控制，终因缺氧症发作而死亡。可由吸入、食入、经皮吸收。可以从植物马钱子酸种子中提取而得。对大鼠、小鼠、狗和猫的口服半致死剂量（LD_{50}）分别为16mg/kg、2mg/kg、0.5mg/kg和0.5mg/kg。

（撰稿：宋英；审稿：刘晓辉）

毒鼠磷　phosacetim

一种在中国未登记的杀鼠剂。又名毒鼠灵。化学式$C_{14}H_{13}Cl_2N_2O_2PS$，相对分子质量375.21，一个标准大气压（760mmHg）下沸点477.2℃。不溶于水，易溶于丙酮。纯品为白色粉末，工业品为浅粉色或黄色粉末。毒鼠磷是一种急性杀鼠剂，误食后一般在4～6小时会出现中毒症状，24小时内死亡，一旦发生中毒事件，立即送医就诊。

（撰稿：宋英；审稿：刘晓辉）

毒鼠强　tetramine

一种杀鼠剂。又名没鼠命、四二四、三步倒、闻到死等。化学式$C_4H_8N_4O_4S_2$，化学名四亚甲基二砜四胺，相对分子质量240.26，熔点250～254℃，水溶性25mg/100ml。白色粉状物，无味、无臭，微溶于水、微溶于丙酮，不溶于甲醇和乙醇。易溶于苯、乙酸乙酯。它是一种磺胺衍生物，剧毒物质，主要用途是杀鼠剂，但中国已明令禁止使用。可经消化道及呼吸道吸收，不易经完整的皮肤吸收。毒鼠强对小鼠的口服半致死剂量（LD_{50}）为0.20mg/kg。

（撰稿：宋英；审稿：刘晓辉）

毒鼠强专项整治　special regulatory actions for forbidding tetramine

一种急性中枢神经兴奋性灭鼠剂。又名没鼠命。化学名"四亚甲基二砜四胺（TET）"（CAS：80-12-6），其分子结构  。纯品呈正方形晶体，无臭无味，毒性强，作用快，致死亡率高，对褐家鼠的LD_{50}为0.25mg/kg，1g毒鼠强约可以毒死80个成人，出现中毒症状的时间小于1小时，属于极毒化学物质。迄今为止，没有特效解救药，只能对因治疗。该药1949由德国拜耳公司合成，1953年作为杀鼠剂列入美国专利。1959年，中国首次合成并进行了灭鼠试验。其对害鼠适口性好，中毒作用快，迎合了普通人对鼠药致死老鼠越快越好的心理预期，且死鼠即时可见，于20世纪90年代在中国灭鼠活动中常用。但因其毒力强，理化性质非常稳定，极易造成二次中毒，同时因大量投毒、误食致使人畜群体性死亡的事件愈演愈烈。中国各地方政府及相关管理部门开始重视毒鼠强的整治工作。

1990年，中华预防医学会媒介生物学及控制学会发表学术文章，建议禁用毒鼠强等5种剧毒鼠药。1991年，农业部农药检定所(91)农药检(所)字第45号文规定毒鼠强属禁用品种。随后整治力度越来越大。2003 年，农业部、公安部、国家发展和改革委员会等 9 部门做出措词严厉的明确要求：任何单位和个人均不得制造、买卖、运输、储存和使用、持有毒鼠强等国家禁用剧毒杀鼠剂。同年，国务院办公厅发布了关于深入开展毒鼠强专项整治工作的通知，决定在全国范围内深入开展毒鼠强专项整治工作，采取了多项措施加强毒鼠强的整治：①加强对专项整治工作的领导，由农业部牵头，会同公安部、工商总局、质检总局、食品药品监督局等有关部门，组成全国毒鼠强专项整治工作小组，负责指导、协调和检查各地专项整治工作。②实行"全国统一领导、地方政府负责、部门指导协调、各方联合行动"方针。③突出专项整治工作重点：由公安机关牵头，依法严厉打击生产、销售毒鼠强的违法行为；由农业部门牵头，组织对全国现有杀鼠剂生产企业进行全面核查；由工商行政管理机关牵头，对杀鼠剂经营点进行排查；地方各级人民政府组织对本地区毒鼠强进行清查清缴。④完善了对杀鼠剂的监管制度：加强了审批和登记管理，实行杀鼠剂经营资格核准和统一购买发放制度，实行杀鼠剂统一标签和标识。⑤加强灭鼠培训，开展统一灭鼠工作，即按照城乡结合、统一时间、统一培训、统一供药、统一检查的原则，在每年春秋两季开展全国统一灭鼠行动。城市灭鼠工作由爱卫会负责，农村灭鼠工作由农业部门负责。至 2004 年年底，全国整顿和规范市场经济秩序领导小组办公室宣布，中国已基本消除了"毒鼠强"的危害。专项整治中，各地共检查各类市场 12 万个，吊销证照 6110 个，取缔摊点 4.5 万个，收缴"毒鼠强"200 余吨，查清了 3 个主要生产技术扩散源头，端掉了 41 个生产窝点，切断了以安徽利辛、湖北仙桃、河南长葛为中心的销售网络。2004 年第三季度"毒鼠强"中毒事故件数、中毒人数和死亡人数与前一年同期相比分别减少 80%、96.6% 和 74.2%。专项治理行动成效显著。自此，中国一直保持对毒鼠强的严格监管态势。

（撰稿：王登；审稿：郭永旺）

短耳鸮　*Asio flammeus* Pontoppidan

鼠类的天敌之一。又名仓鸮、短耳猫头鹰、胡勒—依巴拉格、田猫王、小耳木兔、鸮兔、夜猫子、短耳猫等。英文名 short-eared owl。鸮形目（Strigiformes）鸱鸮科（Strigidae）耳鸮属（*Asio*）。

在中国为不常见的季节性候鸟。指名亚种繁殖于内蒙古东部、黑龙江、辽宁等地，越冬时见于中国海拔 1500m 以下的大部湿润地区。国外见于欧洲、非洲北部、美洲、大洋洲和亚洲大部分地区。

形态　中等体型（36cm）的黄褐色鸮鸟，翼长，面庞显著，耳状羽簇长约 25mm，短小的耳羽簇于野外不可见。上体棕黄，头顶至背有黑褐纵纹，尾棕黄而具黑褐横斑，小覆羽黑褐而边缘棕黄，肩和大、中覆羽和三级飞羽与腰相似，初级覆羽黑褐，具棕黄圆斑，其余飞羽表面棕黄，内侧飞羽具白端，外侧飞羽端部黑褐，均具黑褐横斑；眼周黑褐，面盘前半部较白，余部较棕黄，翎领棕白，具黑褐羽干纹，至喉部正中转为黑褐色缘棕黄色；颏白，下体余部棕黄，胸、上腹和胁具黑褐纵纹，胸羽为棕色，无细碎斑纹，故与长耳鸮不同。脚被羽。嘴角黑；眼亮黄色，眼周具黑色眼影，虹膜黄色；嘴深灰；脚偏白。

叫声：飞行时发出 kee-aw 吠声，似打喷嚏。

生态及习性　短耳鸮与其他的鸮类不同，喜有草的开阔地，栖息于低山、丘陵、苔原、荒漠、平原、沼泽、湖岸和草地等各类生境中。多在黄昏和晚上活动，也在白天活动，但是在阳光下飞行不稳定。平时多栖息于地上或潜伏于草丛中，很少栖于树上。

主要以鼠类为食，是人类灭鼠的得力助手。亦吃小鸟、蜥蜴、昆虫等，夜间多食田鼠等鼠类，白天多食昆虫。偶尔也吃植物果实和种子。

繁殖期为 4~6 月。通常营巢于沼泽附近的草丛中，也见于阔叶林内树洞中营巢，巢材常为枯草。每窝产卵 3~8 枚，偶尔多至 10 枚，卵白色，卵圆形。由雌鸟孵卵，孵化期约 26 天。雏鸟为晚成性，孵出后 24~27 天即可飞翔。

为国家二级重点保护野生动物。

参考文献

约翰·马敬能，卡伦·菲利普斯，何芬奇，2000. 中国鸟类野外手册[M]. 长沙：湖南教育出版社.

赵正阶，2001. 中国鸟类志[M]. 长春：吉林科学技术出版社.

郑光美，2011. 中国鸟类分类与分布名录[M]. 2版. 北京：科学出版社.

（撰稿：李操；审稿：王勇）

短光照　short day or short photoperiod

在 24 小时的昼夜节律中，白昼时间小于 12 小时的，被称为短光照。季节性繁殖的小型啮齿动物的非繁殖期往往发生在秋冬季的短光照时段中，室内短光照条件也可以抑制其繁殖活性或性腺发育。因此，短光照代表繁殖力下降状态或非繁殖季节。

（撰稿：王大伟；审稿：刘晓辉）

短尾仓鼠　*Allocricetulus eversmanni* Brandt

一种多栖息于草地和半荒漠地区的鼠类。又名埃氏仓鼠。英文名 Eversman's hamster。仓鼠科（Cricetidae）仓鼠亚科（Cricetinae）短尾仓鼠属（*Allocricetulus*）。模式标本产地为哈萨克斯坦草原北部。

该种为古北界荒漠草原种类。实际分布西起俄罗斯伏尔加河，向东经哈萨克斯坦至中国新疆北部。中国新疆地区的分布为古尔班通古特沙漠北部的北缘和伊吾、木垒、布克赛尔、阿尔泰、福海等地，西部与哈萨克斯坦的斋桑地区相接。在博格多山以西、古尔班通古特沙漠以南地区，迄今未见采到标本的报道。

形态

外形 体形短粗，四肢短小。吻短而具颊囊，耳形圆。尾基部粗大，尾端变细，整个尾呈明显的楔形，尾长略大于后足长。体长 100～130mm；尾长 17～28mm，约为体长的 1/5；耳长 12～17mm；后足长 14～18mm。体重 36～60g。

毛色 躯体背部毛基深灰色，约占整个毛长的 2/3 以上；毛尖呈淡黄褐色或灰褐色，针毛间杂有纯黑色长毛，老年个体黄褐色调明显，幼年个体灰色较显著，有些个体头背后方颜色较灰，而向后背黄褐色渐浓。腹部毛基灰色，毛尖白色，在体侧背、腹部毛色分界明显，呈波浪状。额部与背部毛色相近。耳背面黑灰色，明显比背部毛色深暗，有些个体耳基具一簇白色毛。颈下、喉颊部、前肢内侧及四足腹面毛色纯白，胸部具浅黄褐色斑块。四肢后背方毛色与背相同，但前肢背方色稍浅于体背或几呈白色，足掌裸露。尾毛两色，上部同背毛，但色稍浅，下部白色，尾基毛较长且蓬松，尾稍部近无毛，故尾呈圆锥形。臀部与背同色。

头骨 颅全长 27～33mm。头骨整体粗壮。鼻骨较短，其前部较宽，后端较窄。从鼻骨后缘，自额骨前缘，颅骨内侧向鼻骨方向凹陷，成纵向浅沟，老年个体尤为明显。颧弓中间细，略向外突出。眶间平坦，无眶上脊。顶骨前外角向前突呈略尖的三角形。顶间骨狭窄，略呈三角形，宽为长的 4～5 倍。枕骨向后略突，在枕部中央及两侧形成 3 个泡状隆起。脑颅圆形，人字嵴、矢状嵴明显。门齿孔较小，相当齿隙长的 1/2 左右。其后缘达不到两个第一上臼齿前缘的连线。翼间孔不到第三臼齿的后缘。听泡发达。下颌冠状突大而长。门齿细长，臼齿具两纵列对称的齿尖，M^1 具 3 对，M^2 具 2 对，M^3 仅 3 个齿尖，前面一个对称，后面一个独立。

生活习性

栖息地 多栖息于草地和半荒漠地区，可沿荒漠地带和弃荒地带进入森林草原、各种洼地、河谷阶地、岸边以及农田周围的草原和灌草丛中。喜干旱的生境，回避潮湿的地方。夜行性，大都自黄昏后开始活动，直到拂晓为止。活动半径可达 200m 左右。

洞穴 比较简单，最大深度到 30cm。洞口常隐蔽在灌丛中或矮小灌木下，洞穴分散。洞道距地面较近，分叉少，有巢室和仓库之分，但往往只是一条通道。仓库多位于洞道的末端，略微膨大。常常侵袭和侵占其他鼠类等洞穴。

食物 以植物性食料为主，包括草籽、茎、叶等部分。也食昆虫。入冬前有储粮的习性。

活动规律 中亚地区，10 月起开始冬眠，新疆北部的个体冬眠时间略晚。

繁殖 繁殖能力较强，每年繁殖 3～4 窝，每次产仔 4-6 只。繁殖季节以春夏季为主。新疆地区 5 月底，6 月初可见孕鼠，6 月下旬可见具子宫斑的雌鼠，偶尔在冬季也有繁殖现象。

危害 在新疆北部的分布不像灰仓鼠那样广泛，主要栖息于荒漠草原地区，以及农田周围的草场、撂荒地等。新疆北部的荒漠—农田啮齿动物群落中数量可占 20%，仅次于灰仓鼠数量。其对于荒漠地区的固沙造林地具有一定的破坏，对草场等的破坏也不可轻视。流行病学资料显示该鼠同灰仓鼠相似，对鼠疫有较高的抗性，实验条件下，70% 个体不感染鼠疫。但仍有个别鼠体感染疾病，而且该鼠体外寄生的蚤类繁多。

防治技术 分布于新疆北部的短尾仓鼠由于其种群数量不很大，在各生境中，密度均不高，并非优势种类。新疆北部夹日捕获率约为 2%。由于数量不大，危害情况不被人们注意，无专门的应对防治措施，自然界天敌主要有狐、鼬、鸮、蛇等动物。分布于内蒙古、甘肃、宁夏和新疆的无斑短尾仓鼠是当地的常见种，危害程度不详，可采用常规的化学杀鼠剂和捕鼠夹、笼等物理器械灭杀。

参考文献

SMITH A T, 解焱, 2009. 中国兽类野外手册[M]. 长沙: 湖南教育出版社.

罗泽珣, 陈卫, 高武, 等, 2000. 中国动物志: 兽纲 第六卷 啮齿目(下册) 仓鼠科[M]. 北京: 科学出版社: 75-81.

马勇, 王逢桂, 金善科, 等, 1987. 新疆北部地区啮齿动物的分类和分布[M]. 北京: 科学出版社: 129-132.

（撰稿：王登；审稿：施大钊）

多次贮藏　recaching

动物对贮藏食物进行多次搬运和贮藏的过程。许多贮藏植物种子的鼠类会反复搬运和贮藏种子，直至种子被取食或萌发为止。鼠类贮藏植物种子的过程极为复杂。自然条件下，黑松鼠（*Sciurus niger*）、黄松花鼠（*Tamias amoenus*）、岩松鼠（*Sciurotamias davidianus*）、大林姬鼠（*Apodemus peninsulae*）、小泡巨鼠（*Leopoldamys edwardsi*）等都会对所贮藏的植物种子进行多次搬运和贮藏，次数通常为 4～5 次，最多可达 7 次。快速隔离假说（rapid sequestering hypothesis）、反馈假说（feedback hypothesis）、记忆假说（memory hypothesis）和盗食假说（pilfering hypothesis）等从不同的角度解释了动物多次搬运和贮藏食物的原因和适应与进化意义。快速隔离假说认为多次贮藏是贮食者快速占有丰富却短暂的食物资源的一种竞争策略。即当动物遇到丰富却短暂存在的食物时，会首先将这些食物快速分散贮藏在食物源周围，以快速占有资源，随后再经过反复搬运和贮藏将食物转移到更安全的地方贮藏。反馈假说认为动物可以根据贮藏食物的状态所反馈的信息更换贮藏位点，以加强对贮藏食物的管理。例如，赤腹松鼠（*Callosciurus erythraeus*）发现贮藏种子发芽时，会将其胚根或胚芽切除后再贮藏在新的地方。记忆假说认为贮食动物需要通过多次贮藏来强化和提高对食物的记忆。空间记忆是许多鼠类和鸟类找回贮藏食物的重要方式。鼠类的记忆通常只能维持较短的时间，多次访问贮藏点有利于强化和提高它们对贮藏位点的记忆。盗食假说认为同种或异种竞争者的盗食压力促使动物反复变换贮藏位点以减少盗食损失。盗食在贮藏植物种子的鼠类间十分普遍，多次搬运和贮藏可以迷惑盗食者，减少盗食损失。植物大小年结实、种子的种类、种子是否耐贮藏、竞争者或盗食者的种类和数量、环境特征、贮藏者巢穴与食物源的距离，以及贮食鼠类本身的特点等都影响鼠类对种子的多次搬运和贮藏。多次贮藏对鼠类和植物都会产生重要影响。对鼠类而言，多次贮藏意味着对贮藏种子的保护和管理，可以及时发现和阻止其他动物盗食，及时处理霉变或萌发的种子以减少损失。对植物而言，多次贮藏可能增加了种子被取食的概率，但也可以增加种子传播距离、增加种子抵达适宜位点的概率、减少幼苗与母树之间的竞争、降低种子和幼苗密度制约性死亡率。例如，经黄松花鼠数次贮藏后，100 个约弗松种子贮藏点减少至 84 个，贮藏点内的种子数从 974 粒减少为 133 粒，最终仅有 13.6% 的种子存活至翌年春季。

参考文献

肖治术, 张知彬, 路纪琪, 等, 2004. 啮齿动物对植物种子的多次贮藏[J]. 动物学杂志, 39(2): 94-99.

JACOBS L F, 1992. Memory for cache location in Merriam's Kangaroo rats[J]. Animal behaviour, 43: 585-593.

JACOBS L F, LIMAN E R, 1991. Grey squirrels remember the locations of buried nuts[J]. Animal behaviour, 41: 103-110.

VANDER WALL S B, JOYNER J W, 1998. Recaching of Jeffrey pine (*Pinus jeffreyi*) seeds by yellow pine chipmunk (*Tamias amoenus*): potential effects on plant reproductive success[J]. Canadian journal of zoology, 76: 154-162.

XIAO Z S, GAO X, JIANG M M, et al, 2009. Behavioral adaptation of Pallas's squirrels to germination schedule and tannins in acorns[J]. Behavioral ecology, 20: 1050-1055.

（撰稿：张洪茂；审稿：路纪琪）

莪术醇 curcumol

一种在中国登记的杀鼠剂。又名姜黄醇、莪黄醇、姜黄环氧醇。为无色针状结晶，化学式 $C_{15}H_{24}O_2$，相对分子质量 236.35，熔点 141～142℃，易溶于氯仿、乙醚，溶于乙醇，微溶于石油醚，几乎不溶于水。是一种具有生物活性的倍半萜，具有许多药理活性，例如抗癌、抗微生物、抗真菌。莪术醇主要来源于莪术姜科植物郁金的根茎提取物，可同时作用于雌雄两性害鼠的生殖系统，其作用机理是破坏雌性害鼠的胎盘绒毛膜组织，导致流产、死胎、子宫水肿、溢血等，破坏妊娠过程，使妊娠率和胎仔数下降，对雄鼠的生殖上皮细胞产生破坏作用。小鼠急性毒性的 LD_{50} 为 250mg/kg，亚急性毒性的 LD_{50} 为 163.4mg/kg。

（撰稿：宋英；审稿：刘晓辉）

鄂木斯克出血热 omsk hemorrhagic fever, OHF

由感染鄂木斯克出血热病毒（OHFV）引起的一种急性蜱传自然疫源性疾病。主要感染动物和人。

病原特征 鄂木斯克出血热病毒属披膜病毒科黄病毒属。病毒颗粒呈球状，直径约 40nm，内含致密的中心核及两层外周膜。感染细胞具有特殊的晶格、包涵体、微泡、蜂房样以及大空泡等特殊结构。

在 50% 甘油磷酸缓冲溶液（pH 7.2）中可存活几个月，而在冻干的情况下可存活几年。低温有利于感染材料中病毒的存活。在 -10～14℃ 条件下，于死亡动物未固定的脏器中，病毒可存活 3 个月 (观察期)。在未经处理的自然界的湖水中，夏天可存活 2 周，冬天存活 3.5 个月。在浸泡有动物和植物组织或浮游动植物的水中可增加病毒存活的时间。在游离的体外蛋白中 37℃ 3～4 天内灭活。用高压灭菌器消毒 30 分钟对任何材料包括死亡的实验动物尸体均可灭活。另外，OHF 病毒对 70% 乙醇、1% 次氯酸钠、2% 戊二醛均敏感；对 3%～5% 来苏和紫外线敏感；对干燥敏感。

流行性 所有年龄和两性别都普遍易感。但人感染 OHFV 是偶然的，麝鼠捕猎者、剥皮工、制革工是 OHF 感染的主要受害者。他们长期接触麝鼠，接触 OHFV 的机会也随之增加，因此是 OHF 的主要患者。

鄂木斯克出血热流行相对局限，分布于俄罗斯的新西伯利亚和鄂木斯克两个人口稀少的州边界的西伯利亚地区。季节性发生在与传染媒介活动相符的各个区域，多发生在每年的 4～10 月或 11～12 月。

1941—1943 年曾发现该病，1944—1945 年在苏联西伯利亚的鄂木斯克北部农村首次报告该病，1945 年和 1946 年两次鄂木斯克出血热暴发分别发病 200 余人和 600 余人。

致病性 OHF 病毒对许多实验室和野生的动物有致病性。豚鼠、猫、小猪、绵羊及猴等对此病毒敏感。小白鼠具有很高的敏感性，经脑内及非神经途径接种可引起急性、致死性的神经感染。栖居在自然疫源地中的各种野生脊椎动物对 OHF 病毒具有不同的敏感性。有些动物呈慢性感染，而有些种类则引起急性且往往是致死性感染。从不同自然疫源地不同对象分离的 OHF 病毒株具有不同的遗传性，其噬斑的大小、血凝活性和对神经的病例也是不同的。

诊断 诊断一般是取患者一周内的血液、脑脊液，接种于豚鼠、小白鼠脑内或鸡胚内进行病毒分离或者是取双份血清作补体结合或中和试验，呈 4 倍以上上升高者为鄂木斯克出血热。

发热初期应与回归热、伤寒、斑寒、钩体病等鉴别。出血期应与流行性出血热、流脑等相鉴别。

防治 ①防鼠防蜱，灭鼠灭蜱。减少自然环境中保毒宿主动物和传播媒介的密度是消灭该病的关键。②加强商业性安全生产。麝鼠饲养繁殖、皮毛加工过程中的科学管理等都是预防控制鄂木斯克出血热流行的有效措施；在自然环境开发区或旅游景区林间道路上喷杀虫药等，确保工作人员和旅客健康安全。③加强个人防护，穿防护衣，用驱蜱药防止蜱叮咬。

参考文献

林新武, 黄素兰, 张述铿, 2008. 鄂木斯克出血热[J]. 口岸卫生控制, 13(5): 46-48.

程志, 1989. 鄂木斯克出血热病毒及病毒感染细胞的形态学观察[J]. 中国医学科学院学报, 11(6): 417-420.

SHESTOPALOVA N M, REINGOLD V N, GAGARINA A V, et al, 1972. Electron microscopic study of the central nervous system in mice infected by Omsk hemorrhagic fever (OHF) virus. Virus reproduction in cerebellum neurons[J]. Journal of ultrastructure research, 40(5): 458.

（撰稿：胡延春；审稿：何宏轩）

樊乃昌　Fan Naichang

1940年生。动物学家，动物生态学家，鼠害防治专家。

个人简介　出生于北京。1963年毕业于北京大学生物系人体生理及动物生理学专业。1963—1995年在中国科学院西北高原生物研究所工作。1986年6月晋升为副研究员，1989年4月晋升为研究员。1995年9月被批准为博士研究生导师。

1992年享受国务院政府特殊津贴。1970—1984年任动物研究室副主任、主任。1984—1989年任鼠类生态及行为专业组（研究室）主任。1987—1991年任中国科学院西北高原生物研究所党委书记，1990—1992年任中国科学院西北高原生物研究所所长。1995—2005年在浙江师范大学任教。曾担任多届《兽类学报》的副主编和编委，为国家自然科学基金二审评审专家。

成果贡献　长期致力于鼠类种群生态、群落生态学及有害动物防治技术的研究，先后主持国家科技攻关项目、中国科学院重大项目、国家自然科学基金、国家重点开放实验课题和省部级科研课题10余项，发表科研论文（专著）80余篇（部），有10余项（次）成果获奖。首次搜集和整理了分布于不同区域凸颅䶄亚属的标本，对甘肃䶄鼠和高原䶄鼠的分类地位进行了订正，确认中国凸颅䶄鼠亚属应为中华䶄鼠、甘肃䶄鼠、高原䶄鼠、罗氏䶄鼠和斯氏䶄鼠5个种。在中国科学院西北高原生物研究所组建了啮齿动物行为与防治研究室，以高原鼠兔为研究对象开启了野外动物行为学研究的序幕；并从个体、种群、群落和生态系统等多个层面上开展了高原鼠兔和高原䶄鼠的行为学、生态学和危害防治技术的研究，率先提出以生态治理为核心内容的治理对策及相应的选优配套技术，研发的模拟洞道投饵机得到国内外专家的高度评价，实施的鼠害综合治理万亩示范区取得了极大的经济效益和社会效益；最早发现敌鼠钠盐具有致鼠类流产的作用，并开展了鼠类复合不育剂控制鼠类危害的相关研究。

所获荣誉　研究成果"青藏高原主要鼠害综合治理研究"获1990年中国科学院科技进步三等奖，"高原䶄鼠行为学和提高防治水平的研究"获1989年青海科技进步三等奖，"全国农牧业鼠害综合治理技术"获1992年国家科技进步二等奖和1994年中国科学院科技进步三等奖（主要贡献者之一）。积极开展野生动物资源的开发和利用，开展了高原鼠兔实验动物化的研究，首次实现了高原鼠兔在室内的成功繁殖；以高原䶄鼠替代虎骨为前提的"塞隆骨新药资源开发及制剂的研制"获青海省科技进步一等奖、中国科学院科技进步一等奖、国家科技进步三等奖（主要贡献者之一），在鼠害防治的基础上实现了野生动物资源的可持续利用。

参考文献

樊乃昌, 施银柱, 1982. 中国䶄鼠(*Eospalax*)亚属分类研究[J]. 兽类学报, 2(2): 183-199.

钟文勤, 樊乃昌, 2002. 我国草地鼠害的发生原因及其生态治理对策[J]. 生物学通讯, 37(7): 1-4.

（撰稿：魏万红；审稿：宛新荣）

繁殖能量投入　energy investment for reproduction

动物用于繁殖行为的能量投入，它会影响物种的生活史策略和个体生理上的权衡（tradeoff）。

Alcock（2001）将动物用于繁殖活动的投入划分为繁殖代价（reproductive cost）和繁殖努力（reproductive effort）。繁殖代价指动物为进行繁殖活动而带来的负面效应，包括体内资源消耗、生理压力增大、免疫功能抑制、生长受到限制、被捕食或寄生的风险提高等方面，使繁殖个体的适合度降低。繁殖努力指动物进行繁殖活动而花费的资源、时间和能量等，它不一定会降低繁殖个体的适合度。繁殖成功率（reproductive success）是衡量物种繁殖投入大小的一个定量指标，也是衡量物种适合度（fitness）的一个主要标准。对于多年生存的个体来说，繁殖成功可以分为年际繁殖成功率（annual reproductive success）和终生繁殖成功率（lifetime reproductive success）。在自然选择的过程中，多次繁殖的个体将在繁殖努力和繁殖代价之间形成一个折中格局，其目的是为了最大的终生繁殖成功率。繁殖投入和繁殖成功率受环境因素、性成熟的年龄、繁殖次数、婚配制度、个体所处的社会等级地位等的影响。

参考文献

殷宝法, 魏万红, 张堰铭, 等, 2003. 小型哺乳动物的繁殖投入与繁殖成功率[J]. 兽类学报, 23(3): 259-265.

ALCOCK J, 2001. Animal Behavior [M]. 7th ed. Sinauer Associates, Inc. Publishers.

SPEAKMAN R J, 2007. The energy cost of reproduction in small rodents[J]. 兽类学报, 27(1): 1-13.

（撰稿：张学英；审稿：王德华）

繁殖抑制　reproductive inhibition

指鼠类在非繁殖期繁殖处于抑制的状态。鼠类常常被作为繁殖力评估的模式动物。繁殖力评估指标一般包括性腺器官重量和体积、性腺组织学检测、精子活力检测、产仔数、排卵数、发情周期、性激素水平等等。繁殖抑制时这些参数均出现下降，并伴随不孕不育，甚至交配行为完全消失。环境因子对鼠类的繁殖有非常大的影响。在中高纬度地区生活的鼠类中，繁殖状态往往与光周期紧密相关；秋冬季或短光照下处于非繁殖期，个体处于繁殖抑制状态，性腺萎缩、性激素分泌减退、性行为和繁殖行为完全消失；而在春夏季或长光照下则处于繁殖期，可以进行繁殖。在热带地区，繁殖期则与降水和气温有关，高温和旱季往往造成鼠类的繁殖抑制。在沙漠地区，鼠类的繁殖状态还与盐分有关。食物、种群密度、社会等级等对鼠类繁殖状态也有重要影响。另外，繁殖抑制参数也是评价鼠类不育剂效果的常用指标。

（撰稿：王大伟；审稿：刘晓辉）

繁殖周期　breeding cycle or reproductive cycle

从一次繁殖期开始到下一次繁殖期开始的中间时段。一般分为繁殖期和非繁殖期两段。在季节性繁殖的动物中繁殖周期往往与年节律吻合。在鼠类中，一般来说春夏季为繁殖期，而秋冬季则为繁殖休止期或者非繁殖期。繁殖周期也可以指在繁殖期内雌鼠从性行为、怀孕、分娩、哺乳等一系列繁殖过程从开始到结束的时期。小型鼠类的孕期一般为18~22天。繁殖周期也与雌鼠的排卵周期有关，很多鼠类有产后动情的现象，即雌鼠从产仔后即可交配再次怀孕，从而达到缩短其繁殖周期，提高繁殖效率的目的。

（撰稿：王大伟；审稿：刘晓辉）

反盗食行为　anti-pilferage behavior

贮食动物为了避免其他动物盗取其所贮藏食物而采取的行为策略。具有贮藏习性的鼠类在进化过程中形成了许多反盗食行为策略，归纳起来主要包括3类：避免盗食、阻止盗食和容忍盗食。避免盗食主要通过贮食动物将食物贮藏在隐蔽的地点并在贮藏区域中降低贮藏密度，或者在贮藏食物时避开盗食者并对贮藏的食物进行多次的搬运和再贮藏以及改变贮藏方式来实现。阻止盗食是指领域性较强的鼠类经常通过打斗和驱赶盗食者靠近或进入自己贮食的区域来保护贮藏物，例如北美红松鼠（*Tamiasciurus hudsonicus* Erxleben）、梅氏更格卢鼠（*Dipodomys merriami* Mearns）、东美花鼠（*Tamias striatus* L.）等鼠类都具有较强的攻击性防御行为来抵御种内或种间的盗食。容忍盗食是指贮食动物可以容忍盗食者的存在和部分贮藏食物的丢失，多见于家族式生活或领域互相重叠的鼠类当中。容忍盗食行为可以用互惠盗食和亲缘选择加以解释，即对于家族式生活的贮食动物，容忍具有亲缘关系个体的盗食可以增加家族群的存活率，从而增加群体适合度。对于领域互相重叠的贮食动物，可以通过互惠盗食来补偿贮藏食物的盗食损失。

参考文献

DALLY J M, CLAYTON N S, EMERY N J, 2006. The behaviour and evolution of cache protection and pilferage[J]. Animal behavior, 72: 13-23.

HUANG Z, WANG Y, ZHANG H, et al, 2011. Behavioral responses of sympatric rodents to complete pilferage[J]. Animal behaviour, 81: 831-836.

JANSEN P A, HIRSCH B T, EMSENS W J, et al, 2012. Thieving rodents as substitute dispersers of megafaunal seeds[J]. Proceedings of the national academy of sciences of the United States of America, 109 (31): 12610-12615.

VANDER WALL S B, JENKINS S H, 2003. Reciprocal pilferage and the evolution of food-hoarding behavior[J]. Behavioral ecology, 14: 656-667.

（撰稿：常罡、韩宁；审稿：路纪琪）

非对称盗食　asymmetrical pilferage

一种贮食动物可以盗食另一种贮食者的贮藏食物，反之却很难发生。许多占优势地位的贮藏者，在保护自身贮藏物的同时会盗取占劣势地位物种的贮藏物，而占劣势地位的贮藏者则很难通过盗取占优势地位物种的贮藏物来弥补自身被盗食的损失。这种非对称盗食现象对于在贮食关系上占劣势地位的贮食者是不利的。大林姬鼠（*Apodemus peninsulae* Thomas）和北社鼠（*Niviventer confucianus* Milne-Edwards）间存在非对称盗食现象，前者不能盗取后者所贮藏的种子，而后者则可以盗取前者所贮藏的种子。在非对称盗食系统中，占优势地位的物种甚至可以完全或者反复盗食占劣势地位物种所贮藏的食物，而对于占劣势地位的物种来说，却很少或者完全没有机会盗食占优势地位物种的贮藏物以弥补自身被盗食的损失。因此，当占劣势地位的物种处于非对称盗食状态时，往往会采取补偿措施，即通过短暂的增加贮食强度来补偿被盗食的损失。非对称盗食现象对于在贮食关系上处于劣势地位的贮食者是不利的，贮食活动的成本不变，但是贮食的收益却在减少，并且在某种程度上还资助了潜在的竞争者，这将导致种群在竞争中更加劣势，不符合种群长期发展的利益，是劣势种群所不能接受的。因此，贮食者针对盗食者形成了一系列的反盗食行为策略来响应盗食。

参考文献

HUANG Z, WANG Y, ZHANG H, et al, 2011. Behavioural responses of sympatric rodents to complete pilferage[J]. Animal behaviour, 81: 831-836.

LUO Y, YANG Z, STEELE M A, et al, 2014. Hoarding without reward: species-specific responses to repeated catastrophic cache losses[J]. Behavioural processes, 106: 36-43.

VANDER WALL S B, ENDERS M S, WAITMAN B A, 2009. Asymmetrical cache pilfering between yellow pine chipmunks and golden-mantled ground squirrels[J]. Animal behaviour, 78: 555-561.

ZHANG H M, GAO H Y, YANG Z, et al, 2014. Effects of interspecific competition on food hoarding and pilferage in two sympatric rodents[J]. Behaviour, 151 (11): 1579-1596.

（撰稿：常罡、侯祥；审稿：路纪琪）

肥胖　obesity

医学术语。世界卫生组织（WHO）将体重指数（body mass index，BMI，体重/身高^2）大于 $30kg/m^2$ 定义为肥胖，亚太地区人群稍有差异，一般将 BMI 大于 $27kg/m^2$ 定义为肥胖。肥胖与二型糖尿病、心血管疾病等代谢疾病相关，肥胖人群增加迅速，成为威胁人类健康的主要慢性疾病。腹部肥胖、肝脏和肌肉等重要代谢器官的脂肪部位积累更容易导致代谢疾病，这也将肥胖研究推向了一个新的水平。在中国动物学及生态学研究中，通常用肥满度（relative fatness）这一术语来代表动物肥胖程度。相关研究中经常使用体重和体长建立公式，以衡量动物的肥满度，但各个研究中所用到的公式不尽相同，也没有建立公认的统一标准。肥满度这一指标建立的目的是衡量动物的生理及营养水平，但是正如医学研究所显示的那样，BMI、体脂含量、不同部位脂肪含量与所关注个体的生理指标和营养状况的相关性并不完全一致，因而利用何种公式来代表动物的肥满度，仍需我们进行谨慎思考。

参考文献

戴强，戴建洪，李成，等，2006. 关于肥满度指数的讨论[J]. 应用与环境生物学报，12(5): 715-718.

HOSSAIN P, KAWAR B, EL NAHAS M, 2007. Obesity and diabetes in the developing world—A growing challenge[J]. The new England journal of medicine, 356(3): 213-215.

（撰稿：刘新宇；审稿：王德华）

分散贮藏　scatter hoarding

动物将食物分散贮藏在较大范围的多个位点，每个位点仅含少量食物的贮藏方式。分散贮藏的概念最先由 Morris（1962）在研究笼养长尾刺豚鼠（*Myoprocta acouchy*）的食物贮藏行为时提出，指长尾刺豚鼠将食物分散贮藏在许多位点，每个贮藏位点仅含有少量的食物。岩松鼠（*Sciurotamias davidianus*）、北美灰松鼠（*Sciurus carolinensis*）、日本松鼠（*Sciurus lis*）、黑松鼠（*Sciurus niger*）、赤腹松鼠（*Callosciurus erythraeus*）、北美红松鼠（*Tamiasciurus hudsonicus*）、黄松花鼠（*Tamias amoenus*）、花鼠（*Tamias sibiricus*）、大林姬鼠（*Apodemus peninsulae*）、小泡巨鼠（*Leopoldamys edwardsi*）等鼠类均具有分散贮藏食物的习性，主要为松鼠科（Sciuridae）、鼠科（Muridae）、刺豚鼠科（Dasyproctidae）的一些种类。通常认为分散贮藏是动物对食物资源波动、种内、种间竞争等条件的适应。解释分散贮藏行为的适应与进化意义的主要理论包括非适应性假说（non-adaptive hypothesis）、缺乏贮藏空间假说（lack of space hypothesis）、避免盗食假说（pilfering-avoidance hypothesis）和快速隔离假说（rapid sequestering hypothesis）。

非适应性假说认为分散贮藏行为可能只是一种退化的、固定的活动模式。缺乏贮藏空间假说认为动物分散贮藏是因为缺少适宜集中贮藏的空间位点。例如，刚离巢尚未建立领地的黄松花鼠，由于在其家域中没有能够存放大量食物的合适位点，会将食物分散贮藏在枯枝落叶、树洞、石缝里。避免盗食假说认为种内、种间盗食是贮藏食物损失的重要原因，分散贮藏是无力保护集中贮藏食物的动物避免贮藏食物被其他动物一次性全部盗食的一种策略。大林姬鼠将山杏（*Armeniaca sibirica*）、辽东栎（*Quercus wutaishanica*）等种子分散埋藏在土壤浅层（> 2.0cm）可以降低被北社鼠盗食的概率。快速隔离假说认为分散贮藏可能是鼠类快速占有食物资源的一种竞争策略。对于斑块状分布，且存在时间十分短暂的食物资源，动物快速将食物分散贮藏在食物源周围，以尽快占有资源，之后再将分散贮藏的食物转移到更安全的地方集中或分散贮藏。分散贮藏可能是一种竞争有限资源的过渡策略。梅氏更格卢鼠（*Dipodomys merriami*）分散贮藏比例随洞穴与食物源之间的距离增大而增加。岩松鼠贮藏核桃（*Juglans regia*）种子时会首先将种子贮藏在种子源周围，随后经历 2～3 次搬运和转移后再将种子贮藏在巢箱附近区域。如果鼠类分散贮藏植物种子，就会充当种子传播者，对林木种子传播和更新具有重要意义。①使种子远离母树，减少与母树之间的竞争。②使种子远离母树周围高捕食风险区域，逃脱动物捕食。③使种子沉积在合适的位点，遇到适宜的水热条件，有利于种子萌发和幼苗生长。

参考文献

路纪琪，肖治术，程瑾瑞，等，2004. 啮齿动物的分散贮食行为[J]. 兽类学报，24(3): 267-272.

肖治术，张知彬，2004. 啮齿动物的贮藏行为与植物种子的扩散[J]. 兽类学报，24(1): 61-70.

VANDER WALL S B, 1990. Food hoarding in animals[M]. Chicago: The University of Chicago Press.

ZHANG H M, GAO H Y, YANG Z, et al, 2014. Effects of interspecific competition on food hoarding and pilferage in two sympatric rodents[J]. Behaviour, 151(11): 1579-1596.

ZHANG H M, STEELE M A, ZHANG Z B, et al, 2014. Rapid sequestration and recaching by a scatter-hoarding rodent (*Sciurotamias davidianus*)[J]. Journal of mammalogy, 95: 480-490.

（撰稿：张洪茂；审稿：路纪琪）

分子生态学 molecular ecology

进化生物学的一个分支。是应用分子系统发育学、种群遗传学、基因组学等方法对传统的生态问题进行研究的一个学科。分子生态学主要致力于通过分子生物学方法解决宏观的生态学问题。通常使用的技术方法包括利用DNA序列、微卫星、基因芯片、二代测序技术等研究物种的谱系进化关系、种群间的基因流和杂交、基因表达的变化等，从而解决鼠类在物种的诊断、评价与保护生物多样性以及物种对环境的适应性进化等方面的许多问题。分子生态学并非一门独立的学科，与遗传学相对应，一般特指分子生物学、遗传学在野外种群上的应用；与经典生态学相比，特指利用分子生物学和遗传学方法的研究过程。因此，分子生态学是一门交叉学科。然而，飞速发展的分子生物学技术，有力地推动了生态学的发展，这些新技术的应用，使得众多经典生态学难以解决的问题得以解决。分子生态学的研究涉及各个生物类群，鼠类是最大的哺乳动物类群，是分子生态学研究最为活跃的领域之一。

分子系统发育学是系统发育学的分支，主要是利用DNA序列，结合形态学，通过各种系统发育方法构建物种或谱系的系统发育树，推断物种或群体之间的进化历史和亲缘关系的学科。分子系统发育学目前被广泛应用于鼠类分类学的研究。借助分子生物学的手段，中国学者近年来解决了众多啮齿类的分类问题，并发现多个啮齿类新物种。分子系统发育学也广泛应用于鼠类的起源与分化历史等。通常的方法是通过对鼠类核基因或线粒体基因如 *Cytb*、*COI* 等，或整个基因组进行测序，利用邻接法（Neighbor-Joining）、最大简约法（Maximum Parsimony）、最大似然法（Maximum Likelihood）、贝叶斯法（Bayesian）等方法构建鼠类物种或群体之间的系统进化关系。如近年来利用 *Cytb* 与微卫星标记的联合分析，证明了布氏田鼠起源于中国，并逐步扩散入蒙古国。

鼠类社群行为、婚配制度在鼠类繁殖调控机制研究中占有重要的地位。分子生物学方法的快速发展，极大地推动了鼠类社群行为的研究。如近年来中国学者利用分子生态学的经典分子标记——微卫星标记，分析了长爪沙鼠、布氏田鼠等关键害鼠的社群关系。利用亲缘关系分析证明了布氏田鼠野生种群存在近交回避现象和多父权现象；利用分子生态学经典的 Mantel test 分析方法证明了布氏田鼠的偏雄扩散行为；利用半开放围栏实验及微卫星技术，证明了布氏田鼠越冬种群在繁殖中的绝对垄断地位以及不同时期形成的越冬种群对翌年种群的贡献等。在这一领域，涉及的主要概念和理论包括：婚外交配（extra-pair fertilizations）、距离隔离（isolation by distance）、配偶选择（mate choice）、性别偏向扩散（sex-biased dispersal）等等。

种群遗传学与分子生态学概念相互交叉，其方法被广泛用于生态学的研究。种群遗传学是遗传学的一个分支，主要通过分析种群内部和种群间的遗传差异，研究导致物种种群结构分化，物种适应性以及物种形成的原因。种群遗传学被广泛用于研究鼠类的种群遗传结构，鼠类种群间的基因交流，鼠类对环境的适应性进化机制等。很多鼠类例如欧洲小家鼠、褐家鼠、黑鼠等由于喜欢与人类伴生，其迁移路线与人类的历史活动比如人类的定居、农业的发展以及一些重大的地缘政治事件密切相关，因此鼠类的谱系地理分布和迁移路线被广泛用于追溯古代人类的迁移历史。而且由于很多人类历史居住地的原住民及其后代或消失，或被后来的移民所取代等原因，研究鼠类种群的谱系地理分布比直接研究人类的谱系地理分布有时候更能反映人类的迁移和扩散历史。尤其是线粒体细胞色素b（Cyt b）基因以及控制区序列（D-loop）被广泛用于研究小家鼠、褐家鼠、黄胸鼠、黑鼠等的种群迁移和扩散。例如通过对全世界褐家鼠的谱系地理分析发现，褐家鼠很可能是从亚洲南部包括东南亚和中国东南一带向北方扩散。通过对小家鼠的谱系地理分析，发现中国小家鼠分为南北两个亚种 *Mus musculus castaneus* 和 *Mus musculus musculus*，并且在长江流域地区出现了两个亚种的杂交带。

鼠类的抗药性是研究鼠类对环境的适应性进化机制的一个典型的例子。以杀鼠灵为代表的第一代抗凝血杀鼠剂（FGARs）从20世纪50年代开始在欧美国家被广泛用于控鼠和灭鼠，然而不到10年的时间就出现了抗性鼠。中国从80年代开始推广使用FGARs，6～8年后很多地区的多种鼠类中都出现了抗性鼠的报道。*Vkorc1* 基因是抗凝血类灭鼠剂的靶标基因，研究发现 *Vkorc1* 基因上的抗性变异可以导致鼠类对抗凝血类灭鼠剂的抗性，并且这些抗性变异例如 *Y139C/S/L*、*L128S* 等突变在抗凝血类灭鼠剂的选择作用下在种群中逐渐扩散，导致整个种群的抗药性水平逐渐升高。欧洲小家鼠可以通过与对抗凝血类灭鼠剂不敏感的地中海小家鼠杂交，携带后者的 *Vkorc1* 基因来获得抗性，并且在抗凝血类灭鼠剂的选择作用下，地中海小家鼠的 *Vkorc1* 基因已经在欧洲小家鼠种群中不断扩散，是导致德国、法国、瑞士等部分地区欧洲小家鼠抗性水平升高的主要突变之一。

随着芯片技术和二代测序技术的发展，鼠类种群遗传学也从研究单基因或多基因转向研究整个基因组。利用DNA芯片技术研究欧洲小家鼠的基因组，发现欧洲小家鼠与地中海小家鼠历史上至少发生3次适应性遗传渗入事件，其中最近的一次适应性遗传渗入事件与抗凝血类灭鼠剂的选择作用相关。通过分析比较褐家鼠和姐妹种大足鼠的基因组，发现中国褐家鼠的基因组中携带很多大足鼠的遗传渗入片段，其中很多与化学通讯相关。

表观遗传学的发展，目前也为分子生态学的发展提供了新的契机。如鼠类对环境的快速适应是鼠类种群遍布世界的关键，除了少数非常典型的质量性状，目前基于DNA分析的传统方法已经无法满足生物对环境快速适应的分析的需求。以基因组学和功能基因组学为基础，近年来表观遗传学、表观组学的技术与方法也开始用于分子生态学的研究。如DNA甲基化参与了西伯利亚仓鼠季节性繁殖周期的调控等等。

（撰稿：宋英；审稿：刘晓辉）

氟鼠灵　flocoumafen

一种在中国登记的慢性杀鼠剂。又名杀它仗、氟鼠灵、伏灭鼠、氟羟香豆素。呈白色粉末状，化学式 $C_{33}H_{25}F_3O_4$，相对分子质量542.54，熔点166~168℃，溶于丙酮、乙醇、氯仿、二甲苯等有机溶剂。氟鼠灵是第二代抗凝血灭鼠剂剂，毒性较强，可防治家栖鼠及野栖鼠，以及对第一代抗凝血类灭鼠剂产生抗性的鼠种，但氟鼠灵对鸟类和其他哺乳类的二次毒性较强，使用时注意安全。大鼠经口 LD_{50} 为0.46mg/kg，兔经口 LD_{50} 为0.7mg/kg。

（撰稿：宋英；审稿：刘晓辉）

氟乙酸钠　sodium fluoroacetate

一种杀鼠剂。又名氟醋酸钠。化学式 $NaFC_2H_2O_2$，相对分子质量100.02，熔点200℃，易溶于水。白色无定形粉状结晶（絮状），几乎无味，有吸湿性，不挥发，不溶于醇及一般有机溶剂。剧毒物质，阻断细胞内三羧酸循环，使细胞不能够获得能量，曾经作为杀鼠药，对人畜有毒，对人和动物毒性太强、药力发作快，又具有二次毒性，中国已明令禁产和禁用。可由氯醋酸盐和氟化钾反应得到。对大鼠、兔子、豚鼠、小鼠的口服半致死剂量（LD_{50}）分别为1.7mg/kg、0.34mg/kg、0.3mg/kg 和0.1mg/kg。

（撰稿：宋英；审稿：刘晓辉）

氟乙酰胺　fluoroacetamide

一种明令禁止使用的杀鼠剂。又名氟代乙酰胺。化学式 C_2H_4FNO，相对分子质量77.06，熔点106~109℃，760mmHg 压力下沸点259℃，密度 $1.136g/cm^3$。为白色针状结晶，无臭味，易溶于丙酮。氟乙酰胺曾经为急性灭鼠剂，后被禁用，剧毒，误食后，轻者有15~30分钟的潜伏期，严重者立即发病，一般情况下会引起神经和精神症状。人的口服半致死量为2~10mg/kg。

（撰稿：宋英；审稿：刘晓辉）

负营养因子　negative nutrient factor

具有干扰其他营养物质消化吸收的生物因子。已知的抗营养因子主要有抗胰蛋白酶、多酚化合物、纤维素等。

抗胰蛋白酶（antipancreatic protein enzymes）主要存在于豆类植物中，可以降低蛋白质的消化率，导致胰脏肿大和生长停滞。一是与小肠液中胰蛋白酶结合生成无活性的复合物，降低胰蛋白酶的活性，导致蛋白质的消化率和利用率降低；二是引起动物体内蛋白质内源性消耗。因胰蛋白酶与胰蛋白酶抑制剂结合后经粪排出体外而减少，小肠中胰蛋白酶含量下降，刺激了胆囊收缩素分泌量增加，使肠促胰酶肽分泌增多，反馈引起胰腺机能亢进，促使胰腺分泌更多的胰蛋白酶原到肠道中。

单宁酸（tannic acid）可与胰蛋白酶和淀粉酶或其底物络合形成沉淀，可使消化道酶活性降低，从而降低了蛋白质和碳水化合物的利用率。单宁酸与蛋白质单宁酸对植食性小哺乳动物食物蛋白质消化率的作用，受食物单宁酸含量和蛋白质含量的制约。当根田鼠食物中蛋白质含量在10%时，以3%和6%单宁酸处理的根田鼠，其食物蛋白质消化率较对照组分别降低22%和47.67%；而蛋白质含量在20%时，单宁酸对根田鼠食物蛋白质的消化率没有显著影响。随食物单宁酸含量的增高，可使草原田鼠（*Microtus ochrogaster*）、草甸田鼠（*Microtus pennsylvanicus*）、荒漠林鼠（*Neotoma lepida*）食物蛋白质的消化率降低，使粪中氮含量上升。

食物纤维素所含热值低，难以消化，刺激消化道蠕动，使食物在消化道内停留时间缩短。同时，还影响消化酶与其他养分的接触。食物中纤维素的含量增加1%，会导致啮齿动物的消化率减少两个消化单位。在短期内，黄毛鼠不能利用高纤维膳食来满足其能量需求，只能依赖于消耗其体内储存能量以及为降低绝对总能量的需求而降低体重。但在经过进一步驯化适应后，可通过增加摄食量和降低消化率来满足其能量需求。负鼠（*Didelphis lanigera*）、板齿鼠（*Bandicota indica*）、布氏田鼠（*Microtus brandti*）、长爪沙鼠（*Meriones unguiculataus*）等均有类似的现象。

参考文献

BJÖRNHAG G, 1994. Adaptations in the large intestine allowing small animals to eat fibrous foods[M]// Chivers D J, P Langer, et al, The digestive system of mammals: food, form and function. Cambridge: Cambridge University Press: 287-309.

HAGERMAN A E, ROBBINS C T, WERASURIYA Y, et al, 1992. Tannin chemistry in relation to digestion[J]. Journal of range management, 45: 57-62.

LIU Q S, WANG D H, 2007. Effect of diluted diet on phenotypic flexibility of organs morphology and digestive function in Mongolia gerbil (*Meriones unguiculatus*)[J]. Journal of comparative physiology, 177: 509-518.

PEI Y X, WANG D H, HUME I D, 2001. Effects of dietary fiber on digesta passage, nutrient digestibility, and gastrointestinal tract morphology in Mongolia gerbil (*Meriones unguiculatus*)[J]. Physiological and biochemical zoology, 74: 742-749.

（撰稿：李俊年；审稿：陶双伦）

复齿鼯鼠　*Trogopterus xanthipes* Milne-Edwards

一种栖息于森林地区、可对林业生产有轻微危害的中型啮齿动物。又名飞虎、树标子、寒号虫。啮齿目（Rodentia）鼯鼠科（Petauristidae）复齿鼯鼠属（*Trogopterus*）。

为中国特有种，在国内分布于河北、北京、山西、陕西、河南、湖北、四川、云南、西藏等地。Allen（1940）依据体色差异将该种划分为3个亚种，即指名亚种（*Trogopterus xanthipes xanthipes*）、湖北亚种（*Trogopterus xanthipes mordax*）和云南亚种（*Trogopterus xanthipes edithae*）。但是，Ellerman and Morrison-Scott（1951）、Corbet（1978）认为，Allen所划分的3个亚种在体色上的差异不明显，期间的差异并未达到亚种分化的程度，因此主张该种并无亚种分化。大多数学者同意此见解，即认为该种目前只有1个指名亚种。

形态

外形 复齿鼯鼠体型中等略大，体长约250mm，前、后肢之间有皮膜相连。尾外观平扁，尾长大于体长，尾毛蓬松而长。前足4趾，后足5趾。耳壳基部具黑色丛毛，柔软而长。

毛色 复齿鼯鼠的体背毛色通常为赭色偏灰，毛基灰黑色，上段淡黄色，毛尖黑色。颈背部的黄色比体背部明显。体腹面毛色呈灰白色，渲染有棕色，毛基灰色，毛尖呈白色或淡棕色。体侧飞膜的色泽较体背稍深，飞膜外缘背腹交接处为灰白色，飞膜腹方为褐灰色。头部呈浅赭灰色。尾背面色与体背部相近，但较浅，尾端黑色，尾腹面除尾基的毛略呈浅黄色之外，其余毛梢皆呈黑色，形成一纵纹直至尾端。眼周有赤褐色眼圈，耳基部黑色，有较长的黑褐色簇毛。四肢前侧深褐色，腹面色浅。足背为橙红色（图1）。

头骨 头骨短促，吻短，鼻骨前宽后窄，前端略凸，眶间部略凹，眶上突发达，呈锐角。颧弓较薄弱，位置较低，几与牙齿在同一平面；听泡显著，但并不特别膨大。眶上突后颞嵴至顶骨后端左右接近愈合。腭孔细长，位于上颌骨与前颌骨交接缝之前。听泡圆而明显。上颌骨颧突前围绕神经孔有一突起（图2）。

主要鉴别特征 体型较大，被毛呈赭褐色，耳基部被有由褐色长毛所形成的毛束，四足背面为橙红色。

生活习性

栖息地 栖息环境多分布于海拔1360~2750m山区的山林中，尤喜有松柏的树林。植被主要为针叶林和针阔叶混交林。常在陡壁的石洞、树洞等处营巢，呈椭圆形。巢窝以薹草类或干草为材料。

洞穴 多栖息于山地林区，常在陡峭的石洞、石缝、树洞等处营造巢穴，巢较少，由杂草、树枝、树皮、羽毛等构成，略呈圆形，外径30~50cm。通常每巢仅1只个体，一般雄鼠的巢口向洞口，雌鼠的巢口开在侧面。洞口一般离地高超过30m，冬季常用干草封闭洞口以御寒。复齿鼯鼠所居的石洞或石隙一般较狭小，深约1m，高约15~60cm。洞穴或直或曲，凸凹不平，鼯鼠多在穴内高处卧身，并以干草铺垫。穴洞中保持干燥、清洁，常年保持适中温度，夏季最高温度为25~27℃，冬季最低温度在约10℃，空气相对湿度多在60%以下。

食物 植食性动物，以侧柏、油松的树叶、树皮、种子及核桃、山桃、杏、橡类的坚果等为主要食物。当其进食时，常以前足抱握食物，后足保持站立姿势。

活动规律 为夜行性种类，以清晨和黄昏时活动频繁，喜安静。一般为一鼠一洞独居，除哺乳期外，少见有2~3只在一起。晚上有时可以听到"哩-嘟罗-嘟罗"的叫声。活动时，动作灵敏，攀爬与滑翔交替，可由高处向低处滑翔数百米。白天多隐匿于巢内休息，头部向外，尾负于背，遮向头部，或将尾垫于腹下，呈蜷卧姿式。傍晚出巢，从洞口滑翔至树上觅食，在月夜特别活跃，拂晓前返回洞巢。

繁殖与生长发育 复齿鼯鼠每年繁殖1次。于每年的12月下旬至翌年的1月为发情期。从发情到交配需4~6天。妊娠期74~82天，每胎通常1~2仔，偶尔有3~4仔。初生幼仔体长30~50mm，体重20~80g，全身裸露；5天后始长出稀毛，20~30天开始睁眼；45天毛长全，体重约100g；至90日龄时能出窝吃植物的叶；90~120天断奶，体重可达160g。幼鼠到90天时更换胎毛。2岁以上者春秋季换毛2次，先由头部向后脱换。寿命达10年以上。

危害 数量不多，故对林业的危害并不十分显著。其粪便可入药，即"五灵脂"，呈不规则块状的称灵脂块，具止痛、活血功能。可止痛、散瘀、活血，用于治疗心绞痛及跌打损伤等。毛质轻而柔软，色泽鲜艳，但皮板薄脆，仅可作饰皮。复齿鼯鼠已被列入世界自然保护联盟（IUCN）

图1 复齿鼯鼠（廖锐提供）

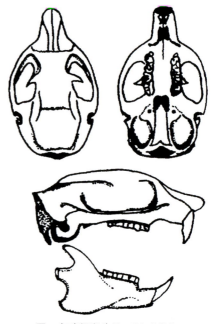

图2 复齿鼯鼠头骨（路纪琪提供）

2013年濒危物种红色名录 ver3.1—易危（VU）、《华盛顿公约》（CITES）附录III、国家林业局 2000 年 8 月 1 日发布的《国家保护的有益的或者有重要经济、科学研究价值的陆生野生动物名录》。

参考文献

陈卫, 高武, 傅必谦, 2002. 北京兽类志[M]. 北京: 北京出版社.

黄文几, 陈延熹, 温业新, 1995. 中国啮齿类[M]. 上海: 复旦大学出版社: 231-233.

路纪琪, 王廷正, 1996. 河南省啮齿动物区系与区划研究[J]. 兽类学报, 16(2): 119-128.

路纪琪, 王振龙, 2012. 河南啮齿动物区系与生态[M]. 郑州: 郑州大学出版社.

王廷正, 许文贤, 1993. 陕西啮齿动物志[M]. 西安: 陕西师范大学出版社.

夏武平, 高耀亭, 1988. 中国动物图谱: 兽类[M]. 2版. 北京: 科学出版社: 31-37.

郑生武, 宋世英, 2010. 秦岭兽类志[M]. 北京: 中国林业出版社.

（撰稿：路纪琪；审稿：王勇）

甘肃鼢鼠　*Eospalax cansus* Lyon

仅分布于中国西北地区的一种在地下生活的啮齿动物。又名瞎老鼠、地老鼠、瞎瞎。英文名 Gansu zokor。啮齿目（Rodentia）鼹形鼠科（Spalacaidae）鼢鼠亚科（Mysopalacinae）凸颅鼢鼠属（*Eospalax*）。

中国特有种，主要分布于中国西北地区的黄土高原及其邻近区域，见于甘肃、陕西、宁夏和青海东部等地。甘肃鼢鼠是依甘肃省临潭等地标本定名的物种。关于甘肃鼢鼠的分类地位，大多争议甘肃鼢鼠是中华鼢鼠的同物异名或亚种。樊乃昌和施银柱（1982）对所搜集的分布于甘肃、宁夏、青海、陕西、四川等地凸颅鼢鼠诸种标本进行了整理，并查看了国内其他地区的大量标本，对甘肃鼢鼠等的分类地位进行了订正。李华（1995）对分布于中国的 *Eospalax* 属进行了研究，认为甘肃鼢鼠的种级分类特征稳定。李晓晨等（1996）比较了中华鼢鼠和甘肃鼢鼠的形态、生态和地理分布特征等，也确认了两个种的独立地位。王廷正等（1997）首次报道了甘肃鼢鼠的染色体组型和 C 带带型，Wu 等（2007）用目镜测微尺分别测量和计算 5 个部位毛发的毛髓质指数支持甘肃鼢鼠独立种的观点。Zhou 等（2008）基于 *Cytb* 和 12S rRNA 支持甘肃鼢鼠独立种的观点。苏军虎（2008）基于 *Cytb*、线粒体控制区（D-loop）和 NADH-脱氢酶亚基 4 基因（ND4）也支持甘肃鼢鼠独立种的观点。目前学界对甘肃鼢鼠的独立种地位的认可趋于一致。

形态

外形　外形似中华鼢鼠，体形粗短肥壮，呈圆筒状。一般雄鼠大于雌鼠。头部扁而宽，吻端平钝。无耳壳，耳孔隐于毛下。眼极细小，四肢较弱小，前肢较后肢粗壮，其第二与第三趾的爪接近等长，前趾和爪较其他鼢鼠细弱，呈镰刀状。尾细短，尾毛稀皮肤裸露。成体体长 125～230mm，体重 130～469g，尾长 31～61mm（图1）。

毛色　体背与体侧均为灰褐色，毛基灰褐色，毛尖锈红色。腹毛灰色，杂有锈色调。头部灰色，额与眼间带少许白色的毛。鼻吻部与唇周纯白色。尾污黄色，基部较深，向后逐渐变浅，末端已成污白色。足背灰褐色，近趾端为污白色（图1）。

头骨　头骨较中华鼢鼠稍狭长。鼻部一般呈倒置的葫芦形，末端多数个体具较浅的凹缺。前颌骨包围或几乎包围门齿孔。嵴突不如中华鼢鼠发达。颧弓扩展。枕骨斜向弯下。顶嵴不发达，额嵴发达（图2）。

图1　甘肃鼢鼠（苏军虎提供）

图2　甘肃鼢鼠头骨（苏军虎提供）

主要鉴别特征　体型小，头顶部深灰色，通常额部不具白斑。体背面暗褐色，毛基灰褐色，毛尖锈红色。尾及足背被稀疏的苍白色短毛。二顶嵴在中线处不合并，顶嵴在顶部稍后平行，至额部内折相互靠近向前与发达的额嵴相联系。门齿孔约一半在前颌骨中，M^3 后外叶上一般不具缺刻。

生活习性

栖息地　甘肃鼢鼠属华夏温湿型动物。喜生活在潮湿、植物丰富、土质松软、深厚的地带。多石砾、排水不良及密林中数量极少。主要栖息于高原与山地的森林、灌丛、草甸和农田。其分布范围海拔达 1000～2900m。

洞穴　洞系结构与中华鼢鼠相近，有洞道、窝巢、仓库、便厕等。但觅食道洞较浅，距地面仅 5～10cm。地面土丘也较小，大多不明显。在农田分布区，甘肃鼢鼠在活动、取食等过程中在地表留下具有龟裂的隆起，或末端呈土花状的小隆起，俗称食眼。在草原区域，会形成较大的鼠丘，并在鼠丘表面活动、取食，留下大量的食眼，这是与其他鼢鼠不同之处。每个洞系有仓库和食物存放点，约10多处。

挖掘活动和造洞习性在春、夏、秋各季都有，但以春秋最为频繁，尤以春季为盛。初春，地表尚未完全解冻时即已开始，至地表解冻后青草返青时节，挖掘活动更为频繁。这个时期主要寻找配偶，同时大量寻找食物，弥补冬季食物资源的短缺；此后活动不太频繁，到了秋季，一般在9月的农种时期、在牧区土壤冻融前，活动频繁，多为冬季贮存食物。

甘肃鼢鼠也有一种封洞习性，当它的洞道被挖开后，就必然要来推土封闭，将洞口堵死，然后另挖一通道衔接起来。

食物 甘肃鼢鼠为杂食性动物，以植物根茎和茎叶为主，几乎各种农作物都吃。在农区被害的种类有苜蓿（*Medicago sativa*）、豆类（*Glycine*）、胡萝卜（*Daucus carota*）、马铃薯（*Solanum tuberosum*）、甜菜（*Beta vulgaris*）、小麦（*Triticum aestivum*）、高粱（*Sorghum bicolor*）、玉米（*Zea mays*）以及其他部分蔬菜等；在林区，啃食果树或针叶树的根部，对油松（*Pinus tabulaeformis*）、落叶松（*Larix gmelina*）、桑树（*Morus alba*）、沙棘（*Hippophae rhamnoides*）、苹果（*Malus pumila*）等有较高的偏好性，但对林木的喜食度不如杂草和农作物；在牧区，主要取食异叶青兰（*Dracocephalum heterophyllum*）、多裂委陵菜（*Potentilla multifida*）、阿尔泰狗娃花（*Heteropappus altaicus*）、二裂委陵菜（*Potentilla bifurca*）、珠芽蓼（*Polygonum viviparum*）等植物的根系，以及赖草（*Leymus secalinus*）、针茅（*Stipa capillata*）的根部、花序和种子。觅食时咬断根系，或将整株植物拖入洞中，造成缺苗断垄。夏季主要采食植物的绿色部分，冬、春季节喜食种子和块根、块茎。洞穴仓库中储存的越冬食物以粮食或块根、块茎为主。曾在洞内仓库中发现1600g的玉米穗。据杨宏亮等（1991）测定平均日食量，5月为98.8g，6月为90.4g，9月为135.3g。陈孝达等（1994）测定陕北林区甘肃鼢鼠平均日食量为60.5g，且体重与食量成正相关。

甘肃鼢鼠觅食以白天为主，夜间偶尔到地面上来。不冬眠，但不完全靠仓库存储生活，仍需补充新鲜食物。

活动规律 甘肃鼢鼠昼夜活动。对笼养条件下甘肃鼢鼠成体的活动节律的研究发现，甘肃鼢鼠夜间活动时间多于白天。每天大部分时间处于休息和睡眠状态，夏季休息和睡眠时间占总时间的73%，秋季为67%。夏季每日有2个活动高峰，秋季活动节律与夏季基本一致，但秋季白天活动时间略有增加。

生长发育 生长发育过程大体划分为5个阶段：

睁眼阶段：初生至15日龄，以吸吮乳汁为生。

乳鼠阶段：16~35日龄，体重19.1~35.0g。体重增长率仍高。

幼鼠阶段：36~60天，仔鼠离巢独立觅食。

亚成年阶段：一般出生60~80天，性腺发育迅速，并趋成熟。在野外绝大多数个体能繁殖。

成年阶段：80日龄以上，大部分雌鼠阴门开孔并怀孕和产仔，雄鼠睾丸具成熟精子、附睾明显。

对甘肃鼢鼠幼仔的活动节律研究发现，甘肃鼢鼠幼仔的发育行为种类具有明显的阶段性，且逐阶段增多。第一阶段主要以觅乳、睡觉和嗅闻为主；第二阶段增加爬行；第三阶段增加挖掘；第四阶段增加嬉戏和行走等；第五阶段增加贮食、食草、探视、修饰等。每阶段行为具有不同的昼夜节律。第五阶段的行为种类与成年鼢鼠接近，该阶段具有1个活动高峰期和2个次高峰期，依次为07：00、12：30、19：00，高峰期的主要行为有挖掘、行走、进食、贮食、嬉戏等。

甘肃鼢鼠的寿命为3~5年。依据体重，结合毛色和繁殖状况等，把甘肃鼢鼠分为5个年龄组：

Ⅰ. 幼年组：不参加繁殖，出生1、2个月。

Ⅱ. 亚成年组：大约有20%的个体参加繁殖，出生3~7个月。

Ⅲ. 成年Ⅰ组：大约有50%的个体参加繁殖，出生后半年到1年。

Ⅳ. 成年Ⅱ组：大约有90%的个体参加繁殖，均为出生1年以上的个体。

Ⅴ. 老年组：全都参加繁殖，均为过了一两个冬季的个体。

繁殖 甘肃鼢鼠繁殖始于3月，4~5月为繁殖盛期，7月终止繁殖。性比为36.80%，雌体显著多于雄体。1年产1胎，妊娠率为40.08%，胎仔1~5只，平均胎仔数2.5只，繁殖指数1.209。幼鼠第二年达性成熟，年龄较大的个体具有繁殖优先权，繁殖寿命3~4年。野外调查中发现，甘肃鼢鼠的雌雄性比为1.57，雌性显著多于雄性。种群性比存在明显的季节和年龄变化，但年际间变化不明显。

社群结构与行为 甘肃鼢鼠独居生活，但在捕捉过程中也发现同一洞道中有连续3只个体的情况，推测甘肃鼢鼠的社群结构有较大的地理变异，可形成类似于群居动物的家群结构。婚配制度为乱交制。在实验室养殖的过程中发现，求偶初期，雌雄鼠各自营巢，到求偶后期，两性的巢靠得很近，或两鼠同居一巢。

甘肃鼢鼠的鸣声频率均属中低频能量区，与其他地下鼠鸣声特征相似。甘肃鼢鼠也具有类似于盲鼹鼠（*Spalax ehrenbergi*）的震动通讯方式，甘肃鼢鼠用鼻吻部连续敲击洞壁产生有节奏的震动声，震动通讯的各种变量有性别差异，雌鼠的敲击频次高于雄鼠，且持续时间长。

甘肃鼢鼠在求偶过程中，雄鼠主动接近雌鼠，雄鼠身体贴地头前伸，缓慢而谨慎地向雌鼠靠拢，同时发出低声的鸣叫，身体边前探边嗅闻雌鼠身体气味、粪尿等，求偶初期雌鼠的攻击性很强，当雄鼠接近雌鼠时，雌鼠表现出攻击状，并不停高声鸣叫，有时向前抓打雄鼠头部。雄鼠屈服雌鼠，缩回头部并后退躲避攻击，并再次接近雌鼠，发出轻柔的鸣叫。求偶初期雄鼠始终保持攻击和防御姿势，并高声鸣叫。求偶成功后，雌鼠允许雄鼠靠近，表现出亲昵行为。雄鼠更频繁接近追逐雌鼠，嗅雌鼠阴部。雄鼠常发出温柔、颤抖的叫声。求偶后期雌鼠虽不攻击雄鼠，但仍保持防御姿势，并不停鸣叫，有时逃离躲避雄鼠。整个求偶期持续约25天。

交配在凌晨（5：00~7：00）发生频次最高，占总交配次数的60%以上，交配时间上，甘肃鼢鼠每天交配持续时间10~30分钟，交配期持续8~10天。

种群数量动态

季节动态　甘肃鼢鼠种群数量存在着明显的季节性变化特点。种群的最高数量常落在一年中最后一次繁殖之末，以后其繁殖停止，种群因只有死亡而无生殖，故种群数量下降，直到下一年繁殖开始，这时是种群数量最低的时期。野外调查发现，甘肃鼢鼠春季数量较低，尔后数量逐月上升，到7月达到全年的最高峰，从8月开始，其数量逐渐回落。

年间动态　甘肃鼢鼠地下稳定的环境，导致有较稳定的出生率，种群数量一般趋于稳定的状态。王廷正（1998）编制了宁夏西吉县甘肃鼢鼠的生命表，发现其种群的净增殖率 $R_0 = 1.8075$，内禀增长能力 $r_m = 0.4056$，种群数量的翻倍时间大约为20个月，周限增长率 $\lambda = 1.0023$。其种群数量变动受气候条件的影响较大，尤其是气温和降水。

迁移规律　甘肃鼢鼠呈季节性迁移模式，其迁移也和性别有关。雄性在生殖的当年完成迁移，并寻找配偶，而雌性的迁移在翌年进行，一般在4~7月，这时候活动比较明显，大多进行寻觅食物、交配和喂幼等，而另一个活动高峰是在9~11月，这是贮存食物的关键时期，甘肃鼢鼠进行了大量的活动。迁移距离方面也是雄性大于雌性，迁移扩散模式为偏雄性。

危害　甘肃鼢鼠栖息地类型的多样性，导致对农、林和牧业均有重要的影响。

对农业的危害　有一首民谣可以说明甘肃鼢鼠对农业的危害："春滚子，夏害苗，秋拉穗，冬积仓。丰收一半粮，遇灾空了仓，挖开瞎老洞，大斗小斗装"。甘肃鼢鼠主要毁坏萝卜、马铃薯等块根和块茎类农作物，严重影响农业生产，在小麦种植的时期，贮存盗食大量的小麦种子，导致出现断苗等。在陕北安塞县，因甘肃鼢鼠危害小麦、谷糜类、豆类和薯类，每亩减产粮食5~10kg。在中药材种植地，甘肃鼢鼠毁坏了当归（*Angelica sinensis*）、黄芪（*Astragalus membranaceus*）等中药材的出苗率，造成大减产等危害。

对草地的危害　主要是对牧草和草场的破坏。在陕北，苜蓿的被害率达25%~50%，红豆草（*Onobrychis viciaefolia*）、沙打旺（*Astragalus adsurgens*）、柠条（*Caragana korshinskii*）等人工牧草受其害而难以长期保存。在宁夏海原县南华山天然草场，甘肃鼢鼠密度为12~20只/hm²，平均为14.5只/hm²，土丘数达30~40个/hm²，土丘覆盖率达20%~30%，地下洞道纵横交错，地面土丘星罗棋布，原生植被遭到破坏，土壤水分和肥力下降，禾本科和莎草科等牧草减少，杂类草大量滋生，次生裸地扩大，草原严重退化。

对林业和果树的危害　甘肃鼢鼠对果树幼苗的危害很大，多发生在幼苗移栽后1~3年内，集中在春、秋两季，但以春季为主。害状多在5月上旬出现，被害油松针叶发黄、似火烤样。据多地调查，苹果树的年被害死亡率为10%，桃、杏树苗的年平均被害死亡率为20%，山楂树苗的年平均被害死亡率为30%。甘肃鼢鼠对人造针叶幼林地的危害也很严重。据甘肃省林业和草原局的资料，甘肃鼢鼠常将多年生的油松幼苗的根系全部吃掉，因而只用手就可以把树苗拔出来。

防治技术　甘肃鼢鼠在农牧业生产中危害较大，采用的防治技术较多，一般采用以下几种。

农业防治　种植不喜食或不食的植物种类，通过间种、套种等进行防治。或增加土壤砂质成分比例，增加土壤的坚硬度，破坏适于该鼠栖息的场所进行防治是较为有效的防治手段。王明春等（2004）发现翻耕抚育可使甘肃鼢鼠密度下降73.1%，人工或化学除草可使甘肃鼢鼠密度下降79.36%、树木被害率下降81.32%，林间套种苜子可使甘肃鼢鼠密度下降87.01%、被害率下降95.23%。杂草是甘肃鼢鼠生命活动中主要的食物来源，甘肃鼢鼠明显回避无草环境。因此，在农业生产中，采取加强农田基本建设、蓄积天然降水、作物轮作倒茬、使用化学除草剂等综合措施来加以防治。

生物防治　参见其他鼢鼠。

物理防治　传统的杀灭方法为地箭法。亦可用弓形夹捕打。常用0、1号弓形夹，方法是先通开食眼，留作通风口。顺着草洞找到常洞，在常洞上挖一洞口，再在洞道底挖一圆浅坑。然后，将夹支好，置于坑上，踏板对着鼠来的方向；也可以将夹与洞道垂直布放，使两边来的鼠均能被夹住，再在鼠夹上轻轻撒些细土，夹链用木桩固定于洞外地面上，最后用草皮将洞口盖严。在近水源的地区，可以采用水淹法进行防治。

化学防治　采用大隆、溴敌隆、C型肉毒素、D型肉毒素、不育剂（甲基炔诺酮）等进行药物防治，诱饵最好用大葱、马铃薯和胡萝卜等多汁的蔬菜和部分有浓烈香味的中药材当归、黄芪和甘草（*Glycyrrhiza uralensis*）等，依成本等选择前者的情况较多。毒饵法毒杀鼢鼠的关键是投饵方法。这里介绍两种方法：

开洞投饵法：在鼢鼠的常洞上，用铁铲挖一上大下小的洞口（下洞口不宜过大），把落到洞内的土取净，再用长柄勺把毒饵投放到洞道深处，然后将洞口用草皮严密封住。这种方法在较紧实的草地、林地下使用较好。

插洞投饵法：用根一端削尖的硬木棒，在鼢鼠的常洞上插一洞口。插洞时，不要用力过猛，插到洞道上时，有一种下陷的感觉，这时不要再向下插，要轻轻转动木棒，然后小心地提出木棒。用勺取一定数量的毒饵，投入洞内。然后用湿土捏成团，把洞口堵死。这种方法在松软的草地、农区等使用较好。

参考文献

樊乃昌, 施银柱, 1982. 中国鼢鼠(*Eospalax*)亚属分类研究[J]. 兽类学报, 2(2): 183-199.

韩崇选, 陈孝达, 胡忠朗, 等, 1994. 甘肃鼢鼠对油松危害动态经济阈值研究[J]. 西北林学院学报, 9(3): 45-52.

江廷安, 庄海博, 李凌, 等, 1990. 黄土高原甘肃鼢鼠危害及防治研究: (I) 甘肃鼢鼠的繁殖研究[J]. 水土保持学报, 4(4): 76-83.

李保国, 陈服官, 1986. 鼢鼠属*Eospalax*亚属的系统发育关系及其物种形成和起源中心的研究[J]. 西北大学学报(自然科学版), 16(3): 59-66.

李华, 1995. 中国鼢鼠亚科的分类研究[J]. 首都师范大学学报(自然科学版), 16(1): 75-80.

李金钢, 何建平, 王廷正, 等, 2000. 甘肃鼢鼠鸣声声谱分析[J].

动物学研究, 21(6): 458-462.

李金钢, 王廷正, 何建平, 等, 2001. 甘肃鼢鼠的震动通讯[J]. 兽类学报, 21(2): 153-154.

李晓晨, 王廷正, 1996. 论鼢鼠属Eospalax亚属的分类及系统演化[J]. 陕西师范大学学报(自然科学版), 24(3): 75-78.

刘仁华, 1995. 中国鼢鼠的分类及地理区划[J]. 国土与自然资源研究(3): 54-56.

刘荣堂, 武晓东, 2011. 草地保护学: 第一分册 草地啮齿动物学[M]. 3版. 北京: 中国农业出版社.

鲁庆彬, 张阳, 周材权, 2013. 甘肃鼢鼠不同地理种群的形态变异分析[J]. 兽类学报, 33(2): 193-199.

苏军虎, Weihong Ji, 南志标, 等, 2015. 鼢鼠亚科Mysopalacinae动物系统学研究现状与展望[J]. 动物学杂志, 50(4): 649-658.

苏军虎, 2008. 基于分子数据和形态数据的鼢鼠亚科动物系统发育研究[D]. 兰州: 甘肃农业大学.

王明春, 韩崇选, 杨学军, 等, 2004. 林区甘肃鼢鼠危害的主要特征及生态控制对策[J]. 西北林学院学报, 19(3): 105-108.

王廷正, 李金钢, 张菊祥, 等, 1993. 黄土高原甘肃鼢鼠、中华鼢鼠综合防治技术的研究[J]. 植物保护学报, 20(3): 283-286.

王廷正, 朱必才, 陈忠, 等, 1997. 甘肃鼢鼠(Myospalax cansus)、秦岭鼢鼠(M. rufescens)的染色体组型和C带研究[J]. 陕西师范大学学报(自然科学版), 25(S1): 63-70.

徐世才, 王瑾, 王瑛瑛, 等, 2015. 甘肃鼢鼠幼仔活动节律[J]. 四川动物, 34(3): 394-398.

张同作, 2008. 甘肃鼢鼠和高原鼢鼠身体大小和胎仔数的地理变异及种间差异[D]. 西宁: 中国科学院西北高原生物研究所.

WU P W, WANG W W, ZHOU C Q, et al, 2007. The taxonomic statuses of Gansu zokor Myospalax cansus, M. baileyi and M. rufescens based on the comparisons of medullary indexes of hairs[J]. Acta zootaxonomica sinica, 32(3): 502-504.

ZHOU C Q, ZHOU K Y, 2008. The validity of different zokor species and the genus Eospalax inferred from mitochondrial gene sequences[J]. Integrative zoology, 3(4): 290-298.

（撰稿：苏军虎；审稿：刘晓辉）

甘肃农业大学草地啮齿动物防控研究团队 Laboratory of Rodent Biology and Management in Grassland, Gansu Agricultural University

甘肃农业大学前身是1946年10月创建于兰州的国立兽医学院。1950年，改名为西北兽医学院；1951年，改名为西北畜牧兽医学院；1958年，与筹建中的甘肃农学院合并成立甘肃农业大学。是教育部本科教学评估优秀学校、农业部和甘肃省政府共建大学、国家重点建设的中西部百所高校之一。

学校坐落在兰州市安宁区，占地165万m^2，建筑面积62万m^2。现设有19个学院（教学部），55个本科专业，拥有1个国家重点学科（草业科学）、1个农业部重点学科和13个省级重点学科；动物医学等5个国家级特色专业；5个博士后科研流动站，6个一级学科博士学位授权点，26个二级学科博士学位授权点；14个一级学科硕士学位授权点，66个二级学科硕士学位授权点，5个专业学位授权类别（15个授权领域）；有国家重点实验室培育基地1个，国家级实验教学示范中心1个，省级实验教学示范中心6个，省部共建和省级重点实验室（工程中心）30个。

草地啮齿动物防控研究团队依托甘肃农业大学"草业科学（国家重点学科）""草业生态系统教育部重点实验室""甘肃农业大学—西兰梅西大学草地生物多样性研究中心"和"甘肃省农业有害生物综合治理重点实验室"（筹建中）"等平台，由刘荣堂（二级教授）牵头组团，成员含教授3人、副教授1人、讲师3人、实验员2人。团队宗旨：立足西北，面向全国，开展"草地保护学""草地啮齿动物学"的教学科研和相关的技术服务工作。

科研奖项：①国家教学成果二等奖1项，制定中国草业科学硕士生培养方案，出版配套教材，提高整体培养水平。②省部级科技进步奖和优秀成果奖7项，含"高原鼠兔、高原鼢鼠和长爪沙鼠种群数量预测预报研究"和"甘肃草原主要鼠虫预测预报研究"等。③一系列地方奖项，如世界银行/全球环境基金项目"草原有害生物防治技术研究"等多个项目。

团队主编教材《草地保护学：第一分册 草地啮齿动物学》《草原保护学实习试验指导书》《草原野生动物学》《草坪有害生物及其防治》。

团队与新西兰、德国、俄罗斯和捷克等相关国家的多个科研机构建立了良好的交流与合作关系。

（撰稿：苏军虎；审稿：刘荣堂）

甘肃省祁连山草原生态系统野外科学观测研究站 Gansu Qilianshan Grassland Ecosystem Observation and Research Station

甘肃省祁连山草原生态系统野外科学观测研究站（天祝），依托1956年建立的中国第一个高山草原定位研究站——甘肃农业大学天祝高山草原生态系统试验站而建，位于甘肃省天祝藏族自治县抓喜秀龙镇南泥沟村海拔2940m的河谷。观测站以高寒草地生态系统治理和区域农牧业可持续发展的国家重大战略需求为导向，聚焦祁连山生态环境保护及修复的基础科学问题，开展高寒草地生态系统定位监测、试验研究、技术示范、人才培养和科普教育，为国家生态安全及区域草食畜牧业和社会经济健康快速发展提供科技和人才支撑。

目前，观测站有教学、科研、办公及生活用房1300m^2，为科研与教学的顺利开展提供了良好的水、电和通讯条件。设有野外定位气象观测站、试验用草地230亩，反刍动物饲养室4间，温室1个，实验室4间。相应功能实验室配备从事草原生态系统土壤、植被、草地啮齿类及家畜动物等研究所需的基本仪器设备。可同时接纳260名本、专科学生的教学实习、研究生毕业设计试验和科研工作人员的研究。

作为甘肃农业大学重要的教学科研基地，建站60多年

甘肃省祁连山草原生态系统野外科学观测研究站（苏军虎提供）

来，该站不仅承担甘肃农业大学草业科学等专业"普通生态学""植物分类学""草地啮齿动物学""草地昆虫学"等课程的教学实习以及相关科研试验任务。同时接待了德国、法国、新西兰、澳大利亚、捷克等国外科研人员，以及中国科学院西北高原生物所、中国农业科学院兰州畜牧研究所、兰州大学、宁夏大学等国内科研单位的师生和研究人员，开展了草原修复、牧草改良、草地保护与啮齿类动物防控和家畜放牧等方面的研究。

（撰稿：苏军虎；审稿：刘荣堂）

高单宁假说　high tannin hypothesis

高单宁假说是指鼠类在贮藏含单宁种子过程中，倾向于取食单宁含量低的种子，而贮藏单宁含量高的种子。单宁作为一种植物次生物质，能引起取食者拒食，从而减少动物对植物的危害程度，也会对鼠类食物贮藏行为产生影响。鼠类对不同单宁含量种子的取食与贮藏策略，与单宁的生理学效应有关，主要包括：①适口性，单宁是种子中主要的苦味物质之一，能与动物口腔中味蕾的苦味受体反应，使动物产生苦味感知，从而影响鼠类对含单宁种子的取食和贮藏，因此，单宁可被认为是鼠类贮藏含单宁种子的信号。②生理毒性，单宁可对取食者造成严重生理伤害，动物取食含单宁食物后，单宁能和食物中蛋白以及动物体内消化酶形成络合物，从而降低蛋白质的消化和吸收，单宁含量与鼠类的蛋白质消化率之间存在显著的负相关，高浓度的单宁能破坏肠道上皮细胞、肝脏和肾脏等，显著影响鼠类的繁殖与子代生长发育，可造成胎仔数减少、子代生长缓慢等。③种子易腐性，单宁含量低的种子比较容易发芽，发芽后种子的营养物质快速流失，营养价值降低，属于易腐性种子，而单宁含量高的种子通常发芽较慢，有利于种子的长时间贮藏。虽然单宁能对鼠类产生负面影响，但含单宁种子仍然是鼠类的重要食物来源，尤其在食物资源缺乏的季节，且鼠类可以通过一些生理途径减小单宁的危害，获取最大营养收益。

参考文献

任宝红, 2011. 食物单宁和蛋白对小家鼠 (*Mus musculus*) 的母体效应研究[D]. 郑州: 郑州大学.

CHUNG-MACCOUBREY A L, HAGERMAN A E, KIRKPATRICK R L, 1997. Effects of tannins on digestion and detoxification activity in gray squirrels (*Sciurus carolinensis*)[J]. Physiological zoology, 70: 270-277.

GU F, LIU X, LIANG J, et al, 2015. Bitter taste receptor mTas2r105 is expressed in small intestinal villus and crypts[J]. Biochemical and biophysical research communications, 463: 934-941.

HADJ-CHIKH L Z, STEELE M A, SMALLWOOD P D, 1996. Caching decisions by grey squirrels: a test of the handling time and perishability hypotheses[J]. Animal behaviour, 52: 941-948.

XIAO Z, CHANG G, ZHANG Z, 2008. Testing the high-tannin hypothesis with scatter-hoarding rodents: experimental and field evidence[J]. Animal behaviour, 75: 1235-1241.

（撰稿：张义锋；审稿：路纪琪）

高山姬鼠　*Apodemus chevrieri* Milne-Edwards

一种在中国西部高原常见的鼠类。又名高原姬鼠、齐氏姬鼠。啮齿目（Rodentia）鼠科（Muridae）鼠亚科（Murinae）姬鼠属（*Apodemus*）动物。高山姬鼠是典型的古北界种类，起源于欧洲或亚洲靠近欧洲的边缘，近代向西迁移。栖息于中国西部高原，较为常见，分布在云南、四川、贵州、湖北、甘肃、陕西的一些地区；云南省主要分布于昭通、昆明、丽江、大理、澜沧江和怒江流域地区。

形态

外形　体长90～120mm，尾长75～105mm，后足长21～25mm，耳长14～16mm，吻长约7mm，乳突宽11.6～12.5mm。乳头4对；胸、腹部各2对（见图）。

毛色　体背面无黑色纵纹，呈深暗黄褐色，黑毛较多，分布均匀，毛基深灰；体腹面灰白色；体侧毛色界线不明显；耳小，毛色似周围分布。尾两色，上面暗褐色，下面白色，但上下界线不清。后足背面均呈灰色。

头骨　滇中高原和横断山地区的高山姬鼠头骨的背面

高山姬鼠（王政昆提供）

和腹面变异较大；经过薄片样条法分析显示形变多集中在鼻骨、眼眶和臼齿，这可能与高山姬鼠生存的气候和地理环境相关。高山姬鼠的滇中高原种群和横断山种群的头骨形态发生了明显分化，这可能反映了其对不同生态环境的生存适应性形态变异。

对分布于横断山地区（从北到南：巴塘、中甸、宁蒗、景东）的高山姬鼠头骨背面、腹面、侧面及下颌侧面的形态特征进行主成分分析、判别分析、薄片样条分析、多维尺度分析，以进一步探讨高山姬鼠头骨形态变异与环境之间的关系。研究结果表明，巴塘地区的高山姬鼠与其他地区的高山姬鼠头骨的背面和腹面变异较大；经过薄片样条法分析显示形变也集中在鼻骨、眼眶和臼齿，这可能与高山姬鼠生存的横断山从北到南的气候和地理环境变化相关；经多维尺度分析显示横断山地区的高山姬鼠的头骨发生了变异，这可能与高山姬鼠生活环境的经度和纬度有关。高山姬鼠的横断山种群的头骨形态有一定的变异，这可能反映了其对横断山不同生态环境的形态适应性变异。

分布于横断山地区（从北到南：巴塘、中甸、宁蒗、景东）的高山姬鼠的上臼齿（第一上臼齿、第二上臼齿、第三上臼齿）和下臼齿（第一下臼齿、第二下臼齿、第三下臼齿），并进行主成分分析、薄片样条分析、多维尺度分析，以探讨高山姬鼠臼齿形态与环境之间的关系。研究结果表明，在横断山各地理种群间高山姬鼠的上臼齿有一定形态变异，但下臼齿变异不明显，薄片样条法分析显示各臼齿齿叶间有一定的形变发生，这可能与高山姬鼠在横断山各地区取食的食物差异不明显有关。

鉴别特征 颅长 26.5~30.5mm，颧宽 12~14.8mm，鼻骨长 10.8~12.5mm，眶间宽 4.2~4.9mm，听泡长 5.3~7mm，门齿孔长 5.2~6mm，上颊齿列长 4~4.8mm。颅骨与黑线姬鼠有相同之处，但也有差别。吻部较为狭长，鼻骨较黑线姬鼠的长，而且与颅骨的百分比也较大，约为颅长的 40%，明显比黑线姬鼠的大，后者仅为 36% 左右。在鉴别高山姬鼠时，臼齿的形态特征可作为一个识别指标：高山姬鼠第三上臼齿具有 2 内叶，第二上臼齿的第二横列齿突仅有 1 内齿突而无外齿突和中齿突，第一上臼齿外侧有 4 个齿突。

生活习性

栖息地 高山姬鼠栖息于中国西部高原，澜沧江和怒江流域也有栖居。云南省高山姬鼠的数量较多，主要栖息于农田及其附近的灌丛中，是横断山地区鼠疫自然疫源地的主要宿主之一。行动敏捷，跳跃能力极强，草地、土埂和树木是其隐蔽和活动的场所。早晨和傍晚高山姬鼠到农田及其附近的灌丛中取食和寻找水源。

洞穴 高山姬鼠洞穴结构简单，洞口直径 2~3cm，窝巢内垫有野草、果壳和树叶等。其洞穴多筑在坟墓、草地、土埂和树洞等地方。

食物 高山姬鼠食性杂，但以植物性食物为主（例如，种子、谷物和草的嫩芽等），偏好于含水分较多的食物（如苹果、梨等水果）。高山姬鼠虽体型较小，但其摄食量很大，有时可达到其体重的 50% 左右。在食物缺乏的环境中，高山姬鼠主要通过适当降低体重、减少能量消耗、提高小肠对食物的利用效率、动用体内所贮存脂肪的方式来适应。高山姬鼠的肥满度在不同食物质量条件下的变化模式与其生存的低纬度、高海拔、年平均温度较低、食物波动大的横断山区密切相关。

活动规律 高山姬鼠活动力较强，运动速度快，多在夜间活动，以黄昏和清晨最为活跃。高山姬鼠性情狡猾，对捕鼠器械具有很高的警惕性。对人类活动较为敏感，当其原来的栖息地附件有人类开发（盖建筑物、修路等）活动时，高山姬鼠就会迁走。长期胁迫运动会显著影响高山姬鼠的能量代谢和血清瘦素。

繁殖 高山姬鼠从 4 月开始繁殖，可持续到 10 月结束，在 6 月和 9 月出现两个繁殖高峰，分别产出 6 窝和 7 窝。占到总繁殖窝数的 40%。不同胎仔数的产出频率不同，5 只为最常见胎仔数，共有 10 窝，占总窝数的 33%。高山姬鼠的妊娠期为 17~20 天，胎仔数在 3~8 只，平均胎仔数为 5.8 只，哺乳期为 20 天。高山姬鼠的幼仔的成活率在胎仔数不同时有较大变化，排除实验过程中人为因素，当胎仔数为 3、4、5 时，所有幼仔均可断奶，成活率为 100%，在胎仔数为 5 时，幼仔断奶时的平均体重最大；胎仔数为 6、7、8 时，每窝只能成活 5 只（见表）。

刚出生的高山姬鼠幼仔全身通红，眼未睁，能发出"吱、吱"的叫声。初生体重平均为 1.95 ± 0.06g（$n=12$），占母体体重的 5%；在出生第 7 日开始长毛，此时平均体重为 3.70 ± 0.18g（$n=12$），占母体体重的 11%；10 日龄时眼半睁；已可走动；11 日龄眼全睁，此时体重为 5.10 ± 0.88g（$n=12$），占母体体重的 15%；15 日龄幼仔开始嗅闻食物，并试图咬食。高山姬鼠幼仔在 20 日龄自然断奶，断奶时平均体重为 14.60 ± 0.91g（$n=12$），占母体体重的 47%。

种群数量动态

季节动态 因季节性环境的差异（光照、温度和食物等的变化），决定了高山姬鼠种群波动也有季节性规律。由于食物和繁殖的因素，高山姬鼠种群数量表现为夏秋两季略高于春冬两季；但全年的最高峰基本出现在秋季。

年间动态 由于各年间的气候和环境不同，高山姬鼠种群数量也有年间波动，表现为干旱年份显著低于正常年份。例如，2009—2010 年，云南旱情严重，高山姬鼠的数量就有所下降。

危害 高山姬鼠是西部地区农业危害较重的鼠类，对农田的粮食（水稻、玉米、豌豆等）、饲料作物，水果类作物等有较大影响。另外，人畜共患疾病，尤其是野生动物与人类共患疾病、传染病、严重威胁着人类社会安全和稳定，横断山地区有许多特殊的、与人类生活密切相关的特殊小型

高山姬鼠不同胎仔数时的断奶幼仔数（柳鹏飞，2010）

胎仔数（只）	断奶幼仔数（只）	成活率（%）
3	3	100
4	4	100
5	5	100
6	5	83.3
7	5	71.4
8	5	62.5

哺乳动物，尤其是一些疫源动物，比如姬鼠、绒鼠等啮齿类动物和一些食虫类动物，还有树鼩等，这些动物中一部分就携带有汉坦病毒，它可以引起肾综合征出血热（HFRS）和汉坦病毒肺综合征（HPS），由于其对人的致死率极高，已成为一个全球性的公共问题。这些动物不仅传播鼠疫、出血热等疾病，而且最近发现树鼩、姬鼠等还传播乙型肝炎等疾病。该地区树鼩存在感染肝毛细线虫、旋毛虫或膜壳绦虫的情况。而且这一地区是高山姬鼠和大绒鼠鼠疫自然疫源地（野鼠鼠疫疫源地），主要宿主为大绒鼠和高山姬鼠，主要媒介是方叶栉眼蚤、棕形额蚤和特新蚤指名亚种。高山姬鼠携带有乙型肝炎表面抗原。高山姬鼠是横断山地区鼠疫自然疫源地的主要宿主之一。

防治技术

农业防治 可人为的在农田、饲料地和果树上制作稻草人、悬挂颜色鲜艳的塑料袋等物品，对其产生惊吓作用。加强栖息地周围环境的整治，可通过农业措施等来压低鼠密度。如深翻改土，特别是旱地，能有效破坏高山姬鼠的洞穴；兴修水利，改善农田灌溉条件，清除田埂、沟边及塘边杂草，不在田边地脚堆放农作物秸秆等杂物，减少不必要的田埂，以免营巢定居。田间沟渠应修成三面光，水流畅通，有条件的区域可以硬化田埂，恶化其生存空间。

生物防治 增加其捕食者的数量，例如适当增加养猫的数量等。

物理防治 人为进行捕鼠。

化学防治 可采用驱鼠与化学防治相结合的措施。化学防治以鼠药为主，在高山姬鼠密度比较高的地区，应相对提高药量。同时，在使用毒饵灭鼠时，应延长投饵时间和增加投饵密度。具体应注意以下问题：第一，应多次投饵，保证诱饵的新鲜和气味；第二，投饵量要够，要增加被老鼠发现的概率；第三，在应用鼠药时，应适当提高鼠药的应用浓度，确保灭鼠效果；第四，增大投饵密度；第五，认真选择投饵地点，优先选择老鼠容易活动的地方。

参考文献

高文荣，朱万龙，张浩，等，2015. 食物质量对横断山区高山姬鼠肥满度的影响[J]. 云南师范大学学报（自然科学版），35(4): 63-68.

高文荣，王政昆，姜文秀，等. 2016. 云南高山姬鼠头骨的几何形态学研究[J]. 生态学报，36(6): 1756-1764.

黄文几，陈延熹，温业新，1995. 中国啮齿类[M]. 上海：复旦大学出版社：126-127.

田杰，1998. 剑川鼠疫自然疫源地的宿主[J]. 地方病通报，13(2): 35-39.

GAO W R, ZHU W L, ZHOU Q H, et al, 2014. Diet induced obesity in *Apodemus chevrieri* (Mammalia: Rodentia: Muridae)[J]. Italian journal of zoology, 81(2): 235-245.

JESUS M N, ANGELA D B, 2009. New Insight on the anatomy and architecture of the Avian Neurocranium[J]. The anatomical record, 292: 364-370.

SERIZAWA K, SUZUKI H, TSUCHIYA K, 2000. A phylogenetic view on species radiation in *Apodemus* inferred from variation of nuclear and mitochondrial genes[J]. Biochemical genetics, 38: 28-40.

TOMMASO R, DOMITILLA P, EMILIANO B, 2009. Shape and size variation: growth and development of the dusky grouper (*Epinephelus marginatus* Lowe, 1834)[J]. Journal morphology, 270: 83-96.

WINDSOR E A, KAITLY E E, MARY K, et al, 2008. Phenotypic variation and sexual dimorphism in anadromous threespine stickleback: implications forpostglacial adaptive radiation[J]. Biological journal of the linnean society, 95: 465-478.

ZHU W L, YANG S C, ZHANG L, et al, 2012. Seasonal variations of body mass, thermogenesis and digestive tract morphology in *Apodemus chevrieri* in Hengduan mountain region[J]. Animal biology, 62: 463-478.

ZHU W L, MU Y, ZHANG H, et al, 2013. Effects of food restriction on body mass, thermogenesis and serum leptin level in *Apodemus chevrieri* (Mammalia: Rodentia: Muridae)[J]. Italian journal of zoology, 80(3): 337-344.

ZHU W L, ZHANG D, ZHANG L, et al, 2013. Effects of long-term forced exercise training on body mass, energy metabolism and serum leptin levels in *Apodemus chevrieri* (Mammalia: Rodentia: Muridae)[J]. Italian journal of zoology, 80(3): 373-379.

（撰稿：王政昆；审稿：王勇）

高温驯化　heat acclimatization

动物从形态、生理或行为上适应高温环境的过程。形态上，哺乳动物可通过改变体毛或形成"热窗"来抵抗高温。例如某些兽类的毛色在夏季会变浅且有光泽，可反射阳光，减少对热量的吸收。同时，一些皮薄、无毛或血管丰富的部位也会成为散热的窗口。生理上，动物适应高温的重要途径是适当放松恒温性，在炎热时身体暂时吸收和贮存热量并升高体温，当环境温度下降时再把体内的热量释放出去，恢复体温。此外，动物亦可通过特殊的生理途径来保护机体或增强散热。比如在高温下，小鼠通过表达热休克蛋白来保护正常的生理机能；长爪沙鼠通过分泌唾液来增加散热。行为上，动物会采取多种策略来应对高温挑战，有些沙漠啮齿动物会以昼伏夜出或穴居的方法避开高温，黄鼠则会通过夏眠来避开高温。

参考文献

牛翠娟，娄安如，孙儒泳，等，2015. 基础生态学[M]. 北京：高等教育出版社：32-34.

（撰稿：郭洋洋；审稿：王德华）

高原鼢鼠　*Myospalax baileyi* Thomas

长期生活于黑暗、封闭环境中的中国青藏高原特有物种之一。英文名 plateau zokor。又名瞎老鼠、塞隆、瞎老、地老鼠等。属于啮齿目（Rodentia）鼹形鼠科（Spalacidae）鼢鼠亚科（Myospalacinae）鼢鼠属（*Myospalax*）凸颅亚属（*Eospalax*）。

主要分布于甘肃河西走廊以南的祁连山地、甘南高原、青海高原以及四川北部、西部高地（海拔2800～4200m）的山地、农田、草甸草原等生境类型。主要分布地区为青海省的海晏、湟源、门源、大通、祁连、天俊、化隆、贵南、泽库、海南、共和、玛多、久治，甘肃省的天祝、夏河、临潭、玛曲、碌曲以及四川省的阿坝、若尔盖、红原、平武、甘孜、康定等地区。关于该种的命名过去存在不同的名称，Thomas在1911年首先根据四川康定附近的标本将其命名为 *Myospalax baileyi*，而 Lönnberg在1926年根据在青海湖东畔采集的鼢鼠标本命名为 *Myospalax kukunoriensis*。1940年Allen将其并入中华鼢鼠的亚种（*Myospalax fontanieri cansus*），而Ellerman等在1951年将其修订为中华鼢鼠的另一个亚种（*Myospalax fontanieri kukunoriensis*）。中国学者樊乃昌和施银柱经过详细查看对比采自青海湖附近海晏、门源、湟源和天俊等地以及甘肃、四川省的大量标本，各项测量指标都与Thomas的描述相似，认为所谓的 *Myospalax kukunoriensis*、*Myospalax fontanieri cansus* 和 *Myospalax fontanieri kukunoriensis* 都是 *Myospalax baileyi* 的同物异名，从而正式确定了高原鼢鼠的分类地位。

形态

外形 雄性成体的体重显著大于雌体，有的体重甚至为雌鼠的2倍。成年体长197.1mm（160～235mm），体重267.4g（173～490g），后足长30.9mm（26～40mm），尾长46.4mm（24～61mm）。体躯圆筒形、短尾、短肢，尾长为体长的1/3～1/2，着生密毛。足背着生密毛，足垫5枚。耳短圆，稍露于毛外。体躯粗圆，耳壳退化，眼小，鼻垫呈僧帽状（三叶形），尾及后足背面覆盖苍白色密毛，后足掌无毛。前足2-4指爪发达，适应于地下挖掘活动，后足趾爪相对小而短（图1）。

毛色 成体毛色棕灰（幼体蓝灰色或暗灰色），背腹毛色基本一致，毛基均为暗鼠灰色，毛尖裸红。被毛柔软，并具有光泽。鼻垫上缘及唇周为污白色，额部无白色斑。尾及后足背面覆以密毛，尾上面具逐渐变细的暗灰色条纹，尾下面暗色条纹四周为白色或土黄白色。前肢上面毛色与背部相同，后肢被毛呈污白色、暗棕黄色或浅灰色（图1）。

主要鉴别特征 体躯粗圆，耳壳退化，眼小，鼻垫呈僧帽状（三叶形），尾长为体长的1/3～1/2。尾及后足背面覆盖苍白色密毛。毛色棕灰，毛尖裸红色。头骨较粗大，吻短，鼻骨较长，前端宽、后端窄成长梯形，两鼻骨前缘连合处的凹入缺刻很浅，鼻骨末端呈钝锥状，一般其长明显超过颌—额缝水平，呈嵌入额骨之势。前颌骨下延包围门齿孔。两顶嵴在前方不相会合，年轻个体几近平行，老年个体两顶嵴在顶部靠近，但仍明显分离。枕嵴强壮，枕中嵴不发达或缺失。

上门齿向下垂直，不突出鼻骨前缘，唇面呈黄色或棕黄色。第一、三上臼齿唇面和舌面都各具2个内陷角，但第三上臼齿舌面的2个内陷角的深浅不同，并有一个较明显的后小叶。第二上臼齿唇面具2个内陷角，舌面具1个内陷角。下门齿伸向前上方。第一下臼齿唇面具2个内陷角，舌面具2个明显较深的内陷角和1个位于前端的较浅内陷角。第二、三下臼齿具相似结构。

生活习性

栖息地 高原鼢鼠营地下生活，主要栖息于海拔2800～4200m的山地、农田、草甸草原等生境中。高原鼢鼠偏好植物覆盖度低、杂类草多的地方。其长期栖息的地区，植被盖度和高度降低，土壤有机质和含水量显著减少。另外土壤的硬实度也影响高原鼢鼠的栖息地选择。在土壤硬度较高的区域，高原鼢鼠在构筑洞系的过程中将要花费较多的能量，不利于高原鼢鼠的取食活动。高原鼢鼠的种群密度与杂草类生物量显著正相关，和土壤硬度呈显著负相关。土壤环境因素和植物群落结构是影响其栖息地选择的主要因素，其中土壤水分含量和紧实度对高原鼢鼠的影响最大。放牧强度会影响高原鼢鼠的栖息地质量，重度放牧引起植被高度和盖度下降，土壤裸露面积增大，杂草数量增多，有利于高原鼢鼠的迁入和种群数量的增加（图2）。

洞穴 虽然其活动区域地面无明显的洞口，但地下洞道系统十分复杂，是其觅食、贮藏食物、繁殖、育幼和防御天敌等整个生命活动赖以进行的场所。主要由老窝、出窝洞、朝天洞、交通洞、采食洞、盲洞、贮食洞、粪洞等组成。老窝里面垫有枯草，是鼢鼠休息和抚育后代的场所。一般为椭圆形，体积约35cm×30cm×25cm，窝底距地面70～250cm，通常阴坡距地表深，阳坡距地表浅，雌性

图1 高原鼢鼠（张同作提供）

图2 高原鼢鼠栖息地（魏万红提供）

老窝比雄性的深。出窝洞一般有1~5条，洞径较粗大（约15cm）。朝天洞是鼢鼠洞道的门户，洞径狭小，一般低于10cm。上口与交通道相连，距地面20~40cm，洞壁坚实而光滑，长40~120cm。交通洞道是其活动、运送食物的交通线，向各方延伸并趋向地面连接采食洞道。雌雄个体的交通洞道直径大小不同，雄性的一般为8~10cm，雌性的一般为4~6cm。交通洞道距地面的深浅与土壤结构及植被组成关系甚大。在土壤紧实、密丛禾草为主的生境中，交通洞道距地表15~20cm。而在土壤结构疏松、疏丛禾草及一、二年生杂类草为主的生境中，交通洞道距地面较深，有时可达35~40cm。交通洞道是鼢鼠频繁通过的洞段，也是放置捕鼠器和投放毒饵的最佳位置。采食洞道是鼢鼠寻找食物的临时或半永久通道，洞壁距地表5~16cm，经常在其上方形成凸起的松软土脊。盲洞（盲端）是鼢鼠取土堵洞、转身和临时贮食的地方。一般情况下，盲洞口所指的方向就是老窝所在的方向。在一个完整的洞系中，盲洞的数量可以有几个到十几个。贮食洞在老窝的两侧，一般1~3个，呈漏斗状，是鼢鼠越冬贮食的仓库。粪洞位于老窝长轴的两侧，是鼢鼠排泄并贮放粪便的场所。粪便贮满后堵塞放弃另掘新所，故老窝可有多个废弃粪洞。

食物 主要取食草本植物的根、皮、茎、叶和种子等，其食性与分布区的植被状况有密切的关系。王权业等2010年通过胃内容物镜检研究了高寒草甸和高寒灌丛中高原鼢鼠的食物组成，发现其食谱具一定选择性，其中禾本科植物的检出率极低，莎草科植物的检出率也很低，杂草类为高原鼢鼠食物组成的主要成分。采食频次最高依次为鹅绒委陵菜（*Potentilla anserina*）、直立梗高山唐松草（*Thalictrum alpinum*）、丽江风毛菊（*Saussurea likiangensis*）、雪白委陵菜（*Potentilla nivea*）、美丽风毛菊（*Saussurea superba*）、细叶亚菊（*Ajania tenuifolia*）等植物。秋季储藏食物越冬，多年生杂类草是最主要的储藏食物。过度放牧时，经常引起优良牧草禾本科和莎草科植物明显退化，杂类草数量的增多，为高原鼢鼠提供了大量的喜食植物，促进了其种群的繁衍，使高原鼢鼠的种群密度明显增加。

活动规律 高原鼢鼠是非冬眠啮齿动物，一年四季均有活动，依次出现交配繁殖、哺乳育幼、分居储食、巢内越冬等4个不同的活动时期。交配活动在初春进行，4月中下旬为交配的高峰期。夏季以哺乳育幼为主，秋季以贮粮活动为主，并且伴随着大量的挖掘活动。冬季随着大地冻结挖掘活动逐渐停止，绝大多数时间都待在老窝中。虽长期生活于黑暗、封闭的环境中，但其日活动具有明显的似昼夜活动，但其昼夜活动有季节性差异。夏季和秋季出现2次活动高峰，分别出现在15：00~22：00和0：00~7：00。每天日落前后数小时内出现挖掘采食活动高潮。高原鼢鼠的挖掘采食活动一般在地表10~20cm，易受表层土壤温度的影响。在春季及入冬前，由于早上温度低，地表处于冻结状态，不利于鼢鼠的挖掘活动，该时段只具有1次活动高峰，集中在12：00~22：00之间。冬季，鼢鼠活动仅限于老窝范围，大多数活动出现在黄昏前后至午夜。

高原鼢鼠的活动区域主要在老窝附近的洞道系统内，但也会到地面活动。周文扬等（1990）通过无线电遥测技术发现高原鼢鼠的地面活动出现在夏季和秋季。夏季地面活动是高原鼢鼠采食的一种方式，早晚均可见到。一般多在靠近地面的浅层将可食植物整株拖入洞内，有时也拱掘土层，将头和前身探出洞外啃食洞口周围的植株地上部分，旋即又用土将洞口封堵。有时还可以看到鼢鼠在地表下的蠕动，形成一条略微隆起地面的龟裂纹。夏季地面活动也是幼鼠离巢分居的途径之一，幼鼠则缺乏经验，往往直接窜到地面啃食植物，以至有时迷失方向，无法返回原洞道，不得不离开母鼠独立谋生。秋季鼢鼠的地面活动主要在夜间进行，特别在晚间下雪后，其地面活动强度显著增加。秋季进行地面活动的绝大部分个体是雄鼠和幼鼠，地面活动的目的是种群扩散。鼢鼠从地面扩散比通过地下挖掘洞道速度快、距离远，有利于寻找适宜的栖息环境，雄鼠及幼鼠的大量转移可能对于避免近亲交配有积极意义。

生长发育 张道川等（1993）在实验室人工饲养条件下测定了高原鼢鼠的发育过程，将其生长发育过程划分为4个阶段：

快速生长期I：初生至35日龄，出生体重9.03 ± 1.18g，体长44.83 ± 2.76mm。体重呈线性增长，主要依靠母鼠乳汁为生，至35日龄时平均体重达43.23 ± 6.24g。体长生长较快，日增长率为2.4%，平均体长达到103.67 ± 6.18mm。

快速生长期II：35~60日龄，体重也呈线性增长，但增长速度大于快速生长期I，平均体重快速增加到116.00g，但体长增长速度低于快速生长期I，日增长率为1.73%，达到159.50 ± 5.50mm。

缓慢生长期：60~85日龄，体重增长缓慢，平均体重达123.00 ± 3.56g。体长增长速度减缓，日增长率为0.17%，平均体长达到167.67 ± 2.05mm。

中速生长期：85~100日龄，体重虽有增加，但尚未达到成体体重，平均体重为146.33 ± 4.92g。体长增长速度更趋于平缓，增长率为0.12%，平均体长达到170.67 ± 3.09mm。

在实验室人工饲养条件下，高原鼢鼠初生个体全身裸露，呈肉红色，皮肤薄。吻端具短须，尾与身体小相紧贴。未睁眼，耳孔未开裂，无耳壳和牙齿。5日龄时，头部、背部色素沉积，体表皮肤粗糙，并有少许剥落的碎屑。7日龄时，头部、吻侧长出白绒毛。10日龄体被灰白细绒毛，表皮剥落减少。18日龄，头背部被毛呈灰黑色，腹毛、腹侧毛呈白色。高原鼢鼠耳壳完全退化，7日龄，耳部出现圆突，18日龄圆突中心有一凹陷，20日龄耳部中凹形成小孔，26日龄耳孔开裂。眼睛高度退化，初生个体眼部仅见两睑聚合一起的皮膜，24日龄有一较明显的横线，色浅，32日龄眼睑分开，可见黑色眼球。10日龄时上下牙龈门齿仅现白点，12日龄下门齿萌出，13日龄上门齿萌生。25日龄仔鼠开始取食饲料，有的到39日龄才开始取食。初生鼢鼠仅能头尾摆动，翻身，头能抬起，常发生轻微吱吱声。8日龄能爬出母巢，22日龄仔鼠随母鼠外出活动，24日龄能蹲立。30日龄可舔自身肛门并开始取食。39日龄已能单独外出活动，巢外排泄。43日龄在外取食，活动频繁。50日龄前后断乳，开始独立生活。

郑生武等（1989），发现高原鼢鼠随着年龄的增加，顶嵴间宽逐渐变小，确定了头骨的顶嵴间宽作为划分年龄的标准,将其分为6个年龄组。

幼年组:雄、雌鼠的划分界限分别在5.0mm和6.0mm以上。平均顶嵴间宽分别为5.36±0.07mm和6.22±0.02mm。

亚成年组:雄、雌鼠的划分界限分别在4.0～4.9mm和5.0～5.9mm。平均顶嵴间宽分别为4.24±0.02mm和5.29±0.02mm。

成年一组:雄、雌鼠的划分界限分别在3.0～3.9mm和4.1～4.9mm。平均顶嵴间宽分别为3.35±0.02mm和4.47±0.02mm。

成年二组:雄、雌鼠的划分界限分别在2.0～2.9mm和3.1～4.0mm。平均顶嵴间宽分别为2.32±0.03mm和3.64±0.03mm。

近老年组:雄、雌鼠的划分界限分别在1.0～1.9mm和2.6～3.0mm。平均顶嵴间宽分别为1.35±0.04mm和2.86±0.03mm。

老年组:雄、雌鼠的划分界限分别在0.9mm和2.5mm以下。雄、雌鼠的左右顶嵴几乎彼此接触,其平均顶嵴间宽分别为0.49±0.05mm和2.30±0.06mm。

繁殖 在高寒草甸地区,高原鼢鼠的总雌性比=793/1219=65.03%。繁殖期为4～6月,4月为其交配期。每胎胎仔数最少1只,最多5只。5月雌鼠怀孕率42.85%,平均胎仔数为3.56±0.37,6月的雌鼠怀孕率为31.21%,平均胎仔数为2.62±0.92。总平均怀孕率为37.96%,总平均胎仔数为3.21±0.71。不同年龄组的平均胎仔数之间存在差异,平均胎仔数大小序列为成年二组>成年一组>近老年组。按照公式 $I = NE/P$(I=繁殖指数,N=妊娠鼠数,E=平均胎仔数,P=雌、雄总鼠数)计算高原鼢鼠的平均繁殖指数为0.83,5月繁殖指数为0.85,6月为0.79。与其他鼢鼠相比,其繁殖力较高。

社群结构与行为 大多数学者的观点都认为高原鼢鼠是营独居生活,只是在交配季节雌雄个体才短暂相遇。雄鼠在交配季节活动范围增大,通过挖掘活动进入到雌鼠的洞道。交配活动通常发生在雄鼠和雌鼠的洞道交汇处,交配完成后分开生活。雌鼠在交配后将封堵大部分洞道,不再与雄鼠来往。但经常可以在雌鼠洞道内捕捉到多个雄性,说明高原鼢鼠的交配制度为乱交制。雄性的活动范围显著大于雌性,这可以从标志重捕率证实。雌性的重捕率比较稳定,雌性重捕数占捕获总数的48.1%,高于雄性的27.2%。

种群数量动态

季节动态 在中国科学院海北高寒草甸生态系统定位站地区,高原鼢鼠的数量季节动态有很大差别,春季种群数量为9.35只/hm²(变动范围为5.59～13.58只/hm²),秋季种群数量为13.07只/hm²(变动范围为8.27～23.17只/hm²)。在甘肃省甘南藏族自治州碌曲县的高寒草甸地区,高原鼢鼠的种群数量变化呈现"低-高-低"模式,在春季为22.76±1.28只/hm²(变动范围为4～47只/hm²),夏季为32.82±1.22只/hm²(变动范围为11～57只/hm²),冬季为27.44±1.24只/hm²(变动范围为4～45只/hm²)。在川西北草原,高原鼢鼠春季的种群数量也显著低于秋季。

年间动态 高原鼢鼠的种群数量在年间会有很大起伏。在甘肃省甘南藏族自治州碌曲县的高寒草甸地区,高原鼢鼠的种群数量在2008—2011年依次经历了大幅下降、大幅增长和缓慢增长的变化过程。其中2009年种群数量比2008年下降了30.75%,2010年比2009年增长了54.08%,2011年仅比2010年增长了4.99%。在其他地区高原鼢鼠的种群数量也具有明显的年际波动。

扩散规律 在自然种群未受到人为干扰时,引起高原鼢鼠扩散的主要原因是种群密度,当种群密度超过平衡密度后,新生个体的增加使种内个体的攻击性加强,对食物资源的竞争加剧,在种群中处于劣势地位的个体被迫扩散出去,使原有的种群保持相对稳定。种群扩散时首先扩散至最适宜生境,然后扩散至次适宜生境,因此在自然种群内,扩散出去的个体与未扩散的个体相比所占居栖息地质量较差,此时幼体的扩散将会多于成体,雄性成体的扩散多于雌性。人为捕杀高原鼢鼠后,给扩散鼠提供了一个优于居留鼠的栖息环境,此时扩散的成体多于幼体。

危害 高原鼢鼠对草地和农田的破坏极大,它啃食树根、草根、麦秆、青稞秆、土豆、花生,还常将植物地上部分的茎叶拖入洞道内取食或做巢内铺草,破坏了植物根系,干扰了牧草正常生长;其堆土造丘覆盖草地,导致部分优质牧草衰竭死亡,改变植被群落,对草地造成严重破坏,形成大量裸露的"黑土滩"(图3)。

人类活动和生态环境变化对高原鼢鼠种群和危害有很大的影响。过度放牧打破了植物群落原有的稳定性,地上植物部分被过度地啃食,改变了植物的光合效率,增加了植物对地下营养物质的竞争。啃食作用加剧植物生长发育朝有利于无性繁殖方向发展,依靠种子繁殖的多年生植物在竞争中逐渐衰退、消失,一些适口性差、耐牧性强的杂类草得到充分的发育,其频度和密度也显著增大,此类植物多数为高原鼢鼠喜食植物。因此,就食物条件而言,过度放牧改变了植物群落组成,增加了高原鼢鼠对食物可利用性,必然引起种群数量的上升。高原鼢鼠种群数量增加,除加剧啃食植物根系外,大量形成覆盖于地表的土丘又加速了禾本科植物的死亡,造成大片的裸露区。一些双子叶植物(如鹅绒委陵菜)具有较强的无性和有性繁殖能力,种子在疏松的土壤中萌发率高,且能通过无性繁殖在鼢鼠形成的裸露地上大量蔓延。其地下根、茎营养价值高,是高原鼢鼠的主要食物,这种相互利用,构成了双方的互惠

图3 高原鼢鼠危害状(魏万红提供)

关系。

防治技术 高原鼢鼠是猛禽和捕食类天敌的重要食物来源，是高寒草甸、草原生态系统中重要的一员，只有当其种群数量显著增高时，才会对农业和畜牧业造成危害。因此，基本防治对策是"加强数量监控、预防为主、综合防治"。注意合理、正确使用杀鼠剂，保护和利用现有的天敌资源，以达到较好的经济效益、社会效益和生态效益。

化学防治 D型肉毒灭鼠剂，用青稞做饵料，采取浸泡法，药液稀释兑水应适量，毒饵浓度0.15%~0.2%。毒饵要投入到高原鼢鼠的洞道内才能使其采食到。高原鼢鼠的洞道可以根据新鲜土丘与新鲜土丘之间的连线来判断，在此连线的土堆附近，用尖头木棒进行探查，探棒深入土层5~10cm后，阻力若突然减少即为洞道，可投放毒饵。

物理防治 人工弓箭捕捉法是一种简便易行的捕杀高原鼢鼠的方法，从20世纪80年代开始采用，其原理是利用高原鼢鼠的封洞习性，设置触发机关捕杀。具体放置方法：探找并掘开新鲜洞道，将靠近洞口处的顶部土层削薄，插入粗铁丝或竹签制成的利箭，设置触发机关，待鼢鼠封堵暴露洞口时，触动触发机关，被利箭射中身体而捕杀。

综合防治 在实施药物防治的基础上，把灭鼠项目与退牧还草、围栏封育等项目结合起来，做到"改治并举，综合治理"。具体操作步骤为化学灭鼠，补播牧草，围栏封育，控制放牧，化学灭杂及残鼠控制。这样可以减少鼠害数量和危害区域，持续控制鼠害的发生。

经济价值 中国科学院西北高原生物研究所的科研人员从20世纪80年代开始，经长达5年的研究证实高原鼢鼠的骨骼具有较高的药用价值。大鼠试验证明，高原鼢鼠骨骼的药效成分对大鼠蛋清性关节炎有明显的预防作用，对大鼠甲醛性关节炎有明显的治疗作用。同时还具有明显的镇痛、促进骨折愈合和增强机体抗疲劳的作用。高原鼢鼠又称为塞隆，除去大脑的干燥全骨称为塞隆骨，已被卫生部批准为中国第一个国家级的一类野生动物新药材，具有散寒止痛、舒筋活络、强筋健骨及增强机体抵抗力等功效，目前已被开发成塞隆风湿酒、浸膏等多种产品。

参考文献

樊乃昌，谷守勤，1981. 中华鼢鼠(*Myospalax fontanieri*)的洞道结构[J]. 兽类学报, 1(1): 67-72.

樊乃昌，景增春，周文扬，1990. 高原鼢鼠的侵占行为及防治的新途径[J]. 兽类学报, 10(2): 114-120.

樊乃昌，施银柱，1982. 中国鼢鼠(*Eospalax*)亚属分类研究[J]. 兽类学报, 2(2): 183-199.

李越峰，徐富菊，曹瑞，等，2016. 高原鼢鼠的药用价值研究进展[J]. 中华中医药杂志, 31(8): 3191-3194.

刘丽，花立民，杨思维，等，2015. 基于主成分分析法的高原鼢鼠栖息地要素选择研究[J]. 草原与草坪, 35(4): 27-31, 36.

王权业，张堰铭，魏万红，等，2000. 高原鼢鼠食性的研究[J]. 兽类学报, 20(3): 193-199.

汪志刚，刘荣堂，陈艳宇，等，1995. 高原鼢鼠繁殖指数探讨[J]. 草业学报, 4(1): 61-68.

魏万红，王权业，周文扬，等，1997. 灭鼠干扰后高原鼢鼠的种群动态与扩散[J]. 兽类学报, 17(1): 53-61.

张道川，周文扬，张堰铭，1993. 人工饲养高原鼢鼠生长和发育的观察[J]. 兽类学报, 13(4): 304-306.

张堰铭，1999. 捕杀对高原鼢鼠种群年龄结构及繁殖的影响[J]. 兽类学报, 19(3): 204-211.

张堰铭，1999. 高原鼢鼠对高寒草甸群落特征及演替的影响[J]. 动物学研究, 20(6): 435-440.

张堰铭，樊乃昌，王权业，等，1998. 鼠害治理条件下鼠类群落变动的生态过程[J]. 兽类学报, 18(2): 137-143.

郑生武，周立，1984. 高原鼢鼠种群年龄的研究 I. 高原鼢鼠种群年龄鉴定的主成分分析[J]. 兽类学报, 4(4): 311-318.

周建伟，花立民，左松涛，等，2013. 高原鼢鼠栖息地的选择[J]. 草业科学, 30(4): 647-653.

周文扬，窦丰满，1990. 高原鼢鼠活动与巢区的初步研究[J]. 兽类学报, 10(1): 31-39.

（撰稿：殷宝法；审稿：魏万红）

高原鼠兔　*Ochotona curzoniae* Hodgson

一种典型的非冬眠植食性小哺乳动物，为青藏高原关键物种。又名黑唇鼠兔、鸣声兔等。英文名plateau pika。兔形目（Lagomorpha）鼠兔科（Ochotonidae）鼠兔属（*Ochotona*）。

中国分布于青海、西藏、甘肃南部、四川西北部、新疆南部等地，是青藏高原的特有种。国外分布于尼泊尔和印度北部。曾经被认为是达乌尔鼠兔的一个亚种。一般认为是单型种，没有亚种的分化。

形态

外形 为鼠兔属动物中体型中等的种类，外形酷似达乌尔鼠兔，平均体长约170mm。耳小而短圆；耳壳具明显的白色边缘。后肢略长于前肢，前后足的指（趾）垫常隐于毛内，爪较发达。无尾。

毛色 一般夏毛色深，毛短而贴身；冬毛色淡，毛长而蓬松。夏毛体上面呈暗沙黄褐色或棕黄色。上下唇及鼻部黑褐色。耳壳背面浅黑褐色，耳缘具白边；耳壳后面与颈背间有淡黄色或浅黄白色披肩。额部至臀部毛基均暗灰色或深黑褐色。体下面毛色呈浅黄白色或近白色。

头骨 门齿孔与腭孔融合为一孔，犁骨悬露。额骨上无卵圆形小孔。整个颅形与达乌尔鼠兔相近，但是眶间部较窄而且明显向上拱突，从头开侧面观呈弧形，脑颅部前1/3较隆起而其后部平坦。颧弓粗壮，人字嵴发达，听泡小。上、下颌每侧各具6颗颊齿。

主要鉴别特征 野外鉴别特征：栖息于草甸、草原，体型中等，上下唇缘黑褐色，耳小。

头体长140~192mm；后足长28~37mm；耳长18~26mm；颅全长39~44mm；体重130~195g。夏季，背毛沙棕色或深沙褐色；腹毛沙黄或浅灰白色；耳背铁锈色，耳缘白色。冬季，背毛色淡，沙黄或米黄色，比夏毛柔软和长。鼻端浅黑色，并延伸到唇周。足底多毛，前后足都有黑色长爪。头骨中等大小，为显著的拱形，额骨明显隆凸；眶间区适度狭窄。门齿孔和腭孔汇合成一孔；听泡小。$2n=46$。

生活习性

栖息地 广泛栖息于海拔 3000～5200m 的高山、草原草甸、草甸草原、高寒草甸及高寒荒漠草原带。在山间盆地、湖边滩地、山麓缓坡、山前冲积的洪积扇及碎屑砾石山坡营群居生活。

偏爱平坦而视野开阔的地势，同时因为高原鼠兔对阳坡植物特殊偏好的缘故，高原鼠兔对坡向的选择更倾向于南向或偏南向。从水源选择取向来分析，水量较大、永久性的河流是高原鼠兔较为偏好的水源类型，其次为溪流和湖泊，而对于水域面积较小且季节性变化较大的池塘类水源则选择较少。栖息地与水源的距离大都在 500m 以内，尤以 50～300m 最为集中。轻壤土质为理想土壤，土壤含水率为高原鼠兔选择最重要的因素。高原鼠兔不同朝向的洞口数存在显著差异，但洞口直径与洞口朝向无显著相关性。

洞穴 洞型有栖居洞、临时洞、通道洞、厕所洞和盲洞 5 种。栖居洞通常一对亲鼠兔与仔鼠兔同居，有窝 1 个或多个。临时洞洞口 2～5 个，无窝。通道洞通常 2 个洞口。厕所洞有的在栖居洞内的盲端，也有单独的。盲洞仅 1 个洞口和 1 条很短的洞道。据挖洞资料统计：23 个栖居洞，洞道平均 4.35（1～11）条，洞长 5.64（1.5～12.1）m，窝 1.17（1～3）个，距地面 37.32（25～50）cm，洞口 1.44（1～4）个，洞口直径 8.69（7～11）cm，厕所 0.48（0～2）个，未发现贮食洞；14 个临时洞，洞道平均 2.43（1～5）条，洞长 4.32（2～10.8）m，距地面 24.5（20～37）cm，洞口 1.39（1～3）个，洞口直径 7.1（6～10）cm；11 个厕所洞，洞内厕所平均 1.27（1～2）个，洞长 5.15（2.5～9.0）m，距地面 23.8（18～30）cm，洞口 1.09（1～2）个，洞口直径 8.27（7～12）cm。各型洞多在洞道交叉处形成小室。

食物 以双子叶植物为主，喜食植物鲜嫩多汁的绿色部分，对植物器官的喜食程度不同，从高到低依次为叶、茎、花及根、芽，但对种子和含水量低或纤维含量高的植物则很少采食，甚至不食。其食性随季节和环境的变化发生改变，除垂穗披碱草和黄花棘豆各月均有选食以外，其他月份很不一致。高原鼠兔对食物有所选择，并不以食物丰富度为转移。高原鼠兔喜食垂穗披碱草、棘豆、早熟禾等植物，而对蒿草属植物不太喜食。

在青海省果洛地区，植物生长季节，在矮嵩草草甸，高原鼠兔主要取食垂穗披碱草、早熟禾、蓝花棘豆和甘肃棘豆；在垂穗披碱草草甸，主要选择垂穗披碱草、甘肃棘豆、蓝花棘豆、矮嵩草和二柱头蔍草；在杂类草草甸，喜食植物种类为垂穗披碱草、蓝花棘豆、甘肃棘豆、早熟禾、弱小火绒草、长茎藁本、兰石草和红花岩生忍冬。在整个植物生长季节，高原鼠兔在 3 种栖息地共取食 27 种植物，其中垂穗披碱草、甘肃棘豆和蓝花棘豆在不同栖息地中选择指数较高，为高原鼠兔优先选择的食物；在不同栖息地，高原鼠兔取食植物有差别，垂穗披碱草草甸为 16 种、矮嵩草草甸为 22 种、杂类草草甸为 24 种；喜食食物比例也存在着明显差别，在垂穗披碱草草甸，垂穗披碱草比例高达 40.5%，在矮嵩草草甸，甘肃棘豆比例也达到 23.7%，而在杂类草草甸，选食比例最高的兰石草仅为 14.6%，说明在该草甸高原鼠兔食物选择呈现泛化趋势。

在冬季主要选食弱小火绒草和铺散亚菊，甘肃棘豆、垂穗披碱草和长茎藁本也是冬季食物主要组成部分。在冬季食物资源较为匮乏的情况下，高原鼠兔选食的主要植物种类相对较多，且不同植物比例变化明显，说明高原鼠兔对食物具有一定的选择性。在矮嵩草草甸中，其食物组成依次为铺散亚菊（16.2%）>弱小火绒草（11.5%）>甘肃棘豆（11.3%）>大籽蒿（9.7%）>早熟禾（7.6%）>长茎藁本（7.5%）>垂穗披碱草（5.5%）等 7 种，占其食物的 69.3%；在垂穗披碱草草甸，其主要食物组成依次为垂穗披碱草（15.8%）>甘肃棘豆（14.7%）>弱小火绒草（14.5%）>铺散亚菊（14.2%）>早熟禾（7.8%）>长茎藁本（6.9%）>锥果葶苈（6.2%）等 7 种，占其食物的 80.1%；在杂类草草甸中，其主要食物组成依次为铺散亚菊（20.8%）>长茎藁本（20.6%）>大籽蒿（9.9%）>弱小火绒草（9.8%）>锥果葶苈（6.5%）>圆齿狗娃花（5.5%）等 6 种，占选食食物的 73.1%。

在青海省果洛地区，高原鼠兔从 6 月下旬开始刈割植物至 9 月下旬结束，对刈割植物的种类没有明显的不同，几乎对所有直立植株进行刈割，同时也刈割其他低矮型的植物，其高度范围在 0～40cm。对不同的植物其有不同的刈割策略，鼠兔对几种植物的刈割方式：对铁棒锤、青海刺参等植株较粗壮或带刺的植物，它们只将其咬倒，8～9 月发现高原鼠兔只对铁棒锤一定高度内（0～25.33±1.82cm）的叶片进行刈割，而同期测量的高原鼠兔的体长为 21.59±0.70cm，说明鼠兔对这些植物的刈割与其体长有一定的关系。对禾本科和其他直立株的双子叶植物，鼠兔直接从最底部将整株植物咬断运走；对有些匍匐类和低矮型的双子叶植物如短穗兔耳草、鹅绒委陵菜、弱小火绒草等也进行大量的刈割。在果洛地区可观察到高原鼠兔贮藏干草堆。它们建立的时间稍晚于其刈割的时间。其贮草大致过程如下：出洞→奔跑搜寻→咬断植物→运草→中途休息→堆集植物，之后进行下一次的收集。高原鼠兔对收集植物贮存时不同于其他植食性哺乳动物的行为。它们将大多数植物置于具有宽大叶片或丛状生长的植物上，研究区域中鼠兔主要将所收集的植物放置于独一味和甘肃棘豆丛上，在统计的 87 个干草堆中，其中有 31 个草堆放置于独一味上，17 个放置于棘豆丛上，其余直接放于地面。放于独一味上的植物有少部分的腐烂，棘豆丛上没有腐烂的植物，而直接放置于地面的干草堆腐烂程度较前两者高。

活动规律 高原鼠兔是昼行性动物，在夜晚有少量活动。在青海省海北藏族自治州门源县中国科学院海北高寒草甸生态系统定位站附近，高原鼠兔在不同的季节有不同的活动高峰，1 月，高原鼠兔仅有一个活动高峰，在 14:00；4 月鼠兔的活动高峰变成 2 个，分别在 11:00 和 17:00。10 月两个高峰向两端移动，出现在 9:00 和 18:00；7 月活动高峰的时间与 10 月相同，但后一个高峰较 10 月明显。用活动量作为刻画动物兴奋水平的指标。1 月活动量最低，7 月最高，4 月和 10 月居中。活动量的高低与气温有关，活动高峰出现在一天中最适合动物活动的气温到来的时刻。高原鼠兔昼夜活动节律的特点是昼夜交界处有突出的活动梯度差，由此将昼夜活动明显地分为两个部分。

高原鼠兔白天活动时间的跨度受季节性日照长度的控制，活动期与光照期呈正相关可以认为鼠兔活动节律季节性变化的原因之一是受光周期控制。成年鼠兔活动节律两性差异显著，季节性的差异尤甚。4月雌体比雄体每日活动量高84.05%，10月高132.87%。活动高峰，雌性4月有2个，雄性1个。1月两性活动量均低，雌性比雄性高13.95%。相反，7月雄鼠比雌鼠高68.74%。

生长发育 高原鼠兔的生长对策为快速生长。人工饲养条件下高原鼠兔的体重增长曲线呈"S"形，体重生长曲线在30日龄时出现转折。从出生到30日龄，体重呈直线上升，为快速生长期。此后，生长速度明显减缓，为缓慢生长期。因此，可以将人工饲养条件下高原鼠兔的体重变化分两个时期描述。快速生长期：出生至30日龄初生鼠兔体重8.9~14.0g，平均为11.2g。30日龄时，体重平均达108.3g，约为成体体重的2/3。在快速生长期内，鼠兔体重呈线性增长。但在10日龄时，幼鼠兔开始摄取混合食物（母乳和饲料），营养得到补充，体重增长速度较前有所增加。缓慢生长期：30~105日龄鼠兔体重在此期内的增长速度也有不同。30~65日龄的生长速度比65日龄以后快。此时的体重生长呈对数增长，65日龄后，体重的增长速度与最大体重和特定日龄体重之差成比例。也就是说，越接近最大体重，体重增长速度越慢。初生鼠兔的平均体长为57.6±4.5mm。0~30日龄时体长呈直线增长，而后逐渐减缓，到80日龄后，体长基本停止生长。高原鼠兔的最大体长不超190mm。初生鼠兔耳长平均为5.0±0.9mm，后足长11.9±0.6mm。从出生到30日龄，是耳和后足的快速生长期。7~8日龄时，耳长增加1倍；12日龄时，后足长增加1倍。40~55日龄和55~65日龄时，耳和后足分别达到最长。

繁殖 高原鼠兔的性比在整个生殖季节中基本保持稳定，不受越冬等外界因子的影响，也不具年间变化。而高原鼠兔幼体各胎次的性比在不同年龄阶段存在显著差异。

青海省果洛藏族自治州高原鼠兔的繁殖期为4~6月，繁殖期睾丸、卵巢重量显著增加；成体每年繁殖2胎，5月和6月为繁殖高峰期，平均胎仔数是3.3±0.1只，其中3只和4只比例之和占71.2%~83.4%。高原鼠兔繁殖呈明显的时空变异，不同地区和年份间温度和降水的差异改变植物物候期，影响高原鼠兔的繁殖期长度和胎次。果洛地区高原鼠兔繁殖启动时间为4月18~27日，结束时间为6月19日至7月17日，繁殖期长度为53~83天。2~4月春季温度与幼体性比呈显著正相关关系，繁殖期长度与5、6月月平均温度呈显著的二项型相关。4~6月雄性高原鼠兔睾丸膨大，重量增加，8月底睾丸萎缩，平均重量<0.1g。高原鼠兔雌性成体子宫重量呈显著的季节性变化。不同时期高原鼠兔平均子宫和卵巢重量呈显著性差异，4~6月子宫平均重量显著大于7月和8月，4~6月卵巢平均重量显著高于7月和8月。4~6月，高原鼠兔平均胎仔数呈双峰型，胎仔数高峰期出现在5月上旬和6月中旬。2007年平均胎仔数为3.3±0.1只（n=52），2008年平均胎仔数为3.2±0.1只（n=66）。2007年5月上旬和6月中旬胎仔数分别为4只（n=3）和3.75只（n=12），2008年5月上旬和6月中旬胎仔数分别为3.39只（n=18）和3.33只（n=3）。最早怀孕的雌性出现在4月下旬，最晚怀孕的雌性出现在7月上旬（2007）和7月中旬（2008年）。

在四川省甘孜藏族自治州高原鼠兔繁殖期为4月下旬至7月中旬，约90天；雄雌比为1:1.131，为44.13±7.12，繁殖期中平均繁殖指数为1.135；雌鼠年平均繁殖2.14胎，胎仔数为1~6只/胎，平均为2.193只/胎。在海拔3900m以上地区，高原鼠兔成体雌鼠的繁殖期为4~7月。妊娠高峰期为4月和5月；产仔高峰在5月和6月。雄鼠睾丸大小和重量也与季节繁殖相关。3月雄鼠睾丸变大、变重，平均重量达1.15g/个，4~5月平均为1.183g/个。非繁殖季节中成体雄鼠睾丸平均重为65.124mg/个。

高原鼠兔的繁殖呈明显的地理变异。在海拔3200m的黑马河地区高原鼠兔的繁殖期长度年间变异明显：1986年为4月上旬至7月上旬，1987年为5月下旬至8月上旬，1988年为4月中旬至7月下旬，繁殖胎次为3~5胎。海拔3220m的海北地区高原鼠兔繁殖期为4月上旬至8月上旬，每年繁殖2~4胎。尽管四川甘孜海拔比青海贵南高700m，但由于前者纬度较低，两个地区高原鼠兔每年均繁殖2~3胎。西藏那曲地区海拔比青海果洛地区高700m，两个地区高原鼠兔繁殖期均为3个月，每年繁殖1~2胎。海拔和纬度不能单独解释高原鼠兔繁殖胎次的差异；进一步比较不同研究地区繁殖期长度和植物物候期可以发现，植物物候期可能是影响高原鼠兔繁殖胎次差异的主要原因。高原鼠兔根据植物物候期的差异调整繁殖启动时间、繁殖期长度以及胎次，以应对青藏高原复杂的地理环境和多变的气候特征。

在青海省果洛藏族自治州玛沁县大武镇高原鼠兔繁殖启动时间无明显的年间差异，繁殖结束时间和繁殖期长度年间差异显著，最短为53天，最长为83天。高原鼠兔的繁殖期长度亦存在显著的地理变异。在海拔3200m、同纬度的海北或黑马河地区，繁殖期长度为150~180天，而在3500m、同纬度的贵南地区或海拔4200m、低纬度的四川甘孜地区，高原鼠兔繁殖期为120~140天；在海拔5000m、低纬度的西藏那曲地区，高原鼠兔的繁殖期长度为50~80天。高原鼠兔的季节性繁殖，繁殖启动时间和繁殖期长度存在明显的地理变异。温度可能通过改变植物物候期影响高原鼠兔的繁殖，幼体性比与春季（2~4月）温度呈显著正相关关系，繁殖期长度与5、6月月平均温度呈负二项型相关。

2月至4月上旬为高原鼠兔季节性繁殖的恢复期，睾丸、附睾、输精管和精囊腺的重量增加，血浆睾酮水平升高；但松果腺重量和褪黑素（Melatonin, MT）含量降低。4月中旬至5月下旬为性活跃期，性腺器官显著增重，睾酮水平升至最高；而松果腺重量和MT含量呈现最低水平。6~8月，鼠兔的性腺功能明显减弱；而松果腺重量和MT含量开始升高，此时为抑制期。9月至翌年1月为性休止期，性腺器官的重量及血浆睾酮水平维持在最低水平；而松果腺重量和MT含量在较高的水平波动。结果表明，高原鼠兔的繁殖呈现明显的季节性。其松果腺活动的年周期反映了自然光周期的变化，并与鼠兔的季节性繁殖密切相关。

家庭结构和巢区、核域面积 繁殖早期，家群由越冬成体和第一胎幼体构成；繁殖后期，家群主要由第一胎幼体构成。高原鼠兔家群年龄结构依季节而存在显著的差异。5月，成体和雌性第一胎幼体个体数显著的大于其他月份，5月、6月雄性第一胎幼体个体数显著大于7月、8月，6月第二胎幼体个体数显著大于7月、8月，7月雄性第二胎幼体个体数显著大于8月。7月、8月，第一胎幼体个体数显著大于第二胎幼体。高原鼠兔家群内5月成体性比显著高于7月、8月。高原鼠兔在冬季漫长、食物匮乏以及繁殖季节极短等条件下，调整家群结构，提高繁殖成功率，使其种群在严酷的高寒环境中得以延续。

高原鼠兔巢区、核域面积存在显著的季节性差异。5、6月，成体巢区面积显著大于幼体，但两者核域面积却无显著差异；7月，成体与第一胎幼体巢区及核域面积均显著大于第二胎。5、6月雄性成体巢区显著大于7、8月，6、7月雌性成体巢区显著大于5、8月。巢区及核域面积均与家群个体数呈极显著性正相关关系，说明季节和家群结构均可对高原鼠兔空间领域产生重要作用。

行为 冬季，高原鼠兔的日活动为9小时，4月为11～12小时，夏季地面实际活动时间较短。夏季日活动明显地具有两个峰期；进出洞频次，1月，日进出洞20～30次，4月，雄体日进出洞97～161次；地面活动以取食为主，取食时间在草盛期远短于枯黄期；取食行为次数占全部洞外活动记录次数的44.5%。8月，日实际取食时间为200～240分钟。对行为格局的分析表明，幼体花费在坐、移动、自我修饰等非社会行为方面的时间明显多于成体。

高原鼠兔地面移动频率和每次移动距离依繁殖时期、年龄及性别而存在极显著的差异。繁殖早期，成年雄体地面活动频率大于成年雌体。繁殖后期，第一胎雄性幼体大于同年龄的雌体。繁殖早期，成年雌体地面活动频率高于繁殖后期，而幼体与成体之间无显著的差异。繁殖初期雄体每次移动距离大于雌体，其他时期雌、雄体之间则无明显的差别。雄体每次移动距离逐月降低。雌体每次移动距离无显著的季节性差异。

在繁殖盛期和繁殖中期，低密度种群内雌性高原鼠兔的观望时间均显著高于高密度种群内，而在其他两个时期内无明显不同；雄性高原鼠兔的观望时间在不同密度间比较均无显著差异；同一密度条件下，雄性高原鼠兔的观望行为持续时间和发生频次均表现显著的季节性变化，而雌性高原鼠兔无明显差异。高原鼠兔的地面活动时间在不同种群密度间比较无显著差异。低密度种群内，雄性高原鼠兔的地面移动距离和频次均呈显著的季节性差异，而雌性高原鼠兔的差异不显著；高密度种群内，雌、雄个体的地面移动距离和频次都具有显著的季节性差异。在高原鼠兔的社会行为中，亲昵行为和攻击行为强度在不同种群密度间比较均无显著差异；在同一密度条件下，亲昵行为和攻击行为强度也没有表现出明显的季节性变化。

高原鼠兔繁殖期雌雄动物的攻击水平基本相同，同性个体间的攻击性明显高于异性个体间。雌雄动物具有不同的攻击模式，雌性个体遇到陌生个体首先以进攻和追逐为主，然后通过相互接触确定个体的性别，若为同性个体，则以防御为主，若为异性个体，则有防御和亲靠两种选择；雄性动物遇到陌生个体同样首先以攻击为主，相互接触后，若为异性个体，表现出高的亲靠行为，若为同性个体，仍然以攻击为主。其攻击行为方式中的进攻、追逐和进攻姿态一直维持在高的水平。这表明高原鼠兔在配偶选择中雌雄个体均具有主动性，攻击行为是自然种群内存在多种婚配制度的主要原因之一。雌雄攻击模式的不同使种群内一夫多妻制占有较多的比例，而一妻多夫制所占比例相对较低。

5月下旬至6月上旬，高原鼠兔种群中鹰对策者比例为80.0%（雄性）和75.0%（雌性）；7月上旬至8月中旬为55.0%（雄性）和42.9%（雌性）；种群中鹰对策者所占比例随繁殖期的逐步结束而下降。雄性高原鼠兔之间的攻击行为频次和持续时间分别随时间呈 $y = 1.90168 - 0.01533x$ 和 $y = 3.28353 - 0.02596x$ 下降，但不同时期之间的攻击行为频次和持续时间差异不显著；雌性高原鼠兔之间的攻击行为频次和持续时间无显著直线下降且各时期之间其差异亦不显著。雌性高原鼠兔攻击行为频次和持续时间与熟悉程度呈显著负相关；而雄性之间的攻击行为频次和持续时间与熟悉程度无显著相关性。体重对攻击行为强度、殴斗的胜负、进攻的发起等的影响都不显著。参与繁殖的雄性成体中一龄占81.48%，二龄占16.67%，三龄占1.85%，二龄个体在与一龄个体的殴斗中获胜次数显著高于失败次数。

种群数量动态

季节动态 高原鼠兔种群动态和变化率具有明显的季节性。6月种群密度达到最大，7、8月种群密度迅速下降。5、6月种群变化率与密度、月平均温度呈显著的负相关关系，表明繁殖期种群动态同时受到密度和温度的制约；7月至翌年4月种群变化率与密度、月平均温度和降水均无显著相关性，表明非繁殖季节种群动态不受密度和气候制约。5、6月36%～100%的成体高原鼠兔处于繁殖活跃状态，每雌补充量为2.5～3.6只。繁殖活跃雄性和雌性比例与密度呈负相关关系，而每雌补充量与密度无显著相关性，表明高原鼠兔通过改变繁殖状况而非每雌补充量调节种群密度。果洛地区5月出生的个体为第一胎，6月出生的个体为第二胎。第一胎幼体存活率呈显著的季节性差异：5月＞6、7月＞8月，第二胎幼体存活率无明显的季节差异。除3月龄雄性幼体外，相同月龄第一胎幼体存活率显著大于第二胎。5、6月第一胎幼体存活率与密度和月平均温度呈显著或接近显著的负相关关系，6月第二胎幼体存活率与密度呈显著的负相关关系，表明繁殖期第一胎幼体存活率同时受密度和温度制约，第二胎幼体存活率仅受密度制约。7、8月幼体存活率与密度、温度、降水均无显著相关性，表明非繁殖期幼体存活率不受密度和气候的制约。

年间动态 繁殖季节高原鼠兔种群密度变化显著，但年间种群密度较稳定。高原鼠兔死亡率存在3个高峰期：第一次为幼体出生早期，且第二胎死亡率显著高于第一胎；第二次为成体繁殖高峰期；第三次为衰老期，在此期间死亡率迅速增加。高原鼠兔冷季死亡率显著低于暖季。

种群密度调查方法比较 每天8：30～9：00，到达样地后即刻采用样带法在样地边缘区调查高原鼠兔数量。样带长度为100m，宽度为20m，缓速步行并记录样带内所有观察到的目标个体，共计10条样带。样地内植被平均高度＜

5cm，因此能保证所有地面活动个体均被观察到。雨天或大风天气不记录。天气晴朗、鼠兔活动高峰期采用样带法调查鼠兔密度约为标志重捕法估计密度的0.45倍，因此样带法适于在大尺度范围内、快速地调查高原鼠兔种群的相对密度。

危害 高原鼠兔的主要食物是植物的茎叶等，其不冬眠的生活习性，使其在草地中全年消耗植物，因此对草地的初级生产力造成较大影响。当鼠兔的密度达到7380只/km²时，在牧草生长季可消耗牧草70.11万kg，相当于480头藏系绵羊一年的食量，可见鼠兔对草地的危害是相当严重的。

高原鼠兔分布类型多样，以岛状为主，具群居性和迁移性，种群密度很容易急剧上升，形成鼠害。低密度区每公顷洞口、有效洞口、鼠兔数量分别为80个、36个、16只，高密度区分别为3040个、1351个、608只。洞口系数平均为0.120，有效洞口系数平均为0.145。围栏草地和改良草地牧草高，盖度大，鼠兔少，危害轻。牧草又高又密使鼠兔视野障碍，道路阻塞，活动受到抑制。好的草地是鼠兔的不良生境。退化草地尤其是裸地和植被镶嵌的草地，牧草高度低，盖度小，鼠兔多，危害重。鼠兔既有平坦无阻的活动空间，又有丰富的食物，有利于活动。差的草地是鼠兔的最佳生活环境。鼠兔危害草地，其数量成群，洞口密布，跑道纵横。牧草被过度啃食，地表被频繁翻起，使原来退化的草地再退化，甚至有的地段变成寸草不生的不毛之地。这给草地畜牧业和经济生态系统造成严重的影响。其一，同家畜争食。鼠兔取食牧草的根、茎、叶、花、种子，消耗大量饲草，加剧本来严重的草畜矛盾。一个鼠兔日耗牧草（鲜草为38～77g，在夏秋各月受牧草含水量影响差异很大）风干重为21g，一年耗草717kg，119只鼠兔的耗草量相当于一只绵羊的耗草量。1997年甘肃省仅鼠兔危害成灾面积的3012hm²草地，其损失牧草可养18万只绵羊，鼠与畜争草，使畜牧业增长势头减弱。其二，破坏草地生态平衡。鼠兔洞道绵长，洞系复杂，地下通道十分发达，切断了牧草根系与土壤的联系，水肥供应受阻。挖洞堆土，掩埋植被，使牧草不能吸收太阳能进行光合作用。破坏牧草生草层，扩大秃斑丘面积；牧草死亡，土壤裸露，水土流失加剧，草地退化沙化加快。鼠兔常居洞平均洞长42m，最长可达上百米，洞中有便所、仓库、窝巢膨大于洞道，体积可达8190～25760cm³。高密度区鼠道塌陷连片，草地凹凸不平，优良牧草啃食殆尽，毒杂草上升，草地失去经济利用价值。其三，影响农牧民生产生活。鼠多耗草多，草地产草量下降，逼迫少养畜少收入，使农牧民惊慌，威胁正常生产和生活水平提高。进入居住区，磨牙结果使东西咬坏，并传播疾病，威胁农牧民健康。其四，比其他鼠类危害更严重。高原鼠兔食性广泛，优良牧草都能采食，喜食禾本科和莎草科牧草；随着鼠密度上升，食谱范围扩大，更为惊奇的是它能取食黄花棘豆等有害草而无异常反应，危害超过其他鼠种（图1～图3）。

防治技术

生物防治 设立人工鹰架、鹰墩可吸引猛禽来栖息捕食高原鼠兔，对高原鼠兔的数量控制有一定的效果。

艾美尔球虫感染高原鼠兔可能成为未来生物防治的一种新途径。

物理防治 捕鼠夹、鼠笼、夹板、电子捕捉器等器械可小面积有效控制高原鼠兔数量。

化学防治 将400ml D型肉毒杀鼠素用50L冷水稀释，将稀释液倒入400kg燕麦中拌匀，配制成浓度为0.1%D型肉毒杀鼠素毒饵。冬季或春季在高原鼠兔活动洞口处投喂约2g的燕麦。不育控制：炔雌醚0.005%的浓度与燕麦混合均

图1 高原鼠兔对高寒草甸的破坏（张堰铭摄）

图2 高原鼠兔洞口及掘洞形成的新土丘（张堰铭摄）

图3 冬季的高原鼠兔（张堰铭摄）

匀，在距离鼠兔活动洞口 2~5cm 处投放 15~20 粒燕麦。

参考文献

SMITH A T, 2009. 高原鼠兔[M] // SMITH A T, 解焱. 中国兽类野外手册. 长沙: 湖南教育出版社: 192.

SMITH A T, SMITH H J, 王学高, 等, 1986. 草原栖息高原鼠兔的社会行为[J]. 兽类学报, 6(1): 33-43.

方毅才, 史青茂, 1998. 甘肃草地高原鼠兔危害与防治探讨[J]. 甘肃农业(6): 41-42.

蒋志刚, 夏武平, 1985. 高原鼠兔食物资源利用的研究[J]. 兽类学报, 5(4): 251-262.

梁杰荣, 1981. 高原鼠兔的家庭结构[J]. 兽类学报, 1(2): 159-165.

梁俊勋, 1990. 介绍一种新型的实验动物——高原鼠兔[J]. 动物学杂志, 25(4): 46-49.

李子巍, 孙儒泳, 杜继曾, 1998. 高原鼠兔的季节性繁殖(英文)[J]. 兽类学报, 18(1): 42-49.

刘季科, 张云占, 辛光武, 1980. 高原鼠兔数量与危害程度的关系[J]. 动物学报, 26(4): 378-385.

祁晓梅, 2009. 肃南县利用鹰架招鹰灭鼠试验研究[J]. 草原与草坪(6): 36-39.

曲家鹏, 李克欣, 杨敏, 等, 2007. 高原鼠兔家群空间领域的季节性动态格局[J]. 兽类学报, 27(3): 215-220.

曲家鹏, 杨敏, 李文靖, 等, 2008. 高原鼠兔家群结构的季节变异[J]. 兽类学报, 28(2): 144-150.

卫万荣, 2013. 高原鼠兔栖息地、洞系特征及其功能的研究[D]. 兰州: 兰州大学: 1-43.

王金龙, 魏万红, 张堰铭, 等, 2004. 高原鼠兔种群的性比[J]. 兽类学报, 24(2): 177-181.

王学高, 戴克华, 1990. 高原鼠兔的繁殖空间及其护域行为的研究[J]. 兽类学报, 10(3): 203-209.

杨振宇, 江小蕾, 2002. 高原鼠兔对草地植被的危害及防治阈值研究[J]. 草业科学, 19(4): 63-65.

叶润荣, 梁俊勋, 1989. 人工饲养条件下高原鼠兔生长和发育的初步研究[J]. 兽类学报, 9(2): 110-118.

张堰铭, 张知彬, 魏万红, 等, 2005. 高原鼠兔领域行为时间分配格局及其对风险环境适应的探讨[J]. 兽类学报, 25(4): 333-338.

郑昌琳, 1989. 高原鼠兔[M] //中国科学院西北高原生物研究所. 青海经济动物志. 西宁: 青海人民出版社.

宗浩, 夏武平, 1987. 高原鼠兔似昼夜活动节律的研究[J]. 兽类学报, 7(3): 211-223.

（撰稿：张堰铭；审稿：王登）

高原兔 *Lepus oiostolus* Hodgson

主要分布于中国青藏高原的一种大型野兔。在高原草甸生态系统中数量较大，分布广，对草场植被和人工造林有一定危害。又名灰尾兔、野兔子。兔形目（Lagomorpha）兔科（Lepordiae）兔属（*Lepus*）。

中国分布于青藏高原及四川西部，柴达木盆地和昆仑山。国外记载分布于克什米尔地区、印度西北部及东北部。

形态

外形 体重 1700~2950g。体长 400~480mm，尾长 85.0~92.2mm，后足长 110.0~124.2mm，耳长 112.0~129.9mm。是一种大型野兔。

毛色 整个颜色呈灰白色调。毛被密实而柔软，毛尖多弯曲，以致背毛呈波浪状而卷曲。不同于云南兔、海南兔和托氏兔的棕黄色调。尤其体侧下部和腹部，白色色调更显著。臀部有一大块灰色色斑，但不同亚种的灰色有别，有银灰、浅银灰、暗灰、铅灰、青灰或褐灰之不同，灰色变异主要是毛长，不同毛色的长毛部分覆盖臀部灰色的基色所致。耳尖黑色。尾毛浓密，背面有一条棕灰色窄纹，尾腹面白色。眼周有浅白色眼圈。

头骨 颅全长 89.2~94.7mm，腭长 34.3~36.1mm，齿隙 26.9~27.8mm，颧宽 40.1~43.8mm，眶间宽 15.1~17.7mm，后头宽 31.3~34.9mm，听泡长 10.9~11.6mm，上颊齿列长 13.8~15.6mm，腭桥长 6.2~7.0mm，翼内窝宽 8.5~9.6mm，吻长 42.8~44.6mm。

鉴别特征 个体较大。体长平均 400~480mm，体重 1700~2950g。毛长，臀部灰色；头骨冠状突向后倾斜；吻部自上颊齿列向前逐渐变窄，至吻端已变得相当窄，整个吻部细长；眶后突向上翘，其最高处，超过头骨顶部。

生活习性

栖息地 高原兔是喜马拉雅山隆起后，青藏高原及其毗邻地区生活的一种野兔。它生活在海拔 3000~5000m 的高山草甸及其附近的森林中，也可以生活在柴达木盆地的荒漠灌丛中。在青海部分区域在 1700m 以上的亚高山草甸、高山灌丛和丘陵地带亦有分布记录。毛长而厚，毛软而略呈波纹状，每年只换 1 次毛，适宜于在高寒地区生活。高原兔偏爱植被高度更高、植物密度更低、隐蔽级更高、土壤较软的小生境。兔偏好 2 种植物以上，高度在 30cm 以上、盖度大于 30% 且密度小于 80 株 /m^2 的植被，土质较软（6~9kg/cm^2）的小生境。

活动特点 晨昏活动频率最高，夜晚也活动，偏夜行性，但白天偶尔也活动。它常与旱獭及狐同一生境生活，有时白天或遇天敌时逃到旱獭洞或狐洞中暂栖。它的吻部细长，适宜于啃浅草。

繁殖 高原兔每年繁殖 1~2 胎，繁殖盛期为 7~8 月，每胎 4~6 仔。性比上，雌性略多于雄性，为 1.2∶1；幼体的存活率超过 70%。

食性 高原兔为植食性。在高寒草甸，主要以禾本科、莎草科、菊科植物为食。亦取食灌木的嫩叶。有时也取食山杏、榆树、沙枣、沙棘、柠条的皮。

高原兔亚种分类检索

1. 毛色较浅，背毛沙黄、浅棕黄或沙黄褐色 ·················2
   毛色较深暗，背毛茶褐、深沙黄褐色或暗黄褐色 ·········5
2. 毛色沙黄 ··3
   毛色浅棕或沙黄褐 ···4
3. 背毛几乎没有黑色的色泽，背毛中黑色毛尖的针毛极少，沙黄色较为明显；臀部毛色银灰色；尾毛纯白，或尾背面基部处略带灰色 ············指名亚种（*Lepus oiostolus oiostolus*）
   背毛黑色毛尖的针毛较多，黑色的色泽明显；臀部银灰色；

尾背面有一块灰色的毛区，但未形成斑块，其周围毛较长，灰色毛区轮廓不清，其余尾毛白色，但毛基灰色⋯⋯⋯⋯⋯⋯⋯⋯⋯⋯⋯⋯⋯⋯⋯⋯⋯ 柴达木亚种（*Lepus oiostolus przewalskii*）

4. 背毛浅棕黄色，背毛中黑色毛尖的针毛较多，呈明显的黑色波纹；臀部银灰色；尾背面有较宽的褐色或灰色，其余尾毛白色，毛基灰色⋯⋯⋯⋯ 玉树亚种（*Lepus oiostolus kozlovi*）
背毛沙黄褐色，部分毛尖黑褐色；臀部污灰色；尾背面有灰褐色毛区，其余尾毛白色，毛基灰色⋯⋯⋯⋯⋯⋯⋯⋯⋯⋯⋯⋯⋯ 青海亚种（*Lepus oiostolus qinghaiensis*）

5. 背毛茶褐色；臀部毛色青灰；尾背面褐色，其余尾毛污白色，毛基灰色⋯⋯⋯⋯⋯⋯ 康定亚种（*Lepus oiostolus grahami*）
背毛深黄褐色或深沙黄褐色⋯⋯⋯⋯⋯⋯⋯⋯⋯⋯⋯⋯ 6

6. 背毛黄褐色；臀部暗灰色；尾背面灰褐色或褐色，尾底面毛白色，毛基灰色⋯⋯⋯⋯⋯⋯⋯⋯⋯⋯⋯⋯⋯⋯⋯⋯⋯⋯⋯⋯⋯⋯⋯⋯⋯⋯⋯⋯⋯⋯⋯⋯⋯⋯⋯⋯ 川西亚种（*Lepus oiostolus sechuenensis*）
背毛暗沙黄褐色，夹杂黑褐色波纹，部分针毛的毛尖褐色；臀部铅灰色；尾背面有一细而短的灰纹，轮廓不清，其余尾毛白色，毛基淡灰色，个别尾毛纯白直至毛基部⋯⋯⋯⋯⋯⋯⋯⋯⋯⋯⋯⋯⋯ 曲松亚种（*Lepus oiostolus qusongensis*）

危害 高原兔在高寒草原草甸区域没有明显的危害。在农—林交错带，高原兔对造林树种有一定危害。危害的造林树种包括山杏、榆树、沙枣、沙棘、柠条等。危害方式是环剥树干基部的韧皮部。在青海民和县，高原兔主要是冬季危害，整个冬季，1只高原兔可造成218株植株死亡，危害率最高的地块为30%，危害面积0.14万 hm²。在青海乐都，有些地块高原兔造成的造林苗木死亡率达到50%。

防治技术 化学防治主要用第二代抗凝血剂。物理防治有人工捕捉、陷阱等。

参考文献

高金, 王占国, 2004. 林区高原兔发生成因分析及控制[J]. 青海农林科技(3): 20-21.

王国英, 马有国, 2005. 乐都林区高原兔种群数量控制策略探讨[J]. 防护林科技(S1): 120, 139.

王振宇, 李叶, 张翔, 等, 2015. 高原兔夏季卧栖地生境利用关键因子分析[J]. 四川动物, 34(1): 47-52.

（撰稿：刘少英；审稿：王登）

睾酮 testosterone

一种天然雄性激素。又名睾丸素、睾丸酮、睾甾酮。睾酮主要产生于睾丸小叶中曲细精管之间的间质细胞，此外雌性卵巢、肾上腺皮质的网状带也能少量合成。睾酮的主要作用是促进和维持雄鼠的繁殖能力、性行为和第二性征，是雄鼠繁殖力高低的重要指标之一。睾酮还可以促进雄鼠的领域行为、攻击行为，但对育幼行为不利。雄鼠的睾酮水平也受到社会等级、环境变化、发育状态的影响。

（撰稿：王大伟；审稿：刘晓辉）

睾丸 testicle

雄鼠性腺的主要组成部分，属于生殖系统和内分泌系统的一部分。睾丸位于阴囊内，左右各一。睾丸一般为微扁的椭圆形，表面光滑，分为前后两缘和上下两端。睾丸前缘游离，后缘有血管、神经和淋巴管出入，并与附睾相通。上端和后缘与附睾头贴附，下端游离。外侧面较隆凸，内侧面较平坦。睾丸表面有一层坚厚的纤维膜，称为白膜，沿睾丸后缘白膜增厚，凸入睾丸内形成睾丸纵隔。从纵隔发出许多结缔组织小隔，将睾丸实质分成许多睾丸小叶。睾丸小叶内含有盘曲的精曲小管，精曲小管的上皮能产生精子。小管之间的结缔组织内有分泌雄性激素的间质细胞。精曲小管结合成精直小管，进入睾丸纵隔交织成睾丸网。睾丸的主要功能是产生精子及雄性激素，如睾酮。

（撰稿：王大伟；审稿：刘晓辉）

格氏鼠兔 Ochotona gloveri Thomas

中国西部干旱河谷地区的一种常见兔形目中型鼠兔。对植被有一定危害。又名岩兔。英文名glover's pika。兔形目（Lagomorpha）鼠兔科（Ochotonidae）鼠兔属（*Ochotona*）。为中国西部干旱河谷特有种。主要分布于岷江、大渡河、雅砻江、澜沧江中上游，金沙江上游及西藏的部分区域。是干旱、干温和干凉河谷的主要成员。

形态

外形 体型中等，体重140~270g，体长182~210mm。耳宽圆形，耳内覆毛短稀。后足发达。指垫及趾垫黑色而裸露。须多由白色组成，其长几及耳后或者超过。雌兽乳头4枚。

毛色 吻周着纯橘黄色，头额至枕间为棕色，且杂以轻微的黑色调。体背呈浅红棕褐色或灰褐色。耳背及耳内面橘黄色或暗棕色，白色的耳缘不显著。下体灰白色，四足背面白色或灰白色，后肢踝关节处具一橘黄色斑。

头骨 鼻骨发达，老体之鼻骨长多在18mm以上，其中段较宽，后段略细窄。额骨上方有2个小孔，背面较平。顶骨自前至后向下倾斜。眼眶较圆，一般成体之眼眶纵径约与齿隙等长，但小于老体之齿隙长。听泡中等大小。下颌角突短宽，下颌切迹呈圆弧形或近似圆弧形。P_3外侧具2纵沟。本种鼠兔的头骨结构常因年龄不同而异。例如较年轻的成体之鼻骨长一般不超过17mm，而老年成体在18（18.0~19.8）mm以上；腭长的年龄变异与鼻骨的情形相像，个体愈老，腭部愈显狭长，最大腭长达20.0mm。另就额骨上方的卵圆小孔来看，一般多为两孔，偶有三孔者（出现在额骨的后侧方），但第三孔的形状不如前面两孔规则。关于门齿孔与腭孔的离合也有个体变异，有的头骨之上述二孔多数明显分离；有的门齿孔与腭孔虽未合并成一大孔，但二孔间上腭骨的狭缩部仅与锄骨接触，甚至与锄骨相隔离，致使它们在锄骨的上方相通。

主要鉴别特征 门齿孔和颚孔分开，额骨上有 2 个卵圆孔，唇周锈黄色，夏毛耳及身体上部淡橘色。

生活习性

栖息地 主要栖息于干旱河谷灌丛生境内的多石区域。干旱河谷的气候特征是气温年较差小，日较差大，春季气温回升快，秋季下降迅速，≥10℃的积温大，持续时间较长，地温稳定，在冬、夏季均能对地温起调节作用，但在部分地段有极值出现，对作物和林木生长造成不利影响；降水较充沛，干湿季明显，但由于蒸发量大，表现为全年水分亏损，从作物和林木生长而言，雨季的水分亏损更为严重；日照充足，太阳辐射强烈等典型特征。适应干旱河谷气候特点的植物主要有戟叶蓼、多苞蔷薇、沙生槐、锥花小檗、对节刺、劲直黄芪、拟蒺藜黄芪、拟蒺藜黄芪、小画眉草、百草、固沙草、黑穗画眉草、微孔草、华扁穗草、赖草、针茅、二裂委陵菜、高山嵩草、藏布红景天、铺散肋柱花、薄皮木、皱叶醉鱼草、川西千里光、绣线菊、三颗针、拉拉藤、拱枝绣线菊、绢毛蔷薇等。主要分布在海拔 1700～4200m 之间。

食性 植食性，主要以干旱河谷禾本科、莎草科、蔷薇科植物为主，也包括菊科植物。

活动规律 格氏鼠兔以白天活动为主。主要集中在 6:00～8:00 时，17:00～19:00 时。冬季很少外出活动，有储粮习性。每只格氏鼠兔冬季储藏干草 3～5kg。

繁殖 繁殖期集中在 5～7 月之间，平均胎仔数 3 只。

危害 格氏鼠兔一般情况下对农业和林业均没有危害。但在格氏鼠兔的分布区内造林、植被恢复等工作时，格氏鼠兔会对造林树种、种植的草本植物和灌丛等造成危害，危害的方式是咬断幼苗，片状啃食地径较大的植株；对种植的灌木或草本植物进行取食。在四川省茂县干旱河谷的观察发现，川西鼠兔对在其栖息地营造的苹果、李子、槐树、岷江柏、辐射松等均有危害，但枇杷没有危害，种植的三颗针、清香等灌木、禾本科草本均会取食。有时是春季造林时，由于干扰了格氏鼠兔的生境，使它们储藏的食物受损时，危害非常严重，栽植的树苗第二天的危害率就可以达到 60% 左右。

鼠兔为草食性，在没有开展人工造林或植被恢复的格氏鼠兔的适宜生境，格氏鼠兔也会取食境内的植物，但没有发现它们因过度取食造成的植被破坏。格氏鼠兔的食物采集活动可以把不同植物的种子搬运到异地，有利于植被更新。

防治技术 一般情况下，无须对格氏鼠兔进行防治，且不主张对格氏鼠兔开展防治，因为大多数情况下，格氏鼠兔没有造成植被的破坏。但在格氏鼠兔的栖息地开展人工造林或植被恢复时，如果格氏鼠兔种群密度很大，将造成植被恢复失败，可以适当开展防治工作。由于格氏鼠兔是纯植食性物种，防治的饵料需用植物性饵料，如蔬菜或区域内的草本植物，如禾本科、菊科、莎草科植物。主剂仍然建议用抗凝血剂，如溴敌隆、大隆等。

参考文献

冉江洪，刘少英，1999. 四川省人工林鼠害调查初报[J]. 四川动物，18(1): 33-34.

余海清，刘少英，赵文，等，1996. 茂县干旱河谷格氏鼠兔危害的调查与防治[J]. 森林病虫害防治，20: 67-69.

（撰稿：刘少英；审稿：王登）

根田鼠 *Microtus oeconomus* Pallas

为植食性小哺乳动物。英文名 root vole。啮齿目（Rodentia）仓鼠科（Cricetidae）田鼠属（*Microtus*）。田鼠科曾隶属于仓鼠科的田鼠亚科，但在中国分布的根田鼠与芬兰、荷兰、挪威等欧洲国家分布的根田鼠，在形态、生活史特征等诸多方面迥异。推测，中国现有的根田鼠的种名可能有误，需在分类学上进一步明确其分类地位。主要分布于海拔 2000～3800m 的山地、森林、草原草甸、草甸、灌丛和高寒草甸草原等地带，其典型生境为上述景观的潮湿地带，如溪流沿岸、灌丛草原河滩地和沼泽草甸等。

形态

外形 体长 88～125mm。尾较长而细，其长为体长的 1/3 左右，后足较小，通常小于 20mm。耳壳正常，露出被毛外，并被以短毛（见图）。

毛色 身体背面自吻部沿额部、颈背部到臀部毛色一致，呈深棕褐色或灰褐色，毛基均为黑色或黑灰色。耳壳毛色与体背相同。体腹面毛基黑色，毛尖白色或棕白色，故腹面呈灰白或淡棕黄色。尾两色分明，上面黑褐色，下面灰白或淡黄色。前后足背面污白色或淡灰褐色，爪淡褐色，非黑色。

头骨 头骨较坚硬。吻短。眶上肌十分发达，并在眶间中部汇合，成一条隆起较高的矢状嵴。颧弓向外稍扩展，脑颅后部缩狭。腭骨后缘与翼状骨联结，两边翼窝较大。听泡膨胀而大，其长在 7mm 以上。

牙齿第一上臼齿两侧各具 3 个凸角，第二上臼齿的舌侧具 2 个凸角，唇侧有 3 个凸角。第三上臼齿舌侧有 4 个凸角，唇侧有 3 个凸角，第一下臼齿的横叶之前具有 4 个封闭的齿

根田鼠（姜文波提供）

环，而第五个齿环却与前方似新月形的小叶相通。第二、第三下臼齿结构基本田鼠各种相似。

生活习性

栖息地 根田鼠主要在植被层下活动，喜郁闭环境，因此，主要栖息地是以禾本科及灌丛为主的植被茂密的生境。此外，根田鼠的栖息地选择还与土壤含水量及土壤硬度有关，喜在含水量较高和土壤硬度较低的生境栖息。

洞穴 根田鼠洞穴结构较地下鼠简单，洞道深度约1m，洞道有分叉，多出口，一般为3~4个洞口。主要在草层下活动，有跑道。

活动规律 昼行性动物。一般在日出和日落有2个活动高峰期。雨天和风大时，活动减少，或基本不出洞口到地面活动。

巢区 成体雄性和雌性的巢区平均面积分别为$8906.4 \pm 1809.8m^2$和$2399.5 \pm 349.6m^2$，雄性巢区大于雌性巢区。巢区性状为椭圆形。成年雄性的巢区面积和活动距离从5~8月一直保持着较高的水平，成年雌鼠在繁殖时期（5~8月）巢区面积和活动距离与成年雄鼠的相反，5~6月比较接近，7月上升，8月又略为下降，9月又明显上升。幼年根田鼠的巢区面积和活动距离逐月增加，9月达最高。繁殖期巢区面积大于非繁殖期。在繁殖期成体雌性巢区彼此互补重叠，但成年雄鼠的巢区彼此重叠面积很大，随着繁殖强度的减弱，彼此重叠程度也降低。成年雌雄根田鼠的巢区在任何时候也彼此相重叠（孙儒泳等，1982）。

食性 根田鼠主要取食单子叶植物，如垂穗披碱草、薹草等植物，部分取食双子叶植物，如蒲公英、珠芽蓼、高山唐松草等，并随季节变化食物选择也随之变化，如在青藏高原地区，植物萌动期主要取食单子叶植物，而少量取食双子叶植物，在花果期，对单子叶植物的取食逐渐下降，而双子叶植物比例逐渐上升，在冬季，根茎比例有所增加。取食部位主要为植物的茎、叶以及种子及根等部位。对不同植物的选择不仅与植物群落组成的季节性变化有关，而且也取决于植物的能量、纤维素含量和水分含量的变化。

繁殖 在室内适宜饲养条件下，根田鼠可全年繁殖，并有产后发情现象。平均胎仔数为4.56只，妊娠期为20.6天，哺乳期为15~20天。在自然条件下，根田鼠为季节性繁殖，在3月底至4月初开始启动繁殖，5月初可捕获到当年新生幼体，9月底至10月初繁殖结束。大部分当年出生个体可参与当年的繁殖。

个体发育 根田鼠发育可划分4个阶段：

乳鼠阶段。自出生至20日龄，此期生长最为迅速，形态变化较大，2~3日，背部有轻微毛色素，耳廓明显和颅分离，并开始直起；4~5日，身体皮肤颜色由粉红色转变为深黑色，出现上门齿，外耳壳形成；6~9日，背、头部的黑色细毛较明显，被长毛2~3mm，尾部和腹部呈灰白色。10~13日，幼鼠全身被毛，睁眼。14~20日，形态特征与成体相似。在行为发育中，出生幼鼠只能不协调移动，通常侧卧；3~4日能翻身；8~9日，可慢慢爬行，12~13日，幼鼠离巢活动，15~18日，可自由活动，并可自行取食，20日龄可断乳。

幼鼠阶段。自20~40日龄，在此期间，幼鼠上下颌臼齿长全，以摄取母乳过渡到独立生活。生长率仍保持较高水平，性器官开始发育，但性未成熟。

亚成体阶段。自40~60日龄，这一阶段的重要标志是生殖器官迅速发育成熟，生长率明显降低。

成体阶段。60日龄以上，这一阶段与上一阶段的差别是，不但性成熟，而且参与繁殖。生长率显著下降。成年个体体重有性二型现象，雄性100日龄体重为32g，雌性为24g。

种群数量动态 根田鼠为季节性波动种群，年间变化较为平稳。春季种群密度最低，秋季达到最高峰。平均最高密度可达400只$/hm^2$以上。种群年龄结构呈季节性变化。繁殖初期，种群主要由越冬个体组成，随繁殖活动的增加，越冬个体大量死亡，至繁殖期结束，种群主要有当年出生的F_1代个体及F_2代个体组成。由于根田鼠在草层下活动，冬季大雪对其影响较小，较同域分布的高原鼠兔有较高的越冬存活率。

危害 由于根田鼠洞道较浅，洞口较小（直径为2~3cm），并有专门的活动跑道，其挖掘活动对草地的危害较高原鼠兔轻。

防治技术 根田鼠对草地危害较轻，一般不进行灭杀。数量很高时，可采用含0.1%~0.2%的C/D型肉毒素配制的燕麦毒饵，进行洞口投饵。

参考文献

梁杰荣，孙儒泳，1985. 根田鼠生命表和繁殖的研究[J]. 动物学报，31(2): 170-177.

梁杰荣，曾缙祥，王祖望，等, 1982. 根田鼠生长和发育的研究[J]. 高原生物学集刊(1): 195-204.

孙儒泳，郑生武，崔瑞贤，1982. 根田鼠巢区的研究[J]. 兽类学报，2(2): 219-232.

（撰稿：边疆晖；审稿：连新明）

弓形虫 *Toxoplasma gondii*

一种专性细胞内寄生的机会性原虫。顶复门(Apicomplexa)孢子虫纲(Sporozoasoda)真球虫目(Eucoccidiida)肉孢子科（Sarcocystidae）弓形虫属（*Toxoplasma*）。

形态特征 弓形虫在不同发育阶段具有不同的形态结构，主要有5种形态：速殖子、缓殖子、包囊、配子体和卵囊，与致病性和传播有关的发育期为速殖子、包囊和卵囊。速殖子呈半月形，一端较尖、一端钝圆，大小为4~7μm×2~4μm。包囊呈卵圆形或椭圆形，直径5~100μm，含有一层富有弹性的坚韧囊壁，内含数个或数千个虫体，其内的虫体称为缓殖子，形态与速殖子相似。卵囊呈卵圆形，有双层囊壁，表面光滑，大小约为1μm×10μm。速殖子、缓殖子、包囊出现在无性生殖阶段，卵囊和配子体出现在有性生殖阶段。

生活史 弓形虫整个发育过程需要终末宿主和中间宿主，在中间宿主的肠外或组织内循环，属无性繁殖，在终末宿主的肠上皮细胞循环，包括无性繁殖和有性繁殖2个阶段。弓形虫对中间宿主选择不严格，人、哺乳动物、鸟类等均可作为其中间宿主。弓形虫对中间宿主的器官选择性不高，除了红细胞，所有有核细胞均可侵入。

在终末宿主的发育。猫科动物吞食了弓形虫的卵囊或包囊后，子孢子从卵囊中移出，缓殖子从包囊中逸出活化形成速殖子，到达小肠时会侵入小肠上皮细胞，形成裂殖体，裂殖体成熟后破裂释放出裂殖子，再侵入新的上皮细胞内继续重复上述过程，此过程称为裂体增殖阶段。经过数代裂体增殖后，部分裂殖子入侵肠上皮细胞，向配子母细胞方向发育，进一步发育成雌雄配子体，雄配子体经过发育，胞质和核分裂形成多个雄配子，而雌配子体发育形成一个雌配子。雌、雄配子结合形成二倍体的合子，合子进一步在猫科动物肠上皮细胞内发育为卵囊。卵囊随粪便排出后，会继续发育，孢子化后形成含有2个孢子囊，而每个孢子囊含有4个子孢子，此过程称为有性生殖阶段。

在中间宿主的发育。当存在于动物肉类的包囊或猫科动物粪便的卵囊被中间宿主摄食，或者以速殖子形态侵入中间宿主的口、鼻、呼吸道黏膜和皮肤伤口。包囊或卵囊在肠内逸出子孢子、速殖子或缓殖子，进而侵入肠壁经血液或淋巴循环扩散至淋巴结、心、脑、肝、肺、肌肉等全身各器官组织。在细胞内弓形虫以出芽或二分裂的方式繁殖，直至细胞破裂，速殖子重新侵入新的细胞，反复繁殖。部分速殖子侵入宿主细胞后，受机体免疫调控，其繁殖速度减慢并形成包囊，包囊在宿主体内存活时间长，可达数月、数年或者终生。

流行 该病分布于世界各地，动物的感染很普遍，但多数为隐性感染，感染的动物已知有猫、犬、猪、羊、牛、兔、鸽、鸡等40余种，全球大约有1/3的人慢性感染弓形虫。

致病性 弓形虫病对健康的人群不产生明显的临床症状，但是该病对孕妇及孕畜产生巨大的危害，例如，怀孕期间感染弓形虫，弓形虫可通过胎盘垂直传播到胎儿继而引起孕妇及孕畜妊娠期流产、早产、胎儿畸形、死产及阻碍幼儿及幼畜的正常生长。作为一种机会致病性的寄生原虫，弓形虫是器官移植者、恶性肿瘤患者及AIDS患者等免疫缺陷疾病的主要致死病因；弓形虫感染还可能与精神分裂症、抑郁症、自杀倾向或者其他精神病学疾病有关。

诊断 弓形虫病诊断的主要方法可分为病原学诊断、血清学和分子生物学技术诊断。病原学诊断，无菌采取病变部位或静脉血作触片或抹片，固定后吉姆萨染色，在显微镜下检查，观察到弓形虫虫体即可确认感染，若虫体过少可能会漏检，这时可取病变部位的渗出液离心后的沉淀用于镜检。血清学检测方法主要有染色试验、凝集试验、酶联免疫吸附试验、免疫胶体金技术等。分子生物学技术诊断具有灵敏度高、特异性好的特点，包括核酸杂交技术、聚合酶链反应、基因芯片技术等。

防治 保持卫生、定期消毒、阻断猫及老鼠粪便的污染，生熟食品分开准备，所有肉类食品必须高温后食用；定期体检。对该病的治疗主要是采用磺胺类药物，大多数磺胺类药物对弓形虫病有效。

参考文献

金宁一, 2007. 人兽共患病学[M]. 北京: 科学出版社: 874-888.

张西臣, 李建华, 2010. 动物寄生虫病学[M]. 3版. 北京: 科学出版社: 356-363.

（撰稿：刘全；审稿：何宏轩）

钩端螺旋体病　leptospirosis

由致病性钩端螺旋体（简称钩体）引起的一种人兽共患的自然疫源性疾病。该病多发生于热带及亚热带地区。其临床特点为高热、全身酸痛、乏力、球结膜充血、淋巴结肿大和明显的腓肠肌疼痛。此病属自限性疾病，大多患者预后良好。

病原特征 钩体菌体纤细，螺旋紧密缠绕，一端或两端有特征性的小钩。钩体为严格需氧菌，对pH 6.2～8.0以外的酸碱敏感。50℃ 10分钟、60℃ 10秒以及常用消毒剂可将病菌杀死。干燥和阳光可将其迅速致死。但该菌对冷冻有很强的抵抗力。

传染源 钩体的动物宿主相当广泛，其中鼠类和猪是主要的储存宿主和传染源。鼠类的黑线姬鼠、黄胸鼠、褐家鼠和黄毛鼠最为重要，是中国南方稻田型钩体病的主要传染源。猪是中国北方钩体病的主要传染源。

传播途径 人体主要是通过接触被污染的疫水或土壤感染，病原体可经擦伤或破损的皮肤或由正常黏膜侵入人体，少数是由于实验室操作或与感染动物的内脏、血、尿直接接触而受染。

易感人群 人对钩体普遍易感，感染后可获得较强同型免疫力，而对其他有交叉反应的血清型钩体可产生较弱的免疫，持续时间短。

流行特征 该病几乎遍及世界各地，热带、亚热带地区流行较为严重。中国除新疆、甘肃、宁夏、青海外，其他地区均有该病散发或流行，尤以西南和南方各地多见。该病以青壮年为主，男性高于女性。全年均可发生，夏秋季较多。

临床症状 潜伏期7～14天，长至28天，短至2天。典型的临床经过分为早期、中期和后期。早期：多在起病后3天内，发热、头痛、全身乏力、眼结膜充血、腓肠肌压痛、全身表浅淋巴结肿大，同时出现消化系统症状和呼吸系统症状。中期：在起病后3～14天出现器官损伤表现，如咯血、肺弥漫性出血、黄疸、皮肤黏膜广泛出血、蛋白尿、血尿、管型尿和肾功能不全等。后期：患者热退后各种症状逐渐消退，但也有少数患者退热后经几天到3个月左右再次发热，出现症状，称后发症。表现为后发热、眼后发症、神经系统后发症、胫前热等症状。

诊断 钩体病临床症状轻重相差悬殊，很容易漏诊或误诊，多采用实验室诊断的方法。目前实验室诊断方法有血清学试验、病原学诊断以及分子生物学方法。其中血清学试验是目前最常用的检测方法。

治疗 治疗原则为抗菌消炎、补充体能、保肝强心、止血止呕、纠正酸中毒。

预防措施 开展综合性预防措施，预防接种是控制钩体病暴发流行、减少发病的关键。对于家养动物一旦发病，应立即隔离，深埋病死动物尸体及被污染的饲料、排泄物，并进行全面彻底消毒。

参考文献

邓秋云, 2007. 钩端螺旋体病流行预测指标的研究进展[J]. 现代预防医学, 34(23): 4463, 4468.

肖啸, 杨林富, 杨继生, 等, 2008. 犬钩端螺旋体病的防制[J]. 中国畜牧兽医, 35(8): 102-103.

邹小静, 皮定芳, 田德英, 2008. 钩端螺旋体病的研究进展[J]. 国际流行病学传染病学杂志, 35(2): 132-134.

（撰稿：丁华；审稿：何宏轩）

光周期　photoperiod

昼夜周期中光照期和暗期长短的交替变化。通常光周期是指一天中，日出至日落的理论日照时数，而不是实际有阳光的时数。理论日照时数与该地的纬度有关，实际日照时数还受降雨频率及云雾多少的影响。在自然界里，与多变的温度、降水等环境因子比较而言，光周期具有恒定性和规律性，常作为启动生物复杂的繁殖生理机制的触发器，并与植物的开花，动物的迁徙、换羽、换毛、冬眠以及滞育相关。最初发现光周期对生物生理机能有影响的研究是在植物学领域。1920 年美国园艺学家加纳（Garner）和阿拉德（Allard）在探讨烟草开花的关键因素中发现在夏季用黑布遮盖，人为缩短日照长度，烟草就能开花；冬季在温室内用人工光照延长日照长度，则烟草保持营养状态而不开花。此后，学者们陆续在动植物研究中扩展丰富了相关研究。动、植物的生长、发育和繁殖会对昼夜光暗循环格局产生反应，按其与光照长短的关系可将其分为长日照、短日照和中间日照类。前两者为对光周期敏感，后者对光周期相对不敏感。人类通过用人工延长或缩短光照的方法，广泛地探测了生物对日照长度的反应，并可以在实践中借鉴和应用光周期的作用。

参考文献

孙儒泳, 2001. 动物生态学原理[M]. 3版. 北京: 北京师范大学出版社: 91-95.

ALLARD H A, 1932. Length of day in relation to the natural and artificial distribution of plants[J]. Ecology, 13: 221-234.

（撰稿：刘伟；审稿：王德华）

光周期现象　photoperiodism

光周期现象是指动植物对 24 小时日节律中明暗时期长度的生理反应，生物通过感受昼夜长短而调控其生理与内分泌状态。光周期的波动呈现出规律的年度节律，动物则根据光周期的年度波动调整自身的生理状态，从而呈现出光周期现象。光周期是影响小型哺乳动物体重和能量代谢的重要环境因子，不同动物对于光周期的反应不同。例如，短光照下黑线毛足鼠的体重下降，伴随着能量摄入的降低，而同等条件下环颈旅鼠的体重增加、能量摄入则没有发生变化。雄性金色中仓鼠（*Mesocricetus auratus*）的睾丸只有在光周期大于 12.5 小时时才会具有繁殖活性；中高纬度地区的小型啮齿动物的繁殖与春季的长光照同步；而在短光照条件下繁殖停止。在自然条件下，光周期可被布氏田鼠作为季节环境变化的信号，使其在形态和生殖方面提前做好准备，采取不同的繁殖发育策略以适应在不同环境下生存及繁殖。

（撰稿：王大伟；审稿：刘晓辉）

广东省农业科学院植物保护研究所媒介动物防控研究室　Laboratory of Vector and Host Animal Management, Plant Protection Research Institute Guangdong Academy of Agricultural Sciences

是广东省属公益一类科研机构，主要从事农业病虫草鼠害可持续控制技术研究。1984 年成立鼠害防治研究课题组，2005 年更名为媒介动物防控研究室，主要从事农田害鼠生态学与持续控制技术研究，在华南农田害鼠的抗性风险评估与防控对策、杀鼠剂减量增效技术、鼠害区域性管理技术研究与示范等方面有鲜明的特色和一定的影响力。鼠害研究团队拥有鼠类行为监控实验室、动物无线跟踪系统、血凝仪等科研设施及仪器设备，先后承担了国家科技攻关（科技支撑）、国家农转资金、国家基金、国家星火计划和省重大专项等科技项目 40 多项，累计获各级科技奖励 9 项（国家科技进步二等奖 1 项），发表鼠害研究论文 105 篇，出版及参与出版专著 6 部，获国家授权发明专利 4 项、实用新型专利 1 项。

（撰稿：姚丹丹；审稿：冯志勇）

广州管圆线虫　Angiostrongylus cantonensis

在鼠类体内发现并命名，主要寄生于鼠类肺动脉及右心内。其幼虫可引起人的嗜酸性粒细胞增多性脑膜脑炎或脑膜炎。主要流行于中国南方各地和东南亚地区。广州管圆线虫病主要是因进食了含有其幼虫的生或半生的螺肉而感染，已被列为国家新发传染病。

形态特征 虫体细长，乳白色，头端圆形，口孔周围有两圈小乳突。雄虫长 15~26mm，交合伞对称，外观呈肾形，背肋较为短小，顶端有两缺刻，交合刺等长。雌虫长 21~45mm。阴门靠近肛门；尾部呈斜锥形。

生活史 成虫寄生于鼠（犬、猫和食虫类也可）的肺动脉并在此产卵。虫卵随血液进入肺毛细血管，发育为第一期幼虫。幼虫经气管上行至咽喉部，转入消化道，最后随粪便排出体外。在体外潮湿或有水的环境中发育3周左右，排出的第一期幼虫被中间宿主（螺、蛞蝓等多种软体动物）吞食或主动侵入其体内，经两次蜕皮后变为感染性幼虫。感染性幼虫进入终末宿主消化道后，通过血流经心、肝运送到肺，在肺内发育为成虫。转续宿主包括蟾蜍、蛙、蜗牛、鱼、虾、蟹等。鼠因吞食中间宿主、转续宿主或污染的食物而感染。

流行 该虫分布于热带、亚热带地区，大约在南纬23°至北纬23°之间。已有确诊病例报告的国家或地区有中国、日本、越南、泰国、马来西亚、夏威夷群岛、瓦鲁阿图等。曾有病例报道但未经病原确诊的有菲律宾、印度、柬埔寨、老挝、澳大利亚、古巴、波利尼西亚和太平洋8个岛屿。

在中国台湾，截至1986年共报告约300例，其中死亡8例；广东报告2例。海南、云南也有在鼠类及褐云玛瑙螺等体内发现本虫的报告。

致病性 幼虫在人体内移行，侵犯中枢神经系统，引起嗜酸性粒细胞增多性脑膜脑炎或脑膜炎。病变部位主要为大脑、小脑、脑膜、脑干、脊髓等脑组织，病变特征是脑脊液中嗜酸性粒细胞显著升高。典型症状为剧烈头痛、颈项强直、躯体疼痛、低中度发热。平均潜伏期为10天。

诊断 ①病史。有接触或吞食中间宿主或转续宿主经历。②症状与体征。神经系统受损。③脑脊液压力升高，外观混浊或乳白色，白细胞计数可多达500~2000个/mm³，其中嗜酸性粒细胞超过10%。④免疫诊断。常用的有皮内试验、酶联免疫吸附试验等。⑤病原学检查。取脑脊液镜检查找第四或第五期幼虫。

防治 预防措施主要为不吃生的或半生的中间宿主、生菜，不喝生水。灭鼠以消灭传染源对预防该病有重要意义。

迄今尚未有临床治疗特效药的报道，一般采用对症及支持疗法。可用甲苯咪唑、阿苯达唑、噻苯唑和左旋咪唑等药物驱虫。

参考文献
张西臣，李建华，2010. 动物寄生虫病学[M]. 3版. 北京：科学出版社: 206.

（撰稿：王健；审稿：何宏轩）

硅灭鼠　silatrane

一种在中国未登记的杀鼠剂。又名灭鼠硅、氯硅宁、杀鼠硅。相对分子质量285.80，熔点230~235℃。难溶于水，易溶于苯、氯仿等有机溶剂，为白色粉末或结晶，对热较稳定，遇水之后缓慢分解，味苦。灭鼠硅为一种急性杀鼠剂，为中枢神经系统兴奋剂，误服者应及时服用大量温水催吐、洗胃、导泻，可使用血液透析疗法及血液灌流。大鼠口服半致死剂量LD_{50}为10.96mg/kg。

（撰稿：宋英；审稿：刘晓辉）

国际动物学会　International Society of Zoological Sciences

隶属中国科学技术协会和中国科学院、在中华人民共和国民政部正式注册的国际科学组织。简称：ISZS；网址http://www.globalzoology.org/dct/page/1。创立于2004年，自成立以来，国际动物学会已在世界各地主办5届国际动物学大会（ICZ）；

主办召开了12届整合动物学国际研讨会；创立和出版学会官方刊物《整合动物学》（*Integrative Zoology*；网址http://onlinelibrary.wiley.com/journal/10.1111/(ISSN)1749-4877），该刊物目前已进入全球动物学领域SCI期刊前10%~15%（一区）。国际动物学会还发起、承担并协调若干国际科学研究计划和国际联盟工作，如BCGC、FAO-APFISN、亚太野生动物疫病网络、国际自然保护区联盟等。此外，国际动物学会也参与了十余期动物科学国际教育与培训班的主办、承办工作。

历史沿革 国际动物学会的前身为1889年创始于法国巴黎的国际动物学大会（International Congress of Zoology；简称：ICZ），距今已有133年的悠久历史。1963年第16届国际动物学大会决定：IUBS动物学委员会代替国际动物学大会永久性委员会，负责在世界各地继续主办国际动物学大会。

2004年，在埃及开罗举行的第28届IUBS代表大会上，中国科学院动物研究所张知彬研究员联合澳大利亚科学家John Buckeridge教授和以色列科学家Francis Dov Por教授共同提出议案，请求成立国际动物学会。大会通过表决，接受了这一议案。

国际动物学大会是动物学最高级别国际学术会议，已在18个国家的22个城市举办过23届。2004年8月，第十九届国际动物学大会在北京隆重举行（图1）。会议期间，根据在开罗举行的IUBS第28届代表大会决议，并经各国科学家代表投票同意，成立国际动物学会，秘书处落户中国，挂靠中国科学院动物研究所。

基本情况

宗旨 国际动物学会作为非营利性的民间国际科学组织，其章程明确规定其宗旨为：联合世界学者、教育工作者和各国家及专业团体，致力于整合动物学的发展，促进动物

图1 左：2004年国务委员陈至立出席在北京举办的第十九届国际动物学大会；右：大会主席台

学与各学科的交叉融合；致力于保护自然造福人类，促进动物学与自然、社会、人文间的密切结合。

核心业务 国际动物学会的核心业务主要包括：主办国际动物学大会（ICZ）；在两次大会之间，主办整合动物学国际研讨会（ISIZ）；出版发行《整合动物学》期刊（INZ）；发起承担国际科学计划（如：全球变化生物学效应国际研究计划；英文：Biological Consequences of Global Change; 简称：BCGC）；主办整合动物学国际培训班；及发展会员、网站维护、会员通讯、年报编制等内容。

组织结构 国际动物学会的内部组织结构包括：会员代表大会；执行委员会；顾问委员会和秘书处。会员代表大会为最高权力机关，在每届国际动物学大会上举行，负责决定学会重大事项，其中包括：讨论学会一般性政策与事项；修改学会章程；讨论多数会员关心的事务与议题；选举新执行委员会成员及官员；投票决定下届国际动物学大会举办地等。

管理架构 国际动物学会执行委员会设主席1人；副主席2～3人；委员5～7人。顾问委员会设主席1人；委员若干人（一般为前任官员或执行委员会成员）。秘书处设秘书长1人；工作人员若干（视工作内容及资金状况而定）。现任主席为挪威奥斯陆大学 Nils Chr. Stenseth 教授，执行主任为中国科学院动物研究所张知彬研究员（前任主席）。

会员规模 目前，学会共有团体会员124个，覆盖会员3万多人，分布在36个国家。个人会员1546名，分布在76个国家和地区。

主要工作成效

举办国际学术会议

① 主办5届国际动物学大会（ICZ）

第十九届国际动物学大会于2004年8月23日至27日，在北京国际会议中心隆重举行（图1）。本次大会由中国动物学会、中国科学院动物研究所、中国野生动物保护协会共同主办。来自47个国家和地区的677名动物学家出席这次盛会，其中海外学者330人，中国大陆学者347人。大会共邀15位国内外知名动物学家做大会报告，包括近60个专题讨论会，510个口头发言和100多个学术海报。

第二十届国际动物学大会于2008年8月26日至29日在法国巴黎举行（图2）。大会由国际动物学会主办；法国动物学会承办。来自世界30多个国家和地区的650多名科学家及动物工作者参加了大会。会议共安排4个大会报告和26个专题研讨会。

第二十一届国际动物学大会于2012年9月2日至7日在以色列海法举行（图2）。大会由国际动物学会主办；以色列海法大学承办。来自世界18个国家的250多位科学家、研究人员和学生参加了大会。大会由15个分会和5个大会报告组成。同时，大会还专门为出席会议人员和代表设立了学术海报专场。

第二十二届国际动物学大会于2016年11月14日至19日在日本冲绳举行（图2）。来自世界31个国家的1100多位动物学家、科研人员和学生出席会议。大会主题为："二十一世纪动物科学新浪潮"。大会由国际动物学会主办，日本动物学会承办。大会由16个大会报告、26个国际研讨会、2个亚洲青年动物学家研讨会、3个卫星工作会议和学术海报组成。会议期间共有近800个学术海报参加展示。

第二十三届国际动物学大会于2021年11月22日至25日举行（图3）。会议原计划2020年于南非开普敦举行，后受新冠疫情影响，大会延期并最终改为线下和视频相结合会议。来自全世界30余个国家约400位动物学家、科研人员和学生参加了会议。大会主题为："人类世中的动物学——整体与整合的保护策略"。大会由国际动物学大会主办，南非动物学会承办。大会由1个特别嘉宾报告、10个大会报告、25个专题研讨会、3个小组讨论会和学术海报组成。国际著名保护专家珍妮·古道尔博士出席会议并做演讲。

② 主办12届整合动物学国际研讨会（ISIZ）

2006年10月20日，首届整合动物学国际研讨会在北京香山饭店举行（图4）。研讨会共邀请11位国内外著名动物学家作专题报告。会议期间，还举行了国际动物学会官方刊物 Integrative Zoology（《整合动物学》）英文期刊创刊仪式。由国际动物学会主席 John Buckeridge 和中国科学院动物研究所所长张知彬为刊物揭幕。

2007年至2018年，国际动物学会主办了第二至十届整合动物学国际研讨会，分别在北京、昆明、西安、西宁、锡林浩特等多个国内城市举行。会议小而精炼，符合动物学发展前沿，受到广大动物学研究人员的喜爱和赞扬。系列会议的品牌效应也逐渐显现，主动参会的国际友人逐渐增多。

第十一届整合动物学国际研讨会于2019年12月2日至7日在新西兰梅西大学成功召开，主题为"动物保护与动物

图2 出席第二十至二十二届国际动物学大会的部分代表
上左：第二十届国际动物学大会；上右：第二十一届国际动物学大会；
下：第二十二届国际动物学大会

图3 珍妮·古道尔博士出席第二十三届国际动物学大会

图4 第一届整合动物学国际研讨会
左：研讨会开幕式；中：研讨会分会；右：启动学会官方刊物《整合动物学》期刊

学研究"（图5）。大会包含7个大会报告、73个口头报告和34份墙报。会议还为《庆祝国际动物学大会创始130周年、国际动物学会成立15周年画册》举行了揭幕仪式。

第十二届整合动物学国际研讨会通过线上方式于2021年4月26日举行，与国际生物科学联合会（IUBS）共同主办，会议主题是"揭示对人类构成高度威胁的主要动物疫病的传播规律和动态"。来自27个国家和地区共96位代表参加了本次会议，汇聚国内外众多从事动物疫病研究和防控技术的专家、学者及技术人员。

发起国际合作计划

① 全球变化生物学效应国际研究计划（BCGC）

2008年，发起了"全球变化生物学效应国际研究计划"。国际动物学会主席张知彬研究员及欧洲科学院院士Nils Christian Stenseth教授为联合主席。先后得到中国科学院、IUBS等支持。计划覆盖全球亚、非、拉、美、欧、大洋洲等各大洲。BCGC计划负责人张知彬研究员荣获IUBS"杰出贡献奖"、Nils Christian Stenseth教授荣获"中国政府友谊奖""中华人民共和国国际科学技术合作奖"。

② 动物疫病国际研究计划

2020年，国际动物学会与IUBS合作成立"动物疫病工作组"，促进国际动物疫病研究的合作和交流。国际动物学会主席张知彬研究员为该国际研究计划共同主席。2021年4月和11月，国际动物学会与IUBS共同举办2次动物疫病研讨会。会议邀请了多位国际知名专家作报告。

③ 中蒙俄走廊生态安全风险评估

2020年9月，国际动物学会与"一带一路"国际科学组织联盟、国际自然保护地联盟、中华人民共和国人与生物圈国家委员会在长白山共同组织了"一带一路"生态安全评估研讨会和自然保护地跨界区域合作交流会，有力地促进了中俄、中蒙边界动物跨境保护合作。

④ "一带一路"鼠类不育控制示范

非洲和东南亚鼠害和鼠疫问题十分严重，是影响"一带一路"国家粮食安全和生物安全的重要因素。国际动物学会推动多方合作，开展鼠类不育剂EP-1对非洲、东南亚主要害鼠的不育控制研究与示范研究，取得了较好成效（图6）。

创办和发行会刊 Integrative Zoology（《整合动物学》）

学会期刊 Integrative Zoology（《整合动物学》）创刊于2006年，由国际动物学会与中国科学院动物研究所和Wiley-Blackwell出版社合作共同出版，主编为张知彬研究员。期刊突出使用多学科、多层次研究方法和理论，从不同角度、不同层面揭示和阐述动物学规律；为生物多样性保护、生物灾害控制和生物资源可持续利用提供科学依据和支撑；为国内外学术交流与合作，提供媒体平台。目前，期刊影响因子位居全球175种JCR动物学期刊前列（10%～15%，Q1区），得到国际同行和学术界高度认可。

创建国际合作研究网络

① 亚太地区森林入侵物种网络（APFISN）

亚太地区森林入侵物种网络（Asia Pacific Forest Invasive Species Network），是学会与国家林业局、联合国粮农组织（FAO）于2003年合作组建。主要目的是促进有关林业生物入侵种的信息交流，发布林业生物入侵动态信息、建

图5 第十一届整合动物学国际研讨会部分代表合影

图6 左：在坦桑尼亚开展鼠害防控培训；右：在印度尼西亚开展鼠害防控培训

设本地区林业外来种信息系统，为入侵种输入国的监测控制等提供信息相关技术交流、人员培训和国际合作渠道探索等。网络拥有澳大利亚、柬埔寨、印度、韩国、马拉维、巴基斯坦、斯里兰卡、美国、孟加拉国、中国、印度尼西亚、老挝、蒙古、巴布亚新几内亚、泰国、不丹、斐济、日本、马来西亚、新西兰、菲律宾、东帝汶、越南等24个成员国，并在上述国家拥有工作节点（focal points）。

② 亚太野生动物疫病合作网络（APWDN）

亚太野生动物疫病合作网络（Asia-Pacific Wildlife Diseases Network）由中国科学院原生命科学与生物技术局、国家林业局野生动植物保护与自然保护区管理司和美国农业部野生动物保护局于2010年7月在北京共同发起成立。其主要任务为：促进亚太地区国家和地区间在野生动物疫病领域合作；分享野生动物疫病的调查、监测与研究方面相关信息；协调野生动物保护与管理、人员培训、动物疫病、生态学、生物学等多学科多领域专家的沟通与合作。该网络包括中国科学院国际合作局、中国国家野生动物疫病监测总站和中国检验检疫科学研究院等领导单位，国际野生动物疫病协会、国际动物学会等国际组织，以及美国、俄罗斯、加拿大、蒙古国等国家或地区的中心或组织。目前共有来自13个国家的科学家和5个国际组织代表签署了合作网络协议。

③ 国际啮齿类动物生物学与治理研究网络（ICRBM network）

国际啮齿类动物生物学与治理研究网络是一个关于啮齿动物生物学的国际合作网络平台。该平台旨在促进和推动啮齿类动物治理信息交流、交叉学科研究、人员培训和国际合作。该网络依托于1998年发起的国际啮齿类动物生物学与治理研讨会（ICRBM）开展合作。该网络拥有柬埔寨、印度尼西亚、老挝、菲律宾、东帝汶、越南、缅甸、坦桑尼亚、英国、比利时、加拿大、澳大利亚、新西兰等十余个成员国。

④ 国际自然保护区联盟（IAPA）

国际自然保护区联盟（International Allaince of Protected Area）是由国家林业局、环境保护部、中国科学院、中国社会科学院、吉林省人民政府于2013年9月5日联合主办的首届"长白山国际生态论坛"上，由长白山保护开发区管理委员会发起建立国际自然保护区联盟的倡议，目的是推动保护区间开展国际交流、人员培训与合作，推广和分享先进管理经验和理念，发挥科研监测、保护管理等方面的合力，促进保护区提高管理水平具有积极推动作用。目前，联盟拥有30余个中外保护区成员单位，10多个保护区观察员单位，依托国际动物学会开展相关国际合作活动。

⑤ 动植物互作研究网络（PAIRN）

2012年，国际动物学会成立动植物互作研究(Plant-Animal Interaction Research Network，简称：PAIRN) 工作组，协调该国际网络各项工作，主要目标是探讨动植物互作网络、协同进化与群落稳定性机制，为生态恢复和生态环境建设服务。已有美国、欧洲、东南亚等30多个国家和地区的研究人员加入动植物互作网络，开展科研合作和交流。

（撰稿：刘明；审稿：熊文华）

国际动物学会鼠类生物学与治理工作组
Working Group for Rodent Biology and Management, International Society of Zoological Sciences

国际动物学会的工作组之一。国际动物学会（International Society of Zoological Sciences，ISZS）成立于2004年8月24日，已在中华人民共和国民政部注册登记，其业务主管部门为中国科学技术协会和中国科学院，挂靠单位为中国科学院动物研究所。国际动物学会旨在团结国内外动物学及其分支学科的研究者、教育者以及世界各国和地区的动物学学术组织，促进不同领域的协调与合作，推动全球动物学的发展。学会举办有官方刊物 Integrative Zoology《整合动物学》，并定期开展国际学术交流活动，举办高端研修、教育培训、科普宣传等活动。国际动物学会为中国动物学工作者与国际同行的学术交流与合作研究发挥了重要作用。

鼠类是现生种类最多、分布最广的哺乳动物，全世界的现生种类计2000多种，约占哺乳动物物种总数的40%。除南极地区之外，其他所有大陆均有鼠类的分布；鼠类的个体数量远超其他哺乳动物的总和。绝大多数鼠类与人类关系密切，常因盗窃粮食、啃咬树木、破坏草场、携带并传播病原体等给人类的生存、发展、健康等造成很大危害。但是，作为次级消费者和肉食动物的食物来源，鼠类也是自然生态系统食物链（网）中不可或缺的重要组成部分。鼠类是一个重要功能类群，在生态系统维持和生态平衡中起着重要作用。鼠类的取食、食物贮藏活动，有利于植物种子的扩散、萌发，最终有利于植被更新；其挖掘活动有利于土壤通气性增加，并能加速生态系统中物质循环和能量流动。

由中国科学家积极倡议和精心组织，于1998年在北京成功举办了首届鼠类生物学与管理国际会议（International Conference on Rodent Biology and Management, ICRBM），得到了全球鼠类生物学研究者、技术人员、管理部门的积极响应和广泛参与，反响良好。组委会经讨论决定，将"鼠类生物学与管理国际会议（ICRBM）"作为品牌会议，每4年举行一次，以推动全球鼠类生物学、生态学、鼠害控制技术的发展。

为适应全球化背景下鼠类生物学研究与管理的现状与发展趋势，国际动物学会结合自身发展规划，发挥学会在全球动物学领域的科学定位，决定成立"国际动物学会鼠类生物学与管理工作委员会（Working Group for Rodent Biology and Management，ISZS）"，负责协作组织并举办"鼠类生物学与管理国际会议"；同时，为国内外鼠类生物学研究者、鼠害控制技术人员、管理者构建学术交流、合作、资源、信息共享平台，拓展动物学相关研究领域的国际合作途径，推动中国的鼠类生物学与管理发展，提升中国的动物学研究水平。

（撰稿：路纪琪；审稿：熊文华）

国家林业和草原局生物灾害防控中心防治处 Office of Pest Control, Center for Biological Disaster Prevention and Control, National Forestry and Grassland Administration

国家林业和草原局生物灾害防控中心是集森防行业管理、科学研究、技术推广于一体的国家林业局直属正厅级事业单位,承担全国林业鼠(兔)害防治、监测预报、林业有害生物检疫和林业鼠(兔)害防治药剂药械的行业管理,以及全国林业鼠(兔)害防治工作的科研推广、技术指导、技术服务、行业培训、行业宣传等职责。

防治处是总站的一个主要的业务职能管理处室,主要职能是协助管理全国林业鼠(兔)害治理工作,指导各省(自治区、直辖市)开展林业鼠(兔)害治理;拟定主要林业鼠(兔)害的治理对策和治理规划;拟定突发林业鼠(兔)害处置政策,督察、指导处理突发工作;制定林业鼠(兔)害防治工作目标管理考核办法和指标体系,指导各省目标管理工作,督查考核各地指标任务完成情况;拟(修)订林业鼠(兔)害防治相关的行政法规、规范文件和技术标准;开展林业鼠(兔)害科学研究,总结推广防治新技术、新方法、新经验;负责国家网络森林医院林业鼠(兔)害方面的日常管理工作。

(撰稿:董晓波、温玄烨;审稿:王登)

海北高寒草甸生态系统研究站　Haibei Research Station for Alpine Meadow Ecosystem

中国科学院西北高原生物研究所于1976年在青藏高原率先建立了海北高寒草甸生态系统定位站，1989年成为中国生态系统研究网络（CERN）开放台站，1992年成为CERN重点站，2001年成为国家科技部野外观测试点站，2006年正式成为国家科技部野外观测研究站。

从建站至20世纪80年代，以夏武平、王祖望、刘季科、樊乃昌等老一辈鼠类生态学家为代表，以高原鼠兔、高原鼢鼠和根田鼠为主要研究对象，开展了鼠类生态学及鼠害综合防治等工作。在鼠类防治方面，梁杰荣课题组开展了鼠类与植被关系及灭鼠后高原鼠兔和高原鼢鼠数量恢复的研究，蒋志刚和刘季科课题组分别就高原鼠兔和根田鼠食性及营养生态学开展了研究，孙儒泳等研究了根田鼠巢区变化，樊乃昌课题组依托海北站就化学药物筛选及灭鼠效果开展了实验研究，并在海北站地区对高原鼢鼠和高原鼠兔行为、种群数量与植被破坏程度关系、鼠类群落与植被群落演替关系开展了一系列研究工作，研发出适用于大规模灭鼠的模拟鼠洞道投饵机及检测地下鼠活动的无线电追踪仪。在国家"七五"期间，以樊乃昌为主任的鼠害防治与行为专业组，承担了国家"七五"重大科技攻关项目子项目"高原鼢鼠和高原鼠兔综合治理技术的研究"。该研究基于过去30年的青藏高原鼠害研究及化学防治工作，以行为学及生态学为基础，在海北站地区严重退化的矮嵩草草甸牧场开展了化学灭鼠、补播牧草、围栏封育、控制放牧等一系列研究，提出了综合治理及生态治理概念，在盘坡地区800hm^{2}草场成功建立了草原鼠害综合治理示范区，取得了显著的经济和生态效益，为今后青藏高原草场鼠害综合治理起到示范性作用。该研究成果获青海省科技进步三等奖和中国科学院科技进步二等奖。该时期海北站的鼠类生态学及鼠害防治领域的研究水平居全国领先地位。1991年刘季科主编并出版了《高寒草甸生态系统》（第三集），集中收录了80年代末至90年代初，该站有关鼠类生态学及鼠害防治方面的研究论文。

自90年代以后，随海北站研究重点转向气候变化及加入生态系统研究网络，鼠类方面的工作主要集中在基础性研究。周文杨课题组在海北站地区开展了天敌与鼠类关系的研究，刘季科课题组就次生化合物和光周期对根田鼠繁殖发育等方面开展了研究。进入21世纪，鼠害防治问题再次得到关注。边疆晖课题组在海北站地区开展了球虫对高原鼠兔

海北高寒草甸生态系统研究站（边疆晖提供）

无公害生物防治技术的研究。张堰铭课题组在果洛地区开展了对高原鼠兔不育控制技术的研究。

海北站自建站至今，该平台的研究成果在中国鼠类生态学及鼠害防治方面占据重要的地位，并借助该平台先后培养了一大批人才，很多成为所从事领域的领军及骨干人物。海北站为中国鼠类生态学研究及鼠害防治做出了重要贡献。

（撰稿：边疆晖；审稿：曹广民）

海葱素　red squill

一种在中国未登记的杀鼠剂。又名红海葱。相对分子质量620.70。易溶于乙醇、甘醇、冰醋酸，略溶于丙酮，几乎不溶于水、氯仿。为亮黄色结晶，168～170℃时易分解。海葱素为急性杀鼠剂，误服之后，可按照治疗心脏病患者的方法，服用过量糖苷进行治疗。对雌大鼠的口服半致死剂量（LD_{50}）为0.7mg/kg。

（撰稿：宋英；审稿：刘晓辉）

害鼠行为生态　behavioral ecology of rodent

以害鼠为主要研究对象，研究其行为表现与周围环境之间的相互关系。动物行为生态学是在进化的背景下，研究动物行为对环境压力的适应性。研究内容包括动物的存活

值、适合度及进化上的适应意义。换言之，就是研究环境因子对动物行为表现的影响，以及动物行为表现对环境因子改变的适应。其评价指标为动物的生存能力和繁殖能力，这两点对害鼠研究非常重要。因为鼠类是哺乳动物中繁殖能力最强的一类，对其控制最重要的就是降低其生存能力，并抑制其繁殖能力，从而达到控制鼠害发生和扩大的目的。研究害鼠行为生态学，其根本目的是更加了解害鼠的行为表现及其生态调控机制，并以此为依据，达到降低或控制害鼠存活率和适合度、使其种群不超过危害阈值，避免对人类的生产生活产生影响，而且保持生态平衡的目的。

生态学中的环境不但包括非生物环境，还包括各种生物环境。非生物环境包括如光照、温度、湿度、土壤、盐分等在内的非有机质因子，而生物环境则包括动物、植物、微生物等有机物环境。动物环境又可细分为同种间种内环境和异种间种间环境。相应的，害鼠行为生态学所研究的就是这些环境因子如何影响害鼠的行为以及其适合度的学科。

非生物生态因子对鼠类的分布、生长、发育、繁殖、生理等过程产生着决定性的影响，从而也影响着这些过程中的行为表现。例如，在"鼠类的迁移"中提到的，东方田鼠随洞庭湖水位的涨退而产生迁移，形成"涨水被迫外迁，退水自动回迁"的周期性迁移。布氏田鼠的每日活动高峰受到温度的决定性影响：在夏季时集中于早晨和傍晚温度较低时出洞活动，表现为双峰型活动模式；而在秋冬季则在中午温度较高时活动，表现为单峰型活动模式。

生物生态因子的研究是行为生态学研究的重点关注内容，害鼠的种内关系又是重中之重。繁殖行为直接关系到害鼠种群的内在变化规律，因此这对鼠害预测预报和暴发预警具有重要意义。例如，鼠类的婚配制度有单配制（monogamy）和多配制（polygamy），多配制又可以分为一雄多雌制（polygyny）、一雌多雄制（polyandry）和混交制（promiscuity）；婚配制度是进化中与环境的相互适应的结果，是资源分布、种群密度、鼠类利用资源的能力和遗传因素等共同决定的，并且随着环境条件的改变不断地适应和进化。另外，研究社会行为是解析鼠类成员之间社会关系和社会结构形成的重要途径。例如，对鼠类的领域行为的研究发现，害鼠个体或群体占有和保卫的空间或区域受到性别、年龄、季节、体型大小、食物质量和种群密度等制约，对害鼠种群数量预估准确度具有重要意义。干扰啮齿动物个体间正常社会行为的表达，可以作为一种鼠害控制对策将其纳入害鼠生态治理方案中。还有，通讯方式在鼠类的行为中具有重要意义，化学信息素和超声波的研究在吸引和趋避行为的研究中得到了广泛应用。

害鼠行为生态学的研究内容基本可以涵盖动物行为生态学的所有领域，如鼠类的性别差异、繁殖行为（性行为、婚配制度、繁殖策略、亲本行为）、社会行为（领域行为、攻击行为、应激反应）、群体行为（鼠类的迁移）、通讯行为（听觉通讯、视觉通讯、化学通讯）、生物节律、学习行为、共情行为、行为遗传等。

参考文献

尚玉昌, 1998. 行为生态学[M]. 北京: 北京大学出版社.

孙儒泳, 2001. 动物生态学原理[M]. 3版. 北京: 北京师范大学出版社.

宛新荣, 刘伟, 王广和, 等, 2006. 典型草原区布氏田鼠的活动节律及其季节变化[J]. 兽类学报, 26(3): 226-234.

郑智民, 姜志宽, 陈安国, 2008. 啮齿动物学[M]. 上海: 上海交通大学出版社.

（撰稿：王大伟；审稿：王登）

害鼠种群遗传调节说　genetic regulation theory

强调遗传因素自我调节作用的种群调节学说。该学说认为，遗传多态性是动物种群数量波动的基础，种群的遗传结构和遗传多态性参与动物种群数量波动的调控。

Ford（1931）最早提出关于遗传调节的假说，认为在种群数量增长期内，自然选择压力较小，种群内遗传多态性就增加；而当种群达到一定密度时，自然选择压力增大，种群内部的遗传变异就会减少。因此，动物种群通过自然选择压力和遗传多态性的改变调控动物种群数量波动。Chitty进一步提出动物种群存在自我调节行为，动物种群通过降低种群的遗传质量来控制其数量无限制地增长。动物个体的遗传素质是决定其适应能力及死亡率的主要因素，而个体的遗传素质是由亲代遗传的，因此，种群通过改变自身的遗传素质，调控下一代的适应能力及死亡率等，进而影响种群数量。Chitty认为，田鼠（*Microtus* sp.）种群的波动会对个体的繁殖策略产生选择压力，在密度升高时，选择在遗传上具有高攻击性低繁殖力的个体，使种群数量下降；而在密度降低时，选择在遗传上具有低攻击性高繁殖力的个体，使种群数量上升，种群如此进行自我调节。

调控动物种群波动的因素很多，根据其作用效应是否与密度相关，可分为密度制约因素和非密度制约因素。密度制约因素对种群的调节效应随种群密度的变化而变化，而非密度制约因素对种群的调节效应与种群密度无关。不同密度条件下的草原田鼠（*Microtus pennsylvanicus*）种群，其遗传多态性与种群密度呈著正相关；河北饶阳大仓鼠（*Tscherskia triton*）的遗传多态性与种群密度的年际变化呈显著正相关；山东曲阜、山东平邑、内蒙古锡林浩特、内蒙古正蓝旗，4个不同生态地理种群黑线仓鼠（*Cricetulus barabensis*）的遗传多态性均与种群密度呈显著正相关。这些研究结果表明，遗传因素属于密度制约因素，其对种群数量的调控效应与密度相关。

根据遗传调节说，种群数量小时，自然选择压力小，许多拥有劣质基因的个体也会被保存下来，种群内部的遗传变异水平将增加；当种群数量高，自然选择压力大，拥有劣质基因的个体将会被淘汰，从而降低种群内部的遗传变异水平。

动物也可通过配偶选择调节后代的遗传多态性、抗病性及适应性等，从而影响动物种群的数量。主要组织相容性复合体（major histocompatibility complex，MHC）在配偶选择过程中发挥重要作用，MHC多态性的丧失可能导致个体的生存能力、繁殖力、生长率等的下降，影响对变化环境的适应能力。在小家鼠（*Mus domesticus*）种群中，动情的雌鼠在交配期间选择 MHC 基因型不同的雄鼠作配偶，在怀孕或哺乳期间选择与 MHC 基因型相同的雌性亲属共巢合作育幼，前者反映亲属识别的作用是避免近亲繁殖，后者反映亲属识别的作用是通过利亲行为增加适合度。气味可能是 MHC 在配偶选择过程中发挥作用的直接信号。因此，配偶选择也是遗传结构调控动物种群数量的一种途径。

种群遗传多态性是种群波动的基础，在遗传多态性研究中常用的遗传标记主要包括形态学标记、细胞学标记、生化标记和分子标记。形态学标记是从形态学或表型性状上来检测遗传变异。细胞学标记是染色体的变异，主要指染色体核型及带型的变异。生化标记主要指蛋白质标记。分子标记是指生物个体或种群间基因组中具有差异的特异性 DNA 片段。DNA 多态性标记主要包括：限制性片段长度多态性(restriction fragment length polymorphism, RFLP)、随机扩增多态性 DNA (random amplified polymorphic DNA, RAPD)、扩增片段长度多态性 (amplified fragment length polymorphism, AFLP)、微卫星 DNA(microsatellite DNA)、简单序列重复区间 (inter-simple sequence repeats, ISSR)、单链构象多态性 (single strand conformational polymorphism, SSCP)、单核苷酸多态性 (single nucleartide polymorphism, SNP)，以及建立在测序基础上的线粒体 DNA(mitochondrial DNA, mtDNA) 和核基因位点等。动物种群通过选择或改变这些遗传标记位点的组成和结构，进而调控动物种群的数量。

参考文献

孙儒泳, 2001. 动物生态学原理[M]. 3版. 北京: 北京师范大学出版社.

CHITTY D, 1960. Population processes in the vole and their relevance to general theory[J]. Canadian journal of zoology, 38(1): 99-113.

CHITTY D, 1967. The natural selection of self-regulating behaviour in animal populations[J]. Proceedings of the ecological society of Australia(2): 51-78.

PENN D, POTTS W, 1998. MHC-disassortative mating preferences reversed by cross-fostering[J]. Proceedings biological sciences, 265(1403): 1299.

PLANTE Y, BOAG P T, WHITE B N, 1989. Microgeographic variation in mitochondrial DNA of meadow voles (Microtus pennsylvanicus) in relation to population density[J]. Evolution, 43: 1522-1537.

SOMMER S, 2005. Major histocompatibility complex and mate choice in a monogamous rodent[J]. Behavioral and ecological sociobiology, 58(6): 181-189.

XUE HUI LIANG, XU JIN HUI, CHEN LEI, et al, 2014. Genetic variation of the striped hamster (Cricetulus barabensis) and the impact of population density and environmental factors[J]. Zoological studies, 53(63): 1-8.

XU LAIXIANG, XUE HUILIANG, SONG MINGJING, et al, 2013. Variation of genetic diversity in a rapidly expanding population of the greater long-tailed hamster (Tscherskia triton) as revealed by microsatellites[J]. PLoS ONE, 8(1): e54171.

YAMAZAKIA K, BEAUCHAMPA G K, 2007. Genetic basis for MHC-dependent mate choice[J]. Advances in genetics, 59(3): 129-145.

（撰稿：薛慧良；审稿：徐来祥）

旱獭 marmota

是松鼠科中体型最大的穴居种类。又名土拨鼠。为北半球草原啮齿动物。啮齿目（Rodentia）松鼠型亚目（Sciuromorpha）松鼠科（Sciuridae）非洲地松鼠亚科（Xerinae）旱獭族（Marmotini）旱獭属（Marmota）。

成体体长在 400mm 以上，体形粗大矮壮。耳短圆。尾短、尾端扁平，尾长 90～250mm。体重 3～7kg。前后足结实，爪粗硬，便于挖掘洞穴；前足第一趾退化，通常仅具小而扁的趾甲。头骨颅全长远大于 80mm；颅骨粗壮，眶上突宽大且坚硬，眶上突前缘有一凹刻；二眶上突后缘线平直，约在同一个垂直面上；矢状嵴发达，向前延伸而后分为左右两支，各与眶上突后缘相接。门齿孔短小，左右上颊齿列前部相距略宽于后部，第一上臼齿最小，且呈圆柱形。腭骨后缘中间有 1 小尖突。齿式为 $2\times\left(\frac{3.1.2.3}{1.1.1.3}\right)=30$。

阴茎骨与黄鼠属类似，形状呈"S"形，尖端有不规则的小尖刺。全属兼具冬眠与昼行性，繁殖能力弱，每年 1 胎，孕期 35 天左右，每胎 4～5 仔，3 年性成熟，寿命 13～15 年。

本属有 14 种，在中国有 4 种，即长尾旱獭（Marmota caudata）、喜马拉雅旱獭（Marmota himalayana）、西伯利亚旱獭（Marmota sibirica）、灰旱獭（Marmota baibacina）。早期文献中，将蒙古旱獭、喜马拉雅旱獭和灰旱獭均列为草原旱獭（Marmota bobak）的亚种。分布在中国的新疆、甘肃、青海、西藏、四川、云南、内蒙古、吉林和黑龙江等地，其中，新疆分布种类最多，有 3 种，即喜马拉雅旱獭、灰旱獭和长尾旱獭，且灰旱獭和长尾旱獭在中国仅分布于新疆；喜马拉雅旱獭数量最多、分布最广。

旱獭是兼具益害的动物。其毛皮、肉和脂肪均可利用，皮毛品质好，为重要的毛皮兽，骨骼、油脂及心、肝、胆、爪等都可入药，且是人类疾病的动物模型，这些方面对人类有益；然而旱獭贮存鼠疫病原菌及传播鼠疫和其他传染病，4 种旱獭的分布区均是中国十大鼠疫自然疫源地。另外，旱獭啃食优质牧草且食量大，与家畜争食；旱獭挖掘洞道向外推出的土石，覆盖大片草场，鼠道亦损害牧草，这不仅破坏草场，且造成水土流失，是卫生与牧业的重要害鼠。

（撰稿：李波；审稿：王登）

汉坦病毒肺综合征 hantavirus pulmonary syndrome, HPS

由汉坦病毒属病毒（Hantaviruses，HV）引起的急性传染病。以肺毛细血管渗漏和心血管受累为特征。又名汉坦病毒心肺综合征(Hantavirus cardiopulmonary syndrome，HCPS)。

病原特征 引起 HPS 的病原至少有六型汉坦病毒属相关病毒，除辛诺柏病毒（Sin Nombre virus，SNV））外，还包括纽约病毒（New York virus，NYV）、纽约 1 型病毒

（NYV-1）、长沼病毒（Bayou virus，BAYV）、黑港渠病毒（Black creek canal virus，BCCV）以及安第斯病毒（Andes virus）等。SNV电镜检查是一种粗糙的圆球形，平均直径112nm，有致密的包膜及细的表面突起，7nm长的丝状核壳存在于病毒颗粒内。病毒包涵体存在于感染细胞质中。

流行 造成汉坦病毒肺综合征的病原宿主主要是携带SNV的鹿鼠，携带NYV的白足鼠，携带BCCV的棉鼠和携带BAYV的米鼠。主要通过鼠类带病毒的排泄物和分泌物等以气溶胶的方式传播或颗粒被人体吸入而致病。人与啮齿类接触增多是重要影响因素之一，因此职业危险性正引起关注。

自从1993年5月美国西南部新墨西哥、科罗拉多、犹他和亚利桑那4个州交界的四角地区暴发HPS以来，目前美国30个州均有病例发现。此外，美洲的加拿大、巴西、巴拉圭、阿根廷、智利、玻利维亚以及欧洲的德国、前南斯拉夫、瑞典和比利时等国均报告发生了HPS病例。全年均有发病，但春、夏最多，降雨量大和气候凉爽年份发病率高。中国目前尚无HPS发现，但中国是流行性出血热高发区，需要高度警惕。

临床症状 常见症状：发热、畏寒、头痛、咳嗽、气急、腹痛、恶心与呕吐、腹泻、乏力。HPS潜伏期约为3周。典型病程分：①前驱期。发病急、畏冷、发热38~40℃、肌痛、头痛、乏力，亦可伴有恶心、呕吐、腹泻、腹痛等症状。②心肺期。咳嗽、气促和呼吸窘迫，进入呼吸衰竭期，可见呼吸增快、心率增快、肺部可闻及粗大或细小湿啰音。重症者见低血压、休克、心力衰竭等。③恢复期。呼吸平稳，缺氧纠正，少数见持续低热，部分无肺综合征表现。

病理病因 基本病理改变为小血管和毛细血管渗漏，而少数南美国家的HPS病例可伴有明显的肾功能衰竭。但不同病毒引起的HPS的病理变化有差异。如SNV引起的HPS有严重的肺水肿和胸膜渗液，但没有腹膜渗出。而由BAYV引起的HPS除肺水肿和肺不张外，可见严重胸膜渗液、腹膜和心包渗液以及脑水肿。

发病机制 是病毒对细胞的直接损害作用或病毒介导的免疫反应导致细胞受损。此外，多种细胞因子及化学因子在HPS发生中亦起重要作用。目前认为肺脏是本病的原发靶器官，而肺毛细血管内皮细胞是HPS相关病毒感染的主要靶细胞，感染后引起的各种细胞因子作用下导致肺毛细血管通透性增加，引起大量血浆外渗，进入肺间质和肺泡内，引起非心源性肺水肿。

诊断 HPS早期需与流感、败血症和钩端螺旋体病等相鉴别。出现呼吸窘迫症时，需与心源性肺水肿、原发性急性呼吸窘迫综合征、细菌和病毒性肺炎、重症急性呼吸综合征及钩端螺旋体出血性肺炎等相鉴别。

防治 应用药物或机械等方法灭鼠，建立防鼠设施。注意个人卫生，尽量不用手接触鼠类及其排泄物。医务人员接触患者时应注意隔离。体外模式人工氧合法（extra corporeal membrane oxygenation，ECMO）是对HPS患者一种有效治疗手段。

鉴于汉坦病毒HTNV和SEOV型感染的肾综合征出血热，早期应用利巴韦林抗感染治疗有效，因此美国CDC批准HPS早期亦可以试用利巴韦林。

参考文献

白雪帆，王平忠，2011. 肾综合征出血热和汉坦病毒肺综合征研究进展[J]. 中国病毒病杂志，1(4): 241-245.

罗端德，2001. 汉坦病毒肺综合征研究的若干进展[J]. 传染病信息，14(1): 10-11.

王凝芳，1999. 汉坦病毒肺综合征研究现状[J]. 传染病信息，12(1): 17-19.

（撰稿：董国英；审稿：何宏轩）

豪猪 *Hystrix brachyura* Linnaeus

一种体型巨大、四肢短粗、背部和尾部毛特化成棘刺的夜行性啮齿动物。又名马来豪猪、箭猪、刺猪、响铃猪。英文名malayan porcupine。啮齿目（Rodentia）豪猪科（Hystricidae）豪猪属（*Hystrix*）。中国有4亚种：① *Hystrix brachyura hodgsoni* Gray，1847；西藏；② *Hystrix brachyura papae* Allen，1927；海南；③ *Hystrix brachyura subcristata* Swinhoe，1870；云南、四川、重庆、贵州、湖南、广西、广东、香港、福建、江西、浙江、上海、江苏、安徽、河南、湖北、陕西、甘肃；④ *Hystrix brachyura yunnanensis* Anderson，1878；云南。这些亚种的界限（除了海南亚种papae）不显著，似乎是逐渐过渡的，因此亚种的指定可能是武断的。分布广泛，在中国的分布区主要位于南部和中部，包括四川、重庆、贵州、湖南、湖北、广西、广东、香港、福建、江西、浙江、上海、江苏、安徽、河南、陕西、甘肃、西藏、云南及海南。在国外延伸到尼泊尔、印度东北部部分地区，中南半岛（缅甸、泰国、老挝、柬埔寨、越南及马来西亚西部）、新加坡、苏门答腊岛和加里曼丹岛。

形态

外形 体型巨大，眼和耳很小。体长558~735mm，尾长80~115mm，后足长75~93mm，耳长25~38mm，颅全长131~146mm，体重10~18kg。2n=66。有3对侧位乳头。

毛色 额和前背的棘刺基部淡棕色，上部白色；体深棕色；背前部的棘刺正方形，后部的棘刺圆形，棘刺的尖端和基部白色，中部棕色；颈部有一白色条纹。尾有特别的管状刺，端部中空，长20~30cm，尾部摇动时会发出声响。

头骨 粗壮，枕嵴发达，鼻骨长而宽，长于颅全长之半；头骨有膨胀充气的腔。鼻吻部深陷，鼻腔大。臼齿咀嚼面有斜向排列的棱嵴。

生活习性

栖息地 喜阴暗、凉爽、干燥、洁净的环境，可栖息于海拔0~3500m的各种类型的森林或附近的灌木丛，也见于石灰岩质的山林，半开发山区的坡地草丛中，尤喜栖于靠近农作物的山地草坡或密林中。

洞穴 可利用自然的岩石缝及其他动物的旧洞，或自行挖洞，位置多位于山坡腹地或半山凹中。洞穴的位置有季节性变化。冬、春季气候较冷，多位于芒草丛生处，便于觅食，夏秋季天气炎热，洞穴多挖于林中。豪猪通常一个家族共同生活于一个巢穴中，夏季通常雌雄亲本和子代共栖一巢，冬季有集群聚居现象，可见7～10只共栖一穴。其巢穴的构造复杂，由几条洞道连接的主巢、副巢、盲洞组成。盲洞的洞道较小，是遇到危险时避难的场所。洞口一般有2个，有时可达4个，多开口于杂草丛生的隐蔽处，便于紧急脱险。主副巢形状相似，但主巢较大，育仔时有铺垫物。洞穴外有固定的排粪点，离洞口3～4m。

活动规律 属夜行性动物，小群活动，昼伏夜出，栖于深山环境的，日间亦外出觅食。按照一定的路线活动，在其栖息和取食点附近，可看到明显的走道，道路光滑通畅，可见很多咬断的树根和杂草遗迹。豪猪行动较缓慢，常连续数晚于同一地方盗食，甚至盗食时间也相差无几，较易人工捕猎。其不会爬树，但能游泳。

遇敌时硬刺竖立，摇动尾棘发出"嗤嗤"声，鼻息发出"嘘嘘"声，甚至转身以背侧的长刺相向，或倒退以棘刺敌。同其他啮齿动物一样，其门齿锋利，终生生长。

食物 主食植物的块根，也食果实、种子等，盗食的农作物包括红薯、玉米、黄豆、木薯、芋头、花生、菠萝、萝卜、瓜类等。偶尔也食昆虫和小脊椎动物。

繁殖 根据室内饲养的繁殖观察结果，雌性豪猪的性成熟一般10～12月龄，最早的8月龄，最晚的14月龄。雄性豪猪的性成熟一般在12～14月龄，最早的9月龄，最晚的是16月龄。可全年发情交配，但春、秋季为发情旺季。雌性每个发情季有2～4个发情周期，每个周期间隔18～20天，发情期3～4天。其怀孕期90～112天。每年繁殖1～2胎，每胎1～2只幼仔，多者可达4只。初生幼仔体毛较硬，无纺锤形的硬刺，长至1kg左右时才基本形成棘刺。

危害 豪猪的危害中国很早就有记录，如《本草纲目》中记载"豪猪处处深山有之，多者成群害稼，状如猪而项脊有刺，鬣长近尺许……"。其植食性，喜食根茎类部分，是山地地区农田害鼠之一。

防治技术 属中国南方一些山地作物的主要害鼠之一，其栖息的山地环境，使大规模防治比较困难，由于其具有较大的食用和药用价值，人工物理器械捕抓的较多，大规模化学防治的必要性和具体防治情况，需根据实际情况进一步研究。

活动具有一定的规律，夹捕应选用大型的弓形夹置于其常活动的道路，或置放于洞口，诱饵可因地制宜使用其喜欢盗食的作物块茎，如红薯、瓜类等。中夹后，往往猛烈挣扎，容易断肢脱逃。可布放两夹，相距不超过豪猪的体长，当其挣扎时，可被另一夹捕获。

参考文献

SMITH A T, 解焱, 2009. 中国兽类野外手册[M]. 长沙: 湖南教育出版社: 185-186.

郭健民, 王建华, 范晖, 1989. 豪猪(*Hystrix hodgsoni*)染色体的研究[J]. 兽类学报, 9(4): 285-288.

罗冬梅, 2007. 豪猪的生长特性和繁殖生物学研究[D]. 长沙: 湖南农业大学.

全国农业技术推广服务中心, 2012. 主要农作物鼠害简明识别手册[M]. 北京: 中国农业出版社.

徐龙辉, 余斯绵, 1981. 中国豪猪的生活习性和捕捉方法[J]. 动物学杂志(3): 15-18.

(撰稿：王登；审稿：施大钊)

褐家鼠 *Rattus norvegicus* Berkenhout

一种广泛分布于全世界的、主要家栖的鼠种。又名大家鼠、沟鼠、挪威鼠、白尾吊、家耗子。啮齿目（Rodentia）鼠科（Muridae）大鼠属（*Rattus*）。18世纪通过俄罗斯到达欧洲，同时期到达不列颠群岛。1745年，褐家鼠到达美洲，在美洲的大规模入侵主要发生在18世纪60年代和70年代。褐家鼠在中国分布于除西藏以外的所有地区。目前西藏地区已经有褐家鼠的零星捕获记录，但还没有形成种群的报道。新疆地区褐家鼠是1963年后随兰新铁路的建成，随客、货车进入新疆并在新疆各地扩散形成种群。在东北地区，褐家鼠广泛分布于农田、山林及居民区；其他地区以居民区为主，在居民区和农田之间随季节迁移。

形态

外形 褐家鼠分布范围广泛，总体上形态特征极其相近。然而，不同地区不同亚种褐家鼠个体大小差异较大，在某些形态指标上还存在一定的差异。吴德林（1982）认为中国大陆褐家鼠有4个亚种。指名亚种（*Rattus norvegicus norvegicus* Berkenhout），其体型最大，后足长平均40mm以上；华北亚种（*Rattus norvegicus humiliates* Milne Edwards），体型最小，平均后足长30mm左右；东北亚种 *Rattus norvegicus caraco* Pallas 和甘肃亚种 *Rattus norvegicus socer* Miller 体型中等，后足长平均大于34mm，小于40mm，前者体色较暗，后者色淡。也有学者认为，褐家鼠的分类要更为复杂，仅中国褐家鼠的形态要远远比吴德林描述的多样化。

褐家鼠为中等体型鼠类，粗壮。尾短而粗，明显短于体长，但超过2/3体长。尾毛稀少，表面环状鳞清晰可见。头小，吻短，耳短而厚，前折不能遮住眼部。在广西桂平采集的褐家鼠样本，耳朵相对薄而长，体态也相对修长。后足

褐家鼠（刘晓辉提供）

粗大。雌鼠乳头6对，其中胸部2对，腹部1对，鼠蹊部3对。

中国北方（如东北地区）褐家鼠体型较小，成体体重在 90~300g；南方地区（如海南、广东地区）褐家鼠体型较大，成体体重在 180~500g。

毛色 褐家鼠毛色因年龄和栖息环境不同而异，一般体背毛色为棕褐色或灰褐色，毛基深灰色，毛尖棕色或褐色，头部和背中部毛色较深，腹毛灰白色，足背毛白色。此外，也有全黑或全白色的个体。尾双色，上面黑褐色，下面灰白色，是区别于黄胸鼠、大足鼠的重要毛色特征。

头骨 褐家鼠头骨粗壮，成体颅骨的顶骨两侧颞嵴平行，是区别于其他啮齿类动物的主要特征。亚成体及幼体颞嵴呈弧形。颧宽为颅长的 47.7%~49.7%，鼻骨长，后端约与前颌骨后端在同一水平线或稍超出或不及。门齿孔达第一上臼齿基部前缘水平。上臼齿具三纵列齿突，横嵴外齿突趋向退化，第一上臼齿的第一横嵴外齿突不明显，齿前缘无外侧沟。听泡长为颅长的 17%~17.2%。

主要鉴别特征 褐家鼠是最常见的鼠种之一。其外形的典型特征是体形粗壮，尾短粗，尾长明显短于体长。最主要的解剖学鉴别特征是成体头骨颞嵴平行。

生活习性

栖息地 褐家鼠以家栖为主，在中国仅在东北地区大量分布于田间、山林。褐家鼠最喜欢阴暗潮湿、杂乱肮脏的场所，管理不善的仓库、厨房、畜圈、垃圾堆和阴沟等是最宜滋生褐家鼠的场所。在田间喜欢栖息于邻近水源的堤坡、杂草丛生的田埂。褐家鼠有群居习性，族群成员尤其雄性个体间存在等级现象。

洞穴 洞穴构造比较复杂。在居民区一般有 2~4 个洞口，大都在墙角下或阴沟中，通常一个进口，洞口处有颗粒状松土堆，内口光滑；洞道长 50~210cm，分支多，地下洞深达 150cm，有时能到室外或另一室；一般只有 1 个窝巢，呈碗状，多利用破布、烂棉絮、兽毛、废纸等物筑巢。在野外一般 2 个洞口，少数 3~4 个；常用稻草、杂草、粟、黍茎叶等筑巢。

食物 褐家鼠为杂食性动物，与栖居环境有关，以其食物条件不同各有所好。褐家鼠取食所有的粮食、蔬菜及瓜果类作物，如稻谷、玉米、小麦、小米、葵花子、南瓜子、花生米、豆类、马铃薯、苹果、梨等。家栖褐家鼠还取食鱼、肉、蛋和人们的剩饭等。在粮库中以粮食为主；在冷库中以肉食为主；在养殖场取食饲料，甚至咬死小鸡偷食鸡蛋。在农田中以盗食粮食为主。在河边湖畔则喜食鱼类、软体动物和两栖类。褐家鼠也取食小型啮齿类动物、昆虫、鸟类及其卵。可见，褐家鼠在食性方面适应能力极强。

活动规律 以夜间活动为主，但不是典型的夜行鼠类，日间各个时段也有活动。活动强度日落后显著升高，以日落后 2 小时左右和黎明前活动频率最高。大部分在以居民点为中心的 0.5km 范围活动，有记录报道其活动范围能够超过 2km。具有较强的"新物回避"习性，对新放置的食饵不立即取食，也不随便进入诱捕器，通常需要 1 天、2 天的观察、试探。褐家鼠随季节变化，在居民区和田间迁移危害。在南方双季稻区，每年 4 月大量迁入田间，11 月晚稻收割后迁到住宅区。但由于南方气候适宜，田间能全年危害。中国北方地区（如东北三省），在每年 6 月开始大量迁入田间，10 月随庄稼成熟，田间数量达到高峰，10 月底至 11 月初迁入农舍。在农দ形成以村屯为核心栖息地，随季节而迁移的栖息习性。然而，迁移都不是全部的，夏秋室内和冬季田野都会留存一部分褐家鼠。

繁殖 褐家鼠生殖力极强，雌鼠产后一两天又能交配受孕。胎仔数 8~14 只，孕期 21 天，约 3 月龄性成熟。中国不同农业生态系统环境，气候差异显著，不同生态区褐家鼠繁殖也存在较大差异。广东地区褐家鼠全年都能繁殖，种群性成熟体重 180~200g，这一发育阶段雌性开始受孕，雄性附睾能够检测到成熟精子的存在。广东地区褐家鼠繁殖的季节性差异不大，每年 3~4 月和 9~10 月呈现两个妊娠高峰，雄性睾丸平均重量也以这两个时期的为最大；每年最炎热潮湿的 6~8 月，是相对的繁殖低谷。在这一地区，褐家鼠种群数量季节性波动较小，以两个妊娠高峰后期及其后 1~2 个月为相对数量高峰期。

长江流域褐家鼠全年都能繁殖，种群性成熟体重 100~130g，这一发育阶段雌性开始大量受孕，雄性附睾中多能见成熟精子。这一地区褐家鼠种群在每年 4~5 月和 9~10 月呈现两个妊娠高峰，种群数量每年 6~8 月形成第一个高峰，11 月形成第二个高峰。

黑龙江省地处寒温带，是中国最北端的省份。这一地区褐家鼠种群呈现明显的季节性繁殖特征。种群性成熟体重 80~100g，这一发育阶段雌性开始大量受孕，雄性附睾中多能见成熟精子。这一地区褐家鼠种群在每年 5~6 月开始进入妊娠高峰，9 月开始妊娠率急剧下降。农田中种群数量每年 6 月以后开始进入高峰期，整个春夏季维持较高的水平，10 月底至 11 月开始急剧下降。

社群结构与婚配行为 褐家鼠社群存在一种稳定的、近乎线性社群等级，尤其是雄性，其社群等级与年龄相关。在不熟悉的个体相遇时，一般较大的个体在竞争中获胜。然而一旦一个群体中个体的社会地位稳定之后，优势个体将能够长期维持这种优势地位。在一个稳定群体内，年龄而非个体大小是个体社会地位更好的预测因素。经常，优势个体的体型比从属个体体型还要小。这种社群等级现象称为"固定优势"。在这种情况下，优势雄鼠有优先获得食物的机会。尽管社群内雄鼠存在明显竞争食物及配偶的现象，但处于低等级的从属个体能够通过调整取食方式接近食物。同时，不存在优势雄鼠独享与发情雌性交配权的可能，很多从属鼠也能够获得交配的机会，甚至比社群地位更高的个体获得更多的交配机会。之所以出现这种与社群地位不相关的交配机会的现象，与褐家鼠的交配行为有关。褐家鼠雌性动情期一般为 1 天，发情期的雌鼠被多只雄鼠尾随，雄鼠通过爬跨竞争获得与雌性的交配机会。在这种情况下，雄性为避免追逐雌性时失去交配的机会，个体之间很少有机会相互影响或相互竞争，因此优势雄鼠不可能独享与发情雌性的交配权。在这期间，雌性与不同的雄性频繁地发生交配，但雌性的交配是有选择的，在与单一的雄性建立较弱关系的同时，也与其他雄性存在一定程度的混交现象。

种群数量动态

季节动态 北方褐家鼠具有明显的季节性繁殖特征，黑龙江农区褐家鼠种群数量从5月底、6月初开始上升，8～9月达到高峰，10月开始迅速下降，10月底至11月降低到年度最低水平。一般情况下，每年12月直至翌年4月，田间褐家鼠夹捕率为0。南方褐家鼠能够全年繁殖，在每年妊娠高峰期后1～2月，相应也出现种群数量高峰。如湖南地区褐家鼠种群在每年4～5月和9～10月呈现两个妊娠高峰，种群数量每年6～8月形成第一个高峰，11月形成第二个高峰。广东地区春季妊娠高峰期比湖南地区略早，每年3～4月形成第一个妊娠高峰，第二个高峰则和湖南地区基本相同，其种群数量每年6～7月形成第一个高峰，11～12月形成第二个高峰。村屯等居民区褐家鼠种群数量的季节性特征不明显，这与村屯中褐家鼠栖息环境、食物来源等相对稳定有关。褐家鼠为家野两栖鼠，有随田间作物成熟在村屯及田间迁移的习性，对褐家鼠种群数量有一定的影响。

年间动态 不同地区褐家鼠种群的年间动态尽管存在一定差异，但不同地区褐家鼠的年间动态呈现类似的波动。王勇等报道，洞庭湖区褐家鼠在1982—1984年暴发性增长，最高夹捕率几乎高达50%；20世纪80年代中期开始下降，到1990年一直保持在较低的水平（夹捕率低于4%）；1997年出现一个小高峰，夹捕率接近8%；随后至2001年一直处于下降趋势，尤其2000年和2001年，夹捕率接近0。同处于长江流域的江苏省，江宁区的调查结果表明这一地区褐家鼠种群数量变化与湖南地区类似。1985—1987年处于相对高峰（夹捕率大于1%）；1988—1993年处于低谷期（夹捕率最低至0.17%）；1994年开始回升，1996年夹捕率达3.9%；1997年有所回落，与王勇报道结果相似。贵州省三都县1990—2008年调查数据表明，1990—1993年褐家鼠种群维持在一个较高水平（夹捕率大于8%）；1994年略为回落；1995年夹捕率低至5.75%后又开始回升；1997年形成一个高峰（夹捕率9.43%）；从1998年开始回落，2004年夹捕率降至最低谷（夹捕率0.82%）后开始回升；至2008年一直处于上升阶段，2008年夹捕率达到3.5%。贵州省息烽县1986—2009年数据显示，1986—1987年为高峰年，夹捕率平均高达9.26%；1988年快速回落（平均夹捕率为2.16%），之后一直处于上升期，至1993年达到高峰（平均夹捕率8.65%）；1994—1995年维持相对较高水平（夹捕率5%～6%）；从1996年开始下降，至2004年回落至低谷（平均夹捕率1.09%）后开始缓慢上升，至2009年平均夹捕率为2.38%。这4个地区，尽管年份有所不同，夹捕率绝对值不同，但年间褐家鼠种群数量波动十分相似。目前由于缺乏其他更多地区的资料，尚无法确定这种趋势是否代表了中国农区褐家鼠种群数量波动的总体规律。进一步调查对于褐家鼠的监测预警以至于综合治理将是十分必要的。

危害 褐家鼠家野两栖，是全球数量最多、危害最大的鼠种。来自农业部监测网点的数据表明，褐家鼠为中国农区鼠害中的平均捕获率第二高的种类，仅仅排在黑线姬鼠之后。然而，褐家鼠平均体重为黑线姬鼠的2～3倍，危害远远超过黑线姬鼠。褐家鼠为杂食动物，食性极广，但最喜食肉类与瓜果等含脂肪高或含水分多的食物。家栖褐家鼠几乎取食所有的食物：粮食、蔬菜、鱼、肉、蛋和人们的剩饭。在冷库中以肉食为主；在粮库中以粮食为主；在养鸡场的取食鸡饲料和鸡蛋，甚至咬死小鸡；栖居在厕所中的以粪便为食；在河边湖畔的则喜食鱼类、软体动物和两栖类。曾经有报道，褐家鼠偷食养殖场中的海参。褐家鼠也取食小型啮齿动物、昆虫、鸟类及其卵。中国主要粮食作物水稻、玉米、小麦、大豆都是褐家鼠的喜食作物。在作物播种期，褐家鼠主要盗食刚入播的种子，造成缺苗断垄；在灌浆期和收获期，褐家鼠盗食灌浆或成熟的种子；入库储藏期，褐家鼠是危害最重的仓储害鼠之一。褐家鼠的野栖种群还有储粮习性，一个洞内可存粮5kg，多的可达25kg。

20世纪80～90年代，中国长江中下游地区褐家鼠大暴发，湖北、湖南、江西、安徽、四川、山东等16个省份农作物和家禽家畜遭受严重危害。"十一五"期间，褐家鼠在中国东北三省大规模成灾。玉米田中，褐家鼠主要在灌浆期危害。褐家鼠具有一定的攀爬能力，随着玉米灌浆成熟，褐家鼠大量迁入农田，爬上玉米穗危害。以嫩玉米产出为主的甜玉米、水果玉米等品种，由于口感香甜，尤其容易吸引褐家鼠的危害。稻田中，褐家鼠主要在水稻灌浆成熟后大量侵入稻田危害。褐家鼠能够采取跳跃的方式，直接将稻穗从顶端咬断，取食稻谷；东北地区有在田间晾晒稻谷的习惯，在此期间，也会导致褐家鼠的盗食。褐家鼠还以类似的方式危害小麦、大豆等粮食作物。褐家鼠还喜食甜瓜等果蔬产品。在粮食作物中套种的少量瓜果、蔬菜，或者瓜果蔬菜中套种少量粮食作物，尤其容易招致褐家鼠危害。新疆维吾尔自治区还有褐家鼠危害棉花的报道。褐家鼠是最主要的仓储害鼠。以稻谷为标准，褐家鼠平均每天大约取食稻谷15～20g，一只褐家鼠每年吃5～7kg粮食，而由于啮齿类磨牙习惯导致损耗的粮食更多。

另外，由于褐家鼠为家栖鼠，在室内除盗食粮食以及各种食物外，还损毁家具、衣服等各种器物，咬断电线引起设备故障甚至火灾。在家畜家禽饲养场，褐家鼠除盗食饲料等，甚至咬伤牲畜、家禽。此外，褐家鼠还是疾病的宿主与传播者，褐家鼠传播的疾病包括鼠疫、流行性出血热、狂犬病等22种。

防治技术

农业防治 农业防治措施主要是指与农田耕作相结合，通过改变和恶化鼠类栖息及生存环境以抑制鼠类种群数量，控制鼠类危害的方法。褐家鼠为家野两栖鼠类，在农区以村屯为中心，随作物成熟以及季节变化，在房舍区及农区之间迁移危害。除村屯外，缺乏管理、植被茂密的田埂、地头、防风林带等是褐家鼠主要隐蔽场所。结合褐家鼠的生物习性，主要农业防治措施如下：①统筹安排农田布局，减少田埂、田间草地、荒地面积，以减少褐家鼠栖息地及避难所。②在有条件的情况下，尽可能同一种作物大面积连片种植，可以有效减少鼠类的危害。③轮作、倒茬，加强田间管理，对闲置地进行伏翻、冬翻，破坏鼠类的栖息环境和食物条件，可有效降低鼠类的数量。④及时秋收，减少成熟作物在田间留存的时间，减少秋收期褐家鼠的盗食。⑤改善储藏条件，减少农作物在场院晾晒时间，加强储藏场所防鼠设施，降低褐家鼠在作物储藏期危害及越冬。

生物防治　褐家鼠的天敌主要包括食肉类小型哺乳动物如猫、黄鼠狼，以及经过训练的狗。猛禽类如猫头鹰、爬行动物如蛇类也捕食褐家鼠。猫作为大众化饲养的宠物，对居民区褐家鼠具有非常好的控制作用。猫的存在，除了对褐家鼠的捕食作用，猫及其活动留下的气味对褐家鼠具有很强的威慑作用，可以有效减少褐家鼠的危害。但生物防治主要对低密度种群有较强的控制作用，一般无法控制暴发式褐家鼠危害。因此生物防治主要作为一种辅助措施，与其他措施相结合，才能有效控制鼠类的危害。

物理防治　器械灭鼠是使用比较悠久的物理防治方法。器械灭鼠不适于在农田等较大范围控制鼠类危害，但可以用于较小范围鼠害的控制、鼠密度调查等。鼠夹是最常用的器械，北方褐家鼠防治可以选择使用中号鼠夹，南方褐家鼠防治可以考虑选用大号鼠夹。TBS（trapping barrier system）技术是近年来农业部门大力推广的一项技术，非常适宜于农牧交错带鼠类的控制。其原理是通过在用铁丝网围起来的小面积农田中种植早熟或鼠类喜欢的作物，引诱农田中的鼠类取食，在铁丝网的底部开口，为鼠类的通行留下通道，但在入口处设置捕鼠装置，从而达到长期控制鼠类数量的目的。目前已有商业化生产的TBS。对于褐家鼠的治理，TBS中可以种植早熟玉米、甜玉米、甜瓜、花生等作物作为诱饵作物。

化学防治　化学防治对于控制大规模暴发性鼠害仍是目前最为有效的措施。在目前以生态学理念为基础的鼠害综合治理策略框架中，要求谨慎使用化学防治技术。这项技术，目前主要用于暴发性鼠害的应急治理。褐家鼠家野两栖，食性杂，并且具有"新物回避"的习性，即对环境中出现的新物品（如鼠夹、鼠笼、毒饵等）保持很高的警觉，直到熟悉后才接触。这些习性对褐家鼠化学防治中诱饵的选择、布放提出了很高的要求。

诱饵　褐家鼠食性杂，不同环境可以选择不同毒饵。如村屯、房舍区褐家鼠的防治，在仓房等食物充足的场所，可以选择褐家鼠爱吃的花生、油条等作为饵料，缺失水源比较干燥的场所，可以直接用番薯等含水分较多的饵料，甚至直接用毒水。农田等大范围灭鼠，从成本考虑，目前还是以小麦或大米为主要饵料。为提高农田防鼠效果，防鼠时期选择在播种期或出苗期比较好，这一时期，田间食物相对缺少，放置的毒饵对褐家鼠具有更好的吸引力。而从拟合褐家鼠的取食行为来讲，无论是村屯、房舍区还是农田环境，毒饵站的使用可以使毒饵的使用效率最大化。毒饵站可以防止猪、狗、鸡、鸭等其他动物的误食，并且拟合褐家鼠钻洞、溜墙根、喜欢阴暗遮蔽环境等习性，能够极大提高毒饵的吸引力。目前已经有商品化的毒饵站出售，如农田中可以使用常见的PVC管毒饵站。

杀鼠剂　按照农业部相关规定，鼠类防治必须选择已经注册登记的各类杀鼠剂及相关制剂、毒饵。由于药剂登记具有时限，杀鼠剂信息及相关政策可查阅农业农村部下属官方网站中国农药信息网，网址：http://www.chinapesticide.org.cn/。目前中国主要化学杀鼠剂为抗凝血剂类杀鼠剂，如敌鼠钠盐、溴敌隆等，可以有效防治鼠类的危害。常见抗凝血剂类杀鼠剂对鼠类的致死中量或者使用浓度如下：

第一代抗凝血杀鼠剂：杀鼠灵（warfarin，灭鼠灵、华法灵），分子式 $C_{19}H_{15}O_4$；化学名称 3-(-1-丙酮基苄基)-4-羟基香豆素；推荐使用浓度为 0.005%～0.025%。

敌鼠（diphacinone）和敌鼠钠（sodium diphacinone），分子式分别为 $C_{23}H_{16}O_3$ 和 $C_{23}H_{15}O_3Na$，化学名称分别为 2-二苯基乙酰基-1,3-茚满二酮及其钠盐；推荐使用浓度为 0.02%～0.03%，用 0.03% 敌鼠钠大米毒饵在农田连续投饵 3 次，投饵量每亩 150g，灭鼠效果可达 90% 以上。

氯鼠酮[氯敌鼠（chlorophacinone）、利发安]，分子式 $C_{23}H_{15}ClO_3$；对褐家鼠 LD_{50} 为 9.60～13.00mg/kg，使用浓度为 0.0125%～0.025%。该药目前在中国取消登记。

杀鼠醚（coumatetralyl，萘满香豆素、立克命），分子式 $C_{19}H_{18}O_3$；对褐家鼠一次服药 LD_{50} 为 16.5～20mg/kg，5 次服药 LD_{50} 为 0.3mg/kg。

第二代抗凝血杀鼠剂：溴敌隆（bromadiolone，乐万通、小隆等），分子式 $C_{30}H_{23}BrO_4$，化学名称 3-(-4-羟基-3-香豆素基)-3-苯基-1-(对溴联苯基)丙醇；对褐家鼠 LD_{50} 为 1.12mg/kg；常用毒饵浓度为 0.005%。

溴鼠灵（brodifacoum，大隆），分子式 $C_{31}H_{23}O_3Br$，化学名称 3-[3-(对溴联苯基)-1,2,3,4四氢萘基]-4-羟基香豆素；对褐家鼠 LD_{50} 为 0.27mg/kg；使用浓度 0.001%～0.005%。

氟鼠酮（flocoumafen，杀它仗），分子式 $C_{32}H_{26}O_4F_8$，化学名称 3-[3-(4-三氟甲基苯氧苄基-4-苯基)-1,2,3,4四氢化萘基]-4-羟基香豆素；对褐家鼠 LD_{50} 为 0.40mg/kg；使用浓度为 0.025%。

（撰稿：刘晓辉；审稿：王大伟）

褐色脂肪组织　brown adipose tissue

主要由多泡脂肪细胞以及丰富的神经和血管组成、主要功能为产热的器官。又名棕色脂肪组织（BAT）。组成褐色脂肪组织的细胞含有许多小脂滴、并有大量线粒体，线粒体嵴窄而密集，线粒体内膜表达解偶联蛋白1，其表面有大量嘌呤核苷结合位点，并且在细胞周围有丰富的交感神经末梢和毛细血管。其中，小脂滴使细胞具有快速调动甘油三脂的能力，线粒体使其具有高的氧化和能量转化能力，毛细血管可增强向褐色脂肪细胞提供营养和运出热量的能力。褐色脂肪组织受中枢神经系统控制，尤其是下丘脑的控制；当动物受到寒冷刺激时，神经中枢系统可诱导交感神经系统的突触释放去甲肾上腺素，激活细胞，增加产热。

褐色脂肪组织几乎存在于所有哺乳动物体内，最早由格斯那在解剖土拨鼠时发现。在啮齿类实验动物体内，如大鼠、小鼠和仓鼠，BAT主要围绕颈部和胸部点状分布，比如颈背部、肩胛间、腋下、胸腔、锁骨上、胸骨上和肾周，其中最大的一块分布在颈背部肩胛间。在婴儿体内，BAT分布在肩胛间、后颈、颈部肌肉周围、锁骨下延伸到腋窝的区域、气管周围、食道周围、肋间、乳房动脉周围、腹主动脉周围、肾脏附近和肾上腺附近。在成人体内，

BAT的量很少，以至于长期被忽视，但是最近的研究采用氟代脱氧葡萄糖—正电子发射计算机断层扫描技术（FDG-PET-CT）揭示了在成人体内存在代谢活跃的BAT。肩胛间是褐色脂肪组织的主要分布区，且肩胛间褐色脂肪组织（iBAT）便于识别和解剖，因此在大多数啮齿类的研究中被采用。

褐色脂肪组织的主要功能是产热，并在动物的体温调节和能量平衡中发挥作用，此外它还是一种分泌器官。作为哺乳动物非颤抖性产热（NST）的主要来源，褐色脂肪组织的产热对小型哺乳动物在寒冷环境中的生存和冬眠动物的觉醒至关重要。随着肥胖在全球的蔓延，褐色脂肪组织在能量平衡中的作用受到关注。BAT总量和体重指数（BMI）呈负相关，因此增加或激活BAT有助于治疗肥胖。褐色脂肪组织功能的大面积丧失可使肥胖加重。

最新的证据显示，在啮齿类和人体内存在两种UCP1型产热细胞，即褐色脂肪细胞和米色脂肪细胞，且两种细胞具有各自独立的谱系。以啮齿类为例，经典的褐色脂肪主要围绕颈部和胸部点状分布，而米色脂肪则是动物在面临多种刺激时于白色脂肪内发育形成。虽然二者来源和具体分布不同，但在受到充分刺激后却含有相当的UCP1，这暗示两种细胞具有类似的产热能力。同时，这两种产热细胞的产热过程受交感神经调控。此外，啮齿动物模型的研究表明，褐色、米色脂肪细胞的活动均可影响动物的能量平衡。因此，两种产热细胞均有应用于治疗肥胖的潜力，但其发育和激活的转录调控机制或有不同。

参考文献

王德华, 王祖望, 1992. 褐色脂肪组织及其产热研究进展[J]. 生态学杂志, 11(3): 43-48.

BAL N C, MAURYA S K, SOPARIWALA D H, et al, 2012. Sarcolipin is a newly identified regulator of muscle-based thermogenesis in mammals[J]. Nature medicine, 18(10): 1575-1579.

CYPESS A, LEHMAN S G, TAL I, et al, 2009. Identification and importance of brown adipose tissue in adult humans[J]. New England journal of medicine, 360(8):1509-17.

CANNON B, NEDERGAARD J, 2004. Brown adipose tissue: function and physiological significance[J]. Physiological reviews, 84(1): 277-359.

DAVIS V, 1980. The structure and function of brown adipose tissue in the neonate[J]. Journal of obstetric, gynecologic & neonatal nursing, 9(6): 368-372.

HSIEH A C L, CARLSON L D, 1957. Role of adrenaline and noradrenaline in chemical regulation of heat production[J]. American journal of physiology, 190(2): 243-246.

HARMS M, SEALE P, 2013. Brown and beige fat: development, function and therapeutic potential[J]. Nature medicine, 19(10): 1252-1263.

MORRISON S F, MADDEN C J, Tupone D, 2014. Central neural regulation of brown adipose tissue thermogenesis and energy expenditure [J]. Cell metabolism, 19(5): 741-756.

MASAYUKI S, YUKO O O, MAMI M, et al, 2009. High incidence of metabolically active brown adipose tissue in healthy adult humans: effects of cold exposure and adiposity[J]. Diabetes, 58(7):1526-31.

MILNER R E, TRAYHURN P, 1989. Cold-induced changes in uncoupling protein and GDP binding sites in brown fat of ob/ob mice[J]. American journal of physiology, 257(2): R292-R299.

NICHOLLS D G, LOCKE R M, 1984. Thermogenic mechanisms in brown fat[J]. Physiological reviews, 64(1): 1-64.

NEDERGAARD J, CANNON B, 2010. The changed metabolic world with human brown adipose tissue: therapeutic visions[J]. Cell metabolism, 11(4): 268-272.

OUELLET V, ROUTHIER-LABADIE A, BELLEMARE W, et al, 2011. Outdoor temperature, age, sex, body mass index, and diabetic status determine the prevalence, mass, and glucose-uptake activity of 18F-FDG-detected BAT in humans[J]. The journal of clinical endocrinology & metabolismn, 96(1): 192-199.

OELKRUG R, POLYMEROPOULOS E T, JASTROCH M, 2015. Brown adipose tissue: physiological function and evolutionary significance[J]. Journal of comparative physiology B, 185(6): 587-606.

SAITO M, OKAMATSU-OGURA Y, MATSUSHITA M, et al, High incidence of metabolically active brown adipose tissue in healthy adult humans: effects of cold exposure and adiposity[J]. Diabetes, 58:1526-1531.

SEALE P, CONROE H M, ESTALL J, et al, 2011. Prdm16 determines the thermogenic program of subcutaneous white adipose tissue in mice[J]. The journal of clinical investigation, 121(1): 96-105.

SEALE P, 2015. Transcriptional regulatory circuits controlling brown fat development and activation[J]. Diabetes, 64(7): 2369-2375.

VITALI A, MURANO I, ZINGARETTI M C, et al, 2012. The adipose organ of obesity-prone C57BL/6J mice is composed of mixed white and brown adipocytes[J]. Journal of lipid research, 53(4): 619-629.

VAN MARKEN LICHTENBELT W D, VANHOMMERIG J W, SMULDERS N M, et al, 2009. Cold-activated brown adipose tissue in healthy men[J]. The new England journal of medicine, 360:1500-1508.

WU J, BOSTRÖM P, SPARKS L M, et al, 2012. Beige adipocytes are a distinct type of thermogenic fat cell in mouse and human[J]. Cell, 150(2): 366-376.

（撰稿：郭洋洋；审稿：王德华）

黑耳鸢　*Milvus lineatus* Gray

鼠类的天敌之一。又名俄老刁、老鸢、牙鹰、岩鹰、鸢鸟、鹞鹰、吹哇(藏)等。英文名black-eared kite。鹰形目（Accipitriformes）鹰科（Accipitridae）鸢属（*Milvus*）。

此鸟为中国最常见的猛禽。留鸟分布于中国各地，包括台湾、海南及青藏高原高至海拔5000m的适宜栖息生境。国外分布于非洲、亚洲其他地区至大洋洲各国。

形态　似黑鸢但耳羽黑色，体型略大（61cm）的深褐色猛禽。上体暗褐色，尾棕褐色，凹形略显分叉，尾具有黑色和褐色横带。覆羽黑褐色或淡褐色，初级飞羽内翈基部白色，形成翼下一大型白色斑，飞行时极醒目。下体、颏和喉灰白色，具细羽干纹；胸、腹两胁棕褐色具粗羽干纹，下腹至肛门棕黄色，尾下覆羽灰褐色，翅上覆羽棕褐色。

虹膜褐色；嘴灰色，腊膜蓝灰；脚灰色。

叫声：尖厉嘶叫 ewe-wir-r-r-r-r。

生态及习性 黑耳鸢喜平原、草地、荒原和低山丘陵地带，也常在城郊、村庄、田野、湖泊上空活动，高可至5000m以上的森林、草原地带。利用上升的热气流升入高空长时间地盘旋翱翔。两翅平展不动，尾亦散开，不断摆动和变换形状以调节前进方向。视力敏锐，性机警。

主要以鼠类、小鸟、蛇、蛙、鱼、野兔、蜥蜴和昆虫等动物性食物为食，偶尔也吃家禽和腐尸。觅食主要通过在空中盘旋来观察和寻觅食物，当发现地面猎物时迅速俯冲直下，扑向猎物，抓住猎物飞至树上或岩石上啄食。常捕田间害兽，对农林有很大益处。

黑鸢的繁殖期为4~7月。营巢于距地面10m以上的大树顶部或悬岩上。巢主要由干树枝构成，结构较为松散。雌雄亲鸟共同营巢，通常雄鸟运送巢材而雌鸟留在巢上筑巢。巢大小为40~100cm。每窝产卵2~3枚，也有少至1枚和多至5枚的情况，卵椭圆形，白色带血红色点斑。亲鸟轮流孵卵，孵化期约38天。雏鸟晚成性，由雌雄亲鸟共同抚育，约42天雏鸟羽翼丰满，即可飞翔。

参考文献

约翰·马敬能，卡伦·菲利普斯，何芬奇，2000. 中国鸟类野外手册[M]. 长沙：湖南教育出版社.

赵正阶，2001. 中国鸟类志[M]. 长春：吉林科学技术出版社.

郑光美，2011. 中国鸟类分类与分布名录[M]. 2版. 北京：科学出版社.

（撰稿：李操；审稿：王勇）

黑腹绒鼠 *Eothenomys melanogaster* Milne-Edward

中国南方常见的鼠种之一。又名黑线绒鼠、绒鼠，俗称猫儿老壳耗子、地滚子。英文名père david's vole。啮齿目（Rodentia）仓鼠科（Cricetidae）绒鼠属（*Eothenomys*）。分布于浙江、福建、甘肃、陕西、安徽、江西、湖北、湖南、广东、广西、四川、云南、贵州、台湾等地。在贵州分布于贵阳、江口、安龙、榕江、都匀、独山、荔波、瓮安、凯里、绥阳、黎平、余庆、开阳、雷山等县（市、区）。国外见于印度阿萨姆、缅甸北部和中南半岛。中国有6个亚种：指名亚种（*Eothenomys melanogaster melanogaster*），分布于陕西、甘肃、四川等地。南方亚种（*Eothenomys melanogaster colurnus*），分布于广东、安徽、福建、浙江等地。湖北亚种（*Eothenomys melanogaster anrora*），分布于湖北等地。云南亚种（*Eothenomys melanogaster miletus*），分布于云南等地。西南亚种（*Eothenomys melanogaster eleusis*），分布于贵州、云南、四川等地。台湾亚种（*Eothenomys melanogaster kanoi*），分布于阿里山等地。

形态

外形 体形肥满而粗笨，略呈地下生活型。体较粗壮，尾较短，仅及体长的1/3左右。眼小，耳短。属小型鼠类，体重13~35g，体长87~108mm，尾长30~42mm，后足长17~19.8mm，耳长9.5~13mm，颅全长32.8~26.5mm，腭长12~14mm，颧宽13.2~15.5mm，乳突宽11~12.6mm，眶间宽约4mm，鼻骨长7.2~7.9mm，上颊齿列长4.7~6.8mm，口腔两侧颊毛排列约2.2mm长，颊毛长一般2mm，最长2.8~3mm（见图）。

贵州省余庆县黑腹绒鼠平均体重为27.90±0.75g，范围13.46~34.50g；平均胴体重为20.14±0.59g，范围9.58~27.00g；平均体长为97.35±1.19mm，范围70.00~110.00mm；平均尾长为37.75±0.67mm，范围25.00~45.00mm，尾长明显短于体长，尾长仅占体长的38.64%，两性之间体重、胴体重、体长、尾长无显著性差异。

与中国其他地区黑腹绒鼠形态特征比较，贵州余庆黑腹绒鼠平均体重与浙江义乌地区平均体重26.75±0.77g比较，差异不显著，但明显高于四川安州黑腹绒鼠平均体重23.90±0.67g和陕西平利黑腹绒鼠平均体重17.13±2.45g，差异极显著。余庆黑腹绒鼠平均体长与四川安州黑腹绒鼠平均体长98.49±0.28mm比较，差异不显著，与陕西平利黑腹绒鼠平均体长95.20±4.78mm比较，差异亦不显著；余庆黑腹绒鼠尾长占体长的38.77%，与贵阳黑腹绒鼠尾长占体长的40.64%比例相接近。说明同一种鼠类在不同地区之间形态特征具有相对稳定性和差异性，尤其是体重易受食物和环境的影响而变化。

毛色 体背毛色棕褐色，毛基黑灰，毛尖赭褐色；背毛中杂有全黑色毛。口鼻部黑棕色；腹毛暗灰色，但中央部分毛色稍黄。足背黑棕色；尾上面毛色同背，下面同腹色。腹部有乳头2对。

头骨 颅骨平直，眶间较宽，颧骨略外突。眶后嵴、人字嵴及矢状嵴均不明显；腭骨后缘无骨质桥。第一上白齿外侧3个内侧4个突出角，第二上白齿有二对称相连的三角形齿环，第三上白齿最后一个齿叶的末端向后伸延。

主要鉴别特征 通体黑褐色，腹毛黑灰色，毛尖黄白色。尾短于体长之半。第一下白齿左右对应的三角形中间融合，第一上白齿内侧4突角，外侧3突角；第三上白齿内外均3突角。

黑腹绒鼠（杨再学提供）

生活习性

栖息地 在不同地区之间种群密度和种群组成比例不同。在贵州余庆旱地耕作区密度较低，平均捕获率仅0.24%，低于贵州凯里0.42%、浙江西天目山0.53%、浙江金华1.17%。在贵州省82个县（市、区）调查，黑腹绒鼠在农耕区占总鼠数的0.33%，在住宅区未捕获到；在贵州余庆黑腹绒鼠占总鼠数的5.60%；在贵州凯里占总鼠数的6.60%；而在四川安县、北川、平武、江油、绵竹、什邡等地林区占人工林中鼠种的36.95%，是川西北林区的优势鼠种；在浙江西天目山和金华高达90.20%，主要分布在当地海拔1000m以上的山地，随着海拔高度的增加，其捕获率也逐渐增加。

生境土壤肥沃而疏松，腐殖质厚，乔木郁闭度在0.7以下，灌丛盖度低于50%，雨量充沛，林下较潮湿，以莎草科和禾本科植物为主，不但盖度在90%以上，而且在地表有较厚的枯草层。

洞穴 掘洞能力很弱。洞口一般有2~4个，平均3.36个，最多8个。洞道结构较为简单，功能区分不明显，不像竹鼠、鼢鼠、沙鼠等其他鼠类洞系分贮藏室、卧室、厕所等，其结构大致可区分为洞道、临时巢、繁殖窝和土洞四个部分。洞道在杂草和腐殖质下面，也是它们选择杂草和腐殖质很厚的生境之原因。洞道多呈网状分布，有许多盲道，平均距地面深度为13.46±9.09cm，最深80cm，最浅3cm。洞道平均长度为776.33±487.08cm，最长2000cm，最短283cm。在洞道中不断有向土层下掘20cm以内的盲洞，盲洞内带有一些针叶或果实，或花穗等食物，很少见超过20cm深的土洞，偶见都是沿树根深入，尤其是直根系的树种，如油松，它们的根有松土作用，便于挖掘。冬季未见有贮粮习性，故冬季也会觅食。临时巢系洞道内膨大的部分，可能是其栖息、临时贮食的场所。有的临时巢内有食物残余，主要为绿色植物的枝、叶、花、果等，随季节不同而有差异。一个临时巢中最多的食物有20g，极少数洞道内有一个较大总巢，比一般的临时巢大1倍以上，巢内连着许多外通洞道，估计也是用于其栖息的。平均每洞有临时巢5.71±3.70个，最多的达20个，临时巢的多少与洞道长度不成正相关关系。繁殖窝是雌鼠在繁殖季节临时搭建的，以莎草科和禾本科植物筑成，呈圆形或椭圆形，以圆形为多，直径约为18cm，是雌鼠产仔，哺育的场所。繁殖窝一般只有1个，也有少数为2个的。土洞一般是沿着腐烂的树根深入，较浅，且为盲洞，洞内无物，最深的土洞为80cm。

活动范围小，领域性不明显，有少数个体存在巢区转移现象。雄性巢区面积平均为416.5±37.7m^2，雌性为469.4±40.1m^2；活动距离雄性平均为28.2±1.7m，雌性为33.3±3.1m，两性间无显著差异。

食性与食量 属杂食性动物，食性广，取食多种植物的根茎、枝叶、种子及昆虫等。食性随季节的变化而有所不同，冬季和早春主要以白茅、拂子茅的地下茎及茎芽、大蓟的根、草本植物的嫩叶为食，3~4月主要以鼠麴草及蕨类的嫩叶为食，秋季主要以老化了的植物茎、叶为食。胃内含物观察，所食植物达27种，绿色食糜和黄绿色食糜出现频率最高，分别占34.06%和39.66%，白色食糜和黄褐食糜出现频率较低，分别占23.36%和25.71%；植物茎叶出现的频率为85.1%，比植物果实种子出现的频率（47.4%）近高1倍。

日平均取食量4.5g左右，食量有随食取种类的增加而增加，同种食物随种类的增加而减少的趋势。在不同光照条件下，日食量是全黑4.8g，全光4.9g，自然光5.0g。在多种食物条件下的日食量笼中同时投喂杉木根茎，马铃薯等8种食物，总日食量是17.7g，其中，纤维食物6.2g，占35.0%；淀粉食物11.5g，占65.0%；淀粉食物中+玉米3.3g，占18.7%，马铃薯8.2g，占46.3%。表明黑腹绒鼠是以淀粉食物为主，尤其喜食含水量较高的马铃薯，也取食一定数量的林木和杂草。投喂杉木日食量为5.0g，根茎1.3g，枝叶3.7g；投喂柳杉的日食量为4~3g，根茎1~3g，枝叶3.0g。同投杉木，柳杉的日食量为7.6g，杉木4.5g，柳杉3.1g。表明黑腹绒鼠的取食量杉木大于柳杉，枝叶大于根茎。调查中多见于根茎被啃食，是因为根茎受损特别起眼，而枝叶易被忽视所至。只取食杉木、柳杉的黑腹绒鼠成活时间为1.5~2.3天，平均2.0天；只取食林木的黑腹绒鼠不能维持其生命，它必须取食淀粉食物。

活动规律 多在夜间活动，偶然发现个别鼠在雾多的早晨外出活动。在浙江白天也有相当数量的个体外出活动，捕鼠数达37%。

肥满度 肥满度变幅在2.32~4.12g/cm^3，胴体重长指标变幅在1.33~2.83g/cm，平均肥满度为3.03±0.06g/cm^3，高于平均胴体重长指标2.05±0.05g/cm，雌雄鼠之间差异均不显著。不同年龄组之间肥满度差别不大，不同年龄组之间胴体重长指标具有极显著差异，且随种群年龄的增长，胴体重长指标不断增加。肥满度的季节变化趋势为秋季>春季>冬季>夏季，季节性差异不显著；胴体重长指标的季节变化趋势为春季>秋季>夏季>冬季，季节性差异显著。

年龄鉴定

年龄划分标准 中国学者将黑腹绒鼠种群划分为4个年龄组和5个年龄组，先后提出了体长、胴体重、雄性阴茎骨近支基底高、体重年龄鉴定指标，并制定各年龄组的划分标准（见表）。由于黑腹绒鼠的臼齿无齿根，不宜用臼齿磨损度和齿根的长度划分其种群年龄，但应用阴茎骨近支基高鉴定年龄，精确度要求高，不易掌握，尤其对于基层使用难度较大。胴体重、体重增长与年龄直接相关，是身体增长的最明显指标，从方便实用角度考虑，采用胴体重、体重作为年龄鉴定指标，无论在野外及实验室操作均极简便易行，结果较为准确。

年龄结构 在浙江西天目山黑腹绒鼠1~2月成年组、老年组比例大，占总鼠数的66.7%，3~4月幼年组比例高，亚成年组在5~6月明显增加，7~8月占优势，11月又一次增加，全年年龄结构呈锥体形式基本规则，其组成比幼年组为6.5%，亚成年组41.4%，成年组为36.0%，老年组为16.1%，种群数量的变化较为稳定。

在贵州余庆黑腹绒鼠全年种群年龄结构以成年Ⅰ组、成年Ⅱ组、老年组个体占绝对优势，分别占总鼠数的29.41%、35.29%、19.61%，合计占总鼠数的84.31%，幼年组、亚成

黑腹绒鼠种群年龄划分标准表

年龄鉴定指标	年龄组					资料来源
	幼年组	亚成年组	成年Ⅰ组	成年Ⅱ组	老年组	
体长（mm）	≤89	90～96	97～102		>103	鲍毅新等，1986
胴体重（g）	≤15.0	15.1～20.0	20.1～25.0	25.1～30.0	>30.0	刘春生等，1993
雄性阴茎骨近支基底（mm）	≤0.38	0.38～0.53	0.53～0.63	0.63～0.78	>0.78	刘少英，1994
体重（g）	≤18.0	18.1～23.0	23.1～28.0	28.1～33.0	>33.0	杨再学等，2009
胴体重（g）	≤13.0	13.1～17.0	17.1～21.0	21.1～25.0	>25.0	杨再学等，2009

年组个体较少，仅各占总鼠数的7.84%，繁殖期的个体数量明显多于繁殖前期的个体数量。

在安徽天目山地区黑腹绒鼠幼年组个体出现在2～7月，4～5月数量最多；亚成年组个体出现于4月，7月达最高峰，以后逐月下降，12月至翌年1月仅有个别个体出现；成年Ⅰ组和成年Ⅱ组逐月均有一定数量，但4月后个体逐月明显上升，8月达最高峰，以后逐月下降，成年Ⅱ组个体从9月起逐渐上升，1月达最高峰，以后逐月下降；老年组个体总体数量较少，2月后数量逐渐增加，4～5月数量达最高峰。全年种群年龄结构以成年Ⅰ组和成年Ⅱ组个体为主，其次是亚成年组个体，幼年组和老年组个体数较少。

种群繁殖特征

季节变化 在贵州余庆黑腹绒鼠种群性比为0.70，雌雄个体数量无显著性差异，平均怀孕率为61.90%，明显高于浙江西天目山和金华地区平均怀孕率42.90%和安徽天目山地区平均怀孕率18.78%。平均睾丸下降率为73.33%，与浙江西天目山和金华地区平均睾丸下降率72.70%相接近。平均繁殖指数为0.59，接近浙江西天目山和金华地区平均繁殖指数0.49，明显高于安徽天目山地区平均繁殖指数0.19。

黑腹绒鼠胎仔数较少，在贵州余庆最高4只，最低1只，平均胎仔数为2.31±0.24只，以怀孕2只最多，占总孕鼠数的69.23%。与其他地区黑腹绒鼠胎仔数相比，显著低于陕西平利地区3.50只，接近浙江西天目山和金华地区2.33只，高于安徽天目山地区2.08只。不同地区之间胎仔数是不一样的，随纬度增高，胎仔数可能有增加的趋势。寿命1～2年。

黑腹绒鼠繁殖高峰出现早迟和次数是不一致的，具有明显的地区差异。黑腹绒鼠在贵州余庆仅在秋季出现1个繁殖高峰，怀孕率达90.91%，其次是冬季和春季，怀孕率分别为40%、33.33%，夏季未捕获到怀孕鼠；雄鼠睾丸下降率春季、秋季保持在较高状态，睾丸下降率均在80%以上，冬季最低；繁殖指数以春季和秋季明显高于夏季和冬季。在浙江西天目山和金华地区2个繁殖季节分别在早春和秋季。在四川茂县繁殖时间主要集中在春季4～5月和9～11月。而在安徽天目山地区只在3～4月出现1个春季繁殖高峰，平均怀孕率达60%。

年龄变化 在安徽天目山地区黑腹绒鼠当年出生鼠一般不参加当年繁殖，当年的繁殖个体多数为上一年越冬鼠。在浙江西天目山黑腹绒鼠幼年鼠无繁殖个体，亚成年鼠怀孕率和睾丸下降率均低于成年鼠和老年鼠，各年龄组胎仔数变化不大。在贵州余庆黑腹绒鼠幼年组性未成熟，雌鼠无怀孕个体，雄鼠睾丸均未下降；亚成年组有少量个体性成熟，雌鼠未见怀孕个体，雄鼠未见睾丸下降个体；成年Ⅰ组、成年Ⅱ组、老年组个体全部性成熟，雌鼠怀孕鼠最低体重为23.58g，最低胴体重为16.37g，雄鼠睾丸下降鼠最低体重为23.67g，最低胴体重为16.90g，雌鼠怀孕率为57.14%～83.33%，不同年龄组怀孕率差异不显著；雄鼠睾丸下降率为81.82%～100%，不同年龄组睾丸下降率差异极显著。不同年龄组平均胎仔数不同，以老年组最高（3只），成年Ⅰ组最低（1.75只），随着种群年龄的增长，平均胎仔数呈明显增加的趋势。繁殖指数仍以老年组最高为1.50。不同年龄组种群繁殖力存在明显差异，随着种群年龄的增长，种群繁殖力不断增加，成年Ⅰ组、成年Ⅱ组和老年组是种群繁殖的主体，平均怀孕率为68.42%，平均胎仔数为2.31只，平均睾丸下降率为91.67%。

种群数量动态

季节动态 黑腹绒鼠种群数量无周期性波动，季节变化在不同地点也不一致。在生态条件较恶劣的地方，一年中种群数量和繁殖只有1个高峰期，多出现在9月或10月；在生态条件较好（海拔在1500m以下，气候温暖、湿润，土壤肥沃，植物多样性丰富）的地方，一年中有2个种群数量高峰期和繁殖高峰期，多出现在2～3月和9～10月。

黑腹绒鼠种群数量季节变化不同地区之间存在显著差异，其种群数量的变化与当地的地理环境、气候条件、食物条件和农业生产活动等因素有着一定的关系。黑腹绒鼠在贵州省余庆县不同季节种群数量具有明显差异，以秋季最高，仅在11月出现1个数量高峰，平均捕获率为0.52%，以4月和8月数量最低，平均捕获率均为0.06%，最高月捕获率与最低月相差8.67倍，下半年种群数量（0.36%）明显高于上半年种群数量（0.13%），这与当地黑腹绒鼠在秋季出现繁殖高峰密切相关；在贵州省凯里市黑腹绒鼠不同月份种群数量波动较大，全年种群数量在5～6月和9～11月出现2个数量高峰，平均捕获率分别为0.50%～0.53%和0.43%～0.54%，呈典型的双峰型曲线。在浙江西天目山和金华地区黑腹绒鼠在5～6月和9～10月出现2个数量高峰，冬季捕获率最低；在四川绵竹市每年的2～3月和7～9月出现了2个数量高峰期，春季的峰期明显，秋季的峰期不如春季明显。

不同季节种群数量具有明显差异。在贵州余庆以秋季最高，平均捕获率为0.46%，其次是冬季，为0.31%，春季、夏季最低，分别为 0.10%、0.11%。在贵州凯里以秋季（9~11月）最高，平均捕获率为 0.49%，其次是春季（3~5月）、夏季（6~8月），平均捕获率分别为 0.40%、0.41%，冬季（12月至翌年2月）最低，捕获率仅 0.09%。

年间动态 不同年度种群数量具有明显差异。贵州省余庆县 2000—2008 年平均捕获率为 0.24%，年均捕获率以 2007 年最高，2003—2004 年未捕获到，2005—2008 年种群数量呈上升趋势，年均捕获率分别为 0.26%、0.61%、0.62%、0.42%。贵州省凯里市 1984—2012 年平均捕获率为 0.42%，年均捕获率以 1990 年最高，为 1.11%，其次是 1985 年，平均捕获率为 0.68%，1992 年和 2011 年未捕获到，总体变化趋势为：1985—1987 年种群数量呈下降趋势，1988—1990 年种群数量呈上升趋势，1991 年以后种群数量明显下降。

预测预报 黑腹绒鼠的鼠口密度与冬季降水量有一定的相关性。分析四川绵竹市黑腹绒鼠的鼠口密度与当年冬季（12月、1月、2月）降水量的关系，建立回归方程：$Y=2.8893+0.0195X$。式中，X 为降水量，Y 为当年林木平均新增危害率，根据绵竹市气象局预测的当年的冬季降水量，可以预测下一年林木年均新增危害株率。

危害 黑腹绒鼠多栖息在树林、灌丛、草丛、农田等生境中，对林业和农业都有危害，以植物绿色部分为食，亦啃食树皮，进行茎基部环剥，啃食幼树的根、茎和枝、叶甚至整株咬断，轻者影响正常生长，重则造成植株死亡，林木受害株率一般在 8.30%~74.80%，高的可达 100%，严重危及造林成果，对新造林地危害尤甚，是林业的主要害鼠，在四川西北部山地林区为优势鼠种，在四川绵竹市对银杏、杉木、柳杉 3 种林分的平均危害率分别为 18.76%、15.80%、10.10%。同时，该鼠也传播恙虫病、钩端螺旋体病等。

防治技术 黑腹绒鼠防治时期在春、秋两季进行。可采用营造混交林，加强抚育。器械物理灭鼠；保护与利用天敌；化学药物灭鼠用，0.4% 氯敌鼠可作为人工速生丰产林防治鼠害的首选药剂，采用 1:50 的比例与碎玉米拌成毒饵，塑料袋包装，对杀灭黑腹绒鼠可取得良好效果。在林区可采用莪术醇雄性不育灭鼠剂进行防治。

参考文献

鲍毅新，诸葛阳，1986. 黑腹绒鼠生态学的研究[J]. 兽类学报，6(4): 297-305.

刘春生，郭世坤，吴万能，等，1993. 天目山野猪塥黑腹绒鼠种群食性及繁殖生态学研究[J]. 中国媒介生物学及控制杂志，4(3): 186-191.

刘德斌，尹明光，唐礼贵，2010. 绵竹市黑腹绒鼠预测技术初步研究[J]. 现代农业科技(2): 186, 189.

刘铭泉，刘振华，1983. 粤西发现的黑腹绒鼠及其生态学的初步调查报告[J]. 动物学杂志，18(5): 17-19.

刘少英，1994. 应用阴茎骨形态指标划分黑腹绒鼠年龄的研究[J]. 兽类学报，14(4): 281-285.

罗蓉，等，1993. 贵州兽类志[M]. 贵阳：贵州科技出版社：225-226.

冉江洪，刘少英，余明忠，等，1998. 黑腹绒鼠的洞道结构[J]. 四川林业科技，19(3): 27-29.

王廷正，许文贤，1993. 陕西啮齿动物志[M]. 西安：陕西师范大学出版社：120-122.

杨再学，雷邦海，金星，等，2013. 凯里市黑腹绒鼠种群数量变动规律[J]. 中国农学通报，29(36): 378-381.

杨再学，郑元利，郭永旺，等，2009a. 黑腹绒鼠(*Eothenomys melanogaster*)种群年龄的研究[J]. 西南农业学报，22(2): 487-491.

杨再学，郑元利，郭永旺，等，2009b. 黑腹绒鼠的形态及其种群生态特征[J]. 山地农业生物学报，28(3): 218-224.

杨再学，郑元利，郭永旺，等，2009c. 黑腹绒鼠肥满度和胴体重长指标变化规律[J]. 贵州农业科学，37(3): 58-61.

张金钟，赵定全，1993. 三种灭鼠毒饵对黑腹绒鼠毒杀作用的试验[J]. 四川林业科技，14(4): 58-59.

赵定全，刘少英，张金钟，等，1994. 黑腹绒鼠日食量测定及社鼠等食性观察[J]. 四川林业科技，15(4): 38-41.

（撰稿：杨再学；审稿：王登）

黑眉锦蛇 *Elaphe taeniurus* (Cope)

鼠类的天敌之一。又名美女鼠蛇、菜花蛇、眉蛇、家蛇、锦蛇、称星蛇、花广蛇等。英文名 beauty snake。有鳞目（Serpentes）游蛇科（Colubridae）游蛇亚科（Colubrinae）锦蛇属（*Elaphe*）。

分布于中国安徽、北京、重庆、福建、甘肃、广东、广西、贵州、海南、河北、河南、湖北、湖南、江苏、江西、辽宁、陕西、山西、上海、四川、台湾、天津、西藏、云南、浙江。国外分布于日本、俄罗斯、朝鲜、印度、缅甸、泰国、越南。垂直分布于 3000m 以下。

形态 大型无毒蛇。最大体全长/尾长：雄 2153mm/385mm，雌性 2327mm/365mm，头略大，与颈区分明显；眼大小适中，瞳孔圆形；躯尾修长适度（见图）。

躯尾背面黄绿色，前段有黑色梯纹或断离成多个蝶形纹，体后段此纹渐无，代之以 4 条黑色纵线至尾端；腹面灰白色或浅黄色，前端、尾部及体侧为黄色，头背黄绿色或略带灰褐色，眼后有一明显的粗眉纹；上下唇鳞及下颌浅黄色。

主要鉴别特征：颊鳞 1 枚；眶前鳞 1（或一侧为 2）枚，

黑眉锦蛇（郭鹏摄）

大多数有 1 枚小的眶前下鳞，眶后鳞 2（3）枚；颞鳞 2（1，3）+3（2～5）枚；上唇鳞 9（4—2—3）枚，8（3—2—3，4—1—3，4—2—2）枚，少数 10（4—2—4，5—2—3）枚或 7（2—2—3，3—2—2）枚或 6（2—2—2，3—2—1）枚；下唇鳞 9～13 枚，前 4～6 枚切前颏片，颏片 2 对；背鳞 25（23）—23（21，25）—19（17）行，中段最外侧数行平滑，其余弱棱；腹鳞 223～261 枚；肛鳞二分；尾下鳞 77～121 对。

生态及习性 在平原、丘陵、山区皆有分布，常见于路边、田地、竹林、草丛、林缘、沟渠、村舍附近，善于捕食鼠类，也吃鸟类及蛙类，对消灭鼠害具有重要价值。

昼夜均有捕食活动，且食量大，在自然条件下黑眉锦蛇的正常活动温度是 10～35℃，低于 10℃ 就出现活动缓慢或不活动（进入冬眠状况）。越过 35℃ 以上活动增强或障碍。

最早见于 4 月交配，7 月产卵，每产 2～13 枚，卵径 40～65mm×23～34mm，重 15～26.9g，孵化期 67～88 天，仔蛇具卵齿，出生仔蛇全长 330～450mm，体重 7～21g。

参考文献

谢商伟, 谢恩义, 2000. 黑眉锦蛇的人工养殖[J]. 怀化师专学报, 19(2): 66-68.

赵尔宓, 2006. 中国蛇类: 上[M]. 合肥: 安徽科学技术出版社.

赵尔宓, 黄美华, 宗愉, 等, 1998. 中国动物志: 爬行纲 第三卷 有鳞目 蛇亚目[M]. 北京: 科学出版社.

钟福生, 李友华, 1995. 黑眉锦蛇人工越冬试验[J]. 湖南林专学报(1): 66-71.

（撰稿：郭鹏；审稿：王勇）

黑热病 kala-azar

由杜氏利什曼原虫（*Leishmania donovani* Laveran & Mesnil）引起的经白蛉媒介传播的一种地方性传染病。以长期发热、肝脾肿大、末梢血白细胞数减少和血浆球蛋白增高为主要临床特征。又名内脏利什曼病（visceral leishmaniasis）。杜氏利曼原虫属于原生动物门鞭毛虫纲动基体目锥虫亚目锥虫科利什曼属。黑热病在世界上分布甚广，在欧洲地中海地区；北非和中非；中东、中亚、西亚、印度次大陆以及美洲均有分布。黑热病是中国五大寄生虫病之一，曾流行于中国长江以北的地区，自 1958 年后，主要流行区（华北、华东）已基本消灭此病。从 2005 年开始，在中国新疆、甘肃、内蒙古、陕西、山西和四川等地呈散发态势，每年新发生的病例数在 400 例左右，其中新疆、甘肃和四川新发病例占全国新发病例的 90% 以上。

病原特征 利什曼原虫（*Leishmania* spp.）的生活史有前鞭毛体（promastigote）和无鞭毛体（amastigote）两个时期。前者寄生于节肢动物（白蛉）的消化道内，后者寄生于哺乳类或爬行动物的细胞内，通过白蛉传播。利什曼原虫按其无鞭毛体寄生的脊椎动物宿主的不同分为两大类，即爬行动物利什曼原虫及哺乳动物利什曼原虫。无鞭毛体又称利杜体（Leishman-Donovan body），虫体卵圆形，大小为 2.9～5.7μm×1.8～4.0μm，常见于巨噬细胞内。瑞氏染液染色后，细胞质呈淡蓝色或深蓝色，内有一个较大的圆形核，呈红色或淡紫色。动基体（kinetoplast）位于核旁，着色较深，细小、杆状。在高倍镜下有时可见虫体从前端颗粒状的基体（basal body）发出一条根丝体（rhizoplast）。基体靠近动基体，在光镜下不易区分开。前鞭毛体寄生于白蛉消化道内。成熟的虫体呈梭形，长 11.3～15.9μm（有时可达 20μm），核位于虫体中部，动基体在前部。基体在动基体之前，由此发出一根鞭毛游离于虫体外。前鞭毛体运动活泼，鞭毛不停地摆动。在培养基内常以虫体前端聚集成团，排列成菊花状。有时也可见到粗短形前鞭毛体，这与发育程度有关。经染色后，着色特性与无鞭毛体相同。

生活史

在白蛉体内发育 当雌性白蛉叮刺病人或被感染的动物时，血液或皮肤内含无鞭毛体的巨噬细胞被吸入白蛉胃内，经 24 小时，无鞭毛体发育为早期前鞭毛体。此时虫体呈卵圆形，部分虫体的鞭毛已伸出体外。48 小时后发育为短粗的前鞭毛体或梭形的前鞭毛体，鞭毛也由短变长。至第三、四天出现大量成熟前鞭毛体。前鞭毛体活动明显加强，并以纵二分裂法繁殖。在数量激增的同时，虫体逐渐向白蛉前胃、食道和咽部移动。第七天具感染力的前鞭毛体大量聚集在口腔及喙。当白蛉叮刺健康人时，前鞭毛体即随白蛉唾液进入人体。

在人体内发育 进入人体或哺乳动物体内的前鞭毛体部分被多形核白细胞吞噬消灭，另一部分被巨噬细胞吞噬。前鞭毛体侵入巨噬细胞并非原虫主动侵入巨噬细胞，其侵入过程经历了黏附与吞噬两步。黏附的途径大体可分为两种：一种为配体—受体结合途径，另一种为前鞭毛体黏附的抗体和补体与巨噬细胞表面的 Fc 或 C3b 受体结合途径。原虫质膜中的分子量为 63kDa 的糖蛋白（GP63）能与巨噬细胞表面结合，通过受体介导的细胞内吞作用使前鞭毛体进入巨噬细胞。前鞭毛体附着巨噬细胞后，随巨噬细胞的吞噬活动而进入细胞。前鞭毛体进入巨噬细胞后逐渐变圆，失去其鞭毛的体外部分，向无鞭毛体期转化。此时巨噬细胞内形成纳虫空泡（parasitophorous vacuole），并与溶酶体融合，使虫体处于溶酶体酶的包围之中。由于原虫表膜上存在的抗原糖蛋白可抗溶酶体所分泌的各种酶的作用，且其体表能分泌超氧化物歧化酶，对抗巨噬细胞内的氧化代谢物，因此虫体在纳虫空泡内不但可以存活，而且还能进行分裂繁殖，最终导致巨噬细胞破裂。游离的无鞭毛体又可被其他巨噬细胞吞噬，重复上述增殖过程。

利什曼原虫前鞭毛体转化为无鞭毛体的机理目前尚未完全阐明。一般认为可能与微小环境的改变，如 pH、温度等以及原虫所需营养物质和宿主对原虫产生的特异性等因素有关。前鞭毛体发育以 27℃ 为宜，无鞭毛体则需要 35℃ 环境。

流行 病人、病犬以及某些野生动物为主要传染源。皖北和豫东以北平原地区以患者为主；西北高原山区以病犬为主。中华白蛉是中国黑热病主要传播媒介，主要通过白蛉叮咬传播，偶可经破损皮肤和黏膜、胎盘或输血传播。人群普遍易感，病后具持久免疫力，健康人也可具有不同程度的自然免疫性。①人源型：主要见于平原地区，以年龄较大的儿童和青少年居多，成人亦不常见。②犬源型：主要见于丘陵山区，大多见于10岁以下的儿童。③自然疫源型：见于新疆、内蒙古某些荒漠地区，以2岁以内的婴儿多见。

致病性 脾肿大是黑热病最主要的体征。无鞭毛体在巨噬细胞内繁殖，使巨噬细胞大量破坏和增生。巨噬细胞增生主要见于脾、肝、淋巴结、骨髓等器官。浆细胞也大量增生。细胞增生是脾、肝、淋巴结肿大的基本原因，其中脾肿大最为常见，出现率在95%以上。后期则因网状纤维组织增生而变硬。贫血是黑热病重要症状之一，血液中红细胞、白细胞及血小板都减少，即全血象减少，这是由于脾功能亢进，血细胞在脾内遭到大量破坏所致。若患者脾肿大严重，常同时伴有血细胞的显著减少，脾切除后血象可迅速好转。由于血小板减少，患者常发生鼻衄、牙龈出血等症状。此外，免疫溶血也是产生贫血的重要原因。有实验表明，患者的红细胞表面附有利什曼原虫抗原，此外杜氏利什曼原虫的代谢产物中有1~2种抗原与人红细胞抗原相同，因而机体产生的抗利什曼原虫抗体有可能直接与红细胞膜结合，在补体参与下破坏红细胞造成贫血。患者血浆内白蛋白明显减少，球蛋白增加，导致白蛋白与球蛋白的比例倒置，IgG滴度升高。尿蛋白及血尿的出现可能与患者发生肾小球淀粉样变性及肾小球内有免疫复合物的沉积有关。

诊断 流行区居住或逗留史，是否为白蛉活动季节。起病缓慢，长期反复不规则发热，进行性脾肿、贫血、消瘦、白细胞减少等，而全身中毒症状相对较轻。全血细胞减少，白细胞多在（1.5~3.0）×10^8/L，甚至中性粒细胞缺乏；贫血呈中度，血小板减少。血浆球蛋白显著增高，球蛋白沉淀试验（水试验）、醛凝试验、锑剂试验多呈阳性；白蛋白减少，A/G可倒置。血清特异性抗原抗体检测阳性有助诊断，骨髓、淋巴结或脾、肝组织穿针涂片，找到利杜体或穿刺物培养查见前鞭毛体可确诊。可用葡萄糖酸锑钠试验治疗性诊断，若疗效显著有助于本病诊断。

防治 五价锑化合物（pentavalent antimonials）为首选药物，对利什曼原虫有很强的杀伤作用。包括葡萄糖酸锑钠（斯锑黑克）和葡糖胺锑（甲基葡胺锑），葡萄糖酸锑钠低毒高效，疗效可达97.4%。近年来，应用脂肪微粒结合五价锑剂治疗黑热病获极好疗效，治愈迅速。非锑剂包括戊烷脒（喷他脒）（pentamidine）、二脒替（司替巴脒）（stilbamidine）等，具有抗利什曼原虫活力，但药物毒性大，疗程长，故仅用于抗锑病人。药物治疗无效、脾高度肿大，伴有脾功能亢进者，可考虑脾切除治疗。

参考文献

莫武宁, 郑卓霖, 甘宝文, 等. 2002. 用糖原染色鉴别骨髓涂片中马尔尼菲青霉菌、荚膜组织胞浆菌及黑热病杜利小体[J]. 临床检验杂志, 20 (4): 228-229.

王兆俊, 熊光华, 管立人, 2000. 新中国黑热病流行病学与防治成就[J]. 中华流行病学杂志, 21 (1): 51-54.

胡孝素, 卜玲毅, 马莹, 等, 2002. 我国内脏利什曼病不同疫区病原体小亚基核糖体DNA可变区序列差异(英文)[J]. 中华医学杂志(英文版), 115 (10): 1457-1459.

（撰稿：何宏轩；审稿：王承民）

黑线仓鼠　*Cricetulus barabensis* Pallas

一种小型啮齿动物。是中国北方的主要农业害鼠之一，也是卫生防疫的重点害鼠之一，还是生物医学的重要实验动物之一。又名花背仓鼠、背纹仓鼠、小腮鼠、搬仓鼠。在实验动物学领域称为中国仓鼠，英文名Chinese hamster，并常被误称为中国地鼠。啮齿目（Rodentia）仓鼠科（Cricetidae）仓鼠亚科（Cricetinae）仓鼠属（*Cricetulus*）。学术界对黑线仓鼠的分类尚存疑问。Orlov等（1975）依染色体特征把此种分为3种：黑线仓鼠[*Cricetulus barabensis*（$2n=20$，$FN=38$）]，中国仓鼠[*Cricetulus griseus*（$2n=22$，$FN=38$）]，拟黑线仓鼠[*Cricetulus pseudogriseus*（$2n=24$，$FN=38$）]；但是，后人做重复试验没成功，对其结果产生怀疑。王俊森等（1996）研究显示黑线仓鼠长春亚种$2n=24$。依Wilson等（2005），内蒙古中部萨拉齐的淡纹黑线仓鼠（*Cricetulus obscurus* Milne-Edwards, 1867）为*Cricetulus barabensis*的同物异名。NCBI的物种数据库中也将中国仓鼠（*Cricetulus griseus*）和黑线仓鼠并列为不同的物种。中国现在一般将它们视作同一物种的不同亚种，即中国仓鼠为黑线仓鼠的宣化亚种。

黑线仓鼠整个分布区在东经95°~135°，北纬30°~60°之间。在国外，见于俄罗斯西伯利亚南部、蒙古、朝鲜北部。在中国分布在东北、华北以及西北、华东、华中的部分地区，包括内蒙古、黑龙江、吉林、辽宁、河北、北京、天津、山西、陕西、宁夏、河南、山东、江苏、安徽、湖北。黑线仓鼠已向南分布到浙江的天目山，向西分布到甘肃张掖地区，并分化为多个亚种。萨拉齐亚种（*Cricetulus barabensis obscurus* Milne-Edwards, 1867），分布于内蒙古中西部、陕西、宁夏、甘肃。宣化亚种（*Cricetulus barabensis griseus* Milne-Edwards, 1867），分布于内蒙古中东部、东北、河北、山西、山东、河南、安徽、江苏、浙江。长春亚种（*Cricetulus barabensis fumatus* Thomas, 1909），分布于西起大兴安岭，东至小兴安岭之间的嫩江平原，南界大约到公主岭。三江平原亚种（*Cricetulus barabensis manchuricus* Mori, 1930），分布范围自三江平原向西沿松花江达吉林省五棵树，向东至乌苏里江南部。兴安岭亚种（*Cricetulus barabensis xinganensis* Wang, 1980），分布范围南起莫力达瓦旗以北的森林草原，西至大兴安岭西麓的牙克石，东至黑龙江沿岸的呼玛、爱辉。

形态

外形 小型鼠类，体形肥胖，尾甚短，仅略长于后足，约为体长的1/4。吻钝，耳圆。四肢短小，后肢略长于前肢。口腔左右两侧有颊囊，眼大呈黑色。成年黑线仓鼠体重一般在20~40g，体长80~120mm。雄鼠睾丸很大，位于尾根部明显突出，阴茎至阴囊距离25~30mm。多数雌鼠有4对乳头（图1）。

毛色 从吻端至尾，身体背面毛色大多为黄褐色，毛基灰色，毛尖黄褐色或黑色。体背中央自头顶至尾基有一黑色条纹，清晰程度不一。腹毛灰白色。尾两色，背面与体背同色，腹面白色。身体腹面灰白，毛基暗灰色，毛尖白色。背腹毛在体侧界线清楚。耳内外侧均被棕色短毛，耳缘具白色狭纹。吻、额及前后肢的下部与足背毛均为白色。不同地区不同亚种黑线仓鼠个体毛色及背部黑线差异较大。萨拉齐亚种：体背毛色最淡，为灰黄褐色，背部中央黑线极不明显。宣化亚种：体背毛色淡棕黄色。长春亚种：体背毛色灰棕褐色，背中黑线明显。三江平原亚种：背毛红棕色，背中黑线细而明显。兴安岭亚种：背毛栗棕色，背中黑线黑而宽，极明显（图1）。

头骨 略呈椭圆形，吻部较短，脑颅圆形，颧弓不甚外凸，左右近乎平行。鼻骨狭窄，头骨前部略膨大，后部较凹，在颌骨、鼻骨间形成一浅凹陷。无明显眶上嵴。顶骨前外角尖细而内弯曲。顶间骨宽大。颧骨细弱。听泡大小适中（图2）。

主要鉴别特征 体型较小而粗壮。具颊囊。背部黄褐色或灰褐色，体背中央具一条黑色纵纹，有时条纹不甚明显。尾短小，一般不超过30mm，约为体长的1/4。上门齿细长，上臼齿3枚，M^1咀嚼面上有2纵列6个齿突，M^2具4个齿突，M^3也有4个齿突但排列不规则。下臼齿M_1的咀嚼面有3对齿突，M_2、M_3均有4个齿突。

生活习性

栖息地 中国常见的仓鼠之一，栖息地十分广泛，适应能力很强。主要栖息于农田、山坡、草原、半荒漠及河谷的林缘与灌丛中，一般不迁入居民区。多活动于耕地内和路旁、荒滩地等处，其洞穴多建在高出水面的田埂、沟沿和垄背上。农田中以大豆、花生、芝麻田数量最多。豫东平原的黑线仓鼠51.3%的洞穴在路基，27.5%在渠坡河堤，9.6%在坟头，7.2%在田埂土丘，4.3%在田内。许多地区由于旱地改为水浇地，黑线仓鼠往往被黑线姬鼠取代。

洞穴 洞穴的形式不一，大体可分为临时洞/贮粮洞、居住洞和长居洞3种类型。临时洞/贮粮洞，洞穴结构极简单，一般是一个深40～47cm的洞道，末端有一个8～20cm的膨大部分。洞口1个，直径3～4.5cm，外表有松土，一般不堵塞洞口。在这种洞穴中无鼠巢，也无鼠居住，仅是专做临时储存粮食或建巢材料的库房。居住洞的结构较复杂，是春季至秋季居住与产仔的场所。洞口1～5个，圆形，直径2.5～4.5cm，并且洞口白天在入土5～10cm处常用松土堵塞。洞道呈45°角向下入土，洞道前段为跑道，深45cm左右，后段与地面平行，为贮粮洞和巢室，深60cm左右，贮粮洞位于巢室之前，一般1～2个，个别3个。巢室内有以柔软材料建成的巢。巢材多用刺蓟、沙蓬、灰菜和少数谷子、黍子叶筑成巢壁，内垫软绵的白草、沙草、双狼草等。个别巢内尚有畜毛和鸟羽毛等。巢高6～9cm，巢深3～6cm，内径7～10cm，外径10～14cm，巢重81～154g。黑线仓鼠雌雄分居，雌、雄鼠巢在外形及结构方面没有明显的差异，雌鼠均有贮粮洞，而雄鼠贮粮较少或无。长居洞最复杂，在居住洞的基础上进一步挖掘而成。无论是夏季或冬季均有鼠居住。其洞口堵塞。洞道长而深，其长在220cm以上，其深可达70cm。洞中有较多的分支及膨大部分（图3）。

食物 食性复杂，随栖息地不同和季节变化有很大差异。主要以农作物种子和草籽为食，有时也取食作物幼嫩部分和块根及块茎，偶尔也发现有动物性食料。王淑卿等（1992）从捕获的1万余只黑线仓鼠的颊囊中检出了100多种食物，表明黑线仓鼠是一种广谱性杂食性动物。在农作区主要取食作物种子，取食茎叶和动物性食物也比草原区少。对含蛋白质及脂肪较高的食料特别喜食。因此，花生、大豆等作物受害较重。春夏季食物以植物枝芽等鲜嫩绿色部分为主，蛋白质含量高的动物性食物也较多，对春季繁殖高峰形成有重要作用；秋季以各种植物种子为主；冬季啃食植物的地下茎，不冬眠，有贮粮习性。平均日食量为4～5g，年总消耗量2～3kg。黑线仓鼠摄食既具选择性，更具广谱性和机动性，能随栖息地的植被结构改变自己的食物组成。因此它能适应的栖息环境比较广，成为中国北方的一种常见种。

活动规律 黑线仓鼠昼伏夜行，活动多集中在16:00～6:00，白天极少活动，下午比上午出洞次数多。在不同季节均在20:00～22:00和4:00～6:00有两个活动高峰。

图1 黑线仓鼠（徐金会提供）

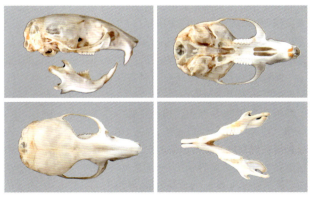

图2 黑线仓鼠头骨（徐金会提供）

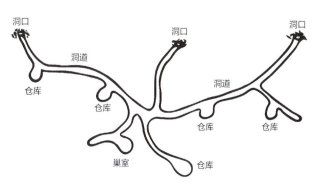

图3 黑线仓鼠的洞道结构（徐金会绘）

黑线仓鼠夜间活动多为觅食，繁殖季节雄鼠觅偶、交配、营造新穴，雌鼠有产仔前清理洞穴的活动。由于气候和食物的影响，黑线仓鼠在夏、秋季活动频繁，但范围较小，一般在距穴20~50m之内，冬季和初春活动减少，但范围可超过100m。严冬时节一般很少活动，但无冬眠现象。黑线仓鼠善于筑巢，行动不敏捷。成年雄鼠活动范围53.9~240.8m，巢区面积0.13~2.83hm^2；成年雌鼠活动范围44.7~261.8m，巢区面积0.07~0.95hm^2；幼鼠巢区和活动范围较成年鼠小。黑线仓鼠同性个体间、异性个体间及不同年龄个体间的巢区都有重叠，而且雄鼠的重叠大于雌鼠。在巢区内有活动较为集中和频繁活动的核心区，该区内，同性有领域性，异性间则表现不明显。

生长发育 出生体重平均1.5g，35日龄前雌雄体重生长无差异，为体重生长旺盛时期，此时体重生长呈"S"形，其回归方程为$W=19.45/[1+e^{2.371-0.138t}]$。35日龄后两性体重生长出现差异，雄鼠至90日龄体重达到$31.41±1.48g$，体重生长率和日增重降到最小，提示此时已进入成熟阶段。期间体重生长符合对数增长，回归方程为$W=32.14\lg t-31.52$。90日龄后，由于性腺的迅速发育和增重而使生长率和日增重又有所增加，体重生长呈直线增长，其方程为$W=0.2t+13.45$。雌鼠的体重生长在120日龄前符合对数增长，其方程为$W=20.97\lg t-14.2$，90日龄达到$27.55±1.89g$。黑线仓鼠个体最大体重可能存在地域差异，山东的个体最大体重不超过40g，而内蒙古的老年个体最大体重可以超过50g。在从初生到离乳，幼鼠形态行为发生很大变化。初生幼仔赤裸无毛、眼闭、皮肤带皱纹、薄而半透明、耳壳紧贴颅部，呈肉红色，脐、生殖突和肛门明显突起，上、下门齿均已萌出，能发出吱吱叫声，不能爬行，只能摇摇摆摆地移动；3~4日龄背部长出绒毛，耳壳脱出，能翻身，可缓慢爬行；5~6日龄，背纹即"黑线"明显可见，腹毛生出；7~8日龄背毛覆盖皮肤；13~14日龄全身被毛，睁眼，白齿萌出，能跑动采食，有听觉；15~20日离乳，可独立生活。黑线仓鼠器官发育的特点是性成熟后其眼球、睾丸的脏器系数远大于其他啮齿类动物，而脾脏却反之。初生仔鼠性别不易区分，雌雄鼠尿肛距虽有差异，但不很明显，至3~5日龄时，雌性乳区出现了暗红色圆形斑点（以后长出乳头），此时可准确鉴别雌雄。由生长分析推断，黑线仓鼠大约在90日龄性成熟。实际观察，雄性睾丸下降并有成熟精子的日龄，最早见于52~55日，最晚见于97~122日，平均为$91.86±4.79日$；雌性阴道开口并有发情表现的日龄，最早见于52日，最晚见于134日，平均为92.89日，性成熟持续时间较长。其原因是夏末出生的鼠，多数在52日龄后逐渐达到性成熟；晚秋出生的鼠，多数在翌年春季才性成熟。性成熟的早晚与出生季节有关。上白齿磨损程度是鉴定黑线仓鼠年龄的较好指标。黑线仓鼠寿命一般为2~3年，个别雄鼠可达3.5年。雄鼠繁殖年限为1年，雌鼠为10个月。

繁殖 繁殖能力强。每年可繁殖3~4次，每胎产仔4~8只，最多可达10只。黑线仓鼠的妊娠期为20~21天，哺乳期21天。雄性参与繁殖（睾丸下降）的最小体重为15.2g（黑龙江）和16g（安徽），雌性为19g（黑龙江）和24g（安徽），体长两性均在75mm以上。北方繁殖鼠的个体小于南方个体。黑线仓鼠的繁殖季节在黑龙江为2~9月，在内蒙古为3~10月，在北京为2~11月。黑线仓鼠每年有春季和夏秋之交2个繁殖高峰。幼鼠出生后2~3个月达到性成熟，所以春季繁殖高峰出生的个体当年进入成年组，大部分参与秋季繁殖，并成为翌年春季的主要繁殖者。夏季以后出生的个体，身体增长很快，以适应冬季的到来，但生殖腺繁育较慢，很少达到性成熟。当年春季出生的雌鼠，部分参与秋季繁殖，且一般只繁殖1次。越冬的成年雌鼠翌年至少繁殖2次，不少个体3次，甚至4次。参加繁殖的生态寿命为一年左右，很少见到越过两个冬季的雌鼠。幼体、亚成体中雌雄性比往往雌大于雄，随着年龄的加大，雄性比例逐渐增加，并超过雌性。黑线仓鼠的雌雄总性比为1:1.3（安徽）。黑线仓鼠的发情和交配通常发生于夜间，这与野鼠夜间活动的习性是相符合的。通过每日的阴道涂片观察，该鼠的发情周期为3~6日，平均$4.38±0.29日$，发情周期包括发情前期、发情期、发情后期和发情间期。发情前期持续半天左右，阴门黏膜呈粉红色或红色，湿润而松弛，易拔开，此期雌、雄鼠愿意接近，雌鼠往往围绕着雄鼠转。发情持续时间多数在1日之内。发情期阴门进一步充血，呈暗红色，雌鼠发情期一般出现在黄昏，如果人工控制光照，变黑暗后2~3小时即可发情。雌鼠发情时外观可见阴户红肿，阴蒂呈深红色或紫红色，此期雌鼠活动频率，常常翘尾，很容易交配，有时需经雄鼠反复追逐和嗅闻之后才接受交配。雄鼠交配时，首先嗅雌鼠阴部，当雌鼠举尾相迎时，雄鼠便开始爬跨并交配。黄昏至晚22:00进行交配受孕率高。性交时间较短，仅为3~5秒。雌鼠交配后均在阴道口形成阴道栓，有助于精子进入子宫，由此可检查雌鼠是否交配。阴道栓保留时间一般不超过1日。发情后期雌鼠的阴门和阴蒂充血、肿胀很快消失，雌鼠不再翘尾，雌、雄经常发生咬架。发情间期阴道口略微开口或封闭，阴门变干燥、苍白，此期雌鼠变得很凶。

社群结构与行为 为典型的独居型鼠类，同性相遇时打斗猛烈。黑线仓鼠雄体可通过斗殴行为建立明确的优势——从属关系，从而确定领域范围。个体间攻击水平差异极显著，一般在相遇的第一回合和第二回合内就能分出胜负，此后败鼠逃跑、回避等防御行为显著增多，个体间冲突发生频次逐渐降低。仔鼠性成熟后不能彼此同笼饲养，也不能与母鼠同笼饲养。雌性比雄性更具侵略性，因此通常配种时将雌鼠放入雄鼠笼内，以避免因保卫领域而引起的攻击行为。雌鼠除发情期外不许雄鼠靠近，故不宜与雄鼠同居。如果雌鼠未发情即将雌雄合笼，则雌鼠要追咬雄鼠。刚交配完的雌鼠变得异常凶猛好斗，因此交配后最好将其分开。黑线仓鼠运动时腹部着地，当受到外界刺激而兴奋时发出激烈的叫声。

种群数量动态 黑线仓鼠种群数量季节和年度变化明显，并受多种因素的影响。

种群数量的季节变化幅度很大，冬季最低，春季上升渐多，7~9月为全年最高的月份，10月以后急剧下降。各地种群数量高峰与繁殖高峰的出现成正比。大连郊区黑线仓鼠数量变化表现为双峰型，前峰春季（5~6月），后峰冬季（11月至翌年4月）。豫东平原一般每年3~4月开始繁殖，4月和8~9月形成2个数量高峰。夏季由于降水等原因繁殖活动减弱，冬季繁殖基本停止，一般12月至翌年3月捕获率低。呼和浩特郊区黑线仓鼠种群数量季节变化也较明显，一般年有2个繁殖高峰和数量高峰（后峰8～10月，前峰5～6月），每年3～10月为繁殖期。但在距此不到200km的库布其沙地的黑线仓鼠种群季节动态呈单峰型，只在秋季出现一次数量高峰。两地相比，物理环境差异不大，但呼和浩特郊区基本上已完全改造为农区，食物条件相对丰富一些，库布其沙地则属半农半牧的沙区，食物条件相对差一些，仅在秋季农作物收获与农田杂草成熟时，黑线仓鼠的主要食物——种子较丰富，由此而决定了该地黑线仓鼠种群数量动态呈单峰型。辽宁铁岭种群数量也表现为5～6月高峰的单峰型。辽宁大连的黑线仓鼠的繁殖期则从9月到翌年4月，随后进入休止期。因此，黑线仓鼠种群数量的季节消长极为明显，但在不同地区高峰月份有所差异。

黑线仓鼠种群数量的年际变化不一。呼和浩特地区黑线仓鼠种群数量1984—1989年各年度变化较大，数量最高年与最低年相差6.7倍。而库布其沙地的黑线仓鼠种群数量季节动态的变异程度要大于年间的变异程度，原因是由于该地区年际之间物理条件、食物条件的差异要小于年内季节差异。

黑线仓鼠繁殖时间长，繁殖能力强，但仍产生种群数量波动，主要是受外界因素的影响，比如降水量、食物、种间竞争等。邢林等（1991）对山东省阳谷县农田黑线仓鼠的调查表明，黑线仓鼠种群数量变化与其种群年龄结构、性比、怀孕率、胎仔数等因素直接相关，也与气温、降水等生态因子变化密切相关，如高气温和极端降水量，对该种群数量有较大的影响。徐金会等（2014）也证实了环境温度能诱导鼠类体重、能量代谢及行为产生适应性变化的假设：低温同时增加黑线仓鼠能量的摄入水平和维持基本生长的能量支出水平，同时降低动物在陌生环境中的自发活动与探索行为。高温则降低黑线仓鼠能量的摄入和支出水平，同时减少自发活动与探索行为。体重、能量代谢和行为学特征的变化有利于仓鼠度过寒冷的冬季和干热的夏季，同时也与仓鼠的季节性繁殖现象相一致，因此这些特征可能是黑线仓鼠对其寒冷的冬季及干热的夏季生存环境的适应。

危害　黑线仓鼠啃食植物根、叶、花、果实，盗食种子，对农作物有很大的破坏，其中大豆、花生、芝麻和菜籽等油料作物受害最重。播种时盗食农作物种子，造成缺苗断垄。秋季成熟时贮粮，除贮存大量粮食外，在盗食过程中还糟蹋相当数量的粮食。

黑线仓鼠的体外寄生虫很多，包括蚤、蜱、螨等多种。是钩端螺旋体病、鼠疫和流行性出血热的主要传染源之一，还是流行性肝炎及蜱传性斑疹伤寒病原体的自然传播者，是卫生防疫的重点害鼠之一。

防治技术　在草地，黑线仓鼠是猛禽和捕食类天敌的食物来源，一般不会对人类和生态环境造成危害，不需要采取防治措施。主要危害农田作物，要密切关注其种群数量动态，在数量高时采取必要的防控措施。

根据其营穴场所及昼伏夜出等习性，采取"以药物杀灭为主，生态、人工捕杀为辅"的综合防治措施。

生态防控　对堤坡、坟头、田埂等非耕作区进行改造，实行精耕细作，破坏害鼠栖息场所；通过开挖防扩散沟等形式降低害鼠的迁徙和扩散；保护生态环境，充分利用天敌来防控。

人工捕杀　黑线仓鼠洞口明显，易于辨认，冬闲时节，发动群众采用水灌、剖挖，可以显著降低其种群数量。

化学防治　包括毒饵灭鼠和不育剂灭鼠等方法。黑线仓鼠对各种化学灭鼠剂配制的毒饵食性都较好，目前较常用的有敌鼠钠盐、红海葱、大隆、灭鼠灵等。播种时用700～1000倍甲基异硫磷拌种，既可防治地下害虫，对黑线仓鼠也有较好的兼治作用。据兰考、温县民权等县调查，拌种田较不拌种田黑线仓鼠数量少50%。对内蒙古锡林郭勒盟浑善达克沙地进行了EP-1不育剂控制黑线仓鼠的野外实验表明，投药区黑线仓鼠种群幼鼠比例下降40%～60%，持续时间达4个月以上。春季一次性投放EP-1不育剂，可实现对沙地黑线仓鼠整个繁殖季节的繁殖控制。此外，EP-1不育剂对沙地鼠类种群年龄结构与数量的作用成效，随着时间的推移逐渐下降，这可能跟沙地鼠类具有扩散迁移习性有关。因此，药物灭鼠须大面积连片进行。

灭鼠时间一般选择在初春和秋末。初春黑线仓鼠处于繁殖前的活动高峰，野外食料缺乏，且鼠口密度较小，此时进行灭杀，会大大减轻当年鼠患。秋末黑线仓鼠正继续忙于盗食贮粮，而野外鼠粮不多，洞口暴露，便于灭鼠作业，残鼠在冬季因繁殖停止，数量得不到补充，还会因低温、天敌等的影响继续下降，对控制来年鼠患有极大作用。由于黑线仓鼠繁殖很快，因此无论采取哪种方法进行大面积灭鼠，都不能一劳永逸。灭鼠工作应每年进行一次，才能控制其危害。

参考文献

陈安国, 2013. 实验动物"地鼠"应正名为仓鼠[J]. 实验动物与比较医学, 33(6): 415-417.

董谦, 伍律, 邓述芬, 1966. 旅大地区黑线仓鼠生态的初步观察[J]. 动物学杂志(3): 108-111.

董维惠, 侯希贤, 杨玉平, 1989. 黑线仓鼠巢区的研究[J]. 兽类学报, 9(2): 103-109.

侯希贤, 董维惠, 杨玉平, 等, 1993. 呼和浩特地区黑线仓鼠种群动态研究[J]. 动物学研究, 14(2): 143-149.

李玉春, 卢浩泉, 张学栋, 等, 1989. 黑线仓鼠的生长指标分析与年龄指标确定[J]. 兽类学报, 9(1): 49-55.

王逢桂, 1980. 我国黑线仓鼠的亚种分类研究及一新亚种的描述[J]. 动物分类学报, 5(3): 315-319.

王淑卿, 杨荷芳, 郝守身, 等, 1992. 黑线仓鼠的食物与食量[J]. 动物学报, 38(2): 156-164.

邢林, 冯云水, 卢浩泉, 1991. 山东农田黑线仓鼠种群数量动态及预测预报的初步研究[J]. 山东科学, 4(2): 5-8.

徐金会, 王硕, 薛慧良, 等, 2014. 温度对黑线仓鼠能量代谢及开场行为的影响[J]. 动物学杂志, 49(2): 154-161.

郑智民, 姜志宽, 陈安国, 2012. 啮齿动物学[M]. 2版. 上海: 上海交通大学出版社.

WILSON D E, REEDER D M, 2005. Mammal species of the world: a taxonomic and geographic reference[M]. Baltimore, Maryland: The Johns Hopkins University Press.

（撰稿：徐金会；审稿：徐来祥）

黑线姬鼠　*Apodemus agrarius* Pallas

一种中国广大地区的主要农业和卫生害鼠。又名田姬鼠、黑线鼠、长尾黑线鼠、金耗儿。英文名 striped field mouse。啮齿目（Rodentia）鼠科（Muridae）姬鼠属（*Apodemus*）。

在中国广泛分布于除青海、西藏、海南以外的其余各省（自治区、直辖市）。在中国从黑龙江、内蒙古、新疆起，向南一直分布至北纬25.5°线（台湾可分布到北纬23°），包括除海南和南海诸岛外全国大部分地区。在福建、湖南以年均温19℃为黑线姬鼠分布南界。黑线姬鼠在中国有5个亚种：指名亚种（*Apodemus agrarius agrarius*），分布于新疆北部额敏塔城一带。东北亚种（*Apodemus agrarius mantchuricus*）分布于东北三省及内蒙古东部；华北亚种（*Apodemus agrarius pallidior*），分布于华北、西北东部及四川大部；长江亚种（*Apodemus agrarius ningpoensis*）分布于长江中下游广大地区、贵州、四川东部，直至浙江及福建北部；台湾亚种（*Apodemus agrarius insulaemus*）。

形态

外形　体型较小，细瘦，体长65～120mm，尾长57～109mm，略短于体长，为体长的80%～90%。背部中央从头顶至尾基有一条明显的黑线。头小，吻尖，耳短，折向前方达不到眼部。雌鼠乳头4对，胸、腹部各2对。尾毛不发达，鳞片裸露呈环状。四肢较短小。体重20～50g。后足长18～25mm，耳长10.2～15mm（图1）。

毛色　背毛棕褐色或略带红棕色，毛尖带黑，体背部杂有较多的黑褐色毛尖，体侧较少，腹毛与四肢内侧灰白色。尾呈二色，上为黑褐色，下为白色，鳞片裸露，尾环清晰。外形与小家鼠很相似，但体型较小家鼠稍大，主要识别特征是它的背中央，从头顶至尾基有一条明显或不大明显的黑色条纹，上颌门齿内侧无缺刻。由于亚种和栖息环境的不同而有一定变化，生活在农田的黑线姬鼠棕色较重或沙褐色，生活在林缘和灌丛地带的毛色灰褐带有棕色（图1）。

头骨　头骨较狭，眶上嵴明显，顶间骨较向后突，与枕骨交界处骨缝呈"人"字形，顶间骨较大，其前外角明显向前突入顶骨，整个顶间骨略成长方形。门齿孔较短，一般不及或几乎到达第一白齿前缘之连线。鼻骨长约为颅长的36%，其前端超出前颌骨和上门齿，后端中间略尖或稍为向后突出，通常略为前颌骨后端所超出或约在同一水平线上。上颌第一白齿最大，其长度约为后两个白齿长度之和。白齿咀嚼面有三纵列丘状齿突，第一、二上白齿具发达的后内齿尖，第三上白齿咀嚼面内侧具两个突角，形成二叶，前面为一孤立的圆形齿叶。老年个体由于齿突被磨损，第三上白齿的齿冠二叶常混成一块，两齿叶彼此相互连接形成一中央稍凹陷的圆形（图2）。

颅全长22～28.5mm，颧宽11～14mm，乳突宽10.4～12.5mm，眶间宽3.3～5mm，鼻骨长8.6～10.2mm，听泡长5～6mm，门齿孔长4.8～5.9mm，上颊齿列长3.6～4.6mm。

主要鉴别特征　背部中央从头顶至尾基有一条明显的黑线。与小家鼠的区别：小家鼠上门齿内侧有上凹缺刻如木工凿状，黑线姬鼠上门齿内侧与外侧一样平削无缺刻；与龙姬鼠（*Apodemus draco*）的区别：龙姬鼠第三白齿内侧具3个角突，黑线姬鼠则仅具2个角突。

生活习性

栖息地　栖息环境较广，不论是平原、丘陵、山地、林区、草甸、荒滩、坟地等均可栖居，喜栖居于各种农田、宅旁菜地、林地、草甸、荒滩、沼泽，并偶尔会进入农村庭院和房舍内。在农田喜栖居于潮湿的有杂草的田埂、水沟旁等处。

洞穴　洞穴结构简单，分为栖居洞和临时洞两种。通常有2～3个洞口，少数有多达5～7个洞口，洞口与洞口之间的距离不等，多数在1m范围内。洞内有岔道及盲道，一个洞内多数只有1个窝，窝巢由作物秸秆、草叶等筑成。夏秋季洞穴常见有2个洞口，洞道全长30～50cm，深16～37cm，巢穴直径7.2cm、厚1.5cm，冬春季洞穴则以3

图1　黑线姬鼠（上图郭永旺提供，下2图张琛提供）

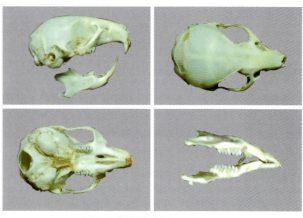

图2　黑线姬鼠头骨（王勇提供）

个洞口居多，洞道全长 50～189cm，深 36～94cm，巢穴直径 12.6cm、厚 2.7cm。有岔道及盲道。其洞穴结构有随季节改变的特点。洞口朝向不定，主要取决于坎子的走向和取食的便利。洞内未发现有储粮现象。

食物 以植物性食物为主，喜食各类植物的种子。缺少食物时亦取食植物绿色部分、瓜果及少量昆虫、蚯蚓、青蛙等，有时会侵入居民区盗食粮食。洞庭湖区 3 种生境中黑线姬鼠的食物组成都以植物种子为主，其比例为 66.55%；其次为植物茎、叶，其比例为 19.01%；植物根所占比例为 8.27%；动物性食物为 6.05%。黑线姬鼠的食物组成会随着不同生境、季节而有一定的变化。种子资源相对较少的季节和生境，相应的黑线姬鼠的食物组成中的种子所占比例就会较低。同一生境中，幼年鼠和亚成年鼠的食物组成与成年鼠、老年鼠区别较大，孕期雌鼠与同季节、同生境的非孕期雌鼠相比也有较大差异。尽管黑线姬鼠以取食植物种子为主，但其食性会随生境可获得资源的不同而有所调整。

活动规律 多在夜间活动，白天活动少，以晨昏为活动高峰。季节性迁移明显，常随着农作物的成熟而转移。

生长发育 雄性 58 天开始性成熟，而雌性 89 天才开始性成熟。发情周期为 4～5 天，妊娠期为 18～21 天，哺乳期为 21 天，窝仔数为 3～8 只。生长发育速度也较慢，出生后 1～4 周雌、雄个体瞬时生长率最高达 7.30%，5 周后雌性个体生长更加缓慢。自然寿命 1～2 年。

繁殖 黑线姬鼠的繁殖期，不同地区不一样，甚至同一地区不同年份也有不同的结果。冬季是否繁殖主要取决于气温，暖冬可有一定怀孕率，冷冬则休止，一般因冬季孕鼠数极少而难以捕获。在洞庭湖平原区，黑线姬鼠能全年繁殖，但主要繁殖期为 3～11 月，1 年有 2 次怀孕高峰，春峰多在 4 月，怀孕率为 38.4%～91.7%；秋峰约在 9 月，每年具体月份稍有不同，怀孕率为 80.0%～92.3%；6 月表现为"仲夏繁殖低谷"，怀孕率急降，甚至为 0。多年统计的主要繁殖期平均怀孕率 47.2%，每年繁殖 3～5 胎，每胎产仔数多为 4～7 只，总平均胎仔数为 5.1 个。华北亚种和东北亚种繁殖始期与终期亦有变化，若按主要繁殖期讲，大体是北纬 35°～42° 地区为 4～10 月，其北则为 5～9 月。繁殖的始与终期前后各增减 1 个月与纬度关联，这是温度直接作用的结果。

黑线姬鼠在北纬 44° 以上的地区只有 1 个繁殖高峰；华北亚种和长江亚种在春峰之后都要出现怀孕率低谷，因而成双峰型。华北亚种春峰通常出现在 5 月，低谷在 7 月，秋峰在 9 月；长江亚种春峰与低谷分别在 4 月与 6 月，第二繁殖高峰的峰尖出现月份，各地、各年不一致。这是因为黑线姬鼠在中亚热带繁殖胎数多，7～10 月为繁殖盛期，而每月实际参加繁殖的个体数受气候和当年种群发展情况等许多因素的综合影响，导致各年的峰尖出现时间不一，有些年份还能呈现多个峰尖。洞庭平原当年出生的雌鼠大多到 7 月能怀孕；北京地区黑线姬鼠当年生雌鼠绝大部分不参加当年繁殖群，仅有一些年份在 9～10 月可见少数当年鼠怀孕。

种群数量动态

种群数量的月份变化 在高纬度地区，黑线姬鼠种群数量的季节消长呈典型的单峰型曲线，如内蒙古伊图里河、黑龙江引龙河地区黑线姬鼠仅在 9～10 月出现一个数量高峰期。在中国大部分地区黑线姬鼠种群数量季节消长呈典型的双峰型曲线，但各地种群数量高峰期出现的时间不一致，第一个数量高峰期一般出现在 4～6 月，多数地区在 5～6 月，第二个数量高峰期一般出现在 9～12 月，多数地区在 10～11 月。

种群数量的年度变化 黑线姬鼠种群数量季节消长幅度因年份不同而异。年度间种群数量起伏很明显，其年平均捕获率的变幅约 10 倍之差。黑线姬鼠年间数量变化明显地出现 4 个阶段，即低谷、上升、高峰和下降，但各阶段经历的时间有长有短。从调查资料来看，其种群数量的年度间消长的波形是比较规则的，认为黑线姬鼠由一个高峰期再到下一个高峰期可能需 7～8 年时间。

危害 黑线姬鼠主要以各种草本植物的种子、茎叶、果穗为食。对水稻、小麦、玉米、薯类、果蔬类等作物危害尤为严重。一般咬断作物的秸秆，取食作物的果实，危害期从作物播种期到成熟为止。同时，黑线姬鼠还是流行性出血热等鼠传疾病的主要宿主，传播的疾病多达 17 种，如钩端螺旋体、鼠疫、鼠咬热、流行性出血热等，对人类的生命安全造成极大威胁。

黑线姬鼠的危害一年四季都在进行，几乎是各个时期、地点，各种生态农田种植的各种作物都会遭受危害，其危害损失率达 5%～40%，对农作物的危害，从作物的茎叶到根部、种子、果实等几乎是有啥吃啥，一些地区的鼠害已大大超过粮食作物主要病虫的危害损失，给农业生产造成极大威胁。

种群数量预测

种群数量分级标准 为了使黑线姬鼠种群数量分级与预测预报有一个定量的统一指标，各地制定了黑线姬鼠种群数量分级标准。对湖南洞庭稻区黑线姬鼠的种群数量作了逐月调查，按鼠密度分级，结合稻田黑线姬鼠的防治指标为 10%（捕获率），将洞庭湖稻区黑线姬鼠种群数量分为 4 级，1 级：无危害，其捕获率 < 5.00%；2 级：轻危害，捕获率为 5.01%～12.00%；3 级：中危害，捕获率为 12.01%～20.00%；4 级：重危害，捕获率 > 20.00%。

浙江省农田黑线姬鼠发生危害程度划分为 4 级，轻发生（1 级）：产量损失率 1% 以下，鼠密度 3% 以下。中等发生（2 级）：产量损失率 1.5%～4%，鼠密度 3%～10%。严重发生（3 级）：产量损失率 5%～9%，鼠密度 15%～30%。特别严重发生（4 级）：产量损失率 10% 以上，鼠密度 30% 以上。

贵州省根据历年黑线姬鼠种群数量变动幅度及发生危害情况，将黑线姬鼠种群数量划分为 5 个数量级。即：1 级，轻发生，捕获率小于 3%，作物损失率小于 0.5%。2 级，捕获率 3.01%～5.00%，作物损失率 0.50%～1.00%；3 级，中等发生，捕获率 5.01%～10.00%，作物损失率 1.10%～3.00%；4 级，偏重发生，捕获率 10.01%～15.00%，作物损失率 3.10%～5.00%；5 级，大发生，捕获率大于 15.00%，作物损失率大于 5.00%。

种群数量预测 黑线姬鼠种群数量预测预报的内容主

要包括发生期预测、高峰期发生量预测和发生程度预测三个方面的内容。

发生期预测。预测黑线姬鼠的发生与危害情况，以确定防治适期。

高峰期发生量预测。预测黑线姬鼠未来高峰期的发生量。

发生程度预测。以黑线姬鼠主害期密度、危害损失、发生面积占播种面积的比例三个因素作为衡量指标，结合发生量预测值，判断鼠害可能发生的程度。

防治技术

防治适期　每年3月和8月是防治黑线姬鼠的最佳策略性防治适期。3月气温已开始回升，黑线姬鼠活动日趋频繁，并开始繁殖，此时灭鼠既能减少春季繁殖量，收到"杀一灭百"的效果，对控制全年的害鼠数量将起很大作用，又可保证春播作物全苗、正常生长，减轻播种期鼠害程度；同时3月农田鼠粮少，此时处于冬后复苏的黑线姬鼠，大量出巢，饥不择食，容易取食毒饵，灭鼠效果好。8~9月秋收作物日渐成熟，黑线姬鼠进入秋季繁殖高峰期，害鼠密度上升，此时灭鼠既可保证秋收作物顺利成熟收获，颗粒归仓，减少鼠耗损失，还可起到压低越冬基数，减轻翌年鼠害的作用。

防治策略　采取"春季主治压基数，秋季挑治保丰收"的防治策略。防治工作应在大范围内室内外同步开展，低密度时，实行小面积投毒挑治，高密度或种群数量即将激增时，必须采取紧急措施，开展大面积连片投放毒饵突击灭鼠。

农业防治　通过破坏、恶化黑线姬鼠栖息场所，使不利于鼠类生存而预防鼠害的发生，是黑线姬鼠综合防治的基础。对黑线姬鼠的防治采取以下措施，可收到明显的效果。

①农田结合春耕和夏耕，修整田埂（地埂）、翻耕农田，减少田埂、地头荒角、田间坟地和杂草较多的荒地，尽量少留或不留永久性田埂，从而达到减少黑线姬鼠最适栖息地。

②清除农田（田边）杂草，毁灭田埂上的鼠洞，可减少黑线姬鼠栖息地；采取薄膜覆盖育秧，断绝或减少种子被取食的途径。

生物防治　保护利用黄鼬、猫头鹰和蛇类等天敌进行灭鼠。

物理防治　利用鼠夹、鼠笼、竹套弓、粘鼠板、电子猫等捕鼠装置捕杀。

化学防治　科学选用杀鼠剂，选用高效、低毒抗凝血杀鼠剂或商品毒饵。合理选择饵料，选择稻谷、小麦、玉米粒等鼠类喜吃食物。正确投饵，农田采用一次性饱和投饵法，稻田投饵按自然田块，在田埂上或沟渠边及稻田附近的鼠类活动场所投饵一圈，形成保护圈；山坡旱地以耕地为中心设保护区，重点投药防治。毒饵站灭鼠技术。

参考文献

陈安国, 郭聪, 王勇, 等, 1998. 黑线姬鼠长江亚种的生态学及控制对策[M]// 张知彬, 王祖望. 农业重要害鼠的生态及控制对策. 北京: 海洋出版社: 153-166.

陈安国, 刘辉芬, 王勇, 等, 1991. 长江中游稻作区褐家鼠黑线姬鼠种群动态和综合治理技术研究[J]. 农业现代化研究, 12(2): 36-41.

丁新天, 1990. 黑线姬鼠种群发生规律的研究[J]. 病虫测报(4): 36-41.

雷邦海, 1993. 岑巩县黑线姬鼠的生态初步观察[J]. 动物学杂志, 28(3): 32-35.

吕国强, 1993. 黑线姬鼠的发生与防治研究初报[J]. 植物保护, 19(3): 39-41.

汪恩国, 1991. 黑线姬鼠发生规律及测报技术[J]. 浙江农业科学(1): 38-41.

王华弟, 1998. 农田黑线姬鼠发生规律与防治技术[J]. 植物保护学报, 25(2): 181-186.

王勇, 陈安国, 郭聪, 等, 1997. 洞庭湖稻区黑线姬鼠种群数量预测[J]. 兽类学报, 17(2): 125-130.

王勇, 陈安国, 李波, 等, 1994. 洞庭平原黑线姬鼠繁殖特性研究[J]. 兽类学报, 14(2): 138-146.

王玉正, 夏志贤, 胡继武, 等, 1989. 农田害鼠危害损失率及防治指标[J]. 植物保护, 15(3): 50-51.

杨士剑, 诸葛阳, 1989. 农田黑线姬鼠与臭鼩的巢区及种间关系的研究[J]. 兽类学报, 9(3): 186-194.

杨再学, 松会武, 雷邦海, 1993. 黑线姬鼠发生规律及测报技术研究[J]. 贵州农学院学报, 12(2): 80-84.

杨再学, 郑元利, 郭仕平, 等, 2007. 黑线姬鼠种群数量动态及预测预报模型研究[J]. 中国农学通报, 23(2): 193-197.

杨再学, 1996. 黑线姬鼠种群繁殖特征的研究[J]. 贵州农业科学, 24(1): 15-19.

杨再学, 1997. 黑线姬鼠种群数量季节变化规律[J]. 贵州农学院学报, 16(增刊): 44-47.

杨再学, 2009. 中国黑线姬鼠及其防治对策[M]. 贵阳: 贵州科技出版社.

郑元利, 杨再学, 2002. 余庆县黑线姬鼠的发生动态及其治理技术[J]. 贵州大学学报(农业与生物科学版), 21(5): 351-356.

诸葛阳, 陆传才, 1978. 黑线姬鼠繁殖及数量动态的初步研究[M]// 青海省生物研究所. 灭鼠和鼠类生物学研究报告: 第三集. 北京: 科学出版社: 80-84.

（撰稿：王勇；审稿：王登）

黑线毛足鼠　*Phodopus campbelli* Thomas

一种典型的荒漠草原鼠种。又名坎氏毛足鼠、三线鼠。英文名 striped hairy-footed hamster、striped desert hamster、djungarian hamster。啮齿目（Rodentia）仓鼠科（Cricetidae）仓鼠亚科（Cricetinae）毛足鼠属（*Phodopus*）。中国分布于内蒙古、河北北部、新疆、辽宁西部和吉林西部的广大地区。国外分布于蒙古、哈萨克斯坦和俄罗斯西伯利亚南部。

形态

外形　体型小，体长一般不超过100mm。尾和四肢均短小。

毛色　体背毛灰棕色，背中央具一条明显的棕黑色纵纹。体侧毛色背腹间有明显分界，呈波状。其四足的掌、蹠部均密被白毛。

头骨　骨较狭长，脑颅较圆，背腹稍扁。脑颅背方由前向后渐倾斜向下。额骨和鼻骨自后向前渐倾斜。上颌骨的颧突较宽，成三角形板状。鳞骨颧突较小，颧骨较细。

生活习性

栖息地　主要栖息在典型草原区的退化草场、人工草地和沙地生境。栖息于干旱的草原和荒漠草原。喜干燥环境，常见于植被稀疏的沙地、锦鸡儿灌丛化的草场、干枯的河床沿岸等处。

活动规律　以夜间活动为主，黄昏后出洞，日出前停止地面活动。在傍晚和拂晓活动最为频繁。

洞穴　洞穴浅，构造简单，洞道和巢室距地面较浅。洞道短，末端为巢室和仓库等。

食物　以植物为食，春季挖食草根，夏季啃食植物的叶茎，冬季则以植物种子和贮藏的种子为食。夏秋季也捕食些昆虫。

繁殖特征　繁殖期为5~8月，平均胎仔数为3~8个。

危害　黑线毛足鼠主要以植物种子为食物，偶尔也吃一些新鲜牧草的茎叶，总体上看，对草场生产力的危害不大。但其挖掘活动和对牧草及牧草种子的盗食活动，降低草原生产力。另外，黑线毛足鼠是多种鼠传染病的携带者和传播者，可传播鼠疫、流行性出血热、钩端螺旋体等疫病，可传播携带肝毛细线虫病，影响人类健康。

防治技术　传统的可以用溴敌隆等抗凝血剂杀灭黑线毛足鼠。在5月之前，按照30m的条带状喷洒鼠药，间距20m，可以将黑线毛足鼠的种群密度降低到95%左右。采用1:10000的EP不育剂（左炔诺孕酮重量比2/3，炔雌醚重量比1/3）适口度很好，对黑线毛足鼠种群繁殖的抑制效果良好，投药区黑线毛足鼠的子宫损伤率达到80%，平均胎仔数下降到对照区的2/3水平，妊娠率也下降到对照区20%。一次性投放EP-1不育剂，对黑线毛足鼠种群的繁殖作用时间可维持4个月以上，基本可实现对整个繁殖期的控制成效。

参考文献

罗泽珣, 陈卫, 高武, 等. 2000. 中国动物志: 兽纲 第六卷 啮齿目(下册) 仓鼠科[M]. 北京: 科学出版社.

宛新荣, 石岩生, 宝祥, 等. 2006. EP-1不育剂对黑线毛足鼠种群繁殖的影响[J]. 兽类学报, 26(4): 392-397.

宛新荣, 经宇, 王广和, 等. 2007. 黑线毛足鼠年龄和种群密度与肝毛细线虫感染率的关系[J]. 生态学杂志, 26(4): 515-518.

王应祥, 2003. 中国哺乳动物种和亚种分类名录与分布大全[M]. 北京: 中国林业出版社.

武晓东, 付和平, 2005. 内蒙古半荒漠与荒漠区的啮齿动物群落[J]. 动物学报, 51(6): 961-972.

张知彬, 王祖望, 1998. 农业重要害鼠的生态学及控制对策[M]. 北京: 海洋出版社.

赵肯堂, 1981. 内蒙古啮齿动物[M]. 呼和浩特: 内蒙古人民出版社.

ALLEN G M, 1940. Natural history of Asia (volume XI). The mammals of China and Mongolia. Part II[M]. New York: Central Asiatic Expedition.

（撰稿：宛新荣；审稿：陈卫）

恒温指数　homeothermy index, HI

许多哺乳动物的幼体，出生时身体的体温调节系统发育并不完善，在经历环境温度的变化，尤其受到冷暴露后表现出体温明显下降的现象，但经历一段胎后发育时期后，它们的恒温能力逐渐发育成熟，能够在一个较宽的环境温度区间保持高而稳定的体温。恒温指数是研究哺乳动物幼体胎后发育期间体温调节能力变化的一个指标，用来描述特定年龄的幼体，经过一定环境温度暴露一段时间后维持体温能力。

恒温指数的计算公式为：$HI = (T_{bf} - T_a)/(T_{bi} - T_a)$。式中，$HI$ 为恒温指数；T_{bf} 为幼体经历一定环境温度（低温）暴露一段时间后的体温；T_{bi} 为经一定环境温度（低温）处理之前的幼体初始体温；T_a 为环境温度。当恒温指数小于1.0时，表示幼体的恒温能力尚未发育成熟，当恒温指数为1.0时，认为动物已具有成熟的恒温能力。

参考文献

Harjunpaa S, Kirsti Rouvinen-Watt K, 2004. The development of homeothermy in mink (Mustela vison)[J]. Comparative biochemistry and physiology part A, 137: 339-348.

（撰稿：迟庆生；审稿：王德华）

红背䶄　*Clethrionomys rutilus* Pallas

一种典型的林栖鼠类。英文名 northern-backed vole。啮齿目（Rodentia）仓鼠科（Cricetidae）田鼠亚科（Cricetinae）䶄属（*Clethrionomys*）。古北区红背䶄亚种分化较多，据Ellerman等（1951）报道，古北区红背䶄共列出18个亚种。经中国标本校订，灰棕背䶄已独立成种，不再是红背䶄的亚种，因此暂以17个亚种考虑。中国境内的亚种共有2个，即新疆阿尔泰山区的指名亚种和分布在大兴安岭、小兴安岭及长白山区的东北亚种，也成为黑龙江亚种。

在整个古北区苔原和亚寒带针叶林带，由北欧斯堪的纳维亚半岛至西伯利亚东北部均有分布。向南分布至莫斯科、哈萨克斯坦北部，阿尔泰林区，朝鲜半岛，日本北海道以及俄罗斯萨哈林岛（库页岛）也有分布，还分布在北美针叶林带。中国大兴安岭及小兴安岭、长白山区。

形态

外形　体型在䶄属中属中等，体长平均为97（72~123）mm。尾长平均33mm，占体长34%，尾毛密，尾端笔毛长，超过10mm。耳小，但露出毛被外。后足长18（14~19）mm，脚掌无毛，蹠垫6个（图1、图2）。

毛色　背毛为鲜艳的赭褐色或棕红色，由头顶至臀部毛色一致。由脊背向体侧毛色逐渐变浅，中间并没有明显的分界线。腹毛灰白色，有的个体略显黄色的色泽。耳壳内缘生短毛，黄褐色。尾二色明显，尾上面黄褐色或灰褐色，底面淡黄。脚背灰白色（图1、图2）。

头骨　小而单薄，颧弓细。鼻骨短，前端宽，后端窄。从眶间开始，颅顶平。眶间较宽，眶间宽平均4mm，接近

图1 秋季阿拉斯加北部红背䶄正在觅食浆果（Michael Quinton 摄）

图2 中国东北地区的红背䶄标本（杨宝辉 摄）

颧宽1/3。成体眶间两侧稍隆起，但并没有形成明显的眶上嵴；眶间中部微陷，形成一条纵沟。颅室平扁而光滑，眶后嵴极不发达，仅留残迹。颧弓细，中间轭骨（或称颧骨）明显较窄。顶间骨长度不大，但相当宽，长小于宽近两倍。顶间骨前缘中央有一个前突角。门齿孔中等长度。腭骨后缘无骨桥，听泡中等大小，很平。

主要鉴别特征 腭骨后缘为平直的横板，中央有个小突起，横板的两端向下倾斜。白齿有齿根，在2~2.5月龄即生出，是中国4种䶄中齿根生出最早的种类。上颌第三白齿内侧有4个突角，外侧有3个突角。上门齿的齿根沿齿槽向后延伸，但距离第一上臼齿的齿根尚有一段距离。

生活习性

栖息地 典型的林栖种类。在针叶林及针阔混交林中数量很多。喜栖息在低洼和潮湿处，也常到沼泽草甸的塔头甸子处活动。森林采伐后，喜湿的红背䶄不适应，在迹地向干燥方向发展时，若演化成荒山榛丛景观，在小兴安岭这种生境已无红背䶄。

食物 以绿色植物为主，但是在秋季开始大量食用种子等高蛋白和高脂肪的食物，以积蓄皮下脂肪，准备过冬，冬季和早春则啃咬树皮。

洞穴及活动规律 红背䶄栖息在倒木或树根下的枯枝落叶层中，挖洞穴，洞道极浅，用干草及树片做窝。不冬眠，冬季在雪被下活动，在雪下可找到其活动的跑道。昼夜均活动，但夜间活动更频繁。

繁殖 红背䶄的繁殖，适应亚寒带针叶林的气候，要在当地全年最温暖的气候条件下产仔，以提高幼鼠的存活率。每年在小兴安岭4月开始繁殖，5~7月为繁殖的盛期，9月停止繁殖。每年繁殖2~3窝，每窝产仔4~9只，多数为5~8只。5月开始出现幼鼠，妊娠期18~20天。幼鼠初生时完全没有毛，重约2g。7月幼体在种群年龄组成中已占多数。9~10月种群年龄组成中几乎全是当年出生的幼鼠。寿命约为1年半。

种群数量动态

季节动态 在喀喇旗落叶松原始林中，红背䶄每百夹日的捕获率，5月为1.08%，6月为0.50%，7月为3.00%，8月为4.50%，9月为6.00%。在山谷（沟塘）落叶松择伐迹地，也比较潮湿，每百夹日捕获率，5月为1.16%，6月为0.24%，7月为1.31%，8月为4.73%，9月为6.25%，10月为2.79%。全年数量秋季最高，因有当年繁殖出的个体参加到种群中，数量季节消长呈单峰型。

年间动态 数量年度变化明显。据寿振黄等（1958）的报道，在小兴安岭红松林中，1956年5~9月每百夹日的捕获率，分别为6.8%，10.2%，8.4%，9.9%以及9.5%。但在10年后，根据黑龙江带林业科学研究所杨可兴的报道，以每年9月为标准进行对比，每百夹日的捕获率，1965年为4.2%，1966年为0.12%，1967年为0.3%，1968年为2.4%，1969年为0.25%，数量年度变化很大，与红松结松子量的丰歉有关；又过了12年，1978年杨可兴报道了1978年针阔混交林红背䶄自5~9月数量情况，其中9月每百夹日的捕获率为8%，明显高于1965—1969年的数量。可以看出红背䶄数量波动很大。

经济意义 䶄类是珍贵毛皮兽的动物。但危害林业，如啃树皮，危害苗圃，窃食种子，影响造林。在秋季和翌年春季对林业造林成果危害非常严重，特别是对15年生左右的樟子松、落叶松新植苗、3年生左右的幼林取食危害特别重。

防治技术

农业防治 鼠害特别是农业鼠害的防治，要根据不同地区以及不同耕作制度下农田生态系统的特点，结合农田基本建设和农事操作活动，创造不利于害鼠栖息、生存和繁衍的生态环境，以达到减轻害鼠发生与危害的目的。农业防治是预防鼠害的主要途径，在鼠害综合治理中占有非常重要的地位。农业防治主要包括以下几个方面。

清理林分。割除林内杂草、灌木、榛柴，破坏害鼠的生活环境，减轻鼠害的发生。

耕翻土地。耕翻和平整土地，可破坏害鼠的洞穴，恶化害鼠的栖息环境，提高害鼠的死亡率，抑制其种群的增长。及时清理林下枯枝落叶和杂草有利于森林防火。

整治农田林地周边环境。很多种害鼠的种群密度和农田生态环境关系密切。

结合冬季兴修水利、冬季积肥、田埂整修等农田基本建设活动，可铲除杂草、土堆等，保持田边及沟渠的清洁，破坏害鼠的生境。

合理布局农作物和轮牧及合理密植 / 合理农作物布局及品种搭配，可以降低鼠害。大面积连片种植同一种作物，与多种作物共栖相比，鼠害较轻；在单一作物种植区，播种期及各品种的成熟期应尽可能同步，否则过早或过晚播种（成熟）的地块易遭鼠害。合理轮牧、保护草场、防止牧场退化不仅可以控制害鼠数量，而且还可提高有效载畜量。合理密植、早日郁闭成林后，林内杂草、灌木、榛丛较少，不适于害鼠生活，可减少发生鼠害的机会。

因地制宜选择树种。红松适于栽在杂草、灌木较少的阴坡上，赤松、樟子松就不应栽在低湿和杂草、灌木、榛柴内。

生物防治 利用捕食性天敌动物和病原微生物等进行灭鼠。

①天敌动物。天敌动物和鼠类互相联系、互相制约，在自然生态系统中保持着动态的平衡。由于天敌和害鼠的种群数量呈跟随效应，因此在害鼠暴发时，它不能及时有效地控制害鼠的为害。鼠类天敌主要有狐类、鸟类、兽类和蛇类等肉食动物，从生态平衡和预防为主的观点出发，应积极保护并禁止捕猎鼠类天敌。

②病原微生物。至今发现的鼠类病原微生物主要是细菌，其次是病毒和寄生虫。在细菌中主要是沙门氏杆菌属及肠炎沙门氏杆菌属。考虑对人畜的安全问题，对利用病原微生物灭鼠应持谨慎态度。沙门氏杆菌属中的达尼契氏菌、依萨琴柯氏菌、密雷日克夫斯基氏菌、5170菌等，都曾先后被采用，但由于其对人畜的安全性，有些国家已经禁用。另外，微生物制剂灭鼠的总体成本偏高。

③引入不同遗传基因。使之因不适应环境或丧失种群调节作用而达到防治目的。

物理防治 用捕鼠夹、捕鼠笼、电子捕鼠器。常用的有电猫、超声波灭鼠器、全自动捕鼠器等，是根据强脉冲电流对生物体的杀伤原理制成的，具有无毒、无害、无污染、成本低、操作简便等优点。

器械灭鼠是使用比较悠久的物理防治方法。器械灭鼠不适于在农田等较大范围控制鼠类危害，但可以用于较小范围鼠害的控制、鼠密度调查等。鼠夹是最常用的器械。TBS（trapping barrier system）技术是近年来农业部门大力推广的一项技术，非常适宜于农牧交错带鼠类的控制。其原理是通过在用铁丝网围起来的小面积农田中种植早熟或鼠类喜欢的作物，引诱农田中的鼠类取食，在铁丝网的底部开口，为鼠类的通行留下通道，但在入口处设置捕鼠装置，从而达到长期控制鼠类数量的目的。

化学防治 化学药剂灭鼠必须抓住2个关键问题。

①化学农药防治必须把住3个时机投药。以北方为例，第一次是春季的2、3月，此期是鼠类繁殖能力强的季节，苗木正处于出苗阶段，鼠饥不择食，鼠龄小，是毒饵诱杀的黄金时期。第二次是5、6月，此期鼠洞浅显，鼠类集中，洞口易识别，是幼鼠分居开始，又是成鼠怀孕和哺乳阶段。鼠仔警惕性差、易活动，是消灭鼠害的关键时期。第三次是秋末冬初，10、11月灭鼠。农作物成熟待收，鼠类数量倍增，达最高峰，猖獗危害，大量取食，积极育肥和贮运粮食，准备迁居住宅等，这时投放饵料诱杀，可减少农作物损失。

②选好药剂，投喂对路。一般使用的药剂是敌鼠钠盐原粉，以配制毒饵防治为主。做毒饵的材料：可根据防治对象选择。红背䶄喜食水分较多的食物，如窝瓜（南瓜）、甜菜等。先做试验，然后再在大面积上使用。毒饵不能一次做的太多，要现用现做，以免饵料太多当天用不完发酸时会减低药效；用窝瓜、土豆等含水多的饵料时，要少加油（3%～4%），药量也减为3%～4%；拌药和撒药的人员要戴手套和口罩，作业结束后要洗手。毒饵中有效成分含量为0.025%～0.10%，浓度低，适口性好。另外还有0.005%溴敌隆、杀鼠灵、大隆、杀它仗等慢性杀鼠剂及急性杀鼠剂磷化锌、安安、灭鼠优、袖带毒鼠磷等。使用中一般采用低浓度、高饵量的饱和投饵，或低浓度、小饵量、多次投饵方式。投毒前查清鼠情，做到有的放矢，分类投放，重点放在鼠类适生密度大的田块，主要采取两种方式：

毒饵站投饵技术和直接投饵灭鼠技术。选用竹子、瓦筒、PVC管等制作成毒饵站，将毒饵置于其中，既环保又实效。

在人工林内，按树行前进，每隔5～6m放一堆（一平勺6～7g）。毒饵落地要成堆，特别饵粒小时更不能乱散撒放，遇树洞时多放一点。撒放毒饵要避免多少不匀，每亩用毒饵0.5kg，每人每天撒1.33～2hm²。撒毒饵前要出"安民告示"，做好宣传教育，通知附近居民和单位，注意畜禽窜入施药区。对作业人员，进行思想教育，重视防治害鼠工作，注意作业安全。另外注意急、慢性交替使用的鼠药。在数量高峰期采用化学药物灭鼠，5～10m方格式等距投饵，每堆20g，药剂为杀鼠灵（0.025%）、敌鼠钠（0.05%）、氯敌鼠（0.01%）、溴敌隆小麦或蜡块（0.005%）毒饵。可使用驱避剂保护幼树（0.04% 八甲磷、50% 福美双溶液喷洒幼树）或拌种。控制该鼠的生态措施为及时清理林下枯枝落叶和杂草，既消灭了其适宜栖息地，又有利于森林防火。

参考文献

罗泽珣, 陈卫, 高武, 等. 2000. 中国动物志: 兽纲 第六卷 啮齿目(下册) 仓鼠科[M]. 北京: 科学出版社: 333-350.

马逸清, 等. 1986. 黑龙江省兽类志[M]. 哈尔滨: 黑龙江科学技术出版社: 303-304.

寿振黄, 夏武平, 李翠珠. 1959. 红背䶄种群年龄的研究[J]. 动物学报, 11(1): 57-66.

王宝贵, 孙光富, 吕继春. 2013. 森林害鼠的主要防治措施[J]. 农业与技术, 33(12): 244-245.

夏武平, 李清涛. 1957. 东北老采伐迹地的类型及鼠类区系的初步研究[J]. 动物学报, 9(4): 283-290.

ELLERNMAN J R, MORRISON-SCOTT T C S, 1951. Checklist of Palaearctic and Indian Mammals 1758 to 1946[M]. 2nd ed. London: British Museum (Natural History): 810.

（撰稿：姜广顺、盛清宇；审稿：宛新荣）

红尾沙鼠　*Meriones erythrourus* Gray

一种中小型啮齿动物，是新疆北部和东部农区和山前荒漠草原危害较大的害鼠之一。又名利比亚沙鼠。英文名red-tailed gerbil。啮齿目（Rodentia）仓鼠科（Cricetidae）沙鼠亚科（Gerbillinae）小沙鼠属（*Meriones*）。目前《中国动物志》确定中国有2个亚种，即分布于低于海平面以下的新疆吐鲁番市、托克逊县和鄯善县的吐鲁番亚种（*Meriones libycus turfanensis* Satunin, 1903）和分布于海拔 300～1800m 的准噶尔盆地西部和西南缘的艾比湖盆地，向东一直分布到奇台一带的北疆（奇台）亚种（*Meriones libycus aquilo* Thomas, 1912）；目前学术界对分布在伊犁谷地的红尾沙鼠可能是（*Meriones libycus eversmanni*, 1978）亚种尚需验证。

在中国仅分布于新疆的北部、东部和西部，是该种分布的东部边缘。由北纬48°向南分布至42°，由东经80°向东分布至91°。国外分布于北非、中亚地区、阿富汗、伊朗、沙特阿拉伯、叙利亚、伊拉克等地，分化至少15个亚种。

形态

外形 为小沙鼠属中体型较大的种类，分布于新疆各地的红尾沙鼠总体形态特征极其相近，吐鲁番亚种体型较大，北疆亚种体型略小。尾长小于或等于体长，少数标本尾长稍大于体长。成体体重 100～235g，体长 138～178mm，尾长 138～183mm，后足长 33～38mm，耳长 10～20mm，雄性体型略大于雌性。体躯圆筒形，足背被毛淡黄或污白，掌面自踵至掌心有一条纵行裸露带。爪黑或黑褐色。

毛色 体躯背部毛色远较其他沙鼠深暗，呈灰棕或黄褐色。毛基深灰，端部沙黄或黑色。耳背部毛浅沙黄色，耳尖部被稀疏白色毛。体侧色较背部浅，不具黑色毛尖。喉部和四肢内侧毛纯白，胸、腹部毛基浅灰，毛尖白色或略黄，在雌性个体腹部中间具一狭长腹腺。尾较背部色深，呈棕黄色，尾毛较长，末端具黑色或栗褐色长毛，形成"毛束"，近尾梢黑色或栗褐色毛约占尾长的1/3。前足掌肉垫裸露，背面覆沙黄或白色密毛，后足掌覆沙黄或污白毛色，踵部有一个狭露区，爪灰褐色或黑褐色。吐鲁番亚种体躯背部呈浅棕，微带红，或深沙黄色，尾上后部毛色纯黑，而且浓密；北疆亚种体躯背部呈深灰棕色，不带有微红，或深沙黄色，尾端之黑色毛束不甚浓密（图1）。

图1 红尾沙鼠北疆亚种 *Meriones erythrourus aquilo*（廖力夫摄）

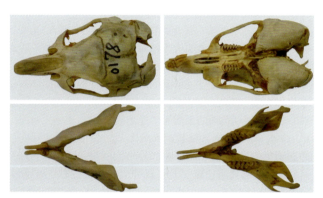

图2 红尾沙鼠头骨（廖力夫摄）

头骨 头骨粗壮，鼻骨狭长，吻部尖长，后头部听泡甚膨大，略呈三角形，其长约为颅全长的1/3。额骨平坦，眶上脊发达，顶间骨前缘中间凸起，后缘平直。颧弓中部不向外凸起，略向下弯曲。听道口边缘不隆起，其前壁膨胀为一明显的小鼓泡，与鳞骨颧弓突起接触。听泡后缘向后突出，超过枕骨后缘。腭孔较宽而长。上门齿唇面具一条纵沟，臼齿嚼面较平坦，第一上臼齿（M^1）具3个椭圆形齿环，第二上臼齿（M^2）具2个齿环，第三上臼齿（M^3）略呈圆形。门齿孔后缘达臼齿前列前缘（图2）。

主要鉴别特征 红尾沙鼠体躯背部毛色远较其他沙鼠深暗，呈灰棕或黄褐色。毛基深灰，端部沙黄或黑色。耳背部毛浅沙黄色，耳尖部被稀疏白色毛。体侧色较背部浅，不具黑色毛尖。尾较背部色深，呈棕黄色，尾毛较长，末端具黑色或栗褐色长毛，形成"毛束"，近尾梢黑色或栗褐色毛约占尾长的1/3。踵部有一个狭露区，爪灰褐色或黑褐色。

头骨粗壮，略呈三角形，其长约为颅全长的1/3。眶上嵴发达，顶间骨前缘中间凸起，后缘平直。听道口边缘不隆起，其前壁膨胀为一明显的小鼓泡，与鳞骨颧弓突起接触。听泡后缘向后突出，超过枕骨后缘。上门齿唇面具一条纵沟，第一上臼齿（M^1）具3个椭圆形齿环，第二上臼齿（M^2）具2个齿环，第三上臼齿（M^3）略呈圆形。

生活习性

栖息地 典型栖息地为生长蒿属植物（*Artemisia* spp.）、猪毛菜（*Salsola collina*）以及各种短命植物的山前荒漠草原，喜在有沟坎土丘等比较干燥的生境筑洞。于准噶尔盆地南缘，栖息地可上升至海拔1800m的山地禾本草原，与典型的草原啮齿动物灰旱獭（*Marmota baibacina*）和长尾黄鼠（*Citellus undulatus*）的栖息地相邻。荒漠草原中土质坚实地段常与大沙鼠（*Rhombomys opimus*）相混居。红尾沙鼠偶尔在盐碱地与沙丘相接壤的边缘区域的生态防护林分布。绿洲中的红尾沙鼠多栖息在道路两旁、渠沟两岸、田埂、葡萄地垄、坎儿井周围的土丘和苜蓿地，庭院、经济林以及杂草丛生的休耕地内。此外还经常串入乡村和居民区的建筑物内，在院墙基部和仓库等处筑洞栖居；甚至在乌鲁木齐、石河子、吐鲁番、伊宁等这样的城市周边也有分布。荒漠或砾漠灌木林红尾沙鼠分布不多（图3）。

洞穴 通常有两种洞穴。一种为洞道交错出口较多（5～10个）的复杂洞；另一种为洞道分支不多出口较少（2～3个）的简单洞。复杂洞较深（1～2m），洞道长4m左右，内筑巢室、厕所和几个食物仓储室，每个仓储室能存放5～7kg的食物。简单洞较浅（0.5m左右），无巢和食物仓储室，为觅食时的临时隐蔽场所。在鼠密度较高的栖息地内，复杂洞与简单洞融合在一起，形成洞群。洞群中的洞口与洞口之间有明显可见的鼠道相连。每一洞群占地面积由几十平方米到百余平方米不等。

栖息在农村麦场、库房或居民区的红尾沙鼠，多以复杂洞穴为主，洞不深，但食物仓储室很大，可储存几十千

图 3 红尾沙鼠栖息生境（廖力夫摄）

克食物。栖息在吐鄯托盆地葡萄地及其凉房周边的红尾沙鼠，每年秋季常挖大量仓储室用于葡萄干、花生、谷物等的存放。

食物 食物种类比较多样，常随栖息环境条件而改变，四季都有储存习性。在荒漠草原，以蒿属、猪毛菜、灌丛等植物的种子以及各种短命植物的绿色部分为主，偶尔有肉苁蓉（*Herba cistanches*）的根。秋季在洞内储藏大量野生植物或农作物种子用于越冬。在农区，春播的各类农作物种子，夏秋收的各类谷物作物、花生、葡萄干、杏干，甚至棉籽等经济作物都储藏。在吐鲁番，曾经从一个红尾沙鼠的洞内挖出60kg葡萄干。在城镇的大型物流中心等，红尾沙鼠常储藏物流的各类食品。

活动规律 为昼夜活动鼠类。活动一般随所处的环境温度、光照条件和干扰因素而变化。

寒冷冬季仅于白昼午间气温较高的时段在很小区域活动。荒漠草原的红尾沙鼠，冬季常在雪层下营造隧道，使洞口间相互连通；它们的活动仅限于这些隧道之间，或在通达雪面上的洞口处蹲坐晒太阳，完全不到雪面上活动。

早春交配季节，是该鼠一年中比较繁忙的活动季节，主要在昼间活动。已配对的双亲在内家域忙于觅食和驱赶外来个体；单只个体都忙于寻找配偶四处游荡；新组成的配对忙于争斗寻找稳定家域进行繁殖。此时活动较乱，活动范围常超出原来的家域。

在繁殖期，红尾沙鼠的活动较有规律，主要是寻找食物和觅食，也会在窝内储存些食物，以防气候等变化造成的临时食物短缺，此阶段驱赶外来个体的活动明显减少。气温低于28℃时，一般白昼活动，夏季气温高于30℃时，多在凌晨、傍晚或夜间活动。

夏末秋初是亚成体分居的高峰期，为确保种群顺利越冬，双亲会将亚成体驱赶出家域，逼迫其独立生活，以解决越冬造成的食物压力，白昼常能见到双亲驱赶亚成体的活动场景。

入秋后，多数个体的家域基本固定下来，此时它们会花费大量的时间用于储存越冬的食物。

红尾沙鼠的活动范围最远可达100m，一般在半径70m左右的家域范围活动，当外来者进入本家域时，该家族的成员会全力维护自己的家域，直至驱赶出外来者，入秋和开春这种争夺家域的现象很频繁。红尾沙鼠的活动多以单只活动为主。当发现有大量可储存的食物源时，红尾沙鼠会动员全体家族成员倾巢出动，集体搬运食物至洞内，直至洞穴储存不下，这种现象在早春的播种和农作物的夏收秋收季节经常出现。

繁殖 繁殖季节随栖息地气温的差异而略有不同，吐鲁番盆地的3月春播季节可以看到交尾，4月中旬在吐鲁番盆地已能见到当年新生的红尾沙鼠幼体到地面活动，依据红尾沙鼠25天的妊娠期和24天的哺乳期推算，吐鲁番盆地的红尾沙鼠2月下旬开始交配，3月中下旬分娩，4月中旬离乳外出活动，早春繁殖高峰在4月，第二个繁殖高峰在8月，10月还能见到刚离乳的新生幼体出洞活动，估计每年繁殖3~4次。早春出生的个体于夏末进入性成熟期，部分个体入秋时参与繁殖。新疆北部的春播季节比吐鲁番地区晚1个月左右，入秋早1个月，早春的繁殖期推迟约1个月，2个繁殖高峰期分别在5月和8月，每年繁殖2~3次。据新疆北部乌苏、木垒及阜康得到的记录结果，4~8月的雌体怀孕率为47.6%（10/21），平均胎仔数为6.6只（4~9），6~9月的雄体睾丸下降率为68.7%（22/32）。冬季红尾沙鼠停止繁殖，睾丸和子宫等性器官极度萎缩。

社群结构与婚配行为 红尾沙鼠在不同时期主要表现为三种社群结构形式和行为：

越冬期：晚秋和冬季以双亲及其夏末秋初出生的后代于原家域一同越冬；或大批被驱赶出家域组成的亚成体后代在新家域越冬；或被驱赶出家域的单只个体越冬。冬末初春，与双亲一块越冬的后代会被双亲赶出家域，与其他群体的个体组成新的家庭；能否顺利越冬，主要取决于越冬食物的储存和周边食物的丰富程度，一般约一半以上的越冬个体过不了冬。

繁殖期：早春至夏初，越冬的原配双亲在原家域；或新组成的配对个体在新的家域栖息，直到繁殖的第二窝离乳，第一窝亚成体被驱赶出家域，此阶段偶尔可看到成体驱赶亚成体的行为，或不同家域间的个体打斗或驱赶现象，或四处游荡没有固定家域的单只个体，此后一直繁殖到秋初，成体驱赶亚成体的行为和不同家域间的打斗或驱赶行为日趋频繁。

亚成体分居期和食物储存期：夏末至秋初，除繁殖地保留的原家域占有者及其夏末出生的后代外，被驱赶出家域四处游荡的大批单只亚成体或成体，为争夺家域或配偶，会发生激烈的打斗和驱赶行为，一旦家域或配偶确立，这些个体会抓紧时间大量储存越冬的食物。

种群数量动态

季节动态 红尾沙鼠在各类栖息地的数量季节动态变化比较相似，即早春是一年中数量最低的时期，荒漠草原和农田周边的日夹捕率分别在5%或7%以下；随着繁殖的第一窝亚成体在地面活动的增加，第一个数量高峰出现在5~6月，荒漠草原和农田周边的日夹捕比早春数量高1倍以上。第二窝亚成体的逐渐分居，于8~9月出现第二个数量高峰期，荒漠草原和农田周边的日夹捕率分别可达10%和30%。10月在吐鲁番葡萄地的夹捕率达到60%，其后数量逐渐下降，通过严酷寒冷的越冬期，约50%以上的老弱病残个体被淘汰，早春又回到了低数量期。

年间动态 红尾沙鼠数量随所栖息的生境食物条件而

不同，不同年间起伏不明显。栖息于山前荒漠草原的红尾沙鼠，因受降水量、食物相对匮乏等因素的影响，数量不多，日夹捕率在4%～15%。栖息于乡村和农田周边的红尾沙鼠，因食物相对丰富，数量较高，日夹捕率在7%～40%。

迁移规律　荒漠和荒漠草原栖息地，由于饲料和隐蔽条件比较稳定，红尾沙鼠迁移不多。栖息于农区及其附近的红尾沙鼠，随秋季农田土地的秋耕冬灌或葡萄枝条地的压埋，往往迁离到地势较高的坡地、麦场、库房甚至居民区越冬，待早春播种或作物成熟时再迁回原地。城镇附近的红尾沙鼠，多在垃圾场、仓储库房或物流中心附近栖息，活动多避开人类活动的高峰期，这类场所的改变往往会迫使红尾沙鼠随着食物的变化迁离到新的场所。

危害

农业危害　红尾沙鼠给农业和经济作物造成的危害较为严重，按每日每只红尾沙鼠消耗体重10%的食物计算，每只个体一年平均消耗和糟蹋的食物20kg。红尾沙鼠主要对农区早春春播的各类农作物种子、夏秋季的各类谷物作物、花生、葡萄干、杏干等经济作物进行储存，在吐鲁番农区对花生的危害可占收成的20%以上，谷物和葡萄干10%以上。盗食成熟瓜类的种子，严重影响瓜类的收成。

人类活动和生态环境的变化对红尾沙鼠种群数量和危害有很大的影响。荒漠草原是红尾沙鼠的典型栖息地，但密度不高。2010年以来，新疆北部大片荒漠草原的农垦开发和植树造林等，使农田与荒漠草原的周边接触面积明显增加，并使原本栖息于荒漠草原的红尾沙鼠，很快适应了食物丰富的新环境，数量明显高于荒漠草原，造成对农作物的危害，如新疆北部一些县市在荒漠草原新开发的大片葵花基地、棉花基地、枸杞基地、打瓜基地、经济林等，在增加了当地经济收入的同时，也使红尾沙鼠的数量、农业危害面积和经济损失同步增加。

公共卫生危害　红尾沙鼠是皮肤利什曼病和蜱传回归热病原体的自然储存宿主。在自然界，参与动物间的鼠疫流行和鼠嗜肝病毒的流行。谢奉章等曾从新疆玛纳斯县的红尾沙鼠体内检出类丹病毒（Dan virus）病原体——红斑丹毒丝菌（*Erysipelothrix erysipeloides*）。在自然界，曾多次发现红尾沙鼠参与动物间的鼠疫流行，如在新疆准噶尔盆地的大沙鼠荒漠鼠疫自然疫源地，于克拉玛依和什特洛盖的红尾沙鼠与大沙鼠重叠区，从红尾沙鼠中查出鼠疫抗体。新疆疾控中心对新疆多地红尾沙鼠的鼠嗜肝病毒抗体调查结果显示，红尾沙鼠自然携带鼠嗜肝病毒的抗体阳性率达20%以上，分布于农区周边的红尾沙鼠，对当地人群健康构成一定的威胁。此外红尾沙鼠还自然感染胸内多头绦虫（*Multiceps endothoracicus*）。

防治技术

生物防治　保护天敌是控制红尾沙鼠数量、维护生态平衡的有效方法。红尾沙鼠是多种自然疫源性疾病的保存宿主或携带者，不同的生境应采取灵活的控制策略。栖息在荒漠草原的红尾沙鼠，是猛禽和鼬科天敌的食物来源，不会对生态环境造成危害，不需要采取杀灭等控制措施，但在该区域从事各类活动时，应尽量避免与其接触，并加强主动防护意识。

物理防治　栖息在农区和城镇周边的红尾沙鼠，因传播疾病和对农业的严重危害，在数量高时应采取必要的控制措施，减少其危害。利用其储存食物的特性，在其活动通道、或洞群周边布放中号鼠夹，是快速降低栖息在农区的红尾沙鼠种群数量的有效方法。早春是红尾沙鼠数量最低期，此时灭鼠可以起到事半功倍的作用。用干炒的油葵、花生米做鼠夹的诱饵，夹距10m，早、中、晚各检测一次，捕到老鼠的鼠夹取走鼠尸，重新补充诱饵继续原地布夹，连续布放24小时，可捕获60%以上的个体。

化学防治　抗凝血杀鼠剂具有使用药量少，3～5天后药力发作，不易引起红尾沙鼠拒食的特点。红尾沙鼠越冬需在洞内储存大量的干食物，如给颗粒毒饵，搬运过程接触的药量很少，不易中毒，而使用粉剂毒饵，药物与口腔接触机会的增加，可以提高中毒几率。每只红尾沙鼠摄入20μg溴敌隆（bromadiolone）或0.5mg敌鼠钠盐（diphacinone sodium salt）药量，即可在5～10天内毙命。应用抗凝血杀鼠剂，于早春或晚秋，组织严密，统一时间投放毒饵，可有效杀灭90%以上的个体。

饵料：粉碎的豆饼（榨油的黄豆渣），棉粕（去棉纤维和棉籽油的棉渣）或玉米碴。

抗凝血杀鼠剂：第一代抗凝血杀鼠剂5%敌鼠钠盐粉剂，第二代抗凝血杀鼠剂0.5%溴敌隆粉剂、0.5%大隆（brodifacoum）粉剂或0.5%杀它仗（flocoumafen）粉剂。

毒饵配制：先用9份粉碎饵料与1份上述任何一种抗凝血杀鼠剂充分混匀，再与40份粉碎饵料充分混匀即可配成0.025%的敌鼠钠盐毒饵或0.0025%的第二代抗凝血杀鼠剂毒饵，500g一包封装在印有灭鼠毒饵明显标志的塑料袋。

组织：严密组织是灭鼠效果成败的关键。首先应对投药人员进行基本的投药方法和安全培训，划分出每个投药员的责任投药区，投药区间的衔接不能遗漏。

投药期的选择：利用晚秋（气温5℃以下无昆虫干扰）食物资源相对少，红尾沙鼠大量盗食物储存洞内用于越冬的习性进行灭鼠。

实施方法：统一时间于投药区投药，见鼠洞投药，每洞口5g。

灭效检查（自由选择）：投药前，在投药区沿样线，天黑前每隔10m，投放3g一堆的诱饵（豆饼或玉米碴）于显眼处，共投放100堆，第二天日出两小时后检查被鼠类盗食的堆数，计算灭前盗食率（盗食堆数/100堆×100%）。投药15天后，用同样方法调查灭后盗食率。灭鼠率（%）=100%×（灭前盗食率－灭后盗食率）/灭前盗食率。

杀鼠剂：按照农业部相关规定，鼠类防治必须选择已经注册登记的各类杀鼠剂及相关制剂、毒饵。目前中国主要化学杀鼠剂为抗凝血剂类杀鼠剂，如敌鼠钠盐、溴敌隆等，可以有效防治鼠类的危害。

参考文献

陈欣如, 叶瑞玉, 曹汉礼, 等, 2000. 新疆啮齿动物寄生绦虫幼虫的初步调查研究[J]. 地方病通报, 15(1): 46-47.

陈梦, 杨永刚, 刘忠军, 等, 2014. 新疆昌吉州荒漠林害鼠种类调查初报[J]. 防护林科技, 130(7): 37-39.

范喜顺, 全仁哲, 彭统根, 等, 2006. 新疆石河子农耕区鼠类群落结构及其危害状况[J]. 干旱区研究, 23(3): 466-470.

纪勇, 靳新霞, 周旭东, 等, 2005. 莫索湾绿洲鼠类群落结构研究[J]. 干旱区研究, 22(4): 508-513.

李俊, 阿布力米提·阿不都卡迪尔, 2007. 红尾沙鼠 (*Meriones libycus*) 的年龄鉴定及种群年龄组成[J]. 干旱区研究, 24(1): 43-48.

廖力夫, 黎唯, 谢勇光, 等, 1993. 石河子市环境特点及其鼠类防制探讨[J]. 中国媒介生物学及控制杂志, 6(3): 226-227.

廖力夫, 赵永生, 张亮生, 等, 1999. 吐鲁番农村葡萄农田混作区鼠害特点及防制[J]. 地方病通报, 14(2): 75-79.

马勇, 王逢桂, 金善科, 等, 1987. 新疆北部地区啮齿动物的分类和分布[M]. 北京: 科学出版社: 192-195.

买尔旦·吐尔干, 阿布力米提·阿布都卡迪尔, 2006. 吐鲁番沙漠植物园及其周围地区鼠类群落结构调查[J]. 动物学杂志, 41(2): 116-120.

努尔古丽·马汉, 赵梅, 张新平, 等, 2007. 克拉玛依地区红尾沙鼠发生危害规律及防治措施[J]. 新疆农业科学, 44(1): 96-98.

王思博, 杨赣源, 1983. 新疆啮齿动物志[M]. 乌鲁木齐: 新疆人民出版社: 146-150.

（撰稿：廖力夫；审稿：宛新荣）

呼吸商 respiratory quotient, RQ

动物代谢过程中释放的二氧化碳与吸收氧气的体积或分子数之比。呼吸商可反映动物代谢燃料的性质，例如在完全以脂肪为代谢燃料时，呼吸商约为 0.7，在完全以葡萄糖为代谢燃料时，约为 1.0，而在脂肪、葡萄糖或蛋白质等混合代谢燃料时，约为 0.8。在动物能量代谢研究中，常使用呼吸代谢仪所测定的呼吸交换率（respiratory exchange ratio, RER）来估计呼吸商。在动物静止或中等以下强度的有氧运动的情况下，呼吸交换率非常接近实际发生的呼吸商。在高强度的有氧运动情况下，动物为降低体液的酸性而排出大量的二氧化碳，导致呼吸交换率大大升高甚至高于 1.0，此时用呼吸交换率来估计呼吸商的准确性下降。

参考文献

FREGLY M J, BLATTEIS C S, 1996. Handbook of physiology[M]. New York: Oxford University Press.

IUPS Thermal Commission, 2003. Glossary of terms for thermal physiology[J]. Journal of thermal biology, 28: 75-106.

（撰稿：迟庆生；审稿：王德华）

互惠盗食 reciprocal pilferage

许多长期贮藏食物的动物不具有明显的攻击性防御行为，贮食领域相互重叠，贮藏食物被盗食的几率很高。组成种群的各个个体既是贮食者，也是盗食者，为了适应这种较高的贮藏盗食率，个体间可能通过相互盗食来弥补自身贮藏食物的盗食丢失，称为互惠盗食。互惠盗食理论最初用于解释单独活动、但领域互相重叠的贮食动物在种内个体之间盗食率极高的情况下仍然分散贮藏食物的原因和进化机制。该理论认为贮食者同时也是盗食者，即使贮藏食物被其他个体大量盗食，贮食者依旧会分散贮藏食物，贮食者可以通过盗取其他个体贮藏的食物来弥补自己贮藏食物的盗食损失。每一个个体都贮藏食物是互惠盗食的基础和前提，只盗食不贮食的基因在种群中扩散，会造成"无食可盗"而危及种群的生存，因而最终会被自然选择所淘汰。互惠盗食也可能发生在同域分布的贮食动物之间。例如黄松花鼠 (*Tamias amoenus* Allen)、北美灰松鼠 (*Sciurus carolinensis* Gmelin)、北美红松鼠 (*Tamiasciurus hudsonicus* Erxleben)、姬鼠 (*Apodemus* spp.) 以及多种热带鼠类，都可能形成互惠盗食关系。通过无线电跟踪和红外相机监测，Jansen 等 (2012) 研究发现，中美毛臀刺鼠 (*Dasyprocta punctate* Gray) 相互间的反复盗窃贮藏食物是引起种子被长距离扩散的主要因素。在所有被分散贮藏的种子中，鼠类只能找回 16% 自身所贮藏的种子，却可以从其他个体那里盗取 84% 的种子。对互惠盗食理论的质疑主要有两个方面：①通常认为贮藏者找回自己所埋藏食物的几率比盗食者大得多，贮藏食物对贮藏者的意义远大于盗窃者，贮食者保护自己贮藏食物比盗取其他个体的食物获取的收益更大，自然选择应该促使贮食动物保护贮藏食物，而不是盗取其他个体的食物。②只盗食不贮食的自私欺骗者会从盗食行为中获取最大收益，自然选择有利于个体的盗食行为而非贮食行为。然而从种群进化的角度看，自私欺骗者基因如果在种群中扩散，会因为"无食可盗"而危及种群生成，因而最终会被自然选择所淘汰。互惠盗食理论在鼠类分散贮藏种子行为中尚无经典支持研究案例。

参考文献

JANSEN P A, HIRSCH B T, EMSENS W J, et al, 2012. Thieving rodents as substitute dispersers ofmegafaunal seeds[J]. Proceedings of the national academy of sciences of the United States of America, 109 (31): 12610-12615.

VANDER WALL S B, JENKINS S H, 2003. Reciprocal pilferage and the evolution of food hoarding behavior[J]. Behavioral ecology, 14: 656-667.

ZHANG H, GAO H, YANG Z, et al, 2014. Effects of interspecific competition on food hoarding and pilferage in two sympatric rodents[J]. Behaviour, 151 (11): 1579-1596.

（撰稿：常罡；审稿：路纪琪）

花生鼠害 rodent damage in peanut fields

发生在花生种植区的鼠类危害，统称为花生鼠害。危害花生的鼠类有褐家鼠 (*Rattus norvegicus* Berkenhout)、黑线姬鼠 (*Apodemus agrarius* Pallas)、小家鼠 (*Mus musculus* Linnaeus)、黄毛鼠 (*Rattus losea* Swinhoe)、黄胸鼠 (*Rattus tanezumi* Temmink)、大仓鼠 (*Cricetulms triton* Winton)、黑线仓鼠 (*Cricetulus barabensis* Pallas)、棕色田鼠 (*Lasiopodomys mandarinus* Milne-Edwards)、东北鼢鼠 (*Myospalax psilurus*

Milne-Edwards)、中华鼢鼠（*Eospalax fontanierii* Milne-Edwards）、卡氏小鼠（*Mus caroli* Bonhote）等10余种。其中黑线姬鼠、褐家鼠、黑线仓鼠、大仓鼠和棕色田鼠为花生田的优势鼠种。在靠近村庄的花生田，褐家鼠是优势鼠种。福建莆田地区黄毛鼠为优势种。

害鼠对花生的危害比较普遍，从播种到花生成熟期都会遭受害鼠的危害。主要危害花生的种子和荚果，很少危害茎和叶，受害田一般减产5%，严重的减产50%以上，造成花生产量损失严重。

播种至出苗期，害鼠在下种处扒一个圆锥形小坑，深至种子播种深度，将垄扒得乱七八糟，将播种的花生种仁扒出啃食，有的被整粒吃掉仅留种皮；有的种仁被咬破，不能发芽，造成大面积缺苗或不能出苗。结荚期，果荚被害仅留荚壳或被全部吃光。有少数果荚仅被吃1粒或几粒，有的从荚果一端咬1个孔洞，食果仁，留下空壳，有的荚果被扒出土面，咬破果壳，吃掉果仁，地面留下一堆堆果壳，有的荚果被搬回鼠洞储藏起来，慢慢取食。

花生田害鼠一般有两个危害高峰期，即播种至出苗期和荚果成熟期。第一个危害高峰期为播种至出苗期，危害时间多数在早晨6:00~8:00和下午16:00~17:00，多数在隐蔽处顺垄连续危害几十穴。一般播后3~10天是危害高峰，随着气温增高，花生苗长大危害渐轻，春季危害20天左右。也有的种仁被扒出未吃，因显露于地面，很快会被其他鸟兽吃掉。出苗后至结荚前基本不受害鼠危害。荚果形成后进入第二个危害期，成熟期达到危害高峰。

危害花生的鼠类多数栖息在花生田周边的田埂、沟渠、河道、村庄、坟墓等处的洞内，昼夜出来危害，以夜间危害最频繁。田块四周10m以内的花生受害重，越往田中间受害越轻，表现出明显的趋边危害性。危害程度与生态环境和花生栽培制度有密切关系。靠近村庄、沟渠、道路、埂边、坟堆的花生受害重，庭院、山边周围重于河边；砂质土地重于黏质土地；春季重于秋季。福建莆田地区花生田结荚期相应的防治指标以鼠密度11.54%或株受害率3.64%为宜。

参考文献

田家祥，胡继武，李玉春，等，1993. 几种农田作物害鼠经济阈值的测定[J]. 应用生态学报，4(2): 221-222.

王玉正，夏志贤，胡继武，等，1989. 农田害鼠危害损失率及防治指标[J]. 植物保护，15(3): 50-51.

徐金汉，张继祖，1992. 花生结荚期鼠害的防治指标[J]. 福建农学院学报，21(1): 52-55.

（撰稿：李卫伟、方果；审稿：邹波）

花鼠 *Tamias sibiricus* Laxmann

一种较常见的半树栖啮齿动物。又名五道眉、金花鼠、花狸棒、狇狖、花栗鼠。啮齿目（Rodentia）松鼠科（Sciuridae）花鼠属（*Tamias*）。

花鼠主要分布在亚洲及欧洲部分地区的森林中。在中国主要分布于东北、华北地区及西北的个别地区，其分布界线可达秦岭以南、四川北部地区，包括黑龙江、吉林、辽宁、河北、北京、天津、河南、内蒙古、山西、陕西、宁夏、甘肃、青海、四川、新疆等地。生态地理分布型为欧亚大陆北方寒湿型，主要栖息环境为寒温带、中温带山地森林草原。在国外分布于欧洲北部、俄罗斯西伯利亚、蒙古和日本等地。

形态

外形 花鼠为松鼠科的啮齿动物中体型较小的种类（图1）。成年鼠体长115~168mm，尾长89~135mm，后足长28~41mm，耳长12~20.5mm，颅全长36.8~42.0mm，口盖长21~21.6mm，颧宽18.7~23.5mm，上颊齿5.7~7.0mm。体重77.5~136g。体较细，吻较尖，有颊囊。耳壳明显，无簇毛。尾毛蓬松，端毛长。尾长略短于体长。前后肢长相差不多，前足掌裸，指垫3枚、掌垫2枚，拇指无爪，有痕迹但不明显。后足被毛长达4个趾垫的基部，无跖垫。爪灰褐色。雌鼠有乳头4对，腹部2对，鼠蹊部2对。

毛色 花鼠的背毛浅黄或橘黄色，有五条黑褐色相间的纵纹，从颅背部延伸至臀部，故有"五道眉"之称。两侧的毛橙黄色。背和两侧的毛基黑灰色，毛端随纵纹而异。腹毛基灰色，毛端污白色。尾毛三色，毛基灰白色，中间黑色，毛尖白色，使尾尖部形成稀疏的白色毛边。吻部毛和背毛同色，颊面有条纹，沿鼻向眶上为白色，颊面侧及颈腹面白色。耳廓黑褐色，边为白色（图1）。

头骨 颅骨略狭长，脑颅不突出，吻较长，约等于眶

图1 花鼠（邹波摄）
①花鼠成体；②花鼠亚成体；③花鼠未出窝的幼体

间宽。颧弓不明显向外扩张,颧骨向内侧倾斜,上颌骨颧突则接近于水平状。眶间宽宽宽,约等于鼻骨长。眶后突较细短。眶间区较平,眶上缘不向上翘起。上颌前面第一枚前臼齿（PM³）甚小呈细棒状,第二枚前臼齿（PM⁴）与臼齿形状相似。咀嚼面接近于松鼠原型。门齿唇面釉质呈棕黄色。该鼠的齿式为 $2\times\left(\dfrac{1.0.2.3}{1.0.1.3}\right)=22$。下图为花鼠成体和亚成体的头骨（图2）。

主要鉴别特征 体型较小,体背具5道明显的深棕褐色或黑色条纹,耳壳无簇毛。

生活习性

栖息地 花鼠栖息地较为广泛,白昼活动,常栖于树洞、灌丛、崖缝、堤埂石缝、土缝中。在山区针叶林、阔叶林、针阔叶混交林以及沟壑灌丛、农田、果园,甚至在平原地区的栽培林及灌木比较密集的地带及农作区活动。沟壑和平原地区花鼠活动以地栖为主（图3）。

洞穴 洞穴多在石缝、石洞或在树根下,也在树洞中做巢,黄土高原沟壑区在土崖的缝隙或土洞中做巢。洞穴构造简单,育仔洞浅,越冬洞深,巢和储粮在同一洞中,上部是毛草窝,下部有存粮。洞穴附近往往有储粮坑十多个,每坑有100~300g籽粒。巢仓分球状、碗状两种,碗状巢高12~14cm,巢深7~9cm,内径8~10cm,外径11~14cm;球形巢高15cm,巢深8~9cm,内径9~10cm,外径12~15cm。两种巢重均在123~247g。巢的结构分内外两层,外层接触土壤,巢材粗糙,多用芦苇、蒿草、白草和树叶等组成;内层以柔软的白草、茅草、双狼草及鸟羽、羊毛等铺垫。

食物 食物主要为坚果（橡子、核桃、松子、扁桃）、浆果、豆类及其他草本植物的种子,亦食昆虫及植物的绿色部分。有贮粮习性,贮有的植物种子可达1.5~2kg。干旱的地区或季节,咬幼苗、嫩穗、树枝等补充水分。春季常刨食农田中播下的种子,秋季盗贮粮食,对农林业生产造成危害。花鼠的食性广泛,晋西黄土高原残源沟壑区的花鼠在隰县后堰乡农区不同季节的采食规律可概括为:早春季节主要取食荒坡菊科多年生早春杂草,如抱茎苦荬菜和山苦荬菜等植物,喜食嫩芽和花蕾部分,偶然取食麦苗分蘖节等糖分含量高的部位;玉米、豆类等播种期（4月中、下旬）,则刨食玉米、豆类等作物的种子,并持续危害到出苗以后,喜食豆苗子叶部分;5月中、下旬进入当地小麦灌浆和籽实期,则取食一部分小麦并一直到小麦收割,这期间昆虫等动物性食物所占比例增大,这与此期间当地昆虫个体和数量开始增大、增多有关;小麦收割后,开始倾向危害当地山杏和山区庭院边种植的杏、桃等水果;8月以后,主要采食当地大量种植的玉米,也取食逐渐成熟的向日葵等作物;9月是花鼠大量采食和贮运越冬食物阶段,此时一面大量进食,为越冬在体内贮蕴营养和脂肪,一面在洞穴中贮存食物供越冬用,主要对象为大秋作物（如玉米、高粱等）和果园成熟的苹果、梨等水果中的种子,也大量取食当地沟坡、沟边生长的杜梨,在核桃产区则集中取食核桃;10月随着大秋作物的收获,花鼠出入打谷场、农户贮粮室盗运谷子、玉米等秋作物;进入冬季,花鼠在洞穴中过冬,有间歇性冬睡（或称冬

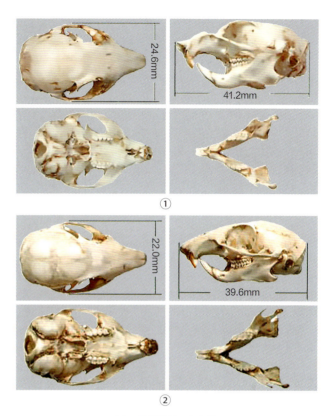

图2 花鼠头骨（邹波摄）
①花鼠成体头骨;②花鼠亚成体头骨

图3 黄土高原花鼠的各类栖息地（邹波摄）

眠）现象,在各次冬睡间隙的苏醒阶段,主要取食洞穴中的贮粮;在11月至翌年2月这段漫长的越冬期间,花鼠基本不出洞活动。洞穴中存贮的食物主要有玉米、高粱、豆类、谷类、水果种子、核桃等坚果以及杂草种子等,个别洞穴中还有向日葵籽和树籽（柏树籽、刺槐籽）;另外,剖胃检查发现部分花鼠胃中含有一定数量的无脊椎动物（如蜘蛛、昆虫等）和脊椎动物（如雏鸟、野鼠等）的肌肉及碎骨、毛羽等。虽然花鼠啃食的植物种子种类很多,但喜食度存在一些差异,且随季节而变化。经过野外笼捕花鼠的饲养观察,对当地6种作物种子的喜食程度,6月为:小麦>向日葵籽>

玉米＞黄豆＞谷子＞高粱。10月则变为：向日葵籽＞玉米＞小麦＞黄豆＞谷子＞高粱。从当地种植面积最广的两种作物小麦和玉米来看，在小麦收割期，花鼠对小麦的喜食程度大于玉米；而在玉米收割期则相反。其对作物的喜食程度不仅受季节影响，且受其居住和活动区食物种类的影响。如在花鼠的活动范围内种植有花生、南瓜等作物，那么在该区捕获的花鼠对花生、南瓜籽等食物就存在着一定程度的嗜好；而没有接触过这类事物的花鼠，在刚开始饲喂花生、南瓜籽阶段，则表现出不喜食甚至不食的现象。

活动规律 花鼠是树栖兼地栖的鼠类。昼行性，即一般白天活动，在清晨及黄昏活动频繁，常在树枝间、地面或山石之间跑窜。山野间盗食干果、浆果、粮食。也常到山村的农家吃种在院子里、晒在房顶上、挂在屋檐下的农作物，甚至进屋内觅食，碰跌农户器皿，但不在户内盗洞或过夜。冬季靠储粮过冬，严寒时会出现有几天或数星期的深睡现象，故有些书中称其为"半冬眠鼠类"。冬季很少出洞，待早春出洞活动，黄土高原地带春末为交配期，出洞次数多，活动时间长，范围大。夏末秋初仔鼠分居，可见鼠的数量最多。秋季为储粮，活动频繁。

繁殖 花鼠独居生活，每年春季发情交配和繁殖，山西黄土丘陵沟壑区隰县花鼠每年繁殖一次，繁殖期（交配至妊娠结束）从3月开始到6月上旬约持续3个多月，3~5月雄鼠的睾丸下降膨胀，体积和重量都大，成年雄鼠睾丸的下降率为100%，体积明显膨大，附睾具有白色精液。进入6月上旬，部分雄鼠的阴囊开始萎缩，睾丸退入腹股沟。7月以后，大多数成鼠的睾丸退于腹股沟内或进入腹腔。雌鼠从产仔到幼鼠独立活动的哺乳时间为35~40天，而产仔到子宫斑完全消失则需70天。幼鼠出生经一次越冬后（约10个月）即亚成年组（当年组）成为成年Ⅰ组鼠之后开始参与繁殖。

生长发育 初生鼠个体全身肉粉色，尾短，体无毛，5天龄后背部出现五道条纹；8~9天龄五道条纹明显，头部由于长毛而呈灰褐色，鼻端已长绒毛且黑白分明；12~15天全身长出细毛，背部毛色接近成体，腹部脐痕已不明显，尾略带毛。睁眼时间平均为29.47±0.43天，下门齿17~18天长出，上门齿23~26天长出，35~40天后独立生活。花鼠育仔时间较长，仔鼠从出生到独立活动的时间为35~40天，饲养条件及母鼠行为对仔鼠的生长发育有较大的影响，同等饲养条件下仔鼠的生长发育也存在着差异。花鼠母鼠对食物种类的喜食程度存在着个体差异，这种差异也影响仔鼠独立生活时对食物种类的喜食程度，仔鼠开始取食食物时，取食和颊囊中存贮的食物种类常是母鼠喜食的食物种类。花鼠的生态寿命在3年以上。

种群年龄结构和性比 花鼠种群年龄结构季节性变化很大。4、5月是花鼠的交配、怀胎和哺乳期，没有当年出生的幼鼠，种群平均年龄较高，6月中下旬部分幼鼠加入种群中活动，种群年龄开始下降，但成年鼠仍占主导地位，7月开始，当年鼠数量超过成年鼠，种群年龄进一步下降，这种现象一直持续到冬季来临，花鼠进入洞穴间歇性冬睡（或称冬眠）。至翌年春季气温转暖，花鼠逐渐出洞活动、觅食，并进入交配繁殖期。此间头年出生的花鼠性成熟，参与繁殖活动，进入成年Ⅰ组，花鼠种群年龄增高。另外，种群中4、5月成年Ⅰ组的比例高于9、10月当年组的百分比，若不考虑年间差异，说明当年鼠越冬死亡率低于成年鼠。花鼠种群的总性比（♀/♂）为1.07，雌性略多于雄性，但也随着季节和年龄的不同而发生变化。刚出生的仔鼠雌雄性比为1.00，而当年鼠雌雄性比则升为1.41，说明仔鼠的成活率，雌性高于雄性。成年Ⅰ、Ⅱ组雌雄性比分别下降为0.92和0.88，可能是成年雌鼠的怀胎、产仔等行为易造成雌鼠死亡之故，4、5月雌鼠怀胎期种群中雌性比例低于雄性的结果也说明了这一点。7月雌性比例大幅度提高，这与种群中当年鼠的大量加入有关，当年鼠中雌性多于雄性，当年鼠的加入将提高种群中雌性的比例。老年组雌性多于雄性，可能说明雌鼠寿命比雄鼠长，这一点，尚有待于今后收集更多的老年组标本来证实。人工饲养条件下花鼠可存活6年。

种群数量动态

季节动态 采用笼捕法，以每月捕鼠率的高低来衡量花鼠种群相对数量，统计山西黄土丘陵沟壑区（山西隰县）不同月份花鼠数量，发现种群数量的全年高峰期出现在8、9月，由繁殖后新个体加入种群引起，此期间种群数量是新个体加入种群前（5月）数量的2.01倍。经过繁殖增加了数量的种群在渡过当地漫长的冬季并经过春季妊娠怀胎后，约有一半的个体死亡，种群数量基本恢复至上一年同期的原有数量，致使种群在一般年份年间数量变化不大，使种群数量保持了相对的稳定性。另外，依据种群数量的消长，并结合繁殖特征，估算出种群夏、秋季的死亡率为6.94%，冬、春季的死亡率为49.80%，后者是前者的7.81倍，说明花鼠的死亡高峰在冬、春季节。而且无论是夏、秋季还是冬、春季，新个体的死亡率均低于成年（包括老年）鼠。

年间动态 花鼠种群经过繁殖增加了数量的种群在度过当地漫长的冬季并经过春季妊娠怀胎后，约有一半的个体死亡，种群数量基本恢复至上一年同期的原有数量，致使种群在一般年份年间数量变化不大，使种群数量保持了相对的稳定性。在环境适宜花鼠生存和越冬，使繁殖强度提高，越冬和繁殖期死亡率下降的情况下，花鼠种群数量增加的可能性是存在的，关于这种可能性的详细调查取证，尚有待于今后更进一步的研究。

危害 花鼠春刨籽、夏咬苗、秋偷穗储粮，且携带多种病原体，是中国北方黄土高原丘陵沟壑区等部分地区危害较重的害鼠之一。花鼠在农区危害农作物，为农业害鼠，在林区取食经济林木的浆果、坚果，对林业及果树业亦有危害。该鼠食性杂，每年在秋季作物成熟期异常活跃，啃咬摄食成熟的作物子粒及核桃、苹果等，并用嘴内的颊囊往巢中贮运冬粮，这时是花鼠的集中危害期。对农作物子粒的危害具有以下几个特点：①花鼠通常在农田的周边危害。例如，在隰县种植葵花的地方，凡是农田周边的葵花盘几乎全部被啃食，葵花盘上可见成堆的瓜子壳，危害株率高达95%以上，而在农田中央的葵花盘几乎未遭危害。②对收获较晚的农田则集中危害。沟坡边农田若晚收几天，周围的花鼠便会聚集在同一农田集中危害，较小的田块往往在1~2天内就被啃食、盗运一空，毫无收成。③田块距村庄的距离越远，花鼠对作物的危害越重。在鼠害发生中等偏重的地区，一般近村的地块危害损失率为10%~15%，远离村庄的地块损失率则达20%~50%。同时，花鼠是森林脑炎、兔热病和蜱型斑疹伤寒病原体的自然携带者。体外寄生虫有花鼠单蚤、圆指额蚤、筒形多毛蚤、二齿新蚤等十多种（图4、图5、图6）。

防治技术

生物防治　中国鼠类天敌种类众多，主要有蛇类和猛禽类的鹰、鸢、鹫、鹞、鸦以及食肉兽类的狐、獾、鼬、猫等。保护和利用这些自然资源，可以对当地鼠害起到一定的控制作用，特别是秋季，是鼠类盗食活动最为频繁的季节，也是当地天敌数量最多的季节，天敌的巡猎，对保证当地林果业的收成起到积极作用。保护生态环境，招引天敌灭鼠，是一项省时、省力、经济实惠的符合生态安全保障的技术，有条件的地方应该提倡保护和利用天敌来控制和减轻鼠类危害。保护和利用益鸟益兽等天敌是有利灭鼠的好事，不过天敌只能在一定程度上减轻鼠类危害，天敌灭鼠仅是综合防治措施之一。

物理防治　物理防治花鼠可采用器械灭鼠。器械灭鼠不适于大范围农田控制鼠类危害，但可以用于较小范围鼠害的控制、鼠密度调查等。器械灭鼠有：

①夹类：有铁丝夹、铁板夹、木板夹、弓形夹等。不论用哪种夹类捕花鼠，诱饵体积大一点，有利于增加捕获率。有条件的地区可采用整个核桃仁作诱饵。

②压类：用坯、砖、石板、木板均可。方法是：在地

图4　遭花鼠危害后的瓜、杏、苹果（邹波摄）

图5　花鼠颊囊中存贮的苹果籽和玉米（邹波摄）

图6　花鼠危害玉米、向日葵、核桃、扁桃（邹波摄）

面钉木桩拴细绳，细绳另头拴挑棍，在石板腰部拴细绳，石板一头靠木桩，挑棍微微挂住细绳，支成45°，挑棍上连食物核桃仁或苹果块等，花鼠吃食揪脱挑棍，即被压死。

③笼类：笼捕法采用粗细铁丝编制的260mm×120mm的捕鼠笼，放在花鼠经常活动的地方，笼外用草覆盖伪装，笼内活扣串上花生米、瓜子、核桃仁、苹果块等花鼠喜食的含油脂高的诱饵和水果，山西黄土高原沟壑区一般每人每天可布放捕鼠笼近百个，可捕鼠20~30只。

另外，还可以2~3人合作围打，发现花鼠后一人在崖头、一人在崖下追赶恐吓，花鼠慌不择路，见缝就钻，一些土缝很浅，用撅头稍刨几下就可活捕。

总之，选灵敏度高，牢靠性强的工具，放置在花鼠频繁活动的地方，并用花鼠爱吃的诱饵，捕鼠效果较好。

化学防治 花鼠的化学防治可根据花鼠的繁殖特点和数量季节变动规律，选择合适时机进行灭鼠。如山西省隰县4~5月是花鼠的繁殖期，其种群中尚未加入当年新繁殖的个体，此时灭鼠能减少繁殖基数，进而控制全年的种群密度，减少损失，而且灭鼠成本低，是防治的最佳时期。每年4~5月采取0.005%的溴敌隆花生米毒饵进行防治，经济有效，具体方法：用口径10cm左右、长度25~30cm的塑料毒饵瓶（两端开口横放，毒饵放置瓶中央，防雨淋和鸟类误食），在农田和果园周边进行条带式封闭处理，即进行条带式投饵（瓶距50m，每瓶投饵量50~100g），毒饵吃完后补充饵料3~4天，可达到90%的杀灭效果。毒饵的制作和杀鼠剂的选择可参照以下方法：①诱饵选择。诱饵最好选数量多，成本低、不易变质干缩的。由于鼠择食往往有习惯性，种什么作物多的地方鼠爱吃什么；前茬种什么，这附近的鼠往往爱吃什么。所以灭花鼠可随当地作物种类选取诱饵如选择玉米、小麦、花生仁、核桃仁等当地种植的粮食作物，有条件的地方也可选择花生米、杏仁、核桃仁等当地种植的干果等花鼠喜食之物。②常用的杀鼠剂。目前较常用的为广谱高效的抗凝血杀鼠剂，如敌鼠钠盐、溴敌隆、大隆等。这类杀鼠剂用量低，适口性好，在使用过程中对人、畜较为安全，用于加工成毒饵，可杀灭花鼠。配制毒饵时，按说明书配制毒饵即可。

参考文献

常文英, 宁振东, 王庭林, 等, 1997. 花鼠幼仔的生长发育研究[J]. 陕西师范大学学报, 25(S1): 115-118.

郭全宝, 汪诚信, 邓址, 等, 1984. 中国鼠类及其防治[M]. 北京: 农业出版社.

河北省植保总站, 河北省鼠疫防治所, 张家口地区植保站, 1987. 河北鼠类图志[M]. 石家庄: 河北科学技术出版社.

柳枢, 马壮行, 张凤敏, 等, 1988. 鼠害防治大全[M]. 北京: 北京出版社: 37-39.

宁振东, 王庭林, 邹波, 等, 1992. 花鼠岩松鼠的发生为害及防治[J]. 山西省农业科学(6): 23-24.

潘清华, 王应祥, 岩崑, 2007. 中国哺乳动物彩色图鉴[M]. 北京: 中国林业出版社.

王廷正, 许文贤, 1993. 陕西啮齿动物志[M]. 西安: 陕西师范大学出版社.

郑智民, 姜志宽, 陈安国, 2008. 啮齿动物学[M]. 上海: 上海交通大学出版社.

邹波, 宁振东, 王庭林, 等, 1997. 花鼠种群生态学研究(I)——种群年龄结构及季节变化[J]. 陕西师范大学学报（自然科学版）, 25(S1): 105-107.

邹波, 宁振东, 王庭林, 等, 1997. 花鼠种群生态学研究(II)——繁殖特征[J]. 陕西师范大学学报(自然科学版), 25(S1): 108-111.

邹波, 宁振东, 王庭林, 等, 1997. 花鼠种群生态学研究(III)——种群数量动态[J]. 陕西师范大学学报(自然科学版), 25(S1): 112-114.

邹波, 张慧娣, 魏明峰, 等, 2007. 晋西林区地面害鼠数量的季节变化与防治技术研究[J]. 中国植保导刊, 27(12): 8-11.

邹波, 宁振东, 王庭林, 等, 1997. 花鼠的食性和食量研究[J]. 中国媒介生物学及控制杂志, 8(6): 469-471.

（撰稿：邹波；审稿：常文英）

华北农田鼠害 rodent damage in the fields of North China Plain

位于北京、天津、河北、山西、内蒙古等地的农田鼠害问题。该地区主要种植小麦、玉米、大豆、谷子、高粱、棉花、油菜等作物，也种植蔬菜、水果及少量水稻等，是中国重要的粮食、棉花、蔬菜和水果基地。

该地区危害农作物的主要鼠类有大仓鼠、黑线仓鼠、中华鼢鼠、黑线姬鼠、褐家鼠、小家鼠、达乌尔黄鼠、长爪沙鼠、大沙鼠、五趾跳鼠、草原鼢鼠等。春播季节，这些鼠类危害春播种子，造成缺苗断垄，夏季咬断作物幼苗、茎叶或取食小麦等成熟或半成熟果实，秋季直接啃食成熟的作物种子或大量贮藏成熟的花生、玉米等供其越冬所需。大仓鼠、黑线仓鼠具有贮藏种子的习性，具有颊囊，特别喜食油料作物，如花生、葵花籽等。1只大仓鼠可储藏20kg的花生。农民为挽回损失，常有秋后挖仓的习惯。黑线姬鼠除了危害作物外，还传播流行性出血热等疾病，对农民健康威胁很大。

华北地区鼠类的危害大致分为三个等级。一级是鼠害不明显，粮食减产小于0.5%，鼠捕获率在2.5%以下，每公顷鼠洞口数5个以下。二级鼠害为轻度，粮食减产0.5%~3%，鼠捕获率在2.6%~10%，每公顷鼠洞口数6~10个。三级鼠害较重，粮食减产4%~9%，鼠捕获率在11%~30%，每公顷鼠洞口数11~15个。三级鼠害特重，粮食减产10%以上，鼠捕获率在30%以上，每公顷鼠洞口数16个以上。在河北地区，大仓鼠种群密度达到0~5%时为轻度危害，5%~10%为中度危害，10%~15%为重度危害，15%~20%为很重危害，大于20%为特重危害。在鼠类高密度年份（捕获率达20%以上），鼠类对花生危害损失率可达15%~20%。

在华北地区鼠害发生较重地区可采用平整土地、田埂、清除杂草，可以破坏鼠类喜欢的栖息地。深耕、渠灌可以破坏鼠类的洞道、巢穴，或直接杀死鼠类。秋后深耕、集中冬灌和春灌对控制农田鼠害的效果最为理想。大片连种、集中收割，有利于减少鼠类的食物来源或储粮。农药拌种也可减少鼠害。物理防治方法有木板夹、铁板夹、捕鼠笼等，适合小片种植经济作物区、蔬菜种植大棚等。在洞口连续捕鼠每人每夜可捕鼠几十只，高峰期甚至上百只。结合养貂，机械捕鼠可产生经济效益，化害为益，大大节省养貂成本。生态防治有保护天敌、养猫等。许多猛禽（大鵟、小鸮、隼等）和小型食肉兽（如黄鼬）主要取食鼠类，应当在农田保留适于鸟类栖息的林地，严禁捕杀天敌。村落养猫不仅能很好控制鼠类对储粮的危害，而且对于控制村边周围农田鼠害也有好处。

参考文献

杨荷芳，等，1996. 华北旱作区大仓鼠种群动态、预测预报及综合防治的研究[M] //王祖望，张知彬. 鼠害治理的理论与实践. 北京：科学出版社.

张知彬，等，1998. 大仓鼠的生态学及控制对策[M] //张知彬，王祖望. 农业重要害鼠的生态学及控制对策. 北京：海洋出版社.

王玉志，等，1998，黑线仓鼠的生态学及控制对策[M] //张知彬，王祖望. 农业重要害鼠的生态学及控制对策. 北京：海洋出版社.

（撰稿：李宏俊；审稿：郭永旺）

华东农田鼠害 rodent damages in the fields of East China

华东地区为中国东部沿海自北向南所包括的山东、江苏、上海、浙江、福建以及西侧的内陆省份安徽和江西，也包括台湾。华东地区是中国的主要农业区域和东部季风农业区的典型区域，全年约80%的降雨集中在作物生长期，是中国农业条件最优越的地区之一，盛产冬小麦、玉米、大豆、甘薯、水稻等粮食作物，棉花与花生等经济作物和种类繁多的水果与蔬菜等。华东农区是中国人口密度最高的地区，农业生产集约型强度最大。华东农区面积近80多万km^2，人口约42675万，人口密度超过500人/km^2。以上这些特点使华东农区成为中国鼠害治理最为迫切和重要的农区。台湾由于其行政管理与资料问题的特殊性在此不纳入，并将上海并入江苏分析。

华东是中国海拔高度最低和最平坦的农区之一，除了福建与浙江南部地区外，较为平坦的地势成为天然的优质农业区域。华东农区大部分地区属于亚热带季风气候，水资源丰富，为农业生产提供了良好的自然条件。农作物种植面积2748.8万hm^2，占总面积的14.3%，其中粮食作物种植面积为1849.7万hm^2，占农作物种植面积67.3%。华东农区的面积仅占全国的8.25%，但人口却占全国的29.16%，是中国沿海地区最为发达的经济区域，农林业鼠害问题以及鼠传疾病问题等不容小觑。

华东农区的啮齿目物种组成与优势害鼠 华东农区由于从南到北的气候跨度大，生境类型多且变化大，随着从北至南的气候与生境类型变化，各地分布的啮齿目物种不同。整个华东农区共分布有34种啮齿目物种，包括黑线姬鼠(*Apodemus agrarius*)、褐家鼠(*Rattus norvegicus*)、小家鼠(*Mus musculus*)、黄胸鼠(*Rattus tanezumi*)、北社鼠(*Niviventer confucianus*)、巢鼠(*Micromys minutus*)、东方田鼠(*Microtus fortis*)、大足鼠(*Rattus nitidus*)、大仓鼠(*Tscherskia triton*)、龙姬鼠(*Apodemus draco*)、中华竹鼠(*Rhizomys sinensis*)、猪尾鼠(*Typhlomys cinereus*)、黑白飞鼠(*Hylopetes alboniger*)、黑线仓鼠(*Cricetulus barabensis*)、青毛硕鼠(*Berylmys bowersi*)、小泡巨鼠(*Leopoldamys edwardsi*)、棕色田鼠(*Lasiopodomys mandarinus*)、黄毛鼠(*Rattus losea*)、针毛鼠(*Niviventer fulvescens*)、板齿鼠(*Bandicota indica*)、达乌尔黄鼠(*Spermophilus dauricus*)、大林姬鼠(*Apodemus peninsulae*)、黑腹绒鼠(*Eothenomys melanogaster*)、琉球小家鼠(*Mus caroli*)、银星竹鼠(*Rhizomys pruinosus*)、中华鼢鼠(*Eospalax fontanierii*)、赤腹松鼠(*Callosciurus erythraeus*)、珀氏长吻松鼠(*Dremomys pernyi*)、倭松鼠(*Tamiops maritimus*)、岩松鼠(*Sciurotamias davidianus*)、海南低泡飞鼠(*Hylopetes phayrei*)、红背鼯鼠(*Petaurista petaurista*)、红腿长吻松鼠(*Dremomys pyrrhomerus*)、豪猪(*Hystrix brachyura*)。屋顶鼠(*Rattus rattus*)虽有在福建省南部出现的报道，在此不予纳入。

华东农区各地具有分布的啮齿目物种与主要害鼠如下：

山东12种，包括大仓鼠、黑线仓鼠、黑线姬鼠、褐家鼠、小家鼠、达乌尔黄鼠、中华鼢鼠、棕色田鼠、大林姬鼠、北社鼠、黄胸鼠、岩松鼠。山东是华东南区中分布啮齿目物种最少的省份。农田主要害鼠物种为黑线姬鼠、大仓鼠、黑线仓鼠，其中黑线姬鼠是优势鼠种，数量占到一半左右，其次为大仓鼠与黑线仓鼠数量亦较多，占40%左右。小家鼠与褐家鼠在村庄附近的农田也有一定的捕获率，但数量不多。村庄农户主要为小家鼠和褐家鼠，黑线姬鼠也有发现但数量很少。河滩高地以黑线仓鼠为优势种，如果距离村庄较近则有小家鼠，平缓地带则以黑线仓鼠以及黑线姬鼠为优势种，土壤含水量大的洼地则优势种为黑线姬鼠，也有大仓鼠和黑线仓鼠。

安徽22种，包括黑线仓鼠、大仓鼠、黑线姬鼠、黄毛鼠、黄胸鼠、褐家鼠、小家鼠、北社鼠、棕色田鼠、东方田鼠、巢鼠、大足鼠、赤腹松鼠、龙姬鼠、珀氏长吻松鼠、红腿长吻松鼠、倭松鼠、岩松鼠、猪尾鼠、中华竹鼠、黑腹绒鼠和豪猪。主要害鼠物种为黑线姬鼠、褐家鼠、小家鼠、黄胸鼠、黑线仓鼠、大仓鼠和黄毛鼠。在农区，优势种为褐家鼠、小家鼠和黑线姬鼠，也有一定数量的黄毛鼠；其中，农田的优势种为黑线姬鼠与褐家鼠，两者占到总数量的近90%，次级优势种为黄毛鼠。农户中小家鼠和褐家鼠为优势种，所占比例可达90%以上，较南部地区出现黄毛鼠。安徽的害鼠发生高峰期为3～5月和10～11月，在流域等其他潮湿地区黑线姬鼠为绝对优势害鼠。

江苏（含上海）16种，黑线姬鼠、黑线仓鼠、大仓鼠、褐家鼠、小家鼠、北社鼠、大足鼠、黄胸鼠、巢鼠、赤腹松鼠、棕色田鼠、东方田鼠、龙姬鼠、青毛硕鼠、小泡巨鼠和豪猪。农区的优势鼠种为黑线姬鼠、褐家鼠、小家鼠和黄胸鼠，黑线仓鼠也占一定比例；居民区褐家鼠和小家鼠为主要危害鼠种，黑线姬鼠和黄毛鼠也有危害。农田害鼠数量高峰期出现在每年的4～5月与9～10月。

浙江21种，黑线姬鼠、褐家鼠、小家鼠、黄胸鼠、大仓鼠、北社鼠、针毛鼠、黄毛鼠、大足鼠、东方田鼠、龙姬鼠、巢鼠、青毛硕鼠、黑白飞鼠、猪尾鼠、赤腹松鼠、珀氏长吻松鼠、倭松鼠、中华竹鼠、小泡巨鼠和豪猪。优势鼠种为黑线姬鼠，占到近80%，其次为褐家鼠约占15%，黄毛鼠和小家鼠也经常见到。农田害鼠的年数量高峰期出现在每年的5~6月与10~11月。

江西13种，黑线姬鼠、黄毛鼠、褐家鼠、小家鼠、黑白飞鼠、珀氏长吻松鼠、倭松鼠、猪尾鼠、中华竹鼠、东方田鼠、巢鼠、北社鼠、黄胸鼠、豪猪。优势鼠种为黑线姬鼠、黄毛鼠以及褐家鼠与小家鼠，常见鼠种还有黄胸鼠和针毛鼠，其中在农田中黑线姬鼠是优势鼠种，靠近村落的地方黄毛鼠增多，也有褐家鼠与小家鼠。居住区则为褐家鼠与小家鼠，也有黄毛鼠出现。另外，农田中出现的物种亦有黄胸鼠、针毛鼠和屋顶鼠。黑线姬鼠是江西的绝对优势鼠种，但所占的比例随着生境的不同也有变化。丘陵与平原等地势较为平缓的地区，黑线姬鼠占到3/4以上，山地区域占约一半。次级优势鼠种褐家鼠无论在地势较为平缓的丘陵与平原地区还是山地比例均高达10%，靠近村落则占比大幅度陡升，同时黄胸鼠在村落附近的占比亦可高达20%。黄毛鼠在局部村落亦有一定数量。江西的害鼠妊娠高峰期为每年的5~6月与8~9月，数量高峰为6~7月与9~10月。

福建25种，黑线姬鼠、褐家鼠、小家鼠、黄胸鼠、北社鼠、黄毛鼠、针毛鼠、大足鼠、巢鼠、东方田鼠、龙姬鼠、银星竹鼠、中华竹鼠、板齿鼠、青毛硕鼠、小泡巨鼠、琉球小家鼠、猪尾鼠、黑白飞鼠、海南低泡飞鼠、红背鼯鼠、赤腹松鼠、珀氏长吻松鼠、倭松鼠和豪猪。福建除以上鼠种外，屋顶鼠亦可能分布，福建是华东农区分布啮齿目物种最多的省份。优势鼠种为黄毛鼠，占比高达80%左右，褐家鼠、小家鼠、黄胸鼠和板齿鼠是福建农区的常见害鼠。

华东农区的害鼠物种组成与变化趋势 华东农区各地的害鼠物种组成具有一致性又有随着南北地理位置与气候的变化以及地形地势与生境类型不同造成的过渡性与差异性。①山东与江西是山地—丘陵—平原大尺度过渡性地形，环境多样性与复杂性较小，啮齿目的物种数（分别为12种与13种）与物种密度均（均为0.78种/万km^2）为最低的省份。江苏（含上海）与安徽的气候与生境多样性相似，啮齿目物种数分别为16种与22种，物种密度分别为1.49与1.57种/万km^2，介于山东与浙江、福建之间。浙江与福建在气候上更温暖湿润，由于山地占有更大的比例，其生境类型多样性更高，啮齿目物种数分别高达21种与26种，物种密度分别为2.06与2.13种/万km^2，尤以福建为最多。②在害鼠优势物种方面，黑线姬鼠是本区的共同优势害鼠，为名副其实的广布种，在山东至福建这条地理带上随着湿度的增加具有优势度上升的趋势。但再往南进入福建则由于地势和生境类型的变化中断了这种趋势，更适于山地生境的黄毛鼠成为优势种。处于北部的山东大仓鼠与黑线仓鼠为常见害鼠鼠种，往南至江苏黑线仓鼠仍较多但大仓鼠占比下降至很低水平，安徽这两种仓鼠变得更为少见，退出优势鼠种名单。同时，在山东至福建这条地理带上黄毛鼠逐渐从无到有、从少到多，在江苏与安徽南部黄毛鼠成为常见种，而到了江西与浙江占比更为升高，在福建黄毛鼠成为优势鼠种。黄胸鼠与黄毛鼠具有一定的类似性，在安徽、江苏、江西与浙江均为常见害鼠，在某些地区可以称为优势鼠种。

华东农区的害鼠发生规律 华东农区从最北部的山东至最南端的福建地理距离跨度近1600km，其气候具有较大幅度的变化，因而对害鼠的繁殖、发生与危害具有一定的影响。

处于本区最北端的山东的害鼠优势种黑线仓鼠在2月妊娠率即大幅上升，3月为妊娠高峰期，可达70%。其后随着夏季的来临降雨量增多，妊娠率开始下降，妊娠率保持在50%左右。在8月前后由于降雨量大而出现妊娠率的雨季低谷期（雨季20%左右），但越冬前随着降雨的减少妊娠率在9~10月可再次上升至近50%左右。11月至翌年2月是黑线仓鼠妊娠率的冬季低谷期，由于食物短缺与气温低等严酷条件，妊娠率一般保持在10%以下。山东农田害鼠的繁殖率除了冬季的低谷期外，夏秋季节的繁殖率受到当年降雨量多少与集中程度的控制。害鼠种群密度的季节变化明显受到繁殖率的影响，在每年2月开始大量繁殖之后的3月其种群数量大幅度上升，种群数量升高在妊娠高峰之后约1个月后出现。之后虽然繁殖率较高，但雨季对害鼠种群密度的抑制使害鼠种群数量保持较低水平，直到进入10月后降雨停止，害鼠种群数量升高，到12月成为全年的秋末冬初数量高峰，造成严重的秋季作物危害。1~2月气温骤降，害鼠死亡率高，种群数量骤降至冬季低谷期。

位于该农区最南端的福建，害鼠（黄毛鼠）的雌鼠妊娠高峰为4~5月和7~10月，其秋季怀孕高峰期的怀孕率高于春季。与最北端的山东相比，福建的气温与降雨全年季节变化幅度小，即使是冬季害鼠也具有较为适宜的生活条件，冬季后气温的回升并不像北方的山东一样由严重不利于害鼠的繁殖急剧变为有利，所以福建的害鼠在冬季后其妊娠高峰至4~5月的良好食物条件出现后才有所上升。福建气温与降雨相对稳定，整个秋季妊娠率在7~10月均较高，夏季降雨对妊娠率具有影响，但相对于山东其程度较低，季节规律性较差。春季的妊娠高峰导致害鼠数量亦稍后进入高峰期（4~6月），秋季数量高峰可一直保持在9~12月，年间具有一定的变化。

处于北部的山东与南部的福建之间的省份，害鼠的繁殖与种群消长季节性变化等规律介于两者之间。

华东农区的害鼠危害特点与综合治理 由于不同地区的优势害鼠物种与主要受害作物不同，各地的害鼠危害特点不同；农区的环境条件各地亦不相同，害鼠治理的适宜方法各地不一，其中化学灭鼠与综合治理（生境改造）是最基础的方法。在山东的广大平原地区，鼠洞主要分布在农田周边的路旁、沟渠、道路两侧与闲置碎地这些不进行农田管理措施（翻地、农耕、浇水等）的特殊生境中，在农田中特别是中央区域很少有鼠洞存在。因此，根据害鼠洞穴的空间分布特征进行针对性布放毒饵（封锁带式投饵）的方法既提高了防治效果，减少了防治成本，又减少了二次中毒等环境问题。在害鼠密度较高的情况下，化学灭鼠仍然是首选方法，但在山东平原这样的易于改造环境的区域，通过整理害鼠易于做洞栖居的路旁、沟渠、道路两侧与闲置碎地改善农田环境，减少鼠类的适宜生境是生态化与具有长久效益的综合治理方案之重点内容。在对害鼠进行毒饵防治时，采取以毒饵围绕上述路旁、沟渠、道路两侧与闲置碎地等特殊生境附近布放的方法，并且沿农田的边缘内侧布放一周，其实际灭鼠效果与全面棋盘式布放相似，很好地达到灭鼠防治效果。例如用 0.5% 溴代毒鼠磷拌小麦毒饵每堆 2g 的优化灭鼠技术大幅降低了灭鼠成本和环境问题且取得了良好的效果。可以利用的灭鼠药有多种，可制成毒饵投放。如急性灭鼠剂磷化锌、毒鼠锌、灭鼠优等，慢性灭鼠剂有溴敌隆、杀鼠醚水剂、氯鼠铜钠盐、敌鼠钠盐等，其中慢性灭鼠剂的灭效可达 90%。南方省份如福建、浙江和江西由于全年气温高于北方的山东、安徽与江苏，其生境也较为复杂，害鼠的防治效果低于北方。

播种期（春季）和收获期（秋季）是农田害鼠危害的两个关键时期，各地在此之前对农田害鼠进行毒杀。20 世纪 80 年代后期普遍在农作物播种时采用农药拌种，以防治播种期害鼠的危害。特别是冬小麦的农药拌种播种，实际上起到了在冬季毒饵杀灭害鼠的效果，这也是近年来农田害鼠数量一直保持低下的最重要原因之一。常用的拌种农药为甲基异柳磷种衣剂（含呋喃丹、多菌灵、五氯硝基苯等），对灭鼠效果的巩固起到了良好的作用。有的省份（如山东、浙江）对基础种植作物测定了害鼠防治经济阈值，为农田害鼠的防治提供了决策依据。

（撰稿：李玉春；审稿：郭永旺）

华南农田鼠害 rodent damage in farmland of South China

华南地区高温多雨、作物终年种植和地形复杂多样的生态特点，导致鼠密度常年处于总体中等偏重、部分地区重发生的水平，是中国农业鼠害的高发区之一。其中广东农业鼠害的发生面积年均达 133.3 万 hm^2 以上，防治后农作物鼠害率仍达 3%～5%，在一些未开展统一灭鼠的地区鼠害率超过 10%。随着种植结构的调整和城镇化发展，农业鼠害的高发区由珠江三角洲逐步转向广东北部和东北的丘陵山区。海南因其特殊的气候和生态条件，农区鼠害常年中到重度发生，仅水稻鼠害的发生面积就超过 18.07 万 hm^2，造成粮食损失 1.8 万 t，南繁育种玉米田中鼠类危害导致部分育种材料绝产。广西 2016 年农田鼠类的平均密度为 5.9%，在灵山县 800m^2 的 TBS 范围内 4 个月共捕鼠 281 只，2017 年全区鼠害发生面积预计达 140 万 hm^2。

华南地区农业害鼠的种类有黄毛鼠（*Rattus losea*）、板齿鼠（*Bandicota indica*）、小家鼠（*Mus musculus*）、褐家鼠（*Rattus norvegicus*）、黄胸鼠（*Rattus tanezumi*）和针毛鼠（*Niviventer fulvescens*）等，其中黄毛鼠、板齿鼠和褐家鼠是主要的危害源。害鼠趋向于危害粮食作物和油料作物如水稻、玉米、花生和豆类等，在这些作物的成熟期鼠害最为严重。不同作物地上的鼠类空间分布及作物鼠害程度受作物生育期、营养价值和周边环境条件的影响，在食物丰盛、田埂和沟渠高大、杂草覆盖度大的作物地，鼠密度高、鼠害较重。在水稻的孕穗至黄熟期，害鼠从果园、蔬菜地和其他地方聚集到稻田危害，造成较大的损失，小面积零星种植的水稻甚至可能完全失收。而在水稻生长前期及收获后，害鼠迁移到果园、菜地和其他经济作物地栖息，稻田的鼠密度明显降低。不同害鼠对作物的危害状也有一定的差异，如黄毛鼠很少将水稻整丛咬断，每丛只咬断几株，鼠害株较分散，无明显鼠害窝，而板齿鼠从水稻苗期至成熟期往往将水稻整丛咬断，稻田出现明显的鼠害窝，严重时全部植株都被咬倒（见图）。

华南农田鼠害
①水稻被害状（冯志勇摄）；②甘蔗被害状（黄秀清摄）；③玉米被害状（冯志勇摄）

参考文献

冯志勇, 帅应垣, 黄秀清, 等, 1989. 不同害鼠为害水稻的鼠害分布型及抽样技术研究[J]. 广东农业科学(6): 39-41.

郭永旺, 2017. 2017年全国农区鼠害发生趋势分析[J]. 中国植保导刊, 37(2): 50-52.

黄秀清, 1988. 黄毛鼠对不同生育期水稻的危害[J]. 中国鼠类防制杂志, 4(2): 118-119.

邱俊荣, 冯志勇, 隋品品, 2007. 广东省农业鼠害治理的现状与建议[J]. 农业科技管理, 26(2): 44-46.

王弗望, 李鹏, 2014. 海南省农区鼠害发生情况及防治对策[J]. 中国植保导刊, 34(3): 25-27.

（撰稿：姜洪雪；审稿：郭永旺）

华中农田鼠害 rodent damage in the farmland of Central China

在中国华中地区，害鼠对农作物造成的危害。

华中地区位于中国中部黄河中下游和长江中游地区，涵盖海河、黄河、淮河、长江四大水系。包括河南、湖北、湖南三省，农作物播种总面积 3125.5 万 hm^2。地形以平原、丘陵、盆地为主。其中平原和盆地、山区、丘陵面积分别占河南省总面积的 55.7%、44.3%；山地、丘陵和岗地、平原湖区分别占湖北省总面积的 56%、24%、20%；山地、丘陵和岗地、平原、水面面积分别占湖南省总面积的 51.2%、29.3%、13.1%、6.4%。

该区农田主要害鼠种类有黑线姬鼠、褐家鼠、棕色田鼠、东方田鼠、黑线仓鼠等。其中，黑线姬鼠和褐家鼠是三省的共有种，东方田鼠主要发生在湖南洞庭湖区和湖北江汉平原的长江流域，棕色田鼠主要发生在河南，黑线仓鼠主要发生在河南东部以及湖北的东北部。

褐家鼠与人类伴生，家野两栖，是危害最大的鼠种。在野外，可损害农田各种作物，盗食水产、破坏堤防导致水灾。黑线姬鼠主要在播种期盗食各类种子而造成缺苗断垄。棕色田鼠喜栖息于靠水而潮湿的地方，尤其在土质松软、草被茂密的洼地、水渠两旁及稻田田埂等地；啃食多种农作物和大部分田间杂草，食性广泛，可取食约16个科近40种植物，几乎所有的农作物都可作为其取食危害的对象。春季棕色田鼠主要以小麦、青菜及田间杂草为食，对小麦造成很大危害；秋季农作物和蔬菜较为丰富，成为棕色田鼠的食物来源；冬季地面杂草枯萎，棕色田鼠主要以多年生草本植物地下茎为食，并严重啃咬苹果树根及冬小麦。东方田鼠的危害是季节性、突发性的；最大危害发生在汛期成群迁移时，对滨湖农田各种作物成片洗劫，可造成大面积绝收；水稻、红薯、花生、西瓜、黄豆、甘蔗、苎麻、荸荠等等，遇到的全吃；然后向纵深扩散，栖息于稻田埂、菜地、薯地等处，持续为害直至秋后回迁湖滩；而且对芦苇、荻、园林植物以及护堤林新栽幼树产生危害，成为中国一种很突出的新兴农林害鼠。黑线仓鼠是黄河流域和豫东、豫北平原农田害鼠的优势种；春季刨食播下的小麦、玉米、豌豆等种子，继而啃食幼苗，特别喜欢吃豆类幼苗；作物灌浆期啃食穗果，并有跳跃转移为害的特点，啃食水果及瓜类时专挑成熟、甜度大的为害，秋季夜间往洞中盗运成熟的粮食及油料，储备冬季食料。黑线仓鼠为害，一般可使小麦减产12.6%~16.5%，豆类减产9.6%~15.6%，果园减产9.0%。

华中地区，褐家鼠、黑线姬鼠、棕色田鼠、黑线仓鼠每年有2个数量高峰，褐家鼠在6~8月和11月；黑线姬鼠在6月和11~12月；棕色田鼠在3~4月和10月；黑线仓鼠分别在6月和10月。棕色田鼠的前峰数量高于后峰数量，其他3种鼠都是后峰数量高于前峰数量。洞庭湖区东方田鼠种群数量季节变动以"水位→栖息地"为主导，湖滩薹草地是东方田鼠的最适栖息地，每年汛期结束，湖滩露出，东方田鼠迁到湖滩，开始繁殖，其种群数量逐月增加，到4~5月汛期前达数量高峰。汛期来得越迟，东方田鼠在薹草地增殖的最后数量也就越高。在农田，每年冬春稻田区通常无东方田鼠，数量突然增长则在洪汛到来之时，是湖滩的东方田鼠迁移所致，东方田鼠迁入农田后，由于死亡及向纵深扩散，密度逐月下降，到10月末回迁湖滩，11月农田鼠数量又大幅度下降。东方田鼠由湖滩迁出是被迫的，回迁则是主动的。如此循环往复形成了该种群对湖区特殊生态条件的适应，保证了种群的生存和发展。

参考文献

陈安国，郭聪，王勇，等. 1998. 长江流域稻作区重要害鼠的生态学及控制对策[M]//张知彬，王祖望. 农业重要害鼠的生态学及控制对策. 北京：海洋出版社：114-174.

郭永旺，王登，施大钊. 2013. 我国农业鼠害发生状况及防控技术进展[J]. 植物保护，39(5)：62-69.

（撰稿：王勇；审稿：郭永旺）

环境调节 environmental regulation

鼠类会根据环境因子的状态或者变化方向预测季节变化，从而调整自身的行为和生理状态，达到最佳适合度。鼠类的行为与生理受到环境因子的影响很大。日照时长、温度、降水、食物、盐分等环境信号经过鼠类下丘脑整合之后，调控相关的代谢、免疫、繁殖应激等通路，对机体的行为和生理状态进行调节。最明显的例子就是鼠类的季节性繁殖：长光照所代表的春夏季信号可以刺激鼠类的繁殖，而短光照所代表的秋冬季信号则起到抑制作用。

（撰稿：王大伟；审稿：刘晓辉）

环境温度 ambient temperature

用来表示环境冷热程度的物理量。鉴于反映环境温度的性质不同，其测量方法主要有：①干球温度法，将水银温度计的水银球不加任何处理，直接放置在环境中进行测量，得到的温度为大气温度，又称气温（Ta）。②湿球温度法，将水银温度计的水银球用湿纱布包裹起来，然后放置在环境中进行测量，由此法所测得的温度是湿度饱和情况下的大气温度（Tw）。③黑球温度法，将水银温度计的水银球放入一直径为15cm外涂黑的空心铜球中心进行测定。此法的测量结果可以反映出环境热辐射的状况（Tg）。生物有机体周围的环境温度随地理位置、纬度、海拔、坡向、昼夜、季节等一系列时空因素而变动，并对有机体的体温、新陈代谢、生长发育速度、繁殖、行为、数量和分布等产生影响。

参考文献

孙儒泳，2001. 动物生态学原理[M]. 3版. 北京：北京师范大学出版社：31-69.

环境保护部，2012. 国家污染物环境健康风险名录：物理分册[M]. 北京：中国环境科学出版社.

（撰稿：刘伟；审稿：王德华）

荒漠灌木鼠害 rodent damage in desert shrubland

以荒漠灌木为主要危害对象的鼠害。主要发生地域包括新疆南部的塔里木盆地周边，北部的准噶尔盆地；青海的柴达木盆地；内蒙古与宁夏的阿拉善高原；内蒙古的鄂尔多斯台地等以小乔木、灌木和半灌木、小半灌木为建群植物的荒漠。

害鼠类型 包括兔形目和啮齿目中的众多物种。其中，大沙鼠、子午沙鼠、柽柳沙鼠、三趾跳鼠、黄兔尾鼠、草原兔尾鼠等最为常见，尤以大沙鼠危害为甚。

鼠灾成因 荒漠植物具有发达的根系。每年植物上掉落的种子在荒漠干燥、少雨的环境中可以保存多年并蓄积形成长期稳定的"种子库"。地下根极大的生物量和种子库共同为维持鼠类基础种群提供了关键食物保障，加之荒漠鼠类对环境胁迫的极强耐受力，因此环境条件一旦适合，鼠类种群数量就会迅速增长。同时，在"超补偿效应"和"繁殖时滞效应"的共同作用下，种群数量连续多年维持高密度。此外，过度放牧和气候变化也可能通过改变微栖息地及小气候而触发鼠害发生的条件。

危害特征 荒漠鼠类除了取食种子外，主要啃食灌木的枝条和根系。在水分胁迫作用下，荒漠植物生长缓慢，恢复力极端脆弱。荒漠中的鼠类与植物之间是一种弱平衡关系，每年新增植物生物量与适度的鼠类种群规模形成一定程度的负反馈调节，但这种平衡极易被短时间内的高强度冲击所打破。暴发的鼠类种群过度啃食超过植物正常的更新速度，而植被恢复却由于水分胁迫跟不上破坏的速度，在持续的压力下大量植物死亡，导致脆弱的灌木植被系统调控功能更加弱化，荒漠化过程加剧。如果没有外部干预，系统生态功能几乎无法恢复。荒漠生态系统加速退化。

防治对策 在荒漠鼠害的防治中，准确测报害鼠种群数量是关键。必须加强目标区域鼠类种群数量变动的监测，加强种群生态学研究，减少对环境的扰动。适度放牧。

参考文献

宛新荣, 钟文勤, 王梦军, 1998. 内蒙古典型草原重要害鼠的生态学及控制对策[M]//张知彬, 王祖望. 农业重要害鼠的生态学及控制对策. 北京: 海洋出版社.

王祖望, 张知彬, 1996. 鼠害治理的理论与实践[M]. 北京: 科学出版社.

张三亮, 陈应武, 马俊梅, 等, 2009. 大沙鼠危害及取食对荒漠梭梭林生长的影响[J]. 中国森林病害, 28(1): 7-9.

赵天飘, 杨持, 周立志, 等, 2007. 大沙鼠种群密度与降水量的关系[J]. 兽类学报, 27(2): 195-199.

（撰稿：戴昆；审稿：宛新荣）

黄腹鼬 *Mustela kathiah* Hodgson

鼠类的天敌之一。又名香菇狼、松狼、小黄狼等。英文名yellow-bellied weasel。食肉目（Carnivora）鼬科（Mustelidae）鼬属（*Mustela*）。

在中国分布于浙江、安徽、福建、江西、湖北、广东、广西、四川、贵州、云南、陕西、海南、台湾等地。国外分布于印度、不丹、尼泊尔、泰国、缅甸、越南、老挝等。

形态 体型较黄鼬小，更细长，尾长超过体长之半。体长26~34cm，体重200~300g。体毛短，背腹毛的分界线明显。体背面从吻端经眼下、耳下、颈背到背部及体侧、尾和四肢外侧均呈咖啡色或棕褐色；体腹面从喉、颈下腹部及四肢内侧呈沙黄色；四肢下部浅褐色；口须暗褐色。嘴角、颏及下唇为淡黄色。颅基长48.8mm，颚长1.9mm，颧宽23.1mm，眶间宽10.2mm，后头宽21.1mm，上齿列长14.6mm。尾长超体长之半；听泡低，前端与后关节盂几乎平齐。肛门两侧的臭腺大小如小黄豆，在危急时能放出臭气。

头骨吻短，两眶下孔之间的最小宽度约等于眶下孔后缘至吻端的长度。鼻骨略宽，眶后突发达，矢状嵴尚明显，翼间孔"U"形。听泡扁平，前端几乎与关节盂后缘在同一平面。乳突显著，颧弓隆起，略外长。

门齿切缘平齐，上犬齿细而短，第一前臼齿尖锐，裂齿发达，前缘内叶粗大，齿冠略呈薄斧状。臼齿横列，外叶具三小尖。

生态及习性 栖息于山地林缘、河谷、灌丛，也在农田、村落附近活动，清晨和夜间活动为主，也白天活动，栖居高度可达海拔3000m左右。性情凶猛，行动敏捷，会游泳，善于攀树但很少上树。穴居，主要占用其他动物的洞为巢，有时也在石堆、墓地、树洞中做窝。

以鼠类为主要食物，见鼠就捕，体型小，能钻入鼠洞中捕食老鼠，亦捕食鱼、蛙、小鸟、昆虫，同时采食浆果等，有时窜入村落盗食家禽。

春季发情交配，有雄兽争雌现象，每年繁殖1次，孕期30~40天，每胎产3~8仔。

参考文献

SMITH A T, 解焱, 2009. 中国兽类野外手册[M]. 长沙: 湖南教育出版社.

高耀亭, 1987. 中国动物志: 兽纲 第八卷 食肉目[M]. 北京: 科学出版社.

王西之, 胡锦矗, 1999. 四川兽类原色图鉴[M]. 北京: 中国林业出版社.

杨奇森, 2007. 中国兽类彩色图谱[M]. 北京: 科学出版社.

（撰稿：李操；审稿：王勇）

黄毛鼠 *Rattus losea* Swinhoe

一种中型野栖鼠种，是华南农田优势鼠种和主要害鼠。又名罗赛鼠、黄哥仔、园鼠、拟家鼠等。英文名losea rat。啮齿目（Rodentia）鼠科（Muridae）鼠亚科（Murinae）大鼠属（*Rattus*）。

中国主要分布在长江以南的地区，如广东、海南、广西、福建、江西、湖南、湖北、浙江、香港、澳门和台湾等地，云南、安徽、四川、贵州和西藏的部分地区也有分布。其中广东、海南、广西和福建的农田分布较多。国外主要分布在东南亚地区。在珠江三角洲稻作区，黄毛鼠发生的总面积为153.3万hm^2，其中捕获率1.1%~4%的区域占51.18万hm^2，捕获率4.1%~8%的区域占71.56万hm^2。

形态

外形 体型中等、细长，成年鼠体长140~165mm，体重100~200g。在珠江三角洲农田捕获的8795只完整黄毛鼠个体中，体重41~60g、61~80g、81~100g、101~120g和121~140g的个体分别占13.56%、17.34%、22.87%、23.23%和12.65%。尾细长，140~170mm，略大于或等于体长。耳小而薄，16~22mm，向前折不到眼部。后足较短，小于33mm，比褐家鼠和黑家鼠要短，是其重要的鉴别特征之一。雌鼠有乳头6对，胸部和腹部各3对（图1）。

毛色 背毛呈黄褐色或棕褐色，胸部和腹部的毛色灰白，有时略带土黄色，毛基灰色，毛梢呈白色，背部和腹部的毛色无明显分界。尾环的基部生有浓密的黑褐色短毛，尾环不甚明显，尾毛上下面颜色相近，但下面颜色略淡。前、后脚的背面毛均为白色（图1）。

头骨 黄毛鼠的脑颅较窄，颅全长35~40mm。吻粗短，长约为颅长的26%。鼻骨不超过门齿，长约为颅长的33%。听泡发达，约占颅长的19%。眶上嵴发达，但其后半段较细弱，在顶骨后部完全消失。臼齿的咀嚼面外齿突极为明显，上颌第一臼齿每个横嵴的前突向后凹入，把外侧齿突分开。上颌第二臼齿的第一横嵴仅存内侧齿突，第二横嵴的外侧齿突很明显，中间和内侧齿突正常，第三横嵴外齿突向上翘起。第三臼齿的第一横嵴只留内侧齿突，第二横嵴3个齿突均很发达，内、外两齿突向下弯曲，因而第二横嵴呈新月状，第三横嵴的中间齿突发达，内外侧齿突较退化，与第二横嵴内、外侧齿突相连，使二、三横嵴呈环状（图2）。

生活习性

栖息地 黄毛鼠为野栖、喜湿性鼠类，多在近水、凉爽的地方作巢和活动。稻田、菜地、甘蔗地、香蕉林、甘薯地、玉米地和果园等作物地是其觅食的主要场所，在路旁、堤岸、沟渠、灌丛和茅草坡等隐蔽条件好的地方频繁活动，尤其是近水而凉爽的地方（图3）。该鼠主要选择在高度30cm以上、宽度40cm以上的田埂、土堆、沟渠及草丛中挖洞穴居，但在水稻和瓜豆类作物的成熟期，这些作物地的低矮田埂上也可以发现黄毛鼠的一些临时洞穴或洞道。广东省农田黄毛鼠的栖息分布与杂草覆盖度有密切关系，有繁茂杂草覆盖的生境，百米有效鼠洞口数比无草覆盖的高6.4倍，主要是由于繁茂的杂草不仅提供了优越的隐蔽场所、供给了草籽、草根和昆虫等食物，还使地表下20cm土层的炎夏最高温度从无植被覆盖时的40.2℃下降到35.6℃以下。此外，黄毛鼠的栖息分布还与作物布局有关，作物布局越复杂，鼠密度越高。在水稻、柑橘、蔬菜等作物插花种植的农

图1 黄毛鼠（冯志勇摄）

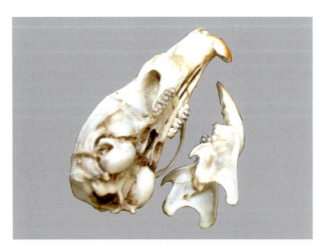

图2 黄毛鼠头骨（冯志勇摄）

图3 黄毛鼠栖息地（冯志勇摄）

田，黄毛鼠的捕获率和生物量均明显高于单一作物类型区。

洞穴 洞穴通常分布在高度和宽度分别在 30cm 和 40cm 以上的田埂或土堆上，洞穴较为简单，挖得也较浅。一般有洞口 2~5 个，洞口直径 3~5cm，洞道直径 4~6cm，洞道弯曲多分支。洞内通常只有一个巢室，底部铺垫有稻草和野草叶，巢室直径 14.6 ± 0.43cm，巢室顶部离地面 16.0 ± 2.17cm。而生活在海边红树林的黄毛鼠，鼠巢建在涨潮时海水不能淹没的树枝上，用树枝、树叶构筑成椭圆形，有出入口 1~3 个。

食性 食性较杂，食物主要以农作物的茎、叶和种子为主，尤其喜食成熟期的水稻、玉米、花生、豆类、甘薯、木薯、水果以及根茎类和茄果类蔬菜。草根、草籽等也是其食物来源，剖胃检查时还经常检出动物性食物，如昆虫、田螺、虾和小鱼等，有时也可检出少量的鼠肉。其中纤维类食物约占 63.77% ± 7.42%，淀粉类食物占 26.27% ± 7.42%，动物性食物占 9.86% ± 2.79%。黄毛鼠喜食正在田间生长的自然食物，新鲜稻谷的取食量比陈年稻谷高 2.55 倍。该鼠没有储粮越冬的习性，通常都在洞穴附近觅食，常将食物拖入洞中吃，在食物条件恶化的冬春季常进行长距离觅食或短暂迁移。黄毛鼠觅食的次数多但每次进食量不大，觅食高峰期为 18:00~22:00 和 4:00~6:00。日食稻谷量约为其体重的 10%，其食量与日龄和季节有关，日食量随日龄的增大而增大，食量指数（单位体重的日食量）随日龄的增大而减少，而冬季的日食量及食量指数均大于夏季。

活动规律 昼夜活动，以夜间活动为主。该鼠警觉性较高，活动高峰期为黄昏（18:00~20:00）和凌晨（00:00~2:00），在清晨（6:00~8:00）的活动亦较频繁。通常在离巢区 100m 范围内活动，其中 25m 范围内的活动最为频繁。活动距离的大小与巢室周边的食物条件及植被覆盖度有关，当周边食物丰盛时黄毛鼠从巢区就近进入作物地活动和觅食，10m 范围内的活动频次最高，但在食物贫乏时也会到几百米外活动觅食。

生长发育 初生仔鼠的平均体重 3.44 ± 0.0719g，体长 43.88 ± 0.890mm。通体无被毛呈肉红色，在口角两侧有少许 1~2mm 长的嘴须；皮肤极薄，眼无视力，外耳孔尚未形成，口内上下颌的门齿尚未长出。出生 7~10 天后长出门齿，开眼时间为 11.11 ± 0.679 天，仔鼠出生 15 天后便可自由采食。黄毛鼠的体重是按逻辑斯蒂曲线即"S"形曲线增长，黄毛鼠体长则按指数曲线增长，其回归方程通式为 lg($k-y$) = $a - bx$，且体长的增长受出生季节的影响并不大。春季出生的幼鼠经过 3 个月左右的生长便可达到性成熟参与种群的繁衍，而秋季出生的仔鼠要到翌年春季 4 月或 5 月才产仔。

黄毛鼠年龄的划分方法较多，如以体长、体重或臼齿磨损程度作为划分发育阶段（年龄）的指标，以及眼球晶体干重划分法等。有以黄毛鼠的胴体重划分年龄的方法，雄性胴体重在 40g 以下、40.1~59.0g 和 59g 以上分别为幼年组、亚成年组和成年组，而雌性胴体重在 36g 以下、36.1~55.0g 和 55g 以上的分别为幼年组、亚成年组和成年组。该方法可以排除鼠类胃内容物及胎仔对体重的影响，简单、实用。

繁殖 黄毛鼠的繁殖能力强，性成熟早，春季出生的个体最早 66~69 日龄达到性成熟，90 日龄可产仔。通常一年可繁殖 4~6 胎，孕期 21~24 天，每胎产仔 1~13 只，产仔后 7 天内又可交配怀孕。野外捕获的黄毛鼠平均性比为 0.77，雄性多于雌性，其中幼体、亚成体与成体的性比分别为 0.91、0.96 和 0.71。

黄毛鼠四季均可繁殖，但每年 1 月和 12 月的怀孕率低，怀孕鼠数仅占全年孕鼠总数的 0.55%，为偶然繁殖期。2~11 月，雌性亚成体和成体的总怀孕率 5.0%~90.5%，其中 3~10 月为黄毛鼠的繁殖盛期，怀孕率 38.4%~78.4%，平均 53.1%。繁殖高峰期为 9~10 月份，次高峰为 6 月。该鼠每胎产仔 2~14 只，平均 6.8 只，胎仔数的年间变动不大，但季节波动较大：1 月和 12 月的胎仔数平均 5.8 只，2~3 月的胎仔数也少，平均只有 5.7 只和 5.4 只，以后逐月增加，6~7 月出现一个高峰，8 月下降，9~11 月明显回升并达到全年最高峰，胎仔数明显高于春、夏季。在黄毛鼠种群的繁衍过程中，成年雌鼠是繁殖的主体，其怀孕率和胎仔数分别比亚成年组增加 71.2% 和 22.45%。而雄鼠睾丸的发育程度与其胴体重密切相关，随着胴体重的增长而睾丸同步发育，睾丸重量（y）与胴体重（x）有显著的一元线性相关：$y = -0.4664 + 0.021x$，睾丸的增重率为 0.021，即雄性的胴体重增加 1g，睾丸的重量增加 0.021g。

种群数量动态 在灭鼠因素影响很小的情况下，珠江三角洲农田生态区黄毛鼠种群数量的年间变动相对较小，通常十年左右鼠密度会有一个明显增长期，时间跨度 1~2 年。该鼠种群数量的季节变动较大，季节变动趋势为单峰型：4 月为低谷，以后数量逐月上升，12 月为高峰期，接着数量下降。由于黄毛鼠具有随营养价值高的作物熟期的变化出现季节性迁移和聚集危害的习性，在不同作物地黄毛鼠种群数量的季节变动趋势存在明显差异，它们的数量高峰期和低谷期可能交错出现。在每年灭鼠 2 次的情况下，柑橘园黄毛鼠种群数量的季节变动大，数量消长曲线呈"W"形，4~6 月和 9~10 月鼠密度低，全年的数量高峰期在 12 月至翌年 1 月，次高峰在 8 月，2 月的密度也较高。而稻田区黄毛鼠种群数量一年中只有一个高峰期，即 7~9 月，有时可延伸到 11 月。在香蕉园，4~11 月黄毛鼠密度一直保持很低水平，此后数量逐步增长，数量高峰期出现在 12 月至翌年 3 月，最高峰月份为 2 月。

空间分布与迁移扩散 黄毛鼠的空间分布与食物源和隐蔽条件有关，通常在食物来源丰富、营养价值高以及隐蔽条件好的环境，鼠密度就高。在水稻、玉米、花生、豆类、甘薯、木薯、水果以及根茎类、茄果类蔬菜的生长的中后期，黄毛鼠聚集到此地附近栖息与危害，鼠密度明显增加，而这些作物收获后种群数量则大幅降低。华南地区的作物种类繁多，成熟时间不同，因而在不同作物地上黄毛鼠种群的分布出现季节性交错现象。在水稻生长中、后期的 5~6 月和 9~10 月，黄毛鼠喜欢在稻田活动和觅食，此时稻田的鼠密度明显高于果园与菜地，而水稻收获后稻田的黄毛鼠密度显著降低，柑橘、香蕉和其他经济作物地的鼠密度则明显增加。此外，黄毛鼠有趋向于在已排水的稻田活动和早熟稻田觅食的习性，稻田排水露田时的鼠密度比未排水稻田高 9~10 倍，其分布更为分散，主要在稻田内和近田埂处活动，这两处的捕获率基本相同，但比田埂上的捕获率高1.6倍。

果园是黄毛鼠的重要栖息地和越冬场所，对其种群的繁衍起到重要的作用。果园的田埂越高大、杂草覆盖度越大，栖息的黄毛鼠数量就越多。在冬春季，果园大、小田埂的百米有效鼠洞口数分别比同类稻田田埂增加10倍和22倍。

危害 黄毛鼠在中国长江以南的地区均有分布，是广东、海南、广西、福建、香港、澳门、台湾地区农田的主要害鼠。在一般发生年份，可造成农作物减产10%~20%，丘陵山地的小面积插花种植的农作物受害更为严重。黄毛鼠对所有的农作物都造成不同程度的危害，主要趋向于危害粮食作物和油料作物如水稻、玉米、甘薯、木薯、花生、豆类等，根茎类、茄果类和瓜豆类蔬菜的鼠害也较重，这些作物的鼠害高峰期出现在生长的中后期。黄毛鼠在水稻的播种期盗食谷芽造成缺苗断垄，插植后则啃咬稻株、剥吃幼穗和剥食稻谷，稻株的受害高峰期在幼穗形成至抽穗灌浆期。当田间水稻的熟期不同时，早熟的水稻往往受害早、损失最为严重。据测算，在没有其他食物来源的情况下，从水稻分蘖至收获的74天时间内，1只黄毛鼠平均可造成稻谷损失3150g。而黄毛鼠对柑橘、香蕉等果树的危害主要在水稻收获后的冬春季，啃咬树皮、咬断树干，或爬上果树盗吃果实。珠江三角洲部分市县的调查结果表明，因黄毛鼠危害导致春播春种作物缺苗10%，严重的连播二次也全部断垄；5~7月，处于结实、成熟期的水果、花生、大豆和菠萝损失3%~10%，重的超过30%；夏粮收获后，蔬菜、甘蔗、菠萝损失2%~15%；9~11月，水稻、甘蔗、花生、大豆损失5%~20%，部分零星种植的作物甚至失收（图4、图5）。

防治技术 在防治适期（冬春季、8月中旬至9月初）的种群密度较高，如不加以控制可能对农作物造成较大的损失。因此，该鼠的防治应从降低生态容纳量出发，发动群众采用农田生态调控措施恶化鼠类的栖息环境，并因地制宜地利用高效、安全的其他防治措施将鼠密度控制在较低水平，才能持续地减轻其危害程度。

<u>生态调控</u> 降低田埂高度与宽度，构建硬底化排灌设施，使之不适宜害鼠作巢。避免小面积插花种植，精耕细作，适时防除杂草、清除田间杂物。及时清理生活垃圾，做好城镇、仓库和养殖场的环境卫生。

<u>物理防治</u> 参见其他条目。

<u>化学防治</u> 用新鲜、饱满的干稻谷作诱饵，根据黄毛鼠抗性状况合理选择抗凝血杀鼠剂及使用浓度，采取浸泡法配制毒饵。其中敌鼠钠盐毒谷的浓度0.1%~0.2%，溴敌隆毒谷为0.01%，大隆（溴鼠灵）毒谷为0.005%。应用栖息地灭鼠技术和毒饵站技术进行投饵灭鼠。

参考文献

冯志勇，黄秀清，陈美梨，等，1995. 黄毛鼠胴体重和睾丸发育的研究[J]. 动物学杂志，30(1): 35-37.

冯志勇，黄秀清，颜世祥，1995. 珠江三角洲稻区鼠类群落结构及演替研究[J]. 中山大学学报论丛，3(1): 91-97.

黄秀清，冯志勇，陈美梨，等，1990. 黄毛鼠为害水稻的研究[J]. 生态科学(1): 64-69.

黄秀清，冯志勇，陈美梨，等，1994. 雌性黄毛鼠繁殖特征研究[J]. 兽类学报，14(1): 73-74, 77.

黄秀清，冯志勇，颜世祥，1995. 珠江三角洲黄毛鼠发生规律与防治措施[J]. 中山大学学报论丛，3(1): 58-62.

黄秀清，冯志勇，颜世祥，2000. 黄毛鼠种群繁殖动态研究[J]. 广东农业科学(2): 39-41.

秦耀亮，廖崇惠，黄进同，1981. 黄毛鼠的生长和发育[M]//中国科学院西北高原生物研究所. 灭鼠和鼠类生物学研究报告. 北京：科学出版社: 105-112.

辛景禧，唐兆恒，1990. 珠江三角洲黄毛鼠数量分级分布图简要说明[J]. 生态科学(1): 1-3.

（撰稿：姚丹丹；审稿：冯志勇）

图5 黄毛鼠危害木瓜（冯志勇摄）

图4 黄毛鼠危害水稻（冯志勇摄）

黄体生成素　luteinizing hormone, LH

由垂体前叶嗜碱性细胞所分泌的一种糖蛋白激素。又名促黄体素。相对分子质量约30000，由α和β两个亚基肽链以共价键结合而成。LH的分泌受到下丘脑产生的

GnRH 的调控，并且与垂体前叶分泌的卵泡刺激素（follicle-stimulating hormone，FSH）协同作用，刺激雌鼠卵巢雌激素分泌，调节卵泡成熟与排卵，使破裂卵泡形成黄体并分泌雌激素和孕激素；在雄鼠中，刺激睾丸间质细胞发育并促进其分泌睾酮，故又称促间质细胞刺激激素（interstitial cell-stimulating hormone）。LH 和 FSH 也受到性腺激素的负反馈调节。

（撰稿：王大伟；审稿：刘晓辉）

图1 黄兔尾鼠（沙依拉吾摄）

黄兔尾鼠 *Lagurus luteus* Eversmann

对农、牧、林有严重危害的一种小型啮齿动物。又名旅鼠。啮齿目（Rodentia）仓鼠科（Cricetidae）田鼠亚科（Cricetinae）兔尾鼠属（*Lagurus*）。英文名 yellow steppe lemming。目前国内外专家对黄兔尾鼠的亚种划分尚未统一，将分布于新疆的定为普氏亚种（*Lagurus luteus drzewalskii* Büchner, 1889），将分布于中国青海、内蒙古和哈萨克斯坦、蒙古的标本定为（*Lagurus migratorius* Gloger, 1840），也有学者将它们定为两个属下的2个种。目前新疆境内的黄兔尾鼠主要集中分布于：①木垒、巴里坤低山丘陵荒漠草原；②阿尔泰东部山区（北塔山—青河—富蕴）戈壁荒漠草原；③萨吾尔山山麓（和丰—吉木乃）戈壁荒漠草原；④乌苏、沙湾、玛纳斯天山山麓戈壁荒漠草原。

分布 在中国主要分布于新疆、甘肃西部、青海柴达木盆地及内蒙古西部和中部，是新疆北部地区特有种。在国外该种分布于哈萨克斯坦草原、蒙古西部和中部。

形态

外形 为兔尾鼠属中体型大的种类，成体体长126～141mm，尾长11～20mm，小于后足长，后足长18～21mm。

毛色 体背毛色沙黄，夹杂棕褐色毛尖，体侧及腹面浅淡，呈淡黄色，尾上下一色，浅黄。延脊背中央无黑色纵纹。尾甚短。后足掌全部被密毛，足掌毛白色（图1）。

头骨 顶间骨近似正方形，其左右径略长于前后径。硬腭表面有2条很深的犁沟。听泡较大，乳突部模型隆出于侧枕股之外。股嵴十分发达。第三上臼齿之长等于或小于第二上臼齿之长。第一及第二上臼齿咀嚼面平坦，无齿突，上门齿近垂直。第三上臼齿最后一个齿环无分叶，此齿内侧2个凸角，外侧3个凸角。第一下臼齿咀嚼面具7个封闭环，最前面的封闭环近似斜列的矩形（图2）。

主要鉴别特征 体型中等，体背毛色沙黄，夹杂棕褐色毛尖，体侧及腹面浅淡，呈淡黄色，尾上下一色，浅黄，沿脊背中央无黑色纵纹。尾甚短，不超过后足长。后足掌全部被密毛，足掌毛白色，唇面黄色。

生活习性

栖息地 喜栖居在较为干燥的低山丘陵荒漠草原，海拔800～1700m，土壤为钙土。繁殖季节的优生境地势相对平坦，非繁殖期的栖息地随不同季节和生境的食物条件变化而改变。密度高时砾漠戈壁、黏土荒漠和农田周围的草场亦分布。植被以蒿属、针茅、猪毛菜或假木贼等优势植物

图2 黄兔尾鼠头骨（廖力夫摄）

为主。

洞穴 黄兔尾鼠为群栖穴居动物，洞穴呈集群分布，每一洞群占地面积10～100m²。洞群由一个或若干个洞系和多个临时洞组成，每一洞系有5～8个洞口，洞道直径5～7cm，洞道浅与地面平行，距地面20～30cm。洞群洞口一般20～50个，多者超过百余。洞系曲折复杂，有许多分支和盲道，总长10～50m。在高密度区洞群相互融合，连成一片。洞口旁有一个小土丘，洞口之间有明显的"跑道"相连，栖息洞内有厕所和1～3个巢室，巢内垫有干草。除栖息洞外，还有一些浅的临时洞，作为临时躲避突然出现的威胁。有鼠居住的洞可在洞口见到新鲜粪便。越冬前该鼠有清理窝内旧粪的习性，秋季洞口常见清理出的粪堆。

食物 夏季黄兔尾鼠主要以蒿属、针茅等为食，或取食猪毛菜、假木贼和骆驼蓬植物，亦吃小麦、苜蓿等农作物。冬季在雪下觅食，未发现有存储草的现象。黄兔尾鼠取食时行动迅速，每次采食20～24秒，出洞至采食植物的地方，咬断植物秆茎快速拖进洞内，或洞口附近，然后再次采食，连续采食10～20次后，才回洞内取食。据沙依拉吾观察（2013），日均取食时间52分钟/天，日均摄取新鲜草量17g/（天·只），日均取食频次216次/（天·只），对整枝蒿属植物的取食顺序为先细嫩的茎叶，后老的粗秆茎，多以双前足上下握住植物秆茎送入口中咀嚼。取食范围1～5m，很少到10m以外采食。

活动规律 黄兔尾鼠为昼间活动鼠类，温暖季节的出洞活动时间与当地的日出与日落时间相符，晨昏活动最频

图3 黄兔尾鼠生境（廖力夫摄）

繁。阴雨刮风气温低时活动明显减少。大发生时，该鼠的迁移多选择夜间，常在公路或水渠见到成群的黄兔尾鼠活动。在夏季活动时间长于休息时间，日均活动时间占全天时间的63%，其中14.4%为取食活动。其余时间为休息或睡眠，8:00～23:00的夜晚休息时间占总休息或睡眠时间的29%，23:00～8:00占60%。休息姿势主要有正卧和侧卧，各占63%和24%，睡眠为蜷缩侧卧，占12%。

繁殖 繁殖随栖息地气候和食物丰富度条件的变化而改变。一般3～10月为繁殖期，每年繁殖3次以上，如遇暖春和暖冬，或密度低和食物条件好时，繁殖有提前或延后的现象。1988—1989年3～10月的各月平均怀孕率分别为：31%、50%、83%、81%、50%、67%、100%、80%。一般早春出生的个体，50天后性成熟，开始参与繁殖，妊娠期17～18天，哺乳期19天，性比约为1:1，雌性略高于雄性，平均胎仔数7.2（4～11）只。

生长发育 据实验室观察，初生体重3g左右，0～15天的幼体瞬间体重生长率超过10%。第一个高速生长期结束时（20天），体重已达到初生体重的10倍，幼体出生10天开始取食鲜草，17天时开始出洞采食，50天时的性器官均已性成熟，可作为判别性成熟的重要指标。

黄兔尾鼠的生长发育分成4个阶段。

乳鼠阶段：自初生至15天，体长88mm以下，体重小于18.5g。体温自我调节机制尚未成熟。

幼鼠阶段：15～25天，体长在87～110mm，体重23～41g。其主要特征是体温自我调节机制已成熟，但性腺还未达到成熟。上下白齿已长全，可自由取食小鼠颗粒饲料和水。

亚成体阶段：26～50天，体长109～128mm，体重40～73g，外观生殖器官特征逐渐显现，没有个体参与繁殖。

成体阶段：50天以上，体长127mm以上，体重73g以上，性腺特征明显，参于繁殖。

社群结构与行为 黄兔尾鼠属为群栖穴居动物，以一雄一雌或一雄多雌的形式组成各自的家庭于洞群中栖息，在不同季节主要表现为2种社群结构形式和行为：

越冬期：秋末初冬，亚成体与成体约为8:2，个体基本停止繁殖，以双亲及其秋季出生的后代在栖息地一同越冬；或大批被驱赶出家庭的后代在新洞群越冬。能否顺利越冬，主要取决于栖息地内食物的丰富程度，一般约一半以上的个体过不了冬。冬末初春，有极少数个体参加繁殖。与双亲一块越冬的后代会被双亲驱赶出家庭，与其他家庭的成员组成新的家庭；前一年夏季出生的性成熟个体开始寻找配偶和栖息地，进入交配期。此期的种群结构受气候、性比、食物条件等诸多因素的影响，并对翌年的数量变化起着关键作用。

繁殖期：早春，越冬的双亲会迁徙到食物丰富的栖息地；或新组成的配对家庭在新的栖息地繁殖，直到繁殖的第二窝离乳，第一窝亚成体被驱赶出家庭，此阶段可看到成体驱赶亚成体的行为，或不同洞群家庭被驱赶的亚成体间为争夺栖息地的打斗或驱赶现象。在第二窝离乳前，第一窝亚成体有照顾幼体和采食行为。此后每次离乳窝来临，都存在前一窝亚成体被驱赶出窝和亚成体间争夺栖息地的现象，至秋初，成体驱赶亚成体的行为和不同洞群家庭被驱赶的亚成体间争夺栖息地或驱赶现象日趋频繁。此期的数量变化主要受种群结构和食物因素的影响。

当各种因素都有利于繁殖时，会发生种群数量大暴发，栖息地食物短缺，导致集群采食，向食物丰富的生境集体迁移，迁移路线沿途植被和林木被严重啃食，造成巨大的经济损失。种群密度高时，易发生动物性疫病的流行，如1959、1963、1982、1989、1993和1994年该鼠大暴发时，因种群中流行动物疫病类丹病毒或黏菌，致使许多个体的眼睛失明或神经意识模糊，出现集体自杀行为。

种群数量动态

季节动态 黄兔尾鼠的数量季节动态变化非常明显，在自然条件事宜的条件下，当年种群数量能十几倍地增长。早春是一年中数量最低的时期，多在50只/hm^{2}左右或更低，随着早春繁殖高峰和亚成体分居的来临，密度逐渐升高，7月可达1000只/hm^{2}以上的峰值，此后数量逐渐下降，经过寒冬多数老弱病残被淘汰，翌年早春数量又回到了低密度期。从1988—1989年的密度变化看，种群数量的消长呈跃迁式，而不是连续。

年间动态 黄兔尾鼠数量年际变动较为剧烈。多数年份可连续维持中低密度。在自然条件适宜的年份会大量繁殖，形成种群数量暴发，分布范围迅速扩大，如1994年新疆北部黄兔尾鼠大暴发时，以前从未发现有黄兔尾鼠分布的许多区域都发现有该鼠分布，甚至一些河道发生大批自杀死亡的黄兔尾鼠堵塞水闸事件，其后又处于低潮期。目前尚不清楚黄兔尾鼠种群数量年际变动的原因，但种群数量的突然下降可能与动物性疫病黏菌或类丹病毒的感染有关。

迁移规律 黄兔尾鼠又称旅鼠，一般随不同栖息地的食物丰盛情况和栖息条件而迁移。繁殖季节，主要在地势平坦的低山丘陵荒漠草原栖息，并会随栖息地的食物匮乏和丰富，在不同栖息地来回迁移，有时降雨也可引起迁移。12月入冬时分布较均匀，1月栖息地的食物逐渐匮乏，开始向积雪融化的开阔地或阳坡集中迁移，冬末则大量迁移至地表土层比较干燥的阳坡生境，随着阳坡食物逐渐耗尽和积雪融化，4月初开始向食物丰富的东西坡向生境迁移，5月底青草返青时，又向地势平坦的生境扩散，趋于均匀分布。大暴发时，集群向食物丰富的生境迁移现象非常明显。

危害

农牧业危害 黄兔尾鼠给牧业、农业作物和经济林造成的危害极其严重，按17g/(天·只)消耗牧草或农作物计算，一年消耗和糟蹋的食物至少6kg，加之洞群密度高达1000～2000只/hm²，大发生时造成草场的极度退化，使农作物减产，经济林大片死亡，严重影响了畜牧业、农业和经济林的发展。

公共卫生危害 黄兔尾鼠自然感染类丹毒，参与动物疫病黏菌的流行，对家畜和野生动物构成威胁。

防治技术

生物防治 保护天敌是控制黄兔尾鼠数量，维护生态平衡的有效方法。黄兔尾鼠是猛禽和鼬科等动物的主要食物之一，保护这类动物对控制黄兔尾鼠具有重要作用。目前北疆各地已在荒漠草原大范围建立有利于猛禽和鼬科动物利用的鹰架、鹰墩和石墩，对控制黄兔尾鼠种群数量已起到积极的作用，多年未发生黄兔尾鼠暴发。自然界的类丹毒和黏菌在黄兔尾鼠大发生时，也有快速控制的效果。

化学防治 抗凝血杀鼠剂具有使用药量少，3～5天后药力发作，不易引起黄兔尾鼠拒食，减少天敌二次中毒的特点。利用早春黄兔尾鼠数量低和繁殖需大量食物的特性，用沾有药物的胡萝卜、小麦等毒饵投放在鼠洞口，可达到控制该鼠的效果。黄兔尾鼠对溴敌隆或敌鼠钠盐非常敏感，一般摄入后5～10天即可毙命。统一时间投放毒饵，可有效杀灭90%以上的个体。

毒饵配制 饵料：1cm×1cm×1cm左右的胡萝卜块，或小麦。

抗凝血杀鼠剂：第一代抗凝血杀鼠剂5%敌鼠钠盐粉剂，第二代抗凝血杀鼠剂0.5%溴敌隆粉剂、0.5%大隆粉剂或0.5%杀它仗粉剂。

毒饵配制：用49份饵料、3份清油与1份上述任何一种抗凝血杀鼠剂充分混匀，即可配成0.1%的敌鼠钠盐毒饵或0.01%的第二代抗凝血杀鼠剂毒饵，最好现用现配。500g一包封装在印有灭鼠毒饵明显标志的塑料袋。

组织：严密组织是灭鼠效果成败的关键。首先应对投药人员进行基本的投药方法和安全培训，划分出每个投药员的责任投药区，投药区间的衔接不能遗漏。

投药期的选择：利用早春食物资源相对少，繁殖需大量食物的特征进行灭鼠。

实施方法：统一时间，于投药区每间隔5m一人，走"Z"字形见鼠洞投药10g。

杀鼠剂：按照农业部相关规定，鼠类防治必须选择已经注册登记的各类杀鼠剂及相关制剂、毒饵。目前中国主要化学杀鼠剂为抗凝血剂类杀鼠剂，如敌鼠钠盐、溴敌隆等，可以有效防治鼠类的危害。

参考文献

马勇、王逢桂，金善科，等，1987. 新疆北部地区啮齿动物的分类和分布[M]. 北京：科学出版社：126-129.

倪亦非，徐光青，2012. 新疆黄兔尾鼠的分布区及其生态地理特征[J]. 新疆畜牧业，28(6)：59-63.

倪亦非，1998. 黄兔尾鼠种群动态预测研究中的几个问题[J]. 新疆畜牧业，14(1)：10-12.

沙依拉吾，努尔古丽，阿帕尔，等，2013. 黄兔尾鼠日食量的初步观察[J]. 草食家畜，24(4)：43-45.

沙依拉吾，武什肯，2000. 黄兔尾鼠繁殖特征研究[J]. 新疆畜牧业，15(4)：19-20.

陶双庆，侯兰新，赵新春，等，1985. 对黄兔尾鼠生态的一些观察[J]. 干旱区研究，8(3)：42-45.

王思博，杨赣源，1983. 新疆啮齿动物志[M]. 乌鲁木齐：新疆人民出版社：167-169.

伊斯拉音·乌斯曼，廖力夫，方永江，2001. 实验条件下黄兔尾鼠生长和发育的初步观察[J]. 地方病通报，16(3)：76-78.

于心，赵飞，叶瑞玉，1994. 黄兔尾鼠在新疆的分布及多次大批自毙现象[J]. 地方病通报，9(1)：74-76.

朱九如，周景强，沙吾列，等，1994. 粘菌引起大批野生黄兔尾鼠死亡的诊断报告[J]. 中国兽医科技，24(3)：30.

（撰稿：廖力夫、倪亦非；审稿：宛新荣）

黄胸鼠 *Rattus tanezumi* Temminck

一种室内外皆可栖息的中型鼠类。又名达氏家鼠、黄腹鼠、长尾吊、长尾鼠。英文名yellow-bellied rat、buff-breasted rat、oriental house rat、tanezumi rat、sladen's rat。哺乳纲（Mammalia）啮齿目（Rodentia）鼠科（Muridae）鼠亚科（Murinae）大鼠属（*Rattus*）。

在亚洲与人类伴生的*Rattus*属大鼠中，黄胸鼠和屋顶鼠形态变异较小，外形较难区分，但根据染色体特征可以鉴别，据Wilson等，屋顶鼠的染色体为$2n=38/40$，而黄胸鼠的染色体为$2n=42$。黄胸鼠的学名较多，以前多用*Rattus flavipectus*（Milne-Edwards，1872）。经查证，在已知$2n=42$的大鼠属有效学名中，实际发表时间最早的是*Rattus tanezumi*，为1844年，而*Rattus flavipectus*为1872年。因此依命名优先律，现已将黄胸鼠的学名统一变更为黄胸鼠（*Rattus tanezumi* Temminck，1844）。

自Milne-Edwards 1871年依据四川宝兴的标本命名后，对黄胸鼠的分类地位一直存在着意见分歧。Allen认为它是1独立的种，并有2个亚种，即云南亚种（*Rattus tanezumi yunnanensis*）与指名亚种（*Rattus tanezumi flavipectus*）；而Elerman等将它们均归入黑家鼠（*Rattus rattus*），作为它的2个亚种：*Rattus rattus flavipectus*和*Rattus rattus yunnanensis*；Corbet则认为它是黑家鼠日本亚种（*Rattus rattus tanezumi*）的异名。实际上，在中国黄胸鼠与黑家鼠有同域分布现象，两者在形态上也有明显的区别，在自然条件和人工饲养下，均无杂种后代，因此，中国学者多已认定黄胸鼠为独立的种。另一方面，王应祥等不同意Wilson等将云南前胸部有明显黄褐色块斑的斑胸鼠（*Rattus yunnanensis*）归为黄胸鼠的同物异名，马勇等支持将斑胸鼠（*Rattus yunnanensis* Anderson，1879）视为独立种。

在中国，原初主要分布南方地区。在国外，除东南亚的部分地区有栖息外，尚未见分布。

黄胸鼠的分布属东南亚热带—亚热带型，居东洋界。

在中国先前主要分布于长江以南地区，并是南海诸岛的优势鼠种，在香港、台湾有较多黄胸鼠分布，在西藏也有分布。近几十年该鼠种有明显由长江流域向北扩展的趋势，主要扩至黄河流域达陕—甘—宁—晋一线的广大地区。在陕西、山西已形成稳定的种群；在山西，自1991年入侵临汾市后，黄胸鼠的分布区域现已扩展到运城市、长治市、晋中市、太原市等地区；甘肃、宁夏、青海亦有黄胸鼠的报道；有报道将新疆也列为黄胸鼠的分布区。可见黄胸鼠在中国除了东北外的大部分地区皆有分布，其栖息地已延伸至古北界。

黄胸鼠在北方部分地区种群在不断上升。在西安家鼠的构成中，黄胸鼠已由1973年的9.28%上升为1988年的54.17%。而在南方部分地区黄胸鼠有逐渐减少的趋势或已降为一般常见种，如在福建省，20世纪50～80年代黄胸鼠的种群数量逐渐下降。

房屋结构的改变使黄胸鼠适生环境减少，是黄胸鼠在南方，如福建等地优势地位被取代的重要原因。气温升高对其也有一定的作用。黄胸鼠的热中性带为25～30℃，理论下临界温度为23.82℃，35℃已进入过热区。黄胸鼠对低温和高温的忍受能力及化学热体温调节能力皆低于褐家鼠，热中性温度区（25～30℃）限制了黄胸鼠的广泛分布，是其以前主要分布在长江以南地区的原因。较低的温度对黄胸鼠分布区的扩大有一定的障碍，黄胸鼠种群的北扩现象则很可能与全球变暖的趋势有关。动物分布区的地理位置、范围和大小，是长期自然选择及该动物分布历史变迁至现阶段的结果，反映了该动物对现代自然条件的适应性。同样，目前全球的温室效应使黄胸鼠适宜的气候区北移，则是其能在华北地区形成种群并不断发展的最主要原因。

此外，交通运输的飞速发展对黄胸鼠快速北扩也起到了推动作用。出入境交通工具和集装箱就常有截获黄胸鼠的记录。黄文几等基于曾在上海至乌鲁木齐的火车上捕到黄胸鼠，分析新疆的黄胸鼠很可能是火车输入的。甘肃的黄胸鼠也是在火车站附近出现，也可能是通过运输带入的。

在国外，黄胸鼠仅在东南亚有分布。在越南主要分布在北方，在南方的密度较低。这也正是表明过高的温度对黄胸鼠的分布亦不利。

黄胸鼠染色体数为2n=42，但线粒体和微卫星序列数据共同表明，不同地理区域其种群遗传多样性差异较大。云贵高原复杂的地理环境对于黄胸鼠的基因流产生明显阻隔作用，青藏高原也呈现一定的阻隔效应；但是琼州海峡由于形成时间较晚，交通往来相对便利，并没有对黄胸鼠的基因交流表现出影响。

在种群遗传距离和地理距离关系的研究中，二者几乎无相关性，黄胸鼠的基因交流模式更加倾向于海岛模型。西藏拉萨和林芝地区的黄胸鼠与四川和重庆等地的黄胸鼠关系更近，极有可能通过川藏公路发生迁移；而北方如石家庄的黄胸鼠则与长江流域黄胸鼠亲缘关系更近，很可能通过华中地区的京广铁路等重要交通线路向北方传播。云贵高原的黄胸鼠与其他地区的黄胸鼠分化比较明显，但是在雷州和义乌出现了与云贵地区存在紧密遗传关系的单倍型，说明云贵高原的黄胸鼠可能通过某些因素向上述区域迁移，也提示云贵高原的黄胸鼠与上述曾经发生鼠疫的地区存在某种内在关联。

形态

外形 体型中等，较苗条，体躯不像褐家鼠那样肥胖，尾和脚也较之纤细。体重一般60～180g，体长130～210mm。大部分的尾长超过体长，偶见稍短于或等于体长，平均约为体长的105%，尾长140～195mm。耳长18～24mm，耳大而薄，几近裸露，向前折可遮住眼部。后足长小于35mm（图1）。

在鉴别黄胸鼠时，尾长可作为一个粗略识别指标，但不可作为唯一依据。不同地区的黄胸鼠的体尺可能存在一定差异，不论是雌雄还是不同年龄组，总有部分个体尾长会等于或短于体长，甚至贵州榕江与陕西的雄性鼠的尾长的平均值都短于体长（表1），长江流域的黄胸鼠尾长短于体长出现的比例（12.5%）要低于云南（33.5%）。

毛色 背毛棕褐色或黄褐色，毛基深灰色，毛尖棕黄色，体背面棕褐色或黄褐色，并杂有黑色长毛，尤以背后部为多；背中部颜色较体侧深。体腹面淡土黄色到褐黄色；喉和胸部中间呈棕黄色，有时稍带褐色，比体其他部分略深，这是黄胸鼠的主要特征；胸部有时出现一块白斑，颏和肛门附近的毛污白色，有时稍带浅黄色。体腹面与体侧面之间毛色无明显界线，有些地区如云南西部和南部，常有体腹面毛尖呈浅黄白色乃至灰白色的个体，但喉部和胸部中间仍显现棕黄色或褐黄色，个别地区有时也发现体腹面呈灰白色或浅黄色，有时中央部分为浅褐色或整个背面全为暗色。前足背面中央有一棕褐色斑、周围灰白色，这是该鼠另一重要的识别特征。尾几乎裸露，尾的上部呈棕褐色，鳞片发达构成环状，鳞片基部生有浅灰色或褐色短毛。幼鼠毛色较成年鼠深。黄胸鼠与褐家鼠、小家鼠一样，毛色也有黑化和白化现象，其中黑化个体往往被误认为黑家鼠（*Rattus rattus rattus*）（图1）。

头骨 颅全长33～43.7mm，腭长15～21.3mm，颧宽16.1～21.9mm，眶间宽4.6～6.5mm，乳突宽13.2～17.1mm，鼻骨长11～17.6mm，门齿孔长5.6～8.9mm，臼齿位长8～12.7mm，上颊齿列长4.8～7.6mm，听泡长5.8～8.5mm。齿式为 $2 \times \left(\dfrac{1.0.0.3}{1.0.0.3} \right) = 16$。

头骨比褐家鼠小，吻较长，脑盒呈椭圆形；眶上嵴很发达，向眶后延伸甚为均匀。鼻骨长，约为颅长的33.3%～35.5%，其前端略超过前额骨和上门齿，后端为前额骨后端所超出。颧宽一般不达颅长的1/2，约为后者的46%～48.5%。脑盒宽，约为颅全长的40.5%～40.7%。门齿孔后端明显越过

图1 粘鼠板上的黄胸鼠（李波提供）

表1 各地黄胸鼠体形特征比较

地点	性别	样本数	体重（g）	体长（mm）	尾长（mm）	后足长（mm）	耳长（mm）	资料来源
福建	♂	6	90.0（70～115）	159.3（132～181）	173.8（162～200）	30.3（26～33）	20.7（18～23）	寿振黄（1962）
	♀	10	114.9（96～147）	167.8（145～181）	185.4（157～202）	31.3（29～34）	21.6（20～25）	
贵州榕江	♂	30	—	151（137～165）	140（130～154）	27.6（26～30）	18.6（17～20）	松会武（1981）
	♀	30	88.1（66～110）97.4（77～102）	149（134～169）	147（139～159）	27.3（26～29）	18.8（17～20）	
洞庭湖区	♂	14	142.4（100～221）	178.9（158～210）	183.6（150～207）	31.0（23～35）	21.4（19～24）	张美文等（2000）
	♀	12	124.6（80～170）	172.4（155～213）	187.4（176～210）	30.5（26～35）	21.7（21～23）	
浙江	♂	5	98（76～116）	158（143～171）	179（167～200）	30（27～33）	21.5（19～23）	朱家贤（1989）
	♀	5	107（98～133）	159（145～178）	182（166～199）	31（29～33）	20.5（19.5～22）	
陕西	♂	19	92.5（77.0～156.3）	140（120～176）	132.7（123～180）	26.8（24～30）	20.3（17～23）	王廷正等（1993）
	♀	21	151.8（92～230）	162.0（130～180）	168.2（150～193）	29.4（27～32）	20.0（17～24）	

注：表内各栏上行为平均数 $\bar{X}$ ± 标准差 SD，下行括号内为最小值至最大值。

第一上臼齿基部前缘水平线。口盖后缘中间无突起。上颌第一上臼齿最长，其最前面的横嵴具有3个齿突，外齿突和中央齿突之间前缘有1明显的外侧沟（图2）。

年龄分组 对不同地区的黄胸鼠的年龄结构已有广泛深入的研究。有以经典的臼齿磨损度为主要指标来划分年龄组；鲍毅新等则采用眼球晶体干重进行年龄分析，并与臼齿磨损法、体重法、体长法相比较，认为在实际工作中可用体重法和体长法划分年龄，因黄胸鼠臼齿磨损程度较轻，而不主张使用臼齿磨损法；杨光荣等亦采用晶体干重法对云南滇西地区的黄胸鼠划分年龄；也有采用体重法、胴体重法，认为在实际操作上更简便而准确。现将各地根据胴体重（或体重）的频次分布和对应的发育与繁殖状况划分的年龄组列于表2，供实际工作中参考。

为了对各年龄组的繁殖特征有所了解，列出洞庭平原黄胸鼠各年龄组的繁殖状况：

I 幼年组：雌鼠子宫大多呈线状，无生殖活动迹象（怀孕率和繁殖指数为0），雄性睾丸小（平均为6.9mm×3.9mm），下位率低（9.26%）。

II 亚成年组：开始进入性成熟，有6.56%雌鼠怀孕，孕鼠平均胎仔数为5.25个，繁殖指数（胎仔总数/各组雌鼠总数）为0.34；睾丸大小平均为10.8mm×6.2mm，下位率为55.88%。

III 成年一组：有50%的雌鼠参与繁殖（以肉眼可见怀有胚胎或有子宫斑为准，下同），怀孕率27.42%，平均胎仔数5.05个，繁殖指数1.39；雄性睾丸平均为15.6mm×9.1mm，下位率为85.42%。

IV 成年二组：参加繁殖雌鼠占82.22%，雌鼠怀孕率为最高，达44.44%，平均胎仔数6.30个，繁殖指数为2.80；雄性睾丸大小为18.6mm×10.7mm，下位率为97.14%。

V 老年组：所有雌鼠都已参加过繁殖，但现有怀孕率仅为14.29%，雄性睾丸大小为19.1mm×12.4mm，下位率为100%。

生活习性

栖息地 黄胸鼠是中国的主要家栖鼠种之一，长江流域及以南地区野外也有栖居。华南和西南各地，黄胸鼠栖息在野外的数量和比例较大。广东雷北农作区的组成中黄胸鼠曾占6.78%，其中在村边杂木林中黄胸鼠占27.71%，仅次于黄毛鼠；1960年在福建漳州县程溪的农田黄胸鼠占12.5%；黄胸鼠为广西农田主要害鼠之一；特别是在云南、贵州部分地区，黄胸鼠乃是农田的优势鼠种。云南耿马县1992—2008年监测，17年来黄胸鼠一直是农田生境的绝对优势种群，所占鼠种组成比例平均达83.0%。贵州农田黄胸鼠的分布较为广泛，以南部地区为多，是兴义等6县农耕

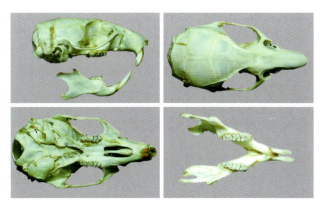

图2 黄胸鼠的头骨（王勇提供）

表2 各地依据黄胸鼠胴体重划分的年龄组

地点	胴体重（g）					资料来源
	I 幼年组	II 亚成年组	III 成年一组	IV 成年二组	V 老年组	
洞庭湖区	≤35	36~65	66~100	101~135	>135	张美文等（1998）
云南	≤36.0	36.1~92.0	92.1~144.0		≥144.1	熊孟韬等（1999）
贵州	≤30.0	30.1~60.0	60.1~90.0	90.1~120.0	>120.0	杨再学等（2010）
贵州（体重）	≤40.0	40.1~75.0	75.1~115.0	115.1~150.0	>150.0	杨再学等（2006）

区的优势鼠种，榕江县车江的旱地和稻田中的黄胸鼠超过50%。在长江流域，黄胸鼠虽在个别地区的家栖鼠中占较高比例，但普遍而言，在野外所占比例要比华南区要低。而在长江以北少有黄胸鼠大量栖息在野外的报道，在西安野外极少捕获到黄胸鼠。总的看，除西南及华南的部分地区外，野外数量一般较少。

行动敏捷，攀缘能力极强，建筑物的上层、屋顶、瓦楞、墙头夹缝及天花板上面常是其隐蔽和活动的场所。夜晚黄胸鼠会下到地面取食和寻找水源，在黄胸鼠密度较高的地方，能在建筑物上看到其上下爬行留下的痕迹。多在夜晚活动，以黄昏和清晨最活跃。有季节性迁移习性，每年春秋两季作物成熟时，迁至田间活动。大型交通工具如火车、轮船上常可发现其踪迹，危害严重。

洞穴 洞穴结构简单，洞口直径4~5cm，窝巢内垫有草叶、果壳、棉絮、破布、碎纸等。在房舍内，洞口多上通天花板，下到地板，前后左右连贯各室。在山坡旱地里多筑在坟墓、岩缝等不能开垦的荆棘灌木丛下。在田坎多见于田埂、水渠边。在河滩多筑于灌丛砂石堆下。在贵州榕江田坝和河滩旱地挖黄胸鼠洞穴36个，可分为复杂洞和简单洞两种结构类型。复杂洞为越冬洞，入土深，洞口、巢室数量多；简单洞为季节性临时洞，作物成熟时迁入挖掘，收割后将转移废弃。其中有2个育仔洞，洞道入土40cm，巢室直径80cm，洞口浮土湿润新鲜。黄胸鼠洞穴有一个圆形前洞口，直径4~5cm；1~3个后洞口，位置比前洞口高，群众称为"天窗"，口径比前洞口小，约4cm，洞外无浮土，有外出的路径，但不及前洞光滑。前洞道直径4~5cm，因鼠常出入十分光滑，垂直入土30~40cm。简易洞只有1个巢室，复杂洞有2~3室，只有1个巢室垫物是新鲜的，巢室离地面20~50cm，椭圆形，直径8~20cm，内垫物有干枯植物茎叶，如稻草、豆叶、杂草等。

食物 食性杂，但以植物性食物为主，偏好于含水分较多的食物，有时也吃动物性食物，甚至咬伤家禽。周仑报道南京黄胸鼠更喜吃熟食，这可能与鼠的来源即在捕获前的生活环境有关。黄胸鼠喜食植物性饵料，其中谷物类饵料比其他作物饵料好。在完全饥渴时，仅能生存3~6天；在仅食足量的大米时，10只中仅死亡1只。说明该鼠在自然状态的耐饥渴能力可能较强。

黄胸鼠虽体型较褐家鼠小，但其摄食量却很大，在河南洛阳黄胸鼠和褐家鼠对小麦的日食量（分别为15.0g和14.8g）无差别；也有结果显示黄胸鼠的平均日食量少于褐家鼠，但按每克体重消耗的食物计算，黄胸鼠要高于褐家鼠，黄胸鼠每日的能量摄入也明显地高于褐家鼠。黄胸鼠的日摄食量与其体重有关，摄食量与体重成正比（每昼夜取食大米平均为8.86±1.96g）。不同季节的日食量和饮水量也有差异。从摄食量看，黄胸鼠对农业、畜牧饲料业、食品等行业可能会造成较大的损失。

活动规律 善攀缘，以夜间活动为主。呈双峰型的活动节律，在不同的季节，出现的两个高峰期有差异；河南洛阳黄胸鼠在24小时内均有活动，整个夜晚都较活跃；云南亚种在黄昏前后有一次活动高潮。

黄胸鼠性情狡猾，具有较强的新物回避行为反应。对捕鼠器械具有很高的警惕性，在一个地点连续布放鼠夹，至第六天后捕获率下降为零。

繁殖 雄鼠的睾丸下降率与雌鼠的怀孕率与繁殖指数南方普遍要高于北方，仅广东湛江例外。而平均胎仔数南方要稍低。在长江以南地区，黄胸鼠终年繁殖。贵州、福建与云南的黄胸鼠上下半年各形成一个繁殖高峰；洞庭湖区的黄胸鼠在上半年形成一个繁殖高峰后，下半年仅形成一个次高峰，而冬季处于繁殖低谷。北方的河南黄胸鼠一年仅有一个繁殖高峰，在6~9月之间。西安地区的黄胸鼠在冬季停止繁殖，在湖北宜昌黄胸鼠在12月至翌年1月也停止繁殖；在安徽合肥冬季可见到孕鼠，而在淮北未见。可明显地看出，随着纬度的增加，黄胸鼠的繁殖高峰由双峰逐渐地变为单峰，繁殖期也变短。南方全年均可繁殖，年繁殖3~4窝，在北方冬天停止繁殖。平均胎仔数4~9只。最多可达17只。据在洞庭平原作的调查，全年各月皆有孕鼠，12个月的平均怀孕率为25.5%±12.3%（SD）；其中，4~5月间最高（43.8%），2~3月间最低（13.3%）；月平均胎仔数为4.00~7.75个，按全部74只孕鼠各自的胎仔数直接计算的"总平均胎仔数"则为6.46±2.30（SD）个。以该2项指标与褐家鼠相比，生殖力稍低些（表3）。

黄胸鼠喜热，气温低于12℃对黄胸鼠的繁殖不利，在福建尤溪县，气温先后达到18.30℃（4月）与25.9℃（8月）时，分别出现全年的2个繁殖高峰。最适繁殖气温在16.5~26.7℃。

种群数量动态 因随着纬度的增高，黄胸鼠的繁殖高峰有由双峰逐渐地变为单峰的趋势，决定了其种群波动也有相似的规律。在福建黄胸鼠的数量变动呈双峰型，秋冬季略高于春夏季；在贵州一年也有两个高峰；在长江流域，每年的变化有很大差异，但全年的最高峰基本出现在秋季；在西安则为明显的单峰型，出现在9月。

危害 主要还是分布在长江流域及其以南地区，但该

表3 各地黄胸鼠的繁殖特征

地区	调查时间	性比(♂/♀)	繁殖期	繁殖高峰	睾丸下降率(%)	怀孕率(%)	平均胎仔数	繁殖指数*	资料来源
广东湛江	1951—1974	—	全年	7~8月、11月	—	13.9	5.4（1~17）	—	湛江防疫站（1978）
闽南 闽北	1983—1989	1.07:1	全年	3~4月、8~10月		35.88 20.00	5.75 6.35	1.01 0.60	詹绍琛（1990）
福建尤溪县	1984—1985	1:1.09	全年	4月、8月	—	18.21	6.57（2~11）	—	吴锡进（1986）
福建莆田	1987—1989	0.85:1	全年	—	73.58	22.58	6.18（4~11）	0.75	洪朝长等（1992）
云南耿马	1992—2008	1.8:1	全年	4~5月、8~11月		27	8.7（4-16）		李秋阳（2010）
贵州岑巩	1985—1986	0.9:1	全年	5月、9月	—	9.09~42.31	7.2（1~12）	—	雷帮海等（1987）
贵州榕江	1980—1981	1.01:1	—	3~4月、7~8月			6		松会武（1981）
贵州关岭	2005—2012	0.98:1	全年	3~4月、8~9月	78.52	44.81	6.16	1.37	潘会等（2013）
洞庭湖区	1982—1998	0.98:1	全年	4~5月	62.0	20.8	6.37（1~17）	0.68	张美文等（2000）
安徽省	—	—	淮北冬季不孕	3月、8~9月			8.5（4~13）		葛钟麟（1996）
湖北宜昌	1980—1989	—	12~1月停止繁殖	—		18.18	7.56	—	潘会明等（1991）
河南洛阳	1986—1988	0.92:1		9或6月	54.85	21.54	6.60	0.74	李克伟等（1991）
河南南阳	1987—1989			7、8月					张振峰等（1991）
陕西西安	1959—1960	—	冬季停止繁殖	—	—	—	—	—	王廷正等（1963）

*繁殖指数=胎仔总数/总鼠数。

鼠的北扩必将增加其危害区域。它是长江以南地区房屋内危害较重的鼠类。除盗食粮库、食品厂、养殖场、饲料厂、居民户的粮食、饲料外，还咬坏衣物、家具和器具，咬坏电线，甚至引发火灾。野外对农业生产也形成相对危害，可以危害稻田、香蕉、甘蔗、豌豆等各种农作物。20世纪80~90年代，华南一些地区暴发农业及养殖业（盗食饲料、咬伤仔鸡等）重大鼠害，主要是黄胸鼠所致。它的活动范围较广，可以在室内外来回迁移，到处都有它们活动的踪迹，可引起肠胃病的传播。其体外寄生虫有蚤、螨、蜱、虱等，体内寄生虫有原生动物、吸虫、绦虫、线虫等。它是许多细菌、立克次氏体、滤过性病毒的贮藏宿主，能传播鼠疫、钩端螺旋体病、恙虫病、地方性斑疹伤寒、假结核、肾综合征出血热等传染病。

防治方法

物理防治 TBS技术（即围栏陷阱法 trapping barrier system）可用于控制黄胸鼠种群的危害，特别是开放式TBS可能更有利于捕获较多的黄胸鼠。

环境治理（生态防治） 对栖息在房舍的黄胸鼠，可通过住房环境治理来防控。即加强住宅及周围环境的整治，搞好村庄的环境卫生，消除害鼠滋生源。如堵塞鼠洞，使其无藏身之所；妥善保存粮食，断绝鼠粮，可抑制鼠类的生存繁殖；整理阴暗角落尤其是杂物堆、畜舍和阴沟；等等。

由于黄胸鼠偏好栖息于房屋上层，如房顶的夹层、阁楼及空心墙内，因此改变房屋的结构或修建防鼠设施，特别是通进房屋的空调管道、电信电视缆线等务必加设阻挡装置，阻止其进入室内及房屋的上层，都可有效地控制其种群数量。南方一些地区因房屋结构的改变而使其种群下降，也有力地说明了这一点。

在野外，可通过农业措施等来压低鼠密度。如深翻改土，特别是旱地，能有效破坏黄胸鼠的洞穴；兴修水利，改善农田灌溉条件，清除田埂、沟边及塘边杂草，不在田边地脚堆放农作物秸秆等杂物，减少不必要的田埂，以免营巢定居。田间沟渠应修成三面光，水流畅通，有条件的区域可以硬化田埂，能缩减其生存空间。

化学防治 以抗凝血灭鼠剂为主。长江以南黄胸鼠具家野两栖特性，会在居民区和农田之间来回迁移，因此灭鼠活动应村里村外、房舍农田以及荒丘山地等所有栖息地统一同步大范围地进行。在火车、轮船上可用熏蒸灭鼠。

灭鼠时机可依据各地黄胸鼠主要繁殖季节之前、种群数量较低时进行。如在云南主要在低密度时期（1月）及时开展防治行动，节省人力、物力，达到事半功倍的效果。贵州关岭县在每年2个繁殖高峰前的3月和8月为该鼠的最佳防治时期。

黄胸鼠对急性灭鼠剂有明显的再遇拒食反应，灭效较低，安全性也较差。例如对灭鼠优、甘氟有明显的再遇拒食现象，灭鼠特成品毒饵对黄胸鼠的适口性甚差。而对敌鼠钠盐、大隆与鼠得克、立克命、双甲敌鼠胺盐、杀鼠灵、溴敌隆、大隆和杀鼠醚等的试验和应用，证明使用抗凝血灭鼠剂可取得满意的灭鼠效果，黄胸鼠对其适口性较好，没有明显的再遇拒食作用，而且对人畜安全性较好。在使用急性剂灭鼠的地区，害鼠的回升速度要明显地快于使用慢性剂的地区。用抗凝血类的复方灭鼠剂连续3年在以黄胸鼠为绝对优势种的景谷、普洱及思茅地区7县推广"全栖息地毒鼠法"，开展群众性大面积灭鼠，取得了良好的效果。所以杀灭黄胸鼠应首选慢性抗凝血灭鼠剂，但应注意以下几个要领：

第一，应多次投饵。抗凝血灭鼠剂对黄胸鼠有一定急、慢性毒力差，在应用敌鼠钠盐杀灭黄胸鼠时不宜一次性投饵，多次投放才能更好地发挥慢性毒力的作用。在现场试验中也证明多次投饵可收到更理想的灭鼠效果。黄胸鼠的新物回避反应相当强烈，多次投饵可麻痹其警惕性，克服该反应。

第二，投饵量要够。这是在使用慢性药灭鼠时，保障药效的基本要求。抗凝血灭鼠剂敌鼠钠盐对黄胸鼠毒力的个体差异大，且一次剂量的个体差异更大，因此保证投饵量显得更加重要，要让所有害鼠，包括耐药力强的个体也能吃到足够的毒饵。

第三，适当提高杀鼠剂的应用浓度。因黄胸鼠对抗凝血灭鼠剂的耐受力比褐家鼠要强得多，如敌鼠钠盐对黄胸鼠与褐家鼠的一次性LD_{50}分别为18.4和0.25mg/kg，双甲敌鼠胺盐对黄胸鼠和褐家鼠的急性口服分别为104.69、15.80mg/kg；慢性口服LD_{50}分别为3.64、0.73mg/kg，差异显著。所以灭黄胸鼠须相对提高其应用浓度。不过第二代抗凝血灭鼠剂大隆和鼠得克对黄胸鼠、褐家鼠的毒力无大的差异，可以不增浓度。

第四，加强高层投饵。黄胸鼠在室内主要栖息在房屋的上方，因此在有黄胸鼠分布的地区灭鼠投饵时应更注重房屋上层和房间上方，采取"高层投饵"法。如果灭鼠不彻底或投饵不到位，黄胸鼠往往在残留的鼠中占较大比例。

第五，注意辨识是否抗药性问题。敌鼠钠盐对黄胸鼠毒力的个体差异大，耐药性强的个体不易毒死，在实际中是否会产生耐药性？各地有不同的反映。有报道认为容易产生，是值得引起注意的问题。在广东雷州半岛自20世纪70年代初使用第一代抗凝血灭鼠剂后，在80年代末已有抗药性的黄胸鼠出现。由于抗性的产生，广东省雷州市改用第二代抗凝血灭鼠剂杀灭黄胸鼠，在应用数年后，黄胸鼠对杀鼠灵的抗性发生率11.11%，接近抗性种群形成临界水平。雷州半岛是中国较早使用抗凝血类灭鼠剂的地区之一，自20世纪90年代初发现鼠类对第一代抗凝血灭鼠剂的大面积抗性后，2000年起除遂溪县外全面改用第二代抗凝血灭鼠剂控鼠，各县（市、区）也一直坚持抗药性监测。历年调查结果显示，湛江市不同区域的黄胸鼠对第一代抗凝血灭鼠剂的抗性水平是不平衡的。使用第二代抗凝血灭鼠剂后，害鼠对第一代抗凝血灭鼠剂的敏感性恢复也表现出地区性差异；湛江市、安铺县已经消灭了抗性种群，但是害鼠抗性水平仍处在临界状态；而徐闻县的抗性率则从2002年的5.0%升至2003年的9.5%；雷州市区黄胸鼠抗性水平在最近10年间也升高了1个百分点。据此高志祥等认为，虽然雷州半岛各地均未形成抗性种群，但抗性水平仍在继续提高，需要警惕。另外，在江苏南通、贵州兴义、湖南长沙、上海杨浦均有黄胸鼠抗性的报道。与此对应的是，广东遂溪县一直使用第一代药物控鼠，黄胸鼠抗性水平从1988年的2.41%升至2004年的8.16%，远未达到抗性种群形成标准，仍可继续使用第一代抗凝血灭鼠剂控制害鼠。上海宝山区的黄胸鼠对第二代抗凝血杀鼠剂（溴敌隆）均无明显抗药性。詹邵琛等对应用敌鼠钠盐5年的福建云霄县的监测表明黄胸鼠对敌鼠钠盐未产生抗药性。在已使用敌鼠钠盐灭鼠10年的云南孟连县无耐药性黄胸鼠的产生。李波报告，当年在云南思茅地区推广抗凝血灭鼠剂类的复方灭鼠剂时，有部分地区提出以前应用敌鼠钠盐多年后效果较差，但结果应用复方灭鼠剂仍取得了良好的灭鼠效果。实际上，一些反映敌鼠钠盐灭效降低的地区，真正原因是使用方法的问题，只要按慢性药的特点，按要求使用，同样可取得满意的灭鼠效果。所以应当搞清楚，有些区域灭效不理想的原因可能不完全是抗性的原因，合适有效的灭鼠方法也是不可忽视的。

参考文献

陈安国, 王勇, 郭聪, 等, 1993. 全栖息地毒鼠法及其应用[J]. 农业现代化研究, 14(2): 108-113.

高志祥, 邱俊荣, 冯志勇, 等, 2011. 雷州市黄胸鼠对杀鼠灵的抗药性调查[J]. 中国媒介生物学及控制杂志, 22(1): 35-37.

黄文几, 陈延熹, 温业新, 1995. 中国啮齿类[M]. 上海: 复旦大学出版社.

刘振华, 莫冠英, 1982. 敌鼠钠盐毒杀黄胸鼠的试验和应用[J]. 动物学杂志 (1): 42-44.

马勇, 杨奇森, 周立志, 2012. 啮齿动物分类学与地理分布[M]//郑智民, 姜志宽, 陈安国. 啮齿动物学. 2版. 上海: 上海交通大学出版社.

寿振黄, 1962. 中国经济动物志: 兽类[M]. 北京: 科学出版社: 242-246.

松会武, 1981. 黄胸鼠云南亚种研究报告[J]. 贵州农业科学(6): 20-26.

王应祥, 2003. 中国哺乳动物种和亚种分类名录与分布大全[M]. 北京: 中国林业出版社.

夏武平, 高耀亭, 等, 1988. 中国动物图谱: 兽类[M]. 2版. 北京: 科学出版社.

杨光荣, 赵侯, 熊孟韬, 等, 1992. 云南省滇西地区黄胸鼠种群年龄研究初报[J]. 兽类学报, 12(1): 75-77.

詹邵琛, 吴良德, 1983. 黄胸鼠对抗凝血剂抗药性初步调查[J]. 兽类学报, 3(1): 91-92.

赵桂芝, 施大钊, 1994. 中国鼠害防治[M]. 北京: 中国农业出版社: 51-74.

周仑, 1965. 黄胸鼠和小家鼠某些生态的初步观察[J]. 动物学杂志, 7(3): 111-113.

ALLEN G M, 1938-1940. Mammals of China and Mongolia: 2 Vols. [M]. New York: American Museum of Natural History.

CORBET G B, 1978. The mammals of the Palaearctic Region: a taxonomic review[M]. London & Ithaca: British museum (Nature history): 314.

ELLERMAN J R, Morrison-Scott T C S, 1951. Checklist of Palaearctic and Indian mammals[M]. London: British museum (Nature history): 810.

WILSON D E, REEDER D A M , 2005. Mammals Species of the World: A Taxonomic and Geographic Reference: Volume 1-2[M]. 3rd ed. Baltimore, Maryland: The Johns Hopkins University Press.

（撰稿：张美文；审稿：陈安国）

黄秀清　Huang Xiuqing

1944 年生。农田鼠害研究专家，广东省农业科学院植物保护研究所研究员。

个人简介　1969 年 7 月毕业于华南农学院植保系，1970 年 7 月分配到广东省农业科学院植物保护研究所从事水稻害虫防治技术研究，1986 年至 2004 年 12 月研究农田鼠类生态学与防控技术。曾任广东省生态学会常务理事、中国动物学会兽类学分会理事。

成果贡献　先后主持完成了国家"七五""九五"和"十五"科技攻关鼠害子专题的研究工作，在珠江三角洲农田害鼠的种群生态学和成灾机制、水稻鼠害的危害风险评估以及鼠害综合治理技术等方面具有较高的造诣。发表鼠害研究论文 46 篇，参与出版专著 2 部。

所获荣誉　1989 年获得中国植物保护学会鼠害防治专业委员会授予的"金猫奖"。累计获得各级科技奖励 5 项（其中国家科技进步二等奖 1 项）。享受国务院政府特殊津贴。

（撰稿：姚丹丹；审稿：冯志勇）

黄鼬　*Mustela sibirica* Pallas

鼠类的天敌之一。又名黄鼠狼、黄狼、黄老鼠、黄皮子等。英文名 Siberian weasel。食肉目（Carnivora）鼬科（Mustelidae）鼬属（*Mustela*）。

在中国各地广泛分布。国外分布于不丹、印度、日本、韩国、朝鲜、老挝、缅甸、尼泊尔、巴基斯坦、泰国、越南、蒙古、俄罗斯等。

形态　体长 28～40cm，尾长 14～21cm，体重 210～1500g。体型中等，身体细长。头细颈长，耳短而宽，稍突出于毛丛。四肢较短，具 5 趾，趾端爪尖锐，趾间有很小的皮膜。毛绒相对较稀短，背毛略深，腹毛稍浅，四肢、尾与身体同色。冬季尾毛长而蓬松，夏秋毛绒稀薄，尾毛不散开。鼻基部、前额及眼周浅褐色，略似面纹。鼻垫基部及上、下唇为白色，喉部及颈下常有白斑。但变异极大，即使同一地点，有些个体缺失，有的呈大型斑，有的从喉部延伸至胸部。夏毛全身棕褐或棕黄色，背脊和尾尖棕褐色或暗棕褐色，其他各部较冬毛色浅，冬毛从淡棕黄色、棕色到暗棕色。

黄鼬的头骨为狭长形，顶部较平。鼻骨、上颌骨、额骨和顶骨完全愈合。颧弓窄，听泡长椭圆形。颅全长 61.4～52.7mm，颅基长 60.9mm(雄)，颚长 24.7mm，颧宽 32.8～25.5mm，眶间宽 13.0～10.1mm，后头宽 28.8～23.1mm，上齿列长 21.1～17.3mm。雄兽的矢状嵴和人字嵴明显，眶间宽较眶后突后之脑颅前端为宽。雄兽的阴茎骨基部膨大成结节状，端部呈钩状，肛门腺发达。

齿式为 $2 \times \left(\dfrac{3.1.3.1}{3.1.3.2} \right) = 34$。上门齿成一横列，第二下门齿着生位置略靠后。犬齿长而直。上裂齿前缘内侧、下裂齿的后叶均有一明显小尖。上臼齿横列，内叶大于外叶。内叶中央小尖明显，外叶具 2 个小尖。

生态及习性　栖息于河谷、土坡、平原、丘陵和村落附近。夜行性，尤其是清晨和黄昏活动频繁，有时也在白天活动。善于奔走，能贴伏地面前进、钻入缝隙和洞穴，也能游泳、攀树和墙壁等。除繁殖期外，一般没有固定的巢穴。通常隐藏在柴草堆下、乱石堆、墙洞等处。嗅觉十分灵敏，但视觉较差。性情凶猛，常捕杀超过其食量的猎物，遇敌则从肛门腺放出强烈的油性臭液。

每年 2～4 月发情交配。怀孕后期的雌兽行动谨慎、缓慢。临产前选择柴草垛下、堤岸洞穴、墓地、乱石堆、树洞等隐蔽处筑巢。孕期 30～40 天。通常 5 月产仔，每胎产 2～8 仔。初生的幼仔全身被白色胎毛，双眼紧闭。9～10 月龄达到性成熟。寿命为 10～20 年。

食性很杂，以小型鼠类为主食，也吃鸟卵及幼雏、鱼、蛙和昆虫；在住家附近，常在夜间偷袭家禽，性嗜吸猎物的血。每只黄鼬一夜之间可以捕食 6～7 只老鼠。为控制鼠害的益兽。

参考文献

SMITH A T, 解焱, 2009. 中国兽类野外手册[M]. 长沙: 湖南教育出版社.

高耀亭, 1987. 中国动物志: 兽纲　第八卷　食肉目[M]. 北京: 科学出版社.

王西之, 胡锦矗, 1999. 四川兽类原色图鉴[M]. 北京: 中国林业出版社.

杨奇森, 2007. 中国兽类彩色图谱[M]. 北京: 科学出版社.

（撰稿：李操；审稿：王勇）

磺胺喹噁啉　sulfaquinoxaline

一种在中国未登记的杀鼠剂。化学式 $C_{14}H_{12}N_4O_2S$，化学名称 *N*-2- 喹噁啉基 -4- 氨基苯磺酰胺，相对分子质量 322.32，熔点 247.5℃，几乎不溶于水。淡黄色或黄色粉末，无臭，在乙醇中极溶解，在水或乙醚中几乎不溶，在氢氧化钠试液中易溶。为动物专用的广谱抗菌剂，兽用抑球虫剂，能够影响细菌核蛋白合成，从而抑制细菌和球虫的生长繁殖。以邻苯二胺为原料，先与氯化钠、甲醛在酸性介质中反应，然后环合、氧化脱氢，最后缩合、水解得产品。也可由邻苯二胺与氯乙酸反应，再氧化、缩合制成产品。

（撰稿：宋英；审稿：刘晓辉）

灰仓鼠　*Cricetulus migratorius* Pallas

中亚地区分布最广、适应性最强的一种小型鼠种。在新疆农区是危害数量仅次于小家鼠的"伴人"害鼠。英文名 grey hamster。啮齿目（Rodentia）仓鼠科（Cricetidae）仓鼠亚科（Cricetinae）仓鼠属（*Cricetulus*）。至少分化 15 个亚种。目前新疆境内至少存在 3 个描述亚种：①分布于塔里木盆地西南部喀什至和田一带的喀什亚种（*Cricetulus migratorius fulvus* Blanford，1875）；②分布于塔什库尔干县境内的喀拉湖亚种（*Cricetulus migratorius coerulescens* Severtzov，1897）；③分布于天山山地、准噶尔界山地及准噶尔盆地和塔里木盆地西北部库尔勒至阿克苏一带、吐鲁番盆地等的伏龙芝亚种（*Cricetulus migratorius caesius* Kaschkasrov，1923）。

在中国主要分布于新疆、甘肃、青海、内蒙古和宁夏的某些地区，在新疆为遍布种。在国外该种分布于哈萨克斯坦南部、俄罗斯阿尔泰地区、蒙古西北部、阿富汗、伊朗、匈牙利等地。

形态

外形　为仓鼠属中体型中等种类，新疆各地的形态特征极其相近。成体体长 97~125mm，尾长 20~36mm，大于后足长，为体长的 1/4~1/3，后足长 11~18mm，雄性体型略大于雌性。喀什亚种体型略小，喀拉湖亚种体型较大，伏龙芝亚种体型中等。

毛色　体毛毛色因产地不同有所差异，不同年龄和性别个体毛色差异较大。体躯背侧毛色由灰至沙黄乃至棕灰。腹面毛色纯白、或仅腹部具灰色毛基；但亦有少数标本胸腹部与鼠蹊部灰色毛基。背腹毛色在体侧呈波状镶嵌，界线分明。尾上下皆白色。耳壳毛色同体背，无白色耳缘（图1）。染色体数为 $2n=22$。①喀什亚种体背毛色较淡，呈沙黄，微带淡灰色，腹面全白，或腹部有一段浅灰色毛基；②喀拉湖亚种体背毛色较喀什亚种更浅淡，微带粉红色调；③伏龙芝亚种体背毛色较上述两亚种深暗，呈深灰棕色，略带沙黄，腹面除颌下全白外，胸腹及鼠蹊部皆具有深浅不同的灰色毛基。

头骨　头骨狭长，鼻骨也较长。额骨隆起，眶上嵴不明显，眶间平坦。脑颅圆，顶骨扁平。顶间骨发达，略呈三角形，顶间骨的宽度为其长度的 2~3 倍。听泡较小，门齿细长，臼齿具两纵列相对称的齿尖，第一上臼齿（M^1）具 3 对，第二上臼齿（M^2）具 2 对，第三上臼齿（M^3）仅 3 个齿尖。前面一对相对称，后面一个独立（图2）。

主要鉴别特征　尾长大于后足长，为体长的 1/4~1/3，体躯背侧毛色由灰—沙黄乃至棕灰，腹面毛色纯白、或仅腹部具灰色毛基，腹面毛色纯白、或仅腹部具灰色毛基，背腹毛色在体侧呈波状镶嵌，界线分明。尾上下皆白色。耳壳毛色同体背，无白色耳缘。

头骨狭长，鼻骨也较长。额骨隆起，眶上嵴不明显，眶间平坦。脑颅圆，顶骨扁平。顶间骨发达，略呈三角形。听泡较小，门齿细长，臼齿具两纵列相对称的齿尖，第一上臼齿（M^1）具 3 对，第二上臼齿（M^2）具 2 对，第三上臼齿（M^3）仅 3 个齿尖，前面一对相对称，后面一个独立。

生活习性

栖息地　栖息环境非常多样，其垂直分布可从低于海平面吐鲁番盆地的荒漠平原、半荒漠平原上升至低山丘陵草原、山地草原、山地森林草原、亚高山草甸，甚至海拔 3000m 以上的高山草甸。喜在比较干燥的各类生境栖息。平原灰仓鼠多栖息在农田、庭院以及城乡结合部，或土木建筑物内筑洞栖居。20 世纪 80 年代前，在新疆凡有人类生产活动的地方几乎皆有灰仓鼠的踪迹，是仅次于小家鼠的"伴人"鼠类，其地位相当于内地城镇的褐家鼠。随着城镇现代化建设的发展和褐家鼠的迁入，其地位已逐步被褐家鼠替代。

洞穴　为出口较少（2~3 个）的简单洞，分支不多，一般有 1~2 个巢室和一些"仓库"，鼠洞分散，不形成洞群。冬季洞保暖性能极好，并仓储大量食物以备越冬。

食物　食物种类非常多样，常随栖息环境条件而改变，四季都有储食习性，在农村麦场和库房周围，或土木建筑的居民区，常在灰仓鼠洞穴或窝内发现仓储有大量小麦、玉米、黄豆、葵花等农作物种子。早春季节食物成分中也含有一定比例的动物组织。

活动规律　灰仓鼠为昼夜活动鼠类，活动规律明显，一般随日照变化而变化。夏季晚 22:00~24:00 和凌晨 3:00~6:00 为活动高峰期。繁殖期灰仓鼠的活动主要是寻找食物、觅食和寻找配偶。

图1　灰仓鼠（廖力夫摄）

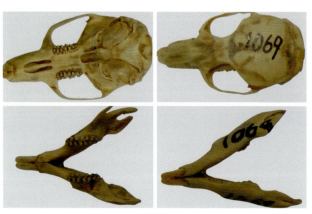

图2　灰仓鼠头骨（廖力夫摄）

入秋前灰仓鼠会主动积极采食积聚体内脂肪，同时存储大量食物用于越冬。随着气温的下降，活动明显减少，并利用保温性能良好的巢穴越冬。当气温低于10℃时，活动量降至最低，有部分个体进入浅冬眠越冬。

繁殖 灰仓鼠的繁殖随栖息环境气温的差异而略有不同，当环境气温高于15℃时，一年四季均可繁殖，当环境气温低于14℃时，停止繁殖。

在野外灰仓鼠每年可繁殖3次以上，早春出生的个体于夏末进入性成熟期，部分个体入秋时参与繁殖。3~10月是灰仓鼠的繁殖期，平均胎仔数为6.6（4~9）只，6~9月的雄体睾丸下降率为68.7%。雌性和雄性于50日龄开始参与繁殖。动情周期4~4.5天，妊娠期19天，哺乳期20天，成活率在60%左右，性比约为1:1，雌性略高于雄性。冬季灰仓鼠停止繁殖，睾丸和子宫等性器官极度萎缩。

生长发育 据实验室观察，哺乳期间灰仓鼠母体除外出寻食外，几乎都趴卧在幼体身上为其保温，幼体出生9天开始取食母鼠粪便，后逐渐取食存储在窝内的食物，哺乳期间由于灰仓鼠比其他种类的鼠类早取食物，0~15天的幼体发育明显超过其他鼠种，瞬间体重生长率都在14%以上。第一个高速生长期（20天）结束时，体重已达到初生体重的11.5倍，且所有器官生长率都高于体重，在第二个高峰（24~35天），性器官生长率高于体重和其他器官，性器官指数已接近成体时的性成熟指数，可作为判别性成熟的指标。

灰仓鼠的生长发育分成四个阶段。

乳鼠阶段：自初生至15天，体长60mm以下，体重小于18.5g。体温自我调节机制尚未成熟。

幼鼠阶段：15~25天，体长在60~75mm，体重23~27g。其主要特征是体温自我调节机制已成熟，但性腺还未达到成熟。上下臼齿已长全，可自由取食小鼠颗粒饲料和水。

亚成体阶段：26~50天，体长80~96mm，雄体体重超过雌体体重，最高分别可达39g和45g，外观生殖器官特征逐渐显现，没有个体参与繁殖。

成体阶段：50天以上，体长88mm以上，体重35~88g，性腺特征明显，参与繁殖。

社群结构与婚配行为 属独居种类，强者一般占据优势生境，个体以各自的巢区或家域为活动范围，等级社群结构不明显。雌体仅在发情时主动寻找雄体交配，交配完毕分开独居。雌体独自完成幼体的抚育，在幼鼠抚育期窝内随时都有食物供幼鼠采食。

种群数量动态

季节动态 在农区的数量季节动态变化呈现一定的规律，1968—1983年4、6、8、10和11月的捕获率分别为0.52%、2.76%、2.26%、2.47%和0.61%，早春最低，6月为第一个数量高峰，10月出现第二个数量高峰期，此后数量逐渐下降，经过寒冷的冬季，多数老弱病残被淘汰。

年间动态 数量随所栖息的生境食物条件不同，不同年间起伏不大。栖息于乡村和农田周边的灰仓鼠，因食物相对丰富，数量较高，但年间变化不明显，相对平稳。

迁移规律 由于灰仓鼠所具有的体内存储脂肪和存储食物习性，在越冬前，其会寻找食物丰富的环境存储食物准备越冬，入秋前会从农田向麦场、库房甚至农庄迁移，待早春播种或作物成熟时再迁回农田。

危害

农业危害 给农业经济作物可造成一定的危害，按每日每只灰仓鼠消耗体重10%的食物计算，每只个体一年消耗和糟蹋的食物至少20kg。灰仓鼠主要对早春春播的各类农作物种子、夏秋季的各类谷物作物、花生、玉米、葵花等经济作物进行储存，影响农民的收成。生态环境的变化，人类活动和外来物种迁入对灰仓鼠种群数量和各种鼠所占比例有很大影响。城镇农村建设中随着砖混建筑逐步替代原有的土木建筑，灰仓鼠在城镇和农村的鼠种所占比例明显减少，迁入鼠种褐家鼠已替代灰仓鼠的生态位，凡有褐家鼠迁入的地区，很少捕获到灰仓鼠。

公共卫生危害 灰仓鼠自然感染鼠疫、森林脑炎和土拉伦菌，可能参与这几种病的流行。

防治技术

物理防治 栖息在农区和城镇周边的灰仓鼠，因传播疾病和对农业的严重危害，在数量高时应采取必要的控制措施，减少其危害。

灰仓鼠属于嗜种子鼠类，利用其储存食物的特性，在其活动区布放小号鼠夹，是降低栖息在高密度生境的灰仓鼠种群数量的有效方法。早春是灰仓鼠数量最低期，此时灭鼠，可以起到事半功倍的作用。

化学防治 抗凝血杀鼠剂具有使用药量少，3~5天后药力发作，不易引起灰仓鼠拒食的特点。利用灰仓鼠洞内储存食物的习性，用粉剂毒饵，或沾有药物的谷物毒饵，可增加口腔与药物的接触机会，可以提高中毒几率。每只灰仓鼠摄入100μg溴敌隆（bromadiolone）或1mg敌鼠钠盐（diphacinone sodium salt）药量，即可在5~10天内毙命。应用抗凝血杀鼠剂，于早春或晚秋，组织严密，统一时间投放毒饵，可有效杀灭90%以上的个体。

饵料：小麦或直径4mm左右的玉米渣。

抗凝血杀鼠剂：第一代抗凝血杀鼠剂5%敌鼠钠盐粉剂，第二代抗凝血杀鼠剂0.5%溴敌隆粉剂、0.5%大隆（brodifacoum）粉剂或0.5%杀它仗（flocoumafen）粉剂。

毒饵配制：用46份饵料、3份清油与1份上述任何一种抗凝血杀鼠剂充分混匀，即可配成0.1%的敌鼠钠盐毒饵或0.01%的第二代抗凝血杀鼠剂毒饵，500g一包封装在印有灭鼠毒饵明显标志的塑料袋。

投药期的选择：利用晚秋（气温5℃以下无昆虫干扰）食物资源相对少，灰仓鼠大量盗食食物，储存洞内用于越冬的习性进行灭鼠。

实施方法：于灰仓鼠活动区沿鼠道或墙边田埂投药，每隔10m投5g。

杀鼠剂：按照农业部相关规定，鼠类防治必须选择已经注册登记的各类杀鼠剂及相关制剂、毒饵。目前中国主要化学杀鼠剂为抗凝血剂类杀鼠剂，如敌鼠钠盐、溴敌隆等，可以有效防治该鼠的危害。

参考文献

廖力夫，黎唯，蒋卫，等，1994. 城市灰仓鼠生态学初步研究[J].

中国媒介生物学及控制杂志, (5): 350-353.

廖力夫, 黎唯, 1999. 室温与光照对子午沙鼠和灰仓鼠繁殖的影响[J]. 上海实验动物科学, 19(2): 87-89.

廖力夫, 黎唯, 王诚, 2000. 灰仓鼠的生长和发育研究[J]. 地方病通报, 15(3): 75-78.

廖力夫, 聂珊玲, 王诚, 等, 2001. 实验条件下灰仓鼠的冬眠观察[J]. 地方病通报, 16(4): 77-79.

廖力夫, 黎唯, 王诚, 等, 2002. 灰仓鼠重要内脏器官生长指数及其变化[J]. 兽类学报, 22(4): 299-304.

马勇, 王逢桂, 金善科, 等, 1987. 新疆北部地区啮齿动物的分类和分布[M]. 北京: 科学出版社: 126-129.

钱燕文, 张洁, 郑宝赉, 等, 1965. 新疆南部的鸟兽[M]. 北京: 科学出版社: 198.

王思博, 杨赣源, 1983. 新疆啮齿动物志[M]. 乌鲁木齐: 新疆人民出版社: 167-169.

严志堂, 钟明明, 1984. 灰仓鼠和小家鼠种群16年动态分析[J]. 兽类学报, 4(4): 283-290.

钟明明, 严志堂, 1984. 灰仓鼠(*Cricetulus migratorius* Pallas)肥满度的研究[J]. 兽类学报, 4(4): 273-282.

(撰稿: 廖力夫; 审稿: 宛新荣)

灰旱獭　*Marmota baibacina* Brandt

一种大型的草原旱獭。又名天山旱獭、阿尔泰旱獭。英文名 gray marmot。啮齿目 (Rodentia) 松鼠型亚目 (Sciuromorpha) 松鼠科 (Sciuridae) 非洲地松鼠亚科 (Xerinae) 旱獭族 (Marmotini) 旱獭属 (*Marmota*)。

中国分布新疆的阿勒泰和准噶尔界山以及乌鲁木齐以西的天山山地。国外分布于波兰、乌克兰、俄罗斯、哈萨克斯坦、吉尔吉斯斯坦、蒙古。

形态
外形　体型较大的旱獭, 粗壮, 大小与长尾旱獭近似。体长 460~650mm; 体重 4250~6500g。尾长 90~130mm, 不到体长的 1/4。后足长 74~99mm, 耳长 22~30mm。

毛色　毛长而柔软, 背腹面毛色差别明显, 背面毛色呈沙黄色或沙褐色, 其中夹杂大量细针毛的黑色或黄褐色毛尖; 唇周与颏下有大块白斑。前额、头顶、耳下和颊部具黑色或棕黄、淡褐色毛尖的细针毛短而密, 色调较本背为深暗, 但与周围无明显界线, 未形成长尾旱獭和西伯利亚旱獭那样的"黑帽", 也无喜马拉雅旱獭那样的"黑三角"; 体侧及四肢外侧毛色与体背相似, 较略微浅淡; 腹面与四肢内侧为纯深棕黄色或铁锈色。尾上面毛色与体背相似, 下面毛色同腹面, 尾端毛黑褐色或浅棕黄色。

头骨　颅全长 87.0~101.5mm, 颅基长 88.1~103.5mm, 腭长 48.2mm, 颧宽 56.0~66.6mm, 乳突宽 39.7~46.7mm, 眶间宽 29.2~34.0mm, 鼻骨长 29.8~34.7mm, 听泡长 17.3~21.5mm, 上齿隙长 22.5~27.0mm, 上颊齿列长 21.0~24.2mm。染色体数为 $2n=38$。

鳞骨前下缘的眶后突起发达, 明显突向前方。

主要鉴别特征　毛长而柔软, 唇周与颏下有大块白斑, 腹部毛色与体背和体侧面毛色显著区别, 腹面毛色为锈红色。头骨之鳞骨前下缘的眶后突起大而明显。

生活习性
栖息地　旱獭为典型的草原啮齿动物, 群居性的穴居种类。在新疆分布在三个完全独立的山地, 即天山山地、准噶尔界山山地和阿尔泰山地, 其中天山山地分布区域最广。

栖息在山地的高山草甸、亚高山草甸、森林草原和山地干草原中植被茂盛的地方, 分布于海拔 1000~4000m 这四类垂直景观带上。旱獭最适环境为山地森林草甸草原, 该区域积雪不多、早消融, 夏季雨量充沛, 生长着茂盛的五花草甸植被, 即使是大旱之年, 下部的山地干草原枯黄, 这里绿意盎然, 为旱獭生存与繁衍提供丰富的食物。栖息于土层较厚的沟谷阳坡、坡脚或坡腰, 以及林缘、林间空地和地形轻微起伏的山间小盆地和宽谷。也喜栖息在宽广台地中的漫岗和低缓小丘顶部的向阳面。依地形条件不同, 可分为带状的和弥漫的两类栖息型。

阿尔泰山地由于森林所占面积大, 致使旱獭栖息地多被分割, 其栖息面积占山地面积的 2%~10%, 垂直分布在海拔 1100~3000m; 密度在 0.01~0.1 只/hm², 个别地段可达 1.0 只/hm²。

准噶尔界山山体较小, 旱獭主要分布在海拔 2000m 以上的山带; 密度平均少于 0.2 只/hm²。

栖息在天山的灰旱獭主要分布在海拔 1300~3000m。旱獭分布面积广, 密度较高 (0.3~2.0 只/hm²), 是灰旱獭重要分布区。

洞穴　营家族群居和穴居的啮齿动物, 其家族的洞群大小与使用时间长短有关, 洞群小者 30~50m², 大者 500m²。灰旱獭的洞分为居住洞和临时洞, 洞道直径 20~30cm。

临时的为避险用, 洞道简单, 无巢、无分支, 仅有 1~2 段曲折, 通常洞深不超过 2m, 洞长 0.5~5m; 多散布在觅食地内, 或居住洞周围。

居住洞可分冬眠洞和夏季洞, 居住洞复杂, 曲折和分支多, 洞道长可达 18.0~50.0m; 洞深达 2~3m。有 1~4 个巢室, 大小为 0.08~0.38m³, 巢底垫有 7~10cm 厚的植物茎叶; 冬巢距地面在 1.6~3.0m 以上, 供旱獭冬眠用; 冬眠前堵塞洞道长 0.5~1.0m。夏巢距地面 1.5m 以内, 供旱獭繁殖、育幼、育肥等地面活动周期用。个别冬眠洞与夏季洞共用, 即"冬夏兼用洞"。主洞口与最远洞口距离多不超过 10m。常以废弃巢为厕所; 在洞道的盲端或通道上常有 10~20 个光滑坚硬又不规则的小泥丸 (杏子到核桃大小不等), 其作用及成因不明。居住洞常见无土丘的垂直洞口, 这种垂直洞多在距地面 1.5~2m 处斜向其他方向, 多为出蛰洞。

食物　出蛰时挖草根, 取食禾本科和莎草科植物的鲜嫩茎叶及未熟种子, 如羊茅、狐茅、早熟禾、野燕麦等, 亦取食少量昆虫。食量大, 成獭平均取食植物或蔬菜 500g/天, 食饲料 400g/天。

活动规律　白昼活动。出洞时, 先在洞外"土丘"上直立瞭望, 观察四周动静, 无危险, 则在附近活动, 嗅觉和视觉发达, 甚至在上百米能发现人的活动; 如遇危险, 发出叫声, 通报同伴, 并迅速回到洞口观望, 或急速入洞, 较长时间才出来。活动范围在 300m 以内。

在地面活动期间，通常每天日出后与日落前 3 小时为旱獭活动高峰。雨过天晴时活动也频繁。灰旱獭能游泳，30 秒可游过 8m 宽的河，顺水可游 30m 以上。

繁殖 旱獭繁殖力弱，每年繁殖 1 次。繁殖力以 5~8 龄组为最强，出生 3 年达性成熟，种群性比 1:1。每年有 32%~51% 雌成獭参与繁殖。妊娠期 35~40 天，每胎 2~13 只，平均 6.6 只；刚出生的仔獭头大，体重 22.5~36g，体长 79~82mm，尾长 12~17mm，哺乳期 30 天，幼獭 5 月初至 6 月初出洞活动，此时体重 500~550g。夏季牧场出生的幼獭比栖息在冬季牧场的晚出现 15~20 天，这是因为夏季牧场较冬季牧场海拔高、植物返青迟的影响。幼獭第一年内存活率较低，为 40%~64%。

寿命常在 10 年左右，长者可达 20 年。

生长发育 杨赣源等根据上颌右侧牙的发育及臼齿磨损程度将灰旱獭划分 12 个年龄组。

Ⅰ龄：当年出生至夏末的幼獭，体长 31.63cm，体重 1.1kg，臼齿未出齐。Ⅱ龄：第二个夏季的幼体，体长 37.16cm，体重 1.76kg，臼齿长齐。Ⅲ龄：至第三个夏季的亚成体，体长 45.34cm，体重 3.23kg，乳齿被恒齿更替，臼齿齿面大小均匀。Ⅳ~Ⅶ龄：至第四个到第七个夏季的成体。Ⅷ~Ⅹ龄：至第八个到第十个夏季的老年体。Ⅺ~Ⅻ龄：至第十一个和至第十二个夏季的老体。

冬眠 3 月初至 4 月中旬出蛰，8 月末至 9 月中旬入蛰。出蛰入蛰依不同地方、不同海拔而略有差别。

社群结构与婚配行为 多数为一夫一妻制。

种群数量动态

季节动态 因分布带不同，且海拔、温度及食物等条件不同，灰旱獭出蛰时间从 3 月初至 4 月初，入蛰时间为 8 月末至 9 月中旬。出蛰后最初几天不活跃，多在积雪最先消融、植物开始萌发的小块地方觅食，活动半径不超过 50m；3 月末至 4 月初，由于食量增强，早春食料不足，活动半径可达 100m，或更远；4 月中旬有部分旱獭由冬眠洞迁至夏季洞，达性成熟旱獭与亲獭分居，及部分家族成员的离散，与邻近家族的旱獭组成家庭，地面活动达到高峰；4 月末至 5 月初家族稳定、食物充沛，雌獭处于产褥或哺幼阶段，活动范围降低；6~8 月中旬为育肥季节，觅食活动频繁，8 月初为冬眠衔草絮窝，达全年活动的第二个高峰，8 月下旬活动减弱，准备冬眠，个别地方则开始入蛰，通常在 9 月上、中旬入蛰。

年间动态 因其繁殖力弱，幼獭死亡率高，其种群年间变化不大。

危害

传播鼠疫等疫病 灰旱獭体外寄生蚤、蜱和虱，其中以蚤的种类及数量最多，以谢氏山蚤（*Oropsylla silantiewi*）为优势种，其次是斧形盖蚤（*Callopsylla dolabris*）和人蚤（*Pulex irritans*），5 月染蚤率最高，达 76.0%，寄生指数为 6.11。獭巢中，谢氏山蚤占 74.1%，人蚤占 22.2%。蜱类主要有草原硬蜱（*Ixodes crenulatus*），染蜱率达 65.1%；巢染蜱率达 52.0%。有大量兽虱（*Neohaematopinus palaearcticus*）寄生在獭体上。

灰旱獭是鼠疫疫源地主要宿主，刚出蛰旱獭对鼠疫敏感性很低，春末夏初最高，6~7 月是动物鼠疫流行的高峰期。此外，灰旱獭可传播类丹毒病和森脑病毒。

破坏牧场 栖息地多为优质牧场，獭洞群、洞口土丘和跑道可造成水土流失，平均 2% 的草场被破坏，另啃食牧草，一只成獭在地面活动季节里可啃食 50~100kg 优质牧草。

有益方面 灰旱獭毛板厚结实，毛被致密而富有光泽，可制裘，皮毛珍贵，价格高，新疆年产灰旱獭皮 20 万~25 万张。脂肪可提炼成高级润滑油，灭菌后的獭油有助于创面愈合，另外还可制肥皂。

为人类多种疾病的动物模型。

防治技术 与喜马拉雅旱獭相同。

参考文献

SMITH A T, 解焱, 2009. 中国兽类野外手册[M]. 长沙: 湖南教育出版社: 59-60.

黄文几, 陈延熹, 温业新, 1995. 中国啮齿类[M]. 上海: 复旦大学出版社: 96-97.

寿振黄, 1962. 中国经济动物志: 兽类[M]. 北京: 科学出版社: 137-140.

王思博, 杨赣源, 1983. 新疆啮齿动物志[M]. 乌鲁木齐: 新疆人民出版社: 50-62.

杨赣源, 张兰英, 陈欣如, 1988. 灰旱獭生命表和繁殖的初步研究[J]. 兽类学报, 8(2): 146-151.

杨赣源, 张志坚, 张兰英, 1986. 灰旱獭年龄鉴定的方法[J]. 兽类学报, 6(2): 125-129.

郑智民, 姜志宽, 陈安国, 2008. 啮齿动物学[M]. 上海: 上海交通大学出版社: 188-189.

（撰稿：李波；审稿：张美文）

灰鼠蛇 *Ptyas korros* Schlegel

鼠类的天敌之一。又名黄梢蛇、索蛇、过树龙、上竹龙、过树榕、跳树标、黄肚龙、高山标蛇、山蛇、土蛇、乌歪、上竹龙等。英文名 Chinese ratsnake。有鳞目（Serpentes）游蛇科（Colubridae）游蛇亚科（Colubrinae）鼠蛇属（*Ptyas*）。

分布于中国安徽、澳门、福建、广东、广西、贵州、海南、湖南、江西、台湾、香港、云南、浙江。国外分布于印度、缅甸、泰国、马来西亚及印度尼西亚。垂直分布海拔为 100~1630m。

形态 大型无毒蛇。最大体全长/尾长：雄 1796mm/480mm，雌性 1480mm/540mm，头较大，吻鳞高，吻背可见，鼻孔大，位于鼻鳞中央，其上下缘几乎都近鼻鳞边缘，眼大，瞳孔圆形；躯尾修长。

背面由于每一背鳞的中间色深，游离缘略黑，而两侧角略白，前后缀连在整体形成深浅色相间的若干纵纹；腹面除腹鳞两外侧色稍深外，其余均白色无斑纹，头背棕褐色，头腹及颌部浅黄色。

灰 hui

灰鼠蛇（郭鹏摄）

颊鳞 2~4 枚，个别一侧 1 枚；眶前鳞 1 枚，有 1 枚小的眶前下鳞，眶后鳞 2 枚；颞鳞 2+2 枚；上唇鳞 8（3—2—3）枚；下唇鳞 10 枚，第一对在颏鳞后相接，前 5 枚切前颌片；颌片 2 对，后大于前；背鳞 15—15—11 行；腹鳞 157~183 枚；肛鳞二分；尾下鳞 102~142 对。

生态及习性　灰鼠蛇在平原、丘陵、山区皆有分布，常见于路边灌丛、杂草地、耕地、水域及村舍附近，善于捕食鼠类，也吃鸟类及蛙类，对消灭鼠害具有重要价值。

白天活动，常栖息于灌木上，饲养条件下蛇柜温度降到 15℃左右，幼蛇停食进入蛇窝开始冬眠。1~2 月为深眠期，无幼蛇出窝活动。3 月初气温回升，幼蛇开始出窝活动，当柜内气温达 15℃以上时，投入泽蛙，部分幼蛇开始进食。

灰鼠蛇 5~6 月产卵，每产约 9 枚。

参考文献

黄松, 2000. 灰鼠蛇的人工繁殖[J]. 四川动物, 19(1): 45-46.

赵尔宓, 2006. 中国蛇类: 上[M]. 合肥: 安徽科学技术出版社.

赵尔宓, 黄美华, 宗愉, 等, 1998. 中国动物志: 爬行纲　第三卷　有鳞目　蛇亚目[M]. 北京: 科学出版社.

（撰稿：郭鹏；审稿：王勇）

基础代谢率　basal metabolic rate, BMR

恒温动物维持正常生理机能的最小产热率。是动物处于热中性区环境温度，在清醒状态下，不受肌肉活动、环境温度、消化食物及精神紧张等影响时的能量代谢率，是维持身体各项基本功能所需的最小能量值。根据 Kleiber（1961）提出的基础代谢率和体重的关系：$BMR = 3.42m^{-0.25}$（BMR = oxygen consumption in ml /g·h，m = body mass in grams），也可以能量单位的形式直接表示为 $BMR = 293\ M^{0.75}$（BMR = kilojoules /animal·day，M = body mass in kilograms），不同体重的动物可以根据这种关系进行校对，因此基础代谢率是种内和种间能量消耗比较的一个关键指标。基础代谢率与最大可持续代谢率、物种的分布与丰度、繁殖能力、活动水平以及生活史策略有关，在比较生理学、生态生理学和进化生理学中广泛应用。

基础代谢率测定方法是利用开放式代谢系统（如 Sable 单通道或 TSE8 通道开放式代谢测定系统，以下以 Sable 系统的使用说明为例）测定啮齿动物的耗氧量来表示动物的代谢率。动物禁食 3 小时，然后将动物放入一个透明塑料呼吸室内（容积 2.7L），呼吸室底部放入足量的剪成小片的滤纸来吸收尿液。气泵抽取室外的新鲜空气，经过装满 DRIERITE 干燥剂的柱子干燥后，以 700~1000ml/min 的流速（标准状态）通过呼吸室。经过干燥的气体，通过一段置于恒温箱内的铜管预热后再进入呼吸室。经过呼吸室的气体，以约 100ml/min 的流速取样，取样后的气体经再次干燥后进入代谢仪进行氧浓度分析。气体的取样和样品气体的干燥皆由 Sable 公司生产的 ND-2 型干燥器完成。

在呼吸测定过程中，仪器软件每 15 秒记录一次氧气浓度与水蒸气密度，在每次测定开始前和结束后均经过一段时间的空气基础值测定。每只动物测定 3 小时，每天的测定时间为 6:00~18:00。动物耗氧量（VO_2）的计算公式为：

$$VO_2 = \frac{FR \times (FiO_2 - FeO_2) - FR \times FeO_2 \times (FeCO_2 - FiCO_2)}{1 - FeO_2}$$

式中，FR 为气体流速（ml/min）；FiO_2 为进入呼吸室的氧气浓度（%）；FeO_2 为流出呼吸室的氧气浓度（%）；$FiCO_2$ 为进入呼吸室的二氧化碳的浓度（%）；$FeCO_2$ 为流出呼吸室的二氧化碳的浓度（%）。

基础代谢率是恒温动物物种的一个稳定的可重复的典型生理学特征，受环境的影响也是高度可变的，能够决定物种的丰度和分布、繁殖能力、生活史特征等。到目前为止，已经测定了 600 多种哺乳动物和 300 多种鸟类的基础代谢率，结果显示基础代谢率是一个高度灵活的表型特征，种间和种内差异较大。种间和种内代谢率的差异主要受气候、食性、体型大小、生活史特征等影响；在组织器官水平，主要受代谢消耗器官，如心脏、肝脏、肾脏、小肠等组织的影响，也受脂肪含量的影响；在生物化学和细胞水平，主要受血清甲状腺素水平、线粒体密度、代谢通路中酶的活性、线粒体内膜的质子漏水平、膜脂的不饱和程度等因素的影响。

参考文献

LI Y G, YAN Z C, WANG D H, 2010. Physiological and biochemical basis of basal metabolic rates in Brandt's voles (*Lasiopodomys brandtii*) and Mongolian gerbils (*Meriones unguiculatus*)[J]. Comparative biochemistry & physiology part A, 157: 204-211.

LOWELL B B, SPIEGELMAN B M, 2000. Towards a molecular understanding of adaptive thermogenesis[J]. Nature, 404(6778): 652-660.

MCNAB B K, 2002. The physiological ecology of vertebrates: a view from energetics [M]. Ithaca; N Y: Cornell University Press.

SONG Z G, WANG D H, 2006. Basal metabolic rate and organ size in Brandt's voles (*Lasiopodomys brandtii*): Effects of photoperiod, temperature and diet quality[J]. Physiology & behavior, 89: 704-710.

WHITE C R, KEARNEY M R, 2013. Determinants of intra-specific variation in basal metabolic rate[J]. Journal of comparative physiology B, 183(1): 1-26.

（撰稿：张学英；审稿：王德华）

集中贮藏　larder hoarding

贮食动物将食物堆积在洞穴、石缝、树洞等位点，每个位点均含有较多的食物的食物贮藏方式。动物贮藏食物有从分散到集中多种方式，集中贮藏食物是其中的一个极端。集中贮藏食物的极端例子如蜜蜂（*Apis mellifera*），将所有食物贮藏在蜂巢内。但自然界中多数集中贮藏食物的动物通常都有多个贮藏位点。一些动物还能将食物分类贮藏，例如大仓鼠（*Tscherskia triton*）通常将高粱、小米等贮藏为一仓，稻谷贮藏为一仓，花生、大豆等贮藏为一仓。很多鼠类具有集中贮藏食物的行为习性，例如大仓鼠、岩松鼠（*Sciurotamias davidianus*）、北社鼠（*Niviventer confucianus*）、针毛鼠（*N. fulvescens*）、大林姬鼠（*Apodemus peninsulae*）、长爪沙鼠（*Meriones unguiculatus*）、花鼠（*Tamias sibiricus*）、布氏田鼠（*Lasiopodomys brandtii*）等。长爪沙鼠会在洞穴中贮藏干草；大仓鼠会在洞穴中贮藏黄豆、黑豆、花生、玉米等农作物，一个洞穴内的储粮可达750g，记录有多达10kg花生或20kg玉米；北社鼠会在洞穴、树洞或石缝等处贮藏林木种子。集中贮藏有利于贮食动物保护和管理食物，但亦面临一次性全部损失的风险。通常个体较大、保护能力较强的鼠类，在种内、种间盗食风险较低的情况下会倾向于集中贮藏食物。相反，个体较小、保护能力较弱的鼠类，在种内、种间盗食风险较高的情况下，会更倾向于将食物分散贮藏在多个位点，每个位点仅含有少量食物，以降低贮藏食物一次性全部损失的风险。分散贮藏需要动物花费更多的时间和能量用于贮藏、管理和找回食物，并面临更大的捕食风险。集中或分散贮藏食物，反映了贮食鼠类对能量投入、收益和风险的权衡，受食物资源状况、鼠类的个体大小、食物保护能力、种内、种间盗食强度以及捕食风险等多种因素影响，在一定条件下，集中贮藏或分散贮藏还会相互转换。集中贮藏农作物种子的鼠类，对粮食作物造成一定损失，集中贮藏林木种子的鼠类如岩松鼠、花鼠、北社鼠、大林姬鼠等，会造成种子损失，对林木种子的传播和更新具有负面影响，甚至会成为林木更新的重要限制因子。

参考文献

郑智民，姜志宽，陈安国，2012. 啮齿动物学[M]. 2版. 上海：上海交通大学出版社.

Vander Wall S B, 1990. Food Hoarding in Animals[M]. Chicago: The University of Chicago Press.

Vander Wall S B, Jenkins S H, 2003. Reciprocal pilferage and the evolution of food hoarding behavior[J]. Behavioral ecology, 14: 656-667.

Zhang H M, Zhang Z B, 2008. Endocarp thickness affects seed removal speed by small rodents in a warm-temperate broad-leafed deciduous forest, China[J]. Acta oecologica, 34: 285-293.

Zhang H M, Wang Y, Zhang Z B, 2011. Responses of seed-hoarding behaviour to conspecific audiences in scatter-and/or larder-hoarding rodents[J]. Behaviour, 148: 825-842.

Zhang H M, Wang Z Y, Zeng Q H, et al, 2015. Mutualistic and predatory interactions are driven by rodent body size and seed traits in a rodent-seed system in warm-temperate forest in northern China[J]. Wildlife research, 42: 149-157.

（撰稿：张洪茂；审稿：路纪琪）

季节节律　seasonal rhythm

生物在自然界中的生命活动存在明显的季节周期性称季节节律。鼠类的活动节律存在明显的季节性变化。例如，布氏田鼠在冬季活动强度低，夏季活动强度高，而春秋季则表现为两者之间的过渡型，这与其生活史和空间环境特征密切相关。早春冰雪消融，布氏田鼠的地面活动开始增加。随着时间的推移，气温逐渐回升，植被开始返青，布氏田鼠进入繁殖期，并开始交配，这个阶段地面活动迅速增加直至最高峰。到10月，天气逐步转冷，日照缩短，布氏田鼠进行贮草活动，地面活动明显下降。到冬季，布氏田鼠的外出活动仅限于在洞口透气与清扫洞口积雪和垃圾。鼠类的免疫、应激、繁殖、代谢等生理方面也往往存在着严格的季节节律。

（撰稿：王大伟；审稿：刘晓辉）

季节性　seasonality

一般是指规律性的、短于一年的时间段中出现的重复性可预测的变化，例如周、月、季等。季节性主要受地理位置和气候的影响，各种环境因子呈现出季节间的周期性变化，从而导致鼠类的种群、行为与生理等各方面出现季节性变化。例如，许多鼠类的繁殖行为出现在春季，因此种群在春季出现快速增长；在繁殖末期种群数量达到高峰后开始下降，越冬后种群数量到达最低点，完成一个年度周期，其间的变化均为季节性特点。

（撰稿：李宁；审稿：刘晓辉）

季节性变化　seasonal changes

因地球的自转和公转使得光照、降水、温度以及食物可用性产生年周期性变化，由此产生季节。为适应季节性环境，生活在温带和寒带地区的哺乳动物在长期的进化过程中逐渐形成一整套与外界年节律同步的内源年节律钟，能够预测环境的变化并做出适当的响应，产生季节性的生理和行为表型变化，如季节性体重、季节性繁殖、季节性迁徙等。

下丘脑视交叉上核（suprachiasmatic nucleus, SCN）是哺乳动物最重要的昼夜节律调节中枢，产生和调节睡眠—觉醒、激素、代谢和生殖等众多生物节律。视交叉上核也是最重要的年节律调控中枢。在SCN核中存在20000多个自主震荡细胞，在神经介肽S（neuromedin S）发出的谷氨酸能信号的调节下发生起搏。在分子水平上通过一系列正负反馈调节基因，产生固有节律。其中Clock蛋白和Bmal1蛋白组成异二聚体，作为转录因子靶向调节*Per*基因和*Cry*基因的表达，而后两者的上调则反过来抑制Clock-Bmal1的表达，由此调节神经元的分泌活动。近期，利用化学生物学技术和高通量小分子筛选技术在细胞水平上鉴定了多种影响节律基因的小分子物质，有望进一步解析节律基因的调节机制。SCN核的自主神经元分泌100多种神经递质、神经肽和细胞因子以及生长因子，不同神经元之间活动的同步则依赖于这些神经递质。

参考文献

ABRAHAMSON E E, MOORE R Y, 2001. Suprachiasmatic nucleus in the mouse: retinal innervation, intrinsic organization and efferent projections[J]. Brain reseach, 916(1-2): 172-191.

LEE I T, CHANG A S, MANANDHAR M, et al, 2015. Neuromedin s-producing neurons act as essential pacemakers in the suprachiasmatic nucleus to couple clock neurons and dictate circadian rhythms[J]. Neuron, 85(5): 1086-1102.

WALLACH T, KRAMER A, 2015. Chemical chronobiology: toward drugs manipulating time[J]. FEBS Letters, 589(14): 1530-1538.

（撰稿：张学英；审稿：王德华）

季节性繁殖　seasonal breeding or seasonal reproduction

许多中高纬度地区的鼠类都存在季节性繁殖现象，其表现为鼠类将其繁殖行为限定在每年春夏季发生。季节性繁殖是鼠类长期与自然环境相适应而形成的一种现象，最典型的例子是金色中仓鼠和西伯利亚仓鼠，其繁殖活性受到光周期的严格调控：春夏季性膨大，繁殖活跃，而秋冬季则萎缩性腺，终止繁殖。其他环境因子也可以调控繁殖活性，调控季节性繁殖现象。例如，在赤道或低纬度地区，有些鼠类也有季节性繁殖，不过其季节性往往随雨季和旱季而出现，有些在温度较低、降水较少的季节出现；沙漠中的某些鼠类的繁殖活性则出现与盐分直接的相关性。

（撰稿：李宁；审稿：刘晓辉）

季节性适应　seasonal adaptation

生活在环境条件例如温度、食物、降水等发生季节性变化区域的动物，其毛皮和体重等形态学特征，食物摄入、产热能力和体温调节等能量代谢以及其他生理和行为学方面发生的适应性改变。

（撰稿：迟庆生；审稿：王德华）

甲状腺　thyroid gland

包括鼠类在内的脊椎动物非常重要的腺体，属于内分泌器官。哺乳动物类甲状腺位于颈部甲状软骨下方，气管两旁。甲状腺表面有结缔组织被膜。表面结缔组织深入到腺实质，将实质分为许多不明显的小叶，小叶内有很多甲状腺滤泡和滤泡旁细胞。下丘脑—垂体—甲状腺轴是甲状腺的主要调控通路。甲状腺主要分泌甲状腺激素，包括甲状腺素（thyroxine, T4）和三碘甲状腺原氨酸（triiodothyronine, T3）。甲状腺激素主要调控代谢、生长以及繁殖等功能。另外，甲状腺也分泌降钙素（calcitonin），调节体内钙的平衡。

（撰稿：李宁；审稿：刘晓辉）

甲状腺激素　thyroid hormones

甲状腺所分泌的激素，包括甲状腺素（或四碘甲状腺原氨酸，T4）和三碘甲状腺原氨酸（T3），具有促进骨骼、脑和生殖器官生长发育的作用，能加速糖和脂肪的代谢及蛋白质的分解氧化过程，从而增加机体的耗氧量和产热量。正常情况下，在中枢神经系统的调控下，下丘脑释放促甲状腺激素释放激素（TRH）调节垂体促甲状腺激素（TSH）的分泌，TSH 则刺激甲状腺细胞分泌 T4 和 T3；当血液中 T4 和 T3 浓度增高后，通过负反馈作用，能抑制垂体 TSH 的合成和释放，降低垂体对 TRH 的反应性，使 TSH 分泌减少，从而使甲状腺激素分泌不至于过高；而当血中 T4 和 T3 浓度降低时，对垂体的负反馈作用减弱，TSH 分泌增加，促使 T4、T3 分泌增加。总之，下丘脑—垂体—甲状腺轴可维持甲状腺激素分泌的相对恒定。

大鼠甲状腺功能受抑制时，耐热能力增强。野生鼠中，甲状腺的活性与物种的生态分布有关，生存于山区森林和干旱林地的鼠类的甲状腺活性及代谢水平高于栖息于荒漠地区的物种。此外，温度能显著影响长爪沙鼠（*Meriones unguiculatus*）血清 T3 和 T4 的含量，并能影响褐色脂肪组织（BAT）中 T4 5'-脱碘酶的活力和解偶联蛋白 1（UCP1）表达。冷暴露 1 天后，达乌尔黄鼠（*Spermophilus dauricus*）的血清 T3 和 T4 浓度迅速增加，但 T3/T4 的比值不变；冷驯化 4 周后，T3 含量维持稳定的高水平，但 T4 含量降低、T3/T4 的比值增加，且外周组织中的 T4 5'-脱碘酶活力升高。冷暴露条件下，布氏田鼠（*Lasiopodomys brandtii*）血清 T3 水平和 BAT 的产热能力增加。甲状腺的功能状态影响布氏田鼠 BAT 的产热能力。冷暴露 4 周后，布氏田鼠 BAT 中 T4 5'-脱碘酶活力为对照组的 3.34 倍，这可以使 BAT 细胞内 T3 浓度增加。冷暴露 1 天布氏田鼠下丘脑 TRH 含量显著减少，但正中隆起 TRH 含量没有显著变化，反映出下丘脑 TRH 的释放量超过了合成量。TRH 是垂体—甲状腺轴激素分泌的刺激因子，急性冷暴露下，布氏田鼠下丘脑释放的 TRH 通过刺激垂体 TSH 的分泌，进而促进甲状腺激素的分泌，这与冷暴露长爪沙鼠的 HPT 轴激素变化相似，也与实验大鼠的研究结果相似。表明急性冷暴露激活了鼠类的 HPT 轴，使甲状腺激素分泌增加。冷暴露条件下，HPT 轴的激活，以及血液循环中、BAT 局部组织细胞内 T3 浓度的升高对冷暴露动物产热的增加起重要作用，是维持恒定体温的基础，对其生存具有十分重要的作用。

甲状腺激素也参与冬眠动物的入眠和出眠过程，但反应具有物种特异性。一些冬眠动物在早春季节甲状腺活性高，晚春和夏季逐渐回落，冬眠时降至最低，而瑞氏黄鼠（*Spermophilus richardsoni*）和多纹黄鼠（*Spermophilus tridecemlineatus*）循环血中 T3 和 T4 的含量在入眠和冬眠时并未减少，冬眠季节甚至比夏季高出了 2~7 倍；刚毛棉鼠（*Sigmodon hispidus*）血清 T3 和 T4 含量在冬眠期水平最高，觉醒过程有所下降，瑞氏黄鼠血清 T3 含量在觉醒的早期显著降低，达乌尔黄鼠在冬眠和激醒过程中，外周组织的 T4

5'-脱碘酶活力、血清T3和T4水平均显著高于夏季的水平，但T3/T4的比值不变。

参考文献

蔡保全, 黄晨西, 李庆芬, 1998. 长爪沙鼠褐色脂肪组织的适应性产热[J]. 动物学报, 44(4): 391-397.

侯建军, 李庆芬, 黄晨西, 1999. 布氏田鼠冷暴露中的适应性产热机理[J]. 动物学报, 45(2): 143-147.

李庆芬, 李宁, 孙儒泳, 1994. 布氏田鼠对低温的适应性产热[J]. 兽类学报, 14 (4): 286-293.

李庆芬, 刘小团, 黄晨西, 等, 2001. 长爪沙鼠冷驯化过程中褐色脂肪组织产热活性及解偶联蛋白基因表达[J]. 动物学报, 47(4): 388-393.

刘小团, 李庆芬, 黄晨西, 等, 2001a. 长爪沙鼠冷驯化过程中甲状腺激素的变化[J]. 兽类学报, 21(2): 132-136.

刘小团, 李庆芬, 黄晨西, 等, 2001b. 达乌尔黄鼠冷暴露、冬眠及激醒时的外周甲状腺激素水平变化[J]. 动物学报, 47(5): 502-507.

杨明, 李庆芬, 黄晨西, 2002. 下丘脑-垂体-甲状腺轴在冷暴露长爪沙鼠产热中的作用[J]. 动物学研究, 23(5): 379-383.

杨明, 李庆芬, 黄晨西, 2003a. 布氏田鼠在冷暴露条件下褐色脂肪组织产热的神经内分泌调节[J]. 动物学报, 49(6): 748-754.

杨明, 李庆芬, 黄晨西, 2003b. 冷暴露长爪沙鼠下丘脑-垂体-肾上腺轴对产热的调节[J]. 动物学报, 49(5): 571-577.

ARANCIBIA S, RAGE F, ASTIER H, et al, 1996. Neuroendocrine and autonomous mechanisms underlying thermoregulation in cold environment[J]. Neuroendocrinology, 64(4): 257-267.

DEMENEIX B A, HENDERSON N E, 1978. Serum T4 and T3 in active and torpid ground squirrels, *Spermophilus richardsoni*[J]. General & comparative endocrinology, 35(1): 77-85.

FREGLY M J, COOK K M, OTIS A B, 1963. Effect of hypothyroidism on tolerance of rats to heat[J]. American journal of physiology, 204: 1039-1044.

HUDSON J W, WANG L C H, 1979. Hibernation: Endocrinologic Aspects[J]. Annual review of physiology, 41: 287-303.

LIU X T, LIN Q S, LI Q F, et al, 1998. Uncoupling protein mRNA, mitochondrial GTP-binding, and T4 5'-deiodinase activity of brown adipose tissue in Daurian ground squirrel during hibernation and arousal[J]. Comparative biochemistry and physiology. Part A: Molecular & integrative physiology, 120(4): 745-752.

TOMASI T E, HELLGREN E C, TUCKER T J, 1998. Thyroid hormone concentrations in black bears (*Ursus americanus*): hibernation and pregnancy effects[J]. General & comparative endocrinology, 109(2): 192-199.

TOMASI T E, MITCHELL D A, 1996. Temperature and photoperiod effects on thyroid function and metabolism in cotton rats (*Sigmodon hispidus*)[J]. Comparative biochemistry & physiology Part A Physiology, 113(3): 267-274.

YOUSEF M K, JOHNSON H D, 1975. Thyroid activity in desert rodents: a mechanism for lowered metabolic rate[J]. American journal of physiology, 229(2): 427-431.

（撰稿：张志强；审稿：王德华）

尖吻蝮 *Deinagkistrodon acutus* (Günther)

鼠类的天敌之一。又名五步蛇、五步龙、棋盘蛇、翘鼻蛇等。英文名 hundred-pace viper。有鳞目（Serpentes）蝰科（Viperidae）蝮亚科（Crotalinae）尖吻蝮属（*Deinagkistrodon*）。

分布于中国安徽、重庆、福建、广东、广西、贵州、湖北、湖南、江西、台湾、云南、浙江。国外分布于越南北部和老挝。垂直分布于海拔100~1350m。

形态 管牙类毒蛇。最大体全长/尾长：雄性1335mm/206mm，雌性1238mm/165mm，头呈三角形，与颈区分明显，躯干及尾均较长，尾短而较细。身体背面棕褐色或黑褐色，正背有16~21+2~6个方形大斑块，前后两方斑彼此呈一尖角相接，方斑边缘浅褐，中央色略深；腹面白色，有交错排列的黑褐色斑，每一斑块跨1~3枚腹鳞。头背黑褐色，自吻棱经眼斜向至口角以下为黄白色，偶有少许黑褐色点，头腹及喉部为白色，散有稀疏黑褐色点。尾背后段纯黑褐色，看不出方斑；尾腹面白色，散有疏密不等的黑褐色。

颊鳞3~6枚，上枚最大，介于鼻鳞与上枚眶前鳞之间；眼较小，瞳孔直立纺锤形；眶前鳞2枚，眶前下鳞1枚，眶后鳞1枚；上唇鳞7枚，个别一侧6或8枚，第二枚高，上伸入颊窝前方，构成窝前鳞，第三、第四枚最大，位于眼正下方。颞鳞数变化较大；下唇鳞10~11（个别为9或12）枚，第一对在颏鳞后相接，前2~3（个别为1或4）枚对接颔片；颔片1对，前宽后窄，有颔沟；背鳞21（22，23）—21（23）—17（18，19）行，最外1~3行弱棱，其余均强棱；腹鳞157~171枚；肛鳞完整；尾下鳞48~59对，大部分成对，少数成单。尾后段侧扁，尾尖最后1枚鳞侧扁而尖长，俗称"佛指甲"，也是本种的特征之一。

生态及习性 尖吻蝮在丘陵或山区分布，喜爱林木茂密的阴湿环境，有时也进入村舍附近的柴堆、玉米地、草棚，甚至进入室内。善于捕鼠类，占到食物频次的42.86%，曾解剖到尖吻蝮吞食长515mm，体重530g的屋顶鼠，也吃鸟类、蛙类和蜥蜴。

尖吻蝮一年四季没有固定的栖息地，随着食料的有无和气温的高低，溪水的涨落，栖息地也在变更。春季出蛰后

尖吻蝮（郭鹏摄）

多栖息在向阳、避风的山坡洞穴附近；夏季多在山坑溪沟和沼泽附近的岩石上和杂草中，等候捕蛙、鼠为食，又便于喝水和洗澡，有时藏伏于山坳杨梅树下的落叶堆上，等吃啄食杨梅的鸟类，而雨季多离开山坑，四出活动；秋季则多活动在山坡附近的稻田、菜园、路旁或入屋内捕食鼠类，盘伏于阴暗处或菜厨下。冬季离开山坑，在较高（300m以上）的向阳、避风、干燥而离水源不远的山坡洞穴内冬眠。尖吻蝮在每个栖息地盘伏的时间主要由食物和环境决定，有的一、两天、十数天，甚至长达一个月以上。如果食物丰富、环境安宁，栖息时间就长些。无论晴天或阴雨天，从早到晚，都见有在外活动的尖吻蝮，晚上遇明火有扑火的习性。在5月至8月底，从早上9:00到晚上10:15这段时间，包括中午，都采到过尖吻蝮，很难说在自然状态下，尖吻蝮在什么天气什么时间活动或不活动。尖吻蝮常常因为吞食较大的食物后行动不便，盘卧在某一处数日而不动。在江西贵溪，10月开始进入冬眠，浙江地区，大雪（12月7日）到惊蛰（3月6日）为冬眠期。

尖吻蝮在浙江地区3、5、9月及11月都观察到交配现象，交配时间长1～2小时。8～9月产卵，每产约4～20枚。卵径约40～45mm×25mm，孵化期约1个月。

参考文献

石溥, 1982. 尖吻蝮的生态观察研究[J]. 福建医大学报 (1): 10-21.

赵尔宓, 2006. 中国蛇类: 上[M]. 合肥: 安徽科学技术出版社.

赵尔宓, 黄美华, 宗愉, 等, 1998. 中国动物志: 爬行纲 第三卷 有鳞目 蛇亚目[M]. 北京: 科学出版社.

（撰稿：郭鹏；审稿：王勇）

间颅鼠兔 *Ochotona cansus* Lyon

中国特有的一种小型鼠类。又名甘肃鼠兔、鸣声鼠、无尾鼠。兔形目（Lagomorpha）鼠兔科（Ochotonidae）鼠兔属（*Ochotona*）。

中国特有种，分为4个亚种，主要分布于青海、西藏、四川、甘肃和山西。指名亚种（*Ochotona cansus cansus* Lyon）分布于甘肃、青海东部和北部、四川西北部，模式产地为甘肃临潭；四川亚种（*Ochotona cansus stevensi* Osgood）分布于四川西部横断山区，模式产地为四川康定；秦岭亚种（*Ochotona cansus morosa* Thomas）分布于陕西，模式产地为陕西太白山；山西亚种（*Ochotona cansus sorella* Thomas）分布于山西中部与北部山地，模式产地为山西宁武。

形态

外形 间颅鼠兔体型较小，体长120～160mm，平均体重70g以下。耳廓细小或中等，耳长约20mm。趾端裸露，前足五指，爪粗长，后足四趾，爪细长。体色一般较深暗，夏毛背部暗黄褐色；耳廓黑褐色，耳缘具明显的白色边缘；体侧淡黄棕色、吻周、颏和腹面污灰白色；喉部棕黄色，向后延伸，形成腹面正中的棕黄色条纹；足背浅棕黄色。无尾。冬毛较夏毛灰，腹面为污白色（见图）。

间颅鼠兔（刘伟摄）
①②图为亚成体，③图为成体

毛色 间颅鼠兔夏季颈背色斑污黄白或淡白黄色，概不形成"项圈"，耳背黑褐或灰黑色。4个亚种毛色有所差异。其中，指名亚种毛色略浅，呈暗黄褐或灰黄褐色；四川亚种毛色暗黑，呈茶褐或暗黄褐色；山西亚种上体暗褐，冬毛沙黄褐色，下体污黄色；锡金亚种夏皮上体暗棕褐色，下体灰白色。

头骨 间颅鼠兔头骨短宽而弯曲，粗壮结实，颅全长平均不及35mm。鼻骨前端1/3处膨大，后端近于等宽，鼻骨两侧外缘近于平行。额骨低平，无卵圆孔。颧弓近于平行，不向外扩展。颧宽和后头宽较窄，颧宽不及17mm，最窄通常不低于15.0mm，为颅全长的45.5%左右。眶间宽平均3.5mm左右。脑颅短而宽似圆梨形。门齿孔与腭孔合为一大孔。

主要鉴别特征 间颅鼠兔体型较小，体背深棕褐色。在灌丛分布区，外观和毛色与托氏鼠兔（*Ochotona thomasi*

Argyropulo）十分相似，难以区分。最主要的解剖学鉴别特征是脑颅短而宽，似圆梨形。

生活习性

栖息地 间颅鼠兔喜选择植被茂密、覆盖度较高的区域作为栖息地。因此多栖息于河谷森林、灌丛、高山灌丛、生长良好的高山草甸、草原，亦见于农田附近的草丛和宅旁的墙洞之中。规避植被稀疏的退化草甸和草原。

洞穴 洞穴较浅，约10cm，形式不规则，常有多个洞口出入。洞穴结构分为两种形式，一种较为复杂，长达3m左右，有数个分支，其中建有仓库及巢室；另外一种较简单，为临时洞道，长度仅为40～50cm，有一个或多个分支，每支均有出口，没有仓库及巢室，洞口之间有跑道相连。在高寒草甸亦常利用其他动物，如高原鼢鼠（*Eospalax baileyi* Thomas）和高原鼠兔（*Ochotona curzoniae* Hodgson）的弃洞。

食物 间颅鼠兔为植食性动物。在高寒草甸取食植物种类约为21种，选择频度较高的植物种类依次为黄花棘豆（*Oxytropis ochrocephala*）、蒙古蒲公英（*Taraxacum mongolicum*）、垂穗披碱草（*Elymus nutans*）、蓝花棘豆（*Oxytropis coerulea*）、钉柱委陵菜（*Potentilla saundersiana*）、麻花艽（*Gentiana straminea*）等。生态位宽度为0.3184，有贮草越冬的习性。

活动规律 以昼间活动为主，几乎全天均在地面活动，受风和雨的影响较小，昼间活动时间约为11.06小时，夜间有少量活动。冬季常在雪下活动。

繁殖 间颅鼠兔繁殖能力较强。繁殖期为4～8月。雌性的繁殖不是同步的。雌性怀孕期约20天，哺乳期约18天。幼体主要由雌性抚育，雄性几乎不参与抚育幼体。雌性抚育幼体的时间有限，仅哺乳时候与幼体在一起。雌体产后即可发情。越冬后的雌性至少每年生产3窝，胎仔数为3～6只，当年生亚成体也可参与繁殖。

在分娩前，巢由雌性建造。巢室直径约为15cm，其中由干草、牦牛毛和羊毛组成的巢直径约为10cm。分娩主要在半夜进行，分娩后雌性直至黎明前一直与幼仔在一起，然后雌性外出，并定期给幼体哺乳。

间颅鼠兔哺乳时间具有一定规律：哺乳时间的长短与胎仔数的多少成正比，如果有3只幼仔，哺乳时间为2～3分钟，如果有6只幼仔，则哺乳时间为6～7分钟。哺乳间隔时间与幼仔数量密切相关，幼仔数量少，哺乳间隔时间长，幼仔数量多，则哺乳间隔时间短。如幼仔为3只时，间隔时间约为8小时，幼仔数量为6只时，哺乳间隔时间约为5小时。

社群结构与婚配行为 根据间颅鼠兔不同时期的社群模式将其社群结构分为四个阶段：春季阶段、家庭阶段、调整阶段和冬季或稳定阶段。

春季阶段：3月中旬至5月第一窝幼体出现定义为春季阶段。在这一阶段，间颅鼠兔雄性巢区扩大，而雌性巢区相对较小和较为稳定。

家庭阶段：5～8月，间颅鼠兔具有家庭结构特征定义为家庭阶段。在这一阶段，雄性和雌性的巢区均明显扩大，与相邻雄性巢区重叠变得明显。

调整阶段：8～9月随着繁殖期的结束，许多成体和幼体死亡，导致原有家庭结构解体，雌、雄开始重新组对。如果原有的雌雄家庭如果雌性和雄性均未死亡，则维持原有的配对组合。这一阶段，雌性的巢区相对较小和稳定。而当年出生的许多雄性亚成体成为流浪者，当遇到其他雌性时，可能形成新的组合。

冬季阶段：9月至翌年3月定义为冬季阶段。在这一阶段，雌性和雄性的巢区均不同程度减小。雌性和雄性巢区重叠较高。

间颅鼠兔为一夫一妻制和一夫多妻制。一夫多妻制多是由于相邻的巢区中雄性死亡或消失后，另一巢区中的雄性会立刻扩大其巢区使之把相邻巢区包含在内，并与巢区中的雌性交配，从而形成一夫多妻制。

种群数量动态 间颅鼠兔种群数量季节变化和年间变化鲜有报道，有待于进一步研究。

危害 间颅鼠兔种群数量较低，没有到达危害等级水平。

防治技术 可采用生物灭鼠剂——C型肉毒梭菌素进行防治。C型肉毒梭菌素对鼠兔类具有较强的专一性，毒性强，靶谱广，适口性好，而对人、畜较为安全。具有不伤害天敌及非靶动物、无二次中毒、不污染环境等优点。

参考文献

刘季科, 王溪, 刘伟, 1991. 植食性小哺乳类营养生态学的研究 I. 根田鼠和甘肃鼠兔的食物选择及资源利用模式[M]//刘季科, 王祖望. 高寒草甸生态系统: 第3集. 北京: 科学出版社.

苏建平, 连新明, 张同作, 等, 2004. 甘肃鼠兔贮草越冬及其生物学意义[J]. 兽类学报, 24(1): 23-29.

王权业, 蒋志刚, 樊乃昌, 1989. 高原鼢鼠、高原鼠兔以及甘肃鼠兔种间关系的初步探讨[J]. 动物学报, 35(2): 205-212.

魏辅文, 杨奇森, 吴毅, 等, 2021. 中国兽类名录(2021版)[J]. 兽类学报, 41(5): 487-501.

中国科学院西北高原生物研究所, 1989. 青海经济动物志[M]. 西宁: 青海人民出版社.

JIANG YONGJIN, WANG ZUWANG, 1991. Social behavior of *Ochotona cansus*: adaptation to the alpine environment[J]. 兽类学报, 11(1): 23-40.

（撰稿：刘伟；审稿：王勇）

蒋光藻　Jiang Guangzao

1944年生，四川中江人。二级研究员。中国共产党党员。

个人简介 1967年毕业于西南农学院（现西南农业大学）植保系。1981—1983年，以农业部访问学者身份受聘于美国罗得岛大学（URI）农学院助理教授，合作研究综合防治。1986—1987年受聘于美国弗吉尼亚科技暨州立大学（VPI）动物系副教授，合作研究北美介壳虫分类和鼠类生物学。回国后长期从事昆虫分类学、病虫害综合防治、鼠类生物学、生态学和生态治理的研究。

成果贡献 主要学术成就包括协助前辈昆虫学家陈方洁教授（1984年病逝）完成了中国雪盾蚧族的研究，并出版了《中国雪盾蚧族》一书。1984年后，独自从事昆虫分类学理论和分类研究，发表新种3个，翻译出版了《系谱分类学原理及应用》一书，首次把系谱分类学理论和替代分化生物地理学理论引入中国。

害虫综合治理方面重点研究茶树、果树病虫害综合治理。学术上提出了以保护茶园昆虫多样性、保护天敌、提高益害比，达到害虫长期控制的目的。并提出了以保护自然天敌为核心，把农药作为调节因子，控制害虫暴发的综合防治配套技术。在四川各茶区培训千人以上，此项技术一直沿用至今。2000年又在此基础上研究提出了幼龄茶园以草控草（牧草控杂草），茶园林果草复合生态系统有序配置技术。培训数千人次，成为当前茶园林茶复合生态系统和有机茶基地的主导技术。

农业鼠害研究重要学术成就包括首创了农田鼠害"三定"监测技术，大大提高了数据的信息量，发表了黑线姬鼠年龄判别的数学模型；在1987年全国鼠类年龄判别学术年会上被认定为"开拓了年龄判别的新途径"；发表了光热水湿对黑线姬鼠种群数量变动的定性分析；率先发表了农田害鼠生态位研究论文等。对草原鼠害防治提出了"诱鼠招鹰，以鹰控鼠"的生态治理技术。

主编出版了《系谱分类学原理与应用》《农村灭鼠实用技术》《生态学原理》《茶园生物多样性与无公害治理》。参编出版了《2000年的俄克拉荷玛州农业》《中国雪盾蚧族》。

所获荣誉 曾获中国自然科学三等奖1项，国家科技进步二、三等奖各1项，中国科学院科技进步二等奖1项，农业部一等奖1项，四川省科技进步二等奖2项、三等奖2项。

1992年被评为国家有突出贡献的中青年专家；国务院政府特殊津贴专家（终身）；农业部高级专家；四川省两任学术和技术带头人等。

（撰稿：宛新荣；审稿：郭聪）

结肠分离机制　colonic separation mechanism

鼠类消化道内容物在前结肠中发生分离，小颗粒（包括细菌）和水溶性物质通过结肠的逆蠕动流回盲肠，而粗糙的大颗粒向后结肠方向移动，排出体外，从而使得食物的平均滞留时间延长，微生物有足够的时间进行发酵。

植食性小哺乳动物一般都具有很高的代谢率，需要迅速地从食物中吸取营养，因此，食物在消化道中的滞留时间很短，尤其是食物质量很低时，滞留时间更短。而植食性小哺乳动物食物发酵所需时间几乎总是比食物的平均滞留时间长。为了解决发酵时间和食物的平均滞留时间之间的矛盾，植食性小哺乳动物通常从解剖结构和生理适应性方面形成一种机制，即结肠分离机制。另外，由于食物迅速通过消化道，使得大量营养物质，如细菌和小颗粒等营养物质随粪便排出而丢失。所以许多小型盲肠发酵动物通常重新摄入所排出的粪便，与消化道内容物混合后在消化道中再次消化和吸收，以充分利用食物中的营养物质。这种行为通常称之为食粪行为。植食性小哺乳动物利用结肠分离机制及其食粪行为使得消化效率最大，以满足它们较高的代谢需求，所以结肠分离机制及食粪行为对小型食草动物有效地利用食物中的营养具有重要意义。

参考文献

裴艳新,王德华, 2001. 小型食草动物的结肠分离机制及其食粪行为[J]. 生态学杂志, 20(4): 52-54.

GÖRAN BJÖRNHAG, ROBERT L, SNIPES, 1999. Colonic Separation Mechanism in Lagomorph and Rodent Species-a Comparison[J]. Zoosystematics and evolution, 5: 275-281.

KEMIN G, 2014. Rodent Nutrition: Digestive Comparisons of 4 Common Rodent Species[J]. Veterinary clinics of North America exotic animal practice, 17: 471-483.

LEE W M, AND HOUSTON D C, 1993. The role of coprophagy in digestion in voles (*Microtus agrestis* and *Clethrionomys glareolus*)[J]. Functional ecology, 7: 427-432.

R FRANZ, M KREUZER, J, HUMMEL, et al, 1994. Adaptation in the large intestine allowing small animals to eat fibrous foods[C]// Chivers, D. J. The Digestive System in Mammals: Food, Form and Function. Cambridge : Cambridge University Press: 294-295.

（撰稿：李俊年；审稿：陶双伦）

解偶联蛋白　uncoupling protein, UCP

一种线粒体内膜蛋白，其功能是驱散氧化呼吸形成的H^+梯度，减少ATP的合成，将化学能转化为热。根据结构和序列相似性，解偶联蛋白家族包括UCP1、UCP2、UCP3、UCP4和UCP5。但是，系统发育方面的证据不支持UCP4和UCP5作为解偶联蛋白家族成员。UCP1位于褐色脂肪与米色脂肪细胞的线粒体内膜，占整个线粒体蛋白的6%，是决定褐色脂肪细胞产热功能的关键结构。UCP1分子由300~310个氨基酸组成，相对分子质量约为32千道尔顿。UCP1在结构层面的分子机制当前仍有争议，但采用膜片钳技术的研究结果支持其为一种脂肪酸阴离子/H^+转运体。UCP1可将质子势能转化为热，并以此来影响体内能量平衡。无刺激时，UCP1处于非激活态，细胞内嘌呤核苷酸的浓度是UCP1潜在的强有力的抑制剂；UCP1被激活时，游离脂肪酸以简单的动力学方法克服抑制，参与解偶联过程。事实上，去甲肾上腺素诱导的产热过程是通过脂解作用激活UCP1实现的，脂肪酸诱导的产热过程也需依赖UCP1。虽然其他的UCP成员，如UCP2、UCP3，与UCP1具有相同的结构，但是它们在动物的适应性产热中并不发挥作用。UCP2在多种组织中都有表达，而UCP3仅在鱼类、爬行类和哺乳类的肌肉组织和哺乳类的褐色脂肪组织中表达。

参考文献

BOSS O, SAMEC S, KÜHNE F, et al, 1998. Uncoupling protein-3 expression in rodent skeletal muscle is modulated by food intake but not by changes in environmental temperature[J]. Journal of biological chemistry, 273: 5-8.

CARROLL A M, HAINES L R, PEARSON T W, et al, 2005. Identification of a functioning mitochondrial uncoupling protein 1 in thymus [J]. Journal of biological chemistry, 280(16): 15534-15543.

FEDORENKO A, LISHKO P V, KIRICHOK Y, 2012. Mechanism of fatty-acid-dependent UCP1 uncoupling in brown fat mitochondria[J]. Cell, 151(2): 400-413.

FLEURY C, NEVEROVA M, COLLINS S, et al, 1997. Uncoupling protein-2: a novel gene linked to obesity and hyperinsulinemia[J]. Nature genetics, 15: 269-272.

GOLOZOUBOVA V, HOHTOLA E S A, MATTHIAS A, et al, 2001. Only UCP1 can mediate adaptive nonshivering thermogenesis in the cold[J]. The FASEB journal, 15(11): 2048-2050.

HEATON G M, WAGENVOORD R J, KEMP A, et al, 1978. brown - adipose - tissue mitochondria: photoaffinity labelling of the regulatory site of energy dissipation[J]. European journal of biochemistry, 82(2): 515-521.

JASTROCH M, HIRSCHBERG V, KLINGENSPOR M, 2012. Functional characterization of UCP1 in mammalian HEK293 cells excludes mitochondrial uncoupling artefacts and reveals no contribution to basal proton leak[J]. Biochimica et biophysica acta (BBA)-Bioenergetics, 1817(9): 1660-1670.

JASTROCH M, WITHERS K, KLINGENSPOR M, 2004. Uncoupling protein 2 and 3 in marsupials: identification, phylogeny, and gene expression in response to cold and fasting in *Antechinus flavipes*[J]. Physiological genomics, 17: 130–139.

JASTROCH M, WUERTZ S, KLOAS W, et al, 2005. Uncoupling protein 1 in fish uncovers an ancient evolutionary history of mammalian nonshivering thermogenesis[J]. Physiological genomics, 22: 150-156.

LALOI M, KLEIN M, RIESMEIER J W, et al, 1997. A plant cold-induced uncoupling protein[J]. Nature, 389: 135–136.

MATTHIAS A, OHLSON K B E, FREDRIKSSON J M, et al, 2000. Thermogenic responses in brown fat cells are fully Ucp1-dependent UCP2 or UCP3 do not substitute for UCP1 in adrenergically or fatty acid-induced thermogenesis[J]. Journal of biological chemistry, 275(33): 25073-25081.

NICHOLLS D G, LOCKE R M. 1984. Thermogenic mechanisms in brown fat[J]. Physiological reviews, 64(1): 1-64.

ROUSSET S, ALVES-GUERRA M C, MOZO J, et al, 2004. The biology of mitochondrial uncoupling proteins[J]. Diabetes, 53(suppl 1): S130-S135.

（撰稿：郭洋洋；审稿：王德华）

精子发生　spermatogenesis

精子发生是指由精原干细胞经过一系列分化，最终发育为成熟精子的过程。精子生成于睾丸的曲细精管中：位于生精上皮基底部的精原细胞，有丝分裂增殖为初级精母细胞，1个精母细胞经历两次减数分裂形成4个精子。睾丸的各个组成部分以及整体的功能都受到"下丘脑—垂体"分泌的神经内分泌激素的影响。另外，睾丸局部的自分泌、旁分泌调节机制在睾丸的生精功能调控中也起到重要的作用。

（撰稿：李宁；审稿：刘晓辉）

静止代谢率　resting metabolic rate, RMR

动物在清醒状态下，维持身体各项基本功能所需的最小能量值，约占身体每日能量消耗的60%。与基础代谢率的区别是测定时动物不需要禁食。

参考文献

SPEAKMAN J R, SELMAN C, 2003. Physical activity and resting metabolic rate[J]. Proceedings of the nutrition society, 62(3): 621-634.

（撰稿：张学英；审稿：王德华）

巨泡五趾跳鼠　*Allactaga bullata* Allen

为中蒙大戈壁干旱区特有物种。英文名 gobi jerboa。啮齿目（Rodentia）跳鼠科（Dipodidae）五趾跳鼠亚科（Allactaginae）五趾跳鼠属（*Allactaga*）。在中国至少有37处。蒙古约有25处。依据这些发现地点的位置判断，巨泡五趾跳鼠分布于中国新疆准噶尔盆地东部，甘肃西北部马鬃山和河西走廊西部古沙洲。蒙古国阿尔泰山以东扎布汗河中下游、戈壁阿尔泰，准噶尔戈壁，外阿尔泰戈壁，南戈壁，中央戈壁和东戈壁。为中蒙大戈壁干旱区特有物种。在内蒙古主要分布在阿拉善盟北部和西部荒漠与戈壁滩，巴彦淖尔市狼山北部半荒漠与荒漠区，包头市达茂旗西北部半荒漠区。生境中常与三趾跳鼠、五趾跳鼠共栖。

形态

外形　巨泡五趾跳鼠与五趾跳鼠极其相似，前足5指；后足5趾。第一、第五趾的末端不达中间3趾的基部。足垫发达。体长100～140mm，尾长151～190mm，耳长29～37mm，后足长54～65mm（图1）。

毛色　尾端毛束发达，为白色。体背面从吻端至臀部后缘的毛呈淡棕灰色，并有不规则的灰色条纹，腹毛纯白色，体侧浅灰色，背腹部之间的毛色分界不明显（图1）。

头骨　鼻骨短。颧弓后部向外扩张，成为头部的最宽部分。听泡大，左右两听泡内侧几乎完全接触。门齿垂直或略向前倾，门齿唇面白色无沟。颅全长30.12～35.26mm，齿隙长9.17～11.33mm；听泡长8.44～10.90mm，宽6.58～7.66mm；颧宽20.20～24.24mm（图2）。

主要鉴别特征　听泡大，左右两泡的内侧几乎完全接触。门齿垂直或略向前倾，唇部白色无沟。颅全长30.12～35.26mm，齿隙长9.17～11.33mm，听泡长8.44～10.90mm，听泡宽6.58～7.66mm，颧宽20.20～24.24mm。

图1 巨泡五趾跳鼠（武晓东提供）

图3 巨泡五趾跳鼠栖息地（袁帅提供）

砾石荒漠和粗砂石荒漠。外围的生态环境明显优于分布区，这反映了它对现代分布区自然生态环境的适应。由于巨泡五趾跳鼠所选择的这类特有栖息地的空间分布范围的局限性，可能是其现代分布区狭窄的成因之一（图3）。

洞穴 洞穴一般为临时洞，较为简单，洞道几乎水平走向，一般有两个洞口，一明一暗，长约5m，深20～30cm，洞口直径6cm左右。没有曲折，洞口经常从里面向外面堵住。平时多在临时洞中栖息。冬眠洞与五趾跳鼠类似，可深达2m以上，通常是在夏季洞的基础上挖掘而成。

食物 以植物性食物为主的杂食性啮齿动物。对植物性食物具有较明显的择食性，在同一时间段内与栖息地植被群落组成的变化无明显的关联性。巨泡五趾跳鼠经常采食的植物种类是适应于极端干旱环境的旱生、超旱生植物，食性与五趾跳鼠相似，主要有木地肤（Koehia prostrate）、小画眉草（Eragrostis minor）、无芒隐子草（Cleistogenes songorica）、葱属植物（Allium spp.）、珍珠猪毛菜（Salsola collina）、骆驼蓬（Peganum harmala）、骆驼刺（Alhagi sparsifolia）等。

活动规律 是夜间活动的鼠类。白天藏身于临时洞内，用吻端将洞内深处挖出的细沙把洞口堵掩起来，然后卧于其中呈昏睡状态。但是，在锦鸡儿、黄蒿丛和土坡下的洞口也有敞开的情况。夏季，每当夜幕降临，随同地表灼热的暑气逐渐冷却消散，蒸发强度也大幅度减弱，巨泡五趾跳鼠开始醒来相继出洞，在旷野漫游，寻觅、挖吃植物的幼茎、嫩叶、草籽和昆虫等。

生长发育 不明确。

繁殖 每年繁殖一次，整个繁殖期较长，自4月末至7月下旬均可发现孕鼠。出蛰后不久的跳鼠即进入交配期，此时雄鼠的活动十分频繁，睾丸大多下降，附睾也发育得坚实而扭曲，镜检附睾涂片可见大量精子。4、5月是跳鼠妊娠期的高峰，根据解剖及子宫内胚盘斑的检查得知，怀仔数为2～7只，最常见的是3～5只。7月是大批幼鼠出洞时期，并开始分居和独自活动。

危害 由于巨泡五趾跳鼠在中国主要分布于新疆、甘肃和内蒙古的荒漠与戈壁滩，生境条件十分严酷，食物种类以适应于极端干旱的旱生、超旱生植物以及部分昆虫为主，目前关于其对生态危害方面的报道极少，其危害仍不明确。

防治技术 防治方法应以保护生态环境、恢复植被，使其种群数量维持在不形成危害的水平为主。

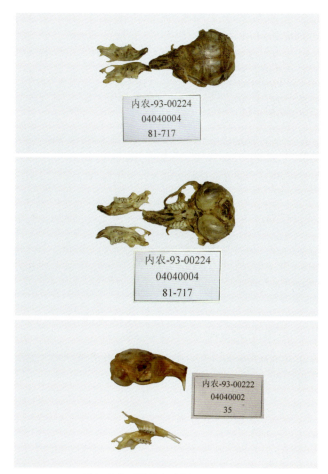

图2 巨泡五趾跳鼠头骨（付和平提供）

生活习性

栖息地 巨泡五趾跳鼠对极度干旱的山前洪积砾石荒漠、低山丘陵砾石荒漠和粗砂石荒漠具有极强适应能力，是这类景观中适应能力较强的小型哺乳动物。其分布区内栖息地生境单一，且多呈点状不均地镶嵌在生长有沙蒿、红沙、白刺、骆驼刺、霸王等耐旱植物的干河床、冲沟或湖盆洼地和旱生芦苇沙丘。避开禾草灌木或灌木荒漠草原和灰漠土灌木荒漠，极少进入禾草猪毛菜荒漠草原。巨泡五趾跳鼠现代分布区外围西南部多为禾草半灌木荒漠，漠土梭梭荒漠和禾草柽柳沙质荒漠；东部与北部边缘接近低山丘陵荒漠草原、

参考文献

付和平, 2001. 内蒙古阿拉善荒漠区啮齿动物分布及群落结构的研究[D]. 呼和浩特: 内蒙古农业大学.

黄英, 2004. 内蒙古五趾跳鼠种下分类研究[D]. 呼和浩特: 内蒙古农业大学.

娜日苏, 苏和, 武晓东, 2009. 五趾跳鼠的植物性食物选择与其栖息地植被的关系[J]. 草地学报, 17(3): 383-388.

王思博, 孙玉珍, 1997. 巨泡五趾跳鼠*Allactaga bullata* Allen分布区范围及界限[J]. 地方病通报, 12(2): 87-92.

武晓东, 付和平, 杨泽龙, 2009. 中国典型半荒漠与荒漠区啮齿动物研究[M]. 北京: 科学出版社.

武晓东, 2004. 内蒙古半荒漠与荒漠区啮齿动物群落研究、区域性危害区划及GIS分析[D]. 呼和浩特: 内蒙古农业大学.

夏武平, 方喜业, 1964. 巨泡五趾跳鼠（跳鼠科）之一新亚种[J]. 动物分类学报(1): 16-18.

赵肯堂, 1991. 中国的跳鼠[J]. 铁道师院学报, 8(1): 29-36.

（撰稿：付和平、袁帅；审稿：武晓东）

卡氏小鼠　*Mus caroli* Bonhote

主要栖息于农田、灌丛等生境的一种鼠类。又名野外鼷鼠、棒杆鼷鼠、麦秆小家鼠、台湾小家鼠。啮齿目（Rodentia）鼠科（Muridae）鼠亚科（Murinae）小鼠属（*Mus*）动物。早些时候 Bonhote（1902）把采自琉球岛的标本命名为卡氏小鼠（*Mus caroli*）。卡氏小鼠主要分布于东南亚和东亚地区，从缅甸、中国云南西部到台湾、琉球群岛，并且在印度尼西亚群岛的苏门答腊岛（Sumatra）、爪哇岛（Java）、马都拉（Madura）和东南部的弗洛勒斯岛（Flores）也间断性分布。分布在印度尼西亚和日本的卡氏小鼠被认为可能是人为引入的。而在中国，卡氏小鼠则主要分布在台湾、海南、贵州、福建、云南及广西等地。其主要栖息在农田、灌木丛等生境。Terashima 和 Shimada 等采用线粒体细胞色素 b 对不同地方的卡氏小鼠进行遗传性分析，结果发现不同地方的卡氏小鼠变异各不相同。

形态　体形似小家鼠，上门齿后缘有 1 缺刻。体长 60~87mm，尾长 70~88mm，后足长 15.8~18.5mm，耳长 12~15mm。颅长 18.48~22.44mm，腭长 8.2~12mm，颧宽 9.6~11.3mm，眶间宽 3.44~4mm，乳突宽 8.64~9.96mm，鼻骨长 6.77mm，门齿孔长 3.64~4.48mm，齿隙长 5.4~6.54mm，上颊齿列长 3~3.6mm。体背面毛色较暗，呈淡棕褐色或灰棕色，毛基灰色，毛尖棕色。背腹界线明显，腹部、颈腹部和前肢均为纯白色，其他部分毛基灰色、毛尖白色；尾上面灰棕色，下面淡黄或灰白色；足背面白色。染色体数为 $2n=40$。颅骨与小家鼠相比有许多区别：颅骨略较小家鼠的长，颅宽相对较小家鼠窄，宽约为颅长的 48.5%；鼻骨前端不超出上门齿前缘，后端与眼眶前缘约在同一水平面上；顶间骨前后窄；上门齿弧度较大，不斜向后方，几乎呈现垂直，其前表面呈暗棕色；门齿孔只达第一上白齿部前缘；后腭孔位于第三上白齿中部腭桥后部；下颌骨较长，其冠状突不及小家鼠发达，较短，几乎呈三角形，不弯曲、离关节突较远；隅突较短。第一上白齿比小家鼠的大。乳头 5 对（胸 3 对，腹 2 对），背腹交界线明显，上门齿内侧无明显缺刻，前后足背均为白色（见图）。

生活习性　生活在田野等农耕地，在部分地区常与黄毛鼠栖息在同一生境。穴居。

栖息地　卡氏小鼠是栖息于野外的一种系小鼠属小鼠，主要栖息于波状台地热带稀疏草原地带和居民区附近的菜地、耕地以及山林。而在中国，卡氏小鼠主要栖息与活动在农业耕作区的农田、旱地、灌丛等各种室外生境。在琉球群岛中，仅在冲绳岛上发现卡氏小鼠主要栖息低洼地区（如草地和甘蔗田等），且随着人类生活起居的改变而改变。

洞穴　卡氏小鼠洞穴简单，在秋季作物成熟时大量迁入田间，挖掘临时洞，秋收后即转移，经常会对农作物造成损害，使农作物产量减少。

食物　种子、茎叶、菜叶、玉米、甘蔗、水稻。

活动规律　卡氏小鼠经常活动在田野等农耕地，在部分地区常与黄毛鼠栖息在同一生境。

繁殖　卡氏小鼠年均雄性多于雌性，3 和 4 月卡氏小鼠怀孕率分别为 61.5% 和 57.1%，平均胎仔数为 6.6 只和 8.5 只；而 1 和 2 月相应则为 0 和 10.1%，0 和 6.0 只，5~6 月种群数量上升达高峰，卡氏小鼠 4~5 月睾丸下降率为 100%。Taitt（1981）甚至发现额外的食物补充可能诱使鼠类繁殖。卡氏小鼠虽然个体小，平均体重只有 16.6g，平均怀孕率 59.10% 为所有鼠类中最高。胎仔数 5~7 只，以 6 只最多，占 46.15%，其次是 5 只，占 30.77%；7 只的占 23.10%，平均胎仔数（5.92 ± 0.21）只；繁殖力较强。卡氏小鼠四季都有孕鼠，以秋季孕鼠最多。

种群数量动态　通过 1990—1993 年对云南省通海县卡氏小鼠的种群数量的研究表明，1990 年和 1992 年数量变化曲线出现两个高峰，分别在 5 月和 11 月（1990 年延至 1991 年 2 月），曲线呈马鞍形。1991 年 5 月数量特别高。随后逐步下降至冬季最低，双峰不明显。由此可得出，卡氏小鼠种群数量年间波动较大，而季节波动趋势各年不尽相同。一般分别于 5~6 月和 11 月达到高峰。其中 5~6 月（基本上为 5 月）的数量高峰在各年份是共同的。

危害　卡氏小鼠经常活动在田野等农耕地，在部分地

卡氏小鼠（云南省地方病防治所提供）

区常与黄毛鼠栖息在同一生境。卡氏小鼠是穴居小兽，但洞穴简单，极少在洞穴发现。在秋季作物成熟时常大量迁入田间，挖掘临时洞穴，秋收后即转移，经常会对农作物造成损害，使农作物产量减少。

云南省在已做过的很多地区性生境片段的鼠型小兽调查中，卡氏小鼠在小兽群落中一般以常见种或稀有种出现。但在个别地区能达到优势种水平。根据近年鼠情系统监测显示，滇中玉溪地区农田害鼠种群结构发生了显著变化。卡氏小鼠田间组成已由 1985 年的 5% 上升到 1995 年的 45%，成了该区农田的主要害鼠。不仅大量啃食植物绿色部分和即将成熟收获的庄稼，减少农业产量，同时还糟蹋已收获的粮食。此外传播各种寄生虫和疾病。根据詹绍琛 1983 年报道，曾发现卡氏小鼠体内有钩端螺旋体，能传播钩端螺旋体病。

防治技术 在中国南方部分地区，卡氏小鼠是农业耕作区的主要害鼠之一，曾经还是农业耕作区灭鼠后最先出现的主要农田害鼠，对卡氏小鼠的防控应该坚持"预防为主、综合防治"和"生态防治为基础，化学药剂防治为重点"的基本原则，科学开展灭鼠工作，加强农田监测，掌握鼠害发生消长动态，确定最佳防治时期、防治范围，统筹计划，连片防治。采用化学药物（杀鼠醚水剂）防治为主，生物灭鼠及物理防鼠为辅的灭鼠防鼠综合措施，开展经常性与突击性灭鼠活动，保护利用天敌，充分发挥自然生态的控害作用，达到标本兼治的目的。

农业防治 通过改变卡氏小鼠的栖息环境，恶化其潜藏生存的环境来有效控制其数量。认真贯彻"预防为主，综合防治"的植保方针，改进农业耕作方式和科学种植：精耕细作的农业区鼠害一般很轻，经济上的损失往往很小；反之，耕作粗放的农业区鼠害往往比较严重，因此在农业耕作上倡导精耕细作的农业耕作方式。通过精耕细作，铲除田埂周边的杂草，尽量消除耕地周围的荒地，按时收割、收割要仔细，做到颗粒归仓，不要在田间堆放作物残体等，破坏鼠类生存繁殖环境。连片种植可以在一定程度上降低鼠害的发生，并且有利于统一防治。

生物防治 即利用害鼠天敌进行防治。主要有两种方法，一是鼓励人们饲养猫，用以灭鼠。二是科学地利用鼠类的天敌（黄鼠狼、蛇类等动物）来灭鼠，在田间堆积石头堆、枝柴、草堆，招引黄鼠狼、蛇类等动物，使它们在田间安家落户，消灭害鼠。

物理防治 方法一，在有鼠洞的地方向鼠洞灌水或用烟熏，也可以机械地填塞鼠洞。方法二，在鼠洞口、田埂或鼠道上放置并固定鼠夹、鼠笼，放置诱饵进行诱捕，在乏食季节效果更好。方法三，在电源方便且害鼠活动频繁的村庄边，可以利用电子捕鼠器等器械捕鼠，放置鼠笼等应与洞口有一定距离。

化学防治 化学防治对农田的灭鼠效果一般在 85%～95%。在化学药剂防治中，把握"两个关键"，坚持"五个统一"。把握"两个关键"，即灭鼠适期和投饵技术。一是灭鼠适期，根据鼠害发生规律及农作物生长季节，如卡氏小鼠的季节消长呈双峰曲线发展（每年有 2 个发生高峰期），第一个峰值在 5 月，第二个在 9 月，因此，结合当地农业生产，投药灭鼠的最佳时间应为 4 月和 8 月。二是投饵技术，有浸泡条件的，可选用稻谷；不浸泡仅用药湿润时，可选用小麦或大米。投饵时用量掌握"鼠多则多投，鼠少则少投"的原则，鼠密度高的每公顷投饵 3000～3750g，一般情况下投饵 2250～3000g。

化学防治严格控制使用禁用药剂，尽量减少杀鼠剂用量、使用次数、使用面积，防止化学农药对农田生态环境污染和造成人畜中毒。前使用的灭鼠剂有急性和慢性两大类。急性灭鼠剂有磷化锌、毒鼠锌、灭鼠优等，慢性灭鼠剂有 0.5% 溴敌隆、7.5% 杀鼠醚水剂、80% 氯鼠铜钠盐、80% 敌鼠钠盐等。目前磷化锌已经禁用，慢性灭鼠剂可用 0.05% 的敌鼠钠盐、杀鼠灵、杀鼠醚谷物毒饵等。在李顺德等 7.5% 杀鼠醚水剂毒杀农田害鼠现场试验中可知鼠钠盐、氯敌鼠钠盐等抗凝血杀鼠剂对农田卡氏小鼠敏感性低、杀灭效果差，7.5% 杀鼠醚水剂 1∶20 倍小麦毒饵对卡氏小鼠的杀灭效果达 100%，可见 7.5% 杀鼠醚水剂对卡氏小鼠有特效。为此，在长期沿用敌鼠钠盐，且以卡氏小鼠为农田优势种的地区灭鼠，选用 7.5% 杀鼠醚水剂能全面提高防制效果。且 7.5% 杀鼠醚水剂对非靶动物安全且比较经济。

参考文献

陈桂明, 2004. 鼠害综合治理[J]. 云南农业, 19(2): 14.

邓址, 1989. 啮齿动物的生态与防治[M]. 北京: 北京师范大学出版社: 350-354.

黄文几, 陈延熹, 温业新, 1995. 中国啮齿类[M]. 上海: 复旦大学出版社: 1-300.

李凤忠, 1998. 农田害鼠发生规律及防治对策[J]. 云南农业, 13(9): 29-30.

李秀娟, 2005. 农田害鼠发生概况及防治措施[J]. 农药科学与管理, 26(1): 23-24.

李顺德, 普文林, 1999. 滇中农田卡氏小鼠种群空间分布型的研究[J]. 植物保护, 25(2): 45-46.

林大溪, 卢育园, 1994. 卡氏小鼠在汕头港区发现[J]. 中国国境卫生检疫杂志(S2): 44-45.

李秋阳, 赵秀兰, 2012. 云南沧源县农田鼠害调查[J]. 植物保护, 38(6): 147-150.

马海滨, 周红宁, 宝福凯, 2010. 云南勐腊县磨憨口岸蜱类鼠类分布状况调查[J]. 医学动物防制, 26(8): 719-720.

汪松, 解焱, 王家骏, 2001. 世界哺乳动物名典[M]. 长沙: 湖南教育出版社.

温晓东, 2008. 农田鼠害综合治理对策[J]. 山西农业, 16(8): 38.

吴德林, 李勇, 窦秦川, 等, 1995. 卡氏小鼠种群数量变动特征及其与环境因子的关系[J]. 兽类学报, 15(1): 60-64.

云南省地方病防治办公室, 云南省卫生防疫站, 1989. 云南医学动物名录[M]. 昆明: 云南科技出版社: 179-201.

曾晓明, 吴德喜, 2008. 勐腊县农田害鼠发生规律及防治策略研究[J]. 云南农业科技, 37(2): 52-54.

詹绍琛, 1983. 福建的卡氏小鼠(啮齿目: 鼠科)[J]. 武夷科学, 3(3): 90-96.

张立钦, 2000. 农田害鼠发生特点及化学防治[J]. 福建农业, 61(9): 16.

张香构, 岳芹湘, 2003. 农田害鼠的发生及其防治[J]. 云南农业, 18(4): 15.

MOTOKAWA M, LIN L K, MOTOKAWA J, 2003. Morphological comparison of Ryukyu mouse *Mus caroli* (Rodentia: Muridae) populations from Okinawajima and Taiwan (China)[J]. Zoological studies, 42(2): 258-267.

SHIMADA T, APLIN K P, JOGAHARA T, et al, 2007. Complex phylogeographic structuring in a continental small mammal from East Asia, the rice field mouse, *Mus caroli* (Rodentia, Muridae)[J]. Mammal study, 32(2): 49-62.

TERASHIMA M, SUYANTO A, TSUCHIYA K, et al, 2003. Geographic variation of *Mus caroli* from East and Southeast Asia based on mitochondrial cytochrome b gene sequences[J]. Mammal study, 28(1): 67-72.

（撰稿：王政昆；审稿：王勇）

可代谢能 metabolizable energy, ME

动物摄取的食物中用于营养物质的吸收、转化、再分配和再利用的能量。包括能量的转换、合成和降解过程、废物的排出以及生物体执行所有其他机能所需要的能量。又名代谢能（metabolic energy, ME）。鼠类的可代谢能等于其摄入食物的能量总和（即总能 gross energy, GE）减去未被消化的以粪便形式排出的能量（即粪能 energy in feces, FE）以及以尿液形式排出的能量（即尿能 urinary energy, UE）之后剩余的能量，即 $ME = GE - FE - UE$。影响可代谢能的因素很多，其中影响总能、粪能和尿能的因素均影响可代谢能。根据上述计算公式可知，凡是增加总能的因素，都将增加可代谢能，例如栖息温带气候环境的鼠类，摄食量呈现显著的季节性波动，冬季的摄食量显著增加、夏季显著降低，因而冬季可代谢能也显著高于夏季。温度是影响鼠类摄食量的重要环境因子之一，低温环境下许多鼠类显著增加摄食量，因而低温环境下可代谢能也显著增加。反之，凡是增加粪能和尿能的因素，都会导致可代谢能降低。例如，随着鼠类摄取食物成分的变化，粪能也发生变化。食物中难以消化的成分增加，例如纤维素和次生代谢物的含量增加，排粪量增加，粪能增加，导致可代谢能降低。此外，尿能的损失量比较稳定，一般的动物约占总能的2%~3%。影响鼠类尿能的因素主要是食物构成，特别是食物中蛋白质水平，食物中蛋白质水平较高、食物中氨基酸含量不平衡（某种氨基酸过量或不足）的情况下，尿中氮的排出量增加，进而增加尿能损失，导致可代谢能降低。若食物中含有芳香油，动物吸收后经代谢脱毒产生马尿酸，并从尿中排出，也会增加尿能损失，导致可代谢能降低。

参考文献

宋志刚, 王德华, 2001. 内蒙古草原布氏田鼠的最大同化能[J]. 兽类学报, 21(4), 271-278.

KVIST A, LINDSTRÖM A, 2000. Maximum daily energy intake: it takes time to lift the metabolic ceiling[J]. Physiological & biochemical zoology, 73(1): 30-36.

LIVESEY G, 1995. Metabolizable energy of macronutrients[J]. American journal of clinical nutrition, 62: S1135-S1142.

（撰稿：赵志军；审稿：王德华）

可塑性 plasticity

单一基因型由于环境条件的不同而产生的表型差异，即为可塑性。可塑性现已拓展到多个领域学科，从种群特征、个体形态、行为、生理的宏观到微观的单一或综合的特征差异，均适用可塑性的概念。可塑性是生物适应变化的环境而进化出的适应性特性，因而对于决定现生生物的分布具有重要作用。而表型的可塑性同样具有遗传分子基础，也是生物进化和物种分化的重要基础，近年来表观遗传学的迅速发展，更是将可塑性推至生物学中异常重要的位置。

参考文献

PIERSMA T, DRENT J, 2003. Phenotypic flexibility and the evolution of organismal design[J]. Trends in ecology & evoution, 18: 228-233.

（撰稿：刘全生；审稿：王德华）

克灭鼠 coumafuryl

一种在中国未登记的杀鼠剂。又名克鼠灵。化学式 $C_{17}H_{14}O_5$，相对分子质量298.29，熔点121~123℃，沸点430.6℃。白色粉末，不溶于水，能溶于甲醇和乙醇等有机溶剂。可由4-羟基香豆素和1,1-亚糠基丙酮反应而制成，可燃，加热分解释放刺激烟雾。克灭鼠为第一代抗凝血杀鼠剂，维生素 K_1 为其特效解毒剂。对大鼠、小鼠的口服半致死剂量（LD_{50}）分别为25mg/kg 和14.7mg/kg。

（撰稿：宋英；审稿：刘晓辉）

口岸鼠类与卫生检疫 rodent and health quarantine in port

随着全球气候变暖，城市化进程的加快，旅游和贸易的快速发展，生态环境的不断改变，病媒生物种类、密度和分布等发生了新的变化，不仅原有的病媒生物性传染病范围扩大，发生频率和强度增加，而且一些新的病媒生物性传染病不断出现，病媒生物及其传播的传染病输入中国并引发传染病流行的风险急剧增加。因此病媒生物性传染病是人类共同面临的严峻挑战之一。据世界卫生组织报告，全球病媒生物传播疾病占全部传染病发病人数的17%以上，每年导致70余万人死亡。近年来口岸持续发现输入性疟疾、登革热、寨卡、基孔肯雅热等虫媒传染病病例，一旦相应的境外病媒生物输入中国形成优势种群，将对中国民众健康和生态安全构成严重威胁。

鼠类适应能力强，分布广，数量多，仅家鼠的数量是世界人口的4倍。世界上目前已知鼠类达2369多种，中国约有212种，在国境口岸已发现鼠类75种。鼠类作为重要病媒生物可随国际航行交通工具携带而进行远距离扩散。鼠类可携带200余种病原体，其中可使人类致病的各种病原体达57种，包括细菌14种、病毒31种、立克次体5种、寄生虫7种。鼠类可传播鼠疫、肾综合征出血热、汉坦病毒肺综合征、玻利维亚出血热、阿根廷出血热、拉沙热、土拉弗朗西斯菌病、沙门氏菌病、蜱传回归热、Q热、莱姆病、钩端螺旋体病、恙虫病、日本血吸虫病、鼠型斑疹伤寒、鼠咬热、狂犬病、猴痘、鼠痘、弓形虫病、旋毛虫、病鼠片形吸虫病等多种传染病，威胁人类健康和生命安全。

可传播疾病或与人类关系密切的鼠类有北美灰松鼠（*Sciurus carolinensis*）、加州黄鼠（*Spermophilus beecheyi*）、南非乳鼠（*Mastomys natalensis*）、稻田家鼠（*Rattus argentiventer*）、孟加拉板齿鼠（*Bandicota bengalensis*）、波氏囊鼠（*Thomomys bottae*）、河狸鼠（*Myocastor coypus*）、草原暮鼠（*Calomys laucha*）、山河狸（*Aplodontia rufa*）、印度板齿鼠（*Bandicota indica*）、黑尾草原犬鼠（*Cynomys ludovicianus*）、黑家鼠（*Rattus rattus*）、褐家鼠（*Rattus norvegicus*）、小家鼠（*Mus musculus*）、缅鼠（*Rattus exulans*）、尼罗河鼠（*Arvicanthis niloticus*）、欧䶄（*Clethrionomys glareolus*）、黄喉姬鼠（*Apodemus flavicollis*）、鹿鼠（*Peromyscus maniculatus*）、白足鼠（*Peromyscus leucopus*）、西撒哈拉刺鼠（*Acomys cahirinus*）。

口岸鼠类工作不外乎采集、鉴定、评估和控制4个方面：①采集。鼠类采集包括国境口岸鼠类本底调查和日常监测工作。口岸鼠类本底调查是指采用多种监测手段，全面掌握口岸及其周边400m范围内所有的鼠类种类和组成。本底调查的结果，除了为判定外来物种提供依据外，也为口岸确定重点区域和重点类群并有针对性地开展密度监测提供科学依据。日常监测主要针对优势种的生态习性，遵守四定（定人、定时、定点、定方法）原则，测定其种群密度，密度太高（超过控制水平的3倍）时要及时上报，同时增加监测频次，扩大监测范围，查找密度增高的原因，并采取控制措施。日常监测的目的主要是了解口岸优势鼠种的种群密度，并及时发现外来鼠种。②鉴定。鼠类的种类很多，但能够传播疾病的种类很少，因此准确的鉴定就十分重要。口岸鼠类工作主要包括口岸地区鼠类的监测和控制，通过交通工具、旅客、货物、集装箱等携带的外来鼠类的监测与控制，因此准确的鉴定是评估的基础。③评估。口岸的鼠类，只要其密度不超过国家规定的标准，就不需要控制；如果判定是外来的鼠类，就要采取措施将其消灭，不留隐患。评估鼠类，主要考虑：是否外来；是否是某种疾病的重要宿主，比如主要宿主、次要宿主、不是宿主；外来鼠类的生态习性和分布区域，能否在中国生存下来。将来应开展外来鼠类适生性的研究，为外来病媒生物性传染病入侵风险模型建立奠定基础。④控制。口岸地区鼠类控制提倡综合管理，即针对鼠类的生态习性，适时监测鼠类密度，掌握其活动规律，以环境治理

2018年中俄边境黑龙江抚远黑瞎子岛鼠类调查作者现场工作照
（李明摄）

和防护设施为基础，以化学防治为主，物理防治为辅的综合治理方法，把鼠类数量控制在不足产生危害的水平；来自疫区或在检疫查验或卫生监督过程中发现有外来鼠种的交通工具和集装箱必须实施卫生处理，常用硫酰氟化学熏蒸（航空器除外）。航空器发现鼠类，在断粮和断水情况下采用鼠夹、鼠笼和粘鼠板实行物理防治。

（撰稿：郭天宇；审稿：王登）

快速隔离假说　rapidly sequestering hypothesis

快速隔离假说认为，在种子丰富的时间或空间条件下，鼠类通常会快速将种子近距离贮藏在种子源周围，随后再将部分种子搬运并贮藏至更远、更安全的贮藏点。因此，距种子源越近，种子贮藏密度越大，距种子源越远，种子贮藏密度越小。该假说主要体现在鼠类分散贮藏种子的过程中，鼠类前期快速将种子分散贮藏在种子源周围，主要是为了提高贮藏效率，以快速地、尽可能多地占有这些种子，从而应对种间或种内个体对食物资源的竞争，但这会导致贮藏区域内贮藏密度过高，增加食物被盗的风险。因此，鼠类后期会重新对贮藏的种子进行多次贮藏，将这些种子重新贮藏在便于找回或保护的地点，达到最优贮藏密度，从而降低种间或种内个体的盗食，减少食物损失。鼠类对食物的快速隔离是鼠类为应对食物资源竞争和盗食而采取的平衡策略，是对自然界食物资源缺乏及分布不均长期适应的结果。

参考文献

张义锋, 2014. 太行山区林木种子–鼠类–昆虫的相互作用研究[D]. 郑州: 郑州大学.

JENKINS S H, PETERS R A, 1992. Spatial patterns of food storage by Merriam's kangaroo rats[J]. Behavioral ecology, 3: 60-65.

JENKINS S H, ROTHSTEIN A, GREEN W C H, 1995. Food hoarding by Merriam's kangaroo rats: a test of alternative hypotheses[J]. Ecology, 76: 2470-2481.

VANDER WALL S B, 1995. Sequential patterns of scatter hoarding by yellow pine chipmunks (*Tamias amoenus*)[J]. American midland naturalist, 133: 312-321.

ZHANG H, STEELE M A, ZHANG Z, et al, 2014. Rapid sequestration and recaching by a scatter-hoarding rodent (*Sciurotamias davidianus*)[J]. Journal of mammalogy, 95: 480-490.

（撰稿：张义锋；审稿：路纪琪）

矿物质　minerals

鼠类机体内无机物的总称。矿物质和维生素一样，是机体必需的元素，矿物质是无法自身产生、合成的。鼠类对矿物质的需要量随年龄、性别、种类、身体状况、繁殖生理、季节环境等因素有所不同。鼠类机体灰分大约为体重的5%左右。矿物质又分为常量元素和微量元素。常量元素包括钙、磷、钠、钾、镁、氯以及硫；微量元素则包括铁、锌、锰、铜、钼、碘、硒、钴、氟以及铬。

矿物质是一类对鼠类正常机体代谢具有重要作用的营养物质，矿物元素摄入过高或过低，都会减弱或抑制鼠类的生长、繁殖、存活。锌是多种细胞功能的重要组成元素，具有维持鼠类体重增长、胸腺以及脾脏正常育的功能，缺锌会引起鼠类免疫力下降，还会导致生长受阻及睾丸萎缩。缺铁则会使小血红蛋白量下降，呼吸困难，免疫力下降。而铁过量则会使小鼠消化机能紊乱，引起腹泻，严重时还会使小鼠死亡。缺铜会导致小鼠免疫力及繁殖力下降，铜过量则会使小鼠中毒，免疫力下降。而适量的钠、钙可以提高植物的适口性，但高浓度钠、钙对食物的适口性会产生负面影响。如果食物中氮含量较低或钾含量较高，会导致草原田鼠肾上腺皮质增大。

参考文献

HEROLDOVÀ M, TKADLEC E, BRYJA J, et al, 2008. Wheat or barley? Feeding preferences affect distribution of three rodent species in agricultural landscape[J]. Applied animal behavior science, 110: 354-362.

OMARA F O, BLAKLEY B R, 1994. The effect of iron deficiency and iron overload on cell mediated immunity in the mouse[J]. British journal of nutrition, 72: 899-909.

PRASAD A S, 2008. Clinical, immunological, anti–inflammatory and antioxidant roles of zinc[J]. Experimental gerontology, 43: 370-377.

TAN M, SCHMIDT R H, BEIER J I, et al, 2011. Chronic sub-hepatotoxic exposure to arsenic enhances hepatic injury caused by high fat diet in mice[J]. Toxicology and applied pharmacology, 257: 356-364.

（撰稿：李俊年；审稿：陶双伦）

昆虫—种子—鼠类三级营养关系　insect-seed-rodent trophic relationship

植物种子是野生鼠类重要的食物来源，当种子成熟掉落后，通常会面临鼠类的捕食和扩散。因此，鼠类对种子的扩散过程是植物更新的关键阶段。昆虫作为种子扩散前重要的捕食者，它们在种子成熟过程中会寄生于种子内，大量消耗和吸取种子内的营养物质，一方面降低种子存活率和萌发率，另一方面会降低种子的可利用程度及适口性，从而降低种子对鼠类的吸引力。因此，昆虫寄生是影响鼠类扩散种子的重要因素。鼠类能够鉴别虫蛀种子，并对其采取与完好种子不同的选择策略。通常情况下，鼠类更倾向于贮藏完好种子，但并不完全拒绝虫蛀种子，而是对其进行一定程度的取食。这种取食行为会影响翌年寄生昆虫的种群数量，间接增加完好种子的比例，从而有益于植物的繁殖成功。植物同时也具有一些防御昆虫寄生的机制来提高自身的成活率。例如通过种子产量大小年的周期性变化来改变取食者的饥饿（种子小年）或饱足（种子大年）程度，以确保其种群实现有效扩散。此外，种子大小变化也是植物自身防御昆虫寄生的机制之一。植物通过增加种子体积使其胚乳可以满足或超过昆虫的取食需求，降低种胚被取食的概率，而鼠类对于个体较大的种子又具有明显的贮藏喜好。由此可见，昆虫—种子—鼠类三者之间经过长期的协同进化而形成了相互影响、相互制约的三级营养关系。

参考文献

王京，张博，侯祥，等, 2015. 秦岭南坡短柄枹栎和锐齿槲栎的种子产量和种子大小及其与昆虫寄生的关系[J]. 昆虫学报, 58(12): 1307-1314.

张博，石子俊，陈晓宁，等, 2014. 昆虫蛀蚀对鼠类介导下的锐齿槲栎种子扩散的影响[J]. 生态学报, 34(14): 3937-3943.

CHANG G, ZHANG Z B, 2014. Functional traits determine formation of mutualism and predation interactions in seed-rodent dispersal system of a subtropical forest[J]. Acta oecologica, 55: 43-50.

XIAO Z B, HARRIS M K, ZHANG Z B, 2007. Acorn defenses to herbivory from insects: Implications for the joint evolution of resistance, tolerance and escape[J]. Forest ecology and management, 238: 302-308.

YU F, SHI X X, WANG D X, et al, 2015. Effects of insect infestation on *Quercus aliena* var. *acuteserrata* acorn dispersal in the Qinling Mountains, China[J]. New forests, 46(1): 51-61.

（撰稿：常罡、王京；审稿：路纪琪）

拉沙热 lassa fever

由拉沙病毒（Lassa virus）引起，经啮齿类动物传播的一种急性传染病。主要流行于尼日利亚、利比亚、塞拉利昂和几内亚等西非国家。因首次于尼日利亚东北地区的拉沙镇发现而得名。

病原特征 病原拉沙病毒为沙粒病毒科中一成员，具有沙粒病毒的共同特点。病毒直径为70~150nm，基因组亦由2个单负链RNA（LRNA、SRNA）组成，有包膜，上有刺状突起，病毒内有20~25nm浓密的核糖体颗粒，大部来自宿主细胞。可在绿猴肾传代细胞Vero细胞中生长繁殖，组织培养4~7天后可分离到病毒。

流行病学 ①易感动物。拉沙病毒主要感染啮齿类动物中的鼠类，主要宿主为生活在西非的多乳鼠类（Mastomys natalensis）。人群普遍易感，无年龄、性别及职业等差别。②传染源。主要为受染的Mastomys natalensis鼠。其感染后可长期携带病毒，并从粪、尿、唾液和鼻咽部分泌物中排出病毒，成为人类感染的主要传染源。此外，病人亦可成为传染源，他们的血液、尿和分泌物及炎性渗出物对人有传染的危险。③传播途径。人直接或间接接触被鼠的粪、尿及其他分泌物污染的物品，经消化道、呼吸道或损伤的皮肤黏膜而感染。④拉沙热主要流行于西非的尼日利亚、利比亚和塞拉利昂等地区，从津巴布韦、莫桑比克、几内亚、中非共和国也分离到了拉沙病毒。欧洲、加拿大、以色列、日本和美国已有病例报道。中国目前尚未发现该病。该病的流行无明显的季节性，全年均可发生，亦无年龄和性别的明显差别。

临床症状 潜伏期7~10天。该病早期无特异性症状，可有发热、寒战、全身不适、头痛和弥漫性肌肉及关节疼痛、喉痛、吞咽困难、呕吐、腹痛、腹泻、咳嗽和胸痛，也可有头晕、耳鸣。临床表现为面部水肿、结膜充血、渗出性咽炎、低血压和低脉压、腹部压痛，有时可出现皮肤斑丘疹，第2~4周进入恢复期。

病理病因 病理解剖表现为多器官充血、水肿，胸腔、腹腔、心包可有血性渗出，颈、面、肩、背部皮肤可见散在出血点及水肿。镜检发现心脏充血和间质性水肿，肺充血、水肿，脾充血，白髓萎缩，淋巴滤泡减少，肝脏变性、脂肪浸润到严重的广泛性嗜酸性坏死，肾脏可呈局灶性肾小球坏死。

本病发病机制为拉沙病毒通过呼吸道、消化道或皮肤黏膜进入人体后，可进入单核巨噬细胞和内皮细胞中，进行生长和复制而不引起细胞损伤。拉沙病毒可侵犯多种器官和组织，引起多脏器功能衰竭而死亡。

诊断 由于拉沙热缺乏特异性表现，故诊断困难。①有发热、化脓性咽炎和蛋白尿的病人患拉沙热的可能性约80%。②分离到拉沙病毒，抗拉沙病毒抗体4倍增高，IgM抗体阳性，IgG、IgM抗体在4倍以上均可确诊。③鉴别诊断。同裂谷热相鉴别。裂谷热：潜伏期（从感染到出现症状）为2~6天。受感染者要么无任何检出症状，要么出现轻度的疾病反应，有发烧症候，即突然感冒发烧、肌肉疼痛、关节疼痛和头痛。

防治 ①控制传染源：主要为灭鼠和环境整治，降低鼠密度。②切断传播途径：主要为防鼠，避免直接接触鼠类及其排泄物。③保护易感人群：目前尚无可供使用的疫苗，主要采取个体防护措施，家庭成员和医务人员避免接触患者血液、体液和排泄物。④本病无特效药物治疗，主要为对症支持治疗、抗病毒治疗（利巴韦林：发热期均可使用，应尽早应用，病程1周内接受治疗可降低病死率）和中医治疗，同时应采取严密隔离至少3~4周。

参考文献

陈昭斌, 2006. 拉沙热病毒及其检测技术[J]. 中国卫生检验杂志(2): 254-256.

邵楠, 曹玉玺, 干环宇, 2016. 拉沙热研究进展[J]. 微生物与感染, 11(6): 329-337.

徐华, 史蕾, 徐云庆, 2012. 拉沙热现状分析及研究进展[J]. 中国热带医学, 12(5): 625-629.

（撰稿：董国英；审稿：何宏轩）

莱姆病 lyme disease

一种由伯氏疏螺旋体（Borrelia burgdorferi）所引起经硬蜱（tick）为主要传播媒介的自然疫源性疾病。临床表现为慢性炎症性多系统损害，除慢性游走性红斑和关节炎外，还常伴有心脏损害和神经系统损伤等症状。

病原特征 伯氏疏螺旋体是一种单细胞疏松盘的左螺旋体，呈弯曲的螺旋状，菌体狭长，长5~30μm，直径0.18~0.25μm，通常有3~10个螺旋，螺距为2.1~2.4μm。螺旋体末端尖锐，也有7~15根鞭毛。螺旋体长度与人工培养时间及培养基成分含量密切相关。革兰氏染色阴性，姬姆萨染色着色良好，呈紫红色。非染色标本，因菌体含有折光的透明液体，在普通显微镜下不易看到，但在暗视野下可见伯氏疏螺旋体及其扭曲和翻转运动。

伯氏疏螺旋体为营养要求较严格的微厌氧菌，5%～10%的CO_2可促进其生长，目前广泛使用液体培养基BSKⅡ培养基培养，主要成分有组织培养液CMRL1066、牛血清白蛋白第五成分和新蛋白胨等近20种，其中牛血清白蛋白提供生长需要的脂肪酸、葡萄糖，用于合成胆固醇葡糖苷和磷脂提供能量，丙酮酸促进生长，N-乙酰氨基葡萄糖可加速螺旋体繁殖。最适生长温度为33～35℃，最适pH7.2～7.6。以二分裂方式繁殖，一般12～24小时分裂一次，其生长过程大体经过颗粒期、杆状期和螺旋期三个阶段。长期的人工传代会降低病原体致病性。

流行 中国于1985年首次在黑龙江林区发现本病病例，以神经系统损害为该病最主要的临床表现。马、牛、羊、犬、猫等家畜及野生动物等对莱姆病螺旋体都有易感性，感染后大多数呈现隐性感染。人类对莱姆病普遍易感，一般以青壮年居多，男性多于女性，林区工人与牧民等发病较多。人群感染后一部分呈现隐性感染，另一部分则表现为显性感染。流行以散发为主，莱姆病的发生有明显的季节性，发病高峰在夏季4～8月，其次是春季，这与蜱的季节性消长及活动相一致。

致病性 莱姆病病原体的贮存宿主多样，现已查明30多种野生动物、49种鸟类以及多种家畜可作为该病的宿主动物。莱姆病主要通过节肢动物在动物宿主间及宿主动物和人之间传播。另外，动物之间可通过尿及其污染物相互感染，甚至可以传给密切接触的人。通过胎盘垂直传播、输血和皮下注射也可引起伯氏疏螺旋体的感染。

诊断 在发病前一个月内曾到莱姆病自然疫源地，有在蜱栖息地活动的历史。有流行病学暴露史。如果有被蜱叮咬史则更有诊断意义。具有特异性诊断意义的是早期皮肤慢性游走性红斑的出现。这些症状必须结合流行病学及实验室诊断结果综合分析判断。从莱姆病病人及感染动物的血液、脑脊液、关节滑液、组织以及媒介昆虫等分离到伯氏疏螺旋体，脑脊液中特异性抗体效价大于血清效价为伯氏疏螺旋体感染。另外酶联免疫吸附法在临床诊断上敏感性和特异性较强，也较为常用。

防治 莱姆病是一种自然疫源性传染病，对其地理分布、媒介生物及宿主动物分布地区的情况要调查清楚，明确是否存在自然疫源地。森林地区的居民要坚持防鼠、灭鼠，避免鼠类将蜱带入家中或接触其尿及污染物而感染病原。家养的宠物（犬、猫等）应注意动物的管理与卫生，经常进行消毒杀虫，并对动物进行疫苗接种。

目前国内外研究使用的菌苗有三种：全菌体菌苗、亚单位菌苗和DNA菌苗。中国正在研究用于人免疫接种的菌苗。当前，全菌体菌苗用于犬的接种；重组OSPA（表面蛋白）菌苗用于疫区人群莱姆病感染是安全有效的。

对于动物的治疗，常用疗法有抗菌治疗与对症治疗相结合的综合性治疗，有效药物有青霉素、强力霉素、先锋霉素、红霉素、四环素等。人莱姆病的治疗主要是采用长疗程大剂量使用抗生素，同时给以辅助治疗的方法，选用适当的抗生素，及时治疗早期莱姆病可迅速控制症状和防止晚期病变。

参考文献

艾承绪, 温玉欣, 张永国, 等. 1987. 黑龙江省海林县林区莱姆病的流行病学调查[J]. 中国公共卫生, 6(2): 82-85.

陈飞虎, 1996. 莱姆病的发现及其启示[J]. 医学与哲学, 17(2): 88-89.

鞠龚讷, 周锦萍, 葛杰, 等. 2007. 动物莱姆病[J]. 上海畜牧兽医通讯(1): 56-57.

王化勇, 耿震, 李立琴, 等. 2009. 密云地区莱姆病螺旋体宿主动物和传播媒介感染状况调查[J]. 中国媒介生物学及控制杂志, 20(2): 154-156.

温玉欣, 艾承绪, 张永国, 等. 1988. 从莱姆病患者血液分离出螺旋体[J]. 微生物学报, 28(3): 275-278.

（撰稿：史秋梅；审稿：何宏轩）

雷公藤甲素　triptolide

一种在中国登记的杀鼠剂。是从卫矛科植物雷公藤中提取的一种环氧二萜内酯化合物。又名雷公藤内酯、雷公藤内酯醇、雷公藤多苷、雷藤素甲。化学式$C_{20}H_{24}O_6$，相对分子质量360.40，熔点226～227℃，难溶于水，溶于甲醇、乙酸乙酯、氯仿等。雷公藤甲素是雷公藤抗生育作用的主要成分之一，可干扰雌性SD大鼠卵巢与子宫内膜的功能，导致生殖器官相对重量下降，闭锁卵泡增加及发情周期紊乱等；对雄鼠的影响主要表现为干扰睾丸精子正常发生、附睾精子成熟和受精过程。研究发现低剂量（0.1mg/kg）雷公藤甲素处理可以有效降低雄性布氏田鼠的繁殖力。除了抗生育，提高雷公藤甲素的剂量对鼠类还有一定的杀灭作用。小鼠经腹腔注射LD_{50}为0.9mg/kg。

（撰稿：宋英；审稿：刘晓辉）

冷适应　cold adaptation

机体对寒冷的一种整体适应性变化，涉及机体多系统、多层次的协调效应。寒冷是温带地区的恒温动物经常面临的一种环境胁迫，对于恒温动物的生存是一种挑战，特别是小型哺乳动物，由于其体表面积与体积的比率较高导致热散失率较高。为了适应寒冷环境，一些物种通过降低代谢率，降低体温，进入冬眠状态；而大部分小型哺乳动物不能降低代谢率，它们只能通过聚群、提高皮毛隔热性或提高产热能力等行为和生理性调节维持恒定的体温。

非冬眠小型哺乳动物的冷适应方式，主要是提高产热，包括基础代谢率（basal metabolic rate, BMR）和非颤抖性产热（nonshivering thermogenesis, NST）；增加能量摄入补偿较高的能量消耗；还可动用部分身体脂肪储存提供能量；也可通过降低体重减少能量消耗。动物的BMR具有物种特异性，主要是由于所分布的气候带和栖息环境的差异，一般热带地区动物的BMR较温带地区的低，而高寒地区动物的BMR一般都较高，高水平的BMR直接反映了动物对低温气候的适应。几乎所有冷驯化的实验都证实低温下小型哺乳动物的BMR提高，肝脏细胞中线粒体蛋白含量、细胞色素C氧化酶（cytochrome c oxidase, COX）活性和状态4呼吸显著提高是BMR提高的细胞学证据。提高BMR是小型哺乳动物冷适应的机制之一，特别是生活在亚热带地区的小哺乳动物对低温的适应主要是通过提高BMR，其他形式的产热提高程度相对较小。

温带地区的小型哺乳动物在寒冷的冬季主要通过提高NST来避免低体温。对野生小型哺乳动物季节性驯化及低温驯化的研究中发现，低温能够提高动物的NST，即使冬眠动物，如黑线毛足鼠（*Phodopus sungorus* Pallas, 1773）在低温下NST也提高。NST是小型哺乳动物抵抗寒冷的最重要机制。小型哺乳动物的主要产热器官是褐色脂肪组织（brown adipose tissue, BAT）。BAT是由富含线粒体的脂肪细胞组成，线粒体内膜上存在的一种蛋白质称为解偶联蛋白（uncoupling protein1, UCP1），它能将脂肪酸氧化过程中产生的氢离子从氧化传递链中解偶联，不以能量ATP的形式储存，而形成热，通过BAT脉管系统分布到全身。低温下NST能力的提高，不仅表现在提高BAT细胞线粒体蛋白含量和COX活性；冷驯化还激活褐色脂肪细胞中的脂解酶，为NST保证充足的底物供给；而产热提高的最直接证据是BAT中UCP1的mRNA和蛋白表达的增加。支配BAT的交感神经末梢释放去甲肾上腺素（norepinephrine, NE），与BAT细胞膜上的β3-肾上腺素受体（β3-adrenergic receptors, β3-AR）结合，导致BAT细胞增生、分化、线粒体生物合成和UCP1表达增加。在缺乏BAT的有袋类家短尾负鼠（Mammalia, Didelphimorphia, Didelphidae, *Monodelphis domestica* Wagner, 1847），NST能力提高仍然是冷适应的重要机制，其他组织如肌肉和肝脏分别在冷适应性产热中起重要作用，冷暴露提高了肌肉和肝脏的线粒体氧化能力。

参考文献

CANNON B, NEDERGAARD J, 2004. Brown adipose tissue: function and physiological significance[J]. Physiological reviews, 84: 277-359.

KLINGENSPOR M, 2003. Cold-induced recruitment of brown adipose tissue thermogenesis[J]. Experimental physiology, 88: 141-148.

（撰稿：张学英；审稿：王德华）

冷诱导最大代谢率 cold-induced maximum metabolic rate

在低温条件下，使用增加热传导的氦氧混合气体来处理静止状态下的动物，诱导产生的代谢率最大值。

（撰稿：迟庆生；审稿：王德华）

林睡鼠 *Dryomys nitedula* Pallas

一种小型啮齿动物，是新疆天然林和经济林的害鼠之一。英文名forest dormouse。啮齿目（Rodentia）睡鼠科（Gliridae）林睡鼠亚科（Leithiinae）林睡鼠属（*Dryomys*）。在中国仅分布于新疆的阿尔泰山、准噶尔西部山地、塔城盆地、北天山中部。由北纬43°00′向北分布至50°00′，由东经73°20′向东分布至88°00′，是中国内该种分布的东部边缘。在国外广泛分布在欧洲东南部和中部、俄罗斯北部和东部、中东、阿富汗、巴基斯坦和中亚等地，并向东延伸到中国的阿拉套山、萨吾尔山、阿尔泰山，以及蒙古国西部山地的科布多河上游。至少分化17个亚种，目前中国已确定有2个亚种。①分布于准噶尔盆地博格多山区天山山脉北坡海拔1400～1800m的博格多亚种（*Dryomys nitedula milleri* Thomas, 1912）；②分布于准噶尔盆地西部山区海拔700～1800m的伊犁亚种（*Dryomys nitedula angelus* Thomas, 1906）。2020年发现塔里木盆地涉车县有林睡鼠分布，经鉴定是新种，塔里木林睡鼠（*Dryomys yarkandensis* Liao, 2020）。目前对分布于准噶尔盆地北部阿尔泰山区和塔城塔尔巴哈山地的林睡鼠亚种分类，因毛色方面的差异和标本数量太少，其分类地位尚需进一步验证（图1）。

形态

外形 外形很像松鼠科的林栖种类，形态特征极其相近，但体型明显小于松鼠。头中等，吻短，耳相对薄。雌鼠乳头4对，其中胸部2对，腹部2对。不同地区不同亚种形态略有差异。伊犁亚种体背与头顶部毛色赤褐，腹面从颌部到肛门的毛皆呈姜黄色，体背与腹面的体侧有一条界线分明一直延续的毛色线条，无杂色毛；博格多亚种体背与头顶部毛色较灰暗呈黄褐色，腹面从颌部到肛门的毛呈灰白或污白色，体背与腹面的体侧有一条界线分明一直延续的棕红色线条，将背腹明显分开。身体和尾巴被厚浓密的软毛，尾侧毛长超过尾背腹毛长，尾长小于或等于体长。伊犁亚种和博格多亚种体形差别不大。体重26.8（24～32）g，体长96.8（85～110）mm，尾长92.9（85～105）mm，后足长20.8（20～23）mm，耳长15.4（13～19）mm。塔里木林睡

图1 林睡鼠和塔里木林睡鼠（廖力夫摄）
左：塔里木林睡鼠；右：林睡鼠

鼠成体背毛色比新疆北部地区的林睡鼠毛色浅，为淡褐色，幼体和亚成体背毛和尾毛呈淡栗色，头两侧自鼻后经眼至耳前的黑色黑斑很浅。尾长超过体长10%以上，体长85.6（81～96）mm，尾长96.88（85～101）mm。

毛色 成体、亚成体和幼体背部毛色淡褐色，入秋后背部毛色逐渐加深至浅褐色，与尾毛毛色接近。腹毛毛基白色，毛尖乳黄色，尾背毛毛色比体背毛略深，浅褐色，尾腹毛色略浅。头两侧自鼻后经眼至耳前为深色黑斑。幼体与成体毛色差异很大。

头骨 头骨两对门齿，门齿孔较小，颧骨发达，颧弓粗大，听泡较膨大，其内部被骨质膜分隔成几个室，齿式为 $2 \times \left(\dfrac{1.0.1.3}{1.0.1.3} \right) = 20$，每枚臼齿咀嚼面均具有几列横向的珐琅质齿嵴。门齿孔长与顶间骨长接近，为颅全长的11%。塔里木林睡鼠与北疆林睡鼠的头骨形态接近，但在13个测量指标有显著差异（图2）。

主要鉴别特征 外形像松鼠，身体和尾巴被厚浓密的软毛，尾侧毛较长，向尾的两侧生长。头两侧自鼻后经眼至耳前有黑斑。尾长小于或等于体长。前足4指；后足5趾；每足有6个垫。胡须长25～30mm，浓密丛生。夏季成体体背部毛色淡褐色，入秋后略深，尾背毛色比体背毛色略深，腹毛毛基白色，毛尖乳黄色，体侧与腹毛之间界线明显。

听泡长与听泡宽之比为1.53，听泡长为上白齿列长的1.83倍。顶间骨与两块顶骨结合处呈70°接触角。塔里木林睡鼠的顶间骨与两块顶骨结合处呈大于130°接触角。

生活习性

栖息地 典型栖息地为海拔700m以上浆果、野果林等混交林和阔叶林的山区沟谷灌木丛，最高可达海拔3500m，属温带气候，低温潮湿，主要营树栖生活。成片的灌木丛和森林是它们赖以生存的"公路通道"，通过"公路通道"，林睡鼠可以在灌木丛、田地和森林之间以寻觅自己的配偶。成片灌木丛和森林的破坏或减少可严重威胁林睡鼠的生存。在新疆伊犁盆地尼勒克县的平原农村、果园、仓库和农田周边，以及低海拔山区中无林也无灌木的岩石坡上都有栖息。塔里木林睡鼠的栖息地为海拔1200m左右的荒漠绿洲果园，但相关生活习性资料几乎空白（图3）。

巢穴 为树栖动物，按季节分夏季巢和冬眠巢。夏季巢又分临时巢和繁殖巢，临时巢简陋，繁殖巢很坚固，一般在距地面1～7m，也有在较低的树枝顶部或厚密的灌木中，巢穴球形，直径15～25cm，通常只有1个入口，少数地栖。以树叶材料营造的树叶巢为主，草地巢很少（2.4%），利用占用的鸟巢做夏季巢占53.7%，其中71.4%是占用白领姬鹟（Ficedula albicollis）的鸟巢。巢外用树叶和树枝制成，占62%，巢内用树皮、苔藓、动物毛发和人造材料等衬里，保温性能好，密实结实，对确保幼体成活率的提高具有重要作用。

冬眠巢一般隐蔽在盘根错节的树根之间、灌木丛、树洞或地下，其冬眠巢穴的容积大小与林睡鼠性别、年龄、人工圈养或自由生活没有显著差异。

食物 食物种类比较多样，随季节和栖息环境食物条件而改变，主要以栖息地内各种不同的树木果实为生，如

图2 林睡鼠和塔里木林睡鼠头骨（廖力夫摄）
左侧：林睡鼠头骨；右侧：塔里木林睡鼠头骨
①下颌骨背面；②下颌骨腹面；③上颌骨背面；④上颌骨腹面

图3 林睡鼠和塔里木林睡鼠栖息生境（廖力夫摄）
①塔里木林睡鼠栖息生境；②林睡鼠栖息生境

苹果、樱桃、李子、黑莓，同时也吃小型无脊椎动物，小鸟，绿芽及植物的绿色部分。据Jciech等对196份波兰的林睡鼠粪便分析，几乎所有粪便都有一些动物类残渣，其中羽毛占36%，钙质类几丁质甲壳占14%，鉴定的大部分几丁质甲壳属唇足纲（45%）、半翅目（33%）和鞘翅目（22%）动物。

另据Rimvydas等对立陶宛的林睡鼠粪便分析，4月下

旬到7月中旬，以动物性食品为主，7月中旬至9月上旬以植物类食品为主。整个活动期，动物性食品占食物总数的60.3%。动物类食物为鸟类、千足虫、昆虫成体和幼虫四大类，其比例随季节变化而不同。在植物性食物中，6~8月主要吃挪威云杉的花，7月和8月主要吃挪威云杉的球果，8月下旬和9月初摄食橡树果子，沙棘种子和果实。

在新疆北天山中部的精河县南山林睡鼠栖息地，林睡鼠已成为附近居民家经常光顾的"游客"，夜间盗食存放的蔬菜、水果、肉和囊等食物。在新疆伊犁盆地尼勒克县的平原农村、果园、仓库和农田周边，尤其在8月左右的粮食作物成熟季节，林睡鼠的密度相对较高，可能与冬眠前林睡鼠大量补充体内脂肪有关。

不同季节林睡鼠摄食的动植物组合的比例变化，随夏季繁殖和越冬体内储备脂肪的需要而改变。

活动规律 林睡鼠为夜活动鼠类。根据林睡鼠的冬眠和非冬眠期，可以将林睡鼠的活动分为恒温活动和异温活动两个阶段。

恒温活动期指醒眠至冬眠前，即晚春至9月下旬，此阶段体温保持36℃左右，以夜间活动为主，偶尔白昼活动。早春经过漫长冬眠，体内脂肪几乎耗尽，醒眠后首先是补充能源，此时植物类食物比较贫乏，动物类食物虽然少，但为满足繁殖的能量需求，仍会花费大量时间寻找动物类食物，因此醒眠初期是该鼠一年中最繁忙的阶段之一，昼间都忙于寻找食物用于早春的繁殖，夏季炎热季节多在凌晨、傍晚或夜间活动。8月中下旬，随着光周期日照时间的逐渐缩短，林睡鼠开始大量进食，为越冬储存脂肪。

据Ioan（2012）等用红外传感器对罗马尼亚林区的林睡鼠巢箱记录观察，林睡鼠夏天和秋天主要在黄昏和夜晚活动。觅食活动从6月前平均日落前8分钟开始，6~9月延长到日落后26分钟，一般在日出前40分钟结束。巢箱活动的记录显示，林睡鼠主要在20:00~22:00、午夜00:00~1:00和凌晨日出前4:00~6:00三个时段活动。白天的活动主要发生在秋季。

幼鼠活动规律 据安冉（2014）对实验室繁殖的林睡鼠观察，林睡鼠幼鼠一般在出生3周后出窝活动，5周后结束哺乳；主要活动时间在夜间21:00~6:00，活动高峰在22:00~1:00之间。第4~5周活动高峰主要在23:00；第6~7周活动时间随着幼鼠活动时间的变长，活动高峰时间也随之延长；第8周达到活动时间的峰值；第9~10周活动时间逐渐缩短，幼鼠的饮水进食时间与其活动的时间长短较为一致；5周龄幼鼠有交配玩耍行为。哺乳30天后开始采食，随着日龄的增长活动高峰从23:00提前到21:00，活动时间也逐渐延长，9周龄后活动时间逐渐缩短，活动期间主要是饮食和玩耍运动，10周龄体重可达成年体重的70%。

林睡鼠雌雄间的活动范围差别不大，分别为0.36hm^{2}和0.32hm^2，每晚雌雄体活动距离分别为285.56±28.21m和161.6±114m。

随着入秋日照时间的逐渐缩短和环境温度下降，林睡鼠开始大量取食，成体体重普遍增加至出蛰时的150%，当环境温度下降10℃左右时，活动和饮食均明显减少，体重增加趋缓。取食量和活动量逐渐减少，直至入眠前不再取食。

冬眠 入眠初期，随着环境温度下降，呼吸频率由正常呼吸变为缓慢呼吸，连续进行多次缓慢呼吸与正常呼吸的相互转换后，由缓慢呼吸的时间逐渐延长，转变为短暂停止呼吸，受惊扰时会出现呼吸，但呼吸几次后会停止。

躯体开始蜷缩不活动，当有干扰声音或触碰，身体会有非常缓慢的动作，反应变得越来越迟钝，有些个体发出叫声，如此连续浅而短的冬眠阵后才能入眠。

入眠期，躯体停止活动，身体蜷缩，尾巴从屁股绕道头部，把身体绕起来，头部埋进腹部，手脚也都抱在一起埋于腹部，双眼紧闭，调整为冬眠的姿势。

在整个冬眠期间，会发生多个冬眠阵，每个冬眠阵又由蛰眠和激醒相互交替组成。蛰眠时，身体一直保持蜷缩，不活动，但能从腹部的收缩和膨大呈现出周期性的阵呼吸和长时间的呼吸暂停，一般平均呼吸暂停16.53分钟（11秒至1小时21分钟35秒）进行一次周期性阵呼吸，平均阵呼吸为2.8（1~8）次/阵，每次持续平均时间11秒/阵。

当受到干扰（声音的干扰，手指触碰）时，有些个体不动也不呼吸，或者呼吸几下后停止呼吸；有些个体受到持续干扰时，呼吸会逐渐加快，缓慢翻动身体，并发出叫声，持续1~5分钟后醒来，呈正常呼吸，取食胡萝卜或饵料，开始活动。如果温度持续在1~4℃范围，林睡鼠活动14小时（9~18）后会再次入眠，进入下一个冬眠阵，平均冬眠阵21.7（13.9~27.3）天。

醒眠后常能在巢穴中发现新排出的饲料或胡萝卜粪便，根据动物冬眠时死亡解剖发现，冬眠时的肠道为排空状态，由此推断，林睡鼠激醒后取食的饲料或胡萝卜，再次入眠前会先排空肠道内的食物。

繁殖 在新疆，当年出生的林睡鼠翌年冬眠后才性成熟。入眠前经过7个多月的漫长冬眠，体内的脂肪几乎耗尽，体重只有冬眠前的40%~50%。晚春（4月下旬左右）醒眠时，首先是寻找食物尽快恢复体能，睾丸和子宫器官已由冬眠时的极度萎缩开始逐渐膨大，其过程约需20天。其后开始寻找配偶交配，受孕母鼠及配偶，会用近一个月的时间寻找隐蔽的场所做巢。经32.8（30~39）天的妊娠，于6月中下旬生产幼体。

分布于不同地区的林睡鼠每年繁殖次数差别较大，中东地区分布的林睡鼠每年繁殖2~3次，繁殖季节从3~10月；欧洲和新疆的每年繁殖1次，繁殖季节从5月到8月。每胎3~7仔，以3~4仔居多。经过1个月的乳汁哺育和精心照顾，开始离乳，成活率一般在90%以上，性比约为1:1，雌性略高于雄性。据实验室观察，哺乳期间母体除外出寻食外，几乎都趴卧在幼体身上为其保温，母体离窝外出时，雄体偶尔也趴卧在幼体身上，当母体趴卧在幼体时，雄体一般在旁边单独卧着。8月中下旬开始，所有个体开始大量进食储存体内脂肪，睾丸和子宫等性器官开始逐渐萎缩，至入冬前性器官萎缩到最低值，体重增加到高峰值，约为醒眠时的1倍以上。

生长发育 据廖力夫实验室记录，第0~32天的生长发育形态学变化如下：0天全身肉粉色无毛，眼黑色，体重1.73g；2天用四肢控制平衡；3天耳尖淡黑色；4天开始爬行; 5天背部开始被毛, 耳缘变黑, 尾巴长长明显; 6天头背部开始被淡黄色短毛; 7天尾巴变青色; 8天背部头部完全被淡黄色毛, 尾巴开始被淡黄色短毛; 9天背部尾巴开始被黑色绒毛, 从嘴部经鼻到耳根出现黑斑, 腹部粉白色, 可以走行但不稳; 11天腹部开始被毛; 12天耳道开始开裂; 13天开始睁眼, 背部毛成褐色, 腹部白色, 四爪淡粉色, 行走稳; 14天毛深灰色, 有5个环; 15天腹部完全被毛, 对反应有叫声, 耳道全部开裂; 16天全部睁眼睛; 6天和7~10天下门齿和上门齿分别突破牙床; 8~12天和10~13天前趾间和后趾间分别相互分离; 21天开始到窝外活动, 能采食; 25天毛超过5mm; 32天还有个别个体吸乳, 所有个体到窝外活动。32天后再未见到吸乳行为。

林睡鼠从第0~32天的生长发育分成五个阶段。

第一阶段(0天): 幼仔没有任何主动行为, 无平衡、旋转或转身爬行的任何动作。

第二阶段(1~11天): 对声音没有反应, 但能够正确取向、转向、支撑、爬行、笨拙行走。

第三阶段(12~17天): 感觉和运动器官发育迅速, 睁眼, 耳道开通, 对声音有反应。

第四期(18~21天): 出巢活动, 开始获得树栖模式行为, 有探索行为。断奶时, 能抓住昆虫吃, 像成体一样做树上悬挂行为。

第五阶段(22~32天): 幼仔开始追逐并在树枝上活动。

社群结构与婚配行为 林睡鼠能产生不同频率的声音, 发出一种悠扬的吱吱声。它们是利用超声波进行通讯和识别。目前还不知道它们是如何将这些形式用于交配、冲突和幼体的信息沟通。然而, 却能够识别特定个体。林睡鼠通常是独居生活, 只有在繁殖期和幼体分居前是群居。冬眠都是单独的。

种群数量动态

季节动态 林睡鼠属冬眠动物, 季节动态变化比较有规律。晚春出蛰开始出现, 7月下旬幼体开始出窝活动, 9月为一年的高峰期, 10月中下旬几乎都进入冬眠。每年10月到翌年4月, 约60%前一年出生和成年个体过不了冬, 部分在冬眠中死亡, 另一些死于松貂、石貂、野猫、猫头鹰和乌鸦等天敌的捕食。林睡鼠在野外的平均寿命为5年半, 雌体一生可繁殖5次。

年间动态 新疆林睡鼠种群的年间动态资料比较少, 种群密度不高, 8月其栖息地的鼠夹捕获率在0.1%~1%范围, 约0.3只/hm^2。在欧洲的许多国家该鼠都被列为濒危物种。根据欧盟动物保护法和伯尔尼公约, 对已遭受破坏的栖息地和森林, 要求逐步恢复栖息环境, 以帮助维持和提高密度, 并给予一定的奖励。

危害

农林危害 对农林业可以造成一定的危害。栖息在农田附近的林睡鼠, 主要在种子播种、谷物成熟季节盗食种子和谷物, 只因密度低, 对谷物造成的损失没有引起人们的重视。对经济林造成的危害较大, 主要对成熟或即将成熟的水果或有核类经济林果实啃食, 影响水果品质, 造成一定的损失。

公共卫生危害 在天山山区天然林林区, 林睡鼠血清中的森林脑炎病毒血凝抑制抗体检出率在某些区域可达83%, 证明林睡鼠是森林脑炎病毒的自然储存宿主之一, 对当地人群健康造成一定的威胁。

防治技术

生物防治 林睡鼠是森林脑炎病的保存宿主或携带者, 也是多种猛禽和捕食类天敌的食物来源。据Obuch(2005)于1995年至1996年对682个猛禽吐食核和野生动物粪便的残渣分析, 发现27个(4%)含有林睡鼠成分, 猛禽种类包括长耳鸮、纵纹腹鸮、普通鵟、金雕和花头鸺鹠(*Glaucidium passerinum*)。此外在2种蛇(蝰蛇*Vipera berus*、毒蝰*Vipera aspis*)和9种哺乳动物粪便(棕熊、狼、赤狐、松貂、狗獾、野猫和野猪等)发现林睡鼠的成分。因此保护天敌能有效控制林睡鼠数量, 减少对生态环境和林业造成的危害, 维护生态平衡。正常情况下林睡鼠密度较低, 一般不需要采取特殊杀灭控制措施。在森林脑炎疫区从事活动时, 避免与其接触是最好的防护办法。

物理防治 在林睡鼠危害严重的农田区域, 用花生米或苹果做诱饵, 将小号鼠夹布放在林睡鼠经常活动的区域, 可以很快将鼠密度控制下去。

进化研究 2000年在中国的一个湖底, 发现一只保存完好的类似睡鼠的哺乳动物化石。该化石被认为是最早的兽类的祖先, 它被命名为始祖兽(Eomaia), 其显著的骨骼特征更接近现代有胎盘类动物(Placentals)。这一重要发现表明: 始祖兽与有胎盘类动物这两个群体在1.25亿年前发生了分化。因为历史上有记载的最古老有胎盘哺乳动物的牙齿化石距今1.1亿年, 头骨和骨骼化石也只有0.75亿年的历史。

病毒研究 林睡鼠对病毒非常敏感, 可作为病毒研究的重要实验材料。林睡鼠是冬眠动物中体型较小的动物, 可用于冬眠的研究。

此外林睡鼠的通讯和行为是通过超声波完成, 在返回巢穴时, 林睡鼠能从距自己巢穴几十甚至上百米远的地面或树干返回到树干上的巢穴, 说明该鼠具有超强的三维定位能力。

参考文献

安冉, 刘斌, 徐艺玫, 等, 2015. 林睡鼠幼鼠的活动规律和行为观察初步研究[J]. 兽类学报, 35(2): 170-175.

马勇, 1986. 中国有害啮齿动物分布资料[J]. 中国农学通报(6): 76-82.

马勇, 王逢桂, 金善科, 等, 1987. 新疆北部地区啮齿动物的分类和分布[M]. 北京: 科学出版社: 210-214.

王思博, 杨赣源, 1983. 新疆啮齿动物志[M]. 乌鲁木齐: 新疆人民出版社: 88-89.

吴文裕, 孟津, 叶捷, 等, 2016. 新疆准噶尔盆地北缘晚渐新世睡鼠再研究(英文)[J]. 古脊椎动物学报, 54(1): 36-50.

杨屹, 黎唯, 2001. 霍尔果斯口岸啮齿动物种群及密度调查[J]. 中国国境卫生检疫杂志, 24(1): 22-24.

DUMA I I, GIURGIU S, 2012. Circadian activity and nest use of *Dryomys nitedula* as revealed by infrared motion sensor cameras[J]. Folia zoologica, 61(1): 49-53.

KRYŠTUFEK B, VOHRALÍK V, 1994. Distribution of the forest dormouse *Dryomys nitedula* (Pallas, 1779) (Rodentia, Myoxidae) in

Europe[J]. Mammal review, 24(4): 161-177.

NOWAKOWSKI W K, 1998. 24-hour activity in the forest dormouse (*Dryomys nitedula*)[J]. Natura croatica, 7: 19-29.

（撰稿：廖力夫；审稿：宛新荣）

林业鼠害 rodent damage to forest

啮齿类（含兔形目）取食多种林木及果树造成的危害。林木的根、幼苗、树皮等被啃食后，不仅长势受到影响，甚至可导致林木大量死亡。中国林业鼠害发生面积272.3万 hm²，新植林地和未成林地被害偏重，一些地区幼林因鼠害被迫多次重植。2002年宁夏固原42 668hm² 退耕林中有34 000hm² 不同程度遭到鼢鼠危害，林木平均受害率达到14%，严重的地方高达60%。黄土高原每年人工幼林被鼢鼠危害的面积达10万 hm²，林木被害率达20%～30%，危害严重的达50%以上。新疆昌吉人工林因大沙鼠、子午沙鼠、五趾跳鼠和野兔的啃食，白梭梭死亡率达40%，沙拐枣死亡率达20%。陇南地区退耕还林区因中华鼢鼠、达乌尔鼠兔和草兔等危害面积达5700hm²，苗木平均损失率为14%，局部高达38%。不合理的森林利用和缺乏管理，可使鼠害加重。

林业害鼠的种类 危害林业的鼠（兔）有50多种。主要有中华鼢鼠、东北鼢鼠、高原鼢鼠、甘肃鼢鼠、草原鼢鼠、棕背䶄、红背䶄、大沙鼠、子午沙鼠、达乌尔黄鼠、五趾跳鼠、三趾跳鼠、棕色田鼠、布氏田鼠、根田鼠、青海田鼠、东方田鼠、黑腹绒鼠、灰仓鼠、赤腹松鼠、高原鼠兔、达乌尔鼠兔、草兔等。

林业鼠害的防治 在鼠情监测的基础上，根据具体情况，对需要防治的地区，采取相应措施进行综合防治。如合理搭配造林树种、优化林分和树种结构、合理密植、挖防鼠沟；保护和利用天敌；建立专业鼠害防治队，进行物理防治和化学防治等。

参考文献

阿翰林，石青云，2004. 青海省青海湖农场退耕还林地的鼠害调查与灭治[J]. 防护林科技(5): 67-68.

何顺利，2004. 陇南地区退耕还林地鼠(兔)害现状及预防对策[J]. 甘肃林业科技, 29 (2): 48-50.

温玄烨，董晓波，卢修亮，等，2021. 我国林业鼠(兔)害发生现状及防治技术研究进展[J]. 世界林业研究, 34(2): 91-95.

杨清娥，韩崇选，吕复扬，等，2004. 我国西北地区啮齿动物的发生现状与趋势研究[J]. 陕西林业科技(1): 50-55.

（撰稿：郭聪；审稿：郭永旺）

林业鼠害监测 forest rodent damage monitoring

监测预警是林业生物灾害防治工作的前提和基础，旨在对林业有害生物的发生危害情况进行全面监测、重点调查，并通过对采集数据的科学分析，判断其发生现状和发展趋势，作出短、中、长期预报，为科学防治提供决策依据。

构建完整的林业监测预警体系对于科学指导林业御灾、防灾和减灾活动，有效保护森林资源具有十分重要的现实意义。林业监测预警体系是按照"全面监测、准确预报、及时预警"的总体要求进行建设的，目前是以现有的国家、省、市、县四级测报站点为基础。截至2007年底，全国已建成了各级测报机构3068个，其中国家级预测预报中心1个、省级站34个、市级站373个、县级站2660个。各级测报机构还分别设立了以开展野外灾情调查为主要任务的各级测报（监测）站点24958个，其中国家级中心测报点1000个，省级重点测报点1593个，一般监测点22365个。目前，中国基本建成了以国家预测预报中心为龙头，以省（市）测报站为枢纽，以国家级中心测报点为骨干，以县级测报站和各级测报（监测）点为基础的全国林业生物灾害监测预报网络（见图）。

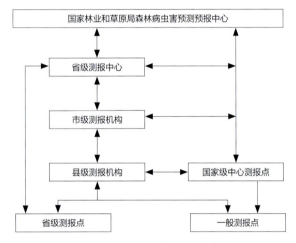

中国林业生物灾害监测预报网络

林业有害生物是指危害森林、林木和林木种子正常生长并造成经济损失的病、虫、鼠（兔）、杂草等有害生物。林业监测预警体系自然也包括了林业鼠害监测的工作内容。目前全国林业鼠害监测体系完备，共有各级（省、市、县）国家级中心测报站点156个。

（撰稿：于治军；审稿：董晓波）

淋巴细胞性脉络丛脑膜炎 lymphocytic choriomeningitis, LCM

由淋巴细胞性脉络丛脑膜炎病毒引起的急性动物性传染病。该病临床表现不一，可以是隐性感染不表现症状，或如流感样，以起病急、发热、头痛和肌痛为主要表现。典型表现呈淋巴细胞性脑膜炎综合征，严重者可出现脑膜脑炎。该病一般为自限性，预后良好。

病原特征 LCM病毒属RNA型病毒，大小为40～60nm，在形态学和血清学上与拉沙病毒、Machupo病毒、Tacaribe病毒等相似，故它在分类学上亦属于沙拉病毒属（*Arenavirus*）。其病原体有许多致病性（亲不同组织性，毒力等）不同的型别，但各型具有相同的特异性抗原。本病毒十分不稳定，在56℃1小时可被灭活，在乙醚、甲醛、紫外线及pH＜7时均容易被破坏，但在50%甘油，-70℃可长期保存。该病毒在鸡胚或鼠胚成纤维细胞组织培养中能够生长，对小鼠、白鼠、豚鼠、田鼠、兔和猴等均具致病力。实验室感染除鼠外，也可用豚鼠、狗与猴子。

流行病学 该病呈世界性分布。一般为散发，以秋冬季为主。15~40岁的人群发病率最高。LCM病毒的天然宿主为褐家鼠。鼠类（尤其是家鼠）是本病的主要传染源。从病鼠的血液、鼻咽分泌物、尿、粪及精液均曾分离到病毒。家庭中的尘土可被病毒污染，人们可因吸入这些尘土而被病毒感染。病毒也可经皮肤或眼结膜感染。食物有可能被污染而传播本病，但尚未有确切证据。大白鼠、田鼠、狗和猴等均可自然感染，同样也有可能通过上述途径传播给人类。实验室工作人员可因接触感染本病的实验动物而得病。从蚊、蚤、虱和螨等都曾分离到LCM病毒，但没有证据表明因叮咬人类而传播本病。未证明该病有人与人之间传播。人感染该病后可有持久的免疫力。

临床症状 该病的临床表现多样化。可以从无症状感染、流感样全身性疾患、脑膜炎以至于严重的脑膜脑炎。但各型之间没有截然的分界线。①流感样全身症状是最常见的临床表现。潜伏期一般为8~12天。起病大多急骤，发热可达39℃以上，伴有背痛、头痛、全身肌肉酸痛，部分病人有恶心、呕吐、畏光、淋巴结肿痛、腹泻、皮疹或咽痛、鼻塞流涕、咳嗽等症状，病程2周左右，偶有复发，病后乏力感可持续2~4周。②脑膜炎患者可出现于流感样症状后（常有短暂缓解期），或直接以脑膜炎症开始，起病急，表现为发热、头痛、呕吐、脑膜刺激征等，除幼儿外，惊厥少见，神志一般无改变，病程约2周。③脑膜脑炎型、脑脊髓炎型等罕见，表现为剧烈头痛、谵妄、昏迷、惊厥、瘫痪、精神失常等，部分病例有神经系统后遗症，如失语、失聪、蛛网膜炎、不同程度的瘫痪、共济失调、复视、斜视等。

病理病因 该病罕见致死病例，故很少有病理学改变的报告。主要发现是脑肿胀、蛛网膜增厚与淋巴细胞、单核细胞浸润，毛细血管出血、坏死，血管周围炎症浸润，局灶性炎症性淋巴小结等。

发病机理尚未完全阐明。LCM病毒首先侵入呼吸道时，可在上皮细胞内大量繁殖，故不少病人表现为上呼吸道感染或"流感样"症状，病毒入血后导致病毒血症，可通过血脑屏障而感染脑膜细胞。该病死亡者极少。

诊断 有与田鼠、小白鼠接触史，或住处有鼠和附近有同样病人，流感样症状短暂缓解后，继而出现脑膜刺激征者，脑脊液中增多的细胞几全为淋巴细胞，均有重要参考价值。

该病易与流感、其他病毒性呼吸道感染、各种病毒性脑膜炎、结核性脑膜炎等混淆，应依流行病学资料、血清学检查及病毒分离作出鉴别。急性发热期可从患者血液或脑脊液中分离出LCM病毒。急性期与恢复期双份血清检测病毒抗体，有助于鉴定急性感染。免疫荧光技术在病程早期便可检出抗体，是一种快速而灵敏的诊断方法。要考虑其他原因所致的淋巴细胞性（无菌性、病毒性）脑膜炎，如流行性腮腺炎病毒、风疹病毒、肠道病毒及其他病毒引起的脑膜炎。

防治 因为没有发现人与人之间的传播，患者没有必要隔离处理。与该病毒有关的实验室及动物室应注意防范，以免引起实验室暴发流行。

该病治疗以对症为主，氯霉素、四环素族药物对本病皆有特效，近来有用红霉素、氟喹酮类药物（如诺氟沙星、依诺沙星、环丙沙星）及米诺环素（minocycline）等治疗本病也有较好的效果。患者应卧床休息。严重头痛、颅内压较高者可应用甘露醇等脱水剂处理。

参考文献

汤家铭, 闻玉梅, 1987. 淋巴细胞性脉络丛脑膜炎病毒的研究进展[J]. 国外医学(微生物学分册)(5): 201-204.

徐建春, 2010. 淋巴细胞性脉络丛脑膜炎[C]// 中华医学会第十三次全国神经病学学术会议论文汇编.

（撰稿：董国英；审稿：何宏轩）

磷化锌 zinc phosphide

一种在中国未登记的杀鼠剂。又名二磷化三锌、耗鼠尽等。化学式Zn_3P_2，相对分子质量258.12，熔点420℃，沸点1100℃，密度$4.55g/cm^3$，遇水反应，溶于乙醇、苯。为暗灰色等轴晶系结晶或粉末，有大蒜气味。高毒物质，用作杀鼠剂和粮食仓库的熏蒸剂，吸入、误服磷化锌可致磷化氢中毒。由红磷与锌粉混合后经高温烧成反应，然后冷却、粉碎得到磷化锌成品。对大鼠、小鼠口服半致死剂量（LD_{50}）分别为12mg/kg和40mg/kg。

（撰稿：宋英；审稿：刘晓辉）

伶鼬 *Mustela nivalis* Linnaeus

鼠类的天敌之一。又名矮伶鼬、银鼠、白鼠等。英文名weasel、least weasel。食肉目（Carnivora）鼬科（Mustelidae）鼬属（*Mustela*）。

中国分布于黑龙江、吉林、辽宁、内蒙古、河北、新疆、四川等地。国外分布于古北区和新北区的大多数国家及古热带区的少数国家。

形态 最小的食肉类动物之一，身体细长，四肢短，体长14~21cm，尾极短，尾长3~7cm，体重28~70g。上唇口角为白色，口须暗棕色。从吻鼻、头、躯体至尾部全为棕褐色。颏、喉为白色。四肢外侧为棕褐色，内侧与腹部一样为黄白色。背面和腹面之间分界线明显而整齐。冬季全身被毛均为白色。跖行性，足掌被短毛，足背趾的基部杂生有白毛，趾、掌垫隐于毛中。前后肢均具五趾，爪稍曲且纤细，很尖锐。前肢腕部着生数根向外的白色长毛。雄兽阴茎骨先端弯曲呈钩状。雌兽乳头胸下有2对，鼠蹊部有3对。

伶鼬的头骨颅型小而狭长吻部甚短。颊齿间宽略等于眶间宽。鼻骨三角形，末端止于额骨前缘。眶后突明显，三角形。颧弓细弱，颧宽略大于后头宽。矢状嵴和人字嵴明显。眶前孔稍大。门齿孔小，卵圆形。听泡较大，为扁长圆形。下颌微曲，角突很小，冠状突似三角。

齿式为 $2\times\left(\dfrac{3.1.3.1}{3.1.3.2}\right)=34$。上门齿横列齐整，第三枚略粗。下门齿排列不平齐，第二枚门齿内移。臼齿很小，约为第一前臼齿的1/2。

生态及习性　栖息于森林、草原、湖泊、丘陵、盆地等，适应性极强。甚至生活于城市乡村等人类环境，主要栖于高原的灌丛草甸，在林区栖息于针阔混交林、亚高山或干旱山地针叶林及林缘灌丛。常单独活动，经常于白天外出觅食，极活跃，穴居。白天多在旱獭和鼠兔等小型兽洞穴出入。感官敏捷，动作灵巧，行动迅速、诡秘，凭借灵敏的嗅觉和听觉搜寻食物。

猎区固定，食物以小型啮齿类为主，一年能食掉3500只小鼠。同时也兼食小鸟和鸟卵、蛙类和昆虫等，沿河堤、小溪活动捕食蛙类、昆虫和鱼，有时亦盗食家禽。

整年可发情，但多冬末春初交配，一年一胎或两胎。孕期约35天。哺乳期约50天，每胎产3～7仔，最多达12仔。10个月后即性成熟，寿命约10年。

参考文献

SMITH A T, 解焱, 2009. 中国兽类野外手册[M]. 长沙: 湖南教育出版社.

高耀亭, 1987. 中国动物志: 兽纲 第八卷 食肉目[M]. 北京: 科学出版社.

寿振黄, 1962. 中国经济动物志: 兽类[M]. 北京: 科学出版社.

王酉之, 胡锦矗, 1999. 四川兽类原色图鉴[M]. 北京: 中国林业出版社.

杨奇森, 2007. 中国兽类彩色图谱[M]. 北京: 科学出版社.

（撰稿：李操；审稿：王勇）

刘季科　Liu Jike

著名动物生态学家，中国科学院西北高原生物研究所研究员，浙江大学教授，博士生导师。

个人简介　1941年2月出生于陕西三原。1962年毕业于西北大学生物系动物专业，同年分配到中国科学院西北高原生物研究所从事科研工作。1985—1986年，在美国伊利诺伊大学及科罗拉多大学进修生态学，1987年晋升为副研究员，1992年晋升为研究员。1996年被中国科学院批准为博士研究生导师，共培养硕士研究生8名、博士研究生11名。1988年10月，任青海省生态学会第四届理事长。1996年10月，任青海省科学技术协会第六届常委。1998年调入浙江大学生命科学学院工作。

成果贡献　长期从事动物生态学、进化生态学和生态系统生态学的研究，是中国动物生态学学科的重要奠基人之一。主持完成国家自然科学基金项目4项，参加国家"七五""八五"攀登计划"青藏高原的隆起、环境变迁及生态系统"的专题"高寒草甸生态系统结构、功能和提高生产力途径的研究"等，发表学术论文80余篇。

主要学术成就有：20世纪80年代率先在中国开展了小哺乳动物种群调节机理的实验调控研究。对高原鼠兔数量与危害程度的关系研究表明，高原鼠兔挖掘活动导致草场生产力下降远大于啮食损耗，高原鼠兔数量与危害面积率和损坏产草量之间均存在对数曲线关系。采用食物选择试验和饲料可利用性测定证明，栖息于同一生境的小哺乳动物具有不同的食物选择及资源利用模式，食物资源利用的生态时间竞争和共存是植食性小哺乳类类兔群的主要生态特征。

在国内动物生态领域较早开展假设驱动的科学研究，应用析因实验设计，开展复合因子理论的野外实验验证，证明高质量食物可利用性和捕食对限制小型啮齿动物种群密度具有独立和累加的效应，建立了小型哺乳动物种群系统调节新复合因子理论。此外，开展小型哺乳动物生活史对策和营养生态学研究，提出植食性哺乳动物应对植物化学防卫的适应策略。

所获荣誉　1993年，获青海省优秀专家称号。1994年，享受国务院政府特殊津贴。主持编写的《高寒草甸生态系统》（第3集）获中国科学院自然科学二等奖、青海省科技进步三等奖。

参考文献

《中国科学院西北高原生物研究所志》编纂委员会, 2012. 中国科学院西北高原生物研究所志[M]. 西宁: 青海人民出版社.

（撰稿：张同作；审稿：边疆晖）

硫酸钡　barium sulfate

一种新型杀鼠剂。商品名为地芬·硫酸钡。有效成分为20%硫酸钡和0.02%地芬诺酯。该药物的作用原理是通过地芬诺酯减缓肠蠕动，使摄入的饵剂不易分散，饵剂中的功能微生物发酵产生的气体导致硫酸钡堆积在老鼠的肠道中产生梗阻，从而导致害鼠不能进食，造成体内营养缺乏、脏器衰竭而死亡。目前注册为室内防治家鼠使用。

（撰稿：王大伟；审稿：刘晓辉）

硫酸铊　thallous sulfate

一种明令禁止使用的杀鼠剂。又名硫酸亚铊。化学式Tl_2SO_4，相对分子质量504.84，熔点632℃，水溶性4.87g/100ml（20℃），密度6.77g/cm³。白色的棱晶或浓密的白色粉末。剧毒物质，吸入、口服或经皮吸收均可引起急性中毒。铊离子进入细胞后，会破坏钾钠离子的运输。20世纪初时，它被用作灭鼠剂。现在，它主要作为实验室中铊离子的来源。硫酸铊可由金属铊与硫酸反应结晶后制得。对大鼠、小鼠口服半致死剂量（LD_{50}）分别为16mg/kg和23.5mg/kg。

（撰稿：宋英；审稿：刘晓辉）

龙姬鼠　Apodemus draco Barrett-Hamilton

中国南方分布很广的一种小型鼠类。又名中华姬鼠。英文名 south China field mouse。啮齿目（Rodentia）鼠科（Muridae）姬鼠属（Apodemus）。

在中国分布于陕西、青海、甘肃、云南、湖北、湖南、江西、福建、台湾、西藏、宁夏等地。

形态

外形　个体中等，平均长 90mm（n=195），成体体长多在 82～115mm 之间。尾长平均 100mm，尾长显著长于体长，约为体长的 110%。后足长 17～24mm，大多数在 20～22mm。耳高平均约 17mm，在 15～19mm 之间。

毛色　背毛为沙褐色，毛基黑灰色，毛尖沙黄色，一些个体带褐色，一些个体黑色调较显著。背部杂有较多针毛，针毛的毛基灰白色，毛尖黑色。体侧部针毛较少，毛淡黄棕色。腹毛灰白色，毛基灰色，毛尖灰白色，体之背腹毛色界线不甚分明，有过渡的趋势，但在一些个体界线明显。尾双色，背面黑灰色，腹面色淡，尾尖部毛稍长。前后足背面灰白色，一些个体白色更显著，一些个体带棕色。爪乳白色，半透明，爪基部内可见灰黑色区。爪背面毛相对较长。前后足均有 5 指（趾），前足拇指退化，但明显存在，且为指甲。前后足均有 5 枚指（趾）垫。

头骨　吻部较为尖细，门齿孔可达白齿列前端的水平线，颅骨具明显的眶上嵴，脑颅较隆起，额骨与顶骨之间的交接缝呈圆弧形，部分标本额骨与顶骨交接缝呈"人"字形，使额骨形成一个锐角伸入顶骨处，颧弓细弱，鼻骨细长。

牙齿　上下齿列长均不超过 4mm。上颌第一白齿最大，约等于第二与第三白齿总和，上颌第一白齿有 3 个横嵴，每一横嵴有 3 个齿突，两侧近于对称，中间齿突较大，后尖（t^9）不退化。第二上白齿亦有三横嵴，第一横嵴的中央齿突消失，两侧退化成两个孤立的小齿突，内侧小齿突大于外侧小齿突。第三上白齿最小，呈三叶，齿式为 $2\times\left(\dfrac{1.0.0.3}{1.0.0.3}\right)=16$。

主要鉴别特征　第三上白齿舌侧有三个齿突，形态和大林姬鼠、大耳姬鼠一致，但耳长均在 19mm 以下，大耳姬鼠均在 20mm 以上；尾长明显长于体长，和大林姬鼠有区别，大林姬鼠尾长短于、等于或略长于体长。第三上白齿形状和澜沧江姬鼠也是相似的，但澜沧江姬鼠毛更长，腹部毛色更白，背腹毛色界线明显，龙姬鼠背腹毛色界线不甚明显，腹部毛色灰白略带黄色调。

生活习性

洞穴　多在树根下，或岩石缝隙中或树洞中，洞道内岔道不多，窝以树叶、干草组成，洞内无存粮。

栖息地　栖于海拔 800～3500m 的林区、山间耕地、灌丛。为林区优势鼠种，在常绿与落叶阔叶林内、落叶阔叶林内、山顶草地及灌丛中数量较多，在混交林及落叶阔叶林内有时栖居于岩石缝隙中，也有的将窝筑在树洞中，但多数在树根下或草丛中筑窝。

食物　以植物性食物为主，食橡子、茶籽、毛栗、草籽、嫩枝叶，偶尔取食昆虫。

繁殖　繁殖期为 4～11 月，春末秋初为繁殖高峰期，孕期 26～28 天，每年繁殖 2～3 次，每胎产仔最少 3 只，最多 10 只，平均 5～7 只。

危害　龙姬鼠适应能力强，在中低海拔的次生林、次生灌丛、次生草地、农田均有分布，且种群数量大。往往对人工幼林造成较大危害。危害的主要方式为咬断幼苗主茎，或者环剥主茎基部的皮层，导致幼树死亡。危害人工林的主要树种包括杉木、柳杉、油松、桤木等。

防治　龙姬鼠栖息的生境主要是灌丛、草丛等，当危害较轻时，可采用栖息地管理的方法控制龙姬鼠的种群密度，如清除造林地的杂草、灌丛，改善林地卫生，使龙姬鼠没有合适的栖息地，迫使其迁移。也可以采用人工方法，用鼠夹，减低其种群密度达到减少危害的目的。当种群密度大，危害严重时，可采用无公害的化学防治。如用第二代抗凝血剂。

参考文献

罗蓉, 等, 1993. 贵州兽类志[M]. 贵阳: 贵州科技出版社: 258-259.

王岐山, 1990. 安徽兽类志[M]. 合肥: 安徽科学技术出版社: 158-161.

王西之, 胡锦矗, 1999. 四川兽类原色图鉴[M]. 北京: 中国林业出版社.

夏武平, 高耀亭, 等, 1988. 中国动物图谱: 兽类[M]. 2版. 北京: 科学出版社.

（撰稿：刘少英；审稿：郭聪）

卢浩泉　Lu Haoquan

山东大学生命科学学院教授，研究生导师。长期从事啮齿动物种群生态学研究。

个人简介　1932 年 8 月出生于江苏宜兴。1954 年毕业于山东大学生物系动物学专业，并留系任教。1955 年考取高等教育部留苏预备部，在北京外国语学院学习俄语。1956 年 11 月赴苏联列宁格勒大学生物系攻读副博士学位。1960 年 11 月毕业回国继续在山东大学工作。1963 年起任山东大学脊椎动物学教研室主任。1987—1992 年任山东大学生物系主任。

成果贡献　1962—1980 年对山东省的兽类特别是危害农林业及居民生活的鼠类进行了调查研究及防治试验，并继续对在中国仅分布于新疆青河流域的蒙新河狸进行了种群生态学研究。在研究的基础上向新疆维吾尔自治区政府建议成立中国一级重点保护野生动物河狸自然保护区。发表了河狸生态学论文两篇。《科学通报》1959 年第 4 期也发表了其关于自然保护区建设的文章。承担的新疆维吾尔自治区林业厅的招标科研项目"蒙新河狸的生态学研究"经有关专家鉴定获世界水平的结论（1996 年），有关论文发表在《中国林业科技》《兽类学报》《中国兽类生物学研究》等期刊上。

1979 年开始主持开展对华北地区农业危害最严重的鼠类进行防治的研究。1981 年起陆续在《大众日报》《济南日报》等发表有关防治鼠害的科普文章。1982—1992 年先后承担了教育部、农业部与中国科学院、北京师范大学、中山大学及陕西师范大学等单位协作的国家科技攻关项目"我国农牧区主要害鼠防治对策的研究"。期间陆续完成的科研项目有 4 项。研究成果先后发表在《鼠害治理的理论与实践》《农业主要害鼠的生态学及控制对策》《兽类学报》。出版了有关的科普著作、专著等多部书籍。1992—1997 年担任 365 集大型电视系列片《动物园》的拍摄顾问。

1993 年退休后承担了山东省地方志的编辑工作，为《山东省生物志》的主编之一。先后出版《生物学手册》《农田鼠害的调查与预测预报》《生物学的奥秘》《农田鼠害的种类、预测与防治》等书籍。2006 年参加《中国动物志》中啮齿目河狸科的编写工作。

所获荣誉 先后获得山东省科技进步奖 2 项、农业部科技进步奖 1 项、中国科学院科技进步奖 2 项。1982—1998 年间两次获得"山东省优秀科技工作者"称号。享受国务院政府特殊津贴。

（撰稿：李玉春；审稿：王登）

氯化苦　chloropicrin

一种在中国未登记的杀鼠剂。又名三氯硝基甲烷、硝基三氯甲烷。化学式 CCl_3NO_2，相对分子质量 164.38，沸点 112℃，不溶于水，溶于乙醇、苯等多数有机溶剂，密度 $1.69g/cm^3$。无色油性液体，制备的主要原料为三硝基苯酚、氢氧化钙、氯气。可被吸入、食入和经皮肤吸收，蒸气强烈刺激眼和肺，损害中、小支气管，导致中毒性肺炎和肺水肿，具有全身毒作用。氯化苦具有杀虫、杀菌、杀线虫和灭鼠等作用，常用于粮食熏蒸及土壤消毒。氯化苦对大鼠的口服半致死剂量（LD_{50}）为 250mg/kg，对小鼠的腹腔注射半致死剂量（LD_{50}）为 25mg/kg。

（撰稿：宋英；审稿：刘晓辉）

氯鼠酮　chlorophacinone

一种在中国未登记的杀鼠剂。又名鼠顿停、氯敌鼠。化学式 $C_{23}H_{15}ClO_3$，相对分子质量 374.82，熔点 140℃，沸点 140～144℃，密度 $1.342g/cm^3$。白色或近乎于白色粉末，可由邻苯二甲酸二甲酯为原料合成，可溶于丙酮、乙酸乙酯、乙醇，难溶于水，受热分解为有毒的氯化物气体。是一种可溶于油的抗凝血类杀鼠剂，易浸入饵料中，不会因雨淋而减弱毒性，适合野外灭鼠使用。其毒理机制与敌鼠钠盐、杀鼠醚相似。氯鼠酮对大鼠、小鼠的口服半致死剂量（LD_{50}）分别为 2.1mg/kg 和 1.06mg/kg。

（撰稿：宋英；审稿：刘晓辉）

卵巢　ovary

雌性动物的生殖器官，左右各一，卵巢的大小与形态因年龄及发育情况而异。性成熟的雌鼠卵巢呈卵圆形，表面有不规则结节状的卵泡，新鲜卵巢呈淡红色。卵巢的功能是产生卵以及雌性激素。卵巢的内部结构可分为皮质和髓质。卵巢的生卵功能有周期性变化，一般分为三个阶段：卵泡期、排卵期和黄体期。卵巢作为雌性的性腺，其功能的正常发挥受大脑皮质、下丘脑和垂体影响。卵巢中颗粒细胞是合成雌激素的场所，孕激素在卵巢内主要在黄体生成素（LH）的作用下由黄体产生，主要为孕酮。

（撰稿：李宁；审稿：刘晓辉）

卵泡刺激素　follicle-stimulating hormone, FSH

一种与生殖调节相关的糖蛋白激素。具有异源二聚体结构，由 α 和 β 两个不同的亚基组成。FSH 由脑垂体合成并分泌，因最早发现其对雌性卵泡成熟的刺激作用而得名，亦称为促卵泡激素。后来的研究表明，FSH 在雌雄两性体内都是很重要的激素之一，调控着发育、生长、青春期性成熟等，它和黄体生成素（LH）相互协同，在生殖相关的生理过程中发挥着至关重要的作用。

（撰稿：李宁；审稿：刘晓辉）

M

马勇 Ma Yong

哺乳动物学科学工作者，中国啮齿动物分类及其生态地理分布的著名专家。

个人简介 1936年10月出生于黑龙江省哈尔滨市。1956年高中毕业被国家选派留学苏联。1961年毕业于莫斯科大学地理系动物地理学专业，归国后一直在中国科学院动物研究所工作，2000年退休。曾任野外考察队长、兽类研究室副主任、研究员、博士生导师。曾多年任中国动物学会常务理事、兽类学分会理事，《动物学杂志》主编，中国植物保护学会鼠害防治专业委员会副主任。中国农业部、全国爱国卫生运动委员会，以及北京市的鼠害防治专家组成员。现任《中国动物志》编写委员会委员、《中国啮齿动物志》总论卷册主编、《动物学杂志》名誉主编。

成果贡献 主要参加的科研工作有国家科委主持的"七五"和"八五"攻关项目中"农牧区鼠害综合防治研究"项目的总负责人。"三北边境地区"传病啮齿动物的分类和生态分布调查队长。四川王朗大熊猫自然保护区本底考查队副队长。参加的其他工作有山西省中条山鸟兽调查、内蒙古呼伦贝尔草原综合考察、内蒙古种畜场本底考查、四子王旗鼠害调查、新疆鼠害调查。"自然流行病区划"中传病啮齿动物的分类和区划，《中华人民共和国自然地理图集》的主要参加者之一（负责动物分布图）。

主要完成和参加协作的文献百余件，发现和发表了2个新种，发表新亚种和发现中国物种分布新纪录20余个，订正了旧文献中啮齿动物属、种和亚种分类错误10多个。基本查清了中国啮齿动物的属种数和地理分布，编写了中国啮齿动物检索表。代表著作有《新疆北部地区啮齿动物的分类和分布》、《中华人民共和国自然地理图集》中的动物分布部分、《啮齿动物学》中的分类和分布章节。

所获荣誉 科学研究方面获得多项奖励，主要有中国科学院科技进步一等奖1项，中国科学院科技进步二等奖3项。在社会工作方面，5名鼠害防治专家（包括本人）因揭露含剧毒氟乙酰胺的"邱氏鼠药"造成的严重危害，给中央反映情况，并经有关领导批示在刊物上发表了《建议新闻媒介要科学宣传灭鼠》，诱发了为时3年的"邱氏鼠药案"，5名被告在初审法院的偏袒错判败诉的巨大压力下，克服种种困难，坚持斗争，最终胜诉，"邱氏鼠药"被取缔，使中国灭鼠工作得以正常开展，为国家减少了巨大经济损失，避免了人畜伤亡。获得中国科协授予的优秀建议奖一等奖。享受国务院政府特殊津贴。

（撰稿：宛新荣；审稿：王勇）

毛细线虫 capillaria

可寄生于脊椎动物的肝、肺、肠等组织脏器引起毛细线虫病的一种线虫。线形动物门(Nematomorpha)线虫纲(Nematoda)嘴刺目(Enoplida)毛细科(Capillariidae)毛细属(*Capillaria*)。毛细线虫寄生部位比较严格，根据寄生部位分为肝毛细线虫、肺毛细线虫和菲律宾毛细线虫。

形态特征 虫体细小、呈毛发状，身体的前部短于或等于身体后部并稍比后部细，前部为食道部，后部包含肠管和生殖管，阴门位于前后部的相连处，雄虫有1根交合刺和1个交合刺鞘。有的只有鞘而无刺，常见原始型交合伞构造。雌虫生殖孔在前后部分的交界处。虫卵呈椭圆形，两端具塞，色淡。不同种毛细线虫寄生部位各异。

生活史 肝毛细线虫成虫寄生于多种鼠类、猫、犬及人的肝脏，甲虫作为传播宿主。肺毛细线虫成虫寄生在猫、犬、狐、貂等动物和人的肺组织，蚯蚓可作为传播宿主。菲律宾毛细线虫寄生于人、猴、鼠及一些鸟类的肠道，主要是十二指肠和空肠，少数虫体也可寄生于咽、食道、胃、肛门等处，鱼可作为传播宿主。

肝毛细线虫在宿主肝脏中产卵，卵多数积聚于肝脏内。虫卵在宿主死亡或被肉食动物吞食，肝脏被消化后，虫卵才释放出来或随吞食者粪便排出。虫卵在土壤中发育为感染期虫卵（含幼虫），被宿主吞食后，幼虫孵出，侵入肠黏膜，经肠系膜静脉或门静脉到达肝脏，在肝脏中发育成成虫。

流行 肝毛细线虫广泛分布于世界各地，中国各地均有分布，严重感染时可引起家禽死亡。

致病性 主要表现对肝脏的致病性，其病理变化取决于感染程度，即与肝中虫卵数量多少相一致。表现为急性或亚急性肝炎，肝脾肿大，腹部膨胀，便秘，腹水。大多数患者临床严重，病性急，有脱水、营养不良、嗜睡、发热等症状。虫体在寄生部位掘穴，造成机械和化学刺激，轻度感染时，嗉囊和食道壁有轻微炎症和增厚。严重感染时可见虫体寄生部位黏膜发炎、增厚，并有黏液性分泌物，伴有黏膜溶解、脱落、坏死等病变；食道和嗉囊壁出血，黏膜中有大量虫体，在虫体寄生部位的组织中有不明显的虫道，淋巴细胞浸润、淋巴滤泡增大、形成伪膜并导致腐败。

诊断 不同虫种的毛细线虫寄生部位不同，检查的方法也不同。肝毛细线虫寄生于肝中，产出的虫卵多积聚在肝内，因此粪便检查不易发现虫卵，肝组织活检为可靠的诊断方法。观察临床症状，解剖检查病禽发现虫体和相应病变；粪便检查发现虫卵。肺毛细线虫寄生于肺内，可在肺内产卵，卵随痰液上行至咽，而后入消化道随粪便排出，根据症状、粪便或鼻液虫卵检查即可确诊。菲律宾毛细线虫寄生于人肠中，在患者的粪便中可检出虫卵。此外，还可用免疫学检测方法。

防治 儿童感染肝毛细线虫的危险性最大，消灭鼠类，保持卫生，防止小孩与土壤和污物接触；避免猫、犬和鼠等宿主吃食可能感染的动物尸体，以免引起病原传播。注意灭蝇。

人感染菲律宾毛细线虫主要来自未煮熟的淡水鱼，因此不吃半熟的或生的鱼，不吃动物的肝脏。改善环境卫生，防止粪便污染食物是该病的根本防治办法。

参考文献

张西臣, 李建华, 2010. 动物寄生虫病学[M]. 3版. 北京: 科学出版社: 215-217.

（撰稿：刘全；审稿：何宏轩）

每日能量消耗　daily energy expenditure, DEE

鼠类在个体水平上维持其自由生命活动每日所消耗能量的总和（kJ/d），又名每日能量支出、日能耗。DEE主要由以下几部分构成：①基础代谢率，是指维持机体最基本生命活动中热能的消耗。②适应性产热，包括颤抖性产热（ST）和非颤抖性产热（NST）。③食物特殊动力作用，消化系统摄取、消化和吸收而引起能量消耗增加的现象。取食不同食物成分，食物特殊动力作用不同，与普遍混合食物相比，高蛋白和高脂肪食物，使食物特殊动力作用增加5%~30%。④行为活动，日常一般活动行为、觅食、捕食、种内争斗、逃避天敌等。活动行为是构成DEE的主要因素之一，也是影响DEE的最主要因素，动物的活动状态不同，用于活动行为的能量支出在DEE中的比例也不同。肌肉活动越强，能量消耗越大；肌肉活动持续时间越长，能量消耗也越大。⑤繁殖状态，鼠类雌性个体在繁殖阶段，孕育后代也要付出能量代价，繁育后代的能量消耗也是DEE的最主要组成部分。大多数鼠类在妊娠阶段DEE略有增加。对小型鼠类的研究发现，妊娠末期能量消耗增加50%左右，哺乳期则急剧增加，哺乳高峰期的能量消耗甚至成倍增加。DEE的因素主要有：体重、环境温度、季节、维度、食物、基础代谢率水平、活动水平等。Nagy（1994）比较了61种哺乳动物的DEE，发现体重对DEE种间变化的贡献率达到了96%。DEE与环境温度呈负相关关系，在一定的温度范围内随温度降低，DEE显著升高。分布于温带的鼠类冬季DEE显著增加，夏季显著降低，排除行为活动的影响，冬季DEE比夏季高50%左右，甚至1倍以上。DEE还与食性和食物组成有关，取食次生代谢物、蛋白和脂质含量高的鼠类，DEE通常较高。大多数鼠类的DEE通常为基础代谢率的2~2.5倍，因此基础代谢率较高的动物，DEE也较高。

参考文献

BELOVSKY G E, SLADE J B, 1986. Time budgets of grassland herbivores: body size similarities[J]. Oecologia, 70: 53-62.

MCNAB B K, 2001. The physiological ecology of vertebrates: a view from energetics[M]. New York: Cornell University Press, Sage House, Ithaca.

NAGY K A, 1994. Field bioenergetics of mammals: What determines filed metabolic rates?[J]. Australian journal of zoology, 42: 43-53.

SPEAKMAN J R, 2000. The Cost of Living: Field metabolic rates of small mammals[J]. Advances in ecological research, 30: 177-297.

SPEAKMAN J R, 2007. The energy cost of reproduction in small rodents[J]. 兽类学报, 27: 1-13.

（撰稿：赵志军；审稿：王德华）

蒙古兔　*Lepus tolai* Pallas

一种重要的农林害鼠。兔形目（Lagomorpha）兔科（Leporidae）兔属（*Lepus*）。

主要分布在中国东北、华北、华东、华中、西北及西部地区。

形态 蒙古兔的分类有较大争议，有人认为是草兔（*Lepus capensis*）的一个亚种，目前尚无定论。蒙古兔的形态特征是体长50cm左右，尾长90mm左右。体重2kg左右。耳长略短于后足长。耳棕褐色，有黑尖。尾背黑色，两侧及腹面白色。身体侧面在冬季会出现略长于皮毛而端部为白色的针毛。后鼻孔宽大于腭骨宽。

生活习性

栖息 窟穴多隐藏在灌丛中的灌木根下，巨石缝内，无固定窝穴。

活动 昼夜皆活动，以黄昏时分最为活跃。

繁殖 每年繁殖2~4窝，每胎产仔2~6只。

食物 食谱广泛。可取食小麦、豆类、甜瓜、玉米、苜蓿、牧草以及取食离地面50cm以下多种林木的嫩枝、嫩芽、树根、近地面果实和树皮。

危害 常对农牧业和林业造成危害。对林业的危害有加重的趋势，在冬季和早春杂草尚未发芽，食物来源匮乏时，常啃食林木，林木受害后，在树上留下伤口，削弱树势，影响树木生长，甚至环剥树干导致树木死亡，严重时可大面积毁林。在一些地区苗圃幼苗被害最为严重。目前，蒙古兔已成为影响退耕还林的灾害性动物之一。

防治技术 采用保护利用天敌、人工捕杀、加强补植补种、套绑防啃网、涂刷防啃剂可减轻其对农牧业及林业的危害。

参考文献

韩崇选, 王明春, 杨学军, 等, 2003. 林区啮齿动物群落结构与林木受害关系研究[J]. 陕西师范大学学报(自然科学版), 31(专辑): 191-198.

梁志军, 2012. 阿勒泰林区无公害鼠兔防治措施[J]. 农村科技(1): 43-44.

相雨, 杨奇森, 夏霖, 2004. 中国兔属动物的分类现状和分布[J]. 四川动物, 23(4): 391-397.

（撰稿：郭聪；审稿：宛新荣）

孟加拉眼镜蛇　*Naja kaouthia* Lesson

鼠类的天敌之一。又名万蛇、饭铲头、蝙蝠蛇、吹风蛇、过山风等。英文名 monocled cobra。有鳞目（Serpentes）眼镜蛇科（Elapidae）眼镜蛇亚科（Elapinae）眼镜蛇属（*Naja*）。

分布于中国广西西南部、四川西南部、西藏、云南。国外分布于印度东北部、尼泊尔、中南半岛到马来西亚北部。垂直分布于海拔 1620m 以下的区域。

形态 大型前沟牙类毒蛇。最大体全长/尾长：雄992mm/157mm，雌性570mm/103mm，颈部平扁扩大，作攻击姿态，同时颈背露出呈单圈的"眼镜"状斑纹，头圆钝，与颈区分不甚明显。体色一般黑褐色或暗褐色，背面一般都有黑褐色细横纹，幼蛇更鲜明，随年龄增长渐模糊不清甚至全无；腹面前段污白色，后部灰褐色。典型斑纹是在腹面前段基色浅淡的基础上，大约在第十枚腹鳞前后有一3~4枚腹鳞宽的褐横纹，在此横纹之前数枚腹鳞两侧各有一粗大黑点斑。

颊鳞无；眶前鳞1枚，眶后鳞3枚；颞鳞2+3（个别一侧1+3）枚；上唇鳞7（2—2—3）枚，第三枚最高大；下唇鳞8(9)枚，前3枚或前4枚接前颔片；颔片2对；背鳞25（23~29）—21—15行，平滑，脊鳞两侧数行窄长，斜列；腹鳞182~198枚；肛鳞完整；尾下鳞45~52对。

生态及习性 孟加拉眼镜蛇主要分布在干热河谷地带，常见于耕作区、路边、荒山、草坡、果园等。主食鼠类、鸟类、蜥蜴和蛙类，也吃部分小型蛇类。孟加拉眼镜蛇多于白天活动，见到人时不害怕，竖起脖子作恐吓状。卵生，其他无确切资料。

参考文献

赵尔宓, 2006. 中国蛇类: 上[M]. 合肥: 安徽科学技术出版社.

赵尔宓, 黄美华, 宗愉, 等, 1998. 中国动物志: 爬行纲 第三卷 有鳞目 蛇亚目[M]. 北京: 科学出版社.

（撰稿：郭鹏；审稿：王勇）

密度制约性种子死亡　density dependent seed mortality

母树附近高密度的种子更容易遭受昆虫或鼠类的捕食、病原体的侵袭，同时幼苗与母树的竞争以及幼苗间的竞争更强烈，因此在母树附近种子和幼苗更容易死亡。随着与母树的距离增加，种子和幼苗密度降低，种子和幼苗的死亡率也逐渐降低。这些导致种子和幼苗死亡的因素往往都是密度制约性的，称为密度制约性死亡。捕食者在母树附近捕食种子和幼苗，往往会忽略了离母树仅仅几米远的种子和幼苗。种子扩散能够避免幼苗与母树的竞争、幼苗之间的竞争以及母树附近的密度制约性死亡。当种子被扩散时，如果鼠类能将种子搬运到离开母树几米甚至几十米远的生境中，这些密度制约性的死亡因素对种子和幼苗死亡的影响会显著降低，因此远离母树的种子更容易逃脱捕食，最终建成的幼苗也更容易存活。由于同种植物的不同个体间竞争种子扩散者，导致鼠类对种子的扩散也是密度制约性的，鼠类对种子的访问频率、种子搬运比例以及扩散距离均随着植物和种子密度的增加而降低。此外，随着植物种群密度增加，被动物扩散后的种子与同种其他成熟个体的最短距离会降低，种子的密度增高，最终导致种子的扩散效率降低。

参考文献

CONNELL J H, 1971. On the role of natural enemies in preventing competitive exclusion in some marine animals and in rain forest trees[M]// den Boer P J, Gradwell G R. Dynamics of Populations. Wageningen: Center for Agricultural Publishing and Documentation: 298-312.

JANSEN P A, VISSER M D, WRIGHT S J, et al, 2014. Negative density dependence of seed dispersal and seedling recruitment in a Neotropical palm[J]. Ecology letters, 17: 1111-1120.

JANZEN D H, 1970, Herbivores and the number of tree species in Tropical forests[J]. The American naturalist, 104: 501-528.

VANDER WALL S B, 2001. The evolutionary ecology of nut dispersal[J]. The botanical review, 67: 74-117.

（撰稿：曹林；审稿：路纪琪）

孟加拉眼镜蛇（郭鹏摄）

棉花鼠害 rodent damage in cotton fields

发生在棉花种植区的鼠类危害,统称为棉花鼠害。危害棉花的鼠类有黑线姬鼠（*Apodemus agrarius* Pallas）、褐家鼠（*Rattus norvegicus* Berkenhout）、黄毛鼠（*Rattus losea* Swinhoe）、小家鼠（*Mus musculus* Linnaeus）、臭鼩（*Suncus murinus* Linnaeus）等。

由于棉花中含有有毒的棉酚,所以棉花并不是鼠类的喜食植物。低酚棉中棉酚含量低（不足0.05%）,而且含有较高的蛋白、氨基酸和油脂,气味芳香,因此鼠类更喜欢危害低酚棉。普通棉花与低酚棉田间害鼠种群数量差异较大,低酚棉田害鼠种群密度比普通棉田高4倍之多,说明低酚棉比普通棉对害鼠有较强的诱惑力。鼠密度低的低酚棉田一般损失皮棉（包括拖走、糟蹋）5%~10%；鼠害密度高时,受害严重的低酚棉损失皮棉可高达60%。棉田鼠害的发生,主要与棉田周边环境中鼠害发生的情况有关。播种期,越冬后的害鼠体内脂肪被大量消耗,害鼠出洞后急待觅食,补充营养,它们利用敏锐的嗅觉,顺垄刨食播入土壤中的低酚棉种子,取食棉仁,即使是地膜覆盖田,害鼠也可隔地膜准确找到低酚棉籽。严重地块,棉籽被盗食率高达37.7%,缺苗断垄严重。苗期,害鼠取食低酚棉苗茎、叶,同样造成缺苗断垄；采用地膜覆盖的棉田,害鼠常咬破苗床的塑料薄膜,在苗床内筑巢,危害棉苗。铃期,主要取食20天以上棉铃,铃壳破碎,白絮外露,棉籽被啃食。吐絮期,棉籽被咬碎,花絮落地或被拖走垫窝之用。

低酚棉田和常规棉田的鼠害发生时间和数量变动规律一致。害鼠在棉田的发生消长呈季节性变化,受害鼠自身繁殖基数和气候影响,年份间鼠密度有很大差异；受食物源的影响,月份间鼠密度差异较大。在低酚棉田,从5月到9月出现3次高峰。第一次出现在5月中旬,第二次出现在8月上中旬,第三次出现在9月上中旬。一般4月中卜旬害鼠数量较多,主要扒食田间播下的棉种；5月中旬后,随着小麦的灌浆期成熟和其他食料的增加,种群数量有所下降；当棉田出现青铃后,种群数量回升；棉花吐絮时,种群数量达到最高峰。随着棉絮的采摘,种群数量又有所下降。10月下旬以后,多陆续潜藏过冬,种群数量趋于稳定。

低酚棉田害鼠种群数量变动规律与棉花的播种、吐絮、收获日期极为吻合。害鼠繁殖活动规律与田间密度高峰期基本吻合,可作为棉田鼠害防治适期的依据。一般零星种植的低酚棉田受害严重于连片种植田；耕作粗放田受害重于管理精细田；早发田重于晚发田。

参考文献

刘晓辉, 2011. 转Bt基因作物对农田害鼠发生的影响分析[J]. 植物保护(6): 64-68.

申屠广仁, 许长青, 孔爱华, 1995. 低酚棉区鼠害发生调查[J]. 植保技术与推广(1): 17-18.

申屠广仁, 等, 1994. 棉花病虫草害优化治理[M]. 上海: 上海科学技术出版社: 308-316.

张文生, 2001. 邯郸农业大全: 上册[M]. 石家庄: 河北人民出版社: 303-304.

赵瑞元, 马宏英, 1992. 低酚棉田鼠害发生规律及防治对策[J]. 中国棉花(2): 43.

郑仁富, 陈雨宝, 1998. 低酚棉鼠害综合防治技术[J]. 中国棉花(1): 33.

周游, 1991. 低酚棉鼠害及防治对策[J]. 农业科技通讯(9): 27.

（撰稿：李卫伟、方果；审稿：邹波）

苗圃鼠害 rodent damage in nursery garden

即啮齿动物（含兔形目动物）通过取食苗圃种子和啃食苗圃幼苗给苗圃造成的损害。

危害苗圃的啮齿目动物和兔形目动物很多。如,在东北,主要有草原鼢鼠、东北鼢鼠、大林姬鼠、棕背䶄、东方田鼠和草兔等。此外,五趾跳鼠、大仓鼠和黑线姬鼠通过取食种子,对苗圃也有一定危害。在西北和黄土高原地区,草兔、中华鼢鼠、根田鼠和棕色田鼠是苗圃的主要害鼠(兔)。在新疆等荒漠地区,子午沙鼠、大沙鼠、红尾沙鼠、三趾跳鼠、小五趾跳鼠等均可对苗圃、果园造成一定危害。在青藏高原地区,鼢鼠、高原鼠兔和根田鼠是苗圃的主要害鼠(兔)。在亚热带丘陵山地及常绿阔叶林分布区,北社鼠、黑线姬鼠、黑腹绒鼠、褐家鼠、黄毛鼠、白腹巨鼠、赤腹松鼠等为苗圃常见害鼠,大足鼠在四川也有一定危害。在广东和广西,板齿鼠、黄毛鼠、小家鼠和褐家鼠等均可对苗圃造成危害。在鼠害严重的苗圃可因害鼠的危害缺苗,甚至可造成幼苗大量死亡。

可通过加强苗圃管理,如及时除草、施肥、合理灌溉等,结合其他防鼠措施,如在树干上涂抹或喷洒防啃剂、在树干上套防护网防止啃食、鼠夹捕杀,在鼢鼠分布区还可在苗圃周围挖掘防鼠沟等可在很大程度上减轻害鼠的危害。也可以在苗圃内放置毒饵站,毒杀害鼠,降低害鼠种群密度,减轻害鼠对苗圃的危害。

参考文献

刘仁华, 刘炳友, 赵秀成, 等, 1997. 林区鼢鼠鼠害的主要特征及其生态控制对策[J]. 兽类学报, 17(4): 272-278.

吕宁, 吴凤霞, 李军, 2002. 经济林木鼠害及防治技术探讨[J]. 陕西林业科技(2): 21-23.

王廷正, 李金钢, 张越, 等, 1998. 黄土高原棕色田鼠综合防治技术研究[J]. 植物保护学报, 25(4): 1-4.

张宏章, 承仰周, 张连生, 2001. 银杏苗圃鼠害的综合防治方法[J]. 江苏林业科技, 28(2): 41, 57.

朱彬彬, 李晓明, 沈超, 等, 2019. 宜昌三峡大老岭林场鼠形动物调查及其防治效果观察[J]. 中华卫生杀虫药械, 25(2): 114-115.

（撰稿：郭聪；审稿：王勇）

《灭鼠和鼠类生物学研究报告》 Symposiums on Rodent Control and Rodent Biology

1972年，在夏武平的组织和领导下，由中国科学院西北高原生物研究所将鼠害防治和鼠类生物学研究的成果以科研论文书写格式汇编成《灭鼠和鼠类生物学研究报告》第一集，并于1973年由科学出版社出版发行。先后共出版了4集。在这4集中，属于灭鼠方面的研究报告有47篇，涉及各种化学药物灭鼠和初步用微生物灭鼠实验；属于各类害鼠生物学研究的报告有26篇，涉及生活习性、种群数量季节波动、繁殖特点、食性与食量等方面。第一集收录研究报告8篇，分三个部分：甘氟、氟乙酰胺和敌鼠、敌鼠好等灭鼠药物的筛选和使用；鼠痘病毒灭鼠的研究以及中华鼢鼠、黄鼠、高原鼠兔的生物学特性，包括中华鼢鼠的数量变动与繁殖特点、阿拉善黄鼠的生活习性与数量季节变动的研究、高原鼠兔的食性与食量研究。第二集收录新疆北部农业区鼠害研究、野外条件下鼠痘病毒在小家鼠中的传播实验、鼠痘病毒对北疆农田鼠害的感受性试验及易感种的毒力测定、氟乙酸钠等大面积灭鼠的现场观察、带林人工幼林的兽类调查、樟子松人工幼林防鼠害的试验报告、红松林直播防鼠害方法的再探讨、鼢鼠数量与地面痕迹的关系、氟乙酰胺液剂灭鼠试验等11篇报告。第三集收录22篇报告，包括大搞群众运动、加强调查研究、提高灭鼠水平；学习大寨创业精神，大打灭鼠人民战争；药物防治的试验报告和小家鼠、林姬鼠、

《灭鼠和鼠类生物学研究报告》封面（姜文波提供）

黑线姬鼠、蒙古黄鼠、高原鼠兔、鼢鼠等鼠类生物学的研究报告；另外有国外灭鼠药物的研究近况的介绍。第四集收录15篇，包括高原鼠兔和喜马拉雅旱獭对草地的影响、北疆农业区小家鼠数量变动趋势及其与气候因素的关系和有关灰仓鼠、黄毛鼠等方面的生物学研究报告，并对氨基甲酸酯类杀鼠剂灭鼠、某些病原微生物对一些鼠的感受性和对家畜的致病性，以及在灭鼠方法等方面的工作也做了报道。1980年，经中国科学技术协会批准，中国科学院西北高原生物研究所受中国动物学会兽类学分会的委托，编辑出版国内外公开发行的定期刊物《兽类学报》。因此，该文集停刊。

（撰稿：边疆晖；审稿：王登）

南方果树鼠害 rodent damage to fruit tree in southern China

害鼠对中国南方地区果树在不同生长期造成的产量、品质和商品价值等危害。

南方果树品种繁多，包括柑橘、香蕉、龙眼、杧果、桃、李、菠萝和荔枝等，在它们生长的各个阶段均遭受不同程度的鼠害。鼠害高峰期通常出现在秋收后至冬春季节。鼠害症状通常有两种：一是鼠类啃咬果树基部的韧皮部影响生长或枯死，一些种植不久的幼年果树甚至被整棵咬断。为减轻柑橘树的受害，一些农户在果树基部涂石灰浆、缠草绳或用竹片包扎和喷药驱鼠。二是在挂果期害鼠爬上果树咬断果柄，或盗食成熟期果实（见图）。

南方果园的主要害鼠为黄毛鼠（*Rattus losea*）、小家鼠（*Mus musculus*）、黑线姬鼠（*Apodemus agrarius*）、褐家鼠（*Rattus norvegicus*）和板齿鼠（*Bandicota indica*）等。果园是它们重要的越冬场所，对翌年鼠的繁衍起着积极作用。秋收后，农田的食物源明显匮乏，鼠类聚集到果园栖息和觅食，柑橘园田埂的百米有效鼠洞口数比相邻稻田增加10~22倍，鼠密度比邻近稻田增加119.35%，而香蕉园鼠密度增加92.96%，果树树干的鼠害率最高。

柑橘和香蕉是中国南方农村的重要经济作物。柑橘园土壤干燥、杂草覆盖度大的生态环境适宜鼠类栖息。一些刚种植的柑橘园往往间种花生、玉米、黄豆、蔬菜等作物，柑橘树基部易遭鼠类啃咬，阻碍柑橘生长甚至枯死。广东柑橘园的黄毛鼠有2个数量高峰期，分别为早、晚水稻收获后的8月和12月，柑橘受害高峰与黄毛鼠数量高峰同时出现。其中8月柑橘园的鼠密度略低于12月，此时，农田的作物种类多、食物源较丰富，此时黄毛鼠极少危害柑果，一般只啃咬柑树树皮但很少导致柑树枯死。而秋冬季食物缺乏，柑园鼠密度高，害鼠既啃咬树皮又危害柑果，鼠害尤为严重。

香蕉产业是中国南亚热带地区的农业重要产业，其中广西、广东和海南是主要产区。香蕉因鼠害导致减产1.5%~20%，严重的可减产70%。害鼠危害香蕉有两种方式：一是爬上蕉树啃吃蕉果，5~10月香蕉果实的鼠害很轻，3月和12月有一定的危害损失，鼠害高峰期出现在1~2月，禽畜场周边田块的鼠害率可达30%~50%。二是钻入地下啃吃蕉树球茎，易导致蕉树倒地枯死，危害高峰期为12月至翌年1月。

参考文献

冯志勇，黄秀清，陈美梨，等，1990. 黄毛鼠种群时空动态和近年来鼠害上升的原因的研究[J]. 生态科学(1): 78-83.

黄秀清，冯志勇，陈美梨，等，1990. 黄毛鼠行为习性及其在防制和监测上的应用[J]. 生态科学(1): 57-63.

黄秀清，冯志勇，颜世祥，2002. 香蕉害鼠发生规律及防治研究[J]. 广东农业科学(5): 38-40.

黄秀清，冯志勇，颜世祥，等，1995. 平原区柑橘园黄毛鼠发生规律及防治技术研究[J]. 中山大学学报论丛, 3(1): 46-51.

（撰稿：姜洪雪；审稿：郭永旺）

南方果树鼠害（冯志勇摄）
①木瓜鼠害；②香蕉鼠害；③杨桃鼠害

南方森林鼠害 rodents damage to forest in Southern China

南方是一个地域概念，在中国通常指青藏高原东南部以及秦岭—淮河一线以南的广大区域。气候带包括北亚热带、亚热带、南亚热带及热带区域。南方森林是指该区域内的森林，地带性植被主要包括落叶阔叶林、常绿阔叶林、温性针叶林、雨林等森林类型。

南方林区主要害鼠为绒鼠属（*Eothenomys* Miller）种类和赤腹松鼠（*Callosciurus erythraeus* Pallas）。绒鼠类包括黑腹绒鼠（*Eothenomys melanogaster* Milne-Edwards）、大绒鼠（*Eothenomys miletus* Thomas）、中华绒鼠（*Eothenomys chinensis* Thomas）和甘肃绒鼠（*Caryomys eva* Thomas），前三者为主要危害种，局部区域罗氏鼢鼠、藏鼠兔（*Ochotona thibetana* Milne-Edwards）、川西鼠兔（*Ochotona gloveri* Thomas）、北社鼠（*Niviventer confucianus* Milne-Edwards）、龙姬鼠（*Apodemus draco* Barrett-Hamilton）等也造成一定危害。赤腹松鼠目

前上升为四川的主要害鼠，除了严重危害柳杉、杉木，还危害黄檗（*Phellodendron chinense* Schneid）、核桃（*Juglans regia* Linnaeus）和柑橘（*Citrus reticulate* Blanco）。赤腹松鼠在贵州、湖南、湖北、浙江等地也造成严重危害。珀氏长吻松鼠（*Dremomys pernyi* Milne-Edwards）则取食种子危害营林。浙江林业害鼠有赤腹松鼠和黑腹绒鼠等21种。

南方森林害鼠的主要危害对象包括杉木（*Cunninghamia laceolata* Lambert）、柳杉（*Cryptomeria fortune* Hooibrenk ex Otto et Dietr）、马尾松（*Pinus massoniana* Lambert）、油松（*Pinus tabuliformis* Carriere）、华山松（*Pinus armandii* Franch.）、云南松（*Pinus yunnanensis* Franch.）、云杉（*Picea asperata* Mast.）、银杏（*Ginkgo biloba* Linnaeus）、杨树（*Populus davidiana* Dode）等。浙江被危害的树种有杉木、柳杉、马尾松、银杏、板栗（*Castanea mollissima* Bl.）等47种。

南方林区害鼠研究较多的包括赤腹松鼠和黑腹绒鼠。赤腹松鼠的巢域面积约2.0hm^2，赤腹松鼠喜好选择在灌木覆盖度较高（高约2m）、树杈数量较多的区域活动，这一环境能给赤腹松鼠提供丰富的食物资源及相对较安全的生存环境；赤腹松鼠对乔木的覆盖度、高度、胸径和数量等没有明显选择趋势，其还偏好选择藤本覆盖的区域活动，这可能因为藤本植物能够为其提供较便利的活动通道和相对较安全的场所。通过对雄鼠睾丸下垂情况的观察和雌鼠的解剖发现，赤腹松鼠雄鼠在11月至翌年5月全部个体都表现出睾丸下垂现象，进一步确认赤腹松鼠全年都具有繁殖能力，但主要在2~5月。雌性赤腹松鼠全年都具有繁殖能力。赤腹松鼠有春季繁殖、秋季储藏食物的规律，3~7月赤腹松鼠的追逐行为显著增加，赤腹松鼠的繁殖阶段分为求偶交配期（3月和7月），即以雄性之间追逐、竞争、求偶交配为主的时期；妊娠育幼期（4月和5月，8月和9月），即雌鼠从受精到幼崽出生，以及哺育幼崽成长的时期；非繁殖期为10~12月。赤腹松鼠冬季主要消耗秋季储藏的食物，较少外出活动、取食，但不冬眠。雌性赤腹松鼠一般一年产仔2次，每一胎4~6个幼崽，雌性的妊娠期一般47~49天，幼崽出生40~50天后便离开母亲，雌性赤腹松鼠在上一代幼崽断奶后可以立即怀孕。幼崽出生8~9个月后便会出现配偶行为。春季出生的幼崽，在秋季长成亚成年；夏季的幼崽在下一个春季变成亚成年个体。赤腹松鼠在繁殖期间，其巢域的选择，食性等会发生相应变化。黑腹绒鼠在不同海拔段生态学特征有所不同，在四川低海拔区域（1000m以下），一年四季均有繁殖，繁殖高峰期为4~6月和8~9月，且4~6月为防治最高峰期，平均每胎2仔。在1000m以上，黑腹绒鼠在冬季没有发现繁殖个体，繁殖高峰期在7~9月，春季4~5月有一个小高峰期。黑腹绒鼠种群数量最大出现在9月中下旬，这时在适宜生境中，上夹率可达到45%。黑腹绒鼠主要夜晚活动，在白天也有活动。15:00~18:00放置鼠夹后，很快就能捕捉到标本。黑腹绒鼠的洞道很浅，其掘土能力弱，主要活动于土壤疏松、肥沃、腐殖质厚、杂草盖度大的生境，其洞道就在腐殖质下，离地表通常5cm以内，最深的发现有离地表15cm的洞穴。黑腹绒鼠为植食性，但也取食昆虫、动物尸体等动物性食物，同类在被鼠夹打死后，黑腹绒鼠经常将其取食。黑腹绒鼠的危害高峰期在3~5月，对杉木的危害最严重，危害的林龄一般在10年以下，尤其2~5年生人工栽植的杉木和柳杉受害十分严重，最高达到80%。浙江松鼠的剥皮危害为11月至翌年5月，2、3月危害最严重。贵州则集中在3~4月。四川有的地区为12月至翌年5月，高峰期为3~4月，有的地方集中在3~5月，4月为高峰期；有的地方为2个危害季节，一在春季（3~4月最严重），一在冬季（12月前后最严重）。春季的危害可能与繁殖行为有关。

森林鼠害对树木的危害主要有3个原因：其一是食物缺乏，主要表现在冬季危害就是这个原因。其二是早春人工造林对害鼠的栖息地造成干扰破坏，使它们洞穴被破坏，储藏食物被破坏，害鼠产生应急行为，造成对造林树种的危害。其三是繁殖季节激素变化的一种发泄行为。这在赤腹松鼠的血液检测中得到证实，赤腹松鼠的危害高峰期和繁殖相关激素的分泌高峰一致。

参考文献

刘少英, 冉江洪, 林强, 2002. 四川省人工林害鼠危害原因研究[J]. 林业科学研究, 15(5): 614-619.

刘少英, 冉江洪, 赵定全, 1998. 我国森林鼠害及其防治[J]. 四川动物, 17(1): 21-23.

刘少英, 赵定全, 孙国忠, 等, 1992. 川西北盆周山地人工林鼠害防治指标研究[J]. 四川林业科技, 13(3): 20-25.

赵定全, 刘少英, 张金钟, 等, 1994. 川西北盆周山地人工林鼠类数量季节消长研究[J]. 四川林业科技, 15(1): 62-66.

朱曦, 1982. 浙江森林鸟兽危害和防治[J]. 浙江林业科技(2): 32-36.

朱永淡, 张卫阳, 朱曦, 1990. 赤腹松鼠（*Callosciurus erythraeus*）对林木剥皮危害的初步研究[J]. 兽类学报, 10(4): 276-281.

（撰稿：刘少英；审稿：王登）

内蒙古草甸草原鼠害 rodents damage to meadow steppe in Inner Mongolia

草甸草原又称森林草原，是森林向草原的过渡带，典型的地带性植被，位于中国温带草原区最东部，是内蒙古草原的一个主要类型。主要分布在锡林郭勒东部、兴安盟东北部、呼伦贝尔东部、赤峰东北部、通辽北部，总面积为862.87万hm^2，占内蒙古草地总面积的10.95%。其中可利用面积760.49万hm^2，占内蒙古可利用草地面积的11.96%。在各行政区的分布面积，锡林郭勒占26.6%，兴安盟占24.3%，呼伦贝尔占23.8%，赤峰和通辽分别占14%、7.6%，其他地区占3.7%。

内蒙古草甸草原总体上地形多为低山丘陵和宽阔的丘间谷地，局部有沙地出现。地势南高北低，年均温-1.5~4.0℃，≥10℃的积温1650~2800℃，年均降水量350~500mm，湿润度为0.6~1.0。天然植被保存完整，贝加尔针茅（*Stipa baicalensis*）草原是地带性指示植被。羊草（*Leymus chinensis*）草原则是面积最大的草原类型，种类组成十分丰富。东北鼢鼠（*Myospalax psilurus*）、草原黄鼠（*Spermophilus dauricus*）在部分地区形成优势，狭颅田鼠（*Microtus gregalis*）、黑线毛足鼠（*Phodopus sungorus*）也较常见。在次生林缘地带大林姬鼠（*Apodemus speciosus*）、花鼠（*Ertamias sibiricus*）常见。长爪沙鼠（*Meriones unguiculatus*）在数量增长时侵入以草甸植被为主的河滩地。在沼泽化草甸，常以黑线姬鼠（*Apodemus agrarius*）或东方田鼠（*Microtus fortis*）形成优势，莫氏田鼠（*Microtus maximowiczii*）为次优势种。另外，在燕山山地北坡及其以北的黄土覆盖的丘陵地区，即华北暖温型夏绿阔叶林带和草原带之间的狭窄过渡带为区域性草甸草原，年均温6.5～7.5℃，≥10℃的积温3000～3200℃，年均降水量400～500mm，湿润度0.5左右。在黄土覆盖的丘陵地区，农田面积较大，草甸草原区域为本氏针茅（*Stipa bungeana*）占优势的草原群落。草原黄鼠、草原鼢鼠（*Myospalax aspalax*）、黑线仓鼠（*Cricetulus barabensis*）、黑线毛足鼠在这一地区较为常见（图1）。

主要害鼠 内蒙古草甸草原分布的主要害鼠有16种。高山鼠兔（*Ochotona alpina*）、达乌尔鼠兔（*Ochotona daurica*）、花鼠（*Ertamias sibiricus*）、草原黄鼠（*Spermophilus dauricus*）、东北鼢鼠（*Myospalax psilurus*）、草原鼢鼠（*Myospalax aspalax*）、黑线姬鼠（*Apodemus agrarius*）、大林姬鼠（*Apodemus speciosus*）、黑线仓鼠（*Cricetulus barabensis*）、黑线毛足鼠（*Phodopus sungorus*）、狭颅田鼠（*Microtus gregalis*）、莫氏田鼠（*Microtus maximowiczii*）、东方田鼠（*Microtus fortis*）、布氏田鼠（*Lasiopodomys brandtii*）、鼹形田鼠（*Ellobius talpinus*）、长爪沙鼠（*Meriones unguiculatus*）。

内蒙古草甸草原鼠害特征 在动物地理区划上，该地区的啮齿动物主要以古北界蒙新区东部草原亚区成分为主。营地下生活的东北鼢鼠在部分地区也可形成优势。由于草甸草原位于森林与典型草原的过渡带，在林缘地带可见东北区成分，如大林姬鼠、花鼠。西边连接典型草原地带，草原黄鼠、布氏田鼠、草原鼢鼠、黑线毛足鼠等常常形成危害。在已经开垦的草甸草原，狭颅田鼠和普通田鼠侵入。在沼泽化区域，黑线姬鼠、东方田鼠、莫氏田鼠形成危害。总之在整个草甸草原区啮齿动物组成较为多样，但区域性害鼠优势现象明显。近年来东北鼢鼠、草原黄鼠危害在草甸草原局部地区有加重的趋势（图2）。2015—2017年，内蒙古草甸草原东北鼢鼠危害发生面积在67万～100万hm²，其中兴安盟2017年草原鼠害发生面积达39.5万hm²，其中东北鼢鼠危害面积18.3万hm²，严重危害面积7.8万hm²；草原黄鼠危害面积21.2万hm²，严重危害面积6.8万hm²。

图1 草甸草原东北鼢鼠危害状况（满都呼提供）

图2 东北鼢鼠及所造土丘（满都呼提供）

参考文献

《内蒙古草地资源》编委会, 1990. 内蒙古草地资源[M]. 呼和浩特: 内蒙古人民出版社.

汪诚信, 2005. 有害生物治理[M]. 北京: 化学工业出版社.

张荣祖, 1999. 中国动物地理[M]. 北京: 科学出版社.

赵肯堂, 1981. 内蒙古啮齿动物[M]. 呼和浩特: 内蒙古人民出版社.

（撰稿：袁帅、付和平；审稿：武晓东）

内蒙古草原动物生态研究站 Joint Research Station on Animal Ecology in Inner Mongolia Grassland

内蒙古草原动物生态研究站位于内蒙古自治区锡林郭勒盟锡林浩特市毛登牧场，地处属于锡林郭勒盟自然保护区东部边缘区。始建于2008年，主要是以中国科学院动物研究所牵头承担的国家重点基础研究发展计划（973计划：农业鼠害暴发成灾规律，预测及可持续控制的基础研究；项目编号：2007CB109100；期限：2007/07-2011/08）为基础建立起来的，先后有中国科学院动物研究所、植物研究所、微生物研究所、亚热带农业生态研究所、地理科学与资源研究所和中国科学院大学、中国农业大学、四川大学、中国农业科学院植物保护研究所、郑州大学、曲阜师范大学、东北师范大学、华东师范大学、北京林业大学、沈阳师范大学等多家单位参与研究站的基础设施建设和科研项目的开展。站区实验总面积为100万m²，现有实验室20间、宿舍20间，后勤等综合性保障房屋10间。目前已经建成国际上一流的大型野外鼠类实验围栏基地，面积达36万m²；接近站区总面积的40%。研究站植被群落以克氏针茅（*Stipa krylovii*）、羊草（*Leymus chinensis*）和糙隐子草（*Cleistogenes squarrosa*）为主要优势物种。站区内鼠类群落主要包括布氏田鼠（*Lasiopodomys brandtii*）、黑线仓鼠（*Cricetulus barabensis*）、达乌尔黄鼠（*Spermophilus dauricus*）、五趾跳鼠（*Allactaga sibirica*）、小家鼠（*Mus musculus*）和褐家鼠（*Rattus norvegicus*）。

该站主要侧重于鼠类种群、行为和生理遗传研究，从不同角度去探究鼠类种群暴发机制。主要成绩有：①长时间尺度的种群生态学研究：利用大型人工围栏，长期监测鼠类在不同降雨梯度和牧羊放牧的背景下种群变化情况。②鼠类行为生态学研究：结合 PIT 标签，行为录像机和智能捕鼠装置，研究鼠类打斗行为、繁殖行为和秋季贮食的合作行为。③生理生态和遗传生态学研究：其中包括研究不同种群密度下鼠类社群结构和婚配制度的变化、脑部 OT/AVP 系统在种群密度制约中的神经调节机制、肠道微生物应对环境变化的响应及对种群数量波动的影响机制。其他方面的研究也包括昆虫季节间群落研究、植物胁迫环境下的耐受机制研究、不同植物间土壤根菌的互作关系研究、植物多样性与生产力关系的研究等等。

该站的代表性学术成果包括：①人类活动干扰和气候变化下种群影响及机制。例如，长期牧羊放牧可降低布氏田鼠喜食性食物的生物量，导致肠道微生物多样性和共存网络复杂性的降低，使得田鼠体重变轻，种群密度变小。人工增雨增加了羊草的摄入量，羊草中果糖和低聚果糖含量相对丰富，其可调节田鼠的肠道微生物群落，促进组氨酸和多种短链脂肪酸（SCFAs）的合成，进一步增加布氏田鼠体重和促进种群发展。②提出并验证种群调节机制的新假说，即神经调节假说和肠道微生物调节假说。

建站以来，该研究站承担10多项国家科研项目，其中包括科技部重大基础研究计划项目（973项目）和基础资源调查专项、国家自然科学基金重大项目和面上项目、中国科学院先导专项和院重点部署 STS 项目等等。发表研究论文100多篇，培养博士生10人，硕士生25人。

（撰稿：李国梁；审稿：宛新荣）

内蒙古典型草原鼠害　rodent damage to Inner Mongolia grassland

发生在内蒙古温带草原由鼠类活动引发的植被退化以及草原生产力下降现象。

内蒙古典型草原包括锡林郭勒、呼伦贝尔、赤峰西北部及张家口北部的干草原及农牧交错带。分布于该地区的鼠类多达20种以上。造成草原鼠害的主要有布氏田鼠、长爪沙鼠、草原鼢鼠（见图）。这3种鼠均有贮草越冬的习性。其鼠害发生的特点：一是发生面积大、危害重；二是发生区域此起彼伏。

图1　内蒙古草原动物生态研究站及地理位置

图2　内蒙古草原动物生态研究站部分实验设施及站内学术交流情况

内蒙古典型草原鼠害
①内蒙古东乌珠穆沁旗布氏田鼠对草原植被的危害（施大钊提供）；②草原鼢鼠危害状况（刘雪龙提供）；③内蒙古锡林郭勒典型草原布氏田鼠危害（施大钊提供）

布氏田鼠危害主要发生在克氏针茅、羊草为主体的干草原及其退化草地。该鼠种群数量波动幅度大，当其种群暴发时鼠洞密度500～1500洞口/hm²，最高可达3000洞口/hm²，对植被造成严重危害。密集的鼠洞还引发水土流失和沙尘暴，导致草原生态环境恶化；对畜牧业生产和生态环境的破坏显著。甚至迫使牧民大规模长途迁移（走场）。

长爪沙鼠主要栖息在土质沙化比较明显的地方，锦鸡儿灌丛以及芨芨草滩等环境。其啃食、挖掘类似于布氏田鼠，但整体规模较小。在农牧交错带，对农作物危害严重，甚至会造成绝产。

草原鼢鼠常年生活在地下，在地面可见到鼢鼠土丘。觅食时，鼢鼠将植株整个拖入洞穴，喜食植物根系。其危害发生在土层较厚的低湿地以及有灌溉条件的农田。该鼠数量波动幅度较小，但控制难度大，是该地区鼠害防治的难点。

鼠害防治后，草原黄鼠、达乌尔鼠兔、草原旱獭、五趾跳鼠、赤颊黄鼠、黑线毛足鼠、鼹形田鼠等鼠种的数量会有不同程度的上升。其中草原黄鼠是鼠疫的病原生物，被列为重点防疫对象。

该地区由专业管理部门组织的大规模鼠害防治已开展数十年，对害鼠种群波动规律、大规模综合治理技术以及防治后鼠类群落变动等做了不懈的研究。

参考文献

董维惠, 侯希贤, 周延林, 等, 1994. 内蒙古正镶白旗典型草原鼠类组成及数量变动的研究[J]. 草地学报, 2(1): 78-82.

施大钊, 张耀星, 1993. 应用模糊聚类评价布氏田鼠为害等级[J]. 植物保护学报, 20(2): 185-190.

施大钊, 海淑珍, 1996. 布氏田鼠种群生产力的研究[J]. 草地学报, 4(1): 49-54.

宛新荣, 钟文勤, 王梦军, 1998. 内蒙古典型草原重要害鼠的生态学及控制对策[M]//张知彬, 王祖望. 农业重要害鼠的生态学及控制对策. 北京: 海洋出版社: 209-220.

许志信, 赵萌莉, 韩国栋, 2000. 内蒙古的生态环境退化及其防治对策[J]. 中国草地(5): 59-63.

SHI DAZHAO, WAN XINRONG, DAVIS S A, et al, 2002. Simulation of lethal control and fertility control in a demographic model for Brandt's vole Microtus brandti[J]. Journal of applied ecology, 39(2): 337-348.

（撰稿：施大钊；审稿：王德华）

内蒙古荒漠草原鼠害 rodent damage to desert steppe in Inner Mongolia

内蒙古荒漠草原区泛指锡林郭勒西部及其以西的内蒙古干旱、半干旱地区。行政区划包括锡林郭勒的苏尼特左和苏尼特右、乌兰察布、呼和浩特、包头、巴彦淖尔、鄂尔多斯、乌海和阿拉善的广大地区，面积38万km²，占自治区总面积的28.25%，草场面积2735.24万hm²，占自治区草地面积的34.71%。区域内分布有荒漠草原：分布于阴山山脉以北的内蒙古高原中部偏西地区，包括高平原、山地和沙地三个地貌单元，该类草原处于草原向荒漠的过渡地带，是草原植被中最干旱的类型，总面积为842万hm²，可利用草地面积765.28万hm²，分别占自治区草地面积和可利用草地面积的10.7%和12%；草原化荒漠：分布于巴彦淖尔、阿拉善、鄂尔多斯、乌海以及乌兰察布等的部分地区，面积约为538.41万hm²，可利用草地面积474.77万hm²，分别占自治区草地面积和可利用草地面积的6.8%和7.5%；典型荒漠：分布于阿拉善、乌海、巴彦淖尔和鄂尔多斯等的部分地区，面积达1692.48万hm²，可利用草地面积946.75万hm²，分别占自治区草地面积和可利用草地面积的21.5%和14.9%。荒漠草原是内蒙古草原的重要组成部分，由于自然环境严酷和长期的气候波动加之多年来的人为干扰，已退化为十分脆弱的生态系统，一旦遭到破坏难以恢复。

主要害鼠 分布的主要害鼠有11种，达乌尔鼠兔(Ochotona daurica)、草原黄鼠(Spermophilus dauricus)、阿拉善黄鼠(Spermophilus alaschanicus)、子午沙鼠(Meriones meridianus)、长爪沙鼠(Meriones unguiculatus)、大沙鼠(Rhombomys opimus)、黑线仓鼠(Cricetulus barabensis)、小毛足鼠(Phodopus roborovskii)、五趾跳鼠(Allactaga sibirica)、巨泡五趾跳鼠(Allactaga bullata)、三趾跳鼠(Dipus sagitta)。

内蒙古荒漠草原鼠害特征 根据该地区啮齿动物地带性群落分布的特征、主要害鼠的危害程度，并结合该地区地带性植被分布特点，将内蒙古荒漠草原区域性鼠害危害类型划分为4大危害区的7种危害类型。

荒漠与沙地危害区 包括整个阿拉善地区及狼山以北的乌拉特中、乌拉特后地区及库布齐、浑善达克、毛乌素等沙地。可划分为2个危害类型：①子午沙鼠、三趾跳鼠危害类型。典型的草原化荒漠及其向典型荒漠草原的过渡带，集中分布于苏尼特右西部、达茂和四子王的中南部及乌拉特后的北部，成连续带状分布，区域内草地受人为干扰严重，主要害鼠是子午沙鼠和三趾跳鼠，群落中两种鼠的捕获量比例高达51.96%和23.06%，主要对该区域内退化严重的荒漠和荒漠草原形成危害，子午沙鼠和三趾跳鼠的数量随沙化程度加重而升高（图①）。②小毛足鼠、三趾跳鼠危害类型，该类型主要危害沙区草场，区域内分布有面积广阔的沙漠（如巴丹吉林、腾格里、库布齐、浑善达克），特别是在典型的沙区（如浑善达克、库布齐、毛乌素等沙地），小毛足鼠和三趾跳鼠对固沙植物危害严重。

荒漠草原危害区 该危害区分布广泛，包括锡林郭勒的西北部，向西延至乌兰察布的中北部、巴彦淖尔的东南部和鄂尔多斯的西南部。可划分为2个危害类型：③巨泡五趾跳鼠、草原黄鼠危害类型。该类型主要危害乌兰察布北部达茂、四子王的荒漠草原向草原化荒漠过渡的草场，巨泡五趾跳鼠和草原黄鼠对草场形成较重危害。④巨泡五趾跳鼠、三趾跳鼠危害类型。该类型对广大的荒漠草原形成危害，是区域内分布最广泛的危害类型，是内蒙古干旱区内最典型和最广阔的农牧交错区，由于区域面积广阔，人为干扰强度大，景观破碎化严重，多种鼠类形成危害，但巨泡五趾跳鼠和三趾跳鼠是主要害鼠。

草原化荒漠危害区 主要分布于乌兰察布的达茂和四子王的北部。⑤巨泡五趾跳鼠、三趾跳鼠、长爪沙鼠危害类型。其特点是在有些地段长爪沙鼠危害较重（图②）。

阴山北麓旱作农田危害区 该危害区在研究区域内是沿着阴山北麓的山前、山中和山顶分布，是整个半荒漠区域内景观严重破碎化后形成的，是典型的农牧交错带内的旱作农区，可划分为 2 个危害类型：⑥长爪沙鼠、小毛足鼠危害类型。主要是危害阴山北麓山前、山中的大片旱作农田及草田混交区，两种害鼠的比例在群落中很高，占 50% 以上。⑦小毛足鼠、黑线仓鼠危害类型。该类型主要危害农田和人工草地，在人工草地黑线仓鼠的比例较高，对人工草地形成危害。

内蒙古荒漠草原鼠害（付和平提供）
①子午沙鼠危害；②长爪沙鼠危害；③大沙鼠危害

内蒙古荒漠草原鼠害成因 内蒙古荒漠草原区的天然草地主要是荒漠草原和典型荒漠的各种类型的草场，由于地域跨度大，其类型变化较多，除典型的荒漠草原和荒漠外，还有沙地荒漠草原、沙地草原化荒漠、灌木草原化荒漠、高平原丘陵及山前典型草原。区域内栖息着多种鼠类，在未遭受严重超载过牧的较为典型的荒漠草原，虽然分布的害鼠种类较多，但未见密度极高者。在长期进化发展形成的自然生态系统内部，各种类种群之间的关系，特别是在空间、营养等生态位的宽度上都具有较为稳定的结构，很少有鼠种出现数量异常极值，各种鼠类的捕获率为 0.25%～3%。遭受鼠害最为严重的是由于人为多年超载过牧造成草场大面积沙化和退化的荒漠草原，此类草原由于在内蒙古半荒漠区所占面积较大，因而成为鼠害最为严重的地区，在此类退化草场中，小毛足鼠和三趾跳鼠的捕获率高达 8.5% 和 7.6%，同一地区轻度退化的草场中，这两种害鼠的捕获率仅为 4.6% 和 2.6%，相差 2～3 倍。超载过牧引起草场退化和沙化，导致害鼠生境适宜种群密度上升，造成危害，进而又加速草场的沙化和退化。这是内蒙古荒漠草原鼠害的主要成因，已被国内众多学者和草原工作者所认同。在沙地荒漠草原及草原化荒漠，如库布齐沙地、浑善达克沙地以及以强旱生灌木、半灌木为主的草原化荒漠，三趾跳鼠、子午沙鼠对固沙植物的破坏非常严重，特别是在梭梭林、珍珠柴草地，大沙鼠往往形成集群，对这些植被造成严重危害（图③）。目前，随着全国草业工程的开展，家庭农牧场有了较大的发展，在人工草地及饲草料基地沙鼠和黑线仓鼠的危害有上升趋势。

（撰稿：付和平、袁帅；审稿：武晓东）

内蒙古农业大学草地啮齿动物生态与鼠害控制研究团队 The Group of Grassland Rodent Ecology and Pest Management, Inner Mongolia Agricultural University

内蒙古农业大学草地啮齿动物生态与鼠害控制研究，始于内蒙古农牧学院 1953 年成立的畜牧系的动物学教研室，当时的研究方向主要包括动物组织胚胎、昆虫生理和有益无脊椎动物利用。1959 年中国北方草原第一次鼠害大暴发，应内蒙古自治区政府的要求，当年李鹏年教授牵头开始对呼伦贝尔草原的优势害鼠——布氏田鼠（*Lasiopodomys brandtii*）进行生态学和鼠害防治研究，初步了解了呼伦贝尔草原多种害鼠的分布概况和优势害鼠防治策略。1980 年内蒙古农牧学院成立草原系，动物学教研室随之并入。之后，李鹏年的弟子武晓东传承并扩展了研究方向，于 1997 年建立"草地啮齿动物研究室"。1999 年原内蒙古农牧学院与内蒙古林学院合并成立内蒙古农业大学，草原系并入生态环境学院，进一步加强了人才和资源配置，武晓东教授带领团队在内蒙古东起呼伦贝尔草原西到阿拉善荒漠不同生态类型草地的广阔区域内，对草地啮齿动物个体生态学、种群、群落、生态系统生态学、啮齿动物分类学、地理分布、分子生物学、鼠害区域性控制、不育控制等多个层面进行了研究。累计制作内蒙古境内分布的啮齿动物标本3000余套，发现4种啮齿动物新分布种，提出了"地带性啮齿动物群落分布"理论和"草原鼠害区域性防治"策略。

自2001年起团队与内蒙古自治区草原工作站合作，先后在内蒙古阿拉善盟、锡林郭勒盟和呼伦贝尔市建立了3个野外长期定位研究基地，基地建筑面积共计550m²，试验场地面积共计5200亩。主要针对荒漠草地鼠害综合控制、布氏田鼠成灾机制、东北鼢鼠（*Myospalax psilurus*）生物控制开展研究与示范。期间承担了国家自然科学基金项目5项，农业部公益性行业项目1项，973项目子课题1项，自治区自然科学基金项目4项。特别是在阿拉善荒漠区，自1997年开始啮齿动物区系调查，到如今坚持了20多年的连续研究，积累了宝贵的荒漠啮齿动物生态学及其鼠害控制的第一手资料，不仅在鼠害综合控制方面长期服务于地方草地畜牧业经济建设，而且为中国荒漠啮齿动物生态学研究积累了丰富的科研基础资料。2012年以来，团队与相关企业合作，应用无毒无害复方制剂以及激素类不育剂和植物源不育剂控制草地害鼠数量进行了试验研究，成效已经逐步显现。

为强化对草地啮齿动物生态与鼠害控制这一学科特色的研究、发挥学科特色优势，2017年学校成立"内蒙古农业大学啮齿动物研究中心"，进一步完善机构、人才和资源配置，加强团队建设，明确团队目标，在人才、经费、仪器设备等多方面给予大力支持。近20年来，团队先后争取到国家、部委、自治区等各级各类科研项目40余项，累计获得科研经费500多万元，培养博士、硕士研究生45名，在国内外发表学术论文160余篇，主编和参编出版教材和专著11部，授权发明专利3项，实用新型专利6项，软件著作权1项。先后获得内蒙古自治区科技进步二等奖1项、三等奖2项；内蒙古自治区教学成果二等奖1项；全国农林高等院校优秀教材奖1项；中国草业科技奖一等奖1项。应用多年来的研究成果为内蒙古各地草地鼠害控制提供人才、技术服务，累计发放技术培训和指导手册2000余册，培训基层业务技术人员3000多人次，建立不同类型草地鼠害生物防控示范区3个，取得了显著的生态、社会和经济效益。内蒙古农业大学草地啮齿动物生态与鼠害控制研究在人才培养、科学研究、社会服务等方面做出了突出贡献。

（撰稿：付和平、袁帅；审稿：武晓东）

内蒙古农业大学野外研究站 The Field Station of Inner Mongolia Agricultural University

内蒙古农业大学自2001年起先后在阿拉善盟阿拉善左旗建立了"内蒙古农业大学荒漠生态与鼠害控制研究基地"，在锡林郭勒盟东乌珠穆沁旗建立了"内蒙古农业大学典型草原生态与鼠害控制研究站"，在呼伦贝尔市陈巴尔虎旗建立了"内蒙古农业大学草甸草原生态研究站"等3个长期定位野外研究站，总建筑面积550m²，试验场地总面积5200亩，配备有小型气象站、风光互补发电机以及必要的野外动植物标本采集和样品测试仪器和设备。

近20年来，以野外研究站为依托，内蒙古农业大学武晓东教授带领团队在内蒙古东起呼伦贝尔草原西到阿拉善荒漠不同生态类型草地的广阔区域内，对鼠类生态学、分类学、地理分布、分子生物学、鼠害区域性控制、不育控制等多个层面进行了研究。特别是针对荒漠草地鼠害综合控制、布氏田鼠（*Lasiopodomys brandtii*）成灾机制、东北鼢鼠（*Myospalax psilurus*）生物控制开展研究与示范。提出了"地带性啮齿动物群落分布"理论和"草原鼠害区域性防治"策略。累计完成国家自然科学基金项目、农业部公益性行业项目、973项目子课题、科技部和教育部重点项目、国家林业和草原局科技专项以及内蒙古自治区科技项目等40余项，同时还承接了部分地方政府、企业、事业单位的横向项目。在国内外发表科研论文160篇，主编和参编教材、专著11部，授权发明专利3项，实用新型专利6项，软件著作权1项。先后获得内蒙古自治区科技进步二等奖1项、三等奖2项；内蒙古自治区教学成果二等奖1项；全国农林高等院校优秀教材奖1项；中国草业科技奖一等奖1项。

图1 内蒙古农业大学荒漠生态与鼠害控制研究基地（付和平提供）

图2 内蒙古农业大学典型草原生态与鼠害控制研究站（袁帅提供）

的代谢调节过程。生物体内酶数量的变化可以通过酶合成速度和酶降解速度进行调节。酶合成主要来自转录和翻译过程，可以分别在转录水平、转录后加工与运输和翻译水平上进行调节。酶活性的调节是直接针对酶分子本身的催化活性所进行的调节，在代谢调节中是最灵敏、最迅速的调节方式。主要包括酶原激活、酶的共价修饰、反馈调节、能荷调节及辅因子调节等。激素调节是指动物机体通过各种内分泌腺分泌的激素直接进入血液，随着血液循环到达身体各个部分，在一定的器官或组织中发生作用，从而协调机体能量代谢及其他各项生理机能。分散在动物机体各处的内分泌腺，分泌不同的激素，有选择性地作用于靶器官、靶组织发挥不同的作用，共同组成一个内分泌系统。神经调节最基本的方式是反射，动物体通过神经系统对各种刺激做出应答性反应的过程叫做反射。反射的结构基础为反射弧，包括 5 个基本环节：感受器、传入神经、神经中枢、传出神经和效应器。神经调节是一个感受器接受刺激→传入神经传导信息→神经中枢处理信息→传出神经传导信息→效应器做出反应的连续过程，是许多器官协同作用的结果。

参考文献

CORNEJO M P, HENTGES S T, MALIQUEO M, et al, 2016. Neuroendocrine regulation of metabolism[J]. Journal of neuroendocrinology, 28(7): 10. 1111/jne. 12395.

LOWELL B B, SPIEGELMAN B M, 2000. Towards a molecular understanding of adaptive thermogenesis[J]. Nature, 404(6778): 652-660.

SEEBACHER F, 2017. The evolution of metabolic regulation in animals[J]. Comparative biochemistry and physiology part B: biochemistry and molecular biology, 224: 195-203.

（撰稿：张学英；审稿：王德华）

图 3 内蒙古农业大学草甸草原生态研究站（满都呼提供）

（撰稿：付和平、袁帅；审稿：武晓东）

能量代谢　energy metabolism

机体利用营养物质产生能量的过程，包括两方面：分解代谢和合成代谢。分解代谢指机体将来自环境或细胞自己储存的有机营养物质分子（如糖类、脂类、蛋白质等），通过一步步反应降解成较小的、简单的终产物（如二氧化碳、乳酸、氨等）的过程，伴随能量的产生，又称异化作用。合成代谢是从小的前体或构件分子（如氨基酸和核苷酸）合成较大的分子（如蛋白质和核酸）的过程，这个过程需要消耗 ATP，又称同化作用。分解代谢和合成代谢二者同时进行，分解代谢生成的 ATP 可供合成代谢使用，合成代谢的构件分子也常来自分解代谢的中间产物。

能量代谢调节是生物在长期进化过程中，为适应外界条件而形成的一种复杂的生理机能，可通过酶调节、激素调节和神经调节 3 种方式非常精细地调节能量代谢反应，维持内环境的稳态。生物体内的各种代谢反应都是通过酶的催化作用完成的，所以，细胞内酶的调节是最原始、最基本的调节方式。激素调节和神经调节最终也是通过酶起作用。酶的调节是从酶的区域化、酶的数量和酶的活力 3 个方面对代谢进行调节。代谢的复杂性要求细胞有数量庞大、功能各异和分工明确的酶系统，它们分布在细胞的不同区域，参与不同

能量分配　energy allocation

在有机体内部以及有机体间与它们所处的环境之间进行能量的交换，用于发挥生理和行为功能。由于能量利用效率和能量利用绝对量是潜在的受选择因素，也能反映适合度，因此对能量利用的分析是生理学家和生态学家都感兴趣的问题。生活史理论预测有机体将在维持、储存、生长和繁殖之间平衡能量分配，目的是保证适合度和种群的内在增长率达到最大化。例如增加繁殖方面的能量投入就会降低躯体生长，导致生长和繁殖之间的权衡（trade off）。对繁殖的能量分配理论上与物种的生活史特征以及物种所处的环境特征密切相关。

参考文献

BURGER J R, HOU C, BROWN J H, 2019. Toward a metabolic theory of life history[J]. Proceedings of national academy of sciences of the United States of America, 116(52): 26653-26661.

STEARNS S C, 1992. The Evolution of life histories [M]. Oxford: Oxford University Press.

（撰稿：张学英；审稿：王德华）

能量平衡　energy homeostasis

机体能量摄入（energy inflow）和能量消耗（energy outflow）的内稳态调节的生物过程。通过生物合成反应，能量平衡可以通过下面等式来表示：能量摄入＝能量消耗＋身体贮存的能量（身体脂肪和糖原）的变化。

能量摄入是指从摄入的食物和液体中获得的能量。能量消耗是指身体内部产热以及外部做功所消耗的能量总和，内部产热主要指基础代谢率和食物诱导产热，外部做功可以通过测量活动性来获得。当能量摄入高于能量消耗时身体处于正能量平衡状态，导致能量以脂肪和肌肉的形式储存，引起体重增加，易产生肥胖。这种平衡状态主要是由于过度摄食造成能量摄入增加和不活动的生活方式造成能量消耗降低两方面原因造成的。当能量摄入低于能量消耗时，身体处于负能量平衡状态，引起体重降低。这种平衡状态主要是由于身体状况如食欲不振、神经性厌食、消化系统疾病，生理环境如哺乳期，或环境条件如禁食或剥夺食物等因素导致的。

下丘脑在能量平衡调节中发挥重要作用，通过整合大量的生物化学信号产生饥饿或饱食的信号，引起能量摄入和能量消耗的调节。

参考文献

FLIER J, MARATOS-FLIER E, 2000. Energy homeostasis and body weight[J]. Current biology, 10(6): R215-217.

KEESEY R E, POWLEY T L, 2008. Body energy homeostasis[J]. Appetite, 51(3): 442-445.

（撰稿：张学英；审稿：王德华）

年节律　circannual rhythm

以整年为周期的内在的生物学节律，是动物在每一年都会出现的生理或行为活动。最具代表性的年节律包括昆虫的化蛹时间，动物的迁徙模式，冬眠、繁殖等。小型鼠类的繁殖一般从春末到秋初完成，而在深秋到初春季节则蛰伏不出，有些种类还以冬眠的方式度过寒冷而缺少食物的冬季。

（撰稿：李宁；审稿：刘晓辉）

年节律生物钟　circannual clock

生物体或其种群具有年度变化的生物学现象，变化往往出现很强的规律性，因此其调控机制被称为年节律生物钟。年节律生物钟可以表现在种群、行为、生理、细胞、神经内分泌、基因表达等各个层面。在季节性繁殖的鼠类中，繁殖行为出现在春夏季，结束于秋冬季，其种群大小、生理特征和行为表现出非常规律的年度变化。目前研究比较清楚的年节律调控通路为"光周期通路"：日照时长或光周期为鼠类提供了季节变化方向的信息，光照信息经"眼睛—视交叉上核（SCN）—松果体"控制着夜间褪黑素的分泌，从而将季节信号转换为神经内分泌信号；褪黑素作用于垂体结节部的促甲状腺细胞，通过 $Eya3$ 和 $ChgA$ 调控下丘脑中局部脑区甲状腺激素的水平，并通过调控 $Dio2/3$、$Kiss1$、$Rfrp1/3$ 等基因的表达调控促性腺激素释放激素（GnRH）的分泌与释放，从而将季节信号转换为调控性腺活性的因子。但是，由于环境因子很复杂，如温度、食物、水分都可以影响动物对环境变化方向的预判，因此很难将年节律生物钟定义为某个器官或者基因，目前对年节律生物钟的解析还在进一步进行中。

（撰稿：李宁；审稿：刘晓辉）

尿浓缩　urine concentration

机体在缺水时，抗利尿激素分泌增加，调控肾脏集合管上皮细胞的水通道（aquaporins）、尿素通道（urine transporter）和钠通道等的表达，使得远曲小管和集合管对水通透性增加，髓质渗透浓度从髓质外层向肾乳头部（renal papilla）深入而不断升高，尿液被浓缩变成高于血浆渗透浓度的高渗液，形成浓缩尿。目前普遍认为肾脏尿液浓缩过程主要是逆流倍增机制（countercurrent multiplier mechanism）。基于逆流倍增机制，一般认为肾脏髓袢愈长，浓缩能力就愈强。荒漠啮齿类具有极强的产生浓缩尿液的能力，最大尿液渗透压（maximal urine osmalality）可高达血浆渗透压的30倍。这与其格外长的肾乳头有关。其相对髓质厚度（relative medullary thichkness）大于湿润环境的啮齿类，是尿浓缩的结构基础。

参考文献

DEGEN A A, 1997. Ecophysiology of small desert mammals[M]. Berlin, Germany: Springer.

SCHMIDT-NIELSEN K, 1964. Desert animals: physiological problems of heat and water[M]. Oxford: Clarendon Press.

（撰稿：徐萌萌；审稿：王德华）

《啮齿动物学》　Rodent Biology

科学、全面、系统论述哺乳动物学分支学科啮齿动物学的研究专著。该书名誉主编夏武平，主编郑智民、姜志宽、陈安国。2008年第1版，2012年第2版，由上海交通大学出版社出版。啮齿动物（GLIRES，含啮齿目、兔形目）是哺乳纲中种类最繁多的类群，数量众多，分布极广，是各类自然生态系统不可或缺的成员，与人类关系十分密切，益、害皆很大很广，许多工作门类都要涉及。因此亟需一本专门的教科书，供相关专业院校师生及事业部门教学和培训。经32个春秋酝酿与积累，邀集国内各地知名学者，老、壮联手，以中国该领域研究成果为基础，结合编委自身多年的科研、教学和一线工作经验编著成书。首版（115万字）

于 2008 年初面世，并在中华卫生杀虫药械网站提供 1930—2005 年本学科主要中文文献索引 6000 余条供下载；后又经各章执笔人认真校对，在该网站刊登详细的《首版书勘误表》。第 2 版（120 万字）乃是作者们再经数年努力，对原书作了诸多补充、修改和勘正的更新结果；其中第三章和第十一章，随国际新进展作了全面改写。

全书内容涵盖啮齿动物学基础知识、基本理论、基本技术方法和重要的科技新成果。共分 12 章：导论（郑智民、陈安国），啮齿动物形态结构与起源演进（郑智民、陈国伟），啮齿动物分类学及地理分布（马勇、杨奇森、周立志），中国啮齿动物概貌及主要有害种类（张美文），啮齿动物生态学（郭聪），啮齿动物生态学研究主要技术方法（郭聪），啮齿动物寄生虫（刘亦仁、杨振琼），中国主要鼠源性疾病的流行病学与防控（吴光华、姜志宽），害鼠治理技术（姜志宽、吴光华），害鼠治理技术研究基本方法（姜志宽、韩招久、张桂林），管理学在有害生物管理 PMP 中的运用（郑智民、胡迅、陈国伟），啮齿动物的资源功能与保护（陈安国）。对鼠和兔等 2 目啮齿动物的形态、解剖、分类、分布、生态、寄生虫、病原体及流行病学等方面做了分述，对主要有害种类、经济种类、保护种类及实验动物种类各有介绍，对啮齿动物在自然生态系统和人类社会经济中的积极与消极作用做了全面论述；既侧重讲鼠害治理技术与管理学，亦讲有益资源的保护利用理念和法规，还对研究方法、试验方法、论文撰写方法具体施教。全书附 241 幅图、121 个表，各章列有主要参考文献与思考题。作为教材力求周全、前导，便利自学。

中国啮齿动物学奠基人夏武平教授对本书的编著长期推动、全程指导，失明后口述序言，呕心沥血。全书经各章编委交互初审，再由王祖望教授、汪诚信教授主审。资深病媒生物学家汪诚信在撰写的序言中，盛赞本书具精、全、新三特点，不仅综合了长期积淀的成就和经验，而且广泛反映了最新进展和水平，"无论关心治理、生态、利用，或从事科研、教学、实践的读者，都可开卷有益"。

（撰稿：陈安国；审稿：王登）

啮齿类的进化与系统发育研究 evolution and phylogeny of rodents

鼠类牙齿的显著特征包括没有犬齿、臼齿具复杂的咀嚼面。具有这样特征的古生物有 2 个类群，一是出现于三叠纪晚期的似哺乳类爬行动物——三列齿兽，后来被出现于侏罗纪中期的多尖齿兽类取代。多尖齿兽在地球上存在了 1000 万年，并与 7000 万年前出现的真兽亚纲兽类并存了相当长的时间。多尖齿兽后来被有胎盘啮齿类取代。

最早的属于啮齿目的化石出现于北美的古新世晚期（6000 万年），包括 3 个科：斑鼠科（Alagomyidae）、副鼠科（Paramyidae）及壮鼠科（Ischyromyidae）三个化石科物种。其中斑鼠科是最原始的啮齿类，副鼠科的头骨特征具有松鼠类的特点，和现在的山河狸科物种（属于松鼠亚目）最接近。不过，原始的啮齿类均有类似松鼠类的头骨结构，支撑发达的颞肌，附着于颧弓的咬肌则相对退化。最早的豪猪类化石发现于亚洲的始新世早期地层，后来扩展至非洲和南美洲。最原始的梳趾鼠（豪猪亚目，梳趾鼠下目）类化石发现于秘鲁始新世中期，距今 4100 万年，它被认为是起源于非洲，通过"伐运"扩散方式跨过大西洋南部而到达南美。在始新世末和渐新世初期，啮齿目动物爆发式适应辐射，并和侏罗纪中期起源的多瘤齿兽类竞争，并导致后者种群数量严重下降。现代啮齿类出现于渐新世晚期（2700 万年左右），在中新世气候干燥期，随着草原和沙漠的扩大，更格卢鼠类（河狸亚目）和跳鼠类（鼠形亚目）率先出现，到中新世晚期（2300 万年），现代啮齿目的主要类群出现。啮齿类通过在分类学和表型的多样性，组成了世界上有胎盘哺乳类最具特色的一个目。根据国际贸易公约指定使用的分类系统，目前全世界有啮齿类 2277 种，大约占全世界已描述哺乳类的 40%。它们是最成功的适应者，在所有大陆的几乎所有生态系统中，从热带荒原到北极冻原，从热带、温带到北方森林，它们都成功建立种群。甚至在几乎所有孤立岛屿上它们均成功定居，在苏门答腊岛及巽他群岛，它们成功跨越华莱士线和莱德克尔线，进入澳大利亚。它们的成功扩散和适应与广泛的食性、特异的头骨和牙齿特征、小型到中型体型以及短的个体发育和世代有很大关系。啮齿类循环反复的适应进化和惊人的多样性使得科学家对其系统发育关系的研究产生了巨大困难。

最早被大多数科学家接受的啮齿目分类系统是 Simpson(1945) 的分类系统，他把啮齿类划分为 6 个亚目 15 个超科 37 个科。Wilson et al. (2016) 在最新的 The Handbook of the Mammals of the World（第六和第七卷）中将啮齿目分为 5 个亚目，含 34 科为 507 属 2476 种。

早期的系统发育研究基于古生物学、形态学证据，后来加入了胚胎学证据。1980 年代以来，细胞学、酶学等证据也用于物种的系统发育研究。由此看来，在高级分类阶元上，很长时间均没有取得一致意见。但随着分子生物学的发展，提供了一个解决啮齿类系统发育的可靠途径。Huchon（1999）、Madsen（2001）、DeBry（2003）等通过核基因对有胎盘类哺乳动物开展了研究，很好地解决了啮齿目高级分类阶元的系统发育。最新的分类系统是 Wilson and Reeder (2005) 的分类系统，他们就是根据上述研究结果构并结合形态学，将啮齿类分为 5 个亚目：松鼠亚目（Scuriomorpha）、河狸亚目（Castorimorpha）、尾鳞松鼠亚目（Anomaluromorpha）、鼠形亚目（Myomorpha）和豪猪亚目（Hystricomorpha），总计 34 科 2277 种。根据这一分类系统，中国有哺乳动物 13 目 54 科 245 属 572 种。啮齿目中，中国有 4 个亚目 9 个科 192 种。

近20年来,啮齿动物的分类和系统发育研究的热点和方向是分子系统学研究。分子系统学研究在早期是基于第一代测序技术,主要集中在线粒体基因的研究,尤其是线粒体细胞色素b的研究最常见。后来逐渐扩大到线粒体的一些其他基因,如CO1、D-Loop、ND2、ND4、12SrRNA等,并逐步扩大到线粒体基因组。近10年的早期,由于一些哺乳动物的全基因组测序及基因的标注工作取得重大进展,啮齿类分类与系统发育学家开始用一些单个或几个核基因用于系统发育分析。最近几年,基于二代测序技术的大批量核基因用于系统发育分析,逐步接近了物种系统发育的本源。

近10年来,几何形态学用于动物学的系统发育研究也悄然兴起。20世纪80~90年代在形态结构数值化和数据分析方法上实现突破,一些研究者按一定的规则程序采集、测量感兴趣的几何形态结构并转换成数字化的数据进行分析,这是几何形态的雏形。研究对象的结构被转化成二维或三维坐标系中的点位,把研究对象的形状当做整体进行分析,实现形态差异的多变量分析。几何形态学能排除样本的大小、方位和物理性能等因素的干扰,更精确地辨别样本间的细微差异。如今几何形态测量方法已在生物个体发育、种群分化、系统发育等生物学研究领域得到广泛应用,研究对象包含植物、动物、微生物等大量生物类群,不仅限于现生生物领域,在古生物类群中同样取得成效。

小型兽类的分类与系统发育研究,无论几何形态学还是分子系统学,中国科学家目前是处于一个跟随者的角色。相较于欧美科学家着眼于大尺度、高分类单元的研究,中国分类学家在啮齿类的分类与系统发育研究领域的工作有以下特点:一是主要针对科级以下分类单元,很少在目级及更高分类单元开展系统发育研究;二是主要针对中国有分布,或主要分布于中国的类群。

由于中国啮齿类的生物多样性丰富,2005年以来,中国科学家针对啮齿目分类与系统发育做了大量工作。这些研究通过形态学和分子系统学,得出了很多重要发现,发表了系列新种,修订了很多物种的分类地位。到目前为止,中国啮齿目增加到9科78属220种。中国科学家在啮齿类研究中关注的主要类群包括:绒鼠类、松田鼠类、田鼠的Arvicolini族、跳鼠科、鼯鼠科、鼠科的姬鼠类、猪尾鼠类、壮鼠类、鼢鼠类。其具体成果如下:

在绒鼠类研究领域,马勇(1996)通过细胞学研究,恢复了绒䶄属(Caryomys)的地位。Liu等(2012)基于形态学和分子系统学针对田鼠亚科绒鼠属进行了研究,发表了绒鼠属新亚属Ermites,并将原西南绒鼠康定亚种(Eothenomys custos hintoni)提升为种,把原中华绒鼠川西亚种(Eothenomys chinensis tarquinius)提升为种,置于新亚属Ermites下。Zeng等(2013)再次开展了绒䶄属的分子系统学研究,把原中华绒鼠德钦亚种(Eothenomys chinensis wardi)提升为种,发现其为西南绒鼠的姊妹群。

在鼢鼠类研究领域,Zhou等(2008)通过扩征12SrRNA和cytb,重建了鼢鼠亚科(Myospalxiinae)中华鼢鼠属(Eospalax)的系统发育,结果证实Myospalax psilurus、Myospalax aspalax、Eospalax baileyi、Eospalax cansus、Eospalax rufescens均是独立种。

在松鼠类研究领域,Li等(2007)通过分子系统学方法,研究了长吻松鼠属(Dremomys)的系统发育,确认中国长吻松鼠属包括5个种:红喉长吻松鼠(Dremomys gularis)、红腿长吻松鼠(Dremomys pyrrhomerus)、红颊长吻松鼠(Dremomys rufigenis)、泊氏长吻松鼠(Dremomys pernyi)和橙腹长吻松鼠(Dremomys lakriah),解决了一些争议。Li等(2012)开展了鼯鼠属(Petaurista)4种鼯鼠(Petaurista petaurista、Petaurista philippensis、Petaurista hainanensis、Petaurista yunnanensis)头骨测量数据的统计分析,证实了Petaurista hainanensis、Petaurista yunnanensis为独立种,不是Petaurista philippensis的亚种。Li等(2013)开展了鼯鼠属的分子系统发育研究,结果显示,灰头小鼯鼠(Petaurista caniceps)以及分布于中国西部的Petaurista sybilla、Petaurista marica均是独立种,而以前Petaurista sybilla被认为是灰头小鼯鼠的亚种,Petaurista marica是白斑小鼯鼠(Petaurista elagans)的亚种。Li和Yu(2013)对箭尾飞鼠属(Hylopetes)基于头骨形态学的系统发育研究,确立了中国海南低泡飞鼠(Hylopetes electilus)的独立种地位。

在田鼠类研究领域,Liu等(2007)在四川凉山山系发现了凉山沟牙田鼠(Proedromys liangshensis)。Liu等(2012)开展了田鼠亚科松田鼠类的系统发育研究,把白尾松田鼠属(Phaiomys)归并为松田鼠属(Neodon)作为同物异名,把原白尾松田鼠(Phaiomys leucurus)和毛足田鼠属的青海毛足田鼠(Lasiopodomys fuscus)归并为松田鼠属成员,同时发表新种林芝松田鼠(Neodon linzhiensis)。Liu等(2017)用形态学和分子系统学方法,厘清了中国田鼠亚科Arvicolini族的分类并发表了2个新种。把Microtus clarkei调整为Neodon clarkei;将Alexandromys提升为属级分类单元,并将东方田鼠(Microtus fortis)、柴达木根田鼠(Microtus limnophilus)、台湾田鼠(Microtus kikuchii)、莫氏田鼠(Microtus maximowiczii)、根田鼠(Microtus oeconomus)置于Alexandromys属之下,还发表了新种墨脱松田鼠(Neodon medogensis)和聂拉木松田鼠(Neodon nyalamensis)。

其他领域,Cheng等(2017)开展了猪尾鼠属的系统发育研究,发表了猪尾鼠属(Typhlomys)一个新种小猪尾鼠(Typhlomys nanus)和由亚种提升的大猪尾鼠(Typhlomys daloushanensis)。蒋学龙等(2017)对壮鼠属开展了分子系统学研究,把休氏壮鼠(Hadromys humei)订正为云南壮鼠(Hadromys yunnanensis)。

中国啮齿类分类与系统发育研究在未来应集中在如下研究领域:首先,需要开展大规模的标本采集与分类,完善中国啮齿类的分类与系统发育。中国大规模的物种发现与命名主要是1870年至1936年间由外国科学家完成的。中国哺乳类编目工作重点区域应该是中印、中缅、中越边境区域;西南横断山系;陕西—山西—甘肃交界区域。其二,应加强啮齿类基于二代测序技术的大量核基因的系统发育研究,该方向更进一步的研究是基于二代测序技术的啮齿类物种起源和适应进化的研究。

参考文献

葛德燕,夏霖,吕雪霏,等,2012. 几何形态学方法及其在动物发育与系统进化研究中的应用[J]. 动物分类学报, 37(2): 296-304.

蒋自刚, 刘少英, 吴毅, 等, 2017. 中国哺乳动物多样性(第2版)[J]. 生物多样性, 25(8): 886-895.

马勇, 姜建青, 1996. 绒鼱属 Caryomys (Thomas, 1911)地位的恢复(啮齿目: 仓鼠科: 田鼠亚科)[J]. 动物分类学报, 21(4): 493-497.

ADKINS R M, WALTON A H, HONEYCUTT R L, 2003. Higher-level systematics of rodents and divergence time estimates based on two congruent nuclear genes[J]. Molecular phylogenetics and evolution, 26, 409-420.

BLANGA-KANFI S, MIRANDA H, PENN O, et al, 2009. Rodent phylogeny revised: analysis of six nuclear genes from all major rodent clades[J]. BMC evolutionary biology, 9: 71.

DEBRY R W, SAGEL R M, 2001. Phylogeny of Rodentia (Mammalia) inferred from the nuclear-encoded gene IRBP[J]. Molecular phylogenetics and evolution, 19: 290-301.

DOUZERY E J P, DELSUC F, STANHOPE M J, et al, 2003. Local molecular clocks in three nuclear genes: divergence times for rodents and other mammals and incompatibility among fossil calibrations[J]. Journal of molecular evolution, 57: S201–S213.

HUCHON D, CATZEFLIS F M, DOUZERY E J P, 1999. Molecular evolution of the nuclear von Willebrand factor gene in mammals and the phylogeny of rodents[J]. Molecular biology and evolution, 16: 577-589.

LI S, HE K, YU F H, et al, 2013. Molecular phylogeny and biogeography of petaurista inferred from the cytochrome b gene, with implications for the taxonomic status of *P. caniceps*, *P. marica* and *P. sybilla*[J]. PLoS ONE, 8(7): e70461.

LIU S Y, et al, 2012. Phylogeny of Oriental Voles (Rodentia: Muridae: Arvicolinae): Molecular and Morphological Evidence. Zoological[J]. Science, 29: 610-622.

LIU S Y, SUN Z Y, ZENG Z Y, et al, 2007. A new species (Proedomys: Aricolinae: Murida) from the Liangshan Mountains of Sichuan Province, China[J]. Journal of mammalogy, 88(5): 1170-1178.

LIU S Y et al, 2017. Taxonomic position of Chinese voles of the tribe Arvicolini and the description of two new species from Xizang, China[J]. Journal of mammalogy, 98(1): 166-182.

MCKENNA, M C, BELL S K, 1997. Classification of mammals above the species level[M]. New York: Columbia University Press: 1-631.

MONTGELARD C, ARNAL V, FORTY E, et al, 2008. Suprafamilial relationships among Rodentia and the phylogenetic effect of removing fast-evolving nucleotides in mitochondrial, exon and intron fragments[J]. BMC evolutionary biology, 8: 321.

SIMPSON G G, 1945. The principles of classification and a classification of mammals[M]. Bulletin of the American Museum of Natural history, 85: 1-350.

WILSON D E, REEDER D M, 2005. Mammal Species of the World: Volume 2[M]. Baltimore, Maryland: The Johns Hopkins University Press.

ZHOU C Q, ZHOU K Y, 2008. The validity of different zokor species and the genus *Eospalax* inferred from mitochondrial gene sequences[J]. Integrative zoology, 3: 290-298.

（撰稿：刘少英；审稿：王登）

宁振东　Ning Zhendong

宁振东（1951—2021），农田鼠害研究专家。山西省农业科学院二级研究员，山西农业大学硕士生导师。

个人简介　1951年7月9日出生于山西太原。1974年进入山西农业大学农学系植物保护专业学习，1979年在该校昆虫教研室任教，1981年调入山西省农业科学院植物保护研究所工作至退休。1984年开始从事农田鼠害研究，针对山西省农田鼠害发生严重的状况，率先在1985年成立鼠害研究室并担任室主任。1993—2011年担任山西省农业科学院植物保护研究所所长，期间兼任中国植物保护学会理事，山西省植物保护学会副理事长，中国兽类学分会理事，山西省生态学会理事，山西省农业科学院学术委员会委员。

成果贡献　在从事鼠害研究的近30年间，先后主持、参加国家"七五""八五""九五""十一五"及省部级各类鼠害科研和推广项目20余项，在山西省乃至黄土高原害鼠的种类、区域分布、部分害鼠的种群生态、综合防治等方面进行了研究与探索，为山西省鼠害科研工作跻身国内先进行列奠定了基础。发表鼠害研究相关论文70余篇，参与编著《农业重要害鼠的生态学及控制对策》《农药手册》等科技专著4部。

所获荣誉　鼠害研究科研成果先后获得国家科技进步二等奖1项，省科技进步二等奖4项，国家教委和省科技进步三等奖各1项。其中，参加的"农田害鼠的成灾规律及综合防治技术研究"成果获国家科技进步二等奖；主持或参加的"鼠类生物学特性及防治技术""黄土残垣沟壑区害鼠的基本特征及控制对策研究""社鼠的种群生态学及防治技术研究"和"山西省生态环境恢复区鼠、兔成灾规律及综合调控技术研究"等成果获省科技进步二等奖；"黄土高原旱作区主要害鼠——鼢鼠和黄鼠种群生态学及综合防治"和"抗凝血杀鼠剂防治达乌尔黄鼠应用技术研究"等成果分别获国家教委和山西省科技进步三等奖。此外参加其他科研开发项目并获得了国家财政部重大科技成果奖，国家科技进步一、三等奖，山西省科技进步一、二等奖和山西省星火特等奖、一等奖等十余项奖励。工作中多次获得"先进工作者""模范工作者"及"优秀共产党员"等荣誉称号。

（撰稿：邹波；审稿：王庭林）

《农林啮齿动物灾害环境修复与安全诊断》
Environmental Restoration and Safety Diagnosis of Agricultural and Forestry Rodent Disasters

由西北农林科技大学教授韩崇选等编著，西北农林科技大学出版社于2004年8月出版发行的著作。

该书第一编著人韩崇选教授，1985年毕业以后一直从事中国林木害鼠（兔）的调查、鉴定和治理等研究和教学工作。研究成果获陕西省科技成果一等奖和二等奖各3项，教学成果获国家教学成果二等奖1项、陕西省教学成果一等奖1项。现任中国林学会森林昆虫分会理事，西部森林有害生物治理国家林业和草原局重点实验室主任。两次获全国林业科技先进工作者荣誉，带领的团队获全国林业科技先进集体荣誉。

从1991年开始，韩崇选教授带领课题组与中国森防部门合作，提出了建立以群落生态阈值和动态经济阈值为主的监测预警指标体系，构建了林木鼠（兔）害绿色防控效果与效益评价指标体系和评价模型，搭建了鼠（兔）害防控研发和成果转化推广平台，制定了26套适合林木栽培全程害鼠（兔）治理方案，获批国家级推广项目16项，在中国20个省（自治区）246个市县建立林木鼠（兔）害绿色防控试验示范基地117处，推广12585.5万亩次，成果应用覆盖西北95%以上地区。该书历时14年，六易其稿，从鼠类环境灾害修复的生态学基础出发，探讨了鼠类环境灾害的成因，阐述了鼠类环境灾害修复的研究现状和发展趋势，系统阐述了鼠类环境灾害修复和安全诊断的研究方法，从理论和实践的角度阐述了各种修复措施的作用、地位和发展趋势。以期为鼠类环境灾害修复的研究带来益处。

全书共四部分。第一部分为基础篇，介绍了鼠类环境灾害、地理区划、鼠类环境灾害修复的生态学基础和啮齿动物的研究现状与发展趋势。第二部分为鼢鼠篇，在系统阐述鼢鼠分类和历史变迁的基础上，系统介绍了中国鼢鼠的最新研究成果和治理方法。第三部分为方法篇，系统介绍了鼠类环境灾害修复与安全诊断的研究方法。第四部分为修复篇，用五章的篇幅，从理论和实践两个方面，阐述了害鼠环境灾害修复的理论依据和数学模型，提出了以生态调控为主的鼠类环境灾害可持续控制策略。分别论述了各种修复措施在害鼠可持续控制中的作用、地位和应用方法，阐述了在天敌捕食作用下的害鼠环境灾害可持续修复的优化模型，介绍了害鼠环境灾害修复的专家管理系统和害鼠环境灾害修复的监测系统，同时也概述了现代免疫不育技术和新型药剂的研究现状和发展趋势。

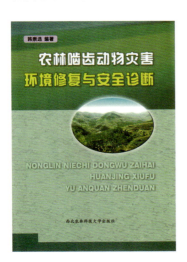

本书适合于植保和森保科技人员使用，也适合各农林院校植保专业和农学、林学专业的学生参考，同时也可作为植保和森保专业研究生的专业参考书。

（撰稿：韩崇选；审稿：宛新荣）

农田鼠害监测 rodent damage monitoring in the farmland

害鼠成灾实质上是害鼠种群数量的暴发。从外因来看，害鼠种群数量的暴发受气候变化、栖息环境、食物资源、天敌、疾病、人类活动等多种因素的影响制约；从内因来看，害鼠种群数量的暴发反映了害鼠种群出生率、死亡率、迁入与迁出的变化，其实质是害鼠种群动态的变化。目前掌握害鼠种群动态和相关生物学及生态学研究的常规手段是夹捕法、捕鼠笼标记重捕法，及近年来逐渐发展尝试3S技术和物联网技术及正试验的电子标签技术。

夹捕法 傍晚置夹，次日清晨收夹，以夹捕率表示鼠密度，代表调查地区的相对鼠数量。20世纪80年代以来，夹捕法是中国农区鼠情监测的主要方法，其简便易行、适用于不同环境，但是通过夹捕法获得的数据只是相对密度，而且鼠夹规格，不同鼠种及不同年龄段害鼠对鼠夹的灵敏度，对诱饵的喜好程度不同。此外，不同人员操作，不同布夹方法（夹距、布夹方式）调查的鼠密度存在较大差异。

标记重捕 利用捕鼠笼随机捕获一部分个体标记后释放，经过一定时间后进行重捕，假定重捕取样中标记个体比例与样地总数中标记比例相同以估算样地中害鼠总量的方法。标记重捕模型中Jolly-Seber随机模型使用最广泛，也被认为是调查开放种群较好的方法，该模型应用需要满足标记种群个体间具有等捕性、动物无"厌笼"和"喜笼"反应，且取样个体重捕率不能低于50%，否则会增加估计误差，结果可靠性差等弊端。该法是科学研究中调查种群的最主要方法。研究人员利用标记重捕获得种群的主要参数，为研究鼠种群的动态变化提供了重要信息。其调查数据较详细、准确、不误伤非靶标动物，保护动物福利，维护生态平衡，但调查操作繁琐、费工费时、对调查人员技术要求较高，很难应用于农田常规调查监测。

3S技术（geographic information system, GIS; remote sensing, RS; global positional system, GPS） 通过遥感得到图片中的植被绿度、指数等参数，推断灾害的发生情况。害鼠的种类及其种群数量的不同对植被的危害特征及程度不同，由此引起植被的群落组成及其覆盖度变化，这种变化可以敏感地反映在植被反射的光谱值上。通过分析遥感信息的光谱资料，便可以实现对害鼠种类、数量及危害程度实时准确监测和监控，为防治提供支持。该技术在草原鼠害、森林鼠害的调查中有所尝试，其具有监测面积广、宏观信息丰富、实时监测等优点，但该技术的应用极大依赖于遥感识别技术的发展。卫星图片的获得周期长，分辨率很难达到农业生产的要求，且价格昂贵。目前监测模拟的结果与实际鼠害发生面积存在一定差异，尤其对地下活动的鼢鼠，监测危害面积为实际调查面积的20多倍，差异较大。目前很难用于农业鼠害防治领域。

物联网技术（internet of things，IOT） 基于互联网、传统电信网等信息承载体，让所有能够被独立寻址的普通物理对象实现互联互通的网络。1991年美国麻省理工学院（MIT）的Kevin Ashton教授提出了物联网的概念，现在该技术被广泛应用于智能物流、家居、农业等方面，其中一些公司在农业领域开发出基于物联网技术的鼠情智能监测系统，其通过复合重力和红外传感系统侦测鼠类生物体征，结合特定的计算方法，算出目标区域内活动鼠类的数量、种类和活动轨迹，然后通过双频无线通讯技术将侦测结果传输到系统后台服务器，用户通过电脑、手机登录网站、电子邮件或通过短信及时获取监测数据。系统具有以下优势：①监测覆盖面积广，约为3km^2，数据工作站与鼠情感知单元通讯距离可达1km。②无需人工值守监测，不间断监测，与传统的夹捕法或粉迹法相比，省时、省力、不受干扰。③智能识别个体的活跃度和活动轨迹。当害鼠经过感知单元，系统会自动采集害鼠生物体征值，通过系统内置算法核对预存的数据库，智能判断该鼠种类，并授予虚拟ID，实时将数据传到系统后台服务器，同时详细记录鼠害发生频率、模拟鼠活动轨迹，评估和量化鼠害防治效果。但目前该智能监测系统识别鼠种有限，农田部分鼠种形态指标相似，且同一年龄段的害鼠各特征值差异极小，易识别错误。此外，在不同时间也可能反复记录同一只鼠，造成监测数据与实际鼠情不符。

以上技术都难以对大群体多个体进行个体识别，进而实现对害鼠种群动态信息的精确、长期、自动跟踪监测功能。

电子标签技术 RFID是Radio Frequency Identification的简称，中文译为电子标签，又称无线射频识别技术。是一种非接触式的自动识别技术，它通过射频信号自动识别目标对象并获取相关数据，识别工作无须人工干预，可工作于各种恶劣环境。RFID技术可识别高速运动物体并可同时识别多个电子标签，操作快捷方便。

目前常用的是被动式RFID，其不需内部供电电源，工作原理为RFID阅读器发出电磁波，RFID内部集成电路通过接收到的电磁波进行驱动。当标签接收到足够强度的讯号时，即可向阅读器发出数据。被动式标签无需电源，价格较低，体积小巧（见图）。

被动式电子标签既可以用作体外标记，也可以用作体内标记，在动物园、养殖业和动物贸易中被广泛应用。荷兰于20世纪80年代兴建的自动化奶牛养殖场，即应用无线射频识别技术自动记录奶牛在各种生产活动过程中所产生的数据，如运动量、产奶量、进食量，根据这些数据，相应的饲料需要通过计算机分析并给出，从而实现了精细养殖奶牛。英美等国在20世纪末也大量使用该技术于奶牛饲养领域。

随着该技术成本的降低，其在野生动物研究中的应用也越来越多。国外自1983年电子标签首次应用于测量鱼类活动距离以来，它的应用范围逐步扩大到无脊椎动物、两栖类、爬行类、鸟类及哺乳动物。目前中国电子标签的应用还仅限于以水生动物为主的有限的几类物种的研究活动中。

参考文献

CAVIA R, CUETO G R, SUÁREZ O V, 2012. Techniques to estimate abundance and monitoring rodent pests in urban environments[J]. Integrated pest management and pest control—current and future tactics, 147-172.

HUGGINS R, HWANG W H, 2011. A Review of the Use of Conditional Likelihood in Capture—Recapture Experiments[J]. International statistical review, 79(3): 385-400.

MANVILLE R H, 1949. Techniques for capture and marking of mammals[J]. Journal of mammalogy, 30(1): 27-33.

（撰稿：王登；审稿：郭永旺）

农田鼠害综合防治 integrated rodent pest management in farmland

根据农田生态环境的特征，优化集成生物、生态、物理和化学防治等多种技术，采用高效的组织实施模式对害鼠进行治理，使其种群数量低于危害阈值，恢复或健全抑制鼠类增长的生态因子，从而持续有效地控制鼠害。

加强鼠情监测和抗性风险评估 及时、准确地掌握害鼠发生动态和抗药性趋势，是科学制订防治策略的重要前提。应针对不同生境，选择害鼠高发区建立鼠情监测站，长期监测主要害鼠的种群数量变动趋势，制定主要害鼠的防治阈值，开展害鼠数量预测预报，为害鼠治理提供理论依据。而抗凝血杀鼠剂已在中国使用了30多年，先后发现了一些鼠类产生不同程度的抗药性和交互抗性，但多数农田鼠类的抗性状况尚未明了，急需开展农田害鼠的抗药性监测与抗性治理工作。

强化鼠害防治的组织管理 农区害鼠的种类多，分布广，在田间的栖息分布不均衡，并随农作物生育期的变化出现季节性迁移现象，城镇周边的农田也受到家栖鼠类的危害。因而农田鼠害防治是一项复杂的社会公益工作，需要各级政府重视鼠害治理的组织领导，协调农业与卫生部门联合行动，成立专业队伍在各自的领域开展统防统治工作，或由具备丰富鼠害防控经验的专业团队提供规模化、集约化的鼠害防治技术服务，才能达到高效、安全控制鼠害的目的。

注重技术集成，因地制宜地开展鼠害综合防治 鼠类作为生态系统的重要组成部分，在物质循环和能量流动方面起着重要作用。鼠害防控的根本目的不是要消灭鼠类，而是将鼠类的种群数量控制在经济阈值以下，既能保障农作物的安全生产，又能维护生态系统的平衡发展。从鼠类的生态学和生物学习性入手，分析鼠类成灾机制和主要的影响因子，

被动式RFID
①玻璃芯片；②芯片注射器；③手持式电子标签阅读器

根据当地的农田生态环境和气候特点、农业布局、耕作制度等,集成多种治理技术对害鼠进行综合防治。

综合防治的主要技术措施

生态治理 农业生态治理是指通过调控鼠类赖以生存的栖息地、食物源和隐蔽场所等因子,恶化鼠类生存与繁衍的条件,从而控制鼠类的种群密度。如弃耕地复耕、高大田埂改为低矮田埂、中耕除草、定期防除灌渠杂草、清理田间杂物、合理作物布局等,能显著降低鼠类的生态容纳量,持续控制效果显著。

物理防治 针对于不同场所、不同害鼠分别采用鼠夹、鼠笼、地箭、压板、电猫等方法捕鼠。该方法比较费时费工,在控制暴发性鼠害时收效不大。围栏陷阱法(TBS)技术能较好地捕捉害鼠,还可用于鼠情监测。

化学防治 应用最为广泛的鼠害控制方法。通常采用毒饵法,应用时应选择合适的杀鼠剂品种、浓度和诱饵,科学的灭鼠时机和投放方法,做到"五统一",即统一购药、统一配制毒饵、统一投放、统一处理死鼠、统一检查防效。

生物防治 利用捕食性天敌如鼬科、犬科、灵猫科、猫科和猛禽类捕杀害鼠,对害鼠种群增长有较好的自然控制作用。病原微生物灭鼠因使用技术复杂、影响效果的因素多以及安全性问题,在中国较少使用。

不育控制技术 包括手术不育、化学不育、免疫不育和内分泌干扰不育四类。中国利用化学不育和内分泌不育技术对害鼠控制方面取得了一些成果,技术成熟后对控制鼠害有应用前景。

参考文献

董天义, 2001. 抗凝血灭鼠剂应用研究[M]. 北京: 中国科学技术出版社.

冯志勇, 邱俊荣, 隋晶晶, 等, 2007. 醋酸氯地孕酮对小白鼠种群扩展的持续控制效应研究[J]. 中国媒介生物学与控制杂志, 18(2): 89-92.

冯志勇, 姚丹丹, 黄立胜, 等, 2007. 黄毛鼠对第一代抗凝血灭鼠剂的抗药性监测[J]. 植物保护学报, 34(4): 420-424.

高志祥, 施大钊, 郭永旺, 等, 2008. 北京地区黑线姬鼠对杀鼠灵抗药性的测定[J]. 中国媒介生物学及控制杂志, 19(2): 90-92.

黄小丽, 秦姣, 刘全生, 等, 2010. 内分泌干扰不育在兽类种群控制中的应用[J]. 植物保护, 36(5): 16-21.

王军建, 陈立奇, 周纯良, 等, 2002. 黄胸鼠对杀鼠灵和溴敌隆抗药性调查报告[J]. 中国媒介生物学及控制杂志, 13(1): 7-9.

王显报, 郭永旺, 蒋凡, 等, 2011. TBS技术在农田鼠害长期控制中的应用研究[J]. 中国媒介生物学及控制杂志, 22(1): 57-58, 61.

张知彬, 2000. 澳大利亚在应用免疫不育技术防治有害脊椎动物研究上的最新进展[J]. 兽类学报, 20(2): 130-134.

CHAMBERS L K, SINGLETON G R, HINDS L A, 1999. Fertility control of wild mouse populations: the effects of hormonal competence and an imposed level of sterility[J]. Wildlife research, 26(5): 579-591.

CONN P M, HUCKLE W R, ANDREWS W V, et al, 1986. The molecular mechanism of action of gonadotropin releasing hormone (GnRH) in the pituitary[J]. Recent progress in hormone research, 43: 29-68.

(撰稿:隋晶晶;审稿:王登)

农田鼠类群落 rodent community in the farmland

栖息在农田的各鼠种的集合。鼠类群落具有一定的结构、一定的鼠种组成和一定的种间关系,在环境条件相似的不同农田可以重复出现。农田鼠类群落并不是任意鼠种的随意组合,而是通过长期自然选择而保存下来的,各鼠种之间的相互作用不仅有利于各自的生存和繁殖,而且有利于保持群落的稳定性。

农田鼠类群落是农田生物群落的组成部分,它在农田生态系统中有着重要的作用。鼠类是食物链上重要的部分,是初级消费者,为捕食性兽类和猛禽提供食物源。农田鼠类群落和其他群落一样,也具备群落的几个特征:鼠种的多样性、群落结构、优势鼠种现象和各鼠种的相对数量。

群落中鼠种的多样性是指一个群落中鼠种类的多少,而不是个体的数量。群落多样性是群落的一个重要指标之一,它和生态系统的稳定性密切相关,一般来说,群落多样性越高,生态系统越稳定,抗外界干扰的能力越强。鼠类群落结构是一个生态系统中的组成鼠类群落的各种鼠类以及种间的相互关系,根据一个群落中各鼠种的数量多少,将群落中的鼠种分为优势种、常见种和稀有种。优势种对环境的适应性最强,通常在群落中的个体数量最多,在栖息地中分布广泛,能够利用比其他鼠种更多的食物、空间资源。优势鼠种的密度、在群落中出现的频度以及对其他鼠种的排斥能力都高于其他鼠类。

群落中的各个鼠种由于生活在一起,对食物资源、栖息空间的占有等都存在着竞争,这就是种间竞争,而这种竞争关系错综复杂,其结果是各鼠种在食物、栖息空间等出现分化,各自有主要的食物和栖息空间。

群落是一个长期演替的结果,这种演替并不会停止,一直持续不断。群落从形成开始,经过一系列的中间演替系列环节,以渐变或突变的形式演替到与该区域气候、地貌、植被、天敌及其他生物相互关联、相互依存的顶极群落阶段。当农田生态系统一直处于稳定的状态,鼠类群落也相对稳定。但是,一旦农田生态系统发生变化,如作物种植结构明显变化,对不同鼠种来说,喜食食物、隐蔽场所以及土壤理化性质发生变化,优势鼠种的数量可能会越来越少,某些常见鼠种的数量可能上升,从而取代原优势鼠种,而成为优势鼠种,致使鼠类群落结构发生变化,群落演替成为以新的优势鼠种为主的鼠类群落。人类活动也会影响农田鼠类群落结构。在中国一些地区,在农田长期使用对某些优势鼠种敏感的抗凝血杀鼠剂,致使优势鼠种数量长期维持在一个较低的水平,而耐药性较强的鼠种数量持续上升,从而取代了群落中原优势鼠种成为新的优势鼠种,从而群落更新。

参考文献

马勇, 1986. 中国有害啮齿动物分布资料[J]. 中国农学通报(6): 76-82.

孙儒泳, 2001. 动物生态学原理[M]. 3版. 北京: 北京师范大学出版社.

(撰稿:王勇;审稿:郭聪)

农田重大害鼠成灾规律及综合防治技术研究
outbreaks of integrated pest management on agricultural rodents

由中国科学院动物研究所、四川省农业科学植物保护研究所、广东省农业科学植物保护研究所、中国科学院长沙农业现代化所、山西省农业科学植物保护研究所张知彬、蒋光藻、钟文勤、黄秀清、郭聪、宁振东、冯志勇、叶晓堤、张健、宛新荣完成。

2002年获国家科技进步二等奖。

中国是一个鼠害十分严重的发展中国家。鼠害不仅造成巨大的粮食损失，而且还破坏草场和森林、传播疾病，给农业发展、环境保护和人类健康带来严重威胁（见图）。

项目组在国家"九五"科技攻关项目的支持下，以北方旱作区的大仓鼠和黑线仓鼠、内蒙古高原农区的长爪沙鼠、黄土高原的中华鼢鼠、长江中下游流域稻作区的大足鼠和褐家鼠、珠江三角洲稻作区的黄毛鼠为主攻对象，系统研究了害鼠成灾规律、种群预测预报方案、害鼠种群数量恢复及群落演替规律，研制了新型杀鼠剂及其配套使用技术，提出了农田鼠害综合防治对策，并进行了大面积的技术示范与应用推广研究。提出了有关害鼠数量预测预报方案，研制和开发成功了2种植物源性杀鼠剂，提出了2种抗凝血增效和2种诱杀增效技术；研究和改进了不育剂配方；研制了2种新型捕鼠器械；1项复方灭鼠剂和1项驱避剂申报国家发明专利；研制1种化学杀鼠剂新剂型0.5%氯鼠酮母液新剂型；研制的复方灭鼠剂3种剂型的产品获得国家有关部门颁发的三证。完成了2种剂型：2%特杀鼠可溶性液剂、10%特杀鼠可溶性液剂的研制。鼠害综合防治示范区面积共达200余万亩，应用推广和技术辐射面积累计2200余万亩，生态、经济和社会效益十分明显。

通过该项目的实施，基本掌握了中国典型农业生态区内重要害鼠的成灾规律与主控因子，掌握了大面积灭鼠后种群恢复和群落演替规律，提出了科学合理的灭鼠措施与方案，解决了鼠类对第一代抗凝血杀鼠剂的耐药性和抗药性国际性难题，成功地实现了将测报、化学灭杀、不育控制、农业防治、生态治理的有机整合，形成新的适合中国农业国情的鼠害综合防治体系，显著提高了大规模农业鼠害综合防治工程的实施和协调能力。

项目主持单位中国科学院动物研究所是中国历史最长、规模最大、学科最齐全的综合性动物学研究机构。拥有农业虫鼠害综合治理、计划生育生殖生物学、生物膜与膜生物工程三个国家重点实验室和亚洲最大的动物标本馆。在农业和检疫性重大害虫害鼠综合治理、动物生殖和人类健康、资源调查与物种保护等方面做出了重要贡献。农业虫鼠害综合治理国家重点实验室主要以农业动植物重大病虫鼠害为目标，集中多学科攻关优势，研究有害动物的繁殖行为、化学通讯、生殖调控、迁飞规律、抗药性及动植物协同进化关系，研究全球气候变化和农业生态系统结构改变下有害动物种群暴发成灾的生态学规律及分子生态学机理，发展无公害的、可持续的生物与生态控制理论与技术。

鼠类对农业的危害（项目研究团队成员提供）

（撰稿：李宏俊；审稿：张知彬）

农业虫害鼠害综合治理研究国家重点实验室
State Key Laboratory of Integrated Management of Pest Insects and Rodents

农业虫害鼠害综合治理研究国家重点实验室始建于1991年，实验室围绕重大害虫害鼠成灾与控制的关键科学问题，重点揭示害虫害鼠种群的时间、空间和遗传动态，阐明害虫害鼠对环境胁迫因子的适应性对策，发现害虫害鼠与植物和天敌协同进化的新模式，建立全球变化环境下害虫害鼠生态管理的理论与技术体系，发展害虫害鼠绿色控制的新途径，为实现中国农业虫害鼠害的可持续控制提供理论、技术和人才支撑。目前实验室团队中，1人为中国科学院院士、发展中国家院士，1人

为欧洲科学院外籍院士、挪威科学院外籍院士，2人为973首席科学家，8人获国家杰出青年科学基金资助，3人为国家科技奖获得者，3人为省部级科技顾问，3人入选"青年千人计划"，8人入选中国科学院"百人计划"，3人获国家级有突出贡献的青年科学家奖，1人获中科院杰出科技成就奖，3人获院级优秀青年科学家奖，4人入选国家级百千万人才工程。实验室承担各类各级科研课题，包括"973"、"863"、行业专项、科技支撑、战略先导、基金重大、重大国际合作、高技术产业化项目等国家级课题。近5年，实验室在国内外重要刊物上发表学术论文630篇，其中发表在 Science、PNAS、Annual Review of Entomology、Nature Neuroscience、Systematic Biology、PLoS Pathogens、PLoS Genetics、Ecology 等SCI源刊物上论文340篇。实验室目前拥有总面积3300多平方米，拥有30万元以上的新型大型仪器设备18套，具研究技术平台6个：化学分析技术平台、电生理学技术平台、生化与分子生物学技术平台、行为学技术平台、细胞生物学技术平台以及动物营养分析平台。

该实验室是目前唯一开展鼠害研究的国家重点实验室，包括4个鼠害研究组。张知彬研究员领导的研究组侧重鼠类种群生态学研究，王德华研究员领导的研究组侧重鼠类生理生态研究，张健旭研究员领导的研究组侧重鼠类行为学研究，肖治术研究员领导的研究组侧重鼠类与植物关系研究。该团队曾主持国家科技部973鼠害研究项目、国家"九五"科技攻关农业鼠害研究专题；国家基金委重点项目、国家杰出青年基金项目和面上项目及中国科学院先导课题、重要创新方向项目；中澳国际合作项目、英国农业科技转化项目（AgriTT）等。团队成员曾荣获国家科技进步二等奖，国际ICRBM终身成就奖，IUBS突出贡献奖，欧洲科学院外籍院士、挪威科学院外籍院士、国家杰出青年基金获得者、中国科学院百人计划获得者等奖励与荣誉。研究团队在内蒙古锡林浩特拥有大型野外草原动物研究站，占地1500亩，在北京、四川都江堰具有森林鼠类研究基地。

（撰稿：李宏俊；审稿：张知彬）

农业农村部农区鼠害观测试验站 Station for Monitoring Pest Rodent in Agricultural Region, Ministry of Agriculture and Rural Affairs of the People's Republic of China

为了推进中国农区鼠害监测和防治的技术水平，将科研成果尽快转化为实际应用成果。农业部全国农业技术推广服务中心分别于2005年、2011年及2012年联合中国农业大学、贵州省余庆县植保植检及广东省农业科学院植物保护研究所三家机构在河北省万全县宣平堡、贵州省余庆县及广州市建立了3个农区鼠害观测试验站。

万全县宣平堡场站，2005年建成使用，占地10亩，试验设施包括40个10m×10m×2m围栏及试验室和宿舍。自建立至今先后承担"973"国家重大科技基础研究"鼠类种群生殖调控与不育控制机理（2007CB109105）""国家自然科学基金（30270881、305712290）""十一五"科技支撑"草地灾害评估与治理关键技术研究"（2006BAD16B04）、农业部全国鼠害防治科技创新及一些国际合作等项目的实施实验。发表以该场站为实验基地的研究论文20多篇，其中SCI论文8篇；培养了博士和硕士研究生共计8名。接待了澳大利亚、新西兰、欧洲多国及农业部种植业司、全国农业技术推广服务中心、中国科学院、中国农业科学院等国内外多所科研及管理机构相关专业人士，以及多个省市植保工作者的考察、访问。

贵州省余庆场站于2011年正式挂牌，是中国第一个建立在纯高原地区的农区鼠害观测试验基地，主要承担中国高原地区农业鼠害监测与控制技术研究。该基地依托贵州

图1 河北省万全县鼠害观测站围栏1（王登摄）

图2 河北省万全县鼠害观测站围栏2（王登摄）

图3 贵州省余庆县鼠害观测站资料室1（杨再学提供）

图 4 贵州省余庆县鼠害观测站资料室 2（杨再学提供）

省农田鼠害研究协作组，实施全省 18 个鼠情监测点的系统监测培训指导工作。基地设有"贵州省鼠类标本及研究成果陈列室""贵州省农田鼠害研究协作组资料室"和劳模创新工作室、培训室、办公室等设施。保存有贵州鼠类标本 24 种 100 余只，鼠害资料汇编 42 册 456 万余字，贵州鼠害防治协作组历年鼠害监测记录档案资料、文献资料及汇编资料等 571 卷（册、部、项）3038 万字。该基地自建成以来，先后主持和参与实施国家、省、市级鼠害科研项目 10 余项，获科研助资金 200 余万元，发表论文 50 余篇，出版著作 4 部，制订贵州省地方标准 3 项、贵州省农业行业标准 2 项，获科研成果奖励 4 项。依托于该基地的鼠害研究团队，2012 年入选遵义市农区鼠害监测与防治科技创新人才团队，2014 年入选遵义市农区鼠害监测与防治技术研究专家工作站，2015 年入选贵州省高层次创新型人才"百"层次人才名单。

广州观测站 2012 年建于广东省农业科学院植物保护研究所大丰试验基地和白云基地，以中国农业科技华南创新中心和广东省植物保护新技术重点实验室为依托，主要开展农区害鼠发生动态监测与危害调查、鼠类成灾机制及持续控制技术研究，在华南农田害鼠的抗药性风险评估与应对策略、杀鼠剂减量增效技术、农区鼠害区域性管理技术研究与示范推广应用等方面有鲜明的特色和一定的影响力。建站以来，先后承担了"十二五"国家科技支撑、国家自然科学基金、国家星火计划重点项目等科技项目 8 项，发表鼠害研究论文 15 篇，获授权国家发明专利 2 项。

（撰稿：王登、杨再学、冯志勇；审稿：郭永旺）

农业农村部锡林郭勒草原有害生物科学观测实验站 Xilin Gol Station for Scientific Monitoring and Experiment on Rangeland Pests, Ministry of Agriculture and Rural Affairs of the People's Republic of China

位于内蒙古锡林郭勒盟锡林浩特市（116°1′E，43°56′N）西郊，占地面积 600 亩（自有土地 300 亩，租赁土地 300 亩）。实验站现有综合实验室 240m²，专家及学生宿舍 1200m²，生活辅助用房 223m²；实验相关仪器设备 40 余台（套）。常驻科研人员 15 人，流动科研人员 20 余人。

试验站位于中国北方草原与农牧交错区，该区域可代表中国北方草原和农牧交错区主要生物灾害的典型发生特点，试验站的研究成果可辐射中国北方主要地区，具有广泛的代表性。

草原区是国家生态建设的重点区域，生物灾害监测与防控是生态建设的重要保障。实验站定位于草原生物灾害监测与防控。

实验站是政策研究与对策研究的平台，科学研究与成果转化的平台，技术培训与产业服务的平台，联合协作与国际交流的平台，科普教育与宣传展示的平台。

完善国家农牧业有害生物监测预警体系，提高草原有害生物防控能力，为中国农牧业生态系统优化管理提供示范模式和配套技术，为中国农牧业可持续发展提供宏观决策依据。

科学研究与成果转化 承担各类研究项目 20 余项，包括国家行业（农业）科研专项：草原虫害监测预警与防控技术研究与示范项目、国家牧草产业技术体系牧草虫害生物防控岗位、成果转化项目"绿僵菌可湿性粉剂生产技术中试及产品示范"、国家自然科学基金面上基金项目"雄性布氏田鼠性腺发育的季节模式特征及其光响应分子机制"等。

主要围绕草地有害生物种类和资源调查、草地植被亚型数字化及宜生区划分、内蒙古典型草原优势种蝗虫群落结构与生态位研究、草原蝗虫的取食偏好和环境适应性、亚洲小车蝗生境适应性相关基因与生活力的关系、不同放牧强度对典型草原植被和昆虫的变化影响、布氏田鼠季节性繁殖研究等方面进行了研究工作。

共发表文章 50 余篇，主编和参编著作 4 部；获得中国农学会中华农业科技奖二等奖 1 项、中国农业科学院科学技术奖二等奖 1 项。示范推广以绿僵菌为主的生物防蝗技术面积 500 多万亩。

技术培训与产业服务 每年组织召开草地有害生物防控技术培训班 1~2 次，近 5 年来培训相关技术人员超过 1000 人次。根据农业农村部畜牧业司、全国畜牧总站和国家牧草产业体系的要求，组织专家到生物灾害发生地指导灾害防控工作。

联合协作与国际交流 与美国、意大利、新西兰、蒙古等国家相关研究机构建立了联系。如 2015 年美国 Illinois State University 的 Douglas Whitman 教授到基地开展研究工作。与中国科学院动物研究所、中国农业大学、新疆农业大学、内蒙古农业大学、西北大学、兰州大学等十余所大学、科研院所建立了合作关系。与全国畜牧总站、内蒙古自治区草原站、锡林郭勒盟草原站等技术推广部门建立了联系。与中环柯琳科技发展有限公司、内蒙古草都有限公司等草地植保和草原建设相关公司建立了联系。

科普教育与宣传展示 自实验站建立之初，就成为全国青少年培训教育基地。通过网络、电视台等宣传媒体不断展示基地研究及建设成果。

科研平台 为草原有害生物研究提供科学研究平台：开展抗旱、抗寒牧草品种的选育；野生动、植物资源的发掘与利用；害虫天敌的筛选与利用，天然牧草资源的筛选与杂交选育，抗虫（病）牧草资源的筛选与利用；天然草场牧草病害的调查，苜蓿根腐病防控等；害鼠调查与防控技术示范推广；毒害草的防除技术与利用技术研究。

（撰稿：王广君；审稿：刘晓辉）

农业鼠害　rodent damages in agricultural region

鼠害对中国农业的危害几乎涉及所有的农作物及其整个生育期。水稻、小麦、玉米、豆类、甘蔗以及瓜果和蔬菜等主要作物均是害鼠啃食的对象。每年农田鼠害发生面积4亿~6亿亩，由鼠害造成的粮食及蔬菜作物损失达1500万t（占总产量的5%~10%）。全国31个省（自治区、直辖市）农区均有鼠害发生。较严重的黑龙江、吉林、云南、贵州等地曾出现局部大发生。20世纪80年代以后，中国农田鼠害发生面积总体呈上升趋势（图1）。2001年黑龙江1/5土地遭受鼠害，粮食损失10亿kg以上，2006年吉林省农田平均鼠密度为12.8%，19个县农户鼠密度超过20%，7个县达到10%~20%，蛟河、东丰、榆树农田鼠密度分别达到23.9%、20.1%和19.73%。2000年之后，云南鼠害发生有所减轻，但每年的农田发生面积仍超过60万hm^2，主要危害水稻、玉米、小麦、马铃薯、蔬菜、果树、大豆等粮食和经济作物，年均造成农作物损失19.4亿kg以上。贵州省平均百夹捕获率达5.5%~17.4%，最高达26%。2007年洞庭湖区东方田鼠大暴发使得22个县水稻遭受极大损失。近年来，保护地蔬菜的茄果类、瓜类和豆类等受害严重，甘蔗、花生、果树等经济作物也受害频繁。

从不同区域看，华南的广东、海南等地板齿鼠（Bandicota indica）、黄胸鼠（Rattus flavpectus）偏重发生，损失严重的作物有甘蔗、水稻、水果等。海南的南繁玉米田中鼠类甚至可导致部分育种材料绝产。东南沿海及长江流域以黑线姬鼠（Apodemus agrarius）为主的鼠害为中等发生，湖北的受害面积可达38.5万hm^2。福建水稻田鼠害造成的损失相当于同期虫害造成的损失的5~10倍。西北地区农田鼠害表现为中等到重度发生，宁夏许多地区鼠捕获率达到8%~20%，同心县农田中的长爪沙鼠（Meriones unguiculatus）鼠密度可达10.6%，农户危害率达14.6%；孙吴县部分农田鼠密度超过300只/hm^2，造成大面积损失。西藏贡嘎等地白尾松田鼠（Phaiomys leucurus）暴发成灾，有效鼠洞密度达60 000~70 000个/hm^2。青海海东地区农田青海田鼠（Microtus subterraneus）暴发，其密度达到2000洞口/hm^{2}以上。2003—2005年期间，西北干旱地区鼠害发生面积16.7万hm^2，损失粮食达4200万kg，甚至有些农民辛苦1年的收获不如挖鼠洞获得的多。新疆农田害鼠危害严重的有吐鲁番地区的印度地鼠（Nesokia indica）和南疆棉田的红尾沙鼠（Meriones libcus）。前者主要危害小麦和草原，后者则使棉花大幅度减产。

鼠害不仅在田间发生，对农户储粮造成的损失也相当严重。全世界因鼠害造成储粮的损失约占收获量的5%。发展中国家贮藏条件较差，平均损失4.8%~7.9%，最高达20%。2000—2012年中国鼠类危害的农户数超过1亿户（图2）。鼠害发生严重的农户，年损失储粮少者10~20kg，多者50~60kg，有的可高达100kg。褐家鼠、黄胸鼠、小家鼠既危害田间作物，也是农舍的主要害鼠，这些害鼠在农田和农舍之间往返迁移，造成"春吃苗、夏吃籽、秋冬回家咬袋子"的现象。

鼠害也是中国草原主要生物灾害之一。受全球气候变化加剧、环境条件改变以及人为因素等影响，中国草原鼠害呈现愈演愈烈的趋势。根据农业部1995—2009年的统计，全国每年因鼠害造成的草原受灾面积4亿~6亿亩，严重危害面积2亿~3亿亩（图3），牧草损失年均近200亿kg。因鼠害破坏植被产生的水土流失和沙尘暴问题也十分严重。

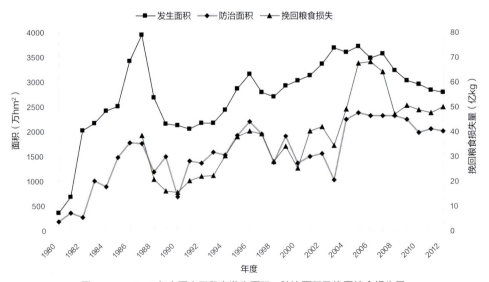

图1　1980—2012年中国农田鼠害发生面积、防治面积及挽回粮食损失量

注：发生和防治面积纵坐标为左轴，挽回粮食损失量为右轴。1980—1982年为18个省份统计数据，1983—1987年为20~24个省份统计数据，1988—2005年以后为27~30个省份统计数据，2006年后为31个省份统计数据

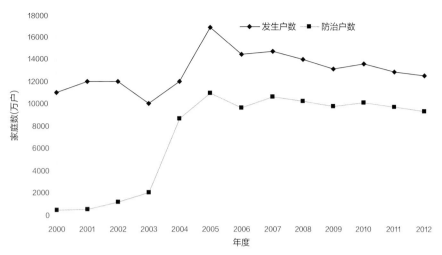

图 2 2000—2012 年中国农村鼠害发生和防治户数
注：2000—2005 年为 30 个省份统计数据，2006 年后为 31 个省份统计数据

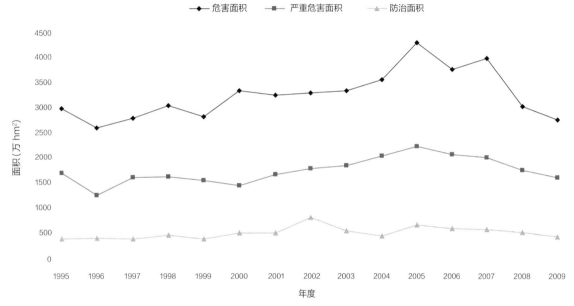

图 3 1995—2009 年中国草原鼠害危害面积及防治面积

全国 90% 草原面积出现了不同程度退化和沙化。在内蒙古、青海和西藏，有 15%~44%（约 37 万 km²）具有生产力的草原已经因害鼠的破坏而退化。草原鼠害的发生使得植被恢复变得异常艰难。加之近年来全球性气候变暖、干旱加剧、虫害、毒害草、雪灾、火灾等自然因素的作用，导致草原鼠害频繁暴发。草原鼠害分布范围遍及青海、内蒙古、西藏、甘肃、新疆、四川、宁夏、河北、黑龙江、吉林、辽宁、山西、陕西等地和新疆生产建设兵团。尤以长江、黄河、澜沧江源头的三江源地区严重。2003 年被鼠类危害造成严重退化的草场面积达 800 万 hm²，占北方可利用草原总面积的 3.64%，这些地方寸草不生、土壤裸露、黄沙漫漫，完全失去了放牧价值，生态环境进一步恶化。局部地区牧民赖以生存的环境已经丧失，一些人沦为"生态难民"。2007 年三江源地区草原鼠害发生面积 503 万 hm²，占该区可利用草原面积的 28% 左右。黄河源区有 50% 以上的黑土型退化草地由鼠害所致，其中青藏高原的牧草每年有 1/3 被鼠吃掉。鼢鼠成为青海、西藏、宁夏、甘肃草原沙化、水土流失的重大生物灾害。青海南部地区鼠害严重的草场有效害鼠密度达 1422 只/hm²，其中鼠兔密度高达 431 只/hm²。全省年均鼠害损失牧草达数 10 亿 kg，相当于 500 万只羊一年的食草量。在西藏，鼠兔的洞穴和土丘侵占的草原面积可达 8.8%，侵占区植物组成改变，总覆盖度由 95% 下降到 45%。2012 年新疆伊犁河谷发生鼠害，最为严重的特克斯、尼勒克、昭苏和新源发生面积达到 543 万亩，其中严重危害面积为 227 万亩。

中国农业鼠害加剧的主要原因既有气候变暖、干旱等大尺度环境因素，也有因农业生态系统及农业耕作与种植结构、制度发生了变化而带来的新情况和新问题。例如节水灌溉、免耕、地膜覆盖、温室大棚、农林果蔬复合种植等技术的推广与应用，使鼠类生存和繁殖的生态条件更为优越。退耕还林还草等生态工程建设也导致有利于鼠类生存。为应对不断变化的生产、生态环境，必须要加强鼠害的监测和防控力度，保障中国农业的高效健康发展。

参考文献

王加亭, 负旭江, 苏红田, 等, 2008. "三江源"地区退化草原的鼠害监测技术[J]. 草业科学, 25(8): 110-112.

王堃, 洪绂曾, 宗锦耀, 2005. "三江源"地区草地资源现状及持续利用途径[J]. 草地学报(增刊): 28-31.

张知彬, 2003. 我国草原鼠害的严重性及防治对策[J]. 中国科学院院刊(5): 343-347.

EASON C T, MURPHY E C, WRIGHT G R G, et al, 2002. Assessment of risks of brodifacoum to non-target birds and mammals in New Zealand[J]. Ecotoxicology, 11: 35-48.

JACOB J, SUDARMAJI, SINGLETON G R, et al, 2010. Ecologically based management of rodents in lowland irrigated rice fields in Indonesia[J]. Wildlife research, 37(5): 418-427.

STENSETH N C, LEIRS H, SKONHOFT A, et al, 2003. Mice, rats, and people: the bio-economics of agricultural rodent pests[J]. Frontiers in ecology and the environment, 1(7): 367-375.

（撰稿：郭永旺、王登；审稿：王勇）

《农业重要害鼠的生态学及控制对策》 *Ecology and Management of Rodent Pests in Agriculture*

20世纪80年代，中国鼠害全面暴发，严重威胁中国农业持续稳定发展、生态环境建设和人类健康福祉。为此，中国自1986年起将鼠害的综合治理研究纳入国家"七五""八五"和"九五"科技攻关计划。该书由张知彬、王祖望担任主编，主要总结了中国科技攻关组在农业鼠害综合治理研究方面取得的研究成果，于1998年由海洋出版社出版。该书的主要特点是按鼠种分述，突出深度、系统性和第一手资料，内容涵盖"七五""八五"和"九五"期间取得的研究成果，包括：中国6种农牧生态区内15种主要害鼠的数量发生特

点及其中短期测报方案，以及鼠害防治新技术、推广和应用。全书包括以下7个章节：华北平原旱作区重要害鼠的生态学及控制对策、黄土高原旱作区重要害鼠的生态学及控制对策、长江流域稻作区重要害鼠的生态学及控制对策、珠江三角洲稻作区重要害鼠的生态学及控制对策、内蒙古典型草原重要害鼠的生态学及控制对策、青海高寒草甸重要害鼠的生态学及控制对策、华北平原及黄土高原农业鼠害类型及区划。该书的出版，一是总结了中国在农业鼠害综合治理研究方面取得的成就，供大家交流，为下一步深入开展工作提供思考，二是为国家和地方的鼠害治理工作提供了支撑和服务。本书特邀时任中国科学院副院长陈宜瑜院士作序。

参考文献

张知彬, 王祖望, 1998. 农业重要害鼠的生态学及控制对策[M]. 北京: 海洋出版社.

（撰稿：李宏俊；审稿：张知彬）

皮质醇 cortisol

肾上腺皮质分泌的、对糖类代谢具有强烈作用的糖皮质激素，其主要作用是升高血糖、抑制免疫、辅助脂肪、蛋白和碳水化合物代谢等。又名氢化可的松（hydrocortisone）、氢皮质素、化合物 F（compound F）。皮质醇的释放具有昼夜节律特点，清晨高而夜晚低，并随着压力增大和血糖浓度降低而升高。在压力或胁迫状态突至的时候，皮质醇可以快速分泌，加速肌肉、肝脏、脂肪组织中的代谢过程，快速为机体提供能量，因此有时特指其为"应激激素"。皮质醇是通过肾上腺皮质线粒体中的 11-β-羟化酶的作用，由 11-脱氧皮质醇生成。皮质醇也可通过 11-β-羟类固醇脱氢酶（11-β-hydroxysteroid dehydrogenase）的作用变成皮质素。皮质醇在操纵情绪和健康、免疫细胞和炎症、血管和血压间联系，以及维护缔结组织（例如骨骼、肌肉和皮肤）等方面具有特别重要的功效。在应激状态下，皮质醇一般会维持血压稳定和控制过度发炎。但是，在鼠类中皮质醇不是最主要的糖皮质激素，而是皮质酮。

（撰稿：王大伟；审稿：刘晓辉）

皮质激素 adrenocortical hormone

肾上腺皮质激素的简称，是由肾上腺皮质合成和分泌的一类甾体化合物。皮质激素的合成与释放受到"下丘脑—垂体—肾上腺轴"的调控，下丘脑分泌的促肾上腺皮质激素释放激素（CRH）进入垂体，促进垂体前部促肾上腺皮质激素（ACTH）产生与分泌，之后刺激肾上腺皮质部分泌皮质激素。肾上腺皮质激素分为 3 类：盐皮质激素、糖皮质激素和性激素，通常所指的主要是前两类。盐皮质激素由肾上腺皮质最外层的网状带分泌，包括醛固酮和脱氧皮质酮，主要作用为维持动物体内水和电解质的平衡。糖皮质激素主要有皮质醇和皮质酮两种，在不同动物中二者的比例不同，在鼠类中皮质酮为主要皮质激素，其水平大约为皮质醇的 10 倍以上；而在灵长类中则主要是皮质醇。糖皮质激素的主要生理功能是促进糖、蛋白质、脂肪代谢，保持水盐平衡，以及抗炎、免疫抑制、抗休克等药理作用。另外，由于糖皮质激素能对心理的（如社会等级、恐惧）或生理的（饥饿、寒冷、电击等）应激刺激做出反应，因此常被作为动物胁迫状态的重要生理评价指标，在社会等级、动物福利等方面的研究中应用广泛。

（撰稿：王大伟；审稿：刘晓辉）

皮质酮 corticosterone

与皮质醇一样，皮质酮是由肾上腺的皮质产生和分泌的一种糖皮质激素。皮质酮是啮齿动物、两栖动物、爬行动物和鸟类的主要糖皮质激素，主要参与调节能量、免疫反应和应激反应，也是动物胁迫状态的主要指标之一。在鼠类中，皮质酮水平大约是皮质醇的 10 倍。在大鼠研究中，发现皮质酮对记忆有着多方面的影响，主要是通过压力对情绪记忆的影响以及长期记忆（LTM）。在情感记忆中，皮质酮主要与恐惧记忆识别相关，当恐惧记忆被重新激活或巩固时，皮质酮水平升高。皮质酮的增加与焦虑缓解有关，这取决于皮质酮的施用时间。与恐惧调理发生的时间相比，皮质酮还可以促进或阻断条件性恐惧。

（撰稿：王大伟；审稿：刘晓辉）

蜱传回归热 tick-brone relapsing fever

由回归热螺旋体（*Borrelia ricurrentis*）经虫媒传播引起的急性传染病。又名地方性回归热。临床特点是周期性高热伴有全身疼痛，肝脏、脾脏肿大和出血，重症者可有黄疸。

病原特征 螺旋体是一组革兰阴性化学异养性细菌，菌体细长、柔软、弯曲呈螺旋状。回归热螺旋体大小为 3～20μm × 0.2～0.5μm，有 5～8 个大而不规则的疏螺旋，两端尖锐，电镜下可见体表有纤丝或"假鞭毛"。在暗视野下可见到螺旋状活动，革兰染色阴性，瑞氏或姬姆萨染色呈红色或紫红色。

回归热螺旋体在普通培养基上生长不良，在含血液、血清、腹水及兔肾组织碎片的培养基上厌氧环境下培养易繁殖，但不易传代保存。能在多种温血动物的体内繁殖，在接种于幼小白鼠的皮下或腹腔或鸡胚绒毛尿囊膜生长良好。另外，蜱传回归热螺旋体可感染豚鼠。

流行 本病有严格的地区性。一般在有蜱的地方就可能是潜在疫区。中国南疆分布于塔里木盆地西北部、北疆在准噶尔盆地西部均已发现自然感染的特突钝缘蜱。本病多发于媒介蜱繁殖及活动季节。保菌动物如钝缘蜱和患者都是本病的传染源。

中国于1983年李思德报道该病发生于新疆石河子。人对本病普遍易感，各年龄都有发病。家畜中患病动物有牛、绵羊和马等。禽类中鹅、火鸡、鸡、鸭是螺旋体病的自然宿主。许多野鸟可以人工感染。本病的传播方式主要是当蜱叮咬人时，螺旋体可随唾液进入机体。被蜱叮咬吸血时感染，可终生携带螺旋体，并可经卵传代，2%～100%的卵再传至蜘蜱。软蜱生存期可长达15～20年，除寄生于动物外，还可生活于洞穴及木壁上，在无痛性叮咬、吸血时将螺旋体传染人和其他动物。

致病性　回归热螺旋体可引起人的急性传染病，临床特征为阵发性发热、头痛、全身疼痛、肝脏和脾脏肿大，偶见出血和黄疸，发作期与间歇期交替出现，寒热往来回归，故称为回归热。回归热螺旋体通过皮肤黏膜侵入人体后，在血液中迅速生长繁殖，并产生大量代谢产物，导致发热等毒血症症状。内毒素等代谢产物还可损伤毛细血管内皮细胞和红细胞，导致出血、溶血性贫血和黄疸。

诊断　对回归热有效诊断的基本原则，一是具有流行病学线索，发病前被蜱叮咬过；二是患者除具有回归热临床症状，还必须具有回归热细菌学诊断或血清学抗体诊断阳性结果才可确诊。

防治　预防回归热应遵循消灭传染源、切断传播途径、保护易感者的三原则。重点应对蜱加以控制和消灭。加强卫生宣传教育也是预防回归热的重要环节。

人对回归热螺旋体普遍易感，应注意个人卫生及防护。必须防鼠、灭鼠、灭蜱及防止蜱类钻进住处，可采用1%～2%DDVP(敌敌畏)喷洒灭虫，野外作业时采取防蜱灭蜱措施。回归热在高热时应给予物理降温，并给予高热量流质饮食，补充足量液体和电解质。在体温骤降之时，应注意防止虚脱的发生。四环素族抗生素和红霉素、氯霉素对本病有效。

参考文献

逢春积，邵冠男，朱纪章，1960.蜱传性回归热传染媒介的调查研究[J].人民军医(S2): 47-52.

李思德，李东阳，朱鹤赐，等，1983.新疆鸡疏螺旋体病的初步报告[J].家畜传染病(4): 40-41.

李东阳，李思德，朱鹤赐，等，1984.新疆鸡疏螺旋体病和病原体的研究初报[J].微生物学通报(6): 267-269.

王明德，邵冠男，1959.野营中爆发流行蜱传性回归热的教训[J].人民军医(6): 442-443.

谢杰，1959.蜱传回归热12例的临床观察[J].人民军医(2): 109-110.

张淑媛，赵秀芹，陈化新，等，1996.新疆出血热驱蜱灭蜱方法的研究[J].医学动物防制(12): 9-12.

（撰稿：史秋梅；审稿：何宏轩）

普通鵟　*Buteo japonicus* Temminck & Schlegel

主要以鼠类为食的红褐色猛禽。又名鸡母鹞、土豹等。英文名eastern buzzard。鹰形目（Accipitriformes）鹰科（Accipitridae）鵟属（*Buteo*）。

在中国全域均有分布，繁殖于黑龙江、吉林、内蒙古东北部和新疆，冬季经辽宁、内蒙古、河北、北京、山东、青海、甘肃等地南迁至陕西、上海、浙江、广西、四川、云南、西藏东南部、海南及台湾等地。国外分布于世界各地。甚常见，高可至海拔3000m。

形态　体型略大(55cm)的红褐色猛禽。上体深红褐色；脸侧皮黄具近红色细纹，栗色的髭纹显著；下体偏白并具棕色纵纹，两胁及大腿沾棕色。飞行时两翼宽而圆，初级飞羽基部具特征性白色块斑。尾近端处常具黑色横纹。在高空翱翔时两翼略呈"V"形。虹膜黄色至褐色；嘴灰色，端黑，蜡膜黄色；脚黄色。

叫声：响亮的咪叫声peeioo。

生态及习性　常见在开阔平原、荒漠、旷野、开垦的耕作区、林缘草地和村庄上空盘旋。多单独活动，有时亦见2～4只在天空盘旋。迁徙时间多在3～4、10～11月，从海拔400m的阔叶林到2000m的针阔混交林均有分布。

主要以鼠类为食，食量甚大。除啮齿类外，也吃蛙、蜥蜴、蛇、野兔、小鸟和大型昆虫等，偶尔到村庄捕食家禽。捕食时在空中盘旋飞翔，观察和寻觅地面的猎物，一旦发现猎物则快速俯冲而下，用利爪抓捕猎物。此外它也在裸露树枝或电线杆等高处等待猎物，当猎物出现时才突袭捕猎。

繁殖期为5～7月份。通常营巢于高大的树上，常置巢于树冠的上部接近主干的枝杈上。也有的个体营巢于悬岩上，或者有时侵占乌鸦的巢。巢结构简单，主要由枯树枝堆集而成。5～6月产卵，每窝产卵2～3枚，偶尔也有多至6枚和少至1枚的。卵为青白色，通常被有栗褐色和紫褐色的斑点和斑纹。第一枚卵产出后即开始孵卵，由亲鸟共同承担，但以雌鸟为主。孵化期约28天。雏鸟为晚成性，孵出后由亲鸟共同喂养大约40～45天后即可飞翔和离巢。

为国家二级重点保护野生动物。

参考文献

约翰·马敬能，卡伦·菲利普斯，何芬奇，2000.中国鸟类野外手册[M].长沙:湖南教育出版社.

赵正阶，2001.中国鸟类志[M].长春:吉林科学技术出版社.

郑光美，2011.中国鸟类分类与分布名录[M].2版.北京:科学出版社.

（撰稿：李操；审稿：王勇）

切胚行为　embryo excision

广布于温带的白栎以及一些热带植物，其种子下落后迅速萌发，将营养转移到粗壮的胚根中，以逃脱动物的捕食。为了适应植物种子的快速萌发，贮食鼠类通常挖去种子的胚部或去除萌发种子的胚根，从而阻止或延缓种子营养的流失，提高食物贮藏的回报率，这种现象称之为切胚行为。在洛阳天池山国家森林公园生态系统中，朝鲜姬鼠（*Apodemus peninsulae*）对萌发栓皮栎（*Quercus variabilis*）有较高的切胚频率（8%），但对未萌发橡子不表现出切胚行为。另外，还发现一些萌发的栓皮栎橡子被北社鼠（*Niviventer confucianus*）切胚后贮藏。切胚行为在其他贮食动物中可能普遍存在，但可能还处于进化的初级阶段。通过模拟鼠类切胚实验，除蒙古栎（*Quercus mongolica*）外的栓皮栎、槲栎（*Quercus aliena*）、短柄枹（*Quercus glandulifera*）、锐齿槲栎（*Quercus aliena* var. *acuteserrata*）和麻栎（*Quercus acutissima*）沿顶部切除1/4后均不发芽，进一步说明切胚可以阻止白栎橡子的快速萌发。在应对白栎橡子快速萌发方面，一些贮食鼠类（花鼠 *Tamias sibiricus*）还将萌发白栎橡子的胚根切除。切除胚根虽降低了发芽势，但并不影响白栎橡子萌发率、各部分干重等指标，相反显著提高了幼苗的根数目及根冠比。这种行为虽然不能完全阻止橡子的萌发，但能有效地减缓橡子的萌发，也属于一种贮食鼠类管理埋藏点的行为。在热带地区，鼠类和一些非休眠的植物种子间也形成了长期的协同进化关系。如贮食鼠类贮藏种子前虽然切除假海桐（*Pittosporopsis kerrii*）萌发种子的肥大主根，但切除后的主根和子叶均能独自再生成幼苗，形成一种独特的逃避捕食的机制。小长尾刺豚鼠（*Myoprocta exilis*）在贮藏苦油楝（*Carapa procera*）种子时，也会切除其快速萌发出的胚根；相反，苦油楝种子采取快速萌发把营养物质转移至肥大主根来应对小长尾刺豚鼠的取食。切胚和切胚根行为是贮食动物与具有快速萌发特性的植物种子间长期协同进化的结果。

参考文献

JANSEN P A, BONGERS F, PRINS H H T, 2006. Tropical rodents change rapidly germinating seeds into long-term food supplies[J]. Oikos, 113: 449-458.

XIAO Z S, GAO X, JIANG M M, et al, 2009. Behavioral adaptation of Pallas's squirrels to germination schedule and tannins in acorns[J]. Behavioral ecology, 20: 1050-1055.

YANG Y Q, YI X F, YU F, 2012. Repeated radicle pruning of *Quercus mongolica*, acorns as a cache management tactic of Siberian chipmunks[J]. Acta ethologica, 15: 1-6.

YI X F, YANG Y Q, CURTIS R, et al, 2012. Alternative strategies of seed predator escape by early-germinating oaks in Asia and north America[J]. Ecology and evolution, 2: 487-492.

ZHANG M M, DONG Z, YI X F, et al, 2014. Acorns containing deeper plumule survive better: how white oaks counter embryo excision by rodents[J]. Ecology and evolution, 4: 59-66.

（撰稿：易现峰；审稿：路纪琪）

青藏高原鼠害　rodent damage in the Qinghai-tibet Plateau

在全球气候变暖以及过度放牧导致草地严重退化背景下，高原鼠兔和高原鼢鼠等主要小哺乳动物种群暴发，引起青藏高原草地生态环境失调的一种想象。

青藏高原鼠害的现状　青藏高原草地约有害鼠总计超过8亿只，其中包括约6亿只高原鼠兔（*Ochotona curzoniae*），1.5亿只高原鼢鼠（*Myospalax baileyi*）及一定数量的高原田鼠（*Pitymys irene*）和长尾仓鼠（*Cricetulus longicaudutus*）。这些害鼠仅在青海就破坏了面积超过970hm² 的草原，其中严重危害的面积达到730hm²，占总危害面积的75.25%。从草原鼠害面积分布来看，青南地区最为严重，占到78.98%，其次为环湖地区、东部农业区和柴达木地区，分别占到10.87%、5.51%和4.64%。从害鼠种类上看，高原鼠兔为最主要的草原害鼠，占到总危害面积的83.23%，其次为高原鼢鼠和高原田鼠，危害面积分别为14.90%和1.87%。在鼠害严重的地区，平均每公顷约有74.6只鼠兔，日消耗牧草量约相当于1只藏系绵羊的日采食量。由于害鼠的掘洞和啃食活动，草原产生了大量的"黑土滩"，青海由于鼠害造成的"黑土滩"就超过330 hm²。

这些兔、鼠在破坏草原的同时，又消耗了大量的牧草，使草原承载力进一步降低，使本已超载的草原不堪负荷，草原退化、沙化进一步加剧，严重威胁了畜牧业赖以生存的生态环境。

在4种常见害鼠中，高原鼠兔和高原鼢鼠对草原破坏尤为严重，仅这两种动物就破坏了约720万 hm² 的草原，造成的重度（高原鼠兔，每公顷有效洞口数101～170个；高原鼢鼠，每公顷鼠6～9只）以上危害面积达到630万 hm²。

高原鼠兔活动规律及危害机制 高原鼠兔（以下简称鼠兔）属兔形目鼠兔科，广泛分布于青藏高原及周边的高原草地。鼠兔选择滩地、河岸阶地、山麓缓坡等蒿草草甸和草甸化草原为栖息地，营群居生活，洞穴位于灌木丛周围，却不进灌木丛，喜宽阔的草地，回避高大的草丛。鼠兔洞穴分为两种：简单洞系的洞道浅短，一般1~2个洞口，多为夏季挖掘；复杂洞系则洞道复杂，分支众多相互交通，平均洞道长度为13m，平均深度32cm，平均有5~6个洞口。洞内有软草、家畜毛铺垫而成的主巢，是越冬产仔场所。

鼠兔喜食禾本科、莎草科和豆科植物，日均采食量77.3g。常集中于9:00和18:00左右在地面活跃采食，不冬眠。鼠兔63%~78%的活动时间用来采食，采食时行为谨慎，频繁抬头观察周围环境，表现为"啄食式"进食模式，采食频率为每分钟5.7±1.3次。鼠兔营家庭式群居生活，巢区稳定，个体间有亲昵、玩耍等行为，个体间攻击和排他性倾向较弱，故推论鼠兔易达到较高的栖息密度。在发情期，雄性鼠兔有驱逐外来雄性的行为。

鼠兔能够在低温下维持约40℃左右的较高体温，对高寒环境有极强的适应能力。鼠兔繁殖力较强，平均每胎产仔4.7±1.3只，每年繁殖3~5胎，每年的第一胎部分个体也能够进入繁殖年龄，因此鼠兔繁殖速度很快，易形成较大的种群。

鼠兔对草原的危害主要表现在对牧草、草根的啃食以及对原生草皮层和土壤层的破坏。鼠害发生地草地的破坏程度与鼠兔数量密切相关，在鼠兔数量较多的地区草原破坏往往比较严重。鼠兔数量的多寡又受到放牧强度、天敌数量、气候变化等的影响，由于草场放牧量过载，人为活动逐渐遍布草原，高原鼠兔的兽类天敌活动范围逐年受到挤压，鼠兔在失去天敌的威胁后，数量呈暴发式增长，持续破坏草地。随着全球变化的影响，高原草地气温升高、降水增加，这些气候因素使草原生物量增加，栖息生境对种群容纳量增加，鼠兔的生活环境有一定的改善，种群数量的增加使草原破坏加剧。

高原鼢鼠活动规律及危害机制 高原鼢鼠（以下简称鼢鼠）属仓鼠科鼢鼠亚科鼢鼠属，广泛分布于青海北部、环青海湖地区、青南地区、甘肃南部以及四川西北部的高寒草甸、高寒灌丛、高原农田、荒山荒坡等地。鼢鼠常年活动于黑暗、封闭的地下环境中，挖掘洞道构成活动通道。鼢鼠的洞道极为复杂，由取食洞道、交通洞道、朝天洞和主巢组成。主巢距地面50~200cm，主巢之上或稍偏斜的陡峭洞道即为朝天洞，朝天洞一般有1~2条；交通洞为主巢与取食通道之间的洞道，最为宽畅；交通洞道附近常有储存食物的洞室；取食洞道一般距地表6~10cm，洞径7~12cm，是鼢鼠采食活动的出入通道。

鼢鼠主要采食菊科、蔷薇科等植物的肥大轴根、根茎和根蘖等地下部分，也会将部分植物的地上部分拖入洞内食用。鹅绒委陵菜的块根和细叶亚菊的地下茎是鼢鼠过冬的主要储备食物。鼢鼠通过在地下持续的挖掘行为获得食物，挖掘行为主要由"挖—扒—踢—推—拱"一连串的行为组成，每一组挖掘活动都以相同的行为次序出现。鼢鼠的活动高峰期为15:00~22:00和0:00~7:00，随着季节变化，活动时间有一定的变化。鼢鼠有明显的侵占行为，当相邻洞穴的鼢鼠死亡或废弃洞道后，它将在2~30小时内侵入洞道，并据为己有。在繁殖期，鼢鼠向各个方向延伸洞道，增加与异性洞道相遇的机会。交配期，雌鼠集中于主巢附近活动，雄鼠则扩大活动区至雌性主巢附近，交配活动通常发生于雌雄鼠的活动交叉区，待雌鼠受孕后即封闭与雄鼠的各个洞道。在繁殖期，鼢鼠的挖掘活动和攻击行为显著增加，鼢鼠对同性粪尿较为排斥。

高原鼢鼠平均胎仔数为3.21，高于中华鼢鼠。鼢鼠繁殖能力较强，且鼢鼠常年居于地下，天敌相对较少，这就形成了一定的鼢鼠规模。

鼢鼠对草原的危害主要表现在对草根的啃食、对土壤的挖掘以及土丘对地表植被的覆盖。地下洞道是鼢鼠觅食、储藏食物、繁殖和躲避天敌等赖以进行的场所。鼢鼠在地下4~16cm的土层中挖掘洞道、啃食草根，使占90.7%根系生物量的土层得到破坏，严重干扰了草地植被的正常生长。每只鼢鼠每年平均推出土丘241.1个，能覆盖草地面积22.5m^2，使地表植被掩盖，致使植物死亡。鼢鼠对草原植被的破坏与鼢鼠的密度密切相关，鼢鼠密度越大草原植被破坏越严重。鼢鼠数量也受到草原载畜量、天敌数量和气候变化的影响，草原长期超载引发草地退化、植物群落日趋单调，草害虫害暴发，同时草原生态破坏，鼢鼠失去天敌和同一生态位动物的竞争，数量逐渐增多，草原破坏加剧。

参考文献

王权业, 张堰铭, 魏万红, 等, 2000. 高原鼢鼠食性的研究[J]. 兽类学报, 20(3): 193-199.

张堰铭, 刘季科, 2002. 高原鼢鼠挖掘对植物生物量的效应及其反应格局[J]. 兽类学报, 22(4): 292-298.

ARTHUR A D, PECH R P, DAVEY C, et al, 2008. Livestock grazing, plateau pikas and the conservation of avian biodiversity on the Tibetan plateau[J]. Biological Conservation, 141: 1972-1981.

FAN N, ZHOU W, WEI W, et al, 1999. Rodent pest management in the Qinghai-Tibet alpine meadow ecosystem[M]// Singleton G, Hinds L, Leirs H, et al. Ecologically-based management of rodent pests. Canberra, Australia: Australian Centre for International Agricultural Research: 285-304.

JIANG Z G, XIA W P, 1985. Utilization of the food resources by plateau pika[J]. Acta theriologica sinaca, 5: 251-262.

LIU M, QU J P, YANG M, et al, 2012. Effects of quinestrol and levonorgestrel on populations of plateau pikas, *Ochotona curzoniae*, in the Qinghai-Tibetan Plateau[J]. Pest management science, 68: 592-601.

PECH R P, ARTHUR A D, ZHANG Y M, 2007. Population dynamics and responses to management of plateau pikas (*Ochotona curzoniae*)[J]. Journal of applied ecology, 44: 615-624.

QU J P, RUSSELL J C, JI W H, et al, 2017. Five-year population dynamics of plateau pikas (*Ochotona curzoniae*) on the east of Tibetan Plateau[J]. European journal of wildlife research, 63: 51.

SHI Y Z, 1983. On the influences of range land vegetation to the density of plateau pika (*Ochotona curzoniae*)[J]. Acta theriologica sinaca, 3(2): 181-187.

WANG J M, ZHANG Y M, WANG D H, 2006. Seasonal

thermogenesis and body mass regulation in plateau pikas (*Ochotona curzoniae*)[J]. Oecologia, 149(3): 373-382.

WANG Y J, WANG X M, WANG Z H, et al, 2004. Primary study on habitat choice of plateau pika (*Ochotona curzoniae*)[J]. Journal of Sichuan University (Natural Science Edition), 41: 1041-1045.

ZHANG Y M, ZHANG Z B, LIU J K, 2003. Burrowing rodents as ecosystem engineers: the ecology and management of plateau zokor (*Myospalax fontanierii*) in alpine meadow ecosystems on the Tibetan Plateau[J]. Mammal reviews, 33: 284-294.

ZHANG Y M, ZHANG Z B, WEI W H, et al, 2005. Time allocation of Territorial activity and adaptations to environment of predation risk by plateau pikas[J]. Acta theriologica sinica, 25: 333-338.

ZHONG W Q, WANG M J, WAN X R, 1999. Ecological management of Brandt's vole (*Microtus brandti*) in Inner Mongolia, China[M]// Singleton G, Hinds L, Leirs H, et al. Ecologically-based management of rodent pests. Camberra, Australia: Australian Centre for International Agricultural Research.

ZONG H, XIA W P, SUN D X, 1986. The effect of plateau pika (*Ochotona curzoniae*) by a heavy snow[J]. Acta biological plateau sinica, 5: 85-90.

（撰稿：张堰铭；审稿：施大钊）

青海田鼠　*Neodon fuscus* Büchner

一种分布于海拔3700m以上，潮湿、植被盖度低的高寒草甸的小型鼠类。是中国特有种。啮齿目（Rodentia）仓鼠科（Cricetidae）松田鼠属（*Neodon*）。英文名 smoky vole、qinghai mountain vole。青海田鼠是鼠疫的携带者，其分布区是鼠疫的自然疫源地，对草场有很强的破坏力。青海田鼠于1889年由Büchner命名，最早作为一种田鼠的变种：*Microtus strauchi* var. *fuscus*。Ellerman（1941）将其调整为一个白尾松田鼠属，作为一个独立种：*Phaiomys fuscus*。Ellerman and Morrison-Scott（1951）将白尾田鼠属作为田鼠的亚属，并置青海田鼠为白尾松田鼠的亚种：*Microtus leucurus fuscus*。郑昌琳等（1980）将其调整为毛足田鼠属，成为青海毛足田鼠：*Lasiopodomys fuscus*。至此，全世界的科学家均承认这一调整。但刘少英等通过分子系统学研究发现，青海田鼠应该是松田鼠属的成员，应称为青海松田鼠：*Neodon fuscus*，这样，青海田鼠的分类地位终于被彻底弄清楚。

青海田鼠仅分布于青海和四川，为中国特有种。在青海，分布于通天河及黄河上游地区的沱沱河、曲麻莱、唐古拉、称多、玛多扎陵湖等地。青海玉树市哈秀、称多县扎朵、珍秦、玛多县花石峡、扎陵湖盐池边、兴海县、唐古拉山二道沟等地种群数量较大。在青藏铁路沿线，昆仑山以南至开心岭之间300km两侧均有分布，但密度较低。

形态

外形 体型中等，体长平均120mm左右，尾长平均约37mm，尾短。吻部短，耳小而圆，其长不及后足长。尾长约为体长的1/4。四肢粗短，爪较强大，适应于挖掘活动。

毛色 躯体背毛较长而柔软。鼻端黑褐色。体背毛暗棕黄色，其毛基灰黑色，毛端棕黄色，并混杂有较多黑色长毛。腹面毛色灰黄，毛基灰黑色，毛端淡黄或土黄色。耳壳后基部具十分明显的棕黄色斑。尾明显二色，上面毛色同体背，下面为沙黄色，尾端具黑褐色毛束。前后足毛色同体背或稍暗，足掌及趾（指）为明显的黑色。爪黑色或黑褐色。

头骨 头骨较粗壮，眶上嵴、颞嵴、顶嵴均显著。上颌骨突出于鼻骨前端，鼻骨前端不甚扩大，鼻骨相对较短，鼻骨后端圆弧形。眶间部显著狭缩。老年个体左右眶上嵴紧相靠近至相互接触，甚至愈合为一个中嵴。颧弓较粗壮。腭孔短而宽，腭骨后缘有小骨桥与左右翼骨突相连，骨桥两侧形成翼骨窝。腭骨和翼骨上有很多细小的孔。听泡大。

牙齿 上门齿斜向前下方伸出。上、下门齿唇面为黄色或橙黄色，舌面白色。第一下臼齿后横叶之前有4个封闭的三角形齿环，第五个齿环常与前叶相通，该臼齿有5个内侧突4个外侧突；下第二臼齿后横叶前有4个三角形，第一和第二个三角形封闭，第三、四个三角形齿环常相通，该臼齿有3个内侧突，3个外侧突。第三下臼齿由3个斜列的齿环组成，该臼齿有3个内侧突，2个外侧突。第一上臼齿由5个封闭三角形组成，该齿内侧和外侧均有3个角突；第二上臼齿由4个封闭三角形组成，内外各2个，该齿内侧和外侧均有2个角突。第三上臼齿前横叶下面有2个封闭三角形和一个"J"字形后跟组成，该齿有3个内侧角突，3个外侧角突。

主要鉴别特征 第一下臼齿有4个封闭三角形齿环；第三上臼齿有3个内侧突3个外侧突；门齿显著向前伸；体背棕黄色的，尾二色明显，尾上面似背色，为棕黄色，尾底面沙黄色；头骨粗壮，眶上脊、颞脊明显，棱角分明；尾长约为体长1/4；爪黑色，强大，适于掘土。

生活习性

栖息地 青海田鼠栖息于海拔3700～4800m的沼泽草甸地带及高山草甸草原、高寒半荒漠草原带。生境湿度大，草本植物盖度低，荒漠化严重，土壤较疏松、肥沃。

活动规律 在高寒草甸草原带多与高原鼠兔混居，白昼活动。6～8月是青海田鼠活动频繁的月份，一天有两个活动高峰期，分别是10:30～12:30以及16:30～18:30，其余月份属于该区域的冬季，常常有积雪。青海田鼠在9月至翌年5月的冬季也外出活动，常发现它们在没有下雪的时候，白天外出在雪地里觅食。夜间活动少，多是幼体和亚成体夜间活动较多。白天的上夹率平均可达到22.5%，而晚上的上夹率仅有0.3%。雨天和阴天活动减弱。

洞穴 青海田鼠挖洞能力极强，洞道纵横交错，每个洞道上洞口密而多。当年的新鲜洞口平均在40个左右。洞道在地面下10～20cm处，洞口和洞道的直径约20cm，巢室离地面约40cm，巢长40～50cm，巢宽30～40cm，巢高40～50cm，巢材为柔软的干草和草根，巢室离最远的洞口距离达15m，不同巢穴洞系相交的地方有枯草和虚土堵塞。

食性 以牧草为食，主要取食莎草科和禾本科草本植物，有时也取食一些双子叶植物。

种群状况 青海田鼠喜群居，呈聚集分布。在四川省石渠县，青海田鼠种群密度很大，据1997—2000年调查，

8 月密度最高，平均达到 321 只 /hm²；6～7 月也在 130～170 只 /hm²。青海省的青海田鼠种群密度相对较低，曲麻莱、沱沱河等区域集中分布区平均 100 只 /hm² 左右，青藏铁路沿线的青海田鼠分布区平均密度约 50 只 /hm²。2001—2013 年的持续监测发现，石渠县青海田鼠的种群数量还在增长，其中 2002 年最高，达 775 只 /hm²，2012 年最低，也有 108 只 /hm²。

繁殖 青海田鼠 5 月开始繁殖，只有一个繁殖高峰期，就是 5～6 月。5 月雄性成体的睾丸下降率可达到 70%，雌鼠怀孕率 40% 左右，到了 6 月，雄性成体的睾丸下降率下降到 50% 左右，而雌鼠怀孕率 60% 左右，7 月雄性成体的睾丸下降率可达到 45% 左右，但雌鼠怀孕率仅 20% 左右。到 8 月，很少有雄性成体睾丸下降或雌鼠怀孕的。到 7 月下旬至 8 月上旬，亚成体的数量占整个种群的 60% 以上。

危害 青海田鼠的危害体现在两个方面：其一是鼠疫杆菌携带者，其二对草场造成严重危害。作为鼠疫病毒携带者是 1997 年首次从四川省石渠县的青海田鼠体内分离得到，证实是一种田鼠型鼠疫菌，并具有鼠疫强毒菌的典型特征，其分子生物学特征与中国其他疫源地中的鼠疫菌株明显不同，提示该地区存在一种新类型的鼠疫自然疫源地，其中的鼠疫菌属于单独的型别。进一步研究发现，青海田鼠携带的鼠疫菌是中国一个新的鼠疫菌生态型——青藏高原青海田鼠型鼠疫菌。1965—2005 年，仅青海西北部就发生因青海田鼠传播暴发动物间鼠疫 46 起，人间鼠疫 37 起，鼠疫感染死亡 31 人。四川省石渠县的鼠疫一致处于低水平流行状态。

青海田鼠的另外一个危害是对草场的破坏，在四川省石渠县尤为明显。青海田鼠集群分布，选择相对湿度较大，植被盖度相对较低的生境栖息。一旦青海田鼠定居，定居区域的植被会很快被破坏，90% 以上的地表植被将消失，鼠洞密集处，每平方米有 30 多个洞口，导致严重荒漠化，甚至寸草不生，被称为"黑土滩"。这样的区域生态环境恶化，生物多样性严重降低，牧草产量趋于零，严重影响畜牧业生产。

防治技术 青海田鼠的防治和其他鼠害防治发方法基本一致。目前开展较多的是化学防治，包括 D 型肉毒梭菌毒素、抗凝血杀鼠剂等。

参考文献

刘振才, 海荣, 李富忠, 等, 2001. 青藏高原青海田鼠鼠疫自然疫源地的发现与研究[J]. 中国地方病防治杂志, 16(6): 321-327.

李生庆, 张西云, 胡国元, 等, 2016. D 型肉毒梭菌生物毒素防治青海田鼠的实验研究[J]. 野生动物学报, 37(4): 297-300.

李富忠, 汪立茂, 李光清, 等, 2001. 青海田鼠活动规律的调查[J]. 现代预防医学, 28(4): 429-430.

祁腾, 杨孔, 汪立茂, 等, 2015. 石渠县 2001—2013 年鼠疫疫源地流行病学分析[J]. 中国人兽共患病学报, 31(5): 485-488.

LIU SHAOYING, SUN ZHIYU, LIU YANG, et al, 2012. A new vole from Xizang, Chian and the molecular phylogeny of the genus Neodon (Cricetidae: Arvicolinae)[J]. Zootaxa, 3235: 1-22.

SHAOYING LIU, WEI JIN, YANG LIU, et al, 2016. Taxonomic position of Chinese voles of the tribe Arviconili and the description of 2 new species from Xizang, China[J]. Journal of mammalogy, 98(1): 1-17.

（撰稿：刘少英；审稿：王登）

氰化钙　calcium cyanide

一种在中国未登记的杀鼠剂。化学式 $Ca(CN)_2$，相对分子质量 92.11，熔点 640℃。无色结晶或白色粉末，可溶于水。剧毒物质，用于提炼金、银等贵重金属。在农业上它被用作杀鼠剂、谷仓熏蒸杀虫剂。吸入、口服或经皮吸收均可引起急性中毒。抑制呼吸酶，造成细胞内窒息。氰化钙对大鼠口服半致死剂量（LD_{50}）为 39mg/kg。

（撰稿：王大伟；审稿：刘晓辉）

氰化钠　sodium cyanide

一种在中国未登记的杀鼠剂。又名山奈、山奈钠等。化学式 NaCN，相对分子质量 49.01，熔点 563.7℃，沸点 1496℃，水溶性 63.7g/100ml。立方晶体，白色结晶颗粒或粉末，易潮解，有微弱的苦杏仁气味。能溶于水、液氨、乙醇和甲醇中。主要应用于农药、提炼黄金、掩蔽剂、络合剂、化学合成、电镀等。是剧毒物质，吸入、口服或经皮吸收均可引起急性中毒，抑制呼吸酶，造成细胞内窒息。对大鼠、山羊的口服半致死剂量（LD_{50}）分别为 6.44mg/kg 和 4mg/kg。

（撰稿：宋英；审稿：刘晓辉）

邱氏鼠药案　the case of Qiu's raticide

20 世纪 80 年代，中国经济迅速发展，食物日益丰富，城乡鼠害加重，群众控制鼠害的要求迫切。但是科学的控制模式尚待摸索，市场上非法鼠药泛滥，人畜鼠药中毒事故频发。河北省无极县邱氏鼠药厂生产的邱氏鼠药由于含有氟乙酰胺、毒鼠强等急性毒药，收效快，迎合了急于求成的心理，销量甚大，引发的人畜急性中毒事故最多。

鉴于人畜鼠药中毒问题日趋严重，中国植物保护学会鼠害防治专业委员会的五位主要成员——赵桂芝（农业部植物保护分站高级农艺师，中国植保学会鼠害防治专业委员会主任委员）、马勇（中国科学院动物研究所研究员、中国植保学会鼠害防治专业委员会副主任委员）、汪诚信（中国预防医学科学院流行病学微生物学研究所研究员）、邓址（军事医学科学院微生物流行病学研究所研究员）以及刘学彦（北京市植物保护站高级农艺师），联名致信田纪云副总理，反映邱氏鼠药存在氟乙酰胺等急性毒药的情况，建议：一、禁用强毒急性鼠药，二、邱氏鼠药并无神奇诱鼠作用，要求媒体宣传"尊重科学事实，保证灭鼠工作的健康发展"。

1992 年 6 月 17 日，《呼吁新闻媒介要科学宣传灭鼠》一文发表在《中国乡镇企业报》上，并被全国19家报刊转载。随后，一些省份开始禁用邱氏鼠药。1992年8月12日，邱满囤向北京市海淀区人民法院起诉汪诚信等5位专家侵犯名誉权。1993年12月29日，北京海淀区法院一审判决邱满囤胜诉。1994年1月10日，汪诚信等5位专家向北京市中级人民法院提出上诉。社会各界表达了对此事的强烈关注，时任全国政协副主席、中国科协主席朱光亚明确支持五位科学家上诉，以此作为科学反攻伪科学的突破口。当年的全国政协第八届会议上，400余位全国政协委员就这一诉讼提交了相关提案。而最为关心科学家败诉的，莫过于广大科技界同仁。卢嘉锡等14位中国科学院院士发出呼吁："维护科学尊严，确保执法公正，建议建立科技陪审团制度"。科学家败诉案由多位两院院士投票被列入"1994年全国十大科技新闻"。1994年12月26日上午，北京市中级人民法院民事庭公开审理"邱氏鼠药名誉权侵权案"。1995年2月22日上午9:00，审判长当庭郑重宣告了终审判决：撤销北京市海淀区人民法院的一审判决；驳回邱满囤的诉讼请求。

1994年底，受国务院办公厅委托，化工部等5部门组成联合调查组，对邱氏鼠药厂进行检查。1995年4月14日，国务院办公厅发出通知，同意化工部等5部门联合调查组对河北邱氏鼠药厂违章生产鼠药的处理意见，并责成国家工商局和国家技术监督局通知各地，没收和销毁正在市场上销售的邱氏鼠药。"邱氏鼠药案"的二审胜诉，以及随后对邱氏鼠药的禁止，成为"尊重科学"的标志事件，又被列为1995年全国十大科技新闻。

（撰稿：鲁亮；审核：施大钊）

去甲肾上腺素　noradrenaline

是肾上腺素去掉 N- 甲基后形成的物质，学名 1-(3,4- 二羟苯基)-2- 氨基乙醇，在化学结构上属于儿茶酚胺。去甲肾上腺素在大脑内作为一种神经递质在蓝斑内产生，而作为体内激素则分泌于交感节后神经元和肾上腺髓质，循环血液中的去甲肾上腺素主要来自交感神经节后纤维。去甲肾上腺素的功能与机体面临的压力有关，血清去甲肾上腺素的功能是激活大脑和机体的反应，与机体应激状态联系紧密。去甲肾上腺素在睡眠时分泌水平最低，清醒时升高，而在打斗或逃跑的应激状态下最高。因此，在鼠类的应激研究中多被关注。

（撰稿：王大伟；审稿：刘晓辉）

全国农业技术推广服务中心农药药械处　Office of Pesticide & Sprayer Application, National Agricultural Technology Extension and Service Center

主要负责全国农区（农田、农舍）鼠害监测与防治技术推广应用等工作。针对中国农区（农田、农舍）鼠害防治工作，每年发布全国农区鼠害预测预报信息，制定全国农区鼠害防控技术方案，下发农区鼠害监测与防控工作的通知，并负责全国农区鼠害监测及防治数据的整理和分析。根据多年鼠害监测防治的数据及经验，制定全国农区"防灾、防病、保粮、保安全、保生态"的鼠害防控目标：农区鼠害防控率达60%以上，防治效果达到80%以上，鼠害危害损失控制在5%以下；农田鼠密度控制在3%以下，农户鼠密度控制在2%以下。具体防治指导策略为：针对农田重点发生区域，抓住关键时期、关键技术，推行统一灭鼠模式，加强"五统一"灭鼠技术和"毒饵站"灭鼠技术以及围栏—陷阱（TBS）灭鼠技术的示范与推广。抓好南方冬春季瓜菜田鼠害防控和江河湖库滩区及草原、山区周边等害鼠栖息地治理，重点抓好春季灭鼠保播种、秋季灭鼠保归仓。为提高全国农区（农田、农舍）鼠害的监测与防控技术水平，统筹在全国建立农区鼠害监测县（区、市）140个（见表），鼠害试验室100m^2和农区鼠害田间观测试验场3个。中心在鼠害方面先后获得国家科技进步二等奖1项，省部级科技进步二等奖4项，三等奖3项，全国农牧渔业丰收奖6项。中国植物保护学会科技进步一等奖1项。

农区鼠害监测县（区、市）名单

省份	数量	监测县	省份	数量	监测县
北京	2	顺义区、大兴区	湖北	5	天门市、通城县、蔡甸区、老河口市、荆州市
天津	2	武清区、静海区	湖南	5	辰溪县、常宁市、赫山区、邵阳县、大通湖区
河北	5	康保县、丰宁满族自治县、卢龙县、玉田县、饶阳县	广东	5	阳春市、雷州市、南雄市、新会区、梅县区
山西	4	柳林县、尧都区、武乡县、忻府区	广西	5	灵山县、柳江区、灵川县、北流市、巴马瑶族自治县
内蒙古	5	阿荣旗、正蓝旗、清水河县、商都县、磴口县	海南	5	三亚市、儋州市、临高县、澄迈县、琼山区
辽宁	5	沈北新区、普兰店区、凤城市、凌海市、铁岭县	重庆	4	丰都县、云阳县、奉节县、江津区
吉林	6	柳河县、公主岭市、双阳区、蛟河市、长岭县、敦化市	四川	5	彭山区、资中县、通江县、江安县、梓潼县
黑龙江	6	五常市、双城区、安达市、杜尔伯特蒙古族自治县、富锦市、萝北县	贵州	5	余庆县、息烽县、三都水族自治县、大方县、关岭布依族苗族自治县
上海	2	浦东新区、宝山区	云南	5	大理白族自治州、西双版纳傣族自治州、丽江市、玉溪市、昭通市

（续表）

省份	数量	监测县	省份	数量	监测县
江苏	4	江宁区、邳州市、如东县、泰兴市	西藏	2	林周县、贡嘎县
浙江	4	诸暨市、温岭市、桐庐县、桐乡市	陕西	4	大荔县、汉滨区、周至县、定边县
安徽	5	霍邱县、利辛县、萧县、宁国市、贵池区	甘肃	4	通渭县、静宁县、靖远县、民乐县
福建	5	建阳区、顺昌县、福清市、仙游县、云霄县	青海	4	大通回族土族自治县、乌兰县、门源回族自治县、共和县
江西	5	庐山市、贵溪市、铜鼓县、泰和县、信丰县	宁夏	4	同心县、西吉县、彭阳县、惠农区
山东	5	文登区、曹县、利津县、费县、博兴县	新疆	5	高昌区、伊宁市、疏附县、库车市、博尔塔拉蒙古自治州
河南	4	郾城区、民权县、孟津区、内乡县	新疆生产建设兵团	2	十师181团、八师121团

（撰稿：郭永旺；审稿：王登）

全国畜牧总站草业处（草原植保方面） Office of Prataculture (Grassland Protection), State Animal Husbandry Station

草业处是全国畜牧总站的内设机构。全国畜牧总站负责国家畜牧业（含饲料、草业、奶业）技术支撑与服务工作，承担全国畜牧业良种和技术推广，畜禽、牧草品种资源保护与利用管理，畜牧业质量管理与认证，草地改良与生物灾害防治等工作。草业处负责草业技术支撑与服务工作，承担全国草原生物灾害防控、生态监测、资源调查、草种管理、人工种草、飞播牧草和信息化建设等工作。在草地生物灾害防治方面，按照"预防为主，综合防治"的植保方针，组织各级草原技术推广部门和科研院所、大专院校，开展全国草原鼠害、虫害、病害和毒害草的预测预报，划分害虫害鼠宜生区，编制灾害监测预警报告；实施草原鼠虫害防治计划，推进统防统治，减轻因灾损失，促进农牧民增产增收；集成配套草原生物灾害防治技术，提炼不同生态区域防控模式，开展试验示范，推广绿色防治技术，提高生物灾害防治能力和水平。主持实施草原生物灾害防控研究项目，先后获得全国农牧渔业丰收一等奖1项、二等奖2项，中华农业科技二等奖1项。

（撰稿：杜桂林；审稿：王登）

日节律　circadian rhythm

生命活动以 24 小时左右为周期的变动。又名近日节律。发光菌的发光，植物的光合作用，动物的摄食、躯体活动、睡眠和觉醒等行为显示日节律。哺乳动物感受光信号的器官是眼睛，光照刺激作用于视网膜并转化为神经冲动，神经冲动经由下视丘及动物体内主要的生物钟视交叉上核（SCN），SCN 分析处理光照—黑暗信息后，将信息传递给松果体，调控其褪黑激素的分泌，褪黑素的分泌时长则提供了白昼与黑暗的光周期信息，从而调节机体的 24 小时节律。

（撰稿：王大伟；审稿：刘晓辉）

日节律生物钟　circadian clock

在脊椎动物中，日节律生物钟特指视交叉上核（super-chiasmatic nucleus，SCN）。SCN 位于下丘脑，是两条视神经在大脑中的交汇后形成的区域。光信号被视网膜光敏感神经节细胞捕获后，通过视网膜下丘脑束传递进入 SCN，从而调控脑区和外周内的"子生物钟"调控整个机体的昼夜节律变化，如睡眠/觉醒周期。其中，松果体分泌的褪黑素受到光周期的严格调控，仅在夜间分泌，因此是日节律的重要指示激素，在节律调控中起到重要作用。在分子通路中，由 Clock、Per、Cry、Bmal1、Rora、Rev-erbα 等日节律基因组成了细胞内的基因调控通路，调控细胞和组织的节律性。

（撰稿：王大伟；审稿：刘晓辉）

日眠　daily torpor

日眠属于蛰眠的一种类型，持续时间少于 24 小时，通常为数小时。日眠可具有季节性，一般在冬季发生，例如黑线毛足鼠（*Phodopus sungorus* Pallas, 1773）和小毛足鼠（*Phodopus roborvskii* Satunin, 1903）在冬季条件下驯化后，即使食物充足仍可自发出现日眠。日眠也可在任何季节经过限食或禁食后发生，例如夏季黑线毛足鼠经食物限制且体重下降 30% 左右后可出现日眠。禁食处理的实验小鼠和小毛足鼠，甚至 24 小时内即可出现日眠。日眠的时间安排受似昼夜节律生物钟的影响控制，一般发生在一天中的休息相，因此动物依然可在活动相觅食或进行社群活动。与冬眠动物相比，日眠期间代谢和体温的下降幅度较小，例如代谢率最低可下降至正常体温时静止代谢率的 25%，体温一般最低下降到 15℃ 左右，并且环境温度较低例如 0℃ 以下时，动物不会进入日眠。

参考文献

DIEDRICH V, KUMSTEL S, STEINLECHNER S, 2015. Spontaneous daily torpor and fasting-induced torpor in Djungarian hamsters are characterized by distinct patterns of metabolic rate[J]. Journal of comparative physiology B, 185: 355-366.

GEISER F, RUF T, 1995. Hibernation verse daily torpor in mammals and birds: Physiological variables and classification of torpor patterns[J]. Physiological zoology, 68(6): 935-966.

RUF T, GEISER F, 2015. Daily torpor and hibernation in birds and mammals[J]. Biological reviews of the Cambridge Philosophical Society, 90: 891-926.

（撰稿：迟庆生；审稿：王德华）

日照时长　day length

一般指从日出到日落的时间，其长短是由地球的自转和公转共同形成的。在地球上每个确定的地点，每年的日照时长均呈现出精确的正余弦曲线波动，在夏至达到最高，冬至最低，而春分和秋分则昼夜平分。从昆虫直到哺乳类的很多动物（包括鼠类）和植物，其活动的年节律与光照之间具有非常紧密的相关性，改变日照时长的变化模式甚至可以直接逆转动物的发育模式和繁殖状态。在鼠类中，日照时长信号是由视网膜、视神经传递到下丘脑的视交叉上核（SCN）中进行解析的：通过调控松果体夜间分泌褪黑素的时长，日照时长信号变成了神经内分泌信号，从而调控下丘脑和垂体的激素分泌，达到调控生理状态的目的。

（撰稿：王大伟；审稿：刘晓辉）

容忍盗食　pilferage tolerance

鼠类所贮藏的食物通常会遭遇同种或不同种动物的盗

食。为了适应高的盗食率，贮藏者进化出容忍贮藏食物丢失的机制。容忍盗食是指贮食动物在不影响其生存和繁殖的前提下，能够忍受盗食者的存在和部分贮藏食物的丢失，与此同时，贮食动物为了补偿自己的被盗食损失，会选择尝试盗窃其他动物的贮藏食物而非阻止竞争者盗窃自己的贮藏食物。容忍盗食行为多见于家族式生活或领域互相重叠，如松鼠（*Sciurus* spp.）、黄松花鼠（*Tamias amoenus* Allen）、姬鼠（*Apodemus* spp.）等贮食动物。容忍盗食行为可以用互惠盗食和亲缘选择加以解释，即对于集群生活或领域互相重叠的贮食动物，可以通过互惠盗食来补偿贮藏食物的盗食损失。而对于家族式生活的贮食动物，容忍具有亲缘关系个体的盗食可以增加家族群的存活率，从而增加群体适合度。容忍家族个体少部分盗食能够帮助具有相同基因型的家族成员在食物不足时存活下来，达到尽可能多地将家族基因传递下去的目的。

参考文献

DALLY J M, CLAYTON N S, EMERY N J, 2006. The behaviour and evolution of cache protection and pilferage[J]. Animal behavior, 72: 13-23.

LEAVER L A, DALY M, 2001. Food caching and differential cache pilferage: a filed study of coexistence of sympatric kangaroo rats and pocket mice[J]. Ocologia, 128: 577-584.

PRICE M V, WASER N M, MCDONALD S, 2000. Seed caching by heteromyid rodents from two communities: implications for coexistence[J]. Journal of mammalogy, 81: 97-106.

VANDER WALL S B, JENKINS S H, 2003. Reciprocal pilferage and the evolution of food hoarding behavior[J]. Behavioral ecology, 14: 656-667.

（撰稿：常罡、侯祥、陈晓宁；审稿：路纪琪）

肉毒素　botulinum toxin

由厌氧的肉毒梭菌产生的一种蛋白质神经毒素。可抑制神经末梢乙酰胆碱的释放，引起胆碱能神经（脑干）支配区肌肉和骨骼肌的麻痹，产生软瘫现象，最后出现呼吸麻痹，导致鼠类死亡。根据毒素抗原性的不同，肉毒素分为A、B、C、D、E、F和G 7个型，其中C、D型为动物和家禽的中毒型别。C型肉毒梭菌毒素和D型肉毒梭菌毒素目前在中国登记为杀鼠剂。目前这两种毒素主要用于草原上鼠害的防控。肉毒毒素不耐热，90℃条件下2分钟可降解，不耐碱，对乙醇稳定。

（撰稿：宋英；审稿：刘晓辉）

入眠　entry

冬眠动物的体温和代谢率逐渐降低的过程被称为"入眠"。达乌尔黄鼠（*Spermophilus dauricus* Brandt）在入眠过程中会用十几个小时的时间将体温从37℃左右逐渐降低到5℃左右。入眠时，动物首尾相连，将身体缩成球形以减少散热。在入眠过程中，动物的呼吸速率、心率和代谢率先于体温依次降低。对于兼性冬眠动物（facultative hibernator）来说，低温、禁食以及短光照等可以模拟冬季环境条件的因素诱导动物入眠。而对于专性冬眠动物（obligate hibernator）来说，入眠的启动被认为是受到深刻内源节律控制的。

参考文献

杨明, 邢昕, 管淑君, 等, 2011. 达乌尔黄鼠冬眠期间体温的变化和冬眠模式[J]. 兽类学报, 31: 387-395.

LYMAN C P, WILLS J S, MALAN A, et al, 1982. Hibernation and torpor in mammals and birds[M]. New York: Academic Press.

MOHR S M, BAGRIANTSEV S N, GRACHEVA E O, 2020. Cellular, molecular, and physiological adaptations of hibernation: the solution to environmental challenges[J]. Annual review of cell and developmental biology, 36: 315-338.

（撰稿：邢昕；审稿：王德华）

三江源黑土滩 rodent damaged rangeland in The Three Rivers Headwaters region

指三江源的鼠荒地。三江源指黄河、长江、澜沧江三条发源于地处青藏高原的青海境内的江河源头。地貌以山地为主，山峦绵延、地形复杂；气候为高原大陆性气候。植被类型以灌丛草甸、草甸草原为代表。以垫状植被和稀疏植被建群。野生动物多为适应高原环境的物种。

"黑土滩"也称之为鼠荒地，是指以高原鼠兔（Ochotona curzoniae，兔形目）和高原鼢鼠(Myospalax baileyi)、根田鼠（Microtus oeconomus）为代表的高原鼠类的采食、挖掘活动造成草场的退化和土地沙化、破坏原有的草原植被以后形成的大面积失去放牧利用价值乃至裸地的现象。其中以高原鼠兔对草原的危害最为突出。这些鼠类所喜食的是禾本科、豆科及杂类草中的优良牧草，也是当地牛羊的主要牧草资源。在轻度危害地区，鼠兔挖掘活动造成的土丘、土坑，危害面约占可利用草地总面积的 15.5%。在鼠害严重的高山草甸，草皮以下鼠兔洞道纵横交错、重叠串通，形成许多地下空洞，每逢雨季顺坡而下的地表径流使草结皮塌陷，形成了以囊吾、艾菊、披针叶黄花等杂毒草占优势的次生植被。致使草场植被稀疏，成为次生裸地。三江源地区高原鼠兔平均洞口为 1624 个 /hm^2，有鼠兔 120 只，在典型的黑土滩上，原生植被破坏率达 80%～90%，优质牧草大量减少，代之以滋生一、二年生杂草，植被稀疏，植物群落结构简化，植被盖度不及 10%，地上植物量仅为 37.5～152.5kg/hm^2。土壤侵蚀严重，地表形态支离破碎，并出现沙化特征，对周边草场构成沙尘暴和扬沙威胁。这些鼠类一年消耗的牧草相当于 286 万只羊全年的食草量。且其挖掘活动加速了草地的退化。至 2010 年退化草地占可利用草场面积的 37.8%，其中近 10% 的退化草地已成为裸地。三江源地区生态环境的恶化严重影响和制约了当地各民族的生存与发展，造成了该地区畜牧业生产水平低而不稳，经济发展严重滞后。

自 20 世纪 50 年代起，中国科技工作者开展了对黑土滩的形成机制、害鼠对生态环境的影响及害鼠的防治技术等多项专题研究。经过多年的探索，已经基本摸清了黑土滩的形成规律与生态治理策略，并掌握了大面积控制害鼠的技术。在中央和当地政府的资助下，正在开展以专业防治和生物治理为主导的大规模综合治理。

（撰稿：施大钊；审稿：王德华）

三趾心颅跳鼠 *Salpingotus kozlovi* Vinogradov

跳鼠科体型最小的一种跳鼠。主要栖息于中国西北至蒙古共和国南部的部分荒漠地带。啮齿目（Rodentia）跳鼠科（Dipodidae）心颅跳鼠亚科（Cardiocraniinae）三趾心颅跳鼠属（*Salpingotus*）。亚洲中部荒漠特有种类、单型种、无亚种分化。仅分布在中国和蒙古。在中国，该物种分布区主要在新疆塔里木盆地周边并向东延伸至内蒙古、甘肃、陕西、宁夏等地。在蒙古，主要分布在其南部地带，包括阿尔泰戈壁荒漠、阿拉善戈壁荒漠和东部戈壁。也有观点认为三趾心颅跳鼠存在两个分化的亚种：一个是以新疆南部塔克拉玛干沙漠周缘为分布区，包括阿克苏、巴楚、叶城、洛浦、且末、若羌、尉犁和哈密等地的向氏亚种（*Salpingotus kozlovi xiangi*）；另一个是以巴丹吉林、腾格里和毛乌素沙漠以及蒙古国戈壁阿尔泰为中心，包括甘肃西部的敦煌、马鬃山、酒泉；宁夏北部的陶乐、石嘴山，内蒙古额济纳旗、阿拉善右旗、阿拉善左旗、乌拉特后旗和鄂托克旗和鄂尔多斯；陕西北部定边、榆林等地的指名亚种（*Salpingotus kozlovi kozlovi*）。两亚种的分布区在新疆和甘肃的交界处有间断。

形态

外形 体型很小，平均头体长不超过 60mm。头骨约占头体长的一半。头部毛色浅沙黄色，吻部突出似猪嘴。触须特别发达，成束斜向后侧。耳廓短薄而圆。尾超过体长 2 倍，平均尾长超过 120mm。成体平均体重超过 10g。到 10 月，三趾心颅跳鼠必须在尾基部蓄积大量脂肪以备冬眠需要，此时体重比夏季增重 30%～50%。因此，从春季到秋季成体体重的变化范围很大。以跳跃方式运动。后足具三趾，后足足底覆毛形成绵软密实的毛垫，适合在柔软沙面上跳跃。雌鼠乳头 3 对，其中胸部、腹部和鼠蹊部各 1 对。

毛色 体毛柔软。总体上毛色显沙黄色。背部毛色灰略带沙黄色并杂有褐色毛；体侧毛较背色浅，腹部及前后肢毛色白或略浅黄。尾浅灰色，蓄积的脂肪多时尾基部呈粉红肉色。尾上部较尾下色深。尾末端毛灰褐色，杂有向外散射的白色或略污黄的长毛（图1）。

头骨 头骨短宽，听泡巨大而扁平，外观形似心形。听泡及乳突部特别扁平，并强烈向后延伸，超出枕骨大孔后缘，两侧乳突部几相接触，在头骨后缘中央形成一窄槽；鼻骨明显超过上门齿前缘；顶间骨异常狭小，其长明显大于宽；鳞骨伸出两条细长骨支，一支沿眼眶上缘达泪骨；另一支向侧伸展在外听道上；硬腭后缘远超出上白齿列最后端；下颌骨宽而短，后端向外沿水平方向伸出一板状突起，喙状突很小。

主要鉴别特征 静卧时体形呈球状，吻部突出明显。顶间骨可见但极度狭小，这是三趾心颅跳鼠区别于肥尾心颅跳鼠的关键特征。上门齿前无纵沟。尾基部由于脂肪蓄积而膨大，冬眠前更为明显。

生活习性

栖息地 主要栖息在植被覆盖度极低的、以豆科灌丛、柽柳、盐爪爪和梭梭为主的砂质、砾质和土质荒漠。有些生境全为流沙而无植物，可见其生境之严酷恶劣（图2）。

洞穴 在沙丘掘洞穴居。洞穴构造简单，较短且直，一般在沙丘坡面掘入。主洞道有通向沙坡面的逃生洞道，平时洞口被掩蔽，整个洞穴结构大致呈侧立的"Y"字形。日落后出洞，日出前返回，返回洞穴后会从洞内掩蔽洞口，白天在外面看不见洞口。

食物 杂食性。主要取食荒漠植物草籽，食物包括植物茎叶和昆虫。掉落的植物种子在干燥荒漠环境中积累形成的稳定种子库是其重要的食物源。

活动规律 夜行性。日落后即开始出洞活动。多在沙丘或其附近活动，覆毛的后足有利于在松软的沙面上灵活跳跃，有助于逃脱掠食动物的捕食。主要活动高峰在日落后1~3小时，随着夜间气温趋凉，活动强度逐渐减弱，日出前返回洞穴。完全不见于白天。这种活动规律有效地避开了白天的高温、干燥环境可能导致身体脱水的风险。

繁殖 4月初已可见孕鼠，5月上旬可见新产出的仔鼠，每胎3~6只。孕期约25天，哺乳期30天左右。没有关于雌鼠一年繁殖次数的研究报告。推测第一批繁殖的雌鼠当年或有繁育第二窝的可能。

社群结构与婚配行为 雌性哺育幼崽。雄性是否参与育幼不清楚。野生条件下均未见雌雄有领域行为。关于社群结构和婚配行为没有相关的研究报告。可能是独居生活和混配制婚配制度。

种群数量动态

季节动态 根据新疆境内的采集记录，最早捕获时间是3月28日，最晚的捕获时间是10月21日，因此推测3月下旬出蛰，10月下旬入蛰。3月后，陆续结束冬眠开始出洞活动。此时，由于冬眠死亡率的影响，种群数量处于一年中的最低水平。此后，当年出生的幼鼠逐步独立生活，种群数量从5月底开始上升，8~9月达到高峰，10月以后进入冬眠，种群活动停止。

年间动态 由于荒漠环境中种子库具有长期性和稳定性，因此推断种群数量年间波动不会很大。在一些人类活动强度较大的区域，各种经济活动对栖息地的破坏会显著影响局域三趾心颅跳鼠种群动态。

危害 没有明显危害或表明它们是某种致病病原的携带者。

受威胁状态 由于三趾心颅跳鼠分布区范围的环境较为稳定，没有特定的天敌。国际自然保护联盟的保护评级为"适度关注"。

研究意义 该鼠种有长达5个月的冬眠期。对哺乳动物冬眠过程研究有重要的医学应用意义。在冬眠过程中的麻痹阶段，冬眠动物的大脑、心血管、消化、泌尿、肌肉等重要器官系统的机能几乎处于停止状态，而在唤醒阶段，这些机能又能迅速恢复到正常状态；这种"近似死亡"和正常状态之间快速"切换"过程背后的机制可以为睡眠、心血管、肌萎缩、糖尿病等人类疾病的研究和治疗提供有价值的启示。

参考文献

侯兰新，欧阳霞辉，2010. 心颅跳鼠亚科(Cardiocraniinae)在中国的分布和分类[J]. 西北民族大学学报(自然科学版), 31(3): 64-67.

蒋卫，侯兰新，1996. 三趾心颅跳鼠的一些生物学资料[J]. 新疆大学学报(自然科学版), 13(1): 65-68.

马勇，王逢桂，金善科，等，1987. 新疆北部地区啮齿动物的分类和分布[M]. 北京: 科学出版社.

王思博，杨赣源，1983. 新疆啮齿动物志[M]. 乌鲁木齐: 新疆人民出版社.

WANG S, XIE Y, 2004. China Species Red List: Vol. 1 Red List[M]. Beijing, China: Higher Education Press.

（撰稿：戴昆；审稿：唐业忠）

图1 三趾心颅跳鼠（范书才摄）

图2 三趾心颅跳鼠栖息地（范书才摄）

森林脑炎 forest encephalitis

由森林脑炎病毒所致的一种急性传染病。又名蜱传脑炎（tick-borne encephalitis）。1934年5~8月间在苏联东部的一些森林地带首先发现该病，故又称苏联春夏脑炎。野生动物，尤其是野鼠是该病的传染源，蜱为其传播媒介。临床上以突发高热、脑膜刺激症、意识障碍和瘫痪为其特征。脑脊液有异常变化，常有后遗症。

病原特征 病原体属披膜病毒黄病毒属的第四亚群。呈20面体对称，直径为30nm，外包裹网状脂蛋白膜，故呈线球状，内部有包绕蛋白壳体的核心，为单股RNA。在发病 7 天内可从患者脑组织内分离到病原体，也可在其他脏器和体液，如脾、肝、血液、脑脊液、尿液等中检出，但阳性率较低。病毒对外界因素的抵抗力不强，煮沸立即死亡，加热至 60℃ 10 分钟即可灭活，对乙醚、丙酮均敏感。病毒在脑组织中可保存 70 天，在 50% 甘油中可保存 3 个月以上（4℃），在低温下可保存更久。

流行 森林脑炎病毒属于虫媒病毒乙群，为 RNA 病毒，可在多种细胞中增殖，耐低温，而对高温及消毒剂敏感。野生啮齿动物及鸟类是主要传染源，林区的幼畜及幼兽也可成为传染源，传播途径主要由于硬蜱叮咬。人群普遍易感，但多数为隐性感染，仅约 1% 出现症状，病后免疫力持久。该病主要分布于中国、俄罗斯、捷克、保加利亚、波兰、奥地利等国。中国主要见于东北及西北原始森林地区。流行于 5~6 月，8 月后下降。多散发，林区采伐工人患病比较多。

临床特征

潜伏期 一般为 10~15 天，最短 2 天，长者可达 35 天。

前驱期 一般数小时至 3 天，部分患者和重型患者前驱期不明显。前驱期主要表现为低热、头昏、乏力、全身不适、四肢酸痛。大多数患者为急性发病，1~2 天达到高峰。

急性期 ①发热。一般起病 2~3 天发热达高峰（39.5~41℃），大多数患者持续 5~10 天，然后阶梯状下降，经 2~3 天下降至正常。热型多为稽留热，部分患者可出现弛张热、双峰热或不规则热。②全身中毒症状。高热时伴头痛、全身肌肉痛、无力、食欲缺乏、恶心、呕吐等，并由于血管运动中枢的损害，患者还可出现面部、颈部潮红，结膜充血，脉搏缓慢。部分重症患者有心肌炎表现，常有心音低钝、心率增快、心电图检查有 T 波改变。严重患者可以突然出现心功能不全、急性肺水肿等。③意识障碍和精神损害。约半数以上患者有不同程度神志、意识变化，如昏睡、表情淡漠、意识模糊、昏迷，亦可出现谵妄和精神错乱。④脑膜受累的表现。最常见的症状是剧烈头痛，以颞部及后枕部持续钝痛多见，有时为爆炸性和搏动性，呈撕裂样全头痛，伴恶心、呕吐、颈项强直、脑膜刺激征。一般持续 5~10 天，可和昏迷同时存在，当意识清醒后，还可持续 1 周左右。⑤肌肉瘫痪。以颈肌及肩胛肌与上肢联合瘫痪最多见，下肢肌肉和颜面肌瘫痪较少，瘫痪多呈弛缓型，此与乙型脑炎不同。一般出现在病程第 2~5 天，大多数患者经 2~3 周后逐渐恢复，少数留有后遗症而出现肌肉萎缩，成为残废。由于颈肌和肩胛肌瘫痪而出现该病特有头部下垂表现，肩胛肌瘫痪时，手臂呈摇摆无依状态。⑥神经系统损害的其他表现。部分患者出现锥体外系统受损征，如震颤、不自主运动等。偶尔可见语言障碍、吞咽困难等延髓麻痹症状，或中枢性面神经和舌下神经的轻瘫。

恢复期。此期持续平均 10~14 天，体温下降，肢体瘫痪逐步恢复，神志转清，各种症状消失。

森林脑炎一般病程 14~28 天，但有少数患者可留有后遗症，如失语、痴呆、吞咽困难、不自主运动，还有少数病情迁延达数月或 1~2 年之久，患者表现为弛缓性瘫痪、癫痫及精神障碍。近年来中国急性期患者的临床症状较过去有所减轻，病死率也明显降低，可能与采取免疫注射，加强对症治疗有关。

诊断 依据流行病史及临床症状即可确诊，可辅以实验室检查。

防治 该病有严格的地区性，进入疫区前必须积极做好预防措施：在生活地区周围搞好环境卫生，加强灭鼠、灭蜱工作。

初次进入疫区的人应接种森林脑炎疫苗。在疫区工作时应穿戴"三紧"的防护服，即扎紧袖口、领口和裤脚口以防止蜱的叮咬。在林区工作时穿"三紧"防护服及高筒靴，头戴防虫罩；衣帽可浸邻苯二甲酸二甲酯，每套 200g，有效期 10 天。病人衣服应进行消毒灭蜱。

加强防蜱灭蜱。

预防接种。每年 3 月前注射疫苗，第一次 2ml，第二次 3ml，间隔 7~10 天，以后每年加强 1 针。

林区工作做好治疗药品应急准备。

参考文献

ECKER M, ALLISON S L, MEIXNER T, et al, 1999. Sequence analysis and genetic classification of tick-borne encephalitis viruses from Europe and Asia[J]. Journal of general virology, 180: 179-185.

LINDENBACH B D, RICE C W, 1999. Genetic interaction of flavivirus nonstructural proteins NS1 and NS4A as a determinant of replicase function[J]. Journal of virology, 73(6): 4611-4621.

MANDL C W, ALLISON S L, HOLZMANN H, et al, 2000. Attention of tick-brone encephalitis virus by structure-based site-specific mutagenesis of a putative Flavivirus receptor binding site[J]. Journal of virology, 174(20): 9601-9609.

STADLER K, ALLISON S L, 1997. Proteolytic activation of tick-brone encephalitis virus by furin[J]. Journal of virology, l71(11): 8475-8481.

（撰稿：魏磊；审稿：何宏轩）

《森林生态系统鼠类与植物种子关系研究——探索对抗者之间合作的秘密》 *Studies on the Rodent-Seed Interactions of Forest Ecosystems—Exploring the Secrets of Cooperation between Antagonists*

该书在国内全面、系统地介绍了国内外森林生态系统中鼠类与植物种子相互关系研究领域的最新重要研究成果。该书由中国科学院动物研究所张知彬研究员主持编写，于 2019 年 3 月由科学出版社出版。全书共 54 万字。

鼠类与植物种子之间既包含捕食关系又包含互惠关系，在维持森林生物多样性及生态系统功能上发挥着关键作用，是反映森林生态系统健康状况的重要指标之一。该领域的研究涉及鼠类贮藏行为、种子命运、互作网络、协同进化等诸多方面，历来是生态学、行为学、进化生物学等学科关注的热点之一。近 20 年来，张知彬研究员课题组及合作团队，在东北小兴安岭、北京东灵山、河南太行山、陕西秦岭、四川都江堰及云南西双版纳 6 个典型森林生态系统开展了长期的鼠类与植物种子相互关系研究，取得了一系列重要的科研成果。该书对相关研究成果进行了系统性的归纳和总结，同时对国内外该领域的基本理论、概念、方法做了梳理和论述。

该书系统探讨了森林生态系统中鼠类贮藏植物种子的生态过程以及由此产生的种群生态学、群落生态学、动物行为学和进化生物学等科学问题。该书共分10章，包括绪论（由张知彬完成）、基本概念和理论（由李宏俊、肖治术、张洪茂等11人完成）、森林鼠类与植物种子相互关系研究方法（由张洪茂、顾海峰、杨锡福等7人完成）、东北小兴安岭地区森林鼠类与植物种子相互关系研究（由易现峰、杨月琴、张明明等6人完成）、北京东灵山地区森林鼠类与植物种子相互关系研究（由张洪茂完成）、河南太行山区森林鼠类与植物种子相互关系研究（由张义峰、路纪琪完成）、秦岭地区森林鼠类与植物种子相互关系研究（由常罡、陈晓宁、韩宁等6人完成）、四川都江堰地区森林鼠类与植物种子相互关系研究（由肖治术、常罡、李海东等7人完成）、云南西双版纳地区森林鼠类与植物种子相互关系研究（由曹林、王振宇、王博等7人完成）、综合与展望（由张知彬完成）。全书由张知彬统稿。该书第一章至第三章主要介绍了世界范围内鼠类与种子互作研究的学科背景、科学问题、基本概念、理论体系及研究方法，全面阐述了学科发展的现状，特别是阐述了鼠类与种子合作与对抗的进化与生态学意义；第四章至第九章以不同森林生态系统为单元，全面系统地介绍了该书作者及合作团队近20年来取得的研究成果；第十章对研究成果进行了凝练、综合和提升，并对未来发展方向做了展望。该书配图193幅，配表49个，各章结尾附有主要参考文献列表，并在全书最后附有作者发表的与本书相关的研究论文的目录。该书图文并茂，条理清晰、内容翔实、科学严谨，适合从事生态学、动物学、植物学及进化生物学等方面的教师、学生及其他读者阅读。

中国科学院陈宜瑜院士为该书作序。陈院士在序中评价道："该书的研究成果丰富和发展了动植物关系领域的相关理论与体系，使中国在国际该领域研究中占据了一席之地……该书的研究弄清了中国各类生态系统中影响森林种子更新的关键类群，明确了鼠类与植物种子，以及与森林生态系统健康的关系，对于今后中国森林生态系统的保护及恢复工作也具有重要的参考价值。"

（撰稿：顾海峰；审稿：杨锡福）

森林鼠类群落 rodent community in forest

森林生态系统中以鼠类为主、由鼠类以及与鼠类有直接或间接关系的植物、动物、微生物等其他生物所构成的有规律的组合。鼠类之间、鼠类与其他生物之间具有复杂的种内、种间关系。

鼠类是森林生态系统中重要的生物组成部分，在森林生态系统中具有多方面的功能。林栖鼠类以植物的种子、根、茎、叶等为食，林栖的小型食肉类哺乳动物（如鼬科动物）、鸮形目鸟类等又以鼠类为主要食物。因此，鼠类既是初级消费者，也是次级消费者。森林生态系统的平衡建立在动、植物的种类组成和数量相对稳定、物质循环和能量流动相对平衡的基础之上。1种或数种动物种群数量的增加、减少以至灭绝，必然影响生态系统中食物网（链）的结构及其稳定性。鼠类对森林生态系统的平衡具有不可忽视的作用，是植物—鼠类—天敌食物链中的一个重要环节。

森林鼠类群落的结构 作为一种特征明确的群落类型，森林鼠类群落也有其垂直结构、水平结构和时间结构。垂直结构是指随着生境中植物群落垂直结构的变化，在不同高度的植被层中所栖息鼠类的组成状态。如，岩松鼠等松鼠科物种多在森林的上层活动、觅食，而北社鼠、大林姬鼠等则主要活动于森林的下层和地被层。水平结构是指因森林中植物个体的不均匀分布，使与之相关的鼠类形成了斑块化分布。如，在森林中，林栖鼠类多见于有适度植被覆盖的位置，而在植被覆盖较差的林中空地、林窗等区域，鼠类的活动较少。时间结构是指，由于森林中不同植物的物候差异，使植物的开花、结果、凋落时间不同步，导致林栖鼠类的觅食、繁殖等活动表现出时间差异。在寒温带地区的秋季，林栖鼠类多在地被层活动、觅食，或表现出食物贮藏行为，到冬季时，部分种类可于雪被下活动、觅食，而此期林冠层几乎没有鼠类的活动。此外，从较大的时间尺度来看，森林鼠类群落的时间结构也表现在林栖鼠类组成、分布随森林演替进程的变化方面。

森林鼠类群落的物种多样性 物种多样性是群落组成与结构的重要指标，它不仅反映群落的组织化水平，而且能通过结构与功能的关系间接反映群落的功能特征。生物群落的物种多样性指数包括 α 多样性指数、β 多样性指数和 γ 多样性指数等3类。在中国东北林区，夏武平等（1957）、寿振黄等（1959）和孙儒泳等（1962）研究了鼠类的区系和分布；杨春文等（1991）报道了吉林黄泥河林区森林鼠类群落划分；郭天宇等（2000）研究了北京东灵山地区鼠类群落的结构，其中涉及部分林区的鼠类群落；盛兆湖等（2014）报道了新疆昌吉回族自治州荒漠林区鼠类群落结构。

鼠类在森林中的作用 随着鼠类生态学研究的深入，对鼠类在森林生态系统中功能与作用的认识已发生了重要的转变。以往主要从鼠类取食、筑巢等活动对成树、幼苗等造成的危害等方面来考虑。实际上，在森林生态系统中，种子是大多数森林植物实现更新的主要载体，鼠类在取食、贮藏林木种子的同时，也通过其搬运活动，使种子得以扩散和传播，特别是一些具有分散贮食行为的林栖鼠类，常将林木种子浅埋于远离母树的草丛、灌丛边缘、裸地等处。这些种子如果在以后未被鼠类取食，则在适宜的水分、温度条件下，可能萌发、生长并最终建成幼苗，从而有利于林木的天然更新。很多林栖鼠类都具有种子贮藏行为，因而在林木种子的扩散、森林植被更新过程中，林栖鼠类具有积极的作用。

参考文献
郭天宇，许荣满，潘凤庚，2000. 北京东灵山地区鼠类群落结构的研究[J]. 中国媒介生物学及控制杂志，11(1): 11-15.

路纪琪，张知彬，2004. 鼠类对山杏和辽东栎种子的贮藏[J]. 兽类学报，24(2): 132-138.

盛兆湖，陈梦，刘忠军，等，2014. 新疆昌吉州荒漠林区鼠类群落结构与梭梭被害关系的研究[J]. 中国森林病虫，33(2): 4-7.

寿振黄，李清涛，1959. 小兴安岭带岭林区不同采伐迹地上的鼠类区系初步观察[J]. 动物学杂志 (1): 6-11.

孙儒泳, 方喜叶, 高泽林, 等, 1962. 柴河林区小啮齿类的生态学 I. 生态区系和数量的季节消长[J]. 动物学报, 14(1): 21-36.

夏武平, 李清涛, 1957. 东北老采伐迹地的类型及鼠类区系的初步研究[J]. 动物学报, 9(4): 283-290.

肖治术, 张知彬, 2004. 啮齿动物的贮藏行为与植物种子的扩散[J]. 兽类学报, 24(1): 61-70.

杨春文, 陈荣海, 张春美, 1991. 黄泥河林区鼠类群落划分的研究[J]. 兽类学报, 11(2): 118-125.

张知彬, 王福生, 2001. 鼠类对山杏种子存活和萌发的影响[J]. 生态学报, 21(11): 1761-1768.

LU JIQI, ZHANG ZHIBIN, 2004. Effects of habitat and season on hoarding and dispersal of seeds of Wild apricot (*Prunus armeniaca*) by small rodents[J]. Acta oecologica, 26(3): 247-254.

ZHANG ZHIBIN, WANG ZHENYU, CHANG GANG, et al, 2016. Trade-off between seed defensive traits and impacts on interaction patterns between seeds and rodents in forest ecosystems[J]. Plant ecology, 217: 253-265.

（撰稿：路纪琪；审稿：张洪龙）

杀鼠剂的环境行为　the enviromental behaviors of rodenticides

是指杀鼠剂在环境中的变化过程、机理及其归集。据此评价杀鼠剂对生态环境以及人类健康影响的危险程度，为决策和管理部门制定相应的调控对策，为合理使用杀鼠剂、改善或保护生态环境提供科学依据。属于农药环境行为研究的一部分。目前中国对于杀虫剂、杀菌剂和除草剂农药的环境行为研究较多，但对杀鼠剂关注较少。随着人们生活水平的提高，杀鼠剂在环境中的残留、渗透和降解过程以及对非靶标动物和环境的影响，必定会受到关注。

一个化学品的特性决定了它在环境中的分布、降解速度及对环境的影响。杀鼠剂由于使用方式的特殊性，进入环境的途径主要有两个方面：杀鼠剂的杀灭对象是害鼠，因此可通过鼠类吃掉毒饵后进入食物链或环境；杀鼠剂在使用过程中与环境直接接触是其进入环境的主要途径。一般来说，农药进入大气、土壤、水体以及生物体及其以后的演变过程，是追踪其环境行为的主要内容。

杀鼠剂在靶标生物体内的运行　鼠类本身取食杀鼠剂毒饵后，有可能在体内代谢分解，通过排泄物进入环境中或在体内集聚等形式运行。一般来说，第二代抗凝血灭鼠剂比第一代在鼠体内更容易残留蓄积。对8种抗凝血灭鼠剂在鼠体内血液和肝脏中的运行进行分析，发现第一代抗凝血剂在血液中的半衰期较短，如杀鼠醚在血液的半衰期只有0.52天；第二代抗凝血剂半衰期要长得多，如大隆为91.7天。在肝脏中残留时间相对要长很多，抗凝血灭鼠剂在肝脏中的半衰期15.8～307.4天不等，也是以第二代抗凝血时间较长，如大隆为307.4天，将近1年。由于野生鼠类的寿命一般只有1～2年，这说明部分杀鼠剂会一直残留在鼠体内，特别有向肝脏中聚集的倾向。在法国，用溴敌隆灭鼠后，捕获的99.6%的水䶄（*Arvicola amphibius*）和41%的普通田鼠（*Microtus arvalis*）均被检出有杀鼠剂残留，最长保留时间可达135天。在抗性鼠体内残留的时间可能更长，对非靶标动物的危害也可能更大。

在鼠体内的残留也会随害鼠中毒死亡而流入环境中。同时，取食毒饵后的鼠类排泄物中，会检测到杀鼠剂，因此这也是部分杀鼠剂流入环境的渠道之一。如褐家鼠取食溴敌隆毒饵后，大约有10%的杀鼠剂会随大便按未分解的形式排出体外，分散到环境中去。

杀鼠剂对非靶生物的危害　虽然抗凝血灭鼠剂被认为是相对较安全的一类灭鼠剂，但这类灭鼠剂大面积使用也会对环境造成影响，特别是在施用到环境中后，对非靶标生物的影响，如捕食鸟类、哺乳动物、食虫动物和家禽家畜等等。有些动物可能有直接接触到毒饵的风险，而一些捕食鸟类、哺乳动物，通过捕食取食过毒饵的鼠类而摄食杀鼠剂，并可能在生物体内积聚。2011年和2012年在美国曾有大面积灭鼠后引发的鸟类中毒死亡事件。与急性灭鼠剂相比，虽然抗凝血灭鼠剂是比较安全的药物，但对环境也有一些负面影响，特别是第二代抗凝血杀鼠剂的二次中毒现象比第一代更加普遍。

随着抗凝血杀鼠剂的广泛应用，特别是第二代的开发和广泛使用，导致了非常严重的抗凝血杀鼠剂在野生非靶标动物体内的残留。全世界范围广泛的野生动物物种中，已经发现大量动物有残留，包括很多非捕食性兽类和鸟类。在西班牙，分析有可能是抗凝血中毒的野生动物和家畜的肝脏中，均发现有抗凝杀鼠剂，包括2种爬行动物（n=2），42种鸟类（n=271）和18种哺乳动物（n=128）。

一些摄食昆虫的种类可能通过一些无脊椎动物的污染路径，进而受到杀鼠剂的污染，包括食虫目的哺乳动物和食虫的鸟类。主要途径除直接取食毒饵外，还可能包括取食已进食杀鼠剂毒饵鼠类的粪便、中毒死亡鼠的尸体、污染土壤中的生物（如蚯蚓）。如在英国，对120只欧洲刺猬（*Erinaceus europaeus*）的检测，57.5%的体内检测到第二代抗凝血灭鼠剂，66.7%的刺猬体内有第一、二代抗凝血灭鼠剂。在新西兰的一种食虫雀形目鸟的未离巢幼体内也检测到杀鼠剂。由于幼鸟是靠父母喂食一些无脊椎动物为主的，说明一些无脊椎动物也可能成为杀鼠剂在环境中扩散的潜在载体。

在取食毒饵的母鸡所产的蛋中也可检测到抗凝血杀鼠剂的存在。在出生不久后因内出血死亡的两只小狗肝脏中，竟也检测到第二代抗凝血杀鼠剂大隆，估计来源应该是母体内转移而来，因小狗的敏感性高而致死亡。这些说明杀鼠剂在环境或动物体内的残留对非靶生物具有一定的危害性。

杀鼠剂对环境的污染　由于杀鼠剂本身对于人类和动物（包括家禽家畜以及野生动物等）同样具有不等的毒性，因此保障人类、动物以及周围环境不受到杀鼠剂及其毒饵的侵害，是鼠害治理过程中需关注的重要问题。

杀鼠剂进入环境后，有可能被部分降解，每类药剂降解过程会有差异，也可能产生次生有毒物质。最终将在水、土壤和大气中分配，也可能进入生物体内。一般水溶性（即在水溶液中的分散性）较好的杀鼠剂，容易进入水体，并随之进入土壤、生物体等。

杀鼠剂在大气中的运动及其污染 杀鼠熏蒸剂由于是通过鼠呼吸吸入有毒成分致中毒死亡，在使用过程中大部分会残留在大气中；还有一类如磷化锌等杀鼠剂（中国已禁止使用），本身起作用的成分是磷化氢，如果保存或使用不当也可能以磷化氢等形式进入空气中，部分随蒸腾气流逸向大气；一些具较高蒸气压的杀鼠剂可能部分在使用过程中挥发蒸发到大气中；在使用过程中，以粉剂（如追踪粉）施用的杀鼠剂随大风扬起，也会带着残留的杀鼠剂形成大气颗粒物，飘浮在空中。

飘浮在大气中的杀鼠剂可随风做长距离的迁移，由农村到城市，由农业区到非农业区，到无人区；或者通过呼吸影响人体或生物的健康；或者通过干湿沉降，落于地面，污染不需使用农药的地区，影响这一地区的生态系统。这可以解释一些无人区，某些生物体内为何也有农药残留。

杀鼠剂对土壤的污染 杀鼠剂的使用主要以毒饵的形式，且主要投放在地上，因此吃剩下的毒饵以及害鼠摄入排泄进入环境的大部分杀鼠剂，最终大部分进入土壤。杀鼠剂在土壤中的行为主要是土壤吸附。土壤本身具有较大的表面积，吸附能力强，可使杀鼠剂暂时保存在土壤中。土壤胶体一般带有负电荷，带正电荷的杀鼠剂很容易被土壤粒子吸附。目前大面积推广使用的抗凝血剂等脂溶性杀鼠剂疏水性强，特别容易被土壤有机物牢固吸附。

杀鼠剂进入土壤后，还会在土壤中移动，包括扩散和质体移动。扩散是分子等微粒的热运动而产生的迁移现象，可以在气体、液体或固体的同一相内或不同相间进行。土壤是一个由三相物质组成的系统，杀鼠剂在土壤中的扩散也遵循一般的扩散规律。主要是由于浓度差或温度差所引起，一般从浓度高的区域向浓度较低的区域扩散，直到相内各部分的浓度达到均匀为止。不同相间，微粒从吉布斯自由能较大的地方向较小的地方扩散，直到两相间的浓度达到平衡为止。杀鼠剂在土壤中的扩散受土壤含水量、空隙度、紧实度、温度、吸附作用等土壤所具有的特性和杀鼠剂的理化性质，如溶解度、蒸气压密度及扩散系数等的影响。

降水、灌溉和农田耕作等农事活动都可能使农药在土壤中产生大面积的转移。这些作用常常比上述杀鼠剂在土壤中的扩散要强烈得多。杀鼠剂施用时，除鼠类或其他动物取食外，大部分残留在土壤表层，或集中在食药区域，通过土壤翻耕，将使杀鼠剂在土壤耕作层中扩散开，随作业次数的增加，分布的均匀度也增加，这就大大增加了杀鼠剂与土壤颗粒的接触机会，有利于土壤的吸附。降水和农田灌溉产生的地表径流，可以使杀鼠剂扩散到未施用药物的地方。

杀鼠剂进入土壤后，也会进行一系列的变化，其变化主要是通过非生物降解和生物降解两条途径。杀鼠剂在土壤环境中非生物降解是消除土壤中残留杀鼠剂的重要途径，其主要降解方式包括化学水解、光化学分解以及氧化还原反应等。生物降解主要是经微生物作用，可以迁移转化直到其归宿。土壤中分解化学品的微生物种类很多，通过它们产生出可以降解各种有机化合物的酶系统。影响这个过程的因素很多：包括土壤类型（如黏土含量、pH 和水含量等）、化学品本身的物理化学特性（如降解速度，土壤中气、固、液和吸附物间的分布等）以及其他。甚至对于一种简单的植物物种，吸收也是多种多样的，植物根系可以吸收土壤水溶液中的化学品，土壤中固体颗粒也能吸附土壤水溶液中的化学品，双方展开争夺。有些化学品易蒸发，植物的叶子可以吸收空气中的化学品蒸气；而根又能吸收土壤中的化学品，再从叶面上蒸发。

杀鼠剂对水体的污染 杀鼠剂一般不会直接施于水体，但在城市、村庄、农田、森林、草原等各种环境施用后，有部分经降水或水流进入水体，同时，进入土壤的杀鼠剂也可能被水冲刷而流入江河湖海。理论上讲，生产和生活中施用的杀鼠剂，经生物圈的物质循环，相当大的一部分都要汇集到水体中。虽然目前大面积使用的抗凝血杀鼠剂水溶解度不高，但可吸附于水体中的微粒上，可随地表径流进入水体。

有些杀鼠剂进入水体后，容易水解，生成高毒或低毒的物质，如氟乙酰胺等水解为剧毒的氟乙酸，磷化锌水解就可能生成剧毒的磷化氢等。毒鼠磷可能被水解而毒性降低。在水中也可能发生光化学分解。

杀鼠剂进入水体，还会对水中生物产生影响。氟乙酰胺及其同类产品有氟乙酸钠（氟醋酸钠）、甘氟，对水生物危害极大，即使是小量，对水中的有机物及鱼类有剧毒，禁止进入水体。

杀鼠剂在生物体内的变化 杀鼠剂在施用后，有相当一部分可能将通过各种途径进入动植物体内，因杀鼠剂与生物的种类不同，将发生各种不同的变化，有的可能比较复杂，有的较简单；有的变化迅速，有的则较缓慢。变化的形式大致有衍生、异构化、光化、裂解、轭合等，结果是产生多种分解产物和氧化、还原、转位等衍生物，使毒性增强或减弱。

杀鼠剂根据药剂性质、使用剂型和途径可能通过多种途径进入动物体内，如消化系统、呼吸系统、皮肤等。进入动物体内的药剂可通过血液系统运送至各组织中，并可在肠、肾脏、肺、肝脏等器官中，经各种酶的作用进行代谢，变成为极性高的化合物。杀鼠剂在野外环境施用时，有可能被植物吸收，然后在植物体内发生一系列的变化。主要代谢反应有氧化、还原、水解、轭合等。如氟乙酰胺及其同类产品在植物体内就具有明显内吸性。

参考文献

鲁明中, 陈年春, 1993. 农药生态学[M]. 北京: 中国环境科学出版社.

BORRELL B, 2011. Where eagles die: Flaws in Alaskan island rat-eradication project laid bare[J]. Nature, 18 January. doi: 10.1038/news.2011.24.

DOWDING C V, SHORE R F, WORGAN A, et al, 2010. Accumulation of anticoagulant rodenticides in a non-target insectivore, the European hedgehog (*Erinaceus europaeus*)[J]. Environmental pollution, 158(1): 161-166.

EASON C T, MURPHY E C, WRIGHT G R G, et al, 2002. Assessment of risks of brodifacoum to non-target birds and mammals in New Zealand[J]. Ecotoxicology, 11: 35-48.

GIORGI M, MENGOZZI G, 2010. An HPLC method for the determination of bromadiolone plasma kinetics and its residues in hen eggs[J]. Journal of chromatographic science, . 48(9): 714-20.

KAMMERER M, POULIQUEN H, PINAULT L, et al, 1998. Residues depletion in egg after warfarin ingestion by laying hens[J]. Veterinary and human toxicology, 40(5): 273-275.

LOVETT R A, 2012. Killing rats is killing birds: Canada and the United States start to restrict the use of blood-thinning rat poison[J]. Nature, 14 November. doi: 10. 1038/nature. 11824.

MASUDA B M, FISHER P, JAMIESON I G, 2014. Anticoagulant rodenticide brodifacoum detected in dead nestlings of an insectivorous passerine[J]. New Zealand journal of ecology, 38(1): 110-115.

MUNDAY J S, THOMPSON L J, 2003. Brodifacoum toxicosis in two neonatal puppies[J]. Veterinary pathology, 40: 216-219.

POULIQUEN H, FAUCONNET V, MORVAN M L, et al, 1997. Determination of warfarin in the yolk and the white of hens' eggs by reversed-phase high-performance liquid chromatography[J]. Journal of chromatography B, 702(1-2): 143-148.

RUIZ-SUÁREZ N, et al, 2014. Assessment of anticoagulant rodenticide exposure in six raptor species from the Canary Islands (Spain)[J]. Science of the total environment, 485-486: 371-376.

SAGE M, COEURDASSIER M, DEFAUT R, et al, 2008. Giraudoux P. Kinetics of bromadiolone in rodent populations and implications for predators after field control of the water vole, *Arvicola terrestris*[J]. Science of the total environment, 407: 211-222.

SÁNCHEZ-BARBUDO I S, CAMARERO P R, MATEO R, 2012. Primary and secondary poisoning by anticoagulant rodenticides of non-target animals in Spain[J]. Science of the total environment, 420: 280-288.

SHIMSHONI J A, SOBACK S, CUNEAH O, et al, 2013. New validated multiresidue analysis of six 4-hydroxy-coumarin anticoagulant rodenticides in hen eggs[J]. Journal of veterinary diagnostic investigation, 25(6): 736-743.

TOSH D G, SHORE R F, JESS S, et al, 2011. User behaviour, best practice and the risks of non-target exposure associated with anticoagulant rodenticide use[J]. Journal of environmental management, 92: 1503-1508.

VANDENBROUCKE V, BOUSQUET-MELOU A, DEBACKER P, et al, 2008. Pharmacokinetics of eight anticoagulant rodenticides in mice after single oral administration[J]. Journal of veterinary pharmacology therapeutics, 31, 437-445.

VEIN J, VEY D, FOUREL I, et al, 2013. Bioaccumulation of chlorophacinone in strains of rats resistant to anticoagulants[J]. Pest Management science, 69: 397-402.

VYAS N B, 2017. Rodenticide incidents of exposure and adverse effects on non-raptor birds[J]. Science of the total environment, 609: 68-76.

（撰稿：张美文；审稿：王勇）

杀鼠剂的作用机理 mechanism of action of rodenticides

从杀鼠剂的发展历史看，早期出现的杀鼠剂都是急性杀鼠剂。最早出现的有机杀鼠剂甘氟、氟乙酸钠（又名三步倒）、氟乙酰胺属于有机氟化物，属于呼吸性毒剂，其作用机理都是阻断三羧酸循环，还会导致柠檬酸的堆积和丙酮酸代谢受阻；鼠立死、毒鼠强、鼠特灵属于神经性毒剂。灭鼠优和灭鼠安能抑制烟酰胺的代谢，使鼠类出现严重的维生素B缺乏症，后腿瘫痪，行动困难，呼吸衰竭，终致死亡。这些急性杀鼠剂后来逐渐被抗凝血类杀鼠剂所替代。同时杀鼠剂发展过程中还有一些直接损伤靶标动物器官的药物。杀鼠剂的作用原理可以归纳为四大类。

呼吸抑制剂类 这类毒剂通常是通过抑制呼吸酶、氧化磷酸化和三羧酸循环等内呼吸过程来影响代谢过程，抑制能量产生，造成器官衰竭，从而致死。这类毒剂又可以分为几类：

①呼吸酶抑制剂。如氰化氢（HCN）、一氧化碳（CO）。这类毒剂主要抑制细胞色素c氧化酶，阻止能量循环过程中氧气的使用，破坏能量代谢，在正常血红蛋白氧合的情况下引起细胞毒性缺氧。当达到有效剂量时，细胞毒性缺氧抑制中枢神经系统，导致快速呼吸停止和死亡。

②氧化磷酸化抑制剂。如亚砷酸、二苯胺类（溴杀灵、敌溴灵）。溴杀灵和敌溴灵的作用机制相同，主要是阻止中枢神经系统线粒体的氧化磷酸化作用，抑制三磷酸腺苷的产生，降低Na^+/K^+三磷酸腺苷酶的活性，引起细胞液体充盈、器官水肿、神经传导阻滞，最终死于呼吸衰竭。溴杀灵要转变为敌溴灵才有毒。

③三羧酸循环抑制剂。如氟乙酰胺、氟乙酸钠、甘伏等。这类化合物进入动物体后即脱胺（钠）形成氟乙酸，氟乙酸可以与三磷酸腺苷和辅酶A作用，形成氟乙酰辅酶A，再与草酰乙酸作用生成氟柠檬酸，其在化学结构上与柠檬酸相似，但不能被乌头酸酶作用，反而会产生抑制乌头酸酶的作用，使柠檬酸不能代谢为乌头酸，导致三羧酸循环中断，能量生成受阻。此外，该过程还会导致柠檬酸的堆积和丙酮酸代谢受阻，终致生命器官（如心肌、脑、肝、肾等）的细胞产生难以逆转的病理改变。病理组织学形态变化主要为心肌、肝、肾近曲小管细胞的变性、坏死，并常有明显的脑水肿、肺水肿出现。该类药物致死的动物可引起二次中毒。

除上述几种呼吸抑制作用外，一些呼吸毒剂类杀鼠剂还可以破坏红细胞功能，如PAPP通过形成高铁血红蛋白降低红细胞的携氧能力，导致大脑和其他重要器官缺氧，进而呼吸衰竭死亡。亚硝酸类杀鼠剂是一种高铁血红蛋白血症诱导剂，对红细胞的作用方式类似于PAPP。

神经毒剂类 这类毒剂包括有机磷灭鼠剂、毒鼠强、毒鼠碱、C型肉毒素和部分氨基甲酸酯类灭鼠剂。其主要通过对乙酰胆碱脂酶的抑制作用，造成乙酰胆碱的积累，过量的乙酰胆碱不断激活乙酰胆碱受体，引起神经纤维长时间处于兴奋状态，同时正常的神经冲动传导受阻塞，因而产生一系列的中毒症状，鼠中毒后死于呼吸道充血和心血管麻痹，最终因呼吸困难而窒息死亡。

毒鼠强摄入体内后，可以迅速阻断体内γ-氨基丁酸（GABA）受体，其是强而广泛的中枢神经系统抑制物质，一旦该受体被阻断，中枢神经系统的抑制作用将减弱，呈现过度兴奋状态，甚至出现惊厥。口服一般在几分钟到半小时内出现中毒症状，可因持续性强直抽搐而引起呼吸肌麻痹，导致急性呼吸衰竭而死亡。肉毒素中毒是其抑制神经传导介质乙酰胆碱囊泡的释放，影响外周胆碱能神经，包括神经肌肉接头及副交感神经的突触间传递障碍，引起呼吸肌、眼肌等瘫痪，最终导致中枢性呼吸衰竭而危害生命系统。磷化锌与胃液（盐酸）作用后，产生磷化氢气体。释放出的磷化氢对胃黏膜产生腐蚀作用，被消化系统吸收后，其破坏新陈代谢，损害神经系统，抑制胆碱酯酶分解乙酰胆碱的作用，使乙酰胆碱聚集。

抗凝血杀鼠剂 血液凝固是一系列凝血因子相继酶解激活的过程，最终生成凝血酶，形成纤维蛋白凝块。整个凝血过程分为三个阶段：第一阶段期为血液凝血活酶（thromboplastin）形成；第二阶段为凝血酶（thrombin）形成；第三阶段为纤维蛋白形成（图1）。第一阶段中参与凝血的凝血因子共有12种。其中因子 II、VII、IX、X 在肝脏中合成需维生素K的参与，故缺乏维生素K将影响血凝功能。

维生素 K_1 是凝血因子 II（凝血酶原），VII（转变加速因子前体），IX（血友病因子）和X（自体凝血酶原C）活化（通过酶维生素K依赖性羧化酶）的主要因子，它们使维生素K维持活性形式。通过酶维生素K依赖性羧化酶，活性维生素K转化为无活性的环氧化物，然后通过酶维生素K环氧化物还原酶再转化为维生素K（维生素K醌）。在下一步中，维生素K还原酶将维生素K醌转化为维生素 K_1 对苯二酚，再次与凝血因子 II、VII、IX 和 X 的羧化循环结合。然后，维生素K还原酶将维生素K醌转化成维生素 K_1 对苯二酚，再次进入凝血因子 II、VII、IX 和 X 的羧化循环（图2）。

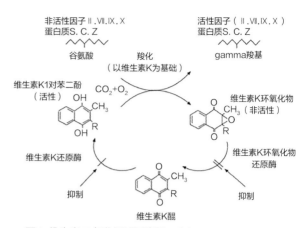

图2 维生素K氧化还原示意图（引自 Buckle & Easo, 2015）

羟基香豆素和茚满二酮在结构上与维生素K类似，当其进入体内时，竞争性抑制维生素K环氧化物还原酶，导致活性维生素K缺乏。该机制使凝血因子（II、VII、IX 和 X）未被羧化而不起作用，影响了其合成与释放，逐渐使它们在血浆中的浓度降低，进而破坏凝血机制，降低血液凝固能力，产生抗凝血效果，同时还损害毛细血管，使管壁渗透力增加。中毒鼠不断出血，最终死于大出血。

自20世纪40年代后期慢性杀鼠剂杀鼠灵出现，到目前已有数十个品种，都属于抗凝血杀鼠剂类。这些抗凝血杀鼠剂都是4-羟基香豆素（溴敌隆、大隆、杀鼠醚、杀鼠灵、杀它仗等）或1,3-茚满二酮（敌鼠、氯鼠酮等）的衍生物。4-羟基香豆素和1,3-茚满二酮本身都没有抗凝血作用，它们只有在适当的位置上，和适当的基团连接之后，才有此作用。而连接基团本身，也缺乏抗凝血活性。对于4-羟基香豆素，必须在3位上连接基团，1,3-茚满二酮则只能在2位上连接。这个连接规则迄今为止仍无例外。该类药物在医药上可以作为口服抗凝剂，用于体内抗凝及预防血栓病。在体外无抗凝血作用。在产生作用前，有12～24小时的潜伏期。

直接作用靶标器官类毒剂 一些杀鼠剂的毒理机制是直接损害心脏、肝和肾等靶标器官，造成器官衰竭，以达到致死效果。

如胆钙化醇与钙化醇被摄入体内后，肝脏和旁甲状腺激素会往胆钙化醇基团上添加两个羟基，此物质可以动员小肠及骨头等部位向血液中释放大量的钙，钙含量升得过高过快，正常的激素调节不能驾驭，最终阻塞循环系统，且使心脏钙化，进而致死。同样，氯化苦也可以直接破坏靶标器官。其蒸气通过刺激呼吸道黏膜，被肺部吸收，损伤毛细血管和上皮细胞，使毛细血管渗透性增加、血浆渗出，形成肺水肿。最终由于肺部换气不良，造成缺氧、心脏负担加重，而死于呼吸衰竭。与氯化苦作用方式相似，安安也会损害肺部毛细血管，引起肺组织生理功能的破坏，使经毛细血管渗出的大量液体充积在肺泡中，形成严重的肺水肿及胸腔积水，以致呼吸困难、窒息而死亡。同时可引起肝、肾脏细胞变性和坏死。

参考文献

蔡志斌, 张英, 徐小燕, 等, 2017. 常见杀鼠剂中毒表现及其检测

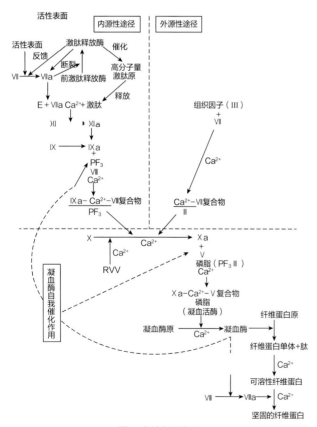

图1 血液凝固机理

（参考辛晓敏、关秀茹主编《现代临床检验技术与应用》）

方法的研究进展[J]. 实用预防医学, 24(8): 1021-1025.

郭浩, 何亚梅, 王文娟, 等, 2014. 血液灌流在小儿急性毒鼠强中毒救治中的应用[J]. 中国中西医结合急救杂志, 21(2): 159-160.

宫玉, 田英平, 2011. 肉毒中毒研究现状[J]. 中华劳动卫生职业病杂志, 29(11): 869-872.

林师道, 纪磊, 岑江杰, 等, 2014. 氯化苦急性经口、经皮、吸入毒性试验[J]. 农药, 53(9): 664-665.

李薇薇, 陈英瑜, 1964. 磷化锌中毒的抢救与护理[J]. 护理杂志(6): 347-348.

李欢, 2010. 两种新型抗凝血杀鼠剂的合成与药效研究[D]. 沈阳: 东北大学.

朱航, 包雪爱, 2003. 小儿有机氟中毒17例诊治分析[J]. 陕西医学杂志, 32(7): 655-656.

张文武, 2006. 杀鼠剂中毒的分类与临床救治[J]. 岭南急诊医学杂志, 11(1): 76-78.

EASON C T, SHAPIRO L, OGILVIE S, et al, 2017. Trends in the development of mammalian pest control technology in New Zealand[J]. New Zealand journal of zoology (2): 1-38.

VALCHEV I, BINEV R, YORDANOVA V, et al, 2008. Anticoagulant rodenticide intoxication in animals - A review[J]. Turkish journal of veterinary & animal sciences, 32(4): 237-243.

（撰稿：王登；审稿：郭永旺）

杀鼠灵　warfarin

一种杀鼠剂。又名灭鼠灵、华法令、华法林。化学式 $C_{19}H_{16}O_4$，相对分子质量308.33，熔点161℃。外消旋体为无色、无臭、无味的结晶。易溶于丙酮，能溶于醇，不溶于苯和水。烯醇式呈酸性，与金属形成盐，其钠盐溶于水，不溶于有机溶剂。杀鼠灵为第一代抗凝血性杀鼠剂，药剂进入鼠体后表现抗凝血作用，使鼠体内出血而致死。主要用于杀灭小家鼠、黑家鼠、褐家鼠等家栖鼠，也可用于杀灭各种野栖鼠。杀鼠灵对大鼠、猫、狗的口服半致死剂量（LD_{50}）分别为1.6mg/kg、3mg/kg 和 3mg/kg。对家禽如鸡、鸭，家畜如牛、羊毒力较小。

（撰稿：王大伟；审稿：刘晓辉）

杀鼠醚　coumatetralyl

一种杀鼠剂。又名4-羟基-3-（1, 2, 3, 4-四氢-1-萘基）香豆素、杀虫迷、杀鼠萘。化学式 $C_{19}H_{16}O_3$，相对分子质量292.33，熔点176.1℃，沸点502.43℃，淡黄色至白色结晶粉末，环己酮中溶解度 10～50g/L，甲苯＜10g/L，水 10mg/L，对热稳定，日光下易分解。杀鼠醚为第一代抗凝血杀鼠剂，维生素 K_1 为其特效解毒剂。原药对雄性大鼠口服半致死剂量（LD_{50}）为 5～25mg/kg。

（撰稿：宋英；审稿：刘晓辉）

杀鼠脲　thiosemicarbazide

一种在中国未登记的杀鼠剂。又名氨基硫脲、灭鼠特。化学式 $NH_2CSNHNH_2$，相对分子质量91.14，熔点180～181℃，沸点208.6℃，密度1.376g/cm³，可溶于水和乙醇，溶于冷水 1%～2%，温水约 10%。白色结晶粉末，从水中得针状结晶。易与醛和酮发生反应，生成特定的晶体产物；也易与羧酸发生反应。剧毒物质，主要用作农药原料，生产非选择性除草剂、杀虫剂和灭鼠剂等。鼠类服食后，血管的透过性增大，淋巴液渗入肺内，引起浮肿和痉挛，1～2小时内残废，尸体干缩。对大鼠、小鼠口服半致死剂量（LD_{50}）分别 19mg/kg 和 14.8mg/kg。

（撰稿：宋英；审稿：刘晓辉）

杀鼠酮　pindone

一种在中国未登记的杀鼠剂。又名2-叔戊酰茚满-1,3-二酮、鼠完。分子式 $C_{14}H_{14}O_3$，相对分子质量230.26，熔点110℃，水溶性 0.002%（25℃）。黄色粉末，易溶于苯、甲苯、丙酮等，能溶于乙醇，难溶于水。剧毒物质，可由吸入、食入方式进入体内，主要用于草原灭鼠，经多年在澳大利亚和新西兰使用，效果突出，安全性好，亦适用于城乡及家庭灭鼠。其引起凝血酶原和毛细管脆性功能降低，导致出血，即血凝能力降低。杀鼠酮对大鼠、狗、兔子的口服半致死剂量（LD_{50}）分别为 280mg/kg、75mg/kg 和 150mg/kg。

（撰稿：王大伟；审稿：刘晓辉）

沙门氏菌病　Salmonellosis

是指由各种类型的沙门氏菌所引起的对人类、家畜以及野生禽兽不同形式疾病的总称。又名副伤寒（Paratyphoid）。感染沙门氏菌的人或带菌者的粪便污染食品，可使人发生食物中毒。据统计，在世界各国的各种类细菌性食物中毒中，沙门氏菌引起的食物中毒常位居首位。中国内陆地区也以沙门氏菌为首位。

病原学　沙门氏菌属（Salmonella）为 γ-变形菌纲（Gammaproteobacteria）肠杆菌目（Enterobacteriales）肠杆菌科（Enterobacteriaceae）细菌，革兰氏阴性、两端钝圆的短杆菌（比大肠杆菌细），0.7～1.5μm×2～5μm 散在分布，无荚膜和芽胞。已发现的近一千种（或菌株）。按其抗原成分，可分为甲、乙、丙、丁、戊等基本菌组。其中与人体疾病有关的主要有甲组的副伤寒甲杆菌，乙组的副伤寒乙杆菌和鼠伤寒杆菌，丙组的副伤寒丙杆菌和猪霍乱杆菌，丁组的伤寒杆菌和肠炎杆菌等。除伤寒杆菌、副伤寒甲杆菌和副伤寒乙杆菌引起人类的疾病外，大多数仅能引起家畜、鼠类和禽类等动物的疾病，但有时也可污染人类的食物而引起食物中毒。除鸡白痢、鸡伤寒沙门氏菌外，都有周鞭毛，能运动，大多数具有菌毛，能吸附于宿主细胞表面或凝集豚鼠红细胞。除鸡白痢、鸡伤寒、猪伤寒、羊流产和甲型副伤寒等沙门氏菌在普通培养基上生长贫瘠之外，其他沙门氏菌在各种普通培养基上生长良好。在SS琼脂、远藤氏琼脂上形成与培养基颜色一致的淡粉红色或无色菌落。在麦康凯培养基上，大肠杆菌菌落为红色；沙门氏菌菌落为白色。

生活史 蛋、家禽和肉类产品是沙门氏菌病的主要传播媒介，感染主要取决于沙门氏菌的血清型和食用者的身体状况，受威胁最大的是小孩、老年人及免疫缺陷个体。沙门氏菌在水中不易繁殖，但可生存2~3周，冰箱中可生存3~4个月，在自然环境的粪便中可存活1~2个月。沙门氏菌最适繁殖温度为37℃，在20℃以上即能大量繁殖，因此，低温储存肉蛋类食品是一项重要预防措施。

流行 沙门氏菌病是"人畜共患病"，是世界范围报道最为频繁的食源性疾病之一，不仅能引起家畜发病死亡造成严重的经济损失，且家畜产品严重危害人类健康。

致病性 沙门氏菌属菌群菌型多，主要有O和H两种抗原。少数菌具有表面抗原，功能与大肠杆菌的K抗原相似，一般认为与毒力有关，故称Vi抗原。其致病物质主要有Vi抗原（有毒株侵袭小肠黏膜）、内毒素、肠毒素（鼠伤寒沙门氏菌产生的），引起肠热症、急性肠炎（食物中毒）、败血症等。由沙门氏菌引起的食品中毒症状主要有恶心、呕吐、腹痛、头痛、畏寒和腹泻等，还伴有乏力、肌肉酸痛、视觉模糊、中等程度发热、躁动不安和嗜睡，延续时间2~3天，平均致死率为4.1%。其主要原因是由于摄入了含有大量沙门氏菌属的非寄主专一性菌种或血清型的食品所引起的。在摄入含毒食品之后，症状一般在12~14小时内出现。

诊断 目前，沙门氏菌的检测方法有很多，如常规的培养分离、乳胶凝集试验、免疫荧光、酶联免疫吸附试验（ELISA）及PCR、核酸探针、荧光定量PCR检测等方法。

防治 做好水源和食品的卫生管理，防止被沙门氏菌感染的人和动物的粪便污染。感染动物的肉类、蛋等制品要彻底烹饪。

发现、确诊和治疗带菌者。带菌期间不能从事饮食行业的工作。

目前国际公认的新一代疫苗是伤寒Vi荚膜多糖疫苗，我国也已正式批准使用。

肠热症的治疗目前使用的有效药物主要是环丙氟哌酸（Ciprogloxacin）。

参考文献

曹际娟, 2013. 肠道沙门氏菌分子检测与分子分型[M]. 北京: 中国质检出版社.

刘海燕, 张平, 2009. 家禽沙门氏菌病的流行现状及防控方法[J]. 畜牧市场(11): 30-32.

孙园园, 赵鹏, 2012. 动物饲料中沙门氏菌环介导等温扩增（LAMP）快速诊断方法的建立[J]. 中国畜牧兽医, 39(1): 32-36.

（撰稿：胡延春；审稿：何宏轩）

山西农业大学植物保护学院（山西省农业科学院植物保护研究所）农林鼠害研究室 Laboratory of Rodent Biology and Management, College of Plant Protection of Shanxi Agricultural University(Institute of Plant Protection of Shanxi Academy of Agricultural Sciences)

位于太原市小店区龙城大街81号，是专门从事植物保护科学研究和技术开发的公益性科研单位。其中农林鼠害研究室成立于1985年，是中国省级农业科学院系统中成立较早的以农业鼠害为研究对象的研究室，也是中国北方最早（1986年）具有农业部杀鼠剂田间药效登记试验资质的实验室。参加过国家"七五""八五""九五""十一五"和"十二五"的鼠害科研攻关项目和主持过省部级的鼠类生态及防控等方面的科研与推广项目20余项，对山西省达乌尔黄鼠、中华鼢鼠、北社鼠、花鼠等害鼠乃至黄土高原东南部农林鼠类的区系区划、部分害鼠的食性食量、种群年龄结构、数量消长、化学防治、综合治理和探索鼠类天敌的保护利用等方面开展了一系列的研究工作，在国内外发表鼠类研究与防治方面的论文100余篇，参与《农业重要害鼠的生态学及控制对策》《农业鼠害防控技术及杀鼠剂科学使用指南》等9本专著的编写工作，获得国家科研成果奖励1项、省部级科研成果奖励9项。

拥有农业农村部农药（杀鼠剂）田间药效登记试验资质，在农业农村部太原作物有害生物科学观测站建立了$150m^2$的鼠类观测室。与日本热带野鼠对策委员会等单位建立了国际合作关系，开展了中日合作"阻碍中国黄土高原荒漠绿化的野鼠生态研究与防除体系开发"项目，外聘两名日本鼠类专家为名誉研究员。与中国科学院动物研究所、亚热带农业生态研究所等相关科研教学单位有密切合作，与中国农业大学和浙江师范大学开展"黄土高原常见鼠类自动识别技术研究""山西省岩松鼠谱系地理及种群遗传学研究"等项目。研究室目前主持有国家科技基础资源调查专项子课题："华北农牧交错带西段有害动物多样性调查——啮齿动物"、山西省农业科学院科研项目："雁门关农牧交错带害鼠生态及绿色防控新技术研发"等。

（撰稿：邹波；审稿：王庭林）

陕西师范大学生命科学学院鼠类生物学研究团队 Rodent Biological Research Group, College of Life Sciences, Shaanxi Normal University

成立于1987年3月，隶属陕西师范大学生物系，1989年随陕西师范大学动物研究所的成立又归属陕西师范大学动物研究所，成为当时国内高等院校鼠类研究中心之一，起初有研究人员7名，其中高级职称2名，中级职称3名，初级职称2名（青年教师均具硕士学位）。该研究团队从1983年开始招收硕士研究生，1996年开始招收博士研究生，为国家培养了大批的鼠类生物学研究和教学人才。该研究团队在从事鼠类区系、分类与生态等基础理论研究的同时，还从事鼠类综合防治研究和大面积灭鼠的研究工作，坚持理论与应用研究相结合的方向。该研究团队由王廷正教授领导，他本人并带领其他同志多年来在西北五省区和南方部分地区开展鼠类分类及区系工作，给该研究团队奠定了良好的基础。

该研究团队的主要成员从20世纪50年代中期即开始了鼠类研究工作，对鼠类的区系、种群生态和综合防治进行了大量的调查研究，到1991年已在有关学术刊物上发表高质量的论文40余篇（不含专辑的论文），出版《陕西农田害鼠及防治》《陕西鼠类》《陕西啮齿动物志》《陕西农田害鼠及防治》《黄土高原林区鼢鼠综合管理研究》《农业重要害鼠的生态学及控制对策》等10余部著作；还参编《中国农林啮齿动物与科学管理》《农林啮齿动物灾害—环境修复与安全诊断》和《林区鼢鼠综合治理技术》等著作。对陕西及西北地区的鼠害综合治理工作和开展分类、区系生态、地理分布等研究有重要参考和指导价值。该室藏有鼠类标本5000余号60余种，约占全国总种数的1/3，在全国高校的鼠类标本中居于首位。

"七五"期间，该研究团队主持并承担国家"七五"科技攻关专题《农牧区鼠害综合治理技术研究》的子专题《黄土高原旱作区主要害鼠——鼢鼠、黄鼠种群生态学及综合治理技术研究》于1990年5月完成并鉴定验收。该项研究在鼠类生态学、生物学和防治方面有创新，综合防治经济效益显著，达到国内同类研究的领先水平，很多研究成果在《植物保护学报》《兽类学报》《动物学研究》《动物分类学报》发表，该课题并于1991年获国家教委科技进步三等奖和陕西省教委科技进步二等奖。"八五"期间除承担《农作区棕色田鼠、中华鼢鼠消长规律、防治对策研究》外，同时承担《林业鼠害综合治理》国家攻关专题任务，对黄土高原主要农田害鼠的地理分布、鼠类区划、种群年龄结构、繁殖强度、数量动态、消长规律及其机理、害鼠的食性、食量、危害深度、防治阈值、综合治理和化学防治诸方面做了大量工作，曾分别在陕西、河南等有关地区举办过多次灭鼠培训班，进行现场灭鼠指导，取得了显著的经济和社会效益。并在《兽类学报》《植物保护学报》《动物学研究》和《动物学报》发表了系列论文。研究成果《农牧区鼠害治理技术》荣获中国科学院科技进步二等奖。《农田灭鼠技术推广》荣获陕西省科学院科技进步二等推广技术奖。该研究团队成员参加的研究成果"林木鼠兔害综合控制关键技术与示范"2012年获得陕西省科学技术一等奖，"三北林区鼢鼠综合治理技术研究"，1999获陕西省林业厅科技进步一等奖。

20世纪90年代后期，该研究团队主要开展地下动物甘肃鼢鼠的行为及其适应与进化研究以及棕色田鼠的社会行为学研究，先后主持国家自然科学基金8项，发现了甘肃鼢鼠的听觉、视觉的地下适应的神经机制及其对低氧适应的生理及分子机制。阐明了棕色田鼠的近亲回避机制，并利用棕色田鼠的高社会性，进一步研究了单配制相关行为如高社会性和父本行为发育形成的神经内分泌机制，在 *Hormones and Behavior*、*Psychoneuroendocrinology*、*Brain Research*、*Progress in Neuro-Psychopharmacology and Biological Psychiatry*、*Animal Behavior*、*Behavioural Brain Research*、*Physiology & Behavior*、*Journal of Comparative Physiology A*、*Behavioural Pharmacology*、*Pharmacology Biochemistry and Behavior*、*Behavioural Processes*、*Neuropeptides*、*European Neuropsychopharmacology*、*Neuropsychopharmacology*、*Phytomedicine*、*Canadian Journal of Zoology*、*Zoological Study*、*Animal Biology* 及 *Ethology Ecology and Evolution* 等国内外学术刊物上发表论文90余篇，该研究成果荣获陕西省青年科技奖、陕西省高等学校科学技术一等奖和陕西省政府科学技术二等奖等荣誉。

（撰稿：邰发道；审稿：李金钢）

麝鼠 *Ondatra zibethica* Linnaeus

会阴部的腺体能产生类似麝香的分泌物的鼠类。又名麝香鼠、麝狸、麝鼹、青根貂、水老鼠、水耗子。啮齿目（Rodentia）仓鼠科（Cricetidae）田鼠亚科（Microtinae）麝鼠属（*Ondatra*）。

麝鼠原产于北美洲，分布在北纬28°～68°，西经55°～165°之内。自20世纪以来，由于欧亚各国引种驯化的结果，它几乎遍及全北区的广大区域，美国、加拿大、欧洲、日本、蒙古等国家和地区都有分布，分布区已越过北纬70°和北纬22°，是一个广布种。中国麝鼠的主要来源包括从俄罗斯自然扩散到黑龙江上游地区和中国科学院、中国土畜产品进出口总公司从俄罗斯引种放养，目前在东北、华北、西北、华中、华南均有分布，涉及贵州、河北、湖北、新疆、黑龙江、陕西等23个省（自治区）。麝鼠有14个亚种，喜栖息于沼泽地及湖泊河流两岸水草茂盛的低洼地带，是一种珍贵皮毛、麝香、美食等多用珍贵动物。

形态

外形　田鼠亚科中体型最大者。体长35～40cm，尾长23～25cm，体重0.8～1.5kg。体形粗胖，呈椭圆形。头部扁平，吻短而钝，眼小，耳短，四肢短，尾较长，约为体长的2/3，远端侧扁。

毛色　周身密被绒毛，背毛呈棕黑色或栗黄色，针毛黑而密，背中央毛色较深，体侧毛色稍淡，腹部呈棕灰色或苍黄色，毛基灰色，毛尖为浅黄色，下颏、四肢内侧的根部颜色较浅。背腹之间没有明显界线，四肢上部毛色为棕褐色。尾毛上部与体背毛色相近，下面稍浅。幼鼠毛色呈灰色，体两侧色浅，腹面仓黄色。麝鼠每年换一次毛，夏秋季节被毛色泽较淡，冬春季节则深些。

主要鉴别特征　体椭圆肥胖，密被绒毛。头小，稍扁平，颈短而粗与躯干部没有明显界线。吻短而钝，有胡须。眼小，耳短隐于长被毛之中，耳孔有长毛堵塞。尾较长，约为体长的2/3，近末端稍扁，其上被有角质化的小圆鳞片和稀疏短毛。四肢短，前足4趾，趾爪锐利，趾间无蹼，后足略长于前足，无毛，足垫明显，趾间有半蹼，后趾两侧均有梳状毛，爪大有力。

齿式为 $2\times\left(\dfrac{1.0.0.3}{1.0.0.3}\right)=16$。其上下门齿锐利，呈浅黄色或深黄色，突出于唇外。臼齿上、下、左、右各有3枚，初生的幼鼠臼齿无齿根，出生后5、6个月齿根形成、分叉，臼齿咀嚼面由5个封闭的实心三角形组成。

生活习性

栖息地　营半水栖生活，喜栖息于沼泽地及湖泊河流两岸水草茂盛的低洼地带，以及在浅水旁隐蔽、靠近水源的草丛、丛林间也有栖居的。适应性很强，对温度、湿度要求并不十分严格，它可以在中国寒冷的东北、干旱的西北地区生存繁殖，也可以在南方多湿温暖、甚至高温炎热的地区落户。

洞穴、巢　善于挖洞，又能筑巢，其洞巢多筑于河、湖、池的岸边，浅水的芦苇和香蒲的草丛中及水上漂浮的物体上等隐蔽条件较好的地方，有简单的个体居住和复杂的家族居住的洞穴两种。利用植被和泥建巢，圆顶，高60~90cm。洞穴复杂，由洞道、盲洞、粮仓和窝室组成。洞道直径约10~15cm，弯曲多支，纵横交错，洞道长度不一，短的2~3m，长的可达10~15m，窝室位于水平面上面。洞道有数个盲道，粮仓2~3处，还有数个出入口，洞口多位水面下。洞道出入口随着水位的升降而变化，洞口露于水面上，就用泥草堵塞。

食物　草食动物，食性非常广，可食食物种类达107种，以芦苇、香蒲、茭白等十余种水生植物为主要食物，取食这些植物幼芽、嫩枝、叶、果实及鲜嫩的块根、块茎等，随季节不同，麝鼠对主要食物的利用部位不同。麝鼠以植食性为主，占93.4%，偶食少量蚌、小鱼、田螺、青蛙、淡水鳌虾及小龟等动物食物，占6.6%。麝鼠有贮食习性，尤其冬季和哺乳期，贮量可达数十千克且保存完好。人工饲养，麝鼠日食量相当于体重的40%~50%，即平均每日采食植物类饲料250~500g，籽实类25~50g。

活动规律　麝鼠爱活动，喜在水中或水草较多的河渠、池塘、湖湾等岸边活动。常在5:00~8:00或傍晚17:00~20:00活动，白天睡在窝室中或静卧，天气恶劣时停止活动。春秋活动频繁，冬季不冬眠，在水面结冰后，白天麝鼠可咬破薄冰出入冰层活动。麝鼠群多以血缘关系结群，当遇到外族或异类入侵时，会对敌展开激烈格斗，造成伤亡。因此，活动半径受到一定限制，区域性很强，而且活动时间、次数、路线都呈现出较强的规律性，活动范围在22~6400m²。

麝鼠喜欢游泳，游泳时头露于水面，尾如舵左右摇摆，后肢划桨来回划动，每次可游数百米，每分钟可前进20~35m，一次潜水20分钟左右，可潜水3~4m深。麝鼠嗅觉和视力很差，但听觉灵敏，稍有响动便会迅速回洞或潜水隐蔽。麝鼠用前肢采食、挖洞、搏斗和洗刷身体，吃食时用前肢抱着吃，速度很快。哺乳期，公鼠常出入洞口，为母鼠、仔鼠采食和搬运食物，如遇危险，仔鼠就吸住母鼠乳头或伏在其背上一起逃逸。

生长发育　初生仔鼠皮肤粉红色，胎毛稀短呈灰色，双眼合闭，耳部仅为一个瘤状小突起。仔鼠生长发育很快，3日龄长出门齿；7日龄时门齿露出唇外，10日龄长出被毛，10~12日龄开眼，18~20日龄时能采食嫩草，并开始走出窝室、下水游泳，20~30日龄被毛基本长全，毛厚且密，门齿可达4~5mm；100天后仔鼠发育开始减慢；到5~6月龄时即达到成年。最佳繁育年龄为1岁。寿命4~5年，最长达6年。家养麝鼠的可繁殖利用年限为2~3年。

麝鼠年龄组的划分，主要依据臼齿齿根的形成、生长及齿冠的磨损程度，分为6个年龄组：

Ⅰ 当年第一组：无齿根，齿冠高为8.3~12.0mm。约为生后2个月以内的幼仔。

Ⅱ 当年第二组：臼齿基部开始或已经形成一条联结带，齿冠沟高为9.0~11.4mm。为2~6月龄幼鼠。

Ⅲ 当年第三组：齿根已形成，齿冠沟高为7.0~8.9mm，齿冠沟下线仍深埋齿槽内，为生后5~9月的鼠，为亚成体。

Ⅳ 越冬第一组：有良好的齿根，齿冠沟高为4.0~6.9mm。齿冠沟下线与齿槽骨线大部平齐，约为生后9个月到1.5年的鼠，为成体一组。

Ⅴ 越冬第二组：齿根发育良好，齿冠沟高为2.0~3.9mm。齿冠沟下线大部露出，约为生后1.5年到2年的鼠，为成体二组。

Ⅵ 越冬第三组：有长而细的齿根，齿冠沟高为0~1.9mm。齿冠沟全部露出齿槽，约为生后2年以上的鼠。

Ⅰ、Ⅱ、Ⅲ组基本不参与繁殖，从Ⅳ组后几乎全部参与繁殖。

繁殖　属季节性多次发情繁殖的多胎次动物，多为1公1母家族式繁育后代，繁殖能力很强。在东北三省每年可产

麝鼠（王登 提供）

2~3 胎，较温暖的地区可产 4~5 胎，每胎产仔 6~9 只。在南方从 2 月开始繁殖，北方 4 月才开始繁殖，进入冬季后停止繁殖。

一般于 6 月龄性成熟，可进行交配繁殖。在繁殖季节，雄鼠焦躁不安、异常兴奋，睾丸明显下坠，龟头有时露出，香腺分泌乳黄色油性黏液，具有浓郁的香味，引诱母鼠。而在非配种季节，香腺收缩变小，没有分泌物产生。雌鼠发情周期为 12~14 天，持续 2~4 天，在发情期表现为鸣叫、不安、兴奋、尿频、外阴变化等。雌、雄鼠交配多在水中进行，而且多发生在清晨或傍晚，交配后雌鼠阴道内出现白色管状胶体栓，不再接受交配。雌鼠的妊娠期很短，仅27~28 天，产后 3~7 天可再次进行交配。

种群数量动态 当麝鼠居住环境恶化、食物匮乏，或出现大的自然灾害时，麝鼠就会产生自然扩散，具体行为就是迁徙，多以群体的方式完成。迁徙一年四季都在发生，一般多发生在春秋家族分户时发生，大都沿河道进行，迁徙也多在配种期前。迁徙的速度每小时约 0.5 km，一次迁徙的最远距离可达 30~40 km。到新的地点定居后，麝鼠数量会逐渐增长，需 3~5 年的时间才会达到比较稳定的程度。

经济学意义 麝鼠是草食性珍贵毛皮动物，全身是宝，经济价值很高，国际裘皮市场素有"软黄金"之称。其毛皮沥水性特好，制作的裘皮大衣、帽子不沾雨雪，深受国内外客商的喜爱。其麝香是医药、化工、化妆品行业的世界性紧俏原料，市场前景非常广阔。麝鼠肉中含有 17 种氨基酸，其钙的含量是牛肉的 13~23 倍，且胆固醇比牛肉低 22.5%，是营养丰富的美味佳肴。麝鼠油脂可用来制皂、制革和餐具的涂料、燃料和油漆工业的附加剂等。麝鼠属于草食动物，适应能力极强，繁殖快，可栖息于不同的自然地带和各种不同的环境中。易饲养，成本低，管理方便，经济效益高。

危害 麝鼠会在堤坝下部挖掘洞穴，影响堤坝安全，在一些欧洲国家如比利时及荷兰等被视为有害的动物。麝鼠对许多重要传染性疾病都敏感，如兔热病、鼠疫、李氏杆菌病均能感染，是野兔热（土拉伦菌病）的宿主动物，并会随着麝鼠迁徙将这些疾病带到新的地区。

野生麝鼠天敌很多，有虎、豹、狼、狐狸、貂、黄鼬、犬、野猫及食肉类大型猛禽，再加上大量的非法捕杀，使得野生麝鼠已经变得十分稀有了。

参考文献

河北省植保总站，河北省鼠疫防治所，张家口地区植保站，1987. 河北鼠类图志[M]. 石家庄：河北科学技术出版社.

刘瑞华，田逢俊，宋印刚，等，1992. 麝鼠的生态习性及繁饲管理[J]. 山东林业科技(S1)：80-85.

王虹扬，黄沈发，何春光，等，2006. 中国湿地生态系统的外来入侵种研究[J]. 湿地科学，4(1)：7-12.

张辉，丛立新，窦凤鸣，2003. 麝鼠的生物学特性与行为学特性[J]. 吉林畜牧兽医(10)：45-47.

张洁，严志堂，徐平宇，1974. 麝鼠种群年龄的研究[J]. 动物学报，20(1)：89-104.

赵喜印，1995. 麝鼠的生活习性与行为特点[J]. 贵州畜牧兽医，19(3)：41-42.

朱靖，严志堂，1962. 麝鼠的洞、巢和巢域[J]. 动物学报，14(4)：474-488.

朱靖，严志堂，1964. 麝鼠的栖息地及其密度[J]. 动物学报，16(3)：354-371.

朱靖，严志堂，1965. 麝鼠的食性和食物基地[J]. 动物学报，17(4)：352-363.

（撰稿：袁志强；审稿：王登）

砷酸氢二钠　sodium arsenate

一种在中国未登记的杀鼠剂。化学式 $AsNa_2O_4$，相对分子质量 184.89。还用作杀虫剂和防腐剂。

（撰稿：宋英；审稿：刘晓辉）

肾上腺　adrenal gland

肾上腺左右各一，位于两侧肾脏的上方，是哺乳动物重要的内分泌器官。肾上腺分为两部分，外层为皮质，内层为髓质。肾上腺皮质又分为球状带、束状带和网状带：球状带主要分泌盐皮质激素，负责调节血压和电介质平衡；束状带分泌的糖皮质激素为皮质醇和皮质酮，负责调节代谢和免疫抑制；网状带则产生少量雄性激素。髓质则主要产生儿茶酚胺、肾上腺素和去甲肾上腺素，主要负责在机体面临应激时快速反应。

（撰稿：宋英；审稿：刘晓辉）

肾上腺糖皮质激素　glucocorticoids, GCs

一类皮质类固醇激素，是由肾上腺皮质中的束状带合成与分泌，并受促肾上腺皮质激素调节。其主要作用是调节葡萄糖代谢，对动物的免疫、代谢、发育、认知均有重要作用。糖皮质激素广泛的生物学效应主要是由糖皮质激素受体介导的，它在大多数外周组织中都有表达，而在视交叉上核（SCN）中没有表达。在鼠类等脊椎动物的研究中，GCs 是动物受到应激程度的重要指标。

（撰稿：宋英；审稿：刘晓辉）

肾上腺盐皮质激素　mineralocorticoids

一类皮质类固醇激素，是由肾上腺皮质中的球状带合成与分泌，主要影响水盐平衡。最主要的盐皮质激素是醛固酮，主要负责调节肾脏对钠离子的重吸收来保持体内水和盐的平衡。醛固酮的分泌主要受肾素—血管紧张素调节，即肾的球旁细胞感受血压下降和钠量减少的刺激，分泌肾素增多，肾素作用于血管紧张素原，生成血管紧张素。血管紧张素可刺激肾上腺皮质球状带合成和分泌醛固酮。当循环血量减少时，醛固酮的分泌量会增加，使钠和水的重吸收增强，以此维持水盐代谢的平衡。

（撰稿：宋英；审稿：刘晓辉）

肾综合征出血热 hemorrhagic fever with renal syndrome, HFRS

由流行性出血热病毒（汉坦病毒）引起的，以鼠类为主要传染源的自然疫源性疾病。是危害人类健康的重要传染病。以发热、出血倾向及肾脏损害为主要临床特征的急性病毒性传染病。流行广，病情危急，病死率高，危害极大。1982年世界卫生组织统一定名为肾综合征出血热，现中国仍沿用流行性出血热的病名。

病原特征　引起HFRS的病原体在形态学上属于布尼亚（Bunya）病毒科。包括汉坦病毒属的汉坦病毒（Hantaan virus，HTNV）、汉城病毒（Seoul virus，SEOV）、普马拉病毒（Puumala virus，PUUV）以及贝尔格莱德－多布拉伐病毒（Belgrade-Dobrava virus，BDOV）等型。中国的HFRS主要是HTNV和SEOV所引起，PUUV主要在欧洲引起流行性肾病（nephropathic epidemica，NE），BDOV在东南欧引起较重型HFRS。

HFRS病毒为单股负链RNA病毒，形态呈圆形或卵圆形，有双层包膜，外膜上有纤突，平均直径为120nm，其基因RNA可分为大、中、小三个片段，即L、M和S。其中S基因含1696个核苷酸，编码核壳蛋白（含核蛋白NP）；M基因含3616个核苷酸，编码包膜糖蛋白，可分为G1和G2；L基因编码聚合酶，含6533个核苷酸，核壳蛋白是病毒的主要结构蛋白之一，它包裹着病毒的各基因片段，G1和G2糖蛋白构成病毒的包膜。

流行病学　汉坦病毒1976年被发现，它主要存在于鼠类，但不会令鼠发病，而当病毒传染给人时，却可令人发病。其传播途径主要有：①经呼吸道吸入受病毒感染鼠类的尿、粪、唾液污染的尘埃，一般这是外国最主要的传播途径。②被鼠咬伤或伤口接触有病毒的鼠排泄物而受感染，这是中国最主要的传播途径。③进食受病毒鼠排泄物污染的食物，经消化系统而受感染。④经虫媒，如鼠蚤叮咬而受感染。

该病主要分布于欧亚大陆，但HFRS病毒的传播几乎遍及世界各大洲。包括俄罗斯（远东地区）、中国、日本、朝鲜半岛、北欧、巴尔干半岛等地方。四季均可发病，野鼠型以11月至翌年1月为高峰，家鼠型流行高峰为3～5月。中国首例HFRS病例1931年出现在东北地区，至今全国发现病例已逾百万，已成为危害最大的一种病毒性疾病。中国除青海、台湾外均有疫情发生。主要分布在东北、华东、中南、西南等区域。近年常暴发家鼠型出血热，主要在春夏季出现，而野鼠型出血热则主要在秋季丰收时出现。

临床症状　潜伏期一般为1～2周。典型表现有起病急，发热（38～40℃）、三痛（头痛、腰痛、眼眶痛）以及恶心、呕吐、胸闷、腹痛、腹泻、全身关节痛等症状。皮肤黏膜三红（脸、颈和上胸部发红），继而出现低血压、休克、少尿、无尿及严重出血等症状。典型的肾综合征出血热一般有发热、低血压、少尿、多尿及恢复五期过程。①发热期。主要以感染性病毒血症和全身毛细血管损害为特征，出现全身中毒和三痛症状。②低血压期。主要为失血浆性低血容量休克的表现。③少尿期。少尿期与低血压期常无明显界限。④多尿期。以尿量显著增多为特征。⑤恢复期。肾功能逐渐恢复，精神及食欲逐渐好转，体力逐渐恢复。

病理病因　HFRS主要病理变化是全身小血管和毛细血管广泛性损害，其中以小血管和肾脏病变最明显，其次为心、肝、脑等脏器。

该病的发病机制至今仍未完全清楚，多数研究提示汉坦病毒是HFRS发病的始动因子，一方面病毒感染能导致感染细胞功能和结构的损害，另一方面病毒感染诱发人体的免疫应答和各种细胞因子的释放，既有清除感染病毒保护机体的作用，又有引起机体组织损伤的不利作用。

一般认为汉坦病毒侵入人体后直接作用于全身毛细血管和小血管，引起广泛的血管壁损伤，使血管壁的通透性增高，导致组织或器官的水肿，从而出现全身皮肤黏膜的充血或出血，并危及心、肺、脾、胃、肾、脑垂体、肾上腺等多处脏器。最为严重的是损害人的肾脏，重者往往死于尿毒症肾功能衰竭。病毒还会作用于神经系统，引起严重的头痛、眼眶痛、腰痛及全身疼痛，病人普遍出现高热。重症或未能及时治疗的病人，后期往往出现心力衰竭、肺肿、自发性肾破裂等严重并发症。但宿主携带的病毒致病力相差极大，这与宿主动物的类别有关。每种已知的汉坦病毒都主要与单一鼠种相联系，有的称之为"原始宿主"，各种汉坦病毒与其特有的原始宿主间存在着一个长期共演化的关系。

诊断　根据流行病学资料，临床表现和实验室检查结果可作出诊断。

①流行病学。包括流行地区，流行季节，与鼠类直接和间接接触史，进入疫区或2个月以内有疫区居住史。②临床表现。起病急、发热、头痛、眼眶痛、腰痛、口渴、呕吐、酒醉貌、结膜水肿、充血、出血、软腭、腋下有出血点、肋椎角有叩击痛。③实验室检查。血常规和尿常规检查以及特异性实验诊断。近年来应用血清学方法检测有助于病人早期诊断。从病人血液或尿中分离到病毒或检出病毒抗原亦可确诊。④鉴别诊断。发热期应与上呼吸道感染、流行性感冒、败血症、钩端螺旋体病、急性胃肠炎和菌痢等鉴别。蛋白尿应与急性肾盂肾炎、急性肾小球肾炎相区别。休克期应与其他感染性休克相鉴别。少尿期则与急性肾炎及其他原因引起的急性肾衰竭相鉴别。

防治　①灭鼠和防鼠。灭鼠是防止该病流行的关键，在流行地区要大力组织群众，在该病流行高峰前同时进行灭鼠，春季应着重灭家鼠，初冬应着重灭野鼠。②灭螨和防螨。要保持屋内清洁，通风和干燥，经常用有机磷杀虫剂喷洒灭螨。③加强食品卫生。防止鼠类排泄物污染食品和食具。④做好消毒。对病人的血、尿和宿主动物尸体及其排泄物等，均应进行消毒处理，防止污染环境。⑤注意个人防护。在疫区不直接用手接触鼠类及其排泄物，野外工作时防螨类叮咬。⑥目前尚无特效治疗药物。现有抗病毒药物的疗效有待进一步证实。可采用一般支持治疗、恢复期病人血清治疗、对症和并发症治疗等措施。

参考文献

白雪帆，王平忠，2011. 肾综合征出血热和汉坦病毒肺综合征研究进展[J]. 中国病毒病杂志(4): 241-245.

韩明峰，高学中，丁保民，1999. 肾综合征出血热研究现状与进展[J]. 医学综述, 5(4): 171-174.

杨晓娟，王文瑞，2014. 我国肾综合征出血热研究进展[J]. 世界最新医学信息文摘, 14(7): 50-51.

（撰稿：董国英；审稿：何宏轩）

渗透压　osmolality

对于两侧水溶液浓度不同的半透膜，为了阻止水从低浓度一侧渗透到高浓度一侧而在高浓度一侧施加的最小额外压强称为渗透压。溶液渗透压，是指溶液中溶质微粒对水的吸引力。溶液渗透压的大小取决于单位体积溶液中溶质微粒的数目：溶质微粒越多，即溶液浓度越高，对水的吸引力越大，溶液渗透压越高；反过来，溶质微粒越少，即溶液浓度越低，对水的吸引力越弱，溶液渗透压越低。即与无机盐、蛋白质的含量有关。在组成细胞外液的各种无机盐离子中，含量上占有明显优势的是Na^+和Cl^-，细胞外液渗透压的90%以上来源于Na^+和Cl^-。在37℃时，人的血浆渗透压约为770kPa，相当于细胞内液的渗透压。渗透压与溶液中不能通过半透膜的微粒数目和环境温度有关，可以用其冰点下降或摩尔浓度表示。

参考文献

DEGEN A A, 1997. Ecophysiology of small desert mammals[M]. Berlin, Germany: Springer.

SCHMIDT-NIELSEN K, 1964. Desert animals: physiological problems of heat and water[M]. Oxford: Clarendon Press.

SCHMIDT-NIELSEN K, SCHMIDT-NIELSEN B, 1952. Water metabolism of desert mammals[J]. Physiological reviews, 32: 135-166.

（撰稿：徐萌萌；审稿：王德华）

生态标本的制作　making of rodent ecological specimens

生态标本又称作真剥制标本、姿态标本等。就是标本制成之后能够表现出动物在生活时的某种自然状态，例如：觅食、打斗、攀爬、跳跃、求偶、静立、观望、睡眠等生活姿态。这种生活时的状态也可以用作教学、科普知识的宣传、陈列展览之用，故又称为陈列标本。

工具和材料

普通工具和材料　称量工具（天平、直尺或卷尺等），解剖刀具（手术刀、骨剪、手术剪、镊子、注射器等），制作工具和材料（钳子、细铁丝、手电钻、细钻头、棉花、针、线、大头针、曲别针、宠物刷或牙刷、冰箱、解剖盘、滑石粉、泡沫或木板、树枝或树根等台架、记录本和笔等）。

特殊材料　防腐剂。三氧化二砷、樟脑、明矾等配制的防腐处理材料（防腐剂配制方法详见"鼠类假剥制标本的制作"条目）。

鼠体样本整理　用纱布、棉花或卫生纸将鼠类样本的体毛、口、耳、眼、鼻、后足、前足、尾巴、肛门和生殖器等擦拭干净，并用毛刷将样本体毛梳理整齐。

采集信息　记录采集鼠类样本的地点、时间、环境，测量样本的详细指标，包括鼠种、体重、性别、体长、尾长、耳长、后足长、生殖状况等以备日后查阅（测量鼠体指标的方法详见"鼠类假剥制标本的制作"条目）。

剖剥样本　用镊子在样本鼠体口和肛门塞入少许脱脂棉以防剖剥鼠体时溢血和污液，然后将样本平躺着放在解剖盘中，用剪刀或解剖刀沿腹部线（肛门至胸骨前端）剪一开口（可先借助镊子和剪刀将需要开口部位的毛分开便于下刀），注意只切开皮肤即可，剪得太深会使腔体污液和血液漏出沾染鼠毛。沿开口部位，用手指或其他工具向开口两侧缓缓将皮肤与肌肉剥离分开。在后腿部位，用手拿住后腿向内翻将后腿肌肉与皮肤分开至踝关节，用剪刀在膝关节处剪断，并将小腿肌肉剔除，另一条后腿同样处理后，绕尾巴根部继续分离皮肤，分离至手指能够穿过腰臀脊骨与皮肤空隙后，将泄殖道组织用剪刀剪断。将尾椎骨缓缓抽出（不及时做标本时，为防止尾部干后黏结，尾椎骨全部抽出后，剪断尾椎骨再插回尾部，待做标本时，再抽出尾椎骨丢弃）。抽出尾椎骨后，将鼠皮缓缓向前翻剥离至前腿。用手拿住前腿向内翻至踝关节，分离腿部肌肉与鼠皮，在肘关节处剪断，剔除肌肉。前腿处理后，将鼠皮向鼠头部翻剥至耳基部，贴头骨剪断耳基部，继续向前推剥至眼部，紧贴鼠体头骨的眼眶小心剪下眼睑（切勿剪破眼睑）后，向前剥离推进至口鼻部，保留鼠体口鼻部最前端皮肤与头骨相连。然后将颈部紧贴枕骨大孔将头部截断，眼球剔除，舌头剪去并剔除口腔内上颚的肌肉，仔细剔除干净眼窝、脸颊等处的肌肉以及上下颌肌肉，最后用注射器反复冲洗干净颅腔内的脑髓脑膜或用镊子加裹棉花掏干净脑髓脑膜。头骨上的肌肉剔除干净后把整个鼠皮内表皮残留碎肉和脂肪组织用剪刀和刀片等工具清理干净（详细的剥皮方法见鼠类假剥制标本的制作）。剥好的鼠皮如图1所示。

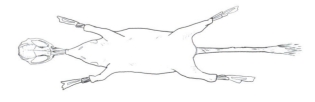

图1　生态标本制作时剥好的毛皮、头骨和四肢骨（邹肖玥提供）

铁丝支架制作 生态标本的鼠体需要用铁丝支架支撑其躯体、头部、四肢以及尾巴部分，这样才能按照鼠类生活时的状态进行调整制作。铁丝的长短粗细需要依据动物的大小而定（初学者铁丝可略长一些，待标本完成后将多余的铁丝部分剪除即可）。铁丝支架的制作如下：

视鼠体大小选取适当粗细的3根细铁丝，长度为鼠体全长的1.2~1.5倍，将3根细铁丝在中部一起拧紧，形成6个铁丝头（尾巴、头部各1个，前后肢各1个）。铁丝前端多出体长部位折回做一个圈，如图2所示。

图2 生态标本的铁丝支架（邹肖玥提供）

标本填充 将鼠皮内侧和头尾、四肢（含头骨和四肢骨头）均匀地涂上防腐剂，再用棉花缠绕头部塑造成鼠头有肌肉的形状，同时将四肢也按原有肌肉大小缠裹棉花，如图3所示。

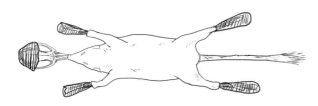

图3 生态标本制作时需缠绕棉花的头骨和四肢骨（邹肖玥提供）

将铁丝支架的小圈部分通过枕骨大孔插入鼠头骨的颅腔内，然后用小块的棉花分多次塞入颅腔中（注意大块棉花不容易塞紧铁丝），直至棉花紧紧固定住铁丝圈为止。随后，在铁丝上用棉花卷成与颈部原有肌肉粗细相近的样式并将棉花前端塞入枕骨大孔中固定。头骨内铁丝支架的位置如图4所示。

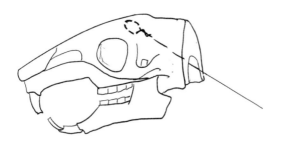

图4 生态标本头骨内铁丝支架的位置（邹肖玥提供）

在头骨的眼眶部位填入适当的棉花并安放义眼。义眼的大小根据鼠类眼珠的大小而定。义眼安放完毕后，将头部翻转并且按照头部原先的形态对眼睛、耳朵、脸颊、吻部等位置进行初步矫正。然后将鼠体四肢和尾部如图5所示插入支架，尾部铁丝插入前将尾部铁丝用棉花从细到粗紧紧缠绕成与尾椎骨一样形状。四肢铁丝沿着肢骨由掌部或脚底穿出，外面留出一段来用以将标本固定在台架上时使用。生态标本体内铁丝支架的安放方法如图5所示。

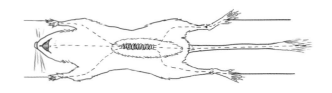

图5 生态标本体内铁丝支架的安放透视图（邹肖玥提供）

铁丝支架安放好之后开始充填鼠体，充填方法参照"鼠类假剥制标本的制作"条目和假剥制标本的充填。值得注意的是，四肢骨和尾巴铁丝上缠绕的与原有肌肉相似丰盈度的棉花要缠紧，四肢和尾巴翻回原状时注意不可扭转。胸腔和腹部充满棉花要饱满适量。棉花填入鼠体使鼠体成原来鼠体的体型大小后，用针线将开口缝合（见鼠类假剥制标本的制作中的腹部剖口的缝合线）。然后进行标本整形。

生态标本的整形 生态标本整形时按照要求的姿态尽可能与生活时的状态一样。整形后将标本固定于木板、树枝等台架上。固定时需在台架钻孔，钻孔时选用的钻头应与制作标本的铁丝一样粗或略粗于标本的铁丝。将标本固定好之后，认真整理生态标本头部的眼睛、耳朵、唇鼻、胡须的位置，对头部棉花过少的可在嘴唇之间填入适当的棉花，使头部各部位均像其具有肌肉那样丰满。且需要用尖镊子整理眼睑使双目大小适当逼真，两耳竖直，胡须摆正，再整理好四肢和尾巴。这样生态标本就已经基本制成了。然后用宠物刷将毛发梳理好后将标本放在阴凉处阴干，在接下来的几日也要不断地整形加以形体调整，如用小镊子张鼓眼睑、把耳朵竖立起来、胡须摆正，尤其是耳朵部分可以用硬纸片和曲别针将耳朵夹住使其固定直至干燥为止（见鼠类假剥制标本的制作中的耳朵的整形）。图6为蹲式和爬式鼠类（松鼠）生态标本的固定（铁丝支架透视图）。另外，部分善于攀爬的鼠类生态标本可以做成树洞里的姿态，挂在墙上（图7）。

图6 蹲式和爬式鼠类（松鼠）生态标本的固定（铁丝支架透视图）（邹肖玥提供）

标本的保存方法 标本要防虫防霉，所以应放置于阴凉、干燥的室内保存，存放处应该放置樟脑丸、卫生球等防止被虫蛀。空气潮湿的季节应除湿或放干燥剂防止潮湿。容易生虫的地区还要用熏蒸剂定期对标本进行熏蒸杀虫处理。

图 7 墙挂式趣味生态标本的姿势（邹肖玥提供）

参考文献

郭全宝, 汪诚信, 邓址, 等, 1984. 中国鼠类及其防治[M]. 北京: 农业出版社: 333-336.

柳枢, 马壮行, 张凤敏, 等, 1988. 鼠害防治大全[M]. 北京: 北京出版社: 375-381.

盛和林, 王岐山, 1981. 脊椎动物学野外实习指导[M]. 北京: 高等教育出版社.

天津市第七十三中学生物教研组, 1959. 哺乳类剥制标本的制作方法[M]//人民教育出版社编. 自制生物教具经验. 北京: 人民教育出版社: 70-73.

王全来, 吕锦梅, 匡登辉, 等, 2009. 天津自然博物馆馆藏动物标本的管理和养护[J]. 河北农业科学, 13(4): 171-172.

谢佳东, 范钰婧, 曾明妮, 等, 2015. 一种兽类剥制标本制作的新技术[J]. 中国兽医杂志, 51(12): 44-45.

赵晓青, 葛栋, 2015. 兽类标本制作和修复的创新应用[J]. 农业与技术, 35 (16): 5-6.

（撰稿：邹波；审稿：常文英）

生态免疫学 ecological immunology

以野生生物为研究对象，采用免疫学方法测定自然条件下生物免疫能力的变化，研究生活史进化、种群动态和寄主—寄生虫之间的相互作用等生态学问题为主要内容的学科。免疫学是当今生物科学和医学领域进展最快的学科之一。免疫学技术的进步使定量监测野生动物的存活状况成为可能，产生了生态免疫学和进化免疫学（evolutionary immunology）等新学科。

准确界定生态免疫学这门学科的起始时间是困难的。早在 20 世纪 20 年代就有研究表明，由于感冒引起的人体体温每上升 1℃，氧消耗将相应增加 7%～13%，但此后，关于免疫与能量学之间关系的研究曾一度停滞不前，更是由于知识水平和技术条件的限制，很少有生态学家考虑使用免疫学技术来解决生态学问题；与之相对应，免疫学家也更侧重于实验室内的研究，很少考虑免疫功能变化的进化和适应意义，两者之间缺乏有效的合作和交流。直至 20 世纪末期，随着整合研究的观念日渐兴起，学科之间的交叉融合促进了生态免疫学的进一步发展。

1996 年，由瑞典 Lund 大学动物生态学系的 Grahn 主持召开了瑞典、瑞士和丹麦三国生态学家和免疫学家参加的座谈会，讨论了与进化生态学和免疫学有关的若干问题，如主要组织相容复合体（MHC）变量的进化生态学，以及关于与存活和繁殖的复杂需求有关的免疫系统的生态学和生理学展望等；1996 年，Sheldon 和 Verhulst 首次提出了生态免疫学的概念。1997 年，Demas 等率先测定了小家鼠（*Mus musculus* Linnaeus, 1758）升高特定的抗体反应的能量代价，小家鼠在氧消耗和代谢产热上展示出 20%～30% 的增加。此后，在多种脊椎动物和无脊椎动物中，采用不同的抗原作为外源刺激，对免疫反应的能量学代价进行了测量，但结论不同。2003 年，Rolff 和 Siva-Jothy 把生态免疫学定义为：生态免疫学是一门正在快速发展的新兴分支学科，主要探讨生物在进化和生态学过程中，免疫功能变化的原因和结果。在中国，李凤华等（2002）、张志强和王德华（2005）也曾对生态免疫学的定做过探讨。

与以往的野外操作技术相比，免疫学方法至少有以下 3 个方面的优势：①技术简化，易于掌握，无须经过长时间的培训，即可在野外使用，并具有准确性。②可以对野生动物的存活状况进行连续监测，误差较小。③免疫刺激类技术可以区分究竟是动物自身所具有的免疫反应，还是由环境条件变化所引起的反应，能定量监测环境变化对动物免疫功能的影响，弥补了以往野外生理数据难以量化的不足。对小型哺乳动物的研究结果表明，如何选取合适的免疫指标，建立标准化的免疫指标体系，这是当前限制免疫学技术在野外推广应用的主要障碍。以往的研究表明，对同一物种采用不同的免疫学测定方法，有时会表现出截然相反的结论，即便在同一测定指标的前提下，由于种属差异，动物的表现也不尽相同。近年来，免疫刺激类技术（challenge techniques）由于可以反映出个体本身或实验处理的影响，最近几年发展很快，但适用于野生动物研究的免疫学指标仍处于探索阶段。

在小型哺乳动物中，关于免疫功能与生态学原理之间关系的研究，主要集中于以下领域：①免疫功能的季节和年变化与种群数量动态的关系及其调节机制问题，有多个假说与该问题有关。②能定量监测小型哺乳动物免疫功能变化的野外免疫学指标体系的选择。③提高小型哺乳动物免疫功能的能量学代价问题，以及产生该代价的进化适应意义。④生活史进化过程中，免疫与生长、免疫和繁殖之间的权衡关系。⑤在生态学背景下，免疫功能季节性改变的神经—内分泌调节机制。⑥免疫功能的性二型现象和社群等级对免疫功能的影响及其与种群动态的关系等。

对生态学家来说，现存的最大问题是免疫学知识和适用于野外研究的免疫学技术手段的缺乏；对免疫学家来说，他们很少考虑研究结果的进化和适应性意义，研究的侧重点集中于室内，两者之间缺少交集。因此，将来的研究应提倡生态学家和免疫学家之间的合作，提倡宏观生物学和微观生物学的合作，提倡实验室与野外研究相结合，充分利用中国的区位和资源优势，重点对生活史特征有地理变异的物种及生活于季节性随机环境中的有机体进行深入研究。

参考文献

李凤华, 王德华, 钟文勤, 2002. 种群内部因素对动物免疫功能的影响[J]. 生态学报, 22(12): 2208-2216.

张志强, 2015. 动物生态学研究中免疫学参数的选择及其优缺点分析[J]. 四川动物, 34(1): 145-148.

张志强, 王德华, 2005. 免疫能力与动物种群调节和生活史权衡的关系[J]. 应用生态学报, 16(7): 1375-1379.

BOUGHTON R K, JOOP G, ARMITAGE S A O, 2011. Outdoor immunology: methodological considerations for ecologists[J]. Functional ecology, 25(1): 81-100.

BROCK P M, MURDOCK C C, MARTIN L B, 2014. The history of ecoimmunology and its integration with disease ecology[J]. Integrative and comparative biology, 54(3): 353-362.

DEMAS G E, NELSON R J, 2012. Ecoimmunology[M]. New York: Oxford University Press.

MARTIN L B, WEIL Z M, NELSON R J, 2006. Refining approaches and diversifying directions in ecoimmunology[J]. Integrative and comparative biology, 46(6): 1030-1039.

MARTIN L B, WEIL Z M, NELSON R J, 2008. Seasonal changes in vertebrate immune activity: mediation by physiological trade-offs[J]. Philosophical transactions of royal society B: Biological sciences, 363(1490): 321-339.

ROLFF J, SIVA-JOTHY M T, 2003. Invertebrate ecological immunology[J]. Science, 301(5632): 472-475.

SHELDON B C, VERHULST S, 1996. Ecological immunology: costly parasite defences and trade-offs in evolutionary ecology[J]. Trends in ecology & evolution, 11(8): 317-321.

（撰稿：张志强；审稿：王德华）

生物钟　biological clock

生物钟一般分为日节律生物钟（circadian clock）和年节律生物钟（circannual clock）。我们常说的生物钟一般指前者，而对其研究也更为深入。日节律生物钟主要受到光周期的调控，呈现出以 24 小时为周期的规律变化。日节律生物钟的中枢生物钟位于下丘脑的视交叉上核（SCN），主要调节大脑内生物钟节律发生，而外周生物钟则位于外周器官，在受到主生物钟调控的同时，也会受到其他环境因子的干扰，从而呈现出不同模式。生物钟的实现则是通过每个细胞内的生物钟基因的规律表达而实现的，一系列生物钟基因，如 *Clock*、*Per*、*Cry*、*Bmal1*、*Rorα*、*Rev-erbα* 等基因组成了分子生物钟元件。年节律生物钟则还未完全解析，现有证据表明在鼠类中垂体结节部及其中的 TSHβ、EYA3 等蛋白在响应光周期年度变化中具有关键作用，是年节律生物钟的关键调控基因。

（撰稿：王大伟；审稿：刘晓辉）

生物钟基因　clock genes

调控细胞内生物日节律的关键基因的总称。包括 *Clock*、*Bmal1*、*Per*、*Cry*、*Rorα*、*Rev-erbα* 等一系列基因。生物钟基因中最早被发现的是 *Clock* 基因：1994 年美国西北大学 Takahashi 教授实验室发现小鼠第 5 号染色体上的单碱基突变可导致其日节律丧失，1997 年成功克隆小鼠 *Clock* 基因，1999 年成功克隆人类 *Clock* 基因。生物钟基因作用的核心是由 CLOCK 和 BMAL1 形成的复合转录因子，该转录因子参与调控上述其他基因的转录过程，而 PER 和 CRY 的转录复合物反馈调节 CLOCK 和 BMAL1 的形成、ROR 和 REV-ERB 的转录复合物反馈调节 BMAL1 的形成。因而，各基因的表达呈现出规律的日节律变化，从而调控着机体内每个细胞的生物钟。

（撰稿：宋英；审稿：刘晓辉）

实验啮齿动物　experimental rodent

为科学研究而培育的啮齿动物的总称。既是研究的主体，也是支撑生物医学的活的精密仪器。从 18 世纪为了科学研究的目的，科研人员开始专门培育大鼠和小鼠作为生物医学研究的主要生物资源和工具。经过长期的人工饲养、选择繁育、基因操作以及胚胎移植，已经育成特色的封闭群和近交系小鼠品系逾千个，可调控基因表达的小鼠、基因沉默小鼠、基因定点整合小鼠、特定组织或器官基因敲除小鼠等基因修饰的小鼠品系近 2 万种。全世界已知的啮齿动物有 2369 种，占现存哺乳动物（5416 种）的 43.74%，因此啮齿类实验动物是实验动物中包括物种最多，使用最普遍的主要动物类群。其中的小鼠和大鼠品系种类最多，使用最广泛，成为生物医药研究的主要实验动物。另外，豚鼠、黑线仓鼠（中国地鼠）、金仓鼠、裸鼹鼠、长爪沙鼠、土拨鼠、草原田鼠、布氏田鼠以及东方田鼠等都属于啮齿类实验动物。因为野生动物资源中这些啮齿动物本身的某些特点适合特定生物医学研究，所以实验动物工作者筛选适合的物种将其通过人工驯养、繁殖，对其携带的微生物进行控制，明确其遗传背景，使之成为标准的实验动物，这个过程即被称作为实验动物化。完成实验动物化的啮齿动物成为实验啮齿动物的一员，使实验动物物种资源越来越丰富。

分类和起源　品系是实验动物的基本分类单位，是由种（species）这个生物学分类的基本单位继续分类而成。按照实验动物遗传学质量控制原理，常将实验动物分为近交系、杂交群和远交系三类，远交系又叫封闭群。近交系是指近交程度相当于 20 代以上连续全同胞或亲子交配，近交系数达 99% 以上、群体基因达到高度纯合和稳定的动物群。

近交衰退产生的原因是近交增加了有害等位基因纯合概率，导致个体适应能力下降。一般近交传代至5~7代时，往往会出现生命力下降，生长繁殖退化，或者出现产仔畸形等情况。由于近交衰退现象，目前近交系的品系主要来源于小鼠、大鼠、地鼠、豚鼠等少数实验啮齿动物，而大型哺乳动物的近交系很难培育。例如BALB/c小鼠、CBA小鼠、C57BL/6小鼠、DBA/1小鼠、F344大鼠、GH大鼠、LEW大鼠、山医群体近交系中国地鼠以及近交系豚鼠等。1948年，中国地鼠（Chinese hamster, *Cricetulus gviseus*）或称黑线仓鼠由中国引入美国。1952年中国地鼠近交品系被用于糖尿病研究。山医群体近交系中国地鼠是该实验动物中心从1980年开始由野生地鼠驯化，后经连续20代的近亲繁殖于1991年培育成功的高糖尿病发病的近交系中国地鼠。杂交系指两个不同近交系之间进行有计划的交配，杂交所产生的第一代动物，具有两亲本遗传特性或产生新的遗传特性的动物。封闭群（closed colony）是指引种于某亲本或同源亲本的动物，让其不以近交形式，5年以上不从外部引种，只在一定的群体中进行繁殖，目的是要求既保持群体的一般特性，又保持动物的杂合性。为保持封闭群动物的遗传异质性及基因多态性，引种动物数量要足够多，实验啮齿动物封闭群的动物引种数目一般不能少于25对。封闭群的生活力和生育力都比近交系强，具有繁殖率高、避免了近交衰退等遗传优点，因此除了大鼠和小鼠的其他实验啮齿动物多数是培育成封闭群。例如NIH小鼠、Wistar大鼠、土拨鼠、金黄地鼠（叙利亚仓鼠）、长爪沙鼠、棉鼠、日本田鼠、新西兰白兔等均属于封闭群。动物实验使用量最多的是这些封闭群。目前国际上的长爪沙鼠实验动物种群均来自同一长爪沙鼠群，它是1935年在中国东北的日本人从中国东北和蒙古东部捕捉后驯养的。1952年日本实验动物中央研究所又建立了一个亚群。1954年这一亚群引进美国各地实验室。目前长爪沙鼠的封闭群被广泛应用于脑梗死病变、自发性癫痫、幽门螺杆菌（Hp）感染以及糖尿病等研究。

繁育和质量控制 对啮齿类实验动物的质量控制分4个方面，分别是环境质量控制、遗传质量控制、微生物和寄生虫质量控制以及营养和饲料质量控制。按微生物控制程度分类，动物的繁育环境分为普通环境、屏障环境和隔离环境。在实验啮齿动物繁育的全过程中，必须严格监控其携带的微生物和寄生虫。目前，中国根据动物携带的微生物和寄生虫的控制程度将实验用动物划分为4个等级，依次是普通级动物（conventional animals）、清洁级动物（clean animals）、无特定病原体动物（special pathogen free animals，SPF）、无菌动物（germ free animals）和悉生动物（gnotobiotic animals）。普通环境下饲养繁殖的动物，常携带多种病原微生物和寄生虫，这些病原体的存在会干扰实验结果的一致性和准确性。在屏障环境中繁育的清洁级动物是目前中国对实验啮齿动物要求的实验动物等级，适用于大多数科研实验。无特定病原体动物是理想的实验动物，用它来进行科学研究可排除疾病或病原的干扰，适用于所有科研实验、生物制品生产及检定，是国际公认的标准实验动物。目前外用和口服药物是把普通级动物净化为清洁级动物的主要方法。而人工取精、体外授精、剖腹取胎和胚胎移植技术的完善为动物快速净化为SPF级提供了支持。从遗传学角度来讲，啮齿类实验动物是有明确遗传背景，并在繁殖和实验中受严格遗传控制的动物。实验动物分为近交系、封闭群和杂交一代动物这三类。近交系的繁殖多数是同胞交配或亲子交配，其基因座位的纯合率高达99%，个体间表型一致性高。杂交一代动物是由两个无关的近交品系杂交而繁殖的第一代动物。虽然基因座位杂合度高，但遗传组成均等的来源于两个近交品系，个体间表型一致性高，而且其杂交优势避免了近交衰退。大的封闭群通过一代随机交配，其基因型频率就能达到平衡，在没有突变和选择的情况下，基因频率世代保持稳定。封闭群的基因座位存在多态性，个体间遗传差异大，其繁育要求在不引进外来个体的情况下，种群内个体能随机交配，没有人工选择的压力。无论是近交系还是封闭群在多次传代后都有可能因为遗传突变使其遗传结构发生改变，因此对其进行遗传检测保证近交系纯合度稳定，封闭群遗传结构稳定是保证种群遗传质量的重要手段。

经济意义、开发与应用 近交系一般都具有较低的生活力和生育力，因此不能接受大剂量的毒性实验，适用于基因突变、肿瘤、免疫、放射等研究。封闭群由于保持其基因组的杂合优势，基因的多态性与人群类似，而且具有较高的生活力和繁殖力，在药理、毒理学研究、生物制品和化学制品的鉴定等方面应用广泛。国内实验动物现有品种资源开发的较少、自主创新能力薄弱。黑线仓鼠、长爪沙鼠、灰仓鼠以及土拨鼠等都是中国本土特有的啮齿动物，在糖尿病、癫痫以及肝炎疾病模型研究方面都有很好的开发和应用前景。

小白鼠 小鼠（mouse; *Mus musculus*）在生物学分类上属啮齿目鼠科鼠属小家鼠种动物。小白鼠是对目前实验室常用的小鼠白化品系的统称，包括一些常见的小鼠封闭群和近交系。

分类和动物起源 近交系A/He小白鼠是1921年L.C.Strong博士用冷泉港（Cold Spring Harbor）albino白化原种和Bagg Albino白化原种杂交后，近交培育而成。1988年引到中国医学科学院实验动物研究所。其毛色白化，广泛用于肿瘤学研究。近交系AKR/J小白鼠最早是洛克菲勒大学以随机交配维持的动物，1948年引到JAX，该品系对白血病因子敏感，适于做白血病的发生机制研究。近交系BALB/cAnN小白鼠是1913年H.Bagg博士获得白化原种，1923年由Mac Dowcll近交培育而成。SAM的前身祖籍是美国Jackson实验室的AKR/J系小白鼠，经20年的培养，终于形成了SAM系统，适用于老化疾病研究。ICR封闭群小白鼠是以多产为目标进行选育，来源于swiss小鼠的封闭群，其繁殖力强、母性好，是小鼠净化过程中最常用的假孕、代孕和代乳母鼠。昆明小鼠也来源于swiss小鼠，起初引入地是昆明，故称之为昆明（KM）小鼠。目前该品系是中国使用量最大的小白鼠，国内各地昆明小鼠封闭群遗传背景分化严重。NIH小鼠白色封闭群小鼠，由NIH培育而成，是国际广泛应用的实验动物。

繁育和质量控制 目前在实验室使用的小白鼠属于清洁级动物或无特定病原体动物，饲养在屏障环境中。一雄一雌或一雄多雌同居进行繁殖。无论近交系还是封闭群小白鼠在传代过程中都有基因突变和遗传漂变的发生。我们现有的近交系和封闭群既要通过遗传检测保持种群遗传的一致性，也要定向选育有特色的遗传变异种群。

经济意义、开发与应用 KM 小白鼠因其自身特点，是用途最广泛、使用量最大的小型实验动物。不同地饲养的昆明小鼠封闭群的生长发育、繁殖性能和基因库都存在一定差异，中国学者已从 KM 小鼠封闭群中先后培育出不少近交系小鼠。经 50 多年的选育，现在 KM 小鼠在中国生物医学动物实验中的使用量约为小鼠总用量的 70%。

大白鼠 大白鼠（rat, *Rattus norvegicus*）是褐家鼠的白化种的统称，属于脊椎动物门哺乳纲啮齿目鼠科大鼠属。在 19 世纪早期，大鼠开始用于科学实验。

分类和动物起源 F344 大鼠近交系，1920 年由哥伦比亚大学肿瘤研究所 Curtis 培育。该品系毛色白化，广泛用于毒理学、肿瘤学、生理学等领域。AS 大鼠近交系 1930 年 Otago 大学用从英国引入的 Wistar 大鼠繁殖，毛色白化，血压较正常血压要高。GH 大鼠近交系也来源于 Wistar 大鼠，1955 年 Snirk 开始研究选择高血压大鼠，繁殖了许多品系，该品系适于研究高血压、心肌肥大和血管疾病。WISTAR 大白鼠封闭群 1907 年由美国 Wistar 研究所育成。该品系使用数量最多，遍及全世界。SD 大白鼠封闭群 1925 年由美国 Sprague 和 Dawley 农场育成。

繁育和质量控制 无论近交系还是封闭群大白鼠属于清洁级动物或无特级病原体动物，饲养在屏障环境中。大鼠性情温顺，一雄一雌或一雄多雌同居进行繁殖。大白鼠的应用规模是仅次于小白鼠。随着基因修饰工具的完善，大鼠的基因修饰动物种类也快速增加。

经济意义、开发与应用 大鼠温顺、学习能力强，一直是生理、行为、代谢、神经、毒理等研究最常用的实验动物，尤其降血压药物多选择大鼠进行实验。基因组编辑技术的发展，使大鼠的基因组编辑实现了常规化，使大鼠在神经、行为等方面的应用更加广泛。

豚鼠 豚鼠（Guinea pig）属于哺乳纲啮齿目豚鼠科豚鼠属。草食性动物。又名荷兰猪、海猪、天竺鼠等。祖先来自南美洲，曾被作为食用动物或宠物驯养。经人工驯化繁育，成为实验动物，应用于医学、生物学等科学研究领域。豚鼠性情温顺，喜群居，胆小易惊，粗纤维需要量较兔还要多，有食粪癖。

分类和动物起源 目前用作实验动物的是封闭群豚鼠，多数来源于英国种短毛豚鼠（Dunkin-Hartley）繁育衍生的品系，现在全球已将其广泛地应用于医学、生物学、兽医学等领域。英国种短毛豚鼠其特点是被毛短而光滑，毛色有白、黑、棕、灰、淡黄、巧克力等单色，也有白与黑等双色或白、棕、黑等三色。豚鼠近交系 2 是美国培育出的近交系。1950 年后由美国国立卫生研究院（NIH）分赠世界各地。其毛色为三色（黑、棕、白），其体重小于豚鼠近交系 13。

繁育和质量控制 豚鼠一雄多雌同居进行繁殖，群体形成明显的稳定性，喜欢安静、干燥、清洁的环境且需较大面积的活动场地。

经济意义、开发与应用 豚鼠易致敏，过敏性休克和变态反应的研究中豚鼠是首选动物。豚鼠对许多病原微生物都十分敏感，如其对结核杆菌高度敏感，是结核菌分离、鉴别、疾病诊断以及病理研究的首选动物。豚鼠皮肤对毒刺激反应灵敏，可用于局部皮肤毒物作用的实验。

兔 兔是世界性分布，适应性强的小型哺乳动物，属于兔形目兔科兔属，约 22 个种。中国本土的兔属动物有 9 个种，22 个亚种。目前世界各国供实验用的主要家兔品种有新西兰白兔和荷兰兔等。在美国供研究用的有 12 个品种，其中以新西兰白兔应用最广；在日本主要使用日本白兔和新西兰白兔。

分类和动物起源 培育家兔近交品系相当困难，据统计美国实验动物资源研究所（ILAR）的目录上记载有 30 个以上近交系。在 1986 年已知英国维持 16 个近交系；美国维持 13 个近交系。据记载日本也保持 20 个以上的品系。其中 m/J 起源于新西兰白兔，ACEP/J 起源于荷兰兔，Y/J 起源于荷兰兔，都是从美国 Jackson 研究所引进的近交品系。中国常用的有日本大耳白兔，是用中国白兔与日本兔杂交培育而成，是中国饲养数量较多的一个品种；新西兰白兔原产于美国，是世界上著名肉用兔品种，也是美国用于实验研究最多的品种，已培育成近交品系。青紫蓝兔原产于法国，常用于实验研究和药品检验。

繁育和质量控制 家兔群居生活，适宜的繁殖比例为一雄多雌进行繁育。

经济意义、开发与应用 兔对许多病毒和致病菌敏感，可以建立天花、脑炎、狂犬病、血吸虫、弓形虫等病的动物模型，用于研究人体相应的疾病。兔血清产量多，可制备高效价和特异性强的免疫血清。中国白兔是世界上较为古老的品种之一，适应性好、抗病力强、耐粗饲。很早就用于实验研究和生物制品生产，是培育成中国特有的实验用家兔小型品种的重要资源。

长爪沙鼠 长爪沙鼠（*Meriones unguiculatus*）又名沙土鼠，隶属哺乳纲啮齿目沙鼠亚科沙鼠属。长爪沙鼠是一种小型草原鼠，大小介于大鼠和小鼠之间，在中国主要分布在西北部的草原地带。

分类和动物起源 目前国际上用于研究的沙鼠均来自同一沙鼠群，它是 1935 年在中国东北的日本人从中国东北和蒙古东部捕捉后驯养的。1935 年由大连卫生所的春日送给日本北里研究所的长野开始驯化，1952 年日本实验动物中央研究所野村得到了这种动物后，又进一步实验动物化，建立了一个亚群，1954 年美国 Schwentker 博士从这一亚群中将沙群鼠引进美国各地广泛应用。后来再引种到英、法等国。目前长爪沙鼠已经建成了多个近交系和封闭群。

繁育和质量控制 长爪沙鼠喜群居，在繁育时选择一雄一雌进行交配繁殖。

经济意义、开发与应用 长爪沙鼠的脑血管不同于其他动物，有独特的解剖特征，脑底动脉环后交通枝缺损，没有连系颈内动脉系统和椎底动脉系统的后交通动脉，不能构成完整的 Willis 动脉环，利用此特征，结扎沙鼠的单、双侧颈动脉，很容易造成脑梗死病变。根据长爪沙鼠具有类似人类自发性癫痫发作特点，已经培育出癫痫相关的长爪沙鼠近交系。长爪沙鼠接种幽门螺杆菌（Hp）后可致慢性胃炎、胃溃疡、胃癌、MALT 淋巴瘤、十二指肠炎和十二指肠浅表溃疡。其胃黏膜发生的病理改变与人类 Hp 感染发生的胃黏膜改变类似。因此沙鼠还是目前较为理想的 Hp 感染动物模型。长爪沙鼠对多种丝虫、原虫、线虫、绦虫和吸虫非常敏感，是研究丝虫病理想模型动物。从糖代谢的特点来看，沙鼠又是研究糖尿病、肥胖病、齿周炎、龋齿及白内障的难得的实验动物。

金仓鼠 金仓鼠（hamster）属于啮齿目仓鼠科仓鼠亚科动物金仓鼠属，又被称为叙利亚仓鼠（*Mesocricetus sauratus*）。各国培育的金仓鼠品系较多，共有 30 多个近交品系和 30 多个封闭群。

分类和动物起源 金仓鼠来源都是 1930 年从叙利亚地区捕获的同窝鼠。中国饲养的金黄地鼠最早由兰春霖教授于 1947 年从美国引入上海。目前，世界上育成的金黄地鼠近交系也有封闭群，中国使用较多的是金仓鼠的封闭群。

繁育和质量控制 金仓鼠是独居动物，成年仓鼠有很强的领地意识，因此只能单只饲养。金仓鼠在繁殖前合笼，确定交配后把雄鼠分笼，雌鼠妊娠期仅 16 天，幼鼠离乳后立刻分笼，避免伤亡。

经济意义、开发与应用 金仓鼠在实验动物使用量上仅次于小鼠、大鼠和豚鼠而居啮齿类第 4 位。肿瘤组织接种到金仓鼠口腔颊囊中易生长，也便于观察，故成为肿瘤学研究中最常用的动物。金仓鼠属常年发情动物，特别适用于生殖生理研究。金仓鼠蛀牙的产生与饲料的成分及口腔微生物种类、数量密切相关，被广泛地用于牙科如龋齿的研究。因为金仓鼠颊囊黏膜适于观察淋巴细胞、血小板、血管反应变化，因此可以进行血管生理学和微循环研究。利用金仓鼠对维生素缺乏的敏感性，进行核黄素、维生素 A 和 E 缺乏症、维生素 B_2 缺乏等营养学研究。

动物福利 动物福利一般指动物（尤其是受人类控制的）不应受到不必要的痛苦，即使是供人用作食物、工作工具、友伴或研究需要。这个立场是建基于人类所做的行为需要有相当的道德情操，而并非像一些动物权益者将动物的地位提升至与人类相若，并在政治及哲学方面追寻更大的权益。动物福利概念由 5 个基本要素组成：生理福利，即无饥渴之忧虑；环境福利，也就是要让动物有适当的居所；卫生福利，主要是减少动物的伤病；行为福利，应保证动物表达天性的自由；心理福利，即减少动物恐惧和焦虑的心情。

按照国际公认标准，动物被分为农场动物、实验动物、伴侣动物、工作动物、娱乐动物和野生动物六类。

根据动物的分类和生活习性给动物提供适宜生活环境，对动物进行饲养、繁殖、卫生质量控制，适应动物的天性，减少动物的伤病，减少动物恐惧和焦虑。

农场动物为人类提供肉、蛋、奶等食品。实验动物作为活的精密仪器为医学和药物研究提供基础数据。伴侣动物与人一起生活，能给我们带来无穷的乐趣。工作动物如导盲犬、缉毒犬等协助人们的工作。此外，中国野生动物资源丰富，野生动物的保护、开发和利用对中国经济和科学发展的意义重大。

参考文献

方喜业，邢瑞昌，贺争鸣，2008. 实验动物质量控制[M]. 北京：中国标准出版社.

秦川，2008. 医学实验动物学[M]. 北京：人民卫生出版社.

（撰稿：宋铭晶；审稿：刘明）

食草类 herbivores

以草本植物茎叶和根等营养组织为主要食物的动物，属于严格的植食性动物。食草类鼠类如田鼠等，具有特别发达的盲肠，利用共生微生物发酵在小肠中未能消化的糖类、蛋白质和纤维素等，生成大量短链脂肪酸、维生素以及微生物蛋白，富集在软便中，并通过食粪行为进入胃肠道供宿主吸收利用。食草类对植物性食物的消化率较低，因而其摄食量往往较大，在草原牧场区域数量过高时就会造成危害，与畜争草、破坏草场、加速沙化等，如分布在中国内蒙古东部草原地区的布氏田鼠。而分布于湖滩湿地中的东方田鼠，则会因为汛期涨水入侵周围农田，危害作物。

参考文献

HUME I D, 2002. Digestive strategies of mammals[J]. Acta zoological sinica, 48(1): 1-19.

（撰稿：刘全生；审稿：王德华）

食粪行为 coprophagy

泛指动物取食粪便的行为。是鼠类重要的营养适应性特征之一。鼠类通常形成两种粪便，一种为硬便，另一种为软便。植食性啮齿动物从肛门处取食软便。食粪行为使细小的消化物颗粒在消化道中得以循环，并经历二次发酵和消化，可增加食物的消化率。此外，啮齿类粪便中发现有淀粉分解菌，且在其胃中仍可继续释放淀粉酶，使淀粉降解为乳酸。食粪行为不仅给植食性啮齿动物带来营养和能量上的收益，亦是适应不利的环境因子(恶劣天气、天敌、低质量食物)和自身身体大小限制的较好对策之一。

植食性小哺乳动物体型小，单位代谢体重维持其正常新陈代谢所需的能量和蛋白质较多。同时，此类动物消化道容积小，食物在消化道中的滞留时间短，因而，食物中大量营养物质未被充分消化和吸收而排出体外。但植物茎叶中的营养几乎都存在于含高纤维的细胞壁内，且哺乳动物没有直接消化纤维素的酶。尽管植食性小哺乳动物具有发达的盲肠，可借助盲肠中共生的微生物降解纤维素，合成必需氨基酸、维生素等营养物质，但哺乳动物对养分的吸收主要在小肠内进行，而盲肠则位于消化道的后端。因此，盲肠内微生物合成的诸多维生素和微生物蛋白因无法吸收而随粪便流失。植食性小哺乳动物通过食粪行为，重吸收粪便中未被利用的养分，以及保持消化道内微生物数量与种类的平衡，促进纤维素、蛋白质及其他营养物质的降解，提高食物利用率，满足动物的营养需求，降低觅食时间，从而提高其适合度。

在寒冷或干旱季节，当食物资源匮乏时，粪便可作为鼠类的一种应急食物。啮齿动物排出的软粪富含微生物蛋白、小肽、维生素及多种未被消化道降解和吸收的营养物质。禁止食粪后植食性小哺乳动物软粪中的此类营养物质会大幅增加。除了再吸收软粪中的养分，动物食粪还有助于肠道微生物群落的建立，以此提升食物消化率以及合成氨基酸、维生素的能力。此外有人认为，微生物菌群随着食粪过程进入兔体消化道中，可将非蛋白氮转化成菌体蛋白，提高了蛋白质的利用率。限制食粪的东方田鼠出现脱毛甚至死亡现象，而食粪个体毛发正常。

参考文献

刘全生，王德华. 2004. 草食性小型哺乳动物的食粪行为[J]. 兽类学报，24(4): 333-338.

EBINO K Y, 1993. Studies on coprophagy in experimental animals[J]. Experimental animals, 42: 1-9.

KENAGY G J, HOYT D F, 1980. Reingestion of feces in rodents and its daily rhythmicity[J]. Oecologia, 44: 403-409.

LEE W M, HOUSTON D C, 1993. The role of coprophagy in digestion in voles (Microtus agrestis and Clethrionomys glareolus)[J]. Functional ecology, 7: 427-432.

LOVEGROVE B G, 2010. The allometry of rodent intestines[J]. Journal of comparative physiology B, 180: 741-755.

PEI Y X, WANG D H, HUME I D, 2001. Selective digesta retention and coprophagy in Brandt's vole (Microtus brandti)[J]. Journal of comparative physiology B, 171: 457-464.

SUKEMORI S, IKEDA S, KURIHARA Y, et al, 2003. Amino acid, mineral and vitamin levels in hydrous faeces obtained from coprophagy prevented rats[J]. Journal of animal physiology and nutrition, 87: 213-220.

TORRALLARDONA D, HARRIS C I, FULLER M F, 1996. Microbial amino acid synthesis and utilization in rats: the role of coprophagy[J]. British journal of nutrition, 76: 701-709.

（撰稿：李俊年；审稿：陶双伦）

食谷类　granivorous

植食性动物中的细分种类，特指主要以草本植物种子为食的动物。此类食物中淀粉含量较高。由于人类种植的粮食作物中有大量谷类，吸引了多种食谷类动物伴随人类的耕作，严重危害作物，因而食谷类受到较多关注。食谷类动物也非仅以谷物种子为食，在季节变化或人类耕作导致种子缺乏时，食谷类动物也能够以植物其他营养部分为食，甚至也取食动物性食物。此外，食谷类动物大多具有贮藏谷物种子的习性，以应对季节性或其他不可预期的食物短缺。在中国北方比较常见的食谷类物种有灰仓鼠、长爪沙鼠等。

参考文献

Hume I D, 2002. Digestive strategies of mammals[J]. Acta zoological sinica, 48(1): 1-19.

（撰稿：刘全生；审稿：王德华）

食物补充　food supplement

食物是影响鼠类种群动力学的重要生态因子，因此"食物补充"范式常被用于鼠类生态学研究中。中国学者在青藏高原研究表明，添加高质量食物可明显提高根田鼠种群密度；但在美国伊利诺伊州中东部研究表明，添加食物不直接影响橙腹田鼠的成活率和成熟率，仅可影响草原田鼠的成熟期。而且，食物补充不影响两种鼠的种群密度，因此对这两种鼠的种群动态只起极小作用。

（撰稿：宋英；审稿：刘晓辉）

食物概略养分分析　analyse of compendium nutrients in food

食物概略养分分析主要包括水分（初水、总水）、干物质（风干样品、绝干样品）、粗灰分、粗脂肪、粗蛋白质、粗纤维和无氮浸出物的分析。

采集及前处理在分析食物养分含量前，首先采集和贮藏食物。最理想的状态是所分析样品的养分含量与动物摄入食物的养分含量相同。重要的一点就是采集植物样品的时间应是动物采食的时间。因为植物从萌发→生长→开花→结果→死亡或休眠，其化学组成会发生巨大的变化。

采集植物样品后，分析前首先要干燥、混匀，这些过程可能会使其化学成分发生变化。因此，样品的采集、贮藏以及分析前处理十分重要。应遵循以下几点：①尽可能减少采集与分析的间隔时间。②避光真空低温保存（或采用伽马或紫外光照射、微生物杀菌剂、气体灭菌等）。③真空冻干。④降低样品磨碎和混匀时间。

在野外条件下风干样品是经常采用的方式，但风干样品所化的时间过长，尽可能避免。通常在高温（50℃、60℃、70℃或105℃）下干燥样品。高温易使食物样品某些成分降解或蒸发。

在高温条件下干燥植物叶片和枝条，可提高其纤维素含量，高温条件下碳水化合物和蛋白质相互作用形成难溶解的木质化的聚合物。如果必须高温干燥，建议将干燥箱温度设置在50℃以下，最理想的温度为40℃。如果可能最好是冻干食物样品，真空冻干是大多数实验室采用的方式。

食物概略养分分析的内容如下。

水分　在食物概略养分分析方案中水分包括初水分（primary moisture）和吸附水分（absorbed moisture）。新鲜植物叶片、根茎、果实肉汁等新鲜样品中含有大量的游离水和少量的吸附水，两者含水量约占样本重的70%~90%。食物中水分含量高，不易粉碎和保存，因此，通常要先测定它们的初水分，制成风干样后用于进一步分析和保存。风干样品在105℃烘箱中烘4~6小时，测定水分和干物质含量。

干物质　为除去初水分和吸附水的食物为绝干物质，样本中绝干物质的含量称为干物质。

粗蛋白质　因为样品中粗蛋白质的平均含氮量为16%，

所以凯氏定氮法测出鼠类食物样品中的含氮量后，除以16%或乘以6.25就可以计算出粗蛋白质的含量。粗蛋白质除了真蛋白质外，还含有非蛋白质含氮化合物。

粗脂肪或乙醚浸出物 用乙醚浸提样品所得的乙醚浸出物称为粗脂肪 粗脂肪中除了含有真脂肪和类脂肪外，还包括脂溶性维生素等溶于乙醚的物质。

粗灰分 鼠类食物或排泄物样品在550～600℃高温炉中，将所有机物质全部焚烧后剩余的残渣。主要成分为矿物质元素或盐类等无机物质，有时还含有少量泥沙，故称为粗灰分。

粗纤维 碳水化合物在食物概略养分分析方案中被分为粗纤维和无氮浸出物予以分析测定。粗纤维是植物细胞壁的主要组成成分，包括纤维素、半纤维素、木质素以及角质等成分。将食物样品经1.25%稀酸和1.25%稀碱各煮沸30分钟后，所剩余的不溶解碳水化合物。

无氮浸出物 主要由食物中的淀粉、双糖、单糖等可溶性碳水化合物组成。无氮浸出物(%)=100−(水分%+粗灰分%+粗蛋白质%+粗脂肪%+粗纤维%)。

参考文献

国家标准化管理委员会, 1994. 饲料中粗蛋白测定方法[M]. 北京: 中国标准出版社.

KARASOV W H, CARLOS M D R, 2007. Physiological ecology: how animals process energy, nutrients and toxins[M]. Princeton, New Jersey: Princeton University Press.

LANGER P, 2002. The digestive tract and life history of small mammals[J]. Mammal review, 32: 107-131.

ROBBINS C T, 1993. Wildlife feeding and nutrition[M]. 2nd ed. California: Academic Press.

（撰稿：李俊年；审稿：陶双伦）

食物可获得性　food availability

是指动物在觅食过程中，可为其摄食带来实际收益的期望目标，是在栖息环境中可以获得各种食物包括种类、数量等的概率。又名食物可利用性。食物可获得性与环境变化密切相关，而且影响动物的能量收支以及行为活动。

参考文献

尚玉昌, 2018. 动物行为生态学[M]. 2版. 北京: 北京大学出版社: 26-28.

DUGATKIN L A, 2013. Principles of animal behavior [M]. 3rd ed. New York: W. W. Norton & Company Inc: 346-381.

（撰稿：刘伟；审稿：王德华）

食物摄入　food intake

动物单位时间内（如每天）摄入的食物量，与单次摄入的食物量和摄食频次有关。食物摄入可以通过食物平衡法来测定。

小型哺乳动物的食物摄入受外界自然环境，如温度、光周期、食物资源的可利用性等，社会环境如群居或独居，社群大小、社群关系等以及内部的生理状态（繁殖期或非繁殖期、动情周期、疾病）等因素的影响。在低温环境，恒温动物通过提高食物摄入来弥补由于产热增加而引起的高能量消耗。小型哺乳动物的繁殖期特别是哺乳期是能量消耗最高的时期，而且由于小型哺乳动物单位体重的代谢率很高，不能储存足够的能量，需要通过繁殖期间增加食物摄入满足繁殖期的高能量需求。例如实验大鼠、小鼠在妊娠末期能量摄入可提高40%～100%，在哺乳高峰期摄食增加了4倍。野生长爪沙鼠（*Meriones unguiculatus* Milne-Edwards, 1867），哺乳高峰期摄食量增加了3倍。布氏田鼠（*Lasiopodomys brandtii* Radde, 1861）哺乳高峰期摄食量增加了60%。增加能量摄入是小型哺乳动物繁殖期的主要能量策略，但哺乳期的最大可代谢能也有生理上限。据此，学者们提出了很多假说，如中心限制假说（即受到消化道吸收能量及加工处理过程的限制）、外周限制假说（即受到能量分解利用如乳腺产奶能力的限制）、热耗散限制假说（即受到母体散热能力的限制）等。

参考文献

SPEAKMAN J R, KRÓL E, 2005. Limits to sustained energy intake IX: a review of hypotheses[J]. Journal of experimental biology, 175: 375-394.

YANG D B, LI L, WANG L P, et al, 2013. Limits to sustained energy intake. XIX. A test of the heat dissipation limitation hypothesis in Mongolian gerbils (*Meriones unguiculatus*)[J]. Journal of exeperimental biology, 216(17): 3358-3368.

ZHANG X Y, WANG D H, 2008. Different physiological roles of serum leptin in the regulation of energy intake and thermogenesis between pregnancy and lactation in primiparous Brandt's voles (*Lasiopodomys brandtii*)[J]. Comparative biochemistry & physiology part C: toxicology & pharmacology, 148(4): 390-400.

（撰稿：张学英；审稿：王德华）

食物限制和繁殖启动　food restriction and reproductive on set

食物限制指动物可获得食物量的减少。由于自然界中食物分布在空间上的不均匀性、季节更替、环境剧变及植物的不同成熟阶段等原因，鼠类经常会周期性地面临食物资源的缺乏。食物限制对鼠类的影响不仅取决于限食期限、限食程度，而且也取决于鼠类的食性以及生理状态。高山姬鼠、华美鼠负鼠（*Thylamys elegans*）、布氏田鼠（*Lasiopodomys brandtii*）、长爪沙鼠（*Meriones unguiculatus*）等在食物限制处理后，均出现体重降低、静止代谢率降低、肝脏重量减少，同时，限食抑制拉布拉多白足鼠（*Peromyscus maniculatus*）细胞介导的免疫反应，并可通过降低脾脏来源的抗体生成B细胞的数目损害其免疫记忆。

限食作用于整个下丘脑—垂体—卵巢轴，使雌鼠的性成熟延迟，动情周期改变，繁殖率下降。如48小时禁食使金仓鼠（*Mesocricetus auratus*）的动情周期紊乱，动情行为受到抑制。限食使大鼠松果体激素——褪黑激素的分泌增加，阴道口的张开受到抑制，弓状核NPY（neuro peptide Y）阳性神经元增多，哺乳不孕期延长。限食条件下，雄性大鼠下丘脑GnRH水平以及睾丸和血浆中睾丸激素水平下降，睾丸、附睾和贮精囊较小，生殖功能受到障碍。当供给雌体充足食物和饮水时，雌体开始分泌FSH、LH以及雌二醇等，卵巢卵泡开始发育，并恢复正常的生殖。

在变动剧烈的不可预测环境中，植食性小哺乳动物为兼性机会主义繁殖者。尤其是在温带地区，初春伊始，植物幼嫩部分输出的6-MBOA是植物开始生长和发育的化学信号，它能准确地反映动物所食植物的质量和可利用性的状态。6-MBOA是触发植食性小哺乳类繁殖投入的时间，调节个体繁殖性能的特定化学信号，选择开启繁殖投入的时间。在实验室和野外条件下，对山地田鼠（*Microtus montanus*）附加绿色植物的饲喂实验，成年雌体在24小时内即处于动情状态，可促成其卵泡的成熟，胎仔数及产后动情频率显著增加；成年雄体的性腺增大。

参考文献

梁虹，张知彬，2003. 食物限制对鼠类生理状况的影响[J]. 兽类学报，23(2): 175-182.

BERGER P J, NEGUS N C, SANDERS E H, et al, 1981. Chemical triggering of reproduction in *Microtus montanus*[J]. Science, 214: 69-70.

NEGUS N C, BERGER P J, 1977. Experimental triggering of reproduction in a natural population of *Microtus montanus*[J]. Science, 196: 1230-1231.

SANDERS E H, GARDNER P D, BERGER P J, et al, 1981. 6-MBOA: A plant derivative that stimulates reproduction in *Microtus montanus*[J]. Science, 214: 67-69.

ZHAN X M, LI Y L, WANG D H, 2009. Effects of fasting and refeeding on body mass, thermogenesis and serum leptin in Brandt's voles (*Lasiopodomys brandtii*)[J]. Journal of thermal biology, 34(5): 237-243.

（撰稿：李俊年；审稿：陶双伦）

食物质量　food quality

构成能够满足机体正常生理和生化能量需求，并能延续正常寿命的物质，即食物中各类营养成分（如由碳水化合物、脂肪、蛋白质、维生素、微量元素、无机盐、膳食纤维、水等）的比例和数量。食物质量的高低可以影响动物存活和繁殖所涉及的各项生理机能。例如，高纤维食物可以增加长爪沙鼠（*Meriones unguiculatus* Milne-Edwards, 1867）的能量摄入，降低沙鼠的消化率、体脂含量以及基础代谢率（basal metabolic rate，BMR）和非颤抖性产热（non-shivering thermogenesis，NST）。再如，羊草中的一种天然化合物6-MBOA可以影响雄性布氏田鼠（*Lasiopodomys brandtii* Radde，1861）的繁殖性能。植物中次生物质含量高低也会影响鼠类等植食性动物的适口性以及生理机能。

参考文献

刘力宽，刘季科，苏建平，1998. 6-MBOA对植食性小哺乳类繁殖作用的研究进展[J]. 兽类学报，18(1): 60-67.

尚玉昌，2018. 动物行为生态学[M]. 2版. 北京：北京大学出版社：26-28.

ZHAO Z J, WANG D H, 2009. Plasticity in the physiological energetics of mongolian gerbils is associated with diet quality[J]. Physiological biochemical zoology, 82(5): 504-515.

（撰稿：刘伟；审稿：王德华）

食物滞留时间　food retention time

食物在动物体内或部分消化器官滞留的时间。从口进入到肛门排出的时间称为总滞留时间，而单独在消化道某一部分的进出时间，则为局部滞留时间。然而因为消化道各部分对食物的处理排空方式不同，其滞留时间的客观性也不同。在栓式和批次式的消化道器官内，滞留时间是全部食物进入到排出的时间；而在食物连续进入，同时也连续排出，且期间不断混合的消化道部分，或者整个消化道存在多种处理方式组合的情况下，滞留时间只能是个相对的时间，且无法直接测得，需通过食物中加入标记物，利用数学模型估算出平均滞留时间。此外，食物的颗粒大小、化学性质等也会影响食物在消化道中的滞留时间。

参考文献

HUME I D, 2002. Digestive strategies of mammals[J]. Acta zoological sinica, 48(1): 1-19.

PEI Y X, WANG D H, Hume I, 2001. Selective digesta retention and coprophagy in Brandt's vole (*Microtus brandti*)[J]. Journal of comparative physiology B, 171: 457-464.

（撰稿：刘全生；审稿：王德华）

《兽类学报》　Acta Theriologica Sinica

是中国科学院西北高原生物研究所和中国动物学会兽类学分会主办的中国兽类（野生哺乳动物）学的综合性学术期刊。1981年创刊，主要发表兽类学的科学研究论文，也报道一些问题讨论和学术动态等。栏目有研究论文、研究简报、方法探讨、综述、资料、会议消息、书刊评介。首任主编是中国著名兽类学家和生态学家夏武平先生，王祖望先生和张知彬研究员分别为第二和第三任主编，现任主编是王德华研究员。至今已出版至39卷，双月刊。为中国科技核心期刊，为CSCD、《中文核心期刊要目总览》源期刊，主管单位是中国科协。

自创刊以来，围绕办刊宗旨，报道内容包括兽类学研究的各个方面：古兽、现生兽，陆栖兽、海兽；学科涉及动物

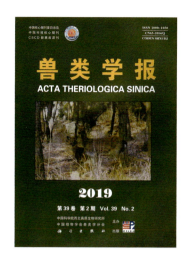

分类学、生态学、保护生物学、动物行为学、生理生态学、遗传学、解剖学、分子生物学等。同时还发表部分与生产实践有关的毛皮兽、药用兽以及与植保有关的兽类学研究论文。

啮齿动物研究是中国兽类学研究领域中最为活跃的部分，也是本刊发表研究论文的重要领域。自创刊以来，发表的鼠类研究论文占总发表论文的1/3，涉及鼠类研究的各学科和研究领域，有鼠类生态学（包括种群生态学、群落生态学、生态系统生态学、应用生态学），系统区系分类学，动物行为学等等，包括在极端环境下鼠类的适应与生存对策、体温调节、种群调节、鼠类社会行为、栖息地选择、摄食行为、婚配制度、鼠类与草地退化及其与植物种子间的互作、鼠类群落演替，及其鼠类在生态系统中的作用和地位等。在鼠类防治方面，发表了大量的原创性研究成果，从最早的化学药物灭鼠到微生物灭鼠实验，再到生态治理、不育控制及利用寄生物控制等。为中国农牧业生产发展及鼠害控制提供基础理论支撑。

（撰稿：罗晓燕；审稿：王德华）

瘦素 leptin

是肥胖基因（ob）编码产物。主要为白色脂肪细胞产生的蛋白质类激素，其前体由167个氨基酸残基组成，N末端有21个氨基酸残基信号肽，该前体的信号肽在血液中被切掉而成为146个氨基酸，分子量为16kD，形成瘦素。血清中的瘦素水平与身体脂肪重量或含量呈明显的正相关关系。瘦素最重要的生物学功能是作用于下丘脑的代谢调节中枢，发挥抑制食欲、减少能量摄取、增加能量消耗、抑制脂肪合成的作用。随着对瘦素研究的不断深入，人们逐渐认识到瘦素不仅由脂肪组织分泌，其他组织如乳腺上皮细胞、胎盘、胃黏膜上皮细胞中也可检测到，其受体不仅存在于下丘脑、脂肪组织，还广泛存在于全身各个组织。

瘦素的发现史于1950年美国缅因州巴尔港的杰克逊实验室在自然繁殖小鼠中筛选到一种基因缺陷肥胖鼠，命名为ob/ob小鼠，ob突变位于小鼠第6号染色体，这种小鼠特点是特别胖，吃东西狼吞虎咽。1965年，该实验室筛选出另一种肥胖突变鼠，命名为db/db小鼠，db突变位于小鼠的第4号染色体，这种小鼠类似于ob/ob小鼠，出现高食欲和极度肥胖，但与ob/ob小鼠不同的是，db/db小鼠出现严重的能缩短寿命的糖尿病。该实验室科学家道格拉斯·科曼（Douglas L. Coleman）在对这些肥胖小鼠研究过程中提出了"基因决定体重"的假说，并且通过异种共生（parabiosis）实验，得出结论：db/db突变小鼠产生过量的饱食因子，但可能由于缺乏其受体对此因子并不产生反应；而ob/ob突变小鼠不能产生这种饱食因子但对其能够产生反应。在科曼假说的指引下，1994年分子遗传学家杰弗瑞·弗里德曼（Jeffrey M. Friedman）克隆出小鼠和人的饱食因子基因，这种饱食因子命名为瘦素（leptin），是源自希腊语lepto，瘦、苗条的意思，由此证明了科曼根据异种共生实验所得出的所有预测，即ob/ob基因编码一种内分泌激素瘦素，由脂肪组织分泌，通过调节食欲负反馈调控脂肪重量；db/db基因编码瘦素受体，主要位于下丘脑。这些发现不仅改变了当时盛行的教条理论（即肥胖完全是行为上而非生理学表现），而且确认了脂肪组织是一个重要的内分泌器官，瘦素是第一个被发现的脂肪组织分泌的细胞因子。

瘦素在体内对体重调节是双向的，称作负反馈调控。当动物能量正平衡时，体脂增加，促使脂肪细胞瘦素分泌增多，瘦素作用于下丘脑，结合其受体Ob-Rb，抑制下丘脑弓状核中的增食类神经肽Y（neuropeptide Y, NPY）和刺鼠肽基因相关蛋白（agouti-related peptide, AgRP）的表达，促进厌食类神经肽前阿黑皮素（proopiomelanocortin, POMC）和受可卡因和安非他明调节的转录产物（cocaine- and amphetamine-regulated transcript, CART）的表达，产生饱食反应，从而降低食欲，减少能量摄取，促进能量消耗；当动物体重降低时，脂肪组织瘦素分泌下降，作用于下丘脑的瘦素受体，刺激增食类神经肽而抑制厌食类神经肽的表达，产生饥饿反应，增加食欲，提高摄食量，降低能量消耗。

肥胖的个体体内储存大量的脂肪，而且具有高水平的瘦素。根据瘦素的功能，这些个体会降低摄食，降低体重。但实际上肥胖个体体内的瘦素信号并没有发挥作用，大量的瘦素在体内循环，但脑没有感受到这些信号，以为身体仍然处于饥饿状态，动物就会增加摄食、降低活动、降低产热来保存能量，导致越来越胖。这种状况称为瘦素抵抗（leptin resistance）。肥胖个体不但出现体内瘦素的抵抗反应，并且对外源性的瘦素也同样存在抵抗性。瘦素抵抗的机制主要有三类：穿越血脑屏障进入中枢的瘦素水平降低；瘦素受体功能异常；受体后信号通路的紊乱。

瘦素主要生理功能包括：①抑制食欲。瘦素可使人类和动物进食明显减少，体重和体脂含量下降。②增加能量消耗。瘦素可作用于中枢，增加交感神经活性，使大量贮存的能量转变成热能释放。③对脂肪合成和分解的影响。瘦素可直接抑制脂肪合成，促进其分解，也可通过交感神经与脂肪的连接促进脂解作用。④对内分泌的影响。胰岛素可促进瘦素的分泌，反过来瘦素对胰岛素的合成、分泌发挥负反馈调节。⑤对性成熟的影响。促进和刺激青春期的下丘脑—垂体—性腺轴发育成熟。⑥调节骨骼代谢：瘦素通过中枢交感神经信号提高骨密质，抑制骨松质。⑦调节炎症反应。瘦素在结构和功能方面类似IL-6，属于细胞因子超家族的成员之一。

参考文献

COLEMAN D L, 2010. A historical perspective on leptin[J]. Nature medicine, 16: 1097-1099.

HALAAS J L, GAJIWALA K S, MAFFEI M, et al, 1995. Weight-reducing effects of the plasma protein encoded by the obese gene[J]. Science, 269(5223): 543-546.

MORTON G J, CUMMINGS D E, BASKIN D G, et al, 2006. Central nervous system control of food intake and body weight[J]. Nature, 443(7109): 289-295.

SCHWARTZ M W, WOODS S C, PORTE D JR, et al, 2000. Central nervous system control of food intake[J]. Nature, 404(6778): 661-671.

ZENG W, PIRZGALSKA R M, PEREIRA M M, et al, 2015. Sympathetic neuro-adipose connections mediate leptin-driven lipolysis[J]. Cell, 163(1): 84-94.

（撰稿：张学英；审稿：王德华）

蔬菜鼠害 rodent damage to vegetable

是指老鼠通过取食危害蔬菜造成产量损失并影响商品价值。

蔬菜是重要的经济作物之一，从播种期至收获期均遭受到害鼠不同程度的危害。鼠害高峰期一般出现在秋冬季。在播种期，害鼠盗食种子造成缺苗断垄；蔬菜生长期间主要咬断植株的生长点阻碍蔬菜生长，危害率达10%；在收获期，啃咬植株基部、果实或块茎，盗食量约占鼠类体重的30%，但糟蹋的数量远大于取食量，造成的蔬菜产量损失可达15%~30%（见图）。而遭受害鼠危害的蔬菜基本失去了商品价值，造成的经济损失远大于产量损失。

在广东农田菜区害鼠中，黄毛鼠（*Rattus losea*）占据绝对优势地位，占害鼠总数的60%~70%，小家鼠（*Mus musculus*）为第二优势鼠种，占总数的15%~20%，此外还有褐家鼠（*Rattus norvegicus*）、板齿鼠（*Bandicota indica*）和黄胸鼠（*Rattus tanezumi*）等。蔬菜的鼠害程度与品种、生育期及栽培方式有密切的关系，害鼠趋向于危害营养价值更高的蔬菜品种，成熟期的瓜豆类、茄果类和根茎类蔬菜地的鼠密度明显高于叶菜类菜地，鼠害损失更大。管理粗放、杂草丛生、蔓生的收获期荷兰豆田，鼠密度高达20.2%，豆荚的鼠害率19.9%，比精耕细作、田园清洁、大棚种植的分别增加162.34%和437.84%。同时，蔬菜鼠害还受菜地周边作物成熟期的影响，影响较大的作物包括水稻、玉米、花生、甘薯和大豆等，菜区害鼠会出现明显的季节性迁移现象。这些作物收获后，食物条件劣化引发害鼠向菜地迁移，集聚在生长后期的菜地危害，其中瓜豆类、茄果类和根茎类蔬菜鼠害明显加重，但若蔬菜还处于播种至生长前期，对害鼠没有诱集作用，稻田的害鼠捕获率反而比菜地高126.67%。而在水稻、玉米、花生、甘薯和大豆的成熟期，菜区害鼠会长距离迁移到这些作物地附近栖息和危害。

截至2013年，中国设施蔬菜瓜类的产量约占总产量的1/3。塑料大棚、温室给害鼠提供了良好的栖息条件和越冬环境，鼠害问题日益突出：咬破棚膜，造成冻害；啃咬生长点影响蔬菜生长；盗食和损毁蔬菜果实和根茎等。辽宁丹东，设施蔬菜的被害率20%~40%，其中茄果类、瓜类和豆类蔬菜的受害比较严重，害鼠种类以家栖鼠为主。山东枣庄因鼠害造成蔬菜减产10%~30%，危害时期主要在11月至翌年3月。

参考文献

程洪花, 2007. 山区菜园老鼠危害特点及防治措施[J]. 植物医生, 20(3): 48.

黄秀清, 冯志勇, 颜世祥, 等, 2004. 农田害鼠分布规律研究[J]. 中国媒介生物学及控制杂志, 15(1): 10-12.

马辉, 金国湛, 1998. 保护地蔬菜鼠害的发生与防治[J]. 植保技术与推广, 18(4): 25.

张震, 刘学瑜, 2015. 我国设施农业发展现状与对策[J]. 农业经济问题, 36(5): 64-70.

（撰稿：姚丹丹；审稿：郭永旺）

蔬菜鼠害
①荷兰豆鼠害（冯志勇摄）；②球茎甘蓝鼠害（黄秀清摄）；③丝瓜鼠害（罗剑宁摄）；④西瓜鼠害（姚丹丹摄）

鼠传疾病 rodent borne diseases

由鼠类及鼠体寄生虫传播病原体引发的一类疾病。

鼠类属于啮齿动物，是哺乳动物中种类最多、分布最广、数量最大的一类动物类群，既是许多传染病的传播媒介，也是许多疾病的传染源和储藏宿主。鼠类能携带200多种微生物，可以将多种病毒、细菌、原虫、螨虫、立克次氏体等病原体传播给人类和家畜，能够使人致病的病原有60余种。在人类历史上，鼠疫等传染病的流行和暴发给人类社会造成了巨大灾难。

鼠传疾病是一类由鼠传播引起的影响人类健康的重要虫媒传染病，很多人类疾病与鼠类有关，如鼠疫、肾综合征出血热、钩端螺旋体病、莱姆病和羌虫病等，对人类健康的威胁已成为不可忽视的公共健康问题。鼠传疾病主要通过直接传播和间接传播途径进行。直接传播途径主要包括被鼠咬伤或人通过接触或食用鼠类的粪便、尿液、唾液等污染的水、食物及工具等而感染病原；间接途径则是以携带病原体的鼠类体外寄生虫如蜱、蚤、螨、虱等为媒介，在鼠与人、人与人之间叮咬传播。

鼠类繁殖力强、活动范围广，与人类生活关系密切。近年来，全球气候变化和人类活动的不断加剧，影响着鼠类的活动及鼠传病的暴发，为鼠传疾病的扩散蔓延创造了条件。了解鼠传疾病的种类、危害及流行特点，有利于加强鼠传疾病的主动监测和早期预警，对于科学防控鼠传疾病、维护人类健康及社会稳定具有重要的公共卫生意义。

参考文献

李富丽, 付蒙, 张云智, 2021. 重要的鼠传病毒及所致人类疾病研究进展[J]. 热带医学杂志, 21(1): 116-119.

KAZEMI-MOGHADDAM V, DEHGHANI R, HADEI M, et al, 2019. Rodent-borne and rodent-related diseases in Iran[J]. Comparative clinical pathology, 28: 893-905.

（撰稿：何宏轩；审稿：许磊）

鼠得克　difenacoum

一种在中国未登记的杀鼠剂。又名联苯杀鼠萘。化学式 $C_{31}H_{24}O_3$，相对分子质量 444.52，熔点 215～219℃。为白色粉末，蒸气压为 160μPa，在水中的溶解度为 < 100mg/L、丙酮或氯仿中为 > 50g/L，苯中为 600mg/L。为第二代抗凝血类灭鼠剂，对大鼠、小鼠和长爪沙鼠的口服半致死剂量（LD_{50}）分别为 0.96～1.70mg/kg、0.8mg/kg 和 0.05mg/kg。

（撰稿：宋英；审稿：刘晓辉）

鼠害防控法律法规、相关标准　laws and regulations for rodent management

鼠害防控过程中，中国鼠害防治管理部门及鼠害防治领域的专家学者很早就意识到鼠害防治理论和实践工作规范性、统一性及连续性的重要性。专家以专业文献报道的形式，管理部门以正式文件通知的形式，以及之后的技术规范、技术规程、行业标准、地方标准及国家标准、法律法规等非强制性和强制性规范文件对鼠害防治的多个方面进行了规范化。为鼠害防治的统一性、连续性和科学性奠定了良好的基础。

其中正式发布的有重大影响的通知、标准及法规包括：早期爱国卫生运动的政府发文，如 1983 年《国务院关于开展春季灭鼠活动的通知》要求全国城乡要结合开展"五讲四美三热爱"活动和春季爱国卫生运动，发动群众，进行一次至几次突击性的灭鼠活动。2003 年，针对毒鼠强问题，农业部、公安部、国家发展和改革委员会等 9 部门发布的通知；同年，国务院办公厅发布的《关于深入开展毒鼠强专项整治工作的通知》。这些与鼠害防控相关的国家政府部门发布的通知附有一些强制性鼠害防控技术要求。全国农业技术推广中心针对中国农区鼠害防控的规范化需求，联合相关专家和地方一线鼠害防控工作者于 2007 和 2010 年分别制定颁布了 2 部重要的技术规程和标准：《农区鼠害监测技术规范》（NY/T 1481—2007）和《农区鼠害控制技术规程》（NY/T 1856—2010）。农业部农药鉴定所 2006 年联合陕西省和北京市疾病预防控制中心杀鼠剂登记实验的规范化制定颁布了《农药登记用杀鼠剂防治家栖鼠类药效试验方法及评价》（NY/T 1152—2006）。全国畜牧兽医总站联合四川省草原工作总站、宁夏回族自治区草原工作站、青海省草原工作站、新疆畜牧厅治蝗灭鼠办于 2006 年，针对草原鼠荒地综合治理的技术要求，制定颁布了《草原鼠荒地治理技术规范》（NY/T 1240—2006）。这些标准和规范有力促进了中国鼠害防治的发展。

农区鼠害监测技术规范，制定了农区害鼠监测的规范化操作要点，内容包括：①监测地点选择，监测时间，夹夜法和有效洞法的具体操作及安全防护要求等调查方法的标准化。②监测内容，主要规范了需记录的内容及格式，记录内容包括鼠种组成、鼠密度、有效洞口密度、年龄结构、繁殖特征和危害损失。③预测预报内容，包括预测预报时间、预报依据、鼠害发生高峰期预测、发生量预测及发生程度预测。

农区鼠害控制技术规程，规定了农区（农田和农舍区）鼠害控制指标、控制适期、控制措施及控制效果调查方法。其适用于农区鼠害控制活动，也可作为其他环境控制鼠害技术的参考。内容包括：①农区鼠害治理指标。②农田鼠害控制适期。③目前主要控制方法的操作要求，主要规定了目前主流的化学防控方法、农艺措施、物理防治和生物防治的操作要领。④防治效果调查，规定了针对不同环境下的害鼠调查方法。

农药登记用杀鼠剂防治家栖鼠类药效试验方法及评价标准，规定了杀鼠剂防治家栖鼠类的实验室及现场试验的方法、基本要求和评价指标。其适用于饵剂防治家栖鼠类登记用药效试验及效果评价。内容包括：①杀鼠剂实验室测试中，靶标动物规格，药剂信息及对照基饵要求；试验条件及所需设备；给药操作步骤；结果计算方法。②杀鼠剂现场测试中，药剂信息，鼠密度要求，试验操作流程，结果计算及药效评价标准。

草原鼠荒地治理技术规范规定了草原鼠荒地综合治理的方法和技术要求，其适用于各类草原鼠荒地治理。内容包括：①治理区域鼠密度指标。②治理方法，包括采用生物防治、化学防治、物理防治及其他方法等综合措施。改变鼠类栖息地环境。③治理效果评价指标及计算公式。

（撰稿：王登；审稿：郭永旺）

鼠害防治　rodent pest control

鼠害防治的目标，并非将靶标动物物种完全彻底消灭，而是允许防治对象物种种群数量维持在经济阈值以下。从生态学观点看，除了家栖鼠种以外，没有绝对有害的动物。通常除了住宅、飞机、轮船、车辆等交通工具，餐饮、酒店和某些特殊场合不容许有鼠类存在外，在广大的农田、森林、草原等景观范围内并不要求完全无鼠。鼠类只有在与人类的生活和生产发生关系时，才表现出其危害性。即在正常情况下，害鼠也不是绝对有害的。其益害是相对的，在各种生态系统中的作用或功能也是复杂的。森林中，有许多鼠类起着传播植物种子和促进种子萌发的功能。东北红松林内的鼠类对红松果实的取食与埋藏，对红松林的天然更新和种子的传播极为有利。地表生活的小型鼠类，在吃一些树苗或啃食幼树的同时，也吃一些草本植物和灌木，为树苗的生长改善条件。鼠穴及其洞道，可损伤一些树木的幼根，但又可疏松土壤，改善通气条件，有利于微生物的分解作用，也是生态平衡条件的一部分。

高寒草甸气温低，土壤微生物活动受到限制，故土壤有机质丰富，养分的总量高，但有效成分低，周转慢。高原鼢鼠拱出许多土丘，土丘疏松透气，又直接暴露在阳光下，故分解作用较快，有效成分大为提高，但是土丘破坏植被，引起沙化。总之，鼠类的益害关系是随条件（如时间、地点、鼠密度）而定的。

化学防治

经口毒杀法 主要是通过害鼠取食、饮水等活动，将毒饵、毒水、毒粉等经口进入体内，中毒而死。主要包括以下几种：①毒饵法。在鼠数量很高时，仅用器械捕捕往往难以解决问题，其他方法也难以在短时间内奏效。在这种情况下，宜使用毒饵灭鼠。②毒水法。在楼房、粮库、饲料厂等缺水的场所，可采用毒水。毒水应当用浅平的盆、碟盛装，表面积要大，较重，以免倾倒。③毒粉法（含毒糊与毒胶）。此类方法灭鼠带有一定的强制性，毒粉一般撒在洞内，或鼠类经过的缝隙以及它们的活动场所。鼠类经过撒粉区后，体表沾有毒粉，在其活动过程中可将毒粉食入而中毒。

鼠药发展史

20世纪50年代：亚砷酸、安安、氟乙酸钠、普罗米特、磷化锌、没鼠命、杀鼠灵、敌鼠。

20世纪60年代：氟乙酸钠、普罗米特、磷化锌、没鼠命、甘氟、杀鼠灵、敌鼠钠。

20世纪70年代：氟乙酸钠、磷化锌、毒鼠硅、氟乙酰胺、毒鼠磷、甘氟、杀鼠优、敌鼠钠、氯敌鼠、杀鼠醚。

20世纪80年代：磷化锌、毒鼠磷、甘氟、敌鼠钠、氯敌鼠、杀鼠醚、溴敌隆、大隆、杀它仗。

20世纪90年代：磷化锌、敌鼠钠、氯敌鼠、杀鼠醚、溴敌隆、大隆、杀它仗。

20世纪50年代初能够大量使用的只有亚砷酸、碳酸钡等，加上很少量国外生产的氟乙酸钠、士的宁等，偶尔还有试制的白磷制剂。随后，磷化锌、安安、普罗米特等投产，杀鼠灵、敌鼠、没鼠命（毒鼠强）等先后在实验室内合成。迄今，国外大部分曾经和正在大量使用的鼠药，甚至少数只试用过的，中国都可合成，中国成为合成鼠药品种最多的国家之一。

中国对鼠药的管理已由无序步入正轨，获得登记的鼠药主要稳定在慢性药方面；强毒急性鼠药氟乙酰胺、毒鼠强、氟乙酸钠等已明令禁用。

杀鼠剂的选择 可分为第一代和第二代抗凝血灭鼠剂。第一代抗凝血灭鼠剂为敌鼠钠盐、杀鼠醚、特杀鼠2号和杀鼠灵等；第二代抗凝血灭鼠剂是在第一代抗凝血灭鼠剂产生抗性后研制出的急性毒力更强的灭鼠剂，包括溴敌隆、大隆、杀它仗等。

抗药性 杀鼠灵从20世纪50年代以来在西欧、北美得到广泛的推广使用，几乎完全取代了急性灭鼠剂，但5年后在苏格兰首次报告褐家鼠抗药性，随后又在威尔士英格兰边界（1965）、丹麦（1964）、荷兰（1968）、西德（1971）和美国（1972）等地相继出现鼠抗药的报告。引起抗药的原因有：

①毒饵质量太差或处理不当，每次灭鼠后不断残存亚致死量中毒的个体。毒饵处理时间太短或量太少，毒饵含毒太低或太高，灭鼠剂不合格，杂质太多影响适口性以及诱饵质量太差、不新鲜等原因都会影响灭鼠效果，出现抗药的问题。

②长期单一地使用同一种灭鼠剂，没有定期交替换用。

防止鼠类对抗凝血杀鼠剂产生抗性，主要采取以下措施：①正确使用抗凝血灭鼠剂毒饵，提高灭鼠效果；②定期轮换使用灭鼠剂；③定期监测抗药指数，发现抗药立即更换灭鼠剂。

不育法 用药后形成的不育个体，可以起到占位和稳定作用。同时还会继续消耗资源，保持原来鼠群的紧张状态，抑制种群的繁殖，远期效果将超过将鼠毒死的鼠药。但很难找到适口性好、作用强的不育剂，远远达不到预期效果。

利用植物和化学药物使鼠类不育控制的概念最早是在1959、1960年提出。Davis（1961）、Wetherbee（1965）较早地开展了应用化学不育剂，如三乙基三聚氰酰胺来控制褐家鼠种群数量的研究。

作用于雌性的绝育化合物有甾体和非甾体激素类化合物。它能终止妊娠，阻止受精卵在子宫内着床，是一类堕胎药。雄鼠绝育化合物有三聚氰酰胺和1,4-丁二醇二甲磺酸酯，杂环类化合物有呋喃丹叮。10mg/kg的己雌酚二辛酸酯药饵能使雌雄鼠均不育，这些抗生育剂还停留在试验阶段。

20世纪90年代初，由于人类生殖避孕研究的新进展——免疫不育技术的出现，鼠类不育控制的研究也进入了一个新的时期。目前已研制出几种不育疫苗，对实验鼠类有很强的不育作用。由于不育疫苗是蛋白质，不会污染环境，易被公众接受。

目前，不育疫苗面临两大难题：一是解决制饵工序。不育疫苗主要成分是蛋白质，易被许多蛋白酶降解或破坏，必须制成特殊药饵才能保证其在达到小肠上的免疫系统之前保持效价。二是解决长效问题。即足量一次服药之后，终生有效。

肉毒素 肉毒梭菌能产生大量毒素，其毒素为目前已知生物毒素中毒性最强的种类。肉毒梭菌毒素为神经麻痹毒素，根据其抗原特异性可分为A、B、C、D、E、F和G等7型。动物和人类对不同肉毒梭菌神经毒素的敏感性有很大的差别，A、B型主要引起人类、马的中毒；C型引起牛、羊、水貂、禽类中毒；D型引起牛、羊中毒；E型中毒多发生于鱼类；F和G型较少见。目前研究较多的生物毒素灭鼠制剂主要为肉毒梭菌A、C和D型，其中C型肉毒梭菌生物杀鼠素已得到一定范围的应用。A型肉毒梭菌毒素毒株产毒能力为每毫升培育液76.6万小白鼠半数致死量（腹腔注射），产毒能力较强，有较高的利用价值。C型肉梭菌毒素：

口服高原鼠兔为 154 鼠单位，棕色田鼠、黑线姬鼠、褐家鼠和黄胸鼠的口服致死量均小于 500 鼠单位。D 型毒素：小白鼠口服 LD_{50} 为 15.75 万鼠单位／kg 体重，豚鼠口服为 250 鼠单位／只。

生物毒素一般限于在高寒地区春冬季使用，如在中国青海高原草场用于灭高原鼠兔、高原鼢鼠取得灭效 90% 以上。

微生物 微生物类措施目前主要处在探索阶段，实际大面积应用的产品很少，或仅仅在小范围使用阶段。微生物毒力强的往往对人、畜也不安全，毒力弱的则鼠类容易产生抗性，因此国内外都在探索中。在使用病原微生物时应持慎重态度。

天敌 早期的鼠害防治实践是将一些食肉兽引入岛屿等较孤立的环境中。早在 1870 年，一种印度獴就被引入加勒比海的一些岛屿，1883 年又引入夏威夷等地。在引种的前 10～15 年，成果十分可喜，有效地压低了害鼠的密度，但是獴却是狂犬病毒的携带者。

20 世纪 60 年代后期，日本对于应用黄鼬作为鼠害生物防治的手段显示了兴趣。在 1967—1968 年间，总数为 6843 只的黄鼬被释放到 17 个总面积为 97754hm² 的岛屿上，总花费达 136869 美元。但一般认为，日本此举是否有益，从长远观点看，还需画上个问号。不过，近年来仍有引种鼬科动物的实验，并认为海岛引种鼬以防鼠害，仍不失为一个办法。

关于家猫的引种利用是 Elton 五十年第一次做了科学的实验。他在英格兰的 5 个农场先使用毒药灭鼠，然后在其中 4 个农场引入猫，第五个留作对照。结果十分明显，当第五个农场鼠害盛行时，其他 4 个则几乎没有老鼠。Christian 则利用逐步减少人工食品的方法，进行家猫的野化。他认为，至少有 16% 的标志老鼠被这些猫捕食。

Thomas 研究了两种鼬腺体混合物的驱鼠作用。鼬的气味本身当然不能灭鼠，却急剧地改变其分布范围。应用此法可重点保护某一地区不受鼠害。蛇的气味也有类似作用。

在农区设立栖木招引猛禽防治鼠害的方法由来已久，近年仍有这方面的工作。在田间设立栖木，猛禽能很快地利用这些栖木，但与对照区相比，并不能更多地降低鼠类的数量，这种单一的招引方法难以奏效。

在物种组成较单调的地区，天敌由于没有替代食物而过分依赖于鼠类种群，加之数值反应存在较大时滞，难以对鼠类种群造成大的影响；而在复杂的群落中，由于多种天敌较长期的交替作用，使鼠类种群较多地保持在较低的水平。

物理防治 主要采用的是捕鼠器械来防治害鼠，如捕鼠夹、捕鼠笼、捕鼠箱等，也发明了灭鼠弹、灭鼠雷等新型防治技术。用此方法不会对环境产生任何负面效应，在城市、居民区房间内常被使用，但这些方法，只适应于小面积的防治，不适用于控制大面积的鼠害。近年来，利用超声驱鼠器来驱鼠。开始使用时有明显的驱鼠作用。但鼠对这类声波能较快适应（7 天开始适应），另外超声波的穿透力差，作用范围受局限，限制了其应用。

趋避剂 用于防鼠的化学驱避剂因性质稳定，余效长，价格低廉，来源方便，对人、畜毒力低，没有不愉快的气味和刺激性，便于使用。在已经试用的驱避剂中，多数是化学药品或工业副产品，也有一些植物有很强的驱鼠作用。但目前驱避剂的研究还是初步的，与实际应用还有一定距离，有的机理尚不清楚，有的毒性太大，效果不能持久，价格偏高等。

放线菌酮：是一种抗生素，微酸性溶液和干燥时稳定，在碱性溶液中很快失效。对鼠黏膜有很强的刺激作用，这是它驱避作用的基础，驱鼠作用很强，效果可靠，但价格较贵，只能在少数必须防鼠的场合使用。用天然或合成纤维浸泡放线菌酮溶液后，晾干，可制作防鼠网。也可将放线菌酮溶液用活性粉末（如炭末）吸附，再使之悬浮于石油醚等易挥发溶剂中，作为气溶胶使用，处理需要防鼠的表面。亦可直接喷涂使用，但在果树上易造成药害。

大部分杀霉菌剂和昆虫驱避剂有驱鼠作用。如杀菌剂福美双可防止野兔和鼠类咬啃破坏树木。有机磷杀虫剂八甲磷和丁香粉的混合物，可防止屋顶鼠啃咬仓库的食品袋，又能杀仓库害虫。春季使用甲基异硫磷拌种，害鼠明显减少，保苗率高。在城镇居民区，用三丁基氯化锡可保护电缆和电线防鼠啃咬。

另外，植物也可作驱避剂，如用含黄酮成分的苎麻、含挥发油类的薄荷和含普洛托品和类白屈草菜碱的博洛回等，将其截成 15～20mm 小段，或切成 1mm 左右碎片，插在秧田周围或均匀地撒在秧田旁，可减轻鼠害。

生态控制 1986 年，农业部全国植物保护总站和中国植物保护学会鼠害防治专业委员会在北京联合召开的"全国农牧区鼠害防治学术讨论会"会议纪要中指出：以生态学观点，综合考察各种措施的有机结合与协调，讲求整体效益，这是解决当前农、牧区鼠害，以至于林区住宅区和各种区域类型鼠害问题的主要对策。要结合农、牧区基本建设、农事活动和耕作制度的改革，因鼠、因地、因时预防鼠害，同时要注意合理、正确使用杀鼠剂，保护和利用农牧区现有的天敌资源，以期收到综合防治的效果。

生态调控是害鼠防治的理想防治手段。鼠类繁殖快，化学灭后数量很快即可恢复，而且化学灭鼠常污染环境，或引起天敌二次中毒，因而受到非议。考虑到害鼠的发生多为生态平衡遭到破坏后所引起的，故提倡按照生态学的原理，使生态系统的平衡得到恢复或重新建立，使鼠害自行消灭。生态调控就是破坏和改造适宜鼠类栖息的生境，改变鼠类食物资源的分布和质量，干扰其社群环境等，以减少其取食效益，增加被捕食的风险水平，从而有效地抑制害鼠的数量。单纯依靠化学药物等方法只能暂时降低害鼠的种群数量，在一定程度上减轻危害，而不能达到长期有效抑制种群数量的目的。

只有把鼠害防治与治理生态环境相结合，优化环境，降低害鼠生存的适合度才有可能达到治本的目的。目前实施的主要有两方面：一是恶化鼠的适生环境，二是保护鼠类天敌。其方法依不同的生境条件和害鼠种类而不同。

生态控制主要包括环境改造、断绝鼠粮、防鼠建筑、消除鼠类隐蔽场所等。改变、破坏害鼠生活的环境条件并不能直接或立即杀灭鼠类，但对鼠类生活不利，可减少鼠类的增殖或增加其死亡率，从而降低害鼠的密度。改善生态环境，造成不利于害鼠生存和繁殖的条件，以降低害鼠密度，是生态防治的重要手段。生态灭鼠涉及面广，也是一种综合性措施，虽然只着眼于防而不能直接杀灭鼠类，收效较慢，但与其他方法配合进行，就会提高其灭鼠效果，而且可使其防治效果持久，收到事半功倍的效果。

参考文献

王勇，张美文，李波，2003. 鼠害防治实用技术手册[M]. 北京：金盾出版社.

（撰稿：王勇；审稿：王登）

鼠害防治适期 optimal period for rodent pest control

防治害鼠造成危害的最佳时期。不同的生态环境下，害鼠危害的方式和造成的危害是不一样的。

对农业生产的大田作物来说，在一个作物生长期内，防治害鼠危害防治适期有两个：一个是在播种期，此时如果害鼠危害，造成的危害是直接影响出苗率和作物的苗株数，即使是补种也会因季节、劳动力等原因，给农业生产带来很大的损失；另一个是在作物灌浆至成熟期，在此期间，害鼠的危害是直接造成作物产量的损失。从害鼠的种群数量动态和繁殖特征来看，鼠类一般在开春后就进入一年中的第一个繁殖期，在2个月后，形成一年的第一个种群数量高峰，大量的新生鼠又开始繁殖，到秋天形成一年的第二个种群数量高峰。因此，在春季防治和控制鼠害，可以起到事半功倍的效果，此时越冬存活的鼠类个体在一年中相对较少，又是害鼠的繁殖高峰期，也正好是农田播种的前期，这是一年中农田防治害鼠的最佳时期，在害鼠密度较低、繁殖期将其杀灭，能有效控制害鼠在整个作物生长期的危害。

对于在一个生态环境一年只繁殖一次的鼠种，如高原鼠兔，最佳的防治适期是在该鼠种的繁殖前期。对于一年多次繁殖的鼠种，防治适期就要根据害鼠造成危害的关键时期和害鼠种群数量的高峰时期而定。

防治适期确定的原则就是：最小的投入，获得最大的收益。

参考文献

张知彬，王祖望，1998. 农业重要害鼠的生态学及控制对策[M]. 北京：海洋出版社：114-174.

（撰稿：王勇；审稿：王登）

鼠害防治阈值 rodent pest control threshold

鼠害防控时的一个重要指标，它决定害鼠在什么样的发生程度或危害下才需要采取防控措施。又称经济受害允许水平或经济阈值。从经济的角度分析，如果采取防控措施所得的利益不大于或等于防治鼠害所投入的防治成本，是不需要采取防控措施的。在生态环境中，不同时间和空间条件下投入和产出的关系受自然条件、市场条件和技术条件等的制约。因此，投入和收益是一个动态变化的过程，而防治阈值也不是一成不变的，是随时间、环境和人们的期望而变化的。

经济允许受害水平一词最早来源植物保护中的害虫防治，由Stern等（1959）定义为"引起经济损失的最低害虫密度"，许多学者认为此定义不够严谨，因此出现了经济阈值的各种定义和计算方法。Headley（1972）将其定义为"使产品价值等于控制增量的种群密度"。这两种表达方式分别表示防治费用与收益增值相等时的作物受害允许界限和作物受害允许界限相对应的种群密度。在生产实际中两者都有应用。

鼠害防治阈值 = 防治费用 / 防治获得的收益

防治费用包括药物成本、饵料成本、防治过程中的人力和器械成本等。但防治获得的收益上，各个行业是不一样的，农业上主要是指挽回的作物损失；草原上除了挽回的直接牧草损失外，还包括生态效益等；在卫生部门，考虑的是鼠传疾病。收益的计算也不一样，在一些对害鼠零容忍的行业，只要有鼠就要治，不论成本多大。所以，鼠害防治阈值不是一个固定的值，而是人类按照自身的需要确定的。

参考文献

何荪，冯志勇，刘光华，1995. 珠江三角洲稻作区农田害鼠复合防治指标的模型化研究[J]. 中山大学学报论丛(1): 63-69.

王勇，郭聪，李波，等，1997. 洞庭湖稻区害鼠的复合防治指标研究[J]. 农业现代化研究，18(3): 185-187.

杨再学，松会武，雷邦海，1993. 贵州省农田害鼠经济防治指标的研究[J]. 贵州农业科学(3): 32.

（撰稿：王勇；审稿：王登）

鼠害化学防治 chemical control of rodent pest

使用人工合成的化学药剂类杀鼠剂控制鼠害的方法。一般情况下，指使用鼠类喜食的基饵与一定比例杀鼠剂混合后制成毒饵，用毒饵站等工具进行投放，吸引鼠类取食后产生毒害作用从而达到控制鼠害的目的。

杀鼠剂指用于控制啮齿类动物的农药，狭义的杀鼠剂指具有毒杀作用的化学药剂，广义杀鼠剂还包括熏蒸剂、驱鼠剂、不育剂和增效剂等。杀鼠剂按照作用方式可分为口服剂、熏杀剂、添剂和趋避剂，按照作用速度可分为急性杀鼠剂、亚急性杀鼠剂和慢性杀鼠剂。

杀鼠剂种类 目前中国登记注册的化学杀鼠剂全部为抗凝血类杀鼠剂，为口服类慢性杀鼠剂，一共包括7种，对鼠类的致死中量及常用使用浓度如下：

第一代抗凝血杀鼠剂有：杀鼠灵（warfarin，灭鼠灵、华法灵），推荐使用浓度为0.005%～0.025%。敌鼠（diphacinone）和敌鼠钠（sodium diphacinone），推荐使用浓度为0.02%～0.03%，用0.03%敌鼠钠大米毒饵在农田连续投饵3次，投饵量每亩150g，灭鼠效果可达90%以上。氯鼠酮[氯敌鼠（chlorophacinone）、利发安]，对褐家鼠LD_{50}为9.60～13.00mg/kg，使用浓度为0.0125%～0.025%。杀鼠醚（coumatetralyl，萘满香豆素、立克命），对褐家鼠一次服药

LD_{50} 为 $16.5\sim20mg/kg$，5 次服药 LD_{50} 为 $0.3mg/kg$。

第二代抗凝血杀鼠剂有：溴敌隆（bromadiolone，乐万通、小隆等），对褐家鼠 LD_{50} 为 $1.12mg/kg$，常用毒饵浓度为 0.005%。溴鼠灵（brodifacoum，大隆），对褐家鼠 LD_{50} 为 $0.27mg/kg$，使用浓度 $0.001\%\sim0.005\%$。氟鼠酮（flocoumafen，杀它仗），对褐家鼠 LD_{50} 为 $0.40mg/kg$，使用浓度为 0.025%。

作用原理 抗凝血杀鼠剂起源于从香草木樨（属）的青贮饲料中分离的抗凝血化学药物成分双（羟）香豆素。抗凝血杀鼠剂的靶标位点为凝血级联反应中的凝血因子激活过程的一个关键基因 $Vkorc1$。抗凝血杀鼠剂化学结构与维生素 K_1 相似，维生素 K_1 为凝血因子激活基因 $Vkorc1$ 的反应底物，抗凝血杀鼠剂可与维生素 K_1 竞争抑制基因 $Vkorc1$ 的活性从而影响凝血因子激活，阻断凝血过程，导致动物内出血。因此，维生素 K_1 是这类杀鼠剂的有效解毒剂。双（羟）香豆素于 1948 年被第一次用作杀鼠剂叫做 warfarin（杀鼠灵），由于作用速度慢，具有有效的解毒剂，能够有效降低害鼠的警戒行为，因此很快在全世界范围内得到推广应用。同时，正是由于抗凝血杀鼠剂这种作用方式，导致鼠类容易对抗凝血杀鼠剂形成抗药性。自 1958 年发现第一例抗凝血杀鼠剂抗性现象，随着杀鼠灵等第一代抗凝血杀鼠剂的广泛应用，鼠类抗性种群在欧美国家迅速发展，已经成为这些国家阻碍抗凝血杀鼠剂应用的一个严重问题。为解决这一问题，第二代抗凝血杀鼠剂应运而生。一般认为，在未使用第二代抗凝血杀鼠剂的地区尽量先使用第一代抗凝血杀鼠剂，一旦发现抗性，再使用第二代抗凝血杀鼠剂。然而严重困扰欧美国家的抗凝血杀鼠剂抗性现象在中国并不十分严重，如在欧美国家，褐家鼠种群普遍发生抗性现象，而中国最新的调查中甚至极难找到抗性个体，通过有效的杀鼠剂使用轮换政策，而不是等到发生抗性才使用第二代抗凝血杀鼠剂，可以有效阻止抗性的发生。中国学者认为，尽管抗凝血杀鼠剂的靶标都是 $Vkorc1$ 基因，但作用方式可能不尽相同，这是杀鼠剂轮换使用能够阻止抗性发生的原理。

防治方法 除了有效的杀鼠剂成分，化学防治另一个关键是如何提高害鼠对毒饵的取食效率，因此化学防治对诱饵的选择、布放有很高的要求。第一，要根据害鼠种类选择合适的基饵，保证害鼠喜食以提高摄食效率。第二，要根据害鼠行为、环境等情况选择适宜的投放方式。如城镇、村屯中杀鼠剂毒饵站投放方式是拟合害鼠取食行为，保护毒饵不受恶劣天气影响，防止毒饵被非靶标动物误食，从而提高杀鼠剂使用效率的一种优良投放方式。草原上由于地广人稀，投放时间具有特定要求，采取机械化大规模喷撒是主要的投放方式，但同时要求做好禁牧等预防措施。

化学防治对于控制大规模暴发性鼠害仍是目前最为有效的措施。主要用于暴发性鼠害的应急治理。在目前以生态学理念为基础的鼠害综合治理策略框架中，要求谨慎使用化学防治技术，以化学防治结合其他环境友好型鼠害治理技术是当前鼠害治理技术发展的基本趋势。

常用术语

抗凝血杀鼠剂（Anticoagulant rodenticides） 是目前最常用的一类慢性杀鼠剂。它们的作用机理是干扰凝血酶原的合成，破坏正常凝血机制及增加出血倾向。一般采用低浓度、多次投放。抗凝血杀鼠剂分为第一代和第二代，第一代主要种类有杀鼠灵、杀鼠醚、敌鼠钠盐和氯敌鼠等，第二代主要种类有大隆、溴敌隆、杀它仗等。在误食后不久可能会发生恶心、呕吐，但是大多数情况下可无特殊症状，直至几天后才出现典型的抗凝血剂中毒症状。误服后立即口服催吐剂或刺激咽喉部人工催吐，催吐后口服活性炭 100g，然后迅速将患者送医院治疗。维生素 K_1 是此类杀鼠剂的特效解毒剂。

神经毒剂（neurotoxicants） 指能够导致神经毒性的化学药物，具有毒性强、作用快的特征。在中国，神经毒剂曾经广泛被用作杀鼠剂，目前除了 C 型肉毒素，其他类型神经毒剂已经全面禁止作为杀鼠剂使用。但目前一些国家仍旧在应用。有机磷或有机磷酸酯类化合物为神经毒剂的典型代表，这类毒剂对脑、膈肌和血液中乙酰胆碱酯酶活性有强烈的抑制作用，致使乙酰胆碱在体内过量蓄积，从而引起中枢和外周胆碱能神经系统功能严重紊乱。

最小致死量（the minimum lethal dose） 指杀鼠剂能引起受试老鼠中个别个体死亡的最小剂量，如果低于该剂量则不会导致老鼠死亡。一般以单位体重摄取药物量表示，即毫克/千克（mg/kg）。"毫克"表示使用农药的剂量单位，"千克"指被试验的动物体重。

致死中量（the median lethal dose） 又称半数致死量，符号是 LD_{50}，计量单位为毫克/千克（mg/kg），其含义是每千克体重动物中毒致死的药量。一般来讲，体重越大中毒死亡所需的药量就越大。中毒死亡所需农药剂量越小，其毒性越大；反之所需农药剂量越大，其毒性越小。致死中量数值越小，表示药剂毒性越大。致死中量常用作衡量农药毒性大小的一个依据。但一种药剂的致死中量随施药的方式、受试动物的种类和性别的不同而有很大差异。

全致死量（the lethal dose） 指引起一组受试老鼠全部死亡的杀鼠剂最低剂量或浓度，计量单位为毫克/千克（mg/kg）。

适口性（palatability） 适口性的意思主要是指动物对待饲料或毒饵的采食积极性和采食频率。适口性是一种饲料或饲粮的滋味、香味和质地特性的综合，是动物觅食、识别、定位感知、食入和咀嚼吞咽等一系列过程中动物视觉、嗅觉、触觉和味觉等感觉器官对饲料或毒饵的综合反映。适口性决定饲料被动物接受的程度，与采食量密切相关但又难定量描述，它通过动物的食欲来影响动物的采食量，因此评价一种杀鼠剂是否有效要先对其毒饵的适口性进行评估。

急性杀鼠剂（acute rodenticides） 指对鼠急性毒力强、作用迅速，鼠摄入后致死速度较快的一类杀鼠剂。有些品种在鼠食后数分钟至十余分钟死亡，多数在 24 小时内死亡。急性杀鼠剂使用时省工、省饵，可较快看到灭鼠效果。但多数药物中毒后症状激烈，最先毒杀的多是老、弱、病、残鼠，未食毒饵之鼠会将中毒鼠的痛苦状态与毒饵之间进行关联，从而产生行为上的拒食现象。一旦人、畜等非靶标动物误食中毒后，抢救困难，易发生二次中毒。急性杀鼠剂的发展方向是急性药物慢性发作，可以有较长时间使更多鼠取食，待药性发作欲不食而为时已晚，可提高灭效；同时为误食中毒者的抢救争取时间。

慢性杀鼠剂（Chronic rodenticides） 又称缓效杀鼠剂，是指鼠类连续多次摄食毒饵，经过数天后才致死的杀鼠剂。慢性杀鼠剂按作用机理可分为抗凝血性杀鼠药，如敌鼠（双苯杀鼠酮）、溴敌隆、杀鼠灵等；不育剂，如棉酚、炔雌醚、左炔诺孕酮等。目前使用最多的慢性杀鼠剂是抗凝血杀鼠剂。抗凝血杀鼠剂可分为茚满二酮类和羟基香豆素类，二者均为蓄积性毒物。

亚急性杀鼠剂（Subacute rodenticides） 是一类介于急性杀鼠剂与慢性杀鼠剂之间毒性表现的化学杀鼠剂，尚无明确的划定界限。作用时间一般长于1天，短于7天。

二次中毒（Secondary poisoning） 指鼠被杀鼠剂毒死后的尸体被其他动物取食而发生中毒的现象。这是衡量杀鼠剂安全性的重要指标之一。有的杀鼠剂（如氯乙酸钠、氟乙酰胺等）甚至能发生三次中毒情况，这对于非靶动物存在危险性。磷化锌、安妥、毒鼠强等已禁用的急性杀鼠剂和某些抗凝血杀鼠剂都有一定的二次毒性。

解毒剂（Antidote） 指可以解除杀鼠剂毒性的物质。例如，抗凝血杀鼠剂（杀鼠灵、溴敌隆等）的解毒剂是维生素 K_1。

基饵（Base baits） 又称诱饵，为毒饵中所占最大比例组分的物质。在选择基饵时要考虑如下因素：靶鼠的喜食性，非靶动物中毒的可能性，毒饵加工的复杂程度以及来源、价格等。通常使用的基饵是粮食及其制品，对鼠类有很好的引诱力，但是不同鼠类对不同粮食的喜食性也有所不同，一般两种以上的谷物比单一品种好。也可用葵花籽、草籽、花生、大豆、鱼、水果、蔬菜，甚至鲜草、干草制成的颗粒作基饵，但是需看灭鼠的现场情况而定。用鼠平时并不吃但也不讨厌的东西做基饵料称之为载体，如纸张、玉米秸甚至白土等。非粮食基饵有时效果并不比粮食基饵差。

灭鼠毒饵（Poison baits） 由杀鼠剂、诱饵和附加剂混合制成的鼠类喜欢取食且能导致鼠类中毒致死的制剂。

毒饵添加剂（Additives of poison bait） 指毒饵中为增加安全性而加入的警戒色、防治鼠药变质的防腐剂，以及增加鼠药黏附在诱饵上的黏着剂等。

毒饵黏着剂（Agglutinant of poison bait） 毒饵中的一种添加剂，使得毒饵中的杀鼠剂、诱饵及其他添加剂混合均匀的物质，常见的有植物油等。

毒饵警戒色（Poison bait warning colouration） 毒饵中的一种添加剂，利用鼠类视力差（近视和色盲）的特点，在毒饵中添加着色剂，使之明显区别于正常食物，避免人类误食。

洞口投饵（In-burrow bait casting） 一种针对不同鼠类活动特点使用的毒饵投放方法，毒饵投入洞内或洞口附近，以提高鼠类与毒饵相遇的机会。对于洞穴较为明显的野鼠和北方农村土质住宅的家鼠较为适用。在野外应避开浮土，以防毒饵被埋。

条带投饵（Field bait casting） 按一定距离将毒饵呈线状均匀地投撒在地面的一种投饵方式，其间距和行距依据鼠类的密度和活动半径而定。

毒饵盒投饵（Station bait casting） 毒饵盒是盛装供鼠取食毒饵可移动的容器，毒饵盒可就地取材，其设计构造因鼠而异，用木板、纤维板、砖块、竹筒以及罐头盒均可。其作用主要是减少或避免非靶标动物误食和延长毒饵的使用时间，为鼠类提供隐蔽的进食场所，增加摄食机会。

拒食性（Bait shyness） 鼠回避引起不良经历食饵（如恶味、引起痛苦症状等）的行为，导致鼠类对毒饵拒不摄食。

抗药性（Rodenticide resistance） 由于某种杀鼠剂的长期单一使用，鼠类种群对该类杀鼠剂耐受能力增强，杀鼠剂效率下降，原有杀鼠剂剂量无法有效灭杀害鼠的现象。

参考文献

董天义，2001. 抗凝血灭鼠剂应用研究[M]. 北京：中国科学技术出版社.

郭永旺，王登，2018. 鼠害管理技术[M]. 北京：中国农业出版社.

全国农业技术推广服务中心，2015. 农业鼠害防控技术及杀鼠剂科学使用指南[M]. 北京：中国农业出版社.

郑智民，姜志宽，陈安国，2008. 啮齿动物学[M]. 上海：上海交通大学出版社.

（撰稿：王大伟；审稿：刘晓辉）

鼠害区划　regionalization of rodent pest

在一定的空间尺度内，根据害鼠的种类一致的原则，或者按照景观或被鼠害危害的植被类型一致的原则，将指定的空间划分成不同类型的危害区域的过程。开展鼠害区划的目的是针对不同的区域开展针对性的监测、科学防控，做到分类施策，科学管理，把危害降低到最低程度。区划结果的科学性和准确性依赖于对拟区划区域的调查深度，监测的结果以及研究的深度。因此，不同方法和不同研究人员对同一区域的鼠害区划结果可能有所差别。

鼠害区划包括农业鼠害区划、森林鼠害区划、草原鼠害区划等。目前，草原鼠害区划研究相对较多，森林和农田鼠害区划研究较少。从研究结果看，鼠害区划主要用害鼠种类作为"区划"的命名。如：内蒙古森林鼠害区划分为东北鼢鼠+棕背䶄危害区、草原鼢鼠+长爪沙鼠危害区、草原黄鼠+跳鼠危害区；四川森林鼠害区划包括：黑腹绒鼠危害区、赤腹松鼠危害区、绒鼠类危害区等。也有两级区划的案例，一级按照景观类型，二级按照害鼠种类。如内蒙古半荒漠鼠害区划，一级区划包括：荒漠草原鼠害危害区、草原化荒漠鼠害危害区等，荒漠草原鼠害危害区的二级区划包括：小毛足鼠+三趾跳鼠危害区、戈壁五指跳鼠+赤颊黄鼠危害区等。除此之外，也有一级按照景观区划，二级按照地名区划的鼠害区划方法。如碌曲县草原鼠害区划，一级区划包括南部滩地坡地鼠害危害区、中南部湖滨滩地鼠害危害区等；二级区划中"中南部湖滨滩地鼠害危害区"包括：尕海草地鼠害危害区、波海草地鼠害危害区等。

参考文献

付和平, 武晓东, 马春梅, 等, 2002. 内蒙古阿拉善荒漠区鼠害成因及防治区划[J]. 干旱区资源与环境, 16 (4): 106-109.

黄倩, 花立民, 曹慧, 等, 2009. 甘肃草原鼠害区划研究[J]. 草业科学, 26(2): 91-99.

林强, 冉江洪, 刘少英, 1999. 四川省、重庆市人工林鼠害危害区划[J]. 四川林业科技, 20(3): 29-31.

唐蒙昌, 何小平, 曹广成, 等, 2003. 内蒙古人工林鼠害区划[J]. 内蒙古林业科技 (4): 48-50.

武晓东, 苏吉安, 薛何儒, 等, 1997. 内蒙古半荒漠区鼠害区划及防治策略研究[J]. 内蒙古农牧学院学报, 18(1): 47-53.

杨彦东, 苏军虎, 花立民, 2014. 碌曲县草原鼠害区划研究[J]. 草原与草坪, 34(6): 51-55.

（撰稿：刘少英；审稿：王登）

鼠害生态防治　ecological control of rodent pest

根据不同的生态系统及防治对象的生态学特性，采取一系列措施，协调生态系统中各要素之间的相互关系，营造出有利于作物生长而不利于害鼠种群增长的生态条件。例如，在农田生态系统中，通过改善耕作制度、合理布局作物、改变耕作方式及农作物的田间管理（除草、翻耕、灌溉等农事活动），以减少农田害鼠的食物来源，破坏害鼠的栖息场所。在果园或林业生态系统中，亦可根据各地的生态条件，采取林农复合、定期中耕除草、伏翻、冬翻、冬灌及结合整地挖掘鱼鳞坑和防鼠沟等营林措施，减少害鼠食物来源，破坏其栖息地及阻止其迁移扩散。在草原生态系统中，可通过合理放牧、轮牧、灭除杂草、播种优良牧草等草场管理措施，营造出有利于牧草生长而不利于害鼠滋生的生态条件。此外，保护利用天敌也是生态防治的重要措施。

在广东珠江三角洲地区，作物结构复杂、稻果菜混合种植给害鼠提供了丰富均衡食物；高大的塘基、排灌渠基、机耕路、大田埂、河堤及地面杂草深的地方给害鼠提供了良好的栖息场所，这些地方的鼠密度相对较高。因此，采用合理布局农作物，如成片种植、挖低田埂高度、农田除草、结合排灌工程整修硬化排灌系统、用矮生草护堤等生态措施，减少害鼠的食物来源及破坏害鼠的栖息场所，可有效控制害鼠的种群数量。

参考文献

黄秀清, 冯志勇, 颜世祥, 等, 1995. 平原区柑桔园黄毛鼠发生规律及防治技术研究[J]. 中山大学学报论丛(1): 46-51.

黄秀清, 冯志勇, 颜世祥, 等, 2002. 珠江三角洲作物结构变动对害鼠种群动态的影响[J]. 广东农业科学(4): 36-39.

黄秀清, 冯志勇, 杨见亮, 等, 2006. 农田害鼠生境选择及防治对策研究[J]. 广东农业科学(2): 48-50.

张知彬, 王祖望, 1998. 农业重要害鼠的生态学及控制对策[M]. 北京: 海洋出版社.

（撰稿：郭聪；审稿：郭永旺）

鼠害生物防治　biological control of rodent pest

利用生态系统物种间的相互关系，以一种或一类生物控制另一种或另一类生物，从而达到控制有害生物的目的。广义的生物防治包含利用生物有机体及其代谢产物去控制有害生物的理论与实践。

产生背景　长期以来，鼠害是农业生产的主要生物灾害。20 世纪发展起来的化学农药产业，曾为农业生产做出了巨大贡献。然而，由于人类长期大量生产和使用化学农药，导致有害类动物（如鼠及昆虫）已经产生很强的抗药性，给农作物害鼠防治工作造成了越来越大的困难；同时，化学农药造成了日趋严重的环境污染问题，严重污染水体、大气和土壤，并通过食物链进入人体，危害人群健康，而二次中毒的现象又使许多有害类动物的天敌被杀灭。因此，通过利用生态系统中各物种间相互依存、相互制约的关系，以防治控制有害动物的生物防治技术成为当前有害生物防治的主要途径。

生物防治特点　生物防治的优点是：①通过生态系统物种间的相互抑制关系，有效控制有害生物，可起到事半功倍，甚至一劳永逸的效果，具有防治效果长效性的特点。②可避免农药对环境的污染和残毒的遗留，具有环境安全性特点，长期、无污染控制有害生物。

但生物防治也有其局限性，不能像农药那样可迅速地杀灭或降低有害生物种群数量。

生物防治方法　生物防治的途径主要包括利用有害生物的捕食天敌、寄生虫及病原微生物。在鼠类防治中，主要是利用对有害鼠类的捕食性天敌和寄生性生物，其主要内容包括：①利用捕食性天敌防治。捕食性天敌是种群调节的重要外部因子之一。捕食性天敌不仅可通过直接猎杀而降低猎物种群数量，而且可通过间接的母体应激效应对猎物种群波动产生长期的影响。②利用寄生性生物防治。寄生物是宿主种群调节的重要外部因子之一，可通过降低害鼠的繁殖及存活而调节宿主种群数量。寄生物包括微寄生物（细菌、病毒、原生动物）和大寄生物（蠕虫、寄生节肢动物）两类，而寄生物或致病性生物，通常有很高的生物潜能。它们的构造、代谢和生活史非常特化，对宿主具有感染特异性。因此，利用寄生物防治的最大优点是防治目标的专一性以及对非靶动物和环境的安全性。

生物防治的应用及现状　利用生物防治有害动物，在中国有悠久的历史。公元 304 年左右晋代嵇含著《南方草木状》和公元 877 年唐代刘恂著《岭表录异》都记载了利用一种蚁防治柑橘害虫的事例。19 世纪以来，生物防治有了迅速发展。最早的案例是在 1887 年，美国加利福尼亚州首次发现吹棉介壳虫危害全州柑橘业，1888 年，从吹棉介壳虫原产地澳大利亚引进双翅目寄生昆虫和捕食性昆虫，仅用两年的时间控制了吹棉介壳虫对柑橘的危害。但在鼠害防治中，生物防治技术的应用相对虫害较晚，研究也相对滞后。

在草原生态系统，鼠类的天敌资源丰富，包括隼形目的大䴉、红隼、苍鹰、金雕、草原雕、胡兀鹫，鸮形目的长耳猫头鹰、雕鸮以及雀形目的渡鸦、乌鸦。此外，鼬科、猫科及犬科中的食肉兽等均为鼠类主要天敌。青海20世纪90年代初，实施了鹰架招鹰灭鼠。

由于寄生物及其鼠类宿主种类繁多，用寄生物控制害鼠具有广阔的应用前景。澳大利亚、英国、加拿大和美国等国家在实验室及野外，分别开展了对鼠类的寄生线虫肝毛西线虫对小家鼠和林姬鼠种群数量影响的研究，发现，肝毛细对小家鼠和林姬鼠的种群具有一定的调控作用。在泰国，将原生动物肉孢子虫应用于稻田家鼠和黄毛鼠的防治，在投放肉孢子虫毒饵10~14天后，灭效率达到70%~90%，显著降低了对稻田的危害。在澳大利亚，由于17世纪欧洲野兔作为物种入侵，导致澳大利亚发生严重的兔灾。到20世纪50年代，从美洲引进了一种依靠蚊子传播的病毒——黏液瘤病毒，这种病毒的天然宿主是美洲兔，能在美洲兔体内产生并不致命的黏液瘤，但这种疾病对于欧洲兔子来说却是致命的。另外，由于这种病毒具有选择性，对于人、畜以及澳大利亚的其他野生动物完全无害，无疑是消灭澳大利亚兔子的最理想的武器，并最终取得较好的控制效果。在中国20世纪70年代，中国科学院西北高原生物研究所开展了鼠痘病毒对北疆小家鼠的感染性、传染性途径及症状以及灰仓鼠、柽柳沙鼠和草原兔尾鼠对沙门氏菌的感受性的研究；在21世纪初，中国科学院西北高原生物研究所开展了艾美尔球虫对高原鼠兔防控技术的研究。

寄生性生物防治

肉毒杀鼠素（C/D型） C/D型肉毒杀鼠素是C/D型肉毒菌外毒素经严格过滤灭菌后作为杀鼠剂，主要作用在于产生一种使神经麻痹的毒素，可侵犯鼠类的中枢神经，麻痹心脏、肌肉、骨骼，阻滞呼吸造成生理失常。C/D型肉毒素对光、热不稳定。稀释液在5℃时保持24小时后，开始失毒，阳光照射下，毒素失毒更明显。酸性反应pH3.5~6.8时较为稳定，对碱性反应较为敏感，pH10~11的条件下减毒很快。C/D型肉毒杀鼠素作为杀鼠剂，较常用的化学药物毒饵安全。投饵后害鼠的死亡高峰在第4~5天，有效期仅18天左右，10天后分解无毒。保存较为方便，-15℃冰箱可保存3年，-4℃冰箱可保存1年，4年毒力可降低50%左右。5℃气温下，1年毒力未见下降。该肉毒杀鼠素的毒力接近毒力最强的灭鼠毒药大隆的毒力。在大面积使用中，通常使用该毒素的毒力为100万MLD小白鼠/ml（静脉）。目前，C型肉毒素已定制两种剂型的产品标准：水剂，毒力为100万MLD小白鼠/ml（静脉）；冻干剂，毒力为400万MLD小白鼠/ML（静脉）。C型肉毒素自1988年大面积应用以来，先后在全国草原地区试验和推广，防治的鼠种有高原鼠兔、藏鼠兔、达乌尔鼠兔、甘肃鼢鼠、高原田鼠、黄兔尾鼠、长爪沙鼠、达乌尔黄鼠等。毒饵浓度为0.1%~0.12%，防后第八天的校正灭杀率在90.2%~99.30%，为适应多种生态环境和多种害鼠的广谱杀鼠剂。由于C型肉毒素已使用二十多年，目前，野外草原灭鼠替换用D型肉毒素。

鼠痘病毒 鼠痘病毒（Mouse poxvirus）属于痘病毒科脊索动物痘病毒亚科正痘病毒属。该病毒能引起小鼠的一种接触性传染病，侵害小鼠体内的主要实质器官，引起肝、脾、肺、肾等组织均有不同程度的病变。此病又称小鼠传染性脱脚病或小鼠缺肢畸形症，其典型症状是肢体水肿和坏死，最初在嘴部、四肢和尾部出现水肿性肿胀，因病毒侵染皮肤的毛细血管和皮肤的上皮细胞而引起皮肤病变以及四肢和尾部组织坏死而脱落。该病主要特征有急性型，在未发现特征性症状前死亡；亚急性或慢性型，患鼠肢、尾肿胀，发炎和坏疽脱落，也有的出现结膜炎、肺炎、脑炎及肝炎等症状。1947年由Fenner将该病命名为鼠痘。该病毒在小白鼠群中传染性很高，死亡率高达95%。由于小家鼠与小白鼠同属鼠科，后者为前者的变种，因此，鼠痘对小家鼠具有明显的感染性，死亡率高达100%，且多为急性死亡。在小家鼠中，鼠痘可通过呼吸道、消化道及皮肤损伤等途径传染，感染潜伏期为2~7天，发病症状为毛松竖，反应迟钝，多数病鼠头部略显肿胀，尤以鼻梁部较为明显。除头部外，体躯、四肢及尾部均无明显肿大或溃烂，但四肢趾端略显充血。野外条件下鼠痘病毒可在小家鼠种群具有一定的传播率，大田释放接种鼠后15~16天，即可捕获感染鼠；麦垛中于释放接种鼠18~49天后，鼠痘病在实验麦垛广为传播；在仓库中于释放接种鼠后22天，可发现少量感染鼠。鼠痘病毒对亲缘关系较远的高原鼠兔、高原鼢鼠、小林姬鼠、柽柳沙鼠及对鸡、狗、羊皆无致病性。

沙门氏菌 沙门氏菌属（Salmonella）是一大群寄生于人类和动物肠道内生化反应和抗原构造相似的革兰氏阴性杆菌，统称为沙门氏菌。包括伤寒沙门氏菌（Salmonella typhi），甲、乙、丙型副伤寒沙门氏菌（Salmonella paratyphi A、B、C），鼠伤寒沙门氏菌（Salmonella typhimurium），猪霍乱沙门氏菌（Salmonella choleraesuis），肠炎沙门氏菌（Salmonella enteritidis）等。在形态和生理上都极似大肠杆菌，不形成芽孢。沙门氏菌病是公共卫生学上具有重要意义的人畜共患病之一，它们除可感染人外，还可感染很多动物包括哺乳类、鸟、爬行类、鱼、两栖类及昆虫。20世纪70年代初期，沙门氏菌被应用于对灰仓鼠（Cricetulus migratorius Pallas）、柽柳沙鼠（Meriones tamariscinus Pallas）和草原兔尾鼠（Lagurus lagurus Pallas）野生鼠的防治实验研究，发现沙门氏菌的二个菌群株对上述野生鼠具有极强的致病力。在21世纪初，采用肠炎沙门菌丹尼氏阴性赖氨酸遍体毒饵进行了高原鼠兔的灭鼠实验，发现，高原鼠兔采食肠炎沙门菌后2~3天，出现毛发耸立，双目微闭，行动迟缓，基本反应能力消失。死亡高峰出现在第5~7天，第9天全部死亡。野外投饵后第12天的平均灭洞率为81.62%，校正灭洞率为77.50%。未发现二次中毒现象。

黏液瘤病毒 黏液瘤病毒（Myxoma virus），属痘病毒科痘病毒属，形态为砖形，病毒基因组为双链DNA，分子大小约160kb。此病毒只发生于家兔和野兔，其他动物和人类不易感染，对兔可引起急性、全身性和高度致死性的疾病。主要传播方式是直接与病兔及其排泄物、分泌物接触或食用被病毒污染的饲料。在自然界，蚊子、跳蚤、虱、螨等吸血动物是最常见的病毒传播者。临床上，感染该病毒的特征主要是眼皮红肿、发热、黏膜肿胀、眼鼻分泌物增加以及在皮肤上出现由黏液组织构成的肿瘤，随着病情恶化，眼球发黄，上下眼睑互相粘连，耳朵由于耳根皮下肿胀而变得下垂。病兔超急性型7天内死亡，一般在1~2周内死亡。19世纪中叶澳大利亚发生兔灾，起初，用3只感染兔子和野兔的黏液瘤病毒灭杀兔子，取得很好效果。在20世纪后期，研发出一些工程病毒，即用黏液瘤病毒处理雌兔的免疫系统，使此系统攻击雄兔的精子。澳大利亚脊椎动物害兽群体生物防治合作研究中心组织了许多学科力量进行了这项研究，把黏液瘤病毒作为工具，插入兔精子蛋白，诱使雌兔发生免疫反应，雌兔的抗体把精子视为入侵者加以破坏，从而达到控制兔子数量的目的。

捕食性天敌防治

猫 小型猫科动物是农田、草原啮齿动物及兔形目动物的主要天敌，对农牧业生产和维持生态平衡有重大意义。中国小型猫科动物主要包括兔狲（*Otocolobus manul*）、金猫（*Otocolobus temminckii*）、亚洲野猫（*Felis silvestris ornata*）、云猫（*Pardofelis mamorata*）等。兔狲广泛分布于中亚地区，最大种群被认为分布在蒙古国和中国内蒙古，为独具夜行性动物，主要捕食鼠兔和小型啮齿类动物，也猎食鸟类和野兔。国外就兔狲对欧洲雪兔种群波动的作用有大量研究，认为，兔狲可引起雪兔10年的周期性波动。金猫主要分布在喜马拉雅山麓丘陵直至中国和东南亚地区，也可见印度东北部和尼泊尔部分地区。以啮齿动物为主要食物，包括田鼠和其他鼠类，也捕食蛇、蜥蜴、鸟类。亚洲野猫在中国主要分布于西北部地区，栖息于沙漠灌丛，以小型脊椎动物为食，尤喜食啮齿类动物，如地松鼠、沙鼠、跳鼠等。目前单一依靠天敌是否能防控害鼠暴发或控制害鼠，尚有争议。

狐 狐属食肉目犬科动物，主要种类有赤狐（*Vulpes vulpes*）、沙狐（*Vulpes corsac*）、银狐。赤狐又称红狐，适应性强，分布范围广，各类型草原都有分布。春末夏初产仔，以各种啮齿动物为食，偶尔也会盗食家畜，夏季也猎食一些雉、鹑和其他鸟类。沙狐，又名狐狸，属高原动物，分布海拔可达5100m，以啮齿类动物为主要食物，鸟类和昆虫次之，达乌尔黄鼠、黑线仓鼠和布氏田鼠在沙狐食物组成中超过50%，一般栖息于岩石洞。银狐又称银黑狐，原产于北美和西伯利亚，是野生状态狐狸的一种毛色突变种，常以小型哺乳动物为食，其中食物中鼠类占70%以上，栖息于森林、草原等自然环境中。

参考文献

巩爱岐, 2004. 青海草地害鼠害虫毒草研究与防治[M]. 西宁: 青海人民出版社.

梁俊勋, 1981. 灰仓鼠、柽柳沙鼠和草原兔尾鼠对沙门氏菌的感受性实验[M]//青海生物研究所. 灭鼠和鼠类生物学研究报告: 第四集. 北京: 科学出版社.

青海省生物研究所微生物灭鼠研究组, 1973. 鼠痘病毒灭鼠的研究[M]//青海生物研究所. 灭鼠和鼠类生物学研究报告: 第一集[M]. 北京: 科学出版社.

王祖望, 何新桥, 王基琳, 等, 1975. 野外条件下鼠痘病毒在小家鼠的中的传播实验[M]//青海生物研究所. 灭鼠和鼠类生物学研究报告: 第二集. 北京: 科学出版社.

王祖望, 何新桥, 王基琳, 等, 1981. 鼠痘病毒对鸡、猪、羊、狗致病性的初步观察[M]//青海生物研究所. 灭鼠和鼠类生物学研究报告: 第四集. 北京: 科学出版社.

（撰稿：边疆晖；审稿：刘晓辉）

图1 藏狐捕食高原鼠兔（连新明提供）

图2 大鵟捕食高原鼠兔（连新明提供）

鼠害损失率 loss rate of rodent damage

鼠害损失是指由于害鼠的取食活动、啃咬物品、传播疾病等行为，对各行各业产生危害而造成的损失。在农业上，包括从作物播种对种子的盗食、苗期对幼苗的啃咬、成熟期对果实的盗食以及粮食贮存过程中的盗食。

鼠害损失率是指调查获得的鼠害损失情况占实际抽样调查中的比例。鼠害损失调查的目的，是为科学防控鼠害提供依据，因此，调查方法尤为重要。调查方法中包括抽样技术和农作物不同生育期调查这两个方面。害鼠有多次重复盗食同一地点食物的习性，形成作物点片受害，从而使作物受害呈聚集分布。鼠害分布往往因害鼠密度不同而异，随着害鼠密度增加，作物受害加重，鼠害在农田的分布也有聚集分布逐渐趋于随机的均匀分布。因此，在作物鼠害调查时，采用平行线移动或"Z"字形、棋盘式等方法取样，样点在作物田内分布较为均匀，代表性较强。

由于作物在不同生育期，害鼠的危害方式不同，故在不同生育期鼠害损失的调查方法也可不一致。播种至苗期，鼠害主要造成缺苗断垄，大面积调查也可采用目测法，估算受害面积；小面积调查则可用棋盘式取样。成株期、成熟至收获期，主要调查株受害率、受害面积和产量损失，受害部分可采用平行线取样法。

根据调查获得的鼠害损失情况和调查的面积，而得到鼠害损失率。

参考文献

张知彬, 王祖望, 1998. 农业重要害鼠的生态学及控制对策[M]. 北京: 海洋出版社: 114-174.

(撰稿: 王勇; 审稿: 王登)

鼠害物理防治 physical control of rodent pest

非化学的消灭老鼠、防治鼠害的方法。基本原理是把老鼠诱入机关捕杀, 如关、夹、套、压、淹等器械, 经济安全, 可就地取材, 灵活应用。但这类方法一般比较费工, 用于消灭残余鼠和零星发生的鼠比较合适。

夹捕法

踏板夹　是最常用的捕鼠工具之一, 使用安全、简便。踏板夹的种类和型号很多, 但原理相同, 有铁板夹、木板夹、铁丝夹等 (图1、图2、图3), 利用弹簧的强力弹压作用, 夹住触动诱饵的老鼠。踏板夹可放在鼠洞口、鼠路或鼠经常活动的地方。诱饵可根据不同的生境和害鼠的习性而定, 一般可采用葵花子或花生等。踏板夹适用面较广, 常作为鼠密度调查的工具。踏板夹放置之前, 要注意检查各装置的灵敏度, 放置不当, 难以收到满意的捕鼠效果。

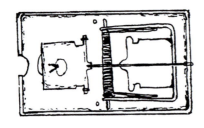

图1　铁板夹 (王勇提供)

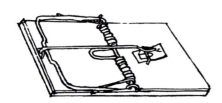

图2　木板夹 (王勇提供)

图3　铁丝夹 (王勇提供)

弓形夹　是用两块半圆形铁环为主要部件, 铁环两端各制成轴状, 套于底部两端的轮孔上, 另一端用一挖空心孔的弹簧钢片, 把这两个半圆形铁套套紧 (图4)。放置时, 先将弹簧钢片压下, 使弓形铁环向两边张开, 用一根小铁棍和弓形夹中央的铁制小踏板相互勾搭, 使弓形铁环保持张开状态, 当鼠踩踏踏板时, 两个弓形铁环猛力将鼠夹住。放在鼠洞口的弓形夹, 不用诱饵, 待鼠出洞时踩着踏板, 即可被弓形铁环夹住。放置的位置是在鼠洞口底侧铲出平台和半圆形小坑, 使鼠夹与地面平, 支好后在夹周围和板面上撒些土或碎草伪装。钢丝夹应拴有细铁链, 以便用铁钉、木桩等固定在地面上, 防止鼠类或食鼠动物将夹带走。

图4　铁皮弓形夹 (王勇提供)

环形夹　主体为两片对称的带孔铁片, 孔与鼠洞洞口大小相近, 在柄端部以穿钉相连, 下片有一活动撬棍, 上片下缘有一缺刻, 借柄部弹簧之力使两环张开 (5图)。支夹时, 用手将两环合拢, 两孔对齐, 将下环上的别棍卡在上环的缺刻上, 使别棍挡住夹孔。夹一般有链, 可挂在墙上, 使夹孔正对鼠洞洞口, 当鼠出洞时触动别棍, 使别棍脱开, 两铁环左右分开。

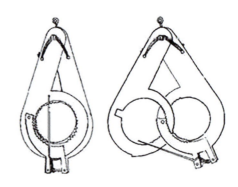

图5　环形夹 (王勇提供)

笼捕法　鼠笼是最常用的捕鼠工具之一, 由于捕获的鼠为活体, 标志重捕法研究鼠类密度和个体特征时, 都用鼠笼捕鼠。鼠笼的种类很多, 大小、形状不一, 最常见的是矩形笼。鼠笼通常用铁丝编成 (或铁皮制成), 也有多种型号, 用来捕捉小型鼠 (如小家鼠) 的鼠笼, 网眼直径不超过5mm, 否则容易钻出。鼠笼有关门式鼠笼、踏板式鼠笼、倒须式鼠笼和活门连续捕鼠箱等。鼠笼捕鼠需用诱饵, 可用来捕捉活鼠。在使用时, 应注意家鼠的特性和室内特点, 采取相应措施。放鼠笼，笼口应朝向鼠洞或正对鼠路。放鼠夹，应放在鼠经常活动的地方，勿贴近墙壁，并与鼠路垂直。

捕鼠笼 捕鼠笼多数由笼体、活门和机关三部分组成（图6）。捕鼠笼上的机关用弹簧连在活门上，老鼠盗食诱饵时拉动机关，活门立即关闭，即可捕住老鼠。

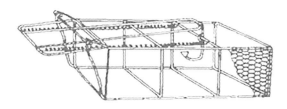

图6 捕鼠笼（王勇提供）

倒须式捕鼠笼 又名印度式捕鼠笼，多用铁丝编成，有圆形和方形。在鼠笼上留1~3个用钢丝编成的喇叭式入口，口内有倒须，故称倒须式捕鼠笼（图7）。笼中放诱饵。第一个鼠钻入盗食之际，其他鼠也随之进入取食，由于倒须的作用，鼠只能进不能出，可达到连续捕鼠的目的。

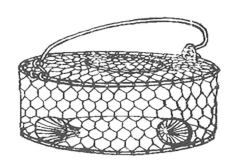

图7 倒须式捕鼠笼（王勇提供）

踏板式连续捕鼠笼 这种捕鼠笼用铁丝或铁皮制成，入口用铁皮安装成踏板（活门），当鼠踩动踏板一端，因其体重下压而打开活门，鼠被翻入笼中，踏板因受到重力或弹簧的拉力作用而下落，活门关闭。第一个老鼠盗食之际，后面鼠随之而入。由于只能进不能出，可以连续捕鼠（图8）。

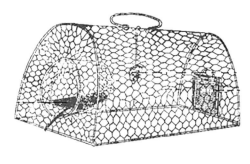

图8 踏板式连续捕鼠笼（王勇提供）

弓箭类捕鼠法

竹弓 又名竹剪，用竹为材料手工制作。使用时插放在鼠路上，待鼠穿过竹弓孔，触动消息签，竹弓的上股即打落而把鼠夹死（图9）。

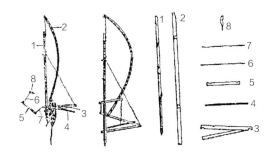

图9 竹弓（王勇提供）

1. 小竹：75cm；2. 剪弓：80cm；3. 竹剪：上22cm，下21cm；4. 消息签：20cm；5. 担签：13cm；6. 绳：6cm；7. 绳：9cm；8. 小挑签：1.5cm

暗箭 通常是用一块较厚的木板，在下方开一口，在板的背面用橡皮（或弹簧、竹弓）固定住一根粗铁丝做的箭。箭的上端绳系以一小木棍；木板正面，在下口的下缘装一根能活动的横别棍，并在下口的左上方钉一铁钉。捕鼠时，将下口对准鼠洞，将箭向上拉，使箭尖退至下口上缘，再将小木棍拉到板的前面别好（图10、图11），鼠出洞踏动横别棍，小木棍弹起，箭射下即可穿入鼠体。

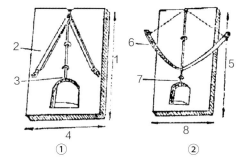

图10 暗箭（背面观，王勇提供）
①暗箭甲；②暗箭乙
1. 20cm；2. 橡皮；3和7. 箭；4和8.31cm；5.31cm；6. 竹弓

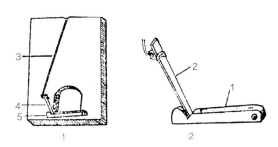

图11 暗箭（正面观和别棍用法，王勇提供）
①暗箭正面观 ②别棍用法
1和5. 横别棍；2和4. 小木棍；3.拉暗箭的细绳

"丁"字形弓箭 安装"丁"字形弓箭时，箭头离洞口一般6~8cm，箭头插下时带下的表土应掏尽，然后将箭头插在洞中央，用土将弓背固定好，然后将钢钎提起，用撬杠固定，用手掌搓成的土块，连同塞洞线一起封洞，土块要中间厚四周薄，要求湿度适中，不能用泥，以免封得过死，土块贴洞口的一面要求人手未接触过（图12）。

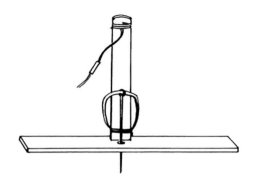

图 12 丁字形弓箭（王勇提供）

三脚架踏板地箭 用长约 1m 的三根木棍做成三脚架，用长为 40cm 的细棍作为杠杆，杠杆的一端系一条长 50cm 左右的绳子，在杠杆 1/10 处绑一条短而较粗的绳子悬于三脚架下作为支点（图 13）。然后用绳子将 10kg 左右的石板吊起悬于杠杆上。支架前，先用一根长 80cm 左右的直木棍伸到洞内探知曲直，直到鼠洞为直洞为止。然后将洞口铲齐，洞上表土铲平，此时可支架下箭，共三支箭，第一箭距洞口 10cm，箭中距为 6~7cm。下箭时每支箭应插在洞中央，插好一支即提起一支用湿土固定，箭刚提到洞径上面为准。全部插好后，用杠杆将石板吊起，然后用牵线一端缠一小石块，塞进洞口。鼢鼠推土封洞时，将洞口的石块推出，杠杆失去平衡，石板迅速下落，压箭入洞，即可捕鼠。

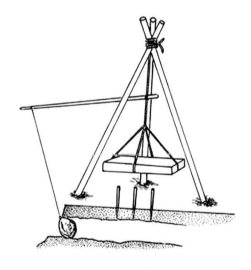

图 13 三脚架踏板地箭（王勇提供）

板压法 将绳子绑在树或木柱上，另一头系一小木棍。取一石板（或砖、厚木板等），斜立于地面，在其中部绑一细绳并系上诱饵；再将小木棍插入细绳中套住（图 14）。当鼠偷食诱饵时，拉动细绳，小木棍脱落，石板落下可将鼠压死。

圈套法

枝条法 取一枝有弹力的枝条，把粗头插在鼠洞附近，把细头弯到鼠洞另一侧，成弓形，并用石头把细头轻轻挡住；再用一根马尾，打成活圈套，一头拴在洞口上面的柳条上，套眼对准鼠洞。鼠出入洞时就能被套住。如鼠挣扎，柳条弹起，鼠即被吊在空中。

图 14 板压法（王勇提供）

图 15 柳条法（王勇提供）

绳套法 该法主要用以捕捉旱獭等体型较大的鼠种。一般用 18~22 号铁丝 4~6 股拧成长约 1.5m 的铁丝绳，一端做成直径约 1cm 的圈，再将另一端穿过圈，做成直径 15~25cm 的活套，绳的另一端固定在木桩上，钉在洞口旁。活套应安放在旱獭洞的内洞口，可用草棍将活套固定在洞壁上。活套应在旱獭出洞或入洞前安放，需要勤检查，及时处理被捕的猎物。在用活套捕捉野兔时，可直接用 1 股 18~22 号铁丝制作，将其垂直固定在野兔采食道地形坡度较大的地段（图 16）。

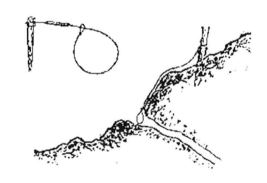

图 16 绳套法（王勇提供）

剪具类捕杀法 剪具类有 10 多种，根据形状称为铡或剪。用 6~7 根铁、木或竹条固定成三角形或四角形剪架，可牢靠地放在鼠洞口，其中一块是活动的，支棍有铁、木、竹棍或绳棍多种。引发原理用踏板或绊线。在剪架上或鼠洞口某侧钉小钉，把剪掰开，放在洞口，把支棍微微别在小钉上。弹力部有竹弓、弹簧或胶皮制的多种。鼠触踏板或绊绳使支棍与小钉脱离，弹力部复原，活动木向剪架合拢，鼠即被捕获（图17）。为增强效果，有的活动木条上装锯条，捕获率高。

图17 剪具类捕杀法（王勇提供）

钓钩类捕杀法 用弹性钢丝，中间扭个圈，两端磨尖再折回成钩，然后弯成夹剪状。两边腰部各绕细铁丝，细铁丝头上拧成小圈。后部拴铁链，铁链另端拴根针，即制成嘴钓。使用时，把嘴钓挂起，下部离地面6～7cm，用针穿过后部的钢圈，微微别住中部两个小铁圈，使嘴钓合拢，挂上诱饵。鼠跳起吃诱饵时，使针和中部的铁圈脱离，钢钩向两边弹开，鼠嘴即被钩住（图18）。

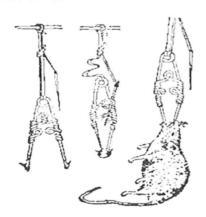

图18 钓钩类捕杀法（王勇提供）

电子捕鼠器 俗称"电子猫"，是一种特制的高电压杀鼠工具，它使用变压器把低流量交流电升至一千多伏，鼠接触这种电网即被击昏或击死。其基本原理是将220V、50～60Hz的交流电通过捕鼠器，变成1600～2000V、60～64mA、瞬时最大输出功率130W的小股高压脉冲电流。当鼠接触捕鼠线时，电流通过鼠体和大地形成回路，把鼠击昏，并转换为声、光信号。电子捕鼠器虽对体重1kg以上的动物杀伤力很小，但仍要注意安全。

合格的电子捕鼠器应具有下列性能：有高压回路限流功能，其短路电流应小于60mA；有延时自动切断电源的功能；高压输出采用与市电电网绝缘的悬浮输出；机壳与机内带电部位绝缘良好，机壳附有接地接线柱。

电子捕鼠器特点：电子捕鼠器具有体积小（DZ-4C型体积为9cm×8.5cm×7.5cm）、重量轻（1kg）、效率高（命中率大于95%）、威力大（10天能把布放地点的鼠捕绝）、耗电量小、无毒无害、经久耐用、投带方便等优点。适用于食品厂、食物库、种子库、大厨房、住宅及野外等场所。在触电时间短的情况下，捕获的绝大多数是活鼠，可供科研、医药、皮毛利用以及养貂作饲料。

超声波驱鼠法 任何噪声对有听觉的动物都是有害的。老鼠在受到超声波冲击后，引起大脑和视觉神经紊乱产生恐惧和瘙痒，食欲不振，出现眼红发炎，疼痛抽筋，乱闯乱蹦，自相践踏。长时间作用致使老鼠激烈消耗副肾激素，破坏生殖组织直至死亡。正在哺乳的母鼠受超声波干扰后，即使不死也会变得乳汁枯竭，从而阻遏老鼠的繁殖。

使用超声波驱鼠，一般5～30天，最长50天，老鼠就慢慢减少。但超声波驱鼠只能使鼠胆怯，逃跑，待鼠适应后就会影响使用效果。目前用超声波驱鼠尚有争议。

粘鼠胶捕鼠 粘鼠胶是利用某些黏性物质粘灭老鼠的一种方法。一般可用松香和植物油（桐油、蓖麻油）熬制成胶。对于不适宜用毒饵灭鼠的场所如粮仓、火车、船舶等，可用粘鼠胶粘鼠。城镇内的鼠密度较低的住房，把粘鼠胶放在鼠的必经之路上，效果相当好。该法对体型较小的鼠类粘捕效果较好。

松香类粘鼠胶 是用松香和机油按一定比例混合加热熬制而成的一种粘鼠胶，松香含量高时黏度大，是较早使用的一种方法。在春季、秋季温度适宜的情况下有效期仅10余天，粘力也有限。一次粘鼠6～7只，有效期7天。

四合一粘鼠胶 "四合一"粘鼠胶的配方是聚甲基丙烯酸500g，松香500g，20号机油500g，麦芽糖150g。制作时，先将前3种原料一并放入容器中，用文火加热，待全部溶解后，加麦芽糖150g拌和，至沸点发出糖香味时即可。使用时，取黏合剂涂在硬纸上，中间留一个空白点，作为放置诱饵用。

101-粘鼠胶 是一种高性能粘鼠胶，是一种改性的聚酸醋乙烯的丙酮溶液。常温下为黏稠的树脂状液体，溶剂挥发后，呈无色透明膏状体，固体含量65%，黏度20.0004～60.000厘泊，在5～40℃时有很强的黏性，当温度升到50℃时，产生很小的流动性，但不会产生溢流现象。无毒，化学性质稳定，遇强碱稍有反应。使用时，将鼠胶瓶浸在沸水中化成糊状，在16cm²的木板、铁片或硬纸上用粘鼠胶50g涂成环状，中间空白处放诱饵。涂胶的厚度视鼠的大小而定，一般以1～2mm为宜。放置时，在板的中间放带香味的诱饵，然后放在鼠经常出入的地方。当鼠盗食爬胶时，即可被活粘住。

粘鼠板 是近年来使用较多的一种捕鼠工具。其特点是强力粘胶，无味无臭，简便易行，安全卫生，为理想的捕鼠工具。使用时不受气候影响，可重复使用。无毒无害无污染，是新一代绿色产品。

产品的规格根据粘鼠板的大小和涂胶重量，可分为A、B、C、D等4种型号，按照折叠层次，又可分为一折型和多折型2种。使用方法：从封口处打开粘鼠板，置于老鼠经常出没的地方，捕获到老鼠，合上处理即可。在老鼠较多的地方可同时使用几张，必要时可将粘鼠板固定在地面上。

爆破灭鼠法

烟炮灭鼠 将烟熏灭鼠剂塞进鼠洞点燃后，把鼠洞封闭将鼠熏死。灭鼠烟炮具有熏蒸剂的特点，对人畜无害；制作容易，可就地取材。但制作或使用不慎时，可引起火灾。目前使用的大多数烟炮，对杀灭洞内鼠起主要作用的是一氧化碳。一氧化碳为无色、无味的气体。对温血动物毒性很大，可使血红素变性，失去交换氧气的能力窒息而死。

烟炮的主要成分是燃料和助燃剂。燃料燃烧时产生烟，烟中含有大量二氧化碳和一氧化碳。常用燃料有木屑、煤粉、炭粉和干畜粪末等。助燃剂能使燃料在较短的时间内燃尽，迅速增加有毒气体的浓度和压力。助燃剂的用量以能使燃料在短时间内燃尽，而不产生火焰为宜。常用的助燃剂有硝酸钾、硝酸钠、硝酸铵，也可用氯酸钾或黑火药。硝酸钾、硝酸钠助燃性能好，不易潮解，但硝酸钾价格高；硝酸铵助燃性能较好，价格低廉，容易获得，但易潮湿，用量较大。

雷管灭鼠 用于地下害鼠防治。将鼢鼠有效洞切开，用铁丝钩伸进洞内30cm处，在洞道下方钩出一条宽和深都为2～3cm的小沟。把雷管放入小沟内，雷管距洞口25cm，用土埋没雷管和导线。洞口内放大小适宜的土球，在洞口切面处上下左右分别插入4根别棍，将雷管上引出的2根导线，一根从中间剪断，一头挽在上下别棍成竖电线，剪下来的再拴在左右别棍上成横电线，将竖横电线十字交叉处的电线胶皮预先剥去，露出铁丝，交叉触发点间留0.5cm的间隙，最后将横电线一头接在电池一端，把由雷管引出的另一根线接在电池的另一端。当鼢鼠堵洞推土时，土又推动土球，土球挤压竖电线，使横竖电线交叉点接触。于是电路接通，一瞬间雷管在鼢鼠胸腹下爆炸，将鼢鼠炸死。

其他捕鼠方法

灌水灭鼠 适用于水源较多的地区，主要消灭野外的洞道向下的鼠类。灌鼠前需确认洞中有鼠，先堵严周围的洞口，留下灌水洞口，把准备灌水的洞口用土垒成漏斗状，水分次快加，加一桶后稍停，待水向洞的深部浸入后再加，观察水面有无小气泡出现，在水开始冒气泡时，当鼠一露头即快速捕捉。

挖洞灭鼠 适于捕捉洞穴构造比较简单、洞浅的鼠种。除非看见鼠进入，否则正确识别鼠洞是该方法取得成功的关键。挖洞前，要堵好周围的洞口，防止鼠在即将被捕时冲出，窜入邻近的洞口。挖洞时，认真观察，不挖丢洞道，还要能分辨老鼠临时堵塞的洞道。挖洞能否成功的关键在于正确辨识鼠洞，包括洞口数量（出入洞及逃避隐蔽的后洞数）、洞穴的深度和鼠的活动规律，先堵住其他洞口再挖，以防鼠逃窜。

扣盆（碗）捕鼠 盆（碗）扣捕鼠，用食物支住小酒杯，再用盆（碗）罩在小酒杯边沿上，老鼠窃食触动酒杯，盆（碗）就会落下扣住老鼠。此法适用于捕捉较小的幼鼠。

活动翻板捕鼠 用活动翻板作箱盖或桶盖，翻板中间放上诱饵，老鼠踏上翻板即会落入箱内或桶内。

灯光捕捉法 许多夜间活动的啮齿动物，可以利用灯光捕捉。两个人一边慢慢行走，一边用灯光照射那些沙堆之间、灌木丛之间、沟渠、道旁的各个角落，可以惊动很多跳鼠和沙鼠。这些鼠类被灯光照射之后，眼睛睁不开，一时呆若木鸡，可乘机用长柄扫网捕捉或用长竿横扫，打断其肢体而捕获。利用草兔借光习性，可借助机动车辆追赶捕捉，一般追赶1～2km，就可活捉。

在早稻育秧期间，在晚上先用强光的手电筒照，然后用木棒捕打。一般每人每晚可捕打2～4只老鼠，连续捕打3～5晚，就可控制秧田鼠害。

夜间灭家鼠也可采用此法，左手握电筒，右手拿火锥（或木棒），先猛照一下老鼠，再快步逼近。这时老鼠因被光照射，待着不动，可以用火锥迅速扎（或打死）。如果两人，则一个照，一个扎打，效果更好。

跌洞法 对防治棕色田鼠效果很好。寻找田间新排出的沙土丘，挖去松土找到洞口后，用手指（戴手套）将洞口泥土轻轻掏净。由此洞口垂直向下挖一光滑圆形深坑，坑的直径约20cm，深约60cm，坑底压实。跌洞上口盖上草皮。每隔15分钟左右检查一次，发现田鼠跌于坑内即行捕杀。此坑可连续使用几次（图19）。

图19 跌洞法（王勇提供）

竹笪围捕法 是南方地区捕杀农田褐家鼠、小家鼠、黄毛鼠和板齿鼠等的一种方法。用50cm高的竹笪，长几十米至数百米，黎明前或黄昏前围在田边，每隔30m开一出口，出口外埋口水缸，缸口与地齐平，缸内装七成水，水中滴些煤油并覆盖上谷壳。鼠通过笪门时，就会跌入缸内而溺死。草原上用的挖沟埋筒法与此法大同小异，同样可以消灭害鼠。

人工捕打法 在鼠多的农区，当庄稼收割、堆放、拉运和堆场时，常使隐蔽的害鼠暴露于外，发现之后，用枝条抽打，能消灭许多害鼠。据东北调查，水稻收割时，用此法捕打东方田鼠，效率可达73%～75%；大豆收割拉运时，捕打效率达76%～90%。此法对农田害鼠都有较好的效果。

陷鼠法 装半缸水，上面浮糠，鼠入吃糠即被淹死。

吊桶法 把内部光滑的桶或玻璃瓶横放在地面，口部拴绳，穿过高处滑轮或管道，另一端捏在人手中。鼠进入吃饵，人立即拉绳，桶变成竖立，鼠无法逃脱。

翻垛捕鼠 适用于以草垛作为临时性或季节性隐匿场所的鼠类。在秋收后，农田内堆放的秸秆垛下，往往成为老鼠临时居住和取食的场所，此时组织人力，围聚翻秸秆垛，是有效消灭老鼠的方法。翻完以后，如果堆底有鼠洞，还可采用挖洞法或灌水法全歼洞中之鼠。该方法需要人员较多，否则老鼠很容易逃跑。

参考文献

王勇，张美文，李波，2003. 鼠害防治实用技术手册[M]. 北京：金盾出版社.

（撰稿：王勇；审稿：王登）

鼠害预测预报 forecasting the population abundance of rodent pest

预测害鼠的数量变化、害鼠危害时期和鼠害发生程度。也就是害鼠种群或群落数量季节变化和年度变化，在什么时候会出现数量高峰，以及对各行各业能造成危害程度。

鼠害是指鼠类的取食和活动行为对人类的生存和生活造成的危害，包括对农、工、商等各行各业的危害，以及对生态环境破坏和鼠传疾病对人类健康的危害。并不是所有的鼠类都是害鼠，只有当其造成一定程度的危害，才称其为"害鼠"。广义的害鼠是指一些像鼠类的"鼠形"动物，包括啮齿目大多数物种、兔形目的鼠兔科和鼩鼱目的部分物种。

害鼠对农、林、牧可造成严重的危害，其危害的程度与害鼠的密度等有密切的关系，而鼠密度又受多种因素的影响，害鼠自身的生长发育状况、种群特征和群落结构等内在的因素，以及外在的食物、气候等因素的综合影响。

预测的原理

惯性原理 任何客观事物的发生变化过程都具有连续性，事物的存在和发展都与过去的行为有必然的联系，过去的行为影响现在的存在状态，还影响将来的发展态势，这种惯性为预测的可行性提供了理论依据。

类推原理 许多事物的发展和变化常常表现有类似之处，利用事物之间表现的一些相似之处的特征，可以把已经发生的事物状态表现过程类推，预测事物未来的发生状态表现。

相关原理 任何事物的存在和发生发展都不是孤立的，是和其他事物的存在和发生具有一定的相互影响、相互制约、相互依赖的关系。这种关系常常表现为因果关系，这是预测中极为重要的原理。

测报的类别

按预报内容 主要包括发生趋势预报、发生数量预报和发生程度预报3个方面的内容。

①鼠害发生趋势预报。害鼠发生趋势一般指某一地区主要优势鼠种在一年中的数量高峰期，也就是害鼠造成危害的高峰期，以确定防治适期。一年中，不同的鼠种其种群数量高峰发生的月份不同，同一鼠种也因地域的差异、生态环境条件的不同，数量高峰出现的月份也不相同。发生趋势预报是根据某一区域、某一时期的害鼠密度、发生面积等与同期的资料比较，结合气象等因素综合分析，预报以后某个时期的害鼠发生情况。主要根据害鼠捕获率、怀孕率、胎仔数、年龄结构及组成、食物条件等因素，做出主要危害时期害鼠发生面积和危害程度的趋势预报。

②害鼠发生数量预报。预测害鼠未来的种群数量高峰期的发生数量是一个比较复杂的问题。害鼠种群数量的多少，与鼠源面积（越冬基数）、冬后密度、繁殖状况、年龄结构以及气候、食物条件及人类活动等因素有密切的关系。该项工作难度大，目前主要是估测，一般开春鼠密度高，雌鼠多，怀孕率高，种群中亚成年组和成年组比例高，身体状况好，田间食物丰富，中长期天气预报对害鼠有利，则当年害鼠数量将明显增加，应立即发出发生量预报。

③鼠害发生程度预报。鼠害发生程度的预报，主要以害鼠主要危害期的密度、危害损失、发生面积占播种面积的比例三个因素作为衡量指标。一般将鼠害发生程度分为无危害、轻危害、中危害、重危害、鼠害暴发等几个等级，这个等级是根据害鼠的取食量、活动范围等计算的与之相对应的害鼠密度，由于不同种类害鼠的摄食量和摄食行为不同，造成同一级别危害，不同鼠种的密度不同。因此，结合不同害鼠种类的发生量预测值，判断可能发生危害的程度，做出发生程度的预报。

按预测时间长短 包括短期预报、中期预报和长期预报。

①短期预报。一般是预报1~3个月内害鼠数量变化情况以及鼠害发生情况。

②中期预报。一般是预报4~6个月内害鼠数量变化情况以及鼠害发生情况。

③长期预报。一般是预报1年以上害鼠数量变化情况以及鼠害发生情况。

参考文献

王勇，陈安国，郭聪，等，1997. 洞庭湖稻区黑线姬鼠种群数量预测[J]. 兽类学报，17(2): 125-130.

王勇，张美文，李波，2003. 洞庭湖稻作区褐家鼠种群数量预测[J]. 长江流域资源与环境，12(3): 265-269.

杨再学，金星，郭永旺，等，2010. 高山姬鼠种群数量动态及预测预报模型[J]. 生态学报，30(13): 3545-3552.

（撰稿：王勇；审稿：郭永旺）

《鼠害治理的理论与实践》 Theory and Practice of Rodent Pest Management

中国是一个鼠害严重的发展中国家。20世纪90年代初，全国每年因鼠害造成的农田受害面积约4亿亩，粮食损失1500万吨；草场受害面积约3亿亩，牧草损失数千万吨；流行性出血热病人达70万，约占当时全国总人口的万分之六。"七五""八五"期间，农牧业鼠害综合治理技术被列入科技攻关项目。相关鼠害治理措施也为挽回粮食损失，遏制草原退化，减少疾病发生做出了重要贡献。经多年努力，科研人员初步查明中国城乡、农牧林典型区的鼠害类型，鼠类生态生物学特征以及发生规律，并提出了切实可行的区域性综合治理对策。同时，国际上物理、化学、分子生物学和

计算机技术的渗透，使鼠类生态学与防治领域出现了许多生长点。基于将多年鼠害治理积累的丰富资料和宝贵经验加以总结并介绍国际上鼠类生态学与防治领域的发展和趋势的愿望，王祖望研究员和张知彬研究员领头，本着"百花齐放、百家争鸣"的精神，邀请了国内十几位专家学者编撰了这本《鼠害治理的理论与实践》专著。

本书共分三大部分：害鼠与人类的关系、害鼠基础生态学和鼠害综合治理。第一部分分为3章，主要叙述鼠类与植物保护、卫生防疫的关系及其在生态系统中的作用。第二部分分为第7章，主要总结了鼠类的行为生态、能量生态、营养生态、繁殖生态、数量调节、天敌捕食、寄生作用等内容。第三部分包含6章，总结叙述了中国农田、草原和城乡等主要典型区鼠害综合治理的经验和成果，以及化学灭鼠与不育控制等技术和策略。该书于1996年由科学出版社出版。

本书可供全国各大专院校、科研机构和政府部门有关生态、植保和卫生防疫方面专业的领导、科研人员、教师及学生参考，同时对于植物保护、卫生防疫部门的各级基层灭鼠工作者具有一定的指导意义。

（撰稿：刘明；审稿：王登）

鼠害治理学　Rodent Pest Management

以鼠类为研究对象，服务于鼠害防控所涉及的其他分支学科研究成果和知识的综合体，属于有害生物治理学的一个分支学科，也是动物学、动物生态学等的一个分支学科。鼠类的定义很多，一般是指啮齿目的兽类，有时又包含部分兔形目、食虫目的小型兽类，是哺乳动物中最大类群。鼠类与人类的生活环境密切相关，对人类生活的各个方面产生很大危害，如危害农作物、破坏草场和森林、传播疾病、毁坏建筑物和设备等。故在人类认知上，鼠类又等同"害鼠"。这些害鼠对人类生命和财产造成的损失十分惊人，例如，人类历史上，三次鼠疫大流行夺去了数千万人的生命，深刻地影响和改变了社会进程。可以说，人类史从一个侧面反映了人鼠斗争的历史，鼠害防治也就应运而生。

人类早期对鼠害的防治主要依赖物理防治，后来逐步发展为化学防治、生物防治、天敌防治、农业防治、生态治理、综合治理等。这些离不开生物学、化学、物理、数学、信息等科学与技术的发展。

为了更好地开展鼠害治理，有必要了解鼠类的生活习性、种群增长和变动规律等，寻找鼠害控制的方法和对策。同样，开展鼠类的基础生物学研究对于鼠害防控也是必不可少的。

鼠害治理学一般包括以下几个方面的内容：

鼠类进化生物学　涉及鼠类的起源和演化，如鼠类或某个物种或属的起源、辐射、演化等问题。一般借助化石、胚胎、分子等指标，建立进化树，探讨起源演化规律。

鼠类分类学　涉及鼠类物种鉴定，谱系关系重建。一般借助形态、组织、器官、胚胎、分子等一系列指标，鉴定物种，建立系统树，解决鼠种的分类地位等问题。

鼠类地理学　涉及鼠类的空间分布、历史变迁及其影响因素。一般借助考古、史料、实地调查、分子谱系地理、生态位模型等方法研究探讨气候变化、人类活动、环境因素等对鼠类分布格局、生物入侵及地质或历史时期变迁的影响。

鼠类形态学　涉及鼠类体形结构、头骨量度、牙齿结构、组织器官构造以及微观形态等诸多方面，作为功能特征体现了鼠类对环境变化的适应，是其他学科研究的基础指标。

鼠类生理生态学　涉及鼠类的能量、物质代谢及鼠类对环境的生理响应和适应问题。

鼠类行为生态学　涉及鼠类的挖洞、营巢、觅食、社群关系、配偶选择、婚配制度、反捕食一系列行为及其内在的神经、生理学机制，是鼠类快速响应和适应环境变化的重要形式。

鼠类种群生态学　涉及鼠类的生长、繁殖、存活、扩散及其种群数量时空变化规律及其影响因素。对于建立鼠害预测预报模型，确定鼠害防治阈值、时机非常重要。外部影响因素有食物、气候、天敌、寄生物等，内部影响因素有密度调节。相关理论和学说有气候学说、天敌捕食说、疾病学说、内分泌调节说、行为调节说、遗传调节说等。

鼠类群落生态学　涉及一定时空内鼠类的物种组成及其植物群落特征，以及物种共存机制等。相关理论有生态位理论、环境过滤理论、竞争排斥法则、中性理论、斑块理论等。

鼠类生态系统生态学　涉及鼠类与动物、植物、微生物互作关系、食物链或生态网结构与功能，如鼠类—植物种子关系或互惠—捕食网络、鼠类—寄生关系或网络、鼠类—天敌关系或网络。

鼠类危害　涉及鼠类对农作物、草原、森林、建筑物、设施及人与动物健康的危害等级评估及防治阈值测定。又分农业鼠害、林业鼠害、草原鼠害、鼠传疾病、仓储鼠害、特殊环境（交通、通讯、岛屿等）鼠害。

鼠类防控　涉及控制鼠害的方法和对策，如鼠害监测与预报、物理防治、化学防治、农业防治、天敌防治、不育控制、遗传控制、生态治理等。

鼠类资源利用与保护　涉及具有资源价值鼠类的养殖、产品加工、生态价值、珍稀物种保护等，如实验动物驯化、皮毛利用、药用成分、森林更新价值等。鼠类是生命科学和医学研究的主要实验动物，如大鼠、小鼠、豚鼠、兔等。高原鼢鼠的骨骼具有防风湿作用，可替代虎骨功效（又名赛龙骨）。许多鼠类在森林种子传播和更新、维护生物多样性和生态系统功能上发挥着关键作用。

鼠害治理学研究方法既有与其他学科相同的共性研究

方法，也有其特色的研究方法。所有生物学、物理、化学、数学研究方法对于鼠害治理学研究都是适用的。常用的鼠类数量调查方法有堵洞法、夹捕法、笼捕法、粉迹法、鼠迹调查等。实验围栏是鼠类行为学、种群生态学研究的重要手段。抗凝血杀鼠剂是目前鼠害防控上广为采用的化学防治方法。基于生态学的鼠害综合治理是当前鼠害防控的主要策略。

与中国鼠害治理学研究相关的学术会议包括：鼠类生物学与治理国际研讨会（ICRBM）、全国野生动物生态与资源保护学术研讨会、国际动物学大会（International Congress of Zoology）、整合动物学国际研讨会(International Symposium of Integrative Zoology)等。相关的学会和组织包括：中国动物学会兽类学分会、中国植物保护学会鼠害防治专业委员会、中华预防医学会媒介生物学及控制分会、国际动物学会鼠类生物学与治理工作组、中国生态学学会动物生态专业委员会、中国林学会森林昆虫分会鼠害治理专业委员会等。相关的学术期刊包括：《兽类学报》《中国媒介生物学及控制杂志》《Integrative Zoology》《动物学杂志》等。相关综合类著作包括：《鼠害治理的理论与实践》《农业重要害鼠的生态学及控制对策》《Ecologically-based Management of Rodent Pests》《啮齿动物学》《中国啮齿类》《中国鼠疫自然疫源地》《中国鼠疫流行史》《灭鼠概论》《中国鼠类及其防治》等。

中国鼠害治理的主管部门为：国家农业与农村部（农业鼠害）、国家林业与草原局（草原、森林鼠害）、国家卫生健康委员会（卫生鼠害）。鼠害治理的研究部门来自中国科学院、中国农业科学院、中国林业科学研究院及大学、地方植保部门、企业的科研单位。

（撰稿：张知彬；审稿：施大钊）

鼠肼　promurit

一种在中国未登记的杀鼠剂。又名灭鼠肼，[3-(3,4-dichlorophenyl)-1-triazene-1-carbothioamide]。难溶于水，微溶于乙醇，易溶于丙二醇。为金黄色结晶或粉末，气味微臭，味极苦，化学性质不稳定，分解之后着色变深。鼠肼主要损害毛细血管，产生肺水肿、肺出血，同时也可引起肝、肾的变性和坏死，还会破坏到胰腺的 B 细胞，进而影响到糖代谢，引发糖尿病。对大鼠的口服半致死剂量（LD_{50}）为 $0.5\sim 1\ mg/kg$。

（撰稿：宋英；审稿：刘晓辉）

鼠类不育控制　rodent fertility control

利用相关技术，通过降低鼠类出生率进而控制其种群数量或密度，以减少其危害的预防及控制措施。不育控制的本质为生育率控制。与传统灭杀防治策略不同，不育控制为降低生育率，而灭杀防治则为增加死亡率。

不育防治的概念最早于 1959 年由 Knipling 提出。由于鼠类属于小型哺乳动物，具有繁殖快、数量多的特点，因此不育药物及药饵被认为是最适合鼠类防控的方式之一。随后的十几年间，研究者尝试使用化学不育药物控制鼠类种群数量，如 Davis 等曾于 20 世纪 60 年代采用三乙撑三聚氰酰胺（triethylenelamine，TEM）等药物控制褐家鼠种群数量的研究。但 70 年代中期至 80 年代中期间，鼠类不育控制研究基本处于停滞状态。80 年代中期后，由于杀鼠剂暴露出灭效短、恢复快、对非靶标生物危害大以及动物福利等问题，不育控制又受到重视。α-氯代醇（商品名：$Epibloc^R$）及丁二醇二甲酸酯（商品名：$Glyzophr^R$）等是较早商品化的化学不育剂。90 年代，开始研制鼠类的不育疫苗，在室内实验中取得成功，但大田效果不理想。中国较早开展了棉酚等用于鼠类的不育控制，近年来开展了贝奥不育剂、雷公藤制剂、环丙醇类衍生物、EP 系列不育剂等方面的研究和实验。

不育模型 不育模型指综合多方面因素，对不育控制过程中多种因素的作用以及不育效果做出预测的数学模型。不育模型是对不育控制过程的数学模拟，也是实施不育防治的重要理论依据之一。早在 1959 年，Knipling 通过理论计算探讨了雄性不育在虫害防治中的理论效果。在假定①雌雄单配制，即"一夫一妻"制，且可育与不育个体交配机会相等；②不育率与灭杀率均为 90%；③种群内禀增长率为 5 倍的条件下，不育控制在靶标害虫繁殖一代后的效果远优于传统灭杀策略，在 3 代后，若维持 90% 不育率不变，不育控制几乎可完全消灭靶标害虫。1972 年，Knipling 和 McGuire 利用数学模型比较了传统灭杀和不育控制在鼠类种群密度控制过程中的作用，发现在假定不育率为 70% 条件下，不育控制可在约 19 代时消灭一个包括 10 000 只鼠的种群；而 90% 的灭杀效果将于 7~8 代后完全恢复。

与传统灭杀相比，鼠类不育控制的优势在于不育个体继续生存，占据原有生态位和配偶，从而避免了残存鼠类迅速繁殖导致种群密度快速回升的问题。1995 年，张知彬分析了不育控制后鼠类种群密度的变化。种群密度受出生、死亡、迁入、迁出 4 个因素影响，在假定①无迁入和迁出影响；②种群均匀分布，交配随机；③种群相对增长率与密度呈负相关；④不育个体的存活率为种群平均值；⑤雌雄同样不育；⑥雌雄性比为 1 : 1；⑦不育与正常个体之间的交配随机的情况下，提出了"不育繁殖干扰"是不育控制效果优于传统灭杀方法的关键因素。在不考虑繁殖干扰时，一年左右，不育控制对鼠类种群密度的控制效果与传统灭杀基本相同；在最大竞争性繁殖干扰的情况下，只需 80% 的不育率便可将鼠类种群控制在其环境容纳量的 1/10 以下。在种群密度较低的情况下，雌雄交配类似于"一夫一妻"制，此时竞争性繁殖干扰等同于最大竞争性繁殖干扰，提示不育控制对在低密度条件下（如繁殖早期）用于控制鼠类种群数量则更为有效。2000 年，张知彬进一步分析了在考虑迁入和迁出影响情况下，竞争性繁殖干扰以及存活的不育个体可有效抑制种群密度恢复，使不育控制效果优于传统灭杀。吕江等对鼠类种群密度增长模型进行稳定性分析，认为竞争性繁殖干扰作用持续时间持久，能够有效抑制种群密度恢复，最大限度发挥不育控制作用。

Shi 等利用 1994 年 8 月至 1998 年 3 月间内蒙古布氏田鼠种群密度数据，建立统计学。在假定雌性不育率/总灭杀率为 85% 情况下，秋季进行不育控制的效果可持续一年，优于传统灭杀的控制效果。造成这一结果的主要原因是不育控制不直接造成个体死亡，越冬期布氏田鼠密度高，造成的密度依赖性死亡较高，进而更好地控制翌年种群密度。越冬时较高种群密度既是适当不育策略的结果，也是增强不育效果的重要方式。由此可见，不育控制可能通过影响种群密度/社群结构进一步增强自身不育效果。

不育控制的优点 随着多年的应用及靶标动物耐药性提高，传统化学灭杀防治的主要问题逐渐暴露出来，主要包括以下 3 方面：①控制时间短，效果不佳。由于鼠类繁殖能力很强，快速灭杀会造成大量生态位空缺，给剩余残鼠及周边鼠类留出大量食物及空间资源，刺激种群数量快速恢复，甚至超过原有种群密度。因此，一些地区的鼠害问题通过灭杀防治不但没有缓解，反而愈来愈严重。②对非靶标动物威胁大。杀鼠剂为有毒物质，若为非靶标动物如牛羊等误食，则可能导致较大经济损失；若为人类，特别是幼儿误食，则可导致人死伤事件。③动物权益及宗教影响。近年来，动物权益组织对于灭杀防治颇有微词，认为其相关做法不人道；而在佛教地区，由于教义对杀生行为的限制，当地群众不乐于采用灭杀防治方法控制鼠类种群数量。

不育防治可弥补灭杀防治的上述缺陷。首先，由于不育个体依旧存活，继续占有配偶、巢域及相关食物资源，可以保持社群紧张，避免了大量空生态位出现。因此，不育控制有利于抑制鼠类种群数量的快速恢复。其次，不育剂大都不依靠致死发挥控制种群密度的作用，其对非靶标动物的安全性相较于杀鼠剂要高很多。不育防治的非致死性防治方法易于为争取动物福利及一些宗教信仰人士所接受。

不育剂的要求及使用策略 鼠类不育控制中，不育剂或不育药物是其核心内容。为保证实际不育作用以及使用安全，不育剂应具备以下特点：①不育效果显著。在大田应用中，所用不育剂必需能够保证使用区域内大多数靶标动物不育。②毒性低。避免对非靶目标的危害。③作用可逆。为避免误食后对非靶目标造成不可挽回的严重后果，也为避免对物种造成灭绝性伤害，鼠类不育剂作用不应为永久性不育。④残留低，易于降解。能够在自然水、土环境中快速分解成无害成分，避免对生态系统和环境造成危害。

不育防治要点在于降低靶标动物的生育力，因此应在鼠类繁殖季到来之前使用。不育剂使用的最佳时间为鼠类启动繁殖前期，不育时间可有效覆盖繁殖高峰，利于发挥不育个体的竞争性繁殖干扰作用。不育剂使用有 2 种主要方案：一种是在种群密度较高的情况下，联合使用杀鼠剂和不育剂，首先消灭大部分个体，同时残余个体不育。该方法既快速降低了种群密度，也避免了残鼠快速繁殖。另一种情况是在种群密度较低的情况下，单独使用不育剂，预防种群密度快速增高。

几种鼠类不育剂介绍

环丙醇类衍生物 指化学结构以环丙醇为骨架的一类雄性化学不育剂。

王西之等在 2000 年 4 月至 2001 年 6 月于生猪饲养场对此类化合物进行了现场测试，发现环丙醇类衍生物处理组精子密度降低为对照组的 1/4；幼体出生 11 个月后下降为 0；鼠密度由投药后的 63.8% 下降为 4%；表现出良好的不育效果。同期另一批实验中，发现该药物用药 10 个月后平均对褐家鼠灭鼠率达到 85.3%。此后的室内生理实验表明，环丙醇类衍生物可诱导野生褐家鼠和 SD 大鼠出现雄性生育力降低和精子生成受损，大幅降低精子生成。在 2004 年的研究中，300mg/kg 以上剂量可使室内测试不育率达到 0.8；在早期现场实验中，使用的不育饵料中药物含量 1%~5%。

贝奥不育剂 "贝奥"雄性不育剂主要有效成分为雷公藤多苷，是以卫矛科雷公藤属植物雷公藤（$Tripterygium\ wilfordii$ Hook. f.）为原料粗制而成。雷公藤对更新率较快的组织和细胞表现出明显的毒性作用，因此对睾丸生精细胞、卵巢的卵泡细胞具有抑制其生成的作用。

1983 年，于德勇发现男病人服用雷公藤制品后可能有死精子症或少精子症，提示雷公藤具有抗生育作用。雷公藤不引起小鼠精囊、前列腺增重，由此推断总苷无雄激素样作用；雷公藤的生药、粗制剂、总苷及生物碱均可影响动物生育功能，如损伤犬、鼠睾丸生殖上皮、抑制精原细胞分裂导致各级生殖细胞减少和消失。配对实验中雷公藤可引起小鼠生育减少及不育，但作用可逆，且不影响睾丸间质细胞。2004 年，须俊明等通过现场试验，发现贝奥不育剂对于小家鼠和褐家鼠具有生育控制作用。利用贝奥不育剂对清洁级 KM 小鼠、褐家鼠（$Rattus\ norvegicus$）、小家鼠（$Mus\ musculus$）、黑线姬鼠（$Apodemus\ agrarius$）、大足鼠（$Rattus\ nitidus\ nitfidus$）、高原鼢鼠（$Eospalax\ fontanierii$）、中华鼢鼠（$Myospalax\ fontanieri$）、达乌尔鼠兔（$Ochotona\ dauurica$）等多种野鼠的室内和野外药效进行了试验，均发现该药具有不育效果。

莪术醇 莪术醇（curcumol）别名姜黄醇，是存在于姜黄、莪术挥发油中的一种半萜类物质（$C_{15}H_{24}O_2$），不仅具有抗肿瘤作用，也对雌性鼠类有抗生育作用。

2006 年，刘冬华等利用 0.2% 莪术醇饵剂在吉林林场进行大田实验，发现该药物具有降低大林姬鼠生育能力作用；2009 年，马金宝等在农田中利用 0.2% 莪术醇饵剂防治大仓鼠和黑线姬鼠，发现平均胎仔数降低了约 1/3，有生育控制的功能；2010 年以来，赵日良等在农田、森林、草原等不同环境下对 0.2% 莪术醇饵剂进行了多次试验，证明该药物对多种鼠类均具有不育效果。

EP 系列不育剂 是一类复合激素类双性不育剂，其主要效应成分为左炔诺孕酮（levonorgestrel）和炔雌醚（quinestrol）。左炔诺孕酮和炔雌醚是女性长效避孕药的主要成分，可通过抑制排卵实现人类避孕。2004 年，张知彬等首次报道 EP-1 对于雌性布氏田鼠、灰仓鼠和子午沙鼠具有良好不育效果，不育效果可持续 3 个月；之后的实验发现，EP-1 不仅可以抑制围栏内大仓鼠的繁殖，还能导致雄性生殖器官的萎缩。霍秀芳等研究证明 EP-1 的复合使用导致雌性长爪沙鼠不育。沈伟等发现炔雌醚可有效降低雄性长爪沙鼠生殖力，并会降低雄鼠的睾酮水平和攻击频次。Zhao 等和Wang等分别发现炔雌醚和EP-1可抑制雄性布氏田鼠生殖系统功能；杨玉超等也发现EP-1可导致东方田鼠睾丸和附睾萎缩。

野外大田研究表明EP系列不育剂具有较好效果。宛新荣等研究表明，EP-1对坎氏毛足鼠种群繁殖具有优秀的控制效果，使用后怀孕率和胎仔数较对照降低80%和33%。其他研究也发现，EP-1在大田实验中对长爪沙鼠、子午沙鼠、三趾跳鼠以及小毛足鼠均有显著繁殖抑制效果，并能持续控制种群密度。Liu等于青藏高原的研究显示，0.005%炔雌醚或EP-1均对雄性高原鼠兔繁殖指标有显著影响，且控制效果可延续至第二年；炔雌醚处理后，不育的雄性高原鼠兔领域性行为增强，阻止其他雄性与雌性鼠兔的交配，有利于巩固不育效果。邹永波等在内蒙古研究表明，EP-1对于莫氏田鼠子宫有损伤效果，效果可持续3个月。EP不育剂在非洲坦桑尼亚的鼠类（*Mastomys natalensis*）不育实验已取得成功。

土壤中微生物可降解炔雌醚。在农田土壤和青海样地土壤中，炔雌醚半衰期分别为5.46天和15.58天；水环境下，炔雌醚半衰期仅为0.726小时，分解迅速。左炔诺孕酮在不同土样中半衰期为6~15天，炔雌醚为9~15天，均不会造成环境积累。

EP不育剂具有以下特点：①适口性好。在基饵适合的情况下，野外饵料投放在一周内即被取食完毕。②不育活性高。室内实验中EP的有效剂量为1~10mg/kg，大田实验中使用剂量为0.001%~0.005%，且还有进一步提升空间。③具有可逆性。野外一次性EP饱和投饵可控制靶标动物生育3~5个月，但此后繁殖能力会逐渐恢复，说明药物安全性较好。④环境安全性好。EP在环境中半衰期短，土壤中1~16天，水体中仅有3天，不会在环境中产生积累，环境污染低。因此，不育剂EP-1具有很大的应用前景。

参考文献

霍秀芳, 施大钊, 王登, 2007. 左炔诺孕酮-炔雌醚对长爪沙鼠的不育效果[J]. 植物保护学报, 34(3): 321-325.

刘冬华, 郑清, 李中华, 等, 2006. 0.2%莪术醇饵剂防治森林害鼠药效试验[J]. 农药科学与管理, 27(2): 12-15.

吕江, 张凤琴, 刘汉武, 等, 2013. 具有竞争性繁殖干扰的不育控制害鼠种群模型[J]. 工程数学学报, 30(2): 263-270.

宛新荣, 石岩生, 宝祥, 等, 2006. EP-1不育剂对黑线毛足鼠种群繁殖的影响[J]. 兽类学报, 26(4): 392-397.

王西之, 马林, 陈东平, 等, 2003. 化学不育剂——环丙醇类衍生物控制鼠害: Ⅲ. 灭鼠现场试验[J]. 四川动物, 22(4): 215-217.

须俊明, 杨伟兵, 郭祖鹏, 等, 2004. "贝奥"雄性不育灭鼠剂现场试验报告[J]. 中国媒介生物学及控制杂志, 15(6): 476-477.

杨玉超, 王勇, 张美文, 2012. EP-1对雄性东方田鼠生殖的影响[J]. 植物保护学报, 39(5): 467-472.

张知彬, 1995. 鼠类不育控制的生态学基础[J]. 兽类学报, 15(3): 229-234.

张知彬, 2015. 左炔诺孕酮和炔雌醚复合物（EP-1）及组分对鼠类不育效果的研究进展[J]. 兽类学报, 35(2): 203-210.

张知彬, 廖力夫, 王淑卿, 等, 2004. 一种复方避孕药物对三种野鼠的不育效果[J]. 动物学报, 50(3): 341-347.

张知彬, 赵美蓉, 曹小平, 等, 2006. 复方避孕药物(EP-1)对雄性大仓鼠繁殖器官的影响[J]. 兽类学报, 26(3): 300-302.

邹永波, 王安蒽, 郭聪, 等, 2014. EP不育剂对莫氏田鼠种群繁殖的控制效果[J]. 中国媒介生物学及控制杂志, 25(6): 506-508.

KNIPLING E F, 1959. Sterile-male method of population control[J]. Science, 130(3380): 902-904.

KNIPLING E F, MCQUIRE J U, 1972. Potential role of sterilization for suppressing rat populations: a theoretical appraisal[J]. Technical bulletins (6): 26-27.

LIU M, QU J P, YANG M, et al, 2012. Effects of quinestrol and levonorgestrel on populations of plateau pikas, *Ochotona curzoniae*, in the Qinghai-Tibetan Plateau[J]. Pest management science, 68(4): 592-601.

SHI D Z, WAN X R, DAVIS S A, et al, 2002. Simulation of lethal control and fertility control in a demographic model for Brandt's vole Microtus brandti[J]. Journal of applied ecology, 39(2): 337-348.

TANG T, QIAN K, SHI T Y, et al, 2012. Photodegradation of quinestrol in waters and the transformation products by UV irradiation[J]. Chemosphere, 89(11): 1419-1425.

YU D Y, 1983. Clinical observation of 144 cases of rheumatoid arthritis treated with glycoside of radix *Tripterygium wilfordii*[J]. Journal of traditional Chinese medicine, 3(2): 125-129.

ZHANG Q, WANG C, LIU W P, et al, 2014. Degradation of the potential rodent contraceptive quinestrol and elimination of its estrogenic activity in soil and water[J]. Environmental science and pollution research, 21(1): 652-659.

ZHANG Z B, 2000. Mathematical models of wildlife management by contraception[J]. Ecological modelling, 132(1): 105-113.

（撰稿：刘明；审稿：张知彬）

鼠类的繁殖策略　reproductive strategies of rodent

不同个体为获得较高的繁殖适合度所采取的不同求偶或交配方式或交配对策。选择性繁殖策略指同种个体为获得繁殖成功在行为对策上呈现多样性。鼠类对环境的适应策略和同种个体繁殖的竞争策略是繁殖策略两个重要的方面。

由于环境压力的周期性变化，鼠类出现明显的繁殖周期，通常选择在食物丰富、温度适宜的季节进行繁殖。为适应环境和种群动态的变化，生殖腺、性激素、应激激素都会出现季节性变化。如不同季节出生的布氏田鼠腺发育模式和繁殖策略不同，不同季节出生的个体在种群繁殖中具有不同的贡献，呈现繁殖和生存的平衡策略。

在繁殖竞争中采用的策略可能包括雄性通过占有优势领域而获得配偶（dominant territorial breeder male）或者通过偷情或者随机获得交配（sneaker male）。根据资源配置假说，采取偷情交配的雄性在精子产生方面投资较多，拥有优势领域的雄性在配偶防卫方面投资较多。偷情交配的雄性和具有较大适合度的优势雄性相比，通常竞争能力较差、个体较小或者年龄较小。身体状况和激素水平可引起两种繁殖策略的相互切换。比如，优势雄性岸田鼠（*Myodes glareolus*）

和从属鼠相比具有较大的体重、较大的精子数量和更高的精子活力。优势雄性小家鼠也拥有更多的活性精子细胞。所以在小型哺乳类，社会地位影响精子的数量和质量。优势雄性布氏田鼠具有较多的交配机会。在群体生活尤其是合作繁殖的物种，优势鼠也会抑制从属鼠的繁殖。通常情况下，可促进精巢发育的睾酮水平在优势鼠通常较高，优势鼠也可通过引起从属鼠皮质酮的持续增加而抑制其繁殖。长爪沙鼠（*Meriones unguiculatus*）从属雄鼠具有较小的精巢、较低的睾酮水平。在合作繁殖的鼹鼠（*Cryptomys hotteentotus*），从属鼠也有比较小的精巢，睾酮水平却没有明显下降。

雄性条纹鼠（*Rhabdomys pumillio*）具有 3 种选择性的繁殖对策，并在类固醇激素水平上具有显著差异：①恋家的（philopatric）雄性具有很高的糖皮质激素和低水平的睾酮。②独居雄鼠具有较低的糖皮质激素和高水平的睾酮。③群居的优势雄鼠具有较低的糖皮质激素和中等水平的睾酮。群居繁殖的雌性也存在激烈的繁殖竞争，如攻击和杀婴行为，所以也采取 3 种繁殖策略：留在原居群繁殖；离开原居群进行独居繁殖；怀孕后离开原居群生子，然后又返回原居群。独居繁殖雌性比居群繁殖和生子后返回的雌性具有较低的糖皮质激素，而雌激素水平在生子后返回者较高。

留在巢内的几个雌性在一个巢内共同抚育它们后代，雌性往往毫不区别地照顾包括它自己后代在内的所有幼仔。根据广义适合度理论，这些共同抚育的雌性一般具有较近的亲缘关系。所以雌性小鼠更倾向于和有亲缘关系的雌性共同营巢。但是可能由于资源或者服务的相互交换，在鼠类中也存在抚育没有亲缘关系的后代的现象。另外集体营巢有利于体温的保持和共同防御以减少入侵者的杀婴现象，这些原因都会引起鼠类非亲缘个体共同营巢的进化。在这种非亲缘个体的共同营巢中，个体为了增加自己的繁殖成功率，常采用骚扰、繁殖抑制、不平等的享用资源或者杀婴等策略驱使其他雌性照顾它们自己的后代。由于小鼠母亲无法区分相似日龄的幼仔，所以常采用同时繁殖（发情的同步化）作为有效策略减少同种同巢的杀婴现象。

参考文献

郝伟丽，王大伟，任飞，等，2016. 粪便激素水平反映不同出生时期雄性布氏田鼠的繁殖策略[J]. 兽类学报，36(4): 413-421.

任飞，王大伟，李宁，等，2016. 不同季节出生的布氏田鼠繁殖发育模式分析[J]. 植物保护，42(2): 31-37.

CLARKE F M, MIETHE G H, BENNETT N C, 2001. Reproductive suppression in female Damaraland mole-rats *Cryptomys damarensis*: dominant control or self-restraint?[J]. Proceedings of the Royal Society B: Biological sciences, 268: 899-909.

HILL D L, PILLAY N, SCHRADIN C, 2015. Alternative reproductive tactics in female striped mice: Solitary breeders have lower corticosterone levels than communal breeders[J]. Hormones and behavior, 71: 1-9.

OLIVEIRA R F, CANARIO A V M, ROS A F H, 2008. Hormones and alternative reproductive tactics in vertebrates[M]//Oliveira R F, Taborsky M, Brockmann H J. Alternative reproductive tactics. Cambridge: Cambridge University Press: 132-174.

RUSU A S, KRACKOW S, 2004. Kin-preferential cooperation, dominance dependent reproductive skew, and competition for mates in communally nesting female house mice[J]. Behavioral ecology and sociobiology, 56: 298-305.

SCHMIDT J, KOSZTOLANYI A, TOKOLYI J, et al., 2015. Reproductive asynchrony and infanticide in house mice breeding communally[J]. Animal behaviour, 101: 201-211.

SCHRADIN C, KENKEL W, KRACKOW S, CARTER C S. 2013. Staying put or leaving home: endocrine, neuroendocrine and behavioral consequences in male African striped mice[J]. Hormones and behavior, 63: 136-143.

SCHRADIN C, LINDHOLM A K, JOHANNESEN J, et al, 2012. Social flexibility and social evolution in mammals: a case study of the African striped mouse (*Rhabdomys pumilio*)[J]. Molecular ecology, 21: 541-553.

SUTHERLAND D R, SPENCER P B, SINGLETON G R, et al, 2005. Kin interactions and changing social structure during a population outbreak of feral house mice[J]. Molecular ecology 14: 2803-2814.

（撰稿：邰发道；审稿：刘晓辉）

鼠类的攻击行为　aggressive behavior of rodent

以一个体对另一个体表现出的、以伤害为目的的一种行为。是一种原始的行为模式，属于社会互作行为（social interaction）中对抗行为（agonistic behavior）的范畴。攻击行为对动物的生存和繁殖而言意义重大，它决定着社会关系及其稳定性，决定了社群中所有个体的配偶、食物、空间等资源的分配和利用。鼠类是研究攻击行为最常用的模型之一。

攻击行为分为许多类型，例如：捕食攻击（predatory aggression）和反捕食攻击（anti-predator aggression）、防御性攻击（defensive aggression）、优势攻击（dominance aggression）、母性攻击（maternal aggression）、性相关攻击（sex-related aggression）、领域性攻击（territorial aggression）和应激性攻击（irritable aggression）。不同的攻击类型可能存在不同的生理调控机制。例如雄性间攻击行为是睾酮依赖的，而捕食性攻击行为则完全与雄激素无关。在实验室内被试鼠的攻击行为可以通过居留—入侵模式、中立竞技场模式、无攻击性幼鼠模式等方法进行测定。

在自然鼠类种群，性别、体重、密度、繁殖状况、食物质量、捕食压力、种群波动、种间竞争等对鼠类的攻击行为有决定性的作用。在根田鼠（*Microtus oeconomus*）中，体重较大的个体和繁殖期个体的攻击性高，雄鼠攻击性高于雌鼠，居留个体攻击性高于扩散个体；攻击性在种群增长期或高峰期最高，而在衰减期最低，添加高质量食物可以降低根田鼠攻击性。在东方田鼠（*Microtus fortis*）中，雄鼠攻击性与繁殖特征不相关，但动情雌鼠间攻击水平显著高于非动情雌鼠；冲突个体间的体重差异越大，攻击行为越低；食物、捕食、种间竞争等对雄鼠、动情期雌鼠和非动情雌鼠的攻击行为具有独立和累加的整合效应，但表现各异。

在攻击行为的神经内分泌调控机制中，性激素与攻击行为的关系是研究最早、研究最多的一类。通过大量去势和睾酮重置的方法研究证明，睾酮对攻击行为具有促进作用：去势导致雄鼠攻击性降低，而睾酮重置则可以将去势动物的攻击性恢复。雄激素重置可以恢复去势大鼠的攻击行为，可加强电刺激下丘脑导致的雄性大鼠间的攻击行为；在大鼠、小鼠、猴子和人类的研究中，竞争或者雄性间的攻击行为在青春期增加，而去势减少攻击行为，注射睾酮增加攻击行为。另外，雌性动物也表现出睾酮促进攻击行为和剂量依赖的特点。雌激素与攻击行为关系因雌鼠自身的生理状态比较复杂而增加了研究难度，如动情周期、怀孕与否、产前产后等等。雌激素可以促进大鼠的攻击行为，而抑制小鼠的攻击行为，而孕酮与雌激素联合作用可以增强雌鼠的攻击行为。

由于脑区对社会行为的调控往往是多向的，因此将单独调控攻击行为的神经控制环路剥离和解析出来非常困难。在鼠类中，嗅球负责收集信息，在内侧杏仁核（medial amygdala, MEA）加工后，传递到那些被认为促进攻击行为的脑区，如侧间隔（lateral septum, LAS）、终纹床核（bed nucleus of the stria terminalis, BNST）和下丘脑前区（anterior hypothalamic area, AHA）；胁迫可以通过额叶皮层（orbital frontal cortex, OFC）、海马（hippocampus）和室旁核（paraventricular nucleus, PVN）抑制攻击性。5-羟色胺（5-HT）、多巴胺（dopamine）、γ-氨基丁酸（GABA）、去甲肾上腺素（noradrenaline）、一氧化氮（NO）、单胺氧化酶A（MAOA）和性激素等都可以对攻击行为产生影响。GABA和5-HT神经通路抑制攻击行为，而儿茶酚胺神经通路（如多巴胺）则刺激攻击行为。

攻击行为的遗传机制是当前研究的热点之一。不同品系的小鼠具有不同的攻击性，如CBA/Lac小鼠的攻击性较低，而C57BL/6J小鼠的攻击性较高；而且，直接用遗传背景多样的野生小家鼠也可以培育出高攻击性和低攻击性品系。因此，攻击行为的本底水平是具有遗传基础的，性别决定基因（*Sry*）、类固醇硫酸酯酶基因（*Sts*）、多巴胺能基因（*Th*、*Dat1*、*Snca*）、5-HT能基因（*Sert*、*Tph2*、*MAOA*）等基因涉及鼠类攻击行为的遗传机制。

参考文献

孔雀, 邵发道, 2006. 攻击行为神经机制的研究进展[J]. 现代生物医学进展, 6(8): 55-58.

聂海燕, 刘季科, 苏建平, 等, 2006. 捕食和食物交互作用条件下根田鼠季节性波动种群攻击水平及其行为多态性分析[J]. 生态学报, 26(7): 2139-2147.

杨月伟, 刘震, 刘季科, 2007. 食物、捕食及种间竞争对东方田鼠(*Microtus fortis*)种群攻击行为的作用[J]. 生态学报, 27(10): 3983-3992.

ARCHER J, 1988. The biology of aggression[M]. Cambridge, UK: Cambridge University Press.

ARREGI A, AZPIROZ A, FANO E, et al, 2006. Aggressive behavior: Implications of dominance and subordination for the study of mental disorders[J]. Aggression and violent behavior(1): 394-413.

BERMOND B, MOS J, MEELIS W, et al, 1982. Aggression induced by stimulation of the hypothalamus: effects of androgens[J]. Pharmacology biochemistry and behavior, 16: 145-155.

BRAIN P F, SIMON V M, MARTINEZ M, 1991. Ethopharmacological studies on the effects of antihormones on rodent agonistic behavior with especial emphasis on progesterone[J]. Neuroscience and biobehavioral reviews, 15(4): 521-526.

CIACCIO L A, LISK R D, REUTER L A, 1979. Prelordotic behavior in the hamster: a hormonally modulated transition from aggression to sexual receptivity[J]. Journal of comparative and physiological psychology, 93(4): 771-780.

EDWARDS D A, 1969. Early androgen stimulation and aggressive behavior in male and female mice[J]. Physiology & behavior, 4(3): 333-338.

KUDRYAVTSEVA N N, MARKEL A L, ORLOV Y L, 2015. Aggressive behavior: Genetic and physiological mechanisms[J]. Russian journal of genetics: applied research, 5(4): 413-429.

LONSTEIN J S, GAMMIE S C, 2002. Sensory, hormonal, and neural control of maternal aggression in laboratory rodents[J]. Neuroscience and biobehavioral reviews, 26: 869-888.

MEISEL R L, STERNER M R, 1990. Progesterone inhibition of sexual behavior is accompanied by an activation of aggression in female Syrian hamsters[J]. Physiology & behavior, 47: 415-417.

MICZEK K A, DE ALMEIDA R M, KRAVITZ E A, et al, 2007. Neurobiology of escalated aggression and violence[J]. Journal of neuroscience, 27(44): 11803-11806.

NELSON R J, TRAINOR B C, 2007. Neural mechanisms of aggression[J]. Nature reviews neuroscience, 8: 536-546.

SIEGEL H I, 1985. Aggressive behavior[M]// Siegel H I. Plenum, New York: The Hamster Reproduction and Behavior.

（撰稿：王大伟；审稿：刘晓辉）

鼠类的共情行为　empathy behavior in rodent

能够识别并感知他人情绪状态的行为。共情反应作为一种高级的脑活动，在过去一直被认为是人类所特有的情感和认知过程，然而近年来的研究发现在许多动物身上同样存在共情行为，不仅包括在进化上与人类较近的灵长类动物，而且在啮齿类动物身上也发现了类似的行为。

情绪感染对动物具有重要的生存价值。情绪感染可以起到警报或提醒的作用，使得受感染者躲避捕食者或有害刺激，使得雌雄亲本通过增加照顾行为来保护子代，使得发起攻击的一方在感受到受攻击方的消极情绪后停止打斗。因此，情绪感染有益于反应者与其周围的个体。对大鼠（*Rattus norregicus*）的研究实验，如果大鼠按压杠杆可以获得食物，那么它们将不停地按压；但是如果它们的按压杠杆行为会传递电击给可见的同伴，那么它们将停止按压杠杆，这表明大鼠可以感受到同伴的疼痛，并调整自己的行为。当小鼠（*Mus musculus*）感知到牢笼伙伴的疼痛时，它们自身对疼痛的敏感性增强，说明小鼠也可以感受到其他个体的疼痛情绪。

共情行为的产生是指受情绪感染者采取适当的行为去改善受伤害个体的状态，而不只是感受。共情行为是在情绪感染的基础上产生的，是指向受伤害方的利他动机。共情行为是一种典型的安慰行为。小鼠对处于痛苦的同伴表现出较高水平的亲近行为，并且这种行为具有减弱同伴痛苦的作用。两个 SD 大鼠（Sprague-Dawley）共居两周，建立熟悉性后，自由活动的大鼠会去打开限制器，释放被困的熟悉大鼠；甚至在选择性试验中，自由活动的 SD 大鼠会打开限制器释放被困大鼠，而不是打开另外一个限制器去获取巧克力。研究者还用探测器收集了被困大鼠释放的超声波信号，结果显示被困大鼠并没有释放过多的求救信号，可见这种共情行为是一定程度上的自发行为。

个体间的亲缘关系越近越容易产生动情行为。当小鼠感知到牢笼伙伴的疼痛时，它们自己对刺激的疼痛敏感性显著增强，但是对陌生同类的疼痛不会产生这种效应。相对于远亲属的疼痛，雌性小鼠在面对近亲属的疼痛时，展示更多的害怕反应。再如，雌性和雄性草原田鼠（*Microtus ochrogaster*）均表现出对受伤害配偶的照顾行为，而且这种照顾行为是显著特异性的，仅仅针对受伤害个体而不是对正常配偶鼠或者陌生个体。

共情行为可能起源于动物的亲本育幼行为。在照顾子代的过程中，亲本需要消耗大量时间和精力，尤其在哺乳动物当中。亲本对子代的共情行为可以提高父母和子代的适合度。适合度是衡量个体存活和繁殖成功机会的一种尺度，适合度大的个体自身基因传播能力强。共情行为的出现可能与哺乳动物的进化有关。当哺乳动物进化出亲代养育行为时，需要具备对后代疼痛、危难等情感信号的回应能力，于是原始的共情就出现了。啮齿动物同样具有共情能力和丰富的利他行为。有趣的是，共情行为产生后，它就可以迁移到亲代养育之外的环境中，并在广泛的社会关系网中起作用。大部分哺乳动物会保持痛苦的共情尖叫直到成年期，就说明共情引发的动机具有持久生存价值。

共情是一种社会性情感，它涉及动物的社会性大脑。社会性大脑的调控机制在所有哺乳动物中相似，本质上就是建立相应的情感动机系统，这个系统可以提醒环境中存在的潜在危险。神经解剖学的研究表明，由情绪唤醒激发的行为比由复杂的认知能力调控的行为在进化上出现得更早，即情感系统先于大脑新皮质的发育。经过上万年的进化，复杂的情感动机系统保证了动物能够区别善意的与敌意的刺激，并产生适合的行为。这个情感系统主要是位于脑干和边缘系统的神经回路，包括下丘脑、海马旁回、杏仁核和几个相互连接区域（隔膜、基底神经节、伏隔核、前脑岛、扣带回），成为对情感信号迅速优先加工的神经基础。边缘系统也投射进眶额叶和前扣带回，它们参与情绪的评估和调节，也参与决策制定。

参考文献

BEN-AMI BARTAL I, DECETY J, MASON P, 2011. Empathy and pro-social behavior in rats[J]. Science, 334(6061): 1427-1430.

BURKETT J P, ANDARI E, JOHNSON Z V, et al, 2016. Oxytocin-dependent consolation behavior in rodents[J]. Science, 351: 375-378.

HOEBEL B G, AVENA N M, RADA P, 2007. Accumbens dopamine-acetylcholine balance in approach and avoidance[J]. Current opinion in pharmacology, 7(6): 617-627.

JEON D, KIM S, CHETANA M, et al, 2010. Observational fear learning involves affective pain system and Cav1.2 Ca^{2+} Channels in ACC[J]. Nature neuroscience, 13(4): 482-488.

KRINGELBACH M L, ROLLS E T, 2004. The functional neuroanatomy of the human orbitofrontal cortex: Evidence from neuroimaging and neuropsychology[J]. Progress in neurobiology, 72(5): 341-372.

LANGFORD D J, CRAGER S E, SHEHZAD Z, et al, 2006. Social modulation of pain as evidence for empathy in mice[J]. Science, 312(5782): 1967-1970.

LANGFORD D J, TUTTLE A H, BROWN K, et al, 2010. Social approach to pain in laboratory mice[J]. Social neuroscience, 5(2): 163-170.

MACLEAN P D, 1985. Brain evolution relating to family, play, and the separation call[J]. Archives of general psychiatry, 42(4): 405-417.

NORRIS C J, GOLLAN J, BERNTSON G G, et al, 2010. The current status of research on the structure of evaluative space[J]. Biological psychology, 84(3): 422-436.

（撰稿：于鹏；审稿：王勇）

鼠类的化学通讯　chemical communication of rodent

机体释放化学物质作为信号，向其他机体传递信息，协调彼此的关系。化学通讯在细胞之间、器官之间、同种个体和异种个体之间都存在。在动物行为学上，化学通讯指种内个体之间和种间个体之间的通讯。动物用于种内个体之间的化学信号称为信息素（pheromone），用于种间个体之间的化学信号称为种间信息素（allomone）。

信息素是各个领域的科学家最为关注的化学信号，它指由动物向体外释放的、引起同种其他个体的行为或生理反应的化学物质。也可称为信息素通讯（pheromonal communication）。德国化学家布特南特（Adolf Butenandt）经过 22 年的研究，于 1959 年成功地从雌性家蚕中，鉴定出第一个动物信息素——蚕蛾醇，人工合成的这种物质可以引起雄蛾的性行为。这项工作表明人工合成的微量的信息素成分可以操纵动物的行为。之后，随着气相色谱和质谱联用的发明，大量有害昆虫的信息素得到鉴定和合成，并在害虫的防控和检测方面发挥了重要作用。

高等动物的信息素鉴定开始于 20 世纪 70 年代，雌性猕猴阴道分泌物中的短链脂肪酸，雄性长爪沙鼠腹中腺的苯基乙酸，雄性赤狐尿液中的 4 种挥发性成分等被鉴定为性信息素。但是，哺乳动物信息素得到全面和深入研究的是小家鼠（小鼠）。

鼠类气味的基本功能包括性识别、个体识别、亲缘识别、生理状况、社会地位、种间识别等，这些功能的信息素成分在小家鼠中得到了全面研究和证明，并对其他鼠种等高等动物的信息素的研究有借鉴作用。鼠类的气味产生自特化气味腺（如家鼠类和田鼠类的包皮腺，仓鼠类和沙鼠类的特化皮脂腺，黄鼠类的肛腺等）和尿液等。

在20世纪80年代中期，美国印第安纳大学化学系诺沃提尼（Milos Novotny）实验室将小家鼠包皮腺分泌的两种金合欢烯（E-β-farnesene 和 E, E-α-farnesene）鉴定为雄性信息素，吸引雌鼠，并且社会等级高的雄鼠这两个成分较高，对雌性的吸引力也较大；同时，尿液的代谢产物中一种双环缩酮类（R, R-3, 4-dehydro-exo-brevicomin）和一种丁基二氢噻唑（S-2-sec-butyl-4, 5-dihydrothiazole）为两个协同的雄性信息素成分，吸引雌鼠，也可以促进雄鼠间的攻击行为。

信息素除了调节行为的功能（signaling 或 releasing effects）之外，还有诱导生理变化的功能（priming effects）。雌性小鼠在过度拥挤时，动情受到抑制，动情周期延长（称为 Lee-Boot 效应）。诺沃提尼实验室证明密度过高而过度拥挤的雌性小鼠的尿液中的 2, 5-二甲基吡嗪（2, 5-dimethylpyrazine）含量升高，起到抑制彼此动情的作用；从雄性小鼠尿液中鉴定出的 6-羟基-6-甲基-3-庚酮，对雌性幼鼠的生殖系统发育有促进作用。

鼠类的信息素除了挥发性的有机化合物之外，还有一类非挥发性的信息素，属于肽类和蛋白质化合物。日本学者 Touhara 实验室从小鼠的泪腺中发现一种雄性特有的肽（ESP1），可以吸引雌鼠，并促进性行为的发生。英国 Hurst 实验室从雄性小鼠尿的众多大尿液蛋白 MUP 中鉴定出一种 MUP20（命名为 Darcin），起到雄性信息素的作用。雄性小鼠的 MUP 也可以促进雄鼠间的攻击行为。MUP 还能准确编码亲属信息，调节配偶选择，回避近交。

怀孕不久的雌性小鼠受到陌生雄鼠的气味刺激时，会导致流产，这个效应称为布鲁斯（Bruce）效应。布鲁斯效应实际是建立在怀孕雌鼠对配偶雄鼠和陌生雄鼠个体气味的识别和记忆基础上的，初步证明一些肽类和 MUP 编码的雄鼠个体信息有可能导致孕鼠流产的作用。

信息素和种间信息素可以共享某些成分，或者说动物释放的一种化学成分可以起到种内通讯的作用，也可以起到种间通讯的作用。例如，小鼠可以利用天敌的性信息素来识别天敌，同时，天敌也可以利用鼠的性信息素来捕猎鼠类。种间信息素也会产生升力诱导作用，比如，天敌气味的强烈刺激会引起鼠类流产，使鼠类的负面行为增加，焦虑样行为增加和攻击性下降。但是，天敌气味对鼠类的刺激有剂量依赖作用，低剂量的天敌气味刺激反而对鼠类的行为有正面作用，这在生态适应方面有一定的意义。

化学通讯除了信号系统，还有接收系统——嗅觉系统。鼠类的嗅觉系统包括主嗅觉系统和副嗅觉系统。主嗅觉系统依靠嗅黏膜（OE）接受挥发性成分，再将信号传递到主嗅球（MOB），再传递到皮层等中枢系统；副嗅觉系统依靠犁鼻器（VNO）接受化学信息，再将信号传递到副嗅球（AOB），再传递到杏仁核等中枢系统。副嗅觉系统被认为是接受信息素的主要系统，在 VNO 中有两类受体，V1R 家族和 V2R 家族，前者主要接受挥发性信息素，后者主要接受非挥发性信息素。但是仅有个别的信息素的特定受体得到鉴定，例如小鼠 ESP1 的受体是 V2Rp5，2-庚酮的受体是 V1Rb2。近来的一些研究表明，主嗅觉系统也有接受信息素的功能，并存在特定的信息素受体。

鼠类的信息素组成及接受是非常复杂的系统，还有大量的工作需要去做。以研究了将近 40 年的鼠类信息素的鉴定工作来说，即使研究最为详尽的小鼠，在经历 30 年后，又从小鼠包皮腺发现两个新的性信息素成分——十六醇和十六醇乙酸酯，它们对雌性有吸引作用，同时，也可以构成社会等级有关的信息素，使优势地位雄鼠的性吸引增强；这些信息素是可以遗传的，表观遗传对其有控制作用。另外一个生命科学经常使用的动物模型大鼠（褐家鼠），长期以来对它的行为功能有了很多研究，但是直到 2008 年，才首次报道了其性信息素成分（2-庚酮、4-庚酮、9-羟基壬酮等）；并证明这些性信息素成分也能编码亲属信息，调节配偶选择。鼠类的信息素成分，比如金合欢烯、十六醇乙酸酯、2-庚酮等也是某些昆虫的信息素成分，说明信息素成分在动物类群间的相似性。鼠类信息素在鼠害控制上应该有一定的价值，众多信息素的鉴定和信息素编码机制的理解，会指导我们更有效地将信息素应用于鼠害控制中。

参考文献

APFELBACH R, BLANCHARD C D, BLANCHARD R J, et al, 2005. The effects of predator odors in mammalian prey species: a review of field and laboratory studies[J]. Neuroscience and biobehavioral reviews, 29: 1123-1144.

BOSCHAT C, PÉLOFI C, RANDIN O, et al, 2002. Pheromone detection mediated by a V1r vomeronasal receptor[J]. Nature neuroscience, 5: 1261-1262.

BRENNAN P A, ZUFALL F, 2006. Pheromonal communication in vertebrates[J]. Nature, 444: 308-315.

CHAMERO P, MARTON T F, LOGAN D W, et al, 2007. Identification of protein pheromones that promote aggressive behaviour[J]. Nature, 450: 899-903.

HAGA S, HATTORI T, SATO T, et al, 2010. The male mouse pheromone ESP1 enhances female sexual receptive behaviour through a specific vomeronasal receptor[J]. Nature, 466: 118-122.

HURST J L, PAYNE C E, NEVISON C M, et al, 2001. Individual recognition in mice mediated by major urinary proteins[J]. Nature, 414: 631-634.

KIMOTO H, HAGA S, SATO K, et at, 2005. Sex–specific peptides from exocrine glands stimulate mouse vomeronasal sensory neurons[J]. Nature, 437: 898-901.

LUO M M, FEE M S, KATZ L C, 2003. Encoding pheromonal signals in the accessory olfactory bulb of behaving mice[J]. Science, 299: 1196-1201.

NOVOTNY M V, 2003. Pheromones, binding proteins and receptor responses in rodents[J]. Biochemical society transactions, 31: 117-122.

ROBERTS S A, SIMPSON D M, ARMSTRONG S D, et al, 2010. Darcin: A male pheromone that stimulates female memory and sexual attraction to an individual male's odour[J]. BMC biology, 8: 75.

SHERBORNE A L, THOM M D, PATERSON S, et al, 2007. The genetic basis of inbreeding avoidance in house mice[J]. Current biology, 17: 2061-6.

WYATT T D, 2014. Pheromones and animal behavior: chemical signals and signatures [M]. 2nd ed. Cambridge: Cambridge University Press.

ZHANG J X, LIU Y J, ZHANG J H, et al, 2008. Dual role of

preputial gland secretion and its major components in sex recognition of mice[J]. Physiology & behavior, 95: 388-394.

ZHANG J X, SUN L, BRUCE K E, et al, 2008. Chronic exposure of cat odor enhances aggression, urinary attractiveness and sex pheromones of mice[J]. Journal of ethology, 26: 279-286.

ZHANG Y H, LIANG H C, GUO H L, et al, 2016. Exaggerated male pheromones in rats may increase predation cost[J]. Current zoology, 62(5): 431-437.

ZHANG Y H, ZHANG J X. 2014. A male pheromone-mediated trade-off between female preferences for genetic compatibility and sexual attractiveness in rats[J]. Frontiers in zoology, 11: 73.

（撰稿：张健旭；审稿：刘晓辉）

鼠类的婚配制度　mating system of rodent

鼠类雌雄个体为获得配偶而普遍采取的一种相对稳定的行为策略。主要包括在一个繁殖季节里获得配偶的数量、得到配偶的方式、配偶间的亲密程度、维持时间以及参与抚育幼仔的程度等。婚配制度的研究对有害鼠类的不育控制，尤其是对单配制和一雄多雌制动物而言具有重要意义。

婚配制度一般分为单配制（monogamy）和多配制（polygamy），多配制又可以分为一雄多雌制（polygyny）、一雌多雄制（polyandry）和混交制（promiscuity）。单配制是指在一个繁殖季节或几个繁殖季节里一雄一雌相结合，而形成长期稳定的配偶关系，雌雄共同抚育幼仔。自然界中仅有约5%的哺乳动物属于这种婚配制度，例如，单配制草原田鼠（Microtus ochrogaster）在自然条件下总是成对被捕获，在繁殖季节和非繁殖季节里雌雄均共居同一巢穴，雌雄巢区面积相近；在大多数情况下，配偶中的一方死亡，另外一方不会形成新的配对关系。邰发道等（2001）对棕色田鼠群体结构的研究表明，6~9月洞群内棕色田鼠多呈雌雄一一配对，有些洞群内也有幼体和亚成体，雌雄共巢，呈现单配制特征。单配制长爪沙鼠家庭成员间通过腹侧的臭腺相互识别，亚成体的性行为受到抑制，只有一对雌雄个体具有繁殖能力；雌雄沙鼠共同抚育幼仔，雄性有很强的父本行为。

一雄多雌制是指在一个繁殖季节里1个雄性与多个雌性交配，但每个雌性只与1个雄性交配。这种婚配制度最为常见，它的形成与雌性单独的育幼方式有关，雄性很少直接照顾幼仔，其大部分时间用于保护领域，使其不受其他雄性的侵犯。如多配制的黄颊田鼠（Microtus xanthognathus）雌雄个体很少共居，雄性巢区面积大于雌性，雄性之间巢区不重叠，但1只雄性可与2只以上雌性重叠巢区，母鼠与未断奶子女组成家庭。大沙鼠同样为一雄多雌鼠种，繁殖期呈现明显聚集型分布；繁殖期群体中，通常由1只雄鼠和1~3只成年雌鼠以及一些幼体和亚成体组成。

一雌多雄制是指在一个繁殖季节里1个雌性与多个雄性交配。选择这种婚配制度的动物最少，抚育幼仔的任务主要由雄性承担。该婚配体制主要在鸟类中被采用，然而也仅仅有0.4%左右，在鼠类中尚未见报道。

混交制是指雌雄间没有稳定的配偶关系，只有雌性照顾幼年个体，雄性个体不参与或者很少参与育幼。如山地田鼠（Microtus montanus）和草甸田鼠（Microtus pennsylvanicus）均为混交制鼠类，各自雌雄鼠均很少共巢，雄性巢区面积大于雌性，雌雄间巢区均相互重叠，母鼠和未断奶幼仔构成家庭，呈现混交制特征。

单配制与多配制啮齿类动物相关神经递质的受体分布模式有显著差异，诸如加压素受体（AVP-V1a Receptors，V1aR）和催产素受体（Oxytocin receptor，OTR）等。例如，单配制草原田鼠V1aR在终纹床核（Bed nucleus of the stria terminalis, BNST）、腹侧苍白球（ventral pallidum, VP）、杏仁中央核和基底外侧核（central and basolateral nuclei of the amygdale, CeA and BLA）、副嗅球（accessory olfactory bulb, AOB）的分布均要多于多配制山地田鼠，而在隔外侧核（lateral septum, LS）和中央前皮质（medial prefrontal cortex, mPFC）均要少于山地田鼠。

室内研究发现，单配制鼠类在社会行为中呈现出一些与野外观察相同的行为策略，而且早期的社会环境会明显妨碍成年后配偶关系的形成。如选择性的配偶偏好，对进入巢区的陌生异性的攻击行为和高水平的父本行为等。邰发道等（2001）的研究表明，在配偶选择实验中，雌雄棕色田鼠特异性地选择配偶鼠，对陌生鼠表现出较多的排斥，呈现单配制特征，与野外生态研究结果一致。早期父本剥夺损害了子代雌性个体成年后配偶关系的形成，减少了伏隔核（nucleus accumbens, NAcc）多巴胺1型和2型受体（dopamine 1-type and 2-type receptor）的表达；早期的父本剥夺还减少了雄性个体成年后的父本行为，增加了雌激素α受体（estrogen receptor alpha）在内侧视前区（medial preoptic area, MPOA）的RNA表达。

婚配制度作为一种相对稳定的繁殖对策，是在漫长的进化过程中对环境的不断适应形成的，是由资源分布、种群密度、动物利用资源的能力和遗传因素等共同决定的，并且随着环境条件的改变不断地适应和进化，既具有稳定性又具有可塑性。

参考文献

房继明, 1994. 啮齿动物的空间分布格局[J]. 生态学杂志, 13(1): 39-44.

邰发道, 王廷正, 赵亚军, 2001. 棕色田鼠的配偶选择和相关特征[J]. 动物学报, 47(3): 266-273.

赵亚军, 房继明, 孙儒泳, 2000. 田鼠属动物婚配制度的研究范式[J]. 兽类学报, 20(1): 67-75.

AGREN G, 1984. Pair bond formation in the Mongolian gerbil[J]. Animal behaviour, 32: 528-535.

GAULIN S J C, FITZGERALD R W, 1988. Home-range size as a predictor of mating system in Microtus[J]. Journal of mammalogy, 69: 311-319.

GETZ L L, CARTER C S, GAVISH L, 1981. The mating system of the prairie vole, Microtus ochrogaster: field and laboratory evidence for pair-bonding[J]. Behavioral ecology and sociobiology, 8: 189-194.

INSEL T R, WANG Z X, FERRIS C F, 1994. Patterns of brain vasopressin receptor distribution associated with social organization in microtine rodents[J]. Journal of neuroscience the official journal of the society for neuroscience, 14: 5381-5392.

LIM M M, WANG Z X, OLAZÁBAL D E, et al, 2004. Enhanced partner preference in a promiscuous species by manipulating the expression of a single gene[J]. Nature, 429: 754-757.

SCHRADIN C, PILLAY N, 2005. Intraspecific variation in the spatial and social organization of the African striped mouse[J]. Journal of mammalogy, 86: 99-107.

YU P, AN S C, TAI F D, et al, 2012. The effects of neonatal paternal deprivation on pair bonding, NAcc dopamine receptor mRNA expression and serum corticosterone in mandarin voles[J]. Hormones and behavior, 61: 669-677.

（撰稿：于鹏、邰发道；审稿：刘晓辉）

鼠类的两性差异　sexual dimorphism of rodent

啮齿类在生殖系统、身体大小、行为、脑结构、脑功能等方面存在的性别差异。

在自然种群中，雌雄身体大小是最普遍的两性差异形式。鼠类中，雄性往往体型较大，传统的原因认为较大的雄性在性选择中往往有较强的竞争能力，但是研究认为两性身体大小差异并不是唯一的选择性因素，可能存在物种差异。性选择理论认为两性身体大小的差异程度和婚配体系紧密相关。多配制物种雌雄身体大小具有较为显著的差异是因为雄性通过打斗获得雌性从而到达交配目的，而在单配制物种，两性身体大小几乎没有差异。不同婚配制度鼠类在攻击行为方面两性间也明显不同，多配制鼠类雄性个体比雌性个体表现出较多的攻击行为和较少的亲社会行为。单配制雄性松田鼠个体相对于雌性个体表现出更多的亲密行为和较少的攻击行为。邰发道等2008年研究也发现单配制雌性棕色田鼠攻击行为显著多于雄性，而亲密行为明显少于雄性，防御行为极显著多于雄性，表现出单配制特征。混交制物种两性身体大小差异变得不显著，因为竞争主要是以精子竞争为代表，从而引起较高的睾丸和身体大小比例。对北美16种田鼠体长的两性差异以及精巢的相对大小进行比较发现，多配制物种和以精子竞争为主要特征的交配体系的混交制物种，相对具有较小的精巢。还有人认为多配制雄性身体较大的原因是雄性对后代投资较少，雄性相对雌性发育成较大的身体。如多配制物种黑大鼠（*Rattus rattus*）和挪威大鼠（*Rattus norvegicus*）雄性个体较大；长爪沙鼠雄性的体重也明显大于雌性，而雌性脏器的相对重量显著高于雄性。

在脑结构方面，多配制鼠类雄性的海马体比雌性大，这是因为雄性个体如草甸田鼠（*Microtus pennsylvanicus*）、鹿鼠（*Peromyscus maniculatus*）、C57BL/6J小鼠（*Mus musculus*）、Wistar大鼠（*Rattus norvegicus*）等在空间任务方面具有很多优势。在空间学习方面雄性运用房间的形状和大的物件做指引，而雌性则运用小的细节做指引。这种在多配制物种海马体积和空间能力上的性二型的原因，可能是多配制物种的雄性比雌性有更大的家域和更远的移动距离。单配制鼠类家域大小和海马体积均没有两性差异。田鼠海马的体积在秋冬季较小，呈现显著的季节变化，而这种变化也恰好和家域的季节变化相一致，而海马的体积大小变化也和内源性类固醇激素的自然变化相一致。在海马依赖的条件性恐惧学习和记忆测试中，雄性和发情期雌性具有相似的表现，发情前期的雌性在该方面的学习能力却明显不如雄性和发情期的雌性，雌激素在此过程中发挥重要作用。也有人认为海马体积的性差异是由于雌雄鼠类的应激反应不同所致，应激反应后，雌性个体比雄性个体有较高的糖皮质激素的增加，而这种增加比雄性持续更长的时间，而糖皮质激素可引起海马神经元的凋亡。

雄性的下丘脑腹内侧核由于有较多的突触连接，其体积大于雌性，雄性在这个脑区对雌激素没有响应甚至和雌性相比具有相反的效应，这是因为这些两性差异使雌性具有脊柱前突行为，而雄性则缺乏这种接受性行为。同样雄性视前区性二型核（sexually dimorphic nucleus of preoptic area, SDN-POA）是雌性的好几倍，雌性腹前侧室周核（anteroventral periventricular nucleus, APVP）却比雄性大，而这些和生殖行为相关的脑内核团大小的两性差异是由于不同性激素在发育不同时期引起的组织化和激活化效应所导致的。

另外雄性大鼠和小鼠的终纹床核（BST）和内侧杏仁核（MeA）体积也大于雌性，并含有较多的神经元。而这两个核团向下丘脑、下丘脑室旁核、弓状核、室前区以及下丘脑腹内侧区都有投射，从而有可能在很多行为方面产生两性差异。

参考文献

翟培源，薛慧，邰发道，等，2008. 棕色田鼠脑中雌激素α受体分布和社会互作的两性差异[J]. 动物学报, 54(6): 1020-1028.

COOKE B M, TABIBNIA G, BREEDLOVE S M, 1999. A brain sexual dimorphism controlled by adult circulating androgens[J]. Proceeding of the national academy of sciences of the United States of America, 96: 7538-7540.

FESTA-BIANCHET M, JORGENSON J T, KING W J, et al, 1996. The development of sexual dimorphism: seasonal and lifetime mass changes in bighorn sheep[J]. Canadian journal of zoology, 74: 330-342.

FLANAGAN-CATO L M, 2011. Sex differences in the neural circuit that mediates female sexual receptivity[J]. Frontiers in neuroendocrinology, 32: 24-136.

GAULIN S J C, HOFFMAN H A, 1998. Evolution and development of sex differences in spatial ability[M]// Betzig L, Mulder M B, Turke P. Human reproductive behaviour: a Darwinian perspective: Cambridge, UK: Cambridge University Press: 129-152.

JACOBS L F, GAULIN S J C, SHERRY D F, et al, 1990. Evolution of spatial cognition: sex-specific patterns of spatial behavior predict hippocampal size[J]. Proceedings of the national academy of sciences of the United States of America, 87: 6349-6352.

LAVENEX P, STEELE M A, JACOBS L F, 2000. Sex differences, but no seasonal variation in the hippocampus of food-caching squirrels: a stereological study[J]. The journal of comparative neurology, 425: 152-166.

MORI E, LAUCCI A, CATIGLIA R, et al, 2017. Sexual-size dimorphism in two synanthropic rat species: comparision and eco-evolutionary perspectives[J]. Mammalian biology, 83: 78-80.

MORRIS J A, JORDAN C L, BREEDLOVE S M, 2004. Sexual differentiation of the vertebrate nervous system[J]. Nature neuroscience, 7: 1034-1039.

（撰稿：邰发道；审稿：刘晓辉）

鼠类的领域行为　territorial behaviour of rodent

动物占有和保卫的空间或区域内，动物所需要的各种资源，如食物、栖息地或配偶等，不允许其他个体侵入的行为。

领域的主要特征　稳定性，具有相对固定的空间或区域范围，随时间和生态条件而调整。排他性，领域占有者积极维护与防御的区域，避免其他个体入侵。

领域的类型，根据所有权，可以分为个体领域、配偶领域和社群领域。个体领域是指采食领域或由单一个体占有和保卫的繁殖领域。配偶领域是指由一对配偶及其后代占有和保卫的领域。而社群领域是指由社群共同占有和保卫的领域。

Brown（1964）提出领域大小的trade-off原则，即动物从领域中得到的收益大于保卫领域付出的代价时，领域行为才会存在。鼠类的领域行为受到性别、年龄、季节、体型大小、食物质量和种群密度等制约。对社会性鼠类而言，成体承担了大部分的领域维护责任，地面活动显著高于幼体。例如，非繁殖季节，更格卢鼠具有独立领域；而在繁殖季节，雄性领域扩大，与邻近的雌性领域重叠，以增加交配机会。北社鼠的领域大小与所有者体重成正比，体重越大，所需食物资源越多，则领域越大。食物质量亦影响领域范围，食物质量越高，领域面积越小。当种群密度处于较高水平时，黄喉姬鼠的领域面积缩小，与相邻领域重叠度增加。

领域的重要性　建立领域可以降低种内与种间竞争，获得充足的食物与空间资源，减少干扰，尤其是对繁殖的干扰。Koskela等（1997）发现雌性欧洲棕背䶄领域面积与重叠度从繁殖前期到繁殖末期逐渐减小，在妊娠期采食领域最小，而繁殖领域最大；领域面积与胎仔数显著相关。

对群居的鼠类而言，主要通过视觉标记、声音标记、气味标记、驱赶等维护领域。以青藏高原优势小哺乳动物高原鼠兔为例，在繁殖季节，雄性成体通过鸣叫向其他家群的个体宣布领域地位；鼠兔在领域范围内固定的位置排便，建立嗅味站，进行气味标记；当其他家群个体侵入后，领域所有者发起攻击并将其驱逐出领域。

参考文献

王学高,戴克华, 1990. 高原鼠兔的繁殖空间及其护域行为的研究[J]. 兽类学报, 10(3): 203-209.

BROWN, 1964. The evolution of diversity in avian territorial systems[J]. The wilson bulletin, 76(2): 160-169.

COOPER L D, RANDALL J A, 2007. Seasonal changes in home ranges of the giant kangaroo rat (*Dipodomys ingens*): a study of flexible social structure[J]. Journal of mammalogy, 88(4): 1000-1008.

JONSSON P, KOSKELA E, MAPPES T, 2000. Does risk of predation by mammalian predators affect the spacing behaviour of rodents? Two large–scale experiments[J]. Oecologia, 122: 487-492.

KOSKELA, MAPPES T, YLONEN H, 1997. Territorial behaviour and reproductive success of bank vole *Clethrionomys glareolus* females[J]. Journal of animal ecology, 66(3): 341-349.

SCHRADIN C, PILLAY N, 2004. The Striped Mouse (*Rhabdomys pumilio*) From the Succulent Karoo, South Africa: A Territorial Group-Living Solitary Forager With Communal Breeding and Helpers at the Nest[J]. Journal of comparative psychology, 118(1): 37-47.

STEINMANN A, PRIOTTO J, POLOP J, 2009. Territorial behaviour in corn mice, *Calomys musculinus* (Muridae: Sigmodontinae), with regard to mating system[J]. Journal of ethology, 27: 51-58.

ZHANG Y M, ZHANG Z B, WEI W H, et al, 2005. Time allocation of Territorial activity and adaptations to environment of predation risk by plateau pikas[J]. Acta theriologica sinica, 25: 333-338.

（撰稿：张堰铭；审稿：刘晓辉）

鼠类的迁移　dispersal of rodent

鼠类因繁殖、觅食、气候变化等进行一定距离的迁移。迁移可以分为周期性迁移和非周期性迁移，前者有一定的规律和路线。

鼠类在迁移时不仅要消耗额外的能量，在途经陌生区域时还容易遭到捕食者捕杀。动物在迁移的利弊之间存在着一种权衡。以地松鼠为例，幼体雄鼠在迁入新洞穴前，通常是在母鼠洞穴150m的范围内活动，而幼年雌鼠只在距离出生地50m的范围内活动，幼体迁移可以减少近亲交配的机会。当近缘个体交配时，产生的后代更有可能携带有害的等位隐形基因，导致其适合度明显下降。雌性草原田鼠偏爱陌生雄鼠，从而避免近亲繁殖。

鼠类的迁移受到内部因素与外部因素的制约。以洞庭湖区的东方田鼠为例，在枯水季节，是以湖滩上的芦苇或薹草沼泽为最适栖息地。而在汛期，随着湖水上涨，湖滩面积缩小，东方田鼠在拥挤的压力下或直接被洪水所迫，越过防洪堤迁入垸内。东方田鼠在湖滩及农田间的迁移主要取决于湖水水位及种群密度，无固定的迁移时间。迁入垸内的东方田鼠主要分布于靠近防洪堤一带，其捕获率随着与防洪堤距离的增加而递减。个体较大的东方田鼠迁移距离较远。在迁移期，迁入垸内的东方田鼠的性比在不同的距离上无显著差异。湖水回落时，东方田鼠随湖滩出露而迁回沼泽草地。回迁时，个体较大的雄性首先回迁的比例较高。迁入垸内的东方田鼠，栖息在荒坡地的种群密度大于在农田中的种群密度；东方田鼠不在农田越冬，小部分可在岗地荒坡中越冬，但少有繁殖。东方田鼠的迁移主要受到洪水影响，由逼迫外迁和自动回迁构成循环，保证了种群对湖区特殊环境的适应。人类活动也会影响鼠类的迁移。例如，褐家鼠在荒漠地区可随货车进行长距离迁移。

鼠类的迁移存在性别差异，存在多种潜在的生态学机制。例如，几乎所有的雌性西伯利亚鼯鼠离开出生地，迁移到新的领域，而雄性仅有40%的个体迁移，且雌性的迁移距离远远大于雄性。这可能是由于雌性个体的社会等级低于母体，为获得更加适宜繁殖的栖息地而迁移。对草原土拨鼠而言，当母体和同胞存在时，幼体可以通过相互合作，提高存活与繁殖率，迁移率低。而对地松鼠来说，雌性幼体不迁移，可能是由于留在出生群中可以得到母亲的支持和帮助，最终能够获得较高的社会等级。

对社会性鼠类而言，社群结构也会影响其迁移。以高原鼠兔为例，57.8%的高原鼠兔为恋巢个体，不同年间雌性成体的迁移距离一般不超过2个家群领域。个体在迁移到邻近家群前，多次探访新的家群，以增加熟悉程度。迁移会导致不同家群的数量趋于一致。雄性成体往往迁移到雌性成体较少的家群中，因此，配偶竞争不是迁移的主要原因，种群可能存在较高的近亲繁殖概率。

参考文献

郭聪, 王勇, 陈安国, 等, 1997. 洞庭湖区东方田鼠迁移的研究[J]. 兽类学报, 17(4): 279-286.

廖力夫, 乌守巴特, 燕顺生, 2014. 荒漠区褐家鼠的迁移方式[J]. 中国媒介生物学及控制杂志, 25(2): 162-164.

DOBSON F S, SMITH A T, WANG X G, 1998. Social and ecological influences on dispersal and philopatry in the plateau pika (*Ochotona curzoniae*)[J]. Behavioral ecology, 9: 622-635.

GREENWOOD P J, 1980. Mating systems, philopatry and dispersal in birds and mammals[J]. Animal behaviour, 28(4): 1140-1162.

HANSKII K, SELONEN V, 2009. Female–biased natal dispersal in the Siberian flying squirrel[J]. Behavioral ecology, 20: 60-67.

HOOGLAND J L, 2013. Prairie Dogs Disperse When All Close Kin Have Disappeared[J]. Science, 339: 1205-1207.

LUCIAK E, KEANE B, 2012. A field test of the effects of familiarity and relatedness on social associations and reproduction in prairie voles[J]. Behavioral ecology and sociobiology, 66(1): 13-27.

MARGULIS S W, ALTMANN J, 1997. Behavioural risk factors in the reproduction of inbred and outbred oldfield mice[J]. Animal behaviour, 54(2): 397-408.

PUSEY A, WOLF M, 1996. Inbreeding avoidance in animals[J]. Trends in ecology and evolution, 11(5): 201-206.

（撰稿：张堰铭；审稿：刘晓辉）

鼠类的生态作用　ecological role of rodent

啮齿动物分布于除南极洲外的全球各地，全世界现有啮齿动物2369种，占现存哺乳动物总种数的43.74%。啮齿动物是自然生态系统（如各种森林生态系统、草原生态系统、荒漠生态系统等）中非常重要的一环，其作用是多方面的。自然生态系统中鼠类以植食性为主，属初级消费者，其不断地将植物性养料转化为动物性养料，为各种肉食性动物提供了基本的生存条件，是生态系统中次级生产力的主力之一。自然界众多"食物链"中，啮齿动物是连接植物与肉食性、杂食性动物及一些寄生性、腐生性生物的起始环节，从而使各种食物链再组合成"食物网"，保证了自然生态系统的物质循环和能量流动，造就了大自然的蓬勃生机、千姿百态（见图）。通过食物链网及其间接作用，几乎和生态系统中的各物种都会有一定的关系。其在农业生态系统的物质循环和能量流动中发挥着重要作用，是维持生态系统食物链稳定不可或缺的环节。在没有人为干扰的环境中，鼠类的适度取食和活动有利于维持自然生态系统的稳定。青海海北高寒草甸上的鼠兔主要吃禾草类及杂类草，当地主要的牧草资源——莎草科植物并不是其最喜食植物。鼠兔取食禾草和杂类草有助于草甸植物群落的稳定。同时鼠兔还取食毒草——棘豆属(*Oxytropis*)植物，有助于毒杂草的去除。

鼠类作为生态系统中的成员，其作用表现为多方面。如草原生态系统中，鼠啃食牧草，直接或间接分食了牲畜的食物，其对人类利益是有害的。但草原上的鼠类普遍是次级消费者——食肉动物，如狐、鼬、鹰隼等的食物，如果失去鼠类作为它们的食物基础，其难以繁衍，难以保持生产者、初级消费者以及次级消费者之间的平衡，不利于生态系统中生物多样性的保持。一些啮齿动物，有时也取食害虫或虫卵，如小家鼠在蝗虫孳生地可以大量取食蝗虫卵。一定条件下，鼠类的活动和啃噬能起到增加植物生产力、传播植物种子和促进种子萌发的作用，有利植被的更新与演替。在自然生态环境中，保持适量的啮齿动物种群，即使是少数可造成危害的啮齿动物，有时不仅不会对人类构成危害，而且有助于食肉类野生动物的生存，对于保持自然生态平衡具有不可替代的作用。真正对农业能造成危害的鼠类约占整个鼠种数的10%。若从鼠传疾病的角度考虑，危害的种类会大大增加。随着人类对自然世界认识的深入，人们逐渐认识到并不是凡鼠就有害。对鼠类，危害种类应当采用科学方法控制，将其种群密度控制在危害阈值以下，消除危害；对有益或稀少、濒危种类则必须保护。例如，河狸、巨松鼠、海南兔、塔里木兔和雪兔等5种，在1988年列入国务院批准的《国家重点保护野生动物名录》，成为法定的国家一、二级重点

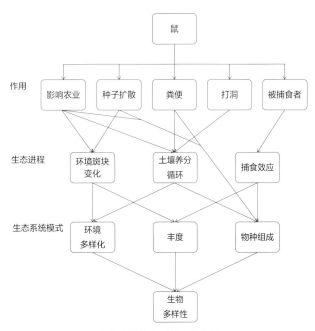

鼠在自然生态系统中的作用

保护野生动物；2000年又有2目6科49种啮齿动物进入《国家保护的有益的或者有重要经济价值的陆生野生动物名录》；此外，还有不少种类列入各省（自治区、直辖市）的《地方重点保护野生动物名录》。

参考文献

夏武平, 1986, 从生态系统的观点看草原灭鼠[J]. 生态学杂志, 5(1): 26-28.

张堰铭, 刘季科, 2002. 地下鼠生物学特征及其在生态系统中的作用[J]. 兽类学报, 22(5): 145-155.

张知彬, 1994. 小型哺乳动物在生态系统中的作用[M]// 中国科学院生物多样性委员会. 生物多样性研究的原理与方法. 北京: 中国科学技术出版社: 210-217.

钟文勤, 2008. 啮齿动物在草原生态系统中的作用与科学管理[J]. 生物学通报, 43(1): 1-3.

EDWARDS G R, CRAWLEY M J, 1999. Rodent seed predation and seedling recruitment in mesic grassland[J]. Oecologia, 118(3): 288-296.

WILSON D E, REEDER D M, 2005. Mammal species of the world: a taxonomic and geographic reference[M]. 3rd ed. Baltimore, Maryland: The Johns Hopkins University Press.

（撰稿：王登；审稿：施大钊）

鼠类的生物节律　biological rhythm of rodent

鼠类表现出来的内源性的、周期性循环的变化，如日节律、年节律等。这些变化可以发生在分子、细胞等微观层面，也发生在个体、群体等宏观层面；既可以表现为基因表达、蛋白质合成，也可以表现在行为发生、激素分泌、种群波动等等。鼠类的生物节律是鼠类对外界环境长期适应的结果，也具有一定的可塑性。

在各种类型的生物节律中，研究最为清晰的的是以24小时为单位的生物节律，常被称为"日节律（circadian rhythm）"，或者昼夜周期（day-night cycle）、睡眠周期（sleep-wake cycle）。这些节律主要体现在行为和生理的各个方面。例如，鼠类的活动类型有日行性和夜行性，在行为上表现出活跃性的昼夜节律；体温、褪黑素、皮质醇、黄体生成素、甲状腺激素、血脂、血糖和血糖调节激素等激素和代谢因子等生理指标也表现出明显的昼夜节律变化。

在哺乳动物中，位于下丘脑的视交叉上核（suprachi-asmatic nucleus，SCN）起到日节律调控的主要中枢作用。SCN损毁实验证明，SCN是调控鼠类行为节律（如运动）和生理节律（如体温）的主要枢纽。大脑其他部分和外周组织中的细胞虽然受到SCN的影响，但更主要的是被自身节律所支配。因此，SCN和其他组织之间的关系就像是指挥和乐队的关系，仅提供参考时间以协调机体有序运行，而具体每个组织和细胞是有其自身的生物钟节律。

与其他动物相同，鼠类机体细胞中的生物钟也是由一系列核心基因组成，包括：*Clock*、*Bmal1*、*Per1*、*Per2*、*Cry1*、*Cry2*等等。其中，CLOCK和BMAL1组成了主要的转录激活因子复合蛋白，主要调节3个通路：①激活了*Per*和*Cry*基因的转录与反馈调节。②反馈调节*Bmal1*转录。③调控上千个目的基因的表达，从而产生生物钟现象。光信号经由视网膜和视神经传递到SCN，是调控SCN中日节律的最重要和最直接的信号。改变光周期的长短，SCN中的生物钟基因表达情况也会随之变化。然而，除了SCN以外的脑区和外周器官的节律基因表达情况则更多受到非光信号的干扰，如摄食、运动等等。而且，摄食、运动等节律的紊乱往往导致生物钟基因表达的紊乱，并导致许多代谢类疾病，如糖尿病、肥胖症等。例如，本来应在晚上进食的小鼠改在白天进食后，会导致能量摄取增加、体重增长，并且将肝脏中生物钟基因和代谢基因的正常表达模式反转。

年节律（circannual rhythm）也是鼠类中非常重要的一种生物节律现象，即鼠类的行为与生理特点随着一年四季或者旱季与雨季而呈现出年度周期性的变化。在各种年节律现象中，季节性繁殖广受关注。季节性繁殖是指鼠类将其繁殖活性限制在一年中的特定季节的现象，具体来说，在大部分中高纬度地区的鼠类在春夏季繁殖活跃，而秋冬季繁殖休止；或在干旱地区鼠类的繁殖活性随雨季而变化。从生态学角度来看，将高耗能的繁殖行为限制在每年特定时段将有利于提高后代成活率，因此繁殖时期不同的动物往往有着相同的产仔时期，即环境条件适宜后代存活的季节。"光信号—SCN—松果体—下丘脑"通路在其中扮演着非常重要的角色，其中下丘脑是季节性变化的神经内分泌中枢，通过垂体调控着许多内分泌器官的激素变化，从而起到生理状态季节性转换的作用。目前，对年节律调控的分子通路的解析还在进行中，其中垂体结节部的促甲状腺激素与下丘脑中*Dio2*（二型脱碘酶）基因和*Dio3*（三型脱碘酶）在解码光周期年度变化所引起的褪黑素信号中具有重要作用。

参考文献

BRONSON F H, 2009. Climate change and seasonal reproduction in mammals[J]. Philosophical transactions of the Royal Society of London, 364: 3331-3340.

EMILY S, G MAIK F, HERZOG E D, 2013. The clock in the brain: neurons, glia and networks in daily rhythms[J]. Handbook of experimental pharmacology, 217: 105-123.

KALSBEEK A, FLIERS E, 2013. Daily regulation of hormone profiles[J]. Handbook of experimental pharmacology, 217: 185-226.

OPPERHUIZEN A L, WANG D, FOPPEN E, et al, 2016. Feeding during the resting phase causes profound changes in physiology and desynchronization between liver and muscle rhythms of rats[J]. European journal of neuroscience, 44: 2795-2806.

TAKAHASHI J S, 2015. Molecular components of the circadian clock in mammals[J]. Diabetes, obesity and metabolism, 17 (S1): 6-11.

TOSINI G, MENAKER M. 1996. Circadian rhythms in cultured mammalian retina[J]. Science 272: 419-421.

VOLLMERS C, GILL S, DITACCHIO L, et al, 2009. Time of feeding and the intrinsic circadian clock drive rhythms in hepatic gene expression[J]. Proceedings of the national academy of sciences of the United States of America, 106: 21453-21458.

YAMAZAKI S, NUMANO R, ABE M, HIDA A, TAKAHASHI R, UEDA M, BLOCK GD, SAKAKI Y, MENAKER M, TEI H. 2000. Resetting central and peripheral circadian oscillators in transgenic rats[J]. Science, 288: 682-685

YOO S H, MOHAWK J A, SIEPKA S M, et al, 2013. Competing E3 ubiquitin ligases govern circadian periodicity by degradation of CRY in nucleus and cytoplasm[J]. Cell, 152: 1091-1105.

ZARRINPAR A, CHAIX A, PANDA S, 2016. Daily eating patterns and their impact on health and disease[J]. Trends in endocrinology and metabolism, 27(2): 69-83.

（撰稿：王大伟；审稿：王勇）

鼠类的视觉通讯　visual communication of rodent

鼠类通过视觉通路传递信息为视觉通讯，属于辐射通讯一种类型。如可通过发光、变色、身体姿态传递信息。由于鼠类主要采用嗅觉（化学）通讯和听觉通讯，较少使用视觉通讯，所以，鼠类视觉通讯处于次要位置。

鼠类的视觉通讯主要体现在身体姿态的变化，常出现在保护领域、求偶、打斗时，向对方传达威吓、屈服、顺从、接受等行为信息。视觉通讯简单、准确、迅速，但有很多局限性。所以，鼠类仅以视觉通讯作为主要通讯方式很少见，一般与嗅觉和听觉通讯结合使用，发送或获取准确的行为信息。

鼠类由于有昼行性和夜行性、地上和地下等不同的生活习性，视觉器官在结构和功能上也存在一定差异，如昼行性鼠类中黄鼠和松鼠的眼球直径比夜行性鼠类大，视敏度较高。虽然昼行性鼠类晶状体比夜行性鼠类大，但夜行性鼠的晶状体在眼球中所占的比例比昼行性大。而夜行性鼠和地下生活的鼠类视锥视杆层较厚，而昼行性鼠类较薄，可能是由于其主要由感受色觉的视锥细胞组成，而视锥细胞较短的缘故。昼行性动物视网膜视细胞与节细胞数目相当，而夜行性动物视细胞数目则多于节细胞。以上眼球和视网膜的组织结构和夜行性鼠类较昼行性鼠类光敏度较高和视觉分辨能力较差有关。

视锥和视杆细胞作为视网膜上的光感受器在夜行性和昼行性鼠类中所占比例也有较大差异，这是因为视杆细胞对光敏感，在较暗的环境中行使功能，而视锥细胞在较强的光下才能激活，所以在日光下发挥功能，它们负责颜色的区别和视觉活动。大鼠和小鼠是夜行性物种，小鼠视网膜视锥细胞在所有光感受器中占比小于3%，而大鼠占比小于1%。夜行性物种 C57BL 小鼠、小家鼠视锥细胞为短波敏感型和中波敏感型，而且这两种波形敏感型视觉感受器比例和分布模式在不同的物种有较大变化。日行性黄鼠视锥细胞占90%。白天活动的花纹沙鼠（Striped Desert Mouse；Lemniscomys barbarus）和 Arvicanthis ansorgei 视锥细胞占比大约为33%。沙鼠既在晚上活动，又在白天活动，它的视网膜和夜行性的大鼠和小鼠不同，并不以视杆细胞为主，视锥细胞占了更大的比例，对499～501nm的光感受最灵敏的视杆细胞占了大约光感受器的87%，而视锥细胞占了13%。沙鼠具有蓝绿色双色的区别能力，它们的视网膜也对峰值为360nm的紫外光敏感。

地下活动的鼠类由于长期适应地下生活，视觉系统的结构和功能都表现出进化和退化镶嵌的形态特征。地上活动的鼠类如褐家鼠、小家鼠比地下活动的鼢鼠眼球要大，从视网膜的厚度来看地上生活的夜行性鼠类大于地下生活的鼠类，而地下生活的鼠类视网膜厚度大于昼行性鼠类。地下活动的鼠类眼球体积减小、眼球隐于皮下、视觉器官退化，有些地下生活的鼠类如鼹形鼠已失去视觉功能。但是鼹形鼠视网膜形态发育正常，具有成层结构特征，该鼠视网膜结构发育成为具有感光作用的松果体状结构。虽然由视觉诱导产生行为反应的脑区及视觉投射严重退化，但有关感受光周期的"非成像"视觉通路结构却高度发达，仍然具有感知光周期节律的生理功能。对昼夜节律的感知可能是地下活动的鼠类用来推测躲避地上捕食者或者将松动的土移出洞道的最佳时机，减少可能将自己暴露于捕食者的机会。而季节性繁殖地下活动的鼠类也需要调整光周期以参与季节性生殖。比如地下活动的甘肃鼢鼠就有明显的季节活动节律。而保留的视觉也可以使地下鼠类在洞道中定位，并判断洞道是否已被捕食者打开。

参考文献

杜央威，李金钢，赵新全，2006. 地下啮齿动物视觉系统的形态结构与机能进化[J]. 兽类学报, 26(1): 76-83.

张育辉，刘加坤，1994. 七种啮齿动物视觉器官形态结构的比较研究[J]. 兽类学报, 14(3): 189-194.

BOBU C, LAHMAM M, VUILLEZ P, et al, 2008. Photoreceptor organization and phenotypic characterization in retina of two diurnal rodent species: Potential use as experimental animal models for human vision research[J]. Vision research, 48(3): 424-432.

CERNUDA-CERNUDA R, DEGRIP W J, COOPER H M, 2002. The retina of Spalaxehrenbergi: novel histologic features supportive of a modified photosensory role[J]. Investigative ophthalmology and visual science, 43: 2374-383.

JEON C J, STRETTOI E, MASLAND R H, 1998. The major cell populations of the mouse retina[J]. Journal of neuroscience, 18: 8936-8946.

KRIGER Z, GALLI-RESTA L, JACOBS G H, et al, 1998. The topography of rod and cone photoreceptors in the retina of the ground squirrel[J]. Visual neuroscience, 15: 685-691.

SZÉL Á, CSORBA G, CAFFÉ A R, et al, 1994. Different patterns of retinal cone topography in two genera of rodents, Mus and Apodemus[J]. Cell and tissue research, 276: 143-150

SZÉL Á, VAN VEEN T, RÖHLICH P, 1994. Retinal cone differentiation[J]. Nature, 370: 336.

SUGITA Y, TASAKI K, 1988. The activation of cones in scotopic and rods in photopic vision[J]. Tohoku journal of experimental medicine, 156: 311-317.

WEGNER R E, BEGALL S, BURDA H, 2006. Light perception in 'blind' subterranean Zambian mole–rats[J]. Animal behaviour, 72: 1021-1024.

（撰稿：李金钢、邵发道；审稿：刘晓辉）

鼠类的听觉通讯　auditory communication of rodent

声音是动物最普通、最直接也最为广泛应用的通讯手段。根据信息传导途径，听觉通讯是由听觉通路传导信息，属于机械通讯的一种类型。

鼠类群体生活时，个体之间通过互通信息，使个体之间彼此了解、各司其职，在共同行动中协调一致。鼠类发出不同的声音代表不同的信息，如告知食物的位置、求偶和交配、报警、召唤、亲子联系和保卫领域等。

鼠类的听觉系统非常发达，听觉频率范围 0.2～90kHz。一般认为鼠类可用次声波、可闻声波和超声波交流，但鼠类发声多为可闻声波和超声波。

甘肃鼢鼠（Myospalax cansus）不安鸣声、威胁声、惊叫声、攻击等鸣声的频率范围 58.5～5518.5Hz；棕色田鼠（Microtus mandarinus）召唤、警告、威胁、报警、攻击等叫声频率范围 561～8125Hz；褐家鼠（Rattus norvegicus）惊叫声频率范围 1700～9575Hz；黑线仓鼠（Cricetlcus barabensis）惊叫声频率范围 1075～7525Hz。地面活动鼠类声音通讯起着更加重要的作用；地下生活鼠类声音为次要的通讯工具，地下鼠对低频声波敏感。

鼠类对超声波非常敏感，大多数鼠类均具有发射和接听超声波的能力，主要进行社会交流通讯，表明社会等级、传递自身情绪、加强社会亲密度、吸引异性及协调繁殖行为等。鼠类随年龄、性别、种类、自然和社会环境的不同而发出不同频率的超声波。此外，鼠类还可利用超声波为同种个体提供有效的警戒信号，从而提前躲避天敌，可以说超声波是鼠类的主要语言。

鼠类可发出结构特征及功能不同的分离诱导超声波、雌性诱导超声波、恐惧诱导超声波、欲求诱导超声波和互动诱导超声波。

新生幼鼠与母鼠或同窝幼鼠分开独处时，发出主频为 30～90kHz 的分离诱导超声波，该声波反映一种消极的情感状态，具有社会交流通讯作用，母鼠察觉巢外幼鼠发出该叫声后离开巢穴并衔回巢外的幼鼠。

成年雄性小鼠在求偶或与雌鼠交配期间可发出主频为 70kHz 左右的雌性诱导超声波。雌性小鼠的尿液可单独诱导雄性小鼠发出该超声波。该声音反映了一种正面积极的情感状态，具有吸引雌性的重要作用。

成年大鼠相互打斗、遭遇天敌、突发噪音或被迫电击等厌恶刺激时会发出主频为 18～32kHz 的恐惧诱导超声波。该叫声是一种情绪反应而非疼痛反应，反映一种类似于焦虑、抑郁负面消极的情感状态。大鼠发出此声音的频次随对周围环境不适感加剧而增加。同样此叫声具有警示功能，并在大鼠社群恐慌情绪的传播中有重要作用。

成年或亚成年大鼠在相互打闹、挠痒、进行社会性探索及交配行为过程中会发出主频 32～96kHz 的欲求诱导超声波。该叫声反映一种类似快乐的正面积极的情感状态，大鼠在接触到与交配、玩耍和食物等相关刺激时会发出该叫声。该叫声包含一种富有亲和力的交流功能，在建立和维持社会关系中起重要的作用。该叫声还可激起大鼠的社会探究行为。

亚成年小鼠在追逐打闹期间会频繁地发出 60～80kHz 互动诱导超声波。一般认为该声波有助于加强社会联系，具有群体亲和功能。雌性小鼠该声波的发生会一直持续到成年，且成年雌性小鼠之间的互动叫声一般由原居小鼠发出，表明该叫声还包含领地信号。

鼠类还有一种特殊的听觉通讯——震动通讯方式。鼹形鼠（Spalax ehrenbergi）和甘肃鼢鼠（Myospalax cansus）等地下鼠用其鼻吻部敲击洞道壁发出有节奏的振动波，主要用于探究、巡视和保护领域。震动通讯是地下鼠的一种独特通讯方式，是对地下黑暗环境、独居生活方式的适应。

地面生活的旗尾更格卢鼠（Dipodomys spectabilis）通过后足敲击地面来保护领域，其敲击声作为一种警告信号。凿齿更格卢鼠（Dipodony microps）等 5 种更格卢鼠和一些沙鼠也存在这种行为。加州黄鼠（Spermophilus beecheyi）和草原犬鼠（Cynomys ludovicianus）用足敲击地面来防御蛇，这种行为与逃跑和隐蔽行为相关，并在格斗时也会出现。

参考文献

陈毅, 刘全生, 2016. 鼠类超声通讯在鼠害防治中的应用[J]. 中国媒介生物学及控制杂志, 27(4): 405-408.

蒋锦昌, 徐慕玲, 王强, 1993. 褐家鼠声行为的种特性和种族变异[J]. 遗传学报, 20(1): 33-43.

李金钢, 何建平, 王廷正, 等, 2000. 甘肃鼢鼠鸣声声谱分析[J]. 动物学研究, 21(6): 458-462.

李金钢, 王廷正, 何建平, 等, 2001. 甘肃鼢鼠的震动通讯[J]. 兽类学报, 21(2): 152-154.

邰发道, 王廷正, 闵一建, 1999. 棕色田鼠的发声及其频谱分析[J]. 动物学研究, 20(4): 278-283.

王茁, 李金钢, 2011. 甘肃鼢鼠和根田鼠听域研究[J]. 四川动物, 30(4): 612-615.

BRIGGS J R, KALCOUNIS-RUEPPELL M C, 2011. Similar acoustic structure and behavioural context of vocalizations produced by male and female California mice in the wild[J]. Animal behaviour, 82(6): 1263-1273.

BRUDZYNSKI S M, 2007. Ultrasonic calls of rats as indicator variables of negative or positive states: acetylcholine–dopamine interaction and acoustic coding[J]. Behavioural brain research, 182(2): 261-273.

COSTANTINI F, D'AMATO F R, 2006. Ultrasonic vocalizations in mice and rats: social contexts and functions[J]. Acta zoologica sinica, 52(4): 619-633.

FAY R R, 1988. Comparative psychoacoustics[J]. Hearing research, 34(3): 295-305.

HAMMERSCHMIDT K, RADYUSHKIN K, EHRENREICH H, et al, 2009. Female mice respond to male ultrasonic 'songs' with approach behaviour[J]. Biology letters, 5: 589-592.

HETH G, FRANKENBERG E, PRATT H, et al, 1991. Seismic communication in the blind subterranean mole-rat: patterns of head thumping and of their detection in the Spalax ehrenbergi superspecies in Israel[J]. Journal of zoology, 224: 633-638.

HETH G, FRANKENBERG E, RAZ A, et al, 1987. Vibrational communication in subterranean mole-rat (Spalax ehrenbergi)[J]. Behavioral ecology sociobiology, 21: 31-33.

INAGAKI H, KUWAHARA M, KIKUSUI T, et al, 2005. The influence of social environmental condition on the production of stress induced 22kHz calls in adult male Wistar rats[J]. Physiology and behavior, 84(1): 17-22.

KENAGY G J, 1976. Field observations of male fighting, drumming, and copulation in the Great Basin kangaroo rat, *Dipodomys microps*[J]. Journal of mammalogy, 57: 781-785.

MUSOLF K, HOFFMANN F, PENN D J, 2010. Ultrasonic courtship vocalizations in wild house mice, *Mus musculus musculus*[J]. Animal behaviour, 79(3): 757-764.

NEVO E, HETH G, PRATT H, 1991. Seismic communication in a blind subterranean mammal: A major somatosensory mechanism in adoptive evolution underground[J]. Proceedings of the national academy of science of the United States of America, 88: 1256-1260.

NYBY J, WHITNEY G, 1978. Ultrasonic communication of adult myomorph rodents[J]. Neuroscience and biobehavioral reviews, 2(1): 1-14.

RADO R, LEVI N, HAUSER H, et al, 1987. Seismic signalling as a means of communication in a subterranean mammal[J]. Animal behaviour, 35: 1249-1266.

WÖHR M, SCHWARTING RKW, 2013. Affective communication in rodents: ultrasonic vocalizations as a tool for research on emotion and motivation[J]. Cell tissue research, 354(1): 81-97.

（撰稿：李金钢；审稿：刘晓辉）

鼠类的学习行为和记忆 learning behavior and memory of rodent

鼠类的空间学习和记忆具有种属差异，在有些种类表现出性别差异。水迷宫实验发现多配制的雄性草甸田鼠（*Microtus pennsylvanicus*）及由多配制祖先驯化而来的雄性大鼠（*Rattus norvegicus*）表现出比雌性更好的空间学习能力，相比之下单配制的橙腹田鼠（*Microtus phrogaster*）、松田鼠（*Microtus pinetorum*）及棕色田鼠（*Lasiopodomys mandarinus*）缺乏性别差异。这种空间学习的性二型与多配制的雄性比雌性有更大的巢域有关。从神经内分泌机制来看，性激素激素尤其是睾酮和雌二醇通过对中枢神经系统的组织和激活效应调节空间学习已得到较多实验证实。性激素水平随季节改变，空间学习的表现与季节性的繁殖状态有关，处于繁殖状态具有较高睾酮水平的雄性鹿鼠（*Peromyscus maniculatus*）的空间学习比处于非繁殖状态的雄性好，处于非繁殖状态的雌性鹿鼠由于具有较低水平的雌二醇和孕酮，比繁殖状态的雌性具有更好的空间学习能力。异性间比较发现，处于繁殖状态的雄性草甸田鼠和鹿鼠比繁殖状态的雌性有更好的空间学习能力，但在非繁殖状态下没有表现出性别差异，这可以部分地解释空间学习表现的波动性。此外，端脑神经环路包括海马、背侧纹状体和内侧前额叶皮质发现了长时程增强（LTP）和长时程抑制（LTD）这两种形式的突触可塑性，对该环路执行的空间学习和记忆很关键。其中，前额叶-海马环路对啮齿动物的空间导航定位至关重要。前额叶-背侧纹状体环路对于空间学习动机或目标指向更为重要。

不同于空间学习和记忆，鼠类的社会识别记忆是对化学信号的辨别、学习和记忆，是一种特殊类型的学习记忆。它是鼠类形成所有社会关系的基础，影响近亲回避、配偶选择、亲本育幼、优势等级的建立及领域行为等。以习惯化与去习惯化方法研究个体识别发现，单配制的雌性橙腹田鼠较多配制的雌性草甸田鼠具有更强的识别能力。橙腹田鼠交配后分开2周，雌鼠仍能区分最初和其交配的雄鼠，而山地田鼠（*Microtus montanus*）不能区分。以自饰行为评价亲缘识别发现，雌、雄橙腹田鼠与同胞异性鼠分离20天后仍能识别彼此，但雌、雄草甸田鼠不能识别。单配制鼠更好的社会识别记忆能力有助于维持稳定的配偶联系。神经肽催产素（OT）和精氨酸加压素（AVP）是影响社会识别最关键的两种物质。化学信号经嗅黏膜、主嗅球或犁鼻器、附嗅球投射到由OT和AVP调制的高级脑区如侧间隔、海马、内侧杏仁核及内侧视前区以产生社会记忆。研究认为AVP可以促进对"初次见面"的回忆，对于记忆的巩固而非获取很重要。OT似乎对于记忆的获取而非巩固很关键。当然，形成鼠类社会识别记忆的神经生理学机制很复杂，除了OT和AVP外，还涉及多巴胺能机制、去甲肾上腺素能机制、NMDA受体和非NMDA受体调节的谷氨酸能机制以及胆碱能机制等。

参考文献

BIELSKY I F, YOUNG L J, 2004. Oxytocin, vasopressin, and social recognition in mammals[J]. Peptides, 25(9): 1565-1574.

FERGUSON J N, YOUNG L J, INSEL T R, 2002. The neuroendocrine basis of social recognition[J]. Frontiers in neuroendocrinology, 23(2): 200-224.

FRICK K M, KIM J, TUSCHER J J, et al, 2015. Sex steroid hormones matter for learning and memory: estrogenic regulation of hippocampal function in male and female rodents[J]. Learning and memory, 22(9): 472-493.

GALEA L A, KAVALIERS M, OSSENKOPP K P, 1996. Sexually dimorphic spatial learning in meadow voles *Microtus pennsylvanicus* and deer mice *Peromyscus maniculatus*[J]. Journal of experimental biology, 199(1): 195-200.

GAULIN S J C, FITZGGRALD R W, 1989. Sexual selection for spatial-learning ability[J]. Animal behaviour, 37(89): 322-331.

GUO R, LIANG N, TAI F D, et al, 2011. Differences in spatial learning and memory for male and female mandarin voles (*Microtus mandarinus*) and BALB/c mice[J]. Zoological studies, 50(1): 24-30.

KAVALIERS M, OSSENKOPP K P, GALEA L A, et al., 1998. Sex differences in spatial learning and prefrontal and parietal cortical dendritic morphology in the meadow vole, *Microtus pennsylvanicus*[J]. Brain research, 810(1-2): 41-47.

PAN Y, LIU Y, LIEBERWIRTH C, et al, 2016. Species differences in behavior and cell proliferation/survival in the adult brains of female meadow and prairie voles[J]. Neuroscience, 315: 259-270.

POOTERS T, VAN DER JEUGD A, CALLAERTS-VEGH Z, et al, 2015. Telencephalic neurocircuitry and synaptic plasticity in rodent spatial learning and memory[J]. Brain research, 1621: 294-308.

SHAPIRO L E, AUSTIN D, WARD S E, et al, 1986. Familiarity and female mate choice in two species of voles (*Microtus ochrogaster* and *Microtus montanus*)[J]. Animal behaviour, 34(86): 90-97.

（撰稿：王建礼；审稿：王勇）

鼠类的应激反应　stress responses of rodent

为抵消应激源效应而重新建立内环境稳态的一系列生理和行为反应。对应激的适应性反应涉及行为和能量的重新变更。行为适应性包括认知和感官水平的变化、警觉的增加、选择性记忆的强化以及取食和繁殖的抑制。外周适应是提供能量以应付应激，包括能量底物从储存位点释放到血液和心血管的变化。糖皮质激素、内啡肽和去甲肾上腺素均能抑制外周组织对葡萄糖的吸收、脂肪酸的储存和蛋白质的合成，同时，促使能量底物的释放，包括从肌肉、脂肪和肝脏中降解葡萄糖、氨基酸和自由脂肪酸，与此相伴的是，刺激心血管和肺功能，如增加心率、血压和呼吸，同时，合成过程，如消化、生长、繁殖及免疫功能均被抑制。

鼠类暴露于应激源时，下丘脑—垂体—肾上腺（hypothalamic-pituitary-gonadal，HPA）轴通过下丘脑室旁核被激活。释放促肾上腺皮质激素释放激素（corticotropin releasing hormone，CRH）通过正中隆起进入垂体门脉系统，经垂体门脉到达腺垂体，与腺垂体细胞上的受体结合，促腺垂体分泌促肾上腺皮质激素（adrenocorticotropic hormone，ACTH），垂体分泌的 ACTH 进入血液，通过血液循环到达肾上腺皮质细胞，与其上相应的受体结合，促肾上腺皮质分泌糖皮质激素。鼠类分泌的糖皮质激素有 95% 以上是皮质酮。鼠类处于急性应激状态时，血浆糖皮质激素含量升高，促使能量底物的释放，这对鼠类应对当前的恶劣环境有重要意义。但是，当鼠类被重复或长期暴露给应激源时，持续释放的糖皮质激素对有机体将产生病理性后果，如代谢和心血管方面的肌病、疲劳、高血糖以及高血压等疾病，对生长发育、免疫和繁殖功能产生抑制作用。

在自然界中，种群外部和内部因子都可以引起鼠类应激反应，如被捕食、食物匮乏、恶劣气候条件、种群密度、社群关系、攻击行为等，且可影响个体适合度及种群波动。通过对美洲兔（*Lepus americanus*）种群的研究发现，捕食风险可影响个体 HPA 轴的负反馈功能，降低其免疫能力和繁殖力，增加血糖含量，抑制种群繁殖。边疆晖等对根田鼠（*Microtue oeconomus*）的研究发现，捕食风险可提高个体血浆皮质酮含量，抑制其交配行为及其子代的生长发育。在青藏高原地区，种群高密度引起的应激反应可能是根田鼠种群密度制约性繁殖的原因之一。

应激反应不仅可直接影响个体生理及生活史特征，而且母体妊娠阶段的应激可通过母体对子代 HPA 轴的程序化效应引起子代生前应激反应，表现为子代基础皮质酮水平增加，下丘脑—垂体—肾上腺轴负反馈功能降低，免疫力和存活率降低。母体应激反应及其对子代表型变化的效应与种群调节有密切关系，因而，母体应激被认为是最为有可能解释种群波动的因子之一。边疆晖等通过析因设计实验，明确提出了非适应性母体密度应激可导致田鼠类种群产生迟滞性密度制约性繁殖，为母体应激在脊椎动物种群中的调节作用提供了直接证据。

参考文献

边疆晖, 吴雁, 周抗抗, 2008. 繁殖期根田鼠种群密度对其种群统计参数及个体皮质酮水平的作用[J]. 兽类学报, 28(2): 135-143.

吴雁, 边疆晖, 曹伊凡, 2008. 围栏条件下母体社群应激对根田鼠子代免疫力的影响[J]. 兽类学报, 28(3): 250-259.

BIAN J H, DU S Y, WU Y, et al, 2015. Maternal effects and population regulation: maternal density-induced reproduction suppression impairs offspring capacity in response to immediate environment in root voles *Microtus oeconomus*[J]. Journal of animal ecology, 84: 326-336.

BIAN J, WU Y, LIU J K, 2005. Breeding behavior under temporal risk of predation in male root voles (*Mocrotus oeconomus*)[J]. Journal of mammalogy, 86(5): 953-960.

BOONSTRA R, HIK D S, SINGLETON G R, et al, 1998. The impact of predator-induced stress on the snowshoe hare cycle[J]. Ecology monographs, 79: 371-394.

DU S Y, CAO Y F, NIE X H, et al, 2016. The synergistic effect of density stress during the maternal period and adulthood on immune traits of root vole (*Microtus oeconomus*) individuals-a field experiment[J]. Oecologia, 181: 335-346.

SHERIFF M J, KREBS C J, BOONSTRA R, 2009. The sensitive hare: sublethal effects of predator stress on reproduction in snowshoe hares[J]. Journal of animal ecology, 78: 1249-1258.

（撰稿：边疆晖；审稿：王勇）

鼠类对全球变化的响应　responses of rodent to global change

指鼠类在生理、行为、种群、群落等层面对全球性气候事件的响应，如厄尔尼诺现象、拉尼娜现象、气候变暖等。

鼠类与厄尔尼诺 (El Nino) / 南方涛动 (South Oscillation) 现象　厄尔尼诺、南方涛动是横跨太平洋的一种准周期、大尺度气候现象。厄尔尼诺现象是指南美洲西岸、赤道太平洋东部和中部大范围内的海水温度增高现象，周期 3～7 年。厄尔尼诺现象之后常出现"拉尼娜"(La Nina) 现象，即原来海水升温的太平洋东部的海水温度呈现显著下降。南方涛动是指厄尔尼诺或拉尼娜发生时东南太平洋与印度洋及印度尼西亚地区之间气压成反向变动。张知彬（1995）提出厄尔尼诺或拉尼娜发生时可导致全球气候（尤其大气环流、降水、气温等变化）异常，因而可导致鼠害等生物灾害的发生。厄尔尼诺现象引起美国 *Peromyscus maniculatus* 数量增加，从而导致旱獭出血热病毒 (Hantavirus) 的暴发。南美厄尔尼诺年之后，降水增加引起植物种子产量的增加，从而引发鼠类种群的暴发。中国学者陆续发现欧洲的田鼠和旅鼠、内蒙古草原鼠类及洞庭湖东方田鼠、鼠疫等与厄尔尼诺／南方涛动

(ENSO) 密切相关。

鼠类与全球变暖 全球变暖现象主要是指近百余年来，尤其工业革命以来，全球气温快速增加的现象。根据第5次IPCC评估报告，1880—2012年间，全球地表温度升高0.85℃，北半球增温更为明显。全球变暖对全球的温度、降水、降雪等气象条件具有重大影响，因而会对鼠类种群的数量产生影响。例如，气候变暖导致的雪层融化不利于旅鼠种群数量增长，导致挪威旅鼠3~4年周期性波动减弱甚至消失。气候变暖促进了中国华北平原黑线仓鼠冬季的繁殖和种群增长率升高。气候变暖也可显著缩短一些鼠类的冬眠时间，并降低其存活率。Su等(2015)通过模型预测，认为至2050年，气候变暖可能促使高原鼢鼠分布向南北方向扩展。20世纪气候变暖使美国一个国家公园低海拔鼠类物种分布区扩展，高海拔物种分布区收缩。随着降雨与温度上升，美国内华达州鲁比山区喜栖于潮湿生境的鼠类分布区的海拔升高，而喜栖于干旱生境的鼠类分布区不变或扩大至低海拔地区。

鼠类与农业现代化 农业现代化通常指大规模的机械化种植、施肥施药、灌溉、收割等。种植的单一化、土地深耕、化肥和农药使用等会给鼠类的生存带来不利影响。1985—2013年间，华北平原灌溉强度和面积的不断增加显著降低了黑线仓鼠与大仓鼠的夏季存活率，导致种群密度逐年下降、体重变小，其可能原因是灌溉引起的栖息地破坏与农作物结构改变。作物单一栽培导致欧洲仓鼠种群的急剧下降。20世纪80年代后期启动的一年种植三熟(麦或油菜、稻)改为一年种植二熟(麦或油菜、稻)的作物种植制改变，显著恶化了鼠类的发育和繁殖条件，造成鼠密度呈逐年下降的趋势。

鼠类与城市化 城市化导致人口向城市集中，城市数量不断增加，城市规模不断扩大。城市化过程造成鼠类生境改变、破碎化及食物资源变化，进而造成鼠类群落变化。城市化过程还产生了一些适于人类伴生鼠种的生境，如城市下水道、餐饮业周边、垃圾处理站等。城市化的进程往往导致鼠类群落多样性降低，表现在野生鼠种消失，人类伴生的鼠类如褐家鼠、小家鼠、黄胸鼠成为优势种。自20世纪60~90年代，上海市城市建筑由木质结构转变为钢筋水泥结构，导致黄胸鼠种群下降趋势，小家鼠、褐家鼠种群呈现上升趋势。

鼠类与土地利用 人类土地利用显著地改变了地球陆地表面的覆被状况，是一类全球性的环境改变现象。由于不同鼠类适应于不同的生境，土地利用格局的改变也会改变鼠类群落组成。张大铭(1998)研究了准噶尔盆地的鼠类群落，发现以梭梭荒漠与砾石荒漠为主的原生景观中，鼠种较单一，沙鼠或跳鼠占优势；农田是各原生景观经过人为加工之后出现的新格局，因而鼠种也由原来的沙鼠或跳鼠被喜潮湿种类(如灰仓鼠或小家鼠)所替代；褐家鼠因铁路运输随火车由内地迁入北疆广大城镇和部分农区，已成为优势种。肖治术(2002)发现鼠类群落在人类活动过度干扰的生境中(如农田、柳杉林)多样性指数最低；适度干扰的生境(如次生林、灌丛、弃耕地)多样性指数最高；干扰较少的生境(如原生林)多样性指数略低。王勇等(2003)发现洞庭湖区20世纪50年代至60年代围湖造田使得以沼泽为最适栖息地的东方田鼠种群数量激增。

鼠类与生物入侵 由于全球化加剧，生物入侵成为当前一个重大生物灾害。鼠类是全球范围常见的入侵物种，对于岛屿生态系统的影响尤其严重。小家鼠从欧洲入侵澳大利亚，对农业生产和当地土著鸟类造成巨大损失。褐家鼠起源于亚洲，在中世纪及工业革命时期扩散入侵到欧洲及世界各地，是中国及世界范围内的主要入侵物种。20世纪70年代前，中国新疆无褐家鼠分布，褐家鼠随火车等交通工具迁入新疆，并成为优势种。青藏铁路的建成也增加了褐家鼠入侵西藏地区的风险。

鼠类与放牧活动 随着人类放牧活动的不断加强，草原生态系统面临着过度放牧的影响。对于栖息于草地生态系统的鼠类，放牧引起的直接干扰(如践踏)、植被和土壤性质的变化将直接或间接地影响其种群数量、群落结构和物种多样性。全球范围内关于放牧对鼠类的影响结论存在不同的观点。一种观点认为，家畜和鼠类在食物上存在竞争，放牧可能会导致鼠类种群数量下降。放牧造成植被高度和覆盖度降低，导致一些喜欢隐蔽环境的鼠类(如根田鼠)减少。另一种观点认为，家畜和鼠类之间存在单向促进机制。例如，牛羊的啃食使得草原植被低矮稀疏，有利于鼠类躲避天敌。中国学者也提出，过度放牧为一些鼠类如布氏田鼠创造了适宜的栖息环境，是引发草原鼠害加剧的重要因素之一。Li等(2016)在内蒙古锡林郭勒草原通过围栏实验发现，放牧早期布氏田鼠的密度略有提高，但由于食物数量和质量的恶化，持续放牧显著降低了实验围栏内的布氏田鼠种群密度，提示放牧对鼠类可能具有非线性作用。李俊生等(2005)发现在祁连山北坡山地荒漠草地，鼠类群落多样性随放牧压力增加而减小，在过牧或重牧区，群落组成以适应荒漠生活的跳鼠类为主，而轻牧和无放牧压力区域的动物群落则以仓鼠类为主。

参考文献

李俊生, 宋延龄, 王学志, 等, 2005. 放牧压力条件下荒漠草原小型哺乳动物群落多样性的空间格局[J]. 生态学报, 25(1): 51-58.

王勇, 张美文, 李波, 等, 2003. 洞庭湖地区不同生态类型区鼠类群落组成及其演替趋势[J]. 农村生态环境, 19(1): 13-17.

肖治术, 王玉山, 张知彬, 等, 2002. 都江堰地区小型哺乳动物群落与生境类型关系的初步研究[J]. 生物多样性, 10(2): 163-169.

张大铭, 艾尼瓦尔, 姜涛, 等, 1998. 准噶尔盆地啮齿动物群落多样性与物种变化的分析[J]. 生物多样性, 6(2): 92-98.

张知彬, 1995. 生物灾害可能与厄尔尼诺现象有关[M]//中国生态学会. 走向21世纪的中国生态学.

祝龙彪, 钱国桢, 苏燕明, 等, 1986. 上海塘桥地区鼠类群落演替与住房结构变迁关系的分析[J]. 兽类学报, 6(2): 147-154.

KAUSRUD K L, MYSTERUD A, STEEN H, et al, 2008. Linking climate change to lemming cycles[J]. Nature, 456(7218): 93-97.

LI GUOLIANG, YIN BAOFA, WAN XINRONG, et al, 2016. Successive sheep grazing reduces population density of Brandt's voles in steppe grassland by altering food resources: a large manipulative experiment[J]. Oecologia, 180(1): 149-159.

MAURICIO LIMA N C S, FABIAN M JAKSIC, 2002. Population dynamics of a South American rodent: seasonal structure interacting with climate, density dependence and predator effects[J]. Proceedings of the Royal Society B: Biological sciences, 269(1509): 2579.

YAN CHUAN, XU LEI, XU TONGQIN, et al, 2013. Agricultural irrigation mediates climatic effects and density dependence in population dynamics of Chinese striped hamster in North China Plain[J]. Journal of animal ecology, 82(2): 334-344.

（撰稿：严川、张知彬；审稿：郭聪）

鼠类分类系统　taxonomy of rodent

啮齿目和兔形目一直被认为是亲缘关系最近的两个姊妹群。它们曾经被放入同一个目：Rodentia 或者 Glires。并将啮齿类作为单齿亚目（Simplicidentata），兔类作为重齿亚目（Duplicidentata）(Alston, 1876; Brant, 1855; Gregory, 1910; Thjomas, 1896; Tullberg, 1899）。后来，两个分类阶元分别被提升为独立的目，但仍然作为起源关系最近的分类阶元被放入同一超目或者"同生群"（Cohort）（Landry, 1974; Luckett and Hartenberger, 1985; Simpson, 1945）。古生物学证据支持这样的结论，一群灭绝的化石哺乳类（宽齿兽类：eurymylids）被认为是它们的共同祖先。直到现在，啮齿目和兔形目的最近的起源关系仍然被形态学和分子系统学所证实（Ade, 1999; Amrine-Madsen et al., 2003; Martin, 1999; Meng et al., 2003; Murphy et al., 2001; Waddell and Shelley, 2003）。关于亚目的分类最经典和被人熟知的是 Brant 1855 年的分类系统，他根据 Waterhouse（1839）提出的颧弓附着的咬肌形态分类法将啮齿目分为松鼠亚目（Sciuromorpha）、豪猪亚目（Hystricomorpha）和鼠形亚目（Myomorpha）。但从此之后，亚目分类争论了150多年。最有影响力的啮齿类分类系统是 Simpson(1945) 的分类系统，他把啮齿类划分为6个亚目、15个超科、37个科。另外两个有影响的分类系统是 McKenna and Bell (1997) 和 Nowak(1999) 的分类系统，前者把啮齿类分为5个亚目、8个下目、11个超科、49个科，后者把啮齿类分为2个亚目、11个下目、8个超科、29

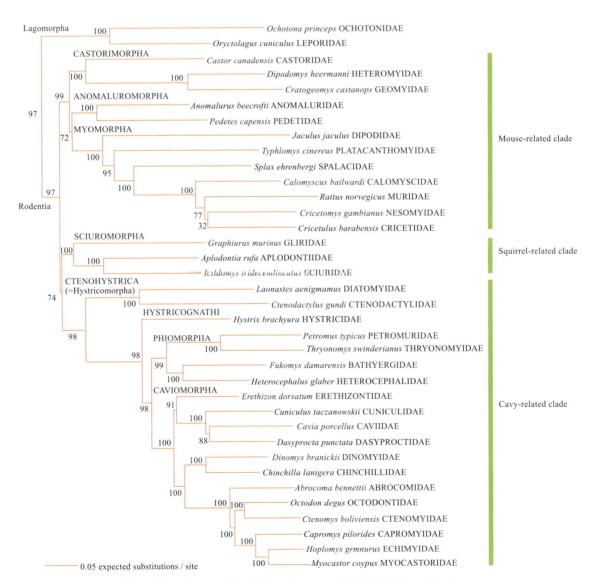

基于31个基因（包括线粒体、外显子和非编码基因，共计39099核苷酸碱基）的 ML 树（引自 Wilson, et al., 2016）

个科。到目前为止，啮齿目高级分类阶元仍然没有取得一致意见。Huchon et al.(1999), Madsen et al.(2001), DeBry (2003) 等通过核基因对有胎盘类哺乳动物开展了研究，一定程度上解决了啮齿目高阶分类阶元的系统发育关系。Wilson et al. (2016) 在最新的 The Handbook of the Mammals of the World （第六和第七卷）中根据 Upham 等基于 31 个基因构建的系统发育树（未发表，见图）显示，啮齿目分为 3 个大的进化支，被分别命名为鼠相关进化支、松鼠相关进化支和豚鼠相关进化支。鼠相关进化支包括了 3 个亚目：河狸亚目、鳞尾松鼠亚目和鼠形亚目；松鼠相关进化支包括 1 个亚目：松鼠亚目；豚鼠相关进化支包括了 17 个科，被认为属于豪猪亚目。并进一步统计了全世界啮齿目动物，含 34 科 507 属 2476 种。

中国啮齿动物种类的变化是随着世界研究方法的进步和研究的不断深入而变化的。最早总结中国哺乳类的专著 The Mammals of China and Mongolia (Allen, 1940) 记录中国啮齿目 111 种；Ellerman and Morison-Scott (1951) 记录中国啮齿目 98 种；中国兽类学的先驱和领导者寿振黄先生（1962）在中国学者第一本全国性专著《中国经济动物志：兽类》中，描述中国啮齿目动物 56 种。黄文几等（1995）在《中国啮齿类》一书中，记录中国啮齿目动物 210 种。王应祥（2003）用其毕生精力系统整理了前人对中国哺乳动物的研究成果，梳理了中国哺乳动物的种和亚种级分类单元及其分布，认为中国有啮齿目动物 206 种。根据 Wilson et al.(2005) 的分类系统，中国有啮齿目 5 个亚目（松鼠亚目、河狸亚目、豪猪亚目、鳞尾松鼠亚目、鼠形亚目）、9 个科（松鼠科、河狸科、豪猪科、睡鼠科、刺山鼠科、鼹形鼠科、跳鼠科、仓鼠科、鼠科）、192 种。2005 年以来，随着分子系统学方法在哺乳动物分类学中的广泛运用，中国兽类分类学研究取得了长足进步，刘少英等（2007, 2012, 2017, 2018）先后发表中国啮齿类新种 8 个；葛德艳等（2018, 2019, 2020）发表啮齿类新种 3 个；蒋学龙团队分别在 2017 年和 2020 年发表中国啮齿类新种 2 个。除此之外，一系列中国啮齿类新分布和原来的亚种和同物异名被提升为种，使得中国啮齿类的数量大大增加。蒋志刚等（2017）确认中国啮齿目动物 9 科 78 属 220 种。加上最近发表的新种和分类地位变动，到目前为止，中国有啮齿类 224 种。

参考文献

蒋志刚, 刘少英, 吴毅, 等, 2017. 中国哺乳动物多样性(第2版)[J]. 生物多样性, 25 (8): 886–895.

王应祥, 2003. 中国哺乳动物种和亚种分类名录与分布大全[M]. 北京: 中国林业出版社.

CHENG F, HE K, CHANG Z Z, et al, 2017. Phylogeny and systematic revision of the genus *Typhlomys* (Rodentia, Platacanthomyidae): with description of a new species[J]. Journal of mammalogy, 3: 1-13.

ELLERMAN J R, MORRISON-SCOTT T C S, 1951. Checklist of Palaearctic and Indian Mammals, 1758 to 1964 [M]. London, UK: Trustees of the British Museum.

GE D Y, LU L, XIA L, et al, 2018. Molecular phylogeny, morphological diversity, and systematic revision of a species complex of common wild rat species in China (Rodentia, Murinae)[J]. Journal of mammalogy, 99(6), 1350-1374.

GE D Y, FEIJO A, ABRAMOV A, et al, 2021. Molecular phylogeny, morphological diversity, and taxonomic revision of the Niviventer fulvescens species complex in China[J]. Zoological journal of linnaean society, 191(2): 528-547.

LIU S Y, SUN Z Y, ZENG Z Y, et al, 2007. A new vole (Muridae: Arvicolinae) from the Liangshan Mountains of Sichuan Province, China[J]. Journal of mammalogy, 88(5): 1170-1178.

LIU S Y, LIU Y, GUO P, et al, 2021. Phylogeny of Oriental voles (Rodentia: muridae: Arvicolinae): Molecular and morphylogical evidences [J]. Zoological science, 9(11): 610-622.

LIU S Y, SUN Z Y, LIU Y, et al, 2012. A new vole from Xizang, Chian and the molecular phylogeny of the genus Neodon (Cricetidae: Arvicolinae) [J]. Zootaxa, 3235: 1-22.

LIU S Y, JIN W, LIU Y, et al, 2017. Taxonomic position of Chinese voles of the tribe Arvicolini and the description of 2 new species from Xizang, China[J]. Journal of mammalogy, 98: 166–182.

NOWAK R M, 1999. Walker's mammals of the world[M]. 6th ed. Baltimore, Maryland: The Johns Hopkins University Press.

SIMPSON G G, 1945. The principles of classifications and a classification of mammals[J]. Bulletin of american museum of natural history, 85: 1-350.

WILSON D E, D M REEDER, 2005. Mammal species of the world: a taxonomic and geographic reference[M]. 3rd ed. Baltimore: The Johns Hopkins Press.

WILSON D E, LACHER T E JR, MITTERMEIER R A, 2016. Handbook of the Mammals of the World: Vol. 6. Lagomorphs and Rodents[M]. Barcelona: Lynx Edicions.

（撰稿：刘少英；审稿：王登）

鼠类假剥制标本的制作　making of stuffed rodent specimen

在对鼠类区系和生态进行研究时都需要制作鼠类假剥制标本（也称研究标本或教学标本）。虽然随着科学技术的发展，可以采用拍照、录像等来记录鼠类，但是"寸有所长，尺有所短"，在形态学的研究和分类鉴定等方面仍然需要依靠标本。鼠类标本不仅是科学研究和实验的重要资料，也是进行科普知识宣传教育活动必不可少的材料。

鼠类假剥制标本的制作分为测量和剥皮以及充填和整形两部分。

测量和剥皮方法

常用药品及配制方法

防腐剂的配制：制作鼠类标本时，需用一些化学药品配制出防腐剂来进行鼠类皮肤的防腐处理，使其不会腐烂变质，达到标本长期保存的目的。所采用的防腐剂无统一标准，只要达到防止毛皮腐烂和防止蛀虫侵袭以及保护毛发不致脱落的效果就行。一般用三氧化二砷或硼酸、明矾粉、樟脑粉配制防腐粉作为鼠类标本的防腐剂使用即可。三氧化二砷防腐粉的配比为：三氧化二砷、樟脑粉、明矾粉按照1∶1∶2混合调匀即可。硼酸防腐粉的配比为：硼酸、樟脑粉、明矾粉按照6∶1∶2混合调匀。硼酸防腐粉效果较三氧化二砷防腐粉差，一般较少使用，但是这种防腐剂基本无多大毒性，使用安全，野外临时防腐处理较为适宜。三氧化二砷（As_2O_3）为白或淡黄色的粉末，无味无臭，有剧毒，防腐功能强。要严加保管，避免发生危险。明矾粉[硫酸铝钾，$K_2SO_4 \cdot Al_2(SO_4)_3 \cdot 24H_2O$]，市售块状明矾（透明晶体）研磨后的粉末，溶于水，具有硝皮、防腐及吸收皮肤水分的功能。樟脑粉（$C_{10}H_{16}O$），市售樟脑块（球）或樟脑片（透明晶体）研磨后的粉末，有特殊樟脑气味，具有驱虫防蛀功能。硼酸（H_3BO_3）为白色片状晶体，稍溶于水，无毒，可配制成无毒防腐剂，但防腐效果较差。

其他药品和使用方法：酒精（C_2H_5OH）浓度一般以75%~80%为宜，易燃，使用时小心火灾危险。用于皮肤消毒，皮张污染物清洗。苯酚（石炭酸，C_6H_5OH）为无色晶体，有特殊气味，在空气中能被氧化而变成粉红色，易溶于酒精，有消毒防腐的功能，使用它与酒精配制成苯酚酒精饱和液具有消毒防腐的功能。涂擦在已剥过皮的鼠类头骨和脚趾上，防止残留的肌肉腐烂变质。甲醛（CH_2O）作用和使用方法同苯酚，在没有苯酚的情况下，可用福尔马林涂擦在已剥过皮的鼠类头骨和脚趾上，防止残留的肌肉腐烂变质。乙醚[$(C_2H_5)_2O$]易燃有毒，使用时注意安全。氧化后毒性增加，用于活鼠麻醉处死和鼠体表寄生虫的灭杀。三氯甲烷（氯仿，$CHCl_3$）为无色、有甜味、易挥发的液体，作用和使用方法同乙醚，在没有乙醚的情况下用于活鼠麻醉处死和鼠体表寄生虫的灭杀。

常用的器具和材料

直尺或卷尺：测量鼠体各部位的长度等。天平：称量药品和鼠体的重量。解剖蜡盘和搪瓷盘：解剖和盛放标本材料等。解剖刀、剪和镊子：解剖鼠体、剪断骨骼关节、剪除肌肉、装填鼠类假体和整形时使用。镊子有平头、尖头、直头、弯头和各种不同长度规格的镊子，可根据鼠体具体使用。钳子：切断和弯曲细铁丝和夹断鼠体四肢骨等。细铁丝和棉花：制作鼠体与鼠尾支架，充填鼠体。毛笔或小刷：洗涤鼠体上的血污和涂擦防腐剂等。针和线：缝合标本的剖口线，宜用棉线。小宠物刷或牙刷：梳理鼠毛用。注射器：足背等处注射防腐药水和探入枕骨大孔冲洗脑髓用。大头针和曲别针：临时固定标本和鼠体耳朵整形用。标签和记录本：记录鼠标本的编号、名称、各部位量度、性别、采集地点和日期、采集人和采集环境等。标签和记录格式可根据需要自行设计。滑石粉：系建筑材料，有吸水功能。主要用于吸收鼠毛被清洗后的水分，使其恢复蓬松状态。同时，在剥制过程中，将它撒在皮肤和肌肉之间，能使其不致粘连，并能防止血液和脂肪等污物沾污鼠毛。泡沫板、纸板和木板：固定标本用。其他如脸盆、抹布、卫生纸、废旧报纸等清洗、擦拭和铺垫之物。

鼠体称量与记录 将已经消灭掉寄生虫的鼠体尽量使其呈现伸展的姿态，用直尺或卷尺测量鼠体各部位的长度（图1）。体长：将鼠体仰放伸直，从鼻端至肛门的直线距离。尾长：由肛门至尾尖的直线距离，但是不包括尾端的毛。后足长：后足跟部后缘（后足蹠跟关节）至最长趾端的直线距离（不包括爪长）。耳长：由下耳裂（耳孔下缘）至耳壳顶端的直线距离，若耳端有毛，则毛不计算在内。

然后将鼠体放到天平上称取鼠体的体重数据（也可先称重后测量鼠体长度）。体重：为活体或剥制前鼠体的自然重量（以g为单位）。

将上述测量结果登记记录，连同鼠体性别、采集地点、时间、环境和采集人等信息记载于标本专用标签上。

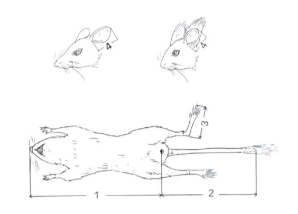

图1 鼠类标本的测量方法（邹肖玥提供）
1. 体长；2. 尾长；3. 后足长；4. 耳长

鼠体的剥皮方法 将称量后的鼠体仰放于解剖盘中。在剥皮之前，为了防止污液流出，应当先在口腔和肛门中各塞一小团棉花或卫生纸。如果鼠体已沾上血污，则需用酒精和棉花尽量擦拭干净，然后将鼠体仰卧于解剖盘中。以左手将鼠体的后肢张开，右手持解剖刀，沿肛门至胸部的中央直线剖开皮肤（图2）。

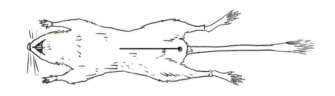

图2 鼠体的剖口线（邹肖玥提供）

解剖过程中不可用力过猛以免划透腹肌划破内脏污染了标本。若划透腹肌划破内脏，应该及时撒一些滑石粉防止腹腔和内脏的血和污物污染了鼠毛。接着在切口处用镊子持起剖口一侧的边缘皮肤，小心地把表皮与肌肉分离开来直至膝关节处，并推出后腿的膝关节，用手术刀在膝关节处切断关节（图3）。若断口处出血，应及时撒滑石粉吸血或用棉花或卫生纸擦去血迹。另外一只后腿也按照同样的方式处理，并把两只切下来的后腿上的肌肉剔除。

切下两后肢之后，剥离鼠体靠近鼠尾基部的周围皮肤，切断肛门口内侧直肠和生殖器，并且仔细清除周围的结缔组织使尾椎基部显露后，以一只手捏紧尾椎基部，另一只手拇指、食指紧扣尾巴的基部皮缘内侧，两手缓缓用力拉拽

（图4），把尾椎从鼠尾中抽出来。对于不易拽出尾椎的老鼠，可以使用镊子或钳子来辅助拽出尾椎，即一只手拉住尾椎基部，另一只手持镊子或钳子套在尾巴的基部皮缘内侧前，用力从尾部皮肤中抽出尾椎。无论用不用镊子或钳子，都不能过度用蛮力猛拽，否则容易拽断尾椎或拉断尾部皮毛。

图3 鼠类后肢的截断位置（邹肖玥提供）

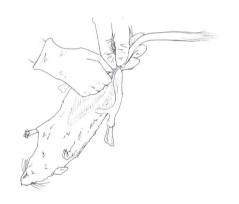

图4 抽取尾椎时的手指位置（邹肖玥提供）

尾部剥完之后，将剥离后的尾部毛皮向鼠体背部翻转，再用解剖刀顺着腰部向前边剖割边剥离，采用脱袜子的方式一点点向前推进直至背部皮肤也与肌肉完全的分离，一直脱到前肢肩胛骨露出，然后在肩胛骨与肱骨之间，切断两前肢。切下的前肢采用与后肢相同的方式剔除干净肌肉。然后开始由颈部向前剥头部，剥皮过程中最复杂的就是拽尾椎和剥头部了，在头部剥皮时应该十分的谨慎小心，以免剥坏头部皮肤。首先在头部后面两侧有一对耳道呈管状深入头部，需用解剖刀紧贴头骨，将耳道割断。切断耳道后继续向前剥，剥离直至眼睛部位会在头部两侧出现暗黑色薄膜，在皮肤与眼球之间有个半圆环就是眼睑部分，在眼睑处即圆环与眼球之间用精细的小剪刀仔细地沿着眼睑剪开，此时需特别细致谨慎，切勿剪破眼睑和眼球，剪破眼睑会影响标本的美观，剪破眼球会流出污物沾污皮毛。待眼睛部位剥好后，继续轻轻的拉紧皮肤继续剥至上下嘴唇的最前端，至鼻端从鼻骨处将鼠皮与鼠胴体切断并把头骨与下唇之间的皮肤割离，就把鼠皮完整地剥离下来了。然后再次处理鼠腿部分的四肢，先脱出前后肢的四肢骨头，慢慢地向下剥至足掌部，然后把四肢骨的肌肉和肌腱除净（图5）。

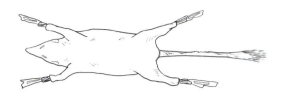

图5 已剥离的鼠皮和剔净肉的四肢骨（邹肖玥提供）

完整的鼠皮剥下来后，再将枕孔与颈椎之间用剪刀剪断，使躯体与头骨分离。剪下的头骨制作成头骨标本。然后开始处理较大的鼠类足底和掌部的肌肉，可将足底和掌部切开剔除（图6）。

图6 鼠类掌部和足部肌肉的剔除位置（邹肖玥提供）

较小的鼠类足底和掌部不用专门剔除肌肉，可用注射器注入适量福尔马林防腐即可。

最后，仔细剔除掉附在鼠皮内侧的碎肉并刮干净皮肤内侧脂肪后，即可进行鼠类假剥制标本的充填工作。

鼠类假剥制标本制作的充填和整形方法

<u>鼠类假剥制标本的充填</u>　在完成鼠体的测量和剥皮后，认真检查处理干净后的鼠皮，把破裂严重的地方用针线仔细缝好，然后将整个鼠皮内侧（无毛的一侧）及留在前后足上的四肢骨头仔细均匀地涂抹上防腐剂，方法是用小刷子或毛笔将配制好的防腐粉尽可能均匀地涂刷在毛皮的内侧，要照顾到头、脸、四肢和尾部，难以粘上防腐粉的部位可将皮向里叠合，用手使皮肤互相摩擦处理，使防腐剂靠摩擦贴附在鼠皮上。尾巴部分因内侧不好涂抹防腐剂，可用镊子夹取一点防腐粉塞入尾巴中。鼠皮内侧用防腐剂处理好后，在鼠皮后肢的胫骨上用棉花缠绕，使其与原来腿部肌肉一样大小，前肢也用同样方法处理，四肢骨头上均按鼠体四肢肌肉的大小缠裹好棉花（图7）。

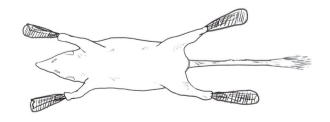

图7 缠绕棉花的四肢骨（邹肖玥提供）

然后将毛皮翻转复原，接着用钳子截取一段长度略长于体长加尾长的细铁丝做支架。方法是在铁丝的前端弯曲成小圈，铁丝的另外一端按照鼠尾椎骨的形状由细到粗缠裹湿润的棉花（湿润的棉花容易在铁丝上裹紧并容易黏附防腐剂），并在棉花上擦涂防腐剂后将其插入鼠尾，再将有圈的一端插入鼠头并使小圈抵住鼠体鼻端（图8）。

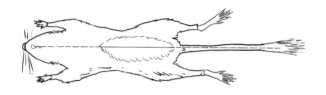

图 8 假剥制标本铁丝支架的安装（邹肖玥提供）

接着就可以着手开始填充鼠体了。填鼠体时，填入的棉花应当均匀，边填充边观察，若发现不合适之处应及时加以调整，不能操之过急，不可以一次性塞入太多太大的棉花团，否则制成标本之后容易造成表面凹凸不平破坏鼠体形状。填充的棉花尽量保持平整和松软，充填后鼠体的形状和大小也要尽可能保持适当。填充时标本和镊子的手持方法如图9所示。

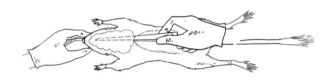

图 9 假剥制标本的充填（邹肖玥提供）

棉花填充完成以后，体型较大的鼠体的上、下唇可缝合一下，体型较小的鼠体可不缝合（图10）。接着可将腹部开口缝合好。缝合过程中应注意先从里向外穿针，不要将毛带进皮里面。

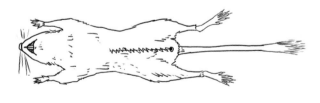

图 10 腹部剖口的缝合线（邹肖玥提供）

鼠类假剥制标本的整形 腹部缝合完成之后，用宠物刷或牙刷等梳理初步做好的鼠假剥制标本全身毛发，然后找来合适的泡沫塑料板，将初步做好的鼠体假剥制标本用大头针固定在其上。固定时应将前后肢拉直、保持平行且力求对称，尾巴拉直，前后脚掌朝下，用大头针在前后脚掌中心部位垂直插入泡沫板中将其固定，尾巴也用大头针在两侧固定（图11）。

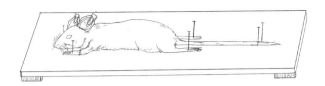

图 11 泡沫板上用大头针固定的假剥制标本（邹肖玥提供）

再次用宠物刷梳理标本背部和尾部毛发，用小镊子张鼓眼睑、胡须摆正向耳朵方向贴于鼠头，把耳朵竖立起来，耳朵部分较大的鼠类可以用硬纸片和曲别针将耳朵夹住使其固定直至干燥为止（图12）。然后将标本放置于通风处晾干。晾干过程中要勤于观察，标本在干燥过程中严重变形处要加以调整。

图 12 耳朵的整形（邹肖玥提供）

鼠类假剥制标本头骨的处理 鼠体假剥制标本完成后，在对剪下来的鼠头骨也要进行制作处理，处理方法详见"鼠类头骨标本的制作"。同一只鼠的头骨标本的上下颌都要分别标上相同的编号并同鼠体假剥制标本要一起放入塑料盒或塑料袋中保存。

鼠类假剥制标本的保存 标本应该放置于通风良好、避光阴凉、空气干燥的室内保存起来，以避免标本发霉、毛皮掉色等问题的出现。同时放置樟脑丸、卫生球等防止被虫蛀。存放处还应经常检查并且保证每过一两年用磷化铝等熏蒸剂定期地进行熏蒸处理，空气潮湿的地区应放一些干燥剂防止标本潮湿发霉。图13为制作好的鼠类假剥制标本。

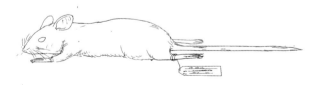

图 13 做好的假剥制标本姿态和标签（邹肖玥提供）

鼠类假剥制标本制作注意事项 对于新鲜的或者刚处死的鼠体最好先用棉花等塞紧嘴巴和肛门，以免口鼻和肛门在剥皮过程中出血沾污毛皮。鼠皮外侧不小心被血污染，需用棉花等蘸水擦拭干净后撒上滑石粉用小刷子把滑石粉刷去，再用宠物刷将鼠毛梳理整洁。制作标本时最好选择新鲜的鼠，冰箱冷冻放置时间过久的标本容易掉毛，所以捕获的鼠体应尽早进行标本制作。若需普通冰箱冷冻保存鼠体，大型鼠体可保存半年以上，小型鼠体保存时间最好不要超过半年，否则制作标本时鼠体会出现掉毛现象，而且尾巴会干缩，无法拽出尾椎骨。使用标本时，尽量轻拿轻放，不要用力拉扯鼠须、耳朵、四肢、尾巴等，标本从采集、制作和保管十分不易，要注意保护。

参考文献

陈风华, 潘红平, 苏以鹏, 等, 2007. 禽类剥制标本的制作[J]. 广西畜牧兽医, 23(6): 252-254.

董军, 张健, 2004. 剥制标本假体制作初探[J]. 中国兽医杂志, 40(6): 58.

郭全宝, 汪诚信, 邓址, 等, 1984. 中国鼠类及其防治[M]. 北京: 农业出版社.

李大建, 江智华, 2008. 浅谈我国动物剥制标本的历史和发展[J]. 生物学通报, 43(5): 17-18.

柳枢, 马壮行, 张凤敏, 等, 1988. 鼠害防治大全[M]. 北京: 北京出版社.

全国农业技术推广服务中心, 2017. 农业鼠害防控技术及杀鼠剂科学使用指南[M]. 北京: 中国农业出版社.

盛和林, 王岐山, 1981. 脊椎动物学野外实习指导[M]. 北京: 高等教育出版社.

王洪江, 2007. 小型鸟类剥制标本的常规制作方法[J]. 高师理科学刊, 27(3): 69-71.

王全来, 吕锦梅, 匡登辉, 等, 2009. 天津自然博物馆馆藏动物标本的管理和养护[J]. 河北农业科学, 13(4): 171-172.

谢佳东, 范钰婧, 曾明妮, 等, 2015. 一种兽类剥制标本制作的新技术[J]. 中国兽医杂志, 51(12): 44-45.

赵晓青, 葛栋, 2015. 兽类标本制作和修复的创新应用[J]. 农业与技术, 35(16): 5-6.

（撰稿：邹波；审稿：常文英）

鼠类利用　resource utilization of rodent

是指鼠在人类的生产生活中的有益方面。鼠类除对农林业生产造成危害外，一些鼠种的骨骼还是中药材之一。有些鼠种还是重要的试验动物，是医药研发与应用、农药与兽药的研发与使用过程中重要的试验材料。

塞隆骨中药资源开发　塞隆骨为高原鼢鼠（*Myospalax baileyi* Thomas）去脑的干燥全架骨骼。该产品主要在夏、秋两季采用器械捕捉，猎获后立即处死，剥去皮、肉、去脑，剔净残留筋肉，及时阴干或低湿烘干。

塞隆骨是青海首个国家一类新药，并生产出了复方塞隆胶囊等系列产品，结束了青海没有新药产品的历史。塞隆是藏语音译，当地牧民也叫它瞎老鼠。复方塞隆胶囊中的塞隆骨可替代虎骨，具有祛风除湿、活血通络、补肝益肾等功效。

长期以来，风湿病一直被称作"不死的癌症"，时时刻刻摧残着人类的健康。复方塞隆胶囊是以塞隆骨为主药，同时配以名贵的高原药材雪莲花和红花，三药配伍精当，各司其功而又协同作用，具有祛风除湿、活血通络、补肝益肾等功效。复方塞隆胶囊适用于多种骨科疾病，如风湿性关节炎、类风湿性关节炎、风湿性关节痛、腰腿痛等。

塞隆骨与虎骨的药效为1∶1，具有很好的开发前景。高原鼢鼠终年生活在地下，视觉退化，靠听觉和触觉活动，主巢距地面2～2.5m，觅食通道离地面10～30cm，以植物地下根茎为主，每只鼢鼠每天可吃草根240g。青海每年因鼠害损耗牧草约120亿kg，直接经济损失11.3亿元。形成草原退化、沙化地1746.67万hm^2，鼢鼠是草原退化的罪魁祸首。青海充分利用不可替代的青藏高原塞隆骨资源，由中国科学院西北高原生物研究所和企业共同投资开发塞隆骨药物研究生产的项目，并按照国家GMP规范要求建成了胶囊、片剂、颗粒剂、口服液、酒剂5条生产线，这一系列产品被国家卫生部批准为国家一类新药。

随着中药产业的创新发展，中药开始逐渐在研发过程中引入西方的实验医学原理。作为一款新型中药的代表，复方塞隆胶囊是中国首个进入分子"实验医学"的现代化中药，采取先进的提纯技术，完整萃取塞隆骨中的有效蛋白分子。"复方塞隆胶囊"以强调整体效果为主，通过多成分、多靶点、和谐平衡地对风湿及类风湿疾病进行综合治疗。它对关节骨病是一种双向调节，既能抑制，又能提高整体的免疫能力，治疗效果显著。除了通过选取疗效更加明显的塞隆骨1∶1完全替代之前的虎骨外，复方塞隆胶囊先进的有效蛋白质提纯技术使得自身的疗效和起效速度得到极大提升。

喜马拉雅旱獭实验动物化　随着生命科学和医学研究的飞速发展，对实验动物品种的需求也越来越大，将野生动物培育和开发为实验动物是中国实验动物工作发展的重要方向。喜马拉雅旱獭是中国分布最广、数量最多的旱獭种类，广泛分布于青藏高原高山草甸草原、高山草原山地环境的高原土生特有啮齿冬眠动物，因其特有的生物学特性，在生物医学研究中得到广泛应用。通过近20年来不懈努力，青海省地方病预防控制所实验动物中心建成了中国最大规模的人工喜马拉雅旱獭生产和研究基地，现有56对旱獭种群，每年可供应120～150只人工饲养条件下生产的实验獭，并与科研院校协作开展了多项研究，取得了显著进展。

在分类学上旱獭属（Marmota）动物属于啮齿目（Rodentia）松鼠科（Rciuride）。1968年，Hoffmann和Nadler基于形态学和染色体特征以及化石记录，认为旱獭是由早更新世纪初期的北美地松鼠进化而来。此物种在北美分化形成了monax、flaviventris和caligata三个种群；此物种的另一个种群在早更新世纪晚期经过白令海峡迁徙入欧亚大陆，在更新世纪迁徙入西欧亚大陆，分化形成了marmota和亚洲化土拨鼠（包括bobak种群、menzbieri和caudata）；在更新世纪晚期欧亚大陆的土拨鼠重新通过白令海峡回迁到阿拉斯加州一带，分化形成了broweri种群。目前，学者认为全世界旱獭种类共有14种，中国目前已发现5种（含亚种），分别为长尾旱獭、喜马拉雅旱獭和草原旱獭的西伯利亚亚种、阿尔泰亚种和天山亚种，主要分布于中国西北地区。

喜马拉雅旱獭（*Marmota himaluyana*）是中国分布最为广泛、数量最多的一种旱獭，其分布区域集中于青藏高原及其毗邻地区，东至甘肃南部和四川西部，南至西藏和云南西北部，北至祁连山北部。在中国因喜马拉雅旱獭属于青藏高原鼠疫自然疫源性宿主动物而备受关注。喜马拉雅旱獭中存在类似于土拨鼠肝炎病毒（类人乙型肝炎病毒）的感染，并且显示喜马拉雅旱獭能人工感染土拨鼠肝炎病毒，已被当做研究人类乙型肝炎病毒（HBV）感染的最理想模型动物。旱獭的冬眠习性，应用于肥胖症与能量平衡、内分泌与代谢机能、中枢神经系统调控机制以及心血管疾病、脑血管疾病和肿瘤形成等方面的研究。目前，国内外用于实验的旱獭绝大多数是野外捕捉，来源困难，背景不详，健康状况未知，无法满足生命科学研究的需要。因此，将野生旱獭进行人工驯化、饲养、繁殖与规范化管理，建立达到标准要求的种群，解决喜马拉雅旱獭的实验动物化等一系列基础科学问题，使其成为新的实验动物品种，对生命科学和临床医学的发展具有重大的科学意义。

研究人员将土拨鼠肝炎病毒（woodchuck hepatitis virus, WHV）接种成年喜马拉雅旱獭后出现急性感染，感染旱獭血清中检测到病毒血症（WHsAg 和 WHV DNA）的出现和病毒特异性抗体的产生（WHcAb），在肝组织中检测到WHV 的复制（WHV 复制中间体和转录子）和病毒抗原的表达，形成病毒血症及引起感染动物的肝脏出现组织病理学改变。部分旱獭的病毒血症持续时间超过 24 周，其中最长的持续时间接近 2 年，表明喜马拉雅旱獭对 WHV 易感，而成功建立了急性 WHV 感染旱獭模型，并能通过 WHV 感染旱獭模型研究 HBV 感染发病机制。

喜马拉雅旱獭喂服抗病毒核苷类药物齐多夫定后，药物对旱獭线粒体的毒性结果，提示喜马拉雅旱獭对阳性药物线粒体毒性的反应与美洲旱獭一致，初步提示喜马拉雅旱獭可以替代美洲旱獭作为中国抗乙肝和艾滋病药物的毒性评价动物，有望成为具有中国知识产权的新的动物模型。

此外，喜马拉雅旱獭也是心脑血管疾病研究的理想模型动物。通过喂养高胆固醇饲料后，可诱导出高胆固醇血症和动脉粥样硬化，其体重和总胆固醇水平明显升高，但是甘油三酯水平无显著的变化；主动脉也未发现明显病变。揭示出喜马拉雅旱獭对高胆固醇、高脂饲料诱导的动脉粥样硬化病变具有极强的抵抗能力。

青藏高原小哺乳动物实验动物化 青藏高原拥有众多特有土著动物，它们拥有完美的低氧、低温适应能力，且适应模式及分子机理各有不同。许多高原土著动物低氧性肺血管收缩反应钝化，无右心室肥大，是最理想的高山生理学和高原疾病研究的动物模型。该类动物对低氧的天然钝化现象，说明它们在组织形态和分子水平均具有很好的适应性。深入研究这些低氧适应机制，将有助于发现重要的生物学现象，进而推动高原疾病抗逆基因筛选和功能的研究。此外，一些高原土著动物对吗啡极不敏感，对某些寄生线虫极易感染，这些特征使其可以作为神经系统药物活性研究以及感染病因研究的动物模型；高原土著动物中，一些物种可被禽流感病毒感染，但不发病，对禽流感病毒具有天然的抗性特征，有望成为潜在的重要资源。由于高原动物在组织结构、免疫、生理和代谢等方面具有较高的独特性，现已成为高原医学研究和药物临床试验前不可替代的实验动物类群。

自 2003 年首次暴发禽流感疫情后至今，越南已有 92 人患病，其中 42 人死亡。全球死亡人数已达 64 人，对该病尚无特别有效的防治方法。尽管禽流感在中国演变成流行性疾病的可能性不大，但一旦成真，社会经济发展将遭受极大的重创，损失额估计在 280 亿~870 亿美元。充分利用青藏高原特有动物资源，致力于构建高原重大疾病和流行性传染疾病动物模型，开展高原低氧适应、流行病学基础理论和致病机理的基础研究，对维护人类生存健康、防止禽流感传播、促进社会经济发展将有十分重要的意义。

高原鼠兔、高原田鼠及根田鼠是青藏高原及毗邻地区的最主要的小型哺乳动物，由于它们体型较小、繁殖率高、性成熟早、性情温顺等特点，在医学和实验动物等领域具有广泛的应用前景。中国科学院西北高原生物研究所通过高原鼠兔、青海田鼠和根田鼠繁殖生物学、遗传学、营养学及寄生虫学等研究，现已确定出此类动物的基本生物学特征和物种的特异性，在高原鼠兔室内动情、配对和繁殖等方面取得重大突破，同时建立青海田鼠、根田鼠封闭群，创制高原野生动物实验动物标准化的方法和技术体系，为高原实验动物新资源开发与建立高原重大疾病动物模型研究奠定基础。

高原鼠兔（*Ochotona curzoniae*）被广泛应用于高原医学、低氧生理和抗逆适应等研究。鼠兔属动物的室内驯化始于 1927 年，Dice 对科罗拉多的北美鼠兔进行人工饲养研究，但室内繁殖未能获得成功；1973 年，Puget 等从阿富汗略布尔地区捕获到野生阿富汗鼠兔，首次在人工饲养条件下繁殖成功。中国在 20 世纪 60 年代，对高原鼠兔进行人工驯养，但并未实现人工繁殖；1986 年，徐植岚等人首次报道了达乌尔鼠兔在人工饲养条件下繁殖成功；在 1990 年，叶润蓉等人在实验室条件下成功繁殖鼠兔，并建立起一个野生毛色封闭群和一个白化毛色封闭群。

高原田鼠（*Microtus fuscus*），又名青海田鼠，属于仓鼠科田鼠属。青海田鼠体型中等，耳小，尾短，爪强大；吻部短，耳小而圆，躯体背毛较长而柔软，体背毛暗棕灰色，腹面毛色灰黄。高原田鼠具群居性，基本白天活动，具有较强的迁移习性，以植物为食，栖息于海拔 3700~4800m 的沼泽草甸地带及高山草甸草原、高寒半荒漠草原带，喜选疏丛型草地及灌丛草地等气候温和、土壤疏松、牧草比较丰茂，具有嵩草、委陵菜、薹草、沙草的草地作为栖息位点。青海田鼠的繁殖期为 4~8 月，4 月怀孕，5 月上旬、中旬开始分娩，并一直持续至 8 月下旬，胎产仔数分布在 3~15 只之间。

根田鼠（*Microtus oeconomus*），又名经济田鼠、田鼠。它们体型中等，较普通田鼠略大，耳粗壮，体毛蓬松，体长约为 105mm，吻部短而钝，耳壳短小，尾短，被毛多蓬松，足及四肢均较短，无颊囊。地栖种类，挖掘地下通道或在倒木、树根、岩石下的缝隙中做窝。根田鼠主要栖息于海拔 2000~3800m 的山地、森林、草甸草原、草甸、灌丛和高寒草甸等地带，其典型生境为上述景观的潮湿地段，如溪流沿岸、灌丛草原河滩地及沼泽草甸。主要以禾本科植物的绿色部分、草籽及嫩树皮为食。

在长期进化过程中，高原鼠兔、高原田鼠及根田鼠形成了独特的生活方式及生存对策以应对青藏高原严酷的低温、低氧环境压力，该类动物在低氧条件下总动脉分压差远远高于其他平原动物，具有较高的氧利用效率，且无红细胞增多和心室肥大等现象。中国已有一些研究所和企业开展了以培育青藏高原植食性小哺乳动物实验动物化等工作，主要用于研究高原疾病的发病机理及相关药物筛选，此类工作必将推动中国高原医学的发展。

参考文献

范微，2011. 动物实验技术在喜马拉雅旱獭实验研究中的应用[J]. 实验动物科学, 28(6): 32-34.

黄孝龙，1996. 大型冬眠动物喜马拉雅旱獭的实验动物化研究[J]. 中国实验动物学杂志, 6(2): 70-72.

梁俊勋，1990. 介绍一种新型的实验动物——高原鼠兔[J]. 动物学杂志, 25(4): 46-49.

刘海青，范微，张静宵，等，2015. 喜马拉雅旱獭实验动物化的研究进展[J]. 中国比较医学杂志, 25(11): 64-68.

刘寿鹏，易虎，吴建国，等，1988. 用土拨鼠肝炎病毒感染喜马拉雅旱獭实验研究[J]. 青海医药杂志 (2): 11-13.

田村强，赵凤兵，2005. 青海第一个国家一类新药塞隆骨系列产品通过GMP认证[J]. 中国民族医药杂志 (3): 48.

王忠东，2012. 喜马拉雅旱獭动物实验技术与饲养管理[J]. 医学动物防制, 28(6): 653-656.

徐植岚，王建，1986. 达乌尔鼠兔驯育观察[J]. 上海实验动物科学, 6(2): 106-109.

叶润蓉，周文杨，白秦华，等，1990. 人工饲养条件下高原鼠兔的繁殖[J]. 兽类学报, 10(4): 287-293.

张德福，王英，鲍世明，等，2000. 高原鼠兔实验动物化研究——雄性高原鼠兔在上海地区的若干繁殖特性观测[J]. 中国兽医科技, 30(3): 32-33.

张静宵，刘海青，刘玉芳，等，2015. 野生白化喜马拉雅旱獭重要病原体检测与控制研究[J]. 中国病原生物学杂志, 10(8): 704-708.

中国科学院西北高原生物研究所，1989. 青海经济动物志[M]. 西宁：青海人民出版社.

DICE L R, 1927. The Colorado Pika in Captivity[J]. Journal of mammalogy, 8: 228-231.

GATHERER D, 2009. The 2009 H1N1 influenza outbreak in its historical context[J]. Journal of clinical virology, 45: 174-178.

JIN H, YANG J F, CHEN X Q, 2008. Effects of hypoxia on HPA axis activities of three plateau animals[J]. Comparative biochemistry and physiology part C: toxicology pharmacology, 148(1): 456.

LI H G, REN Y M, GUO S C, et al, 2009. The protein level of hypoxia-inducible factor-1α is increased in the plateau pika (Ochotona curzoniae) inhabiting high altitudes[J]. Journal of experimental zoology part A: ecological genetics and physiology, 311A: 134-141.

LI H, GUO S, REN Y, et al, 2013. VEGF189 expression is highly related to adaptation of the plateau pika (Ochotona curzoniae) inhabiting high altitudes[J]. High altitude medicine & biology, 14: 395-404.

PUGET A, 1973. The Afghan pika (Ochotona refescens rufescens): a new laboratory animal[J]. Laboratory animal science, 23: 248-251.

QU, J, LIU M, YANG M, et al, 2012. Reproduction of plateau pika (Ochotona curzoniae) on the Qinghai-Tibetan plateau[J]. European journal of wildlife research, 58: 269-277.

（撰稿：张堰铭；审稿：王登）

鼠类—媒介—病原体系统　system of rodent-vector-pathogens

啮齿动物是一个包含了啮齿目和兔形目（兔、野兔和鼠兔）的演化支。鼠类通常指属于啮齿目和兔形目的啮齿类，有时也将食虫目的小型哺乳动物包括在内。啮齿类种类较多，现存的啮齿类超过2000种，约占哺乳类的40%，例如仓鼠、豚鼠、田鼠、中国田鼠、花栗鼠、壁虎、麝鼠、沙土鼠、土拨鼠等。啮齿类的生活方式也是多种多样，从陆地、地下、树栖到水生栖息地都有。

一般来说，鼠类具有体型较小、繁殖速度快、适应能力强的特点，能在多种生境中生存。善于挖洞穴来躲避天敌、保护幼仔、贮藏食料，应对不良环境条件。是现存哺乳动物中最成功的类群。

啮齿类动物因其与人类密切相关、社会群体规模大、社会交往强烈、种群密度高、地理分布广等特点，常成为传播人类和家畜疾病病原体的传染源。近年来人类新发传染病越来越多，其中大部分来源于野生动物。而啮齿类源的疾病又在野生动物中占较大比重。

目前已知鼠类传给人类的疾病有57种，其中病毒性疾病有31种、细菌性疾病14种、立克次体病5种、寄生虫病7种。鼠传疾病的传播途径主要分为直接传播和间接传播。鼠类通过挠咬将病原直接传播给人类；或者人类食用了被鼠类粪便污染的食品或水而被感染；人类还可以接触被啮齿动物尿液污染的地表水（如螺旋体病）或通过呼吸鼠类排泄物中的微生物被感染（如汉坦病毒）。此外鼠类也可将病原传播给动物，可造成巨大经济损失。鼠传疫病的间接途径是指鼠类可以作为病原的放大器，通过寄生节肢动物（蜱、螨、蚤）将病原传播给人类。鼠类还可通过有意或者无意地被家畜吃掉来传播疾病，人类如果食用了不熟的食品就可能被感染。更重要的是鼠类可以帮助病原在不同环境（城市、乡村及野外）中传播。

啮齿类动物可以将携带的病原传染给宠物或家畜，从而进一步传染给人类。也可以作为虫媒病的贮藏宿主，如巴贝斯虫病、沟端螺旋体病、巴尔通体病等。近年来，关于小哺乳动物为人兽共患寄生虫病的致病因素的作用已经被广泛讨论（图1）。

鼠类常见寄生生物包括原生生物，动物界中的扁形动

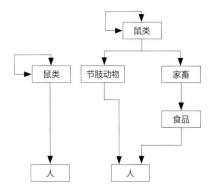

图1　鼠类相关病原体传播途径

物门、线形动物门、棘头动物门及节肢动物门的动物。中国约有155种以上的鼠类发现有1240种以上的体外寄生虫，它们隶属于78科178属，常见的重要类群有蚤类、虱类、白蛉、蜱、革螨、恙螨等。鼠类有体内寄生虫142属361种。鼠类作为人类寄生虫病的保虫宿主，按照储存宿主的性质可分为：以鼠类为主的（鼠源性）人鼠共患病，主要的储存宿主是鼠类，寄生虫主要在动物间传播，以维持其世代延续，偶尔会感染人，例如膜壳绦虫病、旋毛虫病。以人为主的（人源性）人鼠共患病，病原体的主要储存宿主是人，寄生虫通常在人间传播流行，偶尔感染到动物，如阿米巴等。人鼠并重的（双源性）人鼠共患病，人和鼠类都是储存宿主，都可以独立保存病原体并维持其世代延续，例如日本血吸虫病。此外，鼠类还可以作为多种寄生虫的补充宿主，如弓形虫、隐孢子虫、棘口吸虫、颚口线虫等。

啮齿动物的体外寄生虫，在保存病原体上也有一定意义。蜱传脑炎病毒是黄病毒属的一员，曾经流行于东欧和中欧，中国在2008年也有过报道，堤岸田鼠（*Myodes glareolus*）、黑线姬鼠（*Apodemus agrarius* Pallas）等鼠类是蜱的天然宿主，能够促进病毒在带毒蜱和未带毒蜱间传播。委内瑞拉马脑炎病毒（VEEV）是在人和马属动物之间靠蚊传播的病毒，2004年暴发于美国。鼠类是VEEV的保存宿主。恙虫病是由携带恙虫病东方体（*Orientia tsutsugamushi*）的恙螨叮咬引起，恙螨的宿主是沟鼠（*Rattus norvegicus*）、袋狸鼠（*Bandicoota indica*）、家鼠（*Mus musculus*）等鼠类。巴尔通体病可以感染广泛的家养动物和野生动物，并可引起人的感染，跳蚤和虱是鼠类巴尔通体传播的有效媒介，蚤和虱可将病原传播给人。

鼠类寄生虫种类会因地点的不同和气候变化而有差异。1998年波兰发现了13种*Myodes glareolus*寄生线虫，而在2009年仅发现2种线虫，Bajer等人在波兰兹罗里湖区为期3年对堤岸田鼠（*Myodes glareolus*）调查中发现了5种线虫。

鼠类不仅是寄生虫的宿主，而且还是很多人兽共患的细菌、病毒的宿主。历史上鼠疫的流行与鼠类有密切关系，而在当代，啮齿动物仍然是公共健康的一个重要威胁。如病毒性出血热病毒和汉坦病毒。另外，全球气候的变化和城市化的发展也增加了啮齿类相关疾病的增多，发现了更多新型的啮齿类动物携带的病原，其中包含很多可以感染人的病原体，如小核糖核酸病毒变种、丙型肝炎病毒及札如病毒。截止到2016年11月，在DrodVir数据库已收集了来自93个国家，194种啮齿类的5491种啮齿类相关的动物病毒。

鼠类—媒介—病原系统处于一个平衡状态，各因素之间相互作用，相互制约（图2）。气候（如温度、降雨、光照等）通过影响鼠类栖息地质量、食物来源及媒介昆虫等发挥作用，气候的变化还可影响病原的状态，如有的病原需要温暖或潮湿的环境繁殖。鼠类本身的存活率及雌性的繁殖率是直接影响病原传播的生物因素。捕食能够直接影响鼠类种群数量，所以有人提出捕食的脊椎动物能够保护人类的健康，但相关研究较少。人类可以干涉鼠类种群的大小来降低感染风险，但是全球化的发展也促进了外来病的传播。

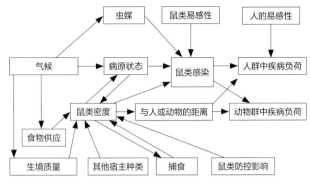

图2 鼠类—媒介—病原系统相互作用模型

参考文献

林孟初, 1985. 啮齿动物的寄生虫[J]. 上海实验动物科学, 5(1): 47-50.

郑智民, 姜志宽, 陈安国, 2008. 啮齿动物学[M]. 上海: 上海交通大学出版社.

ALSMARK C M, FRANK A C, KARLBERG E O, et al, 2004. The louse-borne human pathogen *Bartonella quintana* is a genomic derivative of the zoonotic agent *Bartonella henselae*[J]. Proceedings of the national academy of sciences of the United States of America, 101(26): 9716-9721.

ANTOLOVA D, REITEROVA K, MITERPAKOVA M, et al, 2004. Circulation of *Toxocara* spp. in suburban and rural ecosystems in the Slovak Republic[J]. Veterinary parasitology, 126: 317-324.

BAKHVALOVA V N, DOBROTVORSKY A K, PANOV V V, et al, 2006. Natural tick-borne encephalitis virus infection among wild small mammals in the southeast-ern part of Western Siberia, Russia[J]. Vector-Borne and zoonotic diseases, 6(1): 32.

BOULOUIS H J, CHANG C C, HENN J B, et al, 2005. Factors associated with the rapid emergence of zoonotic Bartonella infections[J]. Veterinary research, 36(3): 383-410.

ENRIA D A, PINHEIRO F, 2000. Rodent-borne emerging viral zoonosis: hemorrhagic fevers and hantavirus infections in South America[J]. Infectious disease clinics of North America. 14(1): 167-184.

FIRTH C, BHAT M, FIRTH M A, et al, 2014. Detection of zoonotic pathogens and characterization of novel viruses carried by commensal *Rattus norvegicus* in New York City[J]. mBio, 5: e01933-14.

GOEIJENBIER M, WAGENAAR, J, GORIS M, et al, 2013. Rodent-borne hemorrhagic fevers: under-recognized, widely spread and preventable epidemiology, diagnostics and treatment[J]. Critical reviews in microbiology, 39(1): 26-42.

JONES K E, PATEL N G, LEVY M A, et al, 2008. Global trends in emerging infectious diseases[J]. Nature, 451: 990-993.

KRUSE H, KIRKEMO A M, HANDELAND K, 2004. Wildlife as source of zoonotic infections[J]. Emerging infectious diseases, 10(12): 2067-2072.

LABUDA M, KOZUCH O, ZUFFOVÁ E, et al, 1997. Tick-borne encephalitis virus transmission between ticks cofeeding on specific immune natural rodent hosts[J]. Virology, 235(1): 138-143.

MEERBURG B G, SINGLETON G R, KIJLSTRA A, 2009.

Rodent-borne diseases and their risks for public health[J]. Critical reviews in microbiology, 35(3): 221-270.

WEIDMANN M, SCHMIDT P, HUFERT F T, et al, 2006. Tick-borne encephalitis virus in Clethrionomys glareolus in the Czech Republic[J]. Vector-Borne and zoonotic diseases, 6(4): 379.

WOLFF J O, SHERMAN P W, 2007. Rodent Societies: an Ecological and Evolutionary Perspective[M]. Chicago: The University of Chicago Press.

（撰稿：何宏轩；审稿：许磊）

鼠类亲本行为　parental care of rodent

亲代能增加后代存活的所有行为都称为亲本行为。鼠类的亲本行为与其婚配制度紧密相关。大约90%的哺乳动物是多配制的婚配制度，由雌性照顾后代，如大鼠、小鼠、草地田鼠、金仓鼠、西伯利亚仓鼠等。这类动物的亲本行为主要表现为雌性育幼行为，称为母本行为。单配制鼠类则是雌雄共同照顾后代，如蒙古沙鼠、加利福尼亚小鼠、草原田鼠、短尾侏儒仓鼠、棕色田鼠等，单配制动物的亲本行为分为母本行为和父本行为。在鼠类还存在个体对非亲缘关系同类年幼个体的照顾行为，这种照顾行为称为助亲行为或异亲行为。

幼仔出生后的发育程度决定亲本行为。鼠类的幼仔属于晚成型的子代（即出生后不能自由活动），新生幼仔无毛、不能调节体温，眼睛和耳朵紧闭，因此一般出生后需要亲代照顾数周左右的时间。鼠类的亲本行为包括对子代的直接照顾行为和间接照顾。直接照顾行为包括：①舔舐幼仔，这一行为可以刺激它们排泄，也可以激活幼仔的一些行为，比如促使幼仔寻找乳头进行吮吸。②蹲伏在幼仔身上，使幼仔聚集更容易吮吸。③衔回幼仔，当幼仔长大和可以在窝边来回走动时，母亲先嗅闻幼仔，然后才用嘴衔起并转移它们。而对子代的间接照顾行为包括：①筑巢行为，筑巢不是哺乳期大鼠的特有行为，但筑巢是一个非常典型、且与体现母性密切联系的一个行为，可以对幼仔进行温度调节。②亲本攻击行为，即哺乳期对具有潜在威胁的同种个体的攻击。

具有双亲育幼的鼠类而言，亲本行为具有两性差异和属种差异。Gubernick 和 Alberts（1987）报道加利福尼亚小鼠出生后父亲对幼仔的舔舐比母亲多，而母亲仅较多舔舐幼仔的肛殖区。Lonstein 和 De Vries（1999）发现草原田鼠出生后父亲也呈现出蹲伏在幼仔身上；与母亲相比，父亲舔舐幼仔的时间少，但更多喜欢照顾较大一些的幼仔。Clark 等（2003）发现蒙古沙鼠父亲对出生后的雄性幼仔采取回避的态度。Jones 和 Wynne-Edwards（2000）发现短尾侏儒仓鼠父亲会帮助配偶生产，幼仔出生后会舔舐幼仔身上的羊水并帮助其清洗鼻孔使呼吸通畅，最终吃掉胎盘。鼠类亲本行为不同模式的产生是由激素、感觉、神经内分泌、鼠类的社会性、动机、基因型以及环境等复杂因素共同作用的。

鼠类在育幼过程中普遍存在双亲行为与杀婴行为状态的相互转变现象，以避免投资的浪费，并进化成一种适应策略。对于雌性来说，这种转变主要是由于怀孕及分娩过程所引起体内的激素水平变化决定的，而且在幼仔发育期间，这种内部激素水平变化与来自外部的幼仔刺激相结合，维持了雌性的亲本行为状态。对于雄性而言，与雌鼠的交配及同居行为、来自幼仔的感觉信号以及育幼经历影响了雄鼠的亲本投资倾向。

参考文献

邰发道, 王廷正, 赵亚军, 2001. 棕色田鼠的配偶选择和相关特征[J]. 动物学报, 47(3): 266-273.

于晓东, 房继明, 2003. 亲缘关系与布氏田鼠双亲行为和杀婴行为关系的初探[J]. 兽类学报, 23(4): 326-331.

BRIDGES R S, 1996, Biochemical basis of parental behavior in the rat[J]. Advances in the study of behaviour, 25: 215-242.

CLARK M M, WHISKIN E E, GALEF B G, 2003. Mongolian gerbil fathers avoid newborn male pups, but not newborn female pups: olfactory control of early paternal behaviour[J]. Animal behaviour, 66: 441-447.

GUBERNICK D J, ALBERTS J R, 1987. The biparental care system of the California mouse, *Peromyscus californicus*[J]. Journal of comparative psychology, 101(2): 169.

GUBERNICK D J, SCHNEIDER K A, JEANNOTTE L A, 1994. Individual differences in the mechanisms underlying the onset and maintenance of paternal behavior and the inhibition of infanticide in the monogamous biparental California mouse, *Peromyscus californicus*[J]. Behavioral ecology and sociobiology, 34: 225-231.

JONES J S, WYNNE-EDWARDS K E, 2000. Paternal hamsters mechanically assist the delivery, consume amniotic fluid and placenta, remove fetal membranes, and provide parental care during the birth process[J]. Hormones and behavior, 37: 116-125.

LONSTEIN J S, DE VRIES G J, 1999. Comparison of the parental behavior of pair-bonded female and male prairie voles (*Microtus ochrogaster*)[J]. Physiology and behavior, 66: 33-40.

WANG B, LI Y N, WU R Y, et al, 2015. Behavioral responses to pups in males with different reproductive experiences are associated with changes in central OT, TH and OTR, D1R, D2R mRNA expression in mandarin voles[J]. Hormones and behavior, 67: 73-82.

WANG Z X, NOVAK M A, 1992. Influence of the social environment on parental behavior and pup development of meadow voles (*Microtus pennsylvanicus*) and prairie voles (*M. ochrogaster*)[J]. Journal of comparative psychology, 106(2): 163-171.

（撰稿：王波、邰发道；审稿：刘晓辉）

鼠类社会地位　social status

是指鼠类个体在群体中所处的重要性水平，在动物中可以通过资源分配程度，如配偶、食物、栖息地等等加以判断。鼠类是研究社会地位的很好的模式动物，社会地位广泛存在于独居性和群居性的鼠类群体中。社会地位的高低决定着动物群体内的资源分配模式，包括食物、空间、配偶等都需要通过社会等级的高低来决定。社会地位高的个体往往会占有更多资源，繁殖更多的后代，但是有些种类地位高的个体却受到更高水平的应激刺激，反而不利于其存活。性激素（如睾酮、雌二醇）、神经内分泌激素（5-羟色胺）等对社会地位的决定具有重要作用。

（撰稿：王大伟；审稿：刘晓辉）

鼠类社会行为　social behavior of rodent

社会行为与个体单独行为相对应。广义上是指与动物社会活动相关联的行为，是动物对同种个体所表现的行为。例如繁殖过程中与其相关联的一系列复杂的求偶、交配行为、育幼等行为；期间可能涉及攻击、亲昵、威胁、合作等，都可以看做是社会行为。狭义上讲是指动物在其群体生活过程中与群体内、外个体间展开的各种关系，发生的一系列行为表现。在社会行为中，行为发起者通过各种方式诱发接受者的行为，进而展开个体间社会关系的维持和发展。社会行为的产生是基于行为双方收益—代价权衡的结果。社会行为表现突出的物种，由于在其生活史过程中紧密的社会交往，个体彼此间联系频繁，常形成一定的社群组织，显示特定的繁殖构成和亲缘结构，甚至具有更为精细的成员分工以及明确的社会等级。

多数小型啮齿类的社会行为在响应生活环境的时空变化时会发生相应变化，以应对不同生活史阶段的时空选择压力，进而适应其特定的生活环境。比如，动物的攻击争斗行为会发生季节变化，繁殖期成年雄鼠间的冲突通常会显著增加，且不受个体间亲缘关系影响。而在繁殖休止期，由于雄鼠间的配偶竞争消失，很大程度上会降低雄鼠个体间竞争行为的表达，以此避免付出不必要的代价。同样，鼠类的其他社会行为，如领域行为、标记行为、社会交往以及社群等级分化，也显示季节适应变化特征。还有一些鼠类，在不同地域的野生种群个体，其对熟悉个体和陌生个体的社会行为表现存在明显的空间差异。鼠类社会行为的时空变化有利于提高其在不同时期资源利用和空间竞争的有效性，也确保动物可以维持足够的资源和空间，为其子代未来的生存及繁殖所利用，最终提高动物的适合度。

影响和调节动物社会行为表达的因素通常涉及资源可利用性、天敌、动物所处的社群条件、个体间的空间格局、熟悉性以及亲缘关系等。捕食和食物交互效应介导根田鼠（*Microtus oeconomus* Pallas, 1776）和东方田鼠（*Microtus fortis* Büchner, 1889）的攻击行为表现，调节种群季节性波动。不同社群条件会影响布氏田鼠（*Lasiopodomys brandtii* Radde, 1861）尤其是雄鼠间的社会探究、争斗以及交配选择。空间距离是动物社群内或社群间交往中首要的、最直接的环境标度，它对动物社会行为的影响甚至可以受或不受亲缘关系的左右。如空间距离和亲缘关系在长爪沙鼠（*Meriones unguiculatus* Milne-Edwards, 1867）社会交往中共同发挥一定作用，且显示精细的性别差异和生活史适应特征，这与其繁殖或贮食年生活史周期性变化相适应。社会行为的亲缘效应通常体现在增加亲密行为、减少杀婴行为、偏亲属交往格局等。个体倾向于与亲属共享一定比例的巢域，具有一定倾向的社交偏好，这在群居鼠类和独居鼠类中均有例证。亲属间的合作通过减少每个个体的能量或时间投资、提高收益，有利于自身的存活或繁殖，进而推动社群乃至种群的发展。不过，也有一些鼠类随着巢区重叠程度（即空间距离）增加，亲属、非亲缘雌鼠间共享巢穴的概率没有显著差异，这表明近距离的非亲缘个体间由于较为频繁的接触可能促成较高的熟悉性，进而产生类似亲缘行为的特征。

将社会行为信息应用于鼠害控制工程可提高防治功效。干扰啮齿动物个体间正常社会行为的表达，可以作为一种鼠害控制对策将其纳入害鼠生态治理方案中。Timm 和 Salmon（1988）对高度社会性鼠类，如黑尾草原犬鼠（*Cynomys ludovicianus* Ord, 1815）研究发现，在繁殖期，人为干扰该鼠稳定的社群结构可降低其繁殖成功率，同时影响群体内个体间的通讯联系，特别是报警通讯的扰断，增加了被捕食的风险（至少在一段时间内）。Posamentier(1988) 也曾指出鼠类规律性迁移在某种程度上可以预测，将其纳入鼠类控制和管理工作中是可行的。在鼠害防治实践中应该重视整合干扰动物社会行为方法的应用。

参考文献

聂海燕, 刘季科, 苏建平, 等, 2006. 捕食和食物交互作用条件下根田鼠季节性波动种群攻击水平及其行为多态性分析[J]. 生态学报, 26(7): 2139-2147.

杨月伟, 刘震, 刘季科, 2009. 食物、捕食和种间竞争对东方田鼠种群动态的作用[J]. 生态学报, 29(12): 6311-6324.

张建军, 施大钊, 2006. 不同社群条件下雄性布氏田鼠的行为[J]. 兽类学报, 26 (2): 159-163

ALEXANDER R D, 1974. The evolution of social behavior[J]. Annual review of ecology and systematics, 5: 325-383.

CLUTTON-BROCK T, 2002. Breeding together: Kin selection and mutualism in cooperative vertebrates[J]. Science, 296: 69-72.

DENG K, LIU W, WANG D H, 2017. Inter-group associations in Mongolian gerbils: quantitative evidence from social network analysis[J]. Integrative zoology, 12(6): 446-456.

KRAUSE J, RUXTON G D, 2002. Living in groups[M]. Oxford: Oxford University Press.

LACEY E A, SHERMAN P W, 2007. The ecology of sociality in rodents [M]// Wolff J O, Sherman P W. Rodent societies: An ecological and evolutionary perspective: Chicago, USA: The University of Chicago Press: 243-254.

POSAMENTIER H, 1988. Integrated pest management, principles in rodent control [C]//Rodent pest management. Prakash I. Florida: CRC press, Inc. : 427-439.

（撰稿：刘伟；审稿：王勇）

鼠类生理生态学　rodent physiological ecology

研究鼠类对环境的适应机理及其生理功能反应的学科，是哺乳动物生理生态学的一个重要领域。鼠类生理生态学是鼠类生理学与鼠类生态学的一个交叉学科，是用生理学的技术手段研究野生鼠类的生态学问题，用生理学数据解释野生鼠类的分布和丰富度问题。

鼠类生理生态学在方法学上与其他哺乳动物生理生态学是基本相似的，主要采用生理学的技术手段研究鼠类的生态学问题，研究的层次从分子、细胞、组织、器官到种群、群落，甚至生态系统，但核心是鼠类个体本身。动物生理生态学的研究对于理解种群、群落和生态系统功能，促进宏观与微观生物学研究的结合，对个体水平以下研究成果的证明和理解等具有重要意义。面对复杂多样的自然环境如高海拔地区、沙漠干旱地区、寒冷地区等，对鼠类生理生态学研究有助于阐明鼠类对不同环境的生理适应机理和环境对不同组织层次的生理学影响以及种群动态和调节机制、群落的结构组成和能量流动等。

鼠类（或动物）生理生态学与种群生态学、群落生态学、保护生态学、行为学、生态毒理学、环境内分泌学等学科的关系越来越紧密，研究领域不断交叉融合。研究领域和内容的拓展，促进了宏生理学（大尺度生理学）和代谢生态学等分支学科的建立和发展。动物生物多样性的研究也需要结合鼠类或动物生理生态学相关信息，以探明物种维持和灭绝的因子和机制。在全球气候变化大背景下，对鼠类等关键动物类群的生理生态学研究，有利于人类预测未来环境变化和应对环境变化。分子生物学技术的发展和在鼠类或动物生理生态学中的应用，促进了人们对鼠类高度适应环境的分子机理的深入研究和了解。

简史 1840年，德国农业化学家J.von.李比希（Justus von Liebig，1803—1873）提出了最小因子限制定律，对于理解生物个体种群的分布具有重要意义。美国生态学家V.E.谢尔福德（Victor Ernest Shelford，1877—1968）1913年进一步提出了耐受性定律，阐述了有关限制因子的思想，指出一个物种或种群的分布和功能都受到每一个因子的最小量和最大量的制约。这些理论的思想以及由此开展的一些研究是生理生态学早期发展的萌芽。

瑞士生理学家Max Kleiber（1893—1976）于1932年发表了《个体大小与代谢率》(Body size and metabolism)的文章，提出了动物的基础代谢率是其体重的0.75次幂，后被称为Kleiber定律。1961年他出版了著名的《生命之火：动物能量学概论》(The fire of life: an introduction to animal energetics)。

20世纪40～70年代，生理学家和动物学家开始关注野生动物对沙漠、深海、极地等极端环境的生理适应，开展了动物对不同环境的生理适应研究，如寒冷、沙漠干旱等，其中由于鼠类物种和栖息环境的多样性，鼠类生理生态学研究占了很大的比例。这些研究促进了野外生理学的发展，奠定了动物生理生态学的发展基础。代表性著作有《北极地区鸟类和哺乳类动物的生活，包括人类》和《沙漠动物：热和水的生理问题》。1964年美国生理学会的《生理学手册》第四卷《对环境的适应》集结了美国科学家的研究成果。也有一些专门动物类群的著作，如以色列生理学家Allan Degen著的《沙漠小型哺乳动物生理生态学》等。

动物生理生态学的学科发展受动物比较生理学的影响很大。美国比较生理学家C. Ladd Prosser 1950年出版了《比较动物生理学》。美国动物生理生态学家K. Schmidt-Nielsen 1960年出版了《动物生理学》。英国学者CR Townsend和P. Calow 1981年出版了《生理生态学：一种对资源利用的进化途径》。1988年美国20名生理生态学家参与编写了《生态生理学的新方向》，本书总结了生理生态学近50年来的发展，包括概念和思想发展、研究途径、主要研究内容和成果，以及未来的发展等。

美国动物生理生态学家B. McNab 2002年出版了《脊椎动物的生理生态学：一种能量学视角》，这是一本百科全书式的专著，包括了脊椎动物生理生态学的各个方面。美国动物生理生态学家W. Karasov 2007年出版了《生理生态学：动物如何处理能量、营养和毒素》。

随着分子生物学技术的发展和应用，组学时代，传统的生理生态学受到了挑战，生理生态学的思想和成果也在向其他领域渗透和融合，从分子水平、基因水平阐述动物适应各种极端环境机理的成果不断涌现，保护生理学、宏生理学、代谢生态学等新领域的出现，是动物生理生态学在新时期进一步的发展和拓展。

中国动物生理生态学研究始于20世纪40年代后期。50年代赵以炳开展了对刺猬体温调节的研究，是中国哺乳动物生理生态学较早的系统性研究工作。60～70年代，孙儒泳开展了北社鼠和褐家鼠的能量和水代谢研究，并在统计分析时引入了协方差分析。80年代王祖望等对青藏高原高原鼠兔和高原鼢鼠的能量代谢特征和消化生理进行了研究。同时鸟类和爬行动物的能量代谢研究也有开展，这些工作都促进了中国动物生理生态学的学科发展，同样鼠类生理生态学是重要的内容。中国鼠类生理生态学主要在以下领域有较好的发展：代谢生理学、消化生理学、生态免疫学和整合生理学等，研究地区涵盖青藏高原、内蒙古草原、横断山脉和华北平原等地区，涉及几十个物种，关注的影响因素有季节、环境温度、光照周期、食物（质量和数量）、繁殖状态等等。生理生态学已经发展成为一门成熟的学科，与其他学科的作用越来越紧密，许多领域都需要我们进一步关注，如动物生理生态特征对物种分布的影响（大尺度生理学）、与种群数量动态的关系、与群落结构和生态系统稳定的关系、与保护生物学的关系、与行为学的关系，以及发展较快的应用生理生态学如生态毒理学和环境内分泌学等。中国地势环境多样复杂，如高海拔地区、沙漠干旱地区、寒冷地区和海洋水生环境等，动物对不同环境的生理适应机理和对其他组织层次的生理学影响，都需要加强研究。随着全球气候变化的影响，不同动物种类在变化着的环境中生理功能的适应调节以及后续影响，是越来越受关注的问题。

20世纪80年代以来中国动物生理生态学的发展比较迅速，研究领域的广度和深度都有加大提高，如代谢生理学、消化生理学、生态免疫学等，研究队伍不断扩大。2011年在温州大学召开了首届"全国动物生理生态学学术会议"，2018年成立了中国动物学会动物生理生态学分会。当前中国的动物生理生态学有良好的发展态势，学科建设逐渐完善，在国际学术界的影响逐渐扩大。

研究内容 鼠类或动物生理生态学研究温度、水、盐、pH、呼吸气体等环境因素对动物生理功能的影响，涉及内分泌学、繁殖生理学、热生物学、能量学、水盐平衡、代谢生理学、消化生理学等多个领域。研究内容主要有：①对不同环境的适应。研究鼠类对高温环境（沙漠干旱地区）、寒冷环境（极地和温带地区）、水生环境、地下环境、高山低氧环境的适应，阐明动物对不同环境（尤其是极端环境）的生理适应机制。②能量代谢和体温调节。研究不同环境条件下鼠类对能量的摄入和消耗，代谢产热（如基础代谢率、颤抖性产热、非颤抖性产热、活动产热等），阐明影响代谢产热的生态和环境因素及其调节机理。③营养和消化生理学。研究不同环境条件下，鼠类对食物营养成分的摄入、消化和吸收等，阐明动物的能量和营养的摄入和消耗，以及分配途径等。④似昼夜节律和季节性节律。研究鼠类的活动节律、生理功能的季节变化等，阐明影响动物节律的因素和作用途径。⑤宏生理学：研究鼠类的生理学特征对其种群的分布极限和分布范围的影响，阐明鼠类的地理分布特征和分布格局。

研究技术方法 鼠类生理生态学借鉴采用了动物生理学和动物生态学的研究技术方法。由于野外生理学技术的限制，一些新的技术逐渐应用于动物生理生态学研究。常用的研究技术和方法包括：①稳定性同位素技术。使用稳定性同位素（如双标记水技术和氚）测定野外条件下自由生活的鼠类的能量代谢水平和水代谢水平。这样可以在野外鼠类自由活动的情况下，对其能量代谢和水分代谢等进行监测。②红外热成像技术。用红外成像仪测定鼠类在自然环境中体温等生理功能的变化，并不影响动物的行为。③生物遥测技术。在鼠类体内埋植传感器或动物身上携带无线电项圈等，测定鼠类在自然环境中的活动节律和活动范围，对鼠类的行为和生理功能也不产生影响。④生物物理学技术。根据动物与环境之间的热量传递途径，利用生物物理学模型，预测鼠类的能量吸收和转换。需要用动物的外壳制成的动物模型，模拟在野外自然环境中的热量交换，但很多时候并不能准确模拟鼠的行为和姿势。⑤分子生物学技术和组学技术。测定鼠类适应特定环境的分子机理和功能基因，分子生物学和组学技术在生理生态学中的应用无疑会促进对适应生理学机理的理解，但鼠类或动物整体生理学功能的维持和调节是非常复杂的，分子和基因层次的结果需要结合整体水平的生理学才有意义。

未来发展和研究热点

1.鼠类或动物生理生态学的发展有两个趋势：①微观方向，主要是分子生物学和组学技术的应用，使得对动物对不同环境的生理适应机制的分子机理的阐明成为可能。基因组学、代谢组学、蛋白质组学、转录组学等对于不同环境中各种生理功能的机理性解析会越来越广泛。②宏观领域：鼠类的生理功能限制动物在自然界中时间和空间上的分布，全球气候变化的影响日趋严重。因此动物对环境变化的生理响应及其应对策略会备受关注，生理生态学与动物地理学的结合也会更加紧密。

2.鼠类生理生态学对于生态学其他组织层次的影响，以个体生理学为基础的种群数量调节和群落组织结构动态变化等，也有很多新的进展，也出现了种群生理学和群落生理学的概念。

3.应用生理生态学的发展将得到进一步发展：随着人类活动和环境污染的日趋严重，对鼠类的生存和繁殖会产生很大的影响，生态毒理学、环境内分泌学等将进一步阐述环境污染物对动物生理功能的影响。

4.动物生理生态学与动物行为学、生物多样性等学科领域的结合将更加紧密。

参考文献

孙儒泳, 王德华, 牛翠娟, 等, 2019. 动物生态学原理[M]. 4版. 北京: 北京师范大学出版社.

孙儒泳, 1987. 动物生理生态学的发展趋势[M]//马世骏. 中国生态学发展战略研究. 北京: 中国经济出版社.

王德华, 赵志军, 张学英, 等, 2021. 中国哺乳动物生理生态学研究进展与展望[J]. 兽类学报, 41(5): 537-555.

FEDER M E, BENNETT A F, BURGGREN W W, et al, 1987. New Directions in ecophysiological physiology[M]. Cambridge: Cambridge University Press.

MCNAB B K, 2002. The physiological ecology of the vertebrates: a view from energetics[M]. Chicago: Comstok/Cornell University Press.

（撰稿：王德华；审稿：张知彬）

鼠类生物学与治理国际研讨会 International Conference on Rodent Biology and Management, ICRBM

由中国科学院动物研究所张知彬研究员与澳大利亚科学与工业研究组织野生动物研究所 Grant Singleton、Lyn Hinds 博士等发起和倡议。首届"鼠类生物学与治理国际研讨会"（International Conference on Rodent Biology and Management, ICRBM）于1998年10月5～9日在北京友谊宾馆举办。该次会议由中国科学院国际合作局、中国国家基金委员会生命科学部和澳大利亚国际农业研究中心支持和资助。会议旨在为国际鼠类生物学与治理提供一个学术交流与合作的平台。首届会议取得圆满成功，并迅速得到国际同行的认可，成为鼠类生物学与治理研究领域每四年举办的一个重要国际会议。截至目前，鼠类生物学与治理国际研讨会已分别在中国北京（1998）、澳大利亚堪培拉（2003）、越南河内（2006）、南非布隆方丹（2010）、中国郑州（2014）、德国波茨坦（2018）举办过6届。

首届鼠类生物学与治理国际研讨会 首届鼠类生物学与治理国际研讨会于1998年10月5～9日在中国北京友谊宾馆召开。该次研讨会由中国科学院动物研究所、澳大利亚科学与工业研究组织野生动物与生态学研究所联合主办。大会的主题是"基于鼠类生态学的鼠害治理"。

来自26个国家的200多名代表参加了这次大会。大会名誉主席由国际著名的生态学家和鼠类种群生态学家 Charles Krebs 教授和中国著名的生态学家孙儒泳院士担任。大会执行主席由中国科学院动物研究所所长、中国生态学会理事长王祖望研究员，澳大利亚科学与工业研究组织野生动物与生态所的 Lyn Hinds 博士及 Grant Singleton 博士担任。中国科学院动物研究所张知彬研究员任大会秘书长。

大会安排8位专家做大会报告：① Charles Krebs：目

首届 ICRBM 会徽

前鼠类种群动态的解释。②David McDonald：褐家鼠的行为选择。③Grant Singleton：东南亚的鼠害生态治理途径。④James Mill：鼠类在人类疾病产生中的作用。⑤Dale Nolte：美国鼠害治理的现状。⑥Chris Dickman：鼠类在生态系统上的作用。⑦Richard Brown：鼠类的嗅觉世界。⑧张知彬：中国农业鼠害的治理研究进展。

大会安排了8个报告专题：①种群动态（包括鼠害的预测和治理）。②啮齿类的生理学和适应机理。③控制技术-I（包括生物控制、生境管理、以生态学为基础的防治等）。④控制技术-II（包括化学控制和抗性、物理控制等）。⑤鼠类的化学通讯。⑥鼠类行为及其在治理中的应用。⑦鼠类疾病的流行病学及其对种群和人类的影响。⑧鼠类作为变化的指示者及其在生态系统中的地位。大会安排了4个小组专题讨论：鼠害治理；鼠类的抗药性；东南亚稻田鼠害治理；鼠类的化学通讯。

中国科学院国际合作局安建基副局长，中国国家基金委员会生命科学部朱大保主任，澳大利亚国际农业研究中心（ACIAR）的 Bob Clements 主任、动物科学部 John Copland 主任，澳大利亚驻华使馆科技参赞 Anita Dalakoti 等到会出席开幕式及闭幕式。Charles Krebs 教授在闭幕式上对该次会议作了一个系统全面的总结。

大会取得圆满成功，得到国内外专家的一致好评。这次大会不仅促进了学术交流，还促进了多个国际合作项目的实施。会后出版了1本编著、1本论文摘要集：① Singleton G., Leirs H., Hinds L. and Zhang ZB. 1999. *Ecologically-based Management of Rodent Pests*, ACIAR Monograph No. 59, 494p.；② Zhang ZB., Hinds L., Singleton G. and Wang Z.W. 1999. *Rodent Biology and Management*. ACIAR Technical Reports No. 45, 146p.

第二届鼠类生物学与治理国际研讨会 该次会议原计划于2002年在印度尼西亚召开，但由于巴厘岛的爆炸恐怖袭击事件，推迟并改为2003年2月12~14日在澳大利亚堪培拉举办。澳大利亚科学与工业研究组织可持续生态所和食物与作物研究中心共同组织了该次大会。澳大利亚国际农业研究中心及澳大利亚国际发展署提供资助和支持。

来自34个国家的145名代表出席该次大会，共安排了92个口头发言和52个墙报。澳大利亚工业部长 Hon. Peter McGauran 致开幕词。越南驻澳大利亚大使 Vu Chi Cong，缅甸国务部长 Thet Win，澳大利亚国际农业研究中心主任 Peter Core，澳大利亚科学与工业研究组织主任 Steve Morton 及副主任 Alan Kearns，澳大利亚合作研究中心主任 Tony Peacock 等出席开幕式。

大会安排了8个大会报告：① Mike Begon：疾病对人类健康及种群鼠类的影响。② Giovanni Amori：岛屿鼠类保护面临的挑战。③ Charles Krebs：行为如何影响种群动态。④ Herwig Leirs：农业鼠害的治理。⑤ Roger Pech, Stephen Davis and Grant Singleton：农业鼠害暴发：鼠害控制或是系统失调。⑥ Murray Efford, B.M. Fitzgerald and P.R. Wilson：非季节繁殖在新西兰森林小家鼠种群暴发中的作用。⑦ David Cowan, Roger Quy, and Mark Lambert：家栖鼠类的生态治理。⑧ Ken Aplin, Terry Chesser and Jose Ten Have：家鼠属的进化生物学。大会安排10个专题：疾病、保护、行为、大田管理、种群生态与模型、鼠害管理的行为与经济学、城市鼠害、杀鼠剂抗性、分类与系统学、鼠类生物学、猎物捕食者关系等。

会上发布了一本鼠害研究专辑：*Rats, Mice and People:*

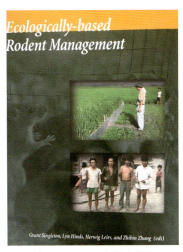

首届 ICRBM 后出版的著作

第二届 ICRBM 会徽

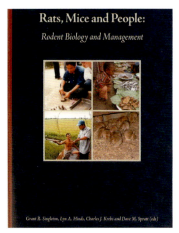

第二届 ICRBM 后出版的著作

第四届 ICRBM 会徽

Rodent Biology and Management。

第三届鼠类生物学与治理国际研讨会　大会于 2006 年 8 月 28 日至 9 月 1 日在越南河内召开。该届会议由越南国家植物保护研究所 (NIPP) 主办，中国科学院动物研究所 (IOZ)、澳大利亚科学与工业研究组织 (CSIRO)、澳大利亚国际发展署 (AusAID)、澳大利亚农业研究中心 (ACIAR)、欧盟农业乡村合作技术中心 (CTA) 共同承办。越南农业部长、澳大利亚驻越大使及国际著名生态学家、本届大会荣誉主席 Charles Krebs 应邀出席了会议。中国科学院动物所张知彬研究员应邀担任该届大会主席。

共有来自 34 个国家的 120 多名代表出席该次会议。为期 5 天的会议中，共邀请了 8 位专家的大会报告，101 位学者的口头发言，47 位学者的墙报交流，安排 11 个专题讨论会，内容涉及鼠类行为、生活史及治理；鼠传疾病的流行病学；鼠药应用、鼠药抗性及鼠类种群分子学特性；农业发展对鼠类生态治理的影响；外来鼠种及本地鼠种的治理；鼠类分类系统学；鼠类繁殖、代谢及化学通讯；鼠类作为环境完整性的指示生物；种群动态及调节。鼠传疾病、外来鼠种入侵、不育控制研究、生态治理是本次会议关注的焦点。

为表彰对全球鼠类生物学及治理大会的贡献，大会组委会决定授予 Charles Krebs 和 John Copland 杰出贡献证书。会后部分论文以专栏形式发表在 *Integrative Zoology*，2007 2(4): 191–268 (http://onlinelibrary.wiley.com/doi/10.1111/inz.2007.2.issue-4/issuetoc)。

第四届鼠类生物学与治理国际研讨会　研讨会于 2010 年 4 月 12～16 日在南非布隆方丹举办。南非自由大学和国家博物馆承办该次大会。来自 36 个国家的 140 名代表参加了该次大会。

大会安排 6 个专题：多样性、分类及遗传，疾病及与宿主关系，社会文化及经济影响，行为生态及生态生理学，鼠害治理——农业、城市及杀鼠剂，入侵害鼠的保护及治理。对应这个 6 个专题，分别安排了 6 个大会报告：① Ken Aplin：21 世纪的鼠类分类学——传统发现遇见新技术。② Bastiaan Meerburg：鼠类对病原的传播会对人和动物健康造成威胁吗？③ Florencia Palis：人类会比鼠类聪明吗？要学会采取集体和策略的行动。④ Nigel Bennett：非繁殖雌性鼹鼠社会行为诱发的不育问题——揭示地下鼠的秘密。⑤ Rhodes Makundi：基于生态学的非洲鼠害治理——机遇和挑战。⑥ Chris Dickman：入侵害鼠：生态学、影响及治理。最后，Prof. Charles Krebs 做了总结发言。

第三届 ICRBM 会徽

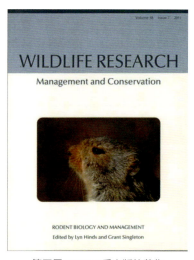

第四届 ICRBM 后出版的著作

第五届 ICRBM 会徽

第五届 ICRBM 后出版的著作

会后在 Wildlife Research 上出版了专辑：Rodent biology and management–who is outsmarting whom? http://www.publish.csiro.au/WR/WR11132。

第五届鼠类生物学与治理国际研讨会 2014年8月25~29日，第五届鼠类生物学与治理国际研讨会在中国郑州召开。会议由国际动物学会（SZS）主办，国际动物学会、中国科学院动物研究所、国际生物科学联合会中国全国委员会（CCIUBS）、郑州大学承办，国际生物科学联合会（IUBS）、中国科学院国际合作局、中国科协国际联络部与学会学术部、国家自然科学基金委生命科学部资助和支持。

来自世界28个国家的180多位科研人员参加了大会。国家林业局野生动植物保护与自然保护区管理司、郑州大学、美国农业部野生动物研究所等单位有关领导和专家应邀出席会议。中国科学院动物研究所张知彬研究员主持开幕式。Charley Krebs 致开幕词，Grant Singleton 博士在闭幕式上作大会总结。

该次会议主题为："全球变化条件下的啮齿动物生物学与管理"。会议围绕主题举办了一系列学术讨论会，内容涉及全球变化与啮齿动物、城镇化与啮齿动物、以生物学为基础的啮齿动物管理、啮齿动物与疾病、啮齿动物与粮食生产、啮齿动物与植物、啮齿动物生理学、分类与演化、生殖发育、化学信息沟通、松鼠、地下鼠等啮齿动物生物学与管理领域。

会议共组织大会报告7个，专题研讨会13个，学术报告126个，海报41个。大会报告包括：① Peter Banks：入侵鼠的行为生态学。② Serge Morand：鼠类寄生虫及病原生物的进化生态学。③ 张知彬：气候变化和放牧对内蒙古草原布氏田鼠种群动态的影响。④ Jana Eccard：鼠类行为生态学。⑤ Gregg Howald：岛屿害鼠的控制。⑥ Joel Brown：鼠类的觅食生态学。⑦ Thomas Cornulier：鼠类的种群动态。

大会组委会授予 Grant Singleton 和 Lyn Hinds 博士终身成就奖，表彰他们在鼠类生物学与治理领域所做出的突出成就及在推进本领域学科建设和学术交流、国际合作方面的突出贡献。

会后在 Wildlife Research 上出版了 Rodent Ecology, Behaviour and Management 专辑（网址：http://www.publish.csiro.au/WR/issue/7611）。

第六届鼠类生物学与治理国际研讨会 由德国波茨坦大学和德国联邦农作物研究所等单位组织承办的第六届鼠类生物学与治理国际研讨会（The 6th International Conference on Rodent Biology and Management, The 6th ICRBM）暨第十六届鼠类与环境研讨会（The 16th Rodent et Spatium, The 16th R&S）于2018年9月3~7日在德国波茨坦召开。共有来自50余个国家的约300名专家学者参加了会议。中国22位来自全国不同单位的代表出席了会议。国际动物学会作为支持单位之一，组织了1个专题讨论会，并积极组织期刊专辑。

大会共安排了5个大会报告，分别是 Hannu Yionen 教授的"北方田鼠群落中的捕食者—猎物相互作用：全球变化中的行为和存活竞赛（Predator-prey interaction in the boreal vole community-behavioral and survival game in the changing world）"、James Ross 教授的"新西兰2050年无鼠化—幻想还是现实？（Rat-free New Zealand 2050-fantasy or reality?）"、Charley Krebs 教授的"鼠类种群生物学的5个关键领域（5 critical areas for rodent population biology）"、Rick Ostfeld 教授的"全球变化中蜱传疫病的生态学（The ecology of emerging tick-borne diseases in a changing world）"和 Simmon Sommer 教授的"对人类所致变化的响应——野生动物健康的生态学及基因组驱动因素（Response to human-induced changes -ecological and genomic drivers of wildlife health）"。

大会还组织了145个口头报告、108份墙报，归为9个专题：①鼠类行为；②形态与功能；③对人类所致变化的响应；④鼠害治理；⑤保护与生态系统服务；⑥分类-遗传；⑦种群动态；⑧谱系地理学；⑨未来鼠害控制技术；以及1个研讨组：鼠类及疾病传播。会议期间，与会代表就相关主题进行了广泛的交流与研讨。

这次会议为 ICRBM 和 R&S 首次联合举行的学术会议，代表来自欧洲、亚洲、美洲、非洲、大洋洲等5大洲，体现出研究者的广泛性和世界性。鼠类行为、种群动态、鼠传疾病、鼠害治理、鼠类生态系统功能是本次会议的主流和热点。在鼠类行为研究中，个性研究受到重视；在鼠类种群动态研究中，长期监测和数据积累仍然是关键；鼠类与植物、寄生物、微生物关系研究是一个发展趋势。谱系地理学、气

第六届鼠类生物学与治理国际研讨会合影

第六届鼠类生物学与治理国际研讨会中方参会部分代表合影

候变化及人类活动影响也颇受关注。

在本次会议上，基于其在鼠类生物学与治理研究方面的突出贡献，中国科学院动物研究所张知彬研究员和比利时安特卫普大学的 Herwig Leirs 教授被授予 ICRBM "终身成就奖"。该奖项每四年颁发一次，每次 1~2 人，旨在奖励和表彰世界范围内在鼠类生物学与治理研究领域做出具有国际领先科研成果，并在推动 ICRBM 发展做出突出贡献的著名科学家。

（撰稿：路纪琪；审稿：熊文华）

鼠类食物　food of rodent

一切能被鼠类采食、消化、吸收和利用，并对鼠类无毒无害的物质。食物可利用性和食物质量不仅影响动物的食物选择，而且影响动物的觅食对策和植物的防卫对策。鼠类是现生哺乳动物中最多的一个类群，它们广布于高寒草甸、戈壁荒漠、湖泊滩涂、沼泽、森林，甚至与人类伴生，营地下、地上、水栖、半水栖等生存方式。其食性和食物利用方式不仅与其栖息的环境相关，而且，其食物可利用性和食物养分含量还随季节而发生变化。根据鼠类食性可分为植食性（herbivore）、食果类（frugivora）、食叶性类（defoliators）、食谷类（granivor）、食虫类（insectivore）、杂食性（omnivore）等。鼠类体型较小，体温较高，单位代谢体重的体表面积相对较大，因此，维持其基础代谢所需养分较多。而鼠类又是诸多肉食性动物的猎物，研究鼠类的觅食对策、食物贮藏、消化特征、营养物质的分配、繁殖启动、对食物短缺的响应、对植物次生代谢物的降解适应等均是营养生态学的核心，由此形成了最优觅食理论、能量金字塔、食物网、生态位、同种资源团、种内竞争、捕食、寄生、捕食者功能反应、种群波动、群落演替等一系列的生态学理论。

参考文献

KARASOV W H, CARLOS M R, 2007. Physiological ecology: how animals process energy, nutrients and toxins[M]. Princeton, New Jersey: Princeton University Press.

LANGER P, 2002. The digestive tract and life history of small mammals[J]. Mammal review, 32 : 107-131.

ROBBINS C T, 1993. Wildlife feeding and nutrition[M]. 2nd ed. California: Academic Press.

（撰稿：李俊年；审稿：陶双伦）

鼠类食性　food habit of rodent

有关动物的食物组成及特性以及动物为获取食物而形成的一系列生活习性特征，包括取食的习性、行为、时间、食物组成及其利用等方面内容。在具体的啮齿动物食性研究中，常将重点放在食物组成上。动物的食性分析是一项基础的生态学研究，是了解动物与环境的相互关系、开展种群生态学研究的前提。一般来讲，栖息在农田中的鼠类黑线姬鼠（*Apodemus agrarius*）、黄毛鼠（*Rattus losea*）、褐家鼠（*Rattus norvegicus*）、东方田鼠（*Microtus fortis*）种群暴发时，大量啃食农作物或取食作物种子，给农业生产带来巨大的经济损失。黑线仓鼠（*Cricetulus barabensis*）主要取食植物的种子和茎叶，幼年和成年黑线仓鼠的平均日食鲜草量都较低，危害程度主要取决于数量的多寡，黑线仓鼠不冬眠，冬季贮存粮食和牧草种子较多，在作物非生长季节容易造成危害。板齿鼠（*Bandicota indica*）是一种个体较大广谱杂食性动物，对农作物危害严重。阿根廷农业生态系统中常见的 5 种啮齿动物都是杂食性，其中南美原鼠（*Akodon azarae*）以昆虫为主食，在各个季节的食物组成都是以节肢动物占多数，其余 4 种壮暮鼠（*Calomys musculinus*）、草原暮鼠（*Calomys laucha*）、暗色雷鼠（*Bolomys obscurus*）以及金黄小啸鼠（*Oligoryzomys flavescens*）在秋冬季节主食植物种子，而春夏季节主要取食无节肢动物。在草原和荒漠栖息啮齿动物中，布氏田鼠（*Microtus brandti*）是内蒙古草原的主要害鼠之一，与牛羊竞争牧草资源，食性季节性变化明显。高原鼢鼠（*Myospalax baileyi*）是青藏高原草地生态系统中危害最为严重的啮齿动物之一，主要以杂草类植物为食，在人类过度放牧区易引起草场退化。五趾跳鼠（*Allactaga sibirica*）是一种栖息于草原的杂食性害鼠，主要取食植物的种子以及茎叶等地上部分，食物减少后会增加对植物根系的取食。草原田鼠（*Microtus pennsylvanicus*）主要采食绿色植物嫩芽，食性有季节性变化特征。荒漠、半荒漠生态系统中常见啮齿动物小毛足鼠（*Phodopus roborovskii*）的食物资源利用谱比较宽，主要以沙生植物种子为食，取食种子的种类取决于植物种子的丰富程度。甘肃鼢鼠（*Myospalax smithi*）食性有明显的季节性变化，是西北林区主要害鼠之一。黑腹绒鼠（*Eothenomys melanogaster*）冬、春季以营养成分较高的幼嫩茎叶为食，而夏、秋季则以营养成分较差的老化茎叶为食，是中国西南和东南地区的重要林业害鼠之一。北美飞鼠（*Glaucomys sabrinus*) 大量取食多种真菌的菌根，对真菌孢子的传播起着重要作用，是保证森林中真菌生物多样性的重要因素。

啮齿动物由于竞争资源而导致的生态位分离是决定其群落结构的重要因素，生态位的重叠程度反映了不同物种对资源利用的相似程度以及它们之间潜在的竞争程度。同一生境中营养生态位重叠较高的几种动物，可通过栖息于生境中不同位置，取食不同种类或类型的食物减轻竞争强度；在食物资源缺乏的情况下，会降低食物资源利用谱宽度，使彼此间营养生态位重叠减少。内蒙古草原上常见的4种啮齿动物布氏田鼠、达乌尔鼠兔(*Ochotona dauurica*)、达乌尔黄鼠(*Spermophilus dauricus*)以及草兔(*Lepus capensis*)在营养生态位宽度及营养生态位重叠程度存在明显差异。生活在沙漠岩石地带中同一属的2种啮齿动物非洲刺毛鼠(*Acomys cahirinus*)和金黄刺毛鼠(*Acomys russatus*)，前者是夜行性动物，而后者是昼行性。尽管2种鼠取食的食物类型都是以节肢动物为主食，但它们在活动节律上的分离回避了正面相遇而引起的干扰性竞争。青藏高原东缘同域分布种高原鼠兔(*Ochotona curzoniae*)和达乌尔鼠兔生态位重叠相当大，食物资源没有截然分离，但二者的活动节律有着明显差异。

啮齿动物食性主要研究方法包括以下几种。①野外直接观察法。野外直接观察啮齿动物取食和贮食的行为特征。野外扣笼观察法是相对适用的野外直接观察啮齿动物食性的方法，其优点是让动物在接近于自然条件下取食，便于直接观察动物的取食行为。②实验室笼养饲喂法。将供选食物分组喂养，计算出动物对不同食物的取食率，从而确定动物对不同食物的喜爱程度。③胃内容物显微组织分析法。是目前国内外研究啮齿动物食性的最主要方法，大致过程是：收集实验材料、制作样地植物表皮组织永久装片、制作动物胃内容物参考装片、镜检。将视野中所见的表皮组织碎片与植物参考玻片作比较，根据表皮组织的种鉴别性特征，将这些表皮组织碎片鉴定到种。

参考文献

BAUMGARTNER L L, MARTIN A C, 1939. Plant histology as an aid in squirrel food-habit studies[J]. The Journal of wildlife management, 3: 266-268.

BATZLI G O, PITELKA F A, 1983. Nutritional ecology of microtine rodents: Food habits of lemmings near Barrow, Alaska[J]. Journal of mammalogy, 64: 648-655.

COLE F R, LOOPE L L, MEDEIROS A C, et al, 2000. Food habits of introduced rodents in high-elevation shrubland of Haleakala National Park. Maui[J]. Hawaii pacific science, 54: 313-329.

DUSI J L, 1949. Methods for the determination of food habits by plant microtechniques and histology and their application to cottontail rabbit food habits[J]. The journal of wildlife management, 13: 295-298.

LATHIYA S B, AHMED S M, PERVEZ A, et al, 2008. Food habits of rodents in grain godowns of Karachi, Pakistan[J]. Journal of stored products research, 44: 41-46.

ZEMANEK M, 1972. Food and feeding habits of rodents in a deciduous forest[J]. Acta theriologica, 23: 315-325.

（撰稿：陶双伦；审稿：李俊年）

鼠类松果体　murine pineal gland of rodent

鼠类松果体位于中脑顶部的上丘和下丘之间，为一椭球状小体。松果体是重要的神经内分泌腺体，接收外界光照信号，调控褪黑素的分泌时长来向机体传递24小时节律和季节信号，从而实现对睡眠、日节律、年节律等模式的调控。另外，褪黑素也抑制垂体分泌卵泡刺激素（FSH）和黄体生成素（LH）。

（撰稿：宋英；审稿：刘晓辉）

鼠类天敌作用机理　the mechanism of natural enemies of rodent

在生态系统中，鼠类处于食物链的底层，许多肉食类哺乳动物、爬行类动物和猛禽等以鼠类为食。因此，天敌和猎物之间的捕食和被捕食在长期的适应进化过程中，出现了多种行为反应，其作用机理非常复杂。

数值反应（numerical response）　是指捕食者摄食猎物后，对自身种群数量影响的动态关系，是猎物密度对捕食者生长、发育和繁殖的影响。数值反应能够直观反映天敌对鼠类的作用及二者之间的数量依赖关系，可以估算在鼠类种群密度上升时天敌的作用强度及其控制效果。

功能反应（functional response）　指每个捕食者的捕食率随猎物密度变化的一种反应。即捕食者对猎物的捕食效应。随着鼠类种群密度的改变，天敌的捕食率亦发生改变。在鼠类密度处于高水平时，天敌不需要优良的捕食技能即可捕获鼠类，但是在低水平状态，鼠类密度越低，对捕食技能的要求就越高，因此随着鼠类种群密度的增加捕食率不断增加。功能反应联合数值反应能够反映天敌效果。

捕食风险（predation risk）　指猎物在一定时间和空间范围内被捕食者捕的概率。捕食风险对鼠类激素水平、生理状态、能量代谢、行为选择、种群数量、分布格局等多方面存在影响。

捕食（predation）　指某种生物消耗另外一种其他生物活体的全部或部分身体，直接获得营养以维持自己生命的现象。天敌杀死鼠类的生物学过程。在取食之前，天敌不一定会立刻杀死捕食对象，但捕食最终会导致捕食对象的死亡。天敌对鼠类的捕食往往不是无差别的，年幼、衰老、生病个体往往更易被捕食，捕食是鼠类种群自然选择的重要动力。面对天敌的捕食压力，鼠类往往会从基因选择、繁殖、形态、行为、分布等多方面进行适应。

反捕食行为（antipredator behavior）　动物自我防御行为的一种，是指动物为应对外来捕食者、保卫自身生存而发生的任何一种能避免或减少来自其他动物伤害的行为。为避免被捕食，鼠类首先会采取措施避免被发现，穴居、保护色、夜行性活动是鼠类常采取的措施。数量策略也是鼠类避免被捕食的策略之一，鼠类往往群居，能够有效降低个体被捕食的风险。与天敌的直接斗争、逃逸是最常见的鼠类反捕食行为。

捕食策略（predatory tactic） 觅食与食物选择是动物基本的捕食行为，在捕食者与猎物的长期协同进化过程中，捕食者采取一系列措施确保自身从捕食行为中获得最大收益，被称为捕食策略。反捕食策略和捕食策略协同进化。

边界值原理（marginal value theorem） 指捕食者在一个斑块的最佳停留时间为捕食者在离开这一斑块时的能量获取率。边界值原理认为最优觅食者在优质资源斑块停留的时间比在劣质资源斑块的停留时间更长；若资源斑块间的旅行时间越长，觅食者在资源斑块中的停留时间则越长；若整个环境的质量较差，觅食者在一资源斑块里的停留时间相应延长。

捕食应激（predator stress） 指猎物遭受天敌捕食刺激或感知环境中存在被捕食风险的条件下，在基因、生理、行为、繁殖等方面做出的调整与改变。捕食应激包括短期应激反应和长期应激反应。鼠类做出的调整与改变包括自身的调整与改变，也包括子代通过记忆而进行了改变。在捕食风险的胁迫下，鼠类在激素水平、神经调控、行为等方面会快速做出反应，并将捕食风险刺激传递到下一代，使其发生类似亲代的改变与调整。妊娠期母体遭遇捕食刺激，相应应激反应更容易传递到子代。

协同进化（co-evolution） 指两个相互作用的物种在进化过程中发展的相互适应的共同进化。一个物种由于另一物种影响而发生遗传进化的进化类型。鼠类与天敌在捕食与被捕食的过程中，互为选择压力，相互影响，相互适应，各自发生可遗传进化。精明捕食者观点认为天敌在捕食鼠类的进化过程中，能够形成自我约束，主要捕食老、弱、病、残个体，对猎物不造成过捕，以维持捕食关系。

参考文献

戈峰, 2008. 现代生态学[M]. 北京: 科学出版社.

黄晔锋, 2020. 猫气味暴露对哺乳期布氏田鼠母性行为及其子代行为和生理的影响[D]. 扬州: 扬州大学.

刘玉香, 2011. 捕食者应激模型的建立及其对小鼠卵母细胞发育能力影响的研究[D]. 泰安: 山东农业大学.

孙儒泳, 2001. 动物生态学原理[M]. 3版. 北京: 北京师范大学出版社.

医学名词审定委员会地方病学名词审定分委员会, 2016. 地方病学名词[M]. 北京: 科学出版社.

张树棠, 冯敬义, 1982. 鼠类天敌的利用与保护[J]. 山西农业科学(11): 30-31.

邹波, 王克功, 任瑞兰, 等, 2008. 晋西黄土残塬区退耕还林（草）地鼠类天敌资源及其利用与保护[J]. 山西农业科学, 36(6): 49-52.

（撰稿：徐正刚；审稿：王勇）

鼠类—天敌系统 rodent-predator system

鼠类、天敌在草原和农田生态系统都属于消费者，二者之间存在复杂的相互作用关系，构成了一个紧密的统一体。在鼠类—天敌系统中，天敌具有限制和调节鼠类种群数量、强化其生存及竞争能力的功能，也对其形态和行为特征的适应及进化起重要作用，对其社群进化及繁殖策略有一定的影响，使其向提高反捕食能力和繁殖力的方向发展。同样，鼠类的反捕食能力的进化将提高天敌的选择压力，使其提高搜寻和利用鼠类的效率，这同时会因鼠类种群被过量利用而增加整个系统崩溃的可能性。在二者的协同进化过程中，鼠类受到的选择压力更大，因此鼠类种群总比其天敌超前一步进化，这样可以产生一个持久而稳定的鼠类—天敌系统。

作为猎物，鼠类需要通过行为变化降低被捕食的风险，在其防御策略中发展成躲避捕食者机理（predator-avoidance mechanisms）和反捕食者机理（anti-predator mechanism）。躲避捕食者机理指猎物减少在被捕食压力较高的微生境中的活动使自身的存活值增加；反捕食者机理指猎物利用自身的形态特征和行为特征减少在捕食者生存的微生境中活动时被捕食的概率，从而增加自身的存活值。鼠类在活动中要根据被捕食风险的大小对两种机理的应用做出特定的选择。

觅食是鼠类维持正常生命活动的必要活动，在觅食过程中需要对复杂环境中的各种信息加以权衡，以确定被捕食的风险和取食项目。利用气味是许多猎物躲避捕食者的重要策略之一，自然选择对能辨认或躲避捕食者气味的个体有利，使它们能容易地发现捕食者，使其在被攻击前就得以成功躲避。许多鼠类能辨别捕食者的化学信号，当发现捕食者的化学信号时减少活动时间、改变活动区域或表现出明显的躲避行为，以降低其相遇捕食者的概率，从而增加存活值。当捕食者与猎物在生态时间内长期分离，而在进化时间内生活于同一区域，猎物对于捕食者气味的刺激仍然会产生遗传性的反应，普通田鼠（*Microtus arvalis*）与其捕食者白鼬（*Mustela erminea*）的分离时间至少有 5000 年，但仍躲避白鼬的气味，褐家鼠（*Rattus norvegicus*）也本能地躲避赤狐（*Vulpes vulpes*）的气味。

天敌动物的捕食压力使一些鼠类在栖息地的选择中存在特化现象。如青藏地区的高原鼠兔（*Ochotona curzoniae*）偏好选择开阔生境。这类动物往往具有较大的体重、奔跑能力强等特点，同时分配更多的时间和以较高的频率进行观察、警戒和觅食等行为活动。高原鼠兔由于需低头进食，进食模式采用啄食式（即进食过程中频频地抬头观察）以降低进食时的被捕食风险。此外，进食时间与特定栖息地风险水平及与离开隐蔽所的距离之间也具有密切的关系，往往在较安全和隐蔽所附近进食的时间较长，反之较短。严格栖息于郁闭生境的动物往往体型小、奔跑能力弱，如根田鼠（*Microtus oeconomus*）。

把鼠类和天敌看作一个系统，天敌能否有效地控制鼠类的数量动态，从而达到持久稳定的平衡。如果平衡状态存在，那么当实际状态偏离平衡状态时，系统能否内生调节到平衡状态上来，即系统是否渐近稳定。长期以来这一问题一直是动物种群生态学研究的中心课题，不仅具有重要的理论意义，而且也具有极大的实用价值。对该领域的研究主要从 3 个方面进行。即理论研究、野外种群调查和围栏控制实验。主要集中分析 3 个问题：①捕食者和鼠类相互作用引起种群波动能否像数学模型所预测的那样在自然界被观察到。②捕食者能否有效地调节鼠类的种群动态。③如果捕食者对猎物种群确有调节作用，那么这种调节过程是如何发生的以及是在什么条件下发生的。

天敌是鼠类种群数量调节的主要因素之一。如果天敌对鼠类具有数值反应和功能反应，那么它们的作用是使系统趋于平衡。反过来说，除了鼠类繁殖生理的作用外，要使系统趋于平衡，系统必须通过数值反应和功能反应来实现。天敌动物对鼠类的数值反应是通过迁出、迁入和繁殖改变来实现，对鼠类的功能反应是通过调整其食谱来实现。从理论上讲，天敌动物只要满足以下几个条件就可以通过自身的调节作用把猎物种群控制在低水平：①捕食者具有较高的搜寻效率。②猎物种群的生殖能力较低（但也不能太低）。③有一个稳定的环境。④生境应有一定程度的异质性，以便为猎物种群提供避难所。

在自然环境中，天敌种群和鼠类种群所固有的一些特性和生境特点将以多种方式影响捕食者—鼠类种群的平衡和稳定性。因此在自然环境中很难发现捕食者和猎物之间呈现交互波动的现象。虽然旅鼠（Lemmus spp.）的种群常常表现出数量周期波动，但引起其种群波动的主要是食物因子，而不是与捕食者之间的相互作用。对于鼠类来说，虽然天敌动物作为一种致死因子对其种群数量变化也很重要，但不会是关键因子，原因是猎物种群总会比捕食者超前一步进化，发展形成了有效的反捕食对策。目前还没有证据表明某一鼠类的自然种群是受其自然天敌所调节。通常它们与其捕食者处于一种松散的但稳定的共存状态。调节鼠类自然种群的主要因子是种内竞争、有限的食物和其他资源。

参考文献

边疆晖，樊乃昌，1997. 捕食风险与动物行为及其决策的关系[J]. 生态学杂志，16(1)：34-39.

尚玉昌，1990. 捕食者—猎物关系的理论和应用研究[J]. 应用生态学报(2)：177-185.

孙儒泳，2001. 动物生态学原理[M]. 3版. 北京. 北京师范大学出版社.

魏万红，杨生妹，樊乃昌，等，2004. 动物觅食行为对捕食风险的反应[J]. 动物学杂志，39(3)：84-90.

（撰稿：殷宝法；审稿：魏万红）

鼠类头骨标本的制作 making of rodent skull specimen

鼠类头骨标本在生物学及其科学研究方面起着非常重要的作用，在实验观察过程中也不可或缺，是最直观最重要的记录材料以及分类学方面的重要依据。头骨和皮张都有的标本才可以作为鉴定种类的直接证据，因此，研究如何制作鼠类头骨标本意义重大。

头骨标本的制作有虫吃法、水煮剥离法等方法。虫吃法因为耗费的时间比较长，因此不建议采用此种方法。水煮剥离法制作鼠头骨标本方法如下。

试验材料和用具

制作头骨的鼠体、实验用具　烧杯、量筒、容量瓶、培养皿、镊子、骨剪、解剖刀、注射器、天平、材料盒等。

实验器械和药品　抽风机、烘箱、电热恒温箱、电炉、陶锅或砂锅、过氧化氢溶液或含氯消毒片。

鼠类头骨的剥离与头骨标本的初步制作

鼠体选择与剪鼠头　挑选头部没有破损的鼠体，用骨剪或剪刀从颈椎处小心地剪下鼠头，操作过程中要确保头骨的完整。一般选择刚捕的鼠，因为刚捕的鼠在处理的时候比较容易。对于需要保存的鼠来说，可以采用冰箱冷冻的方法，也可以使用酒精对其进行浸泡，还有一种方法是用福尔马林对鼠体浸泡1周后风干。这种头骨处理起来会耗费大量的时间，因为需要2%NaOH溶液浸泡24小时，再煮沸1~1.5小时，因此不建议用福尔马林长时间浸泡鼠头后再制作头骨标本。小型鼠类腐烂且时间已久的鼠体，一般不宜用来制作头骨标本，因为小型鼠类头骨小而薄，容易随肌肉一同腐烂。

煮制鼠头　煮沸鼠头部之前应该先用抽上水的注射器去除脑髓，将注射器针头从鼠头的枕骨大孔处插入并进行搅动，同时推动注射器，用注射器中的水清洗骨髓。推动注射器及搅动脑髓的力度要适当，以避免破碎枕骨大孔周围的骨骼。

用低浓度的NaOH碱溶液或Na_2CO_3碱溶液在陶锅或砂锅中煮制可以缩短煮制时间，只用清水煮制鼠头所用的时间比较长，而铝锅等金属容器容易被NaOH或Na_2CO_3等碱性溶液腐蚀掉。实验过程中，为了达到一锅煮制多个鼠头的目的，实验选用市卖的炖肉调料盒，并标记每个调料盒，在此过程中要时时观察头骨，以避免头骨由于时间太长而破碎。

剥离鼠头　①剥离鼠皮：用碱水煮沸头骨2~3分钟后，取出头骨，剥掉鼠皮后，放回碱溶液中，继续煮沸。②分离上下颌。继续煮沸5分钟左右后再次取出鼠头，一手持鼠头后部，一手持下颌处，尽量从竖直的方向掰下颌骨，使其与鼠头分离，尽量避免由于左右摇晃而破坏眼眶处的颧骨。③剥离下颌肌肉。由于上颌骨骼较易破碎，因此在剔除肌肉时要先剥离下颌肌肉，此过程中也要注意把握剥离肌肉的力度和使用镊子的方式，从而保证在剥离其他部位肌肉时头骨不被损伤。④剥离上颌肌肉。注意剥离的力度要适中，对于间顶骨、顶骨、额骨以及枕骨、鼻骨、听泡骨、顶间骨、眼眶等处的肌肉要小心除去。若使用的力度过大会导致鼻骨脱落或破碎，力度过小又不能剔除干净。有些部位需要用软毛刷进行刷洗，但是不能用小毛刷刷洗一些较薄、较脆、较小的头骨以防其破碎，在剔除过程中要注意保证各个部位的完整。最后剔除眼眶部肌肉，因为眼眶部颧骨最为脆弱，剔除时需特别小心，以防碰断颧骨。

头骨的漂白

漂白剂浓度和浸泡时间研究（以成年北社鼠头骨为例）　以1%、2%、3%的双氧水和1%、2%、3%的消毒片溶液浸泡初步制作的北社鼠头骨标本，放入电热恒温培养箱中，在不同温度下观察所需要的漂白时间，结果见表1和表2。

根据表1和表2绘制双氧水和消毒片漂白北社鼠头骨所需时间对比图1~3。

根据图表可知，随着温度和浓度的逐渐提高，漂白北社鼠头骨所需要的时间越来越短。对于同种漂白剂而言，在相

表1 三种不同浓度双氧水溶液在不同温度下漂白北社鼠头骨所用时间

恒温箱温度	20℃	30℃	40℃	50℃	60℃	70℃	80℃
1%浓度浸泡时间（h）	83	75	35	24.5	16.5	12	9
2%浓度浸泡时间（h）	65	63	21.5	16.5	15	10	8
3%浓度浸泡时间（h）	42	39.5	21	15.5	14	9	6

表2 三种不同浓度消毒片溶液在不同温度下漂白北社鼠头骨所用时间

恒温箱温度	20℃	30℃	40℃	50℃	60℃	70℃	80℃
1%浓度浸泡时间（h）	120	78	45	21	15	9	5
2%浓度浸泡时间（h）	100	63.5	32	14	13	7.5	4
3%浓度浸泡时间（h）	95	55	25	12.5	11	5	3

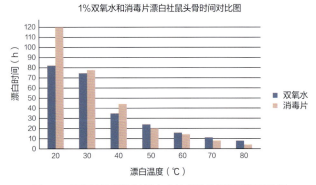

图1 1%双氧水和消毒片漂白北社鼠头骨所需时间对比图

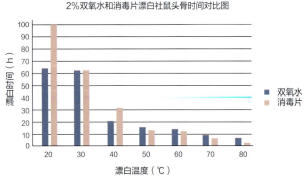

图2 2%双氧水和消毒片漂白北社鼠头骨所需时间对比图

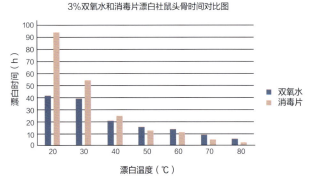

图3 3%双氧水和消毒片漂白北社鼠头骨所需时间对比图

同的浓度条件下，温度越高，漂白时间越短；同理，在同一个温度条件，漂白液的浓度越大，漂白时间就越短。在温度范围处于20～40℃之间，用消毒片漂白北社鼠头骨所需要的时间要比双氧水漂白的时间长，在50℃以后，用消毒片漂白头骨所需要的时间比双氧水稍短。有条件时，可参照上述研究结果灵活调节漂白剂种类、浓度和温度来漂白不同鼠类头骨。

清洗头骨 浸泡漂白时间结束后，将漂白液换为清水，常温下浸泡3～5小时清除漂白液后，用尖头镊子仔细除去留在头骨上的残渣。

干燥头骨 将用水洗净的头骨置于培养皿中或托盘中，做好标记放入调好温度的烘箱中进行烘干。烘箱的温度调节至70℃，较大鼠类头骨烘干40～50小时，较小鼠类头骨烘干20～30小时后取出干燥的头骨，编号并装袋保存。

制作头骨标本的注意事项 得到鼠体后，应该及时进行处理，以防止异味产生，而且死鼠尸体若保存不善会导致血液浸入骨头中而不易被漂白，因此要注意尽量新鲜处理。对于放置已久的鼠体，在煮制鼠头时，要勤于换水，以减少异味。用镊子剔除鼠头肌肉时，对于脸颊，眼球，上下颌骨处要小心剔除。配制漂白剂溶液时，由于有效物质易挥发，所以应随用随配。漂白头骨时，对有肌肉、肌腱等多余残渣的鼠头要随时拿镊子小心地剔除多余残渣。头骨标本制作完成后，标注编号，及时放入小塑料袋中，置于干燥且安全的地方保存。

参考文献

傅德才, 周鸿娟, 1994. 双氧水的漂白原理及其稳定剂的进展[J]. 河北轻化工学院学报, 15(4): 76-80.

李良昌, 金德山, 罗昌福, 等, 2007. 辅助剂促进过氧化氢对解剖标本的漂白作用[J]. 解剖学杂志, 30(5): 656-657.

刘育京, 1984. 二氯异氰尿酸钠[J]. 消毒与灭菌(1): 46-48.

潘红平, 陈风华, 王晓丽, 等, 2007. 动物标本的制作及其在教学中的功能[J]. 广西大学学报(自然科学版), 32(S1): 357-359.

薛明, 1990. 二氯异氰尿酸钠的性质和应用[J]. 中国兽医杂志, 16(12): 47-48.

邹波, 贾梦琦, 李卫伟, 等, 2014. 乙醇浸泡保存鼠体头骨标本制作的研究[J]. 农业技术与装备, 22: 69-71.

（撰稿：邹波；审稿：常文英）

鼠类头骨形态　morphology of rat skull

指鼠类的头骨的组成及名称。

头骨是骨骼系统中轴骨骼的重要组成部分，起到保护脑的作用。脊椎动物头骨的结构和功能从鱼类—两栖类—爬行类—鸟类—哺乳类逐步进化完善。总体趋势是头骨数量不断减少、功能不断增强。如鱼类的头骨一般有100余块，而哺乳类约40块；鱼类的下颌骨骼很多，每边由10多块骨骼组成，爬行类和鸟类下颌每边有5～6块骨骼（鸟类多块骨骼愈合），但哺乳类下颌每边仅有1块骨骼：齿骨。

所有哺乳类一般由40块骨骼组成（脑颅38块，下颌2块），不同种类因愈合等略有不同。鼠类头骨由40块构成，形态各异，很多骨骼包括一对，左右对称，只有少数骨骼只有1块（见鼠类头骨解剖学名称图）。脑颅背面包括9块骨骼：鼻骨2块、额骨2块、泪骨2块、顶骨2块、顶间骨1块；侧面20块：前颌骨2块、上颌骨2块、颧骨2块、眶蝶骨2块、翼蝶骨2块、鳞状骨2块、听泡骨（鼓室）2块、鼓室内有听骨3对共6块（包括锤骨、砧骨和镫骨各1对）；枕部4块：上枕骨1块、侧枕骨2块、基枕骨1块，4块骨骼通常完全愈合；腹面5块：腭骨1块、翼骨2块、前碟骨1块、基蝶骨1块；下颌骨2块：齿骨左右各1块。

（撰稿：刘少英；审稿：王登）

鼠类头骨形态测量　morphology measurement of skull of rodent

指对鼠类头骨形态进行的测量。较常用的鼠类头骨测量数据包括如下方面（见鼠类头骨形态测量图）。

颅全长　当头骨（不包括下颌骨）水平放置时，头骨最前面（有时是鼻骨最前端，有时是上门齿最前面）到头骨最后面（通常是上枕骨的最后面）之间的直线距离。

鼻骨长　鼻骨最前端到最后端之间的水平直线长度。

眶间宽　两眼眶之间的最窄宽度（即两眼眶之间额骨的最窄处的宽度）。

脑颅宽　头骨水平放置时，脑颅的最大宽度（通常是顶骨最外侧，或者是脑颅背面鳞骨颧突背面脑颅的最大宽）。

颅高　头骨（不包括下颌骨）水平放置时，头骨背面最高点到放置头骨的面的垂直高度。

腭长　额骨后缘中央至前颌骨最前沿的水平最大距离。

基长　当头骨（不包括下颌骨）水平放置时，是门齿最前面到枕骨孔最前面的直线距离。

上臼齿列长　第一上臼齿前缘到第三上臼齿后缘的水平最大长度。

听泡宽　听泡的短径最大长。

听泡长　听泡最前端至最后端的最大长（就是听泡的

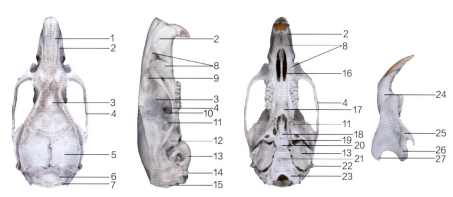

鼠类头骨解剖学名称（刘莹洵绘）

1.鼻骨；2.前颌骨；3.额骨；4.颧骨；5.顶骨；6.顶间骨；7.上枕骨；8.上颌骨；9.泪骨；10.眶蝶骨；11.翼蝶骨；12.鳞骨；13.听泡；14.侧枕骨的颈突；15.侧枕骨；16.门齿孔；17.腭骨；18.前碟骨；19.翼骨；20.基蝶骨；21.基枕骨；22.乳突；23.枕髁；24.齿骨；25.冠状突；26.关节突；27.角突。

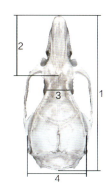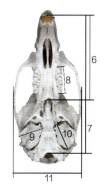

鼠类头骨形态测量（刘莹洵绘）

1.颅全长；2.鼻骨长；3.眶间宽；4.脑颅宽；5.颅高；6.腭长；7.基长；8.上臼齿列长；9.听泡宽；10.听泡长；11.颧宽；12.下颌齿列基长；13.下颌全高。

长径，通常是一条斜线）。

颧宽 头骨水平放置时，两颧弓外侧之间的最大宽度（通常是颧骨后段之间的宽度，有时是颧骨颧突前段之间的宽度）。

下颌齿列基长 下颌门齿与齿骨接触点的最前缘到第三下臼齿与齿骨接触点的最后缘的最大水平距离。

下颌全高 下颌骨水平放置，关节突最高点到平面的最大垂直高度。

参考文献

杨安峰, 1992. 脊椎动物学[M]. 修订本. 北京: 北京大学出版社.

夏霖, 杨奇森, 马勇, 等, 2006. 兽类头骨测量标准III: 啮齿目、兔形目[J]. 动物学杂志, 41(5): 68-71.

（撰稿：刘少英；审稿：王登）

鼠类系统进化树　phylogenetic tree of rodent

用树状分支结构来描述生物类群的亲缘关系，是研究和推测物种进化历史的拓扑结构。又名鼠类系统发育树。目前，基于分子生物学证据的系统树是研究物种分类、演化、扩散、适应等的主要手段。

构建系统树的数据基础可以是古生物学证据，形态学及分子标记等。依据古生物证据绘制的系统图往往是大地质尺度的生物类群间的演化关系，而分子标记构建的系统树可以灵活反映不同阶元的亲缘关系。如图1显示的是基于化石证据构建的哺乳纲系统演化树。

从1837年达尔文在其手稿中最初构思了系统树的雏形，（"生命之树"概念；图2），到早期利用数值分类学将形态特征转换为数值用以聚类和构树，再到之后分子序列被广泛用于重建系统发育历史，可见系统树的构建经历了长期的发展与完善。目前系统树主要基于分子序列进行构建，20多年间从单一的分子标记开始（如：线粒体细胞色素b、CO1等基因），随后逐步使用线粒体基因加核基因标记，最近开始广泛使用简化基因组（如：外显子组、靶标富集、酶切标记等）乃至全基因组数据构建系统树。

根据分子序列构建系统发育树的统计算法很多，最大似然法（maximum likelihood method，ML）和贝叶斯法（bayesian inference，BI）是最为常用的方法，基于不同算法研究人员也开发了大量的计算机程序用于构树。流行的ML构树程序有RAxML（Stamatakis, 2014）和IQ-TREE（Nguyen等, 2015），BI构树程序有Mrbayes（Huelsenbeck和Ronquist, 2001）和BEAST（Suchard等, 2018）。很长一段时间，人们认识的系统树常指的是"基因树"，即基于对突变位点和共同祖先的理解，分析一个特定的基因或一组基因是如何随着时间推移在个体、种群和物种之间发生变化的。然而，一棵基于单个基因的系统树只展示了该基因的历史。在一些情况下，该基因的历史与物种的历史相吻合，但很多时候基因树并不能反映物种的历史，即"基因树-物种树不一致性"（gene tree-species tree incongruence，图3）。

随着高通量测序技术的发展，分子生物学数据空前丰

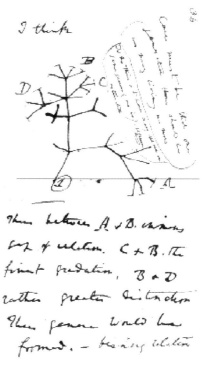

图2 查尔斯·达尔文在1837年的手稿中首次描述了系统树概念

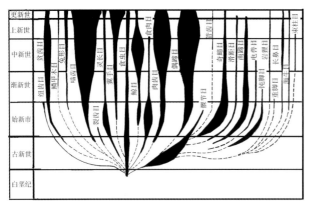

图1 基于化石证据的现生哺乳类系统发育树（引自Romer, 1966）

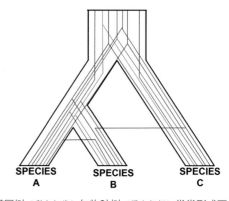

图3 基因树（彩色细线）与物种树（黑色粗框）常常形成不一致的拓扑结构

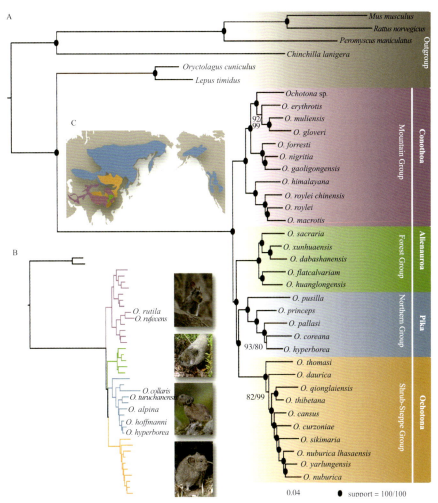

图4 基于简化基因组的鼠兔属系统树（Wang et al., 2020）

富，极大帮助了系统发育树的构建。基因树和物种树不一致所带来的"危机"也得到了缓解。在之前 ML 和 BI 构树的基础上，新开发一些系统树算法如 ASTRAL（Mirarab 等，2014）和 SVDquartes（Chifman 和 Kubatko，2014）可以根据基因组中大量不同基因的演化历史，统计基因树之间的差异并构建物种树。

图4是利用贝叶斯方法基于基因简化基因组构建的鼠兔属物种树。

参考文献

HUELSENBECK J, RANNALA B, 2004. Frequentist properties of Bayesian posterior probabilities of phylogenetic trees under simple and complex substitution models[J]. Systematic biology, 53(6): 904-913.

MIRARAB S, REAZ R, BAYZID M S, et al, 2014. ASTRAL: genome-scale coalescent-based species tree estimation[J]. Bioinformatics, 30(17): i541-i548.

NGUYEN L T, SCHMIDT H A, VON HAESELER A, et al, 2015. IQ-TREE: a fast and effective stochastic algorithm for estimating maximum likelihood phylogenies[J]. Molecular biology and evolution, 32(1): 268-274.

STAMATAKIS A, 2014. RAxML version 8: a tool for phylogenetic analysis and post-analysis of large phylogenies[J]. Bioinformatics, 30(9): 1312-1313.

WANG, et al, 2020. Out of Tibet: Genomic perspectives on the evolutionary history of extant pikas[J]. Molecular biology and evolution, 37(6): 1577–1592.

（撰稿：刘少英；审核：刘晓辉）

鼠类行为遗传　behavioral genetics of rodent

一个行为表现型是基因和环境相互作用的结果。行为最根本的目的是生存和繁殖。鼠类的行为为自然选择提供了一个平台，是鼠类进化的一个媒介。行为的代间传递在鼠类中比较普遍，通过现代分子生物学技术和基因工程技术发现鼠类很多行为受多种基因的调控。

不同婚配制度田鼠加压素受体基因（$v1ar$）具有多态性，虽然其编码区高度保守，但在调节区具有显著的物种差异，单配制的草原田鼠和松田鼠在这个调节区有一个500bp的重复扩展，而多配制的草甸田鼠和山地田鼠这个重复序列只有50bp长，这个微卫星通过改变多配制或单配制 $v1ar$ 基因启动子区的结构从而改变基因的表达模式，说明不同物种这个微卫星的长度影响着基因调节，导致基因表达模式的变化，最终引起不同的行为模式。

催产素和雌激素受体基因在个体识别方面起重要作用，雌激素受体基因敲除的小鼠呈现出社会认知缺陷。催产素基因敲除的小鼠无法区别健康小鼠和有寄生虫的小鼠，但对非社会气味的区别没有影响。而野生型小鼠的尿液气味比催产素和雌激素受体敲除小鼠的尿液气味多。说明这些基因不但影响社会识别能力，同时影响尿液中气味的产生。

以攻击行为对小鼠进行选择性繁育，高攻击性和非攻击性在平均 15 代后就明显分开，并且这一性状保持稳定。通过基因删除或过表达技术研究发现，大多数染色体上的多个基因，如：5-HT1B、nNOS、MAOa、前脑啡肽原、腺苷 A2a 受体、雌激素贝特受体、神经细胞粘连分子、乙酰胆碱阿尔法受体、催产素等基因都影响着攻击行为。编码五羟色胺转运子（SERT）的基因和鼠类的攻击行为紧密相关，该基因敲除的小鼠表现出攻击行为的持续降低、并增加五羟色胺合成，并减少其贮存。一氧化氮合酶基因敲除的小鼠损伤了五羟色胺的转运，减少了 5HT1A 和 1B 型受体的敏感性，从而引起攻击行为的增加。雌激素阿尔法受体敲除的小鼠攻击行为以及雄性典型的侵犯性攻击显著减少。

在日节律方面，Tau 基因变异也可使金仓鼠由正常的日周期 24 小时缩短为 22 小时。Clock 基因变异使自由运动周期延长了 4 个小时，而且在持续两周的黑暗中失去活动节律。而 CLOCK 和 BMALL 两个蛋白质通过诱导其他 4 个基因 per1、per2、cry1、cry2 的转录，最后反过来抑制这两个蛋白的表达，而形成约 24 小时的分子周期，而最终形成规律性日节律。

行为的代间传递也有可能通过表观遗传学机制。具有高水平舔舐行为的母亲，其后代也具有高水平舔舐行为，而且应激反应也减少，而这些特征可以在代间传递。棕色田鼠父本行为也呈现类似的代间传递。而交叉抚育研究发现，对应激反应的差异来于不同水平的母本照顾，而不是来于亲本的遗传。进一步的研究发现，具有较低舔舐行为的母亲抚育的后代，海马神经元糖皮质激素受体基因特定调节区的 CpG 位点具有较高的 DNA 甲基化，反之亦然。

参考文献

CHOLERIS E, GUSTAFSSON J A, KORACH K S, et al, 2003. An estrogen-dependent four-gene micronet regulating social recognition: a study with oxytocin and estrogen receptor-alpha and-beta knockout mice[J]. Proceedings of the national academy of sciences of the United States of America, 100: 6192-6197.

HAMMOCK E A, YOUNG L J, 2004. Functional microsatellite polymorphism associated with divergent social structure in vole species[J]. Molecular biology and evolution, 21: 1057-1063.

KAVALIERS M, AGMO A, CHOLERIS E, et al, 2004. Oxytocin and estrogen receptor alpha and beta knockout mice provide discriminably different odor cues in behavioral assays[J]. Genes brain and behavior, 3: 189-195.

KING D P, TAKAHASHI J S, 2000. Molecular genetics of circadian rhythms in mammals[M]. Annual review of neuroscience, 23: 713-742.

HOLMES A, MURPHY D L, Crawley J N, 2002. Reduced aggression in mice lacking the serotonin transporter[J]. Psychopharmacology, 161: 160-167.

VITATERNA M H, KING D P, CHANG A M, et al, 1994. Mutagenesis and mapping of a mouse gene, Clock, essential for circadian behavior[J]. Science, 264: 719-725.

SANDNABBA N K, 1986. Effects of selective breeding for high and low aggressiveness and of fighting experience on odor discrimination in mice[J]. Aggressive behavior, 12: 359-366.

WEAVER I C, CERVONI N, CHAMPAGNE F A, et al, 2004. Epigenetic programming by maternal behavior[J]. Nature neuroscience, 7: 847-854.

（撰稿：邰发道；审稿：王勇）

鼠类性选择　sexual selection of rodent

可以增加交配成功特征的选择。根据交配选择特征的不同，性选择可以分为性别内选择（intrasexual selection）和性别间选择（intersexual selection）。根据交配时间的前后，性选择分为交配前选择（precopulatory choice），交配后受精前选择（postcopulatory, prefertilization choice）和受精后选择（postfertilization choice）。在性选择过程中，激素、神经化学物质、发育、环境和很多其他因素都会发挥重要的作用。

性别内选择主要通过雄性之间为得到配偶的相互竞争得以进行。鼠类雄性个体有时靠直接的战斗争夺配偶，惨烈的战斗可能导致对手直接死亡。例如，从秘鲁到火地岛广泛分布的南美洲地下啮齿动物多配制栉鼠（Ctenomys talarum）非常具有领域性和战斗性，它们使用爪和牙挖掘，以强大的下颌肌肉组织和牙齿尖端作为"挖掘工具"，这明显显示出对地下生活的形态适应。作为适应挖掘而演变的这些特征也用于雄性之间争夺配偶的战斗，战斗几乎没有仪式化，极具攻击性。它们使用门牙咬伤或咬死对方，在战斗中建立等级关系。在马德科博（布宜诺斯艾利斯省，阿根廷）栉鼠具有雌性偏多的性别比例，成年雄性身体上常常有疤痕，表明雄性数量的减少在一定程度上是由于雄性在争夺配偶战斗中的高死亡率造成的。

性别间选择则通过产生增加性吸引力特征，一性个体对另一性个体进行选择。鼠类与其他哺乳动物一样，往往是雌性选择雄性，不管是单配制（monogamous）、多配制（polygamous），还是一雌多雄制（polyandrous）。一般来说，在多配制和一雌多雄制的婚配体制中，性选择的作用更为明显，因为在这两种婚配体制中，往往是有些个体能获得很多的交配机会，而另一些个体则会完全失去交配机会。在单配制中，不同个体的生殖成功率往往是大体相等，至少是相差不大，性选择的作用不是很强。雌性鼠类除了选择体格强壮、占有优势等级的雄性外，也要选择具有长而宽外生殖器的雄性进行交配，也就是外生殖器影响交配前和交配后性选择。Stockley 等（2013）研究表明在竞争条件下多配制野生家鼠的阴茎大小对雄性生殖成功有显著性影响：在体重、睾丸质量和精囊质量与对照组相似时，外生殖器宽度（但不是长度）影响每窝后代平均数和后代总数，说明外生殖器形态进化多样性是由性选择驱动的。较宽的阴茎骨有利于增加对雌性生殖管道的刺激，刺激引发雌性家鼠复杂神经递质反应，并可能有助于精子运输以及维持妊娠。较长的外生殖器是啮齿动物性选择对象，增长的外生殖器有助于精子高水平地与卵子竞争性结合。另外，较大的外生殖器有助于前期形成的交配栓脱落，有助于竞争中获胜雄性射精前期的插入，从而保证该雌性只生产自己的后代。总之，长而宽的较大外生殖器具有双重功能，一方面传输自己的精子，另一方面可以移走先前雄性留在雌性体内的精子。除了外生殖器影响性选择，尿液中的蛋白或信息素影响交配前选择。Nelson等（2015）研究发现，占有优势等级的雄性小鼠尿液中主要尿蛋白（major urinary proteins，MUP）表达水平高于非优势等级的雄性小鼠，在竞争雌性前和竞争期间优势等级的雄性小鼠尿液中刺激吸引雌性的信息素MUP表达水平较高，竞争后MUP水平没有差异。

小鼠睾丸质量显著影响交配前和交配后受精前选择，影响雄性生殖成功。大睾丸可增加射精频率和精液中的精子数量，使精子在竞争中具有优势，并使交配完毕后，雌性的阴道内形成大的交配栓（主要成分为该物种精液分泌物），交配栓一方面可以阻止精液倒流，促进精子运输，另一方面会更有效地阻碍雌性再与其他雄性交配。

研究受精后选择中发现，许多鼠类雌性在怀孕期间如果长时间接触陌生雄鼠或其气味，会导致流产，即产生Bruce效应；爱达荷地松鼠（*Spermophilus brunneus*）雄性具有配偶守护行为，保证自己后代的产生。受精后选择还涉及精子竞争，许多啮齿类动物精子头部都有一个或多个顶端延伸称为"钩子"的结构，这一特征在其他物种并未发现。精子钩结构、大小与精子游动速度之间存在相关性，这对于在竞争情况下到达雌配子附近和获得生殖成功是至关重要的。

参考文献

尚玉昌，2013. 动物行为研究的新进展（六）：性选择和配偶选择[J]. 自然杂志，35(3): 207-210.

张建军，张知彬，2003. 动物的性选择[J]. 生态学杂志，22(4): 60-64.

BECERRA F, ECHEVERRÍA A I, MARCOS A, et al, 2012. Sexual selection in a polygynous rodent (*Ctenomys talarum*): an analysis of fighting capacity[J]. Zoology, 115: 405-410.

BECERRA F, ECHEVERRÍA A I, VASSALLO A I, et al, 2011. Bite force and jaw biomechanics in the subterranean rodent Talas tuco-tuco (*Ctenomys talarum*)(Caviomorpha: octodontoidea)[J]. Canadian journal of zoology-revue canadienne de zoologie, 89: 334-342.

DEAN M D, 2013. Genetic disruption of the copulatory plug in mice leads to severely reduced fertility[J]. PLoS genetics, 9: e1003185.

EBERHARD W G, 2011. Experiments with genitalia: a commentary[J]. Trends in ecology and evolution, 26: 17-21.

NELSON A C, CUNNINGHAM C B, RUFF J S, et al, 2015. Protein pheromone expression levels predict and respond to the formation of social dominance networks[J]. Journal of evolutionary biology, 28(6): 1213-1224.

STOCKLEY P, 2012. The baculum[J]. Current biology, 22: R1032–R1033.

STOCKLEY P, RAMM S A, SHERBORNE A L, et al, 2013. Baculum morphology predicts reproductive success of male house mice under sexual selection[J]. BMC biology, 11: 66.

VAREA-SÁNCHEZ M, TOURMENTE M, BASTIR M, et al, 2016. Unraveling the sperm bauplan: relationships between sperm head morphology and sperm function in rodents[J]. Biology of reproduction, 95(1): 25.

（撰稿：何凤琴、邰发道；审稿：刘晓辉）

鼠类种群气候调节学说 climate regulation hypothesis of rodent population dynamics

气候对鼠类种群动态的调节作用。既有直接作用，也有间接作用。温度、降水等可以直接作用于鼠类的生长发育、繁殖和存活，也可以通过影响鼠类的食物、栖息环境等间接作用于鼠类。

传统鼠类种群动态气候调节学说主要侧重当地气候条件变化（如降水、温度、积雪等）对鼠类种群波动的影响，并强调种群的不规律波动。暖冬和夏季干旱是新疆小家鼠种群暴发的关键气候因子。降水增加有利于内蒙古长爪沙鼠种群暴发。降水引起的食物资源增加是影响澳大利亚野外小家鼠种群暴发的关键因子，也是非洲鼠类种群大发生的重要外在条件。降水和气温是诱发塔吉克斯坦大沙鼠及鼠疫流行的重要因子。

近年来，大尺度气候对鼠类种群的影响得到关注和研究，是对传统气候学说的发展和丰富，可称之为鼠类种群动态大尺度气候调节学说。厄尔尼诺及南方涛动（ENSO）、北大西洋涛动（NAO）及北半球气温是影响全球气候波动的大尺度气候因子。大尺度气候因子仍然需要通过当地气候条件的改变而影响鼠类种群，但它可能同时包含直接和间接作用。比如，大尺度的温度指标，既能影响当地的气温，也会间接通过大气环流影响当地的降水，因此具有复杂的生态学效应。

张知彬（1995）、张知彬和王祖望（1998）提出了生物灾害ENSO成因说。欧洲的田鼠和旅鼠、中国内蒙古草原鼠类及洞庭湖东方田鼠、鼠疫等与ENSO密切关联。美国西部人间鼠疫与太平洋十年际波动（PDO）与鼠疫流行关联。厄尔尼诺现象可导致美国鼠类种群暴发及鼠传疾病——汉坦出血热病毒(Hantavirus)的暴发流行。在南美，厄尔尼诺可引起降水增加，进而引起植物种子产量的增加，导致鼠类种群的暴发。气候变暖可导致北美北方鼠类数量下降、南方鼠类数量上升，通过改变降水或积雪导致了欧洲北部鼠类、北美雪兔与猞猁种群周期性波动的减弱或消失，种群持续下降。气候变暖促进了中国华北黑线仓鼠种群的冬季繁殖。

气候对鼠类的影响往往具有复杂的作用，比如多营养级、多通路、非线性作用等。气候在群落或生态系统水平对鼠类种群的影响日益受到重视。Parmenter(1999)最早提出著名的"营养级假说"，认为气候对鼠类及鼠疫的影响是自下而上、通过生态系统中的各营养级实现的；降水增加促进植物生产量增加，从而导致鼠类种群密度增加；同时，降水增加还促进媒介动物的繁殖和扩散，从而增加了鼠疫传播。鼠疫的流行受到夏季降水和春季气温的驱动。ENSO引起的降水、气温、植被变化对内蒙古地区鼠类种群动态产生直接或间接影响；不同生活史对策的鼠类具有不同的响应。气温和降水通过植被、鼠类、媒介、病原对内蒙古地区的达乌尔黄鼠和长爪沙鼠间的鼠疫流行具有直接和间接作用，表现了明显的上行效应；但不同鼠疫疫区对气候的响应有所不同。中国北方干旱环境下降水有利于鼠疫发生，而南方潮湿环境下降水却不利于鼠疫发生，说明气候对鼠疫发生的影响具有空间环境依赖的非单调性作用特征。气候变暖还可显著缩短一些鼠类的冬眠时间，降低其存活率。此外，气候变化导致的鼠类适宜栖息地的扩大或减少也是影响鼠类种群数量的重要途径。

参考文献

张知彬, 1995. 生物灾害可能与厄尔尼诺现象有关[M]//中国生态学会. 走向21世纪的中国生态学.

张知彬, 王祖望, 1998. ENSO现象与生物灾害[J]. 中国科学院院刊, 13(1): 34-38.

HJELLE B, GLASS G E, 2000. Outbreak of hantavirus infection in the four corners region of the United States in the wake of the 1997-1998 El Nino–southern oscillation[J]. Journal of infectious diseases, 181(5): 1569-1573.

JIANG G, ZHAO T, LIU J, et al, 2011. Effects of ENSO-linked climate and vegetation on population dynamics of sympatric rodent species in semiarid grasslands of Inner Mongolia, China[J]. Canadian journal of zoology, 89(8): 678-691.

KAUSRUD K L, MYSTERUD A, STEEN H, et al, 2008. Linking climate change to lemming cycles[J]. Nature, 456: 93-97.

XU L, LIU Q Y, STIGE L, 2011. Nonlinear effect of climate on plague during the third pandemic in China[J]. PNAS, 108(25): 10214-10219.

YAN C, XU L, XU T Q, et al, 2013. Agricultural irrigation mediates climatic effects and density dependence in population dynamics of Chinese striped hamster in North China Plain[J]. Journal of animal ecology, 82(2): 334-344.

YAN C, STENSETH N C, KREBS C, et al, 2013. Linking climate change to population cycles of hares and lynx[J]. Global change biology 19(11): 3263-3271.

ZHANG Z B, PECH R, DAVIS S, et al, 2003. Extrinsic and intrinsic factors determine the eruptive dynamics of Brandt's voles *Microtus brandti* in Inner Mongolia, China[J]. Oikos, 100: 299-310.

ZHANG Z B, YAN C, KREBS C J, et al, 2015. Ecological non-monotonicity and its effects on complexity and stability of populations, communities and ecosystems[J]. Ecological modelling, 312: 374-384.

（撰稿：张知彬、严川；审稿：郭聪）

鼠类种群生态学　rodent population ecology

研究鼠类种群内各成员之间、它们与其他种群成员之间以及它们与周围环境中的生物和非生物因素之间的相互关系的学科。

鼠类种群是一定时间和空间内同鼠种个体的集合体。种群的个体间存在着复杂的相互关系，并且每个个体对种群的整体变动起着或强或弱的影响，同时种群也是生物物种具体存在的基本单位、繁殖和进化的具体单位。其本质特征是能自由交配繁殖。

一个鼠种可以包括一个或许多个种群，而区别不同种群的标志是种群之间存在着明显的地理或时间隔离。种群栖息地在空间和时间上是明确的，如农田、林地、草原等。种群的空间界限可按需要根据实际情况划定也可通过栖息环境确定。

胎仔数　胎仔数是指鼠类每次怀孕胚胎数的总和。鼠类子宫呈"Y"字形，每次受孕可以有多个胚胎分别着床于子宫的任意一边或两边。

怀孕率　怀孕雌鼠数占雌鼠的比例，用%表示。怀孕率通常表示为总怀孕率和成鼠怀孕率。研究工作者根据研究需要确定在研究中使用哪种怀孕率。总怀孕率是指孕鼠占总雌性鼠的比例；成鼠怀孕率是指怀孕鼠占成年雌性鼠的比例，由于排除了未成年雌性鼠，较能更为准确反映整个种群中具生殖年龄雌鼠的总体繁殖情况。

睾丸下降率　睾丸在阴囊的鼠类占雄鼠数的比例，用%表示。睾丸是雄鼠产生精子的器官，附睾是储存精子的器官，雄鼠的睾丸和附睾在非繁殖季节位于腹腔中，有利于其灵活活动，在繁殖季节其通过腹股沟管（鼠蹊管）下降至阴囊中，有利于保持精子处于最佳活力温度中。从而在外观上呈现出明显可识别的雄性特征。

性比　种群中雌雄个体的比例称性比。啮齿动物为保持后代基因的混合和重组，并使种群遗传多样性，雌雄性比例多倾向于1∶1。一般来说，幼体的雄性多于雌性，但在较老的年龄组则雌性多于雄性。

成体性比　成体性比是一个较为重要的指标。成体性比是指鼠类成年（含老年）个体中，雌雄个体的比例。研究鼠类种群，通常根据鼠类个体的生长发育情况，将鼠类个体分为不同的"年龄"阶段，幼年和亚成年个体不或极少参与繁殖，因此在研究繁殖时基本将其排除在外，仅研究成年（包括老年）个体。

繁殖期　种群一年中首次繁殖到最后一次繁殖结束的这段时期。同一鼠种不同地理种群的繁殖期不同，如黑线姬鼠在南方，繁殖期是3～11月，而在北方，繁殖期为4～10月；东方田鼠在洞庭湖区的主要繁殖期是冬季和春季，而在北方繁殖期主要在夏季。

繁殖启动　鼠类从非繁殖状态转入繁殖状态，称为繁殖启动。繁殖启动的机理非常复杂，涉及生理、遗传、生态等多因素，除受个体自身的生长发育影响外，还受种群数量、外界环境因素等的影响。

繁殖终止　指鼠类从繁殖状态转入非繁殖状态，称为繁殖终止。其机理非常复杂。

越冬存活率 鼠类经过冬天后，存活的个体数占越冬前数量的比例。在冬天，由于鼠类食物匮乏、天敌、气温、疾病以及鼠类自身寿命等内在、外在环境条件的影响，经过漫长的冬季，往往会有大量的鼠死亡。

群体补充率 原有鼠类种群补充新的个体，包括种群内新生个体和外部迁入个体。群体补充率是种群新补充的个体占总数的百分比。

巢域 鼠类个体、配偶和家族成员活动和觅食所涉及的地域范围。

活动距离 鼠类活动距离是指鼠类个体、配偶和家族成员活动和觅食到达的地方与主巢穴之间的距离。

扩散或迁移 由于外界环境条件的变化或鼠类种群自身的数量变化，鼠类离开原来的栖息地而发生的行为。扩散有3种类型：迁出：部分个体从原有种群中分离出去，不归来的单方向移动。迁入：外来个体进入种群的单方向移动。迁移：指动物个体有周期性地离开和返回。

扩散对于种群数量变动有重要的意义。一个种群数量相当稳定的种群，扩散过程对种群的数量动态影响不大，但对于种群的年龄结构有影响。一个种群密度很高，食物资源又十分短缺，扩散能降低种群数量，起到调节种群密度的作用；密度较低的种群，迁入能增加新的个体，带来新的遗传基因，可以提高种群的出生率，起到恢复种群的作用。

扩散距离 从种群中迁出的个体扩散到离原种群的最远距离。

出窝率 鼠类雌鼠产的幼仔，经过哺乳期后，能够存活的数占产仔数的比例。

吸收胚胎 由于外界环境条件或孕鼠自身身体等因素的影响，在雌鼠子宫发育的胚胎，出现个别停止发育，而这些停止发育的胚胎被母体吸收作为营养，从而减少资源浪费。

出生率 是影响种群密度的基本因素之一。可分为生理出生率和生态出生率。生理出生率就是啮齿动物的最大出生率（maximum fatality），是种群在理想条件下所能达到的最大出生数量。在实际环境中自然啮齿动物种群不能达到生理出生率的水平。生态出生率又叫实际出生率（realized fatality），是指在一定时期内，种群在特定条件下实际繁殖的个体数量。

出生率一般以种群在每个时间单位（如年、月）中每100只雌体所产的幼体的出生数来表示。如某月褐家鼠的出生率是62%，即表示平均100只雌鼠繁殖了62只小鼠。

死亡率 也可以用生理死亡率（physiological mortality）或最小死亡率（minimum mortality）和生态死亡率（ecological mortality）或实际死亡率（natural mortality）表示。生理死亡率是指在最适条件下所有个体都因衰老而死亡的比例，即每一个个体都能活到该种的生理寿命，因而使种群死亡率降至最低。生态死亡率（或实际死亡率）是指在一定条件下的实际死亡比例，除死于衰老，大部分个体死于饥饿、疾病、竞争、或遭到捕食、被寄生、恶劣的气候以及意外事故等原因。如根据对布氏田鼠的研究，它们的平均生态寿命只有5~6个月，而该鼠的生理寿命可达40个月以上。

死亡率也是以种群中每单位时间内100个个体的死亡数来表示，如某月中啮齿动物的死亡率是17%，即表示平均每100只鼠死亡了17只。

自然种群的死亡率往往很难调查，但如果能够标志种群中的一部分个体，然后跟踪标志个体从t时刻到t+1时刻的存活个体数，就能计算出种群的死亡率。此外，根据某一特定时刻种群中各年龄组的相对个体数量，也能间接地推算各年龄组之间的大致死亡率。

迁入率 一个种群中，单位时间内迁入的个体占该种群个体总数的比率。

迁出率 一个种群中，单位时间内迁出的个体占该种群个体总数的比率。

子宫斑 啮齿类的子宫呈"Y"形，有两条子宫颈，均直接与阴道相连，没有子宫体，称双体子宫。繁殖期间，怀孕鼠子宫内有数量不等和发育程度不同的胚胎。产仔后，在胎盘附着于子宫的部位留下明显可见的褐色小斑，称子宫斑。其形状大小、颜色和痕迹的数目，可以判断雌体分娩过的次数、胎仔数和吸收的胚胎数。

种群密度 其分为绝对密度和相对密度2种指标。单位面积内，某一种所有鼠个体的数量，称为绝对鼠密度，又称生态密度，其是按照啮齿动物实际所占有的面积计算的。利用除样方捕尽法和标记重捕法计算的绝对密度以外的其他监测手段所计算的鼠密度，是一个相对值，称相对鼠密度。由于啮齿动物在环境中的散布并不是均匀的，其受环境影响很大，故利用监测手段测定鼠密度时，应尽量设置覆盖所有的环境类型，这样的鼠密度才具有地方代表性。

年龄结构 在每个时间段内啮齿动物种群都是由不同年龄个体组成的。各个年龄或年龄组在整个种群中占有的比例，即种群的年龄结构。

种群的年龄结构常用年龄金字塔图形来表示，金字塔底部代表最年轻的年龄组，顶部代表最老的年龄组，宽度代表该年龄组个体数量在整个种群中所占的比例。从各年龄组相对宽窄的比较就可以知道哪一个年龄组数量最多，哪个年龄组数量最少。从生态学角度，可以把一个种群分成3个主要的年龄组（即繁殖前期、繁殖期和繁殖后期）。根据年龄结构组成可把种群分为3种类型：增长型、稳定型和衰退型。

繁殖强度 鼠类的繁殖强度是指鼠类繁殖能力的强弱，雄性繁殖强度一般是测量精巢和储精囊长度或重量，雌性繁殖强度一般包括怀孕率、窝数、胎仔数等。

繁殖指数 鼠类种群通过繁殖增加的倍数。除了用平均胎仔数与雌鼠怀孕率的乘积表示外，通常还有几种表示方法。

总繁殖指数：捕获雌性个体的胎仔总数和捕获总数之比。

雌性繁殖指数：捕获雌性个体的胎仔总数和捕获总雌性个体数之比。

雌性成年鼠繁殖指数：捕获雌性成年个体的胎仔总数和捕获雌性成年个体总数之比。

性成熟 鼠类生长发育到一定日龄，生殖器官已经发育完全，生殖机能达到了比较成熟的阶段，基本具备了正常的繁殖功能。不同的鼠种从出生到性成熟的日龄不同，一般为2个月左右，同一种类雌雄性成熟的时间也不同，一般来说，雌性发育较雄性快，性成熟的时间也较雄性短。同一鼠种不同季节出生的个体性成熟的时间也有差异，越冬前出生的个体发育较慢。

初产日龄 鼠类雌性个体从出生到初次产仔的时间，用天数表示。

年生产胎数（妊娠频度） 雌鼠从年初第一次产仔到年末最后一次产仔，这一年所产的胎数。

胎间隔 雌鼠繁殖产仔，两胎之间的间隔时间，用天表示。

杀婴行为 鼠类成年个体杀死同种未成年个体的行为。

种群分布格局 鼠类组成种群的个体在其生活空间或栖息地分布状态。

种群动态 同一种鼠类在一定的地理区域或栖息生境中，数量的季节（月）或年度变化情况。

社群结构 社群是由动物个体之间相互吸引而形成的群体，社群的维持出现了社会分工、社会等级、领域行为等。社群有开放式和封闭式之分，开放式社群表现出某种临时性，社群成员可以交换、变动。封闭式社群起源于家庭，由同种动物的双亲和后裔长期聚合而成，社群成员不交换，且有识别本社群成员的能力，表现出本种所特有的相互关系，包括空间分布、优势等级、交配体制、亲子关系等。

婚配制度 动物种群个体为获得配偶而普遍采取的一种行为策略。一般分为单配制、一雄多雌、一雌多雄和混交制。单配制一般需要雌雄共同抚育后代；一雄多雌制是动物界最常见的婚配制度，雄性很少提供育幼，大部分时间用于保护领地不受其他雄性的侵犯；一雌多雄制在动物界较少，通常是雄性抚育后代。决定动物婚配制度的主要因素在于资源的分布，食物和营巢地空间和时间上的分布情况，一些种类动物可有几种婚配制度，并且随年份、季节、地理位置而改变。

种内竞争 同一种的不同个体为了更好地生存，表现出在食物争夺、领域争夺、配偶争夺和权力等方面。竞争中胜利者为了它们的生存和繁殖需要，尽量多地得到控制的必需品，而竞争失败者则把必需品让给它的竞争胜利者。

密度效应 在一定时间内，当种群的个体数量增加时，出现邻近个体的相互影响，称为密度效应。

日食量 鼠类一个个体一天所取食消耗的食物总量。

肥满度 体重和体长立方之比，即单位体积的重量，是反映动物肥瘦程度和身体状况的指标。肥满度原出自鱼类研究中，后被借鉴到鼠类研究。鼠类肥满度作为一个评价指标，反映鼠类营养状况和生长发育情况。

越冬基数 在某一生境内，同一鼠种在入冬时的种群数量。越冬基数的多少，直接关系到翌年开春后的种群的起始数量，越冬基数是害鼠预测预报工作中的一项重要指标。

地理分布 同一鼠种分布的地点和范围，而不考虑环境因素。

生态位 一个动物种群在生物群落中的地位，以及它与食物和天敌的关系，包括空间生态位和营养生态位。生态位是现代生态学的重要理论之一，生态位研究在理解群落结构和功能、群落内物种间关系、生物多样性、群落动态演替和种群进化等方面有重要的作用。较重要的研究焦点主要集中在"生态位宽度"和"生态位重叠"这两个方面，生态位宽度是指生物利用资源多样性的一个指标，仅能利用其一小部分的生物，称为狭生态位的，而能利用其很大部分的，称为广生态位的。对生态位宽度的定量方法很多。如香农－威纳多样性指数、莱文斯生态位宽度指数。表示生态位重叠的方法主要有"测量比例重叠的生态位重叠指数"和"基于信息论的生态位重叠指数"。

参考文献

孙儒泳, 2001. 动物生态学原理[M]. 3版. 北京: 北京师范大学出版社.

张雪萍, 2011. 生态学原理[M]. 北京: 科学出版社.

（撰稿：王勇；审稿：郭聪）

鼠类种群天敌调节假说 predation regulation hypothesis of rodent population dynamics

种群天敌调节假说认为，动物种群在正常情况下处于平衡状态，并在有限的范围内波动，这个平衡状态受天敌捕食等密度制约因子的调节。猛禽类、鼬科、小型猫科和犬科动物等是鼠类的主要天敌，其食性和食量是研究天敌与鼠类关系的基础。天敌动物与鼠类种群数量存在相互作用。一方面，当鼠类数量降低时，天敌动物的死亡率升高、生育力下降，种群数量减少。另一方面，天敌动物对鼠类的种群数量及其行为有明显的调控作用。不同种类的天敌动物因取食特点和栖息地的差异对不同鼠类的抑制作用不同。近些年，越来越多的科学家认为，天敌是鼠类种群数量调节的主要因素之一，将天敌对鼠类的控制作用纳入综合防治的总体方案之中。

天敌对鼠类的影响可以是直接的，也可以是间接的。天敌可以通过捕杀直接降低鼠类的数量，也可以通过改变迁移和繁殖来影响鼠类。例如，1只狐狸平均每年可取食鼠类1万只左右，1只艾虎或大鵟年平均捕获鼠类分别为1500只、300只左右，通过设置鹰架、投放天敌等可以控制鼠类的数量。天敌还通过气味、声音、活动等因素间接影响鼠类的种群结构、繁殖力等。天敌动物的存在对鼠类始终具有威胁，在天敌动物数量较高时，许多鼠类停止生殖或延缓繁殖期、改变性比，从而降低种群数量。

参考文献

ADDUCI L B, LEÓN V A, BUSCH M, et al, 2019. Effects of different odours on the reproductive success of *Mus musculus* as an alternative method of control[J]. Pest management science, 75(7): 1887-1893.

HARDING E K, DOAK D F, ALBERTSON J D, 2001. Evaluating the effectiveness of predator control: the non-native red fox as a case study[J]. Conservation biology, 15(4), 1114-1122.

IMS R A, HENDEN J A, THINGNES A V, et al, 2013. Indirect food web interactions mediated by predator-rodent dynamics: relative roles of lemmings and voles[J]. Biology letters, 9(6), 20130802.

KISSUI B M, PACKER C, 2004. Top-down population regulation of a top predator: lions in the Ngorongoro Crater[J]. Proceedings of the Royal Society of London. Series B: Biological sciences, 271(1550), 1867-1874.

（撰稿：张堰铭；审稿：郭聪）

鼠类种群行为—内分泌调节学说 behavioral-endocrine regulation hypothesis of rodent population

动物的社群因素和内分泌因素对哺乳动物的种群具有整合调节作用。密度制约的行为—内分泌系统的负反馈作用，可调节和限制小型哺乳动物种群的增长。有学者建议，肾上腺重量可以作为监测野外动物种群形态—生理学的一个指标。当肾上腺重量超过一定的范围，可能是预示种群将要发生崩溃的一个信号。如有学者在北美旅鼠中发现，肾上腺皮质的分泌活动在种群密度高的时候，可以增加 20～60 倍。克里斯琴(John J Christain) 认为，行为—内分泌反馈系统是通过刺激垂体—肾上腺皮质活动，调节种群增长。社群压力的强度和种群数量增加，导致动物的肾上腺皮质肥大。这就是种群调节的行为—内分泌反馈假说。该学说认为，当动物的种群数量上升时，种群内部个体之间的心理压力增大，对动物神经内分泌系统的刺激作用加强，进而影响垂体的分泌功能，引起生长激素和促性腺激素的分泌减少，而促肾上腺皮质激素分泌增加，生殖器官延缓或抑制，最后导致动物的出生率下降，死亡率上升，从而调节和限制动物种群数量的增长。这个学说可以用下图来表示。

实验室条件下，密度增加，小鼠的睾丸重量减轻。密度增加，导致肾上腺的重量增加，但睾丸重量却下降，肾上腺与睾丸重量呈负相关。

中国科学院动物研究所生态室（1979）在内蒙古草原以布氏田鼠为研究对象，对行为—内分泌调节假说进行了野外实验验证。结合年龄、性别、繁殖状况、季节等方面的影响，结果表明肾上腺重量可以作为社群紧张水平的一个指标，也可以作为预测种群状态的指标。高密度时，社群紧张，引起肾上腺重量增长，导致了垂体—肾上腺轴刺激的增长，从而反馈抑制了繁殖功能。在布氏田鼠未达到性成熟的亚成体中反应最明显。行为—内分泌调节是布氏田鼠种群生长调节的一种机制。曾缙祥等（1980）用小家鼠在实验条件下进行了实验验证，发现肾上腺的平均重量与种群的年平均密度正相关。胸腺的重量在幼体阶段与种群密度负相关，但在成体阶段与种群密度不相关。

杨幼凤等在鲁西平原的黑线仓鼠种群研究中，也表明种群密度影响动物的肾上腺和性腺重量，黑线仓鼠种群存在行为—内分泌反馈调节。

学术界对于这个学说一直存在着争议。尽管对于行为—内分泌调节学说有一些野外种群和实验室内种群的支持证据，但也有一些研究发现种群密度与肾上腺重量没有相关关系，如日本学者在绒鼠中就没有发现这种关系。

自 Christian 从生理学角度提出周期性种群数量波动的应激假说 (stress hypothesis) 后，动物的免疫能力与种群动态之间的关系就一直是学者们关注的热点问题。免疫能力的变化可以决定动物的存活状况，这对了解野生动物的生长发育状况提供了一个重要指标。尽管关于动物种群周期性波动问题的假说很多，但普遍都缺乏足够的实验证据。对于环境因素影响动物存活和死亡的生理学基础目前也缺乏。免疫学方法被引入生态学领域后，一些学者以野外研究结果为基础，从免疫能力的角度探讨了种群动态的调节机理，提出了一些新的假说，如免疫衰退假说 (immunological dysfunction hypothesis)、冬季免疫增强假说 (winter immunoenhancement hypothesis) 和衰老假说 (senescence hypothesis) 等。

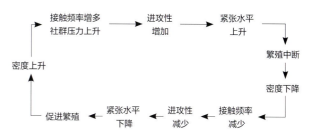

动物种群调节的行为—内分泌学说（引自杨荷芳 1982）

参考文献

杨幼凤, 卢浩泉, 郑俐俐, 1990. 鲁西平原黑线仓鼠种群调节机理的研究——种群密度与肾上腺、性腺重量和血浆皮质醇值之间的关系[J]. 生态学杂志, 9(6): 1-6.

杨荷芳, 1982. 种群数量变动及种群调节机制[J]. 动物学杂志, 6: 49-54.

曾缙祥, 王祖望, 韩永才, 1980. 小家鼠种群密度对肾上腺、胸腺、性腺和血糖值的影响研究[J]. 动物学报, 26(3): 266-273.

中国科学院动物研究所生态室一组, 1979. 布氏田鼠种群内部调节的研究——种群密度、肾上腺和生殖腺重量之间的相互关系[J]. 动物学报, 25: 154-168.

CHRISTIAN J J, Davis D E, 1964. Endocrines, behavior and population[J]. Science, 146: 1550-1560.

（撰稿：王德华；审稿：郭聪）

鼠立死 crimidine

一种在中国未登记的杀鼠剂。又名甲基鼠灭定、杀鼠嘧啶、2- 氯 -4- 二甲胺基 -6- 甲基嘧啶。化学式 $C_7H_{10}ClN_3$，相对分子质量 171.63，熔点 87℃，沸点 140～147℃。棕色蜡状固体，能溶于乙醚、乙醇、丙酮、氯仿、苯类等大多数有机溶剂，不溶于水，可溶于稀酸，剧毒，受热分解有毒氧化氮、氯化物气体。鼠立死是一种高效、剧毒、急性杀鼠剂，为维生素 B_6 的拮抗剂，破坏了谷氨酸脱羧代谢，严重损伤中枢神经，导致痉挛，可致死，症状表现为坐立不安、恐惧、肌肉僵硬、怕光、怕噪音、出冷汗。鼠立死对人、大鼠和兔的口服半致死剂量（LD_{50}）分别为＜ 5mg/kg、1.25mg/kg 和 5mg/kg。

（撰稿：宋英；审稿：刘晓辉）

鼠特灵 norbormide

一种在中国未登记的杀鼠剂。又名鼠克星。化学式

$C_{33}H_{25}N_3O_3$，相对分子质量511.61，熔点190～198℃，沸点275℃，水溶性1.1g/L（25℃），密度1.129g/cm^3（20℃）。为无色透明至浅褐色黏稠液体。鼠特灵为高毒急性灭鼠剂，鼠类食后15分钟后会出现活跃、动作失调，进而乏力、呼吸困难的症状，之后死亡。

（撰稿：宋英；审稿：刘晓辉）

鼠型斑疹伤寒 endemic typhus

由斑疹伤寒立克次体引起的一种急性传染病。鼠类是主要的传染源，以恙螨幼虫为媒介将斑疹伤寒传播给人。其临床特点为急性起病、发热、皮疹、淋巴结肿大、肝脾肿大和被恙螨幼虫叮咬处出现焦痂（eschar）等。

病原特征 斑疹伤寒立克次体呈圆形、椭圆形或短杆状，大小为0.3～0.6μm×0.5～1.5μm，革兰染色呈阴性，吉姆萨染色呈紫红色，为专性细胞内寄生的微生物。在涂片染色镜检中，于细胞质内，尤其是单核细胞和巨噬细胞的胞质内，常于胞核的一侧可见呈团丛状分布的斑疹伤寒立克次体。斑疹伤寒立克次体呈二分裂方式进行繁殖，繁殖一代所需时间约为8小时。斑疹伤寒立克次体还能寄生于多种培养的细胞中，如原代鼠肾细胞、原代鸡胚细胞、HeLa细胞等。斑疹伤寒立克次体是对人具致病力的立克次体中抵抗力最弱的一种，有自然失活、裂解倾向，不易在常温下保存。它对各种消毒方法都很敏感，如在0.5%苯酚溶液中或加热至56℃10分钟即死亡。于37℃，放置2小时后，其感染细胞的能力即明显下降。在感染的鸡胚中，4℃可保存活力17天，−20℃可保存6周。在感染的细胞悬液中，用液氮可保存其活力1年以上。

流行 地方型斑疹伤寒散发于全球，多见于热带和亚热带，属自然疫源性疾病。该病以晚夏和秋季谷物收割时发生者较多，并可与流行型斑疹伤寒同时存在于某些地区。中国以河南、河北、云南、山东、北京、辽宁等的病例较多，1982—1984年间有多篇文献报道。鼠型斑疹伤寒的主要传染源是家鼠，一般情况是以鼠→鼠蚤→鼠的循环在鼠间传播。鼠感染后大多并不死亡，而鼠蚤只在鼠死后才离开鼠体择人吮血使人感染。莫氏立克次体可在虱体内生长繁殖，病人也有可能作为该病的传染源。鼠蚤通过吸吮病鼠血而致感染，病原体进入鼠蚤肠道内繁殖。当鼠蚤叮咬人时，同时排出含有病原体的粪便和呕吐物，病原体可经抓伤破损的皮肤侵入人体，或蚤被打扁压碎逸出的病原体可通过同一途径侵入人体。干蚤粪内的病原体偶可成为气溶胶经呼吸道或眼结膜等感染人。螨、蜱等节肢动物亦可带病原体，而成为传病媒介的可能。鼠型斑疹伤寒的流行呈散发性，夏、秋季多发，多见于温带及亚热带地区，中国以西南、华北诸地较多。

致病性 鼠型斑疹伤寒的病原体为莫氏立克次体，其形态、染色特点、生化反应、培养条件及抵抗力等均与普氏立克次体相似，但很少呈长链排列。而在实验动物病损以及抗原性方面有所不同。两者各含3/4种特异性颗粒性抗原和1/4组特异性可溶性抗原；后者耐热，为两者所共有，故可产生交叉反应。不耐热的颗粒性抗原则各具特异性，可借补体结合试验而相互区别。莫氏立克次体所致的豚鼠阴囊反应远较普氏立克次体所致者为明显，对小鼠和大鼠的致病性也较强。病原体接种于小鼠腹腔后可引起腹膜炎、立克次体血症，并在各脏器内查见病原体。莫氏立克次体感染雄性豚鼠后，豚鼠除发热外阴囊高度肿胀，睾丸明显肿大，由于莫氏立克次体在睾丸鞘膜的浆膜细胞中快速繁殖，故在鞘膜渗出液涂片中可查见大量立克次体，称豚鼠阴囊现象；而普氏立克次体仅引起轻度的阴囊反应。莫氏立克次体感染大白鼠可使其发热或致死，亦可在其脑内存活数月，故可用以保菌及传代；而普氏立克次体仅使大白鼠形成隐性感染。用该病原体对小白鼠进行腹腔接种可引起致死性腹膜炎；而普氏立克次体则不能。

诊断 鼠型斑疹伤寒主要与流行性斑疹伤寒鉴别，其病原体为普氏立克次体，传染源为患者，以体虱为媒介，多发于冬春季，呈流行性。症状与地方斑疹伤寒相似，但病情较重，皮疹多，出血性多见，神经系统症状明显，普氏立克次凝集反应阳性。本病还需与流感、恙虫病、钩端螺旋体病等区别。

防治 氯霉素、四环素族药物对本病皆有特效。一般于用药后十余小时症状开始减轻，2～3天内完全退热。氯霉素1.5～2g/天，分3～4次口服，退热后用量酌减，继续服3天，或延长至5～7天，以防近期内复发。多西环素0.2～0.3g顿服，必要时2～4天再服1剂。临床实践中氯霉素疗效虽好，因其副作用突出，已不作首选。而多西环素则应用较多，治疗简单，副作用少，效果满意。近来有用红霉素、氟喹酮类药物（如诺氟沙星、依诺沙星、环丙沙星）及米诺环素（minocyciline）等治疗本病也取得较好的效果。

参考文献

刘沛, 2005. 流行性斑疹伤寒[M]//杨绍基. 传染病学. 北京: 人民卫生出版社: 117-121.

王勤环, 2004. 流行性斑疹伤寒[M]//斯崇文, 贾辅忠, 李家泰. 感染病学. 北京: 人民卫生出版社: 756-759.

（撰稿：卢艳敏；审稿：何宏轩）

鼠咬热 rat-bite fever

由小螺菌（Spirillum minus）或者念珠状链杆菌（Streptobacillus moniliforms）所致的急性感染性疾病。鼠咬人后其他病原体引起的局部病灶和（或）发热性感染则不包括在本条范围内。该病散发于世界各地，中国报道者仅数十例，主要为小螺菌鼠咬热。

病原特征 家鼠或其他啮齿动物咬伤所致的急性传染病，实为两种病原体各异、临床表现不尽相同的疾病。病原体分别是小螺菌及念珠状链杆菌。

小螺菌型：病原体小螺菌属螺菌科。长3～6μm，似螺旋体，有2～6个规则螺旋，两端尖锐，每端有一根或一束鞭毛，运动活泼，革兰氏染色阴性，在人工培养基上不生长。

念珠状链杆菌型：又称黑弗里尔热或流行性关节红斑

症。病原念珠状链杆菌属弧菌科，革兰氏染色阴性，常呈链状排列，长1~3μm，菌体中的念珠状隆起为菌体宽度的2~5倍。在含20%新鲜兔血清的培养基中才能生长，兼性厌氧，加热至55℃ 30分钟即可杀灭。传染源是野生或实验室饲养的鼠类等啮齿动物。人被病鼠咬伤或食入被病原菌污染的食物而发病。

流行 目前没有相关流行病学报道。但小螺菌型鼠咬热分布于世界各地，以亚洲为多。中国有散在病例报道，多在长江以南。念珠状链杆菌型鼠咬热中国至今未见报道。

近年来鼠害猖獗，老鼠咬人之事时有发生，尖锐的鼠齿在刺入人体的刹那间，即可将细菌、病毒注入体内，而一些人（包括部分乡村医生）对鼠咬引起的疾病不甚了解，常导致误诊而延误治疗。

致病性 小螺菌为鼠类口咽部正常菌群。经受染的鼠类或其他动物咬伤后进入机体，再由受伤的局部淋巴管至淋巴结等繁殖而引起淋巴结炎，入血则成菌血症，引起临床症状的急性发作。其临床特征为回归热型发热，全身毒血症状，硬结样溃疡，皮疹及淋巴结肿大，潜伏期为4~30天。另一种由念珠状链杆菌型引起，临床表现为间歇热，红斑性皮疹及多关节炎，潜伏期1~5天，一般不超过1周。

诊断 根据鼠咬史、发热、皮疹和全身症状以及辅助检查即可确诊。对小螺菌所致病例，除鼠咬史外，须从患者的血液、关节液或局部脓液寻找病原体，或在暗视野映光镜下检出螺旋体，或将涂片染色后检查搜集整理。如将血液接种小白鼠、豚鼠或兔的腹膜内，1周后检查血液及腹腔液，易于发现此病的小螺菌。因为小动物本身可带这类病原体，在接种前须先检查血液，以肯定它没有这种感染，然后再接种。对于链杆菌所致的病例，除上述方法找病原体外，可用气—液相色谱法作快速诊断，还可利用血清学方法检查凝集素的存在。

鉴别诊断：有时需与丹毒、化脓性蜂窝织炎、病毒疹、球菌败血症、脑膜炎球菌血症和洛杉矶热鉴别。

防治 叮咬后立即用硝酸腐蚀局部，清洗伤口。青霉素、四环素或第二、三代头孢均对其有抑制作用。预防破伤风。青霉素2g／天，连用3天可预防本病的发生。灭鼠为最重要的预防措施。

参考文献

梁飞立, 余丰, 方鹏, 等, 2012. 鼠咬热12例临床分析[J]. 广西医学, 34(5): 649.

杨会宣, 李霞, 王文红, 2008. 鼠咬热特征表现1例[J]. 中国医药导报, 5(22): 133.

（撰稿：胡延春；审稿：何宏轩）

鼠疫 plague

由鼠疫耶尔森菌 [*Yersinia pestis* (Lehmann & Neumann, 1896) van Loghem, 1944]（俗称鼠疫杆菌）引起的自然疫源性疾病。又名黑死病。分类地位：丙型变形菌纲肠杆菌目肠杆菌科。鼠疫耶尔森菌可以成为生物武器，危害人类和平，因而鼠疫的防治更为重要。鼠疫是流行于野生啮齿类动物的疾病。鼠作为重要传染源，人类主要是通过鼠蚤为媒介，经人的皮肤传入引起腺鼠疫，经呼吸道传入发生肺鼠疫。

病原特征 典型形态为革兰阴性短粗杆菌，菌体两端钝圆且浓染，亦易被苯胺染料着色。大小为0.5~1.0μm×1.0~2.0μm。一般分散存在，偶尔成双或呈短链排列。无鞭毛，可与本属其他细菌相区别。不形成芽胞。在死于鼠疫的新鲜动物内脏制备的涂片或印片中，可见吞噬细胞内、外形态典型的菌体，且有荚膜。在腐败材料或化脓性、溃疡性材料中，菌体常膨大呈球形，并且着色不良。如在陈旧培养物或在含3%氯化钠的高盐培养基中，菌体呈明显多形性，有球形、杆形、哑铃形等，并可见着色极浅的菌影。

病原学 本菌菌体含有内毒素，并能产生鼠毒素和一些有致病作用的抗原成分。已证实有18种抗原，即A-K、N、O、Q、R、S、T及W(VW)，其中F、T及VW为最主要抗原，为病原菌的特异性抗原。F为荚膜抗原，有高度免疫原性及特异性，检测其中的F1可用于本病的血清学诊断，其抗体有保护作用。V和W抗原为菌体表面抗原，为本菌的毒力因子，与细菌的侵袭力有关。T抗原即鼠毒素，存在于细胞内，引起局部坏死和毒血症，有良好的抗原性，人和动物感染后可产生抗毒素抗体。内毒素可引中毒症状和病理变化，为本菌致病致死的毒性物质。

本菌对外界抵抗力较弱，对干燥、热和一般消毒剂均甚敏感。阳光直射、100℃ 1分钟可致细菌死亡。耐低温，在冰冻组织或尸体内可存活数月至数年，在脓液、痰、蚤类和土壤中可存活1年以上。

传染源 主要是啮齿动物中循环进行，形成自然疫源地。啮齿动物中主要是鼠类和旱獭，人间鼠疫的传染源以黄鼠和褐家鼠为主，各型鼠疫患者均可作为人间鼠疫的传染源，肺鼠疫患者痰中可排出大量鼠疫杆菌，因而成为重要传染源。

传播途径 经鼠蚤传播，即鼠→蚤→人的传播方式。人鼠疫流行前常有鼠间鼠疫流行，一般先由野鼠传家鼠。寄生鼠体的疫蚤叮咬人吸血时，因其胃内被菌栓堵塞，血液反流，病菌随之进入人体造成感染，含菌的蚤类亦可随搔抓进入皮内。最近研究发现，该病有由蝉类传播的可能性。其主要传播途径有：①经皮肤传播，因接触患者含菌的痰、脓或动物的皮、血、肉及疫蚤粪便，通过破损皮肤黏膜受到感染；②经消化道传播，食入受染动物，经消化道感染；③经呼吸道传播，含菌的痰、飞沫或尘埃通过呼吸道飞沫传播，并引起人群间的大流行。

人群易感性 人群普遍易感，预防接种可使易感性降低。可有隐性感染，并可成为无症状带菌者。病后可获得持久免疫力。

流行特征 人群间鼠疫以亚洲、非洲、美洲发病最多，中国主要发生在云南和青藏高原。男性普遍高于女性，以10~39岁居多，职业则多于农牧人员及其子女，有明显的季节性，人群间鼠疫多发生在夏秋季，与狩猎及鼠类繁殖活动有关。历史上发生了三次鼠疫大流行，第一次记录的大流行是541—542年的查士丁尼鼠疫，导致罗马帝国至少1/3人口死亡；第二次大流行是黑死病在1346—1350年大规模袭击欧洲，导致欧洲人口急剧下降，死亡率高达30%；第三次大流行是1855年中国云南首先发生了大型鼠疫，1894年在广东暴发，并传至香港，经过航海交通，最终散布到各个大陆，估计在中国和印度便导致约1200万人死亡，此次全球大流行一直持续至1959年，当全球死亡人数少于250人时才正式结束。

致病性 通过跳蚤叮咬而进入人体。鼠疫菌进入宿主机体后，感染部位附近的淋巴组织中的吞噬细胞（巨噬细胞和单核细胞）将其吞噬，单核细胞能很快地将吞噬的鼠疫菌杀死，然而巨噬细胞吞噬的鼠疫菌却能继续生存增殖。如未得到及时有效的治疗，鼠疫菌将在淋巴结中不断增殖，导致出现以淋巴结发炎肿大为特征的腺鼠疫。此后，得到巨噬细胞庇护的鼠疫菌将使巨噬细胞裂解而释放到胞外，此时鼠疫菌具有更强的抗宿主免疫细胞吞噬、杀伤的能力。鼠疫菌突破淋巴腺的束缚随血流扩散至肝、脾、肺，并在这些脏器中定殖、增殖，进而可发展成为败血症鼠疫和继发性肺鼠疫。其中，肺鼠疫能通过飞沫传播导致更加严重的人间鼠疫。

诊断 取决于病人有接触史及肺部受累表现，病因诊断取决于痰、血或淋巴结吸出物革兰染色、培养，有条件的单位可作直接荧光素标记抗体染色，可提供快速的病因诊断。

此病除应与土拉热弗郎西丝菌肺炎和巴斯德菌肺炎相鉴别，还应与钩端螺旋体病、炭疽病和其他严重的淋巴结炎、肺炎、败血症相鉴别。

防治 包括土埋病死动物，喷杀疫区跳蚤，提醒人们不要进入疫区。确诊患者应立即以"紧急疫情"向卫生防疫机构报告。对可疑病人应立即隔离，对接触了病人的任何人员，尤其是面对面接触过患此病伴咳嗽患者的人员，应给予预防性治疗，即用四环素口服，每天2g，用药5~10天。病人隔离应直至痰细菌培养阴性为止。对于常和此菌接触的工作人员，预防接种是有效的。

参考文献

汪琼, 2014. 鼠疫菌质粒间互作及其与致病性的关系研究[D]. 合肥: 安徽医科大学.

韦蝶心, 宋志忠, 2010. 鼠疫耶尔森菌遗传学研究进展[J]. 中国媒介生物学及控制杂志, 21(1): 80-83.

ROMAN A, LUKASZEWSKI, DERMOT J, et al, 2005. Pathogenesis of *Yersinia pestis* infection in BALB/c mice: effects on host *Macrophages* and *Neutrophils*[J]. Infection and immunity, 73(11): 7142-7150.

（撰稿：胡延春；审稿：何宏轩）

鼠疫三次大流行史 three plague pandemics in history

鼠疫是由鼠疫杆菌引起的一种病情极为凶险的自然疫源性疾病。在国际检疫中被列为第1号法定的传染病，在《中华人民共和国传染病防治法》中列为甲类传染病。在人类历史上，鼠疫曾造成三次大流行，对人类社会产生重要影响，几乎覆盖人类活动的所有主要地区。

第一次鼠疫大流行 又名查士丁尼鼠疫、东罗马鼠疫、拜占庭鼠疫。

疫情记录 暴发于公元541年，首先出现在埃及，后传播到安纳托利亚（Anatolia），非洲北部地中海地区，传入欧洲，当时东罗马帝国又称拜占庭帝国的首都君士坦丁堡（Constantinople）（今伊斯坦布尔，Istanbul），在接下来的约50年里，鼠疫疫情持续在多地暴发流行，商船的运输、军队的调动都有可能与这次鼠疫大流行的疫情传播有关。在接下来的几个世纪里，直至约公元750年前后，鼠疫都在这些地区呈现出散发的状态。鼠疫疫情在君士坦丁堡造成约30万人的死亡，有历史记录表明：在君士坦丁堡内疫情最严重的时候，每天甚至有5000~10000人死亡。

历史意义 在当时的那个年代，如此大量的人口死亡，以致尸体根本来不及掩埋，当所有墓地堆满了尸体的时候，人们不得不将尸体堆满了船舱。城中食品供应和其他基本生活保障停滞，而缺乏食物导致出现了更多的鼠疫病例。鼠疫疫情导致社会混乱，贵族逃亡，平民溃散，军队失去战斗力，从而对东罗马帝国产生巨大的影响，导致其在与罗马帝国（Roman Empire）和其他周边政权的对抗中失去了力量，国力大减，最终加速了其解体和消亡。

学术研究 第一次鼠疫大流行的相关历史记录很少，主要来自于希腊历史学家Procopius在史书《苏达辞书》中的历史记录。而与之相关的传说和记录在阿拉伯语、叙利亚语、希腊语、拉丁语和古爱尔兰语写成的历史中都有所记录。历史记录中的第一次鼠疫大流行是模糊的，许多细节不得而知，透露出很多神话色彩。由于某些关于症状的记录中有黑色水疱的描述，甚至有人怀疑造成此次疫情是否与水痘或其他疾病有关。近年来，借助于现代生物信息学技术和考古学的新发现，提供了更多的关于这次鼠疫大流行的信息。目前，在位于德国的考古样地中已发现鼠疫杆菌，从而为支持第一次鼠疫大流行是由鼠疫造成提供了重要证据。

第二次鼠疫大流行（黑死病） 欧亚大陆历史上最严重的传染病之一，也是最具有历史意义的传染病大流行，主要发生于欧洲中世纪末期。

疫情记录 欧洲历史记录中，1347年开始鼠疫从欧洲东南部侵入。在欧洲大陆，鼠疫疫情的记录首先出现在热那亚、那不勒斯、威尼斯、马赛和地中海沿岸的数个港口。在港口首先出现疫情，或许与当时这些地区与中东的海运有关，鼠疫疫情在欧洲大陆的扩散速度非常快，1348年，鼠疫疫情出现在罗马、巴塞罗那、日内瓦、巴黎、威尼斯等很多欧洲大陆城市，甚至跨越英吉利海峡扩散到伦敦，1349年英伦三岛上约克、都柏林和欧洲大陆上的维也纳、法兰克福也都相继出现鼠疫。1350年疫情已经扩散到北欧，次年到达莫斯科。然后，鼠疫在欧洲大陆上持续流行了数百年之久，在多地引起局部大流行。其中严重的疫情包括：伦敦鼠疫的持续流行（1499—1500、1563、1578、1593、1603、1625、1636、1664—1665），爱丁堡鼠疫的持续流行（1530、1568—1569、1585、1597），佛罗伦萨鼠疫的持续流行（1417、1430、1630—1633），法国鼠疫流行（1450—1600、1625—1640）和马赛鼠疫（1720—1722），德国、奥地利和瑞士的鼠疫流行（1500—1510、1663—1668、1675—1683）。

图1 文艺复兴时期画家老彼得·勃鲁盖尔（Pieter Bruegel）反映黑死病时期的欧洲的名画《死亡的胜利》(The Triumph of Death，完成于1562年，现存马德里的普拉多博物馆）

奥斯曼土耳其帝国18世纪至19世纪中叶，鼠疫疫情成为当地被记录为重要的自然灾害。当今的俄罗斯、乌克兰和波兰等东欧地区在18世纪至19世纪初也是历史鼠疫流行的重要地区。

历史意义 第二次鼠疫大流行，尤其是其中最严重和波及面最大的黑死病是人类历史上对社会发展影响最大的一次传染病疫情，它极大地影响了欧洲这一现代文明起源地的历史发展进程。从疫情本身所造成的灾难性后果来看：鼠疫疫情造成大量的人口减少，贵族阶层大多逃离，农业和其他生产活动在疫情严重的地方几乎完全停止，社会秩序严重破坏，这无疑是人类发展史上的一场浩劫。但同时，由于教堂埋葬了许多鼠疫病人的尸体，而这些尸体依然具有很强的传染性，因而疫情对当时权力很大的教会造成了重要影响，从而使得政治权力的结构由于黑死病疫情流行被洗牌。

学术研究 第二次鼠疫大流行尤其是黑死病一直是世界范围内社会科学和自然科学共同的研究热点。大量研究从政治、经济、历史、生物、考古、医学等不同的角度进行了分门别类同时又学科交叉的研究。生物学研究表明：根据北欧的研究史料可知，黑死病不仅在欧洲大陆大规模流行，而且在斯堪的纳维亚半岛上也大面积暴发，由于疫情最严重的是海岸地区，而半岛内部疫情并不严重，同时结合黑死病在地中海地区的港口登陆，所以疫情与海运应当存在关联，且历史记录表明北欧的疫情应当是从英国传播而来的。黑死病对人口的增长影响很大，在当时甚至由于疫情人口出现负增长。黑死病的流行对从疫情来源来看，可能与13、14世纪蒙古军队西征有关，军队携带病原从中亚传播进入欧洲。当时中亚的气候环境等条件可能有利于鼠疫病原的传播扩散。黑死病的传播过程，除了通过历史记录以外，采用数学模型的手段也可以被部分重建。采用数学模型的研究还反映出鼠疫可以保存在较小的种群中，待外部环境适宜便可以再次大流行。通过考古及分子生物学研究，已在欧洲多地区数千年的古墓中分离到了鼠疫病原体的DNA片段。

第三次鼠疫大流行 是流行范围最广、时间最长、影响人口最多的传染病大流行之一，波及南极洲以外的所有大陆，几乎遍及所有人口密度较高的地区。

疫情记录 第三次鼠疫大流行自1772年在中国云南出现，1850年前后传出云南到广西北海，后又在中国南部沿海地区传播流行。1894年鼠疫在中国广州大流行，后又传至香港，自香港起扩散至世界其他地方。鼠疫也在中国北方传播，1910年、1920年东北相继发生两次鼠疫大流行。1772—1996年间，中国共有21个省（自治区、直辖市）、559个县（市、旗）记载鼠疫流行，估计共250余万人感染，220万人死亡。发病最多的是云南、福建和广东。其次为内蒙古、海南、黑龙江、台湾、吉林和广西。其他地区相对较轻，期间发病人数在2万人以下，依次是：陕西、山西、辽宁、浙江、江西、青海、河北、甘肃、宁夏、西藏、新疆和上海。鼠疫在19世纪50年代之前就已经流行于中国西南的云南，比西方记录中鼠疫在中国的其实流行年代早得多。

1772年鼠疫在《鹤庆县志》中被记录，开始在云南连续流行，1867年鼠疫开始在云南省外流行，1894年鼠疫在广州、香港大流行，1946年鼠疫在全国的流行疫点数达到最高值。1856—1949年间是鼠疫在中国近代最为肆虐的时期，这段时期的鼠疫感染人数和致死人数多、流行波及范围广，鼠疫曾多次严重暴发。1901—1903年，南方家鼠鼠疫地区，每年死于鼠疫者5万~8万多人。1910—1911年，东北三省及内蒙古东部第一次肺鼠疫大流行，由满洲里开始沿铁路传至黑龙江、吉林、辽宁、河北、山东诸省，不完全统计死亡6万~7万人。1920—1921年，东北第二次肺鼠疫大流行，死亡达8500余人。1917—1918年内蒙古西部及陕西等地肺鼠疫大流行，死亡14000人。1928—1931年，内蒙古、山西、陕西等地鼠疫大流行，死亡近5000人。1947—1948年，东北及内蒙古东部鼠疫大流行，死亡达3万人。这一时期鼠疫在南方的严重流行一般被认为是由外地传入的。福建是南方鼠疫流行最为严重的地区。《福建通志》上1848年之前并无有关鼠疫发生的任何记录。胡继春珍存家传医书中提到"夫鼠疫之发疫，自古未闻，方书也未记载，此风系自外流滥中国……"伍连德提出鼠疫是在1894年由香港侵入厦门。福建鼠疫自1894年厦门最早开始，直至1952年止，流行58年，染疫57县市、268镇、2245个乡、12118个村街，发病825512人，死亡712466人。

广东1867—1952年的86年中除1868、1869、1870年以外，流行83年，发病486137人，死亡477975人。1867年有明确记录记载鼠疫流行于北海，当时外国势力取得海关最惠国待遇，北海是重要的海运码头，鼠疫很有可能是由海运而来。1894年是鼠疫在广东流行最严重的年份。广州和香港鼠疫流行造成了大量病人死亡，伍连德估计1894年广州因鼠疫死亡的病人大约有7万人。香港鼠疫流行自1894年5月开始流行，死亡人数约2550人。在这一年，日本人北里和瑞典裔法国人亚历山大·伊尔森首次在治疗病人和尸检中分离并发现了鼠疫杆菌（Yersinia pestis）。

广西由于某些历史原因，鼠疫记录很不完整。据《中国鼠疫流行史》记载，仅43县市，流行62年，死亡数千人，但不排除有相当数量的鼠疫病例并未被统计在内。1944年以后，鼠疫在广西逐渐消失。浙江人间鼠疫较早的记录始于1929年，1929—1950年间鼠疫发生19县市，271个居民点流行，发病7949人，死亡约5576人。江西人间鼠疫最早流

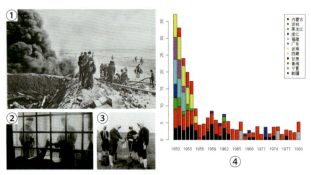

图2 第三次鼠疫大流行期间的中国抗疫
① 1910年中国东北第一次鼠疫流行期间由于冻土、传染性和来不及掩埋等原因，焚烧鼠疫病人尸体的惨状。② 对东北鼠疫流行阐明肺鼠疫的传播途径后，1920年前后在哈尔滨设置得早期隔离病房，图片来自伍连德《鼠疫概论》(1937)。③ 新中国成立后对鼠疫自然疫源地进行鼠类调查、病检，图片提供者：纪勇。④ 1950年至1980年间的人间鼠疫病例。请注意由于数值波动过大，纵坐标经过对数转化。数据来自《中国鼠疫及其防治，1950—1980》（中共中央地方病防治领导小组办公室，1981）。

行于1942年，感染11个县市，发病2945人，死亡1530人。

东北历史上除了零星散发外，曾经发生过两次肺鼠疫大流行。第一次鼠疫流行，发生于1910年9月下旬至1911年4月终息。1910年夏季鼠疫流行前夕，猎人有11000人之多，是鼠疫感染的高危人群。文献记载，1910年7月，满洲里东北根河附近原住民间最早流行鼠疫。流行区域覆盖东北73个县市，死亡人数保守估计44035人。第二次鼠疫流行最初患者是工人，覆盖了91个县市，死亡人数保守估计9300人，其中有部分俄国人（东北地区人类鼠疫流行史资料，1957）。

内蒙古自治区是鼠疫发生的又一严重地区，这与内蒙古草场广阔，鼠疫宿主种类和密度、媒介指数较高有关。1893年，新巴尔虎右旗牧人在满洲里附近捕食旱獭剥皮时被感染鼠疫，全家均被鼠疫感染致死，造成鼠疫在当地暴发是内蒙古较早的鼠疫记录。由于内蒙古东北部和东北三省毗邻，所以在1910—1920年东北期鼠疫大流行期间，内蒙古地区均有鼠疫病例发生。1928年和1947年，鼠疫在内蒙古再次大流行。该地区的鼠疫流行期间，多观察到鼠密度很高和大量的死鼠，这也使得内蒙古地区成为中国鼠疫的重要疫源地区之一。1949年以后多个鼠疫疫源地在这一地区被确立，一直是鼠疫防治的重点区域，同时也是研究鼠疫生态学的重要地区。

1949年以后，由于中国政治、军事、经济、社会的稳定和秩序的重新建立与医疗卫生条件的逐步改善，人间鼠疫得到了有效的控制，鼠疫在中国南方除了云南时有发生外，流行逐步绝迹。但鼠疫流行明显开始在西部地区活跃。青海、甘肃、宁夏、新疆成为鼠疫在中国的主要活动地区，但由于医疗卫生事业的发展尤其是鼠疫监测机构网络的有效建立，对鼠疫的防治起了很大的作用。2009年8月1日，中国卫生部报告了鼠疫的流行，青海省一位32岁男性牧民感染鼠疫，并引起肺鼠疫，12人感染，1人死亡，这说明鼠疫虽然在中国已被有效控制，鼠疫杆菌仍在疫源地内，鼠疫仍具备流行的条件，在适宜条件下仍能够引发多人感染。

除了中国以外，第三次鼠疫大流行期间亚洲鼠疫流行严重的国家主要在东南亚和南亚，出现病例的国家包括：阿富汗、阿塞拜疆、印度、柬埔寨、格鲁吉亚、印度尼西亚、伊朗、伊拉克、以色列、日本、约旦、哈萨克斯坦、老挝、黎巴嫩、马来西亚、蒙古、缅甸、菲律宾、越南、斯里兰卡、泰国、尼泊尔、巴基斯坦、沙特阿拉伯、新加坡、韩国、叙利亚、土耳其、土库曼斯坦、也门。

哈萨克斯坦巴尔喀什湖（Lake Balkhash）地区是中亚最重要的鼠疫疫源地，是苏联时期鼠疫防控、研究的主要样地，对该地区的鼠疫研究成果不仅对世界范围内鼠疫研究的理论和方法产生重要影响，也对中国的鼠疫防疫发挥过积极作用。越南是鼠疫活跃时间较长的国家，有记录早在1901年鼠疫已经在越南出现，肺鼠疫在1925年暴发。直至1980—1997年间，鼠疫仍然在越南每年都报告，共计3973例病例，其中197例死亡病例，占到同时期整个亚洲鼠疫病例的61.1%。因而越南成为鼠疫研究的重要地点，对动物间鼠疫提供重要研究样本。

第三次鼠疫大流行期间北美洲和南美洲鼠疫病例曾经出现过的国家包括：阿根廷、玻利维亚、巴西、智利、哥伦比亚、厄瓜多尔、巴拉圭、特立尼达和多巴哥、乌拉圭、委内瑞拉、巴巴多斯、危地马拉、海地、牙买加、墨西哥、尼加拉瓜、秘鲁、巴拿马、美国。

1900年人间鼠疫在位于美国西海岸的旧金山海港暴发，之后鼠疫在美国逐渐向东扩散，40年间横跨约2250km，造成400~500例人间鼠疫病例，相当长的时间里人间鼠疫或动物间鼠疫没有越过西经102°经线，因此102°经线被称为鼠疫经线，但最终被鼠疫跨过了该线。

第三次鼠疫大流行期间欧洲鼠疫病例出现过的国家包括：比利时、波斯尼亚、黑山、克罗地亚、捷克、丹麦、芬兰、法国、德国、希腊、匈牙利、爱尔兰、意大利、马其顿、马耳他、摩尔多瓦、西班牙、荷兰、波兰、葡萄牙、罗马尼亚、俄罗斯、塞尔维亚、斯洛伐克、斯洛文尼亚、瑞典、英国、塞浦路斯。欧洲在第三次鼠疫大流行期间几乎没有本地疫源性的鼠疫暴发，病例记载属于零星记录，且大多与海外运输有关联，属于输入性病例，或由于输入性货物中携带的鼠疫病原体感染造成。同时也不能排除少量病例是由于第二次鼠疫大流行的末期遗留下来的病原偶发性感染，但目前尚证据不足。

第三次鼠疫大流行期间非洲鼠疫流行严重的国家包括：阿尔及利亚、安哥拉、贝宁、博茨瓦纳、喀麦隆、刚果民主共和国、埃塞俄比亚、冈比亚、加纳、肯尼亚、莱索托、利比亚、马达加斯加、马拉维、毛里求斯、摩洛哥、莫桑比克、塞内加尔、南非、纳米比亚、尼日利亚、刚果共和国、卢旺达、塞拉利昂、苏丹、坦桑尼亚、多哥、突尼斯、乌干达、赞比亚、津巴布韦。

1898年鼠疫病例出现在马达加斯加的海港，这是该国记录中有时间可查的最早病例。1921年鼠疫进入该国中部超过700m的高海拔地区，从而在此地形成稳定的疫源地。人间病例常出现在高温潮湿的季节。1980—1997年间，共计5986例病例和493例死亡病例报道，占非洲病例的31%。鼠疫自然疫源地广泛分布于该国的6个省，由于存在持续病例报道，加之该国疫源地分布的明显垂直地带性和岛屿特性，马达加斯加是重要的鼠疫研究地区。1980—1997年间，共计7246例病例和585例死亡病例出现在坦桑尼亚，占非洲病例的37.5%，并且该国鼠疫一直都是全球鼠疫病例的主要报道国家。由于特殊的生态环境和相对落后的经济发展和医疗卫生水平，造成居民与鼠类宿主的接触较多，从而是非洲大陆上鼠疫流行的典型环境，具有一定代表性。

澳大利亚悉尼海港1900年曾暴发鼠疫，首例病例出现在1月末，截至当年7月28日，共计出现302例病例，其中102例死亡。

历史意义 第三次鼠疫大流行，是距离我们最近的一次大流行。它使得我们真正采用科学的态度认识了这种对人类历史有过重大影响的传染病，以1894年鼠疫的病原体在香港被首次分离到为重要标志，开启了人类从本质上认清这种烈性传染病的时代，而对鼠疫的防控开始进入全球时代和高科技时代，人类明确认识到海运等交通运输方式对于鼠疫传播的重要作用，在对鼠疫的防控过程之中完成对烈性传染病控制的基本经验积累。对中国而言，1910年和1920年东北鼠疫的两次大流行是惨痛的记忆，甚至有的鼠疫防疫人员感染和病死率达到80%，有些地方存在"鼠疫屠城"一般的结果。但从这场灾难中，产生了中国最早的专业烈性传染病的防控人员，鼠疫的研究和经验对其他传染病提供了研究范本。1911年4月3日至28日在沈阳召开"万国鼠疫研究会议"是中国近代以来最早的国际学术会议。伍连德是中国首位诺贝尔奖被提名人。全球来看，虽然有人仍然坚持第三次鼠疫大流行还在持续之中，鼠疫被划分为新发和再出现感染病（emerging and reemerging diseases），由于生物武器、气候变化、全球化等风险因子仍存在再次暴发的风险。但人类在绝大多数历史上暴发过鼠疫的地区内基本控制住了鼠疫流行是客观事实，由于科学认知水平进步，卫生环境改善，出入境检验检疫水平提高，交通运输工具发展，鼠疫再次暴发世界大流行的可能性并不大，所以第三次世界鼠疫大流行很可能是鼠疫的最后一次大流行，故而，第三次鼠疫大流行为今天的人们"完整地观察到这个人类历史上影响最为巨大的传染病的千年动态现象，总结流行规律，提高防控认识，探索科学本质"画上了一个时代的符号。

学术研究 一百多年以来，对鼠疫的认识和研究从未停滞。从认知层面，鼠疫病原体的成功分离、媒介—宿主—病原—环境的鼠疫自然疫源地被逐步认识，空气中飞沫传染肺型鼠疫、败血型鼠疫转化的传染病研究成为对鼠疫的基本认识。从防控层面，鼠疫病原的检测技术、疫区的认定、划分和隔离，鼠疫病人的隔离防护手段，鼠疫疫点的处理等手段成为烈性传染病的范本。从科研层面，生命科学领域，宏观生态学研究主要聚焦在鼠疫与环境的关系，微观分子流行病学、基因组学主要聚焦在鼠疫病原的进化和系统发育问题。鼠疫杆菌的溯源问题和历史流行问题成为热点。历史学领域研究热点为鼠疫动态与人类社会的发展问题。

参考文献

刘云鹏, 谭见安, 沈尔礼, 2000. 中华人民共和国鼠疫与环境图集[M]. 北京: 科学出版社.

伍连德, 陈永汉, 伯力士, 等, 1937. 鼠疫概论[M]. 上海海港检疫所: 33.

ACHTMAN M, ZURTH K, MORELLI G, et al, 1999. *Yersinia pestis*, the cause of plague, is a recently emerged clone of *Yersinia pseudotuberculosis*[J]. Proceedings of the national academy of sciences of the United States of America, 96(24): 14043-14048.

ACHTMAN M, 2016. How old are bacterial pathogens?[J]. Proceedings biological sciences, 283(1836): 20160990.

BRAMANTI B, STENSETH NC, WALLØE L, et al, 2016. Plague: A disease which changed the path of human civilization[M]// Yang R, Anisimov A. *Yersinia pestis*: Retrospective and Perspective. Edited by Dordrecht: Springer Netherlands: 1-26.

CUI Y J, YU C, YAN Y F, et al, 2013. Historical variations in mutation rate in an epidemic pathogen, *Yersinia pestis*[J]. Proceedings of the national academy of sciences of the United States of America, 110(2): 577-582.

DAVIS S, BEGON M, DE BRUYN L, et al, 2004. Predictive thresholds for plague in Kazakhstan[J]. Science, 304(5671): 736-738.

FANG X Y, XU L, LIU Q Y, et al, 2011. Ecological-geographic landscapes of natural plague foci in China I. Eco-geographic landscapes of natural plague foci[J]. Chinese journal of epidemiology, 32(12): 1232-1236.

GIORGI E, KREPPEL K, DIGGLE P J, et al, 2016. Modeling of spatio-temporal variation in plague incidence in Madagascar from 1980 to 2007[J]. Spatial and spatio-temporal epidemiology, 19: 125-135.

INGLESBY T V, DENNIS D T, HENDERSON D A, et al, 2000. Plague as a biological weapon: Medical and public health management[J]. The journal of the America medical association, 283(17): 2281-2290.

LITTLE L K, 2007. Plague and the end of antiquity: the pandemic of 541-750[M]. Cambridge: Cambridge University Press.

MORELLI G, SONG Y J, MAZZONI C J, et al, 2010. *Yersinia pestis* genome sequencing identifies patterns of global phylogenetic diversity[J]. Nature genetics, 42(12): 1140-1143.

PERRY R D, FETHERSTON J D, 1997. *Yersinia pestis*-etiologic agent of plague[J]. Clinical microbiology reviews, 10(1): 35-66.

RASMUSSEN S, ALLENTOFT M E, NIELSEN K, et al, 2015. Early Divergent Strains of *Yersinia pestis* in Eurasia 5,000 Years Ago[J]. Cell, 163(3): 571-582.

STENSETH N C, ATSHABAR B B, BEGON M, et al, 2008. Plague: past, present, and future[J]. PLoS medicine, 5(1): 9-13.

XU L, LIU Q, STIGE L C, et al, 2011. Nonlinear effect of climate on plague during the third pandemic in China[J]. Proceedings of the national academy of sciences of the United States of America, 108(25): 10214-10219.

（撰稿：许磊；审稿：张知彬）

鼠疫自然疫源地　natural plague foci

鼠疫自然疫源地是鼠疫杆菌在自然环境中保存和流行的生物—地理系统。

鼠疫杆菌在自然环境中的保存方式，通常由"鼠疫杆菌（病原）—宿主—媒介—生态地理环境"所组成。其中鼠疫宿主主要以啮齿类动物为主，鼠疫媒介主要以跳蚤、蜱为主，生态地理环境包含当地的土壤、植被等环境因子。鼠疫自然疫源地广泛分布于全球除南极洲以外的各个大洲。中国学者长期以来对鼠疫自然疫源地类型进行了分类，分为12型、19亚型。对鼠疫自然疫源地的划分采用两级分型法，三项指征命名法。中国鼠疫自然疫源地分型研究是揭示中国鼠疫自然疫源地结构与功能、掌握鼠疫生物学基本规律及建立鼠疫自然疫源地理论体系的基础，有助于揭示鼠疫杆菌起源进化规律及对世界鼠疫科学基本规律的认识，也为中国鼠疫预防控制、应急反恐、生物安全及其监测预警技术平台体系建设奠定基础。

参考文献

方喜业, 杨瑞馥, 许磊, 等, 2012. 中国鼠疫自然疫源地分型研究Ⅶ. 中国鼠疫自然疫源地分型生物学特征[J]. 中华流行病学杂志, 33(11): 1144-1150.

（撰稿：许磊；审稿：张知彬）

鼠—种子互作系统 seed-rodent interaction

鼠—植物之间基于种子取食和传播的相互关系，称为鼠—种子互作系统。

种子传播是植物更新的重要阶段，是很多植物更新和种群扩散的限制因素。种子植物能否成功地繁殖后代、实现更新和种群扩散，除需生产足够的种子外，还取决于种子是否能够到达适宜萌发和幼苗生长的位点，并最终萌发和建成幼苗。林木种子是鼠类的重要食物资源，鼠类与植物种子构成取食关系。为适应食物资源的季节性波动，许多鼠类进化形成了贮藏食物的习性，即在食物丰富的秋季，鼠类将大量的种子搬运到洞穴、石缝、树洞等集中贮藏，或者分散埋藏在家域中的土壤浅层、枯枝落叶等处，以备冬季食物短缺时利用。一些分散埋藏的种子如果逃脱动物取食，并遇到合适的温度、水分、光照等环境条件，即可萌发并最终建成幼苗。鼠类的取食作用会造成种子损失，甚至造成植物因种子资源不足而更新困难。但是，鼠类分散贮藏种子的行为，客观上帮助植物传播了种子，对植物更新、种群扩散等具有积极意义。在"鼠—种子"互作系统中，植物和鼠类之间形成了稳定的互惠关系，鼠类获取食物，可保证其在食物短缺期的生存和来年春天的繁殖，植物则得以实现种子传播、更新和种群扩散。"鼠—种子"相互作用是森林生态系统中的重要互作关系，也是长期自然选择的结果，对维持森林生态系统结构稳定、功能完善、动态与演替等具有重要意义，同时也是生态恢复、森林保育与管理中不可忽略的重要关系。

研究历史与现状 关于"鼠—种子"互作系统的研究最早见于20世纪30年代。早期主要关注鼠类对植物种子的取食、种子库损失而影响植物更新，更多强调鼠类作为影响因素对植物种子命运的负面作用。40~70年代，仅有少量报道涉及鼠类对植物种子传播和更新的影响，极少有专门针对鼠类种子贮藏行为以及"鼠—种子"相互作用的研究。80年代以后，相关研究才逐渐发展和繁荣起来，形成生态学研究的重要领域。研究内容主要涉及：①鼠类的种子贮藏行为及其对种子命运的影响。如取食和贮藏种子的鼠类及其生态行为习性、鼠类对种子的选择、贮藏和传播、传播距离、贮藏点微生境选择、贮藏点大小、种子埋藏深度、多次传播及其对种子命运及更新的影响、种内种间盗食对种子贮藏行为的影响等。针对动物贮藏行为的起源与演化、鼠类的功能性反应等建立了比较系统的理论，如快速隔离假说、互惠盗食假说、避免盗食假说等，很多假说在"鼠—种子"系统中得以验证。②种子特征及其对鼠类贮藏行为的影响。如种子大小、形态、营养、吸引与防御特征、大年结实等。针对种子大年结实建立的捕食者饱和假说、种子传播假说，强调大年结实对鼠类行为的调控和种子存活、传播和更新的影响。③"鼠—种子"间的相互作用和互惠关系，从协同进化和生态网络的角度研究"鼠—种子"间的相互作用及其与生态系统稳定性的关系，并建立了系统的理论。在"鼠—种子"系统中，植物并非完全处于被动地位，而是可以通过调节种子特征来调控鼠类的种子贮藏行为，提高种子传播效率。植物的主要调节方式有：生产大种子、提高营养回报：大种子可以提供更多的营养物质，鼠类通常喜欢贮藏大种子，且被贮藏得更远，存留时间更长，更容易建成健康幼苗。增加处理成本，"迫使"鼠类贮藏种子：植物利用种子的营养物质吸引鼠类的同时，又通过增加种子壳（如内果皮）厚度或次生化学物质（如单宁）含量等增加处理或取食成本，迫使鼠类贮藏这些种子。吸引与防御平衡：通过鼠类传播的种子，通常既有吸引鼠类的特征，同时也有防御鼠类过度捕食的特征，鼠类喜好取食或贮藏吸引和防御相对平衡的种子。大年结实：暴发式地产生大量种子不仅能在短时间内使动物取食达到饱和，保证大量种子存留，而且能刺激鼠类的贮藏行为，贮藏更多种子，最终促进种子的传播。

中国关于"鼠—种子"互作系统的研究历史与现状 1954—1956年，著名兽类学家寿振黄、夏武平等在小兴安岭森林采伐地区开展红松直播防鼠害的研究，于1958年出版了《红松直播防鼠害之研究工作报告》。1975年起，舒风梅等在东北林区研究了棕背䶄、红背䶄等鼠类种群的周期波动及与红松种子的关系。1996年前后，张知彬等在北京东灵山地区开展了鼠类对山杏、辽东栎等植物种子的取食和传播研究。北京师范大学刘定震研究组、中国科学院西双版纳热带植物园的陈进、王博研究组、东北林业大学马建章研究组等也开展了较系统的研究工作。迄今为止，中国有十余个团队100余人从事"鼠—种子"互作系统研究，已发表研究论文200余篇。中国关于"鼠—种子"系统研究的科学问题及内容主要包括：①鼠类的种子贮藏行为及其对种子命运的影响，关注鼠类对种子的取食、贮藏选择，种子传播的距离、贮藏点微生境、贮藏点大小、埋藏深度、多次贮藏、种子找回与利用以及最终对种子命运和更新的影响，种内、种间盗食、捕食风险等对鼠类贮藏行为的影响，同域分布鼠类间基于种子取食和贮藏的相互关系等。②植物种子特征对鼠类贮藏行为的影响，关注种子大小、形态、生理及营养、结实特征、物理化学防御等对鼠类种子取食和贮藏行为的影响,并最终影响种子命运和更新。③"鼠—种子"互作网络与生态系统稳定性机制,关注"鼠—种子"间基于取食、贮藏、传播的互作网络,构建生态网络体系并探讨生态系统网络结构复杂性与稳定性的关系以及在生态恢复、森林保育与管理等方面的意义。④大尺度范围"鼠—种子"互作系统比较研究,关注不同纬度地带、不同区域"鼠—种子"的互作关系,寻求不同地域系统的普遍规律和特性。⑤种子标记方法,张知彬等创立了金属片种子标记法,并为国内研究者普遍采用或改进后使用。

"鼠—种子"互作系统研究重点建议 ①模型研究。利用数学模型研究,建立原创性生态学理论。②大数据研究。利用相同的方法,长期监测,在大时间和空间尺度上研究分析"鼠—种子"互作关系。③加强"鼠—种子"生态网络构建。研究生态网络复杂性与稳定性。④基于"鼠—种子"互作系统研究的森林生态系统恢复和重建研究。

参考文献

李宏俊, 张知彬, 2000. 动物与植物种子更新的关系I. 对象、方法与意义[J]. 生物多样性, 8(4): 405-412.

李宏俊, 张知彬, 2001. 动物与植物种子更新的关系II. 动物对种子的捕食、扩散、贮藏及与幼苗建成的关系[J]. 生物多样性, 9(1): 25-37.

寿振黄, 王战, 夏武平, 等, 1958. 红松直播防鼠害之研究工作报告[M]. 北京: 科学出版社: 257-258.

舒风梅, 杨可兴, 郭明仁, 等, 1975. 伊春林区鼠害与测报意见[J]. 动物学报, 21(1): 9-17.

张知彬, 王福生, 2001. 鼠类对山杏种子存活和萌发的影响[J]. 生态学报, 21(11): 1761-1768.

张知彬, 2001. 埋藏和环境因子对辽东栎(Quercus liaotungensis Koidz)种子更新的影响[J]. 生态学报, 21(3): 374-384.

VANDER WALL S B, 1990. Food Hoarding in Animals[M]. Chicago: The University of Chicago Press.

VANDER WALL S B, 2010. How plants manipulate the scatter-hoarding behaviour of seed-dispersing animals[J]. Philosophical transactions of the Royal Society B: Biological sciences, 365: 989-997.

ZHANG Z B, WANG Z Y, CHANG G, et al, 2016. Trade-off between seed defensive traits and impacts on interaction patterns between seeds and rodents in forest ecosystems[J]. Plant ecology, 217: 253-265.

ZHANG Z B, XIAO Z S, LI H J, 2005. Impact of small rodents on tree seeds in temperate and subtropical forests, China[M]//Forget P M, Lambert J E, Hulme P E, et al. Seed Fate: Predation, Dispersal and Seedling Establishment. Wallingford, UK: CABI Publishing: 269-282.

(撰稿:张洪茂;审稿:路纪琪)

双杀鼠灵　dicoumarol

一种在中国未登记的杀鼠剂。又名敌鼠害。化学式$C_{19}H_{12}O_6$,相对分子质量336.29,熔点287~293℃。白色或浅黄色粉末,溶于碱、吡啶,微溶于氯仿、苯,不溶于水、醇、醚,味苦有臭味。双杀鼠灵是一种中等毒性的杀鼠剂,误食后立即饮用大量温水催吐、就医。双杀鼠灵对大鼠的口服半致死剂量(LD_{50})为250mg/kg。

(撰稿:宋英;审稿:刘晓辉)

双鼠脲　bisthiosemi

一种在中国未登记使用的急性杀鼠剂。又名N', N'-甲叉二(氨基硫脲)。化学式$C_3H_{10}N_6S_2$,相对分子质量194.3,熔点171~174℃。白色结晶,不溶于水和有机溶剂,可溶于二甲亚砜。在水中逐渐分解。在酸和碱介质中,分解加速。是一种速效杀鼠剂,杀鼠作用很快。中毒的鼠肺水肿和出血。双鼠脲对雄小白鼠、雌小白鼠、雄豚鼠、雌豚鼠的口服半致死剂量(LD_{50})分别为30.4mg/kg、50mg/kg、32mg/kg、36mg/kg。

(撰稿:王大伟;审稿:刘晓辉)

水　water

鼠类重要的营养物质,也是鼠类机体的组成成分,约占鼠类体重的60%。同时,对机体的消化、吸收、转运、废物排泄有着重要的作用。蛋白质代谢产物主要以尿酸或胺形式排泄。

鼠类自摄入的食物、饮水、养分代谢3个途径获取水分。机体每氧化1g淀粉产生0.56g水,1g蛋白质形成0.39g水,氧化1g脂肪可形成1.07g水。鼠类则自体表或呼吸蒸发、尿液及粪便丢失水分。食谷性鼠类自种子获取的可消化营养成分较多,自粪便和尿液丢失的水分较少,而植食性鼠类摄食的植物消化率低,自粪便丢失的水分较多,同时,植物含水量随生长阶段和季节而变化。在深秋和冬季,植物枯萎,其含水量较低,植食性鼠类需通过饮水而满足机体的需水量。在夏季,鼠类通过减少洞外活动时间或改变行为模式,降低调节机体体温平衡的热负荷,以减少水分的丢失。

生活于北美莫哈韦沙漠的羚松鼠(Ammospermophilus leucurus)仅采食极度干燥的种子很难满足机体对水分的需求,羚松鼠开始采食昆虫获取水分,并排出极干的粪便和高度浓缩的尿液度过漫长的旱季(5~12月),在雨季则开始采食鲜嫩的植物而获取水分。栖息于西南非纳米布沙漠的西南非沙鼠(Gerbillurus paeba)和条纹鼠(Rhabdomys pumilio)在旱季停止繁殖,如果给上述两种鼠类补充饮水,两种鼠类在旱季继续繁殖哺乳。摄入的植物次生化合物降解代谢产物须溶解于水中,经尿液排出体外,从而增加机体的需水量。同时有些次生代谢物为利尿剂,会阻止肾脏对钠离子的吸收,从而增加机体的酸碱平衡负荷和水平衡。

参考文献

BRONSON F H, 1989. Mammalian reproductive biology[M]. Chicago: The University of Chicago Press.

CHRISTIAN D P, 1979. Comparative demography of three

Namib Desert rodents: Responses to the provision of supplementary water[J]. Journal of mammalogy, 60: 679-690.

DEARING M D, MANGIONE A M, KARASOV M H, 2001. Plant secondary compounds as diuretics: An overlooked consequence[J]. American zoologist, 41: 890-901.

KARASOV W H, 1983. Water flux and water requirement in free living antelope ground squirrels, *Ammospermophilus leucurus*[J]. Physiological zoology, 56: 94-105.

ROBBINS C T, 1993. Wildlife feeding and nutrition[M]. 2nd ed. California: Academic Press.

(撰稿：李俊年；审稿：陶双伦)

水代谢 water metabolism

水分进入有机体与排出有机体的过程。又名水平衡（water balance，or fluid balance）。动物的水分摄入包括两种方式：一种是食物中本身含有的水，称为育成水（performed water）；一种是代谢水（metabolic water），指的是食物成分氧化代谢产生的水分。荒漠食谷的（granivorous）啮齿类所食的种子类水分含量通常较低，但能产生大量代谢水。故主要依赖增加食物中的代谢水而存活，是对干旱缺水的荒漠环境的一种适应方式。代谢水的生成主要取决于环境的相对湿度以及食物中三大营养物质（碳水化合物、蛋白质和脂肪）的含量。环境中相对湿度较低时，碳水化合物氧化可获得净代谢产水（net metabolic water gain），脂肪和蛋白质氧化则导致水分散失（net water loss），主要是尿失水增加。故食谷的啮齿类在相对湿度较低的荒漠环境中获得最大代谢产水的方式是获取碳水化合物含量较高、而蛋白质和脂肪含量较低的食物，以满足能量和水分的共同需求。而水分从有机体排出的方式包括通过皮肤、呼吸道以及汗腺散失的蒸发失水（evaporative water loss），以及通过粪便、尿液排出的粪尿失水。荒漠环境啮齿类的蒸发失水普遍低于湿润环境的相似物种，尿液也更为浓缩。

参考文献

FRANK C L, 1988. Diet selection by a heteromyid rodent: Role of net metabolic water production[J]. Ecology, 69: 1943-1951.

SCHMIDT-NIELSEN K, SCHMIDT-NIELSEN B, 1952. Water metabolism of desert mammals[J]. Physiological reviews., 32: 135-166.

(撰稿：徐萌萌；审稿：王德华)

水稻鼠害 rodent damage in rice field

发生在水稻种植区的鼠类危害，统称为水稻鼠害。危害水稻的害鼠主要有黑线姬鼠、褐家鼠、黄胸鼠、黄毛鼠等，长江三角洲以黑线姬鼠为优势种，珠江三角洲以黄毛鼠为优势种。鼠类对水稻的危害一年四季都在进行，其危害损失率达5%~40%，一些地区农田鼠害已大大超过水稻主要病虫的危害损失，给农业生产造成极大威胁。鼠类对水稻的危害主要是取食作物的茎、叶和种子等。鼠类在水稻播种后即开始危害，首先在两段育秧或旱育秧的苗床中危害，主要取食田块周围秧苗的种子部分，在田中间也有危害，鼠类取食水稻幼苗根部的种胚后，幼芽部分残留于田中，慢慢腐烂，秧田中随时可见鼠类行走的足迹，行走路线多靠田埂、田后坎。在水稻分蘖盛期，主要是咬断禾株，部分拖回洞内取食，一般离地面6cm左右啃咬稻基部，呈破碎麻丝状。在水稻孕穗期，咬破刚孕穗的稻株，形成枯心苗；盗吃成熟的稻穗，造成断穗。在水稻成熟期，主要盗吃谷粒，咬断穗颈，严重时将稻株压倒，大肆糟蹋，造成严重损失。

水稻鼠害危害程度与稻作类型、品种、生育期、田间环境等有密切的关系，其中与生育期的关系较为明显。在长江流域稻区，稻谷减产率随着害鼠密度增加而提高，在相同的害鼠密度下，一季中稻的损失高于双季早、晚稻，晚稻穗期损失显著高于分蘖期。

在广东，黄毛鼠危害各生育期水稻植株数及产量损失明显不同，黄熟期主要咬断植株，取食穗中部分谷粒，孕穗期主要咬断植株，剥吃幼穗，分蘖期至拔节期主要咬断植株，取食稻茎，以孕穗至灌浆期咬断植株最多，其次是分蘖至拔节和拔节至剑叶始出，以黄熟期最少，各生育期被害株数差异极为显著。危害各生育期水稻所造成的产量损失差异极显著，水稻孕穗至灌浆期，植株受害重，补偿能力差，产量损失最多，甚至有效穗全部被毁光，拔节至剑叶始出产量损失次之，分蘖至拔节期受害苗数比拔节至剑叶始出期多65.9%，仅因其补偿能力较强，产量损失反而比后者少17.5%。

在贵州余庆，水稻不同生育期黑线姬鼠种群数量具有显著差异，水稻4月播种时，田间黑线姬鼠密度较低，为7.57%，5月以后，水稻进入分蘖期、孕穗抽穗期，黑线姬鼠活动频繁，分蘖期咬断禾株，孕穗期取食幼穗，田间种群数量达到高峰，捕获率为22.23%和13.02%，为播种期的2.9倍和1.7倍，为成熟期的3.4倍和2.0倍，两者之间差异显著。分蘖期，水稻株受害率达4.60%，9月水稻日趋成熟，黑线姬鼠咬吃稻谷，但数量不大，捕获率下降到6.61%。在贵州岑巩，水稻孕穗期黑线姬鼠捕获率为8.50%，为苗期2.50%的3.4倍，为成熟期2.25%的3.8倍，两者之间差异显著。

四川、贵州、广东、江西、浙江、江苏、安徽先后开展了水稻鼠害危害损失测定及防治指标研究，明确了水稻播种期、分蘖期、穗期、乳熟期、黄熟期、成熟期害鼠数量（鼠密度）与受害损失率之间的数量关系，经统计回归分析，水稻不同生育期鼠密度（X）与产量损失率（Y）之间的数量关系呈极显著的直线正相关，说明水稻产量损失随着田间鼠密度上升而不断增加，建立的鼠害损失测定公式见表。同时，根据鼠害损失测定公式和经济允许损失公式，制定了适合当地的水稻鼠害防治指标，并在农区灭鼠中推广应用。

中国科学院亚热带生态农业研究所对湖南洞庭湖稻区害鼠群落及其对水稻的危害进行系统调查，采用多元回归分析法，对稻田害鼠复合防治指标进行了探讨，水稻生育期（5~10月）东方田鼠占总鼠数的39.46%，黑线姬鼠占47.45%，共占总鼠数的85.43%，为洞庭湖区稻区农田的主要优势鼠种。统计水稻损失率与害鼠密度的关系，采用多元回归分析，建立了水稻损失率（Y）与害鼠密度（X）的回归方程为：$Y = 0.0674X_1 + 0.0307X_2 - 0.1627$。式中，$X_1$ 为东方田鼠捕获率（%）；X_2 为黑线姬鼠捕获率（%）。根据当地农业生产的实际水平，湖南洞庭湖稻区水稻受害允许损失率为 0.1317% 时害鼠的各种复合防治指标计算式为：$0.0674X_1 + 0.0307X_2 = 0.2943$，按此式，当 X_2（黑线姬鼠）为 0 时，X_1（东方田鼠）的防治指标为捕获率 4.37%，当 X_1（东方田鼠）为 0 时，X_2（黑线姬鼠）的防治指标为捕获率 9.59%。依此略作调整，确定在湖南洞庭湖稻区，东方田鼠的防治指标为 5%，黑线姬鼠的防治指标为 10%。

贵州对水稻鼠害分布型测定结果表明，水稻鼠害分布型属聚集分布，说明水稻鼠害株在田间的基本成分以个体群存在，且个体的分布是聚集的，聚集度大小与水稻受害程度有关，其聚集原因是由于某些环境因子作用引起。因此，稻田害鼠具有多次重复盗食同一地点食物的习性，形成作物点片受害，从而构成水稻受鼠类危害呈聚集型分布。通过选择五点取样、平行线取样、棋盘式取样、双对角线取样 4 种取样方法进行抽样测定结果表明，以平行线和棋盘式取样法误差较小，平均误差率为 11.75% 和 11.79%，符合率达 88% 以上，其次是双对角线取样法，平均误差率为 14.55%，五点取样法误差最大，平均误差率达 25.62%。因此，稻田鼠害田间调查取样以平行线取样法为宜。

广东水稻鼠害分布型为聚集分布，其中黄毛鼠的鼠害分布型为核心分布，板齿鼠和黄毛鼠混合种群的鼠害分布型为广义的负二项式分布。这与农田害鼠有多次盗食同一地点的作物的习性有关，形成作物点片受害，从而构成作物鼠害分布型为聚集分布。在田间进行鼠害调查时，宜采用直线平行式或棋盘式等方式进行取样，以达到抽样样点布局均匀，代表性强。同时，建立了黄毛鼠的鼠害序贯抽样式为：$T_{O(N)} = 0.15N \pm 1.26\sqrt{N}$，板齿鼠的鼠害序贯抽样式为：$T_{O(N)} = 0.15N \pm 1.05\sqrt{N}$，由此便可建立序贯抽样表，应用抽样数表时，轻度受害的田块（株害率在 1% 以下），黄毛鼠危害的抽样数为 1000 丛，板齿鼠—黄毛鼠混合种群的抽样数为 700 丛，当株害率在 2%～10%，黄毛鼠危害的抽样数为 500～1000 丛，板齿鼠—黄毛鼠混合种群的为 400～700 丛。随着鼠害程度增大，抽样数可适当减少。

浙江对以水稻为主的农田鼠害分布型进行调查，农田以黑线姬鼠为优势种（占 80%），结果表明，稻田鼠害分布型为聚集分布，在危害的稻丛、稻株个体之间分布是非随机的，表现不均匀状态，主要是奈曼分布，部分受害个体则表现高度集中，形成密度程度大小不均匀集团，可呈嵌纹分布。构成该特点的原因与农田害鼠的迁移活动规律和危害习性有关。同时，建立了水稻鼠害理论抽样数模型：$N_1 = 966.0/X + 72.2$；$N_2 = 39.1/X + 18.1$；$N_3 = 106.3/X + 8.1$。式中，N 为所需的理论抽样数；X 为平均每丛受害株数。模型分析表明，抽样丛数与鼠害程度密切相关，危害株率高，抽样数少，危害株率低，抽样数多。根据抽样数模型，确定水稻在不同受害程度下的抽样数量应用指标：轻度危害田

水稻鼠害危害损失测定公式及防治指标

生育期	研究地点	鼠害损失测定公式	防治指标鼠密度（%）	文献来源
水稻成熟期	四川彭山	$Y = 0.9581X - 2.2072 \pm 0.5862$	4.35	罗会华等，1988
水稻孕穗期	贵州岑巩	$Y = 1.1591X - 2.94$	3.13	雷邦海等，1988
水稻分蘖期	广东东莞	$Y = 0.29X - 0.27 \pm 0.30$	4.10～6.20	黄秀清等，1990
中稻成熟期	安徽霍丘、金寨	$Y = 0.5221X - 0.7053$	3.00～5.00	金思明等，1991
晚稻孕穗期	江西萍乡、赣县	$Y = 0.1361X + 03525$	4.80	罗增明等，1991
晚稻黄熟期	江西萍乡、赣县	$Y = 0.1865X - 0.6225$	8.70	罗增明等，1991
晚稻孕穗期	江西萍乡	$Y = 0.5071X - 0.7220$	2.93	龚航莲等，1991
晚稻黄熟期	江西萍乡	$Y = 0.2216X - 0.5702$	5.88	龚航莲等，1991
水稻播种期	江西庐山	$Y = 0.9816X - 2.5332 \pm 0.5329$	5.00	龙克林，1991
水稻成熟期	江西庐山	$Y = 0.3132X - 1.2300 \pm 0.1741$	10.00	龙克林，1991
晚稻播种期	浙江临海	$Y = 0.6058X - 0.1183$	3.00	汪恩国，1991
早稻穗期	江苏	$Y = 0.2388X + 0.4084$	4.00～6.00	沈兆昌，1993
晚稻穗期	江苏	$Y = 0.3226X - 0.7126$	6.00～8.00	沈兆昌，1993
中稻穗期	江苏通州	$Y = 0.1457X + 0.1015$	6.00～7.00	张夕林等，1996
水稻抽穗期	安徽泾县	$Y = 0.6830X + 0.0637$	6.20	胡正明等，1996
晚稻黄熟期	浙江诸暨	$Y = 0.1063X + 0.2311$	2.53	张华旦等，1998
早稻穗期	浙江桐庐、宁海	$Y = 0.2388X + 0.4084$	4.60～6.70	王华弟，1998
晚稻分蘖期	浙江桐庐、宁海	$Y = 0.1079X - 0.1248$	6.90～8.40	王华弟，1998
晚稻穗期	浙江桐庐、天台	$Y = 0.3471X - 0.7241$	6.90～8.40	王华弟，1998
孕穗期	江西萍乡	$Y = 0.3347X - 0.0819$	5.5172	刘平安等，2004
黄熟期	江西萍乡	$Y = 0.3443X - 0.5992$	6.8658	刘平安等，2004

块（一般株害率1%以下）抽取数量为1000丛；中度危害（株害率在2%～4%），抽取数量500～700丛；严重危害的（株害率5%～9%），抽取数量300丛；特别严重的（株害率10%）以上，抽取数量200丛。同时，根据浙江省农业生产情况和鼠害经济允许损失水平，建立了水稻鼠害序贯抽样式为：$T_{O(N)} = 0.2N \pm 1.1978\sqrt{N}$，据此建立了序贯抽样图，可用于确定农田鼠害轻重类型田。

参考文献

冯志勇, 帅应垣, 黄秀清, 等, 1989. 不同害鼠为害水稻的鼠害分布型及抽样技术研究[J]. 广东农业科学(6): 39-41.

龚航莲, 彭建萍, 1991. 晚稻农田害鼠损失率及防治研究[J]. 中国媒介生物学及控制杂志, 2(特刊2): 34.

胡正明, 胡威, 佘文范, 1996. 鼠害剪株分布型及其危害损失[J]. 安徽农业科学, 24(4): 346-347.

黄秀清, 冯志勇, 陈美梨, 等, 1990. 稻区黄毛鼠防治指标的研究[J]. 植物保护, 16(1): 48-49.

黄秀清, 1988. 黄毛鼠对不同生育期水稻的危害[J]. 中国鼠类防制杂志, 4(2): 118-119.

金思明, 陈保, 1991. 中稻成熟期害鼠防治指标的探讨[J]. 安徽农业科学(2): 159-160.

雷邦海, 松会武. 1988. 水稻鼠害经济防治指标研究初报[J]. 贵州农业科学(6): 9-12.

刘平安, 林燕春, 2004. 稻田鼠害空间格局及其防治指标研究[J]. 江西植保, 27(4): 149-150.

龙克林, 1991. 星子县农田害鼠监测结果论述[J]. 中国媒介生物学及控制杂志, 2(特刊2): 87.

罗会华, 汪济全, 胡玉华, 等, 1988. 稻田鼠害防治指标的初步探讨[J]. 植物保护, 14(3): 38-39.

罗增明, 彭建萍, 1991. 农田害鼠损失率与防治指标的初步研究[J]. 江西植保, 14(4): 117-120.

沈兆昌, 1993. 农业害鼠学[M]. 南京: 江苏科学技术出版社: 172-202.

汪恩国, 1991. 黑线姬鼠发生规律及测报技术研究[J]. 浙江农业科学(1): 38-41.

王华弟, 1998. 农田黑线姬鼠发生规律与防治技术[J]. 植物保护学报, 25(2): 181-186.

王华弟, 罗会华, 汪恩国, 等, 1993. 长江流域稻区黑线姬鼠发生动态与防治指标研究[J]. 中国农业科学, 26(6): 36-43.

王华弟, 吴美光, 邵宝, 等, 1988. 农田鼠害空间分布型及抽样技术研究[J]. 植物保护, 14(3): 36-38.

王勇, 郭聪, 李波, 等, 1997. 洞庭湖稻区害鼠的复合防治指标研究[J]. 农业现代化研究, 18(3): 185-187.

杨再学, 郭仕平, 1992. 黑线姬鼠的发生及防治研究[J]. 植物保护, 18(3): 37-38.

张华旦, 蔡国梁, 祝金鑫, 等, 1998. 稻区黑线姬鼠发生规律及测报技术[J]. 浙江农业科学(增刊): 67-68.

张夕林, 张建明, 张谷丰, 等, 1996. 中粳稻区黑线姬鼠的发生动态及防治指标[J]. 江苏农学院学报, 17(2): 51-54.

（撰稿：杨再学；审稿：郭永旺）

四川都江堰般若寺林场实验站　Experimental Station in the Banruosi forest of Dujiangyan City, Sichuan Province

简称都江堰实验站。地处四川盆地西侧，是青藏高原向成都平原过渡的地带。该地带属亚热带季风气候带，年平均气温约10℃，降水充沛，因此气候温暖湿润，形成亚热带常绿阔叶林，生物多样性丰富。实验站建有3间实验室并配备常用研究设备、2间养鼠房、6间生活办公用房以及6个10m×10m的行为研究实验围栏（图1）。样地建在般若寺国有实验林场及其周边，经历了人为干扰和自然灾害（如地震、泥石流等）的侵蚀，被农田、道路等分割成大小不等的次生林斑块（图2）。

中国科学院动物研究所科研人员已在该实验站对动植物群落、种子雨进行了长达20年的监测，并且开展了动植物互作网络及其对人类活动与气候变化的响应等研究。此

图1　都江堰实验站

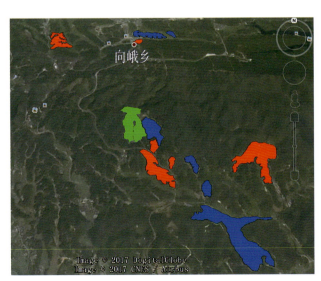

图2　都江堰实验站研究样地

外，参与研究的单位还有中国科学院植物研究所、吉首大学、四川大学、江西师范大学、河南科技大学、中国科学院·水利部成都山地灾害与环境研究所等。主要的研究进展有：通过对该站区7种常见鼠类的贮食行为研究，发现小泡巨鼠为分散贮藏种子的关键鼠种，龙姬鼠、高山姬鼠和大耳姬鼠等3种姬鼠兼具分散和集中贮食行为，针毛鼠和北社鼠也较少地分散和集中贮藏种子，大足鼠仅捕食种子。通过多个鼠种对多种种子的选择实验，结果表明这些同域分布的鼠种和植物种子之间可能存在复杂的弥散捕食—互惠关系。采用种子标签法和红外相机监测技术，构建了鼠类—植物种子互作网络，并发现森林演替年龄决定了鼠类—种子互作网络结构的演变。建议保护关键分散贮藏的鼠种和原始森林，控制非林栖鼠类数量，并减少人为干扰，以促进退化森林的恢复。

（撰稿：杨锡福；审稿：张知彬）

四川省林业科学研究院森林鼠害研究团队 Research Group of Forest Rodent Control of Sichuan Academy of Forestry

1988年，四川省盆周山区人工造林受到害鼠严重危害，四川省林业厅决定开展人工林鼠害防治研究，四川省林业科学研究院承担了该项任务，该研究联合四川省森林病虫害防治检疫站、绵阳市林业科学研究所、安县林业局等单位联合攻关，主要研究人员有赵定全、刘少英、孙国忠等。经3年的努力，基本摸清了四川盆周山地人工林鼠害的种类、危害特点、危害季节等问题，并开展了防治试验。研究表明，四川省盆周山区人工林害鼠的主要鼠种是黑腹绒鼠，主要危害对象是杉木、柳杉、银杏等树种。防治上，最初用第一代抗凝血剂氯敌鼠为主剂，通过饵料选择、适口性实验、浓度试验等，配制了一种以玉米碎为饵料的毒饵，并用塑料袋包装使用，经现场实验取得较好效果。该项目获得了四川省政府科技进步三等奖。

1994—1998年，四川省林业科学研究院再次承担了"四川省人工林鼠害防治研究"，该研究扩大到四川全省。主要研究人员包括刘少英、赵定全、彭飞、冉江洪、余明忠等。经调查，四川省人工林鼠害鼠种类在不同区域不同，除了盆周山地，川西南地区的主要人工林害鼠是中华绒鼠、大绒鼠；在邛崃山系、相岭山系、川南山区的人工林主要害鼠是赤腹松鼠；四川高原和盆地的高海拔过渡区，人工林的主要害兽是鼠兔类。该项目研制了以第一代、第二代抗凝血剂为主剂的多种防治药物，并在国家林业局支持下，开展了大规模的工程防治。1995—1998年，四川省累计防治人工林鼠害100万亩以上，药物的生产量平均每年约50t，该项目在1999年获得四川省政府科技进步三等奖。

2005—2010年，四川省林业科学研究院承担了"十一五"科技支撑项目"川西高原黑唇鼠兔防治研究"，主要研究人员包括刘少英、孙志宇、赵杰、唐明坤等。该项目研制了一种醇类物质的雄性不育剂，且兼有急性杀灭作用。

该技术在四川西部草原得到了较大范围的应用，获四川省科技进步三等奖。

2014—2015年，承担"四川省邛崃山系赤腹松鼠危害机理与防治技术研究"项目等，主要承担人员包括刘少英、孙志宇、靳伟等。该项目发明了一种挂式毒饵箱，研制了几种用于防治赤腹松鼠的毒饵，取得很好效果。

四川省林业科学研究院森林鼠害研究团队目前还在开展相关工作。到目前为止，发表鼠害相关论文30多篇，出版专著2部。

（撰稿：刘少英；审稿：王登）

四川省农业科学院植物保护研究所农业鼠害防控研究团队 Research Group of Agricultural Rodent Control, Institute of Plant Protection, SAAS

20世纪80年代四川和全国一样暴发了严重的农业鼠害问题，不仅造成水稻、小麦、花生、玉米、红薯等农作物被大量盗食，还引发农村鼠传疾病如钩端螺旋体病、出血热等的大幅上升，严重影响农业生产和农民健康。1985年四川省科技厅决定"七五"对农田鼠害防控进行重点攻关，项目由四川省农业科学院植物保护研究所承担，组建了鼠害研究室。研究室主任为刚从美国弗吉尼亚科技暨州立大学研修归国的蒋光藻研究员。课题组成员先后有倪健英研究员，谭向红、刘良君副研究员以及田承权、伍刚等十多位科研人员。课题组还与省植保站、防疫站以及30多个市州县植保站合作，在全省建立了50多个农田鼠害监测点。先后培训基层农技人员上千人次，形成了四川省农业鼠害防控研发队伍的骨架。重要研究成果有：研究的"三定"监测和数量调查方法规范了农田害鼠监测，给鼠害预警打下基础；分生态区对全省农田害鼠进行了种类、分布和区系划分，鉴定了30多个主要农田鼠种并建立了标本室，给分区治理提供依据；通过监测摸清了主要害鼠在四川的发生规律、危害迁移特征等生态特征并建立数理模型；研制出氯鼠酮水剂、招鹰灵等专利产品；提出了一套早慢分定的农田鼠害化学防治的配套技术，在全省应用上亿亩次，挽回经济损失数亿元，使四川主要农区鼠密度从高峰期的30%～50%下降到5%以下，目前已难以发现暴发危害乃至区域暴发危害。

从"八五"至"十一五"本团队一直与中国科学院动物研究所等单位合作，主持或参加国家农业鼠害防治攻关和支撑计划。先后有"农田害鼠区域性发生规律及综合防治技术研究""四川盆地稻区大足鼠灾变规律及控制技术研究""农林重大鼠害可持续控制技术研究"及"农林重要杂草鼠害监控技术研发"等。"十二五"参加农业部行业科技项目"主要农业有害生物调查"鼠害调查以及"863"项目"四川地震灾区震后人兽共患病病原与危害风险研究"等课题。在鼠害的生物防治、农业防治、生态控制、天敌利用等方面做出了新的成绩。

该研究团队自成立以来，先后承担国家、部省科研项目 20 余项，在《兽类学报》《植物保护学报》《应用生态学报》和《西南农业学报》等学报发表学术论文 40 余篇，撰写专著 2 部、技术手册 1 部，获得专利技术 2 项；发放技术资料数千份。主持获国家科技进步三等奖 1 项，副主持获国家科技进步二等奖 1 项，主持获省二、三等奖，院二等奖各 1 项，参加获其他省部级奖 4 项。在全国省级农业科学院同类研究中处于领先地位。

（撰写：蒋光藻；审稿：倪健英）

四川西北鼠害　rodent damage in Northwest Sichuan Province

因啮齿类（含兔形目）动物对四川西北部农林牧造成的危害。四川西北高原是青藏高原的一部分，面积约 16.6 万 km^2，是中国五大牧区之一。海拔多在 3000～4000m 之间。大部分地区年均温 0～6℃，极端最低温 -20℃ 以下。该地区以牧业为主，有草原 $2.09 \times 10^7 hm^2$。对农林牧造成危害的主要动物有高原鼠兔（*Ochotona curzoniae*）和高原鼢鼠（*Myospalax rufescens*）。根田鼠（*Microtus oeconomus*）、青海田鼠（*Lasiopodomys fuscus*）和藏鼠兔（*Ochotona thibetana*）在局部地方对牧场有一定的危害。

在严重危害的地区，高原鼢鼠和高原鼠兔除了啃食地上牧草，还取食草根和大量挖掘、破坏植物根系，这些不但影响牧草生长，使草地生产力下降，改变草场植被组成，杂类草大量繁衍，草场逐渐演变为杂类草及毒草占绝对优势的植被，使草地退化，而且其挖掘出的泥土或土丘覆盖草地植被，导致牧草死亡，损耗土壤肥力，降低植被盖度，使水土流失，甚至引起沙化。据统计，2007 年四川西北草原鼠害面积 $3.005 \times 10^6 hm^2$，严重危害面积 $2.057 \times 10^6 hm^2$，全年经济损失达 3.0 亿元。此外，害鼠还是多种人畜共患疾病的宿主，如流行性出血热、包虫病等。这些都给当地居民生产生活造成严重影响。

在四川西北地区，对高原鼠兔和高原鼢鼠采取多种方法进行了防治，如采用夹捕、人工捕打、弓箭、陷阱、招鹰等物理和天敌灭鼠方法外，还广泛使用肉毒素、抗凝血剂杀鼠剂以及不育剂等进行灭鼠。这些灭鼠活动在一些地区取得了较好的效果，鼠害在一定程度上得到控制。但因草场面积巨大，持续全面防治投入的人力和物力巨大，成本较高，整体上看，目前害鼠的危害尚未从根本上得到持续有效控制。

参考文献

唐川江, 周俗, 谢红旗, 等, 2007. 川西北草原鼠虫发生、危害趋势分析[J]. 草业与畜牧(6): 44-46.

严东海, 周俗, 2014. 四川草原鼠害防治情况分析[J]. 四川畜牧兽医(9): 13-14.

杨盛强, 1991. 鼠类在川西北草地的地理分布及区划[J]. 四川草原(1): 60-63.

（撰稿：郭聪；审稿：冯志勇）

似昼夜节律　circadian rhythm

在自然光或人工光暗循环为 24 小时的条件下，动物的活动呈现精确的 24 小时节律周期，此现象称为昼夜节律。在外部因素恒定时，例如恒黑或恒光条件下，动物行为或生理过程也能保持一个周期接近 24 小时的自运行节律，称为似昼夜节律。似昼夜节律主要受下丘脑视交叉上核似昼夜节律生物钟的控制，似昼夜周期通常认为是生物固有的周期。似昼夜节律生物钟使睡眠（休息）和清醒（活动）期在一天中恰当的时间出现，从而使动物形成相对稳定的夜行性、昼行性或晨昏型活动特征。内源性生物钟的存在使动物能预见性地主动调整自身的生理状况，而不仅仅是对环境变化的被动反应，确保能够适时地为休息或活动做好充分的准备。

参考文献

REFINETTI R, MENAKER M, 1992. The circadian rhythm of body temperature[J]. Physiology & behavior, 51(3): 613-637.

（撰稿：迟庆生；审稿：王德华）

孙儒泳　Sun Ruyong

孙儒泳（1927—2020），著名生态学家，北京师范大学生命科学学院、华南师范大学生命科学学院教授，博士生导师，中国科学院院士。

个人简介　出生于浙江宁波，1951 年毕业于北京师范大学生物系。1958 年在苏联国立莫斯科大学获副博士学位，回国后在北京师范大学任教。曾任中国生态学会第三届理事长、国务院学位委员会和国家自然科学基金委员会生态学科评审组成员、教育部高等学校理科生物学教学指导委员会成员、《生态学报》和《兽类学报》副主编、《动物学报》和《动物学研究》编委、美国《生理动物学》（*Physiological Zoology*）编委等。

成果贡献　长期从事动物生理生态学和种群生态学研究，是中国动物生态学学科的重要奠基人之一。最早将脊椎动物生理生态学引入中国，在理论上和方法上都取得了系统的、创新性的成果，为中国兽类生理生态学的开创和发展做出了重大贡献。撰写和参与撰写各类专著、译著、高校教材等共 16 种，在国内外学术刊物上发表论文 150 余篇。

在鼠类研究领域的主要学术成就有：以两个地区的两种鼠在 8 个季节中测定的大量实验数据证明，栖息在相距仅百余千米的两地理种群间存在统计上显著的生理生态特征的地理变异，为兽类地理物种形成微小阶段提供了生理学证据，并在此基础上提出了地理变异季节相的新概念。通过研究长爪沙鼠代谢率随环境温度的变化，发现静止代谢率与平均每日代谢率的变化率不同，提出了恒温动物的恒温能力的一个新指数，在应用上优于 Ricklefs 指数。发现晚成性根田鼠的体温调节能力的胎后发育呈"S"形，同时从亚细胞水平上研究动物对低温的适应产热和胎后产热发育，将中国兽类生理生态学研究由个体水平推向细胞水平。研究了中国大家鼠属的能量代谢和水代谢，阐明了与栖息环境相适应的种间差异，并在电子计算机尚未普及情况下引入协方差分析，推动了数学在中国脊椎动物生态学研究中的应用。

所获荣誉 1991 年享受国务院政府特殊津贴，1993 年当选为中国科学院院士。获得国家自然科学三等奖、中国科学院科技进步三等奖、农业部科技进步二等奖等科技奖励 6 项。独著的《动物生态学原理》被中国台湾省评选推荐为有重大影响的十本大陆书之一，获第二届（1992 年）高校教材全国优秀奖和 1992 年全国教学图书展一等奖。

参考文献

张笛梅，杨陵康，1998. 中国高等学校中的中国科学院院士传略[M]. 北京：高等教育出版社：296-298.

张良鸿，2005. 孙儒泳传[M]. 宁波：宁波出版社.

（撰稿：姚丹丹；审稿：冯志勇）

缩小膜壳绦虫病　rat tapeworm

鼠类常见的寄生虫。又名长膜壳绦虫。该虫偶然寄生于人体，引起缩小膜壳绦虫病。感染者大多无明显的临床症状，或仅有轻微的神经和胃肠症状，如头痛、失眠、磨牙、恶心、腹胀和腹痛等。严重感染者可出现眩晕、贫血等。注意个人卫生和饮食卫生，积极消灭仓库害虫等中间宿主和作为保虫宿主的鼠类，可有效预防该病的发生。

形态特征 缩小膜壳绦虫属膜壳科膜壳属。由 Olfters 在 1766 年从南美洲的鼠体内首次检获，是鼠类常见的寄生虫。其成虫与微小膜壳绦虫基本相同，但较长大，大小为 $200\sim600mm \times 3.5\sim4.0mm$，$800\sim1000$ 个节片，全部节片都是宽度大于长度，头节呈球形，直径 $0.2\sim0.5mm$，顶突凹入，不易伸缩，无小钩，吸盘 4 个，较小。生殖孔开口于链体一侧边缘的中央，大多位于同侧。成熟节片有睾丸 3 个，偶有 3 个或多至 4、5 个者。孕节内的子宫呈袋状，边缘不整齐，充满虫卵。虫卵圆形或类圆形，黄褐色，大小为 $60\sim79\mu m \times 72\sim86\mu m$，卵壳较厚，胚膜两端无极丝，胚膜与卵壳之间充满透明的胶状物。内含一个六钩蚴。

生活史 成虫寄生在鼠类或人的小肠里，脱落的孕节或虫卵随宿主粪便排出体外，被中间宿主吞食，则虫卵在其小肠内孵出六钩蚴，然后钻入肠绒毛，约经 4 天发育为似囊尾蚴 (cysticercoid)，6 天后似囊尾蚴又破肠绒毛回到肠腔，以头节吸盘固着在肠壁上，逐渐发育为成虫。从虫卵被吞食到发育至成虫产卵共需时 $2\sim4$ 周。成虫寿命仅数周。

中间宿主包括蚤类（如具带病蚤、印鼠客蚤）、甲虫、蟑螂、倍足类和鳞翅目昆虫等 20 余种，以大黄粉虫、谷蛾多见。当这些昆虫吞食到该绦虫卵后，卵内的六钩蚴可在昆虫肠腔内发育为似囊尾蚴，鼠和人若吞食到这些带有似囊尾蚴的中间宿主昆虫，亦可感染。

流行 缩小膜壳绦虫呈世界性分布，在温带和热带地区较多见。美洲、大洋洲、非洲、欧洲、亚洲以及太平洋各岛屿都有报道。中国分布也很广泛，10 岁以下儿童感染率较高。据 1988—1992 年全国人体寄生虫学分布调查结果，共查到感染者 904 例，全国平均感染率为 0.061%，经加权处理，感染率为 $0.045(\pm 0.005)\%$，估计中国感染人数 51 万，有北京、天津、陕西、山西、山东、河南、江苏、湖北、辽宁、吉林、青海、广东、新疆、西藏及台湾等 17 省（自治区、直辖市）查到感染者，其中天津、河南、西藏、新疆的感染率超过全国加权感染率，新疆的感染率为 2.201%（乌鲁木齐为 8.78%，伊宁为 11.38%），最高；其次西藏，为 1.495%。台湾 1977—1990 年全省小学生调查 21 个县（市），除台北、南投未查外，其他 19 县（市），除云林都有感染者，感染率为 $0.13\%\sim18.99\%$。

致病性 该虫的致病作用主要是机械损伤和毒性作用。在虫体附着部位，肠黏膜发生充血、水肿甚至坏死，有的可形成溃疡。人体感染数量少时，一般无明显症状；感染严重者特别是儿童可出现胃肠道和神经症状，如恶心、呕吐、食欲不振、腹痛、腹泻以及头痛、头晕、烦躁和失眠，甚至惊厥等。少数患者还可出现皮肤瘙痒和荨麻疹等过敏症状。但也有个别患者感染很重却无任何临床表现。

该虫除寄生于肠道外，缩小膜壳绦虫还可侵犯其他组织，如曾有在胸部的肿块中检获成虫以及寄生阴道的报道。近年的研究发现，宿主的免疫状态对该虫的感染和发育过程影响很大。由于使用类固醇激素治疗其他疾病时造成的免疫抑制，可引起似囊尾蚴的异常增生和播散。大多数重度感染者都曾有过使用免疫抑制剂的病史，所以在临床进行免疫抑制治疗前应先驱除该虫。

诊断 对可疑患者进行血液化验和粪便检查可确诊该病。患者可出现血内嗜酸性粒细胞增多，血黏度增加，同时也产生特异的 IgM 和 IgG 等。从患者粪便中查到虫卵或孕节可确诊，水洗沉淀法或浮聚浓集法均可提高检出率。

防治 缩小膜壳绦虫主要寄生于鼠类，包括各种家鼠、田鼠等。缩小膜壳绦虫病的流行与具有广泛的中间宿主有重要关系，人主要是因误食了混在粮食中的昆虫而受到感染，因此，应注意个人卫生和饮食卫生，积极消灭仓库害虫等中间宿主和作为保虫宿主的鼠类，彻底消灭传染源，可有效控制该病的发生。

参考文献

詹希美，2001. 人体寄生虫学[M]. 5 版. 北京：人民卫生出版社：168-174.

陈兴保，吴观陵，孙新，等，2002. 现代寄生虫病学[M]. 北京：人民军医出版社：781-793.

（撰稿：王瑞；审稿：何宏轩）

塔里木兔　*Lepus yarkandensis* Günther

分布于中国新疆塔里木区域的一种小型野兔，为中国特有种。兔形目（Lagomorpha）兔科（Leporidae）兔属（*Lepus*）。仅分布在中国新疆塔里木盆地。标本采集于新疆的巴楚、阿克苏、库尔勒、尉犁、若羌、且末及阿拉干，还记录于莎车、喀什、罗布泊。

形态

外形　个体小，耳朵长，耳尖无黑色，为淡烟灰色，颈部下面有沙黄色横带，体长395（350~430）mm，与中国海南兔和西南兔个体接近，但耳朵相对较长，耳长平均100（92~106）mm，占后足长98%，占颅全长116.8%，占体长25.4%，耳朵向前拉明显地超过鼻尖。体重1000~1500g。

毛色　夏毛背毛沙褐色，至体侧毛色逐渐变浅，呈沙黄色。腹毛全白，头顶与背色，眼周围毛色深，为深沙褐色，颊部毛色较浅。耳背毛色与背色同，耳边缘有白色长毛穗。颏毛色全白，颈下部沙黄色。前后腿外侧沙褐色，里面白色。冬毛较浅，背毛变为浅沙棕色，由眼至耳前方呈黄白色。尾背面中央有一个与背色相同的大斑块，斑的周围及尾的腹面毛色纯白，直到毛的基部；尾端无黑耳尖，耳背面与体色同，为淡棕褐色，耳尖毛色稍深，并无黑色。其毛极软，也没有较粗硬的针毛。

头骨　听泡在中国野兔中最大。成体听泡长平均14.2（13.5~15.4）mm，占颅全长的16.6%；听泡宽平均9.9（9.0~11.0）mm，占后头宽的29%。成体上门齿宽仅有3.2（3.0~3.5）mm，听泡长和宽均大于中国其他8种野兔。上门齿沟深，横断面呈"V"字形，里面有大量白垩质沉积，填充齿沟。

鉴别特征　听泡在中国野兔中最大。成体听泡长平均14.2（13.5~15.4）mm，占颅全长的16.6%；听泡宽平均9.9（9.0~11.0）mm，占后头宽的29%。听泡长和宽均大于中国其他8种野兔。上门齿沟深，横断面呈"V"字形，里面有大量白垩质沉积，填充齿沟。

生活习性

栖息地　中国特有种，是国家二级重点保护野生动物。仅分布于新疆塔里木盆地，适应气候干燥、少雨（年降水量在100mm以下），夏温高达39℃的小块绿洲中。由于受沙地隔离的影响，整体上，塔里木兔的分布区呈环状，分布区包括阿克苏、若羌、米兰、阿拉干、尉犁、库尔勒、巴楚、且末、莎车、和田、喀什等地的不连续的荒漠绿洲中，主要植被有梭梭林、怪柳林等。纯沙漠没有塔里木兔分布。因此，塔里木兔的种群也是隔离的。

活动规律　塔里木兔是典型的荒漠动物，晨昏活动，活动时间有季节变化。夏季由于灌丛、青草生出，食物丰富，隐蔽条件好，塔里木兔多集中在水源附近，早晨活动可延长到8:00~9:00，下午16:00~17:00又开始活动，白天也活动。冬季草枯、叶落，隐蔽条件差，而天敌狐与鹰又自山区迁徙至盆地边缘来过冬，塔里木兔白天隐藏在沙丘红柳丛下，挖一仅能容身的浅坑伏卧。日出前和日落后活动。仅以芦苇、罗布麻、骆驼刺和甘草等为食。听觉发达，视觉不算强。夜间寻食有固定路线，冬季可以看到被它们踏出的跑道，有的长达1~2km。

繁殖　每年2月求偶，繁殖活动可持续7~8个月。每年可繁殖2~3次，每窝产仔2~5只，雌兔有乳头3对（胸部2对，腹部1对）。初生幼兔具毛，睁眼，能活动。

年龄划分　依Miller（1912）的量度标准和计算标准，所计算出塔里木兔腭桥长（最短纵径）与翼内窝宽的比值：成体为87%（74%~96%），亚成体为85%（66%~100%），幼体大于等于94%。

种群数量动态　1960年代，在塔里木河下游和罗布泊一带数量较多。在库尔勒一带，每天4个人，采集3小时，平均每人可猎获塔里木兔20只左右。若按人工小时计算，每个人工小时约6只。虽属估计的近似值，但系12人工小时的计算估计的结果，具有一定代表性。这与王思博等（1983）6月每小时可遇见5~10只的结果接近。但是，由于耕地面积扩大，人口增多，交通发达，乱捕滥猎，数量近年来锐减。在城镇周围5~10km之内很少见到塔里木兔了。据新疆林业部门1997—2000年调查，塔里木兔的种群数量为16万只左右。

危害　塔里木兔是国家二级重点保护野生动物，中国特有种，需要重点保护，禁止捕杀。虽然在农业区，塔里木兔啃食青苗、瓜类、棉花和玉米幼苗，有一定危害，但其原因是人类开垦了塔里木兔的栖息地，使塔里木兔栖息的灌丛变成了农田所致。

参考文献

罗泽珣, 1988. 中国野兔[M]. 北京: 中国林业出版社.

王惠娥, 2009. 塔里木兔的生物学特性和开发利用[J]. 品种资源, 29(4): 65.

夏霖, 杨奇森, 2004. 塔里木生态考察记[J]. 大自然探索 (8): 4-11.

（撰稿：刘少英；审稿：王登）

胎后发育类型 patterns of postnatal development

主要根据哺乳动物幼体出生时的恒温能力，以及褐色脂肪组织产热功能成熟程度的差异，将不同哺乳动物物种的新生幼体分为早成型（precocial）、晚成型（altricial）和未成熟型（immature）3类，它们分别属于3种不同的胎后发育类型。

早成型幼体 出生时已经发育完善。一般出生时或在出生后不久就身体被毛，眼睛在出生后不久即可睁开，褐色脂肪组织在出生时即可正常产热。在运动和体温调节能力等方面，发育成熟速度相对较快。受到冷刺激时，能够至少在一个较窄的环境温度范围内，保持恒定的体温，例如豚鼠（Cavia porcellus Linnaeus, 1758）和绵羊等。

晚成型幼体 出生时一般身体裸露，身体的许多功能还不协调和完善。如眼睛未睁开，运动能力较差。虽然它们在出生后不久就能对冷刺激表现出产热反应，但包含褐色脂肪组织产热功能在内的产热能力较弱，不能有效地防止热散失和进行有效的体温调节，所以单独的个体在环境温度稍低于热中性区时体温就开始下降。同时晚成型幼体也不具有类似成体的有效取食行为和防御敌害的能力。因此，在出生后较长的一段时间内，幼体对亲代具有较大的依赖性，例如长爪沙鼠（Meriones unguiculatus Milne-Edwards, 1867）、实验大鼠和小鼠等。

未成熟型幼体 很多特征类似于晚成型幼体，例如它们出生时也是身体裸露，眼睛未睁开，身体的许多功能还不协调，运动能力差。但未成熟幼体在出生后数天甚至数周内不表现任何产热反应，其褐色脂肪组织要经过一段时间的胎后发育过程才开始起作用，例如金色中仓鼠（Mesocricetus auratus Waterhouse, 1839）、坎氏毛足鼠（Phodopus campbelli Thomas, 1905）等仓鼠类动物。

参考文献

BLUMBERG M S, 1997. Ontogeny of cardiac rate regulation and brown fat thermogenesis in golden hamsters(Mesocricetus auratus)[J]. Journal of comparative physiology B, 167: 552-557.

BRÜCK K, HINCKEL P, 1996. Ontogenetic and adaptive adjustments in the thermoregulatory system[M]//Fregly M J, Blatteis C S. Handbook of physiology. Oxford: Oxford University Press.

CANNON B, NEDERGAARD J, 2004. Brown adipose tissue: function and physiological significance[J]. Physiological reviews, 84(1): 277-359.

DON E WILSON, DEEANN M REEDER, 2005. Mammal species of the world. A taxonomic and geographic reference[M]. 3rd ed. Baltimore, Maryland: The Johns Hopkins University Press.

NEWKIRK K D, SILVERMAN D A, WYNNE-EDWARDS K E, 1995. Ontogeny of thermoregulation in the Djungarian hamster (Phodopus campbelli)[J]. Physiology & behavior, 57(1): 117-124.

（撰稿：迟庆生；审稿：王德华）

胎仔数 litter size

哺乳动物雌体一胎所产幼仔的数目。用一生胎仔数可以反映雌体的繁殖能力（fecundity）。在鸟类则称为窝卵数（clutch size）。胎仔数是各生活史变量之间权衡选择的结果。胎仔数与后代的质量和幼体的生存有关，幼体的数量和质量决定了繁殖适合度。

胎仔数具有种的特异性，种间和种内胎仔数差异都较大，它的大小受种群年龄结构、种群密度、母体体重、婚配制度、栖息地、健康状况、食物、捕食者压力等一系列因素的影响。胎仔数的差异能够反映最优繁殖能力的差异。寿命较长的物种所产的胎仔数一般小于寿命较短的物种。最优胎仔数的进化也受到亲代和子代间冲突选择压力的驱动。

胎仔数与后代质量之间存在权衡，这是最优胎仔数模型（Lack's hypothesis）的核心问题，该假说认为自然选择趋向于产生数量更多的后代，同时选择后代的数量将与选择后代的质量相折中，最优的后代质量决定了最优胎仔数；因此，最优胎仔数是后代质量与后代数量权衡选择的结果。通常哺乳动物的胎仔数与后代质量呈负相关，胎仔数大的幼体其胎仔重较小。另外，胎仔数与幼体存活率呈负相关，胎仔数愈大幼体生存率愈低。母体的生活史变量受环境因素影响，栖息地食物资源的可利用性、捕食者风险、病虫害的发生频率等均会影响母体的生活史变量，进而影响到胎仔数。在种间水平，母体的体重与胎仔数没有直接联系；在种内水平，母体体重的变化直接反映了幼体的发育成熟和母体的状况，通常较重的母体产生的胎仔数较多。根据繁殖代价假说，母体当前的繁殖会影响未来母体的生存状况，母体的繁殖是以牺牲其存活率为代价的。胎仔数影响母体的能量平衡，胎仔数越大，母体的能量摄入和能量消耗越大。

参考文献

刘赫, 王德华, 王祖望, 2002. 啮齿动物胎仔数与生活史变量的关系[J]. 动物学研究, 23(3): 248-252.

SIKES RS, YLONEN H, 1998. Considerations of optimal litter size in mammals[J]. Oikos, 83: 452-465.

SIKES R S, 1998. Tradeoffs between quality of offspring and litter size: differences do not persist into adulthood[J]. Journal of mammalogy, 79 (4): 1143-1151.

ZHANG X Y, LI Y L, WANG D H, 2008. Large litter size increases maternal energy intake but has no effect on UCP1 content and serum-leptin concentrations in lactating Brandt's voles (Lasiopodomys brandtii)[J]. Journal of comparative physiology B, 178: 637-645.

（撰稿：张学英；审稿：王德华）

胎仔重 litter mass

哺乳动物所产的一窝幼仔的总重量。一般用幼体的体重或平均胎仔重来度量后代的质量。

通常哺乳动物的胎仔数与后代质量呈负相关，胎仔数大的幼体其胎仔重较小。这种负相关不仅反映了胎仔数与后代质量之间的权衡，而且也包含了幼体的生存率、母体未来的繁殖潜力和生存等其他生活史变量的作用。物种不同胎仔数与后代质量的权衡也各异，在布氏田鼠（*Lasiopodomys brandtii* Radde, 1861）、长爪沙鼠（*Meriones unguiculatus* Milne-Edwards, 1867）等出生时，后代的质量与胎仔数无关，但哺乳过程中、断乳后一直到成年期，胎仔数与后代质量呈负相关；早成性鼠类如豚鼠（*Cavia porcellus* Linnaeus, 1758）的胎仔数变化相对较小，但幼体数量与重量的权衡却十分显著，胎仔数与后代质量呈负相关，而其他一些早成啮齿类的胎仔数与后代质量不相关。

参考文献

刘赫, 王德华, 王祖望, 2002. 啮齿动物胎仔数与生活史变量的关系[J]. 动物学研究, 23(3): 248-252.

KUNKELE J, 2000. Effects of litter size on the energetics of reproduction in a highly precocial rodent, the guinea pig[J]. Journal of mammalogy, 81(3): 691-700.

ZHANG X Y, ZHANG Q, WANG D H, 2011. Litter size variation in hypothalamic gene expression determines adult metabolic phenotype in Brandt's voles (*Lasiopodomys brandtii*)[J]. PLoS ONE, 6(5): e19913.

（撰稿：张学英；审稿：王德华）

碳酸钡　barium carbonate

一种在中国未登记使用、已淘汰的急性杀鼠剂。化学式$BaCO_3$，相对分子质量197.34，熔点811℃，沸点1450℃，密度4.43g/cm^3，水溶性2mg/L（20℃）。白色粉末，难溶于水，易溶于强酸。用于制钡盐、颜料、焰火、杀鼠药陶器，并用作填料和水澄清剂等多种用途。碳酸钡会蓄积在骨骼上，引起骨髓造白细胞组织增生，从而发生慢性中毒。碳酸钡会与胃液中的盐酸发生反应，变成可溶性的氯化钡，氯化钡属于可溶性钡盐，为有毒物质，若不及时抢救，将会很快中毒，严重时会死亡。碳酸钡对大鼠、小鼠的口服半致死剂量（LD_{50}）分别为418mg/kg和200mg/kg。

（撰稿：王大伟；审稿：刘晓辉）

逃逸假说　escaping hypothesis

逃逸假说（Janzen-Connell假说）认为种子扩散的生态学意义在于避免与母树的竞争、幼苗之间的竞争以及母树附近的密度制约性死亡。母树附近高密度的种子和幼苗更容易遭受昆虫或鼠类的捕食，病原体的侵袭，同时与母树的竞争以及幼苗间的竞争更强烈，因此在母树附近种子和幼苗更容易死亡。然而，这些导致种子和幼苗死亡的因素往往都是密度制约性的。种子捕食者和食草动物主要集中在母树下以及母树周围取食种子及幼苗。因此，当种子被扩散后，如被鼠类搬运到离开母树几米甚至几十米远的生境中，这些密度制约性的死亡因素对种子和幼苗死亡的影响会显著降低。因此远离母树的种子更容易逃脱捕食，最终建成的幼苗也更容易存活。然而，当种子被扩散到远离母树的环境中时，种子可能会到达离同种其他成熟个体较近的生境中，因而不利于种子逃脱捕食以及幼苗存活。为了避免竞争者的盗食，鼠类在贮藏种子时不仅会将种子搬运到远离自身母树的地方，同时也会将种子定向扩散到远离同种其他成熟个体的地方。鼠类通过对种子的多次搬运能够将种子扩散到同种其他成熟个体密度越来越低的生境中。因此，鼠类对种子的这种定向扩散有利于种子逃脱捕食以及幼苗的存活，并且能促进植物占据新的生境，是一种非常高效的种子扩散方式。

参考文献

CONNELL J H, 1971. On the role of natural enemies in preventing competitive exclusion in some marine animals and in rain forest trees[M]//den Boer P J, Gradwell G R. Dynamics of Populations. Wageningen Center for Agricultural Publishing and Documentation: 298-312.

HIRSCH B T, KAYS R, PEREIRA V E, et al, 2012. Directed seed dispersal towards areas with low conspecific tree density by a scatter-hoarding rodent[J]. Ecology letters, 15: 1423-1429.

JANSEN P A, VISSER M D, WRIGHT S J, et al, 2014. Negative density dependence of seed dispersal and seedling recruitment in a Neotropical palm[J]. Ecology letters, 17: 1111-1120.

JANZEN D H, 1970. Herbivores and the number of tree species in Tropical forests[J]. The American naturalist, 104: 501-528.

LAMANNA J A, WALTON M L, TURNER B L, et al, 2016. Negative density dependence is stronger in resource-rich environments and diversifies communities when stronger for common but not rare species[J]. Ecology letters, 19: 657-667.

（撰稿：曹林；审稿：路纪琪）

体核温度　core body temperature

机体深部，包括心、肺、脑和腹部器官内环境的温度。体核温度在一天内发生周期性的波动，活动相较高，休息相较低；进餐后或剧烈运动后，体核温度也可轻度升高；突然进入高温或受到应激时体温略有升高；妊娠期体温略高；不同年龄阶段略有轻微的体温差异，幼年动物由于代谢率高，体温稍高于成年动物，老年动物由于代谢率低，其体温略低于成年和幼年动物。

传统方法以直肠温度作为体核温度，随着技术的发展，现在可以利用体内埋植的无线传感器检测体核温度。根据测试部位的不同，常用的体温包括：口腔温度、直肠温度和腋窝温度。小型哺乳动物一般测定直肠温度。

哺乳动物通过产热、散热调节系统调控体核温度的平衡。当由于外界环境压力导致体核温度升高时，体温调节中枢通过神经、体液等因素调节机体的产热和散热过程，使体温在正常范围内维持相对恒定。

参考文献

MAZGAOKER S, KETKO I, YANOVICH R, et al, 2017. Measuring core body temperature with a non-invasive sensor[J]. Journal of thermal biology, 66: 17-20.

MORRISON S F, NAKAMURA K, 2019. Central mechanisms for thermoregulation[J]. Annual review of physiology, 81: 285-308.

ZHAO Z D, YANG W Z, GAO C, et al, 2017. A hypothalamic circuit that controls body temperature[J]. Proceedings of the national academy of sciences of the Untied states of America, 114(8): 2042-2047.

（撰稿：张学英；审稿：王德华）

体温调节　thermoregulation

温度感受器接受体内、外环境温度的刺激，通过体温调节中枢的活动，相应地引起内分泌腺、骨骼肌、褐色脂肪组织、皮肤血管和汗腺等组织器官活动的改变，从而调整机体的产热和散热过程，使体温保持在相对恒定的水平。

体温调节是动物在长期进化过程中获得的较高级的调节功能。较低等的脊椎动物如爬行动物、两栖动物和鱼类，以及无脊椎动物，其体温随环境温度而改变，不能保持相对恒定，这些动物叫做变温动物或冷血动物。变温动物对环境温度变化的适应能力较差，到了寒季，其体温降低，各种生理活动也都降至极低的水平；进化至较高等的脊椎动物如鸟纲和哺乳纲动物，逐渐发展了体温调节功能，能够在不同温度的环境中保持体温的相对恒定，这些动物叫做恒温动物或温血动物。还有一些哺乳动物如刺猬等，则介于两类动物之间。在暖季，体温能保持相对恒定；到了寒季则体温降低，蛰伏而冬眠。

体温调节可通过行为性调节和自主性调节两种方式。行为性体温调节即动物通过其行为使体温不致过高或过低的调节过程。如低等动物蜥蜴从阴凉处至阳光下来回爬动以尽量减小体温变动的幅度。恒温动物通过聚群降低体表与环境的接触面积而降低散热，通过伸展四肢爬伏地面增加体表与环境的接触面积而增加散热，通过活动增加热量，均属此种调节。自主性体温调节即动物通过调节其产热和散热的生理活动，如寒颤、发汗、血管舒缩等，以保持体温相对恒定的调节过程。

恒温动物的体温调节是个自动控制系统，是反射与负反馈控制的过程，机体的内、外环境是在不断地变化，许多因素会干扰核温度的稳定，此时通过反馈系统将干扰信息传递给体温调节中枢，经过它的整合作用，再调整受控系统的活动，从而在新的基础上达到新的体热平衡，达到稳定体温的效果。体温调节分为产热过程和散热过程。产热过程主要受交感神经的兴奋以及下丘脑—腺垂体—甲状腺轴的活动等控制。皮肤和内脏器官上的温度感受器（thermoreceptor）—瞬时受体电位离子通道（transient receptor potential, TRP）（已经鉴定了多种TRPs，如TRPM1-8、TRPV1-6、TRPC1-7）感受外界环境温度或局部温度，将此信息通过迷走传入神经，经外侧臂旁核（lateral parabrachial nucleus, LPB）传入视交叉前区（the preoptic area, POA）。视交叉前区是温度的中心感受器，包括正中视前核（the median preoptic nucleus, MnPO）和正中亚核（the medial subnuclei, MPA），存在冷敏感和热敏感性神经元。另外，下丘脑室旁核（paraventricular nucleus, PVN）、腹内侧区（the ventromedial hypothalamus, VMH）、背内侧核（the dorsomedial hypothalamus, DMH，含有促进产热的神经元）、外侧下丘脑的穹窿区（the perifornical area of the lateral hypothalamus, PeF/LH）、脑干的中缝核（raphe pallidus, RPa）和下橄榄核（inferior olive, IO）均参与体温的调节，但这些核团与交感神经之间的精确神经通路还不是很确定。中枢整合的温度信息通过交感神经的活性调节外周褐色脂肪组织（brown adipose tissue, BAT）的产热功能。散热过程主要指体表皮肤可通过辐射、传导和对流以及蒸发等物理方式散热。散热的速度主要取决于皮肤与环境之间的温度差。皮肤温度越高或环境温度越低，则散热越快。当环境温度与皮肤温度接近或相等时，散热无效。如环境温度高于皮肤温度，则机体反而要从环境中吸热。

参考文献

MORRISON S F, 2016. Central neural control of thermoregulation and brown adipose tissue[J]. Autonomic neuroscience: Basic and clinical, 196: 14-24.

MORRISON S F, NAKAMURA K, MADDEN C J, 2008. Central control of thermogenesis in mammals[J]. Experimental physiology, 93(7): 773-797.

（撰稿：张学英；审稿：王德华）

体液免疫　humoral immunity

是指以B细胞产生抗体来达到保护目的的免疫机制。负责体液免疫的细胞是B细胞。体液免疫的抗原多为相对分子质量在10000以上的蛋白质和多糖大分子，病毒颗粒和细菌表面都带有不同的抗原，所以都能引起体液免疫。

经外源注射匙孔血蓝蛋白（keyhole limpet haemocyanin, KLH）、白喉破伤风毒素或绵羊红血细胞等抗原，都能诱导脊椎动物产生相应的抗原抗体反应。生态学背景下，动物易于被某种特定的病原体攻击，如肺炎和疟疾，且被攻击后由特定疾病所产生的抗体可被定量测量。

KLH是一种来源于软体动物锁眼贝（*Megathura crenulata* Sowerby, 1825）无毒性的呼吸类蛋白。KLH与脊椎动物亲缘关系较远，外源注射KLH能使动物产生强烈的抗原反应，但动物不会因此而生病（如长时间的发炎或发热）。经外源注射KLH抗原的小鼠，其氧消耗和代谢产热比对照组高20%~30%，但对黑线仓鼠（*Cricetulus barabensis* Pallas, 1773）的静止代谢率无明显的影响。在注射后第5天、第10天或第15天，其血清中的IgM和IgG值分别达到最高值；通过ELISA方法和酶标仪可测定这两种免疫球蛋白的含量。KLH抗原刺激需要注射备选抗原，整个反应过程需10天以上，且在中间需重复采血一次，适用于实验室研究。若在野外执行，需保证动物易于重捕。经低温（-20℃）冷冻处理后的血清样品，即便保存时间较长，对实验结果的影响也不大。

参考文献

张志强, 黄淑丽, 赵志军, 2015. KLH单独刺激不影响黑线仓鼠的静止代谢率[J]. 兽类学报, 35(4): 405-411.

张志强, 王德华, 2006. 长爪沙鼠免疫功能、体脂含量和器官重量的季节变化[J]. 兽类学报, 26(4): 338-345.

DEMAS G E, CHEFER V, TALAN M I, et al, 1997. Metabolic costs of mounting an antigen-stimulated immune response in adult and aged C57BL/6J mice[J]. American journal of physiology-regulatory, integrative and comparative physiology, 273(5): 1631-1637.

DEMAS G E, ZYSLING D A, BEECHLER B R, et al, 2011. Beyond phytohaemagglutinin: assessing vertebrate immune function across ecological contexts[J]. Journal of animal ecology, 80(4): 710-730.

HANSSEN S A, HASSELQUIST D, FOLSTAD I, et al, 2004. Costs of immunity: immune responsiveness reduces survival in a vertebrate[J]. Proceedings of the royal society B: Biological sciences, 271(1542): 925-930.

（撰稿：张志强；审稿：王德华）

体重　body mass

整个身体的重量。以 kg、g 或 mg 等表示。体重是能量摄入和能量消耗平衡的结果，当能量摄入高于能量消耗时，体重增加；当能量摄入低于能量消耗时，体重降低。体重是反映和衡量机体健康状况的重要标志之一，过胖和过瘦都不利于健康。不同体型的大量统计资料表明，反映正常体重较理想和简单的指标，可用身高体重的关系来表示。国际上常用体重指数（body mass index, BMI）衡量人体胖瘦程度以及是否健康。BMI 是用体重 kg 数除以身高米数的平方得出的数字。当我们需要比较及分析一个人的体重对于不同高度的人所带来的健康影响时，BMI 值是一个中立而可靠的指标。

体重增长除了与骨的增长关系密切以外，还与肌肉、脂肪等的增长有关系。在幼体和亚成体阶段，骨骼和肌肉发育比较突出。当身高或体长迅速增长时，肌肉以增加长度为主而明显增长；身高或体长增长缓慢时，肌肉以增粗肌纤维为主而明显增长，体重随之增加。成年期体重达到相对稳定，体重的变化主要以脂肪为主。

体重是遗传和环境共同作用的结果，个体间体重的差异 70% 是由基因决定的。很多生活在温带地区的小型哺乳动物表现出明显的季节性体重变化，夏季较高，冬季较低；也有一部分物种一年四季体重保持相对稳定。光周期是季节性环境的最主要的同步信号，在室内单一的光周期处理就能诱导出野外所观察到的季节性的体重变化。温度、食物可利用性等环境因素也会影响能量摄入、产热和体重。出生前后的早期环境对决定成年期体重起着重要作用。母体营养不良或营养过剩、母体所处的季节、环境温度或光周期条件、胎仔数、早期社会隔离等都可能会影响幼体的体重增长和成年期体重。

参考文献

KEMPER K E, VISSCHER P M, GODDARD M E, 2012. Genetic architecture of body size in mammals[J]. Genome biology, 13(4): 244.

LITTLE M A, 2020. Evolutionary strategies for body size[J]. Frontiers in endocrinology (Lausanne), 11: 107.

ZHANG X Y, LOU M F, SHEN W, et al, 2017. A maternal low-fiber diet predisposes offspring to improved metabolic phenotypes in adulthood in an herbivorous rodent[J]. Physiological biochemical zoology, 90(1): 75-84.

（撰稿：张学英；审稿：王德华）

体重调节　body weight regulation

机体能量平衡的结果，当能量摄入高于能量消耗时，体重或体脂增加；当能量摄入低于能量消耗时，体重或体脂降低。关于体重调节理论有3个假说：体脂稳态理论（lipostasis theory）、负反馈环假说（negative feedback loop hypothesis）和滑动调定点假说（sliding set-point hypothesis）。

体脂稳态理论　是 1953 年由 Kennedy 提出的，该理论认为由于体内的代谢物能够准确地调节能量摄入和能量支出使体重在长时间内保持稳定。随着一些实验证据的提出，该理论发展为负反馈环假说，认为与身体脂肪呈比例产生的激素信号能够负反馈传入控制摄食和能量消耗的脑区，调控体重的内稳态平衡。

负反馈环假说　1994年，由 ob 基因编码的多肽类激素 leptin 的发现，进一步完善了负反馈环假说。脂肪细胞分泌的瘦素浓度可以反映体内的脂肪含量，瘦素通过血液循环并穿越血脑屏障，作用于下丘脑中的长型受体 OB-Rb，调节下丘脑弓状核中的增食类神经肽 Y（neuropeptide Y, NPY）和刺鼠肽基因相关蛋白（agouti-related peptide, AgRP）的表达，厌食类神经肽前阿黑皮素（proopiomelanocortin, POMC）和受可卡因和安非他明调节的转录产物（cocaine- and amphetamine-regulated transcript, CART）的表达，调节食欲和能量消耗，维持体重平衡。

滑动调定点假说　很多生活在温带地区的小型哺乳动物表现出明显的季节性的体重变化，夏季较高，冬季较低。光周期是季节性环境的最主要的同步信号，在室内单一的光周期处理就能诱导出野外所观察到的季节性的体重变化。黑线毛足鼠（Phodopus sungorus Pallas, 1773）已被用作季节性体重研究的理想实验动物。雌雄动物均表现出在夏季长光照下体重和脂肪达到最高水平，在短光照下，动物降低摄食量，12～16周后体重降低40%，达到体重最低点，之后摄食和体重自发性地提高。根据野生小型哺乳动物体重的季节性变化，学者们提出滑动调定点假说，瘦素信号的发现使得该假说得到进一步完善，瘦素分子调节动物体重处于最适水平。当动物处于短光照或限制性摄食状态时，瘦素浓度下降到一个与体重相适的稳定阈值，以保证能量摄入和能量消耗保持平衡，使体重维持在适于生存和繁殖的一个较低的水平；当动物处于长光照时，瘦素浓度升高到一个稳定阈值，以保证能量摄入和能量消耗保持平衡，使体重维持在较高水平。

参考文献

EBLING F J, BARRETT P, 2008. The regulation of seasonal changes in food intake and body weight[J]. Journal neuroendocrinology, 20(6): 827-833.

HALAAS J L, GAJIWALA K S, MAFFEI M, et al, 1995. Weight-reducing effects of the plasma protein encoded by the obese gene[J]. Science, 269(5223): 543-546.

MORTON G J, CUMMINGS D E, BASKIN D G, et al, 2006. Central nervous system control of food intake and body weight[J]. Nature, 443(7109): 289-295.

REDDY A B, CRONIN A S, FORD H, et al, 1999. Seasonal regulation of food intake and body weight in the male Siberian hamster: studies of hypothalamic orexin (hypocretin), neuropeptide Y (NPY) and pro-opiomelanocortin (POMC)[J]. European journal of neuroscience, 11(9): 3255-3264.

SCHWARTZ M W, SEELEY R J, 1997. Neuroendocrine responses to starvation and weight loss[J]. New England journal of medicine, 336(25): 1802-1811.

（撰稿：张学英；审稿：王德华）

天山黄鼠　*Spermophilus relictus* Kashkarov

天山山脉特有的一种典型草原鼠类，分布于海拔1000～1500m，单居，一年繁殖一胎。又名黄鼠、地松鼠、草地松鼠。英文名tianshan souslik。啮齿目（Rodentia）松鼠科（Sciuridae）非洲地松鼠亚科（Xerinae）旱獭族（Marmotini）黄鼠属（*Spermophilus*）。

共记载3个亚种。指名亚种（*Spermophilus relictus relictus* Kaschkarov, 1923）分布于哈萨克斯坦塔拉斯基、西部天山。伊塞克湖亚种（*Spermophilus relictus rally* Kuznezov, 1948）分布于吉尔吉斯斯坦伊塞克湖、中天山的东北部以及中国境内的新疆昭苏和特克斯。尼勒克亚种（*Spermophilus relictus nilkaensis*）分布于中国新疆尼勒克喀什河中、上游两岸。

天山黄鼠的分布区范围在黄鼠诸种中最为狭窄，而且多呈断续分布。在新疆境内只分布于尼勒克县境的喀什河南岸群吉沟至阿克吐别克一带山地（婆罗科努山南坡），以及新源、巩留、特克斯、昭苏等县南部的天山山地个别地段。国外分布于哈萨克斯坦和吉尔吉斯斯坦境内的西天山、伊塞克湖东南部、东北部和帕米尔—阿莱山地北部的个别地段。

形态

外形　体型大小与赤颊黄鼠相似，体长可达250mm，但尾较赤颊黄鼠为长，其长为体长的26.1%～35.1%（平均31%）。后足掌裸露，只踵部被毛。体重318～491g。体长208～250mm，尾长60～79mm，后足长37～42mm。

毛色　头顶及前额毛色较暗，呈浅灰或灰黄色；双颊、眼周及耳周均无棕黄或棕色斑。体背毛基黑色，次端灰色，毛尖黄色或浅棕黄色，致整个体背呈灰褐-棕黄色调，这种色调沿背脊一带尤为浓重。体背无淡色斑点，但可见浅黄色波纹。四肢内侧、前后足背、体侧及腹面毛色均为浅黄色。尾毛蓬松，三色；毛基浅棕黄，次端黑色，毛尖黄白，至尾的后2/3段形成黑色与黄白两色环。

头骨　头骨宽大。眶间较宽，成体眶间宽绝大多数超过10mm，为颅基长的20.9%～24.2%（平均22.2%）。前颌骨鼻吻部短而窄，取门齿孔中横线测得之宽度一般不超过9mm。上白齿列较长，其长略大于齿隙长。但尼勒克一带的标本齿列较短，多不及齿隙长。上门齿后方之硬腭窝甚浅，须仔细观察方可看出其轮廓。腭长略大于后头宽（尼勒克标本腭长则显著大于后头宽）。听泡较长，其长大于其宽。前颌骨额突后1/3处的最大宽度，等于或略超过同一横线上的一块鼻骨的宽度，但其超过部分不大于此块鼻骨宽的1/3。左右二条顶脊，略呈直线向后内方收拢，于后头部相交成一锐角。上下门齿唇面釉质白色，或微染乳黄色。

主要鉴别特征　体长可达250mm，尾长为体长的1/3，被毛灰褐棕黄色，腹毛为浅黄色，尾毛蓬松，毛色接近体色。门齿唇面白色，或微染乳黄色。

生活习性

栖息地　伊犁地区的天山黄鼠主要栖息于海拔1000～1500m的山地草原中的山前丘陵缓坡、山间小盆地，以及河谷两侧较为干燥地段。在砾石裸露的山坡，多栖息于植被发育较好的土质疏松地段。栖息地的植被以羽茅—灰蒿群丛为主。偶可见于农田附近，但数量不多。

天山黄鼠分布有相对集中的特征，多呈点斑状分布。凡越冬聚落均在阳坡地段，初夏开始扩散至毗邻的沟谷，形成阳坡沟谷组合类型的典型栖息地。

洞穴　天山黄鼠的洞穴和他种黄鼠一样，亦有居住洞与临时洞之分。居住洞的洞口多为1个，个别亦有2～3个者，洞道弯曲且长，具窝巢。临时洞较简单，无巢。夏季居住洞比较分散，多配置在植物多样、而且青翠繁茂的沟谷处；冬季居住洞比较集中，多位于春季积雪消融较快，植物萌发较早的温暖背风的向阳山坡。

食物　天山黄鼠以灰蒿和多种禾本杂草的绿色部分为食。但在蝗虫密度较高地区，则以蝗虫为主要食物来源。尼勒克县乌特兰草场的天山黄鼠胃内容物中，蝗虫的比重均在60%以上，个别竟达100%。可见天山黄鼠具有明显的食蝗性。

活动规律　天山黄鼠于3月中、下旬开始出蛰，7月初幼鼠分居，8月末9月初开始冬眠。营昼间活动，但以日出后3～4小时、日落前2～3小时最为活跃；炎热的中午时分多在洞内休息。

尼勒克天山黄鼠的日活动规律，夏季有两个高峰，分别出现在7:00～9:00和16:00～18:00；最早见到出洞活动的鼠在5:30，20:00尚有地面活动鼠。

繁殖　天山黄鼠于生后翌年，即经过一次冬眠即达性成熟。年产1窝，妊娠期25～27天，每窝仔鼠多为3～11只，尼勒克塞口的平均密度为7.7+1.97只/hm²。

社群结构与婚配行为　天山黄鼠即使在交配季节和繁殖期仍是单居生活。交配时节在地面上可见相互追逐，但未见在地面交配的情况，是否在洞中完成交配不得而知。

种群数量动态

季节动态　鼠密度每公顷 6～12 只，春季密度较低，秋季达到密度高峰，经过一个冬季自然减员一部分，年复一年，终而复始。

年间动态　天山黄鼠和其他黄鼠一样，年季变化不大，始终保持一定的密度。

危害　在天山黄鼠体上只发现 2 种蚤类：天山黄鼠蚤和毛新蚤。此 2 种蚤类的数量构成依地区不同而有所差异，表现出明显的区域性。尼勒克境内的喀什河谷地，前者占优势；昭苏境内则后者占优势。体蚤一般为 20 只左右。未有有关传播流行病的信息。

防治技术

农业防治　天山黄鼠在春秋牧场邻近河谷的农田啃食农作物，当地的畜牧部门常常使用磷化锌、氟乙酰胺等制成的毒饵进行防治，由于分布的地区较为局限，海拔在 1000m 以上，种植的农作物相对较少，危害相对亦较轻。

生物防治　天山黄鼠为伊犁牧区蝗虫的主要天敌，对控制蝗害具有一定作用。但洞口密度较高，每公顷可达 200～600 个，对牧草生长有一定危害。此外，其夏季弃用的冬眠洞十分密集，且多为草原蝰、蝮蛇等毒蛇所占用，有助于毒蛇夏季群体的分散和蛇害的蔓延，相反蛇的存在亦控制了黄鼠的种群，周而复始形成了生物链，对生态环境稳定有着促进作用。

物理防治　距水源较近地段，可用水灌法。在农田附近，采用弓形夹等捕鼠工具，经常进行捕打，可起到临时性的保护作用。即利用捕鼠器械杀灭鼠类的方法。如弓形鼠夹、弹簧鼠夹、捕鼠活套、灌水等方法。此方法简便易行，对人畜安全，不受季节限制，适用于小面积草地灭鼠，尤其适合牧民边放羊边灭鼠。

化学防治　用磷化锌对天山黄鼠具有较好灭效，但磷化锌目前已经禁用，未见其他化学防治报道。

参考文献

侯兰新，王思博，1989. 天山黄鼠一新亚种——尼勒克亚种[J]. 西北民族学院自然科学学报，10(1): 72-74

马勇，王逢桂，金善科，等，1987. 新疆北部地区啮齿动物的分类和分布[M]. 北京: 科学出版社.

王思博，杨赣源，1983. 新疆啮齿动物志[M]. 乌鲁木齐: 新疆人民出版社.

郑智民，姜志宽，陈安国，2008. 啮齿动物学[M]. 上海: 上海交通大学出版社.

钟文勤，孙崇璐，乔璋，1978. 天山黄鼠选饵试验及磷化锌毒饵的夏季灭效探讨[J]. 动物学杂志(3): 21-22.

（撰稿：蒋卫；审稿：侯兰新）

兔热病　tularemia

一种由扁虱或苍蝇传播的啮齿动物的自然疫源性急性传染病。又名土拉菌病、鹿蝇热。临床表现主要有发热，淋巴结肿大，皮肤溃疡，眼结膜充血、溃疡，呼吸道和消化道炎症及毒血症等。土拉杆菌可以被用作生物战中的致病病菌，感染者会出现高烧、浑身疼痛、腺体肿大和咽食困难等症状。利用抗生素可以很容易治疗这种疾病。

病原特征　土拉杆菌是一种微小（0.3～0.7μm×0.2μm）、无活动力的革兰氏阴性球杆菌，在培养基上可具多形性，在组织内可形成荚膜。在一般培养基中不易生长，常用血清—葡萄糖—半胱氨酸培养基，及血清—卵黄培养基。菌型可分为：①美洲变种（A 型），能分解甘油，对家兔毒力强。②欧洲变种（B 型），不分解甘油，对家兔毒力弱。该菌具有 3 种抗原：多糖抗原，可使恢复期患者发生速发型变态反应；细胞壁及胞膜抗原，有免疫性和内毒素作用；蛋白抗原可产生迟发型变态反应。土拉杆菌在自然界生存力较强，但对理化因素抵抗力不强，加热 55～60℃ 10 分钟即死亡，普通消毒剂可灭活，但对低温、干燥的抵抗力较强。低温条件下，在动物尸体内可存活 3 个月以上。

流行　自然界百余种野生动物、家畜、鸟、鱼及两栖动物均曾分离出土拉杆菌，但主要传染源是野兔、田鼠。羊羔和 1～2 岁幼羊感染后也可作为传染源。人传染人未见报道。主要为直接接触、昆虫叮咬以及消化道摄入传播。亦可由气溶胶经呼吸道或眼结膜进入人体。该菌传染力强，能透过没有损伤的黏膜或皮肤，所以人类在狩猎、农业劳动、野外活动及处理病畜时要特别注意。不同年龄、性别和职业的人群均易感。猎民、屠宰、肉类皮毛加工、鹿鼠饲养、实验室工作人员及农牧民因接触机会较多，感染及发病率较高。该病隐性感染较多，病后可有持久免疫力，再感染者偶见。

该病一年四季均可流行，较多病例发生在夏季。

临床特征　潜伏期 1～10 天，平均 3～5 天。大多急剧起病，突然出现寒战，继以高热，体温达 39～40℃，伴剧烈心痛，乏力，肌肉疼痛和盗汗。热程可持续 1～2 周，甚至迁延数月。肝脾肿大、有压痛。由于病菌的侵入途径较多，临床表现多样化，可分为下列类型：

溃疡腺型　最多见，占 75%～80%，主要特点是皮肤溃疡和痛性淋巴结肿大。与兔有关的患者皮损多在手指和手掌。蜱媒传播的患者皮损多在下肢与会阴。病原菌入侵 1～2 天后，在侵入部位发生肿胀与疼痛，继而出现丘疹、水疱和脓疱。脓疱破溃后形成溃疡，溃疡呈圆形或椭圆形，边缘隆起有硬结感；周围红肿不显著，伴有疼痛，有时有黑色痂皮。依溃疡部位不同，发生相应处的淋巴结肿大。常有肱骨内上髁、腋下及腹股沟淋巴结肿大。

腺型　仅表现为局部淋巴结肿大而未见皮肤病损，占 5%～10%。腺肿以腋下或腹股沟多见，可大如鸡卵，开始疼痛明显，以后逐渐减轻。多在 1～2 月内消肿，也有 3～4 周时化脓而破溃，排出乳白色脓液，无臭，脓汁外溢可达数日不愈。

胃肠型　主要表现为腹部阵发性钝痛，伴恶心、呕吐，颈、咽及肠系膜淋巴结肿大，偶致腹膜炎。

肺型　出现上呼吸道卡他症状，咳嗽、气促、咳痰及胸骨后钝痛，重者伴有严重毒血症状。肺部阳性体征少，胸部 X 线示支气管肺炎。偶见肺脓肿、肺坏疽和肺空洞。肺门淋巴结常有肿大。

伤寒型 占 5%～15%，起病急，剧烈头痛、寒战、高热、体温可达 40℃以上，热程 1～2 周，大汗，肌肉及关节疼痛，肝脾肿大，常有触痛。偶有瘀点、斑丘疹和脓疱疹。

眼腺型 少见，表现为眼结膜充血、发痒、流泪、畏光、疼痛，眼睑严重水肿、角膜溃疡及严重的全身中毒症状。

咽腺型 病原菌经口侵入，可致扁桃体及周围组织水肿发炎，并有小溃疡形成，偶见灰白色坏死膜，患者咽痛不明显，但可致颈、颌下淋巴结肿大和压痛。

诊断 流行病学资料，注意职业特征。临床表现，如皮肤溃疡、淋巴结肿大、眼结膜充血溃疡等。

实验室检查：

①血象。白细胞多数在正常范围，少数病例可升达 $12 \times 10^9 \sim 15 \times 10^9$/L，血沉增速。

②细菌培养以痰、脓液、血、支气管洗出液等标本接种于含有半胱氨酸、卵黄等特殊培养基上，可分离出致病菌。但血培养的阳性率一般较低。

③动物接种。将上述标本接种于小白鼠或豚鼠皮下或腹腔，动物一般于 1 周内死亡，解剖可发现肝、脾中有肉芽肿病变，从脾中可分离出病原菌。

④血清学试验凝集试验应用普遍，凝集抗体一般于病后 10～14 天内出现，可持续多年，提示近期感染，急性期和恢复期双份血清的抗体滴度升高 4 倍有诊断意义；反向间接血球凝集试验，具有早期快速诊断特点；免疫荧光抗体法，特异性及灵敏度较好，亦可用于早期快诊。

⑤皮肤试验。用稀释的死菌悬液或经提纯抗原制备的土拉菌素，接种 0.1ml 于前壁皮内，观察 12～24 小时，呈现红肿即为阳性反应。主要用于流行病学调查，亦可做临床诊断的参考。

防治 应强调个人防护，预防接种尤为重要。一般采用减毒活菌苗皮上划痕法，疫区居民应普遍接种，每 5 年复种一次，每次均为 0.1ml，可取得较好的预防效果。口服减毒活疫苗及气溶胶吸入法也有采用者。

疫区居民应避免被蜱、蚊或蚋叮咬，在蜱多地区工作时宜穿紧身衣，两袖束紧，裤脚塞入长靴内。剥野兔皮时应戴手套，兔肉必须充分煮熟。妥善保藏饮食，防止为鼠排泄物所污染，饮水须煮沸。实验室工作者须防止染菌器皿、培养物等沾污皮肤或黏膜。

应结合疫区具体情况改进农业管理，以改变环境，从而减少啮齿类动物和媒介节肢动物的繁殖。

病人宜予隔离，对病人排泄物、脓液等进行常规消毒。

参考文献

ANONYMOUS, 2000. Tularemia, Kosovo[J]. Weekly epidemiological record, 75: 133-134.

ANTHONY L S D, SKAMENE E, KONGSHAVEN P A L, 1988. Influence of genetic background on host resistance to experimental murine tularemia[J]. Infection and immunity, 56: 2089-2093.

BACHILLER LUQUE P, PEREZ CASTRILLON J L, MARTIN L M, et al, 1998. Preliminary report of an epidemic tularemia outbreak in Valladolid[J]. Revista clinica espanola, 198: 789-793.

DENNIS D T, INGLESBY T V, HENDERSON D A, et al, 2001. Tularemia as a biological weapon: medical and public health management[J]. The journal of the American Medical Association, 285: 2763-2773.

（撰稿：魏磊；审稿：何宏轩）

褪黑素　melatonin

是由包括鼠类在内许多脊椎动物松果体产生的一种神经内分泌激素，主要驱动 24 小时日节律、调节睡眠/清醒周期、血压、季节性繁殖等。又名褪黑激素、美拉酮宁、抑黑素、松果腺素。化学名称 N-乙酰基 -5-甲氧基色胺。褪黑素可能抑制促性腺激素及其释放激素的合成与分泌，对生殖起抑制作用。

（撰稿：宋英；审稿：刘晓辉）

脱碘酶　deiodinase

一类过氧化物酶，主要作用是使甲状腺激素活化或者失活。脱碘酶的作用主要是使甲状腺激素中的碘离子脱离，主要有 3 种类型，I 型脱碘酶（DIO1）、II 型脱碘酶（DIO2）和 III 型脱碘酶（DIO3）。DIO1 参与甲状腺激素的所有脱碘过程，饥饿过程降低 DIO1 的活性，从而降低基础代谢率；而 DIO2 和 DIO3 是甲状腺激素活化过程中最主要的功能酶：DIO2 的主要作用是把甲状腺素 T4 转化为生物活性更强的 T3，以及把反式 T3（rT3）转化成无活性的 T2；DIO3 的主要作用是把甲状腺素 T4 转化为无生物活性的 rT3，以及把 T3 转化成无活性的 T2。在肝脏、脂肪和肌肉组织中，DIO2 和 DIO3 的表达量比值指示着代谢水平；而在下丘脑中，则起到解析季节性信号的作用。

（撰稿：宋英；审稿：刘晓辉）

外周生物钟 peripheral clock

在哺乳动物的外周组织中存在自主的生物钟节律，这种节律独立于中枢生物钟—视交叉上核（SCN）之外的，称为外周生物钟。例如通过喂食多西环素可抑制小鼠肝脏BMAL1的表达，但与节律相关的351个基因中只有包括生物钟关键基因 *Per2* 在内的31个基因不能表现出正常节律，而其他的近300个基因表达仍然保持节律性。这些表明，肝脏中代谢相关基因的节律是由细胞自主性和非自主性节律信号共同驱动的。

（撰稿：宋英；审稿：刘晓辉）

汪诚信 Wang Chengxin

媒介生物学家，鼠类生态学家，卫生鼠害防治专家。

个人简介　出生于江西贵溪。1955年毕业于上海第一医学院药物化学系。1955—1957年在长春鼠疫防治所工作；1957年起在中国医学科学院流行病学微生物学研究所（该单位于1983年更名为中国预防医学科学院流行病学微生物学研究所）工作直至1999年

退休，1985年晋升研究员，曾任研究所党委书记、副所长。1981—1989年任卫生部医学科学委员会媒介生物学及控制专题委员会主任委员；1989年任中华预防医学会第一届理事会理事；1989—2005年任中华预防医学会媒介生物学及控制分会主任委员；1992年起任中国鼠害与卫生虫害防制协会（2009年更名为中国卫生有害生物防制协会）副会长、顾问、专家委员会顾问。曾任卫生部北方地方病专题委员会委员、流行性出血热专题委员会委员、传染病专家咨询委员会委员、自然疫源性疾病专家咨询委员会委员、顾问；中国植物保护学会鼠害防治专业委员会委员；中国地理学会医学地理专业委员会委员；《中国媒介生物学及控制杂志》主编，现为名誉主编。

成果贡献　长期从事传染病的媒介与宿主的生态学与防治方法、策略的研究，尤其对严重危害人类健康的鼠传疾病的宿主及居民区鼠类的防治有较高造诣。在长期的工作中坚持开展灭鼠研究，改进研究方法，在不同鼠种的防治、多种药物和灭鼠方法以及灭鼠策略的研究方面做了大量工作，积累了丰富的资料和经验，成为中国鼠类控制领域的学科带头人，对开展与推广国家卫生城市创建活动起了较大作用。通过多方奔走和联络，1985年，创办《中国鼠类防制杂志》，该杂志1989年更名为《中华媒介生物学及控制杂志》。1989年牵头筹建了"中华预防医学会媒介生物学及控制分会"，1991年牵头创建了"中国鼠害与卫生虫害防制协会"，为中国媒介生物学及控制的队伍建设、学术交流和行业发展做出了重要贡献。1992年和其他4位科学家一起发表了《要科学宣传灭鼠》的文章，而后成为"邱氏鼠药案"的第一被告。该侵权案的一审败诉（1993）、二审胜诉（1995），成为1994年、1995年连续两年两院院士评选的全国十大科技新闻之一，极大地推动了中国鼠类控制行业的健康发展。汪诚信共获科技成果奖4项，主编或参加撰写专著9部，发表科研论文51篇，科普短文88篇。

所获荣誉　1986年被评为有突出贡献的中青年专家；1987年被评为全国卫生文明先进工作者；1991年被卫生部评为救灾防病先进个人；1991年享受国务院政府特殊津贴；1997年获中国科协优秀建议奖一等奖；1999年被中宣部、科技部、中国科协评为全国科普先进工作者；2011年，获中华预防医学会颁发的"公共卫生与预防医学发展贡献奖"；2012年获中国卫生有害生物防治协会颁发的"全国除四害杰出人物"称号。

（撰稿：鲁亮；审稿：刘起勇）

王锦蛇 *Elaphe carinata* Günther

鼠类的天敌之一。又名王蟒、王蛇、王字头、菜花蛇、松花蛇、油菜花等。英文名king ratsnake。有鳞目（Serpentes）游蛇科（Colubridae）游蛇亚科（Colubrinae）锦蛇属（*Elaphe*）。

分布于安徽、北京、重庆、福建、甘肃、广东、广西、贵州、河南、湖北、湖南、江苏、江西、山东、陕西、山西、四川、台湾、天津、上海、云南和浙江等地。国外分布于越南及日本。垂直分布于海拔2220m以下的地区。

形态　大型无毒蛇。身体呈圆筒形，体重可达5~10kg

王锦蛇（郭鹏 摄）

以上，最大体全长/尾长：雄2195mm/385mm，雌性2200mm/420mm，头略大，与颈区分明显。眼大小适中，瞳孔圆形；躯尾修长适度。头背部分鳞沟黑色，略呈"王"字形。

身体背面暗褐色，部分鳞沟色黑，形成宽约2枚鳞长的若干黑褐色横斑，横斑之间相距1～1.5枚鳞沟不黑的鳞片，因而整体呈深浅交替的横斑，但在体后段及尾背由于所有鳞沟色黑而形成黑色网纹。头背棕黄色，鳞沟色黑，形成黑色"王"字，幼蛇色斑与成体迥然不同：通身浅藕褐色，鳞间皮肤略黑，织成横斑，枕后有一短纵纹；腹面肉色。此外，成体色斑也多有变异，Pope (1935) 在《中国的爬行类》一书中提到，色斑变异导致至少六位学者，包括他自己在内的关于该种的分类错误，因此该种遇到偶然的色斑变异应以鳞片特征为准。

主要鉴别特征：头略大，与颈部区分明显，头背鳞缝黑色，显"王"字斑纹，眼大小适中，瞳孔圆形；躯尾修长适度。颊鳞1（2）枚；眶前鳞1枚，多有1枚较小的眶前下鳞，眶后鳞2枚为主；颞鳞2+3枚为主；上唇鳞8（3—2—3）枚，偶有9（4—2—3、2—3—4或3—2—4）枚者；下唇鳞9～12枚，前4枚或前5枚切前颌片；颌片2对；背鳞23（21～25）—23（21～25）—19（17）行，除最外1～2行外，其余均具强棱；腹鳞186～227枚；肛鳞二分；尾下鳞69～102对。

生态及习性　王锦蛇在平原、丘陵及山区均有分布，主要在灌丛、荒野、草坡、茶山、岩壁、村舍及农田附近活动，行动敏捷，爬行速度快，能够攀岩上树，性情较凶狠，是鼠类的天敌，对消灭鼠害，维护自然界的生态平衡起着十分重要的作用。除吃鼠类外，还喜欢食用鸟蛋、蜥蜴、蛙等，有时甚至敢与毒蛇中的眼镜蛇类争食，具有残食同类或其他蛇类的习性，曾有少量报道发现王锦蛇上树到鸟窝内吞食5只雏鸟，该蛇不仅能吞食尖吻蝮幼体和小头蛇、烙铁头蛇、崇安斜鳞蛇、乌华游蛇、绞花林蛇等，甚至吃同种的幼蛇。人工养殖条件下，一般采用小鸡、小鸭、小白鼠或家鼠作为饲料。

王锦蛇的活动具有规律性，主要是昼出活动，上午10:00左右气温较高时开始外出，下午17:00～18:00气温降低时返回栖居的洞穴，夏季酷热的正午也蛰伏在洞穴中。因其体型较大，一次可食大量的食物，实验室观察一条1500mm的王锦蛇最多一次可食2只家鼠或8个鹌鹑蛋。在饲养条件下，不超过700g的王锦蛇一次就可吞食2～3只小鸡雏。一次充足的进食可以14天不出洞。

野生王锦蛇在中国中南地区7月中旬产卵，产卵期半月，产卵率高，每条平均产卵8.2枚，卵径60mm×25mm，饲养条件下的产卵更多，达到9.1个，最高可达16枚，自然温度下孵化期40天左右。

参考文献

刘军, 钟福生, 何华西, 等, 2005. 王锦蛇的高效饲养技术研究[J]. 蛇志, 17(2): 72-75.

杨大同, 苏承业, 1984. 王锦蛇 Elaphe carinata 亚种分化的初步研究[J]. 动物学研究, 5(2): 159-163.

张耀忠, 潘仁华, 2010. 王锦蛇的规模化人工生态繁养技术研究[J]. 湖南林业科技, 37(5): 1-4.

赵尔宓, 2006. 中国蛇类：上[M]. 合肥: 安徽科学技术出版社.

赵尔宓, 黄美华, 宗愉, 等, 1998. 中国动物志: 爬行纲　第三卷　有鳞目　蛇亚目[M]. 北京: 科学出版社.

朱惠平, 2001. 王锦蛇的人工养殖方法[J]. 蛇志, 13(4): 79.

GUO P, LIU Q, MYER E A, 2012. Evaluation of the Validity of the ratsnake subspecies *Elaphe carinata deqenensis* (Serpent: Colubridae)[J]. Asian herpetological research, 3(3): 219–226.

（撰稿：郭鹏；审稿：王勇）

王廷正　Wang Tingzheng

陕西师范大学生命科学学院教授，博士生导师。

个人简介　1930年8月23日出生于山东陵县，汉族。1954年毕业于复旦大学生物系动物学专业，分配至西安师范学院生物系任教。1956年考入东北师范大学生物系脊椎动物与生态学专业研究生班学习。1958年毕业后到陕西师范学院任教。曾任陕西师范大学动物研究所副所长，并先后担任陕西省动物学会秘书长、中国鸟类学会理事、陕西省动物学会理事长、中国动物学会理事、陕西省野生动植物保护协会副会长、西北五省区野生动植物保护协会顾问组主任、陕西省植物保护学会理事、陕西省科学技术协会委员、《兽类学报》编委及陕西省中学生生物学竞赛委员会主任等社会职务。

成果贡献　王廷正带领陕西师范大学动物研究所鼠类研究人员，先后采集了5000余号60余种鼠类标本，使该校鼠类研究室标本占全国鼠种总数的近1/3，在国内高校拥有鼠类标本种数与数量上均居首位。曾承担国家"七五""八五"科技攻关项目及国家自然科学基金等多项国家级项目，在《兽类学报》《动物学研究》《动物分类学报》等刊物上发表《陕西啮齿动物区系与区划》《陕西大巴山地鸟兽类区系调查研究I、II》《达乌尔黄鼠种群繁殖特征的研究》等研究论文60余篇。主编出版《陕西啮齿动物志》《陕西农田害鼠及防治》《黄土高原林区鼢鼠综合管理研究》；参编《中国动物志（鸟纲第9卷）》《农业重要害鼠的生态学及控制对策》等10余部著作。

所获荣誉 主持的国家"七五"攻关项目"鼢鼠、黄鼠种群生态学及综合治理技术研究"荣获国家教委科技进步三等奖。另有"农牧区鼠害治理技术"荣获中国科学院科技进步二等奖。"农田灭鼠技术推广"荣获陕西省科技进步二等推广技术奖。"高社会性棕色田鼠动物模型的建立及其在社会行为研究中的运用"获得陕西省科技进步二等奖。1989年被陕西省人民政府评为省优秀教师、优秀教育工作者。1992年开始享受国务院政府特殊津贴。

(撰稿:王强;审稿:邰发道、李金钢)

王祖望 Wang Zuwang

动物生态学家,主要从事啮齿动物种群生态学、鼠害防治、啮齿动物生理生态学、高寒草甸生态系统次级生产力及模型构建等研究。

个人简介 1935年4月出生于浙江宁波。1955年毕业于湖南长沙五中,同年考取天津南开大学生物系动物专业(五年制),1960年毕业,分配到中国科学院河北分院海洋研究所从事海洋生物研究,1962年河北分院撤销,合并到山西太原中国科学院华北生物研究所,从事啮齿动物种群生态学研究。1966年,随同华北生物研究所动植物生态学专业科技人员全部调到青海西宁中国科学院西北高原生物研究所。1967—1974年,从事中华鼢鼠种群生态学及新疆小家鼠微生物防治研究。1976年,在夏武平先生指导下,参与筹建海北高寒草甸生态系统定位站并开展高寒地区小哺乳动物生理生态学、高寒草甸生态系统次级生产力及消费者亚系统数学模型构建等课题研究。1982—1983年,以中国科学院公派访问学者身份赴美国加州大学戴维斯分校野生动物及渔业生物系,在Howard教授指导下,开展农田及森林地下鼠行为生态学研究。1983—1984年,到科罗拉多州立大学动物系,与Wunder教授合作,开展草原田鼠生理生态学研究。1984年5月回国,继续开展高寒地区小哺乳动物生理生态学及高寒草甸生态系统次级生产力研究。1984—1991年,任中国科学院西北高原生物研究所副所长、所长、副研究员、研究员、硕士和博士研究生导师;1990—1995年,任中国动物学会兽类学分会理事长。1991—1999年,奉调中国科学院动物研究所,任所长、研究员、博士研究生导师。1992—1995年,任中国生态学会副理事长;1996—1999年,任中国生态学会理事长。1991—1999年,任《兽类学报》主编;2000—2009年,任《动物学报》主编。1998—2006,任国家人事部"中国博士后流动站管委会专家评议组"成员;1999—2006任《中国生态学名词》审定委员会主任;2003年任《中国科学院动物研究所简史》编委会主任;2007—2019任《中华大典:生物学典·动物分典》主编。2000年退休。

成果与贡献

国内率先开展微生物灭鼠的研究 1969—1972年新疆农区小家鼠鼠害大发生,对农业生产造成很大损失,为了提供在大发生条件下对高密度害鼠数量进行快速、有效控制,除了化学防治外,又提出微生物防治,所谓:"打一针,死一片"。科研部门提出利用对人畜无害,专一性强的微生物灭杀特定的鼠种。他参与此项研究的全过程,在《灭鼠与鼠类生物学》(科学出版社)上发表论文6篇,详细记述了实验小鼠鼠痘病毒的获得、室内提高毒力方法、室内传播实验、病毒专一性检测、新疆农田及大型麦垛小家鼠传播实验;家畜、家禽安全实验等。这是国内唯一一次利用病毒防治小家鼠的研究。

率先开展中国高寒地区鼠类生理适应研究 1979—1982年,改革开放初期,他和合作者曾缙祥等在《动物学报》连续发表了动物生理生态学术论文3篇,其中,他作为第一作者的《高原鼠兔和中华鼢鼠气体代谢的研究》,在中国首次探讨了青藏高原海拔3250m寒冷、缺氧条件下,地面鼠与地下鼠的代谢适应性特点,引起国内外同行的兴趣和关注。1979年由研究所推荐,该论文获青海省科技进步三等奖。

推动中国害鼠防治中鼠类行为生态学研究,将鼠类防治方法建立在科学、精准的基础上 这是他在美国加州大学戴维斯分校与Howard教授开展地下鼠摄食行为学研究中受到的启示。美国同行的研究对策,完全是建立在害鼠种群消长规律及个体行为特点的基础上,例如用化学药物防治害鼠,事先必须对害鼠摄食行为开展研究,几乎所有的防治措施都要建立在鼠类种群生态学和行为生态学研究基础上,这样才能做到精准有效。1991年在《兽类学报》上用英文发表了此项研究的部分结果,对国内鼠害研究起到了交流和借鉴的作用。1991年调到动物研究所工作,与张知彬研究员合编《鼠害治理的理论与实践》与《农业重要害鼠的生态学及控制对策》两本著作,推动了中国鼠害与防治研究。

推动中国青藏高寒草甸生态系统研究 1982—1992年,他在夏武平先生领导下,承担中国科学院重点项目:海北高寒草甸生态系统次级生产力研究,他与数学和计算器专业的魏善武、周立研究员合作,在植物、动物、土壤、微生物、气象等多学科科技人员共同协作下,历时10年,合作完成了高寒草甸生态系统的若干数学仿真模型构建。高寒草甸生态系统次级生产力研究获得中国科学院科技进步三等奖;高寒草甸生态系统的若干数学仿真模型构建课题,经部分专家推荐,以专著形式于1991年由科学出版社出版。1993年,他与刘季科研究员合作主编《高寒草甸生态系统》第三集,该论文集从生态系统角度探讨草场退化,畜牧优化和虫鼠害防治等问题,获中国科学院自然科学二等奖。

培养动物生态学领域青年人才 指导研究生从事小型哺乳动物的生理生态学研究、群落生态学研究,大熊猫等珍稀濒危动物保护生物学研究,化学生态学和行为生态学研究等,指导博士后从事理论生态学研究,发表学术论文100余篇,为中国培养了一批动物生态学、生理生态学、保护生物学等领域的学术骨干,为中国的学科建设和发展做出了突出贡献。

推动中国古代动物学研究 2007—2019年,他与黄复生、冯祚建等20余位专家共同完成《中华大典：生物学典·动物分典》编纂工作，在此基础上，与张知彬、迟庆生等合作，完成《中国3000年鼠灾与大疫发生概况》论文，发表于《中国古代动物学研究》（科学出版社，2019）中，总结了中国自春秋战国至辛亥革命长达3000余年历朝历代鼠灾与大疫发生的次数、地点及危害状况，尤其是明末清初，鼠疫流行的记载，具有重要史料价值。

所获荣誉 1979年，青海省科技进步三等奖；1987年，中国科学院科技进步三等奖；1990年，青海省政府授予"优秀专家"称号；1991年，国务院政府特殊津贴；1992年，中国科学院自然科学二等奖；1997年，中国科学院京区党委、国家机关党委授予"优秀共产党员"称号；2000年，中国科学院党组颁发优秀领导集体奖；2005年，全国科技名词审定委员会"突出贡献奖"；2010年，中国科学院动物研究所首届突出贡献奖；2010年，中国科学技术协会授予全国优秀科技工作者荣誉称号；2019年，第一届中国生态学学会突出贡献奖；2020年，中国动物学会长隆成就奖。

（撰稿：王德华；审稿：张知彬）

微尾鼩 *Anourosorex squamipes* Milne-Edwards

一种小型兽类。又名四川短尾鼩、短尾鼩、鳞毼鼩、地滚子、臭耗子、药老鼠。英文名 mole shrew、chinese mole shrew、sichuan burrowing shrew、chinese short-tailed shrew。哺乳纲（Mammalia）劳亚食虫目（Eulipotyphia）鼩鼱科（Soricidae）短尾鼩属（*Anourosorex*）。

主要分布在四川、云南、广西、陕西、甘肃、贵州、湖北和台湾。在重庆，是三峡库区室内外的优势种群。另外，在广东、湖南的西北部、江西吉安市也有捕获的报道。国外在缅甸、印度、泰国、越南和老挝有分布。中国原记载有2亚种：华南亚种（*Anourosorex squamipes squamipes*），分布在四川、云南、广西、陕西、甘肃、贵州、湖北；台湾亚种（*Anourosorex squamipes yamashinai*）分布在台湾。但Motokawa等依据染色体核型的不同，将台湾亚种独立为有效种台湾短尾鼩（*Anourosorex yamashinai*）。

形态

外形 一般成熟后体重25～53g，体长95～113mm，尾长8～14mm，后足长13～16mm。体毛厚而较长。体形呈地下生活型，吻较钝而短，眼退化为仅菜籽大小的小眼，耳亦退化，几无耳壳。前后足爪短而钝，但粗壮，较为发达，适于掘土。尾极短，尾短于后足，光裸无毛，覆以鳞片但尖端有时微具毛。足亦光裸。

据蒋凡等在四川捕获的千余只微尾鼩统计的结果列于表1。

毛色 背部被毛呈深灰至黑棕色，腹面淡灰至淡黄。两颊常具一棕赭色细斑。四足背呈灰黑色，趾爪均白。尾鳞片为棕黑色，故尾色亦暗。

头骨 颅全长21.5～25.0mm，腭长10.4～12.0mm，后头

表1 微尾鼩的体尺量度（引自蒋凡等，1999）

项目	幼体	成体	老体
体重（g）	25.4（17.5～34.0）	34.9（25.0～52.0）	41.7（31.5～53.0）
体长（mm）	90（83～94）	101（95～109）	113（110～113）
尾长（mm）	10（7～14）	11（8～14）	11（7～14）
后足长（mm）	14（12～15）	14（13～16）	15（13～16）

宽11.4～13.4mm，臼齿宽7.0～8.0mm，上齿宽11.0～11.8mm，下齿宽9.0～10.6mm。呈坚实感，地下生活型，具一低而强的矢状嵴，枕脊突出，后面观呈半月形，顶部适于肌肉附着；其头骨顶部最大宽度处，形成头骨两侧的突出钝角。上颌二单尖齿间具一长圆形孔。齿式为 $2\times\left(\frac{2.1.1.3}{1.1.1.3}\right)=26$。

具2单尖齿，上前臼齿特别发达，第一、二上臼齿退化，第三上臼齿更小，其尖端冠面约等于第二臼齿尖的大小。下颌门齿切缘直。

年龄分组 申跃武等据929只标本胴体重（BWEV）聚类，划分4个年龄组：雄性11g≤BWEV≤18g为亚成体，18g＜BWEV≤22.5g为成体1组，22.5g＜BWEV≤27g为成体2组，BWEV＞27g为老体组；雌性12g≤BWEV≤19.5g为亚成体，19.5g＜BWEV≤24.5g为成体1组，24.5g＜BWEV≤30g为成体2组，BWEV＞30g为老体组。

在贵州，杨再学等根据体重的频次分配特征，参照其繁殖状况，分为5个年龄组：幼年组（I）体重≤23.0g，亚成年组（II）23.1～28.0g，成年I组（III）28.1～33.0g，成年II组（IV）33.1～38.0g，老年组（V）＞38.0g。体重与胴体重、体长之间具有极显著的正相关关系，依据体重与胴体重的回归方程，对应的胴体重划分标准：幼年组（I）胴体重≤15.0g，亚成年组（II）15.1～19.0g，成年I组（III）19.1～23.0g，成年II组（IV）23.1～27.0g，老年组（V）＞27.0g。

生活习性

栖息地 微尾鼩生活力强，适应性广，自海拔2500m的横断山脉北部，直至川东条状山区均有其踪迹，家居、野栖均可适应。是四川等地野外农田小兽及家居害兽之一。喜在潮湿、背光、食物来源丰富的地方营巢，如坟地、房屋附近、田埂、乱石堆、杂草丛中等。在四川彭山县的调查，同一生态类型区的不同生境中，以坟园密度最大，达14.4%；房舍附近次之，为8.91%；膀田及沟边最少，分别为6.44%和4.0%。在不同作物环境下，微尾鼩的密度也有差别，蔬菜田密度最大，达9.78%，其次为水稻、小麦、油菜，密度分别为6.79%、6.43%和5.56%。这可能因为丘区、坟园、房舍附近及蔬菜田环境复杂，食源丰富，既有利于活动和隐蔽，又便于作巢取食，繁衍后代。巢穴一般较稳定，当环境条件发生变化或受到破坏时才有迁移。如稻麦轮作区，随小麦播种后，主要迁入小麦田间或田埂上营巢栖息，以便就近取食小麦种子。小麦收获后灌水翻耕，大部分又迁至附近坟地、林边地、乱石堆或较高的田埂上。

在重庆三峡库区，微尾鼩在室外占捕获总数的61.49%，

尤其是在涪陵、丰都、万州密度很高，也是三峡库区消落区优势种群之一。

在贵州，微尾鼩在住宅、稻田和旱地耕作区均有分布，捕获率分别为0.21%、0.25%和0.28%，占总捕获兽类数的6.68%，为当地农区常见害兽之一。

微尾鼩很早就与人类有伴栖关系，旧石器时代中期兴隆洞遗址就有其化石，晚期的迷宫洞遗址也有。2012年巫山蓝家寨遗址考古发掘中，亦获得距今2400多年前春秋时期的微尾鼩骨骼标本。在重庆老鼓楼衙署遗址考古发现，微尾鼩在宋代时期已进入西南城市中与人伴栖。与人类伴栖关系越来越紧密，逐步成为现在西南某些城区分布密度最高的小型哺乳动物，目前在四川省部分城市区域亦有较多栖息。

洞穴 洞系结构简单，洞道短浅，通常由洞口、洞道、巢室等组成。蒋凡等对23个洞道结构解剖观察，洞口多为1~2个，直径3.0~5.2cm。深14.4~31.9cm，长15~140cm，直径2.4~4.7cm。有单道或分支道。巢室直径5~11.8cm，内有干乱杂草、绒毛等杂物，未见储粮库和厕所。在乱石堆、草堆及土渣肥堆中的巢穴，由于作巢环境有利，洞道结构更为简单。

食物 食性杂。据胃内容物分析，食谱广泛，昆虫有蟑螂、蟋蟀、甲虫、蚂蚁及各种幼虫，其他动物性食物有蜘蛛、蚯蚓、小青蛙、幼鼠、蟹等。还有各种谷类籽实及绿色植物体。剖检四川南充183只标本的胃容物，发现动物性食物出现率100%，平均占食物鲜重的73.41%，植食性食物占鲜重25.23%，其他的占1.36%。在动物性食物中蚯蚓的出现率最高，占98.7%；其次是节肢动物占68.9%；植食性食物中以种子为主，可占93.3%。另外，在胃容物中常可发现石砾等硬物，应是用来研磨帮助消化。不同生境下该鼩的胃容物中会有一些特殊的食物出现，如校园环境下可见面包、馒头、骨头、纸片等。同时，在胃容物中也时常可发现其同类的毛发。

在成都，剖检自然状态下生活的微尾鼩胃内容物，发现食物成分主要亦是蚯蚓、各类昆虫及幼虫，并有作物的茎叶及果实、多种植物与杂草。摄食昆虫的范围非常广泛，包括蚊子、蝗虫、螳螂、蚂蚁、蝴蝶、各类甲虫及幼虫；还有蜘蛛，甚至幼蛙、幼鼠等。对人工制作的饲料不感兴趣，例如米饭、馒头、熟肉、肉丸子等。相反，对生食和甜食表现出一定程度的喜好。勉强可食用各类畜禽鲜肉、白鼠、家鼠的肉好之，喜食本族成员的肉体，厌食动物内脏。吃了人工制作的肉粉、血粉后，发出连续的短促咳嗽声，并伴有张大嘴的呕吐反应。喂毛虫，毛刺扎在嘴部有瘙痒的动作。对水产品也表现出偏爱，如虾、泥鳅、黄鳝、鱼肉等。实验室简便饲养，可每只一次喂1条泥鳅，每日3次，夜间多放，可以维持正常的生活。

微尾鼩摄食量很大，按鲜重平均为16.25 ± 3.37g/（只·日），干重平均4.212 ± 0.858g/（只·日）。摄取能量明显高于啮齿动物。蒋凡等观察发现微尾鼩1小时可吃50头蜗牛肉。胃容物重0.2~5.8g，平均2.75g。其中，肉食性动物（主要为蚯蚓）占4%~90%，平均65%；植物性食物（主要是花生、小麦粒淀粉）占0%~95%，平均27%；昆虫类食物（主要为鳞翅目、鞘翅目、同翅目）占1%~40%，平均8%。在主要作物的播种和成熟期，短尾鼩胃内植物性食物较多，其余时间以肉食性食物为主。微尾鼩具排异性和自残性，对同种和其他病残弱小鼠种如黑线姬鼠等会残杀并取食肉体和内脏，只剩表皮和头骨不食。

综合上述，微尾鼩主要为肉食性小兽，除作物播种及成熟期外，其余时期对作物的直接危害相对较小。

活动规律 多为地面生活，亦营地下生活。主要为夜间活动，常发出吱吱的叫声，行动相对迟缓。微尾鼩的每日活动谱有觅食、饮水、睡觉、挖掘、排泄、搔痒、玩耍等。多发现在黄昏和黑夜，白天多处在休息状态。休息时，个体喜欢聚在一起，身体压在另一些个体之上，身体拱成"∩"形，是微尾鼩睡眠的固定模式。该鼩的活动时间多在18:30~6:00，在此期间均有取食行为，但觅食的高峰期则集中在19:00~22:30，单独出窝觅食。野外置夹捕捉结果也与此相符，在20:00前置夹的平均捕获率（11.26%）明显高于22:00左右置夹的平均捕获率（4.87%）。这一时期也是其昼夜活动的高峰期。

取食行为基本可分为探究、嗅闻、取食3个过程。该鼩的视网膜内视杆细胞多而视锥细胞极少，以致其视敏度很差，对物体的分辨率低，仅能感受光的强弱。但是它的嗅觉却极其灵敏，其获取食物主要是通过嗅觉。把蚯蚓放入池内土中，一般很快就会嗅到并立即出巢，吻部紧贴地面嗅探才能迅速确定蚯蚓所在位置，然后钻入土内用嘴将其拉出地面取食。同时，听觉对其觅食也非常重要。用蟋蟀实验，当其听到蟋蟀的叫声时，反应非常激动，并顺着发出声音的方向寻找。搜索时，用吻部四处探究，张大嘴巴，很快将猎物捕获。对于动物性食物，会用前爪按住防止挣脱并尽快将其咬死。对面包、肉食、花生等，一旦发现就地或拖到较隐蔽的地方取食，观察过程中未发现其将食物拖入巢内取食的情况。该鼩的进食方式主要包括咀嚼和啃食，一般食物多是咀嚼后直接吞咽，而像花生这些较硬的食物则采取啃食的方式。

该鼩有贮食行为，它会将花生、谷类等转移到较隐蔽的地方储存起来，但未见其有贮藏蚯蚓、肉类等食物的行为，可能是由于这些食物较容易腐坏的原因。该鼩不具颊囊，所以会多次往返搬运食物。

对池内饲养的成体鼩的发情行为进行观察发现，交配期可持续3~5天，交配行为多发生在21:00~01:00，每晚可交配10 ± 2次。发情期雄体活跃，雌体少动，发情行为主要分为绕嗅、咬颈、爬跨、交配等过程，其中咬颈行为存在于交配的全过程，对交配活动能否成功地完成起着重要作用。交配过程中，雌体有逃避、攻击等反交配行为，但雄体却表现出强烈的交配欲望，二者对外来雄体表现出强烈的敌对性而对外来雌体的反应却十分冷淡，交配的持续时间与该次交配前的间隔休息时间无必然联系，而与雌体的反交配行为的强弱有很大关系。

人工饲养环境下，自相残害行为是微尾鼩非常突出的一种行为方式。将来自同一家庭成员和非同一家庭的成员进行对照饲养试验，结果都是最终剩下1只，少数甚至全部死亡。这是由于相互残杀时，造成自身的身体受伤，喂养一段时间也死去。自残行为在性别、年龄和家庭之间差异不明显。自残行为在食物丰盛的情况下依然发生，在饥饿与非饥饿对比实验中，都有自残现象的发生，但饥饿状态下表现得更严重。

微尾鼩除各种本能行为外，还具有多种学习方式。在对诱饵的鉴别实验中，表现出明显的试错学习方式。对白饵和毒饵有较强的分辨能力，遇到使用过的毒饵有明显的拒食性，但不同剂量之间方差分析差别不显著。微尾鼩对未见过的食物总是小心地探究，一只个体首先去尝试，若没有问题，然后其他个体上去撕抢。争抢食物时，会发出粗叫声吓走别的个体。微尾鼩也表现出某些高等的悟性学习，可以学会利用不同装置饮水；如果站在地面够不着，会利用周围的物品站上去饮水，甚至可以主动去搬运这些物品，例如会将饲喂的红薯推过来站上去。

化学通讯在微尾鼩的生活史中占有重要的地位。身体发出臭而令人恶心的油脂气味，特别是在它的生殖季节气味更浓。这种气味能增强异性之间的吸引力，雄体常常用嘴舔雌性背和生殖部位，也出现一只个体仰卧，四脚朝天，和另一个体相互舔生殖器的现象。由此可以推测将其性外激素提取物放入毒饵也许会成为一种最有效的引诱剂。

微尾鼩种群空间分布格局属于典型的聚集分布，聚集的基本单位为个体群，每一家族为一个体群，各体群为聚集分布且具有明显领域性。不同月份聚集程度不同，其平均密度与聚集指数呈极显著负相关，表现为高密度—低聚集、低密度—高聚集的分布特征。

繁殖 微尾鼩的繁殖具有明显的季节性。在四川一般是每年4~6月及9~11月为其主要繁殖期，终年均可繁殖，每胎为3~7只，以4~5只居多。但各地有差别，四川什邡的微尾鼩，怀孕期在每年的4、7、9月，四川彭县捕获的511只四川短尾雌鼩中，怀孕率为37.6%（192只），每胎怀仔1~7只，平均3.96只，以3~5只居多。在解剖的165只幼体雌鼩中，怀孕鼩13只，占7.9%；304只成体雌鼩中，怀孕鼩149只，占49.0%；老体雌鼩42只，怀孕鼩30只，占71.4%。这说明各年龄组怀孕率与不同年龄阶段的性成熟度密切相关。该鼩当地3月开始繁殖，怀孕率为28.2%，4~9月为繁殖盛期，怀孕率达50%以上，10月仍有少量雌体怀孕，怀孕率为19.4%。11月至翌年2月未见怀孕鼩，冬季已停止繁殖（表2）。

对四川汶川地震灾区作震灾影响调查，微尾鼩在震后当年6月怀孕率相当高，达70.97%，7月也达53.33%，到8、9月仍维持在高位。11月至翌年2月没发现怀孕鼠，表明冬季确是停止繁殖的。而到2009年的4~6月又恢复并维持超常的高水平。

地震后北川新县城调查显示，微尾鼩春、夏季怀孕率较高，分别为69.57%和56.25%，冬季停止繁殖，未捕获到鼩，全年怀孕率呈现春、夏、秋、冬依次降低的规律。其繁殖指数（胎仔总数/总鼠数）在春季（4月）为1.30，其次夏季（7月）为1.13，秋季（10月）为0.40，冬季（1月）为0.00。

在贵州，当地1月、2月、11月和12月未见怀孕个体，繁殖期3~10月；4~5月和9~10月出现2个繁殖高峰，怀孕率分别为30.77%~33.33%和29.17%~57.14%，呈典型的双峰型曲线。随着个体的增长，体重的增加，种群繁殖力不断增强，体重达30.0g以上时，个体大部分已达到性成熟，种群繁殖力迅速增加，是参与繁殖的主要个体。

种群数量动态

季节动态 种群数量在上、下半年各有一个高峰，一般为5~6月和9~10月，但各地或有区别，综合看，具有后峰高于前峰的趋势。在四川什邡，种群数量高峰为6月和10~11月，后峰数值较前峰要高。在四川南充，种群数量变化在室内生境起伏波动少，室外一年有6月和11~12月2次数量高峰。季节看，种群密度秋季最高，夏季次之，春季最低。作为南充郊区农业生态系统的优势小兽，全年总捕获率为17.50%；住宅区内夹捕率为8.42%，野外夹捕率为18.84%；野外鼠密度呈单峰型，月最高捕获率为29.82%（11月），月最低捕获率为4.10%（2月）。

在四川汶川地震灾区，短尾鼩是抗灾灭鼠运动后残留的优势种，在灾后当年（2008年）6~9月种群密度相对往年显著偏低，但到次年（2009年）春季起有大幅度反弹特征（图1）。在地震后的北川新县城的农田、居民区，夏、秋季种群数量较高，其次为春季，冬季种群数量最低，秋季

表2 各地微尾鼩的繁殖特征

地区	调查时间	性比（♂/♀）	繁殖期	繁殖高峰	睾丸下降率（%）	怀孕率（%）	平均胎仔数（只）	繁殖指数*	资料来源
四川			全年	4~6月、9~11月					胡锦矗和王酉之（1984）
四川什邡	1987—1988		3~11月	4月、7~9月		28.8			蒋光藻等（1990）
四川彭州	1993—1996	1.44 849/589	3~10月	4~9月		37.6	3.96 (1~7)		蒋凡等（1999）
四川地震灾区	2008—2009		3~10月	4~9月					张美文等（2010）
四川北川	2009—2010	1.04 142/137	冬季停止	春季（4月）、夏季（7月）	51.41	36.50	3.72 (1~6)	0.67	张建漂等（2011）
贵州大方	1995—2012	0.68 93/136	3~10月	4~5月、9~10月	41.94	24.26	5.06 (3~7)	0.73	杨再学等（2013b）
贵州大方	1996—2012	0.56 48/86			45.83	27.91	5.04	0.90	龙贵兴等（2013）

*繁殖指数=胎仔总数/总鼠数。

（10月）出现种群数量最高峰。

在贵州，密度相对较低，不同月份之间种群数量仍呈差异极显著，杨再学等1995—2012年的调查显示，微尾鼩在当地下半年种群数量（0.31%）明显高于上半年种群数量（0.18%），全年种群数量在3~4月和9~10月出现2个数量高峰，平均捕获率分别为0.23%~0.24%和0.49%~0.54%，后峰明显高于前峰，以10月种群数量最高，平均捕获率为0.54%，5月最低，平均捕获率为0.09%，最高月捕获率与最低月相差6倍（图2）。以季节计，以秋季（9~11月）最高，平均捕获率达0.41%，冬季（12月至翌年2月）最低，平均捕获率仅0.16%，两季节之间种群数量相差2.56倍，春季（3~5月）和夏季（6~8月）平均捕获率分别为0.19%和0.22%。

廖文波等根据年龄成亚比与种群相对密度关系并运用回归分析方法，提出3个提前预测各月种群密度的回归方程。其中，用种群成亚比预测种群密度的回归方程为：$Y=0.167X-4.065$，Y为2个月后的种群密度预测值，X为种群成亚比，利用此回归方程计算的理论值与实测值进行比较其误差范围0.18%~3.88%，误差（$M\pm SD$）%为：1.53%±1.30%。种群密度的预测值与实测值基本吻合。

年间动态 杨再学等在贵州对微尾鼩种群动态进行过长期（1995—2012年）观察，发现其种群数量年间变动极显著（图3），1995—1999年种群数量较高，其中以1997年最高，年平均捕获率为0.89%；21世纪以来其种群数量总体偏低，呈下降趋势。

危害 从食性分析看，既捕食一些害虫，也捕食有益昆虫、蚯蚓及青蛙等，还可破坏农作物，是出血热的宿主之一，亦可传播钩端螺旋体病，权衡其益害，仍属害兽之一。

随着城乡和农田鼠害防治工作的展开，鼠类种群数量相应降低，短尾鼩数量相应上升成为鼠形小兽的优势种，已对农作物和人类健康造成了一定危害。在四川地震灾区，微尾鼩是灾区灭鼠后残留的主要种群。经过灾后的各种控制措施，鼠害得到有效的控制，啮齿目种类的捕获率基本低于3%。但是都江堰、彭州、什邡、绵竹四地的微尾鼩种群数量高于已有报道的同期水平，并维持较高的繁殖力，且大量进入房舍区域。图4示2009年在四川地震灾区彭州市捕获的微尾鼩。由于其数量趋上升，若超过媒介密度阈值，其传播自然疫源性疾病的危险性增加，就必须及时歼灭控制。

防治方法 微尾鼩有一定危害性，在其数量过多时须加以防控。其原则和方法与防治臭鼩基本相同，此处着重介绍两项。

物理防治 利用TBS技术可以有效控制以微尾鼩为优势种的农田鼠兽，还可同时起到监测和防控作用，实现农田鼠害的环保、无害化治理，可大面积推广应用。

化学防治 微尾鼩可用试错学习分辨毒饵，同时也表现出利用物品的高等悟性学习行为。因此急性鼠药对它很难收效，宜使用抗凝血等慢性灭鼠剂。

在毒饵饵料选择上，蒋凡等进行小麦、猪血、猪肺、希望牌猪饲料等对比试验。灭鼠剂都用杀鼠灵，将上述原料分别配制成同浓度毒饵。结果猪肺毒饵对四川短尾的适口性最好，防制效果最佳；希望牌猪饲料毒饵适口性次之，杀灭

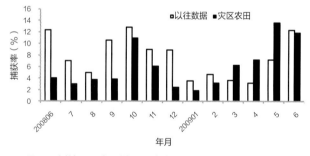

图1 四川地震后农田微尾鼩种群数量动态（张美文等，2010）

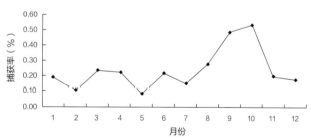

图2 贵州大方微尾鼩种群数量的季节波动（杨再学等，2013b）

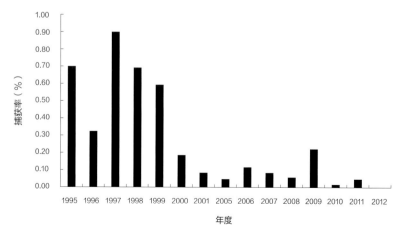

图3 贵州大方微尾鼩种群数量的年度变化（杨再学等，2013b）

图4 2009年在四川地震灾区彭州市通济镇捕获的微尾鼩（李波摄）
① 2009年3月捕获；② 2009年5月捕获

微尾鼩的效果亦较好。但这2毒饵成本偏高，尤其猪肺来源极少，难以大面积推广。小麦毒饵对四川短尾的防治效果在80%以上，对其他鼠种灭效较高，可以鼩、鼠兼灭，且成本较低，来源丰富，可以推广使用。

每年3月和8月为歼灭微尾鼩的最佳时期。

参考文献

胡锦矗, 王酉之, 1984. 四川资源动物志: 第二卷 兽类[M]. 成都: 四川科学技术出版社.

蒋志刚, 马勇, 吴毅, 等, 2015. 中国哺乳动物多样性[J]. 生物多样性, 23(3): 351-364.

蒋凡, 张辉, 汪继全, 等, 1998. 不同饵料对四川短尾鼩毒杀效果观察[J]. 中国媒介生物学及控制杂志, 9(1): iii.

蒋凡, 徐翔, 罗林明, 等, 1999. 四川短尾鼩生物学研究[J]. 西南农业大学学报, 21(5): 460-464.

蒋光藻, 倪健英, 谭向红, 1990. 四川短尾鼩(Anourosorex squamipes)种群动态研究[J]. 兽类学报, 10(4): 294-298.

廖文波, 胡锦矗, 李操, 等, 2005. 微尾鼩种群数量变动及其预测[J]. 西南农业大学学报(自然科学版), 27(2): 210-213.

龙贵兴, 杨再学, 何永贵, 等, 2013. 四川短尾鼩不同体重个体分布及种群繁殖力变化[J]. 山地农业生物学报, 32(4): 330-332.

聂永刚, 胡锦矗, 陈锋华, 等. 2006. 微尾鼩的求偶与交配行为[J]. 西南师范大学学报(自然科学版), 27(1): 86-89.

聂永刚, 胡锦矗, 陈锋华, 2006. 微尾鼩的食性与防治初探[J]. 皖西学院学报, 22(2): 73-75.

申跃武, 刘云, 廖文波, 等, 2011. 南充市郊鼠类季节动态调查[J]. 医学动物防制, 27(8): 691-692.

申跃武, 杨俊宝, 刘云, 等, 2010. 微尾鼩年龄指标的主成分分析[J]. 四川动物, 29(3): 363-367.

王应祥, 2003. 中国哺乳动物种和亚种分类名录与分布大全[M]. 北京: 中国林业出版社.

杨再学, 龙贵兴, 金星, 等, 2013a. 四川短尾鼩种群年龄鉴定的研究[J]. 四川动物, 32(3): 369-374.

杨再学, 龙贵兴, 金星, 等, 2013b. 四川短尾鼩的种群数量动态及繁殖特征变化[J]. 西南农业学报, 26(4): 1493-1497.

张美文, 李波, 王勇, 等, 2010. 四川地震灾区灾后一年农村小兽监测报告[J]. 生态学报, 30(19): 5253-5263.

宗浩, 冯定胜, 1998. 四川短尾鼩(Anourosorex squamipes)行为生态学的研究[J]. 四川师范大学学报(自然科学版), 21(4): 449-452.

MOTOKAWA M, HARADA H, LIN L K, et al, 2004. Geographic differences in karyotypes of the mole-shrew Anourosorex squamipes (Insectivora, Soricidae)[J]. Mammalian biology, 69: 197-201.

（撰稿：张美文；审稿：陈安国）

围栏陷阱法 trapping barrier system, TBS

是由物理屏障和连续捕鼠笼组成的围栏陷阱系统，可连续长期捕鼠。围栏陷阱法，系统的报道起源于东南亚水稻种植区害鼠的生态防控实践。其基本原理是利用鼠类有沿着物体边缘行走的习性，紧贴其途径的屏障边缘线设置陷阱，进而捕获小型啮齿动物的一种方式。中国于2006年开始推广使用TBS控鼠技术，并根据中国农区的特点，对TBS的材料进行了相应的改进，障碍物使用金属网围栏代替塑料布围栏，用捕鼠桶替代捕鼠笼作为捕鼠陷阱，改进后的TBS材料循环利用率更高、适用区域更广、经济效益良好。2013年起，中国鼠害防治工作者，针对中国TBS的使用实际效果，将封闭式TBS优化为直线形TBS，以便于田间生产和管理。截至目前，在中国的新疆、内蒙古、辽宁、黑龙江、四川、贵州等20个省（自治区、直辖市）40多个地区的农田开展了示范试验，各示范区控鼠效果较好，作物增产明显。该技术正逐渐被基层植保工作者及农户接受认可。为了推进TBS的应用，其原理、控害面积等理论研究也被不少学者所关注。国外研究推测TBS+诱饵作物模式的捕鼠效果优于单独的TBS，诱饵作物在TBS防治稻田害鼠中的作用明显。中国学者在中国东北地区玉米地的实验揭示诱饵作物对捕获总量无显著影响，玉米地TBS内设置诱饵作物与否，均能捕获到一定量的鼠，年捕鼠量的高低与有无诱饵作物无显著相关性，而可能与当年的鼠害发生程度及气候条件（如降雨）有关。并依此验证了线形TBS（L-TBS）的效果较矩形TBS（R-TBS）捕鼠效率高，其方便农事操作，更具推广应用的潜力。根据距TBS不同距离水稻的损失量和收获量，及利用无线遥测结果，Brown提出单个TBS的保护辐射半径约为200m。中国学者根据捕鼠量和玉米产量测算结果，提议在东北玉米种植区使用长60m、捕鼠桶间隔5m设置的L-TBS进行鼠害防控，即可具有显著经济效益，其辐射保护距离大于100m。

国、内外相关报道称TBS与夹捕法、笼捕法捕获量存在一定的相关性，且TBS能够捕获一些稀有鼠种，如地下活动的鼢鼠。此外，与夹捕法相比，TBS捕获的害鼠较为完整，便于储存，持续捕获量大，弥补了夹捕法捕鼠难的缺陷，为鼠种群的形态、繁殖等生态特征的研究提供了丰富的材料。TBS有着比传统夹捕法监测农田害鼠更贴合自然种群的优点，可以尝试替代夹捕。但监测调查中设置标准（设置地点、设置数量）与夹捕调查相似的缺点，及所反映的种群密度算法等问题需要逐步解决。

（撰稿：王登、郭永旺；审稿：施大钊）

维生素 vitamin

维持动物正常生理功能所必需的低分子有机化合物。对啮齿动物也具有重要作用。食物中维生素缺乏或动物吸收利用能力较差时，会导致动物维生素的特异缺乏症或缺乏综合征。小鼠对维素A、维生素D需要量较高，但同时又对过量维生素A敏感。维生素A过量会导致小鼠繁殖紊乱、胚胎畸形，而维生素A严重缺乏可能导致小鼠性周期异常、有痉挛和抽搐行为以及眼睛失明。维生素D对啮齿动物的作用主要是调节钙磷比例，并且进钙磷吸收，缺乏可能导致啮齿动物骨异常。豚鼠（Cavia procellus）对维生素C缺乏特别敏感，缺乏时可致坏血病，生殖力下降，甚至造成死亡。啮齿动物排出的软粪富含微生物蛋白、小肽、维生素及多种未被消化道降解和吸收的营养物质。植食性小哺乳动物的食粪行为不仅能促进对食物中养分的重吸收，而且通过食粪获得由肠道微生物合成的必需氨基酸和维生素。小鼠（Mus musculus）可通过食粪获得由肠道微生物合成的B族维生素，尤其是维生素B_{12}和叶酸。叶酸、维生素B_{12}等具有维持动物被毛正常生长的作用。限制食粪的东方田鼠（Microtus fortis）出现脱毛甚至死亡现象，而食粪个体毛发正常。

参考文献

BRONSON F H, 1989. Mammalian reproductive biology[M]. Chicago: The University of Chicago Press.

KARASOV W H, CARLOS M D R, 2007. Physiological ecology: how animals process energy, nutrients and toxins[M]. Princeton, New Jersey: Princeton University Press.

ROBBINS C T, 1993. Wildlife feeding and nutrition[M]. 2nd ed. California: Academic Press.

SUKEMORI S, IKEDA S, KURIHARA Y, ITO S, 2003. Amino acid, mineral and vitamin levels in hydrous faeces obtained from coprophagy-prevented rats[J]. Journal of animal physiology and animal nutrition, 87: 213-220.

（撰稿：李俊年；审稿：陶双伦）

维生素D_3　　vitamin D_3

一种对人类及高等动物生长、发育、繁殖、维持生命和保证健康不可缺少的脂溶性维生素。又名胆钙化醇。作为杀鼠剂，维生素D_3作用机理是其在鼠体内代谢形成2,5-二羟基胆钙化醇，增加肠道吸收钙和磷的能力；同时动员鼠骨骼基质中储存的钙进入血液，减少肾脏对钙的排泄，结果使血液中钙含量快速提升。高血钙浓度对鼠类的心脏、肾脏等循环系统、排泄系统造成致命损伤；并引发软组织钙化，特别是引起肾、心、肺、胃等靶器官的软组织钙化，鼠类最终因高钙血症而死亡。与杀鼠醚复配后延长凝血因子低效价时间，增加药效。误食维生素D_3灭鼠剂通常不会超出居民每日维生素D_3最大允许摄取量标准，因此对人和大型动物安全。产品为0.075%饵剂、97%原药。

（撰稿：王大伟；审稿：刘晓辉）

乌梢蛇　　*Ptyas dhumnades* (Cantor)

鼠类的天敌之一。又名乌凤蛇、黄风蛇、乌蛇等。英文名big eyed ratsnake。有鳞目（Serpentes）游蛇科（Colubridae）游蛇亚科（Colubrinae）鼠蛇属（*Ptyas*）。

中国分布于安徽、重庆、甘肃、福建、广东、广西、贵州、河北、河南、湖北、湖南、江苏、江西、山西、陕西、上海、台湾、四川、天津、云南、浙江。国外未见报道。垂直分布于海拔2000m以下的区域。

形态　　大型无毒蛇。最大体全长/尾长：雄2630mm/580mm，雌性2286mm/629mm，眼大，瞳孔圆形。幼蛇通身鲜绿色，有4条黑色纵线纹贯穿体尾，两条在背脊两侧，两条在体侧。成蛇体色渐变黄褐色或灰褐色，黑色纵线纹在体前部仍可见，后部则模糊不清甚至消失，部分个体则通身黑色；腹面污白色，头背褐色无斑纹，头腹黄白色（见图）。

乌梢蛇（郭鹏摄）

主要鉴别特征：颊鳞1枚；眶前鳞2枚，眶后鳞2（3）枚；颞鳞2+2枚；上唇鳞8（3—2—3）枚；下唇鳞10（8，9）枚，第一对在颏鳞后相接，前5（4）枚切前颌片；颌片2对，后大于前；背鳞，16—16—14行，中央2~4行强棱；腹鳞186~217枚，略具侧棱；肛鳞二分；尾下鳞97~137对。

生态及习性　　乌梢蛇在平原、丘陵或山区分布，常见于耕地周围、水域或村舍附近，夏天在溪流两旁的高大灌木上常可发现晒太阳的乌梢蛇，善于捕食蛙类、鱼类和小型鼠类。白天活动，常在水域附近活动。在20~32℃的适温区内生长发育较快，低于15℃时即停止活动。约于10月下旬入洞蛰伏冬眠，于翌年4月下旬出蛰觅食。饲养条件下，气温降至15℃以下时，便开始入垫冬眠。整个冬眠期间蜷缩成盘，不食不动不排泄，直至出蛰才移动位置。若环境不适宜，如栖息空间较大，土壤湿度较高，或避风避光差的场所，难以入蛰。

乌梢蛇5~7月产卵，每产13~17枚。卵径36~45mm×20~30mm。

参考文献

张含藻, 胡周强, 张晓波, 等, 1996. 乌梢蛇冬眠习性研究[J]. 中药材, 19(10): 492-494.

张含藻, 陈学康, 胡周强, 1990. 人工养殖乌梢蛇生物学特性观察[J]. 中药材, 13(2): 11-12.

赵尔宓, 2006. 中国蛇类: 上[M]. 合肥: 安徽科学技术出版社.

赵尔宓, 黄美华, 宗愉, 等, 1998. 中国动物志: 爬行纲 第三卷 有鳞目 蛇亚目[M]. 北京: 科学出版社.

(撰稿: 郭鹏; 审稿: 王勇)

屋顶鼠 *Rattus rattus* Linnaeus

一种体形细长、尾长明显超过体长、耳大而薄、后足细而长，可分为黑色型和棕褐色型的鼠类。又名家鼠、黑家鼠、安达曼鼠、斯氏家鼠、海南屋顶鼠、施氏屋顶鼠等。啮齿目（Rodentia）鼠科（Muridae）大鼠属（*Rattus*）。广布于亚热带、热带地区。主要分布在印度尼西亚、中国、尼泊尔、巴基斯坦、泰国、缅甸、印度、越南、菲律宾、新加坡、阿尔巴尼亚、阿尔及利亚、奥地利等诸多国家。中国分布于云南、贵州、四川、西藏、广西、广东、福建、上海和台湾等南方地区。已发现6个亚种：屋顶鼠埃及亚种[*Rattus rattus alexandrinus* (Geoffroy), 1803]、屋顶鼠尼泊尔亚种[*Rattus rattus brunneusculus* (Hodgson), 1845]、屋顶鼠西西里亚种[*Rattus rattus frugivorus* (Rafinesque), 1814]、屋顶鼠海南亚种[*Rattus rattus hainabicus* G. Allen, 1926]、屋顶鼠指名亚种[*Rattus rattus rattus* (Linnaeus), 1758]、屋顶鼠滇西亚种[*Rattus rattus sladeni* (Anderson), 1879]。其中屋顶鼠指名亚种原分布于西欧，后由轮船携带到世界上许多地方，在中国福建、辽宁、台湾及上海等沿海地区有发现；埃及亚种也是外来亚种，主要分布在福建和上海。在中国分布的主要是海南亚种、滇西亚种、尼泊尔亚种。其中尼泊尔亚种分布于西藏，滇西亚种（施氏屋顶鼠）分布于云南、贵州、广西、广东、福建、台湾、江西、四川、江苏、浙江、湖北等地，海南亚种仅分布在广东雷州半岛和海南的尖峰岭、五指山、乐东、琼中、白沙、东方和那大等地。但江庆澜等（2005）通过对施氏屋顶鼠（龙门种群和香港种群）、海南屋顶鼠的样本分别进行线粒体12SrRNA基因测序并重建它们的系统进化关系，表明海南屋顶鼠与施氏屋顶鼠的龙门种群有着更紧密的亲缘关系，认为海南屋顶鼠的形态变化是自然选择的结果，并由此导致当地适应和地理隔离，不赞同把海南屋顶鼠分类成为一个亚种。

形态

外形 一种中型啮齿动物，体形细长，有黑色型和棕褐色型两个类型。体长150～216mm，尾长160～258mm，尾长大于体长。耳大而薄，后足细而长，长度30～40mm。有乳头5～6对，其中胸部2对或3对，鼠蹊部3对。不同地区不同亚种的屋顶鼠个体在大小和毛色上差异较大，在某些形态指标上也存在一定的差异。滇西亚种的毛色与海南亚种相近，但其尾相对较短，尾长与体长的比例小于114%。前、后脚背面皆为黄褐色。尾部鳞环明显，尾上、下一色，上面和底面都是黑褐色。但前者的尾长与体长的比例小于114%，有些个体，尾巴尖端白色。海南亚种的尾长超过体长的120%（115%～134%）（图1、图2）。

毛色 有两个主要色型，即黑色型与棕褐色型。黑色型背毛黑色、带光泽，毛基灰白色，毛尖黑色；腹毛铅灰色；尾暗黑色，背、腹面色泽均匀。棕褐色型背毛为暗灰黄褐色，在背中线上带有黑色毛尖的毛较多，体侧色较淡；腹毛为灰白色；尾部颜色较深，背、腹面一色。

头骨 脑颅平而宽，鼻骨长。颅长37～46mm，颧宽18.5～23.2mm，乳突宽14.5～17.6mm，眶间宽5.2～6.8mm，鼻骨长14～16.7mm，上颊齿列长6.6～7.4mm。眶上嵴发达，颞嵴向外扩展呈弧形，左、右颞嵴在顶间骨后缘处会合。顶间骨大。鼻骨细长，其后端一般不尖，并为前颌骨后端所超出。门齿孔短而宽，其后缘超过上白齿列前缘水平。颧弓细弱，向下倾斜。听泡较发达，枕骨近长方形。屋顶鼠第一上白齿前嵴与中嵴均具有3齿突，后嵴无内侧齿突。第二上白齿前嵴缺外侧与中间的齿突，中嵴正常，后嵴内侧齿突不显著。第三上白齿的前嵴仅有内侧齿突，中、后嵴在外侧愈合，形成一个横置的马蹄铁状。海南屋顶鼠头骨与施氏屋顶鼠相似，但施氏屋顶鼠相对要小。海南屋顶鼠头骨相对眶上嵴较突出，既宽又高，额骨与顶骨外侧接连处的眶后角显

图1 黑色型屋顶鼠（张涛提供）

图2 棕褐色屋顶鼠（张涛提供）

著，门齿孔宽，听泡较大。白齿构造与施氏屋顶鼠没有太大出入，但海南屋顶鼠第一臼齿第一列外侧突头退化消失，而施氏屋顶鼠第一臼齿第一列外侧突头相对比较发达，这是二者区别要点之一（图3、图4）。

生活习性

栖息地 主要栖息在房舍内，野外也能发现。黑色型一般栖居在阁楼等高处，居住室内壁间或天花板上，活跃于高层、屋顶空隙、管道及槽沟；善攀爬，极少游泳或挖洞；经常在悬垂构建物如建筑物的顶楼、假天花、楼顶空间及横梁等处出没，常在住房或粮仓的地坪下、墙壁中或天花板、顶棚上打洞或做窝，野外和田间很少，是一种典型的家栖鼠类。棕褐色型主要生活在野外的灌木丛、茅草丛、经济作物坡地以及山洞石隙，稻田、甘蔗地、甘薯地、竹林、菜园以及接近灌木丛或山区的人房亦可发现；以沟边石洞、树根空隙为栖居场所，或挖洞栖息，偶尔也在树上或竹林中做窝。

洞穴结构 洞穴构造比较复杂。洞分前洞和后洞，共2~3个，洞口直径5~7cm，洞长一般150~200cm，最长达450cm。窝巢很大，多为树叶、干草等筑成。

食性 杂食性，但以植物为主食，如农作物、杂草及其种子和树上果实等。有时也捕食沟边昆虫。食物缺乏时，也吃嫩草、树根等。在夏季和秋季，屋顶鼠会离开谷仓、养殖场等藏身处，来到林地和田地中取食不同的野菜、种子和植物，非常喜欢糖分和油脂多的植物。

活动规律 昼伏夜出，尤以晨昏活动最为频繁。可家野流窜，随食物而迁移。有游泳能力，但与其他老鼠相比，并不喜欢接触水。善于攀登，常以胡须触壁而行动。嗅觉灵敏，喜走旧路。习性、活动、穴居、食性、繁殖亦几与北社鼠相同。

繁殖 在亚热带、热带地区，屋顶鼠全年均可繁殖，年生4~5窝幼鼠，每胎3~10只，平均5.8只。年平均怀孕率为88.8%，其中5~6月和9~10月为繁殖高峰季节。屋顶鼠社群存在一种稳定的社群等级，尤其是雄性，其社群等级与年龄相关。寿命2年左右。

种群数量动态 具有季节性繁殖特征，因而其种群数量的季节波动较大。在广东省雷州半岛，1~3月底该鼠的种群密度最低，5月至6月初开始上升，10~11月达到高峰。雷州半岛屋顶鼠的种群数量仅次于北社鼠，捕鼠率在0.5%~5%之间，占该栖息地害鼠总数的20%~50%。在珠江三角洲地区的部分山地和灌木丛，该鼠的数量较多，如中山市五桂山的灌木丛中屋顶鼠占捕获总只数的72%。

危害 是亚热带、热带地区主要的害鼠之一，对所有的农作物都造成不同程度的危害。该鼠主要趋向于危害粮食作物和油料作物如水稻、玉米、甘薯、木薯、花生、豆类等，其危害程度仅次于黄毛鼠及板齿鼠。据海南岛和高州橡胶园的工人反映，其对胶苗的危害也甚为严重。此外，屋顶鼠是一些自然疫源性疾病储存宿主之一，主要传播鼠疫、鼠型斑疹伤寒、恙虫病、钩端螺旋体病、蜱传回归热、沙门氏菌感染、弓形虫病等多种疾病，对人类健康危害极大。

防治技术 农业鼠害和动物源性疾病的流行之所以日益严重，主要原因是由于世界人口剧增和农业生产的发展，自然生态系统遭到破坏，鼠类的捕食性天敌大幅减少所致。因此，鼠害的治理要以生态控制和农业防治为基础、化学防治为辅，并实行啮齿动物防治的产业化（PCO），才能持续有效地控制鼠害。

农业防治 采取一些农业措施并长期实施，就能起到有效控制鼠害的作用。这些措施包括：①农作物连片大面积种植，不留或尽量少留田埂，农田附近不留荒地和坟地。②定期防除杂草。③做到三快。即收割季节要快收、快运、快打，不在田间留有带穗的作物。④清除或堵塞农田附近的坟地、荒地和田埂上的鼠洞。

生态防治 包括环境改造、断绝鼠粮、防鼠建筑、消除鼠类隐蔽场所等方法，改变、破坏害鼠的栖息环境条件，减少鼠类的增殖或增加其死亡率，从而降低害鼠的密度。

物理防治 又称器械灭鼠法，应用较久，应用方式也较多。它不仅包括各种专用捕鼠器，如鼠夹、鼠笼，也包括压、卡、关、夹、翻、灌、挖、粘和枪击等。物理学灭鼠也讲究一定的科学技术，如安放鼠笼（夹）要放在鼠道上，有时用些伪装，可以提高捕杀率。鼠笼上的诱饵要新鲜，应是鼠类爱吃的食物。

化学防治 用新鲜、饱满的干稻谷作诱饵，采取浸泡法配制抗凝血杀鼠剂毒饵。在华南地区，敌鼠钠盐毒谷的浓度为0.1%~0.2%，溴敌隆毒谷为0.01%，大隆（溴鼠灵）毒谷为0.005%。应用栖息地灭鼠技术和毒饵站技术进行投饵灭鼠。

图3 海南屋顶鼠头骨（张涛提供）

图4 施氏屋顶鼠头骨（张涛提供）

参考文献

大连卫生检疫所, 1985. 四种鼠(沟鼠、屋顶鼠、黑鼠、小鼠)的食性及粪便性状观察报告[J]. 中国国境卫生检疫(5): 45-54.

江庆澜, 何森, 辛景禧, 等, 2005. 施氏屋顶鼠和海南屋顶鼠的线粒体12S rRNA基因序列的歧异及其系统进化关系(英文)[J]. 中山大学学报(自然科学版), 44(3): 82-85.

廖崇惠, 陈茂乾, 1988. 小良热带人工阔叶混交林中屋顶鼠施氏亚种的食性及其生态学意义[J]. 兽类学报, 8(1): 33-42.

张世炎, 陈安, 2012. 海南屋顶鼠种群年龄的研究[J]. 医学动物防制, 28(3): 237-238.

张涛, 吴明寿, 2007. 广东鼠形动物及其防制[M]. 银川: 宁夏人民出版社.

（撰稿：张涛；审稿：冯志勇）

五趾跳鼠 *Allactaga sibirica* Forster

唯一能往南分布到黄土高原和穿越阴山山脉进入华北平原北缘的跳鼠。英文名 mongolian five-toed jerboa。啮齿目（Rodentia）跳鼠科（Dipodidae）五趾跳鼠亚科（Allactaginae）五趾跳鼠属（*Allactaga*）。

在中国北方分布较广，黑龙江、辽宁、吉林、河北、山西、内蒙古、陕西、宁夏、青海和西藏均有分布。其中在内蒙古草原和荒漠以及鄂尔多斯高原广泛分布，有时还沿着河谷地伸展到林区边缘。国外见于蒙古、朝鲜和俄罗斯。因其在不同的生境中体型、体色变化较大，有明显的地理变异，所以发现诸多亚种。关于五趾跳鼠的亚种划分和命名上一直分歧较大，至今仍在讨论。目前描述的亚种有10个，而划分这些亚种的主要依据为体背、头部、尾背面、尾穗毛色等的区别，但随着标本量的增加，不断发现有中间型的存在。马勇（1987）在讨论新疆北部五趾跳鼠亚种分化时曾提出，随着栖息环境的不同，各地五趾跳鼠在量度上特别是耳长上有较大的变化，按照耳长大小，可明显地把五趾跳鼠各亚种归入两组：①分布于东部的短耳组，包括 *Allactaga sibirica sibirica*（指名亚种）, *Allactaga sibirica annulata*（戈壁亚种）, *Allactaga sibirica saltator*（阿尔泰亚种）等亚种。②分布于西部的长耳组，包括 *Allactaga sibirica altorum*（天山亚种）, *Allactaga sibirica suschkini*（北疆亚种）等亚种。五趾跳鼠在内蒙古有4个亚种：*Allactaga sibirica sibirica*、*Allactaga sibirica annulata*、*Allactaga sibirica hayaensis*（哈雅亚种）和 *Allactaga sibirica alaschanicus*（阿拉善亚种）。

形态

外形　五趾跳鼠是中国境内最大的一种跳鼠。体长112～160mm，尾长118～275mm，耳长31～45mm，后足长33～70mm，颅全长30.40～38.04mm，齿隙长5.81～13.45mm，听泡长6.62～9.11mm，听泡宽4.40～7.48mm，颧宽21.08～25.38mm。头圆眼大；吻鼻部圆钝。后足健壮，为前足长的3～4倍，5趾，中间的3趾发达，拇趾和第五趾短。尾长接近体长的1.5倍，末端有黑色和白色长毛形成的毛束。头、体背面和四肢外侧棕黄色或黑褐色或灰色，臀部两侧有一白色纵带往后延展至尾根周部。头骨听泡隆起，乳突部不特别膨大。上门齿唇面白色，显著前倾，平滑无沟。

毛色　在内蒙古西部，夏天五趾跳鼠头顶部、额部、体背面和四肢外侧的毛尖一般为浅棕黄色，有灰色的毛基。由于一部分毛具有黑色毛尖，同时灰色毛基也常显露与外，因而总体上具有明显的灰色调。耳的内外侧边缘有沙黄色短毛。颊部与体侧亦为浅沙黄色。尾基上方浅棕黄色，腹面污白，末端具黑色和白色长毛构成的"旗"，黑色部分呈环状，其前方的一段尾毛为污白色（图1）。

头骨　头骨宽大而隆起，吻部细长。脑颅无明显的峙，顶间骨甚大，宽约为长的2倍。轭骨向上伸出1细长分支与颧弧成一直角。无眶后突。听泡甚大。门齿孔略为弯曲。腭骨后方超出第三上白齿，后缘中间有一尖突。腭骨有1对卵圆形小孔，位于左右M^2之间。门齿白色，上前白齿很小，齿冠圆形。第一上白齿最大，M^2较小，下颌第三白齿略比M^3的大。鼻骨前后等宽，其后端与前颌骨后端几乎在同一水平线上。上门齿不垂直，而是向前突出。门齿孔宽长，达M^1前缘水平（图2）。

主要鉴别特征　头圆眼大，吻鼻部圆钝，后足健壮，为前足长的3～4倍，5趾，中间的3趾发达，拇趾和第五趾短，尾长接近体长的1.5倍，末端有黑色和白色长毛形成的毛束（尾旗）。夏天额部、顶部、体背面和四肢外侧的毛尖一般为浅棕黄色，有灰色的毛基。上门齿较三趾跳鼠向前倾斜，前方白色，平滑无沟。前白齿1枚，圆柱状，其大小与第三上门齿相似。下门齿齿根极长。门齿孔长略为弯曲，其末端在关节突下方形成很大突起。无下前白齿。下颌白齿3枚，第一枚最大，逐次变小。

生活习性

栖息地　在中国北方分布较广，是唯一能往南分布到黄土高原和穿越阴山山脉进入华北平原北缘的跳鼠，可见其对环境的适应能力较强。因此，其栖息地类型多样。在内蒙古则栖息于山坡草地、山麓平原和丘陵地带，在干旱的半荒漠、荒漠地带常见。在华北地区的农田、闲置荒地也多见。五趾跳鼠在内蒙古草原的栖息地之一见图3。

洞穴　洞穴是五趾跳鼠在栖息环境中自我创造的适宜小生境。除了繁殖期外，夏季洞比较简单，这一特点也同跳鼠觅食范围广和经常更换新居的习性有一定联系。五趾跳鼠无固定的洞穴，常在坚硬的黏土地区选择灌木丛、沟坡圪楞下或草地上挖洞而居。洞的构造有两个特点：一是在跳鼠夜间离洞或白天挖洞后，洞口均用抛出的沙土封堵；二是由巢

图1　五趾跳鼠（武晓东提供）

图2 五趾跳鼠头骨（付和平提供）

图3 五趾跳鼠栖息地之一（袁帅提供）

室或洞道分出一支通道通向地面的"应急出口"，末端形成盲道，仅以一薄层沙土与外界相隔，是跳鼠遇险时由此破土而逃的暗窗。冬眠洞可深达2m以上，通常是在夏季洞的基础上挖掘而成，封堵后的洞温能保持在4℃以上。

食物 五趾跳鼠以植物种子、绿色部分以及昆虫为食。有时动物性食物比例甚高，可达70%~80%，食物中主要成分是甲虫（包括幼虫），有时亦吃较多的蝗虫。在植物性食物中主要以狗尾草（*Setaria viridis*）、紫云英（*Astragalus sinicus*）等植物的种子为食，农区则以谷物种子为食。五趾跳鼠分布十分广泛，所以其食物来源也多样，例如在短花针茅草原上，其主要植物性食物为冷蒿（*Artemisia frigida*）、木地肤（*Kochia prostrata*）、阿尔泰紫菀（*Heteropappus altaicus*）、冠芒草（*Enneapogon borealis*）、小画眉草（*Eragrostis minor*）、短花针茅（*Stipa breviflora*）、无芒隐子草（*Cleistogenes songorica*）、葱属植物（*Allium* spp.）、猪毛菜（*Salsola collina*）和茵陈蒿（*Artemisia capillaris*）等。

活动规律 五趾跳鼠为后足跳跃式活动，活动能力很强，活动范围广，通常于早晨和黄昏进行活动，有时白天也外出活动。冬眠。由于其栖息范围较广，出蛰和入蛰时间存在地区差异，在内蒙古呼和浩特地区开始出蛰时间为3月底或4月初，出蛰临界日均温3.3~4.2℃，出蛰顺序为先雄后雌，相差20天左右；入蛰开始时间为9月底或10月初，入蛰临界日均气温14℃左右，入蛰顺序先雌后雄，入蛰结束时间为10月20日左右。在阿拉善荒漠区，出蛰时间为3月中旬，入蛰时间为10月下旬。出蛰和入蛰无年龄顺序。

生长发育 五趾跳鼠生长发育主要分为幼体、亚成体、成体。而成体会有不同年龄组的划分，分别为成体Ⅰ、成体Ⅱ、成体Ⅲ、成体Ⅳ、成体Ⅴ（老年组），共7个年龄组。有学者利用五趾跳鼠水晶体干重来区分五趾跳鼠的年龄组。幼年组：水晶体干重在55.00mg以下。亚成年组：水晶体干重在55.01~77.50mg（当年出生）。成年Ⅰ组：水晶体干重在55.01~87.50mg（经过一次冬眠并参加繁殖）。成年Ⅱ组：水晶体干重在87.51~102.50mg。成年Ⅲ组：水晶体干重在102.51~117.50mg。成年Ⅳ组：水晶体干重在117.51~130.00mg。老年组：水晶体干重在130.01mg以上。

啮齿动物年龄组的划分多依据牙齿的生长、臼齿齿冠的磨损程度、臼齿的形态变化、头骨外形结构的度量、体重、体长、繁殖特征和胴体重等各项指标来确定。由于五趾跳鼠寿命较长，而水晶体会随着年龄的增加而不断地生长，所以其年龄组划分组数较多。

繁殖 在内蒙古呼和浩特地区每年3月下旬五趾跳鼠开始出蛰，4~7月为五趾跳鼠的繁殖期，绝大多数的五趾跳鼠为1年繁殖1次，极个别个体1年繁殖两次，第二次产仔在7月中旬以后。5月是五趾跳鼠的怀孕高峰期，而6月五趾跳鼠的胎斑率很高，其繁殖高峰集中在5~6月。在阿拉善荒漠区，4月即可见孕鼠，胎仔数3~7只，繁殖可持续到7月中旬。关于五趾跳鼠的寿命一直没有确切结论，在阿拉善荒漠区，通过标志重捕方法，连续3~4年捕获到同样个体，其寿命应该较同样栖息环境中其他小型啮齿动物要长。

社群结构与行为 在内蒙古呼和浩特地区五趾跳鼠种群性比（♂/♀）在1.3~1.5，而不同年龄段其雌雄比例有所不同，幼年及亚成年组性比相对较低在0.8~1.1。而经过冬眠之后其雌雄性比会显著升高，说明其冬眠期间雄性致死率较高。而在繁殖期间，性比又有所下降，虽然受多种因素影响，但其雌性死亡率可能要高于雌性。在阿拉善荒漠区，五趾跳鼠的性比在0.9~1.6，繁殖期性比明显降低，雄性比例明显高于雌性，7月最高可达到1.6∶1。五趾跳鼠具有明显的"喜笼"性，在一个诱捕期内，多次标志重捕同一个体后，其不仅对笼子无警觉，而且主动进出，对近处人为操作笼具过程的恐惧感表现迟钝。

种群数量动态

季节动态　在呼和浩特和达拉特旗五趾跳鼠季节变化曲线呈单峰型，在呼和浩特郊区该鼠在5月以后逐渐减少；在达拉特旗7月比6月略有增加，但未超过5月，比5月少50%；正镶白旗五趾跳鼠季节变动曲线为双峰型，5月、9月为活动高峰，且5月是9月的1.5倍。总体上来看，五趾跳鼠数量在春季达到一个高峰，随着时间的变化，夏季、秋季不断减少。

在内蒙古阿拉善荒漠区不同干扰条件下（开垦、轮牧、过牧、禁牧），2002—2010年，五趾跳鼠种群数量的季节和年度变动曲线见图4。从图4可以看出，4种干扰下五趾跳鼠种群的季节变动差异较大，只有轮牧区和过牧区的变动相似。相关分析结果表明，轮牧区和过牧区季节变动极显著正相关（$P < 0.01$），轮牧区和开垦区之间显著负相关（$P < 0.05$）。

年间动态　在内蒙古阿拉善荒漠区不同干扰条件下（开垦、轮牧、过牧、禁牧），五趾跳鼠数量不同年间有很大的起伏变化，2002—2012年不同生境斑块中五趾跳鼠种群密度的年间动态见图5。不同生境斑块中五趾跳鼠种群密度年际波动较大，特别是在开垦区中，种群密度年际变化最为明显。开垦区中2002—2006年和2012年捕获五趾跳鼠，种群密度最高峰出现在2005年，为21只/hm²。过牧区五趾跳鼠种群密度相对较高，2011年种群密度最高，同时出现该区域最大局域种群，为25只/hm²。五趾跳鼠在过牧区、轮牧区和禁牧区在各年度均有捕获，在这3种生境斑块中种群年间变动趋势具有一定的相似性。进一步以2002—2012年不同生境斑块中五趾跳鼠种群密度作为Spearman秩相关系数检验的数量指标，分析五趾跳鼠局域种群的空间动态。结果表明，开垦区与过牧区和轮牧区五趾跳鼠种群密度呈显著负相关（$P < 0.05$），其种群变动曲线上也可以看出它们的变动趋势是相反的，表明局域种群具有较高的非空间同步动态。其他生境斑块间相关性均不显著（$P > 0.05$），局域种群的动态不具有空间同步性。

迁移规律　五趾跳鼠主要分布于干旱、半干旱地区，气候随机变化较大，该鼠没有发现随时间或气候的大范围迁移活动。

危害　主要危害固沙植物幼嫩部分，如沙蒿、柠条、沙柳等，也食固沙的植物种子，并啃食树苗。在农区盗食播下的种子，咬食作物及瓜苗等，是农林牧业的害鼠之一。能传播鼠疫、蜱传回归热等疾病。

防治技术　五趾跳鼠主要生活在半干旱、干旱地区，一般不会形成大规模的鼠害，不会对人类和生态环境造成过重的危害。在农牧业生产经营管理中，应注重生态建设控制其种群数量，防止其数量发生大暴发。对于不同生境条件，有针对性地从以下几个方面进行防治。

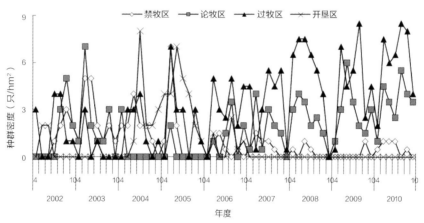

图4　内蒙古阿拉善荒漠区五趾跳鼠种群季节动态（武晓东提供）

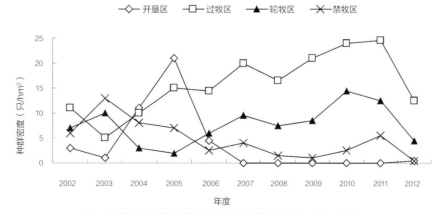

图5　内蒙古阿拉善荒漠区五趾跳鼠种群年间动态（武晓东提供）

农业防治 五趾跳鼠主要分布于干旱、半干旱地区，对农业生产有一定的危害。农业防治方面主要运用化学毒饵、生物农药、生物防控、生态治理、不育控制等进行鼠害防治。

生物防治 生物防治主要通过生物农药、人为干扰、天敌、病毒等生物防控措施对害鼠进行控制，使其数量处于鼠害发生的阈值之下。

物理防治 物理防治的优点是对环境无残留毒害，死鼠易清除、灭鼠效果明显。缺点是费工、成本高、投资大。常用的器械主要有鼠夹（木板夹、铁板夹、铁丝夹、环形夹）、鼠笼、电子捕鼠器等。

化学防治 化学防治主要为使用有毒化合物进行灭鼠，像溴敌隆、C型（D型）肉毒梭菌毒素等优良鼠药的灭杀效果可达90%以上。

参考文献

董维惠, 侯希贤, 杨玉平, 等, 1991. 用水晶体干重鉴定五趾跳鼠的种群年龄[J]. 动物学研究(3): 265-270.

董维惠, 侯希贤, 杨玉平, 2006. 内蒙古中西部地区五趾跳鼠种群数量动态研究[J]. 中国媒介生物学及控制杂志, 17(6): 444-446.

郭永旺, 王登, 施大钊, 2013. 我国农业鼠害发生状况及防控技术进展[J]. 植物保护, 39(5): 62-69.

黄英, 2004. 内蒙古五趾跳鼠种下分类研究[D]. 呼和浩特: 内蒙古农业大学.

黄英, 武晓东, 2004. 内蒙古五趾跳鼠种下数量分类初步研究[J]. 内蒙古农业大学学报(自然科学版), 25(1): 46-52.

梁杰荣, 肖运峰, 1982. 五趾跳鼠的一些生态资料[J]. 动物学杂志(4): 24-25.

刘满福, 李玉贵, 1994. 河北省五趾跳鼠寄生蚤的调查[J]. 中国媒介生物学及控制杂志, 5(4): 303-304.

娜日苏, 苏和, 武晓东, 2009. 五趾跳鼠的植物性食物选择与其栖息地植被的关系[J]. 草地学报, 17(3): 383-388.

娜日苏, 苏和, 武晓东, 等, 2009. 放牧制度对五趾跳鼠食性的影响[J]. 中国草地学报, 31(4): 116-120.

祁爱民, 何生伟, 杜怡, 等, 1997. 鄂尔多斯荒漠草原五趾跳鼠空间分布特征[J]. 中国媒介生物学及控制杂志, 8(4): 303-304.

邵育娟, 2011. 农田鼠害的防治技术[J]. 陕西农业科学(3): 279-280.

王治宇, 刘满福, 吴晓明, 等, 2004. 河北省鼠疫自然疫源地内五趾跳鼠寄生蚤的研究[J]. 中国媒介生物学及控制杂志, 15(2): 129-130.

武晓东, 付和平, 杨泽龙, 2009. 中国典型半荒漠与荒漠区啮齿动物研究[M]. 北京: 科学出版社.

夏武平, 方喜业, 1964. 巨泡五趾跳鼠(跳鼠科)之一新亚种[J]. 动物分类学报(1): 16-18.

杨长安, 徐国安, 王宝林, 1998. 五趾心颅跳鼠密度和寄生蚤调查[J]. 内蒙古预防医学, 23(4): 185.

杨长安, 徐景丛, 谷桂起, 1994. 五趾跳鼠寄生蚤的季节消长[J]. 医学动物防制, 10(1): 12-14.

赵启福, 1986. 五趾跳鼠数量调查方法的探讨[J]. 中国鼠类防制杂志(2): 95-96.

（撰稿：袁帅、付和平；审稿：武晓东）

西北农林科技大学鼠害治理研究中心　Research Centre for Rodent Control of the Northwest A&F University

中国林木鼠（兔）害治理研究机构之一。成立于2001年，前身是西北农林科技大学林木鼠害治理研究所，2007年更名为西北农林科技大学鼠害治理研究中心，2018年并入西部森林有害生物治理国家林业和草原局重点实验室。中心以农林害鼠（兔）为研究对象，重点研究害鼠（兔）其种群动态与暴发机制、繁殖行为与生殖调控、化学通讯与动植物协同进化、害鼠抗药性治理与生物防治措施，以及全球气候变化、生物多样性改变和转基因作物的利用对害鼠（兔）发生和危害的影响，揭示种群暴发成灾的生态学基础和分子调控机制，发展绿色防控理论与技术。中心既是农林鼠（兔）害研究基地，又是鼠（兔）害工程治理技术指导中心，也是中国林木鼠（兔）害治理专业人才培养摇篮。

中心设有综合办公室和科研部。科研部负责中心科研计划的制订与实施，对外学术交流，研究生培养等。下设5个研究室和1个驯养室：植物化学研究室主要从事生物活性物质的提取、分离和纯化，活性物质的分子改造及初步模拟合成研究。鼠（兔）群落生态研究室主要从事鼠兔害发生、成灾的原因和生态调控的模式研究，研究害鼠发生规律以及全球气候变化和生物多样性改变对其的影响；研究农林景观格局对害鼠的调控机理；利用信息生态学手段研究害鼠的时空动态、区域性成灾机理，建立农林牧业害鼠发生与危害的预警系统，提出害鼠可持续控制的新策略。毒理研究室主要从事灭鼠驱鼠药物配方的筛选及跟踪测试，药物的活性测定、作用方式、致毒机理、药剂的合理配伍、增效配制及增效理论研究，研究各种配方对非靶动物的安全性等。生理生化研究室主要研究害鼠与寄主的化学通讯和信号识别模式，植物对害鼠的化学防御和诱导抗性产生的机制，开辟作物抗鼠的新途径。有害动物生物调控研究室研究天敌与害鼠相互作用的行为，探索鼠类与植物协同进化的新理论，开辟害鼠（兔）绿色防控的新途径。

中心成立以来，在中国林木鼠（兔）害治理研究和成果推广发挥了很大的作用，取得以下主要成果。

揭示了林木害鼠（兔）种群数量的变化规律及其成灾机理，奠定了区域施策和精准防控的理论基础。①完成了中国林木鼠（兔）害区划，确定了主要防控对象的种群动态、取食区域特性及影响危害程度的关键因素。②首次发现了甘肃鼢鼠的震动通讯行为，揭示了其远距离通讯、繁殖期聚集和退耕林地种群数量上升的机理。③探明了鼢鼠取食木本植物根系的内在原因；构建了鼢鼠种群特征与人工幼林郁闭度关系的模型，揭示了人工幼林受害严重的机制；发现鼢鼠学习行为是引起鼢鼠危害治理效果地域性差异的主导因子。

攻克了林木鼠（兔）害防控关键技术，突破了以灭鼠为主的技术瓶颈，首创了林木栽培全周期绿色防控技术体系，实现了精准防控，技术替代率65.4%，成灾面积20年下降了57.9%。①造林期：发明了8类鼠（兔）害预防装置，构建了植苗造林空间隔离与食物结构调整防控模式，造林后8年油松被害致死率<2.8%；研发了6个复合抗逆剂配方，创建了直播造林驱鼠抗逆防控模式，飞播造林成效提高9.8%。②中幼林期：研发了16种新型植物源灭鼠抗生育剂和地下鼠诱杀剂，制定了防控参数，创建了地下鼠诱杀与调整林内食物结构措施相结合的粗放经营林地防控模式，防效>95%；揭示了氮肥释放氨气驱鼠机理，研发了驱鼠抗逆剂微胶囊，建立了以鼠害预防为主的氮肥缓释和纳米型作物抗逆剂微胶囊与施肥措施融合的集约化经营林木抗逆栽培防控模式，对鼢鼠和田鼠防效达91.6%和88.5%。针对草兔危害特点，构建了以套网和纳米型作物抗逆剂为主的防控模式，套网8年防效>98%，抗逆剂当年防效>82%。③挂果期：研制了家猫引诱剂配方和阻止害鼠危害果实装置，创建了以生物防治与阻隔为主的松鼠盗食防控模式，防效分别达86.5%和97.6%。

构建了监测预警和绿色防控效果及效益评价体系，组建了国家林木鼠（兔）害防控成果推广网络平台，实现了治理标准化。①建立了国家林木鼠（兔）害监测预警及成果推广网络平台。②构建了林木鼠（兔）害绿色防控效果与效益评价体系，制定了国家林木鼠（兔）害监测办法和林区重大鼠（兔）害治理方案与技术规程，促进了中国林木鼠（兔）害治理标准化进程。

发表论文229篇，出版专著8部；获专利17件，获省级科学技术一等奖2项，省级农业技术成果推广一等奖1项、二等奖2项，获全国林业科技工作先进集体荣誉。编写鼠害治理培训教材19套，制作多媒体18套、小视频812部。举办鼠害治理技术培训班378期，发放技术资料23.6万份，现场培训429场，培训人员36万多人次，科技示范户338户次；培养鼠害治理高级人才19人、中级56人，基层捕鼠能手1253人。提升了鼠害治理队伍的专业素质和协调攻关能力，增强了社会对鼠患的认知和对鼠害治理的意识。

研究成果应用于中国乃至世界各国林木鼠（兔）害的科研、教学和推广等方面，也为其他林木有害生物研究提供了有益借鉴。提出的以保护目的植物为主的林木鼠（兔）害控制理念和物理空间隔离原理已被中国林业科学研究院当做培养研究生的经典教学案例。承担的教改项目分获国家教学成果奖二等奖和陕西省教学成果奖特等奖与一等奖各1项。建立了"西部森林生物灾害治理国家林业和草原局重点实验室"，搭建的林木鼠（兔）害治理研发和成果转化推广平台，组建的覆盖全国的林木鼠（兔）害监测预警网络体系，在林木鼠（兔）害监测预警、绿色防控、成果转化推广、鼠害治理知识普及等方面发挥着重要作用，提升了中国林木鼠（兔）害绿色防控水平，促进了成果转化推广。

成果获批国家级推广项目16项，在中国20个省（自治区）246个市县建立林木鼠（兔）害绿色防控试验示范基地117处，推广12585.5万亩次，应用规模在中国林木生物灾害治理中居首位。

研发的系列害鼠（兔）监测和治理专利产品，培育、指导、扶持了辉县市电器有限公司、宝鸡绿地新城商贸有限公司、陕西正昊农业科技发展有限公司、陕西弘禾农林科技有限公司和天利和农民种植专业合作社等相关涉农企业19家，建立科技示范户338家。成果具有良好的环境相容性，在鼠（兔）害监测和治理中发挥了重要作用，杜绝了环境污染，实现了绿色防控，增加了林农收入，促进了相关产业的发展，活跃了区域经济。

（撰稿：韩崇选；审稿：王登）

西北农田鼠害 rodent damage in farmland in Northwest China

在中国西北地区，农田中害鼠对农作物造成的危害。

西北黄土高原地域辽阔，跨越陕西、甘肃、宁夏、山西、青海及河南的部分，有黄土覆盖的面积约30万 km²，一般覆盖厚度约50m，最厚可达300m。鼠害发生面积占耕地面积的一半，严重威胁到当地农业生产。该区的主要农业害鼠为中华鼢鼠、棕色田鼠和达乌尔黄鼠。

危害特点 中华鼢鼠终生营地下生活，其采食方式主要是从耕作层的采食洞中拖拉、啃咬作物的幼苗、根系以及地下果实块根、块茎等。往往将作物的整个植株拉到洞内，造成田间缺苗断垄，甚至成片植株被拉光。中华鼢鼠嗜好小麦，且在小麦生育期间有相当一段时间内田间食物匮乏。一年四季中以春秋两季为中华鼢鼠的采食高峰。

棕色田鼠以绿色植物为食，主要危害青苗和蔬菜，还危害果树及其他树木的根部。啃食小麦、甘薯、大豆、花生、芝麻、萝卜、卷心菜、胡萝卜等。小麦因种植较密，受害具有明显的断垄现象。对大豆主要造成死苗和轻度危害的半死苗。盗食甘薯等的地下块茎。啃咬树木近地表处的韧皮部环状剥皮，导致树势衰弱或死亡。

达乌尔黄鼠为草原及荒漠带的物种，既可生活在草原沙漠，也可在较干旱的农田栖息。在农田的主要危害是春季盗食种子的胚和嫩根，苗期取食作物的茎叶，作物籽实期盗食小麦、大豆、花生等作物的籽实。农田呈现连片或条带形危害状。在果园啃食落果，使落果丧失经济价值。

发生特点 中华鼢鼠的种群数量春季最低，6月显著上升并延续到7月，8月开始下降，但较缓慢，至10月降到最低，但此时仍高于4月。种群全年的数量变化，最低与最高相差仅一倍左右，其数量的升降平缓。如果年度间自然因子没有太大变化，中华鼢鼠种群数量相对稳定。但特殊气候会导致鼢鼠数量的大幅度变化。

棕色田鼠的数量变动也呈双峰型，3~4月为一个高峰，10月又出现一高峰，且前峰高于后峰。前峰值各年高低不同，10月密度低于4月，最低密度出现在7~8月。最高密度与最低密度的差异因年份不同而异，可达2~5倍。种群消长的规律是：3~4月种群数量最高，然后降低，到7~8月为最低，10月又回升到次高峰，随后慢慢降低，到2~3月后再回升。

3月末达乌尔黄鼠开始苏醒出蛰，至5月基本稳定。6月有少量幼鼠出现，密度逐渐增高。7月幼鼠全部参加了活动，数量达到高峰。9月以后数量下降，直至冬眠为止。

参考文献

李卫伟, 王国鹏, 邹波, 等, 2015. 棕色田鼠危害现状及防控技术研究进展[J]. 农业技术与装备(6): 66-68.

王庭林, 郭永旺, 刘晓辉, 等, 2015. 山西省中华鼢鼠发生危害现状[J]. 农业技术与装备(7): 51-53.

杨根兴, 王庭林, 邹波, 等, 2020. 农业产业结构调整对啮齿动物群落的影响[J]. 中国植保导刊, 40(3): 52-55.

（撰稿：王勇；审稿：郭永旺）

西伯利亚旱獭 Marmota sibirica Radde

一种大型草原旱獭。又名蒙古旱獭、塔尔巴干。英文名 tarbagan marmot。啮齿目（Rodentia）松鼠型亚目（Sciuromorpha）松鼠科（Sciuridae）非洲地松鼠亚科（Xerinae）旱獭族（Marmotini）旱獭属（Marmota）。

中国分布于内蒙古的东北部和黑龙江的大兴安岭以西及吉林北部小部分地方。国外分布于蒙古和俄罗斯。

形态

外形 较其他3种旱獭略小，体粗壮，耳圆短，尾短略扁平，体长400~500mm。尾长110~150mm，不及体长的1/3；后足长75~90mm，耳长22~30mm。体重4000~5500g，重者可达到6250g。尾长近似后足长的2倍。乳头5对。

毛色 体有2种毛色，呈黄褐色或浅褐色；头顶部至鼻端，旁至眼上缘，后达耳基部呈黑色或黑褐色，以鼻最暗。体背面从枕部到尾基部的一半呈白色，毛基褐色或黑褐色。腹部土黄色，腹毛基部灰色，毛端土黄色。尾端具较长的黑褐色毛。春毛较秋毛色淡，毛基全灰色，毛端呈褐色。

头骨 颅全长71.3~98.5mm，颅基长85.0~93.7mm，腭长43.6~45.2mm，颧宽48.1~61.9mm，乳突宽31.3~

39.1mm，眶间宽 21.2～23.8mm，鼻骨长 27.7～37.0mm，听泡长 17.2～19.0mm，上颊齿列长 20.3～22.6mm，下颊齿列长 19.1～20.3mm。染色体数为 2n=38。

颅骨呈三角形，颅顶平直，无明显拱形。鼻骨较长，约为颅长的 38.8%，其后端不但超过前颌骨后端，且明显越过眼眶前缘水平线。眶上突发达，为横向；左右上颊齿列距离前端比后端略宽，下颌骨比灰旱獭的略高，隅突上下也较宽。

主要鉴别特征 鼻骨后段与眼眶前缘在同一水平线上。体形肥胖，头短阔，四肢粗短。体长 400～500mm，耳小，背毛黄褐色，头顶毛色较暗，尾端锈褐色。

生活习性

栖息地 多栖息在中温带的低山丘陵地区的草原地带，平均海拔 600～700m，及海拔 1500m 以上的山区草原。旱獭洞群呈岛状或点状分布，亦有带状或条状分布。喜群居，在山区多栖息在山腰、坡地、丘陵地带，阳面坡旱獭洞稍多，洞口外有推出的土石。旱獭栖息地带的夏季牧场茂盛。

洞穴 呈家族群落分布。与喜马拉雅旱獭类似，其洞穴可分为 3 种。第一种为冬眠洞，为旱獭冬眠栖居主要洞穴，洞口常超过 2 个，冬眠洞口有明显的土丘、洞口直径 18～24cm，洞道长（洞口到巢穴距离）常超过 6m，有巢室（大小为 77cm×55cm），且距地表 2m 以上，有厕所和盲洞，冬眠时会从洞里向外将洞口堵上；出蛰时，掘开主洞口或在主洞口附近新挖一垂直洞道出来。第二种为较冬洞简单的夏洞，夏洞洞口少，1～2 个，洞口外也有土丘，但较冬洞小，夏季产仔和育幼多在此洞中。第三种为临时洞，起避险用，一家族有多个临时洞（3～5 个），该洞结构简单，洞口常为 1 个，偶有 2 个，洞外无土丘，有通往其他洞口或觅食地的鼠道。

食物 植食性动物，春季啃食牧草的嫩芽、嫩根，秋季啃食茎、叶。主要取食禾本科和莎草科植物。喜食小白蒿（*Artemisia frigica*）、籽蒿（*Artemisia pectinata*）、针茅（*Stipa baicalensis*）、羊草（*Aneurolepiaium chinense*）、冰草（*Agropyrum cristatum*）。其次有柳叶风毛菊（*Saussurea salicifolia*）、蒙古白头翁（*Pulsatilla ambigua*）、小叶锦鸡儿（*Corogana microphylla*）、细叶锦鸡儿（*Corogana stenophylla*）、委陵菜（*Potentilla sp.*）等。西伯利亚旱獭生活在无水的干草原上，且可不去水源处饮水，所需要水分主要从植物中获取，其次为雨后草上的水和露水，降雨比往年少一半以上可导致西伯利亚旱獭大量死亡。

出蛰后，食量每天为 10～50g，夏季达 250～500g，冬眠前可食 1000g。

活动规律 白昼出洞活动，出蛰后活动较迟缓，出洞次数多但时间短；夏季日出前后出洞，日落后停止活动，以 8:00～10:00 及 15:00～19:00 为每天 2 个活动高峰。秋季 10:00～14:00 为活动高峰。幼獭 6 月下旬大量出洞参与活动。雨天、大风停止活动，秋天露水大时也少活动。

巢域为 0.3～0.5hm²，活动范围在 0.5～1.0hm²，距离常距洞口 20～50m，远达 300m。

繁殖 繁殖能力弱，每年繁殖一次。西伯利亚旱獭出蛰后大约 10 天（4 月中旬）开始交配，繁殖期 30 天左右，繁殖周期内雌獭发情 1～2 次，持续时间 48 小时左右。每次交配 15 分钟左右，间隔 16～30 分钟再次交配；孕期 35～40 天，5～6 月为繁殖高峰，怀孕率可达 56.4%。产仔期 2～3 小时，每胎产仔平均 5.9 只，最少 2 只，最多 9 只，个别可达 10～13 只，小成獭每胎平均 5～6 只。5 月 20 日左右产仔，人工饲养西伯利亚旱獭时增加维生素可提高繁殖率。

生长发育 初生幼獭平均体重 30g，最高 37g，最低 18g，体长 60～80mm；出生 3 天后幼獭逐渐长毛，10 天全身绒毛长出，呈灰黑色；幼仔 30 天睁眼，并长出下门齿；40 天左右可自行觅食；60 天断乳。初生幼獭至 1 月龄，日均增重 3～5g，1～3 月龄日均增重 15～20g，3～6 月龄日均增重 30～50g，6 月龄体重可达 2200g。2 年可达性成熟。

米景川等（1989）主要从 7～8 月捕获西伯利亚旱獭进行年龄分组较为合理（见表）。

西伯利亚旱獭每年换毛一次，5 月末至 6 月初开始换毛，换毛次序是从后至前，由背部至腹部。通常从臀部最先，其次背部、肩部、四肢，最后是头部，7 月末至 8 月初新毛长齐。雄成獭较雌成獭和亚成体换毛早 10 天左右，当年参与繁殖的雌獭换毛时间明显推迟。当年出生幼獭 3 月龄开始换毛，冬眠前 1 个月换毛完毕。秋季被毛丰满、色泽黄褐，有光泽。

寿命 5～6 年，少数可达 7～9 年。

冬眠 9 月下旬至 10 月上旬入蛰。入蛰前将冬洞内脏物清除，并衔草入巢室，作为垫草和冬眠前的食物，后从里向外，将泥土和粪便等封堵洞口与洞道，封闭洞道长度约 1m；冬眠时头尾相接、曲体而卧。冬眠时獭体温由正常时

西伯利亚旱獭按体重和体长的年龄分组表

组号	组别	生长时间	体重（g）	体长（cm）
I	幼年组	当年出生的幼獭	≤1 411.90±392.35	≤34.07±4.10
II	亚成年组	1 周龄獭	2 208.99±602.60	39.48±3.97
III	成年一组	2 周龄獭	3 377.39±580.52	45.77±2.72
IV	成年二组	3 周龄獭	3 913.34±531.79	48.77±2.39
V	成年三组	4 周龄獭	4 844.87±563.88	51.24±2.29
VI	老年一组	5 周龄獭	5 519.57±608.97	52.52±2.47
VII	老年二组	6 周龄獭	≥6 500	≥55

的 36～38℃降为 5～8℃。除温度外，食物条件也是影响旱獭冬眠重要因素。冬季人工饲养西伯利亚旱獭，一直投喂食物，约 50% 西伯利亚旱獭可不冬眠。

社群结构与婚配行为 雌雄比例接近 1：1，一夫一妻制。

种群数量动态

季节动态 全年雄旱獭较雌旱獭活动更频繁，成体和亚成体比幼獭活动更频繁。成体旱獭 6～7 月活动达高峰，尤其是 6 月更频繁，幼獭 7～8 月活动频繁，9 月雌旱獭活动频率高于雄性。

年间动态 由于繁殖率低，年间动态不明显。从出口西伯利亚旱獭毛皮可推测 20 世纪初西伯利亚旱獭数量最高，1907 年满洲里出口獭皮 70 万张，1910 年 250 万张，同年捕獭猎人有 11000 人。1953—1980 年呼伦贝尔盟共收购西伯利亚獭皮 1825555 张，平均每年 53700 张；1955—1958 年黑龙江省西伯利亚旱獭皮收购 10 余万张，1960 年和 1961 年分别降至 1.7 万和 1.1 万张，而 1976—1978 年收购量又回升至 5 万～6 万张。

危害 可传播鼠疫，1910—1921 年东北 2 次人间肺鼠疫大流行，均涉及该旱獭所属疫源地。50 年代后，该旱獭疫源地疫情处于静息期，至今未发生人、动物鼠疫流行；但同属该疫源地的俄罗斯和蒙古的部分地区，动物鼠疫仍时有发生。需要加强监测，防止疫源传入中国。

西伯利亚旱獭除啃食牧草外，其洞口的土丘也破坏草场。

防治技术 与喜马拉雅旱獭相同，见喜马拉雅旱獭。

参考文献

SMITH A T, 解焱, 2009. 中国兽类野外手册[M]. 长沙: 湖南教育出版社: 59-60.

黄文几, 陈延熹, 温业新, 1995. 中国啮齿类[M]. 上海: 复旦大学出版社: 96-97.

马逸清, 等, 1986. 黑龙江省兽类志[M]. 哈尔滨: 黑龙江科学技术出版社: 257-263.

寿振黄, 1962. 中国经济动物志: 兽类[M]. 北京: 科学出版社: 137-140.

宋云彩, 1982. 西伯利亚旱獭的年龄鉴定[J]. 哈尔滨: 野生动物 (3): 40-42.

王思博, 杨赣源, 1983. 新疆啮齿动物志[M]. 乌鲁木齐: 新疆人民出版社: 50-62.

郑智民, 姜志宽, 陈安国, 2008. 啮齿动物学[M]. 上海: 上海交通大学出版社: 188-189.

（撰稿：李波；审核：张美文）

西南农田鼠害 agricultural rodent damage in Southwest China

在云南、贵州、重庆、四川和西藏等地因啮齿类（含兔形目）动物对农作物造成的危害。

中国西南地区土地辽阔，地形复杂，生态系统多样，气候类型复杂，分布的啮齿动物（含兔形目动物）物种多样性相对丰富，有 120 余种，约占全国的 60%。对农业造成危害的主要鼠种有褐家鼠（*Rattus norvegicus*）、黄胸鼠（*Rattus tanezumi*）、小家鼠（*Mus musculus*）、大足鼠（*Rattus nitidus*）、黑线姬鼠（*Apodemus agrarius*）等，在局部地区，如贵州西北部的高山姬鼠（*Apodemus chevrieri*）、西藏地区的白尾松田鼠（*Pitymys leucurus*）等对农业也有一定的危害。此外，黑腹绒鼠（*Eothenomys melanogaster*）、高原鼠兔（*Ochotona curzoniae*）和高原鼢鼠（*Myospalax rufescens*）等在一些地区也可对农作物造成危害。

害鼠对农业的危害除了直接造成大田农作物损失外，三种家栖鼠也对贮粮、食品加工业和养殖业也造成较为严重

图 1 贵州锦屏玉米地鼠害（杨再学摄）

图 2 贵州余庆蔬菜地鼠害（王登摄）

图 3 四川彭山农田鼠害调查样地（王登摄）

的危害。除此之外，三种家鼠因其家栖习性，还影响人们的生活品质。对林业的危害主要表现在对树木啃食剥皮，影响材质，甚至直接造成树木大量死亡。对畜牧业的危害主要是危害草场，使草场退化，甚至引起沙化，严重影响载畜量。害鼠还可传播多种人畜共患疾病，如流行性出血热、包虫病等。

20世纪80年代前后，由于当时的经济水平较低，人们的居住条件较差，加之粮食增产，农民的贮粮设施简陋，导致害鼠的种群数量较高，曾大面积成灾。之后，由于住房及卫生条件的改善，耕作制度和耕作方式的改变以及大面积持续灭鼠，在农业区的主要害鼠的种群密度有持续降低的趋势，危害也随之减轻，害鼠群落也因此发生了一些变化。房舍区，褐家鼠的比例降低，黄胸鼠和小家鼠的比例升高；农田区，一些地区优势种发生了一些变化，如成渝地区的大足鼠、褐家鼠、黄胸鼠和黑线姬鼠比例降低，而食虫目鼩鼱科的微尾鼩（*Anourosorex squamipes*）在许多地区的小型兽类群落中成为优势种。

尽管害鼠的密度有降低的趋势，危害也逐年减少，但在局部地区的鼠害仍然较重，如广泛分布在西南地区的赤腹松鼠对人工林的危害仍然较重，目前正采取相应措施进行防治。在四川和西藏的高寒草甸，尽管对高原鼠兔和高原鼢鼠采取了多种方法进行防治，在一些地区取得了较好的效果，但因草场地面积巨大，全面防治需投入大量人力物力，成本相对较高，整体上看，害鼠的危害尚未从根本上得到持续有效控制。

参考文献

贾岗, 王勇, 陈剑, 等, 2009. 西藏农区鼠害调查初报[J]. 四川动物, 28(2): 280-282.

李盼峰, 苟兴政, 邵高华, 等, 2015. 毒饵站防治赤腹松鼠危害效果研究[J]. 四川动物, 34(6): 916-920.

涂建华, 罗林明, 2001. 农村鼠害控制技术[M]. 成都: 四川科学技术出版社.

严东海, 周俗, 2014. 四川草原鼠害防治情况分析[J]. 四川畜牧兽医(9): 13-14.

杨再学, 金星, 2006. 贵州省农区鼠害监测结果与灾变规律分析[J]. 山地农业生物学报, 25(3): 197-202.

（撰稿：郭聪；审稿：郭永旺）

图4 云南丽江农区鼠类危害图（马桂明摄）

西双版纳热带雨林鼠类行为学研究站 Research Station of Rodent Behavior in Xishuangbanna Tropical Rainforest

西双版纳热带雨林鼠类行为学研究站依托于中国科学院动物研究所，由中国科学院动物研究所和西双版纳热带植物园共建于2006年。研究站位于云南省西双版纳傣族自治州勐腊县境内，在西双版纳热带植物园内建有12个半自然围栏（如图）用于鼠类行为学研究，同时在中国森林生物多样性监测网络所属的1hm²（勐仑保护区内）和20hm²（勐腊保护区内）热带季节性雨林动态监测样地（如图）附近均设立了长期的鼠类种群、鼠类行为、鼠类与植物相互关系野外研究台站。研究站从建立至今主要成果有：①发现鼠类在种子扩散的不同阶段对种子大小的选择存在权衡关系，导致中等大小的种子具有最高的扩散适合度，突破了传统观点；②发现植物种子具备能够成功应对鼠类切胚和切胚根的策略，证实鼠类与植物间存在协同进化关系；③发现盗食风险的变化会显著影响鼠类的贮藏策略以及种子的命运，提出盗食风险是鼠类贮藏行为进化及植物种子特征进化的重要驱动因素；④发现以分散贮藏行为为主的鼠类盗食能力强，以集中贮藏行为为主的鼠类盗食能力弱，提出鼠类的贮藏行为与盗食行为的这种关系能够促进分散贮藏鼠类间的互惠盗食，有利于维持分散贮藏行为的稳定；⑤发现鼠类对种子的多次搬运能够显著促进种子扩散效率。

西双版纳热带雨林鼠类行为学研究站（邓云摄）
①半自然围栏外观；②围栏内部微生境；③西双版纳20hm² 热带季节性雨林动态监测样地全景

（撰稿：曹林；审稿：张洪茂）

喜马拉雅旱獭　*Marmota himalayana* Hodgson

中国分布最广的旱獭。又名"哈拉"（藏民称"梭娃"）、雪猪、雪里猫、土狗。英文名 Himalay marmost。啮齿目（Rodentia）松鼠型亚目（Sciuromorpha）松鼠科（Sciuridae）非洲地松鼠亚科（Xerinae）旱獭族（Marmotini）旱獭属（*Marmota*）。

中国主要分布于青藏高原、西藏、青海、新疆、甘肃、四川、云南和内蒙古（阿拉善盟）的草原上。国外分布于喜马拉雅山及喀喇昆仑山南坡的克什米尔地区、尼泊尔、不丹和印度北部。垂直分布多在海拔 2800~4000m，最低 2500m，最高 5200m。

形态

外形　体型大的地栖啮齿动物。身长而肥大，尾短而梢端扁平。成体重 4800~5600g，体长 480~670mm。尾短，长 125~150mm，不及后足的 2 倍。后足长 76~100mm。眼大耳小，耳长 23~30mm。四肢短而粗，前足有四指，拇指不明显，掌裸有 2 掌垫，3 指垫；后足 5 趾，掌裸有 2 掌垫，且有 4 指趾垫。颈短且粗。雌鼠有 6 对乳头（图1）。

毛色　背部呈深褐色草黄色，夹杂有不规律的黑色散斑；背毛根部褐黑色，上段草黄色，尖端黑色；腹部如背色但较灰，稍黑，在腹中央有橙黄色纵线；腹毛根部灰、毛茎端黄；颈、腹面和前肢上臂内侧、臂部内外侧均为黄色。尾背面如背色，尾端为褐黑色；褐黑色尾端两侧沿边具黄毛尖的针毛，形成不显著的环边。尾腹面的基部灰橙黄，其后部 1/2 也为褐色；四肢足背为灰黄色；但指端近爪处色深，几近褐色；吻短鼻上部有黑斑，两侧由吻至眼，由眼至耳前呈棕黄色条纹。眼眶上有黑色条纹。眼下颊部色较灰褐，沿眼眶下偶有条纹；嘴四周有完整的白圈，下颌白色向颈部略为延伸；毛色随地区不同和个体有所变异，有的褐黑或褐灰；幼体毛色较成体灰黄（图1）。

头骨　颅全长 100.9~108.3mm，颅基长 94.6~103.7mm，腭长 58~62.4mm，颧宽 62.2~69.2mm，乳突宽 46.6~50.3mm，眶间宽 25~27mm，鼻骨长 41.2~44mm，听泡长 17.8~19mm，上颊齿列长 22.5~25.5mm。染色体数为 $2n=38$。

颅骨粗大、近乎扁平；成体颅全长大于 100mm，超过体长的 1/5；眶后突结实，其前方有 1 凹刻；鼻骨侧面与前颌骨相接处，不成直线状而向中央倾斜；枕骨的乳状突短，仅超过枕骨裸的水平面；枕骨大孔背缘成半椭圆形；鳞骨前下缘的眶后突起微小，不明显，是与中国其他 3 种旱獭最主要的鉴别特征。上颌第三前臼齿显著，有峭的雏形，上颌第四前臼齿及臼齿峭显著，且齿沟深，下颌第四前臼齿原小尖发达，下颌第三臼齿接近圆形。

主要鉴别特征　鼻端到两眼及耳根的毛色暗褐至黑色，成年后显为"黑（褐）三角"；尾较短，腹面毛色为草黄色，与体背面和体侧面毛色差异不明显，头骨之鳞骨前下缘的眶后突起微小，甚至观察不到。尾端黑色，鼻骨后端超过眼眶前缘（达眼眶前缘的 1/3 长）。

图1　喜马拉雅旱獭（付和平提供）

生活习性

栖息地 多栖息在海拔3000m以上的青藏高原的高山草原、高山草甸草原、高山荒漠草原、高山灌丛和山边草地上。喜栖山腰阳坡、离水源近、干燥又便于寻食警戒的地方,附近多禾本科、莎草科和豆科植被(图2)。

洞穴 家族式群居,一个家族獭数最多者十余只,最少雌雄1对,一般3~5只。家族间的洞群距离在36.4~75.6m。洞分冬洞、夏洞和临时洞。冬洞有巢,多位于向阳处,老洞复杂,新洞简单,洞口常与洞道成40°斜角、呈椭圆形,多为30cm×20cm,大则35cm×27cm,洞口多达15个,洞口旁有大土丘;洞道常在18.6~26.8m左右,最长可达30m;巢与地面相距3m左右,大小与冬眠个体数有关,最小为0.06m³(0.5m×0.4m×0.3m),大的有0.64m³(1.0m×0.8m×0.8m),而74cm×67cm×36cm为4只獭的巢,巢底垫有干草,巢与1~3条盲洞相通。57.7%的冬眠洞内有厕所。

夏洞与冬洞相似,但更简单,洞口多达7个,巢小(小至0.02m³)且距地面浅(约1m),用鲜草垫底,为生殖巢,洞道分支1~3条,长3.5~6m,多有厕所,夏洞内有厕所达72.7%,洞旁土丘较小。

临时洞简单,无巢,主要在巢域外围,洞道常较浅,为1~1.5m,洞口多至4个,少有厕所,有厕所率为17.0%,主要为采食时避敌用。

食物 主要取食草本植物。夏季采食11科18属20种植物,按科统计,禾本科(24.55%)、莎草科(17.82%)、豆科(16.31%)和菊科(10.57%)是喜马拉雅旱獭的主要食物。喜食带露珠的嫩草茎叶、嫩枝,偶尔也取食昆虫或小动物。在农区也偷食燕麦、青稞、马铃薯、油菜等的禾苗和茎叶,在青苗未发芽之前,也挖草根食。旱獭初出蛰时会吃巢草,春季取食干草,日食量350g,夏季取食鲜草,日食量平均500g。

活动规律 白昼活动,晴天出洞活动。早上出洞的时间随季节而异,一般依太阳照射到洞口来确定。每次出洞之前总是先探出头来四处张望,觉得安全后,先露出半个身子,趴在洞口晒晒太阳,然后发出鸣叫声。此时,邻近的同类立即响应,一起鸣叫。此后不久,即开始取食,除非是遇有敌害外,则在这以后的一天内完全不再发声鸣叫。日落之前进入洞中休息,夜间不再出来活动。春秋季早晨出洞先取暖,再取食;夏季活动频繁,清晨与黄昏活动频率最高。4月出蛰后,即可见旱獭出洞活动。出蛰顺序是:高龄雄成獭、高龄雌成獭、低龄雌成獭及低龄雄成獭;6月可见幼獭出洞活动;每天的8:00~9:00和16:00~17:00为活动高峰,每次最长活动时间为40~80分钟。活动范围多在100m之内,个别可达3.5~5.0km。有固定活动区域,视觉和听觉发达,天敌多,故极为机警;人等接近时即钻入洞内,受惊后可2~3天不出洞。在青海取食活动占58%,其次瞭望和鸣叫占23%,躺卧占12%,挖洞占5%,追逐占2%。

繁殖 繁殖能力较弱。1年繁殖1次,且每年仅有50%雌成獭可参与繁殖,但在灭獭后,繁殖率可提高到82.5%,每胎4~6只仔增加到6~8只。在出蛰不久,即可进行交配。交配多在早晨进行。雄性4月睾丸最大,长达20mm以上时,通常在34.5~39.1mm,附睾明显且可检出精子,5月次之,以后渐小,至8月最小。雌獭在3~4月动情,动情期15天,雌獭4月下旬为妊娠高峰期,妊娠期35天左右,产仔期在5~6月。每只怀孕獭平均有1只死胎,妊娠獭体内脂肪积累较多,反之,未妊娠獭体内脂肪积累较少。幼獭由于脂肪积累不足,冬眠后死亡率高。

生长发育 刚出生的幼獭26~31g,体长90~110mm,尾长12~15mm,2周毛长齐,1月左右毛长全,可行走自如,10日龄平均体重134g,82日龄体重平均达1200g,日

图2 喜马拉雅旱獭栖息地(李波 摄)

均增重15g；2月左右断奶，室内饲养50天可独立生活，幼獭3年性成熟，少部分2年可性成熟，寿命可达8年以上。分布在云南的旱獭寿命较短，在6年左右。5月开始换毛，换毛先从背部开始，扩展到身体的两侧和臀部，再延伸到头部、尾部和四肢。换毛开始时，毛先稀疏，到6月中旬以后开始大片脱落。随着旧毛的脱落，新毛先后生出，至8月上旬新毛长齐。

年龄分组可参考晶体法。

表1 喜马拉雅旱獭年龄组和晶体重量(mg)(黄孝龙等，1985)

年龄组（年）	数量（只）	平均值±标准误	差异t测验
1	30	34.23 ± 4.24	t=2.68 very significant
2	52	55.22 ± 3.80	t=2.66 very significant
3	42	75.19 ± 3.28	t=2.65 very significant
4	27	88.92 ± 4.36	t=2.68 very significant
5	26	104.17 ± 4.50	t=3.00 very significant
6	11	116.22 ± 4.75	t=2.72 very significant
7	5	129.40 ± 4.77	t=2.57
8	2	147.85 ± 8.70	

冬眠 9月上、中旬，在青海喜马拉雅旱獭开始清理冬洞穴，将腐烂发霉的草沫和小石子推到洞外，以及衔草入洞，并将其他洞堵塞，仅留1洞口。9月下旬至10月上旬，出入洞很少，每天只11:00～15:00出来晒太阳及玩耍，排空胃肠内的食物和粪便。10月中旬入蛰，入蛰前把最后洞口由里向外堵塞，进入冬眠。冬眠时洞口被石块、土块和粪从洞内向外堵塞上，洞深可达4.0m，出蛰多打新洞，少数掘开老洞口。可见3代同穴现象。1960年青海冬眠洞内最多挖出21只獭。

9月进入冬眠，入蛰期较长，可达1个月左右，至翌年3月，冬眠期120～150天。

入蛰前冬眠洞内干草有4.3～6.2kg，垫草末1.5kg；贮干草数量与喜马拉雅旱獭数量有关，干草放在巢中间，形成草垛，并在草垛一侧留一洞供喜马拉雅旱獭出入。冬眠期间喜马拉雅旱獭心跳20次/分钟，呼吸14次/分钟。4月中旬喜马拉雅旱獭出蛰，巢内干草逐渐减少。

洞群结构与婚配行为 洞群结构在青海同德地区主要由二代型（即由一对亲獭和仔獭组成）居多，占53.33%；其次为一代型（即一对异性獭组成），占20.00%；三代型（即由祖亲獭、亲獭和仔獭组成）；单居型单独一獭居住；特殊型即同性獭共栖组成。

主要为一夫一妻制，新成熟的雌獭通常与大龄雄獭进行交配。

种群数量动态

季节动态 5～6月密度较低，7～9月幼獭出洞活动，密度最高，10月进入冬眠，密度又低。

年间动态 因雌兽的妊娠率较低，仅有50%左右，而仔兽的死亡率又高，因而旱獭的年增长率不高，数量变动较小。

危害

传播鼠疫 青藏高原频发的鼠疫，大多由喜马拉雅旱獭引起，青藏铁路沿线均为喜马拉雅旱獭鼠疫疫源地；2011年9月29日青海湟源县一农民捕食喜马拉雅旱獭，患腺鼠疫死亡；2014年甘肃玉门接触喜马拉雅旱獭染上肺鼠疫，致1人死亡。喜马拉雅旱獭是鼠疫首发病例的主要传染源（73.5%），剥食染疫的喜马拉雅旱獭或其他野生动物是主要的传播途径；旱獭发生獭间鼠疫高峰期在夏季，人间鼠疫高峰期在7月，为单峰型。

1980年10月至1981年9月王治军在青海省海晏县热水滩河刚察县红山咀地区共剖洞68个，捕获8493只蚤，喜马拉雅旱獭主要寄生有斧形盖蚤、谢氏山蚤和腹窦纤蚤深广亚种，分别捕获3119、3205、2169匹，冬眠期间平均蚤指数分别为23.58、25.35和31.48，4～6月3种蚤指数则分别为95.65、119.76、28.00。病喜马拉雅旱獭带蚤指数111.8，显著高于健康喜马拉雅旱獭的25.46。

罗远琼等1991—1992年在祁连山铧尖地区捕获36只喜马拉雅旱獭，其中26只带蜱，带蜱率为72%，草原硬蜱和嗜鸟硬蜱，带蜱率为55.6%，主要有斧形盖蚤、谢氏山蚤，这些均是当地鼠疫传播的主要媒介。草原硬蜱还是鼠疫杆菌长期保存者，并能以卵传递到下一代。

喜马拉雅旱獭染上鼠疫后，其他喜马拉雅旱獭会追咬驱赶，不让病獭返回原獭洞穴；病獭寻找其他洞穴栖居，同样会遭到撕咬驱赶；病獭行动不便，易受到天敌捕食；这样扩大了鼠疫传播范围，导致喜马拉雅旱獭大量死亡。

与家畜争食 旱獭多吃优质牧草，成年喜马拉雅旱獭日均取食鲜草0.50～0.75kg，每年活动期以4月上旬至10月上旬，取食135kg，以每公顷10只喜马拉雅旱獭计算，一年每公顷可损失50%优质牧草；一家族喜马拉雅旱獭可挖掘出1.2～4.0m³土，造成2.0%～2.8%植被被损毁。在半农区，旱獭啃食燕麦、青稞、马铃薯、油菜等，喜食油菜青苗。1966—1968年在青海共和县黑马河地区以及兴海县河卡地区每平方千米有喜马拉雅旱獭洞2500～7800个，喜马拉雅旱獭有百余个，致有些地方植被覆盖度不足10%。

破坏草场 喜马拉雅旱獭土丘通常在1.1～2.5m³，并覆盖大面积牧草，35%獭洞口有土丘，直径约1.47m，土丘上的植被75.30%受到影响。土丘上的植物会发生演替，耐贫瘠的植物演替成优势种，形成恶性循环；且喜马拉雅旱獭的土丘和踏洞常造成水土流失。

防治技术 由于喜马拉雅旱獭传播鼠疫及啃食牧草，其被疾病控制部门和农业部门列为害兽，其防治也要根据其携带蚤、蜱等寄生虫较多的特点，鼠与寄生虫同时消灭最佳。同时需注意个人安全防护，穿防蚤五紧服、防蚤袜、防蚤帽，在裤脚和领口喷杀虫剂或驱避剂，形成10～20cm的保护带，防止跳蚤进入衣内，不要坐卧在獭洞及鼠洞附近，发现死喜马拉雅旱獭要绕道走。

灭獭时间宜选择喜马拉雅旱獭体质最弱的4～5月。卫生部门制定控制标准为每公顷等于或小于0.1只。防治范围主要在人口稠密地方，如村庄周围、交通要道、工矿区、军事要地及当年发生动物鼠疫流行的疫点。

农业防治 在长期居住点附近种植高秆作物，可减少

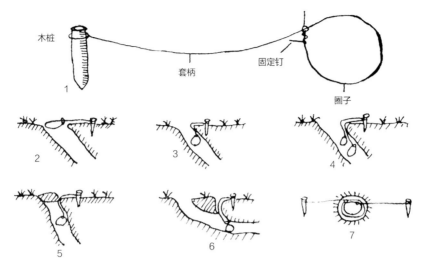

图3 圈套法安装示意图（张广登，1984）
1.圈套的结构；2.洞口安装；3.洞内安装法；4.洞内双套安装法；5.堵洞安装法；6.开天窗安装法；7.洞口双套安装法

喜马拉雅旱獭迁入。牧草短矮草场，采取轮牧，可降低喜马拉雅旱獭密度。

生物防治 利用喜马拉雅旱獭天敌如狼、猞猁、熊、狐、紫貂、艾鼬、鹰、雕等除獭。

物理防治 用弓形夹或钢丝圈套放置在鼠洞口或鼠路上捕杀。

弓形夹法。选择喜马拉雅旱獭出动前布夹，布夹时，先在主洞口或喜马拉雅旱獭路上挖一小坑，将支起的弓形夹平放，踩垫略低点，并用铁链将弓形夹固定在地上，用土将弓形夹和铁链伪装起来，与周围平和，不要遗留原来没有的石块、草片及手印等，引起喜马拉雅旱獭的警觉。封堵其他洞口，促其上夹。每半天检查一次，连续放置3天。

钢丝圈套法。用18~22号铁丝2~6根，拧绳制成直径15~25cm的圈套，柄长50~100cm。捕獭前，先将木桩钉于獭洞上方，再将套柄绑在木桩上。套圈制成偏圆形，一般放置在洞口或洞内，并使之与洞壁稍有间隙。套的安装法见图3，对狡猾的喜马拉雅旱獭可按图3④⑤⑥布放圈套，秋天獭肥，可按图3⑦布放。套住的喜马拉雅旱獭多数钻入洞口内，如头朝里，则可握住后腿先轻推，后猛向外拉，即可拉出，如头朝外，则可用铁丝扣住上门齿拉出。

圈套直径应随獭体的肥瘦而变，入蛰时，獭胖，套圈直径以18~25cm为宜，5~7月獭体较瘦，以15~18cm为宜。

查套时间在5~8月以6:00~8:00，16:00~20:00捕獭最多，4月和9、10月每天以中午捕獭较多，因此应在这些时间查套。另外，雨后和畜群过后，应立即查套。查套的次数，在旱獭活动频繁季节，每天可查3~6次，过多将影响獭出洞，过少可使套住的獭逃脱。

挖洞法。旱獭冬眠时，挖洞捕獭。

化学防治

熏杀。熏杀旱獭是最佳防治方法，利用旱獭早晚在洞内进行熏杀效果更佳。主要熏杀药物有磷化铝每洞6~8片，氯化苦每洞100~150ml，一氧化碳烟剂每洞500ml；一氧化碳为最佳，可深入洞底部，且不为湿土吸收，并可就地用干牛粪与硝酸钾配制。裸岩地带不适宜用熏杀法。氯化苦在12℃以下挥发性很小，在气温与洞温低的情况下，可将氯化苦加入点燃的牛粪烟熏筒内，向獭洞鼓风送烟5分钟，效果最佳，灭洞率可达88.5%，灭獭率达81.3%。此法价格低，但效率也低；磷化铝成本略高，效率高，新疆广泛应用此法。

毒饵。旱獭为草食性鼠类，通常用谷物效果不佳。但喜马拉雅旱獭对青稞适口性较好，可用新鲜青稞与抗凝血剂配制成毒饵灭獭。注意要经常翻拌，无药液流出即可，无需晒干。投放到獭洞内，每洞20~30g。或可用草粉与抗凝血灭鼠剂配制毒饵灭獭，即选择旱獭喜食草种类的干草或鲜草，切成1cm长，与抗凝血灭鼠剂配制成毒饵，鲜草毒饵直接投放到獭洞内灭獭；干草压制成小颗粒0.5cm大小的颗粒毒饵，投放到獭洞内灭獭。

毒粉、毒糊。利用含杀鼠醚的追踪粉加菊酯类的杀虫粉混合后直接投放到獭洞内，利用鼠类自身修饰力，将毒粉舔入口中，中毒而亡，其次菊酯类粉剂还能杀灭洞中跳蚤。

喜马拉雅旱獭对D型肉毒素不敏感，不适宜用来灭獭。化学灭獭后，停药3年旱獭数量多能恢复到原来的密度。

参考文献

SMITH A T, 解焱, 2009. 中国兽类野外手册[M]. 长沙: 湖南教育出版社: 59-60.

黄文几, 陈延熹, 温业新, 1995. 中国啮齿类[M]. 上海: 复旦大学出版社: 96-97.

黄孝龙, 刘丽娴, 1992. 喜马拉雅旱獭的饲育和生物学特性研究概况[J]. 上海实验动物科学, 12(3): 136-138.

黄孝龙, 王治军, 于小涛, 等, 1985. 用晶体重量测定喜马拉雅旱獭的年龄[J]. 兽类学报, 5(1): 10.

寿振黄, 1962. 中国经济动物志: 兽类[M]. 北京: 科学出版社: 137-140.

王治军, 1992. 喜马拉雅旱獭冬眠期生态观察[J]. 地方病通报, 7(4): 51-55.

王思博, 杨赣源, 1983. 新疆啮齿动物志[M]. 乌鲁木齐: 新疆人民出版社: 50-62.

杨光荣, 解宝琦, 1983. 滇西北部喜马拉雅旱獭的生态观察[J]. 动物学杂志, 18(2): 46-48.

张广登, 1984. 圈套法捕旱獭介绍[J]. 四川动物, 4(1): 42-44.

张广登, 1988. 喜马拉雅旱獭家庭结构的初步研究[J]. 中国鼠类防制杂志, 4(1): 40-42.

张广登, 马立名, 1984. 喜马拉雅旱獭的洞型观察[J]. 兽类学报, 4(3): 216.

张广登, 马立名, 1991. 喜马拉雅旱獭部分生态习性的补充研究[J]. 中国媒介生物学及控制杂志, 2(1): 40-43.

郑智民, 姜志宽, 陈安国, 2008. 啮齿动物学[M]. 上海: 上海交通大学出版社: 188-189.

（撰稿：李波；审稿：王登）

细胞免疫　cellular immunity

指T细胞在接受抗原刺激后形成效应T细胞和记忆细胞，效应T细胞与靶细胞特异性结合，导致靶细胞破裂死亡的免疫反应。T细胞是细胞免疫的主要细胞，细胞免疫有记忆功能。植物血凝素（phytohaemagglutinin，PHA）和2,4-二硝基氟苯（2,4-dinitro-1-fluorobenzene，DNFB）都作为T细胞的丝裂原起作用，均来源于红肾豆（*Phaseolus vulgaris* Linnaeus, 1753），是最为常见的可诱导迟发型超敏反应（delayed-type hypersensitivity，DTH）的抗原。针对PHA的测量方法，Smits等（1999）对其进行了简化，在不设PBS对照组的情况下，他们测定了不同环境和实验条件下鸟类免疫能力的变化，结果表明该方法在野外条件下能较好地估测鸟类的免疫能力。与传统的PHA测定方法相比，该方法有5个优点：①节省时间，使测试时间减半。②使与抓握有关的对鸟类的应激减少（这与抓握时间成比例）。③减少注射期间的出错概率。④另一侧的翅膀可用于不同的测试（例如结核菌素DTH检测）或作其他用途。⑤降低由于测量误差而导致的变异系数。其缺点为：可能会遗漏超敏的个体，本项研究中608只个体共遗漏了2只。目前，该简化后的方法已在包括小型哺乳动物在内的不同类群的脊椎动物中得到了广泛应用。

经外源注射PHA后，将导致注射部位T细胞的增殖，反应具有物种特异性，再次暴露将比初次暴露产生更强的反应，但无明显的能量学代价。然而，关于PHA反应的确切机制目前仍有争论，它除参与细胞介导的免疫反应外，也可能与天然免疫和免疫记忆能力有关。DTH反应具有反应快速、操作简单和不需要针对特定物种的抗体等优点，适用于大多数物种的室内及野外研究。然而，PHA-P是一种整合性的免疫反应，含有PHA-L和PHA-E两种组分，前者与淋巴细胞增殖有关，后者与红细胞凝集有关。PHA-P可激发天然免疫、细胞介导的免疫和体液免疫反应。对小鼠的研究发现，PHA-P反应与细胞因子白介素-6（interleukin-6，IL-6）和干扰素γ（interferon γ，INFγ）的表达有关，其反应单一性不如刀豆球蛋白A（concanavalin A，Con A）。

参考文献

BÍLKOVÁ B, ALBRECHT T, CHUDÍČKOVÁ M, et al, 2016. Application of concanavalin A during immune responsiveness skin-swelling tests facilitates measurement interpretation in mammalian ecology[J]. Ecology and evolution, 6(13): 4551-4564.

MERLO J L, CUTRERA A P, LUNA F, et al, 2014. PHA-induced inflammation is not energetically costly in the subterranean rodent ctenomys talarum (tuco-tucos)[J]. Comparative biochemistry and physiology A: Molecular and integrative physiology, 175: 90-95.

SMITS J, BORTOLOTTI G, TELLA J, 1999. Simplifying the phytohemagglutinin skin-testing technique in studies of avian immunocompetence[J]. Functional ecology, 13(4): 567-572.

TURMELLE A S, ELLISON J A, MENDONC M T, et al, 2010. Histological assessment of cellular immune response to the phytohemagglutinin skin test in Brazilian free-tailed bats (Tadarida brasiliensis)[J]. Journal of comparative physiology B: Biochemical, systemic and environmental physiology, 180(8): 1155-1164.

ZHANG Z Q, ZHAO Z J, 2015. Correlations between phytohemagglutinin response and leukocyte profile, and bactericidal capacity in a wild rodent[J]. Integrative zoology, 10(3): 302-310.

（撰稿：张志强；审稿：王德华）

狭颅田鼠　*Microtus gregalis* Pallas

一种穴居、不冬眠、地栖啮齿动物。又名群栖田鼠。哺乳纲（Mammalia）啮齿目（Rodentia）仓鼠科（Cricetidae）田鼠属（*Microtus*）。

中国分布于新疆、内蒙古、河北、辽宁、河南、黑龙江、吉林和甘肃。国外主要分布于前苏联区域、蒙古。目前记载狭颅田鼠有7个亚种，分别是狭颅田鼠指名亚种（*Microtus gregalis gregalis* Pallas, 1779），狭颅田鼠谢尔塔拉亚种（*Microtus gregalis sirtalaensis* Ma, 1965），狭颅田鼠呼伦贝尔亚种（*Microtus gregalis raddei* Poliakov, 1881），狭颅田鼠天山亚种（*Microtus gregalis tianschanicus* Büchner, 1889），狭颅田鼠河北亚种（*Microtus gregalis angustus* Thomas, 1908），狭颅田鼠艾氏亚种（*Microtus gregalis eversmanni* Poliakov, 1881）和狭颅田鼠马依勒亚种（*Microtus gregalis dolguschini* Afanasiev, 1939）。

形态

外形　与普通田鼠相似。被毛多蓬松。吻部短而钝，耳壳短小。足及四肢均较短，无颊囊。尾较短，其长不及体长的1/4；耳较小，不显露；后足掌具6个足垫。

头骨　头骨大小和形状随亚种不同而异，腭骨后缘中央均与翼状骨突相联结。上门齿向下垂伸或略向前倾延，第一下白齿横ге前方有4~5个封闭的交错齿环，第三下白齿均具3个半月形或类长方形的斜列齿环。头骨粗而坚实，臼齿一般都部分成很多齿叶。咀嚼面平坦，其上有很多左右交错的三角形齿环（少数种类其排列似左右相对），臼齿能终生生长，在鳞骨上生有眶后嵴。

毛色 体背毛色暗褐色或浅黄褐色，毛基黑色，毛尖灰棕色。腹面毛基深灰色，毛尖灰黄或灰白色。尾毛为不明显双色，上面黑褐色，下面浅黄或污白色。

生活习性

栖息地 营地栖和地下生活，栖息环境从寒冷冻土带至亚热带均有分布。主要为草原地区比较湿润的草甸草原，海拔2800m以上的山地森林草甸草原、山地草原和灌丛草地也有分布。

洞穴 该物种筑洞能力甚强，洞口常有青草覆盖。其洞群常占据大量草场，洞口密度每公顷多达800～1000个，致使牧草的生长遭受严重危害。

食物 以植物为食，主要取食植物的茎叶绿色部分。偏好于含水分较多的植物。

活动规律 一般以白昼活动为主。几乎每个季节都有活动，即使下了雪，黑夜仍会出洞活动。

繁殖 6月开始繁殖，母体每年产两窝幼仔，每窝产仔数为5～7只。第一窝幼兽于当年即达到性成熟；7月可开始繁殖。8月中繁殖期已基本结束。因此一般会在夏季和秋季出现两个数量高峰期。

危害 狭颅田鼠啃食作物粮食，危害农业，在天山中部地区，还危害畜牧业，也会传播疾病。

参考文献

陈佩梅，1989. 内蒙古锡林河流域四种小型啮齿类若干身体组成成分的研究[J]. 兽类学报(2): 146-153.

李文利，2013. 新疆巴音郭楞蒙古自治州草地优势种害鼠发生危害区域划分研究[J]. 草食家畜(1): 58-61.

罗泽珣，陈卫，高武，等，2000. 中国动物志：兽纲 第六卷 啮齿目(下册) 仓鼠科[M]. 北京：科学出版社：264-268.

马勇，王逢桂，金善科，等，1981. 新疆北部地区啮齿动物(GLIRIS)的分类研究[J]. 兽类学报(2): 177-188.

马勇，1965. 内蒙狭颅田鼠一新亚种[J]. 动物分类学报(3): 183-186.

石淑珍，张继军，宫占威，等，2004. 腊子口林区莱姆病自然疫源地鼠类调研及甘肃省田鼠属一新记录[J]. 医学动物防制(1): 30-32.

孙儒泳，方喜叶，高泽林，等，1962. 柴和林区小啮齿类的生态学Ⅰ：生态区系和鼠季节消长[J]. 动物学报(1): 21-36.

王思博，杨赣源，1983. 新疆啮齿动物志[M]. 乌鲁木齐：新疆人民出版社.

夏武平，1966. 带岭林区小型鼠类数量动态的研究——Ⅱ：气候条件对种群数量的影响[J]. 动物学报(1): 8-20.

CHALINE J, BRUNET-LECOMTE P, CAMPY M, 1995. The last glacial/interglacial record of rodent remains from the Gigny karst sequence in the French Jura used for palaeoclimatic and palaeoecological reconstructions[J]. Palaeogeography, palaeoclimatology, palaeoecology, 117: 229-252.

KROKHMAL A I, REKOVETS L I, 2010. Localities of small pleistocene mammals of ukraine and neighboring territories[M]. Russian LAT&K, Kiev.

MARKOVA A K, 1982. Pleistocene rodents of the Russian plain[M]. Moscow: Nauka: 186.

Socha P, 2014. Rodent palaeofaunas from Bisnik cave (Krakow-Czstochowa Upland, Poland): palaeoecological, palaeoclimatic and biostratigraphic reconstruction[J]. Quaternary international, 326-327: 64-81.

（撰稿：王艳妮；审稿：宛新荣）

下丘脑 hypothalamus

大脑的一部分，位于大脑腹面、丘脑下方，属于边缘系统的一部分，在神经解剖学上属于间脑的腹侧部分。下丘脑由许多具有多种功能的团核组成，其最重要的功能是分泌多种神经内分泌激素调控垂体激素分泌，从而将神经系统和内分泌系统联系起来，调控代谢、免疫、应激、行为等各方面功能。另外，也可通过交感和副交感系统直接产生影响。可以说，下丘脑是包括鼠类在内的哺乳动物的神经内分泌中枢。

（撰稿：宋英；审稿：刘晓辉）

夏眠 aestivation

夏眠与冬眠类似，也是指内温动物代谢降低、体温降低而出现的一种长时间昏睡状态，只是发生在夏季较干旱和炎热的环境中。哺乳动物的夏眠并不常见，研究报道相对较少。因为冬眠和夏眠的发生均与季节性事件有关，两者都属于季节性蛰眠，是对环境条件季节性变化的适应。

参考文献

DIEDRICH V, KUMSTEL S, STEINLECHNER S, 2015. Spontaneous daily torpor and fasting-induced torpor in Djungarian hamsters are characterized by distinct patterns of metabolic rate[J]. Journal of comparative physiology B: Biochemical, systemic and environmental physiology. 185: 355-366.

GEISER F, RUF T, 1995. Hibernation verse daily torpor in mammals and birds: Physiological variables and classification of torpor patterns[J]. Physiological zoology, 68(6): 935-966.

RUF T, GEISER F, 2015. Daily torpor and hibernation in birds and mammals[J]. Biological reviews of the Cambridge Philosophical Society, 90: 891-926.

（撰稿：迟庆生；审稿：王德华）

夏眠行为 aestivation behavior

动物蛰眠的一种模式，即指内温动物因环境温度过高而导致栖息地内的食物、水源等生存资源的减少导致的蛰眠（torpor）状态。在害鼠生理上表现为代谢降低、体温降低，长时间昏睡。夏眠一般发生在夏季较干旱和炎热的环境中，多见于热带或沙漠干旱地区。与动物中常见的冬眠行为相同，均为季节性因素导致的行为，属于季节性蛰眠（seasonal torpor）。

哺乳动物耐受环境温度的范围较宽，但在此范围内保证体温恒定却是以消耗较高能量为代价，内温动物消耗的能量约为同等个体大小的外温动物在相同温度下的8倍。在野外条件下，在夏季温度过高，食物数量和质量降低以及水资源往往减少，此时动物面临维持恒定体温的高代谢产热需求与环境中食物资源可利用性减少之间的矛盾之外，还有防止体内水分过度丧失的矛盾。很多哺乳动物和鸟类会放弃恒温，而在一天或一年的某段时间内进入一种低体温和低代谢的蛰眠状态，以应对短暂的能量短缺或季节性的能量资源缺乏。

啮齿动物是已知有夏眠作用的另一组胎盘哺乳动物。如美洲土拨鼠（*Marmota monax*）在8月进入短暂的休眠状态，体温在25～38℃之间波动，环境温度在20～30℃之间波动；降雨后，一些个体保持正常体温，而另一些则继续表现出行动滞缓的麻木状态，如：北极黄鼠（*Spermophilus parryii*）、哥伦比亚黄鼠（*Spermophilus columbianus*）、理查德森黄鼠（*Spermophilus richardsoni*）、金背黄鼠（*Spermophilus saturatus*）、加利福尼亚金背黄鼠（*Spermophilus lateralis*）等害鼠类，这些行为特征与其栖息地夏末、秋初植被减少相吻合。

南美小型仓鼠（*Calomys musculinus*）在夏季温度为25℃时进行蛰眠，此时代谢率值比相同温度下的静息值下降75%。欧洲睡鼠（*Glis glis*）从秋季至春季冬眠7～8个月，但从春季出蛰后，非生殖个体可能在初夏或仲夏再次进入蛰眠状态。夏季，非洲林睡鼠（*Graphiurus murinus*）在温度为25℃时表现出蛰眠状态，其他如：榛睡鼠（*Muscardinus avellanarius*）、日本睡鼠（*Glirulus japonicus*）、林睡鼠（*Dryomys nitedula*）、花园睡鼠（*Eliomys quercinus*）以及长尾跳鼠（*Sicista betulina*）也已知在夏季表现出蛰眠状态。

参考文献

王德华，杨明，刘全生，等，2009. 小型哺乳动物生理生态学研究与进化思想[J]. 兽类学报，29(4): 343-351.

BARNES B M, 1996. Relationship between hibernation and reproduction in male ground squirrels[M] // Geiser F, Hulbert A J, Nicol S. Adaptations to the cold. Armidale: University of New England Press: 71-80.

BIEBER C, RUF T, 2009. Summer dormancy in edible dormice (*Glis glis*) without energetic constraints[J]. Naturwissenschaften, 96: 65-171

BOZINOVIC F, ROSENMANN M, 1988. Daily torpor in *Calomys musculinus*, a South American rodent[J]. Journal of mammalogy, 69: 150-152

FRENCH A R, 2008. Patterns of heterothermy in rodents[M] // Lovegrove B G, McKechnie A E. Hypometabolism in animals: torpor, hibernation and cryobiology. Presented in 13th international hibernation symposium. Pietermaritzburg: University of KwaZulu-Natal: 337-352.

GEISER FRITZ, 2010. Aestivation in mammals and birds[J]. Progress in molecular and subcellular biology, 49: 95-111.

LIU WEI, WANG GUIMING, WAN XINRONG, et al, 2011. Winter food availability limits winter survival of Mongolian gerbils (*Meriones unguiculatus*)[J]. Acta Theriologica, 56: 219-227.

ZERVANOS S M, SALSBURY C M, 2003. Seasonal body temperature fluctuations and energetic strategies in free-ranging eastern woodchucks (*Marmota monax*)[J]. Journal of mammalogy, 84: 299-310.

（撰稿：兴安；审稿：宛新荣）

夏武平　Xia Wuping

夏武平（1918—2009），著名兽类学家和动物生态学家。中国兽类学的主要开创者与奠基人。历任中国科学院西北高原生物研究所副所长、所长、名誉所长等。

个人简介　1918年出生，河北省柏乡人，1945年毕业于燕京大学生物系。毕业后进入北平研究院动物研究所从事科研工作，最初从事腹足类和鱼类学研究，之后长期从事兽类学和动物生态学的研究工作。曾任中国生态学会副理事长、中国兽类学会理事长、《兽类学报》《高寒草甸生态系统》和《高原生物学集刊》主编、《生态学报》副主编等。

学术成果　研究领域涉及了动物生态学的多个领域，从个体生态学、种群生态学、群落生态学到生态系统生态学，也扩展到经济生态学、人类生态学、古生态学等，其学术视野和学术观点具有前瞻性和开拓性，引领中国这些学科的发展。

20世纪50年代在带岭林区开展的小型鼠类种群数量动态及其影响因子和鼠害预测研究，以及60年代主持完成的内蒙古阴山北部农业区长爪沙鼠种群数量调节和该鼠鼠害综合防治方法的应用研究，是中国开创鼠类种群生态学研究的标志性工作。其研究成果及由此传承壮大的专业队伍，为"七五"期间首次启动国家攻关项目——农牧业重要害鼠生物学及综合防治技术研究奠定了基础。

1966年调入中国科学院西北高原生物研究所之后和任所长期间，先后组织多学科队伍，深入青海、西藏和甘肃南部及四川西部等地进行科学考察，采集了大量的动、植物标本，并摸清了青藏高原各类生态系统的地理分布规律和结构，填补了中国青藏高原生态学研究的空白。

1976年，组织创建了旨在研究青藏高原高寒草甸生态系统结构、功能及提高生产力模式为目标的定位研究站——海北高寒草地生态系统监测定位站，是中国较早建立的陆地生态系统监测定位站，较早系统开展生态系统物流和能流等功能研究，是中国生态系统研究的典范。目前，该站已进入国家野外观测研究站序列。

1981年创立了中国兽类学会、创办了《兽类学报》，奠定了中国兽类学发展的基石，为中国兽类学的发展奠定了坚实的基础。

组织全国的科学家承担和实施了多项国家重大鼠害、鼠疫防控重大科研计划、组织编写了《灭鼠和鼠类生物学研究报告》系列专辑等，取得了一系列的研究成果，培养和造就了中国鼠害研究的骨干队伍和人才。

参考文献

王祖望，钟文勤，张知彬，等，2018. 纪念夏武平先生诞辰100周年[J]. 兽类学报, 38(4): 331-343.

《中国科学院西北高原生物研究所志》编纂委员会, 2012. 中国科学院西北高原生物研究所[M]. 西宁: 青海人民出版社.

（撰稿：罗晓燕；审稿：王德华）

纤维素　fiber

植物细胞壁的主要成分。食物纤维素包括粗纤维、半粗纤维和木质素，主要来源于植物的茎、叶以及豆类植物的外皮，在鼠类消化道内不能被消化酶降解，加速食物在前消化道的排出速率、阻止一些营养素（如葡萄糖）在小肠的消化和吸收。纤维素在鼠类的盲肠被寄生的微生物所分泌的酶所降解，微生物进一步合成氨基酸、蛋白小肽、维生素等被鼠类所吸收利用，对植食性鼠类具有重要作用。

不同季节、不同种类、不同生长阶段的植物，其纤维素的含量和组成不同。随着食物中纤维素含量的升高，鼠类通过增加摄食量来满足其营养和能量的需求。长爪沙鼠（*Meriones unguiculatus*）摄食 19% 纤维含量的食物时，其摄食量增加不明显；而摄食 26% 纤维含量的食物时，其摄食量增加近 1 倍。植物纤维素含量对鼠类的取食时间以及行为模式均有影响，鼠类根据栖息环境中食物质量的变化调节觅食对策，以满足其营养和能量的需求。板齿鼠（*Bandicota indica*）主要食高纤维食物时，其夜间采食时间增多，白天休息时间增多，而其他活动相应下降。食物中纤维素的含量增加 1%，会导致鼠类的消化率减少两个消化单位。当供给小鼠高纤维食物时，可导致雌鼠的性成熟延迟，动情周期改变率下降。

参考文献

BJÖRNHAG G, SJÖBLOM L, 1977. Demonstration of coprophagy in some rodents[J]. Swedish journal of agricultural research, 7: 105-113.

LIU Q S, WANG D H, 2007. Effect of dietary diluted diet on phenotypic flexibility of morphology and digestive function in Mongolian gerbils (*Meriones unguiculatus*)[J]. Journal of comparative physiology B, 177: 509-518.

SAKAGUCHI E, 2003. Digestive strategies of small hindgut fermenters[J]. Animal science journal, 74: 327-337.

TERRAPON N, HENRISSAT B, 2014. How do gut microbes break down dietary fiber?[J]. Trends in biochemical sciences, 39: 156-158.

（撰稿：李俊年；审稿：陶双伦）

消化　digestion

鼠类摄入食物后，经物理性、化学性及微生物作用，将食物中大分子不可吸收的物质分解为小分子可吸收物质的过程。

物理性消化　又名机械性消化。指通过牙齿撕、咬、消化道壁磨压等方式，将食物由大颗粒状态变成较小的颗粒。有利于在消化道内形成多水的食糜，增加食物表面积，颗粒变小，为酶消化和微生物消化提供条件。同时，通过消化道管壁的运动，把食糜研磨、搅拌并从一个部位运送到另一个部位。

化学性消化　指通过消化道所分泌的各种消化酶或食物中含有的消化酶对食物进行分解的过程。

口腔分泌唾液，唾液中含有 δ-淀粉酶，可将淀粉分解为糊精、麦芽三糖、麦芽糖等；胃液的主要成分是盐酸（胃酸）、胃消化酶（主要为蛋白酶、凝乳酶）以及黏液和内因子（即胃壁细胞分泌的糖蛋白）；胰腺分泌各种水解酶（胰淀粉酶、胰脂肪酶、胰蛋白酶和糜蛋白酶）；肝脏所分泌的胆汁中含有胆盐、胆固醇和卵磷脂等可作为乳化剂，减少脂肪表面张力，增加胰脂肪酶与脂肪接触面积，使其分解作用加速；小肠液主要是十二指肠腺和小肠腺分泌，主要的作用是稀释消化产物，使其渗透压下降，有利于消化终产物的吸收。

微生物消化　鼠类身体较小，代谢率较高，要求快速获取能量，且食物不应在消化道内长时间滞留。但植食性鼠类摄食的植物茎叶中的营养几乎都存于含高纤维的细胞壁内，且哺乳动物没有直接消化纤维素的酶，需要消化道内共生的微生物发酵降解纤维。食物中的纤维和未被可溶性糖类在鼠类盲肠内共生的微生物所产生的纤维素降解酶、半纤维素降解酶、木聚糖酶作用下，发酵产生有机酸、挥发性脂肪酸等。同时鼠类可直接从肛门摄食软粪咀嚼后咽下。食粪行为使细小的消化物颗粒在消化道中得以循环，并经历二次发酵和消化，可增加食物的消化率。此外，啮齿类粪便中发现有淀粉分解菌，且在其胃中仍可继续释放淀粉酶，使淀粉降解为乳酸。

参考文献

CRANFORD J A, JOHNSON E O, 1989. Effects of coprophagy and diet quality on two microtine rodents (*Microtus pennsylvanicus* and *Microtus pinetorum*)[J]. Journal of mammalogy, 70: 494-502.

KARASOV W H, CARLOS M D R, 2007. Physiological ecology: how animals process energy, nutrients and toxins[M]. Princeton, New Jersey: Princeton University Press.

LIU Q S, LI J Y, WANG D H, 2007. Ultrafine rhythms and the nutritional importance of caecotrophy in captive Brandt's voles (*Lasiopodomys brandtii*)[J]. Journal of comparative physiology B, 177: 423-432.

SAKAGUCHI E, 2003. Digestive strategies of small hindgut fermenters[J]. Animal science journal, 74: 327-337.

（撰稿：李俊年；审稿：陶双伦）

消化道　digestive tract

动物从口端到肛门之间联通的管道组织。主要包括口腔、食道、胃、小肠（十二指肠、空肠、回肠）、盲肠、大肠（前结肠、后结肠、直肠）等部分。不同动物的消化道，不仅形态各异，而且同样区域的功能特征也存在分化，这主要与动物食物的理化特征有关。消化道中，尤其是小肠，是动物蛋白合成分泌活动最高的组织，也是动物消化吸收最重要的器官。在不同的生理阶段，或处于变化的环境条件下，消化道的形态和功能均有较强的可塑性调节能力。消化道作为生物体内的与环境物质条件直接作用的界面，不仅负责消化吸收营养和能量物质，也是身体重要的免疫防御器官，且其丰富的分泌细胞可以产生许多种调控中枢神经的激素，协调生命活动的进行。

参考文献

HUME I D, 2002. Digestive strategies of mammals[J]. Acta zoological sinica, 48(1): 1-19.

（撰稿：刘全生；审稿：王德华）

消化率 digestibility

食物在动物消化道内被消化吸收的比率。常以百分比表示，既可以是食物整体的消化比率，也可以是食物中特定营养成分的消化比率。一般采用定量测定摄入食物（或其中营养成分）量与同一时间内排出粪便量的差值，除以摄入量来计算。准确来说，这样测定的消化率是不精确的，亦称为表征消化率，因为粪便中排出的物质包含许多并非直接来自未消化的食物，比如微生物、肠道脱落细胞、血液析出的物质等，所以表征消化率只是食物或营养成分消化程度的一个相对反映。影响消化率的因素一方面取决于动物的消化能力，另一方面取决于食物的理化特征。

参考文献

HUME I D, 2002. Digestive strategies of mammals[J]. Acta zoological sinica, 48(1): 1-19.

PEI Y X, WANG D H, HUME I D, 2001a. Selective digesta retention and coprophagy in Brandt's vole (*Microtus brandti*)[J]. Journal of comparative physiology B, 171: 457-464.

PEI Y X, WANG D H, HUME I D, 2001b. Effects of dietary fibre on digesta passage, nutrient digestibility, and gastrointestinal tract morphology in the granivorous Mongolian gerbil (*Meriones unguiculatus*)[J]. Physiological and biochemical zoology, 74: 742-749.

（撰稿：刘全生；审稿：王德华）

消化能 digestive energy

动物消化吸收食物所含的总能量。一般以摄入食物量与同时间段内排出粪便量的差值，乘以食物的能值计算。与消化率相似，该种测定和计算方法与真实的消化能存在差别，因为粪便中除了未被消化的食物残渣，还有肠道脱落细胞、分泌物以及微生物等，在肠道蠕动较慢、食物周转周期较长的动物中，收集到的粪便有可能并非测定时期内摄入食物转变而来，还有测定前的残余。但作为控制条件下的研究比较，消化能可以反映出动物从特定食物中获取能量的多少，因而既是消化生理学、营养生态学的重要指标，也是能量代谢生理的重要指标。

参考文献

PEI Y X, WANG D H, HUME I D, 2001a. Selective digesta retention and coprophagy in Brandt's vole (*Microtus brandti*)[J]. Journal of comparative physiology B, 171: 457-464.

PEI Y X, WANG D H, HUME I D, 2001b. Effects of dietary fibre on digesta passage, nutrient digestibility, and gastrointestinal tract morphology in the granivorous Mongolian gerbil (*Meriones unguiculatus*)[J]. Physiological and biochemical zoology, 74: 742-749.

（撰稿：刘全生；审稿：王德华）

消化器官 digestive organs

又名消化系统（digestive system），消化系统由消化道和消化腺组成。消化系统的基本功能是食物的消化和吸收，供给机体所需的养分和能量。

鼠类消化器官包括口腔、咽、食管、胃、小肠、盲肠、结肠、直肠、肛门等。消化道由口腔、咽、食管、胃、小肠、大肠和肛门组成（见图）。

植食性鼠类为后盲肠发酵动物，借助盲肠发酵、结肠分离机制以及食粪行为延长食物在消化道内的滞留时间，提高食物的利用率。鼠类的消化道容积、重量随食物的食量、季节变化、机体不同生理阶段对养分的需求各异而相应变化。王德华（2000）等研究表明，高原鼢鼠胃的长度在草枯黄期最高，草生长盛期最低；小肠鲜重在草返青期明显低于草生长盛期和草枯黄期；盲肠长度和含内容物器官

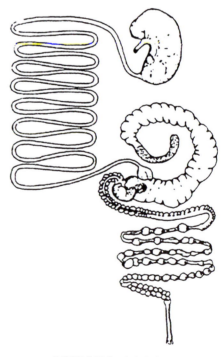

鼠类消化器官（杨冬梅绘）

重量在草返青期明显高于其他季节；大肠干重于草枯黄期显著增加。

参考文献

王德华, 王祖望, 2000. 高寒地区高原鼢鼠消化道形态的季节变化[J]. 兽类学报, 20(4): 270-276.

DERTING T L, NOAKES III E B, 1995. Seasonal changes in gut capacity in the white-footed mouse (*Peromyscus leucopus*) and meadow vole (*Microtus pennsylvanicus*)[J]. Canadian journal of zoology, 73: 243-252.

KARASOV W H, CARLOS M D R, 2007. Physiological ecology: how animals process energy, nutrients and toxins[M]. Princeton, New Jersey: Princeton University Press.

LANGER P, 2002. The digestive tract and life history of small mammals[J]. Mammal review, 32: 107-131.

LOVEGROVE B G, 2010. The allometry of rodent intestines[J]. Journal of comparative physiology B, 180: 741-755.

TERRAPON N, HENRISSAT B, 2014. How do gut microbes break down dietary fiber?[J]. Trends in biochemical sciences, 39: 156-158.

WOODALL P F, 1987. Digestive tract dimensions and body mass of elephant shrews (Macroscelididae) and the effects of season and habitat[J]. Mammalia, 51: 537-545.

（撰稿：李俊年；审稿：陶双伦）

硝酸铊　thallium nitrate

一种杀鼠剂。化学式 $Tl(NO_3)_3$，相对分子质量 390.40，熔点 206℃，沸点 433℃，水溶性 9.55g/100ml（20℃），密度 5.55g/cm³。白色结晶，剧毒物质，吸入、口服或经皮吸收均可引起急性中毒，急性中毒时表现为胃肠炎、上行性神经麻痹、肢体疼痛等症状，严重者可出现中毒性脑病。用作分析试剂及光导纤维，之前用于杀鼠剂，由于毒性强且二次污染已被禁用。硝酸铊可由金属铊与硝酸反应结晶后制得。对小鼠的口服半致死剂量（LD_{50}）为 15mg/kg，对大鼠的皮下注射半致死剂量（LD_{50}）为 26mg/kg。

（撰稿：宋英；审稿：刘晓辉）

小飞鼠　*Pteromys volans* (Linnaeus)

中国北方针阔混交林的代表性飞鼠物种。啮齿目（Rodentia）松鼠科（Sciuridae）鼯鼠亚科（Petauristinae）飞鼠属（*Pteromys*）。

共发现有 4 个亚种。俄罗斯亚种（*Pteromys volans volans*），分布区从芬兰、俄罗斯楚科奇一直到蒙古，身体上部为均匀的浅银灰色。眼睛周围有狭窄的黑眼圈，身体的下部浅暗黄的白色。日本亚种（*Pteromys volans athene*），身体上部为土灰色，身体下部分为发暗的白色，身体侧表面为发红的棕色。中国和朝鲜半岛亚种（*Pteromys volans buechneri*），身体尤其是尾巴的颜色要比北部种群暗很多。日本北海道亚种（*Pteromys volans orii*），身体下部为纯白色，两颊几乎纯白色。尾巴的边缘为淡黄色，中间为黑色。

主要栖息于古北区北部的针阔混交林，从芬兰的北部，波罗的海南岸到东岸，向东一直到俄罗斯的楚科奇都有分布。俄罗斯乌拉尔和阿尔泰山脉的南部，萨哈林岛；蒙古，朝鲜半岛和日本的北海道。中国的西北部、东北以及中部。

形态

外形　飞鼠体重为 68~191g。体长为 109~198mm，尾长 92~127mm。

毛色　毛柔软细密，身体背面灰土黄色、棕土黄色或浅锈褐色，毛基灰黑色，触须黑色，皮翼背面黑色，其前缘呈棕土黄色，后缘渐呈污白色。尾扁，毛蓬松，上面淡棕褐色，尾基两侧淡黄至橙色，前后足背面黑褐色，有狭窄的黑色眼圈，眼睛下方、唇、颊及体腹面和四肢内侧均为污白色，杂有棕土黄色。

生活习性

栖息地　栖息于冠层封闭的成熟北方针叶林中，对伐木和森林片段化很敏感。合理的木材采伐管理使栖息地斑块能很好连接，以满足动物的需要可允许动物种群在景观内存活。小飞鼠喜欢栖息在连续的老针叶树（挪威云杉 *Picea abies*）和较多落叶树（例如欧洲山杨 *Populus tremula*）的混生林，落叶树为动物提供了重要的营巢洞穴。

在俄罗斯，小飞鼠一般在洞中营巢，例如半腐烂的树洞和遗弃的松鼠洞，有时候也在裂缝中。最喜欢在白杨树洞中营巢，其次是桦树和赤杨，很少选择松树的树洞中营巢。小飞鼠的巢洞高度一般离地面 3~6m。这些树洞一般是由啄木鸟啄成，小飞鼠的分布与这些树洞之间有明显的直接依赖关系。此外洞口的大小也很重要，较小的洞口可以阻止捕食者侵入，洞口直径一般在 3~5cm。根据天气和繁殖状态不同，小飞鼠可能选择栖息于数个不同的树洞中。它们或单独或成对居住于树洞中，有时也是一个家庭居住其中。在芬兰的小飞鼠主要栖息于云杉为主的混生林。如果栖息地的云杉比例减少，小飞鼠局部种群灭绝的可能性增加。栖息地森林片段化增加也能引起种群数量的下降，然而小飞鼠依然可以在片段化的生态系统中生存，并且能够在不同森林片段中较好地迁移，只要环境中存在足够的植被走廊和合适的栖息地成分（例如云杉）。

食物　每天主要摄食大量的针叶和阔叶，包括赤杨、白杨、桦树和柳树的嫩芽、树叶、嫩枝树皮以及柔荑花序，还有草莓野果，另外地衣也是小飞鼠非常重要的食物，对种子的偏好较少。有时候也取食动物性食物，例如鸟蛋、幼鸟和小哺乳动物。小飞鼠有储存食物的习性，同时存储桦树和赤杨的柔荑花序，这些食物主要存储于次级巢中。

活动规律　小飞鼠的滑翔速度为 5~7m/s，因为滑翔翼载荷较低而具有非常好的控制能力。一般为夜行性，但活动高峰期与光周期有关。小飞鼠全年活跃，主要在夜间活动。具体的活动开始时间和长度，取决于季节和个体的繁殖状态。在夏季长光照的时候，小飞鼠白天也见活动。芬兰和俄罗斯小飞鼠在夏季 5、6 和 7 月除夜间活动外，白天也表现出了活动高峰；而到了冬季，小飞鼠的活动局限于夜间，且在夜间表现出两个活动高峰。外出活动之前，小飞鼠需要先通过洞口观察几次，每次之间可能间隔 2~15 分钟，观察确认安全后，小飞鼠迅速出洞口沿着树干向上爬，或者爬上最近的树枝，或者排便或者爬上树冠开始觅食。在大雨的夜晚，或者大雪的冬季当夜间温度低于 -30℃，小飞鼠可待在隐蔽所内停止外出觅食，有时也可能会离巢排尿和粪便。

繁殖 繁殖高峰有 2 个：第一个在 3 月，第二个在 4~5 月。芬兰的小飞鼠 1/3 每年繁殖 2 次，而其他地区例如俄罗斯小飞鼠，可能每年繁殖 1 次，除非是雌性个体失去了幼崽。小飞鼠的妊娠期为 40~42 天，典型的胎仔数为 2~3 只，波动范围 1~4 只。幼体常跟随母体觅食，表现出很独特的偏雌幼体扩散的特点，这种现象最好的解释是因为母亲与女儿之间对有限资源的竞争。与扩散后相比，幼体在扩散前的死亡率似乎是最高的。捕食者主要为猫头鹰和貂等。

参考文献

蒋志刚，等，2015. 中国哺乳动物多样性及地理分布[M]. 北京: 科学出版社.

张荣祖，1997. 中国哺乳动物分布[M]. 北京: 中国林业出版社.

中国野生动物保护协会，2005. 中国哺乳动物图鉴[M]. 郑州: 河南科学技术出版社.

AIRAPETYANTS A E, FOKIN I M, 2003. Biology of European flying squirrel *Pteromys volans* L. (Rodentia: Pteromyidae) in the North-West of Russia[J]. Russian journal of theriology, 2(2), 105-113.

HOKKANEN H, TÖRMÄLÄ T, VUORINEN H, 1977. Seasonal changes in the circadian activity of *Pteromys volans* L. in central Finland[J]. Annales zoological fennici, 14(2): 94-97.

PANTELEYEV P A, 1998. The Rodents of the palaearctic composition and areas[M]. Moscow, Russia: Pensoft.

SULKAVA S, 1999. *Pteromys volans*[M]// Mitchell-Jones A J, Amori G, Bogdanowicz W, et al. The atlas of European mammals. London, UK: Academic Press.

TIMM U, KIRISTAJA P, 2002. The Siberian flying squirrel (*Pteromys volans* L.) in Estonia[J]. Acta zoological lituanica, 12(4): 433-436.

（撰稿：迟庆生；审核：王德华）

小家鼠 *Mus musculus* Linnaeus

世界性、与人伴生的鼠种。又名鼷鼠、小鼠、小耗子、米鼠仔、月鼠、车鼠、家小鼠等。英文名 house mouse。有时将终年生活在野外的小家鼠称为野鼷鼠、田小鼠、坡鼠和小田鼠等。啮齿目（Rodentia）鼠科（Muridae）鼠亚科（Murinae）小鼠超属（Mus）小鼠属（Mus）。小家鼠是家、野双栖鼠，分布遍及全球。中国仅青藏高原偏远与荒漠地方无分布，其余地方均有分布。

全世界有 10 多个亚种，中国记载有 9 个亚种。

指名亚种（亦为普通小家鼠）（*Mus musculus musculus* Linnaeus, 1758）。体略大，长 75~100mm，尾长约等于或往往略大于体长，后足连爪长 18mm。颅长通常为 20~23mm。体背面暗淡褐黄灰色，体侧面为鲜明的褐黄色。体腹面毛尖土黄色；尾上下几乎一色；足背面灰色到暗色。本亚种系外国轮船输入。分布遍及全国沿海大中城市，许多地方已与本地亚种混交，故毛色也有变化。

甘肃亚种（*Mus musculus gansuensis* Satunin, 1903）。体略小，长 72（58~82）mm，尾较短，长 51（40~58）mm，仅为体长的 70.7（61~82.8）%，后足连爪长 16~17mm。颅长 19~20mm。体背面暗土黄沙色，体腹面纯白色。尾上下两色，足白。分布在甘肃的卓尼、临潭、青海的共和、贵德、兴海、同德、西藏的川藏公路和青藏公路沿线城镇及农房，并延伸到日喀则地区的日喀则市城郊、萨迦县、谢通门县的农房，陕西的榆林、商州，山西的太原，北京，山东的济南。河南和安徽可能有分布。

北疆亚种（*Mus musculus decolor* Argyropulo, 1932）。体长 74mm，尾短于体长，长 54.3mm，约为体长的 73%；后足长 15.1（12~19）mm。体背面淡褐色带有沙灰色调，体腹面白色或灰白色，背腹界线分明。尾上下两色，上面呈黑褐色，下面稍浅。广布于新疆天山以北的地区。国外分布于哈萨克斯坦。

南疆亚种 [*Mus musculus wagneri* Eversmann, 1848（曾用 *Mus musculus pac-hycercus* Blanford, 1875）]。体色较北疆亚种的浅，具有浓重的棕黄色调。尾也较体短，约为体长的 79.5%~88.3%，相对略比北疆亚种的长。分布于新疆南部的哈密、吐鲁番、焉耆、和靖、拜城、库尔勒、尉犁、轮台、阿克苏、巴楚、阿图什、喀什、阿克陶、麦盖提、叶城、皮山、和田、于田、且末、若羌等地。

黑龙江亚种（*Mus musculus raddei* Kastschenko, 1910）。尾长约为体长的 60%。体背面呈相当鲜明的黄褐色，体腹面纯白色。分布于黑龙江和内蒙古东部。国外分布于蒙古和俄罗斯外贝加尔南部和东南部。

吉林亚种（*Mus musculus manchu* Thomas, 1909）。体型和甘肃亚种一样，较小；颅骨、后足和尾的长短以及体背毛色也均似甘肃亚种，但体背面中央毛色比两侧暗。体腹面通常亦为白色，腹部中间毛色纯白，有时毛基灰色。分布于吉林（见于长春地区）、辽宁（见于朝阳）、河北的东北部和中部以及内蒙古东南部。在河北的中部与甘肃亚种之间毛色有逐渐转变的现象。

四川亚种 [*Mus musculus homourus* Hodgson, 1845（= *Mus musculus tantillus* G. M. Allen, 1927）]。体型大小似甘肃亚种，但尾略比甘肃亚种的长，为体长的 91.7（76.9~101.5）%。体背面沙色，较甘肃亚种略暗，近乎淡黄褐色。腹部毛基灰色，毛尖白色。喉部通常有 1 浅黄色领圈；有的个体其喉部浅黄色扩展至体腹面的大部分。尾也两色。分布在四川东部、湖北宜昌、陕西太白山、甘肃东南部及西藏喜马拉雅山南麓的定日、樟木口岸、吉隆等地。国外见于尼泊尔。

云南亚种 [*Mus musculus urbanus* Hodgson, 1845（曾用 *Mus musculus kakhyenensis* Anderson, 1879）]。体型似四川亚种，但尾略超过体长，为体长的 112.2（102~123）%。

体背面呈暗"鼠色"，腹部毛基部呈灰色，足背面白色，尾也两色。分布在云南、贵州、福建、浙江、海南等地，湖南、广东、广西、江西也可能有分布。国外见于中南半岛北部。

台湾亚种（*Mus musculus formosanus* Kuroda, 1925）。体背面和体侧面均呈浅土黄色。分布台湾北部。

形态

外形 体型小，成年体重12～20g，体长一般50～100mm。尾长等于或短于体长，长为36～87mm。耳长10～15.5mm，耳短，前折达不到眼部。后足长14～18mm。乳头5对：胸部3对，鼠蹊部2对。和其他体型差不多大的鼠种（如黑线姬鼠、小林姬鼠）主要区别特征是：小家鼠上颌门齿外侧面如锐刃而内侧牙体向上凹，从侧面看呈明显的缺刻（图1～图3）。

毛色 毛色变化很大，背毛由灰褐色至黑灰色，腹毛由纯白到灰黄。前后足的背面为暗褐色或灰白色；尾有时上下明显两色，尾毛上面的颜色较下面深，有时上下二色不明显。体侧面毛色有时界线分明。栖息于人类活动场所的小家鼠倾向具有更黑的毛色和更长的尾巴，以此适应人类的居住环境条件。中国北方的小家鼠腹部毛色偏白，而南方的小家鼠则大多腹部毛色偏灰。

头骨 头颅小，呈长椭圆形，吻短；眶上嵴低；鼻骨前端超出上门齿前缘，喉段略为前颌骨后端所超越。听泡小而扁平。顶间骨宽大。门齿孔甚长，其后端可达第一上臼齿中部水平。上门齿斜向后方，其后缘有1缺刻，第一上臼齿长略超过第二和第三上臼齿合起来的长。第一、第二上臼齿的齿突与鼠属（*Rattus*）的相似。第三上臼齿很小，具有1内侧齿突和1外侧齿突。腭后孔位于第二上臼齿中部，下颌骨冠状突较发达，略为弯曲，明显指向后方。颅全长19～23mm，颧宽9.5～11.6mm，乳突宽8.5～10mm，眶间宽3～3.6mm，鼻骨长6.5～7.7mm，齿隙5.1～6.4mm，上颊齿列长3.0～3.7mm，下颊齿列长2.4～4.0mm。齿式为 $2 \times \left(\dfrac{1.0.0.3}{1.0.0.3} \right) = 16$。染色体数为2*n*=40。阴茎骨呈花瓶状，长3.3mm，其末端分叉，为双锋型。

主要鉴别特征 体型小，体长60～90mm；上颌门齿从侧面看呈明显的缺刻。

生活习性

栖息地 家野两栖鼠类。在居民区，喜栖居于仓库、住室、厨房等处，以及居民点附近的谷草堆和柴草堆下。在室内进入比较隐蔽场所栖居，如抽屉、衣柜、食物柜、地板下、墙壁间、天花板上、房梁的角落处及室内堆积的杂物中。在野外，小家鼠喜居于杂草中和种子植物生长茂密之处，在旱田上、水田埂下、禾草堆下、休耕地里均可发现。草原上的小家鼠利用其他鼠类废弃的洞系为巢。小家鼠除主要越冬场所在人房（包括库房、场院）外，在野外的秋作物茬地也可越冬，其中以稻茬地为最适宜，糜子茬地次之，老渠和撂荒地居第三位。

图1 小家鼠
图①为郭永旺提供；图②为西藏那曲农舍捕获小家鼠（李波 摄）

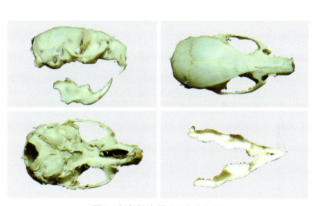

图2 小家鼠头骨（张美文提供）

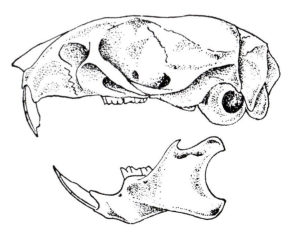

图3 小家鼠上门齿侧面缺刻图（黄文几提供）

洞穴 在居民区小家鼠通常在墙角或地面上掘洞营巢，洞口直径2~2.5cm，洞口不止1个，往往分别通向室内外。野外栖息的小家鼠多营巢于地下，利用自然缝隙。1981年9~10月在大连港80%以上洞于野外，17%筑洞于粮库。洞穴分为临时洞和居住洞。临时洞无巢，而居住洞较深且有巢穴，洞口2~3个，直径2~3cm，洞深10~100cm，巢深10~50cm，洞道总长可达到300cm。有时洞口可见颗粒状疏松小土堆，成年鼠独居，在交配阶段或哺乳期可见一洞数鼠。在严寒地带，也可见群居现象。当其与人类伴生时，小家鼠会寻找各种可以藏身的地方筑巢，如杂物堆、储藏室、墙板缝、家具里等，通常选择靠近食物来源地。巢材很广，一般为碎布、棉絮、纸、羽毛、植物茎叶以及塑料袋等相对柔软的材料，但以植物茎叶为主。

食物 食性杂，主要以植物籽实（如谷物及草籽）为主，尤其喜食是小粒谷物种子。有时吃少量昆虫。食物缺乏时，也取食多种多样的其他食物，甚至肯食幼嫩植物的根、茎、叶，食量小，对食物水分要求不严格。在广东珠江三角洲小家鼠草籽、嫩叶、草根占胃内食物出现的频数63.3%，谷物、花生、甘薯、甘蔗等占35%；食谱接近褐家鼠。

摄食主要在夜间，一般在20：00~21：00达到最高峰，摄食特点是时断时续，且经常来往于食物与栖息地之间。平均每天取食达193次之多，每次取食10~20mg。北疆小家鼠日食量为3.3g，年取食粮食1200g。另一取食特点是取食场所不固定，往往在一天之内，遍及可能取食的所有地点。但各点取食不平衡，有时以甲地为主，有时却常去乙处。

活动规律 小家鼠主要夜行活动，在黄昏后与黎明前有2个活动高峰，尤其是上半夜活动更频繁。它的活动除有历时一昼夜的大周期外，还有1.5~2小时的小周期。但小周期变动较大，随环境条件和食物等波动。密度高时，白天也活动，甚至不怕人。它们活动主要是沿着墙根和家具等比较隐蔽的地方进行，较少进入空旷之处，多在地面活动。有季节性迁移现象。由于其体型小，各种交通工具上均可栖息，并随之迁移传播。如小家鼠可随家具或衣物等进入新修建的建筑物。

在室内由于褐家鼠会捕杀小家鼠，从而对小家鼠的活动节律影响比较大。一般情况下，小家鼠在夜间活动。但是在小家鼠与褐家鼠同时存在时，小家鼠的节律会受到极大的影响，其活动时间与褐家鼠恰恰相反，改为主要在白天活动。褐家鼠活动时，小家鼠不活动或很少活动，而褐家鼠不活动或很少活动时，则正是小家鼠的活动高峰。总的来看，有些小家鼠的野外种群会在寒冷的季节向人类居住地迁移，但没有明显的季节性大规模的迁徙行为，即使在局部地区有种群迁移，距离也不会超过200m。

生长发育 小家鼠生长发育过程可划分为4个阶段。

乳鼠阶段：初生乳鼠全身裸露，肉红色，无耳；3日龄，背部、尾部背面及后肢蹠部的皮肤有少量色素沉积，5日龄出现绒毛，6日龄裸露的身体开始出现被毛，7日龄背部长出深灰色细毛、有光泽、腹部仍裸露，10日龄头部背部已被毛，呈黑色；15日龄披毛基本长全。被毛顺序为先背面后腹面、先头部后尾部、先体部后四肢。出生第5天耳壳直立，耳孔开裂在第11~13天；第12~16天睁开眼睛；下门齿5日龄出现，10日龄上门齿露出，15日龄，上下颌、第二白齿长出。初生至15日龄，初生时小家鼠体重为1.0~1.6g，平均体重为1.33g；初生后体重增长最快，至5日龄，雌雄鼠生长率为11.29%、12.85%；初生至15日龄体重增长至5.0g。此阶段的体重增长率（IGR）最高，雄鼠为8.76%，雌鼠为8.53%。以吸吮乳汁为生，15日龄时有78%的鼠以食饵为主采食，夹有少量乳汁。气体代谢水平最低，体温调节机制尚未形成。

幼鼠阶段：15~30日龄，体重从5g增长至9.4g。体重增长率仍高，IGR>4%。前期既吸乳汁又吃饲料，在15~20日龄之间断乳，20日龄的幼鼠已可离巢独立觅食，且第三白齿露出，25日龄白齿长齐，能独立生活，气体代谢水平最高，体温调节已形成。

亚成年阶段：30~60日龄，雌鼠体重从9.4g增至13.8g，雄鼠从9.4g增至15.2g；在后期IGR降至1%以下；性腺发育迅速，并趋成熟；气体代谢水平保持相对平衡。

成年阶段：60日龄以上，雌鼠体重≥13.8g，雄鼠体重≥15.2g。大部分雌鼠阴门开孔并怀孕和产仔，雄鼠睾丸具成熟精子。气体代谢水平下降。

小家鼠性成熟与体重的关系。在中国南方，福建小家鼠的性成熟起点分别是：雄鼠7g，雌鼠8g，此后分别在10g和11g达到性成熟；华中地区小家鼠雄鼠的性成熟起点为6.7g，此后雄鼠在11g时达到性成熟，雌鼠在10.6g时达到性成熟。贵州地区小家鼠的性成熟起点分别是：雄鼠8.3g，雌鼠8.1g，此后在14.1g时达到性成熟。在中国北方，内蒙古鄂尔多斯和新疆地区小家鼠的性成熟起点分别是：雄鼠6g，雌鼠8g，此后雄鼠在11g时达到性成熟，雌鼠在12g时达到性成熟。在室内饲养条件下，西宁地区的小家鼠雌鼠在体重为13g以上时性成熟（60日龄），雄鼠则在15g以上时性成熟（60日龄），但从营养条件看应会略偏重。

小家鼠的寿命，在自然状况下通常不超过1年。北疆小家鼠在室内饲养雄鼠可达426.25天，雌鼠为283.55天；通常可以存活2~3年，寿命最长的可达5~6年。

小家鼠的存活率为47.65%。如一对健康的成鼠存活率超1年，在实验室条件下年繁殖9次，每胎产5.83只，后代均参与繁殖，年增长鼠数可达208只。

划分年龄组的指标有白齿磨损度、体重、体长和胴体重等。小家鼠属广生性种类，亚种很多，各亚种个体形态学指标及发育进度都有一定差异。例如新疆小家鼠尾显著短于体长，雌鼠一般在体重12g时进入性成熟。北疆亚种（*Mus musculus decolor*）各年龄组的体重和体长统计数见表。而江南的小家鼠尾巴就相对较长，华中地区雌体性成熟的平均体重为10.6g；在福建，以体重标准划分年龄组时，认为雌鼠体重≥11g、雄鼠体重≥10g可视为成年鼠；鄂尔多斯与新疆地区小家鼠相似较华中地区的晚些，性成熟雄鼠重达11g，雌鼠重达12g。而潘世昌在贵州依体重划分的年龄组标准乃为：幼年组≤8.0g；亚成年组8.1~14.0g；成年组14.1~20.0g；老年组20.0g。

内蒙古鄂尔多斯地区小家鼠的依据胴体重划分4个年龄组：①幼体组：6.9g；②亚成体组：7.0~8.9g；③成体组：9.0~12.9g；④老体组：13.0g。

小家鼠北疆亚种（*Mus musculus decolor*）各年龄组的体重和体长统计（朱盛侃等，1993）

项目	年龄组	雌性			雄性		
		样本数（只）	范围	平均数 ± 标准差	样本数（只）	范围	平均数 ± 标准差
体重（g）	幼年组	24	6～10	7.6 ± 1.3	20	4～10	7.5 ± 1.4
	亚成年组	379	7～23	11.2 ± 2.8	499	6～20	10.6 ± 2.1
	成年组	1005	10～35	18.4 ± 3.9	593	11～29	16.0 ± 2.4
	老年组	85	15～33	20.5 ± 3.5	56	12～23	16.9 ± 2.4
体长（mm）	幼年组	27	54～68	60.0 ± 4.1	24	52～74	60.2 ± 5.3
	亚成年组	403	57～89	69.2 ± 6.0	511	56～84	69.2 ± 5.4
	成年组	1010	63～103	81.9 ± 7.3	593	64～96	85.8 ± 5.0
	老年组	85	62～103	85.2 ± 7.3	56	67～92	82.2 ± 7.3

注：本表的年龄组系对照人工饲养的已知年龄标本而按上颌白齿磨损度指标划分。

繁殖 小家鼠雌鼠的动情周期为4～6天，发情时间不超过一天，在分娩后12～18个小时后即经历产后发情。如果将多只雌鼠放在一起，在比较拥挤的条件下，它们将几乎不会发情，但此时若让其接触雄鼠的尿液，则会在3天之后发情。雄鼠被雌鼠性信息素诱导发出独特而且复杂的叫声信号向求偶对象求爱，该信号通常为30～110 kHz区间的超声波。雌鼠也具有发出超声波信号的能力，但是在婚配时并不具有该求偶行为。

北疆小家鼠室内饲养，可全年繁殖，雄鼠66.21天可参与繁殖，雌鼠72.71天，产仔间隔期为38.29天，年产仔9.39次；平均胎指数年间变化显著；在广东珠江三角洲，10～11月平均胎指数为6.2～8.5只，8～9月则为5.2～7.5只，6～7月更少，为4.6～5.3只。

通常交配完成后4～5分钟，雄鼠的分泌物形成一种白色浆液性物质，后凝固成如白色小圆石堵塞在阴道至子宫颈的腔内，称阴道栓。大的阴道栓往往向外突出，小的在阴道内或子宫颈处，需翻开阴道口才能查见。常把阴道栓的有无作为判断是否交配的重要标志，但存在一定的漏检率，阴道栓易脱离，有时即使未查到阴道栓，雌鼠也可能已经怀孕。

小家鼠的妊娠期通常为19～21天，每胎胎仔数为3～14只。雌鼠每年可以繁殖5～10窝新鼠，所以小家鼠的种群可以在短时间内形成大暴发。在室内或者资源条件适合的情况下，小家鼠可以进行全年繁殖。但是在野外，其将在寒冷的季节或者其他资源条件不好的情况下停止繁殖。

在室内饲养条件下，青海西宁市居民区的小家鼠妊娠期为20天左右，繁殖间隔期平均为50.9天，雌雄比为1.25，每胎产仔1～10只，一般每胎产4～8仔，平均每胎产5.71 ± 0.282只（49窝）。而新疆地区的小家鼠妊娠期为20天左右，繁殖间隔期38.872 ± 2.9天，雌雄比为1.04，每胎产仔1～11只，一般每胎产4～8仔，平均每胎产5.83 ± 0.33只（53窝）。

在中国的不同地区，小家鼠繁殖特征各有差异。在中国南方，福建莆田地区的小家鼠的全年均可繁殖，繁殖高峰一般出现在春季和秋季，平均胎仔数为4.43 ± 0.716只。在洞庭平原，小家鼠主要栖息在房舍区，全年各月皆有孕鼠，12个月的平均怀孕率为43.2% ± 12.3%；其中，1～3月为怀孕低谷期，7～8月为怀孕高峰期，12月的怀孕率亦比较高。房舍区的小家鼠胎仔数为1～11只，月平均胎仔数为3.86～6.10只，依照229只孕鼠计算的总平均胎仔数为4.88 ± 1.62只。黔中地区的小家鼠在当地全年均可繁殖，12个月的平均怀孕率为35.79% ± 6.03%，2～11月为小家鼠的主要繁殖期，其间有2次妊娠高峰，3～4月平均怀孕率分别为40.77%～45.03%，9～10月分别为42.60%～44.25%，而12月至翌年1月怀孕率较低，依照321只孕鼠计算的总平均胎仔数为4.67 ± 1.25只。

而在中国北方，内蒙古鄂尔多斯沙地草场的小家鼠全年一般只繁殖一次，繁殖高峰一般出现在夏季，春、夏、秋季怀孕率分别为50%、73.33%和39.39%，胎仔数一般为4～12只，依照39只孕鼠计算的总平均胎仔数为7.08 ± 1.90只。在新疆天山北麓农区，房舍区的小家鼠全年各月皆有孕鼠，12个月的平均怀孕率为44.6%，平均胎仔数为5.8只；田野里的小家鼠则是3～12月有孕鼠，6～10月怀孕率都>50%，12个月的平均怀孕率为49.1%、平均胎仔数为8.0只。这是其平常年份（1970年）状况，若依10年田野捕获的1044只孕鼠计算，胎仔数最少2只，最多16只，总平均胎仔数为7.86只。由此可作初步推断，小家鼠北方亚种的生殖能力比南方内地的更强。

该鼠的胎仔数亦具有明显的地理差异，有由南向北逐渐增多的趋势：福建莆田4.43只，贵州息烽4.67只，湖南洞庭平原4.88只，上海4.89只，河南洛阳5.09只，辽宁大连6.06只，内蒙古鄂尔多斯7.08只，新疆北部7.82只，反映出了小家鼠胎仔数随纬度的升高趋向增多的特征。

社群结构与行为 小家鼠的社群行为具有高度的多样性，根据环境条件的具体情况，其社群行为也会发生相应的适应性改变。

与人类伴生的共生型小家鼠常常拥有充足的食物资源和生存在相对狭小的建筑空间内，两者导致其种群有相当高水平的密度和同类之间经常接触。雌鼠之间的争斗行为出现较少，而雄鼠之间的争斗常发生，主要是为了争夺交配权和保卫领地。共生种群的基本社会单元通常由一只雄鼠和两只或者更多的雌鼠构成，而单元内雌鼠们通常是具有血缘关系的。在这种小团体中，成年鼠共同抚育后代，从而可提高繁殖效率。

野外型小家鼠种群虽然拥有一个相对比较广阔的领地范围，但受食物、水源通常相对匮乏的影响。与共生型相比，雌鼠之间的争斗变得频繁得多，同时雄鼠之间的争斗行为也变得更多。

总的来说，小家鼠雄鼠都很好斗，因为它们要时刻保卫领地和驱逐外来侵入者。雄鼠通过尿液散发出的气味来标记领地。而当侵入者进入有此标记的领地内，它将变得谨慎而胆怯，没有土著居民表现得那么好斗。

小家鼠种群通常在拥有和保持领地的情况下也会去开拓新的领地或者直接入侵别的小家鼠家族的领地。雄鼠首领占据建立一块自己的领地，然后和几只雌鼠及幼鼠组成一个群体。偶尔，社群中低等级的雄鼠也可能会占据一块领地或者雄鼠们会共享一块领地。雌鼠们也会占据建立一块领地，但对于领地的保卫意识比较宽松薄弱，且远没有雄鼠那样为此进行频繁的争斗。争斗行为在团体内部比较少见，但全体成员对外来侵入者会表现出较强的攻击性，以此来保卫共有的领地。在群体内，新生代雄鼠通常会被攻击和驱逐离开自己的出生地去寻找新的领地，而新生代雌鼠则通常会留在原来的群体内或者在家族领地附近生活。

一夫多妻制在小家鼠种群里最为普遍，但同时小家鼠也具有一妻多夫和一妻一夫的婚配制度，它们根据种和环境条件状况选择不同的交配制度，从而提高了小家鼠种群对环境的适应性。

种群数量动态

季节动态　小家鼠在各类栖息地的数量季节动态有很大差别，高纬度及高海拔地域的种群具有明显的季节性繁殖特征。而在南方及平原地区和人类居住区，由于全年气温温差不大，适宜的气候导致环境条件几乎都适宜小家鼠生存繁殖，所以种群没有明显的季节性规律变化。

华中地区农房其种群数量在 4~5 月有个小高峰，9~12 月出现第二个高峰，低谷期为 7~8 月，种群数量季节波动为春夏低、秋冬高的特点。而新疆冬季严寒，迫使大部分小家鼠迁入房舍区越冬；形成很高密度。开春气温回升后，小家鼠在种群密度压力下，向田野扩散。华中地区小家鼠在房舍的密度远低于新疆房舍区，因此不产生明显的季节性迁移扩散现象。

此外，在室内小家鼠常受到褐家鼠、黄胸鼠的制约，当外界环境无重大改变时，两种或三种家鼠保持一定比例，趋于动态平衡。当大面积灭鼠后，小家鼠种群数量会快速上升，取代一种或两种体形大的家鼠的优势种地位。但当褐家鼠、黄胸鼠或这 2 种体型大的家鼠种群数量回升时，小家鼠种群数量又会下降，呈现一种两者或三者种群数量交替变化的现象。

年间动态　小家鼠无明显的周期性种群暴发规律表现。具有突发性特点，种群数量能大起大落，在适宜的生境可以发生种群大暴发。20 世纪在北美洲、大洋洲、欧洲和苏联，有记录的大小暴发就有将近 20 次，1961—1962 年在澳大利亚南部麦作区暴发的规模比较大。在国内，20 世纪小家鼠在新疆北部农区有 5 次大暴发成灾以及多次小暴发，其中在天山北麓农区有 1922、1937 和 1967 年 3 次，伊犁谷地农区有 1955 和 1970 年 2 次。小家鼠大暴发期间，其种群数量初期增长快，中期密度高和后期下降极为迅速，全过程不超过一年。在大暴发第二年，由于种群密度的负反馈，其种群数量会降到一个种群数量变动周期的最低点，例如在 1967 年天山北麓农区大暴发后，1968 年的小家鼠种群数量下降到历史最低点，无论是开春期还是年平均数量都是最低的。总之，小家鼠具有突发性特点，种群数量能大起大落。

迁移规律　生活在居民区的小家鼠一般没有主动迁移的现象。一些居住于野外的小家鼠，会在天气变得寒冷时向人类居住地迁移。比如，新疆的小家鼠种群有季节性迁移现象，即寒冬迁入房舍，开春气温回升时又向田野迁移，而华中地区种群则无栖息地间季节性迁移现象。

因其和人类活动密切相关，再加上体型小，常会藏匿于运输工具及货物中，比如飞机、轮船中进行较远距离迁移。

种群预测预报　在新疆可利用上一年种群内部信息，预测下一年的年峰量和种群发展趋势。主体是一个二元回归方程。第一回归因子 (x_1) 为高峰期繁殖指数 f_{10}，第二个回归因子 (x_2) 为入冬期种群壮龄比 L_{11}。f_{10} 不仅代表秋末的种群繁殖力水平，而且更主要是能反映种群内的个体因密度效应产生的生理变化，可作为密度负反馈信息指标；L_{11} 则代表入冬期种群年龄结构，在新疆北部农区冬季严寒这一特定条件下，入冬时已年老和尚年幼的小家鼠（尤其是暴发后期产生的幼体之体质更差）均较难存活下来，只有适龄青壮个体生命力强，最有可能安全越冬并成为下年度前期种群繁殖基数。所以，前一指标从密度负反馈强度和种群个体生理素质上，后一指标从优质个体的量上，反映了下年度种群发展的基础，起较深远的影响，适合用作长期预测指标。

该二参量算式为：

f_{10} = 10 月怀孕率 × 平均胎仔数
　　 = 10 月胎仔总数（只）/ 雌成体总数（只）

式中，"雌成体总数"指成体 ≥ 12 g 的个体，个别不足 12 g 但已怀孕者也计入。皆取 10 月中旬调查数据，运算时怀孕率取消 % 号，或直接按后段等式计算。

$$L_{11} = III / (N - III) = III / (I+II+IV)$$

本式取 11 月中旬数据，N 为该期捕获的小家鼠总数，I~IV 为四个年龄组的鼠只数。

$$\widehat{M}_{10} = 4.62 + 1.54\, f_{10} + 4.96\, L_{11}$$

$\widehat{M}_{10}$ 为翌年种群数量的年峰量的估计量（预测值）。

危害　小家鼠是世界性广布种，虽然其体型小，但因为其繁殖潜力巨大，行动敏捷，生存适应能力强，与人类关系紧密，是人兽共患病的主要动物传染源之一，且常能借助人类的交通工具进行超远距离迁移扩散，这几点结合起来，常常造成大规模生物入侵和种群大暴发的局面，形成鼠灾，危害甚大。

因其数量多，分布广，为重要的农业害鼠之一。危害所有农作物，盗食粮食。主要危害期为作物收获季节和青苗。危害时一般不咬断植株，只盗食谷穗，受害株很少倒伏。危害果树，以果树的嫩枝和花芽为食，剥啃近根部的树皮一圈，致果树死亡。聚集场院糟蹋捆垛。由于其多在人房内栖住以及可在农田与农房之间迁移，在居民区内以及库房的危害很大，无孔不入，往往咬啮衣服、食品、家具、书籍，其他家用物品均可遭其破坏和污染。

小家鼠除了通常的大发生外，还有特大发生，在个别年份小家鼠数量可猛增1000倍左右。在新疆特大发生时，数量奇高、危害奇凶，且种群个体有极显著的生理变化和行为改变。在新疆北部农业区，小家鼠暴发年份可成片毁灭各种农作物及全村室内物资。1967年农建师某团反映，一堆总量约2.5万kg的玉米在打碾场上，存放一个月就被害鼠盗食约1/3；石河子一农场9个小学生在一堆高粱堆内，70分钟打死的小家鼠共达61kg（平均每千克约72只鼠）；该年在北疆农区（农田和室内）仅粮食一项，就因鼠害损失多达15000万kg，相当于该地粮食年总产量的1/5。历史上1922、1937与1967年在天山北麓农区，1970年在伊犁农区大暴发，都曾造成重大灾害，其中1922、1937的这两次鼠灾导致农民遭饥荒而逃难。

1979—1980年小家鼠在澳大利亚维多利亚州的西北部大发生，且一直蔓延到南澳和新南威尔士部分地区，仅维多利亚造成1500万~2000万澳元的损失，加上其他州的推算，总损失可能有4000万~5000万澳元。

同时，小家鼠与人伴生，小家鼠作为易感宿主，可传播多种自然疫源性疾病。其体内外寄生虫种类繁多。寄生在小家鼠的体表寄生虫有：蚤、恙螨、革螨、吸虱、蜱、白蛉等节肢动物，这些寄生虫又是地方性斑疹伤寒、利什曼病等疾病的传播媒介。寄生在小家鼠的体内寄生虫有：结肠内阿米巴、毛滴虫、疟原虫、鼠肉孢子虫、弓形虫、锥虫、杜氏利什曼原虫、球状附红细胞体、日本血吸虫、曼氏血吸虫、华支睾吸虫、绦虫、隐匿管状线虫、海绵异刺线虫、旋毛虫、蛔虫。因此，小家鼠与人类疾病的关系比较密切，可以作为相关传染病，如莱姆病、鼠疫、肾综合征出血热、钩端螺旋体病、淋巴球性脉络膜脑膜炎、地方性斑疹伤寒、恙虫病、蜱传立克次氏体病、立克次氏体痘、Q热、沙门氏菌病、布鲁氏菌病、假结核、炭疽、土拉伦菌病、李司特菌病、类丹毒、皮肤利什曼病、毒浆体病、旋毛虫病、白癣、西方马脑炎、森林脑炎、阿根廷出血热和蜱传回归热等人兽共患病的动物传染源和储存宿主。

有益方面 实验小白鼠是由小家鼠驯化而来的。其繁殖快、易培育、成本低，近交系的小白鼠遗传稳定，个体差异小及反应一致的特点，加上遗传特征与人类部分相似，被广泛应用于医学科学研究领域；小家鼠也常作为人类多种疾病模型动物而使用。

防治技术

环境治理 农业环境治理。减少小家鼠营巢栖息地场所，包括：硬化田埂，减少田埂数量。减少农田杂草地的分布，特别要注意铲除田埂的杂草。切断小家鼠的食物来源和重要供给，即收割要仔细，收获的农作物不要露天堆放，做到随收割、随脱粒、随运、随耕。收获农作物放入防鼠仓内，如铁皮粮仓。

室内外的环境治理。降低小家鼠在室内外栖息场所，硬化室内外地面、墙面，绿化带铲除杂草，物品摆放整齐，离墙隔地。阻断小家鼠进入室内，如食品库房木门底部的门与门框镶高30cm铁皮，门底缝隙小于6mm，或用金属建60cm高的挡鼠板，底部或边上的缝隙小于6mm；封堵墙上的管道等孔洞，孔洞缝隙小于6mm。断绝小家鼠的食源，食物入防鼠柜，如冰箱、铁皮柜等。垃圾日产日清，垃圾桶带盖。

生物防治 保护和引进小家鼠的天敌，如蛇、小型猫科动物、鼬类、猫头鹰等来控制其种群规模。

物理防治 由于小家鼠基本无新物反应，各类较灵敏的器械均可捕杀小家鼠。机械性捕杀：一般捕鼠工具都适用，因其体重轻，需要器械的灵敏度高。用捕鼠笼时网孔不能太大，小于6mm。翻草堆：小家鼠秋季多聚集在粮食作物秸秆堆下，可翻开堆捕杀。

化学防治 小家鼠的取食具有单次取食量小、取食时断时续和取食场所不固定的特点，投放毒饵须点多面广，抗凝血灭鼠剂还需连续2~3天投放，充分发挥其慢性毒力强的特点。其对抗凝血杀鼠剂等有较强耐受性，大面积灭鼠后，常成为残留的优势鼠种。因此，应用化学灭鼠防治小家鼠时，应适当提高毒饵的浓度。栖息于缺水环境下时，特别是粮食仓库和饲料库房，可使用毒水的方法灭鼠。溴敌隆是杀灭小家鼠的首选药物，尤其是在仓库使用0.001%的毒水效果好。

室外灭小家鼠毒饵须放入毒饵站，室内可放入毒饵盒内灭鼠。毒饵站、毒饵盒放置在隐蔽的边角处，注意勿让小孩接触到，毒饵站和毒饵盒上须有警示标志。小孩多的地方如学校等地方须使用带锁毒饵站、毒饵盒。

其他如毒粉、毒糊的方法也可局部（非食品加工处）使用。在有条件的地方（如轮船、火车、仓库等），使用烟剂或熏蒸剂，效果更好。

参考文献

广东省昆虫研究所动物研究室生态组, 1980. 珠江三角洲农田小家鼠种群生态的几个问题[J]. 动物学报, 26(3): 274-279.

郭聪, 陈安国, 王勇, 等, 1994. 华中地区小家鼠生物学特性观察[J]. 兽类学报, 14(1): 51-56.

洪朝长, 陈小彬, 1991. 小家鼠的年龄鉴定及种群年龄组成的研究[J]. 中国媒介生物学及控制杂志(6): 377-381.

黄文几, 陈延熹, 温业新, 1995. 中国啮齿类[M]. 上海: 复旦大学出版社.

黄秀清, 冯志勇, 颜世祥, 1999. 小家鼠发生规律及防治技术研究[J]. 广东农业科学(3): 44-46.

潘世昌, 杨再学, 杨秀群, 等, 2006. 小家鼠胴体重指标划分种群年龄的研究[J]. 贵州农业科学, 34(S1): 18-20.

青海省生物研究所新疆鼠害研究组, 1975. 新疆北部农业区鼠害研究(二)小家鼠野外越冬地的分析[M]// 青海生物研究所. 灭鼠和鼠类生物学研究报告: 第二集. 北京: 科学出版社: 31-37.

汪诚信, 1996. 鼠害防治与卫生防疫[M]// 王祖望, 张知彬. 鼠害治理的理论与实践. 北京: 科学出版社: 38-52.

王祖望, 曾缙祥, 李经才, 等, 1978. 小家鼠的生长和发育[M]// 青海生物研究所. 灭鼠和鼠类生物学研究报告: 第三集. 北京: 科学出版社: 51-68.

郑智民, 姜志宽, 陈安国, 2008. 啮齿动物学[M]. 上海: 上海交通大学出版社.

朱盛侃, 陈安国, 1993. 小家鼠生态特性与预测[M]. 北京: 科学出版社.

BOURSOT P, DIN W, ANAND R, et al, 1996. Origin and radiation of the house mouse: mitochondrial DNA phylogeny[J]. Journal of evolutionary biology, 9(4): 391-415.

FIRMAN, RENÉE C, SIMMONS, LEIGH W, 2010. Experimental evolution of sperm quality via postcopulatory sexual selection in house mice[J]. Evolution, 64 (5): 1245-1256.

FRYNTA D, SLÁBOVÁ, VÁCHOVÁ H, 2005. Aggression and commensalism in house mouse: A comparative study across Europe and the near east[J]. Aggressive behavior, 31(3): 283-93.

GERALDES A, BASSET P, GIBSON B, et al, 2008. Inferring the history of speciation in house mice from autosomal, X-linked, Y-linked and mitochondrial genes[J]. Molecular ecology, 17(24): 5349-5363.

GERLACH GABRIELE, 1996. Emigration mechanisms in feral house mice - a laboratory investigation of the influence of social structure, population density, and aggression[J]. Behavioral ecology and sociobiology, 39 (3): 159-170.

GRAY S J, HURST J L, 1997. Behavioural mechanisms underlying the spatial dispersion of commensal *Mus domesticus* and grassland *Mus spretus*[J]. Animal behaviour, 53 (3): 511-24.

WOLFF ROBERT J. 2009. Mating behaviour and female choice: Their relation to social structure in wild caught House mice (*Mus musculus*) housed in a seminatural environment[J]. Journal of zoology, 207: 43-51.

（撰稿：李波、张琛；审稿：张美文）

《小家鼠生态特性与预测》 Ecological Characteristic of *Mus musculus* and Forecasting Their Outbreaks

农业害鼠种群生态学专著。朱盛侃、陈安国著，1993年由科学出版社出版。

小家鼠（*Mus musculus*）是与人类伴生的世界性广布种，新疆小家鼠1967年在天山北麓农区、1970年在伊犁谷地农区大暴发，洗劫农田作物和室内物资，造成大范围惨重损失。中国科学院西北高原生物所（青海）应自治区治蝗灭鼠指挥部邀请，成立新疆鼠害研究组赴疆，进行了长达十余年的调查研究。中国首席啮齿动物生态学家夏武平全程指导，先后参加人员达21人，主要成员有朱盛侃、陈安国、李春秋、严志堂、郭全宝等。自治区全方位支持，并派多位科技人员参加调查。研究组在工作过程中陆续发表《新疆北部农业区鼠害的研究》（系列）等10多篇研究报告，后因成员分散各地，经大家认可由朱盛侃和陈安国合作总结成该书。

该书是用中国自己材料写的第一本鼠种群生态学专著，采用本组在新疆天山北麓农区观测与访查积累的连续17年 (1967—1983) 资料，就小家鼠北疆亚种（*Mus musculus decolor*）种群生态和测报方法作全面研讨。全书23.8万字，分环境概况、一般生物学特性、栖息地选择与迁移、种群动态、种群调节因素分析、种群数量预测模型6章，对该农业区鼠类群落及其时空动态、小家鼠种群暴发特征、亚种形态、栖息与活动习性、洞穴与家庭结构、生长发育与繁殖特性、数量季节与年间变化特点，种群密度同其繁殖力、年龄结构、性比及越冬能力互为因果的关系等，作了翔实描述和探究，勾画出该种群动态模型；再通过一系列数理统计分析，明确种群内源性与外源性调节因子，创建多元回归系列方程预测模型，并总结多年实践经验，提出数量测报技术方案。书末附录了中国科学院动物研究所李典谟教授等用该项观测数据，帮助建立的种群动态模拟和灰色系统预测模型电算程序。这些结果，既对当地鼠害防治实际工作有指导意义，又为动物种群生态学研究提供一个典型。

该书对北疆小家鼠大暴发实况、季节性栖息地迁移规律、种群密度—生殖力负反馈机制的深入观察，是独到的珍贵科学记录；种群调节因子分析和数理预测模型也颇具特色。多位老一辈科学家对该研究高度关注并予帮助。夏

马世骏院士遗墨

马世骏院士遗墨

武平教授曾2年亲自到新疆参加调查，任高原所所长后仍密切关心、指导，成书时欣然作序。孙儒泳院士、朱靖教授和王祖望教授审阅书稿。马世骏院士为该书题写书名并题词，指出"种群是生物物种的存在单元，种群的生物生态学特性则是认识种群的基础，亦是预测种群动态及选择有效措施防治害鼠的重要科学依据"，阐明该项工作的意义并给予热情称赞。

（撰稿：陈安国；审稿：王登）

小灵猫　*Viverricula indica* Desmarest

鼠类的天敌之一。又名香猫、笔猫、箭猫、七间猫、骚猫、草猫、乌脚猫等。英文名 small indian civet。食肉目（Carnivora）灵猫科（Viverridae）小灵猫属（*Viverricula*）。

在中国分布于江苏、浙江、安徽、福建、江西、湖北、湖南、广东、广西、海南、四川、贵州、云南、河南、陕西、台湾等地。国外分布于越南、泰国、老挝、柬埔寨等。

形态　比家猫略大，体长约48~58cm，尾长33~41cm，体重约2~4kg。吻部尖，额部狭窄，头、体、尾较细长，四肢较细短。尾长约为体长的2/3，具有7~9个黑棕色与白色或黄白色相间的环；全身以棕黄色为主，背至体侧具5条纵行黑褐色条纹；唇缘及颏为灰白色，口须黑褐。头为灰棕色，颊部较浅，眼前和耳背为黑褐色。耳后至肩前具4条暗褐色纹。针毛下段深灰，上段棕黄，毛尖棕黑，绒毛深灰色。喉至胸部色较浅，腹部棕黑。四肢黑褐，故又称乌脚狸。香腺发达，会阴部也有囊状香腺。肛门腺体发达，可喷射臭液御敌。

颅形狭长，脑颅窄而高，枕骨之后有一个特别伸长的狭颅区。矢状嵴发达，额中央和鼻骨突出。眶上骨发达，听泡大而鼓胀。

牙齿尖细，上裂齿原尖较大。外叶前尖突出，上臼齿内缘呈明显锐角，下前臼齿前尖和后尖更为突出。

生态　栖息于中、低山区、丘陵、农耕地中。多见于林缘、浓密的草丛、墓穴、石洞、居民点附近等。独栖洞穴，相遇时多会相互撕咬。以夜行性为主，白天难得一见。善攀缘，上树抓捕小鸟、松鼠或觅食果实，但多在地面以巢穴为中心活动，也常在溪边活动，无固定的排泄场所。受敌害追袭时，肛门两侧的臭腺可分泌出具有恶臭的液体，使敌害者不堪忍受，被迫转身放弃。

食性很杂，常以鼠、昆虫、蛙、蛇和野果为食。特别喜食鼠类，鼠类在小灵猫的食物中所占的比例高达42.9%~91.7%，是人类灭鼠的天然同盟者。

小灵猫在2~4月发情，被饲养者在8月也有发情的现象。怀孕期为80~90天，多在5~6月的夜间或清晨产仔，每胎产仔2~5只，一般为3只，初生仔猫1周后开眼，半月后出窝活动。

参考文献

SMITH A T, 解焱, 2009. 中国兽类野外手册[M]. 长沙: 湖南教育出版社.

高耀亭, 1987. 中国动物志: 兽纲 第八卷 食肉目[M]. 北京: 科学出版社.

王西之, 胡锦矗, 1999. 四川兽类原色图鉴[M]. 北京: 中国林业出版社.

杨奇森, 2007. 中国兽类彩色图谱[M]. 北京: 科学出版社.

（撰稿：李操；审稿：宛新荣）

小麦鼠害　rodent damage in wheat field

发生在小麦种植区的鼠类危害，统称小麦鼠害。危害小麦的害鼠主要有黑线姬鼠、褐家鼠、黑线仓鼠、大仓鼠等，高砂土地区棕色田鼠危害较重，北方地区黄鼠等危害较重，新疆博尔塔拉小家鼠、灰仓鼠、社会田鼠危害较重。小麦从播种到收获的各个生长季节都会受到鼠类的危害，以孕穗期至乳熟期危害最重，株受害率达2%~8%，小麦播种期以盗吃种子为主，在小麦乳熟期，主要是咬断咬伤麦穗，麦穗掉在地上，然后取食或践踏麦穗，残留下颖壳和麦秆。咬断麦秆，断面一般呈45°。小麦鼠害株高23~47cm，在田间小麦倒伏地方鼠害最重，原因是麦穗靠近地面，有利于鼠类取食所致。

一年中小麦田害鼠密度有一定的变化规律。4月即冬小麦返青期及春小麦播种期时，随着气温逐步增高，农田害鼠活动也逐步增加。4~7月害鼠密度逐月增加，7月即小麦灌浆期至成熟期害鼠密度达高峰期，最高达到17.02%，8月即小麦收获期，害鼠活动有所下降，随之鼠密度有所下降。9月即冬麦灌水、整地播种期，也是当地玉米、油葵成熟时期，大部分的害鼠迁至玉米、油葵田中取食，此时小麦田鼠密度为最低，平均捕获率为4.87%。10月即冬小麦出苗期，害鼠处于秋季繁殖活动高峰期，鼠密度上升。

贵州、福建、云南、浙江先后开展了小麦鼠害危害损失测定及防治指标研究，明确了小麦乳熟期、穗期、孕穗期害鼠数量（鼠密度）与受害损失率之间的数量关系，经统计回归分析，小麦不同生育期鼠密度（X）与产量损失率（Y）之间的数量关系呈极显著的直线正相关，说明小麦产量损失随着田间鼠密度上升而不断增加，由此建立的鼠害损失测定公式见表。同时，在以经济、生态和社会效益为前提下，根据小麦产量水平、产品价格、防治费用、防治效果及农户对灭鼠工作的接受力等因素综合考虑，根据鼠害损失测定公式和经济允许损失公式：$L(\%) = C \times F/Ym \times P \times E \times 100$（式中，$C$为防治费用；$F$为经济系数；$Ym$为鼠害为0时的作物单产；$P$为产品价格；$E$为防治效果），制定了适合当地的小麦鼠害防治指标，并在农区灭鼠中推广应用。

据福建莆田调查，在小麦穗期，鼠害的发生程度与品种和成熟度具有一定的关系，一般有芒的品种较无芒的品种受害轻，迟熟的品种（或田块）较早熟的品种受害轻，如要考虑品种或成熟度的差异性，鼠害防治指标可适当升缩，一般有芒的、较迟熟的品种（或田块），其防治指标可适当放宽一些，反之则适当低一些。

小麦鼠害危害损失测定公式及防治指标

生育期	研究地点	鼠害损失测定公式	防治指标（鼠密度%）	文献来源
小麦乳熟期	贵州余庆	$Y = 0.7356X - 1.63 \pm 0.60$	5.88～7.08	杨再学，1991
小麦穗期	福建莆田	$Y = 0.34X - 1.10$	10.00	张继祖等，1994
小麦孕穗期	云南峨山	$Y = 0.9083X - 1.6851 \pm 0.5785$	3.88	李顺德等，1997
小麦穗期	浙江桐庐、新昌	$Y = 0.2974X + 0.7188$	2.70～4.30	王华弟，1998

参考文献

戴爱梅，2011. 麦田鼠害发生规律及绿色防鼠技术初探[J]. 中国植保导刊，31(4): 22-26.

李顺德，普文林，1997. 滇中小麦田鼠害防治指标初步探讨[J]. 植保技术与推广，17(6): 31-32.

王华弟，1998. 农田黑线姬鼠发生规律与防治技术[J]. 植物保护学报，25(2): 181-186.

张继祖，徐金汉，陈炳坤，1994. 小麦穗期鼠害的经济阈值[J]. 福建农业大学学报：自然科学版，23(2): 169-171.

（撰稿：杨再学；审稿：郭永旺）

小毛足鼠 *Phodopus roborovskii* Satunin

一种广泛分布于植被稀疏的沙漠、荒漠化草原地带的小型植食性啮齿动物。又名荒漠毛蹠鼠、沙漠侏儒仓鼠、罗伯罗夫斯基仓鼠、小白鼠、豆鼠、毛脚鼠，俗称"老公公鼠"。英文名 desert hamster。啮齿目（Rodentia）仓鼠科（Cricetidae）仓鼠亚科（Cricetinae）毛足鼠属（*Phodopus*）。

常见于植被稀疏的沙地及荒漠草原的各种非地带性生境、戈壁沙漠以及周边地区，包括整个蒙古的荒漠和草原、毗邻的哈萨克斯坦、俄罗斯的图瓦共和国。中国分布在东起吉林、辽宁的西部，向西经内蒙古、河北、山西、陕西、宁夏、甘肃、青海至新疆的北部地域。

1903年，Satunin 根据采自甘肃西部祁连山区的标本定名了小毛足鼠的模式标本小毛足鼠（*Phodopus roborovskii*）。随后，Thomas（1908）、Miller（1910）、Mori（1930）、Allen（1940）等学者均依据相关标本进行了分类和论证。中国科学院动物研究所兽类研究组1958年在东北兽类调查中，也认为分别采自甘肃、陕西和东北的标本均为同一种，并定为 *Phodopus roborovskii*，汪松等（1973）和马勇等（1981）诸多学者都认为本种无亚种分化。故小毛足鼠应该是无亚种分化的单型种。

形态

外形 小毛足鼠是仓鼠科中体型较小的种类，体长65～100mm，通常不超过90mm。尾极短，仅仅露出于毛被之外，尾长不超过14mm。具乳头4对，具颊囊。眼较大，耳大而长圆，耳长与后足长近相等，为12mm左右。四肢短小，一般微长于被毛之外。足掌、掌趾下面均被白色密毛，但掌毛要比趾毛稍短（见图）。

毛色 背部中央不具有黑色条纹，腹毛色纯白，背腹界线清晰，无镶嵌现象；夏毛背部自吻部至尾上方及体侧上部均呈淡驼红色；前后肢外侧上端为淡驼红色，其间杂有少量黑色长毛且明显地露出毛被之外。单根背毛基部灰黑色，毛尖为淡驼红色，在后头至腰部，淡驼红色的毛尖长度较短，常使灰色毛基露出外方，从而使这些部位毛色较暗。前额、颊部、体侧及臀部淡驼红色的毛尖较长，外观见不到灰色毛基，因而，除极少数具黑色毛尖的毛外，该部为纯淡驼红色。腹面、体侧的下部与四肢均几乎为纯白色，体侧与背面界线几乎为一条直线，无相互嵌镶现象，眼与耳之间有一片纯白的斑块。耳内被白色短毛，外侧毛为灰色，后部为白色。尾及前后足均为白色。

头骨 头骨较狭长，弧度较大，最高处在顶骨前部，不同于黑线毛足鼠最高处在额骨部分，头骨上缘显低平。

主要鉴别特征 脑颅呈圆形，无棱嵴，鼻骨较狭窄，其前部不显著地扩大，末端与前颌骨突几近相等，吻细而长，较黑线毛足鼠短；额骨比较低平，其侧缘无明显的眶上嵴，眶间宽较大；顶骨隆起，顶间骨甚大，为等边三角形；枕骨略向后伸，眶下孔呈卵圆形；颌骨颧突的下支较窄；颧弓不特别向外扩张，略宽于脑颅，两侧的颧弓几成平行，向下后方延伸。门齿孔短，其长度约等于上白齿列之长。听泡小而低平，听泡间距离大于翼骨间距离。齿骨的冠状突，角突较黑线毛足鼠不明显。

牙齿大而略呈长方形，上颌门齿较细，两门齿基部靠近成一直缝。M^1 具3对齿尖，第一对齿尖与其后两对齿尖距离基本一致。M^2 具两对齿尖，M^3 较小，两对齿尖，第二对齿尖小，相互靠近。

小毛足鼠（兴安提供）

生活习性

栖息地 栖息于荒漠、半荒漠植物稀疏的沙丘边缘及沙丘之间的灌丛中，尤其在水草生长比较丰盛的地段，在草原中荒漠化或半荒漠化的沙丘为多，芨芨草滩或草甸草原上亦可遇见，草地和农田中亦有发现，为中国北方沙地生境中主要鼠种之一。

洞穴 活动范围较小，距洞口一般不超过50m。时或在荒漠边缘的农田中栖居筑洞穴居，洞穴常常筑在沙丘的坡面，洞口很小，约4cm。洞口一般1~2个，有鼠居住时，多将洞口用细沙堵塞，但凹入口内，成一小坑，易识别。洞穴结构简单，一般不分支，偶有两个分支，洞道直径大于洞口。洞深50~100cm，末端有一个圆形而膨大的巢室，巢内铺有枯叶和其他絮状物。

食物 小毛足鼠是沙地生态系统重要的组成成员。其个体小，食量不大，食性复杂，有贮粮的习性，喜欢将遇到的食物尽可能地用颊囊盗回洞中贮藏。笼养的小毛足鼠，总是将所发现的食物尽可能地运回洞内，一次可将4ml的糜子贮入颊囊中带走。小毛足鼠对水分的需求不高，可从灌浆的种子中得到足以维持其生命活动所需的水分，笼养中的小毛足鼠只要饲喂此类食物，不需要供给水分，亦能生活得很好。

根据洞仓储物和颊囊解剖的分析以及实验室喂养，可以看出，小毛足鼠主要以种子为食，间或亦食小型动物。所食的植物种子，属农作物的有糜子、小麦、青稞、谷、粟、荞麦、豆类及瓜子等；属固沙植物的以柠条和沙蒿籽居多。笼养的小毛足鼠，同时饲喂以各种种子，总是先取食糜子，在其洞仓内，糜子的贮量亦最多。对于油类作物的种子，如花生、豆类及蓖麻等亦颇嗜食，一旦发现玉米或豆类，必迅速夺走，但只环食其种皮，而对于谷物及瓜子则弃其种皮。夏收前捕到的小毛足鼠，在其颊囊内都充满了各种草籽、沙蒿及柠条籽，显然是盗食了人们播下用以固沙的种子。小毛足鼠还取食小部分的动物性食物，笼养中的一头小毛足鼠可以将一条死的小沙蜥吃光，在其洞内，常发现有食剩的鞘翅目和双翅目昆虫残骸。

小毛足鼠体质量越小，单位体质量消耗的食物量就越高，体质量越大，单位体质量消耗的食物就越少。即幼体单位体质量消耗的食物量要大，成体单位体质量消耗的食物量要小，这种现象在不少其他鼠类上也有体现个体的体质量测量值，根据各月小毛足鼠捕获群体的体质量组成，计算出小毛足鼠群体平均日食量为118~211g，季节变化不明显。

活动规律 小毛足鼠性情温顺、行动迟缓、不善奔跑，多夜间活动，以傍晚和黎明时活动最为频繁。没有冬眠习性，整年都见活动，即使在-20℃的冬晨，仍可见其足迹。周延林等（1998）于1995—1997年在鄂尔多斯沙地采用标志重捕法对小毛足鼠的巢区和活动距离进行了调查，具体方法为棋盘式布笼，笼距10m，每次布笼100~225个，连续布放10~15天。该鼠营夜间活动，每日清晨查笼。用剪趾法标志捕获之鼠，记录每次捕获的日期、位点、体重、性别等，然后就地释放。巢区面积的估算采用包括周边地带法，活动距离取两捕点间的最大距离并加一笼距。

研究发现该鼠的巢区和活动距离雄性分别为3536.1±443.3m^2和112.7±8.0m，雌性分别为3375.0±379.8m^2和110.1±7.2m，二者均不存在显著的性别差异，也不存在显著的年龄差异和季节差异。小毛足鼠不同性别和季节巢区面积见表1、表2。

生长发育 通过笼养观察小毛足鼠的配偶行为，雌鼠在未怀孕前表现得较主动，用吻去触挑雄鼠的肋下或尾基部，不时还跑到雄鼠的前面拖拽它的阴部。交配后，雌鼠阴门为阴道塞所阻，同时再也不接受雄鼠的交配，直至分娩结束。相对来说，雄鼠在这方面显得更主动些，同样用吻去触及雌体的肋下或嗅其阴部，追咬雌鼠的颈毛或直接用前肢去抱握雌体的腹腰。

小毛足鼠的繁殖始于3月初，一年中的繁殖旺季是从初夏到初秋，因为在这期间，能捕到较多的幼鼠和妊娠的雌体。陈怀熹1959年6月在陕西定边中学一次灭野鼠活动中，捕到52头小毛足鼠，其中幼鼠有22头，怀孕的母鼠9头。

表1 小毛足鼠不同性别的巢区面积和活动距离*

名称	♂	♀	T-test
样本数	49	40	
活动距离（m）	112.7±8.0 （48.5~292.3）	110.1±7.2 （62.2~204.8）	$0.512 < t_{0.05}$
巢区面积（m^2）	3536.1±443.3 （800.0~17854.0）	3375.0±379.8 （650.8~9450.5）	$0.135 < t_{0.05}$

*依周延林等（1998）。

表2 小毛足鼠不同季节的巢区面积和活动距离*

月份	样本数	活动距离（m）	t-test	巢区面积（m^2）	T-test
5月	13	102.4±10.1	$0.981 < t_{0.05}$	2719.2±439.2	$0.331 < t_{0.05}$
7月	41	102.7±7.2	$0.987 < t_{0.05}$	3289.5±374.9	$0.993 < t_{0.05}$
8月	35	125.3±10.1		3944.3±587.5	

*依周延林等（1998）。

从解剖的14头怀孕母鼠和挖到的两窝幼鼠来看，在该地区，小毛足鼠每胎产仔3~6只，尤以4只居多。怀胎期21天。刚出生的仔鼠，体长不到20mm，眼闭，体露，状如肉团。分娩后的母鼠不允许人看其幼仔，若经发现，即自食其仔。幼仔3周即可随母鼠外出，2个月达成体般大，3个月达性成熟。

王广和等（2001）在内蒙古锡林郭勒境内的浑善达克沙地，采用实验获得的小毛足鼠繁殖数窝，并运用出生日期接近的3窝幼仔的平均体重生长数据作分析探讨了该鼠的体重生长规律。实验期间：有雌鼠8只，雄鼠9只，幼鼠年龄按天计算，并定义幼鼠出生当天为0日龄。在5日龄前，每日称重一次，6~50日龄每2日称重一次，50日龄后每5日称重一次（采用电子天平作为称量仪器，精度为0.1g）。因小毛足鼠具有颊囊，其内可能存余数量不等的食物，为减少误差起见，称重前设法让小毛足鼠主动吐尽颊囊中的食物。实验所获得的小毛足鼠体重数据按其日龄取平均值，作为分析其体重生长规律的数据来源。

据董维惠等人的研究结果发现，在内蒙古鄂尔多斯地区，小毛足鼠雌鼠繁殖开始于3月（部分个体4月中旬已产过仔），结束于10月，各年度之间有差别。在春、夏、秋3季的平均胎仔数分别为秋季最多，夏季次之，春季最少。小毛足鼠雄性繁殖期为2~10月，繁殖期较长。每年4月成年雄性睾丸下降率几乎100%，储精囊膨大，精子成熟，说明已进入繁殖期，估计睾丸至少也在2月开始下降。一般雄鼠进入繁殖期比雌鼠早1个月左右，所以雄鼠应在2月开始繁殖。因此小毛足鼠雄性繁殖在10月结束。年度间差别不大。

小毛足鼠繁殖无季节差异，性比为49.61%。其中雌性繁殖期8个月（3~10月），一年有2个繁殖高峰，且雌性繁殖力随着年龄的增长而增高，雌性平均胎仔数为6.22 ± 1.63只；雄性繁殖期为9个月（2~10月），有年间差异。

繁殖 据侯希贤等人在1991—1995年间对小毛足鼠种群年龄组成的研究结果，可以将小毛足鼠的年龄划分（按胴体重）为4个年龄组：

幼年组：胴体重<7.0g，雌、雄性平均胴体重差异无显著性。春季出生的雄鼠，有1只睾丸下降到阴囊内，下降率为2.84%，秋季出生的性均未成熟；雌鼠春、秋季性均未成熟。

亚成年组：胴体重7.1~9.0g，雌雄平均胴体重差异无显著性。春季出生的雄鼠多数参加当年繁殖，秋季出生的均不参加当年繁殖，睾丸下降率为25.74%，雌性怀孕率为3.77%。

成年一组：胴体重9.1~12.0g，雌雄性平均胴体重差异无显著性。两性均成熟，雄性睾丸下降率为71.99%，雌性怀孕率为34.27%。

成年二组：胴体重>12.1g，雌雄性平均胴体重差异有显著性。雄性睾丸下降率为94.45%，雌性怀孕率为51.60%。

年龄与体重、体长的关系 小毛足鼠各年龄组平均胴体重与平均体重相关非常显著，各年龄组相关系数分别为0.968、0.566、0.622和0.466；雄性各年龄组相关系数分别为0.754、0.707、0.583和0.648。各年龄组雌雄性平均体重差异无显著性。小毛足鼠体长也是随着年龄的增长而增长。经t值测验，各年龄组之间差异具有非常显著性，因此可用体长作为划分小毛足鼠的年龄组指标。由于体长的测量与距死亡时间长短及每个人的测量技术有关，即使同一只鼠不同的测量者也会有误差；另外，体长达到一定年龄之后生长缓慢，或停止增长。

种群年龄组成及变化。性比及种群年龄。小毛足鼠性比5年平均后：雌雄性比基本接近，雌性1072只，占49.61%，雄性1089只，占50.39%，各年度有差异。5年总计各年龄组中所占比例各年龄组雄性分别为1.57%、9.30%、20.10%和18.42%，雌性各年龄组分别为3.47%、15.96%、21.52%和8.65%。可以看出，两性成年一组所占比例接近，雌性所占比例（19.43%）较雄性所占比例（10.87%）高，而雄性成年二组所占比例（18.42%）较同组雌性（8.65%）高，可见雄性寿命长于雌性。

种群年龄组成的季节变化 小毛足鼠种群年龄组成季节变化明显，按季节进行比较，每年4~10月调查，即春季4~5月，夏季6~8月，秋季9~10月。通常春季成年组多于幼年和亚成年组，经过一冬上年秋季出生的鼠到翌年春季发育为成年鼠，当年的幼鼠尚未出生或刚生不久，未到地面活动，因此幼年组和亚成年组个体较少。夏季，成年组的鼠再次繁殖，春季出生的鼠部分参加繁殖，成年二组中的老年个体死亡，使幼年鼠和亚成鼠所占比例增加。秋季，上年出生的个体基本死亡，当年春夏出生的鼠进行最后一次繁殖，幼年组和亚成年组个体较多，所占比例增高。

种群数量动态

季节动态 侯希贤等对小毛足鼠种群数量动态研究表明，小毛足鼠季节消长呈单峰型，4月数量最低，7月最高，最高峰是最低峰的10.5倍。各年度的曲线基本相似，均为单峰型，1992、1994和1995年最高峰均在7月，1993和1996年在8月，1991年在6月。6年的共同点是：一年中数量波动较大，4月密度均最低；从6月起骤然升高，8月以后开始下降；9月继续下降，10月最低。

年间动态 小毛足鼠1991—1996年度间数量有明显差异，其中1993年最高，1996年最低，前者是后者的5.9倍。各年度平均捕获率表明6年间该鼠数量变动经历了低谷—高峰—下降—低谷4个阶段：1991—1992年为低谷期，1993年是高峰期，1994年是下降期，1995—1996年又为低谷期，缺上升期，由低谷期直接进入高峰期。

危害 小毛足鼠是荒漠和半荒漠化草原的主要鼠种之一，主要以粮食作物、经济作物和固沙植物的种子为食。体生大量的寄生虱、跳蚤及螨等，还是多种鼠传疾病的宿主，可传染多种人兽共患疾病，但对人类流行病传染不明显，其对人类、农业、防沙固沙及卫生事业，无不带来危害。

防治技术

生物防治 开展生物防治，控制害鼠种群数量的增长，利用生物之间的捕食、寄生、不孕、毒杀等相互制约关系，是减轻鼠害程度的有效途径。鼠类天敌种类繁多，其中猛禽类、小型猫科动物和鼬科动物是最重要的天敌类群，它们有的以食鼠为主，有的兼食鼠类，保护利用黄鼬、猫头鹰和蛇类等天敌进行灭鼠，并发展养猫灭鼠也是抑制鼠害的举措之一。但生物防治只能在一定范围内减少鼠类的数量，降低鼠密度，当鼠害大面积猖獗时，天敌的作用远远不能控制害鼠的危害，因此，只能采用因地制宜、综合防治的办法保护利用自然资源。

物理防治　利用鼠夹、鼠笼、电猫等捕鼠装置捕杀小毛足鼠，直接把害鼠消灭在危害之前，可以作为大面积化学药剂防治害鼠后的补救措施。通常将捕鼠装置放置在洞口附近或害鼠经常活动的地方，布放时间一般晚放晨收；诱饵一般应选择小毛足鼠喜欢吃的且又容易得到的花生米或胡萝卜块作诱饵，一般捕鼠后，器械上往往沾有鼠血和排泄物等，适当清洗阴干，通常不影响下一次捕鼠效果。其优点是对人、畜安全，但该防治方法需要大量的人力、物力，进度较慢，一般用于小范围或特殊环境，对大面积灭鼠后的残留鼠将起到一定的控制作用。

不育控制　利用药物造成鼠类群体中部分个体不育，降低鼠类种群的繁殖率，从而实现鼠类种群控制效果。2004年，中国科学院动物研究所张知彬研究团队将左炔诺孕酮（levonorgestrel）和炔雌醚（quinestrol）等原材料伍配，研发了一种新型的鼠类不育剂即EP-1不育剂，该团队采用EP-1不育剂对实验室内多种鼠类的繁殖控制进行了研究，取得了良好的控制效果。目前已经有多名研究人员采用EP-1不育剂在野外条件下分别在高原鼠兔、小毛足鼠、黑线毛足鼠、莫氏田鼠、黑线仓鼠和长爪沙鼠等鼠种上进行了测试，且取得了一定的防治效果。除此以外，贝奥不育剂也被运用于长爪沙鼠的不育控制实验中，并取得了良好的效果。

化学防治　化学防治仍然是目前国内外鼠害防治的主要方法。过去使用的急性灭鼠剂（磷化锌、灭鼠磷灵、灭鼠宁等）均为急性毒杀剂（已禁用），其特点是毒性大、作用快，但都具有二次中毒现象，且杀死了很多有益的天敌，人畜中毒事件也屡见不鲜。同时，害鼠对上述药剂容易产生抗药性和拒食性，导致防效明显下降，且易对周边环境造成污染。近年来陆续生产出的抗凝血鼠剂（杀鼠灵、杀鼠醚、杀鼠酮、溴敌隆等）均为慢性毒杀剂，其特点是作用缓慢、症状轻、不会引起鼠类拒食，灭鼠效果明显优于急性灭鼠剂，但其对环境的污染效果还值得进一步研究和论证。多年来，经过诸多科研工作者和相关部门的努力，中国的鼠害防治工作已取得了显著的生态、经济和社会效果。但随着社会的发展，探索鼠害的综合防治技术，保持鼠害防治工作的可持续发展，促进生态环境的健康发展、绿色发展也是创建中国特色鼠类防治途径的必经之路。

参考文献

陈千权, 曲家鹏, 刘明, 等, 2010. 高原鼠兔对炔雌醚、左炔诺孕酮和EP-1不育药饵适口性[J]. 动物学杂志, 45(3): 87-90.

陈延熹, 1963. 榆林地区荒漠毛蹠鼠Phodopus roborovskii(Satunin)生活习性的观察[J]. 动物学杂志(2): 65-66.

董维惠, 侯希贤, 周延林, 等, 1995. 小毛足鼠生态初步研究[M]. //张洁. 中国兽类生物学研究. 北京: 中国林业出版社: 47-51.

范尊龙, 王勇, 孙琦, 等, 2015. EP-1不育剂对内蒙古沙地黑线仓鼠种群结构与繁殖的影响[J]. 生态学报, 35(11): 3541-3547.

侯希贤, 董维惠, 杨玉平, 2003. 鄂尔多斯沙地草场小毛足鼠种群数量动态分析[J]. 中国媒介生物学及控制杂志, 14(3): 177-180.

侯希贤, 董维惠, 周延林, 等, 2000. 小毛足鼠繁殖生态研究[J]. 动物学研究, 21(3): 187-191.

霍秀芳, 王登, 梁红春, 等, 2006. 两种不育剂对长爪沙鼠的作用[J]. 草地学报, 14(2): 184-187.

梁红春, 霍秀芳, 王登, 等, 2006. 不育技术控制长爪沙鼠种群的初步研究[J]. 植物保护, 32(2): 45-48.

罗泽珣, 陈卫, 高武, 等, 2000. 中国动物志: 兽纲　第六卷　啮齿目(下册)　仓鼠科[M]. 北京: 科学出版社: 82-86.

马勇, 1986. 中国有害啮齿动物分布资料[J]. 中国农学通报(6): 76-82.

宛新荣, 刘伟, 王广和, 等, 2007. 浑善达克沙地小毛足鼠的食量与食性动态[J]. 生态学杂志, 26(2): 223-227.

王广和, 钟文勤, 宛新荣, 2001. 浑善达克沙地小毛足鼠的生物学习性[J]. 生态学杂志, 20(6): 65-67.

武晓东, 付和平, 2005. 内蒙古半荒漠与荒漠区的啮齿动物群落[J]. 动物学报, 51(6): 961-972.

杨学军, 韩崇选, 王明春, 等, 2002. 生物措施在林业鼠害治理中的应用[J]. 西北林学院学报, 17(3): 58-62.

张宏利, 卜书海, 韩崇选, 等, 2003. 鼠害及其防治方法研究进展[J]. 西北农林科技大学学报(自然科学版), 31(增刊): 167-172.

张文杰, 张小倩, 宛新荣, 等, 2014. EP-1不育剂对浑善达克沙地小毛足鼠种群繁殖的影响[J]. 中国媒介生物学及控制杂志, 25(6): 542-545.

张知彬, 张健旭, 王福生, 等, 2001. 不育和"灭杀"对围栏内大仓鼠种群繁殖力和数量的影响[J]. 动物学报, 47(3): 241-248.

张知彬, 1995. 鼠类不育控制的生态学基础[J]. 兽类学报, 15(3): 229-234.

周延林, 王利民, 鲍伟东, 等, 1998. 小毛足鼠(Phodopus roborovskii)巢区和活动距离的初步研究[J]. 内蒙古大学学报(自然科学版), 29(2): 258-263.

CHAMBERS L K, SINGLETON G R, HOOD G M, 1997. Immunocontraception as a potential control method of wild rodent populations[J]. Belgian journal of zoology, 127, 145-156.

ROSS P D, 1994. *Phodopus roborovskii* mammalian species[J]. The American society of mammalogists, 459: 1-4.

SHI D Z, WAN X R, DAVIS S A, et al, 2002. Simulation of lethal control and fertility control in a demographic model for Bandt's vole *Microtus brandti*[J]. Journal of applied ecology, 39(2): 337-348.

TWIGG L E, WILLIAMS C K, 1999. Fertility control of overabundant species; Can it work for feral rabbits?[J]. Ecology letters, 2: 281-285.

（撰稿：贾举杰、宛新荣；审稿：王勇、郭聪）

小泡巨鼠　*Leopoldamys edwardsi* Thomas

一种主要栖息于中山及低山或丘陵区的鼠类。又名白腹巨鼠、大山鼠、长尾巨鼠和爱氏巨鼠等。英文名Edward's rat。啮齿目（Rodentia）鼠科（Muridae）鼠亚科（Murinae）

长尾大鼠属（*Leopoldamys*）。分布于中国西藏东部、云南，向北到甘肃南部，向东到浙江，以及海南岛；向西延伸到印度，向南到中南半岛。王应祥认为中国有4个亚种，即分布于广西、广东、安徽、福建、浙江和湖南的指名亚种（*Leopoldamys edwardsi edwardsi* Thomas, 1882）；分布于陕西、贵州和四川的四川亚种（*Leopoldamys edwardsi gigas* Satunin, 1903）；分布于海南霸王岭和吊罗山的海南亚种（*Leopoldamys edwardsi hainanensis* Xu and Yu, 1985）；分布于云南南部的云南亚种（*Leopoldamys edwardsi milleti* Robinson and Kloss, 1992）。目前学术界对于小泡巨鼠亚种的分类还存在分歧，王应祥和其他学者将 *Leopoldamys milleti* 列为云南南部的小泡巨鼠 *Leopoldamys edwardsi* 的一个亚种，但 Musser and Carleton（2005）将它提升为独立种，并指出该种仅分布在越南南部的安南（Langbian）高地。

形态
外形 为鼠科中较大的一种鼠类，雌雄异型，头体长 210~290mm，尾长 264~310mm，后足长 42~58mm，耳长 28~32mm，颅全长 54~58mm，230~480g。尾粗长，其长约为体长的118%。乳头4对，胸部2对，鼠蹊部2对。体型很大，毛被相当短而柔滑。

毛色 背毛棕色到浅灰棕色。腹毛纯白色，明显区别于背毛。尾模糊两色，上面深棕色，下面奶油白色。前足和后足浅棕白色。

头骨 头骨粗壮，外形狭长。鼻骨前端超过门齿。眶上嵴和颞嵴发达。

主要鉴别特征 大型，尾长，毛被短而光滑。背色棕色到浅灰棕色。腹毛纯白色，分界明显。尾呈不清楚的双色，上面深棕色，下面奶油白色。前足和后足背面浅棕白色。头骨长窄，颧弓的鳞骨根部高，位于脑颅侧面。门齿孔短阔，延伸到第一白齿前面；腭骨后缘在第三上白齿水平线上；中翼骨窝与腭骨同宽；相对大的头骨而言，听泡很小，长约为头骨的1/11。头骨后部枕骨几乎垂直。大的头骨其轭骨后下部往往有一小突起。

生活习性
栖息地 主要栖息于中山及低山或丘陵区，多居住在山区竹林、杉、松和阔叶植物、茅草、灌木丛生的地方。喜在近水的岩石缝中穴居。在丘陵山地的农田、果园、茶山等生境中常发现其踪迹，也发现其出没于农舍。

洞穴 喜在近水源和小山路旁的斜坡挖洞，洞道具有1或3个洞口，洞口直径8~9cm。洞道有水平洞和垂直洞2种，水平洞长达400cm。垂直洞深达70cm，再向平面伸展。洞口周围因鼠经常活动，被磨得很光滑。洞口外的杂草中，常见宽约10cm的跑道。

食物 是杂食性鼠类，吃各种野生果实（如栗子、茶子），草的根、茎及草籽，真菌类，也吃昆虫、蚯蚓及鼠类等。詹绍琛等1977年通过室内饲养观察，一只体重377g的雌鼠每昼夜吃鼠肉67g。体重670g的雌鼠每昼夜吃红薯181g。体重378g的雌鼠一昼夜吃红薯75.6g。一昼夜的食量约占体重的1/4。小泡巨鼠也对鸟类地面巢穴内的鸟卵进行捕食。

活动规律 夜间活动，白天多在巢内休息。

生长发育 按体重、上颌第三白齿和性器官发育情况划分4个年龄组。

幼体组：体重276g以下，第三白齿较小，吃齿突未磨损，雄性睾丸未下降、雌性未怀孕。

亚成体组：体重276~350g，第三白齿与其他白齿长成一样平，但咀嚼面的齿突仍锋利，磨损不多，雄性睾丸重量比幼体约增加1倍，镜检精子少量，活性差，雌性未怀孕。

成体组：体重350g以上，咀嚼面的齿突部分明显磨损，雄性睾丸下降，睾丸重量也显著增加，精子量多，活动力强，雌性发现有怀胎。

老体组：体重可达700g，第三白齿齿突几乎磨平。

繁殖 武夷山区，小泡巨鼠的雌雄比例为1.7:1.0。在浙江西天目山，4月和5月可捕到孕鼠，每胎产4~5仔。在福建邵武多在春、秋季进行繁殖，每胎仔数4~6只。《中国经济动物志》记载小泡巨鼠每胎产仔2~4只。詹绍琛等解剖观察到怀胎仔数是4~6只。徐龙辉等研究发现海南小泡巨鼠每胎孕仔为2~8只。

贮藏行为 会在食物丰富的时期，将未食尽的食物埋藏起来，以便在食物短缺时期再次利用所埋藏的食物。贮藏种子的方式有2种：一种为分散贮藏（scatter-hoarding），即将单粒或几粒种子贮藏在食物源或洞穴周围，是小泡巨鼠的主要贮藏方式；另一种为集中贮藏（larder-hoarding），即将多粒种子贮藏在洞穴内，是小泡巨鼠贮藏食物的一种补充形式。

对种子的贮藏行为受种子大小、营养成分、次生物质等因素的影响。小泡巨鼠对大种子的贮藏率大于小种子且大种子的搬运距离会远于小种子。小泡巨鼠会取食更多的低单宁食物而贮藏更多高单宁食物。在有竞争者存在条件下，显著增加了对埋藏种子的搬运距离，每个贮藏点埋藏种子的数量也有所增加，同时埋藏的生境更多倾向于遮蔽较好的微生境（草丛底层、灌丛下层）中。

贮藏行为会增加其在食物短缺期的存活几率，缩短繁殖期的觅食时间，增加繁殖成功率等。虽然，小泡巨鼠取食了大部分贮藏的种子或果实，但仍有少量种子和果实被埋藏在有利于萌发的土壤或其他基质中，逃脱动物的取食和微生物的破坏，从而萌发、建成幼苗。因此，小泡巨鼠在促进植物种子扩散方面具有重要作用。

危害 作为山区密林里的害鼠，窃食各种树林里的野果，嗜食嫩芽，破坏树林，对山区土特产、农作物及苗圃有显著危害。对苗圃的危害主要取食播下的种子，造成缺苗断垄。其中以松科、木兰科、蔷薇科和壳斗科的种子最易被害，田埂边的苗床受害尤其严重，有时缺苗率可达60%以上。小泡巨鼠不仅给农林业造成严重危害，而且还携带病源并传播多种自然疫源性疾病，小泡巨鼠是肾出血热病毒和莱姆病病毒的重要动物宿主。小泡巨鼠作为其生境优势种，也具有较高的鼠蚤染带率，小泡巨鼠体外携带有4种跳蚤：不等单蚤（*Monopsyllus unisus*）、喜山二齿蚤（*Peromyscopsylla himalaica*）、近端延指蚤（*Siicalius klossi*）以及福建新蚤（*Neopsylla fukienensis*）；2种革螨：土耳其历螨（*Laelaps turkestanicus*）和福建棘历螨（*Echinolaclaps fukinenensis*）；5种恙螨：八板纤恙螨（*Leptotrombidium scutellaris*）、八毛背展恙螨（*Gahrliepia octosetosa*）、太平洋无前恙螨（*Wal-*

chia pacifica)、似太平洋无前恙螨（*Walchia parapacifica*）及莫卡珠恙螨（*Doloisia moica*）等。而且从小泡巨鼠体内检出携带8种寄生虫：泡尾带状链尾蚴（*Strobilocercus fasciolaris*）、微小膜壳绦虫（*Hymenolepis nana*）、缩小膜壳绦虫（*Hymenolepis diminuta*）、谭氏奇口线虫（*Rictularis tani*）、鞭虫（*Trichocephalus* sp.）、管状线虫（*Syphacia* sp.）、单睾属吸虫（*Haplorchis pumilio*）和绦虫（*Tapeworm*）（未定种）。因小泡巨鼠皮毛和肉都有利用价值，特别是一些地区食用鼠类的习俗由来已久，因此经常接触或食用小泡巨鼠可能给人类身体健康带来危害。

防治技术 为典型的山区性鼠种，是捕食类天敌的重要食物来源，而且具有搬运、埋藏树木种子的习性，并对不同树木种子具有选择性，对这些植物的种群扩散有利，可能对林木的更新产生积极影响，因此不需要采取防治措施。但在林业育种期间需采取必要的措施，防止其迁入苗区危害。当其迁入育苗区时则应该予以灭杀。

封山育林。增加林内天敌的种类和数量，借助森林的自控能力，遏制危害。

毒饵诱杀。育苗或造林前，每亩均匀投放6～10堆1%甲胺磷毒米或1.5%甘氟毒米（均已禁用），每堆50g，在田埂和石堆旁多量投入。

参考文献

SMITH A T, 解焱, 2009. 中国野外兽类手册[M]. 长沙：湖南教育出版社.

曹林, 肖治术, 张知彬, 等, 2006. 亚热带林区啮齿动物对樱桃种子捕食和搬运的作用格局[J]. 动物学杂志, 41(4): 27-32.

常罡, 肖治术, 张知彬, 2008. 种子大小对小泡巨鼠贮藏行为的影响[J]. 兽类学报, 28(1): 37-41.

陈志清, 庞志峰, 2014. 金华市2011—2012年鼠间肾综合征出血热监测结果分析[J]. 中国预防医学杂志, 15(8): 778-780.

程瑾瑞, 张知彬, 肖治术, 2005. 同种竞争压力对小泡巨鼠贮藏油茶种子行为的作用分析[J]. 兽类学报, 25(2): 143-149.

郭衍, 万康林, 许世锷, 等, 2000. 粤东莱姆病疫源地的发现与研究[J]. 中国人兽共患病杂志, 16(2): 42-45.

胡锦矗, 王西之, 1984. 四川资源动物志：第二卷 兽类[M]. 成都：四川科学技术出版社.

李优良, 郑和平, 刘洪, 等, 1992. 长江涪陵段流行性出血热疫区类型及其特点[J]. 中国媒介生物学与控制杂志, (4): 232-234.

梁中平, 田珍灶, 何成伟, 等, 2014. 中越边境口岸鼠类及其体表寄生螨类群落生态初步研究[J]. 中华卫生杀虫药械, 20(6): 569-572.

刘鑫, 王政昆, 肖治术, 2011. 小泡巨鼠和社鼠对珍稀濒危植物红豆树种子的捕食和扩散作用[J]. 生物多样性, 19(1): 93-96.

万康林, 张哲夫, 张金声, 等, 1998. 中国20个省、区、市动物莱姆病初步调查研究[J]. 中国媒介生物学及控制杂志, 9(5): 366-370.

吴军, 易建荣, 阴伟雄, 2008. 野生白腹巨鼠体内寄生虫感染情况检查[J]. 华南预防医学, 34(1): 78-79.

吴美忠, 王光铨, 2006. 东阳市2002—2004年鼠疫宿主动物监测结果分析[J]. 医学动物防制, 22(9): 648-650.

肖治术, 张知彬, 2004a. 都江堰林区小型兽类取食林木种子的调查[J]. 兽类学报, 24(2): 121-124.

肖治术, 张知彬, 2004b. 种子类别和埋藏深度对雌性小泡巨鼠发现种子的影响[J]. 兽类学报, 24(4): 311-314.

肖治术, 张知彬, 王玉山, 2003. 小泡巨鼠对森林种子选择和贮藏的观察[J]. 兽类学报, 23(3): 208-213.

徐龙辉, 余斯绵, 1985. 小泡巨鼠(Edwards' rat)一新亚种——海南小泡巨鼠[J]. 兽类学报, 5(2): 131-135.

杨德林, 王伟明, 曾奕民, 等, 2005. 泉州市莱姆病的发现及蜱媒与宿主的调查研究[J]. 海峡预防医学杂志, 11(6): 12-13.

杨锡福, 谢文华, 陶双伦, 等, 2015. 森林演替对都江堰鼠类多样性的影响[J]. 生态学杂志, 34(9): 2546-2552.

詹绍琛, 1980. 武夷山区白腹巨鼠的初步观察[J]. 动物学杂志, 12(2): 31-32.

CHANG G, XIAO Z S, ZHANG Z B, 2009. Hoarding decisions by Edward's long-tailed rats (*Leopoldamys edwardsi*) and South China field mice (*Apodemus draco*): The responses to seed size and germination schedule in acorns[J]. Behavioural processes, 82: 7-11.

CHANG G, XIAO Z S, ZHANG Z B, 2010. Effects of burrow condition and seed handling time on hoarding strategies of Edward's long-tailed rat (*Leopoldamys edwardsi*)[J]. Behavioural process, 85: 163-166.

XIAO Z S, CHANG G, ZHANG Z B, 2008. Testing the high-tannin hypothesis with scatter-hoarding rodents: experimental and field evidence[J]. Animal behavior, 75: 1235-1241.

（撰稿：肖治术；审稿：王登）

新疆草原鼠害 rodent damage in grassland of Xinjiang

主要发生在新疆各种类型草原的鼠害。主要以小型群居性种类为主。包括黄兔尾鼠、草原兔尾鼠、赤颊黄鼠、印度地鼠、鼹形田鼠、小家鼠、帕氏鼠兔等。

鼠灾成因 小型群居性鼠种是以R-对策为生存策略的"机会主义者"物种。由于"超补偿效应"的作用，种群具有超强繁殖力。这种能力与"繁殖时滞效应"共同作用可使种群连续保持多年的较高密度。过度放牧导致草原植被郁闭度长期处于较低状态，创造了大量小型群居性鼠种偏好的微栖息地环境。在过牧和鼠害的双重压力下，草原的自然调控功能不断减弱并向低质化方向发展，为害鼠提供更多微栖息地生境，鼠害发生条件得到强化。当鼠类种群数量较低时，风险往往被忽略，但到数量大增投入大量人力和物力的突击灭杀却并不能有效地控制害鼠的种群。单一的投药防治往往导致鸟类和掠食动物大量减少，生物多样性下降，鼠害暴发反而日趋频繁。

危害特征 过度的啃食造成严重的草地资源损失，导致生物多样性丧失，弱化系统调控功能，加剧草原植被退化与沙化。虽然鼠类是生态系统的组分之一，但是暴发性的鼠害破坏了草原系统的恢复功能，生态系统平衡难以重建。靠根蘖繁殖的禾本科牧草受到的危害尤其显著。最终，频频发生的鼠害胁迫草原生态系统以草质低劣的杂类草为优势形成新的、低价值的草地群落格局。另一方面，害鼠的挖掘活动改变了土壤表层结构，更加重了问题的严重性，造成的环境损失远大于单纯的食草所造成的危害。

参考文献

倪亦非, 2007. 新疆草地鼠害监测若干问题的思考[J]. 新疆畜牧业（增刊）: 7-8.

施大钊, 钟文勤, 2001. 2000年我国草原鼠害发生状况及防治对策[J]. 草地学报, 9(4): 248-252.

宛新荣, 钟文勤, 王梦军, 1998. 内蒙古典型草原重要害鼠的生态学及控制对策[M]//张知彬, 王祖望. 农业重要害鼠的生态学及控制对策. 北京: 海洋出版社.

杨东生, 2008. 草地鼠害发生原因的分析[J]. 新疆畜牧业(2): 52-55.

（撰稿：戴昆；审稿：唐业忠）

新疆出血热　Xinjiang hemorrhagic fever

由新疆出血热病毒引起，硬蜱传播的自然疫源性传染病。临床上以发热、头痛、出血、低血压休克等为特征。

病原特征　新疆出血热病毒 (*Xinjiang hemorrhagic fever virus*，XHFV) 为布尼亚病毒科（Bunyaviridae）内罗病毒属（*Nairovirus*）。病毒呈圆形或椭圆形，外面有一层囊膜，直径为 85～105nm。对新生的小白鼠、大白鼠、金黄色地鼠均有致病力，并可在乳鼠脑、鸡胚体、地鼠肾、小白鼠肾、乳兔肾及 Vero-E6 细胞中繁殖和交叉传代。对脂溶剂、乙醚、氯仿、去氧胆酸钠等敏感。在 pH 3.0 以下作用 90 分钟或 56℃ 30 分钟均可灭活。低浓度甲醛可使其灭活而保持其抗原性。真空干燥后在 4℃ 可保存数年。

流行　1965年在中国首先发现于新疆的巴楚地区，塔里木河流域两岸为该病的自然疫源地，以上游较为严重，在北疆和南疆地区经常出现新的自然疫源地。主要分布于有硬蜱活动的荒漠和牧场，有明显的地区性。牛、羊、马、骆驼等家畜及午沙鼠、塔里木兔等野生动物是其自然宿主和传染源，亚洲璃眼蜱是其传播媒介和储存宿主。蜱主要存在于胡杨树下的树枝落叶内，通过叮咬传播给人和动物，病毒可经蜱卵传代。此外，接触带毒的羊血或急性期病人的血液通过皮肤伤口感染人，摄入病毒污染的食物也可感染本病。新疆出血热的发生有明显的季节性，每年4～5月为流行高峰，与蜱在自然界的消长情况及牧区活动的繁忙季节相符合。呈散发流行。

致病性　人被带病毒的蜱叮咬或通过皮肤伤口感染，致全身毛细血管扩张、充血、通透性及脆性增加，导致皮肤黏膜以及全身各脏器组织不同程度地充血、出血，实质性器官肝、肾上腺、脑垂体等有变性、坏死，腹膜后有胶冻样水肿。

诊断　本病应与流行性出血热鉴别，流行性出血热有一定流行地区，临床上有明显的肾脏损害和五期经过，血清学试验可以区别。诊断主要依靠流行病学资料，包括在流行地区，流行季节游牧或野外工作史，有与羊、兔、牛等或急性期病人接触史，蜱类叮咬史等，临床表现有急骤起病、寒战、高热、头痛、腰痛、口渴、呕吐、黏膜和皮肤有出血点，病程中有明显出血现象和（或）低血压休克等，实验室检查白细胞和血小板数均减少，分类中淋巴细胞增多，有异常淋巴细胞出现，补体结合试验，中和试验等双份血清抗体效价递增 4 倍以上者可以确诊。

防治　预防主要是切断传播途径，防蜱、灭蜱是预防本病的主要措施。如防蜱叮咬，进入疫区的人员要加强防护等。莱姆停有一定的驱蜱作用，"神州冠""雷达"气雾剂和"卫害净"均有明显的灭蜱效果。中国研制的灭活乳鼠脑疫苗有预防效果。隔离病人，做好个人防护工作。根据病人的病理生理变化采用综合疗法，给发热早期病人静脉输液，补充足量液体和电解质，并应用肾上腺皮质激素，能起一定疗效。近年来应用被感染的羊血清制备成冻干治疗血清，早期治疗获得良好的效果。

参考文献

戴翔, 木合塔尔, 冯崇慧, 等, 2006. 塔里木盆地新疆出血热蜱类及宿主动物感染调查[J]. 中华流行病学杂志, 27(12): 1048-1052.

冯崇慧, 白旭华, 刘宏斌, 等, 1991. 新疆准噶尔盆地南缘地区新疆出血热病毒自然疫源地的发现[J]. 地方病通报, 6(1): 52-55.

雒涛, 郝建梅, 孙素荣, 等, 2013. 新疆塔里木河流域出血热自然疫源地多样性调查分析(I)[J]. 疾病预防控制通报, 28(6): 1-4.

（撰稿：史秋梅；审稿：何宏轩）

新疆维吾尔自治区治蝗灭鼠指挥部办公室　Office of Locust and Rodent Management, Xinjiang Uygur Autonomous Region

全称为新疆维吾尔自治区治蝗灭鼠指挥部办公室和新疆维吾尔自治区蝗虫鼠害预测预报防治中心站（以下简称办公室），是全民全额拨款正县级事业单位。

办公室始建于 1952 年，名称为新疆治蝗指挥部，设在省政府农业厅。1973 年经自治区批准成立新疆维吾尔自治区治蝗灭鼠指挥部，指挥部成员由各有关厅局组成，指挥部下设办公室，作为常设机构，挂靠自治区畜牧厅。办公室编制为 20 人。因工作需要，1976 年自治区同意将办公室增编 25 人，1978 年自治区编委同意再增编 8 人，故编制达到 53 人；1979 年自治区人民政府重申了加强治蝗灭鼠工作的重要性；1982 年自治区编委核定编制为 53 人；1990 年和 1991 年分配军队转业干部 2 人，编制增加为 55 人。至今办公室现有编制已增加到 59 人。1984 年自治区编委批准单位在原有基础上增设"新疆维吾尔自治区蝗虫鼠害预测预报防治中心站"，编制不变，一套人马，两块牌子。各地州蝗虫鼠害预测预报防治中心站从 1984 年开始陆续建立。

办公室是具有行政职能的事业单位，主要工作职责是负责全区草原虫鼠灾害发生的预测预报、生产防治及围绕测报和防治进行科研工作。其工作性质是灾害防御和抗灾救灾。隶属于自治区人民政府领导，挂靠畜牧厅；业务上受农业部畜牧兽医司、畜牧总站指导；专项抗灾经费由农业部和自治区人民政府专项下达，各地方政府和受益单位配套。全区平均每年进行草原虫鼠的防治面积达 100 万 hm^2。

自治区级预测预报防治中心站 1 个，是全疆草原保护工作的最高行政领导机关和业务主管单位，承担全疆 7.2 亿亩草场的保护工作，负责上传下达灾情的预测预报和发生防治动态。实施全疆草原虫鼠灾害的生产防治工作并围绕测报和防治进行科研工作。

地州级预测预报防治中心站 15 个，具体负责所属地州、县（市）灾情的上传下达、预测预报和发生防治动态。具体实施当地草原虫鼠灾害的生产防治工作。

重点县（市）级治蝗站 8 个，具体负责所属县（市）灾情的上传下达、预测预报和发生防治动态。具体实施本县草原虫鼠灾害的生产防治工作。

办公室专业技术人员专业涉及畜牧、草业、植物保护、生物工程、遥感与地理信息系统等学科，形成了结构合理、技术过硬的专业队伍。

地州、县级从事治蝗灭鼠工作的技术人员目前已达 200 余人。

（撰稿：倪亦非；审稿：王登）

性成熟　sexual maturity

生物在发育到一定年龄后达到生殖器官和第二性征发育完全，生殖机能达到成熟，具备正常繁殖功能的状态。哺乳动物一般从青春期（puberty）开始初步具备生殖能力，在青春期之后达到真正的性成熟。季节性繁殖的小型啮齿类动物的青春期年龄会呈现出季节变化，例如在繁殖季节初期，新生鼠性成熟时间为雌性 4~6 周，而在繁殖季节晚期新生鼠的性成熟要到翌年春天，长达 7~8 个月。

（撰稿：宋英；审稿：刘晓辉）

性激素　sex hormone

由动物体的性腺以及胎盘、肾上腺皮质网状带等组织合成的甾体激素，具有促进性器官成熟、副性征发育及维持性功能等作用。雌性动物卵巢主要分泌两种性激素——雌激素与孕激素，雄性动物睾丸主要分泌以睾酮为主的雄激素。性激素在中枢神经系统通过调节各种神经内分泌腺的活动而影响鼠类的攻击行为。在雄性中，睾酮或二氢睾酮是影响攻击行为的主要激素，在此过程中不仅是雄激素受体，也可由芳香化酶还原成雌激素后通过雌激素受体介导。

（撰稿：宋英；审稿：刘晓辉）

性腺　gonadal gland

鼠类产生配子的生殖器官的统称。性腺重量是鼠类繁殖力高低的最基本的指标。雌鼠的性腺为卵巢，产生卵子；雄鼠的性腺为睾丸，产生精子。性腺还是性激素的主要分泌腺，主要功能是促进性腺及其附属结构的发育成熟和副性特征的出现。

（撰稿：宋英；审稿：刘晓辉）

性腺恢复　gonadal recrudescence

一般用于表述季节性繁殖的鼠类从非繁殖期进入繁殖期时，性腺从萎缩的无功能状态恢复为膨大的有功能状态的过程。另外，在光周期处理实验中，置于短光照状态下超过 20 周后，西伯利亚仓鼠和金色中仓鼠的性腺也会从萎缩状态恢复为膨大状态，并不受此时短光照的抑制作用。

（撰稿：宋英；审稿：刘晓辉）

性腺萎缩　gonadal atrophy

繁殖功能下降的标志，表现为性腺重量减轻、体积萎缩、配子发育失常、性激素水平低等特点。此现象一般是由于性激素长期缺乏直接导致的，但其根源在于下丘脑—垂体—性腺（HPG）轴的活性受到抑制所致。在鼠类中，非繁殖期的或者被不育处理过的个体往往表现出性腺萎缩的现象；也有一些疾病模型表现出性腺萎缩的特征，如隐睾症。

（撰稿：宋英；审稿：刘晓辉）

雄性激素　androgen

主要由以雄性动物睾丸合成和分泌的一类内分泌激素，以睾酮为主，属于类固醇激素。除睾丸外，卵巢、肾上腺皮质也分泌少量雄性激素。睾丸间质细胞合成雄性激素功能受下丘脑—垂体—睾丸轴调控，经典的分子信号通路是黄体生成激素—黄体生成激素受体—环磷酸腺苷—蛋白激酶 A（LH-LHR-cAMP-PKA）途径。雄性激素合成还受睾丸内旁分泌、自分泌甚至细胞内分泌形式的局部调节，如泌乳素、胰岛素、胰岛素样生长因子 1（IGF-1）、转化生长因子 α（TGF-α）、TGF-β 等；除 cAMP 外，Ca^{2+} 也是第二信使，钙调蛋白参与调节雄激素合成。雄性大鼠的神经再生研究表明，海马体是雄性激素对行为产生影响的主要脑区。雄性激素在鼠类雄性个体发生、生长、发育和生殖功能的各方面起着非常重要的作用。雄性激素与鼠类的社会行为密切相关，其所引起的脑结构的性差，是雌雄个体社会行为发生差异的基础。

（撰稿：宋英；审稿：刘晓辉）

溴敌隆　bromodiolone

一种杀鼠剂。化学式 $C_{30}H_{23}BrO_4$，相对分子质量 527.4，熔点 200～210℃，20～25℃溶解度（g/L）分别为：二甲基酰胺 730.0、乙酸乙酯 25.0、丙酮 22.3、氯仿 10.1、乙醇 8.2、甲醇 5.6、正己烷 0.2、水 0.019。溴敌隆为第二代抗凝血杀鼠剂，适口性好，毒力强，高效广谱，安全。原药为黄色粉末。制作所需原料有：4-羟基香豆素、苯甲醛、对溴联苯、联苯、硼氢化钾、香豆素、溴素、乙二醇、乙酰氯。对第一代抗凝血剂产生抗性的鼠类有效。用于防治家栖鼠和野栖鼠类。溴敌隆对大鼠、小鼠的口服半致死剂量（LD_{50}）分别为 1.125mg/kg 和 1.75mg/kg。

（撰稿：王大伟；审稿：刘晓辉）

溴鼠灵　brodifacoum

一种在中国登记使用的慢性杀鼠剂。又名大隆、可灭鼠、杀鼠隆、溴联苯杀鼠醚、溴鼠隆。呈白色至灰色结晶粉末，化学式 $C_{31}H_{23}BrO_3$，相对分子质量 523.42，熔点 230～232℃，溶于丙酮、氯仿、苯等有机溶剂。溴鼠灵是第二代抗凝血灭鼠剂，毒性较强，可防治家栖鼠及野栖鼠，以及对第一代抗凝血类灭鼠剂产生抗性的鼠种，但溴鼠灵对鸟类和其他哺乳类的二次毒性较强，使用时注意安全。大鼠经口 LD_{50} 为 0.16～0.26mg/kg，小鼠经口 LD_{50} 为 0.4mg/kg，兔经口 LD_{50} 为 0.15～0.3mg/kg。

（撰稿：宋英；审稿：刘晓辉）

旋毛虫病　trichinosis

旋毛形线虫（Trichinella spiralis）引起的人畜共患病。人因生食或食用未煮熟含有旋毛虫幼虫的食物而感染。主要临床表现有胃肠道症状、发热、眼睑水肿和肌肉疼痛。于 1828 年在伦敦首次发现人体病例。中国于 1881 年在厦门首次发现猪旋毛虫感染，1964 年首次在西藏的林芝地区发现人感染旋毛虫。近年来中国许多地方发现该病，甚至有暴发流行的报告。

形态特征　成虫微小，线状，虫体后端稍粗，雌雄异体。雄虫大小为 1.4～1.6mm×0.04～0.05mm，雌虫大小为 3～4mm×0.06mm。成虫的消化道包括口、咽管、肠管和肛门。其咽管长度为虫体长的 1/3～1/2，其结构特殊：前段自口至咽神经环部位为毛细管状，其后略为膨大，后段又变为毛细管状，并与肠管相连。后段咽管的背侧面有一列由呈圆盘状的特殊细胞——杆细胞组成的杆状体。每个杆细胞内有核 1 个，位于中央；胞浆中含有糖原、线粒体、内质网及分泌型颗粒。其分泌物通过微管进入咽管腔，具有消化功能和强抗原性，可诱导宿主产生保护性免疫。

成虫的生殖系统均为单管型。雄虫射精管和直肠开口于泄殖腔。尾端具一对钟状交配附器，无交合刺，交配时泄殖腔可以翻出；雌虫卵巢位于体后部，输卵管短窄，子宫较长，其前段内含未分裂的卵细胞，后段则含幼虫，愈近阴道处的幼虫发育愈成熟。阴门开口于虫体前端 1/5 处。

幼虫囊包于宿主的横纹肌肉，呈梭形，其纵轴与肌纤维平行，大小为 0.25～0.5mm×0.21～0.42mm。一个囊包内通常含 1～2 条卷曲的幼虫，个别也有 6～7 条。成熟幼虫的咽管结构与成虫相似。

生活史　在寄生人体的线虫中，旋毛虫的发育过程具有其特殊性。成虫和幼虫同寄生于一个宿主内：成虫寄生于小肠，主要在十二指肠和空肠上段；幼虫则寄生在横纹肌细胞内。在旋毛虫发育过程中，不能在同一宿主体内从幼虫发育成成虫，中间必须更换宿主。人和猪、犬、猫、鼠及熊、野猪、狼、狐等野生动物，均可作为该虫的宿主。

当人或动物宿主食入了含活旋毛虫幼虫囊包的肉类后，在胃液和肠液的作用下，数小时内，幼虫在十二指肠及空肠上段自囊包中逸出，并钻入肠黏膜内，经一段时间的发育再返回肠腔。在感染后的 48 小时内，幼虫经 4 次蜕皮后，即可发育为成虫。雌、雄虫交配后雄虫死亡，自肠腔排出体外。雌虫重新侵入肠黏膜内，开始产出幼虫，有些虫体还可在腹腔或肠系膜淋巴结处寄生。受精后的雌虫子宫内的虫卵逐渐发育为幼虫，并向阴道外移动。感染后的第 5～7 天，雌虫开始产出幼虫，排蚴期可持续 4～16 周或更长。每条雌虫可产幼虫 1500～2000 条。雌虫一般可存活 1～2 个月。

大多数产于肠黏膜内的新生幼虫，侵入局部淋巴管或静脉，随着淋巴和血循环到达宿主各器官、组织，但只有到达横纹肌内的幼虫才能继续发育。侵入部位多是活动较多、血液供应丰富的肌肉，如膈肌、舌肌、咬肌、咽喉肌、胸肌、肋间肌及腓肠肌等处。幼虫穿破微血管，进入肌细胞内寄生。约在感染后 1 个月，幼虫周围形成纤维性囊壁，并不断增厚，这种肌组织内含有的幼虫囊包，对新宿主具有感染力。如无进入新宿主的机会，半年后即自囊包两端开始出现钙化现象，幼虫逐渐失去活力、死亡，直至整个囊包钙化。但有时钙化囊包内的幼虫也可继续存活数年之久。

流行　旋毛虫病呈世界性分布，但以欧洲、北美洲发病率较高。此外，非洲、大洋洲及亚洲的日本、印度、印度尼西亚等国也有流行。中国自 1964 年在西藏首次发现人体旋毛虫病以后，相继在云南、贵州、甘肃、四川、河南、福建、江西、湖北、广东、广西、内蒙古、吉林、辽宁、黑龙江、天津等地都有人体感染或造成局部流行和暴发流行的报道。仅云南至 1986 年就有 34 个县、市流行过旋毛虫病，发病 279 起，共有 7892 个病例。旋毛虫病是云南最严重的人兽共患寄生虫病。

在自然界中，旋毛虫是肉食动物的寄生虫，旋毛虫感染率较高的动物有猪、犬、猫、狐和某些鼠类。这些动物之间相互残食或摄食尸体而形成的"食物链"，成为人类感染的自然疫源。但人群旋毛虫病的流行与猪的饲养及人食入肉制品的方式有更为密切的关系。猪的感染主要是由于吞食了含活动虫囊包的肉屑或鼠类，猪与鼠的相互感染是人群旋毛虫病流行的重要来源。猪为主要动物传染源，除上海及海南、台湾外，其他地区均有猪感染旋毛虫的报道。其中在河南及湖北的某些地区感染较严重，猪的感染率在 10% 左右或更高，河南个别地区高达 50.2%，应引起重视。

旋毛虫幼虫囊包的抵抗力较强，能耐低温，猪肉中囊包里的幼虫在 -15℃ 需贮存 20 天才死亡，在腐肉中也能存活 2~3 个月。晾干、腌制、烧烤及涮食等方法常不能杀死幼虫，但幼虫在 70℃ 时大多可被杀死。因此，生食或半生食受染的猪肉是人群感染旋毛虫的主要方式，占发病人数的 90% 以上。猪肉炒和蒸煮的时间不足，食后也可发病。在中国的一些地区，居民有食"杀片""生皮""剌生"的习俗，极易引起该病的暴发流行。曾报道，吉林有因吃凉拌狗肉，哈尔滨有吃涮羊肉而引起人群感染旋毛虫的事例。此外，切生肉的刀或砧板因污染了旋毛虫囊包，也可能成为传播因素。

致病性 旋毛虫对人体致病的程度与诸多因素有关，如食入幼虫囊包的数量及其感染力；幼虫侵犯的部位及机体的功能状态，特别是与人体对旋毛虫有无免疫力等因素关系密切。轻感染者可无明显症状，重者临床表现复杂多样，如不及时诊治，患者可在发病后 3~7 周内死亡。

诊断 旋毛虫病的临床表现比较复杂，由于病程的发育可有不同的表现，故单从临床症状及时作出准确的诊断较为困难。应结合询问病人有无食入过生肉或未熟肉的病史，以及有群体发病的特点，并能从患者肌肉内活检出幼虫囊包为确诊依据。血清学方法可协助诊断。

防治 加强卫生宣传教育，不生食或食用未煮熟的猪肉和野生动物肉。

科学养猪，改善落后的养猪方式，合理建圈舍，提倡圈养，隔离病猪，不用含有旋毛虫的动物碎肉和内脏喂猪，使用配合饲料，不用泔水喂猪，以防猪感染。猪粪堆肥发酵处理。

灭鼠。鼠类是该病的保虫宿主，大力灭鼠，勿使其污染食物和猪食。

加强猪肉卫生检疫，严禁未经检疫的猪肉上市，对个体摊贩的猪肉更应加强卫生监督。屠宰场应按检疫程序进行严格检疫。有条件，可将猪肉在 -15℃ 以下冷藏 20 天或 -18℃ 冷藏 24 小时，使其无害化。

参考文献

陈兴保, 吴观陵, 孙新, 等, 2002. 现代寄生虫病学[M]. 北京: 人民军医出版社: 410-429.

吴观陵, 2005. 人体寄生虫学[M]. 3版北京: 人民卫生出版社: 603-618.

（撰稿：姚学军；审稿：何宏轩）

雪兔 *Lepus timidus* Linnaeus

寒带和寒温带的代表动物之一。兔形目（Lagomorpha）兔科（Leporidae）兔属（*Lepus*）。在中国主要分布于新疆阿尔泰和东北的大、小兴安岭等地区。

形态 体长 45~62cm，尾长 4~7cm，体重可达 2.5kg。毛色冬夏差异很大，冬毛白色，毛长而密，特别是体侧与腹部毛最长，可达 5.5cm 以上，耳尖和眼周黑褐色；夏毛较短，背部黄褐色，额部黄褐色，眼周白色圈狭窄，腹部白色，喉部、胸部及前后肢的背面呈淡褐色。

生活习性

栖息 主要栖息于寒带、亚寒带针叶林区的沼泽地边缘、河谷芦苇丛、柳树丛及白杨林中，也栖于湖泊及河流的沿岸及落叶松林和针阔混交林中。常活动在林缘和疏林地带，也常见于河岸灌丛。

活动规律 多在夜间活动，白天隐居洞穴中，行动机警，活动范围比较固定，常雌雄兔成对活动。冬季喜欢生活在桤木丛生的灌丛中，不轻易外出。降雪时，常筑成深度超过 1m 的洞穴。

繁殖 每年可繁殖 1~3 次，大多仅繁殖 1 次。每年的 2~4 月发情交配，怀孕期约 50 天，胎仔数一般在 2~5 只，最多可达 10 只。初生幼子身体有密毛，20 天后开始独立生活，性成熟期为 9~11 月龄，寿命为 10~13 年。

食物 主要的食物包括各种草类、树叶、嫩枝及树皮等。

保护 由于森林生境遭到破坏加之开垦农田等经济活动，使雪兔分布区和数量已大为缩减，因此，雪兔已被列入国家二级重点保护野生动物。通过加强保护区建设、恢复和保护其栖息地，严禁盲目开发，可有效保护其种群。

参考文献

金志民, 杨春文, 金建丽, 等, 2006. 雪兔冬季生态观察[J]. 牡丹江师范学院学报(自然科学版) (4): 5-6.

刘浩, 于洪伟, 刘永志, 2010. 大兴安岭林区雪兔冬季生境选择研究[J]. 林业科技, 35(5): 34-37.

罗泽珣, 1990. 我国野兔亚属分类的校订[J]. 北京师范学院学报(自然科学版), 11(3): 43-49.

伊拉木江·托合塔洪, 阿迪力·艾合麦提, 单文娟, 等, 2020. 新疆兔属三物种潜在生境分布及未来气候变化的影响[J]. 野生动物学报, 41 (1): 70-79.

（撰稿：郭聪；审稿：宛新荣）

雪兔—猞猁10年周期波动 the 10-year cycle of snowshoe hare and Canada lynx

北美洲雪兔（*Lepus americanus* Erxleben, 1777）与加拿大猞猁（*Lynx canadensis* Kerr, 1792）的种群动态呈约 8~11 年的周期性波动。这是许多生态学教材中捕食者—猎物模型（Lotka-Volterra predator–prey model）的经典案例。

围绕 10 年周期性波动产生的原因，各种假说相继提出。除了捕食因素，气候、食物因素也被认为发挥一定的作用。关于其周期性波动起因的研究，可分为两个方面：一为野外实验研究；二为数学及统计模型。野外实验研究方面，Krebs 等（1995）通过野外围栏实验对该现象的起因进行了长期研究，表明食物调节雪兔种群的作用较弱，捕食作用为主要原因。模型研究方面包括各种数学模型，如经典 Lotka-Volterra 捕食模型、植物—雪兔、植物—雪兔—猞猁模型等。Stenseth 等（1997）构建了食物—雪兔—捕食者模型，发现雪兔种群主要受到食物与捕食者调节，而猞猁主要受雪兔种

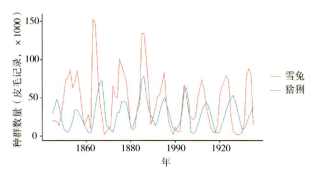

雪兔-猞猁周期性波动（Odum，1959）

群调节。中国的严川等（2013）构建了雪兔—猞猁—气候模型，发现捕食关系不是周期性波动产生的充分必要条件，大尺度的气候因素如厄尔尼诺/南方涛动（ENSO）、北大西洋涛动（NAO）等对周期性波动的持续和维持起关键作用。另外，一些研究强调外在因素的驱动，提出了太阳黑子、火灾、日月公转、宇宙射线等假说，但这些外在因子都无法单独解释10年周期性波动的原因。

参考文献

FOX J F, 1978. Forest fires and the snowshoe hare-Canada lynx cycle[J]. Oecologia, 31(3): 349-374.

KREBS C J, BOUTIN S, BOONSTRA R, et al, 1995. Impact of food and predation on the snowshoe hare cycle[J]. Science, 269(5227): 1112-1115.

SINCLAIR A R E, GOSLINE J M, 1997. Solar activity and mammal cycles in the Northern Hemisphere[J]. The American naturalist, 149(4): 776-784.

STENSETH N C, FALCK W, BJØRNSTAD O N, et al, 1997. Population regulation in snowshoe hare and Canadian lynx: Asymmetric food web configurations between hare and lynx[J]. Proceedings of the national academy of sciences of the United States of America, 94(10): 5147-5152.

YAN CHUAN, STENSETH N C, KREBS C J, et al, 2013. Linking climate change to population cycles of hares and lynx[J]. Global change biology, 19(11): 3263-3271.

（撰稿：严川；审稿：郭聪）

血吸虫病　schistosomiasis

一种具有严重危害性的人畜共患寄生虫病。广泛分布于中国长江流域及长江以南地区。病原体为分体科（Schistosomatidae）分体属（Schistosoma）的日本分体吸虫（Schistosoma japonicum）。成虫寄生于人和牛、羊、犬、猪及一些野生哺乳动物的门静脉和肠系膜静脉内。

形态特征　日本分体吸虫为雌雄异体，虫体呈线形。雄虫短而粗，乳白色，长10~20mm，宽0.5~0.55mm。口吸盘位于虫体前端，腹吸盘较大，粗短的柄使其突出于体缘。体壁从腹吸盘至尾部向腹面卷起形成抱雌沟，雌虫常居于雄虫抱雌沟内，呈合抱状态，交配产卵。食道在腹吸盘前分为两支肠管，在体后1/3处汇为1条盲肠。睾丸7个，呈椭圆形，串状排列于前部背侧，雄性生殖孔开口于腹吸盘后抱雌沟内。

雌虫较雄虫细长，暗褐色，长5~26mm，宽0.3mm。口、腹吸盘均较雄虫小。消化器官与雄虫基本相同。卵巢1个，呈椭圆形，位于中部偏后两肠管之间，其后端发出一输卵管，并折向前方延伸，在卵巢前面和卵黄管合并形成卵膜。雌性生殖孔开口于腹吸盘后方。

生活史　日本分体吸虫的发育和繁殖包括成虫、虫卵、毛蚴、尾蚴和童虫5个阶段。血吸虫成虫寄生于人或哺乳动物的门静脉和肠系膜静脉内。雌虫交配受精后，在血管内产卵，1条雌虫每天产卵1000个左右。产出的虫卵一部分顺血流到达肝脏，一部分逆血流沉积在肠壁形成结节。虫卵进入肠腔后随宿主粪便排出体外，在水中适宜条件下孵出毛蚴。当遇到中间宿主钉螺时，即钻入螺体内进行无性繁殖，可产生数万条尾蚴。尾蚴遇人或哺乳动物，侵入其皮肤后脱掉尾部，形成童虫。经小血管或淋巴管随血管到达肠系膜静脉内寄生，发育为成虫。成虫在动物体内的寿命一般为3~4年，也可能达20~30年，或者更长。

流行　日本分体吸虫分布于中国、日本、菲律宾及印度尼西亚和马来西亚等国。在中国广泛分布于长江流域和江南地区。

中国现已查明，除人体外，有31种野生哺乳动物，如家鼠、田鼠、狐狸、野猪等，8种家畜包括黄牛、水牛、羊、猫、猪、犬及马属动物等均可感染日本分体吸虫。以耕牛、沟鼠的感染率为最高。人和动物的感染主要与其在生产和生活过程中接触含有尾蚴的水源有关。感染途径主要是经皮肤感染，还可通过吞食尾蚴的水、草经口腔黏膜感染，以及经胎盘感染。一般钉螺阳性率高的地区，人、畜感染率

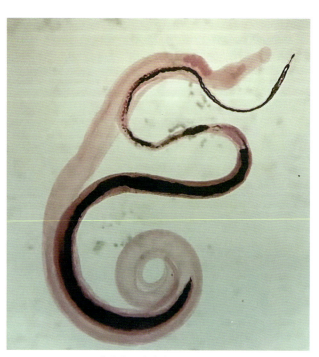

日本分体吸虫成虫（卢致民提供）

也高。

致病性 尾蚴穿透皮肤时可引起皮炎。童虫在体内移行时，其分泌与代谢产物以及死亡崩解产物可引起经过器官的血管发炎，发生毛细血管栓塞、破裂、出血等。临床表现为咳嗽、发热和肺炎症状，肝脏可出现充血和脓肿。成虫对寄生部位仅引起轻微机械损伤，成虫死亡后被血流带到肝脏，可使血管栓塞并发生炎症反应。虫卵沉着在宿主肝脏和肠壁等组织，可形成虫卵肉芽肿，是导致宿主肝硬化及肠壁纤维化等一系列病变的根本原因。

诊断 在流行区，可根据临床表现和流行病学资料做出初步诊断，但确诊还需病原学检查和血清学试验诊断。病原学诊断最常用的方法即虫卵毛蚴孵化法。其次是沉淀法，改进后为尼龙绢袋集卵法。近年来免疫学诊断方法如环卵沉淀试验、间接血凝试验、酶联免疫吸附试验和尾蚴膜反应均已应用到生产实践。

防治 日本分体吸虫的预防要采取综合防控策略，预防为主、防治结合、分类管理、综合治理、联防联控，人和家畜同步防治，重点加强对污染源的管理。具体措施有：①控制和消灭钉螺（化学药物灭螺或环境改造灭螺等）。②人群病情调查。③人畜同步查治，安全放牧，加强粪便和用水管理。④做好疫情监测和突发疫情应急处理。

对感染日本分体吸虫的患者常口服吡喹酮治疗。对牛、羊等家畜的感染可采取一次口服吡喹酮 20~30mg/kg 或一次口服硝硫氰胺 60mg/kg 治疗。水牛可按 75mg/kg 体重的剂量，5 日分服，每日一次。

参考文献

宁长申, 周继贤, 杨可真, 1995. 畜禽寄生虫病学[M]. 北京: 北京农业大学出版社: 39-43.

张西臣, 李建华, 2010. 动物寄生虫病学[M]. 3版. 北京: 科学出版社: 91-96.

（撰稿：王健；审稿：何宏轩）

亚砷酸钙　calcium arsenite

一种在中国未登记的杀鼠剂。又名亚砒酸钙。化学式 $Ca_3(AsO_3)_2$，相对分子质量 366.08，熔点 1455℃，密度 $3.62g/cm^3$。白色粉末无味，微溶于水，遇酸产生剧毒的三氧化二砷。可由吸入、食入、经皮吸收。剧毒物质，用作杀虫剂、杀菌剂、杀软体动物药。砷及其化合物对体内酶蛋白的巯基有特殊亲和力。亚砷酸钙对大鼠、小鼠、兔和狗口服半致死剂量（LD_{50}）分别为：812mg/kg、794mg/kg、50mg/kg 和 30mg/kg。也有报道对大鼠口服半致死剂量（LD_{50}）为 20mg/kg。

（撰稿：王大伟；审稿：刘晓辉）

亚砷酸钠　sodium arsenite

一种在中国未登记的杀鼠剂。又名偏亚砷酸钠。化学式 $NaAsO_2$，相对分子质量 129.91，熔点 550℃，密度 $1.87g/cm^3$，水溶性 156g/100ml。白色或灰色粉末，易潮湿，易溶于水，稍溶于醇，在空气中吸收二氧化碳产生亚砷酸氢钠。主要用于农药和杀虫剂，也用于木材防腐、保鲜、肥皂添加剂等。是剧毒物质，吸入、口服或经皮吸收均可引起急性中毒，严重的急性中毒可能导致神经系统损伤，导致感觉失去协调，或"如坐针毡"的感觉，最终瘫痪以至死亡。对大鼠的口服半致死剂量（LD_{50}）为 41mg/kg。

（撰稿：宋英；审稿：刘晓辉）

亚砷酸铜　cupric arsenite

目前在中国为未登记杀鼠剂。化学式 $CuHAsO_3$，相对分子质量 187.47，相对密度（水 =1）> 1.1（20℃）。淡绿色粉末，不溶于水、醇，溶于酸、氨水，受高热分解，放出高毒的烟气。主要可用作农业杀虫剂，也可用作除草剂、抗真菌剂和灭鼠剂，剧毒，可引起呼吸道及神经系统症状，也可因呼吸中枢麻痹而死亡。在皮肤接触后，应立即用大量流动清水冲洗并马上就医。

（撰稿：宋英；审稿：刘晓辉）

岩松鼠　*Sciurotamias davidianus* Milne-Edwards

一种栖息于林区的中型啮齿动物，对林业生产可能有轻微危害。又名扫毛子、石老鼠、毛老鼠、松鼠。英文名 david's rock squirrel。啮齿目（Rodentia）松鼠科（Sciuridae）岩松鼠属（*Sciurotamias*）。

岩松鼠为中国特有种，在中国分布于安徽、北京、甘肃、贵州、河北、河南、湖北、辽宁、宁夏、陕西、山西、四川、天津、云南、重庆等地。Milne-Edwards 于 1867 年把采自北京地区的标本定名为 *Sciurus davidianus*；Miller 于 1901 年将其订正为 *Sciurotamias davidianus*。迄今为止，有关岩松鼠的种级分类地位未见争议。岩松鼠在中国已知有 3 个亚种，即指名亚种（*Sciurotamias davidianus davidianus*）、湖北亚种（*Sciurotamias davidianus saltitans*）和四川亚种（*Sciurotamias davidianus consobrinus*）。

形态

外形　体型中等，体长约 210mm，尾长短于体长。尾毛蓬松，较稀疏。前足掌部裸露，掌垫 2 枚，指垫 3 枚；后足蹠部被毛，无蹠垫，趾垫 4 枚。前足第四指一般长于第三指。雌性有乳头 3 对，包括胸部 1 对、鼠蹊部 2 对。有颊囊（图 1）。

毛色　身体背部自头至尾基部、体侧及四肢外侧均呈青黄褐色。背毛的毛基灰黑色，上段灰褐色略黄。背毛之中尚杂有较多黑褐色而毛尖淡黄的粗毛，也有一些全黑色毛。体腹面及四肢内侧呈淡赭黄色，毛基灰色，端部棕黄。尾基背面与体背同色。其余部分的毛为棕黄色，上段黑褐色，毛

图 1　岩松鼠（张洪茂提供）

尖白色，因而尾的周缘在外观上呈现黑色和白色环。眼周有淡黄色眼圈，耳壳上被有暗褐色短毛，耳壳背面基部有灰白色斑。

头骨　外观为长椭圆形，吻长而略宽，眶间宽小于鼻骨长，眶后突不甚发达，颧骨平直，听泡较大（图2）。

主要鉴别特征　岩松鼠体型中等，耳壳后有灰白色斑，尾毛蓬松，尾之两侧及尾端部毛呈黑白二色，形成两色环带，尾端部毛的白色尤为显著。

生活习性

栖息地　营半树栖半地栖生活，主要栖息于山地、丘陵等多岩石地区，可见于林缘、灌丛、耕作区及居民点附近，夏秋季节常到农田附近取食农作物及瓜果等。岩松鼠的栖息地包括产仔地、觅食地、短暂停息地和夜宿地等4类。①产仔地。多见于山地的岩壁缝隙、河溪石崖峭壁洞穴、水沟、土壁上的土洞、鸟类的弃巢等处，具有环境偏僻、人为干扰少、食物丰盛、向阳背风、便于隐蔽等自然条件。②觅食地。包括果园、菜园、地埂、田边、悬崖峭壁、山间人行小道、公路两侧、油松和华山松林缘、沟边，以溪流间油松附近的悬崖峭壁地段最多。③短暂停息地。多位于溪涧路边的巨石、枯树倒木、堆石、山区民居屋脊等处。④夜宿地。岩松鼠的夜宿地多选择在悬崖峭壁的石洞、石缝等处。夜宿时呈卧、蹲、爬、蜷缩等姿势。夜宿地常有变更。

洞穴　多栖息于山地林区，常在峭壁、灌丛下的岩缝、石洞等处营巢。

食物　以植物种子、果实等为主（超过90%），如核桃、山桃、山杏、栎类、松柏类的种子或树叶、树皮等。进食时，岩松鼠常以前足抱握食物，后足呈站立姿势。岩松鼠也取食少量动物性食物（少于10%），如直翅目、鞘翅目昆虫等。

活动规律　一般白天活动，不冬眠。常于白天在灌丛、杂草中活动，较少上树。攀缘、跳跃能力较强，性机敏，遇有惊扰，即进入洞中；惊扰消除后，旋即出洞察看。

繁殖　岩松鼠通常每年繁殖1次，春季交配，每胎可产2~5仔，多者可达8仔。6月出现幼鼠，秋末为种群数量高峰期。雄鼠的阴囊自2月下旬至9~10月均外露。以5~6月阴囊特别膨大。雌鼠的乳头9~10月萎缩，表明繁殖已终止。寿命为3~12年。

每年的5~7月为岩松鼠的繁殖期。4月下旬出现发情行为，5月中旬性成熟的雄鼠普遍发情。雌鼠发情略晚且有明显的周期性（约30天），发情期持续8~10天（盛期3~5天）。在发情期，雄鼠特别活跃，天亮即出巢活动，并伴有鸣叫。雌、雄个体相互追逐、亲昵、嬉戏。日活动节律呈双峰型（7:00~8:00和17:00~18:00）。在交配期，雄鼠常于天亮后在巢区内追逐1只或数只雌鼠。如果雌鼠尚未发情、拒绝雄鼠接近，雄鼠即放弃追逐，进而追逐其他雌鼠。雌鼠拒绝雄鼠的方式是自行离去，或向雄鼠发出威胁声直至雄鼠离开。交配时，雌性与雄性背腹相贴（雄上雌下），雄鼠叼住雌鼠的颈部，以前肢抱住雌鼠，臀部连续抖动，并发出"叽-叽"的叫声，交配持续1.5~2.5秒（n=17）。交配类型为单次爬跨射精型。交配过程包括追逐、接近、嗅闻、爬跨、插入、抽动、射精、理毛等行为。雌鼠怀孕后活动减少，并躲避雄鼠的追逐。在山西历山地区，岩松鼠每年繁殖1次，每胎产2~6仔（n=21）。刚产出的幼仔体表裸露无毛，双目紧闭；两耳孔明显，体色粉红，体重6~8g（n=19）。幼仔生长至40~45日龄时，即与其双亲分居，开始独立生活。

危害　在山区森林环境中数量较多，是松鼠科的优势鼠种。在农林交错区，从春天农作物发芽开始，就对青苗产生危害。岩松鼠有贮藏食物习性，秋季庄稼成熟后，常被整棵咬断，搬运至巢中。岩松鼠的一个仓库能贮存20多个核桃和其他豆类、谷物等作物种子。因其主要以多种树木的种子为食，亦盗食和损毁农作物及瓜果，故对农、林业均有一定程度的危害。但是，岩松鼠通过分散贮藏林木种子而对林木更新具有一定的积极作用。岩松鼠的毛皮可用于制作衣、帽、手套等。岩松鼠已被列入《国家保护的有益的或者有重要经济、科学研究价值的陆生野生动物名录》、中国生物多样性红色名录，被世界自然保护联盟（IUCN）评估为"无危（LC）"等级、列入濒危物种红色名录（version3.1）。

参考文献

陈卫, 高武, 傅必谦, 2002. 北京兽类志[M]. 北京: 北京出版社.

黄文几, 陈延熹, 温业新, 1995. 中国啮齿类[M]. 上海: 复旦大学出版社: 231-233.

李成华, 刘山河, 任高科, 1999. 历山保护区岩松鼠的生态观察[C]//中国动物科学研究——中国动物学会第十四届会员代表大会及中国动物学会65周年年会论文集. 北京: 中国林业出版社.

路纪琪, 王廷正, 1996 河南省啮齿动物区系与区划研究[J]. 兽类学报, 16(2): 119-128.

路纪琪, 王振龙, 2012. 河南啮齿动物区系与生态[M]. 郑州: 郑州大学出版社.

路纪琪, 张知彬, 2005. Food hoarding behavior of David's rock squirrel (*Sciurotamias davidianus*)[J]. 动物学报, 51(3): 376-382.

王廷正, 许文贤, 1993. 陕西啮齿动物志[M]. 西安: 陕西师范大学出版社.

郑生武, 宋世英, 2010. 秦岭兽类志[M]. 北京: 中国林业出版社.

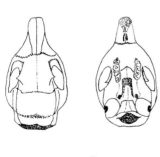

图2　岩松鼠头骨图（路纪琪提供）

（撰稿：路纪琪；审稿：郭聪）

眼镜王蛇 *Ophiophagus hannah* Cantor

鼠类的天敌之一。又名过山峰、山万蛇、过山风、大扁颈蛇、大眼镜蛇、大扁头风、扁颈蛇、大膨颈、吹风蛇、过山标等。英文名 king cobra。有鳞目（Serpentes）眼镜蛇科（Elapidae）眼镜蛇亚科（Elapinae）眼镜王蛇属（*Ophiophagus*）。

眼镜王蛇（郭鹏摄）

中国分布于福建、广东、广西、贵州、海南、湖南、江西、四川、西藏（墨脱）、云南、浙江。国外分布于东南亚及南亚各国。垂直分布于海拔 225～1800m 的区域。

形态 世界上最大的前沟牙类毒蛇，国内最长记录为 3276+530mm。颈部平扁扩大，作攻击姿态，无"眼镜"状斑纹；头圆钝，与颈区分不甚明显。

体色一般黑褐色，颈背面一般有"V"形黄白色斑，颈以后有镶黑边较窄的白色横纹 34～45+8～17 条，腹面灰褐色，幼蛇色斑较成体更为鲜艳，头背还有 2 条鲜黄色细横纹。

主要鉴别特征：头背除正常的 9 对称大鳞外，顶鳞之后还有 1 对较大枕鳞，颊鳞无；眶前鳞 1 枚，眶后鳞 3 枚；颞鳞 2+2（个别一侧 3）枚；上唇鳞 7（2—2—3）枚；下唇鳞 7～9 枚，前 3 枚或前 4 枚接前颏片；颏片 2 对；背鳞 19（17）—15—15 行，平滑，脊鳞两侧数行窄长，斜列；腹鳞 237～250 枚；肛鳞完整；尾下鳞 81～94 对。

生态及习性 眼镜王蛇主要分布在沿海低地、丘陵地区和山区水源丰富、林木茂盛的地方，可攀缘上树。主食蛇类，也可捕食鼠类、鸟类。

眼镜王蛇多于白天活动，行动迅速，见到人时不害怕。卵生，6 月份产卵，卵数 21～40 枚，多者可达 51 枚，卵径 57.6～64.3mm×32.3～36.0mm。母蛇有护卵习性，盘伏在上层的落叶堆上，有时雄蛇也参与护卵，孵出的仔蛇长 460～640mm，体重 19～26g。

参考文献

赵尔宓, 2006. 中国蛇类: 上[M]. 合肥: 安徽科学技术出版社.

赵尔宓, 黄美华, 宗愉, 等, 1998. 中国动物志: 爬行纲 第三卷 有鳞目 蛇亚目[M]. 北京: 科学出版社.

（撰稿：郭鹏；审稿：王勇）

鼹形田鼠 *Ellobius talpinus* Pallas

中国蒙新区广泛分布的一种地下害鼠，主要栖息于山地草原和荒漠草原。啮齿目（Rodentia）仓鼠科（Cricetidae）田鼠亚科（Microtinae）鼹形田鼠属（*Ellobius*）。

鼹形田鼠在新疆境内广泛分布于东天山、西天山、准噶尔阿拉套山、阿尔泰山、塔尔巴哈台山、萨吾尔山、巴尔鲁克山、加依尔山、玛伊尔山等山地，以及准噶尔盆地边缘的山前平原、伊犁谷地、博尔塔拉谷地、额敏谷地、和布克谷地和额尔齐斯河、乌伦古河流域平原。在哈密西部的七角井山间盆地曾见有鼹形田鼠的陈旧土丘。尚见于甘肃河西走廊、夏河和陕北、内蒙古中部。国外分布于蒙古西部和西南部、乌克兰南部至中亚和阿尔泰的广大区域。

已描述的亚种多达 13～14 个。所描记的亚种多以毛色及体型之大小为依据，故其中有些亚种可能是同物异名。据文献记载，新疆境内存在下述 3 个亚种：

准噶尔亚种（*Ellobius talpinus ursulus* Thomas, 1912），体背毛色鲜艳，呈棕黄色；头顶黑褐色。分布于准噶尔北部山地及山前平原。与 *Ellobius talpinus canescens* 可能同物异名。

天山亚种（*Ellobius talpinus caenosus* Thomas, 1912），体型较前者略大；体背毛色亦较前者深暗，呈驼色；头顶黑色，而且愈接近吻端愈黑。黑化个体较多。分布于西部天山山地及山前地带。

哈密亚种（*Ellobius talpinus albicatus* Thomas, 1912），仅据文献得知本亚种分布于东疆哈密东南山地。因未获得此地之标本，尚不能作出比较。

形态

外形 体形粗壮。体长 110～132mm，尾甚短，微显露，其长明显小于后足长，平均为体长的 12.2%。鼹形田鼠具一系列适应地下隧道生活的形态构造。耳壳高度退化，只在被毛之下有一耳孔。上下门齿穿出于口唇之外，与口腔分离。有眼，但甚小。前后足之足掌裸露，无毛，足垫发达；足掌两侧及趾（指）缘生有梳状排列的密毛（图 1）。

毛色 整个身体被以细软绒毛，仅在臀部杂有少许长毛。体背自吻端经头顶至耳孔处为黑色或黑褐色，从耳后至尾基为驼色或棕黄色，体背与体侧毛色境界分明。体侧与腹面污白，毛基深灰。除上述常态毛色之外，还存在一些黑化个体：全身乌黑，仅在颔下有一小块白毛，尾端有一小束白毛。黑化个体在乌鲁木齐至玛纳斯一段天山山地数量较多，约占捕获总数的 1/3。

头骨 头骨坚实。鼻骨短缩，其前端明显短于前颌骨突出部。颧弓向外膨出，其最宽处位于颧弓后部。额骨眶间部中央略微凹陷，额骨后部中央有两条微弱的骨嵴，呈"八"字形。两块顶骨的外侧各有一条发达的骨嵴，向前和向后分别与额骨后部骨嵴与枕嵴相接。顶间骨左右径之长约为其前后径的 2 倍，近似长方形。鳞骨前方的眶后突起十分微弱，不若其他田鼠那样发达。下颌骨角突甚小，喙突发达；在关节突的外侧有一十分明显的下门齿末端所形成的齿槽突起，其高与关节突平齐（图 2）。

上门齿甚长，而且显著前倾，唇面的釉质为白色。成体的臼齿具齿根。上下臼齿咀嚼面的釉质环相融合，齿环结构简单，不形成完全封闭的移形三角形（图3）。第一上臼齿内外侧各有 3 个凸角和 2 个凹角；第二上臼齿外侧具 3 个凸角和 2 个凹角，内侧具 2 个凸角和 1 个凹角；第三上臼齿内外侧各具 1 个凹角，咀嚼面呈二分叶状。

体形 据 14 只外形量度，8 只头骨量度，体长 110—119.4—132，尾长 12—14.6—18，后足长 21.6~23，颅全长 30.5—32.8—35.7，颅基长 28.8—30.9—32.6，后头宽 14.2—14.7—15.2，听泡长 7.0—7.6—8.3，鼻骨长 8.1—8.7—8.9，颧宽 19.9—22.0—23.5，眶间宽 5.2—5.6—6.0，上齿隙长 11.2—12.3—13.8，上白齿列长 7.7—8.0—8.7mm。

生活习性

栖息地 鼹形田鼠为典型的草原动物，其垂直分布的范围可从山前荒漠草原上升至亚高山草甸带。在此范围内以山地森林草甸草原带和山地草原带栖息密度最大。避开过度潮湿的高山草甸和极度干旱的沙漠。鼹形田鼠的适宜生境多位于土层较厚、土质疏松、植物繁盛，而且根系发育良好的地段。在山地多栖息在沟谷的谷底和山脚下、林间空地、缓坡，以及开阔草地的低注处；多砾石及土层较薄地段则很少栖息。在山前草原和丘陵地带，栖息于丘陵之间的低地及沟槽等植被发育较好的地方。偶可见于山前绿洲农田。

洞穴 鼹形田鼠营地下隧道生活，并在隧道中觅食，故其洞穴结构十分复杂。其洞道可分为主洞道、排土洞道、分支洞道、垂直洞道和栖息洞道几种类型。

①主洞道。为采食及来往行动的洞道，洞顶距地面 15~20cm。直径 5~7cm，四壁光滑。洞道与地面大体平行，蜿蜒曲折，长短不一，少则 10~20m，多者可达百余米，视地面植被发育状况而异。植被茂密，植物地下根茎丰富地段，洞道则短些，反之则长些。

②排土洞道。是鼹形田鼠为了将挖掘主洞道时挖下的土推出地面所开凿的侧道。排土洞道斜向地面，其洞口与主洞道的水平距离仅 10~20cm。它们在挖掘主洞道过程中，随时将挖下的洞土推到地面，在地面上堆积成一堆堆串珠般的新月形土丘。土丘的底部约 30cm×40cm，高约 10~15cm。排土完毕后即将此洞口及排土洞道用土填塞。排土洞道位于主洞道两侧，或左或右，无一定规律。地面土丘间的距离多为 1~2m，间有更长些的。

③分支洞道。系主洞道的侧支，一端与主洞道相通，另一端为盲端。其深度和直径与主洞道相似，亦作为采食之用。当发现前方植物地下根茎不丰富时，即放弃挖掘而成盲端。

④垂直洞道。通常位于排土洞道与主洞道结合部附近，其洞道与主洞道垂直，呈圆锥形接近地面，有时有一小孔与地面相通，但在地面上很难发现。鼹形田鼠从此小洞将整株植物拖入洞中，供其食用。垂直洞道可能是鼹形田鼠从洞内采集绿色食物门路之一，至于是否还有其他用途，尚不清楚。

图 1 鼹形田鼠（倪亦非摄）

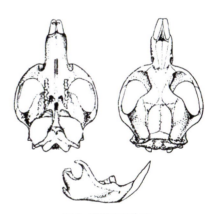

图 2 鼹形田鼠头骨

图 3 鼹形田鼠上臼齿列咀嚼面

⑤栖息洞道。与主洞道相通，斜向深处。洞端有窝巢、仓库和厕所。巢室约 17cm×17cm×13cm，呈碗状，巢材由干枯的禾草构成。仓库位于巢室附近，容积较大，约 25cm×25cm×13cm，数目不等。厕所亦在巢室附近，为一短小盲洞。

巢室有冬用与夏用之分，夏巢较浅，距地面 30~40cm，其附近未发现仓库，但在其巢内发现有吃剩下的植物根茎；冬巢则较深，位于冻土层以下，有仓库。

活动性与食性 鼹形田鼠为昼间活动鼠类。其活动主要为开凿地下坑道，从中寻觅植物根茎。6~8 月间在 10:00 以前，18:00 以后最为活跃。此时可见其频繁地向外排土，地面上出现许多新鲜的土丘。鼹形田鼠虽营地下生活方式，但有时也到地面上来。这点可由食肉动物兔狲的胃内容物和猛禽吐物中发现鼹形田鼠头骨碎片，以及在其洞内仓库中发现野生大麦穗，得以证明。

鼹形田鼠主要食物为植物的地下部分，如兰芹的肥大圆锥根和多种植物的地下茎。但也取食少量的植物绿色部分和种子。秋季贮藏食物，以备越冬。

繁殖 据新疆八一农学院王伦等在乌鲁木齐南山的观察，4 月有孕鼠出现，但数量不多。5 月孕鼠数量开始上升，至 6 月达到第一次繁殖高峰；7 月孕鼠数明显下降，8 月份出现第二次繁殖高峰。胎仔数一般为 4 只，最多达 8 只。种群的雌雄性比为 1.0∶0.93。参加繁殖的雌鼠占成年雌鼠的 51%，即有半数成年雌鼠不参加繁殖。这说明鼹形田鼠的种群繁殖力比较弱，可能是对于营地下生活方式、栖息环境比较稳定的一种适应。

动物流行病学资料 1928 年于哈萨克斯坦西部黄鼠鼠疫动物病流行期间，首次从鼹形田鼠尸体内分离出鼠疫杆菌。实验证明，鼹形田鼠对鼠疫杆菌十分敏感，其敏感性与毛脚跳鼠和柽柳沙鼠相似。鼹形田鼠只是偶然感染鼠疫，动物流行病学意义不大。曾在北疆天山山地鼹形田鼠体上检出短头客蚤（*Xenopsylla magdalinae*）和刺丛双蚤（*Amphipsylla dumalis*）。前者为鼹形田鼠之专嗜蚤种。在革螨中，叶瑞玉等曾发现有新疆赫刺螨（*Hirstionyssus xinjiangensis*，待发表的新种）、巢仿血革螨（*Haemogamasus nidiformes*）、两栖上厉螨（*Hyperlaelaps amphibius*）和东北血革螨（*Haemogamasus mandschuricus*）。

危害 鼹形田鼠对天然草场具有巨大破坏作用。由于它营地下生活，不断挖掘坑道觅食，将大量下层土壤抛出地面，通过造丘行为，不仅掩埋大量植株个体，而且形成裸露地表，增加环境异质性，为"机会主义"和种子繁殖植物的定居创造条件，从而改变草地物种多样性和生产力。在降水充分的草甸草原，这种危害仅限于当年牧草产量的减少，对植被的组成改变不大。但植被覆盖度较低的山前荒漠草原，由于土丘的大量覆盖，往往可导致植被组成的演变，加剧草原退化，严重影响畜牧业发展。据新疆治蝗灭鼠机构 1968 年资料，西部天山山地（昭苏）、阿尔泰山地（布尔津）及萨吾尔山地（新疆生产建设兵团 14 团牧场）等重危害区，鼹形田鼠土丘密度每公顷 2000~4000 个。因此新疆畜牧部门将其列为主要害鼠之一。

鼹形田鼠对草场发育有其消极方面，也有其积极方面。积极方面表现在将含有机物质及不同盐类成分的下层土壤翻到地面上，可增加土壤肥力，地下的坑道网有助于空气和水分进入土壤，因此有利于植物生长。

防治技术 鼹形田鼠造成危害时，应加强监测，注意动态变化，以防为主，防治结合，采取天敌调控、物理防治、不育药物防治措施，遏制其种群数量增长势头，进行一般性防治。当造成严重危害时，首先要采取杀鼠剂快速降低种群数量，同时采取禁牧、休牧、补播、培育、改良等生态治理措施，改造秃斑，促进草地植被恢复。

药物喷草法对消灭鼹形田鼠亦有良好的效果。此法是将氟乙酰胺、甘氟、毒鼠磷-206 等内吸性毒剂（已禁用），喷洒在鼹形田鼠新鲜土丘周围的植物上。毒液被植物吸收，并传导至根部，当鼠啃食植物地下根茎时便被毒死。据王伦等野外试验，1%~2% 浓度的毒鼠磷-206 每平方米喷洒 40ml，灭鼠效果极佳。

药物防控 一种采取杀鼠剂和不育剂有效控制鼠密度的方法。药物可选用 C/D 型肉毒素、溴敌隆、雷公藤甲素、莪术醇等。投药时间应春季 4~5 月，或秋季 9~10 月。投药前应公布投放区域、范围、时间、安全措施及其他注意事项。投药方法宜使用破洞投饵法或扦插投饵法。破洞投饵法：首先确定洞道，在洞道上方用铁锹挖一个直径约 15cm 上大下小的洞，清理浮土，再用长柄勺把毒饵投放到洞道深处，投放后，以原来的地皮严密封住洞道，同时在草皮周边覆盖一层细土。扦插投饵法：探明洞道后，将一根一段削尖的木棒插入洞道。插洞时注意不要破坏洞道。用勺取一定数量毒饵，投入洞内，封死洞口。主洞道的位置皆在新月形土丘的内凹面一侧，距土丘中心约 15cm 处。

天敌调控 一种利用猛禽、肉食哺乳动物及蛇类等鼹形田鼠天敌减轻鼠害的措施。在危害较轻区域，宜加大保护天敌力度，禁止猎捕天敌。在危害严重区域，建设鹰架，招鹰控鼠。

物理防治 一种使用捕鼠器械，如地弓、地箭等捕捉鼹形田鼠的防控措施。探钎探明洞道，判断鼹形田鼠行动方向后布置捕鼠器械，箭应抽插数次，确保箭射下过程中无阻碍，触发机关的挡杆应横向卡在洞道中间位置上，触发力度应尽量小，箭射下之后，要恰在洞道的正中位置。

生态治理 是一种改变鼹形田鼠栖息地环境、恢复草地植被、抑制其种群数量的措施。对鼹形田鼠危害严重区域应进行植被修复，划定严重危害区，禁牧 3~5 年，采取化学方法降低鼹形田鼠种群密度，在水分充足的地区，可选择本地优质牧草进行补播，施肥，有条件可进行灌溉。

参考文献

马勇, 王逢桂, 金善科, 等, 1987. 新疆北部地区啮齿动物的分类和分布[M]. 北京: 科学出版社: 159-163.

王逢桂, 郝守身, 赵勇, 等, 1984. 鼹形田鼠的洞系结构及杀灭方法[J]. 动物学杂志(6): 40-43.

王思博, 杨赣源, 1983. 新疆啮齿动物志[M]. 乌鲁木齐: 新疆人民出版社: 177-181.

（撰稿：倪亦非；审稿：王登）

扬州大学行为生态学研究团队　Laboratory of Behavioral Ecology, Yangzhou University

扬州大学是江苏省属重点综合性大学。1992年，学校由扬州师范学院、江苏农学院、扬州工学院、扬州医学院、江苏水利工程专科学校、江苏商业专科学校等6所高校合并组建而成。学校现设有29个学院，博士后流动站14个，一级学科博士学位授权点11个，一级学科硕士学位授权点44个；拥有国家级重点学科2个，省优势学科5个，省重点序列学科1个，省一级学科重点学科6个。行为生态学研究团队由魏万红教授依托扬州大学生物科学与技术学院于2002年组建。魏万红教授，博士生导师，是扬州大学生态学一级学科学术带头人、中国兽类学会理事会副理事长、中国生态学会动物生态专业委员会委员和《兽类学报》编委。主要从事青藏高原野生动物、鼠类行为生态学和有害动物防治等方面的研究。

扬州大学行为生态学研究团队主要在植物次生代谢物在动植物协同进化中的作用、气味通讯在猎物—天敌动物相互关系中的作用、动物行为的神经机制和水生动物营养与饲料开发等4个领域进行系统的研究。

2002年以来，团队主持过科技部973项目、国家科技攻关项目、国家自然科学基金面上项目、国家青年基金、江苏省农业三新工程、中国博士后面上项目、江苏省高校自然科学研究面上项目、江苏省农业资源开发项目、动物营养学国家重点实验室及江苏省重点实验室开放课题。获得过青海省科学技术成果奖，国家教育部科学技术成果奖，国家教育部科学技术进步奖（自然科学奖，二等）。团队成员先后赴美国、加拿大、英国和日本等知名高校和研究机构进行合作交流。

已取得的研究成果：发现总酚是影响根田鼠取食的重要植物次生代谢物；从高原鼠兔、高原鼢鼠和根田鼠盲肠中分离出9种单宁降解菌，且高原鼢鼠的单宁降解菌还具纤维素酶的能力；植物次生代谢物6-MBOA含量随羊草的发育而下降，布氏田鼠啃食能诱导羊草的化学动态防御；布氏田鼠能识别不同物种的气味，对天敌动物气味产生强烈的躲避行为和应激反应；长期暴露于天敌动物气味下，布氏田鼠防御行为和应激反应强度显著下降。围绕研究方向，团队搭建了两个层次的平台：第一层次是面向团队所有方向的公共平台，包括基因组学平台、蛋白质组学平台、动物显微组织结构研究平台；第二层次是突出各研究方向特色的平台，包括植物和动物化学物质的分离和提取平台、啮齿和水生动物行为学研究平台。

（撰稿：戴鑫；审稿：魏万红）

杨荷芳　Yang Hefang

中国科学院动物研究所硕士研究生导师、博士研究生导师。

个人简介　1931年8月出生于江苏常州。1953年从复旦大学生物系毕业，毕业当年即到中国科学院动物研究所工作。1955年赴苏联留学，1960年在获得莫斯科大学生物学系副博士学位后回到中国科学院动物所工作。1989年以交换访问学者身份赴澳大利亚合作工作半年。曾担任北京动物学会理事、副秘书长，《动物学杂志》编委，《生态学杂志》编委、顾问编委等职。

成果贡献　主要从事鼠类生态、鸟类生态及有害动物防治的研究，涉及的领域有种群动态、种群调节、生理生态等方面。成果贡献：共主持"七五"科技攻关项目、中国科学院自然科学重大项目及国家自然科学基金等十多项课题，在实验室和野外取得了大量的数据资料。在鼠类研究方面，对主要害鼠的种群数量、变动规律及种群调节的关键理论问题，进行了长期系统的研究，发现并阐明了其中的一些基本规律、类型及其内外调控因子的作用。有关鼠类种群内部调节问题，属首次在中国鼠类自然种群及实验种群中进行探讨，并以种群繁殖动态、死亡率及形态生理指标为突破口，阐明了种群不同发展阶段的负反馈机理，为鼠害的预测、监控提供了必要的指标及参数，从而有效地预示了种群的发展趋势。在此基础上，对鼠害防治进行了多途径探讨，包括化学防治途径的改进、微生物防治途径的探讨及综合防治的研究，取得了较为明显的经济、生态及社会效益。发表了论著及综述等40余篇。

所获荣誉　一些重大科研项目获奖："呼伦贝尔草原布氏田鼠种群生态学的研究"于1982年获得了中国科学院科技成果奖二等奖；"华北旱作区大仓鼠、黑线仓鼠种群生态学及综合防治的研究"于1991年获中国科学院科技进步二等奖；"农牧区鼠害综合治理技术研究"于1994年获中国科学院科技进步二等奖。

（撰稿：李宏俊；审稿：张知彬）

养分分配　nutrient allocation

所有的成体鼠类必须获取食物，从中消化、吸收及同化，进而在各种需求之间进行分配。首先必须满足的需求包括：机体基础代谢、细胞维持、组织更新、温度调节和摄取食物的运动消耗。在这些需求得到满足后，其他能量和养分将在生长与繁殖的生理和行为需求间进行分配，或将其以脂肪的形式贮存。鼠类繁殖不仅对能量和其他养分的需求增加，氨基酸、维生素、矿物质等养分需求也明显增加。怀孕期间，子宫增生、胎儿增长，在泌乳期不仅给幼体提供营养丰富的乳汁，还要给幼体提供体温、清洁、带其外出觅食及警戒等。

参考文献

HUME I D, KARASOV W H, DARKEN B W, 1993. Acetate, butyrate and proline uptake in the caecum and colon of prairie voles (*Microtus ochrogaster*)[J]. The journal of experimental biology, 176: 285-297.

KARASOV W H, CARLOS M D R, 2007. Physiological ecology: how animals process energy, nutrients and toxins[M]. Princeton, New Jersey: Princeton University Press.

REHFELDT C, LANG I S, GÖRS S, et al, 2011. Limited and excess dietary protein during gestation affects growth and compositional traits in gilts and impairs offspring fetal growth[J]. Journal of animal science, 89: 329-341.

ROBBINS C T, 1993. Wildlife feeding and nutrition[M]. 2nd ed. California: Academic Press.

（撰稿：李俊年；审稿：陶双伦）

养分吸收　nutrient absorbtion

食物中营养物质在动物消化道内经物理的、化学的、微生物的消化后，经消化道上皮细胞进入血液和淋巴的过程。

胞饮吸收　细胞通过伸出伪足或与物质接触处的膜内陷，从而将这些物质包入细胞内的过程。初生哺乳动物对初乳中免疫球蛋白的吸收是胞饮吸收。

被动吸收　通过滤过、简单扩散和易化扩散（需要载体）等多种形式吸收的过程。不消耗能量，一些低分子量物质，如简单肽、短链脂肪酸、各种离子、电解质、维生素和水等的吸收即为被动吸收。

主动吸收　通过机体消耗能量，依靠细胞壁来完成的一种逆电化学梯度的物质转运形式，这种吸收形式是高等动物吸收营养物质的主要方式。如葡萄糖和氨基酸等的吸收即为主动吸收。

植食性小哺乳动物通过食粪行为，重吸收粪便中未被利用的养分。啮齿动物排出的软粪富含微生物蛋白、小肽、维生素及多种未被消化道降解和吸收的营养物质。

参考文献

KARASOV W H, CARLOS M D R, 2007. Physiological ecology: how animals process energy, nutrients and toxins[M]. Princeton, New Jersey: Princeton University Press.

LANGER P, 2002. The digestive tract and life history of small mammals[J]. Mammal review, 32: 107-131.

LEE W M, HOUSTON D C, 1993. The role of coprophagy in digestion in voles (*Microtus agrestis* and *Clethrionomys glareolus*)[J]. Functional ecology, 7: 427-432.

ROBBINS C T, 1993. Wildlife feeding and nutrition[M]. 2nd ed. California: Academic Press.

SUKEMORI S, IKEDA S, KURIHARA Y, et al, 2003. Amino acid, mineral and vitamin levels in hydrous faeces obtained from coprophagy prevented rats[J]. Journal of animal physiology and nutrition, 87: 213-220.

TORRALLARDONA D, HARRIS C I, Fuller M F, 1996. Microbial amino acid synthesis and utilization in rats: the role of coprophagy[J]. British journal of nutrition, 76: 701-709.

（撰稿：李俊年；审稿：陶双伦）

氧化损伤　Oxidative damage

在氧化应激的生理状态下，活性氧（reactive oxygen species，ROS）对生物体以及生物体内的大分子造成的一系列损伤。关键的生物大分子如DNA、蛋白、磷脂都非常容易受到ROS的危害。而且当ROS和这些生物大分子相互作用的时候又会产生新的ROS，因此会对生物体产生级联的损伤。生物体内的DNA每天都要经受ROS的损伤。碱基的氧化和甲基化会带来严重的表型改变。线粒体中由于产生大量的ROS使得线粒体DNA很容易受到ROS的伤害。位于染色体末端的端粒对于维持DNA的稳定具有重要的作用，然而氧化损伤会加速端粒的损伤从而加速细胞衰老。蛋白的氧化会改变蛋白的结构，改变蛋白的组成最终影响蛋白的功能。蛋白距离ROS产生位置的相对距离，蛋白的氨基酸组成和结构会影响蛋白受损伤的程度。

磷脂的氧化损伤常会带来生物膜结构和功能的损伤。生物膜的组成对于生物膜的功能和代谢速率具有很大影响。相对于单不饱和脂肪酸、饱和脂肪酸而言，多不饱和脂肪酸更容易受到氧化损伤的侵扰，因此生物膜中多不饱和脂肪酸的比例决定着生物膜受到氧化损伤的程度。磷脂的氧化损伤可以产生一系列的中间产物，可以引起蛋白和DNA的损伤。

参考文献

AMES B N, SHIGENAGA M K, PARK E M, 1991. DNA damage by endogenous oxidants as a cause of aging and cancer[J]. Oxidative damage & repair, 181-187.

DROGE W, 2002. Free radicals in the physiological control of cell function[J]. Physiological reviews, 82(1): 47-95.

FINKEL T, HOLBROOK N J, 2000. Oxidants, oxidative stress and the biology of ageing[J]. Nature, 408(6809): 239-247.

RICHTER T, ZGLINICKI T V, 2007. A continuous correlation between oxidative stress and telomere shortening in fibroblasts[J]. Experimental gerontology, 42(11): 1039-1042.

（撰稿：娄树磊；审稿：王德华）

氧化应激　oxidative stress

机体内由氧组成，含氧并且性质活泼的物质，如过氧化物、超氧化物、羟基自由基、单线态氧等这类活性氧（reactive oxygen species，ROS）产生速率多于抗氧化物质修复和防御的一种状态。生物体内随着代谢反应的进行，会产生大量的活性氧自由基。10%的ROS是在受控制的条件下产生的，这部分ROS对于细胞转化、细胞信号、平滑肌调节、血流调节和免疫具有重要的作用。但是其余90%的ROS是作为代谢副产物生成的，这部分ROS可能会对生物体产生危害。

生物体内的生物酶抗氧化物质和非酶抗氧化物质已经不能清除体内的ROS，从而使得ROS进入下一步的反应而引起机体的损伤。因此分析氧化应激的时候要从ROS水平和抗氧化能力两方面进行。如果体内ROS水平升高的同时，抗氧化指标水平也升高，此时不能构成氧化应激的状态。只有体内的ROS水平升高，而抗氧化物质水平不升高时才会出现氧化应激。

参考文献

HULBERT A J, PAMPLONA R, BUFFENSTEIN R, et al, 2007. Life death: Metabolic rate, membrane composition, and life span of animals[J]. Physiological reviews, 87(4): 1175-1213.

MONAGHAN P, METCALFE N B, TORRES R, 2009. Oxidative stress as a mediator of life history trade-offs: mechanisms, measurements and interpretation[J]. Ecology letters, 12(1): 75-92.

（撰稿：娄树磊；审稿：王德华）

恙虫病　tsutsugamushi disease

由恙虫病东方体（恙虫病立克次体）引起的急性传染病。又名丛林斑疹伤寒。

分类地位　变形菌纲立克次氏体目立克次氏体科。

恙虫病立克次体（*Rickettsia tsutsugamushi*）引起的急性传染病系一种自然疫源性疾病，啮齿类为主要传染源，恙螨幼虫为传播媒介。病患者多有野外作业史，潜伏期5~20天。临床表现多样、复杂，合并症多，常可导致多脏器损害。

病原特征　恙虫病立克次体呈圆形、椭圆形或短杆状，大小为0.3~0.6μm×0.5~1.5μm，革兰染色呈阴性，吉姆萨染色呈紫红色，为专性细胞内寄生的微生物。在涂片染色镜检中，于细胞质内，尤其是单核细胞和巨噬细胞的胞质内，常于胞核的一侧可见呈团丛状分布的恙虫病立克次体。鼠类是主要传染源和贮存宿主，如沟鼠、黄胸鼠、家鼠、田鼠等。野兔、家兔、家禽及某些鸟类也能感染该病。恙螨幼虫是该病的传播媒介。

传播　恙虫病立克次体由恙螨（常为红纤恙螨及地理纤恙螨）经卵传递，以叮咬取食时传给诸如森林及农村鼠类，包括家鼠、田鼠及野鼠等。

流行　横跨太平洋、印度洋的热带及亚热带地区，但以东南亚、澳大利亚及远东地区常见。中国主要发生于浙江、福建、台湾、广东、云南、四川、贵州、江西、新疆、西藏等地，以沿海岛屿为多发。近年江苏、山东、安徽和某些地区也有小流行或散发。由于鼠类及恙虫的滋生、繁殖受气候与地理因素影响较大，该病流行有明显季节性与地区性。北方10、11月高发，南方则以6~8月为流行高峰，11月明显减少，而台湾、海南、云南因气候温暖，全年均可发病。该病多为散发，偶见局部流行。恙螨多生活在温暖、潮湿的灌木丛边缘、草莽平坦地带及江湖两岸。

致病性　受染的恙螨幼虫叮咬人体后，病原体先在局部繁殖，然后直接或经淋巴系统入血，在小血管内皮细胞及其他单核—吞噬细胞系统内生长繁殖，不断释放立克次体及毒素，引起立克次体血症和毒血症。立克次体死亡后释放的毒素是致病的主要因素。该病的基本病变与斑疹伤寒相似，为弥漫性小血管炎和小血管周围炎。小血管扩张充血，内皮细胞肿胀、增生，血管周围单核细胞、淋巴细胞和浆细胞浸润。皮疹由立克次体在真皮小血管内皮细胞增殖，引起内皮细胞肿胀、血栓形成、血管炎性渗出及浸润所致。幼虫叮咬的局部，因毒素损害，小血管形成栓塞，出现丘疹、水泡，坏死出血后成焦痂，痂脱即成溃疡。全身淋巴结肿大，尤以焦痂附近的淋巴最为明显。体腔如胸腔、心包、腹腔可见草黄色浆液纤维蛋白渗出液，内脏普遍充血，肝脾可因网状内皮细胞增生而肿大，心脏呈局灶或弥漫性心肌炎；肺脏可有出血性肺炎或继发性支气管肺炎；脑可发生脑膜炎；肾脏可呈广泛急性炎症变化；胃肠道常广泛充血。

诊断　夏秋季节，发病前3周内在流行地区有野外作业史。有发热、焦痂、溃疡、局部淋巴结肿大、皮疹及肝脾肿大。血清学检查：①外斐氏反应。病人单份血清对变形杆菌OXk凝集效价在1:160以上或早晚期双份血清效价呈4倍增长者有诊断意义。最早第4天出现阳性，3~4周达高峰，5周后下降。②补体结合试验。应用当地代表株或多价抗原，特异性高，抗体持续时间长，可达5年左右。效价1:10为阳性。③间接免疫荧光试验。测定血清抗体，于起病第一周末出现抗体，第二周末达高峰，阳性率高于外斐氏反应，抗体可持续10年，对流行病学调查意义较大。病原体分离：必要时取发热期患者血液0.5ml，接种小白鼠腹腔，小白鼠于1~3周死亡，剖检取腹膜或脾脏作涂片，经姬姆萨染色或荧光抗体染色镜检，于单核细胞内可见立克次体。也可作鸡胚接种、组织培养分离病原体。

防治　强力霉素、四环素、氯霉素对该病有特效。强力霉素每天0.1~0.2g，单剂一次服或分2次服；四环素、氯霉素均每天2g，分4次服。退热后剂量减半，续服7~10天。若加TMP0.1g，一日2次，疗效更佳。由于恙虫病立克次体的完全免疫在感染后2周发生，过早的抗生素治疗使机体无足够时间产生有效免疫应答，故不宜早期短疗程治疗，以免导致复发。有研究认为磺胺类药有促进立克次体繁殖作用，应予慎用。

参考文献

黄昭穗, 刘开渊, 刘敏, 等, 1999. 恙虫病合并多脏器损害56例临床分析[J]. 中华传染病杂志, 17(4): 270.

吴光华, 2000. 我国恙虫病流行病学研究现状与展望[J]. 中华传染病杂志, 18(2): 142-144.

曾传生, 王建湘, 向吉富, 2001. 恙虫病并发多脏器损害37例[J]. 中华传染病杂志, 19(5): 314-315.

（撰稿：何宏轩；审稿：王承民）

夜行性　nocturnality

与昼行性一样，是动物长期进化过程中响应光因子变化或昼夜更替的一种行为反应。但与昼行性相反，动物的各项生理机能和活动会于日间相对静息，夜间相对活跃。通常而言避开日间猛烈的阳光是夜行性动物选择昼伏夜出的一大因素，特别是在沙漠生活的生物，为了减少身体的水分散失而选择于晚间活动。夜行性也有助于生物适应较好的渗透调节。另外，夜行性也可看成是一种避敌行为，避过白天有较多猎食者活跃的时间，从而减少被捕猎的机会，如小毛足鼠（*Phodopus roborovskii*）。夜行性动物常展现出发达的听觉及嗅觉系统，并有特别用以适应晚间活动时弱光环境下的特别视觉系统，如姬鼠。而有些哺乳动物如婴猴科或蝙蝠等则受限于视觉系统而只能于晚间活动。无论昼行性动物还是夜行性动物，两者都是根据光照持续时间长短来安排它们的活动，具有内源节律。不过改变其外源环境光照调节，可以使其昼夜节律与外界自然昼夜更替发生反转。

参考文献

尚玉昌, 2014. 动物行为学[M]. 2版. 北京: 北京大学出版社: 274-299.

DAILY G C, EHRLICH P R, 1996. Nocturnality and species survival[J]. PNAS, 93(21): 11709-11712.

SHIRLEY M, 1928. Studies in activity II Activity rhythms, age and activity, activity after rest[J]. Journal comparative psychology, 8(2): 159-186.

（撰稿：刘伟；审稿：王德华）

异杀鼠酮　valone

一种在中国未登记的杀鼠剂。又名2-异戊酰茚满-1,3-二酮。化学式$C_{14}H_{14}O_3$，相对分子质量230.26，熔点67～68℃，沸点392.6℃，密度1.195g/cm³。黄色结晶固体，不溶于水，但溶于大多数有机溶剂。剧毒物质，主要用途为杀虫剂和杀鼠剂。加入除虫菊酯喷雾杀蝇，对林丹有增效作用。杀鼠时，可撒布薄层药粉于鼠的出没通道。它对鼠的毒杀力比鼠完稍差。家畜间接中毒的危险性小。作用方式和杀鼠酮类似，同属茚满二酮类抗凝血性杀鼠剂，对哺乳动物的毒力机制同其他抗凝血剂。异杀鼠酮对大鼠口服半致死剂量（LD_{50}）为100mg/kg。

（撰稿：王大伟；审稿：刘晓辉）

易腐烂假说　perishable hypothesis

植物结实种子具有季节不均匀性，在种子成熟季节，鼠类贮藏大量种子作为食物资源，一些种子被长期贮藏，在繁殖或食物缺乏时取食，实现生存和繁殖，然而，不同植物种子耐贮藏程度不同，一些种子不易变质，适宜长时间贮藏，一些种子容易变质，不适宜长时间贮藏。易腐烂假说认为，当鼠类遇见不同类型的种子，会优先取食容易变质的种子，而贮藏不易变质的种子，进而保障短期营养和长期食物供应的平衡。造成种子变质的因素包括发芽、真菌或霉菌感染等。虽然鼠类贮藏种子时会选择合适的贮藏点或采取一些策略以改变种子的易腐性，减少或阻止种子的变质，如将种子贮藏在低温干燥的微生境中以减少真菌或霉菌感染、对种子进行贮藏前处理以阻止发芽等，但被贮藏的种子不可避免会受到一些因子的影响而变质，种子变质后，除了营养物质流失，还会产生大量有毒代谢物，食用价值将变小或丧失。鼠类贮藏食物需要付出较高的成本，包括寻找食物的能量付出、捕食风险等，如果贮藏的食物变质，鼠类的觅食能量付出将得不到回报，也将面临长期食物缺乏，会影响鼠类的生存及活动。因此，鼠类对种子的易腐性较为敏感，种子的易腐性将直接影响鼠类的食物贮藏行为和种子扩散，进而影响植物幼苗的更新和群落分布。

参考文献

HADJ-CHIKH L Z, STEELE M A, SMALLWOOD P D, 1996. Caching decisions by grey squirrels: A test of the handling time and perishability hypotheses[J]. Animal behaviour, 52: 941-948.

NEUSCHULZ E L, MUELLER T, BOLLMANN K, et al, 2015. Seed perishability determines the caching behaviour of a food-hoarding bird[J]. Journal of animal ecology, 84: 71-78.

STEELE M A, MANIERRE S, GENNA T, et al, 2006. The innate basis of food-hoarding decisions in grey squirrels: evidence for behavioural adaptations to the oaks[J]. Animal behaviour, 71: 155-160.

XIAO Z, GAO X, ZHANG Z, 2013. The combined effects of seed perishability and seed size on hoarding decisions by Pére David's rock squirrels[J]. Behavioral ecology & sociobiology, 67: 1067-1075.

ZHANG Y, SHI Y, SICHILIMA A M, et al, 2016. Evidence on the adaptive recruitment of Chinese Cork Oak (*Quercus variabilis* Bl.): influence on repeated germination and constraint germination by food-hoarding animals[J]. Forests, 7: 47.

（撰稿：张义锋；审稿：路纪琪）

隐纹花松鼠　*Tamiops swinhoei* Milne-Edwards

一种栖息于森林地区的小型啮齿动物。对林业生产有轻微危害。又名豹鼠、三道眉、隐纹花鼠、金花鼠、黄腹花松鼠。啮齿目（Rodentia）松鼠科（Sciuridae）花松鼠属（*Tamiops*）。

隐纹花松鼠的区系成分属于东洋界，在中国主要分布于南方各地，包括云南（丽江地区）、四川（西南部）、贵州、广东、广西、海南、福建、台湾、浙江、江西、安徽、湖北、湖南，亦见于河南、河北、北京、陕西、甘肃、宁夏、西藏（东南部）等地。Ellerman等（1951）将隐纹花松鼠划分为11个亚种，中国分布有8个亚种。

形态

外形 体形酷似花鼠但略小。身体背部具3道深色纵纹。体长约120mm，尾长略短于体长。尾的末端逐渐尖细，尾端的毛较长。前足掌部裸露，掌垫2枚，指垫3枚；后足蹠部裸露，蹠垫2枚，外侧者略大，趾垫5枚。前足4指，后足5趾，爪呈钩状。耳壳明显，背面具白色簇毛。雌性具乳头3对，包括腹部1对，鼠蹊部2对。

毛色 体背及体侧、后肢外侧均为深灰褐色，头顶、肩部带有棕褐色。背部中央具3条黑褐色纵纹，两侧各有一黄白色条纹，最外侧尚有2条短而明显的暗褐色条纹。体腹面呈污白色，渲染有淡黄色，毛基灰色。四肢内侧与身体腹面同色。尾背方的毛基部灰色，上半部赭黄，下半部黑色，毛尖黄白色，故整体观为黄黑色。尾腹方的毛色与背方近似，但赭黄色较重。眼周具白色眼圈。两颊自上唇基部至耳基下方有一黄白色条纹，与体背之条纹不相连。耳壳前面稍黄，耳背簇毛基部黑色，末端白色（图1）。

头骨 隐纹花松鼠的脑颅背面圆而凸，吻短而细。鼻骨先端明显膨大，眶间之前部略平。颧弓前部扁宽，略向内斜，中部不明显外突。听泡大小适中（图2）。

图1 隐纹花松鼠（路纪琪摄）

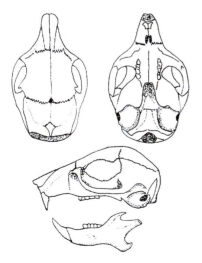

图2 隐纹花松鼠头骨

主要鉴别特征 体形似花鼠但略小，体背面具3道明显的深色纵条纹，耳背面具白色簇毛。

生活习性

栖息地 隐纹花松鼠以树栖生活为主，但也到地面活动。广泛栖息于各种林型，以亚热带森林为主。垂直分布处于海拔400~1200m，最高可见于2600m的栎林。多见于林缘、灌丛地带，或可到居民点附近的果园、农田中活动。喜群居，一般在晨昏时活动。常于树枝上奔跑跳跃。在树干上休息或觅食后，常用前肢不断地擦嘴和面颊部。主要天敌有黄鼬、豹猫及部分猛禽等。

洞穴 隐纹花松鼠常于树洞或树枝交叉处营巢，以树的主干与支干交接处作基底，以苔藓、茅草、树皮等为巢材，有时也在树根下营巢，偶尔利用鸟类弃巢或在屋顶瓦沟或屋檐缝中筑巢。

食物 隐纹花松鼠是一种杂食性动物，主食栎类的坚果、松子、山杏种子等，有时也取食一些植物嫩叶及少量昆虫。在冬季偶见取食死鼠。在住宅附近可摄食人类的食物残渣，如米饭、面条、鸡蛋黄、猪肉等。

活动规律 隐纹花松鼠一般在清晨或黄昏时最为活跃，活动范围不大。常单独或三五成群活动，或成群在树上奔跑，也出现在附近的果园或菜园中。通常呈跳跃式运动。在攀树干时，以"之"字形沿树干向上爬。下树时，头朝下，迅速地移到树干基部，最后跳到地面活动。隐纹花松鼠的休息包括回巢或停在树上。在树枝上休息时，尾自然弯曲于后肢下，头枕于前肢上，眼睁开；在树干上的姿势为身体平卧于树干，尾、颈伸直，前肢向两侧分开抓紧树干，或前肢收于腹下，后肢自然向后伸直。在摄食后或摄食中，伴有互相追逐、嬉戏。隐纹花松鼠主要为白昼活动，在24小时内，有两个活动期、两个休息期。黎明开始活动，中午休息，随后又活动，最后回巢。在冬季，7:50~13:30，约6小时，第一次休息期为13:30~14:15。第二次活动期为14:15~16:30，返巢至第二天为第二休息期；在春季，第一活动期为6:10~14:27。第一休息期为14:27~16:00。第二活动期为16:00~18:45。返巢至第二天为第二休息期。隐纹花松鼠避敌时一般行动机警，不发出叫声，随时准备避开敌害。遇危险时，迅速爬上树，并转头朝下，以防范敌害袭击。在人为干扰下，常环绕树干迅速爬行或跳至他树。

繁殖与生长发育 隐纹花松鼠于每年的春、秋季各繁殖1次。每胎产2~4只，也有一胎4~6只者。在交配期，雄性个体显得急躁不安，续3~5分钟寻找雌性。交配时，雄性追逐雌性，从地面到树上。两者接近时，雌性不动，雄性主动靠近，嗅闻雌性的肛生殖区。然后，以前肢抱住雌性的腰部，数秒钟后，雄性迅速离开。在追逐过程中，雌、雄个体不断发出"zhi-zhi"的急促叫声，雄性还时常发出"de luo"的叫声。

危害 隐纹花松鼠因其取食活动，可对果树、森林更新及播种造林造成一定的影响。但是，在自然条件下，其种群数量较少，故危害程度不甚显著。隐纹花松鼠的毛皮虽可制裘，但质量较差，属次等皮张。隐纹花松鼠已被列入《国家保护的有益的或者有重要经济、科学研究价值的陆生野生动物名录》《中国生物多样性红色名录》等。

参考文献

陈卫, 高武, 傅必谦, 2002. 北京兽类志[M]. 北京: 北京出版社.

黄文几, 陈延熹, 温业新, 1995. 中国啮齿类[M]. 上海: 复旦大学出版社: 231-233.

路纪琪, 王廷正, 1996 河南省啮齿动物区系与区划研究[J]. 兽类学报, 16(2): 119-128.

路纪琪, 王振龙, 2012. 河南啮齿动物区系与生态[M]. 郑州: 郑州大学出版社.

路纪琪, 张知彬, 2004. 隐纹花松鼠在北京的发现[J]. 动物学杂志, 39(4): 49.

王廷正, 许文贤, 1993. 陕西啮齿动物志[M]. 西安: 陕西师范大学出版社.

王小明, 周小平, 1986. 隐纹花松鼠生态的初步观察[J]. 四川动物(1): 19-21.

郑生武, 宋世英, 2010. 秦岭兽类志[M]: 北京: 中国林业出版社.

（撰稿：路纪琪；审稿：王登）

营养吸引　nutritional attractiveness

种子通过各种营养成分吸引动物取食和贮藏, 提高种子传播效率。为提高种子度过不良环境、顺利萌发以及幼苗存活的几率, 大多数植物种子, 尤其是个体较大的种子内含有较高的能量和多种营养成分, 主要包括脂肪、淀粉、蛋白质以及多种无机盐等。因此, 植物种子作为一种优质的食物资源, 吸引了众多动物的捕食。在鼠类—种子关系中, 种子的不同营养成分对鼠类觅食过程中的选择偏好具有重要影响。种子的能量或脂肪含量越高, 其被鼠类收获、搬运、贮藏的几率越高, 且搬运距离越远。有关蛋白质对鼠类取食偏好的影响, 当前研究并未得出一致结论, 部分研究表明鼠类倾向于选择蛋白含量较高的种子, 但也有研究表明鼠类选择偏好与蛋白含量无关甚至选择较低蛋白含量的食物或种子。而关于其他营养成分（如淀粉和无机盐）对鼠类取食偏好的影响, 当前仅有少量研究涉及。

参考文献

GONG H, TANG C, WANG B, 2015. Post-dispersal seed predation and its relations with seed traits: a thirty-species-comparative study[J]. Plant species biology, 30: 193-201.

LEWIS C E, CLARK T W, DERTING T L, 2001. Food selection by the white-footed mouse (*Peromyscus leucopus*) on the basis of energy and protein contents[J]. Canadian journal of zoology, 79: 562-568.

WANG B, CHEN J, 2009. Seed size, more than nutrient or tannin content, affects seed caching behavior of a common genus of Old World rodents[J]. Ecology, 90: 3023-3032.

WANG B, CHEN J, 2012. Effects of fat and protein levels on foraging preferences of tannin in scatter-hoarding rodents[J]. PLoS ONE, 7: e40640.

WANG B, YANG X, 2015. Seed removal by scatter-hoarding rodents: the effects of tannin and nutrient concentration[J]. Behavioural processes, 113: 94-98.

（撰稿：王博；审稿：路纪琪）

幼苗建成　seedling establishment

在植物更新过程中, 仅有少量种子通过种子雨、种子库阶段, 逃脱了被捕食、腐烂的命运, 到达合适的微环境中萌发、生长, 最终形成完好的植株幼苗, 此过程称为幼苗建成。在植物生活史中, 幼苗阶段被认为是对环境变化最敏感的阶段。多种生物因素（种子大小、形态、传播方式、动物捕食等）和非生物因素（风、地形、水热条件、坡度、坡向、地表土壤等环境因素）影响从种子到幼苗建成的过程。幼苗的生长也受到生物因素的影响, 如动物的啃食、微生物病菌的侵染、周围母树的抑制等; 同时也受非生物因素的影响, 如光照、水分、温度、土壤等; 这表明幼苗个体生长具有很高的脆弱性, 决定了幼苗阶段在树木种群及群落演替系列中的重要地位, 是整个植被更新的一个关键环节。幼苗、种子和周围母树三者之间存在着相互依存又相互制约的关系。母树附近散落有较高密度的种子, 常常形成聚集分布的种子雨, 由于种子和幼苗的定居受个体密度的制约, 这种聚集分布会降低种子的萌发率和幼苗的存活率, 促进物种的共存并维持群落的多样性。此外, 鼠类分散贮藏种子的微生境也是影响幼苗建成的重要因素。同时, 鼠类还直接啃食植物幼苗或咬断幼苗取食种子的子叶, 造成幼苗死亡, 从而影响幼苗到幼树的更新阶段。

参考文献

COSTA A N, VASCONCELOS H L, BRUNA E M, 2017. Biotic drivers of seedling establishment in Neotropical savannas: Selective granivory and seedling herbivory by leaf-cutter ants as an ecological filter[J]. Journal of ecology, 105: 132-141.

JANZEN D H, 1970. Herbivores and the number of tree species in tropical forests[J]. The American naturalist, 104: 501-528.

STÖCKLIN J, BÄUMLER E, 1996. Seed rain, seedling establishment and clonal growth strategies on a glacier foreland[J]. Journal of vegetation science, 7: 45-56.

WAUD M, WIEGAND T, BRYS R, et al, 2016. Nonrandom seedling establishment corresponds with distance-dependent decline in mycorrhizal abundance in two terrestrial orchids[J]. New phytologist, 211: 255-264.

（撰稿：周友兵；审稿：路纪琪）

玉斑锦蛇　*Euprepiophis mandarinus* (Cantor)

鼠类的天敌之一。又名玉斑蛇、美女蛇、高砂蛇、玉带蛇、神皮花蛇等。英文名 mandarin ratsnake。有鳞目（Serpentes）游蛇科（Colubridae）游蛇亚科（Colubrinae）玉斑蛇属（*Euprepiophis*）。

中国分布于安徽、北京、重庆、福建、甘肃、广东、广西、贵州、河北、河南、湖北、湖南、江苏、江西、辽宁、山西、陕西、上海、四川、台湾、天津、西藏、云南、浙江。国外分布于越南、印度。垂直分布海拔为200～1400m。

玉斑锦蛇（郭鹏摄）

形态 中等偏大的无毒蛇。最大体全长/尾长：雄性1425mm/235mm，雌性1240mm/210mm。头略大，与颈区分明显。眼大小适中，瞳孔圆形，躯尾修长适度。

体尾背面黄褐色、灰色或浅紫灰色，正背有一行大的黑色菱形斑纹18～31+6～11个。菱形斑中心黄色，外侧镶以黄色边缘，体侧有紫红色斑；腹面黄白色，散布黑色方斑。头背黄色，具3条黑斑：第一条横跨吻背；第二条横跨两眼，在眼下分2支分别达口缘；第三条为倒"V"字形，其尖端始自额鳞，左右支分别经口角到喉部。

主要鉴别特征：颊鳞1（个别一侧无）枚；眶前鳞1枚，眶后鳞2枚（个别1或3）；颞鳞2（1）+3（2）枚；上唇鳞7（2—2—3）枚，偶有8（3—2—3，少数2—2—4）枚者；下唇鳞9（8～10）枚，前4枚切前颔片，颔片2对；背鳞23（21～25）—23（21）—19（17～21）行，平滑；腹鳞略有侧棱，119～238枚；肛鳞二分；尾下鳞49～76对。

生态及习性 玉斑锦蛇在平原、丘陵及山地都有分布，常在树林、溪流、草丛、路边甚至村舍周围发现，性情较为凶猛。以鼠类、蜥蜴、蜥蜴卵等为食。主要在傍晚和夜间活动。卵生，6～7月产卵，窝卵数5～20枚，卵径20～40mm×13～17mm。

参考文献

赵尔宓, 2006. 中国蛇类: 上[M]. 合肥: 安徽科学技术出版社.

赵尔宓, 黄美华, 宗愉, 等, 1998. 中国动物志: 爬行纲 第三卷 有鳞目 蛇亚目[M]. 北京: 科学出版社.

（撰稿：郭鹏；审稿：王勇）

玉米鼠害 rodent damage in corn field

发生在玉米种植区的鼠害危害，统称玉米鼠害。危害玉米的害鼠主要有黑线姬鼠、褐家鼠、黄胸鼠、小家鼠、黑线仓鼠、大仓鼠等。食虫目的四川短尾鼩、大麝鼩等在数量较高时也可危害玉米。玉米播种期、幼苗期是鼠类危害最严重的时期。在玉米播种期，鼠类主要是盗食玉米种子，造成缺窝断垄，或咬断咬伤幼苗，并将幼苗上的种子部分吃掉，残留下刚出土的幼苗和幼根。在每一受害穴处均有一圆筒形洞穴，洞口朝上，直径3～5cm，平均4.2cm，洞穴深4～7cm，平均5.1cm，危害洞穴深度与玉米播种深度密切相关。在玉米幼苗期，鼠类在幼苗基部扒洞，盗食种子，致使幼苗失去养分和水分供给而枯死，形成缺苗断垄，严重的需要补种或重种。在玉米成熟期，鼠类主要是啃食苞穗，啃食后苞穗受污染引起霉烂，造成减产，损失较大。

在贵州岑巩，玉米地4月黑线姬鼠捕获率为4.37%，比3月高4.2倍，5、6月捕获率下降，7月有回升，8月以后捕获率持续下降，到10月翻耕种油菜时田间密度最小，捕获率降至0.5%，表现为播种期和乳熟期两个相似的危害高峰。

山东、贵州先后开展了玉米鼠害危害损失测定及防治指标研究，明确了玉米播种期、乳熟期、成熟期害鼠数量（鼠密度）与受害损失率之间的数量关系，经统计回归分析，玉米不同生育期鼠密度（X）与产量损失率（Y）之间的数量关系呈极显著的直线正相关，说明玉米产量损失随着田间鼠密度上升而不断增加，由此建立的鼠害损失测定公式见表。同时，根据鼠害损失测定公式和经济允许损失公式，制定了适合当地的玉米鼠害防治指标，并在农区灭鼠中推广应用。

四川省农业科学院植物保护研究所调查，玉米鼠害植株的空间分布为聚集分布，导致鼠害植株聚集分布的原因是环境条件，并非种群自身聚集所致，环境条件主要包括被害玉米田靠近农舍、庭院和靠近鼠洞的植株以及取食上次曾经取食过的地方。危害玉米的主要害鼠为大足鼠、褐家鼠、北社鼠，以褐家鼠、北社鼠为优势鼠种。鼠类在玉米田有就近取食或多次重复或在同一食源点取食的习性。

参考文献

蒋光藻, 谭向红, 倪健英, 1989. 玉米鼠害空间分布型的研究[J]. 西南农业大学学报, 11(2): 139-142.

玉米鼠害危害损失测定公式及防治指标

生育期	研究地点	鼠害损失测定公式	防治指标（鼠密度%）	文献来源
玉米播种期	山东曹县、滨州	$Y = 0.3714X + 0.7168$	3.50	王玉正等, 1989
玉米成熟期	山东曹县、滨州、惠民、薛城	$Y = 0.2560X - 0.2945$	3.14	王玉正等, 1989
玉米成熟期	山东阳谷	$Y = 0.1249X - 0.0150$	4.01	邢林等, 1990
玉米乳熟期	贵州凯里	$Y = 0.9185X - 0.47 \pm 0.52$	3.345～4.335	松会武, 1991
玉米播种期	贵州余庆	$Y = 0.5186X + 1.0542 \pm 0.3574$	3.55～4.27	杨再学, 1992
玉米成熟期	山东薛城	$Y = 0.3667X - 0.4629$	2.26	田家祥等, 1993

田家祥, 胡继武, 李玉春, 等, 1993. 几种农田作物害鼠经济阈值的测定[J]. 应用生态学报, 4(2): 221-222.

王玉正, 夏志贤, 胡继武, 等, 1989. 农田害鼠危害损失率及防治指标[J]. 植物保护, 15(3): 50-51.

邢林, 卢浩泉, 1990. 黑线仓鼠的食性及防治阈值的探讨[J]. 动物学杂志, 25(4): 29-33.

（撰稿：杨再学；审稿：郭永旺）

育肥　fattening

为了成功存活越冬，一些动物会在冬眠前通过增加摄食的方式提前将冬眠所需的能源物质以体脂的形式贮存在体内，这一过程被称为"育肥"。动物育肥期间的体脂贮存量具有重要的生态学和生理学意义。体脂贮存不足会大大增加越冬存活的风险，而过多地贮存能量则意味着动物需要在冬眠前增加觅食努力，同时也增加了暴露于天敌的风险。育肥期间的能量积累还会影响动物的冬眠模式。育肥期间的能量积累使得贮脂类冬眠动物的摄食以及体重存在明显的季节性波动。瘦素和胰岛素可能参与了育肥期间能量平衡的调节。当体脂积累充足后，即使在食物充足的条件下动物也会自发降低摄食，终止育肥，准备进入冬眠。

参考文献

FLORANT G L, HEALY J E, 2012. The regulation of food intake in mammalian hibernators: a review[J]. Journal of comparative physiology B, 182(4): 451-467.

HUMPHRIES M M, THOMAS D W, KRAMER D L, 2003. The role of energy availability in mammalian hibernation: a cost-benefit approach[J]. Physiological & biochemical zoology, 76(2): 165-179.

MICHENER D R, 1974. Annual cycle of activity and weight changes in Richardson's ground squirrel, *Spermophilus richardsonii*[J]. Canadian field naturalist, 88: 409-413.

（撰稿：邢昕；审稿：王德华）

原矛头蝮　*Protobothrops mucrosquamatus* (Cantor)

鼠类的天敌之一。又名笋壳斑、老鼠蛇、烙铁头蛇等。英文名 brown spotted pitviper。有鳞目（Serpentes）蝰科（Viperidae）蝮亚科（Crotalinae）原矛头蝮属（*Protobothrops*）。

中国分布于安徽、重庆、福建、甘肃、广东、广西、贵州、海南、河南、湖南、江西、陕西、台湾、四川、云南、浙江。国外分布于印度、孟加拉国、缅甸和越南北部。垂直分布于海拔82～2200m。

形态　管牙类毒蛇。最大体全长/尾长：雄1152mm/204mm，雌性1028mm/282mm，头呈三角形，与颈部区分明显，头背覆细小鳞片，只有鼻鳞与眶上鳞略大，躯干及尾均较长，通身黄褐色或棕褐色，背脊有一行粗大的波浪形暗紫色斑纹。体尾背面棕褐色或红褐色，正背有一行镶浅黄色边的粗大暗紫色斑，左右有时对称有时不对称，体侧尚各有一行暗紫色斑块，腹面浅褐色，每一腹鳞有深棕色细点组成的斑块，整体上交织成深浅错综的网纹，头背棕褐色，眼后有一道红褐色斑纹向后达颈部，头腹面浅褐色或污白色。

主要鉴别特征：颊鳞2（个别1）枚；眼较小，鼻孔与眼之间有颊窝，眶后鳞2（1）枚；上唇鳞9或10枚，个别8、12或13枚，第3枚最大；下唇鳞11～15枚，第一对在颏鳞后相接，前2（3，4）枚切前颔片；颔片2对；背鳞25（23，27，29）—25（23，21）—19（21，17）行；腹鳞194～233枚；肛鳞完整；尾下鳞70～108对。

生态及习性　原矛头蝮在丘陵或山区分布，常见于竹林、耕地周围、茶山、水域或村舍附近，经常躲藏在柴堆下或石缝中，善于捕鼠类、鸟类和蛙类，被老百姓成为"老鼠蛇"，可见其喜食鼠类，对消灭鼠害有巨大作用。

白天可见，但主要夜间外出活动觅食，根据杭州蛇园观察，白天蛰伏在隐蔽处，每天17:00至次日凌晨5:00外出活动，雨天出现率较高，活动高峰在21:00～1:00，季节活动高峰在6～8月，最适活动气温在23～32℃，非冬眠期每天出现率30%～70%，平均为52%。

原矛头蝮7～8月产卵，每产约8枚。卵径33～37mm×20mm，仔蛇在母体内已经发育得较为成熟，8月下旬即孵

图1　原矛头蝮（郭鹏摄）

图2　原矛头蝮吞食老鼠（郭鹏摄）

出，仔蛇长约 250mm。

参考文献

赵尔宓, 1996. 中国蛇类: 上 [M]. 合肥: 安徽科学技术出版社.

赵尔宓, 黄美华, 宗愉, 等, 1998. 中国动物志: 爬行纲 第三卷 有鳞目 蛇亚目[M]. 北京: 科学出版社.

（撰稿：郭鹏；审稿：王勇）

孕酮 progesterone

由卵巢黄体、肾上腺和妊娠时胎盘分泌的主要孕激素，属于类固醇激素。又名黄体酮、黄体素。能促进子宫内膜的组织变化，以接纳受精卵，并维持妊娠的正常进行和促进乳腺的发育。孕酮也是其他内源性类固醇生产中关键的代谢中间体，包括性激素和皮质类固醇，并作为神经类固醇在脑功能中起重要作用。

（撰稿：宋英；审稿：刘晓辉）

运动诱导最大代谢率 exercise-induced maximum metabolic rate

通常使用踏车或强制转轮等使动物处于高强度运动状态而诱导产生。在继续增加运动强度之后，代谢率也不再升高，即表明动物已表现出最大代谢率。

（撰稿：迟庆生；审稿：王德华）

杂食类　omnivorous

既取食动物性食物，又取食含有较多不易消化的植物性（和真菌类）食物的动物。或者说其食谱较为广泛，但其食物中动物性和植物性的比例并不非常明确，会随着分布区、栖息地微生境以及季节性或迁移等变化，因而较难与食谷类和食草类的一些物种完全区分开。与之相适应的是，杂食类动物具有发达的润滑机制，以保护其消化道在消化植物的时候免受损伤，而且一般也具有较大的盲肠，利用细菌等微生物发酵植物残渣产生可利用的能量和营养。与食肉类相比，杂食类具有更长的小肠和结肠，而其牙齿形态兼具食草和食肉的特点。杂食类动物多分布于生境较好可获得多种多样食物的地方，以满足其存活、生长发育和繁殖的需求，而其广泛的食谱也助其能够适应复杂的生境，因而分布较广。常见种类如褐家鼠、小家鼠。

参考文献

Hume I D, 2002. Digestive strategies of mammals[J]. Acta zoological sinica, 48(1): 1-19.

（撰稿：刘全生；审稿：王德华）

藏鼠兔　*Ochotona thibetana* Milne-Edwards

一种体型中等、头骨颧宽和后头宽均宽阔的啮齿动物。中国特有种。兔形目（Lagomorpha）鼠兔科（Ochotonidae）鼠兔属（*Ochotona*）。又名鸣声鼠、啼鼠、岩鼠、岩兔、西藏鼠兔、西藏啼兔、阿卜热（藏名译音）。冯祚建和郑昌琳（1985）将其分为7个亚种，主要分布于西藏、四川、青海、云南、陕西等地。指名亚种（*Ochotona thibetana thibetana* Milne-Edwards），分布于四川西部、云南西北部和西藏东南部。峨眉亚种（*Ochotona thibetana sacraria* Thomas）分布于四川西南部横断山脉及湖北神农架地区。太白山亚种（*Ochotona thibetana huangensis* Matschie）分布于秦岭山地。玉树亚种（*Ochotona thibetana nangqenica* Zhen, Liu & Pi）分布于青海西南部玉树地区及毗邻的西藏东北部；循化亚种（*Ochotona thibetana xunhuaensis* Shou et Feng），分布于青海东部山地；拉萨亚种（*Ochotona thibetana lhasaensis* Feng et Kao）分布于西藏南部和东南部；普兰亚种（*Ochotona thibetana lama* Mitchell）分布于西藏西部阿里地区和尼泊尔北部。

形态

外形　藏鼠兔体型中等，体长130~171mm，体重71~136g，平均体重80g以上。耳廓中等，耳长17~23mm，后足长24~31mm。趾端裸露，前足五指，爪粗长，后足四趾，爪细长。耳缘具明显的白色边缘，耳基前具浅色长毛。无尾。

毛色　藏鼠兔体背上面呈棕褐色或鼠灰褐色。耳背灰黑色或黑褐色，耳后颈背具白色或污黄白色斑块。体下面毛端纯白色，腹部呈灰白色或白色，胸部和腹部中央无清晰的淡黄色条纹。5个亚种毛色有所差异。其中，指名亚种上体茶褐色，额、颈背及肩部常带棕色，但不形成块斑，腹面污灰或掺以淡黄色，胸部、腹部多具浅黄色条纹。峨眉亚种体形与指名亚种近似，但毛色显红，体背面淡红褐或红棕褐色，头部、体侧均与背面同色，腹部呈褚黄色，足背微黄色。拉萨亚种冬毛背部浅沙褐色，背毛尖端褐色，次端沙黄，毛基石板灰色，颌部、腹部均灰白，而喉部呈赭黄，并向后延伸成黄色条纹。玉树亚种夏毛体背呈鼠灰褐色，毛基鼠灰色，毛尖黑褐色，腹部毛基亦呈鼠灰色，毛端纯白，四肢上面被毛白色。冬毛颜色甚淡，背毛的上段苍白色，故体色呈苍灰褐色。普兰亚种与拉萨亚种较为相似。

头骨　藏鼠兔头骨宽大而结实，颅全长36.8~39.2mm，平均37mm左右，颧宽17.2~19.2mm，平均不小于17mm。鼻骨较短，前端略膨大。额骨较宽而趋平。顶骨较宽大，后端平直，人字嵴和矢状嵴较低弱。颧弓外突不明显，两侧趋于平行。门齿孔和腭骨孔合并成梨形大孔。听泡鼓圆或侧扁。

主要鉴别特征　藏鼠兔体型较大，体重超过80g。躯体背部棕褐色或鼠灰褐色。仅分布于林缘地区。

生活习性

栖息地　藏鼠兔栖息于海拔780~4100m的松、桦、杨的混交林和高山针叶林下的灌丛或草丛的石堆和岩石地区。一般不进入草甸草原，是森林、林缘灌丛的种类。

洞穴　随栖息地环境的不同，洞穴结构亦不相同。在土壤疏松的区域，以挖掘的土洞为主，在高山和亚高山植被带则栖息在林下灌丛的树根岩石缝隙或石堆中。根据洞系内部结构和洞道的长短，洞穴结构分为3种：①复杂洞系：洞口倾斜入土后，洞道一般与地表平行，然后再分叉蜿蜒通至各个出口，洞道四壁结实光滑，宽度6~7cm，最宽处可达10cm；分道长度50~100cm不等，每个分道又有2~3个盲道，分别为贮藏洞、粪便洞和休息洞。巢窝配置在主道的近末端，距地表16~17cm。②简单洞系：洞道较短，长100~150cm，有1~2个分道，2~3个出入口，盲道内粪便和枯草较多，主道筑窝者较少。这类洞系交错分布于复杂洞系之间。③临时洞系：洞道短直，70~100cm不等，无分道，只有一个出入口。此类洞穴为藏鼠兔临时避敌和休息之用。

食物 藏鼠兔为植食性动物，主要以林下灌丛草本植物为食，亦啃食树木和灌丛幼苗。随着林下植被类型的改变，其食性会随之变化。

活动规律 藏鼠兔属昼间活动动物，其活动规律与气温有直接的关系。在低、中海拔（780~2700m）有2个觅食活动高峰，即每天的8:00~9:00和18:00~19:00。较高海拔的区域，每天一个活动高峰，一般在13:00~14:00。

繁殖 藏鼠兔繁殖期为4~8月，胎仔数为4~6个。

危害 藏鼠兔种群数量较低，没有到达危害等级水平。

（撰稿：王登；审稿：张知彬）

造丘行为　burrowing behavior

营掘地生活（fossorial）的小型哺乳动物、地下啮齿动物（subterranean rodent）、鼹型鼠科（Spalacidae）等哺乳动物，在建造地下窝巢以及觅食洞道时，将挖掘出的废土废料用前爪堆叠后足蹬踏后推出洞口，进而使其以土丘形式覆盖在洞口上的行为。又名挖洞行为。所造就的土丘称之为鼠丘（mound）。具有造丘行为的种类包括啮齿目中的仓鼠科（Cricetidae）、囊鼠科（Geomyidae）、鼹形鼠科（Spalacidae）、八齿鼠科（Octodontidae）、梳鼠科（Ctenamyidae）以及滨鼠科（Bathyergidae），其中鼹形鼠科的3个亚科，即：鼢鼠亚科、竹鼠亚科以及鼹形鼠亚科；劳亚食虫目（Eulipotyphla）中的鼹科（Talpidae）等。以上物种广泛分布于亚洲、非洲、美洲、欧洲大陆的热带草原、草原、干旱—半干旱草原以及灌丛中。由于地下啮齿动物主要通过挖掘来获取食物和营造洞道，故而形成了地下鼠类这一独有行为。地下鼠类每挖掘1单位长度所消耗的能量相当于体重相同地面鼠行走相同距离消耗能量的360~3400倍。地下鼠依靠挖掘洞道接近可利用的植物，在取食过程中，不仅啃食植物的地下根、茎，还将整株植物拖入洞内，取食植物的地上部分，偶尔也在洞道开口处取食植物的地上部分。地下鼠类的造丘活动对于草地的植物群落的演替具有明显的促进作用。鼠丘周边（25cm）植被高度均显著高于距土丘较远的草地（50cm），形成一个以土丘为中心的环状高草区，其植被高度较丘间地平均高出1倍。由此可见，造丘行为不仅可以使丘缘地的植被高度显著增加，而且对整个地下鼠类栖息地的植被都具有明显的干扰作用。

参考文献

蒋志刚，等，2015. 中国哺乳动物多样性及地理分布[M]. 北京：科学出版社.

兴安，2019. 内蒙古草甸草原东北鼢鼠对栖息地环境因子及人为干扰的响应[D]. 呼和浩特：内蒙古农业大学.

张堰铭，刘季科，2002. 高原鼢鼠挖掘对植物生物量的效应及其反应格局[J]. 兽类学报，22(4): 292-298.

周建伟，花立民，左松涛，等，2013. 高原鼢鼠栖息地的选择[J]. 草业科学，30(4): 647-653.

BOCEK B, 1986. Rodent ecology and burrowing behavior: predicted effects on archaeological site formation[J]. American antiquity, 51(3), 589-603.

（撰稿：兴安；审稿：宛新荣）

张大铭　Zhang Daming

1940年生。新疆大学教授、硕士研究生导师。

个人简介 1940年2月3日出生于四川省中江县。1964年7月毕业于四川大学生物系动物学专业，学士学位。1964年9月被分配到新疆维吾尔自治区疾病预防控制中心（原新疆流行病研究所）先后任技师和主管技师。1979年10月在新疆大学生命科学与技术学院（原新疆大学生物系）任教，先后任讲师、副教授和教授，2008年1月1日退休。先后担任了新疆动物学会"七届"秘书长（1993—1998年）；新疆科协"五届"委员（1996—2000年）；中国兽类学会(1995—1999年)理事；中国生态学会动物生态学委员会3、4、5、6届理事（1996—2000年）；新疆"除四害"考核验收专家技术组成员和新疆森林鼠害治理工程项目专家组组长等。

成果贡献 多年来主要从事动物学、动物生态学教学和野生动物保护与有害动物防治方面及动物传疾病的防治和研究。他首次在新疆对褐家鼠在干旱区的生物学和生态学特征以及对干旱区的适应和扩展机制方面进行了深入的研究。先后主持了国家重大项目1项、国家自然科学基金3项和自治区重大项目等重要科研项目3项，主持和参与地方基金3项。对褐家鼠在新疆干旱区的栖息环境、种群数量变动、扩散途径和对当地鼠类群落结构的影响以及新疆北部干旱荒漠环境鼠类群落的结构、物种多样性以及荒漠绿洲交错带中鼠类群落的演替规律等方面取得了多项研究成果，发表相关研究论文60余篇，获得3项科研成果奖和2项论文奖。并从1993年开始培养了数十名硕士研究生，对动物专业的研究生教育和人才培养事业做出了贡献。

主持国家重大项目"引额供水工程一期二步工程对野生动物的影响"（2004—2005年）；主持国家基金项目"新疆铁路通车与褐家鼠的生态效应"（1990—1992年）、"褐家鼠在干旱区的扩散与环境关系"（1993—1995年）和"准噶尔南沿荒漠绿洲交错带鼠类群落演替研究"（2003—2006年）；主持自治区重大项目"额河银鲫杂交选育技术研究"（1994—1997年）、"用非平衡统计物理理论解释新疆荒漠植被与环境关系及其演化研究"（1990—1991年）和"四爪陆龟的生态与保护"（1991—1993年）；主持地方基金"国家森林鼠害治理工程——大沙鼠种群数量预测模型"（2002—2003年）和新疆自然保护区"新疆夏尔希里保护区科学考察（动物学部分）"（2004—2005年）。参与国家基金项目"天山雪鸡种群生态与繁殖生物学"；主持中国科学院"西部之光"子项目"草原兔尾鼠免疫不育与种群数量动态"（2000—2002年）。

所获荣誉 曾获自治区科技成果三等奖1项，新疆大学成果奖一等奖 1 项、二等奖 1 项、三等奖 2 项，自治区优秀学术论文成果奖二等奖 1 项、三等奖 2 项等。

（撰稿：周旭东；审稿：蒋卫）

张洁 Zhang Jie

1929 年生，甘肃兰州榆中人。中国哺乳动物学家，重点研究啮齿动物种群生态和防治。

个人简介　1954 年毕业于西北畜牧兽医学院，国家统一分配到中国科学院动物研究所工作。在动物研究所先后任研究实习员、助理研究员、副研究员、研究员，主要从事哺乳动物的区系和生态工作，重点是深入地研究鼠类生态及防治。

成果贡献　先后参加大、小兴安岭兽类调查，中苏两国科学院组织的云南生物资源调查，新疆、青甘资源综合考察。承担黑龙江、内蒙古荒地资源的国家考察、华北、京津塘生态治理与环境评价等"六五""七五""八五"国家科技攻关项目，并负责子课题。另外还参加了国家组织的海南大农业调查等。发表学术论文 36 篇，编写专著 5 册。长期进行动物生态和环境评价研究，对农牧害鼠的种群和群落生态及防治进行了深入研究。曾担任青海工作站站长，动物生态研究室副主任，动物所图书情报室副主任、主任。曾担任中国动物学会常务理事、主任，《动物学杂志》副主编、主编。曾担任兽类学会秘书长、副理事长、理事长；《兽类学报》常务编委。曾任全国中学生生物奥赛竞赛委员会副主任、主任。另外，还参加了国家关于"全国病虫鼠害防治绿皮书"的编委会等工作。1992 年享受国务院政府特殊津贴。

所获荣誉　获得的奖项有：①"麝鼠引种散放及其生态学研究"，1978 年中国科学院重大科技成果奖，第四完成人。②"呼伦贝尔草原布氏田鼠种群生态学研究"，1982 年中国科学院科技进步二等奖，第一完成人。③"京津地区不同城郊类型的生态特征、评价及对策"，1986 年中国科学院科技进步二等奖，第二完成人。④"京津地区生态系统特征与污染防治的研究"，1987 年中国科学院科技进步一等奖，第二完成人。⑤"燕山石油化工典型小区生态工程规划设计方案"，1988 年中国科学院科技进步二等奖，第三完成人。⑥"华北旱作区大仓鼠黑线仓鼠种群生态学及综合防治的研究"，1991 年中国科学院科技进步二等奖，第三完成人。⑦"京津唐地区生态环境地图集与电子地图集研制"，1991 年中国科学院科技进步二等奖，1992 年国家自然科学奖三等奖，第一参加完成人。⑧"圆明园鸟类招引与生态环境试验工程的研究"，1992 年北京市科技进步三等奖，主要完成人。

（撰稿：王登；审稿：刘晓辉）

赵桂芝 Zhao Guizhi

1929 年生。高级农艺师。

个人简介　河北景县人，1954 年毕业于沈阳农学院。

成果贡献　长期在农业部全国植物保护总站从事鼠害防治的技术管理工作。曾任中国植物保护学会理事，鼠害防治专业委员会主任委员（第一任）、中国鼠害与卫生虫害防制协会常务理事、全国爱国卫生运动委员会除四害专家委员会委员、北京市鼠害与卫生虫害防制协会专家组成员，北京农业大学植物保护系兼职教授，《中国植物保护》杂志编委等职。

20 世纪 80 年代，中国多个省份出现鼠类种群大暴发，造成许多地方农作物大幅度减产。而因当时农业部门缺少专业技术人员以及对杀鼠剂认知的偏误，致使一些灭生性杀鼠剂，如氟乙酰胺、甘氟、氟乙酸钠等被大量使用，所谓的"祖传秘方""世界领先发明"的伪劣药物充斥市场，不仅造成环境污染和非靶标动物（鼠类天敌和鸟类）大量死亡，还多次出现人员误食事故。为了引导农业鼠害防治走上健康发展之路，赵桂芝组织中国科学院动物研究所、中国医学科学院、中国军事医学科学院及各高等院校等多家单位的专家在全国范围内举办了多次专业技术培训班，并主编了《中国鼠害防治》《害鼠的分类测报与防治》《农业鼠害防治指南》《实用灭鼠法》《鼠药应用技术》专著，参与编写《鼠害治理的理论与实践》《中国农业百科全书》《英汉农业大辞典》《农业十项推广技术》《新编农药手册》等十余册；其中赵桂芝主编《百种新农药使用方法》及参与编写《植物医生手册》获共青团中央及新闻出版署"97 全国农村青年最喜爱的科普读物"称号；发表论文 30 余篇。她与伪劣杀鼠剂做了顽强的斗争。最突出的事例是与汪诚信、马勇、邓址、刘学彦一起与邱满囤及其"邱氏鼠药"通过曲折艰难的法律抗争，最终促使国家农药管理部门颁布全面禁止高毒鼠药进入市场的法令。开创了规范使用杀鼠剂、全面整顿农药市场的先例。"邱氏鼠药案"也被列入 2004 年度全国科技新闻之首。

所获荣誉　主持"全国农田鼠害防治技术改进与推广"项目获农业部科技进步二等奖，主持"呼吁新闻媒介要科学宣传灭鼠"项目获中国科学技术协会第三届优秀建议一等奖。享受国务院政府特殊津贴。

（撰稿：施大钊；审稿：王德华）

蛰眠代谢率 torpid metabolic rate

即动物处于蛰眠状态下的代谢率，此时代谢率大幅度下降，通常可低至基础代谢率 5%～30% 的水平，动物由此达到节约能量的目的。

(撰稿：迟庆生；审稿：王德华)

蛰眠阵 torpor bout

哺乳动物表现异温时并非一直处于低代谢的昏睡状态，而是每隔数天或数周（冬眠动物中）或几小时甚至更短时间（日眠动物中）自发地觉醒一次，保持短时的常温后再入眠。由异温阶段的每一个入眠、蛰眠、觉醒和常温状态构成的周期称为一个蛰眠阵。

(撰稿：迟庆生；审稿：王德华)

针毛鼠 Niviventer fulvescens Gray

一种主要栖息于热带、亚热带林区的中型鼠类。又名栗鼠、山鼠、赤鼠、黄刺毛鼠、刺毛黄鼠、针毛黄鼠、榛鼠、黄毛跳。英文名 chestnut rat、chestnut white-bellied rat。啮齿目（Rodentia）鼠科（Muridae）鼠亚科（Murinae）大齿鼠超属（Dacnomys）白腹鼠属（Niviventer）。在原分类系统中，本种乃置于 Rattus 属中。Rattus 曾是哺乳动物中物种数最多的属，近半个世纪以来，该属的一些亚属已独立成新属，本种随所在亚属升格属名变更为 Niviventer。已经记载有 4 个亚种，中国存在 2 个亚种，针毛鼠指名亚种 [Niviventer fulvescens（Gary, 1847）] 和针毛鼠东方亚种 [Niviventer fulvescens huang（Bonhote, 1905）]。

中国分布于西藏、云南、贵州、湖南、广西、广东、海南、江西、福建、浙江、安徽、河南、陕西、甘肃、四川、香港、澳门。国外分布于尼泊尔、巴基斯坦、印度、孟加拉国、老挝、越南、泰国、马来西亚、印度尼西亚等。

形态

外形 体型中等，外形很像北社鼠。体长 130～150mm。尾显著超过体长，长 155～200mm。后足长 27～32mm，耳长 18～20mm。背毛杂有刺状针毛，冬季和夏季皆有。乳头 4 对，胸部 2 对，鼠蹊部 2 对。针毛鼠形态特征两性之间无显著性差异（图1）。

毛色 体背面毛呈鲜橙褐色，有时带锈色；背中间刺毛较多，其尖端黑色，故背脊较为深暗。体腹面从颏到颈部纯白色，胸及腹部略带淡土黄色，与体背侧毛色界线很分明。尾两色，上面褐色，下面灰白色，而尾末梢无白色。足边缘白色，背面中间暗色杂以浅黄色（图1）。

头骨 颅全长 32～39mm，颅基长 15.4～32.5mm，腭长 13.8～19mm，颧宽 13.8～17.5mm，中间无突起，乳突宽 12～14.3mm，眶间宽 5.5～6.5mm，鼻骨长 11.7～14mm，听泡长 4.9～5.1mm，上颊齿列长 5.2～6.4mm。齿式为 $2\times\left(\dfrac{1.0.0.3}{1.0.0.3}\right)=16$。

颅骨与北社鼠的很相似：吻细长；眶上嵴明显；鼻骨前端超出门齿，其后端与前颌骨后端在同一水平线上或略为超出。顶间骨前缘有向前尖突，后缘中间有很明显的向后尖突。腭骨中间无突起，后缘呈现为 1 均匀弧形而略为厚起的横嵴门齿孔狭窄，后端延伸至第一上臼齿前缘基部水平。最后上臼齿内侧有 3 个齿突，也就是 3 个横排的内侧齿尖，但外侧仅有 1 个大的齿尖，这是第二横排的中间齿尖。听泡较北社鼠和黄毛鼠的小（图2）。

针毛鼠与北社鼠的鉴别 针毛鼠和北社鼠形态相近，分布的区域也相似，从标本的野外记录来看两者的生境也差不多，因此常常很难准确鉴定区分两者。北社鼠可能由于季节、气候和海拔等原因，体背的针毛也会变得密而粗糙，这时就更难与针毛鼠区分开来。Allen 认为北社鼠在每年的 1 月和 2 月体毛较软，针毛较少，夏季逐渐增多；但很多个体换毛的时间可以晚至 12 月，因此无法通过结合季节和针毛数量来区分这两个种。Ellerman 提出体背暗灰色的为北社鼠，体背鲜亮红褐色的是针毛鼠，另外还可以以尾长与体长的比率来区分。黄文几和王西之等认为针毛鼠四季的体毛都较密且粗糙，体背呈鲜橙褐色，颅骨与北社鼠相似。贾小东比较了四川的北社鼠和针毛鼠，认为它们确实为两个独立的种，差异在于体长、听泡大小、上颊齿等量度方面。李裕冬等通过阴茎形态学结果进行反证，发现可以用针毛鼠的体背红褐色明显这一特征与具有很多针毛的北社鼠区分开来。邓先余比较北社鼠和针毛鼠的标本，认为耳长可以鉴别这两个种，胡锦矗等也把耳长作为鉴别特征。然而从贾小东的报道以及李裕冬等的结果来看，尽管北社鼠耳长的平均值大于针毛鼠，但二者耳长的差异不显著。另外两个种的体长也并不具有显著的差异，而听泡大小的差异显著与邓先余和贾小东的研究结果是一致的。李裕冬等还发现针毛鼠的后头宽

图1 湖南捕获的针毛鼠与北社鼠比较（李波提供）
①图为背面，②图为腹面；上为北社鼠，下为针毛鼠

图2 针毛鼠的头骨（王勇提供）

明显小于北社鼠，而眶间宽要大于北社鼠。

因此李裕冬等认为针毛鼠区别于北社鼠在于：针毛鼠体背红褐色，四季均具有大量针毛，听泡较小，后头宽小于12mm，外环层光滑，阴茎骨近支较细弱，尿道小瓣位置较高；而北社鼠体背冬季针毛较少，夏季针毛较多，听泡较大，后头宽大于12mm，背面毛色灰黄色，外环层光滑，阴茎骨近支较粗，尿道小瓣位置很低，呈舌状。

年龄分组 洪震藩采用白齿磨损度法将针毛鼠划分幼年组、亚成年组、成年组和老年组4个年龄组。杨再学等认为，针毛鼠属中型鼠类，体重变幅较大，以划分5个年龄组更能体现其年龄组成，而白齿磨损度法鉴定技术要求高，比较费力、费时，不适宜基层鼠情监测人员使用。于是根据体重的频次分布特征，参照其繁殖状况，提出划分5个年龄组的标准。然后杨再学等又给出依针毛鼠胴体重划分5个年龄组的标准，并指出，胴体重指标可以减少怀孕鼠和进食量等对年龄鉴定产生的偏差，应用也比较方便，更值得推荐应用。各年龄组的胴体重划分标准为：幼年组（Ⅰ）胴体重≤25.0g，亚成年组（Ⅱ）25.1～40.0g，成年Ⅰ组（Ⅲ）40.1～55.0g，成年Ⅱ组（Ⅳ）55.1～70.0g，老年组（Ⅴ）＞70.0g。不同年龄组形态特征具有一定变化，随着种群年龄的增长而不断增加。雌鼠怀孕率和胎仔数、雄鼠睾丸下降率和繁殖指数随着种群年龄的增长而增加。成年Ⅰ组、成年Ⅱ组和老年组为该鼠的主要繁殖群体。不同季节种群年龄组成变化明显。

染色体 针毛鼠染色体数的研究报道不尽相同，黄文几等报道针毛鼠的染色体数为2n=42；庞宏等则报道2n=46，核型公式为30T+8SM+6M，XY（T，T）；江庆澜等报道针毛鼠的染色体数为2n=46，并通过对两个不同种群的针毛鼠研究发现其细胞色素b和12S r R NA基因片段分别包含了3个和11个变异位点，认为应该是长期的地理隔离及其所经历自然选择的结果。

生活习性

栖息地 针毛鼠属于典型的野鼠。多生活在华南、西南和西北地区的丘陵、山麓和山谷的溪流两旁，常栖息在灌木丛、竹林、山洞、石隙、树缝、树根、茅草坡和田间等生境。针毛鼠冬季和初春多穴居于靠近耕作区山区下的荆、芒、荻草丛中或茶树等有果实的灌木丛中。偶有在树上筑巢的，曾发现针毛鼠在棕榈树上营巢，有用鼠笼在树上捕到过针毛鼠的记录。

针毛鼠是海南岛山区优势鼠种之一，也是浙江天目山自然保护区常绿落叶阔叶混交林的优势鼠种。彭红元等2002年5～7月对广东和平县黄石坳自然保护区的兽类调查显示，针毛鼠居绝对优势，占捕获啮齿类数量的77%。郑智民和詹绍琛在闽北南平市郊区的山麓茅草灌木丛、傍山田边茅草灌木丛、溪边茅草丛、农田、未开发地及住宅等6种生境类型，同时布放鼠笼捕鼠，结果针毛鼠主要栖居在未开发地、山麓和傍山田边茅草灌木丛3个生境（表1）。肖树生等在福建高海拔地区4种景观进行调查（表2），山地林灌区主要生长常绿与落叶阔叶混交林（柯、槠、毛榛等）以及残胶次生林，海拔1100m，为人工营造的幼龄松林；该区优势鼠种为北社鼠和针毛鼠。山地旱作区、稻田耕作区皆在坡度弛缓的低山，旱作以茶树为主体兼套种马铃薯、番

表1 不同生境针毛鼠捕获率

生境类型	山麓茅草灌木丛	傍山田边茅草灌木丛	农田	溪边茅草丛	未开发地	住宅
总笼日数	3231	3623	3416	2020	1140	893
捕获针毛鼠数	146	111	54	14	26	0
捕获率（%）	4.52	3.06	1.58	0.69	2.28	0.00
针毛鼠占鼠类总捕获数（%）	84.87	82.84	28.13	38.89	88.67	0.00

引自郑智民和詹绍琛（1978）。

表2 福建高海拔地区啮齿动物在不同景观的构成

种类	在捕获鼠的比例（%）			
	山地林灌区	山地旱作区	稻田区	住宅区
针毛鼠	39.2	21.1	28.5	0.0
北社鼠	48.6	3.5	3.9	0.0
黄毛鼠	2.7	46.8	41.4	5.9
黑线姬鼠	6.1	22.9	17.0	0.9
黄胸鼠	0.0	3.4	2.1	30.2
褐家鼠	0.0	2.2	4.3	58.6
其他	3.4	0.0	2.1	4.3

引自肖树生等（1997a）。

薯、蔬菜等，旱地与水田衔接，地形复杂，壑沟交错，荆草丛生；主要鼠种为黄毛鼠，其次为针毛鼠与黑线姬鼠。住宅区优势鼠种为褐家鼠，偶可捕获黄毛鼠，未见针毛鼠进入农房。在洞庭湖区的桃源县调查，针毛鼠也仅在山地有捕获。

洞穴 针毛鼠一般洞穴有2～3个洞口，较为隐蔽。洞穴通常有巢窝、洞道、便穴及盲道。洞内干燥，洞道弯曲。巢多以干树枝、竹叶和杂草构成。针毛鼠的洞型比较复杂，可分单口纵深洞、单口横洞、双口纵深洞、双口横洞和三口横洞等（图3）。洞道以纵深占多数，或纵深挖到一定程度后再横（或向上）开。其次有横斜开及垂直向下开等。洞口一般朝向西南方。

食物 杂食，但主要以植物性食物为生，喜吃各种果实如油桐果、油茶果、栗子以及稻、麦、花生、红薯、番茄等农作物和杂草种子、嫩草等；也吃昆虫等小动物。能上树觅食。郑智民和詹绍琛曾在8个针毛鼠洞投食（大米、谷子、菜豆、黄瓜、茄子、梨、苦瓜、田螺等食物各4g）观察。结果发现大米和谷子均被盗食84.4%；菜豆、黄瓜被盗食的有7个洞，盗食量分别为58.1%和31.6%；茄子被盗食26.3%（4个洞口）；梨子和苦瓜被食37.5%和10.4%（皆3个洞口）。而田螺均未发现被盗食。可见针毛鼠还是喜食植物性食物，尤其是粮食。

活动特点 主要在夜间活动。活动范围广泛，冬季在靠近山区的住房内有时也可发现针毛鼠。针毛鼠性凶好斗、善攀喜跳。能攀树行走、觅食。

繁殖 繁殖力强。南方繁殖期相当长，2～11月都有繁殖现象。在福建，11～12月还可捕到怀孕鼠，春秋两季各有一个繁殖高峰4～5月和8～9月，后峰高于前峰，主峰在

秋季（图4），这与当地大田作物的成熟程度密切相关。每胎胎仔1~7只，通常为4~6只，在福建的平均胎仔数为4.1只。在浙江天目山，针毛鼠雄性睾丸下降率2月为零，3月迅速上升，6~10月较稳定，11月以后又降至零。诸葛阳（1989）则指出4~5月和8~9月是浙江针毛鼠的两个繁殖高峰，每胎1~7只。在贵州，3~9月为主要繁殖期，其间在3~4月和7~8月出现2个繁殖高峰，即春季和夏季为主要繁殖季节，但与福建（图4）明显不同的是，后峰明显较低（图5）；从繁殖指数看，3、4月高峰期分别达到2.22和1.27，而7、8月仅为0.67和0.65，主峰在春季。这应该是针毛鼠对各地环境的适应对策，主要是气候因素。如到北方，繁殖季更是缩短，陕西每年4~7月为繁殖季节，每胎产仔多为4~6只。在西藏，4~6月为集中的繁殖季节，胎仔数3~8只。各地的结果汇总于表3。

种群数量动态

季节动态　在福建，一年有2个数量高峰，上下半年各有一个高峰期。4月数量最高（捕获率5.99%），5月稍有下降（捕获率3.99%），到6月显著下降（捕获率1.81%），7月又开始回升（捕获率2.18%），到8月数量出现第二高峰（2.48%），随后的9~11月都维持较低水平。高峰期分别在4~5和7~8月。

在贵州，种群数量季节上变化也较大，冬季数量最低，随着3、4月气温回升，针毛鼠开始繁殖，其活动日趋频繁，种群数量逐渐上升，5月形成年内第一个种群数量高峰，6~9月种群数量有所下降，到10月形成年内第二个种群数量高峰。11~12月气温降低，种群数量明显下降。针毛鼠全年种群数量在5月和10月出现2个数量高峰（图6）。在时间上，高峰出现稍晚于福建。

年间动态　在四川省都江堰5种森林演替阶段（0~5、6~10、11~20、21~30年）和天然次生林（100年）的鼠类多样性调查发现：针毛鼠在各演替阶段均有分布，而且在鼠种组成中的比例都较高。在贵州农区（旱地耕作区）针毛鼠不同年度之间种群数量存在明显差异，但总体密度不高，年最高捕获率仅为1.08%。

从福建高海拔年动态看，针毛鼠种群可能会有栖息地间转移的情形。针毛鼠原属山地-丘陵地面型鼠类，喜栖于山腰灌木草丛、岩石隙、树根隙等较干燥处。而1988—1990年该鼠出现一定范围的群落垂直移动，整群落迁徙到水田区，成为水田区优势种。查证当年气象情况并未发现异常，山地耕作亦无变化，只是该3年山地茶园虫害严重，农民使用大量除虫剂及除草剂，人类活动强度增大，这或许正是导致其迁徙的原因；1991—1995年上述状况得以改善，针毛鼠又回归山地，成为山地优势种（图7）。

危害　对山区农作物危害较重，特别是在作物成熟期，盗食稻、麦、花生、番薯等。如南方丘陵水稻种植区，在水稻将要出穗时咬断稻梗吸取其中的甜汁，造成较大危害。冬季食料不足情况下，常吃植物的根、幼苗、嫩叶等，危害山林。郑智民和詹绍琛曾用一只体重85g的雌针毛鼠作食番薯

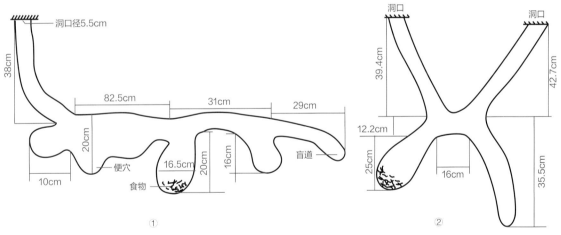

图3　针毛鼠洞道结构（引自郑智民和詹绍琛，1978）
①单口横洞（洞道总长190.5 cm）；②双口纵深洞（洞道总长170.6 cm）

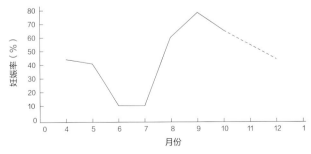

图4　福建不同月份针毛鼠的妊娠率（引自郑智民和詹绍琛，1978）

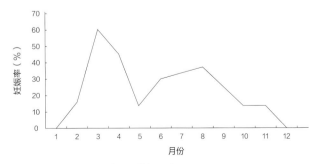

图5　贵州不同月份针毛鼠的怀孕率（数据来源于杨再学等，2014b）

表3 各地针毛鼠的繁殖特征

地区	调查时间	性比(♂/♀)	繁殖期	繁殖高峰	睾丸下降率(%)	怀孕率(%)	平均胎仔数(只)	繁殖指数*	资料来源
福建		1.63 192/118	2~12月	4~5月（春）、8~9月（秋）		42.51	4.1 (2~7)		郑智民和詹绍琛 (1978)
浙江				4~5月、8~9月			1~7		诸葛阳（1989）
贵州	1984—2013	1.21 187/154	3~9月	3~4月（春）、7~8月（夏）	59.89	27.92	5.12 (3~8)	0.65	杨再学等（2014c）
贵州	1984—2013	1.33 102/77			74.51	33.77	5.08	0.74	杨再学等（2014a）
贵州岑巩	1984—2013	1.23 118/96	3~10月	3~4月（春）、7~8月（夏）	57.63	32.15	5.23 (3~8)	0.73	雷邦海和田勇 (2014)
西藏			4~6月				3~8		冯祚建等（1986）
陕西			4~7月				4~6		王廷正等（1993）

* 繁殖指数 = 胎仔总数 / 总鼠数

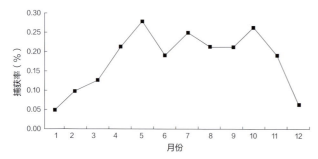

图6 贵州针毛鼠种群数量月份变化（引自杨再学等，2014b）

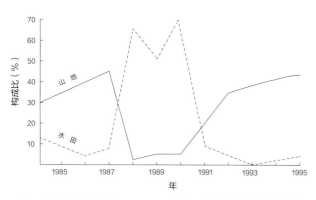

图7 福建高海拔地区1984—1995年间不同景观针毛鼠群落变动
（引自肖树生等，1987b）

试验，结果一昼夜吃掉番薯98.2g。

针毛鼠还是鼠疫、钩端螺旋体病和恙虫病的自然携带者，与莱姆病、流行性乙型脑炎、肾综合征出血热的流行也有关。此外，针毛鼠能够感染卫氏并殖吸虫（Paragonimus westermani）、裂体吸虫或血吸虫（schistosome）、巴贝虫（babesia）等寄生虫，或也会携带传播。

防治技术 由于仅危害山区农田和林场，只有确有必要才需进行防治。目前应用的抗凝血灭鼠剂应该都可使用。氯敌鼠、氯敌鼠钠盐均可有效地杀灭针毛鼠。由于针毛鼠和北社鼠栖息生境相似，在防治北社鼠的同时，可以对针毛鼠种群进行控制。毒饵站灭鼠技术是一种安全、高效、经济、环保和持续的新型控鼠措施，协调了药物灭鼠与环境保护的矛盾，保障了人、畜和鸟类安全，可以有针对性防治针毛鼠。特别是林区以及林区农田进行杀灭时效果好。

疫源地改造、破坏鼠类的生态条件，可以降低鼠密度。1976年11月在福建三明，作过改造的山垄田与未改造的山垄田中，针毛鼠密度分别为3.24%和6.32%，有比较明显的降低。

参考文献

鲍毅新，诸葛阳，1984. 天目山自然保护区啮齿类的研究[J]. 兽类学报，4(3): 197-205.

邓先余，冯庆，王应祥，2005. 中国大陆白腹鼠属的分支系统发育研究[J]. 动物分类学报，30(2): 234-238.

洪震藩，1985. 社鼠、针毛鼠的种群年龄组成初步研究(啮齿目：鼠科)[J]. 武夷科学(5): 197-207.

黄文几，陈延熹，温业新，1995. 中国啮齿类[M]. 上海：复旦大学出版社.

贾小东，苗苗，郭延蜀，等，2005. 四川社鼠、针毛鼠及社鼠亚种间的比较探讨[J]. 西华师范大学学报(自然科学版)，26(1): 19-24.

江庆澜，1995. 社鼠、雷琼社鼠和针毛鼠染色体分类的研究[J]. 中山大学学报论丛(1): 98-103.

江庆澜，何森，辛景禧，等，2005. 社鼠和针毛鼠线粒体DNA序列的歧异及其系统进化关系[J]. 中山大学学报(自然科学版)，44(4): 84-87.

李裕冬，刘少英，曾宗永，2007. 白腹鼠属几个相似种的差异探讨[J]. 四川动物，26(1): 41-45.

庞宏，陈宜峰，陈俊才，1992. 云南社鼠(Rattus niviventer)和刺毛鼠(Rattus fulvesence)的染色体比较研究[J]. 南京师大学报(自然科学版)，15(1): 55-60.

彭红元，吴毅，江海声，等，2003. 黄石坳保护区的兽类初步研究[J]. 四川师范学院学报(自然科学版)，24(2): 145-150.

寿振黄，1962. 中国经济动物志：兽类[M]. 北京：科学出版社.

王西之，胡锦矗，1999. 四川兽类原色图鉴[M]. 北京：中国林业出版社.

夏武平，高耀亭，等. 1988. 中国动物图谱：兽类[M]. 2版. 北京：科学出版社.

肖树生, 肖宜英, 林柳英, 1997a. 福建高海拔山区野栖啮齿动物的调查报告[J]. 动物学杂志, 32(4): 42-43.

肖树生, 肖宜英, 林柳英, 1997b. 福建高海拔山区野栖啮齿动物的生态研究[J]. 中国媒介生物学及控制杂志, 8(3): 226-227.

杨再学, 雷邦海, 金星, 等, 2014. 针毛鼠的形态及其种群生态特征[J]. 四川动物, 33(3): 393-398.

杨再学, 雷邦海, 郑元利, 等, 2014. 针毛鼠种群年龄组的划分标准及其繁殖力[J]. 贵州农业科学, 42(10): 164-170.

浙江动物志编辑委员会, 1989. 浙江动物志: 兽类[M]. 杭州: 浙江科学技术出版社.

郑智民, 詹绍琛, 1978. 针毛鼠的生物学观察[J]. 动物学杂志 (1): 13-15.

ALLEN G M, 1940. The mammals of China and Mongolia: part 2[M]. New York: America Museum of Natural History: 1020-1031.

（撰稿：张美文；审稿：陈安国）

蒸发失水　evaporative water loss

指动物为维持体温和生命活动通过呼吸道、皮肤以及汗腺等组织器官散热时带出机体外的水分。啮齿类的散热方式较为特别，主要依赖颌下腺分泌大量唾液涂布在被毛上进行蒸发散热，例如，常温下大鼠（*Rattus norvegicus*）通过皮肤散失的水分占总蒸发失水的近50%。而在36℃的高温环境下，其唾液蒸发失水占总蒸发失水的50%，44℃时则升至65%。啮齿类以出汗进行蒸发散热的方式不明显，但在其前后足裸露皮肤处有汗腺的分布，可能是辅助的蒸发散热方式。小型荒漠啮齿类不能长期暴露于夏季炎热环境，因为它们相对较大的体表面积与体重比需要它们利用大量的水分进行散热，故蒸发失水散热是啮齿类炎热干旱环境中一种重要的散热方式，蒸发失水受到环境温度和相对湿度的影响。

参考文献

徐萌萌, 王德华, 2015. 长爪沙鼠和布氏田鼠汗腺的分布与密度[J]. 兽类学报, 35(1): 80-86.

DEGEN A A, 1997. Ecophysiology of small desert mammals[M]. Berlin, Germany: Springer.

（撰稿：徐萌萌；审稿：王德华）

郑州大学生物多样性与生态研究所动物生态研究团队　Animal Ecology Research Group, Institute of Biodiversity and Ecology, Zhengzhou University

郑州大学是国家"211工程"重点建设高校、国家"中西部高校提升综合实力计划"入选高校、河南省人民政府与教育部共建高校。学校现有21个一级学科博士点、3个独立设置的二级学科博士点、55个一级学科硕士点；1个博士专业学位授权点、21个硕士专业学位授权点、24个博士后科研流动站。学校面向全国招生，现有全日制普通本科生5.6万人、各类在校研究生1.5万人以及来自60余个国家和地区的留学生1600余人。

郑州大学组建有动物生态研究团队和野外研究基地，隶属于郑州大学生物多样性与生态学研究所；该团队曾承担国家"973"计划课题、国家自然科学基金项目等课题，长期开展鼠类分类区系、行为生态、鼠类—林木种子相互作用、鼠害控制、生物多样性保护等研究，并发表了《河南啮齿动物志》《河南啮齿动物区系与生态》等研究成果。

（撰稿：路纪琪；审稿：郭聪）

植物次级代谢物　plant secondary metabolites, PSMs

一类对植物自身无显著生理影响，但能够影响植食性动物正常生理功能，阻遏植食性动物对其采食的防卫性化合物。包括酚类（phekolics）、萜类（terpenoid）、生物碱（alkoloid）及非蛋白氨基酸类（non-protein amino acids）等。植物体内普遍存在防卫性的PSMs，可能是植物对外界复杂多变的环境及对植食性动物采食的一种适应。

植食性动物摄入PSMs后，可导致动物摄食量下降、消化率降低、酶活性受抑制，甚至导致动物中毒，进而影响动物的生长、繁殖或生存。根据植食性哺乳动物摄食PSMs后的生理反馈，将PSMs分为消化抑制剂（digestion inhibitor）和毒素（toxin），前者在消化道中抑制营养物质的消化，而后者被动物肠道吸收进入机体内环境产生毒性效应。单宁酸（tannic acid，TA）为许多植物均含有的酚类化合物，具有涩味，普遍认为是植食性动物的阻遏剂，可在植食性动物消化道内与蛋白质结合形成不溶性的络合物，能有效地降低草甸田鼠（*Microtus pennsylvanicus*）、根田鼠（*Microtus oeconomus*）、棕色田鼠（*Lasiopodomys mandarnus*）、东方田鼠（*Mictotus fortis*）等的采食量和蛋白质消化率。而另一大类PSMs，生物碱在植物体内含量虽然很低，但仅微量就可对动物造成严重的生理损害甚至死亡。

植食性鼠类对PSMs的适应对策　植食性鼠类在其生活的环境中会遭遇各种PSMs，动物摄食PSMs会产生一系列的生理负荷，如抑制消化和中毒等。植食性哺乳动物针对植物的化学防卫会进化出一系列的行为和生理上的适应对策。

行为调节　通过遗传或后天学习，动物可有效地选择采食营养丰富、PSMs含量较低的食物种类，避食PSMs含量高的食物种类。然而自然界中，PSMs普遍存在于植物中，且植物营养成分和PSMs含量在种内、种间及时空存在异质性，植食性哺乳动物不可能完全避食PSMs。

摄食调节　对PSMs摄入量调节可以在更微小的时间尺度上改变采食量和取食间隔而实现。采食量降低可直接降低血浆PSMs水平，而取食间隔时间延长，可以为血浆PSMs的清除或解毒代谢争取更多时间。食物中桉油素（cineole）增加也会引起泛食者刷尾负鼠（*Trichosurus vulpecula*）降低每取食回合（feeding bout）摄入量，延长取食回合间隔时间，但夜间总取食时间不变。

食性泛化　植食性动物食性泛化者（feeding generalist）对特定PSMs的解毒能力低于特化者（feeding specialist），故通过增加其食物谱，摄食多种植物以避免对某种PSMs的过量摄入。

贮食行为　贮草行为是植食性动物巧妙处理植物PSMs的对策之一。通过刈割、浸泡和贮藏等食物处理方式，使PSMs含量降低至动物耐受范围内，再予以采食。如草甸田鼠（*Microtus pennsylvanicus*）在进食松枝前，会选择将其放置在雪地上直至植物酚类浓度下降。

生理调节　降低植物次生代谢物吸收。植食性哺乳动物通过消化道连接酶、转运蛋白质、生物转化酶及微生物发酵等可降低PSMs吸收。脯氨酸唾液蛋白质最初作为动物口腔内稳态调节分子发挥着作用，而后衍生进化形成单宁酸-连接唾液蛋白质。肠道细胞CYP450是一种生物转化酶，可代谢大量药物及PSMs，同P-糖蛋白质在肠道上皮细胞共同作用，降低对毒性PSMs的吸收和利用度。

组织代谢和清除　脂溶性及小分子的水溶性PSMs极易被消化道吸收并进入血液。在植食性哺乳动物的肾脏中，亲脂性PSMs被肾小管重吸收，而不能渗透到上皮细胞的极性PSMs则可随尿液排泄除去。而大部分亲脂性PSMs（如单萜类）需经过生物转化才能从体内清除。

生物转化一般发生在肝脏、肾脏、肠壁和血液，其中肝脏是PSMs代谢解毒的主要场所。植食性哺乳动物具有功能强大的生物转化酶体系，可将亲脂性PSMs转变为极性更大且易于经尿或者胆汁排泄的代谢物。林鼠（*Neotoma stephensi*）和刷尾负鼠摄食PSMs后，可诱导肝脏P450酶合成活性，增强解毒能力。

肠道微生物发酵作用也是植食性哺乳动物生物转化途径之一。高原鼠兔（*Ochotona curzoniae*）、根田鼠（*Microtus oeconomus*）和大林姬鼠（*Apodemus speciosus*）依赖肠道内与之互利共生的微生物降解单宁酸。此外，肠道内未被吸收的PSMs、肠道微生物代谢转化的PSMs产物及由胆汁分泌到消化道的肝脏解毒产物，可经粪便排泄途径清除。

参考文献

CHUNG M, HAGERMAN A E, KIRKAPTRICK R L, 1997. Effects of tannins on digestion and detoxification activity in gray squirrel[J]. Physiological zoology, 70: 270-277.

GINANE C, BAUMONT R, LASSALAS J, et al, 2002. Feeding behavior and intake of heifers fed on hays of various quality, offered alone or in a choice situation[J]. Animal research, 51: 177-188.

IASON G R, VILLALBA J J, 2006. Behavioral strategies of mammal herbivores against plant secondary metabolites: the avoidance–tolerance continuum[J]. Journal of chemical ecology, 32: 1115-1132.

ROBBINS C T, HAGERMAN A E, AUSTIN P J, et al, 1991. Variation in mammalian physiological responses to a condensed tannin and its ecological implications[J]. Journal of mammalogy, 72: 480-486.

SHANNON L H, JOHN G L, MICHAEL R F, et al, 2007. Xenobiotic metabolism of plant secondary compounds in juniper (*Juniperus monosperma*) by specialist and generalist woodra therbivores, genus *Neotoma*[J]. Comparative biochemistry and physiology part C, 146: 552-560.

SORENSEN J S, DEARING M D, 2003. Elimination of plant toxins by herbivorous woodrats: revisiting an explanation for dietary specialization in mammalian herbivores[J]. Oecologia, 134: 88-94.

TORREGROSSA A M, DEARING M D, 2009. Nutritional toxicology of mammals: regulated intake of plant secondary compounds[J]. Functional ecology, 23: 48-56.

（撰稿：李俊年；审稿：陶双伦）

植物—鼠类互惠系统　plant-rodent mutualistic system

结实大种子的植物，种子被鼠类取食的同时，也依赖鼠类传播，完成更新。鼠类取食植物种子的同时，也将部分种子搬离母树分散贮藏在土壤、枯枝叶、灌草丛、林缘、林窗等适宜种子萌发及幼苗建成的微生境中，充当了种子传播者，对植物更新、种群扩散、群落构建等具有积极影响。植物和鼠类之间形成的基于种子取食和传播的互惠关系，对森林生态系统结构和功能维持具有重要意义。在植物—鼠类互惠系统中，植物为了提高种子传播率和存活率，一方面通过增加种子壳厚度或种子仁中单宁等次生化合物的含量，提高种子的物理及化学防御能力，避免鼠类过度捕食；另一方面通过调节种子的结实量和结实节律、形态及营养特征"调控"鼠类行为，促使鼠类减少原地取食、增加分散贮藏，提高种子传播率。种子被埋藏于土壤后，可能通过快速萌发，或改变营养及挥发性化合物的成分及含量，降低种子被鼠类找回再利用概率，提高传播效率。为了尽可能高效地获取更多的食物，鼠类也形成了一系列提高取食和贮藏效率的行为，如快速隔离、选择性贮藏营养价值高或处理成本高的种子（如大种子、硬壳种子）、切胚、切牙、去除果皮、晾晒等。因此，就种子取食和传播而言，自然选择使植物和鼠类之间形成了相对稳定的对抗与互惠关系。

参考文献

张知彬, 2019. 森林生态系统鼠类与植物种子关系研究——探索对抗者之间合作的秘密[M]. 北京: 科学出版社.

STEELE M A, Yi X F, ZHANG H M, 2018. Plant-animal interactions: patterns and mechanisms in terrestrial ecosystems[J]. Integrative zoology, 13: 225-227.

VANDER WALL S B, 2010. How plants manipulate the scatter-hoarding behaviour of seed-dispersing animals[J]. Philosophical transactions of the Royal Society B: Biological sciences, 365: 989-997.

XIAO Z S, GAO X, STEELE M A, et al, 2009. Frequency-dependent selection by tree squirrels: adaptive escape of nondormant white oaks[J]. Behavioral ecology, 21: 169-175.

YI X F, STEELE M A, ZHANG Z B, 2012. Acorn pericarp removal as a cache management strategy of the Siberian Chipmunk,

Tamias sibiticus[J]. Ethology, 118: 87-94.

ZHANG Z B, YAN C, ZHANG H M, 2021. Mutualism between antagonists: its ecological and evolutionary implications[J]. Integrative zoology, 16: 84-96.

（撰稿：张洪茂；审稿：路纪琪）

中国草学会草地植物保护专业委员会　Committee of Grassland Plant Protection, Chinese Grassland Society

中国草地植物保护工作开始于1985年，在此之前，治虫灭鼠工作没有被列入议事日程中来。随着草地植物保护的开展，草地植物保护专业委员会应时代要求而产生。从成立时起，草地植物保护专业委员会就一直坚持"弘扬科技，服务草业"的办会宗旨，围绕草地植保工作，充分发挥科研、教学、推广等各领域专家的重要作用，积极开展学术交流、科技普及、教育培训、技术推广、专题调查、对策研究、舆论宣传等活动，立足国家需要，促进草原生态保护事业的发展。

2017年2月，草地植物保护专业委员会在云南芒市组织召开了第六次全体会员代表大会，选举产生了第六届中国草学会草地植物保护专业委员会理事会。中国农业科学院植物保护研究所张泽华研究员任理事长（主任），中国农业科学院植物保护研究所王广君副研究员任秘书长。

工作指导思想　促进草地植保学科发展、提升草地生物灾害防控技术水平、实现草原可持续利用。

工作主要思路　以草原鼠害、虫害、病害及毒杂草防治工作为重心，跟踪国际科研动态，积极推动科研成果转化，为中国草地植保科研、应用、管理工作水平提高献计献策。

在历届委员会工作人员及全体会员的共同努力下，草地植保委员会在学术交流、产业发展、自身建设、科学普及和教育培训等方面做了大量卓有成效的工作。

组织专家参与相关法律、法规的制定，为草地植保工作建言献策。积极组织专家参与编写、制定草地植保相关的重要法规制度和技术规程，初步实现了草地依法、科学管理。

认真组织开展各种类型的学术活动，营造良好的学术氛围。定期组织召开了每年一次的草地植保学术研讨会，同时针对草原虫害、鼠害、毒害草、病害四大类生物灾害不定期召开专业学术研讨会。极大提高了草地有害生物研究水平。

积极开展科技服务活动，解决草原植保技术难题。组织召开了每年一届的草地有害生物防控技术培训会，共召开培训会（班）20余次，总培训专业技术人员、研究生、农牧民超过5000人次，极大提升了一线推广人员的技术水平，提高了科研人员和农牧民素质，服务了企业和农户，扩大了影响。

广泛开展调研和技术咨询。组织专家围绕草地重大有害生物发生、危害及防治现状开展调查研究，有针对性地制定防治策略，指导有害生物防治。近年来，共组织各类调研活动20余次。

（撰稿：王广君；审稿：刘晓辉）

中国害鼠的分类　taxonomy of rodent pests in China

本书中关于造成"鼠害"的主要"害鼠"不仅仅包括啮齿类，还包括食虫类和兔类一些物种。从高阶分类单元看，鼠类属于啮齿目，兔类属于兔形目，食虫类以前叫食虫目（Insectivora），后来又分成两个目，猬形目（Erinaceomorpha）和鼩形目（Soricomorpha）。近年来，随着分子系统学的发展和系统发育基因组学的兴起，人们对哺乳动物的起源与演化有了新的认识，修订了高级阶元的分类系统。结果显示传统的食虫目并非单系群，而是由3个系群构成，因此将食虫目分为3个目：劳亚食虫目(Eulipotyphla)、非洲猬目(Afrosoricida)和象鼩目(Macroscelidea)。

本书所指"害鼠"包括3个目：劳亚食虫目（Eulipotyphla）、啮齿目（Rodentia）和兔形目（Lagomorpha）。

劳亚食虫目在中国有3科24属89种，该类动物绝大多数是有益种类，是生态系统中的重要成员和指示种，它们往往在生态系统演化到高级阶段，生物多样性很丰富，食物链很完整的情况下才出现。是碎屑食物链的主要成员，在能量流动和物质循环中有重要作用。但有少数种类会造成一定危害，如四川短尾鼩、灰麝鼩等。在分类上，前者属于鼩鼱科（Soricidae）鼩鼱亚科(Soricinae)，后者属于鼩鼱科麝鼩亚科(Crocidurinae)。

兔形目在中国有2科3属41种。包括后足和耳很长的兔科（Leporidae）和后足短、耳短而圆的鼠兔科（Ochotonidae）。兔类和鼠兔类大多数也是有益动物，是初级消费者中的主要成员。有的还是国家重点保护野生动物，如塔里木兔（*Lepus yarkandensis*）就是国家二级重点保护野生动物；有的是生态系统的关键物种，如高原鼠兔（*Ochotona curzoniae*）。更多的是非常稀有的珍稀种类，如红鼠兔（*Ochotona rutila*）、扁颅鼠兔（*Ochotona flatcalvariam*）、柯氏鼠兔（*Ochotona koslowi*）、伊犁鼠兔（*Ochotona iliensis*）、峨眉鼠兔（*Ochotona sacraria*）等，它们都是世界范围内的稀有物种，种群数量极少。

但在种群数量极大时，从人类经济角度，它们也会造成一定危害，如托氏兔（蒙古兔，*Lepus tolai*）和高原鼠兔，前者属于兔科，后者属于鼠兔科。

啮齿目在全世界的哺乳类中都是最大的目，在中国也不例外。目前，中国啮齿目有9科78属220种。占中国哺乳类（693种）31.7%。啮齿目中大多数种类也是有益种类，还有很多是珍稀种类，如四川毛尾睡鼠（*Chaetocauda sichuanensis*），仅分布于王朗国家级自然保护区和毗邻的九寨沟国家级自然保护区，栖息地面积不足100km^2，全世界可供研究的标本数量仅有5只。另外分布于中国的林睡鼠（*Dryomys nitedula*）、沟牙田鼠（*Proedromys bedfordi*）及攀鼠类（*Vandeleuria* spp.）、蹶鼠类（*Sicista* spp.）、树鼠类（*Chiropodomys* spp.）和跳鼠类（*Allactaga* spp.）等种群数量也非常少，十分珍稀，且远不止于此。

从人类利益来看，确实也有很多啮齿目种类对人类有害，主要包括松鼠科（Sciuridae）的赤腹松鼠（*Callosciurus erythraeus*）、岩松鼠（*Sciurotamias davidianus*）、复齿鼯鼠（*Trogopterus xanthipes*）、达乌尔黄鼠（*Spermophilus dauricus*）、喜

马拉雅旱獭（*Marmota himalayana*）等；仓鼠科（Cricetidae）的大仓鼠（*Tscherskia triton*）、棕背䶄（*Myodes rufocanus*）、红背䶄（*Myodes rutilus*）、东方田鼠（*Alexandromys fortis*）、黑腹绒鼠（*Eothenomys melanogaster*）等；鼠科（Muridae）的黑线姬鼠（*Apodemus agrarius*）、高山姬鼠（*Apodemus chevrieri*）、龙姬鼠（*Apodemus draco*）、巢鼠（*Micromys minutus*）、北社鼠（*Niviventer confucianus*）、小家鼠（*Mus musculus*）、褐家鼠（*Rattus norvegicus*）、黄胸鼠（*Rattus tanezumi*）。它们在生活史的某个阶段对林业、农业或者人类健康有危害。

参考文献

蒋志刚, 刘少英, 吴毅, 等, 2017. 中国哺乳动物多样性（第2版）[J]. 生物多样性, 25(8): 886-895.

HU J Y, ZHANG Y P, Yu L, 2012. Summary of Laurasiatheria (Mammalia) phylogeny[J]. Zoological research, 33 (E5-6): E65-E74.

WADDELL P J, OKADA N, HASEGAWA M, 1999. Toward resolving the inter-ordinal relationships of placental mammals[J]. Systems biology, 48: 1-5.

WILSON D E, REEDER D M, 1993. Mammal species of the world, a taxonomic and geographic reference[M]. 2nd ed. Washington and London: Smithsonian Institution Press.

WILSON D E, REEDER D M, 2005. Mammal species of the world: Volume 2[M]. Baltimore, Maryland: The Johns Hopkins University Press.

（撰稿：刘少英；审稿：王登）

中国疾病预防控制中心传染病预防控制所
National Institute for Communicable Disease Control and Prevention, Chinese Center for Disease Control and Prevention; ICDC, China CDC

是中国疾病预防控制中心领导下的国家级细菌性传染病预防控制专业机构。

1953年6月，中央人民政府政务院文化教育委员会批准成立了中央人民政府卫生部流行病学研究所（隶属卫生部），主要任务为加强侦察断和防止帝国主义使用细菌武器，同时调查国内烈性传染病，采取预防措施。1956年3月更名为中华人民共和国卫生部流行病学研究所。1956年7月更名为北京流行病学研究所。1957—1958年，长春鼠疫防治所、大连生物制品研究所立克次体室、原协和医学院流行病科、医学科学院真菌研究室先后调至北京流行病学研究所，并更名为中国医学科学院流行病学微生物学研究所。1971年，与中国医学科学院病毒研究所、放射所合并为中国医学科学院流行病防治研究所。1979年中国医学科学院流行病防治研究所经重新调整，划分为中国医学科学院流行病学微生物学研究所和中国医学科学院病毒研究所。中国预防医学科学院成立后，1986年更名为中国预防医学科学院流行病学微生物学研究所。2002年中国预防医学科学院改名为中国疾病预防控制中心，遂同期更名为中国疾病预防控制中心传染病预防控制所。

2005年被批准为传染病预防控制国家重点实验室的依托单位。2012年被确认为世界卫生组织媒介生物监测与管理合作中心。

中国疾病预防控制中心传染病预防控制所的主要职责是开展传染病预防控制策略、措施、技术研究，为国家制订有关传染病预防控制法律、法规、标准、规范、预案、规划、决策及生物安全等提供技术支持；开展传染病控制理论、前沿技术的探索和创新；开展细菌性传染病为主的病原学、流行病学、生态学、免疫学、生物信息学、病媒生物学和动物源性疾病等方面的研究；开展病原微生物检测、实验室监测网络关键技术研究，构建细菌性传染病、病媒生物监测预警网络平台和大数据分析平台；研发、评价传染病预防控制相关技术、产品和健康相关产品；参与重大疫情及突发公共卫生事件的应对；开展学位教育和继续医学教育，促进适宜技术培训、指导和推广；开展国际合作与交流，促进跨境及全球传染病预防控制行动；承办上级部门交办的其他事项。

该所现有22个业务处室。根据细菌性传染病的重要病种和主要传播途径，设置了鼠疫室、布鲁氏菌病室、新病原室、钩端螺旋体病室、莱姆病室、结核病室、无形体室、呼吸道传染病室、腹泻病室、媒介生物控制室、人兽共患病室、医院感染室。根据细菌性传染病研究和控制的需求，设置相关技术和管理科室，包括病原生物分析中心、免疫室、传染病诊断室、应急实验室、生物安全实验室、国家致病菌识别网络中心实验室、细菌耐药室、生物信息室和转化医学室。同时设置国家重点实验室办公室负责传染病预防控制国家重点实验室的相关管理工作。主办《中华流行病学杂志》《疾病监测》和《中国媒介生物学及控制杂志》。

科学研究工作作为中国疾病预防控制中心"四位一体"中心工作之一，是中国疾病预防控制中心传染病预防控制所的重要工作内容，并以"一流的疾控依赖一流的科研，一流的科研推动一流的疾控"为目标，开拓进取，创新求实，立足自身优势，放眼国内外疾控科技前沿。建所以来，先后完成和处置了朝鲜战争期间细菌战的取证工作、中国不同鼠疫自然疫源地的确定、霍乱流行株和非流行株的划分、邱氏鼠药案的胜诉、多细菌协同性坏疽的诊断和治疗、1998年抗洪抢险的防疫工作、1999年O157暴发流行的紧急疫情处置、SARS防控和果子狸等动物宿主研究、四川人感染猪链球菌疫情的调查处置、2008年海南霍乱疫情处置、512四川特大地震后的卫生防疫工作、青海玉树地震后鼠疫防疫工作、2010年携带NDM-1耐药基因细菌的应急检测工作和2016年西非埃博拉疫情控制等重大任务和事件。自"十一五"以来，科学研究工作逐步深入并发展壮大，申请获得包括国家"863"计划、"973"计划、国家科技重大专项、国家自然科学基金等各类课题313项，到位科研经费5.55亿元。获得中华医学科技奖、中华预防医学会科学技术奖科技成果等省部级奖励26项，获得国家授权专利21项。

（撰稿：鲁亮；审稿：刘起勇）

中国科学院动物研究所北京东灵山野外站鼠类生态学研究基地　Research Station of Rodent Ecology, Donglingshan Mt. Ecological Field Station of Institute of Zoology, Chinese Academy of Science

位于北京市门头沟区清水镇梨园岭村，距离北京城区约120km。该研究站始建于1995年8月，占地面积约150hm^2，现有房舍约2000m^2，各种仪器50余台件，大型试验围栏5个，定点观察样地16块。中国科学院动物研究所、中国科学院植物研究所、华中师范大学、郑州大学等10余家科研单位的科研人员先后在该站开展了相关研究工作。

研究站附近区域的主要鼠种有大林姬鼠（*Apodemus peninsulae*）、北社鼠（*Niviventor confucianus*）、岩松鼠（*Sciurotamias davidianus*），广泛分布在次生林、灌丛及弃耕地，常见鼠种有黑线姬鼠（*Apodemus agrarius*）、花鼠（*Tamias sibiricus*）、大仓鼠（*Tscherskia triton*）、褐家鼠（*Rattus norvegicus*）、棕背䶄（*Myodes rufocanus*）、小家鼠（*Mus musculus*）等。其中黑线姬鼠、大仓鼠在弃耕地及邻近林灌丛可见，花鼠数量较少，多见于次生林。随着弃耕地向灌草丛、次生林演替，大仓鼠、黑线姬鼠等农田鼠开始向灌丛、次生林扩散，褐家鼠、小家鼠等也逐渐向野外扩散。多数鼠种都取食植物种子，造成植物种子库损失，严重时会使植物更新困难。岩松鼠、大林姬鼠、花鼠等具有分散贮藏种子行为习性，对植物种子扩散和更新具有积极意义。

该站主要侧重鼠类种群及群落生态学、鼠类—植物—昆虫相互作用、鼠类行为生态学等研究。主要成绩有：①种群及群落生态学。长期监测鼠类的群落组成及动态，为北社鼠、岩松鼠、大林姬鼠等常见种类的种群生态学研究积累了丰富的基础资料。②种间互作网络与群落稳定性机制。长期监测"鼠—植物"间互作网络，包括山杏（*Armeniaca sibirica*）、山桃（*Amygdalus davidiana*）、辽东栎（*Quercus wutaishanica*）等常见植物的种子结实、形态及营养特征，鼠类对这些植物种子的取食、贮藏及其对种子扩散与更新的影响，建立"鼠—植物"基于种子取食和扩散的互作网络，为了解鼠类在森林更新及群落稳定性等方面的意义积累了丰富资料。③鼠类贮食行为生态学。长期研究大林姬鼠、北社鼠、岩松鼠等常见种类的种子取食和贮藏行为，构建常见种类间基于食物竞争的互作关系，探讨了同域分布鼠类间在食物生态位维度上的共存机制。

该站有一些代表性的学术成果。例如同域分布鼠种的贮食行为具有既分化又趋同的特点，增加取食和贮藏强度是同域分布鼠类应对贮藏食物损失的趋同性行为响应；岩松鼠、北社鼠、大林姬鼠通过增加取食，增加集中贮藏或降低分散贮藏等行为应对贮藏食物连续多次灾难性盗食损失；同域分布鼠类间形成了基于贮食和盗食的互作关系，生态学相近的北社鼠、大林姬鼠间存在不对称盗食关系，增加贮食是两种鼠应对竞争的共同行为表现，个体偏小的大林姬鼠更倾向于采用集中贮藏的方式保护食物，这和以往的研究结果刚好相反；岩松鼠分散贮藏食物可能是一种快速占有丰富却短暂存在的食物资源的一种策略。针对"植物—鼠类"互作关系，Zhang and Wang (2003) 在该站率先利用种子标签法 (tin-coded tag) 开展了鼠类介导的植物种子扩散研究，随后该方法在"植物—鼠类"种子传播系统中被广泛运用。在此基础

图1 北京东灵山野外站鼠类生态学研究基地地理位置及植被等概况
（张洪茂摄）

图2 北京东灵山野外站鼠类生态学研究基地野外实验样地
（张洪茂摄）

图3 北京东灵山野外站鼠类生态学研究基地实验围栏 （张洪茂摄）

图 4 北京东灵山野外站鼠类生态学研究基地实验鼠房（张洪茂摄）

图 5 利用种子标签法在北京东灵山野外站鼠类生态学研究基地开展鼠类对植物种子扩散、更新的研究（张洪茂摄）

上，先后发现鼠类过度捕食种子是辽东栎更新率极低的重要原因；鼠类介导的种子扩散具有明显的季节和生境差异；山杏种子结实大年会刺激鼠类的种子贮藏行为，有利于山杏种子扩散和更新；鼠类介导下的辽东栎大小种子具有相似的扩散适合度；种子壳的硬度是常见鼠类种子取食和贮藏选择差异的主要原因；鼠类介导的种子扩散效率影响山杏、山桃的更新率及优势度；核桃 (*Juglans regia*) 可能吸引更多的种子取食和传播者，但对其近缘种胡桃楸 (*Juglans mandshurica*) 的最终种子扩散适合度没有明显影响。

自 2000 年以来，该研究站先后承担了科技部重大基础研究计划项目 (973)、国家自然科学基金重点项目、面上项目、中国科学院知识创新群体项目、重点项目等国家及省部级项目 10 余项；发表研究论文 60 余篇。培养博士研究生 6 人，硕士研究生 10 人。

参考文献

李宏俊, 张知彬, 王玉山, 等, 2004. 东灵山地区啮齿动物群落组成及优势种群的季节变动[J]. 兽类学报, 24(3): 215-221.

张洪茂, 2017. 鼠，重要的森林设计师[J]. 大自然, (4): 8-13.

张洪茂, 2019. 贮食动物的盗食与反盗食行为策略[J]. 动物学杂志, 54(5): 754-765.

张知彬, 王福生, 2001. 鼠类对山杏(*Prunus armeniaca*)种子扩散及存活作用研究[J]. 生态学报, 21(5): 839-845.

张知彬, 2019. 森林生态系统鼠类与植物种子关系研究——探索对抗者之间合作的秘密[M]. 北京: 科学出版社.

HUANG Z Y, WANG Y, ZHANG H M, et al, 2011. Behavioral responses of sympatric rodents to complete pilferage[J]. Animal behaviour, 81: 831-836.

LU J Q, ZHANG Z B, 2004. Effects of habitat and season on removal and hoarding of seeds of wild apricot (*Prunus armeniaca*) by small rodents[J]. Acta oecologica, 26: 247-254.

NIU H Y, ZHANG J, WANG Z Y, et al, 2020. Context-dependent responses of food-hoarding to competitors in Apodemus peninsulae: implications for coexistence among asymmetrical species[J]. Integrative zoology, 15: 115-126.

ZHANG H M, WANG Z Z, ZENG Q H, et al, 2015. Mutualistic and predatory interactions are driven by rodent body size and seed traits in a rodent-seed system in warm-temperate forest in northern China[J]. Wildlife research, 42: 149-157.

（撰稿：张洪茂；审稿：张知彬）

中国科学院洞庭湖湿地生态系统观测研究站
Research Station for Dongting Wetland Ecosystem, CAS

简称洞庭湖站，始建于 2007 年，隶属于中国科学院亚热带农业生态研究所，是中国科学院设在长江中下游湖泊湿地生态系统的长期观测研究基地之一。2012 年进入中国生态系统研究网络（CERN），同时也是三峡工程生态与环境监测系统江湖生态监测重点站。

洞庭湖站地处湖南省岳阳市君山区采桑湖南岸（北纬 29°30′，东经 112°48′），交通便利，在整个洞庭湖区具有良好的代表性和区位优势。洞庭湖为中国长江流域第二大淡水湖，也是中国仅存的两大自由通江湖泊之一，承纳湘江、资水、沅江、澧水四水而吞吐长江，是兼具蓄、泄功能的过水性洪道型湖泊，素有"长江之肾"的美誉。由于地理位置的特殊性，洞庭湖的生态安全在长江中下游的社会经济可持续发展中占有独特而重要的战略地位。1994 年洞庭湖被国务院确定为国家级自然保护区，1992 年和 2001 年东洞庭湖湿地与西、南洞庭湖湿地被联合国教科文组织列入《国际重要湿地名录》。

洞庭湖站属于亚热带季风气候区。多年平均气温 16.5～17℃，1 月平均气温 3.8～4.7℃，7 月平均气温 29℃左右。年平均降水量 1250～1450mm。无霜期 258～275 天。试验站现有 1200m^2 的综合办公试验大楼，其中有住房 240m^2，办公室 300m^2，实验室 400m^2，会议室 160m^2。以及办公区域后面有 6700m^2 控制试验场。

洞庭湖区是鼠害危害较重地区之一，特别是当地东方田鼠常对滨湖农田农作物形成毁灭性的危害。为了在控制条件下观察各种因素对种群和群落的影响，以此探讨种群数量

研究围栏（李波摄）

中国科学院西北高原生物研究所（边疆晖提供）

研究围栏（李波摄）

波动的机理和群落演替的规律，建立了近3000m²的啮齿动物野外试验围栏。

（撰稿：李波；审稿：王勇）

中国科学院西北高原生物研究所 Northwest Institute of Plateau Biology, Chinese Academy of Science

成立于1962年，是以从事青藏高原生物科学研究（包括基础理论、应用基础和应用开发研究）为主的公益性综合研究所。鼠类生态学及鼠害防治是该所的主要研究领域，先后成立动物研究室兽类组、鼠害防治与行为专业组、生态研究室、高寒草甸生态系统定位站及生态研究中心，分别就高寒草甸鼠类能量生态学、青藏高原鼠害防治及生态治理、鼠类种群生态学、鼠类行为生态学、鼠类动物群落生态学及鼠类低氧生理学等领域开展了长期的研究，并取得一批显著成果。

在鼠害防治方面，20世纪70～80年代中期，动物室微生物组在新疆地区开展了微生物防控试验研究，采用鼠痘病毒和沙门氏杆菌研究了对小家鼠易感性和毒力的实验，动物室樊乃昌和景增春以及生态室何新桥和梁杰荣等在青海省地区开展了对氟乙酰胺、溴敌隆、杀鼠隆、士的宁、敌鼠钠盐等化学药物的筛选及灭鼠实验研究。80年代中后期，以樊乃昌为主任的鼠害防治与行为专业组承担了国家"七五"重大科技攻关项目子项目"高原鼢鼠和高原鼠兔综合治理技术的研究"，在高寒草甸生态系统定位站地区严重退化的矮嵩草草甸牧场开展了化学灭鼠、补播牧草、围栏封育、控制放牧的鼠害综合防治技术的研究，并研发了模拟鼠洞道投饵机及无线鼠类活动电追踪仪，取得了显著的经济和生态效益，并提出了鼠害综合治理及生态治理概念，为今后的青藏高原草地鼠害及退化草地的综合治理起到了示范性作用。该研究成果曾获青海省科技进步三等奖和中国科学院科技进步二等奖。同期，采用转害为利的思路，针对高原鼢鼠，张宝琛课题组开展了赛龙骨新药资源及其制剂赛龙骨风湿酒研究，并成功研发出国家一类新药赛龙骨风湿酒，该研究成果获国家科技进步三等奖。90年代初期至中期，鼠害防治与行为专业组在青海湖鸟岛地区开展了高原鼠兔生态治理的研究，进一步完善了生态治理概念的内涵、方法及理论依据。21世纪后，张堰铭课题组开展了高原鼠兔不育控制研究。边疆晖课题组开展了球虫对高原鼠兔无公害生物防治新技术的研究，并参与藏北高寒草地生态系统变化分析与退化草地综合治理技术项目的研究，获西藏自治区科学技术一等奖。

1972年该所在夏武平先生组织和领导下，将从事鼠害防治和鼠类生物学研究的人员对青海、新疆、内蒙古地的草原鼠害的调查、防治方法和各种鼠害的生物学特性的研究成果，以科研论文形式汇编成《灭鼠和鼠类生物学研究报告》，并由北京科学出版社出版发行了1～4集。该论文集是西北高原生物研究所第一次以不定期、不限字数形式正式出版的鼠类生物学及防治的论文集，其中，灭鼠方面论文47篇，对中国鼠害防治起到重要的推动作用。在此基础上，1981年夏武平先生倡导并创办了国内外公开发行的季刊《兽类学报》，夏武平先生为第一届主编。该刊物先后发表了很多有分量的关于鼠类生态学及鼠害防治的原创性研究论文，反映了中国鼠类防治方面的整体研究水平，对报道中国鼠类防治研究成果方面发挥了很大的作用。

该研究所鼠类生态及鼠害防治领域的主要学科代表人物有：夏武平、王祖望、樊乃昌、刘季科、施银柱、梁杰荣等。

目前该研究所现有的与鼠类相关的专业有：动物生态

学、动物种群生态学、动物生理生态学、行为遗传学及动植物相互作用及协同进化等，并拥有生物学一级学科博士后科研流动站，为生态学、生物学一级学科博士培养单位和生态学、动物学培养单位。

（撰稿：边疆晖；审稿：王德华）

中国科学院亚热带农业生态研究所野生动物生态与控制研究团队 Wildlife Ecology and Pest Management Group, Institute of Subtropical Agriculture, CAS

1982年长江南北各地农村发生严重鼠害，应湖南省科学技术委员会要求，研究所于该年9月成立鼠害防治课题组，陈安国任组长。与湖南省卫生防疫站、湖南省植物保护研究所共同承担湖南省重点项目，主持湖南农业鼠害防治技术研究。从引进科技成果入手，结合本地害鼠生物学、生态学观察，经村级、乡范围内大面积试验，在桃源县科学技术委员会协作下扩展至桃源全县，集成创新形成"全栖息地毒鼠法"。因效果突出，经湖南电视台、《湖南日报》等传媒报道，社会反响强烈。随之调整力量部署，于1983年8月建土肥植保室，成立"有害生物治理组"，主攻鼠害项目。

1986年起，研究团队开始与中国科学院动物研究所等单位合作，承担国家科技攻关项目农牧业鼠害治理专题，主持南方片。自"七五"至"九五"、"十一五"和"十二五"持续承担鼠害方向研究项目。随着科研方向任务的明确，1987年10月重建农业生态研究室，该组正式称为"野生动物生态组"。

20世纪90年代同步科研项目还有1987—1992年院农办项目（HZ-04）、1992—1995国家自然科学基金项目（39170136）、1994—1997国际合作项目（FIP-6）、1997—1999中国科学院特别支持课题（STZ-1-13）、1998—2000国家攻关"实验动物化"专题，以及湖南省、云南省（与中国科学院昆明分院合作）和上海市（与上海实验动物研究中心等合作）3个省市级基金、重点课题等。

1997年，郭聪任组长，主持"九五"各项目，国际合作（FIP-6）项目的顺利实施，国际科学文化中心世界实验室（ICSC-World Laboratory）总部（瑞士洛桑）于1998年正式授牌，在本所建立"ICSC-世界实验室长沙鼠类控制研究中心(ICSC-World Laboratory Research Centre for Rodent Control)"。

2000年起，王勇任组长，研究团队先后承担中国科学院知识创新课题（含专题）4项、国家科技支撑课题（含专题）3项、科技部国际合作项目、国家农业成果转化资金项目、WWF项目、农业部委托项目、研究所领域前沿项目及长沙市科技项目各1项、国家自然科学基金2项、湖南省自然科学基金2项，参加国家973项目1项。2008年汶川大地震，承担中国科学院抗震救灾项目——四川地震灾区鼠源疫病监测与防控。如此，该研究团队除继续洞庭湖区已历时35年的鼠情监测和研究工作之外，科研基地已扩展到青藏高原（西藏、川西高原）、内蒙古草原和四川盆地。

该学科组在科研的同时，依照"加速成果转化"的精神，积极开展灭鼠技术服务。其间，曾两度建立"灭鼠公司"，先是1984年11月至1986年12月与湖南省生态学会合办"长沙灭鼠科技开发公司"；后于1993年2月再建"长沙灭鼠杀虫高新技术开发公司"着力开发高效低毒灭鼠剂；1997年改为所管，独立经营（2000年灭鼠公司停止营运），完成复方灭鼠剂"特杀鼠"商品化并承担院农办NK95-05-01、-64两个灭鼠药研试项目，成果推广50多次至15省（自治区、直辖市），其中县级大范围灭鼠15次，对各类害鼠的灭鼠率均达90%以上。

该研究团队35年中，先后承担科研项目40余项，正式发表学术论文120余篇，撰写专著3部，参与出版学术专著10部、技术手册3部，获得授权发明专利3项；向政府决策提供咨询报告20余篇，向社会提供科普短文、科技信息30件，获科技进步奖10个，其中国家二等奖1个、省一等奖1个、院二等奖2个、院（省）三等奖5个、省四等奖1个。

（撰稿：王勇；审稿：张美文）

中国林学会森林昆虫分会鼠害治理专业委员会 Rodent Control Committee of Forest Insect Branch of China Forestry Society

中国农林高等院校、研究单位、森防部门与相关企业从事林木鼠害治理事业人员交流议事的团体。成立于2004年，原属中国林学会森林保护分会。专业委员会搭起了林木鼠害治理研究单位和森防部门与涉农企业、基层单位、专业户交流合作的平台，定期分享鼠害治理成果和经验，探讨鼠害治理研究方向和需要解决的主要问题。专业委员会既是鼠害治理交流分享平台，又是管理部门、研究单位、涉农企业、基层单位和专业户联系的纽带，也是中国林业重大生态工程、基层林业生产单位、林农和果农鼠害治理的指导服务中心。

专业委员会以林木重大鼠（兔）害绿色防控理论与技术研究为基础，提出了以保护林木为主的鼠害防控策略，着重探讨了鼠（兔）种群动态与暴发机制、繁殖行为与生殖调控、害鼠（兔）抗药性机理与生物调控措施，以及生物多样性改变对害鼠（兔）发生和危害的影响。通过无公害生物制剂和林业生态调控技术研究，制定了林区鼠（兔）害绿色防控方案，寻找到了生态调控原理与抗逆造林技术有机结合的切入点，实现了害鼠（兔）防控与生物多样性保护的有机结合。在此基础上，提出了中国林木鼠害今后的主要研究方向：

①采用现代分子生物学技术，开展鼠类免疫不育研究，开发专一性的鼠（兔）类免疫不育技术。利用现代分子生物学技术，克隆主要害鼠（兔）的免疫不育靶标基因，以痘病毒为疫苗载体，研发重组病毒疫苗的制备工艺和检测技术，寻找有效的疫苗传播途径，进行环境安全性评估和防控

效果评价，构建专一性的重大害鼠（兔）免疫不育防控技术体系。

②借助大数据，建立国家林草鼠（兔）害智能监测预警体系和绿色防控效果与效益评价体系，实现林草鼠（兔）害绿色防控融合。专业委员会指导在中国20个省（自治区）进行了系统的林木鼠（兔）害绿色防控试验示范和推广，总结出来了适合不同区域、不同林种和不同害鼠（兔）的绿色防控方案，但尚未实现真正意义上的林草鼠害一体化防控。在现有基础上，持续进行林草鼠（兔）害绿色防控体系的适应性和特异性研究，建立基于大数据和智能化的中国林草鼠（兔）害监测预警体系和和绿色防控效果与效益评价体系，以实现林草鼠（兔）害绿色防控一体化。

③利用仿生智能化新技术，研发智能化的鼠（兔）害监测与防控技术，拓展成果适用领域。在鼠类通讯、引诱与趋避和天敌聚集等深入研究的基础上，借助现代仿生智能化新技术，进行鼠类引诱、趋避仿生智能化研究，开发仿生智能化鼠类引诱和趋避产品，解决工业领域、仓储领域及其他领域鼠（兔）害绿色防控难题。

专业委员会自成立以来，通过牵线搭桥，实现成果转让和授权使用16项，先后指导在"三北"地区进行了两期国家森林鼠害治理工程；促使陕西、宁夏和青海等省（自治区）将鼠害治理纳入年终考核指标，筹措资金，在生态工程和经济林建设中全面推广鼠害无害化防控技术。使林木鼠害治理成果相关技术纳入国家和地方造林设计施工方案。

（撰稿：韩崇选；审稿：王登）

中国林业鼠（兔）害防治会议 Chinese forest rodent pest control conference

1990年10月，林业部野生动植物保护司和森林植物检疫防治所（国家林业局森林病虫害防治总站前身）在沈阳召开了首届"全国森林鼠害防治工作座谈会"，专门讨论森林鼠害的防治问题，第一次把林业鼠害提高到与林业病虫害同等重要的地位，把防治对象由以往的"森林病虫害"扩大为"森林病虫鼠害"，使全国的林业鼠害防治工作得到了加强。

2000年3月9日，国家林业局植树造林司和森林病虫害防治总站在北京召开了森林鼠害等6个国家级工程治理项目启动预备会。2000年5月16~17日，国家林业局计划资金司、植树造林司和森防总站在北京召开了"国家级六大森林病虫害工程治理启动会"，全面启动实施森林鼠害等六个国家级工程治理项目。森林鼠害治理工程包括新疆、内蒙古、吉林3省（自治区）17市30个县。治理思路是大力推进生物防治、生态调控、抗生育剂及树木保护等综合防治技术的应用，走标本兼治之路，达到当年起步、二年铺开、三年大见成效，实现控制鼠害、保护环境，逐步实现可持续控灾的目标。

2006年4月27~28日，为进一步加强林业鼠（兔）害防治工作，提高各地鼠（兔）害防治技术水平，巩固退耕还林成果，国家林业局植树造林司、森林病虫害防治总站及退耕还林还草办公室在陕西省延安市召开了"全国林业鼠（兔）害防治技术现场交流会"。通过交流现有的成熟防治技术和措施，大力推广经济适用的林业鼠（兔）害防治模式，并讨论和研究了今后一段时期的林业有害生物特别是林业鼠（兔）害防治工作。

2007年10月21日，"西北地区林业鼠（兔）害防治综合实验示范试点项目启动会"在北京召开，有来自陕西、甘肃、宁夏、青海、新疆、内蒙古、内蒙古森工共7个省（自治区）以及8个项目试点县（市、区）的森防站长和项目负责人员40余人参加了会议。会议邀请了科研、教学等单位专家对各试点县（市、区）项目实施计划进行了审定，国家林业局森林病虫害防治总站分别与8个试点县（市、区）签定了项目实施责任状。

2010年5月26~27日，国家林业局森林病虫害防治总站在新疆昌吉组织召开了"西北地区林业鼠（兔）害防治综合实验示范试点项目总结暨现场观摩会"。会议的主要任务是总结"西北地区林业鼠（兔）害防治综合实验示范试点"7个省（自治区）以及8个项目示范区所取得的工作成就，观摩先进防治技术，推广普及成功经验，推动全国林业鼠（兔）害防治工作的进一步开展。山西、内蒙古、黑龙江、陕西、甘肃、青海、宁夏、新疆等全国22个有林业鼠（兔）害发生的省（自治区、直辖市）森防检疫局（站），内蒙古、大兴安岭森工（林业）集团公司、新疆生产建设兵团林业局森防站领导和专业技术人员，8个项目示范试点县的林业局局长和森防站站长及有关专家学者、企业代表90余人参加了会议。西北农林科技大学等高等院校的专家学者做了专题报告，相关企业代表进行了防治技术、设备和产品的介绍。

2011年11月，国家林业局森林病虫害防治总站在甘肃兰州召开了"中央财政林业科技推广示范资金项目——西北林业鼠（兔）害综合防治技术推广示范项目工作会议"，会议对该项目进行了工作总结。为开展生物灭鼠技术，及时改进和推广先进经验，从2011年开始，国家林业局和财政部在"中央财政林业科技推广示范资金项目"中选择内蒙古、陕西、甘肃、青海、宁夏、新疆等6个省（自治区）的8个县（市、区、旗），安排了为期3年的林业鼠（兔）害综合防治推广示范项目，以期通过试点示范、研究、探索和推广以生物灭鼠措施为重点的林业鼠（兔）害生物防治技术，提高林业有害生物防治工作保障林业生态建设的能力和水平。

为切实做好林业鼠（兔）害防治工作，及时总结推广先进经验，确保中央财政林业科技推广示范资金项目——西北林业鼠（兔）害综合防治技术推广示范项目顺利验收，2013年10月8~10日，国家林业局造林司和森林病虫害防治总站在青海西宁组织召开了"全国林业鼠（兔）害综合防治暨西北推广示范项目工作交流会"。来自全国23个有鼠（兔）害发生的省（自治区、直辖市、森工集团）森防局（站）的领导、专业技术人员以及林业鼠（兔）害综合防治技术推广示范项目承担县（市、区、旗、林业局）和相关企业的代表共90多人参加了会议。会议参观了青海省互助土族自治县林业鼠（兔）害综合防治推广示范现场，交流了各自的防治经验和治理措施，探讨了今后一段时期的林业鼠

（兔）害防治工作思路。

2017年3月16日，蒙陕青新林业鼠（兔）害防治示范工作座谈会在陕西省延安市召开。来自内蒙古、陕西、青海、新疆4省（自治区）森防站（局）的领导和项目负责人及内蒙古阿拉善盟阿拉善左旗、陕西省延安市安塞区、青海省海北藏族自治州门源回族自治县、新疆阿勒泰地区等4个项目实施单位的领导和专业技术人员共20余人参加了会议，会议总结梳理了2016年度示范工作，分析解决了示范工作中存在问题，研究落实了2017年度示范设计。为进一步加强全国林业鼠（兔）害治理工作，提高各地防治技术水平和推广成熟的管理经验及先进的技术措施，国家林业局从2015年开始在内蒙古、陕西、青海、新疆实施"蒙陕青新四省区林业鼠（兔）害防治示范项目"。以为全国各地提供适合不同立地条件、不同鼠（兔）害种类的治理模式和技术集成。会议统一了思想，提高了认识，明确了2017年度示范目标和重点任务，为林业鼠（兔）害防治示范项目的进一步顺利开展奠定了基础。

（撰稿：董晓波、刘超；审稿：王登）

《中国媒介生物学及控制杂志》 Chinese Journal of Vector Biology and Control

由中华人民共和国国家卫生和计划生育委员会主管，中国疾病预防控制中心主办的国家级专业期刊，挂靠在中国疾病预防控制中心传染病预防控制所。1985年创刊，双月刊，国内外公开发行。为中文核心期刊和中国科技核心期刊。目前主编是刘起勇。

主要刊登中国媒介生物的分类学、生物学、生态学；媒介生物的监测与控制技术，媒介生物的控制药剂与器械；媒介生物传染病的媒介效能、病原检测技术及预防控制技术；卫生杀虫的新技术、新方法、新成果、新产品、新信息等方面的研究论文、文献综述和研究简报等。

该刊的办刊宗旨是贯彻卫生工作"预防为主"方针，积极交流医学动物、卫生害虫及相关传染病的科研成果和防治经验，不断提高媒介生物学的学科与学术水平；开展学术争鸣，提高专业人员水平，为指导中国病媒生物性传染病的预防控制、对重大传染病应急方案的制订提供服务。该刊成为中国媒介生物控制专业学术交流和队伍建设的重要平台。

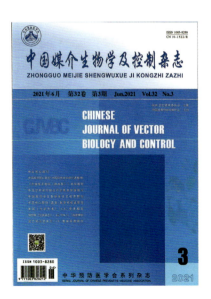

该刊已被美国《化学文摘》（CA）、俄罗斯《文摘杂志》（AJ，VINITI）、波兰哥白尼索引（IC）数据库、中国学术期刊综合评价数据库（CAJCEC）、中国期刊全文数据库、中国核心期刊（遴选）数据库等国内外10多家数据库收录。

（撰稿：鲁亮；审稿：刘起勇）

中国农区鼠害监测与防控技术培训会 Technical training meeting for rodent monitoring and management in agricultural areas of China

该会议是目前中国规模最大、水平最高的全国性鼠害发生现状、技术发展、技术推广应用与实际需求紧密结合的培训交流形式。其最早发起源于2003年，为贯彻落实《国务院办公厅关于深入开展毒鼠强专项整治工作的通知》精神，按照农业部"2003年毒鼠强专项整治工作实施方案"的要求，全国农业技术推广服务中心2003年8月下旬和9月上旬分别在宁夏和四川举办了北方片和南方片农区鼠害防治技术培训班。聘请鼠害防治专家对全国30个省（自治区、直辖市）植保部门及重点示范县的120人进行害鼠生物学特性、发生调查方法、种类鉴定、综合防治以及剧毒鼠药的防范措施等鼠害管理方面的培训。以此为契机，2004年起，第一期全国性的农区灭鼠技术培训班在成都举行。截至2016年年底，会议已经连续举办了13期（见表）。由全国农业技术推广中心联合植物保护学会鼠害防治专业委员会的专家学者针对全国农区鼠害发生和防治的现状，结合各专家鼠害防治的最新科研成果，与全国各地的农区鼠害管理部门和防治工作者讲授鼠害防治的最新研究进展及新技术措施的

历年全国农区鼠害监测与防控技术培训会概况表

期别	时间	培训地点
第一期	2004	成都市
第二期	2005年12月1~4日	郑州市
第三期	2006年11月1~4日	太原市
第四期	2007年12月13~15日	广州市
第五期	2008年11月4~8日	沈阳市
第六期	2009年11月22~25日	天津市
第七期	2010年11月9~12日	福州市
第八期	2011年9月21~24日	西安市
第九期	2012年10月31日~11月3日	杭州市
第十期	2013年11月11~12日	北京市
第十一期	2014年11月6~7日	上海市
第十二期	2015年11月2~5日	成都市
第十三期	2016年10月26~27日	珠海市
第十四期	2017年11月1~4日	长春市
第十五期	2018年10月31日~11月3日	大理市
第十六期	2019年11月5~8日	兰州市
第十七期	2020年10月29~30日	石家庄市

推广应用指导。同时与全国各个省（自治区、直辖市）交流当年农区鼠害发生和防治现状及下一年鼠情发生趋势变化及拟采取的对策。是中国植物保护领域产学研紧密结合，推动行业高水平发展的经典措施之一。

（撰稿：郭永旺；审稿：王登）

中国农业大学植物保护学院鼠害研究室　Laboratory of Rodent Biology, College of Plant Protection, China Agricultural University

始建于1989年，主要专注啮齿动物生态学及防治技术研究。研究内容包括啮齿动物种群生态学及有害啮齿动物监测与控制技术。研究室有教授、副教授及高级实验师共3名，已培养鼠害防治相关领域博士后2人，博士5名，硕士15名，硕士生5名。先后主持承担国家自然科学基金项目6项，973项目课题1项，农业部"农区统一灭鼠"及"鼠害持续控制技术研究"项目（2008—2017连年资助），国际科技合作2项，北京市畜牧兽医总站鼠害监测防治1项及相关企业的杀鼠剂相关试验项目。并作为主要参加人参与"九五""十五"国家科技攻关、科技支撑计划、公益性行业专项等项目（课题）。在国内外相关领域期刊发表学术论文100余篇，其中SCI论文20余篇，获省部级奖励3项，出版专著3部。与美国莱斯大学、澳大利亚ACIAR及新西兰土地保护研究所有着稳定的合作交流。

（撰稿：王登；审稿：施大钊）

中国农业科学院草原研究所草原保护和鼠害防治课题组　Laboratory of Grassland Protection, Institute of Grassland Research, CAAS

中国农业科学院草原研究所成立于1963年，建所时就成立了鼠害研究组。1963—1964年，郎炳耀和马树歧分别对内蒙古达茂旗和鄂托克旗的草原鼠害进行了调查。1964—1965年，研究组参加了锡林郭勒盟种畜场的畜牧、草原和动物的专业综合考察。1973年，马树歧和董维惠在内蒙古镶黄旗进行了草原鼠类调查，撰写了《锡林郭勒盟镶黄旗草原鼠类调查报告》。1974年，董维惠参加了西藏综合考察，这是国内首次对西藏草原进行的鼠类和鼠害考察。1985—1995年，课题组对内蒙古阿拉善盟、锡林郭勒盟北部、乌兰察布盟等地进行了鼠类及鼠害调查。1984年至今，课题组一直在内蒙古呼和浩特郊区人工草地和农田、锡林郭勒典型草原和鄂尔多斯沙地草场进行长期定位研究，先后发表多篇文章报道了3个监测点的鼠类组成和动态。

近60年来，草原保护和鼠害防治课题组先后开展了中国草原和部分省、自治区的农田鼠类及鼠害调查，对内蒙古草原及农田主要鼠种的生态、种群数量动态及预测预报、综合防治和种群数量的持续控制进行了研究，并开展了农田、城镇及特殊环境的鼠害防治研究。课题组对内蒙古中西部地区的优势鼠种和常见鼠种，如黑线仓鼠、长爪沙鼠、子午沙鼠、小毛足鼠、黑线毛足鼠、布氏田鼠、五趾跳鼠和三趾跳鼠的生态和数量变动进行了深入研究。课题组先后承担科研项目30余项，正式发表学术论文200余篇，撰写专著5部，获得授权发明专利8项，获国家和省部级科技进步奖20余项。

（撰稿：张福顺；审稿：王登）

中国农业科学院草原研究所研究站　Field Stations of Institute of Grassland Research, CAAS

中国农业科学院草原研究所鼠害研究团队通过多年的鼠类生态学研究，在项目执行过程中在内蒙古建立了多个鼠害研究平台。首先，分别在典型草原（锡林郭勒）、农牧交错区（土默特左旗沙尔沁乡）、荒漠草原（鄂尔多斯十二连城）等地建立了草原害鼠长期监测点，积累了多年连续的草原鼠类种群动态数据，尤其是农牧交错区已经积累了30多年的铗日法调查数据。其次，鼠害课题组通过长期野外调查采集了大量的鼠类标本，为鼠类的分类学和生态学研究提供坚实基础。标本室现有剥制标本2000号和头骨标本7000号，涉及鼠科（Muridae）、松鼠科（Sciuridae）、跳鼠科（Dipididae）和仓鼠科（Cricetidae）等四大科的物种，包含了内蒙古、青海、西藏和南方各地的主要害鼠，标本采集年份最早可追溯到1959

图1　生态标本　　　　图2　剥制标本

图3　锡林郭勒长期监测点样地照片

图4　实验鼠围栏

年。2010年课题组在沙尔沁试验基地建立了10个50m×50m的全封闭试验鼠围栏，可以进行相应的控制试验，为开展鼠类繁殖生态学和行为生态学研究奠定基础。（图1～图4）

（撰稿：张福顺；审稿：杨玉平）

中国农业科学院植物保护研究所害鼠生物学与治理团队 Laboratory of Rodent Biology and Management, Institute of Plant Protection, CAAS

筹建于2005年，2010年与农田杂草研究团队共同组建中国农业科学院杂草鼠害生物学与治理开放重点实验室，刘晓辉从2005年担任第一届课题组长至今。

团队主要研究方向包括鼠害成灾规律及其生态学、行为学、分子遗传学机制，鼠害综合防治技术的应用与开发两个大方面。在害鼠基础生物学方面，团队以褐家鼠、布氏田鼠两个代表物种为研究对象，围绕害鼠的繁殖调控机制，采用生态学、生理学、分子生物学、表观遗传学等多学科相结合的途径，通过微观技术解析生态学过程，探索害鼠对环境变化响应的分子机制，力图从理论层面揭示害鼠暴发成灾的规律及机制。应用研究方面，针对中国生产实际需求，主要致力于鼠害智能监测技术、鼠害控制技术如杀鼠剂施用技术、杀鼠剂抗性监测及抗性遗传机制方面的研究。

团队成立以来，先后承担国家"973"项目课题、支撑计划课题、国家自然基金课题、中国农业科学院创新基金课题等，发表学术论文40余篇，参编6部专著，获授权专利7项。

（撰稿：刘晓辉；审稿：王大伟）

《中国农业鼠害防控技术培训指南》 Guidance for Training of Rodent Control Technique in Agricultural Region of China

2009年，公益性行业（农业）科研专项"主要农作物鼠害调查综合分析与研究"开始实施，项目由全国农业技术推广中心牵头，联合中国科学院、中国农业大学、中国农业科学院植物保护研究所、四川省农业科学院植物保护研究所、广东省农业科学院植物保护研究所、山西省农业科学院植物保护研究所、河北昌黎果树研究所等从事鼠害研究的科研单位有关专家，制定总体规划和实施方案，组织全国31个省级植保站和264个县级植保站开展主要农作物鼠害种类普查，以及农田主要鼠类区划、鼠害对粮食作物的危害损失研究和主要优势鼠种的发生趋势研究。项目实施3年获得了许多有实践指导意义的成果，项目组专业技术人员在本次普查总结的基础上，结合自身多年鼠害防治研究的成果，编写了《中国农业鼠害防控技术培训指南》。以期为广大基层植保技术人员、农民以及农业院校相关专业学生提供专业的鼠害防治技术指导。全书共分9章，17万余字。主要包括鼠类危害介绍、主要农业害鼠鼠种介绍、监测预警技术简介及农业鼠害防治方法四部分。第一部分鼠类对农业的危害概括介绍了农业鼠害的整体状况：全国每年农田鼠害的发生面积均在5亿亩次以上，农户年均发生1亿户次以上，平均每年造成田间及储粮损失近100亿kg。发展中国家鼠害对农户储粮造成损失平均4.8%～7.9%，高达15%～20%。中国广大农村农户普遍自家储粮，有2/3以上的农户储粮受到鼠害。第二部分三年农区鼠种普查结果的总结是该书最具特色部分：通过普查，基本摸清了中国主要作物种植区的鼠类发生种类状况，查明对主要农作物有危害的鼠形动物近50种，分属3目8科，比原有《中国农作物病虫害》（中国农业科学院植物保护研究所主编，1996）记载的增加了6种。该书配有本次普查拍摄的害鼠田间发生和危害照片，对于基层鼠害防治工作者来说，通俗易懂、形象直观、方便实用、图文并茂。第三部分对于农业鼠害监测预警，根据项目调查结果，结合相关专家常年跟踪的数据分析指明，中国农区鼠类种群的发生趋势呈年际间波动，一般10年为一个暴发周期。第四部分鼠害防治方法，全面系统介绍了目前鼠害防治的常用方法及新技术的研究应用进展。21世纪以来，随着国家全面治理和整顿"毒鼠强"等非法剧毒急性杀鼠剂市场，科学灭鼠知识与技术得到了广泛的推广应用，经过农业植保部门的全面宣传与培训，抗凝血杀鼠剂在农村得到了普遍应用，已经被广大农民群众所接受。同时，以毒饵站灭鼠技术、TBS（围栏+捕鼠器）技术、生物防治技术为主的鼠害绿色防控技术在科研、教学、推广等相关单位的共同参与下也取得重大突破，并在各地建立了一批示范区，为今后中国农区鼠害的可持续治理工作提供了技术保障。

（撰稿：郭永旺；审稿：王登）

中国鼠类研究历史 history of rodent studies in China

鼠类是种类最多、种群最大的一类哺乳动物，与人类的日常生活、生产活动和身体健康密切关联，是人类认识或研究较早、较多和较深的类群。对鼠类的认识，最早可以追溯到中国甲骨文、《诗经》等的记载。早在西周初年至春秋中叶，《诗经·魏风》中已有鼠害的描绘，如"硕鼠硕鼠，无食我黍""硕鼠硕鼠，无食我麦""硕鼠硕鼠，无食我苗"。根据王祖望等对中国不同朝代鼠害记载的详尽考证，有关鼠和鼠害的记录很丰富，对鼠害的认识也很早、很深刻。先秦时期涉及鼠害的记录有3篇，是有关鼷鼠（今之小家鼠）危害供祭祀耕牛的记载。汉代有关鼠灾记载的文献有4篇，如东汉光武帝建武九年（公元33年），"六郡八县鼠食稼"（汉·伏无忌撰《伏侯古今注·灾异》），是中国历史上鼠类大面积危害农田的首次记载。三国时期仅记载了1次鼠灾。魏晋南北朝时期记载鼠灾发生3次。隋唐时期共发生鼠灾12次，如《新唐书·五行志》记载唐玄宗开元二年（公元714年），"韶州鼠害稼，千万成群""是岁大饥，民采食之"。宋朝共发生鼠灾8次，如：北宋太祖建隆元年（公元960年），"夏，相、金、均、房、商五州鼠食苗"；宋孝宗淳熙五年（公元 1178 年），"是年八月，淮东通、泰、楚、高邮黑鼠食禾既，岁大饥。时江陵府郭外，群鼠多至塞路，其色黑、白、青、黄各异，为车马践死者不可胜计，逾三月乃息"，是为特大鼠灾记录，波及今江苏泰州、高邮，安徽淮安和湖北荆州等，造成严重后果，"田谷绝收，岁大饥"，朝廷"命赈之"（《宋史·五行志》卷六五，《宋史·孝宗纪》三）。元朝共发生 7 次鼠灾。明朝发生过 43 次鼠灾。清朝发生鼠灾共计 52 次，尤其是光绪五年（公元 1879 年）发生的鼠灾最为严重，该年山西 13 个县、陕西 6 个县、河南 3 个县均发生鼠灾，涉及鼠种多，鼠群数量大，波及范围广。"其危害甚于螟蝗"（光绪《直隶绛州志·杂志》卷二十）。顺治元年（公元 1644 年），北京、天津及河北 5 个县、山西 5 个县大疫，人多疫死。山西长治县县志记载了大疫患者的症状："四月霜，秋大疫。病者先于腋下、股间生核，或吐淡血即死，不受药饵。虽亲友不敢问，有阖门死绝，无人收葬者。"首次描述了腺鼠疫的典型症状。为此，1644 年被普遍认为是中国首次确认鼠疫病例的年份，也是世界第三次鼠疫大流行的开端。云南著名青年诗人师道南于 1792—1793 年亲身经历了云南鼠疫流行的惨烈情景，他满怀悲痛的心情写下了《鼠死行》："东死鼠，西死鼠，人见死鼠如见虎！鼠死不几日，人死如圻堵。昼死人，莫问数，日夜惨淡愁云护。三人未行十步多，忽死两人横截路"，生动描述了第三次鼠疫大流行的悲惨景象及鼠与鼠疫的关系。

中国近代以来有关鼠类的研究，应该起始于鼠疫防治的需要。1910 年 10 月，中国东北发生特大鼠疫，死亡数万人。清政府指派天津北洋陆军医学院副监督伍连德开展防疫工作。伍连德将东北鼠疫确认为肺鼠疫，来源于旱獭，可人传人。据此，他提出科学有效的鼠疫防控措施，包括防护、隔离、尸体火化、消毒等，成功地控制鼠疫的扩散，世界瞩目。为此，伍连德被冠以"鼠疫斗士"称号。1911 年 4 月 3～28 日，清政府在奉天（现沈阳）组织召开了"万国鼠疫研究会"，这是在中国首次举办的世界性学术会议。出席会议代表为来自英、美、法等 11 个国家的 34 位流行病学专家，伍连德被选为会长。与会专家们确认了这次鼠疫大流行的传染源、传播媒介和传播路径，并对鼠疫的预防和治疗方法，提出了一系列理论和建议。会后出版了长达 500 页的《1911 年国际鼠疫研究会议报告》。

20 世纪 30～40 年代，中国鼠类研究很少，仅见张春霖于 1930 年在《中国科学社生物研究丛刊》6 卷 7 期上发表《白鼠之生活史》（英文）；何锡瑞于 1934—1935 年在《中国科学社生物研究丛刊》10 卷 4、5 期上发表《南京附近兽类之研究》（英文），1935—1936 年在《中国科学社生物研究丛刊》11 卷 5 期上发表《四川数种兽类之研究》（英文），1937 年在《科学》21 卷 3 期上，发表《中国兽类动物群之研究》；1936—1938 年在《中国科学社生物研究丛刊》12 卷 4 期上发表《华南数种小兽类》（英文），何锡瑞上述论文均涉及多种鼠类的分类、形态及分布之研究。值得一提的是，20 世纪 30 年代，中国已有一些学者开展了实验鼠（白鼠）的生理学研究，其中 1936 年由吴襄在《中国科学社生物研究丛刊》上发表《关于性腺阉割对其大脑皮层代谢作用影响的研究》一文，继之，1938 年由吴云瑞、裘作霖、秉志等在《中国科学社生物研究丛刊》16 卷 4 期上发表了《白鼠大脑皮层损伤后一切呼吸现象所受之影响》的研究。在 1941—1942 年，此项研究也未中断，吴云瑞、裘作霖、秉志等在《中国科学社生物研究丛刊》16 卷 5 期上发表了《(白鼠) 基本代谢受大脑损伤之影响》一文。甘怀杰做过重庆市鼠类及鼠蚤的调查，此文于 1946 年发表于《中华医学杂志》（32 期）。

中华人民共和国成立初期，涉及鼠类生态及防治的工作受到重视。此期的主要工作有：纪树立等发表对黄鼠和鼠疫关系的研究，杨新史对家鼠及防治的研究。1955—1956 年，农业部、中国科学院动物研究所、北京大学等相继开展农田鼠害的调查和研究工作。夏武平发表长爪沙鼠危害秋收的研究结果，罗福铨发表内蒙古自治区锡林郭勒盟农田鼠害调查报告，李汝琪等发表稻田秋收鼠害的情况，王韵英等发表湖北鼠害及防除的研究。

1958—1966 年，是中国鼠类研究发展时期。新中国成立早期研究的积累和人才的培养为这一时期的发展奠定了一个良好的基础。故自 1958 年开始，鼠类研究有了一个较高速的发展。在这一历史时期，研究工作有以下几个特点：①分类区系工作较多，配合大型综合考察，发表了许多调查报告，除上述东北和新疆外，重要的还有云南、广西、海南、川西滇北以及青海和甘肃等地区的兽类调查报告，在这些报告中，鼠类均占了较大的比例，并有一些较重要的著作问世。如在分类学方面有《东北兽类调查报告》（其中包括大量鼠类物种），该书是中国科学院动物研究所 1953—1957 年 5 年来在东北地区的兽类调查工作报告；《中国经济动物志：兽类》（其中包括鼠类），由寿振黄主编，1962 年由科学出版社出版；《新疆南部的鸟兽》，由钱燕文、张洁、郑宝赉等主编，由科学出版社于 1965 年出版。②密切结合林业生产实际，开展专题研究，如 1954—1956 年，中国科学院动物研究所夏武平等与中国科学院林业土壤研究所李清涛等在黑龙江小兴安岭森林采伐地区开展红松直播防鼠害的研究并获得成功，1958 年由科学出版社出版《红松直播防鼠害之研究工作报告》。③鼠类生态学及防治研究逐步展开。1956—1960 年，由中国科学院动物研究所开展了东北带岭林区鼠类种群生态学研究，发表论文十余篇。其中，夏武平根据该林区连续 5 年鼠类数量动态，提出棕背䶄、红背䶄和大林姬鼠在不同生境条件下季节和年度数量消长规律，并据此分析了当地气候条件下对鼠类种群动态的影响过程。此项研究对于推动中国鼠类种群生态学研究起着先导作用。在这一时期，由于一批新中国成立后派遣留学苏联等社会主义国家的首批留学人员归国，带回了一些新的学术思想。在鼠类研究领域，北京师范大学孙儒泳（1959 年在莫斯科大学获得副博士学位）在中国首次开展了鼠类生理生态学的研究，是中国动物生理生态学研究的奠基者之一。④中央及地方卫生防疫机构、一些地方生物研究所及大专院校对西北的达乌尔鼠兔、喜马拉雅旱獭、黄鼠、长爪沙鼠、鼢鼠、鼠兔的危害及使用磷化锌开展了化学防治。在一些大城市和港口，开展了鼠类调查和防治，研究了鼠类与多种鼠传疾病的关系，如鼠疫、钩端螺旋体病的关系及防疫工作。通过"除四害"运动，显著降低了害鼠的密度，为控制鼠疫传播做出了贡献。如华东师范大学生物系钱国桢、祝龙彪开展了上海市鼠类组成及其季节变迁与繁殖特点的研究，发表了《上海鼠类生态的研究》等论文。1962年8月，由中国科学院动物研究所夏武平、罗泽珣主持组建国内第一个鼠类生态学研究组（隶属动物生态学研究室），研究方向主要是鼠类种群动态及其调节研究，于1963—1969年分别在内蒙古查干敖包荒漠草原及阴山北部四子王旗农牧交错区开展达乌尔黄鼠、达乌尔鼠兔和长爪沙鼠种群生态学研究。1963年11月，由夏武平发起，中国科学院动物研究所主办首届全国农牧业鼠害研究工作会议，参会代表68人。

1967—1976年期间，中国鼠类学研究也与其他学科一样，基本上停顿下来，有关期刊也都停办了。但因鼠害防治需要，尚有少量工作得以保留和开展。例如，1967年新疆北疆农区小家鼠种群大发生，应新疆治蝗灭鼠指挥部要求，中国科学院西北高原生物研究所（1971年更名为青海省生物研究所）和中国科学院动物研究所组织力量赴新疆开展调查和防治研究。随后，青海生物研究所坚持13年研究，于1993年出版《小家鼠生态特性与预测》一书。1971—1972年内蒙古呼伦贝尔草原布氏田鼠暴发成灾，应黑龙江省卫生防疫站邀请，中国科学院动物研究所组织专家开展有关布氏田鼠生态学与防控研究，有关研究于1982年获中国科学院科技进步二等奖。许多科技人员改行投入到灭鼠药物的研制和鼠类数量的预测预报的研究。甚至仿效国外，开展了利用对人畜无害、专一性强的病原体杀灭害鼠的实验，如1969—1973年，青海省生物研究所承担了北疆农区小家鼠大发生的灭鼠任务，采用了从实验鼠（小白鼠）中流行的鼠痘病毒（俗称脱脚病毒）灭杀小家鼠，虽然在室内外各项模拟实验中取得了较好的成绩，但在野外条件下很难取得理想的灭鼠效果。此后，出于安全原因，此类实验被终止（全部实验总结报告均刊载于《灭鼠和鼠类生物学研究报告》第1～3集）。由于黄鼬是鼠类天敌，又是有价值的毛皮兽，其研究也基本上得到坚持。当时各研究机构、高等学校已涌现一批研究成果，但由于学术刊物全部停办，研究成果无法交流，青海省生物研究所夏武平先生创办了《灭鼠与鼠类生物学研究报告》，由科学出版社按科技书籍出版，免除了办刊，或恢复旧刊的种种麻烦，得以顺利出版，在当时情况下，得到各方面的欢迎和支持，稿件纷至沓来，共出版了4集，1976年前出版了两集，1976年后出版了两集。为日后的《兽类学报》顺利创刊奠定了基础。

1980年前后，鼠类学研究开始进入稳定、健康、快速的发展时期，其标志是1980年10月成立了兽类学会，夏武平担任首届会长；1981年创办《兽类学报》，夏武平担任创刊主编，有关鼠类的研究论文，绝大部分在《兽类学报》上发表。1978年，全国爱国卫生运动委员会、卫生部成立了鼠、蝇、蚊、蟑（统称"四害"）科研协作组。由汪诚信等倡议，1979年在厦门首次召开全国灭鼠学术讨论会。1985年，创办《中国鼠类防制杂志》，该杂志1989年更名为《中华媒介生物学及控制杂志》。20世纪80年代初，中国农牧区鼠害全面暴发成灾，为此开启中国鼠害研究的高潮。1983年，国务院发文《关于开展全国春季灭鼠的通知》。1985年4月，中国植物保护学会批准成立鼠害防治专业委员会，赵桂芝担任首届主任。1986年5月，鼠害防治专业委员会联合农业部全国植物保护总站主办"全国农牧区鼠害防治学术研讨会"，到会代表142人，收到论文92篇。该次会议促进了中国不同部门鼠害研究的大联合、大协作和大发展，为国家将鼠害研究纳入国家科技攻关课题奠定了基础。随后，农业部提出"病、虫、草、鼠"防治植保理念，把鼠害防治纳入植物保护四大板块之一，启动和建立了全国农牧区鼠害监测和防控网。国家林业局森林病虫害防治总站也建立了森林兔害、鼠害防治监测与防控网络。国家科技部将鼠害研究课题连续列入国家"七五""八五""九五"科技攻关计划，由中国科学院动物研究所、四川省农业科学院植物保护研究所主持。由此，鼠害研究队伍开始壮大，各分支学科发展迅速，科研成果不断涌现。在国家科技攻关等课题的持续支持下，中国在典型农牧鼠害区开展了长期定位研究。例如，在青藏高原，王祖望、樊乃昌、刘季科、周文扬等对青藏高原鼠兔、高原鼢鼠的生理适应、行为学、种群生态学、危害与综合治理开展了深入系统的研究。在内蒙古草原，钟文勤、周庆强、范志勤、董维惠、施大钊等开展了布氏田鼠、长爪沙鼠的生态生物学及综合治理研究。在华北平原旱作区，杨荷芳、卢浩泉、张洁、朱盛侃等开展了大仓鼠、黑线仓鼠、黑线姬鼠的生态生物学及综合治理研究。在南方稻作区，辛景禧、陈安国、黄秀清、诸葛阳、蒋光藻等开展了板齿鼠、黄毛鼠、东方田鼠、黑线姬鼠、大足鼠等生态学及治理研究。在黄土高原旱作区，王廷正、宁振东等开展了高原鼢鼠、棕色田鼠的生态生物学和综合治理研究。在东北林区，舒凤梅等研究了棕背䶄、红背䶄的周期波动及与红松种子的关系，韩崇选等开展了林业鼠害的防控研究。在新疆，朱盛侃、陈安国等研究了小家鼠的暴发成灾规律，张大铭等开展了褐家鼠的生物学与扩散研究。王祖望、曾缙祥、孙儒泳、刘季科、梁杰荣等研究了高寒草甸生态系统小哺乳动物鼠类的能量代谢等生理生态学及其生态适应问题。马勇、王应祥、罗泽珣等开展了鼠类分类、区系及进化等方面的研究。这些研究成果陆续得到一项国家科技成果奖励和十多项中国科学院、省部级的科技成果奖励，为中国鼠害防控及减灾做出了突出贡献。有关研究成果和总结主要反映在1996年出版的由王祖望、张知彬主编的《鼠害治理的理论与实践》一书及1998年出版的由张知彬、王祖望主编的《农业重要害鼠的生态学及控制对策》一书中。

1991年，农业虫害鼠害综合治理研究国家重点实验室在世界银行贷款等项目的支持下开始筹建，1995年10月通过验收正式成为国家重点实验室。该实验室是目前中国主要从事鼠害研究的唯一国家重点实验室，现已成为中国农业害鼠成灾机理及其综合治理研究的重要基地之一。1992年，赵桂芝、汪诚信、邓址、马勇、刘学彦5位鼠害防治的专家联合撰文揭露"邱氏鼠药"的违法行为，引发长达3年的法律诉讼，并最终胜诉，维护了科学和法律的尊严，也起到了科学灭鼠的宣传作用。5位专家于1997年荣获中国科协优秀建议奖，于1999年荣获全国科普工作先进工作者称号。1993年，中国鼠类生理生态学家孙儒泳当选为中国科学院院士。2003年，由中国科学院动物研究所、四川省农业科学院植物保护研究所、广东省农业科学院植物保护研究所、长沙农业现代化研究所、山西省农业科学院植物保护研究所等单位共同完成的"农田重大害鼠成灾规律及综合防治技术研究"荣获国家科技进步二等奖。2007年，由中国科学院和农业部共同推荐的"农业鼠害暴发成灾规律、预测及可持续控制的基础研究"得到国家科技部国家重点基础研究计划（即973项目）的支持。

1998年，由中国科学院动物研究所张知彬和澳大利亚科学与工业研究组织野生动物所Grant Singleton、Lyn Hinds等科学家共同倡议，在北京举办首届"鼠害生物学与治理国际研讨会"（International Conference on Rodent Biology and Management，简称ICRBM），会议共组织大会报告7个、专题研讨会13个、学术报告126个、海报41个。与会者一致认为该届会议是历史上最好、学术水平最高和组织最成功的一次会议。此后，会议每4年一届，旨在为国际鼠类生物学与治理研究提供一个学术交流与合作的平台。该大会已分别在中国北京（1998）、澳大利亚堪培拉（2003）、越南河内（2006）、南非布隆方丹（2010）、中国郑州（2014）、德国波茨坦（2018）举办过6届。2014年8月25～29日，第五届鼠类生物学与治理国际研讨会（5th ICRBM）在郑州召开。会议由国际动物学会（ISZS）主办，国际动物学会、中国科学院动物研究所、国际生物科学联合会中国全国委员会、郑州大学承办，国际生物科学联合会（IUBS）、中国科学院国际合作局、中国科协国际联络部与学会学术部、国家自然科学基金委生命科学部资助和支持。来自世界28个国家的180多位科研人员参加了大会。国家林业局野生动植物保护与自然保护区管理司、郑州大学、美国农业部野生动物研究所等单位有关领导和专家应邀出席会议。

这一时期中国出版的有关鼠类书籍主要有寿振黄、王战、夏武平《红松直播防鼠害研究工作报告》(1958)；汪诚信、潘祖安《灭鼠概论》(1981)；中国医学科学院流行病学微生物学研究所（王淑纯主编）《中国鼠疫流行史》(1981)；王思博、杨赣源《新疆啮齿动物志》(1983)；郭全宝《中国鼠类及其防治》(1984)；马勇等《新疆北部地区啮齿动物的分类和分布》(1987)；方喜业《中国鼠疫自然疫源地》(1990)；王廷正、许文贤《陕西啮齿动物志》(1992)；朱盛侃、陈安国《小家鼠生态特性与预测》(1993)；郭森《森林鼠类及其防治技术》(1993)；王祖望、张知彬《鼠害治理的理论与实践》(1996)；黄文几、陈延熹、温业新《中国啮齿类》(1995)；张荣祖《中国哺乳动物分布》(1997)；张知彬、王祖望《农业重要害鼠的生态学及控制对策》(1998)；Grant Singleton, Lyn Hinds, Herwig Leirs, Zhibin Zhang *Ecologically-based Rodent Management*（1999）；罗泽珣等《中国动物志》兽纲第六卷啮齿目（下册）仓鼠科（2000）；董天义《抗凝血灭鼠剂应用研究》(2001)；王应祥《中国哺乳动物种和亚种分类名录与分布》(2003)；郑智民、姜志宽、陈安国《啮齿动物学》(2008)；武晓东等《中国典型半荒漠与荒漠区啮齿动物研究》(2009)；路纪琪、王振龙《河南啮齿动物区系与生态》(2012)；张美文等《洞庭湖区退田还湖工程后小型兽类群落演替》(2016)；张知彬《森林生态系统鼠类与植物种子关系研究——探索对抗者之间合作的秘密》(2019)等。

参考文献

青海省生物研究所, 1973—1978. 灭鼠和鼠类生物学研究报告：第一至三集[M]. 北京: 科学出版社.

寿振黄, 1964. 三十年来我国的兽类学(1934—1964)[J]. 动物学杂志(6): 244-245.

王祖望, 张知彬, 2001. 二十年来我国兽类学研究的进展与展望：I. 历史的回顾及兽类生态学研究[J]. 兽类学报, 21(3): 161-173.

王祖望, 张知彬, 2001. 二十年来我国兽类学研究的进展与展望：II. 形态分类、动物地理、古兽类学[J]. 兽类学报, 21(4): 241-250.

王祖望, 张知彬, 1996. 鼠害治理的理论与实践[M]. 北京: 科学出版社.

王祖望, 等, 2017. 中国3000年鼠灾、大疫发生概况[M]// 王祖望, 黄复生, 冯祚建. 中国古代动物学研究. 北京: 科学出版社.

夏武平, 1989. 我国五十五年来的兽类学研究[J]. 动物学杂志, 24(4): 45-49.

张知彬, 王祖望, 1998. 农业重要害鼠的生态学及控制对策[M]. 北京: 海洋出版社.

中国科学院西北高原生物研究所, 1979. 灭鼠和鼠类生物学研究报告：第四集[M]. 北京: 科学出版社.

（撰稿：张知彬、王祖望、钟文勤；审稿：王德华）

中国植物保护学会鼠害防治专业委员会 Committee of Rodent Management, China Society of Plant Protection

成立于1986年，为中国植物保护学会的分支机构。鼠害防治专业委员会原挂靠单位全国植保总站，后合并为农业部全国农业技术推广服务中心。第一届主任委员赵桂芝。国内从事鼠害研究的许多科学家都曾经是专业委员会委员，如：中国科学院动物研究所马勇研究员、钟文勤研究员，中国预防医学科学院流行病学微生物学研究所汪诚信研究员，军事医学科学院微生物流行病研究所邓址研究员，中国农业大学施大钊教授等知名专家。鼠害防治专业委员会致力于中国农业害鼠监测与防控工作，解决农业生产中的实际问题，研究鼠害领域国内外最新科技进展。该委员会成立的原因主要有两个方面，一是20世纪70年代以来，在畜牧业调整过程中，对草原的过度利用导致内蒙古草原鼠害频繁暴发；在青藏高原"三江源"地区，由鼠害造成的"鼠荒地"和"黑土滩"等生态问题。二是20世纪80年代，家庭联产承包责任制的实施，种植结构的多样化导致全国各地鼠害暴发成灾，黄土高原油葵等经济作物种植区因鼠害连年绝收，鼠害造成的粮食损失每年高达150亿kg以上。专业委员会成立后，在1983—1992年间，先后举办四次全国性学术讨论会，派出鼠害防治专家在全国开展了鼠害防治讲师团活动，为有效控制农村鼠害作出了重要贡献。历届委员先后获得国家科技进步二等奖一项，省部级科技进步二等奖十多项、三等奖十多项，中国植物保护学会科技进步一等奖一项。从2004年开始，鼠害防治专业委员会联合有关单位已经连续举办了十三期全国性农区鼠害监测与防控技术培训班。为科学防控鼠害培养了一批基层技术人员和专业防控鼠害的队伍。专业委员会现有成员56名，涵盖国内从事农业鼠害研究的科研院校和植物保护系统。

（撰稿：郭永旺、王登；审稿：刘晓辉）

中华鼢鼠　*Eospalax fontanieri* (Milne-Edwards)

中国北方特有的啮齿动物种类。又名方氏鼢鼠、原鼢鼠、串地龙、瞎狯、瞎老、赛隆。鼹形鼠科（Spalacidae）鼢鼠亚科（Myospalacinae）凸颅鼢鼠属（*Eospalax*）。在中国分布于山西省除盆地外的绝大部分地区；河北省的崇礼、赤城、涿鹿、怀来、阳原、蔚县、易县、涞水、阜平等；北京的延庆；内蒙古的太仆寺旗、集宁、凉城、土默特、呼和浩特、包头、乌拉特前旗、准格尔旗、乌审旗等地区；陕西省北部的神木、榆林、吴起以及三边地区；宁夏的同心大罗山地带。主要栖息于黄土高原及次生黄土的农田、荒地、山坡、草场、林地。

形态

外形　体形较其他鼢鼠粗壮，雄鼠大于雌鼠，体长150～250mm，后足长29～37mm，体重285～443g。头大而扁，吻钝，眼甚小，视觉退化，耳壳退化在毛下仅留皮褶。四肢短小，前足的爪强壮有力，特别是第三爪，镰刀状，锐利，适掘土。尾短，尾长40～85mm。染色体为$2n=60$。

毛色　体背面灰褐色发亮，或暗土黄色。毛基灰褐色，毛尖带锈红色。体毛细软且光泽鲜亮，无毛向。唇周围以及吻部至两眼间毛色较淡，灰白色或污白色。额部中央有一块大小、形状多变的白色斑。腹毛灰色，足背与尾毛稀疏，为污白色短毛。

头骨　头骨粗大，整体扁而宽，有明显的棱角。鼻骨呈倒置的长梯形，其后缘常呈"W"形。颅骨的特征主要是颞嵴左右几乎平行，上枕骨从人字嵴起逐渐向右弯下，鼻骨后缘中间有1缺刻，其后端一般略超过前额骨后端，眶上嵴不甚发达；一部分在前额骨范围内，另一部分在上颌骨界限内，颅骨宽约为长的65.5%～74.8%，后头宽约为颅全长的54.9%～69%，颧弧后部较宽，听泡低平。门齿粗大，上下白齿各3枚，颅全长41.7～58.4mm，颧宽26.8～38.7mm，眶间宽6.9～9mm，鼻骨长16.4～21.3mm，后头宽28～40.7mm，枕骨板高18.5～24.3mm，上颊齿列长11.3～13.4mm，该鼠齿式为$2\times\left(\dfrac{1.0.0.3}{1.0.0.3}\right)=16$。亚成年中华鼢鼠和成年中华鼢鼠头骨的外部形态与大小详见图1。

主要鉴别特征　体形粗壮，四肢短，前肢较后肢发达，前爪锐利。眼及外耳壳退化。尾短而毛疏。全身体毛细软带丝光。营地下生活。与同为凸颅鼢鼠属的罗氏鼢鼠、斯氏鼢鼠、秦岭鼢鼠相比，中华鼢鼠体型较大，体长大于185mm，尾长大于40mm，前爪强大。尾覆毛稀疏，几乎裸露；第三上白齿外侧通常具有两个内陷角，有一个缺刻（其后有小齿突），如只有1个内陷角，无缺刻，头骨额部有两条距离较远而平行的骨嵴。中华鼢鼠形态详见图2。另外，在山西省发现有中华鼢鼠的白化个体（图2②）和黑化个体（图2③）。

生活习性

栖息地　中华鼢鼠主要栖息于黄土高原及次生黄土的农田、林地、荒地、山坡、草场及河谷中，喜欢在结构均匀、可塑性强、土壤质地疏松、生长着各种粮食、蔬菜和林木作物的农田和草地里掘土打洞。丘陵区分布密度最高。在土壤疏松湿润、食物丰富的山地梯田、沟谷和马铃薯、小麦、莜麦、豆类田间较多见。终生营地下生活，夜间偶尔到地面活动。

洞穴　由于洞穴是其采食和赖以栖息的场所，所以中华鼢鼠的洞道相当复杂，曲折多支，形成其特有的洞道系统。洞道主要由窝巢（老窝）、出窝洞、朝天洞、交通洞、采食洞、盲洞、贮食洞、粪洞等组成。洞道长平均为62.45m。洞道图详见图3。

食物　以农作物或其他植物的根、地下茎及绿色茎叶等为食。食物包括植物种类70多种。幼体和亚成体（体重不足300g的鼢鼠个体）的平均日食量57.78g，成体（体重在300g以上）平均日食量200.25g。

活动规律　常年营地下生活，昼夜都有活动，不冬眠，有贮粮习性。一般只在地下挖掘觅食，常把植物地下部分咬断，拖入洞中储藏。有时可将整株植物拖入地下，然后咬成小段，贮于仓库中。鼢鼠的挖掘活动在春、夏、秋季都有，但按地面痕迹和封洞习性判断，每年有两个活动高峰，4～5月为了觅食、交配，活动频繁。6～8月交配结束，很少活

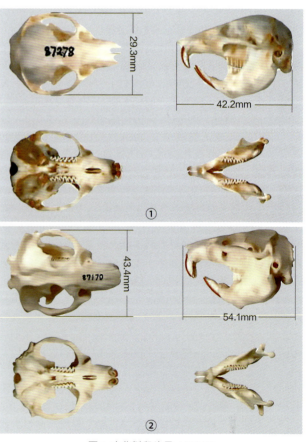

图1　中华鼢鼠头骨（邹波摄）
①亚成年中华鼢鼠头骨形态与大小；②成年中华鼢鼠头骨形态与大小

图 2 中华鼢鼠形态特征与白化和黑化个体（邹波摄）
①中华鼢鼠仔鼠；②中华鼢鼠白化个体（左 1）；③中华鼢鼠黑化个体（上）

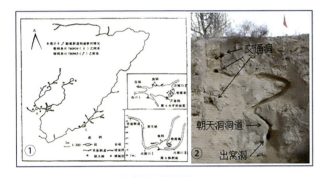

图 3 中华鼢鼠的洞道（邹波摄）
①鼢鼠洞道地表投影及窝的解剖（依樊乃昌和谷守勤，1981）；②山西省柳林县中华鼢鼠洞道剖面照片

动。9～10 月作物成熟，开始盗运贮粮，活动又趋频繁，出现第二次活动高峰。所以春秋两季地面上新土丘增多。冬季在老窝内吃贮粮，很少活动。鼢鼠的日常活动有早晨、傍晚两个活动高峰。此外，雨后初晴以及久旱后的雨天都有频繁的活动。个别鼢鼠甚至在夜间或清晨（皆在夏季发现）到地面活动。

繁殖　以公式♀/(♀+♂)计算性比，对山西捕获的 606 只（355♀，251♂）鼢鼠进行性比分析结果为 0.59，雌性显著多于雄性（$X^2 = 8.71 > X^2_{0.05}$，$P < 0.05$）。

中华鼢鼠繁殖时期拖延较久。繁殖期一般为 3～6 月。个别个体在 2 月即进行繁殖。雌鼠在植物返青期食物来源较丰富的 4～5 月妊娠率最高，达 50% 以上。山西南部临汾山区 3～6 月中华鼢鼠的妊娠率分别为：22.2%（3 月）、52.2%（4 月）、51.5%（5 月）、21.6%（6 月）。胎仔数 1～6 只，以每胎 3 只者最多，2～4 只次之，1 只、5 只和 6 只者较少。产仔数的多少还存在着季节变化。4～5 月不仅妊娠率高，产仔数也多，3 月和 6 月产仔则相对较少。鼢鼠的胎仔数虽然较少，但由于其雌性比例较高，仍可保证种群数量上的相对稳定。山西省中部中华鼢鼠的繁殖时间较南部向后推迟，一般在 4～7 月进行繁殖。

种群数量动态　春季数量最低，6 月数量显著上升并延续到 7 月，8 月开始数量下降。整体来说数量的季节变化比较平稳，一年中只有一个起伏不算很大的高峰。出现在 6～7 月间，8 月开始，数量逐渐下降，但较缓慢，至 10 月数量降到最低，但此时仍高于 4 月。种群全年的数量变化，最低与最高相差仅 1 倍左右，其数量的升降平缓。

危害　是农林牧业危害极大的害鼠。在农区，咬断作物根部，致植物枯死，或把整株作物从地下拖走，造成大片作物缺苗断垄。秋季大量盗运贮粮，影响作物的收获量。在牧区，挖洞堆土，破坏牧草，洞道纵横交错，加速表土流失、草场退化。在林区，危害幼林，啃食幼树根系，使幼树枯黄甚至死亡，严重破坏人工育林的发展。

中华鼢鼠终生营地下生活，农区采食方式主要是从耕作层的采食洞中拖拉、啃咬农作物的幼苗、根系以及地下果实块根、块茎等。故田间布满纵横交错的采食洞道，洞道上方及两侧为危害区，表现为缺苗或无苗，或根部受损植株长势减弱。这一行为使之与其他鼠种的危害形成了明显的区别。其一，地表危害的痕迹十分明显，且地表有危害状则地下必有采食洞。其二，将作物整个植株毁灭，即整株绝产，而不同于一些鼠类危害后残存植株尚有一定产量。

春秋两季为中华鼢鼠对农作物的危害高峰。春季正是其求偶交配的繁殖季节，活动频繁，体耗增大，急需补足营养，故形成春季危害高峰。秋季则主要是要贮备食物越冬形成全年第二次危害高峰。危害程度随鼠密度和作物种类的不同而不同。小麦地密度 15 只/hm^2，产量损失为 15.0%，玉米地密度 6.6 只/hm^2，产量损失为 6.74%。中华鼢鼠鼠害减产率 Y 与鼠密度 X（只/hm^2）的回归关系为：小麦地 $Y = -0.4462 + 0.9748X$（$r = 0.96$，$P < 0.05$），玉米地 $Y = -1.6427 + 1.1913X$（$r = 0.96$，$P < 0.05$）。

中华鼢鼠是非冬眠动物，在整个冬季和早春大地解冻之前，主要靠贮存的食物为食，但还啃食一部分地埂上多年生植物较为肥大的根、茎和刺槐、酸枣以及果树树根。另外，该鼠在丘陵山区及梯田埂上盗洞，造成水土流失，耕地塌陷，沟壑增多加宽；在土路上盗洞，常有牲畜陷入洞内致腿断。鼢鼠在灌水渠上盗洞，导致灌水渠等农业设施被损坏，造成黄土高原水土流失加剧，严重破坏农业生态环境。同时，中华鼢鼠是重要的媒介生物，能自然感染鼠疫等多种传染病，体外寄生虫仅革螨即有 2 属 17 种，还有虱、蚤、蝇、蜱等，体内有原虫、线虫、绦虫、吸虫等多种寄生虫。

防治技术

农业防治　平田整地利用天然降水抑制鼢鼠种群数量。平田整地可以减少或避免水土流失，在大雨或暴雨期容易造成大水漫灌溺毙部分害鼠，因此平田整地、修建水平梯田是抑制鼢鼠种群数量的重要措施。

轮作倒茬降低鼢鼠密度。轮作倒茬能合理利用土壤中的养分和水分，有利于消灭杂草，减轻病虫害，能控制害鼠密度的增长，减少鼠类危害。在黄土高原东南部鼢鼠危害区可采用以下几种群众能够接受的轮作方案：小麦－玉米－小麦、小麦－谷子－小麦、小麦－烟草－小麦和小麦－向日葵－小麦。

清除杂草减少鼠粮来源。作物收获后，清除杂草可造成鼢鼠食物缺乏，影响其正常的生长发育和生命活动，迫使其为寻找食源向其他生境迁移。所以，除加强秋冬季深耕、伏耕及中耕锄草等田间管理措施外，采用除草减少或断绝鼢鼠越冬期的食物来源，可对其数量起到较明显的控制作用。

另外，机耕深翻土地、兴修水利等也能起到抑制鼢鼠种群数量的作用。

生物防治 主要是利用天敌进行防治，鼢鼠的主要天敌有：艾鼬（*Mustela eversmanni*）、黄鼬（*Mustela sibirica*）、豹猫（*Felis Bengalensis*）、普通鵟（*Buteo buteo*）、大鵟（*Buteo hemilasius*）和雕鸮（*Bubo bubo ussuriensis*）。青鼬（*Martes flavigula*）、獾（*Meles meles*）、狐（*Vulpes vulpes*）、狼（*Canis lupus*）等也捕食鼢鼠。另外，有一种寄生蝇（*Oestuomyia* sp.），幼虫5～10月感染中华鼢鼠，大多单个寄生于臀部、腹部和鼠蹊部皮下，少部分转入肌肉内寄生，鼢鼠个体寄生数量最多可达61个，一般10个左右。对中华鼢鼠感染这类寄生者后，能否致死或会产生何种病变以及对鼢鼠种群数量产生多大影响，目前尚无法作出结论。生物防治可作为一种辅助措施，与其他措施相结合控制鼠类的危害。

物理防治 人工活捕法。挖开鼠洞，铲薄洞道上面的表土，人静候在一旁，待鼢鼠前来封堵洞口时迅速用锹或镢头将其挖出洞外捕获之。此法费工费时且需有一定的实践经验。

弓形夹捕捉。挖开鼠洞，若其前来封堵洞口说明洞内有鼠，此时可再次切断洞道，从距洞口30～50cm的鼠洞侧面用小铁锹挖一略低于洞道但大小与弓形夹相似的小坑，小心支妥弓形夹，并在夹上轻轻撒些松土，最后用草皮盖严洞口，尽量恢复洞道原样，鼠来堵洞时即被夹住。为防鼠带夹逃走，可在弓形夹上拴绳插钎固定。鼠夹法。用大号鼠夹放入鼢鼠洞道内捕鼠。方法是顺着采食洞找到交通洞，在交通洞上用铁铲挖一口放入鼠夹，鼠夹与洞道垂直，使两边来的鼠均能被夹住，再在鼠夹上轻轻撒些松土，把夹子用细铁丝固定于洞外，防止鼠夹被鼠拖走，最后用草皮将挖开口盖严。鼠被夹住时，铁丝就会绷紧，便于发现。

弓射地箭法。取170cm长的弹性树枝或竹皮做弓，用麻或牛皮绳150cm做弦，取50cm长的木棍或粗铁丝磨尖一头做箭，另端锯5cm深的缺口并套个环，夹入弓弦。取40cm长、2cm粗的木棍做支棍，下端分叉能立在弓背上，上端拴10cm长的担杆，担杆另头拴50cm长的细绳，细绳另端拴小环。使用时，切断鼢鼠洞道，铲薄洞道顶上的土，在距断口20cm处，用箭扎通洞道顶再提起来，勿使箭头在洞道里露出，把弓放在断口和箭之间，把支棍垂直立在弓背上，提起弦挂在担杆上，把土块放入断口，在断口下钉钉挂小环。鼢鼠来堵洞碰出土块，环与钉脱离，担杆失去平衡，弓弦射箭扎入鼠体（图4）。

石压地箭法。挖开鼠洞，若其前来封堵洞口说明洞内有鼠，此时可再次切断洞道，挖个比断口深10cm左右的坑。在断口两侧平行钉两枚别钉，把断口附近60cm内的隧道顶铲薄，插入1～4根用粗铁丝磨尖做的剑，扎通洞道顶再提起来用土挤住。勿使剑头在洞道里露出。第一支剑距断口18～22cm，以后各剑相距3～4cm，排列成"一"字形或菱形。在离断口10～20cm处的洞道两侧各插一根立柱，顶部放横梁，横梁中部放杠杆。杠杆一端对准地剑吊平底石板，杠杆另端拴细绳，绳的另一头拴别棍，洞道断口放一泥球。把别棍别在别钉上。鼠堵洞时推泥球碰别别棍，石板砸下，剑即入鼠体。将鼠扎死在洞内（图4）。

地箭法比人工捕捉先进，但也费工费时，适合小范围使用。

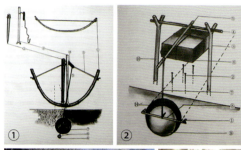
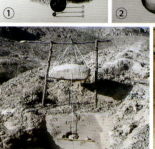

图4 弓射地箭法及石压地箭法（马壮行、邹波提供）
①、②为示意图；③为模型照片；④为石压法实物图；⑤为石压地箭法捕到的中华鼢鼠

大面积防治鼢鼠时，可采用专利产品（实用新型专利号：ZL201720378123.8）"可调整多向捕鼠器"（图5）灭鼢鼠。

其操作简单易行，并且有省工、省力、投资小、见效快等优点，具体方法为：

寻找鼠洞。找到鼢鼠活动后新隆起的土丘等活动痕迹，在其周围用一根1～1.5m的钢筋下扎，找见鼠洞后挖开洞口后，用木棍探一下洞道，取洞口内有直道30mm左右的洞道将洞口切齐并将洞口顶部铲平做成边约25cm、宽约15cm的洞顶平面。洞顶平面应与鼠洞道保持平行并保存鼠洞顶部的土层厚度约10cm。

确定位置。捕鼠器安装位置距洞口的距离视鼠洞粗细而定，前针距洞口15±5cm的距离为宜，一般普通粗细的鼠洞（洞口直径6～7cm），设置捕鼠器中间的钢针（前针）与触发板之间的距离一般为15～18cm。

安装捕鼠器。将三根针整体垂直压下，尽量保持中间的钢针（前针）从鼠洞中间贯穿。然后用双脚踩住固定板两边，握住支架用力拉起钢针两次，确保钢针能够顺利通过鼠洞顶部的土层针孔后，用固定钢筋钉将捕鼠器固定在洞顶土壤内。然后握住支架，拉起弹簧，使支架与翻板杆充分接触，再将绳子一端的扣板挂钩与触发器缺口相扣，在洞口

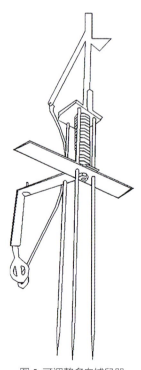

图5 可调整多向捕鼠器
（赵恒提供）

放一土球，便于触发机关。

捕鼠后取鼠。捕鼠器安装后，及时观察，如机关被鼢鼠触发，应先将距安装器械地点后10cm以内洞穴上方的土壤压实，堵塞鼢鼠洞道以防鼢鼠时未死的鼢鼠逃掉。然后用手按住箭架，拔出固定钉，移除器械周围土壤，取出捕鼠器和鼢鼠。

化学防治 化学杀鼠剂以其强大的作用，被人们公认是在短时间内控制鼠害发生的最有效的方法。有关用杀鼠剂配制毒饵灭鼠的研究，以往曾有樊乃昌等（1985、1986）就牧区高原鼢鼠（*Eospalax baileyi*）用土的宁、溴敌隆和磷化锌进行过防治试验，刘仁华等（1989）就林区内东北鼢鼠（*Eospalax psilurs*）用毒鼠磷进行过防治试验，李金钢等（1991）也曾进行过药物（毒鼠磷、甘氟、磷化锌、溴敌隆等）毒饵防治甘肃鼢鼠（*Eospalax cansus*）试验。但山西省中南部中华鼢鼠对投入其洞道内的饵料均不取食，这给该地区中华鼢鼠的毒饵防治增加了困难。目前，对该地区中华鼢鼠的化学防治可用磷化铝熏杀。中华鼢鼠洞道复杂，每个洞系需投放磷化铝10片左右。具体方法是：选择环境温度较高的季节，即5～9月（平均气温以超过15℃为宜），挖开其洞道并尽量探挖到距地表略深的交通洞（可据其活动的地面痕迹挖出采食洞，再沿采食洞挖到交通洞），将磷化铝10片一次性投入洞道中，若土壤干燥时，应在投放药片的同时在洞道内适当加水，以便加速磷化铝与水分作用，产生剧毒磷化氢气体。投药后迅速封堵洞口并用脚踩实土壤以防毒气外泄影响灭鼠效果。同时投药时尽量将药片投得深一些（投放在距洞口30～50cm的洞道内），以免封堵洞口时的土壤掩埋了药片，从而影响效果。毒鼠磷、甘氟、磷化锌等剧毒农药已禁用。

参考文献

樊乃昌, 谷守勤, 1981. 中华鼢鼠（*Myospalax fontanieri*）的洞道结构[J]. 兽类学报(1): 67-72.

樊乃昌, 景增春, 王权业, 1985. 士的宁杀灭高原鼢鼠的试验研究[J]. 兽类学报, 5(4): 311-316.

樊乃昌, 景增春, 王权业, 等, 1986. 溴敌隆防治高原鼠兔和高原鼢鼠的研究[J]. 兽类学报, 6(3): 211-271.

李金钢, 王廷正, 张菊祥, 等, 1991. 药物防治甘肃鼢鼠的试验研究[J]. 陕西师大学报(自然科学版), 19(增): 87-90.

刘仁华, 陈曦, 迟树桓, 等, 1989. 毒鼠磷防治东北鼢鼠试验研究[J]. 兽类学报, 9(2): 154-156.

山西省农业科学院农业科技情报研究所, 1993. 中国灭鼠工具图谱[M]. 北京: 农业出版社.

邹波, 李新苗, 张长江, 等, 2016. 银恒快速捕鼠器防治山西省中华鼢鼠的研究与改进[J]. 农业技术与装备(4): 82-84.

（撰稿：邹波；审稿：王登）

中华绒鼠 *Eothenomys chinensis* (Thomas)

中国特有种，是四川西部高海拔森林生态系统中的重要成员。在适宜生境内种群数量大。对人工营造的冷杉、云杉幼苗有一定危害。啮齿目（Rodentia）仓鼠科（Cricetidae）绒鼠属（*Eothenomys*）。仅分布于四川省凉山山系，最低海拔2600m以上的冷杉、云杉林及高山杜鹃灌丛中。

中华绒鼠是四川省特有种，为绒鼠属（*Eothenomys*）东方绒鼠亚属（*Anteliomys*）成员，以前被认为有3个亚种：指名亚种（*Eothenomys chinensis chinensis*），分布于凉山山系；康定亚种（*Eothenomys chinensis tarquinius*）分布于四川西部的天全、泸定、荥经等山区；德钦亚种（*Eothenomys chinensis wardi*），分布云南德钦县的梅里雪山。刘少英等（2012，2013）通过分子系统学研究发现，康定亚种属于一个独立种，且属于另外一个亚属：川西绒鼠亚属（*Ermites*）。而德钦亚种也是独立种，虽然它仍是东方绒鼠亚属的成员，但亲缘关系和西南绒鼠（*Eothenomys custos*）最近。这样，中华绒鼠就仅局限分布于四川省的凉山山系。

形态

外形 是绒鼠类中最大者。成体体重平均50g（41～58g），平均体长超过122mm（105～123mm），尾相对较长，平均64mm（54～71mm），约为体长的60%；后足长22.41mm（21～25mm）。颅全长平均30mm（27.52～31.54mm），颅基长平均28.07mm（25.82～29.44mm），颧宽平均17.11mm（16.38～18.36mm），眶间宽4.08mm（3.76～4.34mm），后头宽13.55mm（12.48～14.26mm），颅高11.24mm（10.64～11.56mm），听泡长7.94mm（7.50～8.60mm）。全身黑灰色，老年个体被毛有棕黄色调，尾长大于体长之半。吻部较短而钝，颈部较短，眼小，耳大而裸露，呈椭圆形状。后足爪稍长，拇指小，带有一个扁平的指甲。掌垫5个，跖垫6个，均较发达。脚底的足跟和垫间被毛。尾尖具一短而绒细的端束毛。乳式：0-2=4。

毛色 上体暗褐色或暗棕褐色，毛尖微亮，棕黄色。毛基暗石板灰色。耳壳边缘黑褐色。体侧稍淡于背部。下体浅蓝灰色，胸、腹及鼠蹊部略深，木褐色。前足足背暗褐色、淡褐色或灰白色，后足足背、趾及足外侧浅灰褐色，内侧为深褐色。尾背黑褐色；尾下浅淡，尾下基部2/3灰白色，尾后部1/3黑褐色。

头骨 头骨粗壮而坚实。吻部较短，为颅全长的1/3。鼻骨较长，前端宽并向下形成一斜坡，后端较窄，不及前端的1/2。额骨中央有一明显凹陷。顶骨略隆起。矢状嵴不发达。颧弓宽而粗实，为头骨最宽处。眶间相对较细窄。眼眶较大，无眶上突。听泡大，发达而鼓胀，平均8mm。腭骨部较长，腭长超过颅全长之半。

牙齿 上颌具2枚较大的橘黄色门齿，并向内弯。臼齿构造较复杂，成体臼齿无齿根，其臼齿外侧棱角直通齿槽内。咀嚼面由内、外两排相互交错的三角形齿环组成，棱角较钝圆，内凹角较窄。M^1内外侧均具有3个侧突，第一内外侧突汇通成一个较大的三角形，其后是相互交错分离的小三角突。M^2较小，具2个内侧突和3个外侧突，第三后内侧突完全消失。M^3齿形较长，长于M^2，具4～5个内侧突和4～5个外侧突，第4、5内侧突和第4外侧突互相贯通。下颌M_1左右对应的三角形相互融合，M_1具5个内侧突和4～5个外侧突。M_2具3个内侧突和3个外侧突。M_3与M_2相似，亦具3个内侧突和3个外侧突。

主要鉴别特征 个体较大，平均超过120mm，尾较长，明显超过体长之半；颅全长平均 30mm，后足 20～23mm，脑颅相对较为隆凸，听泡较大，平均约 8mm，牙齿由系列三角形组成，腭骨后缘截然中断，不形成翼骨窝；下颌 M_1 左右对应的三角形齿环彼此汇通；M^1 具 3 个内侧突和 3 个外侧突。M^2 具 2 个内侧突和 3 个外侧突，M^3 复杂具 4～5 个内侧突和 4～5 个外侧突。毛被绒细而柔软，背部毛长 12mm 左右。

生活习性

栖息地 只分布于四川省的凉山山系，主要栖于海拔 2600～3700m 的阴湿阔叶林、针阔叶混交林、针叶林内。其生活的微生境是土壤疏松而肥沃、地表腐殖质层很厚、阴暗潮湿、生境原始、乔木郁闭度在 0.2～0.7、灌丛以箭竹为主、盖度 30%～50%、地面枯倒木丰富。生境的平均相对湿度 84%，年平均气温 5℃，1 月平均气温 -2.25℃，7 月平均气温 12.6℃，无霜期 135 天，平均日照仅 1360 小时。可见，中华绒鼠的生活区域潮湿而阴冷。

洞穴 营地表浅层洞穴生活，洞穴不复杂，洞道表面光滑，多在土质疏松的地方掘洞。白天隐于洞内，黄昏后外出活动觅食。

活动规律 不善攀爬，主要在枯枝落叶下活动，薹草或苔藓厚密的区域，在薹草或苔藓下活动。洞道纵横交错，离地表很浅。

食物 植食性为主，也取食昆虫、软体动物。以植物的种子、根茎及嫩叶为主要食物，冬季可以啃食树皮。有储粮习性。偶尔有同种相残习性，用陷阱或鼠夹捕获到该种时，经常发现被同种取食。

繁殖 繁殖能力较强，一年有 2 个繁殖高峰期，一个在 5 月，是主要繁殖期。5 月成年雌鼠的怀孕率为 86%，成年雄鼠的睾丸下降率为 88%。胎仔数平均 2.24 个，大多数情况下左右子宫内各有 1 个胎仔，30% 左右为右子宫或左子宫内有 2 个胎仔，而另一边没有；很少情况下有一边子宫内有 3 个胎仔，或者左右子宫各有 2 个胎仔的现象。8 月有另外一个繁殖高峰期，8 月雌性成体的平均怀孕率为 70% 左右，成年雄性的睾丸下降率为 66%。5 月很少有亚成体，4 月很少繁殖（偶见 1 只）；6 月下旬至 7 月中旬的亚成体很多，1 个月左右，中华绒鼠就达到亚成体，并独立活动。而 8 月基本都是成体，2 个月时间，中华绒鼠就达到成体，可参与繁殖。9 月和 10 月成体雌鼠的怀孕率分别是 8% 和 3% 左右，11 月至翌年 4 月很少见到孕鼠。可见，其保持高种群数量的策略是繁殖季节保持高的怀孕率。中华绒鼠的性比基本保持在 1∶1 左右。

危害 中华绒鼠局限分布于四川省的凉山山系 2600m 以上的区域，历史上，该区域有很多林场，这些林场是以采伐为主，在采伐基地上进行人工更新，人工更新的树种主要为峨眉冷杉，还有少量铁杉、粗枝云杉等。人工更新后的幼苗往往被中华绒鼠危害，其危害率在 15% 左右，部分区域危害严重，达到约 45%。现在，停止了森林采伐，该区域的人工更新工作也基本停止，因此，中华绒鼠的危害也就谈不上了。由于中华绒鼠属于分布地域十分狭窄的局地性物种，应该加强研究。

参考文献

LIU SHAOYING, LIU YANG, GUO PENG, et al, 2012. Phylogeny of Oriental voles (Rodentia: muridae: Arvicolinae): Molecular and morphylogical evidences[J]. Zoological science, 9(11): 610-622.

ZENG TAO, JIN WEI, SUN ZHI YU, et al, 2013. Taxonomic Position of *Eothenomys wardi* and detailed description of this species[J]. Zootaxa, 3682(1): 85-104.

（撰稿：刘少英；审稿：郭聪）

中华预防医学会媒介生物学及控制分会 The Society for Vector Biology and Control Section, Chinese Preventive Medicine Association

是中华预防医学会的分支机构，是以学科为基础成立起来的专业分会，挂靠单位为中国疾病预防控制中心传染病预防控制所。

中华预防医学会媒介生物学及控制分会前身是卫生部医学科学委员会消毒、杀虫、灭鼠专题委员会，由卫生部科委于 1981 年 4 月组建，同年 11 月成立。1985 年 9 月，更名为媒介生物学及控制专题委员会。1987 年 11 月，中华预防医学会成立。经汪诚信、许锦江和胡修元发起并筹建，在全国爱卫办的领导下，1989 年 2 月成立中华预防医学会媒介生物学及控制分会，接替专题委员会的任务。分会成立后，汪诚信担任第一届至第三届主任委员（1989—2004），刘起勇担任第四届、第五届主任委员（2005—2016），孟凤霞担任第六届主任委员（2017—）。

分会根据自身研究领域的特点，下设鼠类及体表寄生虫学组、蚊虫学组、蝇类学组、蟑螂学组、杀虫药械学组和有害生物治理行业（PCO）学组。分别针对鼠类及体表寄生虫、吸血双翅目、蝇类、蟑螂等进行生物学、生态学、传染病、控制、预警及杀虫药械、PCO 行业等相关问题进行研究，并根据这些学组的优势，定期或不定期地单独或联合开展相关领域的学术交流活动。

该分会委员一直是中华预防医学会系列杂志之一《中国媒介生物学及控制杂志》和《中华卫生杀虫药械》杂志的编辑主力，分会历任主任委员均为《中国媒介生物学及控制杂志》主编。

媒介生物学及控制分会一贯致力于媒介生物学及控制的学科发展和交流，力求为从事媒介生物学及控制工作的同仁们创造一个广泛交流本领域新思维、新技术、新方法、新成果的学术平台。分会除按各学组自身特点经常举办不同的学术交流会外，还积极申办全国继续医学教育项目，为该领域广大从业人员提供交流培训机会。1992 年 4 月，汪诚信主任委员参与了著名的"邱氏鼠药案"的科普和诉讼，并最终胜诉。该事件被评为 1994 年和 1995 年的中国十大科技新闻之一。自 2006 年开始，每两年组织一次"媒介生物可持续控制国际论坛"，成为国内外媒介生物可持续控制学术交流的国际平台。分会成员除积极开展本领域科学研究工作外，还积极承担媒介生物控制疾控工作，因在汶川地震抗震

中枢生物钟　central clock

在哺乳动物中,位于下丘脑的视交叉上核(SCN)是实现日节律功能的重要核团,它被称为中枢生物钟。SCN调控着多种周边组织(如肝脏和肾脏)的日节律,其对机体运动、睡眠、体温、内分泌等行为和生理节律的调控通过钟基因完成,并通过激素和神经信号调节外周生物钟。视交叉上核如果被破坏将导致生物体生物节律的完全消失。例如,仓鼠下丘脑SCN被切除之后,其活动和进食规律完全被打乱,说明SCN在节律调控中的重要作用。

（撰稿：宋英；审稿：刘晓辉）

钟文勤　Zhong Wenqin

1939年生。动物生态学家,鼠害治理专家。

个人简介　出生于福建武平。1962年毕业于复旦大学生物系,同年进入中国科学院动物研究所,从事动物生态学及鼠害防治工作。历任研究员、博士生导师,动物生态研究室主任,农业虫害鼠害综合治理研究国家重点实验室学术委员会副主任。在学术组织中,曾任中国动物学会常务理事,兽类学分会理事,中国生态学会理事,动物生态专业委员会副主任,中国植物保护学会鼠害防治专业委员会委员,中国科协病虫鼠害预警与防治专家组成员,《兽类学报》副主编和《动物学杂志》编委,1989年和1994年,分别在瑞典斯德哥尔摩大学和美国史密桑尼研究院做访问学者。

成果贡献　1963—1978年间主要完成的研究项目有："草原鼠类与植物群落演替关系的研究""长爪沙鼠种群数量动态及其调节研究""布氏田鼠生境选择特征的研究""布氏田鼠种群繁殖以及草原蝗种群生态研究"。自1979年开始,长期承担中国科学院内蒙古草原生态系统定位研究站有关鼠类群落动态的观测工作。期间相继主持国家"七五""九五"科技攻关项目中有关农牧业鼠害治理研究的子课题以及中国科学院"八五"重点项目,并完成中瑞合作的长爪沙鼠行为生态学研究,在国内外发表研究论文100余篇。

1981年在国内率先报道以定量方法开展草原鼠类群落结构特征及其形成机制研究的成果,带动了中国不同生态区鼠类群落类型的广泛研究。1985年在阐明内蒙古典型草原区植物群落与鼠类群落相互作用的演替规律基础上,提出草原鼠害成因及其治理策略的新见解,并针对布氏田鼠的害情提出调整草—畜—鼠生态经济结构关系的生态治理方案及其配套技术,1987—1989年应用实施,在免除化学防治的条件下取得显著的持续控害效应,这从保育草原生物多样性促进良性循环的整体效益的目标上,突破了国内对草原鼠害防治的传统格局,该项成果于1991年获得中国科学院科技进步二等奖。1982年提出了野外观测布氏田鼠活动影响草场生产力的途径以及相应的定量方法,系统解决了植物生长期鼠害补偿与秋季储草期鼠害的综合评估问题。

所获荣誉　多年来,在鼠类生态学及鼠害治理研究领域,作为主持人和主要完成人获得的成果奖励共8项：中国科学院科技进步二等奖4项和三等奖1项、中国科学院自然科学三等奖2项、国家科技进步二等奖1项。此外,1990年获中国科学院竺可桢野外科学工作奖,1992年开始享受国务院政府特殊津贴,1998年被评为中国科学院优秀研究生导师。

参考文献

钟文勤,周庆强,孙崇潞,1981.内蒙古白音锡勒典型草原区鼠类群落的空间配置及其结构研究[J].生态学报(1):12-20.

（撰稿：宛新荣；审稿：王登）

种子标记方法　seed marking methods

采用一定的技术手段来标记森林种子以了解鼠类等动物对种子命运的影响。如何追踪种子命运一直是困扰种子扩散及森林更新研究的关键问题。目前已经有许多标记方法被应用到研究鼠类扩散植物种子的过程中,主要包括以下几种：①金属(磁铁)标记法(metal-tags / magnet-tags),即在目标种子内插入金属片或磁铁,然后用金属探测器或磁力探测器来搜寻被鼠类搬运和贮藏的这些种子的方法。金属标记法的优点是易操作,但金属(磁铁)探测器的成本较高,且插入金属片(磁铁)容易对种子造成伤害,降低种子萌发率。②荧光标记法(fluorescent-pigment),即先用粉末状的荧光染料标记种子,然后借助紫外光搜寻种子。通过追踪用荧光染料标记的种子,一方面可以获得被动物贮藏的种子的位置、命运、扩散距离以及相关的微环境信息；另一方面,由于这种染料容易在其所接触的表面之间扩散,鼠类在处理种子的同时也容易被染料标记,因此可以通过追踪被标记的动物足迹而了解动物搬运种子所经历的路径及其洞穴的位置。③同位素标记法(radioisotope-labels),即用含放射性同位素的盐溶液浸泡种子,然后用放射性探测器搜索那些被动物贮藏或取食的种子或种子残片,是目前定量研究种子命运的一种比较有效的方法。使用同位素标记可同时获得足够的种子样本,特别是当一些种子因体积较小而不宜采用线标法和金属标记法时,采用同位素标记是最理想的选择。而且当标记过的种子被动物反复收获和埋藏时,仍能找到它们的位置,也能通过种子残片来获得有关种子死亡的数量信息。④线标法(thread-markers),是用棉线、尼龙线或金属丝等标记种子，一端连接种子，另一端可固定于树干或树枝上亦可游离，然后通过追踪连接种子的线来搜寻种子。除同位素标记法以外，线标法是另一种得到广泛应用的种子标记方法，所需费用相当低廉，能够获得足够的种子样本。⑤标签法（tag-marking method），即在种子靠近种脐的一端用电钻打一小孔，然后用不锈钢丝将一薄标记牌拴于此孔。鼠类埋藏种子时通常不会将标记牌掩埋，通过搜寻标记牌就能很快定位目标种子。此外还可在标记牌上对每个种子进行数字化编号，从而能够识别每个种子的来源和去向，并能详细了解鼠类的多次贮藏行为及其对种子命运和种子扩散的影响。

参考文献

常罡，2012. 鼠类扩散种子的几种标签标记法的比较[J]. 生态学杂志, 31(3): 684-688.

肖治术，张知彬, 2003. 食果动物传播种子的跟踪技术[J]. 生物多样性, 11(3): 248-255.

FORGET P M, WENNY D, 2005. How to elucidate seed fate? A review of methods used to study seed removal and secondary seed dispersal[M]// Forget P M, Lambert J, Hulme P E. Seed fate: seed predation, seed dispersal and seedling establishment. Wallingford: CABI Publishing: 379-393.

XIAO Z, JANSEN P A, ZHANG Z, 2006. Using seed-tagging methods for assessing post-dispersal seed fate in rodent-dispersed trees[J]. Forest ecology and management, 223: 18-23.

（撰稿：王振宇；审稿：路纪琪）

种子标签标记法　tagged-seed marking method

采用标签、标志牌对种子进行标记的方法。最初是由Zhang和Wang（2001）创立后Xiao等（2006）做了改进。现已得到国内外同行广泛使用。具体操作过程如下：首先标记种子，在种子靠近种脐的一端用电钻打一个直径0.5～1mm的小孔，孔的直径根据种子的大小以及种皮的厚度调整，然后用不锈钢丝（10～15cm）将一薄塑料牌（大小为2.5cm×3.6cm，<0.25g）拴于此孔。然后根据实验要求在野外样地或室内围栏释放标记好的种子。最后按照一定的时间间隔来观察并调查动物对标记种子的取食、搬运和贮藏。鼠类处理种子时不会将标记牌掩埋，通过搜寻标记牌就能很快定位目标种子。因此标签标记法能够准确了解鼠类对每粒种子的取食、搬运、贮藏以及扩散距离、贮藏点大小、埋藏深度、方位和微生境等所有定量和定性数据。此外该方法无污染，造价低廉，研究成本低，能够获得足够的种子样本，且操作简单，不需要特殊的设备或仪器。种子标签法也存在一定的缺陷，在种子释放初期，鼠类搬运或取食这些标记种子的速度慢于未标记的种子，但几天后这种影响较小。标签标记法在标记过程中会对种子进行穿孔，尽管不会损害种子的胚，但是穿孔的种子容易受到细菌或微生物的感染，从而影响其萌发。此外，种子标签可能为鼠类提供标记线索，增加其发现种子的机会，因此，种子标签法在研究鼠类的种子贮藏和找寻行为实验中存在局限。总之，标签标记法是一种有效追踪鼠类取食和贮藏种子的方法，能够准确了解每个种子的来源和去向，有效地揭示鼠类对种子取食、贮藏和扩散的规律，有助于深入认识鼠类在森林生态系统中的地位和作用。

参考文献

肖治术，张知彬, 2006. 金属片标签法：一种有效追踪鼠类扩散种子的方法[J]. 生态学杂志, 25(10): 1292-1295.

XIAO Z S, JANSEN P A, ZHANG Z B, 2006. Using seed-tagging methods for assessing post-dispersal seed fate in rodent-dispersed trees[J]. Forest ecology and management, 223: 18-23.

YI X F, XIAO Z S, ZHANG Z B, 2008. Seed dispersal of Korean pine Pinus koraiensis labeled by two different tags in a northern temperate forest, northeast China[J]. Ecological research, 23: 379-384.

ZHANG Z B, WANG F S, 2001. Effect of rodents on seed dispersal and survival of wild apricot (Prunus armeniaca)[J]. Acta ecologica sinica, 21: 839-845.

（撰稿：王振宇；审稿：路纪琪）

种子化学防御　seed chemical defence

种子通过次生化合物（secondary chemical compounds）来抵御动物取食和真菌（和细菌）侵染。在鼠类—种子关系中，当前研究大多集中在酚类化合物（phenolic compounds），尤其是单宁（tannin）对鼠类取食行为和生理的影响。单宁是一种水溶性多酚化合物，分为水解单宁和缩合单宁两类。单宁可以和食物中的蛋白质以及一些消化酶形成络合物，降低动物对蛋白的消化吸收，造成动物体内源氮流失；此外，单宁对于动物的肠胃黏膜和上皮细胞以及肝肾功能也具有毒害作用，从而引起动物体重锐减、多种生理指标下降甚至死亡。关于鼠类对种子单宁含量的选择，多数研究表明鼠类倾向于原地取食单宁含量低的种子而贮藏单宁含量高的种子，但也有少量研究得出不一致的结果。除多酚类化合物外，种子的其他次生化合物也同样对鼠类的取食偏好具有重要影响，例如哌类生物碱（quinolizidine alkaloids）、氰苷（cyanogenic glucosides）、萜类（terpenes）、刺檗碱（oxyacanthine）、白屈菜酸（chelidonic acid）等。在鼠类介导的植物种子传播系统中，适度提高化学防御可降低鼠类对种子的原地取食，促进鼠类对种子的传播，进而提高种子的扩散效率。

参考文献

BERNAYS E A, DRIVER G C, BILGENER M, 1989. Herbivores and plant tannins[J]. Advance in ecology research, 19: 263-302.

KOLLMANN J, COOMES D A, WHITE S M, 1998. Consistencies in post-dispersal seed predation of temperate fleshy-fruited species among seasons, years and sites[J]. Functional ecology, 12: 683-690.

SHERBROOKE W C, 1976. Differential acceptance of toxic jojoba seed (Simmondsia chinensis) by four Sonoran Desert heteromyid rodents[J]. Ecology, 57: 596-602.

WANG B, PHILLIPS J S, TOMLINSON K W, 2018. Tradeoff

between physical and chemical defense in plant seeds is mediated by seed mass[J]. Oikos, 127: 440-447.

WANG B, CHEN J, 2011. Scatter-hoarding rodents prefer slightly astringent food[J]. PLoS ONE, 6: e26424.

XIAO Z, CHANG G, ZHANG Z, 2008. Testing the high-tannin hypothesis with scatter-hoarding rodents: experimental and field evidence[J]. Animal behaviour, 75: 1235-1241.

（撰稿：王博；审稿：路纪琪）

种子库　seed bank

种子被储藏的场所。主要分为3类：资源种子库（germplasm resource bank / seed resource bank）、植冠种子库（canopy seed bank）和土壤种子库（soil seed bank）。①资源种子库，又名种子资源库，是旨在将世界各地各种植物的种子保存在人工仓库里，以防全球物种因人为或自然因素迅速缩减而造成物种灭绝。②植冠种子库是指成熟种子不掉落而直接宿存于植株上的全部存活种子总和。具有植冠种子库的种子可在植物植冠中存留一年或者更长时间，这种延缓散布可使繁殖体免受种子败育、捕食及不可预测环境条件等带来的威胁，而且有些种子能够选择合适的时机释放休眠，保证了种子萌发、幼苗建成及植被更新的种源。③土壤种子库是指存在于土壤上层凋落物层和土壤中全部存活种子的总和。土壤种子库是个动态过程，一方面随着种子的不同成熟季节，种子不断从母体输入到土壤中（即种子雨）；另一方面由于萌发、生理衰老死亡、腐烂、动物猎食、搬运而不断输出。局部小气候如微生境、海拔、地形地势、土壤条件等非生物因子、人为干扰等外界因素以及植被状况等都会影响种子库的时空格局与过程。土壤种子库被认为是生物多样性库，也被称为"潜种群"阶段，它是支配地上植被更新、结构重建和演化的一个重要力量，对其研究不仅可以揭示种群和群落的时空格局、生物多样性的维持机制，还可为森林生态系统的恢复和自然保护区的管理提供理论指导。鼠类是影响种子库形成及动态的重要因素，鼠类取食植物种子，并将种子集中贮藏在洞穴、石缝等处，造成种子死亡，或者将一些种子分散埋藏在土壤浅层、枯枝叶等处，使种子进入土壤种子库，随后进行多次搬运、贮藏和取食，影响种子库动态，最终对种子传播、植物更新产生积极的或负面的影响。

参考文献

GIORIA M, PYŠEK P, 2016. The legacy of plant invasions: changes in the soil seed bank of invaded plant communities[J]. BioScience, 66: 40-53.

GOUBITZ S, NATHAN R, ROITEMBERG R, et al, 2004. Canopy seed bank structure in relation to: fire, tree size and density[J]. Plant ecology, 173: 191-201.

HOOFTMAN D A P, BULLOCK J M, MORLEY K, et al, 2015. Seed bank dynamics govern persistence of Brassica hybrids in crop and natural habitats[J]. Annals of botany, 115: 147-157.

NUZZO V, DÁVALOS A, BLOSSEY B, 2015. Invasive earthworms shape forest seed bank composition[J]. Diversity and distributions, 21: 560-570.

WARZECHA B, PARKER V T, 2014. Differential post-dispersal seed predation drives chaparral seed bank dynamics[J]. Plant ecology, 215: 1313-1322.

（撰稿：周友兵；审稿：路纪琪）

种子扩散　seed dispersal

种子离开母树的运动过程称为种子扩散。是植物更新的关键阶段。种子扩散使种子离开母树，到达新的生境，最终可能逃脱捕食而建成幼苗。种子扩散会影响种子密度、种子捕食、病原体侵染、种子到达的生境类型以及建成的植株将与何种植物竞争，从而影响种子和幼苗的存活，最终影响母树及后代的适合度。根据扩散媒介的不同，种子扩散可分为动物扩散、风媒扩散、水媒扩散以及植物的自我扩散等4种方式。植物果实或种子的形态结构通常决定了种子的扩散方式，如营养丰富的果实或种子会吸引食果动物或分散贮藏动物传播种子；长有"翅膀"的种子可以在风中飞舞离开母树；有浮力的果实可以在水中漂浮数百或数千千米；具有爆炸式结构的果实能在果实爆裂时将种子弹出几米远。这些不同的扩散方式具有各自不同的进化起源。自然界大部分植物依靠动物扩散种子，如依靠食果动物、鼠类及蚂蚁等动物扩散种子，而种子扩散动物也是非常高效的种子扩散媒介。鼠类是植物种子的重要扩散者。许多鼠类以植物种子为食，并具有贮藏植物种子以备食物短缺的冬季食用的行为习性。被鼠类分散贮藏于土壤、枯枝叶、灌丛边缘、开阔草地等适宜萌发和幼苗生长的地方的种子，部分会存留并萌发和建成幼苗。因此，鼠类分散贮藏植物种子时客观上充当了植物种子的扩散者，对植物更新具有重要意义。

参考文献

HOWE H F, SMALLWOOD J, 1982. Ecology of seed dispersal[J]. Annual reviews of ecology and systematics, 13: 201-228.

JORDANO P, 1992. Fruits and frugivory[C]//Fenner M. Seeds: The ecology of regeneration in plant communities. Wallingford: CABI, Publishing: 105-156.

SCHUPP E W, 1993. Quantity, quality and the effectiveness of seed dispersal by animals[J]. Vegetatio, 108: 15-29.

VANDER WALL S B, 1990. Food Hoarding in animals[M]. Chicago: The University of Chicago Press.

（撰稿：曹林；审稿：路纪琪）

种子扩散适合度　seed dispersal fitness

种子的扩散效率。有效的种子扩散不仅仅要求种子被带离母树到达新的生境，同时还要求种子离开母树后能够逃脱捕食，萌发并建成幼苗，最终成为具有繁殖能力的成熟个体。因此，扩散适合度取决于以下几个因素：①种子是否被搬离母树后贮藏。②扩散后种子与母树的距离以及与同种其他成熟个体的距离。③贮藏种子是否逃脱捕食而建成幼苗。④幼苗是否能够存活并成为具有繁殖能力的成熟个体。在扩散的不同阶段许多因素会影响种子的存活，从而最终影响种子的扩散适合度。例如，植物大年结实会降低鼠类对种子的搬运比例，但扩散后的种子更容易逃脱捕食而建成幼苗，因此大年结实能够增加种子的扩散适合度。种子特征，如种子大小、单宁含量以及种皮厚度等均会影响动物对种子的取食和扩散以及扩散后的种子是否能够逃脱捕食和建成幼苗。此外，种子被扩散后所到达的生境也会影响扩散适合度。在同种植物的其他母树下也会因高密度的种子和幼苗造成密度制约性死亡，因此有效的种子扩散需要种子被搬离母树的同时远离同种的其他成熟个体。鼠类传播植物种子过程可分为贮藏前（pre-caching）和贮藏后（post-caching）两个阶段，鼠类倾向于贮藏大种子、营养价值高的种子、处理成本高的种子（如壳坚硬种子）、单宁含量高的种子，这些种子在传播早期具有较高的扩散适合度，贮藏后找回利用阶段，鼠类更难以找到小种子、营养价值低的种子，因此这些种子的存留率更高，在种子传播后期具有较高的扩散适合度。比较而言，大种子和小种子在鼠类介导的整个传播过程中可能具有相近的扩散适合度。

参考文献

CAO L, WANG Z, YAN C, et al, 2016. Differential foraging preferences on seed size by rodents result in higher dispersal success of medium-sized seeds[J]. Ecology, 97: 3070-3078.

HIRSCH B T, KAYS R, PEREIRA V E, et al, 2012. Directed seed dispersal towards areas with low conspecific tree density by a scatter-hoarding rodent[J]. Ecology letters, 15: 1423-1429.

LI H, ZHANG Z, 2007. Effects of mast seeding and rodent abundance on seed predation and dispersal by rodents in *Prunus armeniaca* (Rosaceae)[J]. Forest ecology and management, 242: 511-517.

XIAO Z, CHANG G, ZHANG Z, 2008. Testing the high-tannin hypothesis with scatter-hoarding rodents: experimental and field evidence[J]. Animal behaviour, 75: 1235-1241.

ZHANG H, CHEN Y, ZHANG Z, 2008. Differences of dispersal fitness of large and small acorns of Liaodong oak (*Quercus liaotungensis*) before and after seed caching by small rodents in a warm temperate forest, China[J]. Forest ecology and management, 255: 1243-1250.

（撰稿：曹林；审稿：路纪琪）

种子气味　　seed odor

由种皮或种子内部组织释放的一系列可挥发性气体。大多数植物种子都可以释放不同的气味组分，如红松（*Pinus koraiensis*）种子释放较多的 α-蒎烯和 β-蒎烯，山杏则以苯甲醇和苯甲醛为主。鼠类的贮食行为除了受到种子大小、种皮厚度、营养成分、次生代谢物等特征的影响以外，还受到种子气味的调节。贮食鼠类在找回贮藏的食物时，通常利用 3 种方式：随机探索、空间记忆和嗅觉。其中，嗅觉在寻找食物和找寻食物贮藏点的过程中起着不可替代的作用。因此，种子的气味释放特征和强度将影响鼠类对种子的找寻和偷盗。埋藏基质的物理化学特征通过影响种子的气味释放最终影响鼠类对种子的成功找寻。分散贮藏鼠类和集中贮藏鼠类对种子挥发性化学物质的敏感程度差异显著，说明植物对具有不同贮藏行为习性的鼠类可能具有不同的操控策略。土壤湿度以及种子的含水量也可显著调节种子气味释放强度，并引起鼠类分散贮藏强度的变化。另外，种子气味释放特征还受到种皮厚度和种子休眠特征的影响，进而影响鼠类对种子的找寻和取食。种子与鼠类之间的气味通讯影响鼠类的分散贮藏，表现在鼠类优先分散贮藏气味弱的种子。种子气味特征对鼠类找寻食物以及贮藏行为都有显著的影响。

参考文献

BRIGGS J S, VANDER WALL S B, 2004. Substrate type affects caching and pilferage of pine seeds by chipmunks[J]. Behavioral ecology, 15: 666-672.

HOLLANDER J L, VANDER WALL S B, LONGLAND W S, 2012. Olfactory detection of caches containing wildland versus cultivated seeds by granivorous rodents[J]. Western North American naturalist, 72: 339-347.

JORGENSEN E E, 2001. Emission of volatile compounds by seeds under different environmental conditions[J]. American midlland naturalist, 145: 419-422.

YI X F, WANG Z Y, ZHANG H M, et al, 2016. Weak olfaction increases seed scatter-hoarding by Siberian chipmunks: implication in shaping plant-animal interactions[J]. Oikos, 125: 1712-1718.

（撰稿：易现峰；审稿：路纪琪）

种子取食　　seed predation

很多鼠类取食植物的种子，尤其是富含蛋白质、脂肪、淀粉等营养物质的种子，以获取营养，为生存和繁衍积蓄能量。鼠类取食种子行为通常受种子特征、捕食风险、种内、种间竞争及鼠类本身特征等因素的影响。针对同一种种子，鼠类通常首先取食小种子、虫蛀种子或霉变种子，而将大种子、完好种子搬运到巢穴或其他合适的地方贮藏起来，供食物短缺时利用。针对不同种种子，鼠类通常喜欢取食营养价值较低、单宁含量较低、种子壳较薄的种子，而将营养价值较高、单宁含量较高、种子壳厚而坚硬的种子搬运到巢穴或其他适宜位点贮藏。鼠类通常具有处理单宁等次生化学物质的能力，对单宁具有一定的耐受性，或者能通过肠道微生物分解或降解单宁。捕食风险较高时，鼠类会减少种子取食量或取食时间。种内、种间竞争激烈且种子资源有限时，鼠类通常会增加取食量，以快速占有资源。但是，有些鼠类在面对竞争者时也会减少取食量。个体较大的鼠类通常食谱较宽，能取食更多种类的种子。鼠类对种子的过度取食是很多植物种子库种子不足、更新困难的重要原因之一。在北京东灵山地区，大量的辽东栎种子（坚果）会被鼠类取食，种子结实小年会造成种子库种子储备不足，更新困难。

参考文献

LI H J, ZHANG Z B, 2003. Effect of rodents on acorn dispersal and survival of the Liaodong oak (*Quercus liaotungensis* Koidz.)[J]. Forest ecology and management, 176: 387-396.

VANDER WALL S B, 1990. Food hoarding in animals[M]. Chicago: The University of Chicago Press.

ZHANG H M, WANG Z Z, ZENG Q H, et al, 2015. Mutualistic and predatory interactions are driven by rodent body size and seed traits in a rodent-seed system in warm-temperate forest in northern China[J]. Wildlife research, 42: 149-157.

ZHANG Z B, WANG Z Y, CHANG G, et al, 2016. Trade-off between seed defensive traits and impacts on interaction patterns between seeds and rodents in forest ecosystems[J]. Plant ecology, 217: 253-265.

（撰稿：张洪茂；审稿：路纪琪）

种子物理防御　seed physical defence

种子通过包裹在种仁（seed kernel）外的一层坚硬的内果皮（endocarp）或种皮（seed coat）来抵御动物取食、真菌（和细菌）侵染以及低温和干旱等不利外部环境。种子物理防御强弱可通过内果皮或种皮的厚度、硬度及其所占种子总质量的百分比来定性或定量描述。种子物理防御与种子大小通常呈正相关关系，即种子越大，物理防御越强。在鼠类—种子关系中，较强的物理防御会导致动物取食种子投入更多的能量和取食时间，进而增加动物的觅食风险，因此，种子的物理防御与种子的被捕食率通常成反比。另一方面，为了降低觅食风险，对于具有较强物理防御的植物种子，鼠类倾向于搬运贮藏而非原地取食，从而提高了种子的被传播几率。因此，在鼠类介导的种子传播系统中，适度的物理防御可以提高种子的扩散适合度。

参考文献

BLATE G M, PEART D R, LEIGHTON M, 1998. Post-dispersal predation on isolated seeds: a comparative study of 40 tree species in a southeast Asian rainforest[J]. Oikos, 82: 522-538.

FRICKE E C, WRIGHT S J, 2016. The mechanical defence advantage of small seeds[J]. Ecology letters, 19: 987-991.

GONG H, TANG C, WANG B, 2015. Post-dispersal seed predation and its relations with seed traits: a thirty-species-comparative study[J]. Plant species biology, 30: 193-201.

KAUFMAN L W, COLLIER G, 1981. The economics of seed handling[J]. American naturalist, 118: 46-60.

VANDER WALL S B, 2010. How plants manipulate the scatter-hoarding behaviour of seed-dispersing animals[J]. Philosophical transactions of the Royal Society B: Biological sciences, 365: 989-997.

WU L M, CHEN S C, WANG B, 2019. An allometry between seed kernel and seed coat shows greater investment in physical defense in small seeds[J]. American journal of botany, 106: 371-376.

XIAO Z, WANG Y, HARRIS M, et al, 2006. Spatial and temporal variation of seed predation and removal of sympatric large-seeded species in relation to innate seed traits in a subtropical forest, Southwest China[J]. Forest ecology and management, 222: 46-54.

（撰稿：王博；审稿：路纪琪）

种子休眠　seed dormancy

有生命力的种子由于种子自身或环境因素的影响，在适宜的环境条件下仍不能萌发的现象。休眠是植物在长期系统发育进程中获得的一种适应环境变化的特性，是植物发育过程中的一个暂停现象或生命隐蔽现象。这种特性能够确保物种在恶劣的环境中存活，减少同一物种中个体之间的竞争，以及防止种子在不适宜的季节萌发。根据种子休眠的原因，将种子休眠分为5种类型：生理休眠、形态休眠、形态生理休眠、物理休眠和复合休眠。就植物本身而言，种子休眠既是一个重要的生命活动过程，又是一种有益的生物学特性。种子的物理休眠可能与种子逃脱动物捕食有关。刺槐（*Robinia pseudoacacia*）和窄叶野豌豆（*Vicia angustifolia*）种子具有二型性：有的种皮较厚有的种皮较薄。种皮较薄的类型释放的种子气味更强，因而仓鼠（*Phodopus roborovskii*）对这类种子的找寻率和捕食率就更高。种皮较厚的休眠种子很难吸收水分，因而种子释放的气味较弱，不利于鼠类的找寻和捕食。相对于休眠种子而言，一些白栎的橡子以及热带的顽拗性种子不具有休眠特性，种子秋季下落后立即萌发。一些鼠类则通过切胚（胚根）以及剥皮等行为来适应种子的非休眠特性。

参考文献

CAO L, XIAO Z S, WANG Z Y, et al, 2011. High regeneration capacity helps tropical seeds to counter rodent predation[J]. Oecologia, 166: 997-1007.

PAULSEN T R, COLVILLE L, KRANNER I, et al, 2013. Physical dormancy in seeds: a game of hide and seek?[J]. New phytologist, 198: 496-503.

PAULSEN T R, HÖGSTEDT G, THOMPSON K, et al, 2014. Conditions favouring hard seededness as a dispersal and predator escape strategy[J]. Journal of ecology, 102: 1475-1484.

XIAO Z S, GAO X, STEELE M A, et al, 2009. Frequency-dependent selection by tree squirrels: adaptive escape of nondormant white oaks[J]. Behavioral ecology, 21: 169-175.

YANG Y Q, YI X F, YU F, 2012. Repeated radicle pruning of *Quercus mongolica*, acorns as a cache management tactic of Siberian chipmunks[J]. Acta ethologica, 15: 9-14.

（撰稿：易现峰；审稿：路纪琪）

种子选择　seed selection

鼠类在取食和贮藏种子时，会根据种子的特征进行选择和差异化处置，对不同种子采取不同的取食和贮藏策略。鼠类之所以对种子表现出选择性，主要是因为在自然界，同一地区往往存在多种林木种子可供鼠类取食，而这些种子具有不同形态特征、物理特征和化学特征，主要包括种子大小及形状、营养成分、次生物质含量、含水量、外壳（内果皮、种皮等）厚度及硬度等，这些特征决定了种子的可食性、取食成本、营养价值、耐贮藏性等。鼠类对种子的选择主要表现在：①种子大小，鼠类通常会优先搬运并贮藏较大的种子，而直接取食较小的种子。②营养物质含量，鼠类通常扩散和贮藏营养物质收益较高的种子，而取食营养收益较低的种子。③外壳（内果皮、种皮等）厚度，鼠类会优先取食外壳较薄的种子而贮藏外壳较厚的种子。④次生物质含量，单宁是种子中最常见的次生物质之一，鼠类更倾向于取食单宁含量较低的种子而分散贮藏单宁含量较高的种子。⑤耐贮藏性，鼠类通常优先贮藏不易变质、耐长期贮藏的种子，而优先取食易腐烂变质的种子。⑥昆虫蛀食，鼠类优先取食虫蛀种子，而分散贮藏未被虫蛀种子。鼠类对种子的差异性选择和贮藏直接影响鼠类食物来源和营养供给，对鼠类生存和种群稳定具有重要影响，同时，鼠类对不同种子的选择策略将影响种子的扩散和命运，进而影响植物的进化。

参考文献

VANDER WALL S B, 2010. How plants manipulate the scatter-hoarding behaviour of seed-dispersing animals[J]. Philosophical transactions of the royal society B: Biological sciences, 365: 989-997.

XIAO Z S, CHANG G, ZHANG Z B, 2008. Testing the high-tannin hypothesis with scatter-hoarding rodents: experimental and field evidence[J]. Animal behaviour, 75: 1235-1241.

YANG Y Q, YI X F, NIU K, 2012. The effects of kernel mass and nutrition reward on seed dispersal of three tree species by small rodents[J]. Acta ethologica, 15: 1-8.

ZHANG H M, CHEN Y, ZHANG Z B, 2008. Differences of dispersal fitness of large and small acorns of Liaodong oak (*Quercus liaotungensis*) before and after seed caching by small rodents in a warm temperate forest, China[J]. Forest ecology and management, 255: 1243-1250.

ZHANG Y F, WANG C, TIAN S L, et al, 2014. Dispersal and hoarding of sympatric forest seeds by rodents in a temperate forest from northern China[J]. iForest-Biogeosciences and forestry, 7: 70-74.

（撰稿：张义锋；审稿：路纪琪）

种子雨　seed rain

植物有性繁殖体（种子或果实）成熟后依靠自身重力、风力、弹力以及其他外力从母体降落下来的特定时间和空间过程，是对植物的繁殖体散布的形象描述。又名种子流。种子等繁殖体的散布就像下雨一样，"雨"表示数量多而集中。种子雨是植物种子扩散的开端，作为繁殖体的主要来源，其时空异质性对于种子萌发以及幼苗定居等一系列生态学过程产生决定性的影响，并进一步影响群落组成、物种多样性以及植被动态过程。种子雨的时空格局受各种生物因素（植物候、果实、种子大小、形态、开裂方式等自身特性、动物捕食）和非生物因素（风、雨等传播媒体以及地形、水热条件、地表土壤等）等的影响。这些因素造成了种子雨在空间上常常呈现聚集分布。由于种子的定居受个体密度的制约，这种聚集分布会降低种子的萌发率（negative density-dependent recruitment），促进物种的共存，并维持群落的多样性。在种子雨高峰期，鼠类常聚集于母树周围取食、搬运和贮藏种子，对种子造成一定损失，但亦使种子得以传播。因此，种子雨的时空变化是影响鼠类群落结构时空变化的重要因素之一。

参考文献

CONNELL J H, 1971. On the role of natural enemies in preventing competitive exclusion in some marine animals and in rain forest trees[M]// den Boer P J, Gradwell G R. Dynamics of Populations. Wageningen: Center for Agricultural Publishing and Documentation: 298-312.

HARPER J L, 1977. Population Biology of Plants[M]. London: Academic Press.

JANZEN D H, 1970. Herbivores and the number of tree species in tropical forests[J]. The American naturalist, 104: 501-528.

JORDANO P, SCHUPP E W, 2000. Seed disperser effectiveness: the quantity component and patterns of seed rain for *Prunus mahaleb*[J]. Ecological monographs, 70: 591-615.

LI B H, HAO Z Q, BIN Y, et al, 2012. Seed rain dynamics reveals strong dispersal limitation, different reproductive strategies and responses to climate in a temperate forest in northeast China[J]. Journal of vegetation science, 23: 271-279.

（撰稿：周友兵；审稿：路纪琪）

种子域　seed shadow

植物种子传播后与母体的空间分布格局。也称种子影。与种子雨的区别是：种子雨是在整个种群或者群落水平上的，而种子域是针对单一母株，是在个体水平上的概念。种子域分为两个尺度：传播距离和空间位置。种子域的传播距离从蚂蚁的几十厘米到鸟类的跨大陆间的上千千米。种子传播者的行为（移动规律、活动节律、取食时间等）是影响种子域的关键因素。传播者的移动距离越远，种子域越远，空间位置也相对越分散。鼠类分散贮藏种子，影响种子的时空分布格局。例如，岩松鼠（*Sciurotamias davidianus*）、朝鲜姬鼠（*Apodemus peninsulae*）等常在围绕母树10~30m范围内，将辽东栎（*Quercus wutaishanica*）、山杏（*Armeniaca sibirica*）、山桃（*Amygdalus davidiana*）、核桃（*Juglans regia*）、胡桃楸（*Juglans mandshurica*）等种子分散埋藏在土壤浅层、枯枝叶、灌丛边缘、灌丛下方、林窗边缘及开阔草地等，经历多次搬运和贮藏后，最远扩散距离可达300m以上。

参考文献

张洪茂, 2007. 北京东灵山地区啮齿动物与森林种子间相互关系[D]. 北京: 中国科学院研究生院.

BULLOCK J M, GONZÁLEZ L M, TAMME R, et al, 2017. A synthesis of empirical plant dispersal kernels[J]. Journal of ecology, 105: 6-19.

WARD M J, PATON D C, 2007. Predicting mistletoe seed shadow and patterns of seed rain from movements of the mistletoebird, *Dicaeum hirundinaceum*[J]. Austral ecology, 32: 113-121.

WESTCOTT D A, GRAHAM D L, 2000. Patterns of movement and seed dispersal of a tropical frugivore[J]. Oecologia, 122: 249-257.

（撰稿：周友兵；审稿：路纪琪）

种子找回　seed retrieval

鼠类将植物种子分散贮藏于土壤浅层、枯枝叶下、草丛之中等处，在需要时再找回利用的行为过程。在自然条件下，动物需要不断地寻找食物，以补充其营养和能量需求。许多动物在捕获猎物、获得食物后并不立即食用，或者在短时间内不能完全取食，则将多余的食物贮存起来，此称动物的食物贮藏行为，简称贮食行为。具有贮食习性的动物包括鸟类、哺乳动物、一些无脊椎动物等类群。动物通常以集中贮藏和分散贮藏两种方式贮藏食物。许多鼠类分散贮藏植物的种子，即把大量种子分散地浅埋于母体植物附近的灌丛、草地、裸地等多种微生境中。这些种子或其中的一部分如果在以后未被鼠类取食，在适宜的水分、温度等条件下，则可能萌发并最终建成幼苗，从而促进植物的更新和扩散。因此，鼠类与植物之间形成了一种互惠的协同进化关系。鼠类贮藏食物、特别是分散贮藏植物种子，其最终目的是为了重新找回并取食，这一过程即称种子找回。鼠类主要通过如下几种方式找回分散贮藏的种子：①随机挖掘（randomly digging）。亦称随机搜寻或随机探索，是指鼠类在其家域范围内，随机地进行探索、挖掘，以找到被贮藏的种子。②嗅觉线索（olfactory cues）。有些鼠类可循着被贮藏种子所发出的气味线索，找到自己或其他个体所贮藏的种子，这种情况在一些夜行性种类较为多见。③空间记忆（spatial memory）。某些鼠类尤其是一些昼行性种类，可借助于对种子贮藏处的自然或贮藏者自行制作的标志物的记忆，返回贮藏处，重新找回并取食种子。实际上，鼠类可能采用一种或多种途径以快速地找回贮藏的种子。此外，鼠类找回贮藏种子的能力还受到鼠种及其性别、年龄、经历以及种子特征、天气、捕食风险等因素的影响。

参考文献
蒋志刚, 1996. 动物怎样找回贮藏的食物？[J]. 动物学杂志, 31(6): 47-50.

路纪琪, 张知彬, 2004. 捕食风险及其对动物觅食行为的影响[J]. 生态学杂志, 23(2): 66-72.

路纪琪, 张知彬, 2005. 啮齿动物分散贮食的影响因素[J]. 生态学杂志, 24(3): 283-286.

VANDER WALL S B, 1990. Food hoarding in animals[M]. Chicago: The University of Chicago Press.

（撰稿：路纪琪；审稿：张洪茂）

种子贮藏　seed hoarding

取食植物种子的动物将多余的种子贮藏起来以备食物短缺时利用。食物短缺和波动会危及动物的生存和繁衍。许多取食植物种子的鼠类具有种子贮藏行为，这些鼠类会在种子成熟的季节贮藏大量种子于洞穴、石缝、树洞等处，或分散贮藏在家域附近的土壤浅层、草丛或枯枝落叶中，以备冬季食物短缺时利用。鼠类的种子贮藏行为受种子特征、种子产量、种内、种间竞争等多种因素的影响。鼠类通常喜欢贮藏大而完好、营养价值较高、种壳较硬（处理成本较高）、单宁含量较高、气味较弱（挥发较少）的种子。鼠类贮藏种子前通常会对种子进行处理以减少种子萌发损失，例如切除胚芽、剥去种子外皮（如坚果果皮）、晾晒等，这些处理会使种子降低或丧失萌发能力，减少贮藏种子损失。但对植物而言，会给种子传播和更新带来一定的负面影响。种子结实大年通常会刺激鼠类的贮藏行为，使其贮藏更多的种子，从而增加了种子传播和存活的机会，有利于种子传播和更新。面对同种或异种竞争者时，有的鼠类会增加种子贮藏量以占有更多资源；有的鼠类会减少贮藏量，增加取食量，加强对已有食物的保护以减少贮藏食物的损失；有的鼠类会将分散贮藏的种子转移到洞穴内集中贮藏以加强保护，或将集中贮藏的种子转变为分散贮藏以降低全部损失风险；个体较大的鼠类、或个性大胆的个体贮藏种子时通常会尽量避开林内或林灌丛下方等高竞争和高盗食风险区域，这可促使种子向林缘、林窗等相对开阔的地方传播，有利于植物更新；个体较小的鼠类、或个性胆小的个体则会尽量选择捕食风险低的林灌丛下方、巢穴、树洞、石缝等贮藏种子，对植物更新有一定负面影响。鼠类的种子贮藏行为反映了鼠类的应对食物短缺和周期性波动的适应策略。鼠类集中贮藏在巢穴、石缝等处的种子会被鼠类取食或死亡，造成种子损失，对植物更新不利，但鼠类分散贮藏的种子可能逃脱动物的取食，在合适的环境条件下萌发生成幼苗，从而实现植物种子传播和更新，对植物更新有积极意义。

参考文献
DALLY J M, CLAYTON N S, Emery N J, 2006. The behaviour and evolution of cache protection and pilferage[J]. Animal behaviour, 72: 13-23.

VANDER WALL S B, 1990. Food hoarding in animals[M]. Chicago: The University of Chicago Press.

VANDER WALL S B, 2010. How plants manipulate the scatter-hoarding behaviour of seed-dispersing animals[J]. Philosophical transactions of the royal society B: Biological sciences, 365: 989-997.

XIAO Z S, ZHANG Z B, 2012. Behavioural responses to acorn germination by tree squirrels in an old forest where white oaks have long been extirpated[J]. Animal behaviour, 83: 945-951.

YI X F, WANG Z Y, ZHANG H M, et al, 2016. Weak olfaction increases seed scatter-hoarding by Siberian chipmunks: implication in shaping plant–animal interactions[J]. Oikos, 125: 1712-1718.

（撰稿：张洪茂；审稿：路纪琪）

周文扬　Zhou Wenyang

动物生态学家，鼠类防治专家，研究员。

个人简介　1940年3月出生于湖北武汉。1963年毕业于四川大学生物系生物物理专业。1963—2000年在中国科学院西北高原生物研究所工作。1986年6月晋升为高级工程师，1990年5月转为副研究员，1994年12月晋升为研究员。

成果贡献　长期从事鼠类行为及防治技术的研究，擅长生物电子技术及野生动物无线电遥测技术，先后承担与完成国家科技攻关项目、中国科学院重大项目、国家自然科学基金、国家重点开放实验课题及中美国际合作等10余项课题，发表学术论文60余篇。自行设计的无损伤"两用箱式捕鼠器"取得新型实用专利，为终生生活于地下封闭洞道系统的高原鼢鼠的生理学和行为学研究提供了方法。率先在国内将自行研发的无线电遥测技术用于动物生态学和行为学的研究，利用其技术研究了高原鼢鼠的活动节律和巢区大小。开展了青藏高原鼠类生态学和危害防治技术的研究。积极开展国际合作研究，利用国外先进的无线电遥测技术系统开展了鼬科动物艾虎、香鼬和犬科动物赤狐的行为生态学研究，评价了天敌动物在鼠类控制中的作用，为揭示青藏高原高寒草甸生态系统中捕食者与鼠类的协同进化关系提供了丰富的第一手资料。

所获荣誉　其研究成果"青藏高原主要鼠害综合治理研究"获1990年中国科学院科技进步三等奖，"高原鼢鼠行为学和提高防治水平的研究"获1989年青海科技进步三等奖，"全国农牧业鼠害综合治理技术"获1994年中国科学院科技进步三等奖。1991年被授予中国科学院国家"七五"科技攻关项目先进个人称号，1992年被青海省人民政府授予省级优秀专业技术人才称号，1998年获中国科学院授予竺可桢野外工作者奖。曾担任多届兽类学报的编委。

（撰稿：魏万红；审稿：宛新荣）

昼行性　diurnality

动物长期进化过程中响应光因子变化或昼夜更替的一种行为反应。只有当光照强度上升到一定水平时，才开始一天的活动。主要表现为动物白天的各项生理、生化、行为等方面处于活跃状态，到夜间处于相对静息的状态。昼出夜伏的习性是一种生态位分化的表现，不过并不以资源的多寡来决定，而是根据时间本身。如鼠类中的黄鼠、旱獭、松鼠等属昼性行动物。

参考文献

尚玉昌, 2014. 动物行为学[M]. 2版. 北京: 北京大学出版社: 274-299.

KRAMM K R, KRAMM D A, 1980. Photoperiodic control of circadian activity rhythms in diurnal rodents[J]. International journal biometeorology, 24(1): 65-76.

SHIRLEY M, 1928. Studies in activity II Activity rhythms, age and activity, activity after rest[J]. Journal comparative psychology, 8(2): 159-186.

（撰稿：刘伟；审稿：王德华）

贮藏点保护　cache protection

指鼠类为了避免贮藏的食物被盗食而采取的一系列保护行为。鼠类的贮藏点保护行为主要可分为3种。①避开竞争者或盗食者。当鼠类贮藏食物时，它们尽量很谨慎，避免被其他个体发觉。因为如果被盗窃者看到自己的贮藏过程，食物丢失的可能性就会增加。例如，当附近有竞争者存在的情况下，北美灰松鼠（*Sciurus carolinensis*）会假装挖掘和贮藏种子来迷惑周围的竞争者。②寻找隐蔽的贮藏位点。如何将食物贮藏得更隐蔽，这在分散贮藏的鼠类中尤为广泛。它类似于贮藏点的选择，鼠类将食物贮藏在各种各样的微环境中，如岩石裂缝、朽木、土壤、灌丛、草丛、枯枝落叶丛等。隐蔽贮藏在一定程度上减少了视觉和嗅觉线索，降低了其他动物的盗食成功率。多数山杏（*Armeniaca sibirica*）种子被鼠类搬运到灌丛下或灌丛边缘进行贮藏，而且也仅仅只在灌丛中发现了成活的山杏种子幼苗，这充分证实了埋藏在灌丛等隐蔽地点中的种子是不容易被盗窃者发现的。③攻击性防御。对于领域性较强的贮藏者而言，它们能够从自己的领域中驱除潜在的竞争者，从而降低被盗食的可能性。攻击性防御广泛存在于具有贮藏策略的鼠类之间，尤其对于集中贮藏者而言，攻击性防御似乎是更为必要的。北美红松鼠（*Tamiasciurus hudsonicus*）、梅氏更格卢鼠（*Dipodomys merriami*）、东美花鼠（*Tamias striatus*）等许多物种都具有攻击性防御行为来抵御种内或种间的盗食。分散贮藏者则很少表现出对贮藏点的攻击性防御行为，一些分散贮藏食物的松鼠属（*Sciurus* spp.）种类，它们几乎不保护那些并不显眼的分散贮藏点。

参考文献

LU J Q, ZHANG Z B, 2004. Effects of habitat and season on removal and hoarding of seeds of Wild apricot (*Prunus armeniaca*) by small rodents[J]. Acta oecologia, 26: 247-254.

STEELE M A, HALKIN S L, SMALLWOOD P D, et al, 2008. Cache protection strategies of a scatter-hoarding rodent: do tree squirrels engage in behavioural deception[J]. Animal behaviour, 75: 705-714.

VANDER WALL S B, 1990. Food hoarding in animals[M]. Chicago: The University of Chicago Press.

VANDER WALL S B, 1993. Cache site selection by chipmunk (*Tamias* spp.) and its influence on the effectiveness of seed dispersal in

Jeffrey pine (*Pinus jeffreiy*)[J]. Oecologia, 96: 246-252.

VANDER WALL S B, JENKINS S H, 2003. Reciprocal pilferage and the evolution of food hoarding behavior[J]. Behavioral ecology, 14: 656-667.

（撰稿：常罡；审稿：路纪琪）

ZHANG H M, CHEN Y, ZHANG Z B, 2008. Differences of dispersal fitness of large and small acorns of Liaodong oak (*Quercus liaotungensis*) before and after seed caching by small rodents in a warm temperate forest, China[J]. Forest ecology and management, 255: 1243-1250.

（撰稿：张洪茂；审稿：路纪琪）

贮藏点大小 cache size

分散贮藏动物在每个贮藏位点贮藏的食物量。贮藏对象为植物种子时，指每个贮藏位点的种子数量。贮藏点大小与动物种类、食物的特征、季节、环境条件等有关。黑松鼠（*Sciurus niger*）和灰松鼠（*Sciurus vulgaris*）的每个贮藏点中仅有 1 枚核桃（*Juglans regia*）；巴拿明更格卢鼠（*Dipodomys panamintinus*）和巴拿明花鼠（*Tamias panamintinus*）的贮藏点大小为 1～12 枚单叶松（*Pinus monophylla*）种子；红松鼠（*Tamiasciurus hudsonicus*）的每个贮藏点包含 1～11 枚红松（*Pinus koraiensis*）种子或平均为 1.6 个松果；拉布拉多白足鼠（*Peromyscus maniculatus*）的贮藏点大小为 25～30 枚北美乔松（*Pinus strobus*）种子；黄松花鼠（*Tamias amoenus*）和倩花鼠（*Tamias speciosus*）在春季和夏季分散贮藏约弗松（*Pinus jeffreyi*）种子，每个贮藏点含 1～10 枚种子，到秋末才集中贮藏种子或把分散贮藏的种子集中起来进行贮藏；岩松鼠（*Sciurotamias davidianus*）的每个贮藏点包含 1 枚核桃；大林姬鼠（*Apodemus peninsulae*）贮藏山杏（*Armeniaca sibirica*）、辽东栎（*Quercus wutaishanica*）种子时，贮藏点大小多为 1 枚，也有 2～3 枚，偶见 5 枚。在四川都江堰地区，76%～97.9% 的栓皮栎（*Quercus variabilis*）种子、90.5% 的枹栎（*Quercus serrata*）种子、全部石栎（*Lithocarpus glaber*）种子、84.3% 的青冈（*Cyclobalanopsis glauca*）种子的贮藏点仅含 1 枚种子。在北京东灵山地区，鼠类分散贮藏辽东栎、山杏、山桃（*Amygdalus davidiana*）、核桃、胡桃楸（*Juglans mandshurica*）等种子时，绝大多数贮藏点仅含 1 枚种子。贮藏点大小反映了贮食动物在贮藏点营养价值和盗食风险间的权衡。贮藏点越大，营养价值越高，气味越强，越容易被竞争者盗取，需要花更多的时间进行保护。贮藏点大小通常随种子大小增加而减少，大种子通常具有更高的盗取率，存留时间更短。种子贮藏点大小也对植物更新有一定影响，单粒种子贮藏点对种子萌发及幼苗生成更加有利，多粒种子贮藏点，种子萌发和幼苗生长期间会相互竞争，可能导致幼苗生长缓慢，甚至死亡。

参考文献

路纪琪, 张知彬, 2004. 鼠类对山杏和辽东栎种子的贮藏[J]. 兽类学报, 24(2): 132-138.

肖治术, 2003. 都江堰地区小型兽类对森林种子命运及森林更新的影响[D]. 北京: 中国科学院研究生院.

张洪茂, 2007. 北京东灵山地区啮齿动物与森林种子间相互关系[D]. 北京: 中国科学院研究生院.

VANDER WALL S B, 1990. Food hoarding in animals[M]. Chicago: The University of Chicago Press.

贮藏点密度 cache density

动物分散贮藏食物时，单位面积内贮藏位点的数量。通常也用贮藏点间的最近距离的平均值表示。贮藏点密度与动物的种类、个体差异、社群习性，种子的大小、营养价值、可贮藏性，以及捕食风险及环境条件等因素有关。鼠类贮藏植物种子时，贮藏点间的平均距离一般都小于 5m。在自然条件下，大林姬鼠（*Apodemus peninsulae*）、岩松鼠（*Sciurotamias davidianus*）贮藏山杏（*Armeniaca sibirica*）种子时，贮藏点间的平均距离为 1.5～4.5m，因年份、季节和生境类型等有较大差异。在环境条件相对稳定的原生林内，赤腹松鼠（*Callosciurus erythraeus*）贮藏藏刺榛（*Corylus ferox*）种子时，贮藏点间的平均距离为 2.25m，83.3% 的贮藏点间的最近距离小于 4m，贮藏点间距离分别小于 2m、2.1～4m 和大于 4m 时，对应的半存留时间分别为 2.2 天、4.6 天和 5.0 天，人为建立的种子贮藏点，间距分别小于 2m、2.1～4m 和大于 4m 时，对应的半存留时间分别为 4.5 天、6.7 天和 7.3 天，说明种子存留时间随贮藏点间距离的增加而增加。当种子资源不足、可获得性低且盗食风险相对较高时，日本松鼠（*Sciurus lis*）会将核桃（*Juglans airanthifolia*）种子搬运到远离食物源的地方以较低的密度贮藏。大林姬鼠以一定密度分散贮藏山杏种子可以在一定程度上阻止北社鼠（*Niviventer confucianus*）的盗食，因为当种子埋藏点间的距离大于 50cm 时，北社鼠找到埋藏种子的比例会显著降低。贮藏点密度反映了动物在能量投入和盗食风险间的权衡。贮藏点密度太大，食物贮藏太集中，虽然投入贮藏和管理的能量相对较少，但被其他动物盗食的风险也较高；相反，如果贮藏点密度太小，食物分布太分散，被其他动物盗食的风险较低，但需要投入太多能量贮藏、管理和找回食物，并面临更大的被捕食风险。自然选择使动物权衡食物贮藏及管理的能量投入和盗食风险，选择一个最适的贮藏密度，以获取最大的净收益。在原生林这样相对稳定的环境中，鼠类贮藏植物种子时，经历多次搬运和贮藏后，贮藏点密度可能达最优觅理论所预测的最适状态。动物以一定的密度贮藏种子，有利于种子存留，也可以使幼苗间保持一定的距离以减少彼此间的竞争，降低密度制约性死亡率，对植物更新有积极意义。

参考文献

张洪茂, 2007. 北京东灵山地区啮齿动物与森林种子间相互关系[D]. 北京: 中国科学院研究生院.

NATHAN R, MULLER-LANDAU H C, 2000. Spatial patterns of seed dispersal, their determinants and consequences for recruitment[J]. Trends in evolution & ecology, 15: 278-285.

STAPANIAN M A, SMITH C C, 1978. A model for seed scatter-hoarding: coevolution of fox squirrels and black walnuts[J]. Ecology, 59: 884-896.

SUN S J, ZHANG H M, 2013. Caches sites preferred by small rodents facilitate cache survival in a subtropical primary forest, central China[J]. Wildlife research, 40: 294-302.

ZHANG H M, GAO H Y, YANG Z, et al, 2014. Effects of interspecific competition on food hoarding and pilferage in two sympatric rodents[J]. Behaviour, 151: 1579-1596.

（撰稿：张洪茂；审稿：路纪琪）

贮藏点深度　cache depth

埋藏种子距离地表的距离。鼠类埋藏的种子一般都比较浅。黄松花鼠（*Tamias amoenus*）埋藏约弗松（*Pinus jeffreyi*）种子的深度为5～25mm；一些鼠类埋藏单叶松（*Pinus monophylla*）种子的深度为0～80mm；在北京东灵山地区，大林姬鼠（*Apodemus peninsulae*）埋藏山杏（*Armeniaca sibirica*）和辽东栎（*Quercus wutaishanica*）种子的深度为20～30mm，岩松鼠（*Sciurotamias davidianus*）埋藏核桃（*Juglans regia*）种子的深度为5～60mm。埋藏深度通常会随种子营养价值的增加而增加，竞争者倾向于寻找和盗取营养价值高的贮藏点，这会促使鼠类将大种子、蛋白质、脂肪等含量高的种子埋藏得更深。在一定范围内，鼠类找到埋藏种子的比例随埋藏深度的增加而减少，超过一定限度时，找到的比例就很低。在都江堰地区，鼠类埋藏5种壳斗科植物种子的深度随种子鲜重的增加而增加，小泡巨鼠（*Leopoldamys edwardsi*）找到栓皮栎（*Quercus variabiis*）种子的数量和比例均随着埋藏深度的增加而减少，当埋藏深度大于60mm时，找到的比例就很低。在自然条件下，很多植物的种子或坚果被鼠类埋藏在10～30mm深度的土壤浅层或落叶层，在相应深度范围内，种子被贮食者自己找到的比例相对较高，被其他动物盗食的比例相对较低。因此，在捕食者和竞争者的影响下，鼠类可能会选择一个最适深度范围埋藏种子，使种子被自己找回的几率最大，被其他动物盗食的几率最小。

参考文献

路纪琪, 张知彬, 2004. 鼠类对山杏和辽东栎种子的贮藏[J]. 兽类学报, 24(2): 132-138.

肖治术, 2003. 都江堰地区小型兽类对森林种子命运及森林更新的影响[D]. 北京: 中国科学院研究生院.

VANDER WALL S B, 1993. A model of caching depth: implication for scatter hoarders and plant dispersal[J]. American naturalist, 141: 217-232.

VANDER WALL S B, 1997. Dispersal of singleleaf piñon pine (*Pinus monophylla*) by seed-caching rodents[J]. Journal of mammalogy, 78: 181-191.

（撰稿：张洪茂；审稿：路纪琪）

贮草行为　grass-hoarding behavior

指动物在越冬前对植物进行以刈割、拖拽或断根等方式将植被可食部位贮存在窝巢内行为的统称。又名储草行为。具体为，入秋后，鼠兔开始贮草，先将草类集存于洞口旁，常形成圆锥形的草堆，待草晒成半干后，再集贮于洞内，作为越冬期间的补充食物。贮食行为是一种特化的采食行为，动物将采集的食物进行处理和保存以度过食物匮乏期，改变食物时空分布格局和食物的丰富度。在食物波动比较大的地方，尤其是气候恶劣的生境，动物的贮草行为更为常见。啮齿动物贮草过程包括：出洞、搜寻、刈割、搬运植物、中途观望和堆集植物。

贮草行为除了作为具有越冬行为植食性哺乳动物的冬季食物来源外，也是植食性动物应对植物次级代谢物（plant secondary metabolite，PSM）的策略之一。通过刈割、浸泡和贮藏等食物处理方式，使植物次级代谢物含量降低至动物耐受范围内，再予以采食。啮齿动物通过贮藏行为将植物体内含有的有毒次级代谢物降低或者去除后，极大地丰富了其自身食物多样性，在生存策略上较同一区域其他非贮草行为动物具有巨大优势。例如：草甸田鼠（*Microtus pennsylvanicus*）在进食松枝前会选择将其放置在雪地上直至植物酚类浓度下降；北美灰松鼠（*Sciurus carolinensis*）将含有高浓度单宁的橡子贮存至可食用程度再采食。北美鼠兔（*Ochotona princeps*）也有延迟消费越冬贮草堆植物次级代谢物的行为，其越冬干草堆含有的高浓度植物次级代谢物，有助于被贮藏植物体内的生物量和营养成分的保存（enhanced preservation hypothesis）。高原鼠兔的贮草行为研究发现，动物将刈割植物放置在黄花棘豆（*Oxytropis ochrocerhala*）新鲜叶子上，可降低植物腐烂速度。达乌尔鼠兔的贮草行为从7月末开始并对其栖息地内的植物进行刈割，8～9月为达乌尔鼠兔的贮草高峰期。鼠兔将刈割后的植物体堆放在洞穴附近。鼠兔的贮草行为在10月末逐渐减少至不见。

参考文献

陈立军, 张文杰, 张小倩, 等, 2014. 典型草原区达乌尔鼠兔繁殖生态学的初步研究[J]. 动物学杂志(5): 649-656.

樊乃昌, 景增春, 张道川, 1995. 高原鼠兔与达乌尔鼠兔食物资源维生态位的研究[J]. 兽类学报, 15(1): 36-40.

王桂明, 周庆强, 钟文勤, 等, 1993. 达乌尔鼠兔和布氏田鼠食物资源竞争关系的研究[J]. 植物学通报(S1): 35.

钟文勤, 周庆强, 孙崇潞, 1982. 达乌尔鼠兔的贮草选择与其栖息地植物群落的关系[J]. 生态学报(1): 77-84.

DEARING M D, 1997. The manipulation of plant toxins by a food-hoarding herbivore, *Ochotona princeps*[J]. Ecology, 78: 774-781.

WALL STEPHEN, JENKINS STEPHEN, 2003. Reciprocal pilferage and the evolution of food-hoarding behavior[J]. Behavioral ecology, 14: 656-667.

（撰稿：兴安；审核：宛新荣）

贮食行为　food-hoarding behavior

鼠类在时间和空间上合理利用食物的适应性行为。有利于鼠类应对由于竞争、季节性变化或潜在的捕食风险导致的食物短缺或不可用，是动物长期进化过程中形成的一种重要的生存对策。对具有贮食行为的鼠类可以获得如下益处：贮食活动可以提高个体在食物缺乏期的生存几率；增强应对严酷自然条件的能力；能够缩短在抚育期间寻找食物时间以便可以有更多的时间投资于求偶和抚幼；贮藏的食物可以为后代提供食物，充足的食物能为增加后代个体数量提供保证。

鼠类贮藏食物的方式主要有两种：一种是集中贮藏，另一种是分散贮藏。鼠类的贮食堆可能在洞穴附近，或巢穴、石缝等处。

根据鼠类贮藏食物的类型可分为种子贮藏和植物全株贮藏。鼠类通常喜欢贮藏大而完好、营养价值高、种壳较硬（处理成本高）、单宁含量高、气味弱（挥发物少）的种子。鼠类贮藏种子前通常会对种子进行处理以减少种子萌发损失，例如切除胚芽、剥去种子外皮（如坚果果皮）、晾晒等，这些处理会使种子降低或丧失萌发能力，降低贮藏种子损失。

鼠类在夏季和秋季将食物丰富度高的植株刈割、搬运、堆集贮藏起来，以供冬季食用。部分植食性哺乳动物泛化者，因不具备复杂的、特化的生理解毒机制，会选择贮存和延迟摄食有毒植物，避开高浓度PSMs影响。因为在贮食过程中，由于微生物的降解作用，PSMs含量会降低。与此同时，植物中的营养成分也会在贮食过程中被分解，但含有高浓度PSMs的植物凋落物腐烂过程会更慢。这是因为有些PSMs具有抗真菌和细菌活性，可以减缓植物养分的分解速率。动物这种贮草行为策略具有很大优势。第一，代谢解毒是一个耗能过程，动物通过食物贮藏可以降低摄入的PSMs剂量，从而节约因解毒（如连接反应）消耗的能量；第二，动物摄入PSMs越少，产生有毒中间产物或者自由基的可能性越小；第三，贮藏行为可以扩大食谱，使得那些原本含有毒素而不可食的植物成为动物的食物项目。草甸田鼠（*Microtus pennsylvanicus*）在进食松枝前会选择将其放置在雪地上直至植物酚类浓度下降；北美灰松鼠（*Sciurus carolinensis*）将含有高浓度单宁的橡子贮存至可食用程度再采食。

参考文献

李宏俊，张知彬，2001. 动物与植物种子更新的关系II：动物对种子的捕食、扩散、贮藏及与幼苗建成的关系[J]. 生物多样性，9(1)：25-37.

DEARING M D, 1997. The manipulation of plant toxins by a food-hoarding herbivore *Ochotona princes*[J]. Ecology, 78: 774-781.

HADJ-CHIKH L Z, STEELE M A, SMALLWOOD P D, 1996. Caching decisions by grey squirrels: a test of the handling time and perish ability hypotheses[J]. Animal behaviour, 52: 941-948.

VANDER WALL S B, 1990. Food hoarding in animals[M]. Chicago: The University of Chicago Press.

WANG B, CHEN J, 2011. Scatter-hoarding rodents prefer slightly astringent food[J]. PLoS ONE, 6: e26424.

ZHANG H M, WANG Z E, ZENG Q H, et al, 2015. Mutualistic and predatory interactions are driven by rodent body size and seed traits in a rodent-seed system in warm-temperate forest in northern China[J]. Wildlife research, 42: 149-157.

（撰稿：李俊年；审稿：陶双伦）

锥虫病　chagas disease

由原生动物门（Protozoa）鞭毛虫纲（Mastigophora）动基体目（Kinetoplastida）锥虫科（Trypanosomatidae）锥虫属（*Trypanosoma*）的枯氏锥虫在人和哺乳动物细胞内寄生引起的自然疫源性疾病。主要流行于拉丁美洲。急性期以发热、贫血、淋巴结炎为主要临床症状。

形态特征　锥虫在其昆虫媒介锥蝽和脊椎动物体内经历无鞭毛体、上鞭毛体和锥鞭毛体3个不同形态阶段。

无鞭毛体存于细胞内，圆形或椭圆形，大小为2.4~6.5μm，具核和动基体，无鞭毛或有很短鞭毛。上鞭毛体存于锥蝽的消化道内，纺锤形，长20~40μm，动基体在核的前方，游离鞭毛自核的前方发出。锥鞭毛体存在于血液或锥蝽的后肠内（循环后期锥鞭毛体），游离鞭毛自核的后方发出。在血液内，外形弯曲如新月状。

生活史　枯氏锥虫传播媒介为锥蝽，主要栖居于哺乳动物巢穴和人的居室附近，以吸血为食，多夜间吸血。当锥蝽自人体或哺乳动物吸入含有锥鞭毛体的血液数小时后，锥鞭毛体在前肠内失去游离鞭毛，在14~20小时后，转变为无鞭毛体，在细胞内以二分裂增殖。然后再转变为球鞭毛体（spheromastigote）进入中肠，发育为上鞭毛体。上鞭毛体以二分裂法增殖，约在吸血后第三、四天，上鞭毛体出现于直肠，并附着于上皮细胞上。第五天后，上鞭毛体变圆，发育为循环后期锥鞭毛体。当受感染的锥蝽吸血时，鞭毛体随锥蝽粪便经皮肤伤口或黏膜进入人体。血液内的锥鞭毛体侵入组织细胞内转变为无鞭毛体，进行增殖，形成假囊（即充满无鞭毛的细胞），约5天后一部分无鞭毛体经上鞭毛体转变为锥鞭毛体，锥鞭毛体破假囊而出进入血液，再侵入新的组织细胞。此外，还可通过输血、母乳、胎盘或食入被传染性锥蝽粪便污染的食物而获得感染。

流行　锥虫病广泛分布于中美洲和南美洲，主要在居住条件差的农村流行，患者的80%是儿童。

枯氏锥虫在多种哺乳动物寄生，如狐、松鼠、食蚁兽、犰狳、犬、猫、家鼠等。在森林的野生动物之间通过锥蝽传播。从野生动物传播到家养动物，再传播到人，而后在人群中流行。

致病性　主要是锥虫毒素对机体的毒害作用。虫体侵入机体后，经淋巴和毛细血管进入血液和造血器官发育繁殖，虫体增多，同时产生大量有毒的代谢产物；而锥虫自身又相继死亡释放出毒素，这些毒素作用于中枢神经系统，引起机能障碍如体温升高和运动障碍；进而侵害造血器官——网状内皮系统和骨髓，使红细胞溶解和再生障碍，导致红细胞减少，出现贫血。随着红细胞溶解，不断游离出来的血红蛋白大部分积滞在肝脏中，转变为胆红素进入血流，引起黏膜和皮下组织黄染。心肌受到侵害，引起心机能障碍；毛细血管壁被侵害，通透性增高，导致水肿。由于肝功能受损，肝糖不能进行贮存，所以致病的后期出现低血糖和酸中毒。中枢神经系统被侵害，引起精神沉郁甚至昏迷等症状。

诊断 枯氏锥虫在急性期，血中锥鞭毛体数多，可以采用血涂片。在潜伏期或慢性期，血中锥虫少，用免疫学诊断法，也可用动物接种诊断法，即用人工饲养的锥蝽幼虫吸受检者血，10~30天后检查该虫肠道内有无锥虫。分子生物学的PCR及DNA探针技术，对于检测虫数极低的血标本也有很高的检出率。

防治 目前锥虫病尚无疫苗及预防药物，主要通过减少与锥蝽的接触，避免叮咬来预防。由于枯氏锥虫的家养动物和野生动物宿主广泛，存在森林型和家居型两种循环，不可能消灭传染源。传播媒介锥蝽分布广，但其对各种杀虫剂敏感，因此，杀灭锥蝽是控制本病的关键环节。

参考文献

田克恭, 2013. 人与动物共患病[M]. 北京: 中国农业出版社: 1323-1331.

（撰稿：刘全；审稿：何宏轩）

子午沙鼠　*Meriones meridianus* Pallas

欧亚大陆中部荒漠、半荒漠区的一个鼠种。英文名mid-day gerbil。啮齿目（Rodentia）仓鼠科（Cricetidae）沙鼠亚科（Gerbillinae）沙鼠属（*Meriones*）。

分布地域极其广泛，能适应干旱或半干旱的多种生境。在荒漠区中的固定、半固定灌丛沙丘、沙梁低地、水渠堤岸等均有分布。中国主要分布于河北张家口，内蒙古锡林郭勒草原西部，山西中部、北部各县，陕西的陕北（榆林、定边、绥远、吴起）和关中地区（潼关和华阴），宁夏全境，青海的东部和柴达木盆地以及继续向西至新疆全境都有子午沙鼠的分布。国外分布北到蒙古和俄罗斯，向西到哈萨克斯坦、塔吉克斯坦，甚至阿富汗和伊朗等国家和地区，是东亚和中亚大陆上广布鼠种之一。

国内子午沙鼠记录有7个亚种，分别为：内蒙古亚种（*Meriones meridianus psammophilus* Milne-Edwards, 1807）、叶氏亚种（*Meriones meridianus jei* Wang, 1964）、阿尔泰亚种（*Meriones meridianus buechneri* Thomas, 1909）、麻札塔格亚种（*Meriones meridianus lepturus* Büchner, 1889）、叶城亚种（*Meriones meridianus cryptorhinus* Blanford, 1875）、木垒亚种（*Meriones meridianus muleiensis* Wang, 1981）和伊犁亚种（*Meriones meridianus penicilliger* Heptner, 1933）。

形态

外形 为小型啮齿动物，成年体长100~150mm，体重45g以上，尾长几乎与体长相等。耳壳明显突出毛外，向前折可达眼部。外形与长爪沙鼠极其相似，但是有两点特征与长爪沙鼠可以区别：一是子午沙鼠爪尖白色，长爪沙鼠为黑色；二是子午沙鼠腹毛纯白色，长爪沙鼠为污白色（图1）。

毛色 体毛色有变异，体背面呈浅灰黄沙色至深棕色，

图1 子午沙鼠（袁帅提供）

体侧较淡，呈沙灰色，体腹面纯白色，眼周和眼后以及耳后毛色较淡，白色或灰白色。尾毛上下一色，呈鲜棕黄色，有时下面稍淡，或腹面边缘杂生一些白色短毛，尾端通常有明显黑褐色毛束。足底覆有密毛；爪浅白色。耳壳前缘列生长毛。

头骨 头骨比长爪沙鼠稍宽大。颧宽约为颅全长3/5。顶间骨宽大，背面明显隆起，后缘有凸起。听泡发达。门齿孔狭长，后缘达白齿前端的连线。顶间骨不如长爪沙鼠的发达，其前缘中间部分略向前突。鼻骨较为狭窄，其后端为前颌骨后端所超出。子午沙鼠头骨如图2。

主要鉴别特征 相对其他啮齿动物，子午沙鼠的头骨比较宽大，特别是两听孔之间的距离远超过了颅全长的一半。由于生活在沙漠化生境，风沙较大，所以听泡特别发达，其长甚至超过了颅全长的1/3以上。顶间骨较大，其前缘中间部分略向前突，呈两侧稍尖的椭圆形。鼻骨较为狭窄，前后宽窄相近，后端稍窄不尖突。

门齿孔狭长，向后延伸达到上齿列前缘水平线。牙齿与同属的其他种类一样。每一上门齿前面各有一明显纵沟。第一上白齿咀嚼面内外两侧各有3个三角形彼此相对，形成前后3个三角横叶，第三横叶有时呈菱形。第二上白齿只有2个横叶，且彼此相通，但三角形状不是很明显。在第三上白齿，只有1横叶，略呈圆形。下白齿的形状结构与上白齿相同，仅在较小的结构之间略有差异。

生活习性

栖息地 子午沙鼠是荒漠和半荒漠地区的优势鼠种之一，能适应于各种干旱和半干旱的环境，在多种不同类型的干旱生境都有分布，包括沙漠化的草原、戈壁、农作区等。在内蒙古，尤其是在西部荒漠、半荒漠和荒漠草原区，该鼠分布广泛且常常和三趾跳鼠、小毛足鼠等荒漠鼠种栖居于丛生梭梭（*Haloxylon ammodendron*）、柽柳（*Tamarix chinensis*）、白刺（*Nitraria tangutorum*）、杂草等生境中。陕西黄土高原地区也有该鼠的分布，常分布于塬面、沟坡灌丛、草地农田等，尤其是农田耕作地之间的小片荒地之中。在甘肃，该鼠多栖息在半荒漠沙地，在兰州市郊外，常居住在塬坡上，坡上的天然植被为羽茅（*Achnatherum* sibiricum）、锦鸡儿（Caragana sinica）及狗尾草（Setaria viridis）等。在新疆塔里木盆地荒漠区，则多分布于胡杨和柽柳的混交林中，或干旱杂草丛生的沙地。在新疆北部的荒漠地带分布最多，而荒漠中杂草丛生的潮湿地段该鼠则很少栖息。在青海地区海拔 2000m 以上的干草原上也有分布。在宁夏该鼠在农田间的小片荒地也有分布。

生活在荒漠环境中的子午沙鼠对于其栖息地的选择也表现出一定的偏好，影响栖息地选择的因素多种，包括植被、盖度、地表基质和地形等。子午沙鼠偏好选择栖息于灌木周围，取食活动也多在灌木周围 2m 范围内活动，而且更偏向于栖息在沙质地表区域，这可能是由于沙质地表能减缓地面天敌动物的行动速度从而减少其捕食风险。另外，荒漠鼠类听泡的明显增大也可能与其对沙漠环境的适应有关。子午沙鼠的部分栖息地如图 3。

洞穴 子午沙鼠的洞穴较简单，一般都有夏季洞穴（临时洞）和冬季洞穴（居住洞），洞穴分布不集中。夏季洞穴可有多个，而冬季洞穴通常为一个。夏季洞穴的洞口一般位于多年生草本的高草丛中或灌木丛中，较难发现；而分布于农业区的种群则往往将夏季洞穴的洞口筑在墙根或稍高的田埂处。洞口朝向以朝南最多，洞口的形状和数量因生境类型和种群数量的不同差异较大。洞口直径 3~6cm，洞道曲折延伸，多分支相互连接，并备有接近地表的盲端，以备逃脱天敌。洞道深约 1m，总长 2~3m，有巢室 1 个和生殖室 3~4 个，巢材多样，以草原优势种（多为禾本科）为主，巢径 12cm×13cm 至 15cm×16.7cm，盘形。冬季洞穴较夏季洞穴复杂，洞道更长更深，常有多只子午沙鼠共同居住。

食物 由于生境的限制，子午沙鼠的取食对象主要为生长在干旱、半干旱或沙漠地带的植物茎叶和种子，如梭梭、柽柳、泡泡刺（Nitraria sphaerocarpa）等沙生植物。分布于农作区的子午沙鼠的食物种类较广，在农作物生长季，主要取食作物的幼苗，植株的茎、叶、花和种子等，偶尔取食昆虫补充蛋白质；在冬季则以蒺藜（Tribulus terrestreis）、苍耳（Xanthium sibiricum）和狗尾草等的种子为食。食物的来源和种类会因食物资源的不同而有所变化。

活动规律 子午沙鼠夜间活动，白天极少出洞。22:00~24:00 为活动高峰，清晨 4:00~6:00 有一个小高峰。活动距离为 60~870m，平均 264m。觅食时趋于远离洞口，仅在交配期或哺乳期才限于洞系周围取食。随季节的变化有迁移觅食的习性，其迁移距离一般不超过 1 km。秋季储粮时期，植物种子普遍成熟，食物丰富，子午沙鼠的活动范围也相对稳定。

生长发育 根据子午沙鼠的形态、行为、性发育、生长、体温调节能力等可划分四个阶段。

乳鼠阶段：自出生至 20 天，此期生长最迅速，生长率平均在 1.5% 以上，形态变换最大，睁眼、耳孔开裂、门齿和臼齿的长出、被毛等均在这一时期，但体温调节尚未形成，体长在 60mm 以下，体重不超过 11g。

图 2 子午沙鼠头骨（袁帅提供）

图 3 子午沙鼠部分栖息地（付和平提供）

幼鼠阶段：20~40天，其主要特征是已形成体温调节机制，可自由取食，生长率仍较快，保持在之1%以上，上下白齿已长全，体长在60~85mm，体重不超过25g。

亚成体阶段：40~70天，除体重外，其余各生长率已下降到1%以下，生殖器官逐渐发育成熟，体长50~96mm，体重最高可达40g。

成年阶段：70天以上，全部发育成熟，有个体参与繁殖，体重生长率下降到1%以下，体长96mm以上，体重40g以上。

初生乳鼠除眼部为黑色外，全身为紫红色，不能活动，5~8分钟转为肉红色，能发出叫声，可翻动，但不能爬，耳壳紧贴颅部，嘴有细白毛。3天背部转为灰黑色，耳壳与颅部分开；5天四肢可撑起身体，能爬行；7天背部开始长毛；8天出现眼裂痕并且长出下门齿，爬行较快；9天长出上门齿；10天背部毛为银黄色，尾巴长出小毛；14天陆续开始睁眼；17天可取食窝内食物；18天耳孔开裂；20天离乳能独立生活。

出生后的前10天，生长率最快，体重生长率在10%以上，其次是尾长、后足长和体长；10天以后生长率逐渐减缓，40~50天时的后足生长率下降到1%以下，60天以后，其他生长率也下降至1%以下。前10天，雌性总生长率高于雄体，25天以后雄体逐渐超过雌体。100天时雌雄平均体重分别为41.2±1.25g和46.5±2.45g。

繁殖 2002—2008年在内蒙古阿拉善荒漠区4种不同干扰条件下（开垦区、轮牧区、过牧区、禁牧区），共捕获子午沙鼠4183只，为实验调查中捕获数量最多的鼠种，其中在开垦区共捕获1498只，轮牧区共捕获1137只，过牧区共捕获596只，禁牧区共捕获952只。开垦区数量最高，过牧区数量最低。子午沙鼠种群数量在4种干扰下均较高，且波动趋势相同，说明子午沙鼠对4种干扰条件均有较强的适应能力，但其繁殖特征存在差异。

子午沙鼠总的性比，开垦区为0.49，禁牧区为0.50，过牧区为0.47，轮牧区为0.53，可以看出总体上子午沙鼠雌雄数量基本相同。性比在过牧区最低，轮牧区最高。4种干扰条件下性比差别较小，说明子午沙鼠性比较为稳定。分年度分析可知，性比在2003年时均处于各干扰条件下较低水平，在种群数量相对最低的2005—2006年各干扰条件下性比均呈上升趋势，性比在轮牧区2006年种群数量最低时达到最高。

子午沙鼠总的怀孕率，开垦区为21.61%，禁牧区为17.58%，过牧区为12.69%，轮牧区为10.69%，开垦区最高，轮牧区最低。4种干扰条件下子午沙鼠怀孕率变化总体呈现出与种群数量波动相反的趋势。种群数量下降到最低的2006—2007年，怀孕率均呈现出随种群数量增加而上升的现象，在之后的2008年各干扰条件下种群数量均出现大幅增长。尤其轮牧区表现最为明显。

子午沙鼠总的平均胎仔数，开垦区为4.82±0.76只，禁牧区为4.88±0.55只，过牧区为5.06±0.74只，轮牧区为4.86±0.77只，过牧区最高，开垦区最低，各种干扰下平均胎仔数差距较小。分年度分析可知，2003年平均胎仔数在各干扰条件下均处于较低水平，种群数量下降到最低后的2006—2007年，除开垦区外平均胎仔数均呈现出随种群数量增加而上升的趋势。

子午沙鼠总的繁殖指数，开垦区为0.51，禁牧区为0.42，过牧区为0.30，轮牧区为0.28，开垦区最高，轮牧区最低。分年度分析可知，2003年繁殖指数在各干扰条件下均处于较低水平，种群数量下降到最低后的2006—2007年，繁殖指数呈现出随种群数量增加而上升的趋势。轮牧区子午沙鼠繁殖指数在2007年时大幅上升，在2008年繁殖指数又大幅下降，而2008年种群数量占7年总数量的67.19%，繁殖指数却在4种干扰条件下最低。

子午沙鼠总的雄性睾丸下降率，开垦区为58.98%，禁牧区为61.64%，过牧区为72.86%，轮牧区为39.32%，过牧区最高，轮牧区最低。4种干扰条件下子午沙鼠雄性睾丸下降率变化总体呈现出与种群数量波动相反的趋势。仅在种群数量下降到最低后的2006—2007年，除轮牧区在2006年雄性睾丸下降率达到100%，雄性睾丸下降率均呈现出随种群数量增加而上升的趋势，在数量最高的2008年睾丸下降率均出现大幅降低。

社群结构与行为 子午沙鼠营群居型生活，但是根据在内蒙古阿拉善荒漠区多年的野外观测，其群居情况并不明显。有关婚配制度，有研究室内笼养子午沙鼠在配偶选择实验中，出现偏好配偶而不是陌生异性个体的行为，推断其婚配制度为单配制，但仍需野外工作或通过分子机制进一步验证。

种群数量动态

季节动态 在内蒙古阿拉善荒漠区不同干扰条件下（开垦、轮牧、过牧、禁牧），子午沙鼠种群动态的季节性差异非常明显（图4）。子午沙鼠为研究地区的优势鼠种，其种群的数量大小和动态对其他鼠种以及啮齿动物群落的稳定具有重要意义。从图5可以看出，2002年7月（夏季）轮牧区中子午沙鼠的种群数量明显高于其他干扰，2007年4~7月（春季、夏季）开垦区的种群数量明显高于其他干扰，2008年7~10月（夏季、秋季）禁牧区的种群数量明显高于其他干扰。而2002—2010年其他月份中，4种干扰下子午沙鼠种群的季节动态差异较小。整体看来，4种不同干扰下子午沙鼠种群的季节动态是相似的。相关性分析也表明，4种干扰下，仅开垦区与过牧区之间种群动态的相关性不显著（$P > 0.05$），其他干扰之间均呈极显著相关（$P < 0.01$）。

年间动态 在内蒙古阿拉善荒漠区不同干扰条件下（开垦、轮牧、过牧、禁牧），2002—2012年不同生境斑块中子午沙鼠种群密度的年间动态见图5。不同生境斑块中子午沙鼠各年度种群密度变化较大，种群变动趋势相似，均为2003—2006年种群密度表现下降趋势，2007—2008年种群密度上升，2008—2010年下降，而2010年开始又具有上升趋势。开垦区种群密度最高为57.5只/hm^2，最低为13只/hm^2。过牧区和轮牧区种群密度最高均为54只/hm^2，最低种群密度分别为0.5只/hm^{2}和2只/hm^2。禁牧区种群密度最高为82.5只/hm^2，最低为4只/hm^2。2008年禁牧区出现最大局域种群，为95只/hm^2。进一步以2002—2012年不同生境斑块中子午沙鼠群密度作为Spearman秩相关系数检验的数量指标，分析子午沙鼠局域种群的空间动态。结果表明，开

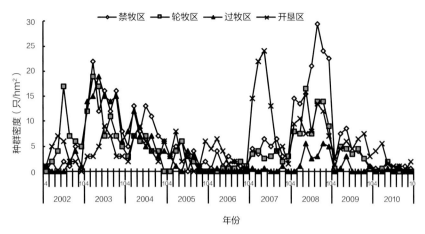

图4 内蒙古阿拉善荒漠区子午沙鼠种群季节动态

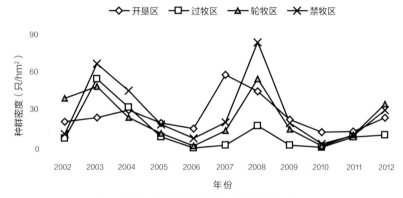

图5 内蒙古阿拉善荒漠区子午沙鼠种群年间动态

垦区与轮牧区中子午沙鼠种群密度显著正相关（$P<0.05$），开垦区与轮牧区、过牧区与轮牧区、过牧区与禁牧区以及轮牧区与禁牧区中子午沙鼠种群密度均呈极显著正相关（$P<0.01$），局域种群具有较高的空间同步性动态。仅开垦区与过牧区中子午沙鼠种群密度相关性不显著（$P>0.05$），局域种群的动态不具有空间同步性。

种群动态模型 啮齿动物种数量与植物因子定量分析采用了两种方法得到多元非线性回归模型：

①逐步回归分析 STEPWISE 结合多项式回归分析 RSREG 结果为：

红砂+戈壁针茅生境中：子午沙鼠捕获率与 X_2 草本盖度、X_3 草本密度、X_4 草本生物量、X_8 灌木生物量相关性较高。

②主成分分析 PRINCOMP 结合多项式回归分析 RSREG 结果为：

红砂生境中植物因子主成分分析结果为，在 4 个主成分上累计贡献率达到 0.8544，但将筛选的因子进行多项式回归分析采用了 5 个主成分上的信息，5 个主成分的累计贡献率为 0.9332。5 个主成分中筛选出：X_1 草本高度、X_2 草本盖度、X_5 灌木高度、X_6 灌木盖度和 X_7 灌木密度等 5 个植物因子。各因子在相应的主成分的贡献率分别为 0.5447、0.5074、0.5087、0.6204、0.5049。

结合以上两种方法获得子午沙鼠种群数量（百夹捕获率）与栖息地植物因子相关指标的回归模型为：

$Y=4.4812422-0.129836X_8-0.404294X_4-0.042981X_3+4.145372X_2+0.000242X_8\times X_8+0.00156X_4\times X_8+0.007316X_4\times X_4+0.003820X_3\times X_8+0.001353X_3\times X_4-0.000061928X_3\times X_3-0.002613X_2\times X_8-0.115646X_2\times X_4-0.010118X_2\times X_3+0.249851X_2\times X_2$

式中，Y 为相应啮齿动物捕获率；X_1 为草本高度；X_2 为草本盖度；X_3 为草本密度；X_4 为草本生物量；X_5 为灌木高度；X_6 为灌木盖度；X_7 为灌木密度；X_8 为灌木生物量。

危害 子午沙鼠的危害首先是传播鼠疫，其次是危害草场牧草及作物，并危害固沙植物，在黄土高原上，其洞穴可加速水土流失（图6）。

子午沙鼠体内亦带有多种传染病的病菌，能传播 Q 热、沙门氏菌病、鼠疫、土拉伦菌病、李斯特菌病、类丹毒、利氏曼原虫病、毒浆体病、蜱传回归热和布鲁氏菌病等疾病。其中鼠疫是其所传染的各种疾病中危害最严重的一种。在子午沙鼠鼠疫自然疫源地内可终年检出感染鼠疫的沙鼠。春夏和秋冬季节交替时，常出现鼠疫流行高峰。春夏季的高峰期在 5 月，同该鼠春季的繁殖、迁洞等活动增加有关。秋季则主要是因为种群数量的增加而形成流行高峰。

子午沙鼠分布与种植作物也有密切的关系，大豆田密度高，危害大，子午沙鼠的粮仓均隐藏在居住洞口旁的土堆下，平均每个鼠洞有存粮仓库 2.5 个，每个仓库有存粮 1.3kg，最多为 1.9kg。

图 6 子午沙鼠的危害（袁帅提供）

防治技术 应急防治用毒饵法控制子午沙鼠种群数量是最直接的方法。子午沙鼠不但喜食种子，而且还积极觅寻撒在地上的种子，同时不论大粒或小粒、软的或硬的，凡是不带皮的种子都喜食。因此，用不带皮的种子作为诱饵最好。春秋两季是子午沙鼠最活跃的季节，草原区应急防治以播宽 10m，间隔宽 50m 的带状撒播种子拌成的毒饵，灭效更高。在人口非常稀少的荒漠地带，若用安 -Ⅱ型飞机撒播，飞行高度 50~100m，间隔 70m，每小时可撒播 900hm^2 以上，灭效较为理想。

参考文献

戴昆, 姚军, 胡德夫, 1998. 准噶尔盆地南缘荒漠鼠类的微栖息地选择[J]. 干旱区研究, 15(3): 34-37.

地拉娜·艾力肯, 阿尔根·哈地尔, 戴昆, 2010. 子午沙鼠的微栖息地选择特征及其对采食行为研究[J]. 干旱区资源与环境, 24(8): 186-189.

景东东, 2012. 子午沙鼠头骨形态及种群遗传学研究[D]. 兰州: 兰州大学: 28-34.

罗泽珣, 陈卫, 高武, 等, 2000. 中国动物志: 兽纲 第六卷 啮齿目(下册) 仓鼠科[M]. 北京: 科学出版社.

刘焕金, 冯敬义, 李承节, 等, 1984. 子午沙鼠生态的调查研究[J]. 动物学杂志(4): 21-25.

廖力夫, 王诚, 黎唯, 等, 2004. 子午沙鼠某些生物学特征的研究[C]//中国实验动物学会. 中国实验动物学会第六届学术年会论文集: 33-37.

王香亭, 1991. 甘肃省脊椎野生动物志[M]. 兰州: 甘肃科学技术出版社.

王思博, 杨赣源, 1983. 新疆啮齿动物志[M]. 乌鲁木齐: 新疆人民出版社.

吴跃峰, 武明录, 曹玉萍, 2009. 河北动物志: 两栖 爬行 哺乳动物类[M]. 石家庄: 河北科技出版社: 268-272.

赵黎明, 2013. 中国子午沙鼠形态地理变异及亚种分类研究[D]. 兰州: 兰州大学.

赵肯堂, 1981. 内蒙古啮齿动物[M]. 呼和浩特: 内蒙古人民出版社.

周延林, 王利民, 鲍伟东, 等, 1999. 子午沙鼠种群繁殖特征分析[J]. 兽类学报, 19(1): 62-67.

张福顺, 付和平, 武晓东, 2011. 荒漠区子午沙鼠种群数量动态及其预测[J]. 草业学报, 28(3): 454-458.

张广登, 1985. 青海省海南地区的啮齿动物[J]. 青海医药杂志(5): 47-48.

（撰稿：付和平、袁帅；审稿：武晓东）

棕背䶄 *Clethrionomys rufocanus* Sundevall

一种典型的林栖鼠种，是森林生态系统中食肉鸟类和兽类的主要食物来源，也是喜欢啃食木本植物危害森林的害鼠之一。又名红毛耗子、大红牙背䶄。英文名 grey redbacked vole。啮齿目（Rodentia）仓鼠科（Cricetidae）田鼠亚科（Cricetinae）䶄属（*Clethrionomys*）。亚种分化较多，Ellerman 等（1951）校订后，提出 10 个亚种。Corbet（1978）再次校订后，提出 12 个亚种，但与 Ellerman 等校订结果不完全相同。中国的棕背䶄经过校订，可以指出 3 个亚种，分别为分布于大、小兴安岭及新疆阿尔泰山区的西伯利亚亚种（伊尔库茨克亚种）；分布于山西、河北以及内蒙古南部、华北地区的山西亚种；分布于长白山区的长白山亚种。

分布于古北区北部，由北欧斯堪的纳维亚半岛，向东穿过整个西伯利亚，至勘察加半岛，向南至乌拉尔、阿尔泰山区。中国新疆、内蒙古、河北、山西、东北均有分布。朝鲜半岛，日本北海道以及千岛群岛中的某些岛屿也有分布。

形态

外形 体长约 100mm，个体大，尾短。耳长比红背䶄稍短。棕背䶄耳长 14（10~17）mm，耳朵露出毛外。尾巴较短，从外观上，尾粗比红背䶄细。脚背短毛稀疏。脚掌裸露，后脚蹠垫 6 个。后脚长与红背䶄等长，平均后足长均为 18mm（见图）。

毛色 背毛各亚种之间变异较大。总的来说，背色由黄褐色至棕红色（栗色）均有，毛色的色区宽窄不一。腹毛大多为灰白色。尾二色明显，尾背灰褐色，底面灰白色。耳内缘毛色灰褐色，而红背䶄耳内缘毛色黄褐色，曾有人以此作为两者鉴别的依据。

头骨 在中国 4 种䶄中，头骨最粗大，颅全长 25.4（23.4~28.6）mm。颧弓粗，向外扩展，轭骨（或称颧骨）宽。鼻骨短，前端宽，后端窄。眶上嵴明显；左右眶上嵴间形成一条明显的纵沟。颅室扁，轮廓圆。其前侧鳞突明显。顶间骨横宽，纵窄，横宽比纵长大两倍。顶间后外侧与听道外下缘处向外突伸。腭骨无骨桥，后缘为板状。听泡比红背䶄稍大。颊齿列比红背䶄长，齿宽也较宽。

主要鉴别特征 腭骨后缘没有骨桥。白齿有齿根，在成年甚至晚年才生出。在中国 4 种䶄中个体最大，但尾长相对较短，尾长仅占体长的 32%，为中国 4 种䶄中尾长最短者。白齿相对较粗大，咀嚼面釉质的突角轮廓较圆。第三上白齿内侧仅有 3 个突角，与红背䶄明显不同。头骨眶上嵴明显，但两侧眶上嵴不愈合，期间形成一条明显的纵沟。

生活习性

栖息地 典型的林栖种类。大、小兴安岭、长白山以及华北和新疆阿尔泰山区分布，主要栖息在针阔混交林中，为优势种。在林区中，棕背䶄喜好在山地等地势较高、土壤较干燥处做窝，而到较湿润处取食绿色植物为食。

食物 晚春及夏季草本植物生出后，食物以绿色植物为主，8~9 月开始大量食用针叶树种子、榛子和托盘等高蛋白和高脂肪的食物，以积蓄皮下脂肪，准备过冬，秋季又将松树的种子拖入洞中储藏；冬季和早春则啃咬树皮；春季

东北地区的棕背䶄标本（杨宝辉摄）

则刨食松树的种子，影响森林更新。

活动规律及洞穴 昼夜均活动。夏季多围绕倒木或树桩疾走，爬上爬下。在倒木、灌丛和草丛下以及枯枝落叶层下掘洞做窝。有些树根木质部已经腐烂，而韧皮部尚存，形成空洞，也极其适宜棕背䶄做穴道，稍宽处垫树叶或草，即可做窝产仔。不冬眠，冬季在雪被下活动。

繁殖 由于大兴安岭气候寒冷，为了提高幼崽成活率，每年春末夏初生出幼仔，3窝幼崽几乎陆续生出，除了17~20天的妊娠期外，几乎没有间断。其目的主要是在大兴安岭最为温暖的6~8月将幼仔产出、长大，多数能存活。每年5~6月为繁殖盛期，8月以后繁殖速度减慢，9月上旬偶见孕鼠。每年5~9月初繁殖，产3窝，每窝4~6（1~8）只。

种群数量动态

季节动态 全年数量8月最高，因为大量幼鼠参加到种群中（当年繁殖的3窝幼鼠均成了亚成体或成体，有的当年就参加繁殖）。数量季节消长呈单峰型。依据1957年罗泽珣在大兴安岭伊图里河山坡落叶松择伐迹地的调查，每百夹日捕获率，5月为1.41%，6月为0.94%，7月为4.44%，8月为7.09%，9月为3.75%，10月为2.50%；在山谷落叶松择伐迹地，每百夹日捕获率，5月为0.46%，6月为0.74%，7月为4.81%，8月为9.20%，9月为5.50%，10月为3.55%。单峰型是北方兽类数量季节消长型，棕背䶄依据上述资料来看，相当典型。

年间动态 数量年度变化明显。以小兴安岭为例，根据寿振黄等（1958）及夏武平和李清涛（1957）的报道，1956年6月在红松林内每百夹日的捕获率为10.30%，而1957年在同一地点和同时期调查，每百夹日的捕获率仅为2.37%，数量相差4倍。

危害 是肉食毛皮兽的重要食物来源之一，如黄鼬等。

每年10月中下旬，北方林区气候转冷，绿色植物迅速枯黄，棕背䶄开始危害林木，啃咬幼树树皮，直到翌年5月初，危害期长达半年以上。春季松树种子开始萌发之际，又开始刨食种子，影响松树的更新和造林。因此是当地的主要害鼠之一。

防治技术

农业防治 鼠害特别是农业鼠害的防治，要根据不同地区以及不同耕作制度下农田生态系统的特点，结合农田基本建设和农事操作活动，创造不利于害鼠栖息、生存和繁衍的生态环境，以达到减少害鼠发生与危害的目的。农业防治是预防鼠害的主要途径，在鼠害综合治理中占有非常重要的地位。农业防治主要包括以下几个方面。

清理林分。割除林内杂草、灌木、榛柴，破坏害鼠的生活环境，减轻鼠害的发生。

耕翻土地。耕翻和平整土地，可破坏害鼠的洞穴，恶化害鼠的栖息环境，提高害鼠的死亡率，抑制其种群的增长。及时清理林下枯枝落叶和杂草有利于森林防火。

整治农田林地周边环境。很多种害鼠的种群密度和农田生态环境关系密切。

结合冬季兴修水利、冬季积肥、田埂整修等农田基本建设活动，可铲除杂草、土堆等，保持田边及沟渠的清洁，破坏害鼠的生境。

合理布局农作物和轮牧及合理密植、合理农作物布局及品种搭配，可以降低鼠害。大面积连片种植同一种作物，与多种作物共栖相比，鼠害较轻；在单一作物种植区，播种期及各品种的成熟期应尽可能同步，否则过早或过晚播种（成熟）的地块易遭鼠害。合理轮牧、保护草场、防止牧场退化不仅可以控制害鼠数量，而且还可提高有效载畜量。合理密植，早日郁闭成林后，林内杂草、灌木、榛丛较少，不适于害鼠生活，可减少发生鼠害的机会。

因地制宜选择树种。红松适于栽在杂草、灌木较少的阴坡上，赤松、樟子松就不应栽在低湿和杂草、灌木、榛柴内。

生物防治 生物防治指利用捕食性天敌动物和病原微生物等进行灭鼠。

天敌动物。天敌动物和鼠类互相联系、互相制约，在自然生态系统中保持着动态的平衡。由于天敌和害鼠的种群数量呈跟随效应，因此在害鼠暴发时，它不能及时有效地控制害鼠的危害。鼠类天敌主要有狐类、鸟类、兽类和蛇类等肉食动物，从生态平衡和预防为主的观点出发，应积极保护并禁止捕猎鼠类天敌。

病原微生物。至今发现的鼠类病原微生物主要是细菌，其次是病毒和寄生虫。在细菌中主要是沙门氏杆菌属及肠炎沙门氏杆菌属。考虑对人畜的安全问题，对利用病原微生物灭鼠应持谨慎态度。沙门氏杆菌属中的达尼契氏菌、依萨琴柯氏菌、密雷日克夫斯基氏菌、5170菌等，都曾先后被采用，但由于其对人畜的安全性，有些国家已经禁用。另外，微生物制剂灭鼠的总体成本偏高。

引入不同遗传基因。使之因不适应环境或丧失种群调节作用而达到防治目的。

物理防治 利用灭鼠器械来防治害鼠。如用捕鼠夹、捕鼠笼、电子捕鼠器（常用的有电猫、超声波灭鼠器、全自动捕鼠器等）。是根据强脉冲电流对生物体的杀伤原理制成的，具有无毒、无害、无污染、成本低、操作简便等优点。

器械灭鼠是使用比较悠久的物理防治方法。器械灭鼠不适于在农田等较大范围控制鼠类为害，但可以用于较小范围鼠害的控制、鼠密度调查等。鼠夹是最常用的器械。TBS（trapping barrier system）技术是近年来农业部门大力推广的一项技术，非常适宜于农牧交错带鼠类的控制。其原理是通过在用铁丝网围起来的小面积农田中种植早熟或鼠类喜欢的作物，引诱农田中的鼠类取食，在铁丝网的底部开口，为鼠类的通行留下通道，但在入口处设置捕鼠装置，从而达到长期控制鼠类数量的目的。

化学防治 化学药剂灭鼠必须抓住 2 个关键问题。

①化学农药防治必须把住 3 个时机投药。以北方为例，第一次是 2、3 月，此期是鼠类繁殖能力强的季节，苗木正处于出苗阶段，鼠饥不择食，鼠龄小，是毒饵诱杀的黄金时期。第二次是 5、6 月，此期鼠洞浅显，鼠类集中，洞口易识别，是幼鼠分居开始，又是成鼠怀孕和哺乳阶段。鼠仔警惕性差，易活动，是消灭鼠害的关键时期。第三次是秋末冬初，10、11 月灭鼠。农作物成熟待收，鼠类数量倍增，达最高峰，为害猖獗，大量取食，积极育肥和贮运粮食，准备迁居住宅等，这时投放饵料诱杀，可减少农作物损失。

②选好药剂，投喂对路。一般使用的药剂是敌鼠钠盐原粉，以配制毒饵防治为主。做毒饵的材料可根据防治对象选择。䶄喜食水分较多的食物，如窝瓜（南瓜）、甜菜等。先做试验，然后再在大面积上使用。毒饵不能一次做的太多，要现用现做，以免饵料太多当天用不完发酸时会减低药效；用窝瓜、土豆等含水多的饵料时，要少加油（3%～4%），药量也减为 3%～4%；拌药和撒药的人员要戴手套和口罩，作业结束后要洗手。毒饵中有效成分含量为 0.025%～0.10%，浓度低，适口性好。另外还有 0.005% 溴敌隆、杀鼠灵、大隆、杀它仗等慢性杀鼠剂及急性杀鼠剂磷化锌、安妥、灭鼠优、袖带毒鼠磷（剧毒灭鼠剂已禁用）等。使用中一般采用低浓度、高饵量的饱和投饵，或低浓度、小饵量、多次投饵方式。

投毒前查清鼠情，做到有的放矢，分类投放，重点放在鼠类适生密度大的田块，主要采取两种方式：毒饵站投饵技术和直接投饵灭鼠技术。选用竹子、瓦筒、PVC 管等制作成毒饵站，将毒饵置于其中，既环保又实效。

在人工林内，按树行前进，每隔 5～6m 放一堆（一平勺 6～7g）。毒饵落地要成堆，特别是饵粒小时更不能散乱撒放，遇树洞时多放一点。撒放毒饵要避免多少不匀，每亩用毒饵 0.5kg，每人每天撒 1.33～2 hm²。撒毒饵前要出"安民告示"，做好宣传教育，通知附近居民和单位，注意畜禽窜入施药区。对作业人员进行思想教育，重视防治害鼠工作，注意作业安全。另外注意交替使用急、慢性的鼠药。在数量高峰期采用化学药物灭鼠，5～10m 方格式等距投饵，每堆 20g，药剂为杀鼠灵（0.025%）、敌鼠钠（0.05%）、氯敌鼠（0.01%）、溴敌隆小麦或蜡块（0.005%）毒饵。可使用驱避剂保护幼树（0.04% 八甲磷、50% 福美双溶液喷洒幼树）或拌种。控制该鼠的生态措施为及时清理林下枯枝落叶和杂草，既消灭了其适宜栖息地，又有利于森林防火。

参考文献

罗泽珣, 夏武平, 寿振黄, 1959. 内蒙大兴安岭伊图里河小型兽类调查报告[J]. 动物学报, 11(1): 86-99.

罗泽珣, 陈卫, 高武, 等. 2000. 中国动物志: 兽纲 第六卷 啮齿目(下册) 仓鼠科[M]. 北京: 科学出版社: 333-350.

马勇, 王逢桂, 金善科, 等, 1987. 新疆北部地区啮齿动物的分类和分布[M]. 北京: 科学出版社.

寿振黄, 夏武平, 李翠珠, 1959. 红背䶄种群年龄的研究[J]. 动物学报, 11(1): 57-66.

王宝贵, 孙光富, 吕继春, 2013. 森林害鼠的主要防治措施[J]. 农业与技术, 33(12): 244-245.

夏武平, 李清涛, 1957. 东北老采伐迹地的类型及鼠类区系的初步研究[J]. 动物学报, 9(4): 283-290.

CORBET G B, 1978. The mammals of the palaearctic region: a taxonomic review[M]. London and Ithaca: British Museum (Natural History). Cornell University Press: 88-140.

ELLERNMAN J R, T C S MORRISON-SCOTT, 1951. Checklist of Palaearctic and Indian Mammals 1758 to 1946[M]. 2nd ed. London: British Museum (Natural History): 810.

（撰稿：姜广顺、盛清宇；审稿：宛新荣）

棕色田鼠 *Lasyopodomys mandarinus* Milne-Edwards

一种小型鼠类，为华北平原地区的农田、果园害鼠。又名北方田鼠、田鼠等。啮齿目（Rodentia）仓鼠科（Cricetidae）毛足田鼠属（*Lasyopodomys*）。

中国主要分布于华北地区，包括山西雁北至晋南的运城、临汾等大部分地区；陕西大荔、合阳、华阴、华县、渭南及商州市郊区等地；河南三门峡、灵宝、开封、商丘、兰考等地；安徽亳州；江苏扬州、徐州等地；河北遵化、围场、承德、饶阳等地；吉林双辽、长岭等地；内蒙古通辽、赤峰等地；山东文登等地。在国外，棕色田鼠主要分布于朝鲜北部、蒙古西北部、俄罗斯贝加尔湖地区等。棕色田鼠已记述的亚种计有 4 个，国内分布有 3 个亚种：指名亚种（*Lasyopodomys mandarinus mandarinus*），体背面褐色较浅，尾二色，上面褐色，下面白色，腹部毛尖白色，分布于内蒙古、山西、陕西等地。河北亚种（*Lasyopodomys mandarinus faeceus*），体背面褐色较深，腹面土黄色，尾上色同体背色，尾下浅土黄色，分布于辽宁、河北、北京、山东、江苏、安徽等地。山西亚种（*Lasyopodomys mandarinus johannes*），体型较指名亚种小，体背面呈淡棕黄色，腹面为淡白土黄色，尾上土黄色，尾下纯白色，分布于山西北部地区。

形态

外形 棕色田鼠为终生营地下洞道生活的小型啮齿动物，体型相对细小，成体体长 80～110mm，平均约为 100mm。体呈圆筒形，尾甚短，约为体长的 1/5，一般不及后足长的 1.5 倍。眼小。尾短，被毛较密，尾之背、腹呈两色。四肢较短。耳极短，略突出于被毛之外。眼退化显小（图 1）。

毛色 棕色田鼠的被毛颜色随季节变化有差异。其夏毛通体棕黄褐色，头背及体背毛色较体侧略深，毛基黑灰色，中段棕黄色，毛尖暗褐色。体侧毛色偏棕色，体腹面毛为暗的灰白色，毛基黑灰色，毛尖灰白色，一般灰色较为显著。体侧与体腹面毛界线不十分清晰。尾背腹两色，背方棕褐色，腹方棕白色。四足足背均被有浅棕黄色短毛。冬毛颜色较浅，体背棕灰色，体侧及体腹面暗灰白色。

头骨 棕色田鼠的头骨侧面观背腹扁平，整体较短宽，棱角较为清晰。鼻骨短宽，前端稍膨大。颧弓宽而坚实，眶上突明显，乳突及人字嵴比较发达。顶间骨宽大。腭骨后缘中央有 2 条棒状突起的骨桥。听泡宽大，隆起显著。下颌骨粗壮。第三上臼齿的前后齿叶之间有 2 个封闭的三角形齿环

(内、外侧各1个)(图2)。

主要鉴别特征 棕色田鼠身体呈圆筒形，体型小，眼小，耳短，尾甚短，不及后足长的1.5倍，头及体背呈棕黄褐色。

生活习性

栖息地 棕色田鼠主要栖息于土质疏松的荒坡、林地、农田、果园、坟地等环境中。在山西中部地区和陕西关中平原地区，棕色田鼠喜栖于相对潮湿、草被丰富的环境，而在有连片农作物地块中，棕色田鼠在中心区域较少，而多集中于地埂、水渠旁以及邻近荒地的区域。在中低山丘陵地区，棕色田鼠喜栖于荒坡地带。在豫西地区，每年的初春至初夏，农田中的棕色田鼠的密度最高，夏季作物成熟至收获后，棕色田鼠大量迁出，部分残存于田边；至初冬时，果园则成为棕色田鼠聚居的场所，因而此期密度较高。在河南豫东农区，树林地和农田周围的各种弃耕地是鼠类，尤其是棕色田鼠的良好庇护所，春季和秋季在该类农田中的棕色田鼠较多，而夏季则集中于花生地中。在春季、夏季和秋季，不同作物地块内棕色田鼠的土丘数量差异显著(图3)。

在豫东农作区，随着农田作物类型(生境)的季节变化，农田中的棕色田鼠可在不同作物类型的地块中迁移，在秋季和春季，主要栖息于农田周边的林地、坟地等生境中，这类生境受到的人为干扰较农田为小，可保持相对的稳定。

当农田生境因作物轮作、灌溉等不利于棕色田鼠栖息时，它们将迁入周边的弃耕地生境中。因此，弃耕地生境可能成为棕色田鼠的庇护所，在进行农田鼠害控制时应予以充分考虑。

洞穴 棕色田鼠的洞道结构较为复杂，弯曲多岔，主要包括地面的土丘、风口和地下的取食道、主干道、仓库和主巢等部分。主干道、取食道、取食支道和土丘构成棕色田鼠洞道的主体，其洞系一般长15～20m，长者可超过30m；洞系一般宽5～8m，总面积为60～150m^2。土丘为棕色田鼠在地下掘进时所挖出的推出洞道后形成，散布于地面，大小不等，间隔排列；典型的土丘底径约15cm，高约15cm。一些较小的土丘的侧面留有一个不甚明显的小口，可能是棕色田鼠预留的通风口或暗窗。在一个完整洞系范围内，土丘数量随洞系大小、其中鼠的数量、地面自然条件的差异而有不同。在豫西地区，在一个3～5只棕色田鼠共居的洞系中，一般有35～65个土丘，而在山西太原地区则为25～38个。取食支道距地面约10cm，洞径略小。多条取食支道通过地面之下10～15cm深的取食道与主干道相通。主干道均位于地面下20～40cm处，洞径较大。洞壁坚实而光滑。仓库与主巢毗邻或相距较近，二者均位于地面下40～60cm处。仓库和主巢的数量一般1～2个，或达3个，常与洞系中所居住的鼠只数量有关。仓库的容积较大，存储量一般为270～450g，多者可超过1000g。入冬后，棕色田鼠倾向于集群生活，在一个洞系中可共居多个家庭。仓库中所储藏的食物种类多样，主要为棕色田鼠所喜食且当地分布较多的植物的根或部分茎、叶、种子等。根、茎均被咬切成4～5cm的段落。较为多见的是苣荬菜的根和茎、蒲公英的根和部分茎、白草根、沙蒿根以及红薯、菠菜、麦穗等。棕色田鼠有推土堵洞习性。若其洞道塌陷或被掘开，一般在5～10分钟之内即可将暴露的洞口堵住，最长不超过1小时。在有风的情况下，常在3分钟以内将洞堵好。堵洞时，棕色田鼠先在洞口窥探、静听，如果没有发现异常情况，即迅速转身回洞，用四肢急速扒土，并用臀部向外推土，动作极快，仅需2分钟左右就可将洞口封堵严实。

棕色田鼠的巢呈球形或盆形，一般位于地面之下50cm处，巢的外径为8.5～15cm。其结构紧密坚实，大体可分为三层：近土层的部分较粗糙，巢材多由玉米、芦苇等的叶片组成；中层较为细致，用柔软的狗尾草、莎草、小麦叶等铺

图1 棕色田鼠（路纪琪提供）

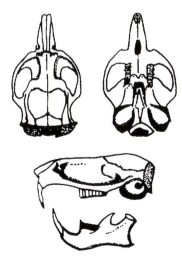

图2 棕色田鼠头骨（路纪琪提供）

图3 棕色田鼠生境（路纪琪提供）

成；内层用刺蓟、蒲公英等的花絮铺垫。在位于麦田的巢中，巢的内层垫常以被咬切成小段的青嫩麦穗。每个洞系可有1~3个鼠巢，每个巢中有3~5只棕色田鼠，在冬季聚居时，鼠的数量较多。

食物 棕色田鼠主要以植物的地下根茎及绿色部分为食，尤喜食多汁的植物根部。在自然条件下，其食物组成常随季节、食物可获得性等的不同而有所变化。在春季，农作物主要是小麦，田间杂草有黄花蒿、荠菜、车前等。车前的数量较多，生长状况良好。饲喂实验表明，棕色田鼠对车前的平均日食量为18.71g，故选择其为标准食物。对比分析发现，蒲公英、小麦苗、芦苇、卷心菜为棕色田鼠的最喜食物；苣荬菜、香附子、黄花蒿为喜食植物；荠菜、苹果枝为可食植物；刺儿菜为不食植物。在夏季，田间杂草较多，生物茂盛。棕色田鼠此期的最喜食物为花生根、打碗花、卷心菜、大葱根；喜食植物有甘薯根茎、苋菜、藜、马齿苋、香附子、豆角、黄瓜等；可食植物包括小麦、韭菜等；不食植物有番茄、艾蒿。可见，棕色田鼠在夏季的食谱广泛，喜食口感较好的绿色植物，而不喜食有刺激性气味的植物。在秋季，农作物和蔬菜等成为棕色田鼠的主要食物来源，最喜食西葫芦、卷心菜；喜食种类有豆苗根、花生根、土豆等；可食植物包括玉米根、甘薯、苹果枝；不取食大蒜、蒜苗等。在冬季，野外环境中的杂草枯萎，棕色田鼠主要以多年生草本植物的地下茎为食，并环剥果树根的皮、取食小麦等。棕色田鼠常咬食小麦根系、环剥果树根皮。致使小麦缺苗断垄率达25%左右，减产达0.35%~3.44%。果树受害株率最高达18%。室内饲养观察结果表明，其平均日食量为31.84g。棕色田鼠还随季节变化，在不同的农田、果园间迁移。

活动规律 棕色田鼠是一种主营地下洞道生活的小型兽类，亦到地面活动。从活动节律来看，棕色田鼠以夜间活动为主，活动高峰在20:00至次日凌晨4:00，有时白天也见其活动。对棕色田鼠全天耗氧量的测定结果表明，其全天耗氧量最高的时段为2:00~6:00，而最低的时段为17:00~20:00。野外观察发现，棕色田鼠在凌晨活动频繁，而在白天尤其是下午活动较少。

杨艳艳等（2010）的研究表明，在12L：12D的光照条件下，棕色田鼠的活动量较大，但其活动比较分散，主要集中在21:00~9:00，在9:00~21:00则活动较少；在全黑条件下，棕色田鼠的活动量明显减少，活动表现出随机性且活动集中在23:00~8:00。棕色田鼠的活动节律性不强，尤其是在全黑条件下，仅在24:00出现一个较短的高峰，其他时段的活动未呈现出规律性；在12L：12D光照条件下，棕色田鼠表现出两个活动高峰，分别为5:00~8:00和22:00~24:00，且均在暗光周期；在光照情况下仅表现微弱的活动高峰。

生长发育 基于对野外种群年内的月际年龄结构变化，并结合其性成熟历期进行分析，棕色田鼠的生态寿命为15个月。其生长发育过程可划分为5个年龄阶段：①幼年组：胴体重小于11.5g，不足4月龄，性未成熟，体背毛色偏暗灰。②亚成年组：胴体重为11.6~20.5g，一般不足7月龄，背毛偏暗灰色程度减弱。③成年Ⅰ组：胴体重为20.6~26.0g，一般不足10月龄，全部性成熟且可参与繁殖，背毛棕褐色。④成年Ⅱ组：胴体重为26.1~30.5g，年龄不足1年，参与多次繁殖，背毛棕褐色。⑤老年组：胴体重超过30.6g，年龄超过1岁，仍有较强的繁殖能力，背毛棕褐色偏黄。

繁殖 在河南西部地区，棕色田鼠的总性比（雌/雌+雄）为0.54，幼年组、亚成年组、成年组的性比分别为0.57、0.50和0.52。通过全年的解剖观察，各月均有孕鼠，表明棕色田鼠全年均可繁殖，且在4月、8月和11月表现出怀孕率高峰期。

棕色田鼠的胎仔数在1~10范围内波动，但以3~5只居多；年平均胎仔数为3.93±0.11只，且冬季的胎仔数均值显著低于夏秋季。在初夏和初秋，胎仔数表现出两个高峰，均滞后于怀孕率高峰1个月。胎仔数随年龄增长而升高。从年内的总体情况来看，夏季较为适宜的温、湿度条件和丰富的食物为棕色田鼠提供了良好的繁殖必需条件，因而夏季的胎仔数略高于冬季。

在春季，棕色田鼠种群中的成年Ⅱ组全部个体、成年Ⅰ组中33%的个体参与繁殖，而幼体越冬的亚成年组和老年组个体未参与繁殖。成年Ⅱ组表现出较高的繁殖力，是春季棕色田鼠的繁殖主体。至夏季时，成年Ⅰ组成为种群的繁殖主体，参与繁殖的个体占全部繁殖雌性的78%。在秋季，成年Ⅱ组中有95%的个体参与繁殖，因而成为此期的繁殖主体。至初冬时，随着当年4月繁殖高峰中所产幼鼠进入成年Ⅰ组，而使该年龄组成为此期的繁殖主体，可占到总孕鼠数的48%。繁殖主体构成的变化也体现了棕色田鼠生活史和年龄结构的变化。

社群结构与行为 其社会组织呈现群居家庭、双亲家庭和单亲家庭3种类型。4月和10月群居家庭最多（60%，61.53%），6月和9月双亲家庭较多（80%，75%），双亲家庭所占比例和密度呈负相关，而群居家庭所占比例和密度呈正相关。在不同的季节洞口系数不同，洞口系数和密度呈正相关。在不同的季节，洞群内棕色田鼠个体组成不同。在4月和10月，同一洞群内成年雄性和雌性的数量较多，往往有两个以上的雌性个体参与繁殖，而且亚成体和幼体的数量也较多；而在6~9月，棕色田鼠多雌雄成对活动，有些洞群内也有幼体和亚成体，雌雄共巢，而呈现单配制婚配特征。

棕色田鼠的一个家族组成一个个体群，以个体群为基本单位呈聚集分布。形成聚集分布的主要原因是繁殖和社群关系及生存环境的异质性。不同月份种群的聚集程度不同，表现出高密度、低聚集；低密度、高聚集。亚成体在4、5月为聚集分布，成体在夏季为聚集分布，成体雌鼠在4、5月为聚集分布，成体雄鼠5~6月为聚集分布。造成不同年龄、不同性别在不同月份聚集程度不同的原因是繁殖，10月高聚集的主要原因在于秋播所引起的鼠类迁徙。

邰发道和王廷正（2000）报道了棕色田鼠的社会行为，当陌生的两只雄鼠相遇时，优势雄鼠和从属雄鼠间的社会行为有明显的区别，优势鼠接近、攻击、追赶对方的频次和持续时间明显多于从属鼠，而从属鼠逃离和防御行为多于优势鼠；优势鼠的体重明显大于从属鼠，而且攻击行为和社会探究行为的频次与体重呈正相关，非社会行为无明显的差别。但是，当两只熟悉的雄鼠相遇时，则比陌生雄鼠相遇表现出较多的喜好行为和较少的攻击行为。观察还发现，单独生活的异性个体相遇时表现出较少的攻击行为和较多的喜好行为；相反，和其他家庭成员生活的两个陌生异性个体相遇时，表现出较多的攻击行为。两个雌性相遇和两个雄性相遇表现出相似的行为模式。邰发道等（1999）通过采用主成分分析法，把棕色田鼠的行为归为社会探究行为、非社会行为、攻击行为、接近或远离行为、防御或聚团行为、挖掘行为等6类。李晓晨等（1995）研究发现，棕色田鼠的格斗行为是一种有节制的争斗形式，表现出尖叫威胁、推拉、妥协、转身逃走等典型的行为模式，从不发生猛烈撕咬等致残性格斗；棕色田鼠主要以嗅觉联系实现通讯，视觉通讯在个体识别过程中作用微弱。

种群数量动态

季节动态 在河南省豫西地区，棕色田鼠种群的季节性数量变化表现出双峰型特征，其中，3、4月为一个高峰，10月出现第二个高峰，但低于第一个高峰。种群的密度低谷一般出现于7、8月。因此，棕色田鼠种群的季节消长规律是，于3、4月达到种群数量高峰，至7、8月降至最低，至10月有所回升，出现第二个高峰，随后再次降低，待翌年2、3月进入下一个轮回。棕色田鼠种群表现出这种季节性变化特征的原因可能在于，棕色田鼠喜食多汁液的植物根部和绿色部分。在春季，绿色植物开始繁茂生长，尤其是主要作为当地主要农作物的小麦植株，为棕色田鼠提供了充足的水分和营养物质。自3月开始，棕色田鼠开始大量繁殖，因而至4月时出现全年第一个种群数量高峰。随着气温升高，小麦因逐渐成熟而致纤维增加、水分含量降低，加上降水量的增加，棕色田鼠的死亡率增加，导致种群数量降低，至7、8月降至全年最低。此期棕色田鼠种群数量降低还可能与部分个体由农田迁移至果园有关。随着7、8月的繁殖，形成10月的第二个种群数量高峰。但是，由于8、9月的降雨较多，秋季作物如大豆等根部纤维含量高、食物条件较差，影响到此期棕色田鼠的成活率，使10月的数量峰值低于4月。自10月开始，由于农田耕作冬小麦种植，食物条件变差，加上气温逐渐降低，使棕色田鼠的死亡率增加，种群数量降低。

年间动态 棕色田鼠的种群数量表现出年间波动。在河南省豫西地区的研究表明，棕色田鼠在4月的种群数量与10月的种群数量密切相关，表明春季的种群基本存量显著影响全年的种群数量动态，而每年4月的种群数量又与上一年棕色田鼠种群的年龄结构和冬季的降水量相关。在种群中，如果幼年和亚成年个体所占比例较高，则种群未来有增长趋势；反之，则种群可能趋于下降。冬季的降水量越大，则形成的雪被可相对提高地面下的土壤温度，进而减弱寒冷对棕色田鼠的威胁，而棕色田鼠可在积雪中构筑通道取食麦苗、果树根等，在一定程度上保障存活。另一方面，冬季的降水（雪）可促进翌年早春植被的生长，进而为棕色田鼠提供相对充足的食物。

迁移规律 棕色田鼠主要分布于农作区，随着不同农作物轮作和成熟期、农田灌溉等因素的变化，可在不同的地块间迁移。在河南省豫西灵宝地区，棕色田鼠在春、夏季多栖息于小麦田中，而到秋、冬季时，逐渐由农田迁移至果园。在豫东农作区，棕色田鼠在春季主要危害小麦，到夏季和秋季小麦收获之后，则转而以危害花生等经济作物为主。在春季，对小麦农田进行灌溉之后，小麦田内的土丘数多于未灌溉的小麦田的土丘数。由此可见，农田灌溉并未对棕色田鼠的各种群数量产生负面影响，反而促使其数量增多，并最终对小麦产生较为严重的被破坏。在以沙土和淤土为主要土壤类型的豫东农区，春季的农作物主要以小麦为主，夏季和秋季则为玉米、红薯、花生、大豆等。农作物的轮作、农田灌溉等人为干扰，使棕色田鼠的栖息条件改变，可引起鼠类向周围区域迁移。

危害 棕色田鼠是一种主营地下生活的小型鼠类，其食物以植物的根、绿色部分、种子等为主。因此，在其分布区，随着种植作物的不同，棕色田鼠的危害表现出地区性差异。在河南豫西地区，棕色田鼠主要危害农作物如小麦及经济作物如大豆等，并啃食、环剥果树的根皮，破坏了农作物及果树根系。在豫东地区，棕色田鼠在春季主要危害小麦，在夏季小麦收获之后和秋季，则以危害花生为主。其挖掘洞道后常形成大量的土丘，掩埋农作物及苗木，由此造成农作物缺苗断垄，给农业生产和果木经营造成了严重损失；此外，棕色田鼠在水渠及田埂边挖掘洞穴，常使渠堤漏水或塌陷。

防治技术 棕色田鼠栖息于农作区，因其咬啮、啃食活动，常造成农业、果业损失，因此，在监测其野外种群动态的同时，尚需根据其危害程度、季节动态特征等信息，采取相应的措施，以尽可能低其危害。不同的防治措施各有优劣，而采取综合的防治措施，将得到更好的鼠害控制效果。

生态防治 棕色田鼠繁殖能力较强，种群数量增长快。在种群数量高发年份，可采用化学药物进行快速灭杀。在低数量年份，则可在化学防治的基础上，采用一些生态措施如作物结构调整、轮作、农田深翻、越冬地整治、改变果园套种模式等，减少棕色田鼠的适宜栖息地，从而达到减少种群数量的目的。

物理防治 在成片的果树园区，可在果园四周挖掘宽约60cm、深约80cm的防鼠沟，以防止附近农田、荒地中的棕色田鼠的迁入。在田鼠数量高峰期的调查结果表明，有防鼠沟果园内的鼠密度远低于未设置防鼠沟的果园。

化学防治 在棕色田鼠种群数量大发生年份，化学防治仍不失为快速有效的控制措施。野外研究表明，磷化锌（已禁用）、溴敌隆、大隆、灭鼠优、杀鼠醚等化学灭鼠剂对棕色田鼠的灭杀效果达80%以上，可用于棕色田鼠数量较高时的大田灭鼠。但是，因为棕色田鼠的地下生活特性，投饵过程相对复杂。需先将其洞道掘开，随后根据是否有堵洞现象确定有效洞，再将有效洞掘开，用树枝将洞道内的浮土清除，再将毒饵投放到距洞口约20cm处，然后用土将洞口重新封堵好，并作标记，以便过后检查灭效。投饵时切忌用手直接接触毒饵引起人体中毒，或使毒饵粘上土而影响灭效。

参考文献

陈卫, 高武, 傅必谦, 2002. 北京兽类志[M]. 北京: 北京出版社: 201-202.

樊龙锁, 刘焕金, 1996. 山西兽类[M]. 北京: 中国林业出版社:

219-222.

黄文几, 陈延熹, 温业新, 1995. 中国啮齿类[M]. 上海: 复旦大学出版社: 231-233.

黄惠敏, 王廷正, 1999. 豫西黄土高原农作区棕色田鼠对农作物的危害及经济阈值的研究[J]. 兽类学报, 19(3): 221-226.

李晓晨, 冯武鸣, 朱晓琼, 1995. 棕色田鼠的行为学研究[J]. 陕西师范大学学报(自然科学版), 23(4): 71-73.

路纪琪, 王廷正, 1996. 河南省啮齿动物区系与区划研究[J]. 兽类学报, 16(2): 119-128.

路纪琪, 王振龙, 2012. 河南啮齿动物区系与生态[M]. 郑州: 郑州大学出版社.

马勇, 1986. 中国有害啮齿动物分布资料[J]. 中国农学通报(6): 76-82.

邰发道, 王廷正, 1998. 棕色田鼠种群空间格局的研究[J]. 陕西师范大学学报(自然科学版), 26(1): 66-70.

邰发道, 王廷正, 2000. 野生成年棕色田鼠社会行为研究[J]. 陕西师范大学学报(自然科学版), 28(2): 76-82.

邰发道, 王廷正, 2001. 棕色田鼠洞群内社会组织[J]. 兽类学报, 21(1): 50-56.

邰发道, 王廷正, 赵亚军, 1999. 棕色田鼠行为的主要成分及行为序[C] //中国动物学会. 中国动物科学研究——中国动物学会第十四届会员代表大会及中国动物学会65周年论文集. 北京: 中国林业出版社.

王岐山, 1990. 安徽兽类志[M]. 合肥: 安徽科学技术出版社: 138-139.

王廷正, 李金钢, 张越, 等, 1998. 黄土高原棕色田鼠综合防治技术研究[J]. 植物保护学报, 25(4): 369-372.

王廷正, 许文贤, 1993. 陕西啮齿动物志[M]. 西安: 陕西师范大学出版社.

吴跃峰, 武明录, 曹王萍, 2009. 河北动物志: 两栖 爬行 哺乳动物类[M]. 石家庄: 河北科学技术出版社: 264-266.

夏武平, 高耀亭, 等, 1988. 中国动物图谱: 兽类[M]. 2版. 北京: 科学出版社: 31-37.

杨艳艳, 王振龙, 路纪琪, 等, 2010. 光照对棕色田鼠和昆明小鼠活动性的影响[J]. 兽类学报, 30(4): 424-429.

张知彬, 王祖望, 1998. 农业重要害鼠的生态学及控制对策[M]. 北京: 海洋出版社: 64-92.

郑生武, 宋世英, 2010. 秦岭兽类志[M]. 北京: 中国林业出版社: 332-334.

(撰稿: 路纪琪; 审稿: 王登)

最大代谢率　maximum metabolic rate

动物特定生活或工作状态下代谢率的最大值, 反映动物较短时间内表现出的最大有氧代谢能力。最大代谢率常通过两种方法诱导测定: 冷诱导和运动诱导的最大代谢率。冷诱导最大代谢率, 即在低温条件下, 使用增加热传导的氦氧混合气体来处理静止状态下的动物, 诱导产生代谢率的最大值。运动诱导最大代谢率, 通常使用踏车或强制转轮等使动物处于高强度运动状态而诱导产生。在继续增加运动强度之后, 代谢率也不再升高, 表明动物已表现出最大代谢率。

参考文献

IUPS THERMAL COMMISSION, 2003. Glossary of terms for thermal physiology[J]. Journal of thermal biology, 28: 75-106.

(撰稿: 迟庆生; 审稿: 王德华)

最大可代谢能　maximum metabolizable energy, ME

在某种情况下动物的可代谢能达到的最大值。又名最大代谢能(maximum metabolizable energy intake, MEI)。由可代谢能的计算公式(ME=GE-FE-UE)可知, 影响总能、粪能和尿能的因素均影响最大可代谢能, 但这些因素中, 以总能对可代谢能的影响最大。影响总能的因素有动物的内在生理因素, 如体型, 个体越大, 则其摄食量一般也越大, 总能也大, 因而最大可代谢能也较高。在不同生活史阶段, 鼠类的摄食量不同, 例如繁殖经历对摄食量有很大的影响, 进入妊娠期后摄食量一般有不同程度的提高, 哺乳期摄食量继续升高, 一般在哺乳高峰期达到最高值。因为在这一时期, 母体需要摄取更多的能量, 用于维持自身正常生命活动的能量支出, 而且还要增加泌乳, 用于哺育后代。哺乳期机体的很多组织器官的耗氧显著增加, 如消化系统的相关组织器官、乳腺等能量需求显著增加。为满足这些能量需求, 摄食量也显著增加, 进而导致最大可代谢能。运动也是诱导最大可代谢能的重要因素, 处于运动条件下的鼠类的可代谢能显著增加, 随着运动强度的增加, 可代谢能越来越接近最大状态。此外, 低温也是诱导最大可代谢能的重要因素, 生活于寒冷环境中的鼠类一般具有较高的最大可代谢能, 其最大可代谢能水平要高于生活于温暖环境下的动物。而栖息于高海拔地区环境的动物, 同时受到低温和低氧的双重影响, 其最大可代谢能往往高于来自低海拔地区的动物。低温、高海拔环境下诱导的最大可代谢能主要用于基础代谢率、褐色脂肪组织的非颤抖性产热、骨骼肌的颤抖性产热, 进而维持稳定体温。鼠类的最大可代谢能水平具有种属特异性。这个特异性具有重要的生理学、生态学和进化意义。一般认为, 具有高水平的最大可代谢能的物种, 自身维持的能量代价比较高, 但同样也具有较强的运动能力, 以提高逃避天敌或捕获猎物的机会。最大可代谢能较高的物种也具有较强的繁殖哺乳能力, 以提高繁殖价值。此外, 最大可代谢能的鼠类往往具有较强的产热能力, 其应对低温环境的适应能力也相对较强。

参考文献

宋志刚, 王德华, 2001. 内蒙古草原布氏田鼠的最大同化能[J]. 兽类学报, 21(4): 271-278.

KVIST A, LINDSTRÖM A, 2000. Maximum daily energy intake: it takes time to lift the metabolic ceiling[J]. Physiological & biochemical zoology, 73(1): 30-36.

LIVESEY G, 1995. Metabolizable energy of macronutrients[J]. American journal of clinical nutrition, 62: 1135-1142.

SPEAKMAN J, KRÓL E, 2005. Comparison of different approaches for the calculation of energy expenditure using doubly labeled water in a small mammal[J]. Physiological & biochemical zoology, 78(4): 650-667.

WU S H, ZHANG L N, SPEAKMAN J R, et al, 2009. Limits to sustained energy intake. XI. A test of the heat dissipation limitation hypothesis in lactating Brandt's voles (*Lasiopodomys brandtii*)[J]. Journal of experimental biology, 212(21): 3455-3465.

（撰稿：赵志军；审稿：王德华）

最优觅食理论　optimal foraging theory

动物为获得最大的觅食效率所采取的各种方法和措施。如选择最有利的食物，或最优食谱，或选择最有利的生态小区等等。

觅食行为并不是一种单一的行为，它包括搜寻、追逐捕捉、处理和摄取等几个阶段。由于动物在觅食活动中会面对各种选择和挑战，根据经济学投资/收益的观点，其在一定时期内的净能量收入必须大于零，即从食物中获得的能量必须多于为获取食物所消耗的能量。因此最优觅食理论预测动物应在投资最小和收益最大的情况下进行觅食或改变觅食行为。测定最优性是以动物及其后代的生殖产出即适合度为指标，由于其中的生殖产出难以评估，而且需要花费很长时间，因此通常采用净能量收益的方法对最优性进行评估。

最优觅食理论在预测觅食行为及过程时，通常设定动物会采用以下几种选择模式进行觅食活动：①吃什么和如何识别所食的食物。②到什么地方去搜寻食物和在那里搜寻多长时间才离开。③觅食时采取什么移动方式。④怎样对付进行抵抗的猎物。⑤什么时候取食和什么时候停止取食。一个正在觅食的动物可能面对各种可供利用的食物，有些容易找到，有些容易处理和消化，有些容易捕捉，而有些则具有较大的营养价值。在这种情况下动物该如何决定去取食什么呢？最优觅食理论认为自然选择将有利于最适行为的保存，也就是说当动物面临几种可能的行为选择时，那种能最大限度地使收益大于投入的行为将会被自然选择所保存。觅食行为是检验最优性理论的最好题材，一方面可以很容易地把投入和收益转化为能量单位；另一方面，可把觅食过程看成是一系列的行为选择和决策过程，然后一次只研究其中一种决策。这些决策包括取食什么食物、到哪里去觅食、在一个地区觅食多长时间和采取什么搜寻路线等。

参考文献

CATANIA K C, 2012. Evolution of brains and behavior for optimal foraging: A tale of two predators[J]. PNAS, 109: 10701-10708.

CHARNOV E L, 1976. Optimal foraging: attack strategy of a mantid[J]. The American naturalist, 110: 141-151.

LIMA S L, DILL L M, 1990. Behavioral decisions made under the risk of predation; a review and prospectus[J]. The Canadian journal of zoology, 68: 619-640.

MACARTHUR R H, PIANKA E R, 1966. On optimal use of a patchy environment[J]. The American naturalist, 100: 603-609.

TYSON R B, FRIEDLAENDER A S, NOWACEK D P, 2016. Does optimal foraging theory predict the foraging performance of a large air-breathing marine predator?[J]. Animal behaviour, 116: 223-235.

（撰稿：李俊年；审稿：陶双伦）

其他

Ecologically-based Management of Rodent Pests 《鼠害生态治理》

鼠害是一个世界性问题，它严重威胁农业生产、生态环境和人类身体健康，是当前困扰世界各国的一个重大难题。虽然各国拥有许多方法，鼠害防治的效果仍不够理想，主要是因为缺乏对害鼠生物学、行为学等方面深入的了解。1998年，中国科学院动物研究所张知彬研究员联合澳大利亚等国科学家，发起的首届国际鼠类生物学

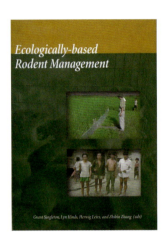

与治理大会（International Conference on Rodent Biology and Management，ICRBM），并在北京成功召开。以此为契机，组织有关专家编写 *Ecologically- based Management of Rodent Pests* 一书，以期对过去世界各国鼠害生态学以及防治的研究进展做一个总结，并提出今后研究的重点。该书侧重基础研究对鼠害治理发展的支撑性作用、介绍以生态学为基础的鼠害治理方法，激发学生对该领域的兴趣。该书的章节主要由北京会议的一些报告组成，由 Grant Singleton, Lyn Hinds, Herwig Leirs 和张知彬共同主编，1999年出版。内容包括三个部分：①基础研究（为治理提供科学依据）：介绍了鼠类生物学和鼠害治理的研究现状和发展趋势。②治理方法：介绍了鼠害治理的最新技术——灭鼠剂、物理控制、城市管理和生物控制。③研究个案：介绍了亚洲和非洲一些发展中国家的鼠害及治理情况。该书的特点是它强调：①以生态为基础的治理；②生物防控的创新技术；③发展中国家鼠害治理和挑战。但本书的不足是缺少对中美洲和南美洲鼠害治理的研究。

参考文献

GRANT R SINGLETON, LYN A HINDS, HERWIG LEIRS, et al, 1999. Ecologically-based Management of Rodent Pests[M]. Canberra: Australian Center for International Agricultural Research: 494.

（撰稿：李宏俊；审稿：张知彬）

Gomperz方程　Gomperz equation

Gomperz 方程由英国数学 B. 贡培兹（Benjamin Gompertz, 1779—1865）（1825）提出，最初用来描述人类的死亡率随年龄变化的规律，后来也被用来拟合动物幼体的生长曲线，又名 Gomperz 曲线。Gomperz 方程是一种 S 型生长曲线，方程式为：$N=A \cdot \exp\{-\exp[-K(t-I)]\}$。$N$ 为体长或体重。式中，A 为体长或体重渐近线；K 为生长速度常数；t 为日龄；I 为体长或体重生长曲线的拐点。以上各参数的估计使用麦夸尔特法算法（Marquardt method），通过逐次迭代计算各参数值，并得出拟合度值 R^2 作为方程拟合优势度的指标。用于非线性回归的 Gomperz 方程，适用于不同哺乳动物，是进行生长模式种间比较的最优模型，但 Gomperz 方程也存在过高估计新生幼体体长或体重的不足。在以 Gomperz 方程拟合的不同体尺测度指标（如体重、体长等）的生长模型中，生长速度常数 K 的值很可能具有种属特异性，可被看做是物种的固有特征。

参考文献

窦薇, 宛新荣, 2000. Richard's方程的数学属性及其在兽类生长过程中的应用[J]. 兽类学报, 20(3): 212-216.

ZULLINGER E M, RICKLEFS R E, REDFORD K H, et al, 1984. Fitting sigmoidal equations to mammalian growth curves[J]. Journal of mammalogy, 65(4): 607-636.

（撰稿：迟庆生；审稿：王德华）

Integrative Zoology 　《整合动物学》

由国际动物学会、中国科学院动物研究所和Wiley-Blackwell出版社共同合作出版的学术期刊。英文版，双月刊。2006年创刊。主编，中国科学院动物研究所张知彬；荣誉主编，澳大利亚墨尔本皇家理工大学 John Buckeridge；顾问委员会主席陈宜瑜，中国国家自然科学基金委。该刊是面向动物学工作者的学术性刊物，它的宗旨是表现和结合不同的分支学科，从不同的方面看待动物的生命，并为通过各个层次的分析来综合理解动物学现象提供基础，为促进不同分支学科的专家互相了解、互相借鉴提供了一个平台。该刊物具有跨层次、跨学科、跨类群、跨系统的整合动物学研究特色，高端、前沿、国际化的特点。

期刊涉及进化和系统分类、动物地理、行为和社会性、发育和生殖生育学、动物生态、功能形态学、比较免疫学、古生物学和进化、系统发生学和系统发生生物地理学、基因组信息学和进化、神经生物学和行为、生理和行为、遗传和行为、生理和生态、分子生态学、信息技术和生态学、数学生态学、植物—动物相互关系、生物入侵、生物多样性和保护、动物疾病、可持续发展和生物伦理学等专题（图1~图3）。

2010年5月，《整合动物学》被 Science Citation Index Expanded (SCIE) 收录。近年，该刊连续被中国学术文献国际评价研究中心评为"中国最具国际影响力学术期刊"。2015年，被国家新闻出版广电总局评为中国"百强报刊"。于2013—2017年连续5年获得中国科学院科学出版基金择优支持（其中，2015年科学院排名10/300，获一等奖）。2013年，该刊得到新闻出版广电总局、中国科学技术协会、中国科学院、财政部等六部委组织的"中国科技期刊国际影响力提升计划"B类项目支持，为期3年；2016年，该刊继续该计划得到B类资助，为期3年。目前，影响因子进入全球动物学（Zoology）领域190多个刊物前10%~15%（Q1区）。

该刊被22个国际数据库收录。文章被 Science、PNAS、Ecology 等国际知名刊物引用，被 BBC 报道。截止到2016年12月，文章作者来自世界50多个国家和地区，其中海外作者占70%，第一作者博士学位70%，通讯作者教授职称比例80%。根据国际出版商 Wiley 发布的年报显示，世界6980个单位阅读该刊。

（撰稿：熊文华；审稿：李宏俊）

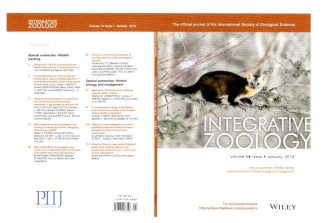

图1 封面1：紫貂（武耀祥提供）

图2 封面2：朱鹮（杨纬和提供）

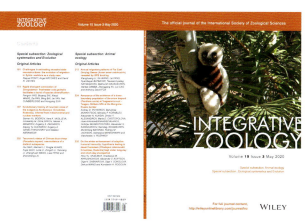

图3 封面3：狐猴（熊文华提供）

Kiss蛋白　Kisspeptin

是一类多肽类激素，由 Kiss1 基因编码的前体肽经水解形成不同长度片段。大鼠与小鼠中主要的多肽产物由52个氨基酸组成（kisspeptin-52），人类中是由54个氨基酸组成（kisspeptin-54），称为 metastin（转移抑制素）。还有其他长度的多肽，如 kisspeptin-14、kisspeptin-13 和 kisspeptin-10，GPR54 为其G蛋白耦联受体。Kiss 蛋白及其受体分布于脑和多种器官组织，具有影响癌细胞的生长和转移、调节生殖功能和影响内分泌等作用。在下丘脑弓状核和视前区内的 Kiss 蛋白起到促进繁殖系统发育和功能维持的作用，可以影响促性腺激素、性腺类固醇激素和促性腺激素释放激素（GnRH）的分泌。将 kisspeptin-10 和 kisspeptin-52 直接注入小鼠的侧脑室，能刺激黄体生成素（LH）和促卵泡激素（FSH）的分泌，而预先用 GnRH 拮抗剂处理可阻断这种作用。青春期内，Kiss1 基因会达到峰值，成年后表达量降低。

（撰稿：李宁；审稿：刘晓辉）

α-氯代醇　α-chlorohydrin

一种在中国登记的杀鼠剂。又名3-氯丙甘醇。为无色液体，放置后逐渐变成微带绿色的黄色液体。化学式 $C_3H_7ClO_2$，相对分子质量110.54，熔点-40℃，有愉快气味。溶于水、乙醇、乙醚和丙酮，微溶于甲苯。α-氯代醇是一种有效的化学不育剂，可以导致鼠类，尤其是雄性鼠类的不育，表现为精子导管阻塞和睾丸肿胀，睾丸内的液体积聚，生精上皮的压力变性，精子的活动度和精子的数量降低。α-氯代醇可对高原鼠兔睾丸实质和附睾产生明显的损伤作用，且随着 α-氯代醇剂量的增加损伤作用更加严重。大鼠

经口 LD_{50} 为 26mg/kg，小鼠经口 LD_{50} 为 160mg/kg。

（撰稿：宋英；审稿：刘晓辉）

α-氯醛糖 α-chloralose

一种在中国未登记的杀鼠剂。又名 α-三氯乙醛化葡萄糖、灭雀灵。化学式 $C_8H_{11}Cl_3O_6$，相对分子质量 309.53，熔点 176~182℃，沸点 504.4℃，密度 1.773g/cm³。白色结晶粉末，溶于热水、乙醚，微溶于冷水、乙醇、氯仿，用作驱鸟剂、杀鼠剂，也用于生化研究。其作用是压抑和刺激中枢神经，降低代谢而使体温过低而死亡。由三氯乙醛和葡萄糖反应制成。α-氯醛糖对大鼠、小鼠口服半致死剂量（LD_{50}）分别为 400mg/kg 和 200mg/kg。

（撰稿：王大伟；审稿：刘晓辉）

条目标题汉字笔画索引

说 明

1. 本索引供读者按条目标题的汉字笔画查检条目。
2. 条目标题按第一字的笔画由少到多的顺序排列。笔画数相同的,按起笔笔形横(一)、竖(丨)、撇(丿)、点(丶)、折(乛,包括丁、乚、く等)的顺序排列。第一字相同的,依次按后面各字的笔画数和起笔笔形顺序排列。
3. 以外文字母、罗马数字和阿拉伯数字开头的条目标题,依次排在汉字条目标题的后面。

二画

入眠…………………………242

三画

三江源黑土滩…………………243
三趾心颅跳鼠…………………243
下丘脑…………………………379
大仓鼠…………………………63
大耳姬鼠………………………65
大年结实………………………66
大豆鼠害………………………65
大足鼠…………………………71
大沙鼠…………………………69
大绒鼠…………………………67
小飞鼠…………………………383
小毛足鼠………………………392
小麦鼠害………………………391
小灵猫…………………………391
小泡巨鼠………………………395
小家鼠…………………………384
《小家鼠生态特性与预测》……390
口岸鼠类与卫生检疫…………193
山西农业大学植物保护学院(山西
 省农业科学院植物保护研究所)
 农林鼠害研究室………………252
广东省农业科学院植物保护研究所
 媒介动物防控研究室…………120
广州管圆线虫…………………120
弓形虫…………………………118
子午沙鼠………………………456
马勇……………………………207

四画

王廷正…………………………355
王祖望…………………………356
王锦蛇…………………………354
天山黄鼠………………………351
五趾跳鼠………………………365
巨泡五趾跳鼠…………………188
比猫灵…………………………21
互惠盗食………………………153
切胚行为………………………235
日节律…………………………241
日节律生物钟…………………241
日眠……………………………241
日照时长………………………241
中华绒鼠………………………443
中华预防医学会媒介生物学及控制
 分会……………………………444
中华鼢鼠………………………440
中枢生物钟……………………445
中国农区鼠害监测与防控技术
 培训会…………………………434
中国农业大学植物保护学院鼠害
 研究室…………………………435
中国农业科学院草原研究所草原
 保护和鼠害防治课题组………435
中国农业科学院草原研究所研究站
 …………………………………435
中国农业科学院植物保护研究所
 害鼠生物学与治理团队………436
《中国农业鼠害防控技术培训
 指南》…………………………436

中国林业鼠（兔）害防治会议⋯⋯433	中国害鼠的分类⋯⋯⋯⋯⋯⋯427	毛细线虫⋯⋯⋯⋯⋯⋯⋯⋯⋯207
中国林学会森林昆虫分会鼠害治理专业委员会⋯⋯⋯⋯⋯⋯⋯432	中国植物保护学会鼠害防治专业委员会⋯⋯⋯⋯⋯⋯⋯⋯⋯439	长爪沙鼠⋯⋯⋯⋯⋯⋯⋯⋯⋯37
中国草学会草地植物保护委员会⋯⋯⋯⋯⋯⋯⋯⋯⋯⋯427	《中国媒介生物学及控制杂志》⋯434	长耳鸮⋯⋯⋯⋯⋯⋯⋯⋯⋯⋯35
	中国鼠类研究历史⋯⋯⋯⋯⋯436	长耳跳鼠⋯⋯⋯⋯⋯⋯⋯⋯⋯34
中国科学院动物研究所北京东灵山野外站鼠类生态学研究基地⋯429	内蒙古农业大学草地啮齿动物生态与鼠害控制研究团队⋯⋯⋯⋯217	长光照⋯⋯⋯⋯⋯⋯⋯⋯⋯⋯36
中国科学院亚热带农业生态研究所野生动物生态与控制研究团队⋯432	内蒙古农业大学野外研究站⋯218	长尾旱獭⋯⋯⋯⋯⋯⋯⋯⋯⋯36
	内蒙古典型草原鼠害⋯⋯⋯⋯215	反盗食行为⋯⋯⋯⋯⋯⋯⋯⋯94
中国科学院西北高原生物研究所⋯⋯⋯⋯⋯⋯⋯⋯⋯⋯431	内蒙古草甸草原鼠害⋯⋯⋯⋯213	分子生态学⋯⋯⋯⋯⋯⋯⋯⋯96
	内蒙古草原动物生态研究站⋯214	分散贮藏⋯⋯⋯⋯⋯⋯⋯⋯⋯95
中国科学院洞庭湖湿地生态系统观测研究站⋯⋯⋯⋯⋯⋯⋯430	内蒙古荒漠草原鼠害⋯⋯⋯⋯216	仓储鼠害⋯⋯⋯⋯⋯⋯⋯⋯⋯25
	水⋯⋯⋯⋯⋯⋯⋯⋯⋯⋯⋯339	乌梢蛇⋯⋯⋯⋯⋯⋯⋯⋯⋯362
中国疾病预防控制中心传染病预防控制所⋯⋯⋯⋯⋯⋯⋯⋯428	水代谢⋯⋯⋯⋯⋯⋯⋯⋯⋯340	巴尔通体病⋯⋯⋯⋯⋯⋯⋯⋯7
	水稻鼠害⋯⋯⋯⋯⋯⋯⋯⋯⋯340	巴西日圆线虫⋯⋯⋯⋯⋯⋯⋯7
		双杀鼠灵⋯⋯⋯⋯⋯⋯⋯⋯339
		双鼠脲⋯⋯⋯⋯⋯⋯⋯⋯⋯339

五画

玉米鼠害⋯⋯⋯⋯⋯⋯⋯⋯415	东北鼢鼠⋯⋯⋯⋯⋯⋯⋯⋯⋯74	生物钟⋯⋯⋯⋯⋯⋯⋯⋯⋯260
玉斑锦蛇⋯⋯⋯⋯⋯⋯⋯⋯414	卡氏小鼠⋯⋯⋯⋯⋯⋯⋯⋯191	生物钟基因⋯⋯⋯⋯⋯⋯⋯260
去甲肾上腺素⋯⋯⋯⋯⋯⋯239	北方果树鼠害⋯⋯⋯⋯⋯⋯⋯14	白色脂肪组织⋯⋯⋯⋯⋯⋯⋯8
甘肃农业大学草地啮齿动物防控研究团队⋯⋯⋯⋯⋯⋯⋯⋯103	北亚蜱媒立克次体病⋯⋯⋯⋯20	白尾松田鼠⋯⋯⋯⋯⋯⋯⋯⋯8
	北社鼠⋯⋯⋯⋯⋯⋯⋯⋯⋯⋯16	白磷⋯⋯⋯⋯⋯⋯⋯⋯⋯⋯⋯8
甘肃省祁连山草原生态系统野外科学观测研究站⋯⋯⋯⋯⋯103	北疆小家鼠大暴发⋯⋯⋯⋯⋯15	处理成本假说⋯⋯⋯⋯⋯⋯⋯59
	卢浩泉⋯⋯⋯⋯⋯⋯⋯⋯⋯205	外周生物钟⋯⋯⋯⋯⋯⋯⋯354
甘肃鼢鼠⋯⋯⋯⋯⋯⋯⋯⋯100	甲状腺⋯⋯⋯⋯⋯⋯⋯⋯⋯183	冬眠⋯⋯⋯⋯⋯⋯⋯⋯⋯⋯85
可代谢能⋯⋯⋯⋯⋯⋯⋯⋯193	甲状腺激素⋯⋯⋯⋯⋯⋯⋯183	包虫病⋯⋯⋯⋯⋯⋯⋯⋯⋯13
可塑性⋯⋯⋯⋯⋯⋯⋯⋯⋯193	四川西北鼠害⋯⋯⋯⋯⋯⋯344	汉坦病毒肺综合征⋯⋯⋯⋯128
布氏田鼠⋯⋯⋯⋯⋯⋯⋯⋯⋯23	四川省农业科学院植物保护研究所农业鼠害防控研究团队⋯⋯343	宁振东⋯⋯⋯⋯⋯⋯⋯⋯⋯223
龙姬鼠⋯⋯⋯⋯⋯⋯⋯⋯⋯205		出眠⋯⋯⋯⋯⋯⋯⋯⋯⋯⋯58
《灭鼠和鼠类生物学研究报告》⋯211	四川省林业科学研究院森林鼠害研究团队⋯⋯⋯⋯⋯⋯⋯⋯343	皮质酮⋯⋯⋯⋯⋯⋯⋯⋯⋯233
东方田鼠⋯⋯⋯⋯⋯⋯⋯⋯⋯80		皮质醇⋯⋯⋯⋯⋯⋯⋯⋯⋯233
东北农田鼠害⋯⋯⋯⋯⋯⋯⋯77	四川都江堰般若寺林场实验站⋯342	皮质激素⋯⋯⋯⋯⋯⋯⋯⋯233
东北兔⋯⋯⋯⋯⋯⋯⋯⋯⋯⋯78	生态免疫学⋯⋯⋯⋯⋯⋯⋯259	孕酮⋯⋯⋯⋯⋯⋯⋯⋯⋯417
东北森林鼠害⋯⋯⋯⋯⋯⋯⋯78	生态标本的制作⋯⋯⋯⋯⋯257	幼苗建成⋯⋯⋯⋯⋯⋯⋯⋯414

六画

地栖型小型兽类外形测量⋯⋯73	亚砷酸钙⋯⋯⋯⋯⋯⋯⋯⋯404	亚砷酸铜⋯⋯⋯⋯⋯⋯⋯⋯404
扬州大学行为生态学研究团队⋯409	亚砷酸钠⋯⋯⋯⋯⋯⋯⋯⋯404	西双版纳热带雨林鼠类行为学

研究站……373	华南农田鼠害……161	点实验室……227
西北农田鼠害……370	血吸虫病……402	农业农村部农区鼠害观测试验站 228
西北农林科技大学鼠害治理研究	似昼夜节律……344	农业农村部锡林郭勒草原有害生物
中心……369	全国农业技术推广服务中心农药	科学观测实验站……229
西伯利亚旱獭……370	药械处……239	《农业重要害鼠的生态学及控制
西南农田鼠害……372	全国畜牧总站草业处（草原植保	对策》……232
灰仓鼠……176	方面）……240	农业鼠害……230
灰旱獭……178	杀鼠灵……251	农田重大害鼠成灾规律及综合防治
灰鼠蛇……179	杀鼠剂的作用机理……249	技术研究……227
达乌尔黄鼠……61	杀鼠剂的环境行为……247	农田鼠类群落……226
达乌尔鼠兔……63	杀鼠脲……251	农田鼠害监测……224
尖吻蝮……184	杀鼠酮……251	农田鼠害综合防治……225
光周期……120	杀鼠醚……251	《农林啮齿动物灾害环境修复与安全
光周期现象……120	杂食类……418	诊断》……224
肉毒素……242	负营养因子……97	异杀鼠酮……412
年节律……220	多次贮藏……90	孙儒泳……344
年节律生物钟……220	刘季科……204	红尾沙鼠……149
华中农田鼠害……161	产热……34	红背䶄……147
华东农田鼠害……159	安妥……6	纤维素……381
华北农田鼠害……158	农业虫害鼠害综合治理研究国家重	

七画

运动诱导最大代谢率……417	每日能量消耗……208	冷诱导最大代谢率……198
赤颊黄鼠……49	邱氏鼠药案……238	间颅鼠兔……185
赤链蛇……53	体重……350	汪诚信……354
赤腹松鼠……48	体重调节……350	沙门氏菌病……251
花生鼠害……153	体核温度……348	快速隔离假说……194
花鼠……154	体液免疫……349	尿浓缩……220
克灭鼠……193	体温调节……349	张大铭……419
杨荷芳……409	伶鼬……203	张洁……420
旱獭……128	卵泡刺激素……206	阿拉善黄鼠……2
围栏陷阱法……361	卵巢……206	阿根廷出血热……1
针毛鼠……421	冷适应……197	陈安国……45

八画

环境调节……162	青藏高原鼠害……235	苗圃鼠害……210
环境温度……162	表型可塑性……21	林业鼠害……202
青海田鼠……237	拉沙热……196	林业鼠害监测……202

林睡鼠 198	岩松鼠 404	夜行性 412
板齿鼠 10	贮草行为 454	育肥 416
矿物质 195	贮食行为 455	郑州大学生物多样性与生态研究所
非对称盗食 94	贮藏点大小 453	动物生态研究团队 425
肾上腺 255	贮藏点保护 452	性成熟 399
肾上腺盐皮质激素 255	贮藏点深度 454	性腺 399
肾上腺糖皮质激素 255	贮藏点密度 453	性腺恢复 399
肾综合征出血热 256	垂体 59	性腺萎缩 399
昆虫—种子—鼠类三级营养	垂体结节部 59	性激素 399
关系 195	季节节律 182	定向扩散假说 74
国际动物学会 121	季节性 182	定植假说 74
国际动物学会鼠类生物学与治理	季节性变化 182	实验啮齿动物 260
工作组 124	季节性适应 183	孟加拉眼镜蛇 209
国家林业和草原局生物灾害防控	季节性繁殖 183	陕西师范大学生命科学学院鼠类
中心防治处 125	肥胖 95	生物学研究团队 252
易腐烂假说 412	周文扬 452	细胞免疫 378
呼吸商 153	兔热病 352	

九画

玻利维亚出血热 21	种子化学防御 446	食谷类 264
毒饵的制作与投放 87	种子扩散 447	食物可获得性 265
毒鼠强 88	种子扩散适合度 447	食物补充 264
毒鼠强专项整治 88	种子休眠 449	食物质量 266
毒鼠碱 88	种子找回 451	食物限制和繁殖启动 265
毒鼠磷 88	种子库 447	食物滞留时间 266
赵桂芝 420	种子取食 448	食物摄入 265
草原兔尾鼠 29	种子雨 450	食物概略养分分析 264
草原鼠类群落 28	种子贮藏 451	食草类 263
草原鼢鼠 26	种子物理防御 449	食粪行为 263
荒漠灌木鼠害 162	种子标记方法 445	胎仔重 347
南方果树鼠害 212	种子标签标记法 446	胎仔数 347
南方森林鼠害 212	种子选择 449	胎后发育类型 347
柽柳沙鼠 46	种子域 450	狭颅田鼠 378
钟文勤 445	复齿鼯鼠 97	养分分配 409
钩端螺旋体病 119	促甲状腺激素 60	养分吸收 410
氟乙酰胺 97	促性腺激素抑制激素 60	洞庭湖区东方田鼠大暴发 86
氟乙酸钠 97	促性腺激素释放激素 60	恒温指数 147
氟鼠灵 97	促黄体生成素释放激素 60	屋顶鼠 363
种子气味 448	逃逸假说 348	昼行性 452

| 结肠分离机制 | 187 |

十画

捕食者扩散假说	23
捕食者饱和假说	22
莱姆病	196
莪术醇	92
格氏鼠兔	116
根田鼠	117
夏武平	380
夏眠	379
夏眠行为	379
砷酸氢二钠	255
原矛头蝮	416
氧化应激	410
氧化损伤	410
造丘行为	419
敌鼠	73
臭鼩	53
爱德华·萨乌马奖	6
豹猫	14
高山姬鼠	104
高单宁假说	104
高原兔	115
高原鼠兔	110
高原鼢鼠	106
高温驯化	106
恙虫病	411
消化	381
消化能	382
消化率	382
消化道	381
消化器官	382
海北高寒草甸生态系统研究站	126
海葱素	126
害鼠行为生态	126
害鼠种群遗传调节说	127
容忍盗食	241
剥皮行为	22
能量分配	219
能量平衡	220
能量代谢	219

十一画

基础代谢率	181
黄毛鼠	163
黄秀清	175
黄体生成素	166
黄兔尾鼠	167
黄胸鼠	169
黄腹鼬	163
黄鼬	175
营养吸引	414
硅灭鼠	121
雪兔	401
雪兔—猞猁 10 年周期波动	401
晨昏型	45
眼镜王蛇	406
《啮齿动物学》	220
啮齿类的进化与系统发育研究	221
鄂木斯克出血热	92
脱碘酶	353
盗食行为	72
旋毛虫病	400
《兽类学报》	266
淋巴细胞性脉络丛脑膜炎	202
渗透压	257
密度制约性种子死亡	209
蛋白质	72
隐纹花松鼠	412
维生素	361
维生素 D_3	362
巢鼠	40

十二画

斑疹伤寒	9
塔里木兔	346
超昼夜节律	40
喜马拉雅旱獭	374
蛰眠代谢率	420
蛰眠阵	421
董天义	86
董维惠	86
蒋光藻	186
朝鲜姬鼠	42
植物—鼠类互惠系统	426
植物次级代谢物	425
《森林生态系统鼠类与植物种子关系研究——探索对抗者之间合作的秘密》	245
森林脑炎	244
森林鼠类群落	246
棉花鼠害	210
棕色田鼠	462
棕背䶄	460
硝酸铊	383

硫酸钡 204	黑线仓鼠 140	氰化钙 238
硫酸铊 204	黑线姬鼠 144	氰化钠 238
雄性激素 399	黑眉锦蛇 138	氯化苦 206
最大可代谢能 466	黑热病 139	氯鼠酮 206
最大代谢率 466	黑腹绒鼠 135	集中贮藏 181
最优觅食理论 467	短耳鸮 89	普通鵟 234
黑耳鸢 134	短光照 89	
黑线毛足鼠 146	短尾仓鼠 89	

十三画

蓖麻毒素 21	鼠类利用 307	鼠类食性 318
蒙古兔 208	鼠类系统进化树 324	鼠类亲本行为 311
蒸发失水 425	鼠类社会地位 311	鼠类假剥制标本的制作 303
雷公藤甲素 197	鼠类社会行为 312	鼠特灵 331
锥虫病 455	鼠类松果体 319	鼠害区划 274
鼠—种子互作系统 338	鼠类的化学通讯 290	鼠害化学防治 272
鼠立死 331	鼠类的生态作用 295	鼠害生态防治 275
鼠传疾病 268	鼠类的生物节律 296	鼠害生物防治 275
鼠胼 285	鼠类的共情行为 289	鼠害防治 269
鼠型斑疹伤寒 332	鼠类的迁移 294	鼠害防治适期 272
鼠咬热 332	鼠类的攻击行为 288	鼠害防治阈值 272
鼠疫 333	鼠类的两性差异 293	鼠害防控法律法规、相关标准 269
鼠疫三次大流行史 334	鼠类的听觉通讯 298	鼠害物理防治 278
鼠疫自然疫源地 337	鼠类的应激反应 300	《鼠害治理的理论与实践》 283
鼠类—天敌系统 320	鼠类的学习行为和记忆 299	鼠害治理学 284
鼠类—媒介—病原体系统 309	鼠类的视觉通讯 297	鼠害损失率 277
鼠类天敌作用机理 319	鼠类的领域行为 294	鼠害预测预报 283
鼠类不育控制 285	鼠类的婚配制度 292	鼠得克 269
鼠类分类系统 302	鼠类的繁殖策略 287	微尾鼩 357
鼠类生物学与治理国际研讨会 314	鼠类性选择 326	解偶联蛋白 187
鼠类生理生态学 312	鼠类种群天敌调节假说 330	新疆出血热 398
鼠类头骨形态 323	鼠类种群气候调节学说 327	新疆草原鼠害 397
鼠类头骨形态测量 323	鼠类种群生态学 328	新疆维吾尔自治区治蝗灭鼠指挥部办公室 398
鼠类头骨标本的制作 321	鼠类种群行为——内分泌调节学说 331	溴敌隆 400
鼠类对全球变化的响应 300		溴鼠灵 400
鼠类行为遗传 325	鼠类食物 318	

十四画

静止代谢率 188
碳酸钡 348
雌二醇 59
雌激素 60
蜱传回归热 233
睾丸 116
睾酮 116
豪猪 129
瘦素 267
精子发生 188
褐色脂肪组织 133
褐家鼠 130
褪黑素 353
缩小膜壳绦虫病 345

十五画

蔬菜鼠害 268
樊乃昌 93
醋酸铊 60

十六画

磺胺喹噁啉 175
雕鸮 73

十七画以上

藏鼠兔 418
磷化锌 203
繁殖抑制 94
繁殖周期 94
繁殖能量投入 93
麝鼠 253
鼹形田鼠 406

字母

α-氯代醇 469
α-氯醛糖 470
Ecologically-based Management of Rodent Pests 468
Gomperz 方程 468
Integrative Zoology 468
Kiss 蛋白 469

条目标题外文索引

说 明

1. 本索引按照条目标题外文的逐词排列法顺序排列。无论是单词条目，还是多词条目，均以单词为单位，按字母顺序、按单词在条目标题外文中所处的先后位置，顺序排列。如果第一个单词相同，再依次按第二个、第三个，余类推。
2. 条目标题外文中英文以外的字母，按与其对应形式的英文字母排序排列。
3. 条目标题外文中如有括号，括号内部分一般不纳入字母排列顺序；条目标题外文相同时，没有括号的排在前；括号外的条目标题外文相同时，括号内的部分按字母顺序排列。
4. 条目标题外文中有罗马数字和阿拉伯数字的，排列时分为两种情况：
   ① 数字前有拉丁字母，先按字母顺排再按数字顺序排列；英文字母相同时，含有罗马数字的排在阿拉伯数字前。
   ② 以数字开头的条目标题外文，排在条目标题外文索引的最后。

A

Acta Theriologica Sinica ············266
adrenal gland ············255
adrenocortical hormone ············233
aestivation ············379
aestivation behavior ············379
aggressive behavior of rodent ············288
agricultural rodent damage in Southwest China ············372
Allactaga bullata Allen ············188
Allactaga sibirica Forster ············365
Allocricetulus eversmanni Brandt ············89
ambient temperature ············162
analyse of compendium nutrients in food ············264
androgen ············399
Angiostrongylus cantonensis ············120
Animal Ecology Research Group, Institute of Biodiversity and Ecology, Zhengzhou University ············425
Anourosorex squamipes Milne-Edwards ············357
anti-pilferage behavior ············94
ANTU ············6
Apodemus agrarius Pallas ············144
Apodemus chevrieri Milne-Edwards ············104
Apodemus draco Barrett-Hamilton ············205
Apodemus latronum Thomas ············65
Apodemus peninsulae Thomas ············42
Argentine hemorrhagic fever ············1
arousal ············58
Asio flammeus Pontoppidan ············89
Asio otus Linnaeus ············35
asymmetrical pilferage ············94
auditory communication of rodent ············298

B

Bandicota indica Bechstein ············10
barium carbonate ············348
barium sulfate ············204
bartonellosis ············7
basal metabolic rate, BMR ············181
behavioral ecology of rodent ············126

behavioral genetics of rodent	325	Bolivian hemorrhagic fever	21
behavioral-endocrine regulation hypothesis of rodent population	331	botulinum toxin	242
		breeding cycle or reproductive cycle	94
biological clock	260	brodifacoum	400
biological control of rodent pest	275	bromodiolone	400
biological rhythm of rodent	296	brown adipose tissue	133
bisthiosemi	339	*Bubo bubo* Linnaeus	73
body mass	350	burrowing behavior	419
body weight regulation	350	*Buteo japonicus* Temminck & Schlegel	234

C

cache density	453	*Clethrionomys rutilus* Pallas	147
cache depth	454	climate regulation hypothesis of rodent population dynamics	327
cache protection	452		
cache size	453	clock genes	260
calcium arsenite	404	cold adaptation	197
calcium cyanide	238	cold-induced maximum metabolic rate	198
Callosciurus erythraeus Pallas	48	colonic separation mechanism	187
capillaria	207	colonization hypothesis	74
cellular immunity	378	Committee of Grassland Plant Protection, Chinese Grassland Society	427
central clock	445		
chagas disease	455	Committee of Rodent Management, China Society of Plant Protection	439
chemical communication of rodent	290		
chemical control of rodent pest	272	coprophagy	263
Chen Anguo	45	core body temperature	348
Chinese forest rodent pest control conference	433	corticosterone	233
Chinese Journal of Vector Biology and Control	434	cortisol	233
chlorophacinone	206	coumachlor	21
chloropicrin	206	coumafuryl	193
circadian clock	241	coumatetralyl	251
circadian rhythm	241	crepuscular	45
circadian rhythm	344	*Cricetulus barabensis* Pallas	140
circannual clock	220	*Cricetulus migratorius* Pallas	176
circannual rhythm	220	crimidine	331
Citellus erythrogenys Brandt	49	cupric arsenite	404
Clethrionomys rufocanus Sundevall	460	curcumol	92

D

daily energy expenditure, DEE	208	daily torpor	241

day length	241
Deinagkistrodon acutus (Günther)	184
deiodinase	353
density dependent seed mortality	209
dicoumarol	339
difenacoum	269
digestibility	382
digestion	381
digestive energy	382
digestive organs	382
digestive tract	381
diphacinone	73
directed dispersal hypothesis	74
dispersal of rodent	294
diurnality	452
Dong Tianyi	86
Dong Weihui	86
Dryomys nitedula Pallas	198

E

Ecological Characteristic of Mus musculus and Forecasting Their Outbreaks	390
ecological control of rodent pest	275
ecological immunology	259
ecological role of rodent	295
Ecologically-based Management of Rodent Pests	468
Ecology and Management of Rodent Pests in Agriculture	232
Edouard Saouma Award	6
Elaphe carinata Günther	354
Elaphe taeniurus (Cope)	138
Ellobius talpinus Pallas	406
embryo excision	235
empathy behavior in rodent	289
endemic typhus	332
energy allocation	219
energy homeostasis	220
energy investment for reproduction	93
energy metabolism	219
entry	242
environmental regulation	162
Environmental Restoration and Safety Diagnosis of Agricultural and Forestry Rodent Disasters	224
Eospalax cansus Lyon	100
Eospalax fontanieri (Milne-Edwards)	440
Eothenomys chinensis (Thomas)	443
Eothenomys melanogaster Milne-Edward	135
Eothenomys miletus Thomas	67
escaping hypothesis	348
estradiol, E2	59
estrogen	60
Euchoreutes naso Sclater	34
Euprepiophis mandarinus (Cantor)	414
evaporative water loss	425
evolution and phylogeny of rodents	221
exercise-induced maximum metabolic rate	417
experimental rodent	260
Experimental Station in the Banruosi forest of Dujiangyan City, Sichuan Province	342
external measurement of non-volant small mammals	73

F

Fan Naichang	93
fattening	416
Felis bengalensis Kerr	14
fiber	381
Field Stations of Institute of Grassland Research, CAAS	435
flocoumafen	97
fluoroacetamide	97
follicle-stimulating hormone, FSH	206
food availability	265
food habit of rodent	318
food intake	265
food of rodent	318

food quality	266
food restriction and reproductive on set	265
food retention time	266
food supplement	264
food-hoarding behavior	455
forecasting the population abundance of rodent pest	283
forest encephalitis	244
forest rodent damage monitoring	202

G

Gansu Qilianshan Grassland Ecosystem Observation and Research Station	103
genetic regulation theory	127
glucocorticoids, GCs	255
Gomperz equation	468
gonadal atrophy	399
gonadal gland	399
gonadal recrudescence	399
gonadotropin-inhibitory hormone (GnIH)	60
gonadotropin-releasing hormone, GnRH, FSH/LH-RH	60
granivorous	264
grass-hoarding behavior	454
Guidance for Training of Rodent Control Technique in Agricultural Region of China	436

H

Haibei Research Station for Alpine Meadow Ecosystem	126
handling costs hypothesis	59
hantavirus pulmonary syndrome, HPS	128
heat acclimatization	106
hemorrhagic fever with renal syndrome, HFRS	256
herbivores	263
hibernation	85
high tannin hypothesis	104
history of rodent studies in China	436
homeothermy index, HI	147
Huang Xiuqing	175
humoral immunity	349
hydatidosis	13
hypothalamus	379
Hystrix brachyura Linnaeus	129

I

infradian rhythms	40
insect-seed-rodent trophic relationship	195
integrated rodent pest management in farmland	225
Integrative Zoology	468
International Conference on Rodent Biology and Management, ICRBM	314
International Society of Zoological Sciences	121

J

Jiang Guangzao	186
Joint Research Station on Animal Ecology in Inner Mongolia Grassland	214

K

kala-azar	139
Kisspeptin	469

L

Laboratory of Behavioral Ecology, Yangzhou University ·········· 409
Laboratory of Grassland Protection, Institute of Grassland Research, CAAS ·········· 435
Laboratory of Rodent Biology and Management in Grassland, Gansu Agricultural University ·········· 103
Laboratory of Rodent Biology and Management, College of Plant Protection of Shanxi Agricultural University(Institute of Plant Protection of Shanxi Academy of Agricultural Sciences) ·········· 252
Laboratory of Rodent Biology and Management, Institute of Plant Protection, CAAS ·········· 436
Laboratory of Rodent Biology, College of Plant Protection, China Agricultural University ·········· 435
Laboratory of Vector and Host Animal Management, Plant Protection Research Institute Guangdong Academy of Agricultural Sciences ·········· 120
Lagurus lagurus Pallas ·········· 29
Lagurus luteus Eversmamn ·········· 167
larder hoarding ·········· 181
Lasiopodomys brandtii Raddle ·········· 23
lassa fever ·········· 196
Lasyopodomys mandarinus Milne-Edwards ·········· 462
laws and regulations for rodent management ·········· 269
learning behavior and memory of rodent ·········· 299
Leopoldamys edwardsi Thomas ·········· 395
leptin ·········· 267
leptospirosis ·········· 119
Lepus mandshuricus Radde ·········· 78
Lepus oiostolus Hodgson ·········· 115
Lepus timidus Linnaeus ·········· 401
Lepus tolai Pallas ·········· 208
Lepus yarkandensis Günther ·········· 346
litter mass ·········· 347
litter size ·········· 347
Liu Jike ·········· 204
long day or long photoperiod ·········· 36
loss rate of rodent damage ·········· 277
Lu Haoquan ·········· 205
luteinizing hormone, LH ·········· 166
luteinizing hormone-releasing hormone, LHRH ·········· 60
Lycodon rufozonatus Cantor ·········· 53
lyme disease ·········· 196
lymphocytic choriomeningitis, LCM ·········· 202

M

Ma Yong ·········· 207
making of rodent ecological specimens ·········· 257
making of rodent skull specimen ·········· 321
making of stuffed rodent specimen ·········· 303
marmota ·········· 128
Marmota baibacina Brandt ·········· 178
Marmota caudata Geoffroy Saint-Hilaire ·········· 36
Marmota himalayana Hodgson ·········· 374
Marmota sibirica Radde ·········· 370
mast seeding ·········· 66
mating system of rodent ·········· 292
maximum metabolic rate ·········· 466
maximum metabolizable energy, ME ·········· 466
mechanism of action of rodenticides ·········· 249
melatonin ·········· 353
Meriones erythrourus Gray ·········· 149
Meriones meridianus Pallas ·········· 456
Meriones tamariscinus Pallas ·········· 46
Meriones unguiculatus Milne-Edwards ·········· 37
metabolizable energy, ME ·········· 193
Micromys minutus Pallas ·········· 40
Microtus fortis Büchner ·········· 80
Microtus gregalis Pallas ·········· 378
Microtus oeconomus Pallas ·········· 117
Milvus lineatus Gray ·········· 134
mineralocorticoids ·········· 255
minerals ·········· 195
molecular ecology ·········· 96

morphology measurement of skull of rodent ·················323
morphology of rat skull ·················323
murine pineal gland of rodent ·················319
Mus caroli Bonhote ·················191
Mus musculus Linnaeus ·················384
Mustela kathiah Hodgson ·················163
Mustela nivalis Linnaeus ·················203
Mustela sibirica Pallas ·················175
Myospalax aspalax Pallas ·················26
Myospalax baileyi Thomas ·················106
Myospalax psilurus Milne-Edwards ·················74

N

Naja kaouthia Lesson ·················209
National Institute for Communicable Disease Control and Prevention, Chinese Center for Disease Control and Prevention; ICDC, China CDC ·················428
natural plague foci ·················337
negative nutrient factor ·················97
Neodon fuscus Büchner ·················237
Ning Zhendong ·················223
Nippostrongylus brasiliensis ·················7
Niviventer confucianus Milne-Edwards ·················16
Niviventer fulvescens Gray ·················421
nocturnality ·················412
noradrenaline ·················239
norbormide ·················331
North Asian tick-borne rickettsiosis ·················20
Northwest Institute of Plateau Biology, Chinese Academy of Science ·················431
nutrient absorbtion ·················410
nutrient allocation ·················409
nutritional attractiveness ·················414

O

obesity ·················95
Ochotona cansus Lyon ·················185
Ochotona curzoniae Hodgson ·················110
Ochotona dauurica Pallas ·················63
Ochotona gloveri Thomas ·················116
Ochotona thibetana Milne-Edwards ·················418
Office of Locust and Rodent Management, Xinjiang Uygur Autonomous Region ·················398
Office of Pest Control, Center for Biological Disaster Prevention and Control, National Forestry and Grassland Administration ·················125
Office of Pesticide & Sprayer Application, National Agricultural Technology Extension and Service Center ··239
Office of Pratuculture (Grassland Protection), State Animal Husbandry Station ·················240
omnivorous ·················418
omsk hemorrhagic fever, OHF ·················92
Ondatra zibethica Linnaeus ·················253
Ophiophagus hannah Cantor ·················406
optimal foraging theory ·················467
optimal period for rodent pest control ·················272
osmolality ·················257
outbreaks of integrated pest management on agricultural rodents ·················227
ovary ·················206
Oxidative damage ·················410
oxidative stress ·················410

P

parental care of rodent ·················311
pars tuberalis, PT ·················59
patterns of postnatal development ·················347
pericarp removal ·················22

peripheral clock	354
perishable hypothesis	412
Phaiomys leucurus Blyth	8
phenotypic plasticity	21
Phodopus campbelli Thomas	146
Phodopus roborovskii Satunin	392
phosacetim	88
phosphorus	8
photoperiod	120
photoperiodism	120
phylogenetic tree of rodent	324
physical control of rodent pest	278
pilferage behavior	72
pilferage tolerance	241
pindone	251
pituitary	59
plague	333
plant secondary metabolites, PSMs	425
plant-rodent mutualistic system	426
plasticity	193
population outbreak of *Microtus fortis* in the Dongting Lake Area	86
predation regulation hypothesis of rodent population dynamics	330
predator dispersal hypothesis	23
predator satiation hypothesis	22
processing and use of poison bait	87
progesterone	417
promurit	285
protein	72
Protobothrops mucrosquamatus (Cantor)	416
Pteromys volans (Linnaeus)	383
Ptyas dhumnades (Cantor)	362
Ptyas korros Schlegel	179

R

rapidly sequestering hypothesis	194
rat tapeworm	345
rat-bite fever	332
Rattus losea Swinhoe	163
Rattus nitidus Hodgson	71
Rattus norvegicus Berkenhout	130
Rattus rattus Linnaeus	363
Rattus tanezumi Temminck	169
recaching	90
reciprocal pilferage	153
red squill	126
regionalization of rodent pest	274
reproductive inhibition	94
reproductive strategies of rodent	287
Research Centre for Rodent Control of the Northwest A&F University	369
Research Group of Agricultural Rodent Control, Institute of Plant Protection, SAAS	343
Research Group of Forest Rodent Control of Sichuan Academy of Forestry	343
Research Station for Dongting Wetland Ecosystem, CAS	430
Research Station of Rodent Behavior in Xishuangbanna Tropical Rainforest	373
Research Station of Rodent Ecology, Donglingshan Mt. Ecological Field Station of Institute of Zoology, Chinese Academy of Science	429
resource utilization of rodent	307
respiratory quotient, RQ	153
responses of rodent to global change	300
resting metabolic rate, RMR	188
Rhombomys opimus Lichtenstein	69
ricin	21
rodent and health quarantine in port	193
Rodent Biological Research Group, College of Life Sciences, Shaanxi Normal University	252
Rodent Biology	220
rodent borne diseases	268
rodent community in forest	246
rodent community in grassland	28
rodent community in the farmland	226
Rodent Control Committee of Forest Insect Branch of China Forestry Society	432

rodent damage in corn field	415	rodent damage to fruit trees in north China	14
rodent damage in cotton fields	210	rodent damage to Inner Mongolia grassland	215
rodent damage in desert shrubland	162	rodent damage to vegetable	268
rodent damage in farmland in Northwest China	370	rodent damaged rangeland in The Three Rivers Headwaters region	243
rodent damage in farmland of South China	161	rodent damages in agricultural region	230
rodent damage in grassland of Xinjiang	397	rodent damages in soybean fields	65
rodent damage in Northwest Sichuan Province	344	rodent damages in the fields of East China	159
rodent damage in nursery garden	210	rodent damages to stored grains	25
rodent damage in peanut fields	153	rodent fertility control	285
rodent damage in rice field	340	rodent outbreak in Northern Xinjiang	15
rodent damage in the farmland of Central China	161	rodent pest control	269
rodent damage in the farmland of Northeast China	77	rodent pest control threshold	272
rodent damage in the fields of North China Plain	158	Rodent Pest Management	284
rodent damage in the Qinghai-tibet Plateau	235	rodent physiological ecology	312
rodent damage in wheat field	391	rodent population ecology	328
rodent damage monitoring in the farmland	224	rodent-predator system	320
rodent damage to desert steppe in Inner Mongolia	216	rodents damage to meadow steppe in Inner Mongolia	213
rodent damage to forest	202	rodents damage to forest in Southern China	212
rodent damage to forest in Northeast China	78		
rodent damage to fruit tree in southern China	212		

S

Salmonellosis	251	seed physical defence	449
Salpingotus kozlovi Vinogradov	243	seed predation	448
scatter hoarding	95	seed rain	450
schistosomiasis	402	seed retrieval	451
Sciurotamias davidianus Milne-Edwards	404	seed selection	449
seasonal adaptation	183	seed shadow	450
seasonal breeding or seasonal reproduction	183	seed-rodent interaction	338
seasonal changes	182	seedling establishment	414
seasonal rhythm	182	sex hormone	399
seasonality	182	sexual dimorphism of rodent	293
seed bank	447	sexual maturity	399
seed chemical defence	446	sexual selection of rodent	326
seed dispersal	447	short day or short photoperiod	89
seed dispersal fitness	447	silatrane	121
seed dormancy	449	social behavior of rodent	312
seed hoarding	451	social status	311
seed marking methods	445	sodium arsenate	255
seed odor	448	sodium arsenite	404

sodium cyanide	238
sodium fluoroacetate	97
special regulatory actions for forbidding tetramine	88
spermatogenesis	188
Spermophilus alaschanicus Büchner	2
Spermophilus dauricus Brandt	61
Spermophilus relictus Kashkarov	351
State Key Laboratory of Integrated Management of Pest Insects and Rodents	227
Station for Monitoring Pest Rodent in Agricultural Region, Ministry of Agriculture and Rural Affairs of the People's Republic of China	228
stress responses of rodent	300
strychnine	88
Studies on the Rodent-Seed Interactions of Forest Ecosystems—Exploring the Secrets of Cooperation between Antagonists	245
sulfaquinoxaline	175
Sun Ruyong	344
Suncus murinus Linnaeus	53
Symposiums on Rodent Control and Rodent Biology	211
system of rodent-vector-pathogens	309

T

tagged-seed marking method	446
Tamias sibiricus Laxmann	154
Tamiops swinhoei Milne-Edwards	412
taxonomy of rodent	302
taxonomy of rodent pests in China	427
Technical training meeting for rodent monitoring and management in agricultural areas of China	434
territorial behaviour of rodent	294
testicle	116
testosterone	116
tetramine	88
thallium acetate	60
thallium nitrate	383
thallous sulfate	204
the 10-year cycle of snowshoe hare and Canada lynx	401
the case of Qiu's raticide	238
the enviromental behaviors of rodenticides	247
The Field Station of Inner Mongolia Agricultural University	218
The Group of Grassland Rodent Ecology and Pest Management, Inner Mongolia Agricultural University	217
the mechanism of natural enemies of rodent	319
The Society for Vector Biology and Control Section, Chinese Preventive Medicine Association	444
Theory and Practice of Rodent Pest Management	283
thermogenesis	34
thermoregulation	349
thiosemicarbazide	251
three plague pandemics in history	334
thyroid gland	183
thyroid hormones	183
thyrotropin, thyrotropic hormone, thyroid stimulating hormone, TSH	60
tick-brone relapsing fever	233
torpid metabolic rate	420
torpor bout	421
Toxoplasma gondii	118
trapping barrier system, TBS	361
trichinosis	400
triptolide	197
Trogopterus xanthipes Milne-Edwards	97
Tscherskia triton de Winton	63
tsutsugamushi disease	411
tularemia	352
typhus	9

U

uncoupling protein, UCP	187
urine concentration	220

V

valone	412
visual communication of rodent	297
vitamin	361
vitamin D$_3$	362
Viverricula indica Desmarest	391

W

Wang Chengxin	354
Wang Tingzheng	355
Wang Zuwang	356
warfarin	251
water	339
water metabolism	340
white adipose tissue	8
Wildlife Ecology and Pest Management Group, Institute of Subtropical Agriculture, CAS	432
Working Group for Rodent Biology and Management, International Society of Zoological Sciences	124

X

Xia Wuping	380
Xilin Gol Station for Scientific Monitoring and Experiment on Rangeland Pests, Ministry of Agriculture and Rural Affairs of the People's Republic of China	229
Xinjiang hemorrhagic fever	398

Y

Yang Hefang	409

Z

Zhang Daming	419
Zhang Jie	420
Zhao Guizhi	420
Zhong Wenqin	445
Zhou Wenyang	452
zinc phosphide	203

其他

α-chloralose	470
α-chlorohydrin	469

内容中文索引

说 明

1. 本索引是全书条目内重要关键名词的索引。索引主题按汉语拼音字母的顺序并辅以汉字笔画、起笔笔形顺序排列。同音同调时按汉字笔画由少到多的顺序排列；笔画数相同时按起笔笔形横（一）、竖（丨）、撇（丿）、点（丶）、折（乛，包括丁、乚、く等）的顺序排列。第一字相同时按第二字，余类推。
2. 索引主题之后的阿拉伯数字是主题内容所在的页码，数字之后的小写拉丁字母表示索引内容所在的版面区域。本书正文的版面区域划分4区，如右图。

a	c
b	d

A

阿苯达唑　121b
阿卜热　418b
阿尔泰鼢鼠　26a
阿尔泰旱獭　178b
阿根廷出血热　22a，389b
阿姑　14a

埃氏仓鼠　89d
矮伶鼬　203d
矮鼠　40b
艾美尔球虫　114b
艾鼬　377a，442a
爱达荷地松鼠　327a

爱氏巨鼠　395d
安达曼鼠　363a
安第斯病毒　129a
安妥　270b
暗箭　279c
暗色雷鼠　318d

B

巴贝虫　424b
巴拿明更格卢鼠　453a
巴拿明花鼠　453a
巴西钩虫　8a
白斑小鼯鼠　222c
白腹巨鼠　395d
白鼠　203d
白条鼠　37a
白尾吊　130c
白尾鼠　16c
白尾松田鼠　222c，230c，372c
白癣　389b
白鼬　320d
白足鼠　194a
拜占庭鼠疫　334c
斑胸鼠　169d

搬仓鼠　63c，140c
板压法　280b
半数致死量　273c
棒杆鼱鼠　191a
豹　255b
豹鼠　412d
爆破灭鼠法　282a
北方田鼠　462c
北极黄鼠　85d，380a
北美飞鼠　318d
北美红松鼠　94c，95c，153c，452d
北美鼠兔　454c
北美灰松鼠　95c，153c，194a，
　　452c，454c，455b
北美洲雪兔　401d
北亚蜱传斑疹伤寒　20b

北亚热　32b
贝奥不育剂　285c，286c
贝叶斯法　96b
背纹仓鼠　140c
被动式RFID　225b
被动式电子标签　225b
鼻骨　323a
鼻骨长　323a
笔猫　391a
壁虎　309c
避免盗食假说　95c
边界值原理　320d
蝙蝠蛇　209a
扁颈蛇　406a
扁颅鼠兔　427d
标记重捕　224c

彪木兔　35c
波氏囊鼠　194a
玻利维亚出血热　22a
伯氏疏螺旋体　196d
泊氏长吻松鼠　222c
捕食　319d
捕食策略　320a
捕食风险　319d
捕食攻击　288d
捕食性天敌　275d
捕食应激　320a
捕食者—猎物模型　401d
捕食者饱和假说　66c
捕食者扩散假说　66d
捕鼠活套　33b，352b
捕鼠夹　271b，461d
捕鼠笼　158a，158d，271b，279a，461d
捕鼠箱　271b
不育法　270c
布鲁氏菌　32d
布鲁氏菌病　389b
布鲁斯效应　291b
布氏松田鼠　8d

C

菜花蛇　138c，354d
蚕蛾醇　290d
仓鼠　309c
仓鸱　89b
苍隼　51c
苍鹰　51c，275d
草地松鼠　351b
草甸田鼠　72c，97c，292c，293b，454c，455b
草猫　391a
草兔　78b
草原雕　51c，275d
草原旱獭　128c
草原黄鼠　61a
草原暮鼠　194a，318d
草原鼠害区划　274d
草原田鼠　72b，97c，127d
侧枕骨　323a
查士丁尼鼠疫　334c
柴达木根田鼠　222d
柴老鼠　69b
颤动性产热　34a
长耳猫头鹰　35c，275d
长耳木兔　35c
长耳鸮　51c，201c
长膜壳绦虫　345a
长尾仓鼠　235d
长尾刺豚鼠　95b
长尾吊　169c
长尾旱獭　128c
长尾黑线鼠　144a
长尾黄鼠　150d
长尾巨鼠　395d
长尾鼠　169c
长尾跳鼠　380a
长爪沙土鼠　37a
长沼病毒　129a
肠炎沙门氏杆菌属　149a，461d
肠炎沙门氏菌　276c
超声波灭鼠器　461d
超声波驱鼠法　281c
巢域　329a
车鼠　384b
晨昏型动物　45d
称星蛇　138c
成体性比　328d
橙腹长吻松鼠　222c
鸱　51c
齿骨　323a
赤腹松鼠　90d
赤狐　51c，201c，277a，320d
赤鼠　421a
虫吃法　321b
臭耗子　357a
臭老鼠　53c
臭鼩鼱　53c
出生率　329b
出窝率　329a
初产日龄　330a
川藏姬鼠　65d
川西白腹鼠　19d
川西鼠兔　212d
串地龙　440a
吹风蛇　209a，406a
吹哇（藏）　134d
锤骨　323a
雌三醇　60a
雌酮　60a
雌甾醇　60a
刺毛黄鼠　421a
刺毛灰鼠　16c
刺豚鼠　74a
刺猪　129c
丛林斑疹伤寒　411b
粗尾鼩鼱　53c
促肾上腺皮质激素　300a
促肾上腺皮质激素释放激素　300a
促性腺激素　60d

D

达尼契氏菌　149a，461d
达氏家鼠　169c
达乌里鼢鼠　26a
大鵟　275d，442a
大白鼠　262d
大扁颈蛇　406a

大扁头风　406a
大仓鼠　181d
大臭鼩　53c
大柜鼠　10a
大红牙䶄　460c
大家鼠　130c
大林姬鼠　42a，78b，90d，94d，
　　95c，159c，429a
大隆　13b，39c，270b，273a，
　　400a，462a，465d
大猫头鹰　73c
大猫王　73c
大膨颈　406a
大腮鼠　63c
大砂土鼠　69b
大山鼠　395d
大麝鼩　415c
大鼠　289d，425a
大眼镜蛇　406a
大眼贼　2c，61a
大猪尾鼠　222d
大足鼠　372c
代谢能　193a
代谢水　340a
袋狸鼠　310a
单宁酸　97c
单配制　292a，326d
淡纹黑线仓鼠　140c
倒须式捕鼠笼　279a
盗食假说　90d
稻鼠　40b
稻田家鼠　194a
灯光捕捉法　282b
镫骨　323a

堤岸田鼠　310a
敌鼠　270b
敌鼠害　339b
敌鼠钠　270b，270b，270b，270b
敌鼠钠盐　13b，73b，143c，173d，
　　177d，192c
地方性斑伤寒　9d
地方性斑疹伤寒　389b
地芬　硫酸钡　204d
地滚子　135b，357a
地箭法　27d
地老鼠　100a，106d
地理分布　330b
地排子　74d
地松鼠　49a，351b
地羊　26a，74d
电猫　395a，461d
电子标签技术　225b
电子捕鼠器　281b，461d
电子猫　69a，281b
貂　255b
雕　377a
雕鸮　51c，275d，442a
吊石压箭　27d
吊桶法　282d
钓钩类捕杀法　281a
跌洞法　282c
"丁"字形弓箭　279d
丁二醇二甲酸酯　285c
顶骨　323a
顶间骨　323a
东罗马鼠疫　334c
东美花鼠　94c，452d
冬季免疫增强假说　331c

动物信息素　290d
动物疫病国际研究计划　123b
动植物互作研究网络　124b
洞口投饵　274b
豆鼠　392b
豆鼠子　2c，61a
都兰利什曼　32b
毒饵盒投饵　274c
毒饵警戒色　274b
毒饵黏着剂　274b
毒饵配置方法　77a
毒饵添加剂　274b
毒浆体病　389b
毒蜂　201c
毒鼠硅　270b
毒鼠碱　249d
毒鼠磷　270b，270b
毒鼠灵　88c
毒鼠强　249d
杜氏利什曼　32b
杜氏利什曼原虫　139b，389b
渡鸦　275d
短耳猫　89b
短耳猫头鹰　89b
短耳鸮　51c
短毛豚鼠　262b
短尾负鼠　198b
短尾鼩　357a
多菌灵　161a
多配制　292a，326d
多头绦虫　152b
多纹黄鼠　183d
躲避捕食者机理　320c

E

俄老刁　134d
莪黄醇　92a
莪术醇　286d
峨眉鼠兔　427d
额骨　323a

厄尔尼诺现象　300d
鄂木斯克出血热病毒　92b
腭长　323c
腭骨　323a
恩诺沙星　7b

耳高　73b
二次中毒　274a
二脒替　140b

F

翻垛捕鼠 282d	反馈假说 90d	分解代谢 219b
繁殖成功率 93d	饭铲头 209a	鼢灵杀鼠剂 27d
繁殖代价 93d	方氏鼢鼠 440a	呋喃丹 161a
繁殖竞争 287d	防御性攻击 288d	伏灭鼠 97a
繁殖努力 93d	放线菌酮 271c	氟醋酸钠 97a
繁殖期 328d	飞虎 97d	氟代乙酰胺 97b
繁殖启动 328d	非颤动性产热 34a	氟喹酮 203c
繁殖强度 329d	非颤抖性产热 266b	氟羟香豆素 97a
繁殖指数 329d	非适应性假说 95c	氟鼠灵 97a
繁殖终止 328d	非洲刺毛鼠 319a	氟乙酸钠 249b，270b
繁殖周期 287d	非洲林睡鼠 380a	氟乙酰胺 33a，249b，270b
反捕食攻击 288d	非洲猬目 427c	负反馈环假说 350d
反捕食行为 319d	肥满度 95b，136c，330b	副伤寒 251d
反捕食者机理 320c	肺鼠疫 335c，372a	副伤寒沙门氏菌 276c

G

甘氟 33a，270b，270b，270b	弓箭法 27d	狗獾 201c
甘肃仓鼠 22b	弓箭类捕鼠法 279b	怪鸱 73c
甘肃鼠兔 185b	弓射地箭法 442b	灌水 33b，352b
刚毛棉鼠 72c	弓形虫 32d，389b	灌水灭鼠 282b
钢丝圈套法 377b	弓形夹 33b，278c	光周期通路 220b
高砂蛇 414d	弓形夹捕法 27d	国际动物学大会 122b，285a
高山标蛇 179d	弓形夹捕捉 442a	国际啮齿类动物生物学与治理研究
高原姬鼠 104c	弓形夹法 377a	网络 124a
高原田鼠 235d	弓形鼠夹 33b，352b	国际自然保护区联盟 124b
睾丸素 116b	功能反应 319c	国家林业和草原局生物灾害防控
睾丸酮 116b	攻击行为 288c，326a	中心 125a
睾丸下降率 328c	共情反应 289d	过山标 406a
睾甾酮 116b	共情行为 289d	过山风 209a，406a
犵猁 154b	沟鼠 130c，310a	过山峰 406a
哥伦比亚黄鼠 380a	沟牙田鼠 427d	过树龙 179d
更格卢鼠 221c	钩端螺旋体病 389b	过树榕 179d

H

哈拉 374b	海猪 262b	汉坦病毒心肺综合征 128d
海绵异刺线虫 389b	寒号虫 97d	豪猪 159c
海南低泡飞鼠 159c	汉城病毒 256a	禾鼠 40b
海南屋顶鼠 363a	汉坦病毒 2a，128d，256a	合成代谢 219b

河狸鼠 194a
荷兰兔 262c
荷兰猪 262b
核酸探针 252b
褐家鼠 194a
黑白飞鼠 159c
黑唇鼠兔 110c
黑弗里尔热 332d
黑港渠病毒 129a
黑家鼠 194a，363a
黑死病 333b
黑松鼠 90d，95c，453a
黑尾草原犬鼠 194a，312c
黑线仓鼠 127d，318c
黑线姬鼠 214a
黑线毛足鼠 198a，214a
黑线绒鼠 135b
黑线鼠 144a
恨狐 73c
红斑丹毒丝菌 57d，152b
红斑蛇 53a
红背䶄 428a
红背鼯鼠 159c
红海葱 126d，143c
红旱獭 36b
红喉长吻松鼠 222c
红狐 277a
红颊长吻松鼠 222c
红脚隼 51c
红毛耗子 460c
红霉素 203c
红鼠兔 427d
红松鼠 453a
红隼 51c，275d
红腿长吻松鼠 159c，222c
红尾沙鼠 230c

后足长 73b
呼吸交换率 153b
呼吸酶抑制剂 249c
狐 5c，377a，442a
狐狸 33a，38d，255b
胡勒－依巴拉格 89b
胡秃鹫 275d
虎 255b
虎鸫 35c
虎鼬 33a，51c
花背仓鼠 140c
花广蛇 138c
花狸棒 154b
花栗鼠 154b，309c
花头鸺鹠 201c
花纹沙蟒 297b
花园睡鼠 380a
华北鼢鼠 74d
华法林 251b
华法令 251b
华美鼠负鼠 265d
华支睾吸虫 389b
滑动调定点假说 350d
化合物 F 233a
化学防治 270a
化学性消化 381c
怀孕率 328c
獾 442a
环丙醇 285c
环丙醇类衍生物 286b
环丙沙星 203c
环形夹 278c
缓效杀鼠剂 274a
荒漠林鼠 72c，97c
荒漠毛跖鼠 392a
黄刺毛鼠 421a

黄肚龙 179d
黄风蛇 362c
黄腹花松鼠 412d
黄腹鼠 169c
黄哥仔 163d
黄姑鼠 16c
黄耗子 37a
黄喉姬鼠 42a，194a
黄颊田鼠 292b
黄狼 175b
黄老鼠 69b，175b
黄磷 8a
黄毛鼠 340c
黄毛跳 421a
黄皮子 175b
黄梢蛇 179d
黄鼠 61a，351b
黄鼠狼 175b
黄松花鼠 23a，72d，90d，95c，
　153c，242a，453a，454a
黄胸鼠 25a
黄鼬 255b，442a
灰旱獭 36c
灰松鼠 453a
灰头小鼯鼠 222c
灰尾兔 115b
回归热螺旋体 233d
蛔虫 389b
婚配制度 292a，330a
婚外交配 96b
混合法 87d
混交制 292a
活动翻板捕鼠 282b
活动距离 329a
火赤链 53a

J

机械性消化 381b
鸡豹子 14a
鸡母鹞 234c

姬鼠 65d
基长 323c
基础代谢率 208b，266b

基蝶骨 323a
基饵 274a
基枕骨 323a

急性杀鼠剂　273d
记忆假说　90d
季节性蛰眠　379c
寄生物　275d
加利福尼亚金背黄鼠　380a
加拿大猞猁　401d
加州黄鼠　194a
夹捕法　224c，278a，361d
家耗子　130c
家蛇　138c
家鼠　310a，363a
家小鼠　384b
甲苯咪唑　121b
甲基葡胺锑　140b
甲基鼠灭定　331d
甲基异硫磷　143c
甲基异柳磷　161a
甲状腺氨酸　60b

假结核　389b
假结核病　63a
兼性产热　34a
兼性冬眠动物　242c
剪具类捕杀法　280d
箭猫　391a
箭猪　129c
姜黄醇　92a，286d
姜黄环氧醇　92a
交配后受精前选择　326c
交配前选择　326c
角鸮　73c
教学标本　303d
结肠内阿米巴　389a
解毒剂　274a
金背黄鼠　380a
金仓鼠　72b，260d，263a，266a
金雕　51c，201c，275d

金耗儿　144a
金花鼠　154b，412d
金黄刺毛鼠　319a
金黄小啸鼠　318d
金猫　277a
金色中仓鼠　120c，347b
锦蛇　138c
进化免疫学　259b
近日节律　241a
浸泡法　87c
鸠宁　1a，2a
鸠宁病毒　21c，22a
鹫　51c
鹫兔　73c
拒食性　274c
距离隔离　96b
蹶鼠类　427d

K

开放式代谢系统　181b
坎氏毛足鼠　146d，347b
抗凝血杀鼠剂　250a
抗药性　274c
抗胰蛋白酶　97b
柯氏鼠兔　427d
可调整多向捕鼠器　442c

可灭鼠　400a
克鼠灵　193d
克鼠星1号　9c
孔氏鼠　16c
扣盆（碗）捕鼠　282b
快速隔离假说　90d，95c
鵟　51c

眶蝶骨　323a
眶间宽　323c
蝰蛇　201c
扩散　329a
扩散距离　329a

L

拉布拉多白足鼠　265d，453a
拉尼娜现象　300d
拉沙病毒　196a，202b
莱姆病　268d，389b
狼　33a，201c，255b，377a，442a
劳亚食虫目　427c，427c
老鼠蛇　416b
老兔　73c
老鹰　51c
老鸢　134d
烙铁头蛇　416b

乐万通　39c，273a
雷公藤多苷　197c，286c
雷公藤内酯　197c
雷公藤内酯醇　197c
雷公藤制剂　285c
雷管灭鼠　282a
雷藤素甲　197c
泪骨　323a
类丹病毒　152b
类丹毒　63a，389b
冷诱导产热　34a

狸猫　14a
梨鼠　26a
李司特菌病　389b
理查德森黄鼠　380a
立克次氏体　9d
立克次氏体痘　389b
立克命　272d
利巴韦　129c
利比亚沙鼠　149d
利发安　272d
利福霉素　21a

利什曼原虫　139b，71b
栗鼠　421a
联苯杀鼠萘　269a
凉山沟牙田鼠　222c
猎隼　51c
裂体吸虫或血吸虫　424b
邻苯二甲酸二甲酯　245c
邻接法　96b
林姬鼠　42a
林鼠　426b
林芝松田鼠　222c
淋巴球性脉络膜脑膜炎　389b
淋巴细胞性脉络丛脑膜炎病毒　202b
磷化锌　270b，270b，270b，270b，270b

鳞鼹鼩　357a
鳞状骨　323a
羚松鼠　339d
领域性攻击　288d
流行性斑疹伤寒　9d
流行性出血热　19d，64c
流行性出血热病毒　256a
流行性关节红斑症　332d
琉球小家鼠　159c
硫磺腹鼠　16c
硫酸亚铊　204d
笼捕法　278d，361d
颅高　323c
颅全长　323c
旅鼠　167a，321a
鹿鼠　194a，293b

鹿蝇热　352b
氯敌鼠　206b，270b，270b，270b
氯敌鼠钠盐　33b
氯硅宁　121b
氯华法令　21a
氯霉素　7b，7b，10a，21a，203c
氯灭鼠灵　21a
氯杀鼠灵　21a
氯鼠铜钠盐　192c
卵泡刺激素　167a
罗伯罗夫斯基仓鼠　392b
罗赛鼠　163d
罗氏鼩鼠　212d
裸尾鼩鼠　74d
裸鼹鼠　260d

M

麻狸　14a
马来豪猪　129c
马钱子碱　88b
马秋博　1a，2a，21c
马秋博病毒　22a
麦秆小家鼠　191a
满洲兔　78c
曼氏血吸虫　389b
慢性杀鼠剂　274a
盲鼠　74d
猫　14a
猫传染性贫血　7a
猫儿老壳耗子　135b
猫狐　35c
猫头鹰　51c
毛滴虫　389b
毛脚鼠　392b
毛老鼠　404c
没鼠命　88c，88d，270b，270b

眉蛇　138c
梅氏更格卢鼠　94c，95d，452d
酶联免疫吸附试验　252b
每日能量支出　208b
美拉酮宁　353c
美女蛇　414d
美女鼠蛇　138c
美洲板口线虫　8a
美洲土拨鼠　380a
美洲兔　300b
蒙古旱獭　370d
蒙古黄鼠　61a
蒙古沙鼠　37a
猛禽　5c
孟加拉板齿鼠　194a
咪唑苯脲　7b
米诺环素　203c
米鼠仔　384b
密度效应　330b

密雷日克夫斯基氏菌　149a，461d
棉酚　274a
免疫衰退假说　331c
免疫荧光　252b
缅鼠　194a
灭雀灵　470
灭鼠毒饵　274b
灭鼠硅　121b
灭鼠肼　285b
灭鼠雷　271b
灭鼠灵　251b
灭鼠弹　271b
鸣声鼠　185b，418b
鸣声兔　110c
莫氏立克次体　9d
莫氏田鼠　214a，222d
墨脱松田鼠　222d
母性攻击　288d
木板夹　158d

N

钠通道　220c

萘满香豆素　272d

南非乳鼠　194a

南美小型仓鼠　380a
脑颅　323a
脑颅宽　323c
内温动物　379c
能量摄入　220a
能量消耗　220a
尼罗河鼠　194a
拟黑线仓鼠　140c
拟家鼠　163d
拟田鼠　8d
年际繁殖成功率　93d

年节律　296b，296c
年节律生物钟　260b
年龄结构　329c
年生产胎数　330a
黏附法　87c
黏液瘤病毒　276d
念珠状链杆菌　332d
尿素通道　220c
聂拉木松田鼠　222d
啮齿目　302a，427c，427c
啮齿目分类系统　221d

纽约 1 型病毒　128d
纽约病毒　128d
《农区鼠害监测技术规范》　269c
《农区鼠害控制技术规程》　269c
《农药登记用杀鼠剂防治家栖鼠类药效试验方法及评价》　269c
农业鼠害区划　274d
疟原虫　389b
挪威鼠　130c
诺氟沙星　203c

O

欧䶄　194a

欧洲睡鼠　380a

P

帕氏鼠兔　397d
攀鼠类　427d
配偶选择　96b
喷他脒　140b
皮肤利什曼病　389b
皮质类固醇激素　255d
蜱传斑疹伤寒　57d，64c

蜱传回归热　389b
蜱传立克次氏体病　389b
蜱传脑炎　244d
偏亚砷酸钠　404b
珀氏长吻松鼠　159c，213a
葡糖胺锑　140b
葡萄糖酸锑钠　140b

圃鼠　40b
普罗米特　270b，270b
普马拉病毒　256a
普氏立克次体　9d
普通鵟　201c，442a
普通田鼠　247c，320d
普通小家鼠　384c

Q

七间猫　391a
齐氏姬鼠　104c
其他捕鼠方法　282b
棋盘蛇　184c
气候变暖　300d
气味标记　294b
器械捕杀法　77a
器械灭鼠　461d
迁出率　329c
迁入率　329c
迁移　329a
前碟骨　323a
前颌骨　323a
钱猫　14a

钱鼠　53c
倩花鼠　453a
羌虫病　268d
强力霉　7b
翘鼻蛇　184c
青根貂　253c
青海毛足田鼠　222c
青毛硕鼠　159c
青鼬　442a
氢化可的松　233a
氢皮质素　233a
情绪感染　289d
球状附红细胞体　389b
驱赶　294b

趋避剂　271b
鼩形目　427c
圈套法　280b
全国野生动物生态与资源保护学术研讨会　285a
全球变化生物学效应国际研究计划　123a
全致死量　273d
全自动捕鼠器　461d
颧骨　323a
颧宽　324a
犬　255b
犬钩虫　8a
炔雌醚　147a，274a，286d，395a

缺乏贮藏空间假说 95c 群栖田鼠 378d 群体补充率 329a

R

饶阳大仓鼠 127d
人工活捕法 442a
妊娠频度 330a
日本分体吸虫 402b
日本林姬鼠 42a
日本睡鼠 380a

日本松鼠 95c,453d
日本血吸虫 389b
日节律 296b,326a
日节律生物钟 260b
日能耗 208b
日食量 330b

绒鼠 135b
肉毒素 27d,48a,249d,270d,273c
肉毒梭菌 52a,238b,242c,270d
乳胶凝集试验 252b
瑞氏黄鼠 183d

S

塞隆 106d
塞隆骨 307b
噻苯唑 121b
赛隆 440a
三步倒 88c,249b
三道眉 412d
三碘甲状腺氨酸 60b
三脚架踏板地箭 280a
三氯硝基甲烷 206a
三羧酸循环抑制剂 249c
三线鼠 146d
三乙撑三聚氰酰胺 285c
三趾跳鼠 162d,210c,216c
桑根蛇 53a
骚猫 391a
臊鼠 53c
扫毛子 404c
森林姬鼠 65d
森林脑炎 389b
森林脑炎病毒 244d
森林鼠害区划 274d
杀鼠灵 270b,270b,273a
杀鼠隆 400a
杀鼠迷 251b
杀鼠醚 270b,270b
杀鼠嘧啶 331d
杀鼠萘 251b
杀鼠优 270b
杀它仗 39c,97a,152c,177d,250c,270b,273a,462a

杀婴行为 330a
沙狐 51c,277a
沙门氏杆菌属 149a,461d
沙门氏菌 251d,276c
沙门氏菌病 63a,389b
沙漠侏儒仓鼠 392b
沙土鼠 262d,309c
山地田鼠 266a,292c,299c
山耗子 42a
山河狸 194a
山奈 238c
山奈钠 238c
山蛇 179d
山鼠 421a
山跳子 78c
山兔 78c
山万蛇 406a
伤寒沙门氏菌 276c
上颌骨 323a
上白齿列长 323c
上枕骨 323a
上竹龙 179d
猞猁 377a
社群结构 330a
社鼠 16c,22b
麝狸 253c
麝猸 253c
麝鼠 309c

麝香鼠 253c
神经毒剂 249d,273c
神皮花蛇 414d
肾上腺皮质激素 233b
肾综合征出血热 389b
生理出生率 329b
生理死亡率 329b
生态出生率 329b
生态死亡率 329b
生态位 330b
声音标记 294b
绳套法 280c
施氏屋顶鼠 363a
十二指肠钩口线虫 8a
石虎 14a
石老鼠 404c
石压地箭法 442b
实际死亡率 329b
食虫类 318b
食虫鼠 53c
食谷类 318b
食果类 318b
食物特殊动力作用 208b
食物诱导产热 34a
食叶性类 318b
士的宁 88c,270b
视交叉上核 296b
视觉标记 294b
适口性 273d

适应性产热 208b
嗜肝病毒 51b
嗜谷绒鼠 67a
受精后选择 326c
梳趾鼠 221c
鼠痘病毒 276b
鼠顿停 206b
鼠钩虫 7c
鼠害综合治理 285a
鼠夹 69a，395a
鼠克星 331d
鼠类地理学 284c
鼠类防控 284d
鼠类分类学 284c
鼠类行为生态学 284c
鼠类假剥制标本 303d
鼠类进化生物学 284c
鼠类群落生态学 284d
鼠类生理生态学 284c
鼠类生态系统生态学 284d
鼠类生物学与治理国际研讨会 285a
鼠类头骨标本 321b
鼠类危害 284d

鼠类形态学 284c
鼠类种群生态学 284c
鼠类资源利用与保护 284d
鼠笼 69a，278d，395a
鼠肉孢子虫 389b
鼠伤寒沙门氏菌 276c
鼠完 251c
鼠疫 389b
鼠疫杆菌 32b，71b，333b
鼠疫耶尔森菌 333b
树标子 97d
树鼠类 427d
数值反应 319c
刷尾负鼠 426a
衰老假说 331c
双甲敌鼠胺盐 173d，174a
水灌法 33b，352a
水耗子 71c，80a，253c
水老鼠 253c
水平衡 340a
水鼩 247c
水通道 220c
水煮剥离法 321b

睡眠周期 296b
司替巴胖 140b
斯氏家鼠 363a
斯锑黑克 140b
死亡率 329b
四川短尾鼩 357a，415c
四川毛尾睡鼠 427d
四二四 88c
四合一粘鼠胶 281d
四环素 7b，10a，21a，203c
松貂 201c
松果腺素 353c
松花蛇 354d
松狼 163b
松鼠 404c
松田鼠 8d
松香类粘鼠胶 281c
笋壳斑 416b
隼 38d
缩小膜壳绦虫 345b
索蛇 179d

T

塔尔巴干 370d
踏板夹 278a
踏板式连续捕鼠笼 279b
胎间隔 330a
胎仔数 328c
台湾短尾鼩 357b
台湾田鼠 222d
台湾小家鼠 191a
弹簧鼠夹 33b，352b
炭疽 389b
绦虫 389b
啼鼠 418b
体长 73b
体外模式人工氧合法 129b
体脂稳态理论 350c
体重 73b

天敌 271a
天山旱獭 178b
天竺鼠 262b
田姬鼠 144a
田猫王 89b
田鼠 309c，462c
条带投饵 274b
条纹鼠 339d
跳猫 78c
跳鼠 221c
跳树标 179d
铁板夹 158d
铁皮弓形夹 278c
听骨 323a
听觉通讯 298a
听泡长 323c

听泡骨 323a
听泡宽 323c
土豹 234c
土拨鼠 128c，260d，307d，309c
土拨鼠肝炎病毒 308a
土狗 374b
土拉杆菌 352c
土拉菌病 352b
土拉伦菌病 32b，47c，63a，389b
土霉素 7b
土壤种子库 447a
土蛇 179d
兔狲 33a，277a
兔形目 302a，427c，427c
褪黑激素 353c
豚鼠 22a，260d，262b，309c，

347a，348a

托氏鼠兔　185d

W

挖洞灭鼠　282b
晚成型幼体　347a
万蛇　209a
王蟒　354d
王蛇　354d
王字头　354d
微生物消化　381c
围栏捕鼠法　84d
围栏陷阱法　173b，226a
苇田鼠　80a
尾长　73b
委内瑞拉马脑炎病毒　310a
卫氏并殖吸虫　424b
未成熟型幼体　347a

猬形目　427c
闻到死　88c
倭松鼠　159c
乌凤蛇　362c
乌脚猫　391a
乌毛柜鼠　10a
乌蛇　362c
乌歪　179d
乌鸦　275d
屋顶鼠埃及亚种　363a
屋顶鼠滇西亚种　363a
屋顶鼠海南亚种　363a
屋顶鼠尼泊尔亚种　363a
屋顶鼠西西里亚种　363a

屋顶鼠指名亚种　363a
无黄胆性钩端螺旋体病　47c
无尾鼠　185b
五步龙　184c
五步蛇　184c
五道眉　154b
五价锑化合物　140b
五氯硝基苯　161a
伍连德　437b
戊脘脒　140b
物理防治　271b
物理性消化　381b
物联网技术　225a

X

西伯利亚花鼠　22b
西伯利亚立克次体斑疹热　20b
西藏鼠兔　418b
西藏啼兔　418b
西方马脑炎　389b
西南非沙鼠　339d
西南绒鼠　443c
西撒哈拉刺鼠　194a
吸收胚胎　329b
希日－芍布　73c
锡兰钩虫　8a
鼷鼠　384b
系统发育树　324a
系统树　324a
瞎狯　440a
瞎老　106d，440a
瞎老鼠　26a，74d，100a，106d
瞎摸鼠子　74d
瞎瞎　100a
狭颅田鼠　214a
狭颅田鼠艾氏亚种　378d

狭颅田鼠河北亚种　378d
狭颅田鼠呼伦贝尔亚种　378d
狭颅田鼠马依勒亚种　378d
狭颅田鼠天山亚种　378d
狭颅田鼠谢尔塔拉亚种　378d
狭颅田鼠指名亚种　378d
下颌　323a
下颌齿列基长　324a
下颌骨　323a
下颌全高　324a
下丘脑—垂体—肾上腺　300a
陷鼠法　282d
香菇狼　163b
香猫　391a
响铃猪　129c
象鼩目　427c
肖尔腾－伊巴拉格　35c
消化系统　382c
消化抑制剂　425d
硝基三氯甲烷　206a
小白鼠　22a，261d，392b

小长尾刺豚鼠　235b
小耳木兔　89b
小耗子　384b
小黄狼　163b
小家鼠　25a
小家鼠北疆亚种　390c
小隆　39c，273a
小螺菌　332d
小毛足鼠　318d，412a
小拟袋鼠　10a
小腮鼠　140c
小麝鼩　35d
小鼠　261d，289d，384b
小五趾跳鼠　210c
小猪尾鼠　222d
协同进化　320a
血清学检验法　7b
血吸虫病　85a
辛诺柏病毒　128d
新疆出血热病毒　398a
新疆治蝗灭鼠指挥部　52c

新西兰白兔　262c
信息素　290d
信息素通讯　290d
性比　328d
性别间选择　326c
性别内选择　326c
性别偏向扩散　96b
性成熟　329d

性相关攻击　288d
雄性条纹鼠　288a
熊　377a
休氏壮鼠　222d
鼩兔　89b
溴敌隆　13b，33b，270b
溴联苯杀鼠醚　400a
溴鼠灵　13b，273a

溴鼠隆　400a
旋毛虫　389b
旋毛虫病　389b
旋毛形线虫　400b
选择性繁殖策略　287d
雪里猫　374b
雪鸮　51c
雪猪　374b

Y

牙鹰　134d
亚急性杀鼠剂　274a
亚砒酸钙　404a
亚砷酸　270b
亚太地区森林入侵物种网络　123c
亚太野生动物疫病合作网络　124a
亚洲野猫　277a
烟炮灭鼠　282a
岩鼠　418b
岩松鼠　22b，95b
岩兔　116c，418b
岩鹰　134d
研究标本　303d
鼹鼠　288a
鼹形田鼠　214a，397d
燕麦鼠　40b
燕隼　51c
氧化磷酸化抑制剂　249c
恙虫病　389b
恙虫病东方体　310a
恙虫病立克次体　411b
药老鼠　357a
鹞　51c
鹞鹰　134d
野狸　14a
野猫　201c，255b

野鼠净　73b
野兔热　41d，47c，255b
野兔子　115b
野外鼢鼠　191a
野猪　201c
夜猫子　35c，89b
一雌多雄制　292a，326d，292a
"一带一路"鼠类不育控制
　　示范　123b
伊犁鼠兔　427d
依诺沙星　203c
依萨琴柯氏菌　149a，461d
乙酸铊　60d
抑黑素　353c
翼蝶骨　323a
翼骨　323a
银黑狐　51c，51d，52a
银狐　52a，277a
银鼠　203d
银星竹鼠　159c
隐匿管状线虫　389b
隐纹花鼠　412d
印度板齿鼠　10a，194a
印度地鼠　230c，397d
印度式捕鼠笼　279a
应激性攻击　288d

鹰　38d，377a
鹰架　9c，33b，51d，160a，276a，
　　330d，408d
荧光定量PCR　252b
硬皮仓鼠　21c
优势攻击　288d
油菜花　354d
游隼　51c
有耳麦猫王　35c
诱饵　274a
鼬　5c，38d
鱼肠毒饵　58b
羽尾跳鼠　28c
玉斑蛇　414d
玉带蛇　414d
育成水　340a
鸢　51c
园鼠　163d
原鼢鼠　440a
远东田鼠　80a
月鼠　384b
越冬存活率　329a
越冬基数　330b
云猫　277a
云南壮鼠　222d

Z

早成型幼体　347a
蚱蜢鼠　53c

粘鼠板　69a，281d
粘鼠胶　281c

粘鼠胶捕鼠　281c
招鹰　51d，187a，276a，343d，

344b，408d
昭麻蛇 53a
沼泽田鼠 80a
蛰眠 379d
针毛黄鼠 421a
真剥制标本 257b
砧骨 323a
榛鼠 421a
榛睡鼠 380a
整合动物学国际研讨会 285a
枝条法 280b
直接镜检法 7b
植冠种子库 447a
植食性 318b
柿鼠 326d
致死中量 273c
鸷鸟 51c，134d
中国仓鼠 140c
中国地鼠 140c，260d，261a
中国动物学会兽类学分会 285a
中国海南低泡飞鼠 222c
中国林学会森林昆虫分会鼠害治理
　专业委员会 285a

中国生态学会动物生态专业
　委员 285a
中国田鼠 309c
中国植物保护学会鼠害防治专业委
　员会 285a
中华姬鼠 205a
中华预防医学会媒介生物学及控制
　分会 285a
中华竹鼠 159b
中美毛臀刺鼠 153c
中蒙俄走廊生态安全风险评估 123b
中南美原鼠 318d
终生繁殖成功率 93d
种间信息素 290d
种内竞争 330b
种群动态 330a
种群分布格局 330a
种群密度 329c
种群天敌调节假说 330c
种子资源库 447a
昼夜周期 296b
猪霍乱沙门氏菌 276c
猪尾鼠 159b

猪鼠 10a
竹笪围捕法 282d
竹弓 279b
竹剪 279b
专性产热 34a
专性冬眠动物 242c
壮暮鼠 318d
锥虫 389b
姿态标本 257b
资源种子库 447a
子宫斑 329c
紫貂 377a
棕色脂肪组织 133d
棕熊 201c
纵纹腹鸮 201c
最大代谢能 466c
最大简约法 96b
最大似然法 96b
最小死亡率 329b
最小致死量 273c
左炔诺孕酮 147a，274a，286d，
　395a
左旋咪唑 121b

数字 字母

α-氯代醇 285c
α-三氯乙醛化葡萄糖 470a
1-萘基硫脲 6c
3-氯丙甘醇 469d
3S 技术 224d
101-粘鼠胶 281d
5170 菌 149a，d
C/D 型肉毒杀鼠素 276a
C57BL/6J 小鼠 293b
C 型（D 型）肉毒梭菌毒素 368a
C 型肉毒素 27d，48a，102c，
　249d，273c

C 型肉毒梭菌毒素 242c
D 型肉毒素 27d，48a，102，377d
D 型肉毒梭菌 238b
D 型肉毒梭菌毒素 242c
EP-1 286d
EP-1 不育剂 143c，147b，395a
EP 285c
EP 不育剂 147a，287a
EP 系列不育剂 286d
LCM 病毒 202b
Machupo 病毒 202b
P-1 拒避剂 9c

PCR 252b
PCR 检测法 7b
Q 热 57d，194a，389b
SD 大鼠 290a
swiss 小鼠 261b
Tacaribe 病毒 202b
TBS 39a，84d，161b，173b，
　226a，361c，461d
trade-off 原则 294a
UCP1 187d
urban 斑疹伤寒立克次体 57d
Wistar 大鼠 293b

内容外文索引

说 明

1. 本索引是全书条目中重要外文名称（包括物种拉丁名和英文名）的索引。
2. 索引主题之后的阿拉伯数字是主题内容所在的页码，数字之后的小写拉丁字母表示索引内容所在的版面区域。本书正文的版面区域划分4区，如右图。

a	c
b	d

A

Acomys cahirinus　194a, 319a
Acomys russatus　319a
Akodon azarae　318d
alashan ground squirrel　2c
Allactaga bullata Allen　188c
Allactaga sibirica alaschanicus　365b
Allactaga sibirica altorum　365b
Allactaga sibirica annulata　365b, 365b
Allactaga sibirica Forster　365a
Allactaga sibirica hayaensis　365b
Allactaga sibirica saltator　365b
Allactaga sibirica sibirica　365b, 365b
Allactaga sibirica suschkini　365b

Allactaga spp.　427d
Allocricetulus eversmanni Brandt　89d
Ammospermophilus leucurus　339d
annual reproductive success　93d
Anourosorex squamipes squamipes　357b, 357b
Anourosorex yamashinai　357b
antipancreatic protein enzymes　97b
Aplodontia rufa　194a
Apodemus agrarius agrarius　144a
Apodemus agrarius insulaemus　144a
Apodemus agrarius mantchuricus　144a
Apodemus agrarius ningpoensis　144a
Apodemus agrarius Pallas　144a
Apodemus agrarius pallidior　144a

Apodemus agrarius　214a
Apodemus chevrieri Mline-Edwards　104c
Apodemus draco Barrett-Hamilton　205a
Apodemus flavicollis　42a, 194a
Apodemus latronum Thomas　65d
Apodemus peninsulae　42a, 94d, 429a
Apodemus peninsulae praetor　42b
Apodemus peninsulae qinghaiensis　42b
Apodemus specious　42a
Arvicanthis ansorgei　297b
Arvicanthis niloticus　194a
Arvicola amphibius　247c
asian house shrew　53c
Asio flammeus Pontoppidan　89b

B

Bandicoota indica　310a
Bandicota bengalensis　194a
Bandicota indica　10a, 194a
Bayesian　96b
beauty snake　138c

Berylmys bowersi　159c
big eyed ratsnake　362c
black-eared kite　134d
Bolomys obscurus　318d
Borrelia burgdorferi　196d

Borrelia ricurrentis　233d
Bubo bubo Linnaeus　73c
buff-breasted rat　169c
Buteo japonicus Temminck & Schlegel　234c

C

Callosciurus erythraeus 48b, 90d, 212d
Calomys callosus 21c
Calomys laucha 194a, 318d
Calomys musculinus 318d, 380a
Cansumys canus 22b
Cavia porcellus Linnaeus 347a, 348a
Chaetocauda sichuanensis 427d
Chinese hamster 140c
chinese mole shrew 357a
Chinese ratsnake 179d
chinese short-tailed shrew 357b
Chiropodomys spp. 427d
Citellus erythrogenys Brandt 49a
Citellus erythrogenys brevicauda Brandt 49a
Citellus erythrogenys carruthersi Thomas 49a
Citellus erythrogenys erythrogenys Brandt 49a
Citellus erythrogenys iliensis Beljaev 49b
Citellus erythrogenys intermedius Brandt 49a
Citellus erythrogenys palldicauda Satunin 49b
Citellus undulatus 150d
Clethrionomys glareolus 194a
Clethrionomys rufocanus Sundevall 460c
Clethrionomys rutilus Pallas 147c
cold-induced thermogenesis 34a
Cricetulus barabensis fumatus Thomas 140d
Cricetulus barabensis griseus Milne-Edwards 140d
Cricetulus barabensis manchuricus Mori 140d
Cricetulus barabensis obscurus Milne-Edwards 140d
Cricetulus barabensis Pallas 140c
Cricetulus barabensis xinganensis Wang 140d
Cricetulus barabensis 127d, 318c
Cricetulus griseus 140c, 261a
Cricetulus longicaudutus 235d
Cricetulus migratorius caesius Kaschkasrov 176a
Cricetulus migratorius coerulescens Severtzov 176a
Cricetulus migratorius fulvus Blanford 176a
Cricetulus migratorius Pallas 176a
Cricetulus obscurus Milne-Edwards 140c
Cricetulus pseudogriseus 140c
Cryptomys hotteentotus 288a
Ctenomys talarum 326d
Cynomys ludovicianus 194a, 312c

D

Dasyprocta punctate Gray 153c
daurian ground squirrel 61a
david's rock squirrel 404c
Deinagkistrodon acutus (Günther) 184c
desert hamster 392a
diet-induced thermogenesis 34a
Dipodomys merriami 94c, 95d, 452d
Dipodomys panamintinus 453a
Dipus sagitta 216c
djungarian hamster 146d
Dremomys gularis 222c
Dremomys lakriah 222c
Dremomys pernyi 159c, 222c
Dremomys pyrrhomerus 159c, 213a, 222c
Dremomys rufigenis 222c
Dryomys nitedula angelus Thomas 198c
Dryomys nitedula milleri Thomas 198c
Dryomys nitedula Pallas 198c
Dryomys yarkandensis Liao 198c

E

eastern buzzard 234c
Edward' srat 395d
Elaphe taeniurus (Cope) 138c
Eliomys quercinus 380a
Ellobius talpinus albicatus Thomas 406c
Ellobius talpinus caenosus Thomas 406c
Ellobius talpinus canescens 406c
Ellobius talpinus Pallas 406c
Ellobius talpinus ursulus Thomas 406c
Ellobius talpinus 214a
endemic typhus 9d
Eospalax baileyi 222b
Eospalax cansus 100a, 222b
Eospalax fontanieri (Milne-Edwards) 440a

Eospalax rufescens 222b
Eothenomys chinensis (Thomas) 443b
Eothenomys chinensis chinensis 443c
Eothenomys chinensis tarquinius 222b, 443c
Eothenomys chinensis wardi 222b, 443c
Eothenomys custos 443c
Eothenomys custos hintoni 222b
Eothenomys melanogaster anrora 135b
Eothenomys melanogaster colurnus 135b
Eothenomys melanogaster eleusis 135b
Eothenomys melanogaster kanoi 135c
Eothenomys melanogaster melanogaster 135b
Eothenomys melanogaster miletus 135b
Eothenomys melanogaster Milne-Edward 135b
Eothenomys miletus Thomas 67a
epidemic typhus 9d
Erysipelothrix erysipeloides 152b
Euchoreutes naso alaschanicus 34b
Euchoreutes naso naso 34b
Euchoreutes naso Sclater 34b
Euchoreutes naso yiwuensis 34b
Euprepiophis mandarinus (Cantor) 414d
eurasian eagle-owl 73c
Eversman's hamster 89d
extra-pair fertilizations 96b

F

facultative thermogenesis 34a
feedback hypothesis 90d
Felis bengalensis Kerr 14a
follicle-stimulating hormone 167a
forest dormouse 198c

G

Gansu zokor 100a
Gerbillurus paeba 339d
Glaucidium passerinum 201c
Glaucomys sabrinus 318d
Glirulus japonicus 380a
Glis glis 380a
gobi jerboa 188c
Graphiurus murinus 380a
gray marmot 178b
greater long-tailed hamster 63c
grey hamster 176a
grey red-backed vole 460c
Guinea pig 262b

H

Hadromys humei 222d
Hadromys yunnanensis 222d
Hantavirus cardiopulmonary syndrome 128d
harvest mouse 40b
Himalay marmost 374b
house mouse 384b
house shrew 53c
hundred-pace viper 184c
Hylopetes alboniger 159c
Hylopetes electilus 222c
Hylopetes phayrei 159c
Hystrix brachyura hodgsoni Gray 129c
Hystrix brachyura Linnaeus 129c
Hystrix brachyura papae Allen 129c
Hystrix brachyura subcristata Swinhoe 129c
Hystrix brachyura yunnanensis Anderson 129c
Hystrix brachyura 159c

I

isolation by distance 96b

Junin 1a

K

king ratsnake   354d

L

lack of space hypothesis   95c
Lagurus lagurus abacanicus
    Serebrennikov   29b
Lagurus lagurus agressus
    Serebrennikov   29b
Lagurus lagurus altorum Thomas   29b
Lagurus lagurus lagurus Pallas   29a
Lagurus lagurus Pallas   29a
Lagurus luteus drzewalskii
    Büchner   167a
Lagurus luteus Eversmamn   167a
Lagurus migratorius Gloger   167a
large oriental vole   67a
Lasiopodomys brandtii Raddle   23c
Lasiopodomys fuscus   222c, 237b
Lasyopodomys mandarinus
    faeceus   462d
Lasyopodomys mandarinus
    johannes   462d
Lasyopodomys mandarinus
    mandarinus   462c
Lasyopodomys mandarinus Milne-
    Edwards   462c
least weasel   203d
Leishmania donovani Laveran &
    Mesnil   139b
Leishmania major   71b
Leishmania spp.   139b
Lemmus spp.   321a
Lemniscomys barbarus   297b
Leopoldamys edwardsi edwardsi
    Thomas   396a
Leopoldamys edwardsi gigas
    Satunin   396a
Leopoldamys edwardsi hainanensis Xu
    and Yu   396a
Leopoldamys edwardsi milleti Robinson
    and Kloss   396a
Leopoldamys edwardsi Thomas   395d
Leopoldamys milleti   396a
Lepus americanus   300b, 401d
Lepus mandshuricus Radde   78c
Lepus oiostolus przewalskii   116a
Lepus oiostolus grahami   116a
Lepus oiostolus Hodgson   115b
Lepus oiostolus kozlovi   116a
Lepus oiostolus oiostolus   115d
Lepus oiostolus qinghaiiensis   116a
Lepus oiostolus qusongensis   116a
Lepus oiostolus sechuenensis   116a
Lepus timidus Linnaeus   401a
Lepus tolai Pallas   208d
lifetime reproductive success   93d
long-eared owl   35c
losea rat   163d
Lycodon rufozonatus Cantor   53a
Lycodon rufozonatus rufozonatus
    Cantor   53a
Lycodon rufozonatus walli (Stejneger,
    1907)   53a
Lynx canadensis Kerr   401d

M

machupo   1a, 21c
malayan porcupine   129c
mandarin ratsnake   414d
Marmota baibacina Brandt   178a
Marmota bobak   128c
Marmota caudata Geoffroy Saint-
    Hilaire   36b
Marmota caudata   128c
Marmota himalayana Hodgson   374b
Marmota monax   380a
Marmota sibirica Radde   370d
marmota   128c
Mastomys natalensis   194a, 196a
mate choice   96b
Maximum Likelihood   96b
Maximum Parsimony   96b
memory hypothesis   90d
Meriones erythrourus Gray   149d
Meriones libcus   230c
Meriones libycus aquilo Thomas   150a
Meriones libycus eversmanni   150a
Meriones libycus turfanensis,
    Satunin   149d
Meriones meridianus buechneri
    Thomas   456b
Meriones meridianus cryptorhinus
    Blanford   456b
Meriones meridianus jei Wang   456b
Meriones meridianus lepturus
    Büchner   456b

Meriones meridianus muleiensis Wang 456b
Meriones meridianus penicilliger Heptner 456b
Meriones meridianus psammophilus Milne-Edwards 456b
Meriones tamariscinus ciscaucasicus Satunin 46b
Meriones tamariscinus jaxarlensis Dukelskaja 46b
Meriones tamariscinus kokandicus Heptner 46b
Meriones tamariscinus lamariscinus Pallas 46b
Meriones tamariscinus Pallas 46a
Meriones tamariscinus satchouensis Satunin 46b
Meriones unguiculatus Milne-Edwards 37a
Mesocricetus auratus 72b, 120c, 266a, 347b
Micromys minutus erythrotis 40b
Micromys minutus Pallas 40b
Micromys minutus pygmaeus 40b
Micromys minutus takasagoensis 40b
Micromys minutus ussuricus 40b
micromys minutus 40b
Micromys specious peninsulae 42a
Microtus arvalis 247c, 320d
Microtus brandtii 23c
Microtus clarkei 222d
Microtus fortis Büchner 80a
Microtus fortis calamorum 80b
Microtus fortis dolicocephalus 80b
Microtus fortis fortis 80b
Microtus fortis fujianensis 80b

Microtus fortis pelliceus 80b
Microtus gregalis 214a, 378c
Microtus gregalis angustus Thomas 378d
Microtus gregalis dolguschini Afanasiev 378d
Microtus gregalis eversmanni Poliakov 378d
Microtus gregalis gregalis Pallas 378d
Microtus gregalis raddei Poliakov 378d
Microtus gregalis sirtalaensis Ma 378d
Microtus gregalis tianschanicus Büchner 378d
Microtus kikuchii 222d
Microtus leucurus fuscus 237b
Microtus limnophilus 222d
Microtus maximowiczii 80b, 214a, 222d
Microtus montanus 266a, 292c, 299c
Microtus ochrogaster 72b, 97c
Microtus oeconomus Pallas 117c
Microtus pennsylvanicus 72c, 97c, 127d, 292c, 293b, 454c, 455b
Microtus strauchi var. *fuscus* 237b
Microtus xanthognathus 292b
mid-day gerbil 456a
Milvus lineatus Gray 134d
mole shrew 357a
mongolian five-toed jerboa 365a
mongolian gerbils 37a
monocled cobra 209a
Monodelphis domestica Wagner 198b
Mouse poxvirus 276b
muck shrew 53c
Multiceps endothoracicus 152b
Mus caroli 159c, 191a

Mus confucianus 16c
Mus musculus castaneus 96c
Mus musculus decolor 384c, 386d, 387a, 390c
Mus musculus formosanus Kuroda 385a
Mus musculus gansuensis Satunin 384c
Mus musculus homourus Hodgson 384d
Mus musculus kakhyenensis Anderson 384d
Mus musculus manchu Thomas 384d
Mus musculus musculus 96c, 384c
Mus musculus pac-hycercus Blanford 384c
Mus musculus raddei Kastschenko 384d
Mus musculus tantillus G. M. Allen 384d
Mus musculus urbanus Hodgson 384d
Mus musculus wagneri Eversmann 384c
Mus musculus 289d, 293b, 310a
Muscardinus avellanarius 380a
Mustela erminea 320d
Mustela kathiah Hodgson 163b
Mustela sibirica Pallas 175b
Myocastor coypus 194a
Myodes glareolus 310a
Myodes rutilus 428a
Myoprocta acouchy 74a, 95b
Myoprocta exilis 235b
Myospalax aspalax 26a, 222b
Myospalax baileyi 106d, 107a
Myospalax fontanieri cansus 107a, 107a
Myospalax fontanieri kukunoriensis 107a
Myospalax kukunoriensis 107a
Myospalax psilurus 74d, 222b

N

Neighbor-Joining 96b

Neodon clarkei 222d

Neodon linzhiensis 222c

Neodon medogensis   222d
Neodon nyalamensis   222d
Neotoma lepida   72c, 97c
Neotoma stephensi   426b
Nesokia indica   230c
Niviventer confucianus chiliensus   16d
Niviventer confucianus confucianus   16d
Niviventer confucianus culturatus   16d
Niviventer confucianus deqinensis   16d,
  16d
Niviventer confucianus lotipes   16d
Niviventer confucianus mentosus   16d
Niviventer confucianus Milne-Edwards   16c
Niviventer confucianus naoniuensis   16d
Niviventer confucianus sacer   16d
Niviventer confucianus yajianensis   16d
Niviventer confucianus yushuensis   16d
Niviventer fulvescens fulvescens   421b
Niviventer fulvescens Gray   421a
Niviventer fulvescens huang   421b
non-adaptive hypothesis   95c
nonshivering thermogenesis   34a
North Asian tick typhus   20b
northern-backed vole   147d

O

obligatory thermogenesis   34a
Ochotona cansus cansus Lyon   185b
Ochotona cansus Lyon   185b
Ochotona cansus morosa Thomas   185b
Ochotona cansus sorellla Thomas   185b
Ochotona cansus stevensi Osgood   185b
Ochotona curzoniae Hodgson   110c
Ochotona dauurica Pallas   63a
Ochotona flatcalvariam   427d
Ochotona iliensis   427d
Ochotona koslowi   427d
Ochotona princeps   454c
Ochotona rutila   427d
Ochotona sacraria   427d
Ochotona thibetana huangensis   418b
Ochotona thibetana lama Mitchell   418b
Ochotona thibetana lhasaensis   418b
Ochotona thibetana Milne-Edwards   418b
Ochotona thibetana nangqenica   418b
Ochotona thibetana sacraria   418b
Ochotona thibetana thibetana   418b
Ochotona thibetana xunhuaensis   418b
Ochotona thomasi Argyropulo   185d
Oligoryzomys flavescens   318d
Ophiophagus hannah Cantor   406a
oriental house rat   169c
oriental vole   80a

P

Paratyphoid   251d
père david's vole   135b
Peromyscus leucopus   194a
Peromyscus maniculatus   194a, 265d, 293b, 300d, 453a
Petaurista caniceps   222c
Petaurista elagans   222c
Petaurista hainanensis   222c
Petaurista marica   222c
Petaurista petaurista   159c, 222c
Petaurista philippensis   222c
Petaurista sybilla   222c
Petaurista yunnanensis   222c
Phaiomys fuscus   237b
Phaiomys leucurus   222c, 230c
Phodopus campbelli   146d, 347b
Phodopus roborovskii   318d, 392a, 412a
Phodopus sungorus   198a, 214a
pilfering hypothesis   90d
pilfering-avoidance hypothesis   95c
Pitymys irene   235d
Pitymys leucurus   372c
plateau pika   110c
Proedromys bedfordi   427d
Proedromys liangshensis   222c
Pteromys volans (Linnaeus)   383b
Pteromys volans athene   383b
Pteromys volans buechneri   383c
Pteromys volans orii   383c
Pteromys volans volans   383b
Ptyas korros Schlegel   179d

Q

qinghai mountain vole   237b

R

ransbaikal zokor 74d
rapid sequestering hypothesis 90d, 95c
Rattus argentiventer 194a
Rattus confucianus 16c
Rattus confucianus chihliensis 16d
Rattus confucianus confucianus 16d
Rattus confucianus lotipes 16d
Rattus confucianus naoniuensis 16d
Rattus confucianus sacer 16d
Rattus exulans 194a
Rattus flavipectus 169d
Rattus losea Swinhoe 163d
Rattus nitidus 71c, 372c
Rattus niviventer 16c
Rattus niviventer culturatus 16d
Rattus niviventer yushuensis 16d
Rattus norregicus 289d
Rattus norvegicus 130c, 194a, 262a, 293b, 310a
Rattus norvegicus caraco Pallas 130d
Rattus norvegicus humiliates Milne Edwards 130c
Rattus norvegicus norvegicus Berkenhout 130c
Rattus norvegicus socer Miller 130d
Rattus rattus 169d, 194a, 363a
Rattus rattus alexandrinus (Geoffroy) 363a
Rattus rattus brunneusculus (Hodgson) 363a
Rattus rattus flavipectus 169d
Rattus rattus frugivorus (Rafinesque) 363a
Rattus rattus hainabicus G. Allen 363a
Rattus rattus rattus (Linnaeus) 363a
Rattus rattus sladeni (Anderson) 363a
Rattus rattus tanezumi 169d
Rattus rattus yunnanensis 169d
Rattus tanezumi flavipectus 169d
Rattus tanezumi Temminck 169c
Rattus tanezumi yunnanensis 169d
Rattus yunnanensis 169d
red-banded snake 53a
red-bellied tree squirrel 48b
red-cheeked souslik 49a
red-tailed gerbil 149d
relative fatness 95b
reproductive cost 93d
reproductive effort 93d
reproductive success 93d
respiratory exchange ratio 153b
Rhabdomys pumilio 339d, 288a
Rhizomys pruinosus 159c
Rhizomys sinensis 159b
Rhombomys opimus alaschanicus Matschie 69b
Rhombomys opimus dalversinicus Kashkarov 69c
Rhombomys opimus fumicolor Heptner 69c
Rhombomys opimus giganteus Büchner 69c
Rhombomys opimus Lichtenstein 69b
Rhombomys opimus nigrescens Satunin 69c
Rhombomys opimus opimus Lichtenstein 69c
Rhombomys opimus pevzov Heptner 69c
Rhombomys opimus sargadensis Heptne 69c
Rickettsia mooseri 9d
Rickettsia prowazekii 9d
Rickettsia tsutsugamushi 411b
Rickettsia 9d
root vole 117c

S

Salpingotus kozlovi kozlovi 243c
Salpingotus kozlovi xiangi 243c
Schistosoma japonicum 402b
Sciurotamias davidianus 22b, 95b, 404c
Sciurotamias davidianus consobrinus 404c
Sciurotamias davidianus davidianus 404c
Sciurotamias davidianus saltitans 404c
Sciurus carolinensis 95c, 153c, 194a, 454c, 455b
Sciurus davidianus 404c
Sciurus lis 95c, 453d
Sciurus niger 90d, 95c, 453a
Sciurus vulgaris 453a
sex-biased dispersal 96b
shivering thermogenesis 34a
short-eared owl 89b
Siberian weasel 175b
siberian zokor 74d
sichuan burrowing shrew 357b
Sicista betulina 380a
Sicista spp. 427d
Sigmodon hispidus 72c
sladen's rat 169c
small indian civet 391a

smoky vole 237b
south China field mouse 205a
Spermophilus alaschanicus Büchner 2c
Spermophilus beecheyi 194a
Spermophilus brunneus 327a
Spermophilus columbianus 380a
Spermophilus dauricus Brandt 61a

Spermophilus lateralis 380a
Spermophilus parryii 85d, 380a
Spermophilus relictus nilkaensis 351a
Spermophilus relictus rally Kuznezov 351a
Spermophilus relictus relictus Kaschkarov 351a

Spermophilus richardsoni 183d, 380a
Spermophilus saturatus 380a
Spermophilus tridecemlineatus 183d
steppe lemming 29a
striped desert hamster 146d
striped field mouse 144a
striped hairy-footed hamster 146d

T

tamarisk gerbil 46a
Tamias amoenus 23a, 72d, 95c, 153c, 242a, 453a, 454a
Tamias panamintinus 453a
Tamias sibiricus 22b, 154b
Tamias speciosus 453a
Tamias striatus 94c, 452d
Tamiasciurus hudsonicus 94c, 95c, 153c, 452d, 453a
Tamiops maritimus 159c

Tamiops swinhoei Milne-Edwards 412d
tanezumi rat 169c
tannic acid 97c
tarbagan marmot 370d
the white-tailed prairie vole 8d
Thomomys bottae 194a
Thylamys elegans 265d
tianshan souslik 351b
tick-borne encephalitis 244d
Trichosurus vulpecula 426a

Trogopterus xanthipes edithae 98a
Trogopterus xanthipes Milne-Edwards 97d
Trogopterus xanthipes mordax 98a
Trogopterus xanthipes xanthipes 98a
Tscherskia triton 63c, 127d, 181d
Typhlomys cinereus 159c
Typhlomys daloushanensis 222d
Typhlomys nanus 222d

V

Vandeleuria spp. 427d

Vipera aspis 201c

Vipera berus 201c

W

weasel 203d

Y

yellow steppe lemming 167a
yellow-bellied rat 169c

yellow-bellied weasel 163b
Yersinia pestis 71b

后 记

《中国植物保护百科全书》（以下称《全书》）是国家重点图书出版规划项目、国家辞书编纂出版规划项目，并获得了国家出版基金的重点资助。《全书》共分为《综合卷》《植物病理卷》《昆虫卷》《农药卷》《杂草卷》《鼠害卷》《生物防治卷》《生物安全卷》8卷，是一部全面梳理我国农林植物保护领域知识的重要工具书。《全书》的出版填补了我国植物保护领域百科全书的空白，事关国家粮食安全、生态安全、生物安全战略的工作成果，对促进我国农业、林业生产具有重要意义。

《全书》由时任农业部副部长、中国农业科学院院长李家洋和中国林业科学研究院院长张守攻担任总主编，副总主编为吴孔明、方精云、方荣祥、朱有勇、康乐、钱旭红、陈剑平、张知彬等8位知名专家。8个分卷设分卷编委会，作者队伍由中国科学院、中国农业科学院、中国林业科学研究院等科研院所及相关高校、政府、企事业单位的专家组成。

《全书》历时近10年，篇幅宏大，作者众多，审改稿件标准要求高。3000余名相关领域专家撰稿、审稿，保证了本领域知识的专业性、权威性。中国林业出版社编辑团队怀着对出版事业的责任心和职业情怀，坚守精品出版追求，攻坚克难，力求铸就高质量的传世精品。

在《中国植物保护百科全书》面世之际，要感谢所有为《全书》出版做出贡献的人。

感谢李家洋、张守攻两位总主编，他们总揽全面，确定了《全书》的大厦根基和分卷谋划。8位副总主编对《全书》内容精心设计以及对分卷各分支卓有成效的组织，特别是吴孔明副总主编为推动编纂工作顺利进展付出的智慧和汗水令人钦佩。感谢各分卷主编对编纂工作的责任担当，感谢各分卷副主编、分支负责人、编委会秘书的辛勤努力。感谢所有撰稿人、审稿人克服各种困难，保证了各自承担任务高质量完成。

最后，感谢国家出版基金对此书出版的资助。

《中国植物保护百科全书》项目工作组

2022年5月

《中国植物保护百科全书》
项目工作组

项目总负责人、组长： 邵权熙

副 组 长： 何增明　　贾麦娥

成　　员：（按姓氏拼音排序）

李美芬	李　娜	邵晓娟	盛春玲	孙　瑶
王　全	王思明	王　远	印　芳	于界芬
袁　理	张　东	张　华	郑　蓉	邹　爱

项目组秘书：

袁　理	孙　瑶	王　远	张　华	盛春玲
苏亚辉				

审稿人员：（按姓氏拼音排序）

杜建玲	杜　娟	高红岩	何增明	贾麦娥
康红梅	李　敏	李　伟	刘家玲	刘香瑞
沈登峰	盛春玲	孙　瑶	田　苗	王　全
温　晋	肖　静	杨长峰	印　芳	于界芬
袁　理	张　华	张　锴	邹　爱	

责任校对： 许艳艳　　梁翔云　　曹　慧

策划编辑： 何增明

特约编审： 陈英君

书名篆刻： 王利明

装帧设计： 北京王红卫设计有限公司

设计排版： 北京美光设计制版有限公司
　　　　　　中林科印文化发展（北京）有限公司
　　　　　　北京八度印象图文设计有限公司